高等学校经济管理学科数学基础辅导丛书

主编　刘书田

微积分学习辅导与解题方法

冯翠莲　刘书田　编著

高等教育出版社·北京

内 容 提 要

本书是高等学校经济类、管理类各专业学生学习《微积分》课程的辅导教材。内容包括一元函数微积分,多元函数微积分,无穷级数,微分方程与差分方程。

本书强调对基本概念、基本理论内涵的理解及各知识点之间的相互联系。选题广泛、典型,既有基本题,又有综合题、提高题,用“讲思路举例题”与“举题型讲方法”的方式来揭示解题规律与思维方法,以使读者融会贯通,举一反三,达到正确理解、巩固所学知识和灵活运用;纠正在运算方法、运算过程中常犯的错误;掌握解题思路、解题方法;提高逻辑推理和分析判断能力;提高解题技巧。

本书每章有小结并配有自测题;自测题附有参考答案与解法提示。

本书是经济类、管理类学生学习期间和报考研究生前的必备读物,是颇具有特点的教学参考书。对参加自学考试、专升本考试和成人教育的读者是一本无师自通的自学指导书。

前　言

《高等学校经济管理学科数学基础》系列辅导丛书包括三个分册:“微积分学习辅导与解题方法”、“线性代数学习辅导与解题方法”和“概率论与数理统计学习辅导与解题方法”,是财经类、管理类大学本科生学习《微积分》、《线性代数》和《概率论与数理统计》时起到辅导教材作用的用书。本系列辅导丛书适应高等教育新形势下教改的精神,以教育部颁布的《经济数学基础》大纲为准,紧密结合经济类、管理类面向21世纪的课程教材,是编写者数十年教学经验的积累。

本系列辅导丛书选题广泛、典型,并有针对性。例题编排以内容为准,以题型归类。用“讲思路举例题”与“举题型讲方法”的思维方式,揭示具有共性题目的解题思路;概括题型特征,归纳解题方法。讲述例题,着重分析题目条件与结论之间的逻辑关系;着重讲述解题思路的源头;注意讲述解题技巧。还通过例题指出在运用解题方法时和解题过程中易犯的错误。使读者达到融会贯通、举一反三的境地;提高逻辑推理和分析判断能力。使读者实现掌握解题思路、解题方法由继承性向创造性跃进。阅读本系列辅导教材,可以深入理解、巩固提高和灵活运用所学知识,可以思路畅通,实现纵向深入,横向跨越,提高解题能力。

学习数学就必须解题。解题要以自己的实践过程来实现。书中有些例题解题步骤书写简略,望读者在阅读这些例题时,要边看、边思索、边推导,思索由前一式如何过渡到后一式,推导后一式的结果如何由前一式而得。特别是本系列辅导丛书,每章之后都配有自测题(书后附有参考答案与解法提示),望读者能独立完成自测题，并能有新的解题方法和捷径。本系列辅导教材以小结形式概括本章的知识点、重点、难点以及掌握本章内容需要特别注意的方面。还阐明本章内容与前后各章内容的联系，以使知识科学化、系统化。

本系列辅导丛书，可作为非数学类本科生学习大学数学用书，可作为报考经济类、管理类硕士研究生应试复习大学数学用书，可作为授课教师的教学参考书，也可作为参加自学考试、专升本考试和成人教育的读者的学习指导书。

本系列辅导丛书，经统一策划，集体讨论，分工执笔，相互审阅书稿的反复推敲而成的。系列辅导教材由刘书田任主编，其中，《微积分学习辅导与解题方法》由冯翠莲、刘书田主笔，由高旅端、王中良审阅书稿；《线性代数学习辅导与解题方法》由王中良主笔，由高旅端、冯翠莲、刘书田审阅书稿；《概率论与数理统计学习辅导与解题方法》由高旅端主笔，由王中良、冯翠莲、刘书田审阅书稿。

在辅导丛书的编写过程中，汲取了同行专家提出的许多宝贵建议；得到了高等教育出版社的有关领导和负责同志的协助和支持，在此一并致谢！

限于编者水平，书中难免有不妥之处，望读者指正。

编者

2003 年 7 月

目　　录

第一章　函　　数

§1.1　函数概念

1．函数定义

在理解函数定义时，应掌握以下三个问题：确定函数的定义域；判定两个函数是否相同；正确运用函数记号，会求函数值.

（1）求函数的定义域

思路　当函数 $y=f(x)$ 用解析表达式给出，而又没给出自变量的取值范围时，要求函数的定义域，就是求使该解析式有意义的自变量的取值范围.

对于表示应用问题的函数关系，其自变量的取值范围应使实际问题有意义.

（2）判定两个函数相同

思路　由于对应法则 f 和定义域 D 是确定一个函数的要素，因此，当两个函数用不同的解析表达式表示，而其定义域 D 和对应法则 f 都相同时，它们是同一函数.

（3）求函数值

思路　当函数 $y=f(x)$，$x\in D$ 用解析表达式表示时，若 $x_0\in D$，将表达式中的 x 代以 x_0，便得到该函数在自变量取 x_0 时的函数值，记作 $f(x_0)$，或 $y\big|_{x=x_0}$，或 $y(x_0)$.

2．确定分段函数的定义域和函数值

思路　由于分段函数是用两个或两个以上的解析表达式表示一个函数，且对于不同的解析表达式，自变量的取值范围又不相同，因此，分段函数的定义域是自变量 x 各个取值范围之总和. 求函数值 $f(x_0)$ 时，要根据 x_0 所在的取值范围，用 $f(x)$ 相应的表达式来求 $f(x_0)$.

3. 反函数

当函数 $y=f(x)$ 在其定义域 D 上是**单调函数时**，它存在**单值的反函数 $x=f^{-1}(y)$**. 习惯上，函数 $y=f(x)$ 的反函数记作 $y=f^{-1}(x)$. 若 $y=f(x)$ 与 $x=f^{-1}(y)$ 互为反函数，则

$$y=f(f^{-1}(y)),x=f^{-1}(f(x)).$$

(1) 反函数的图形　在同一直角坐标系下，函数 $y=f(x)$ 与其反函数 $x=f^{-1}(y)$ 的图形是同一条曲线；而 $y=f(x)$ 与其反函数 $y=f^{-1}(x)$ 的图形关于直线 $y=x$ 对称.

(2) 求反函数的**程序**

首先，由已知函数式 $y=f(x)$ 解出 x，得到关系式 $x=f^{-1}(y)$；

其次，将字母 x 与 y 互换，便得到所求的反函数 $y=f^{-1}(x)$.

(3) 求函数的值域

函数 $y=f(x)$ 存在反函数，其反函数 $x=f^{-1}(y)$ 的定义域就是 $y=f(x)$ 的值域.

4. 复合函数

设 $y=f(u),u\in D_f,u=\varphi(x),x\in D_\varphi$，则

$$y=f(\varphi(x)),x\in D=\{x\mid\varphi(x)\in D_f,x\in D_\varphi\}\neq\varnothing$$

是由 $y=f(u)$ 与 $u=\varphi(x)$ 复合而成的**复合函数**. 其中称 $f(u)$ 为**外层函数**，$\varphi(x)$ 为**内层函数**，u 为**中间变量**.

(1) 在 $f(x),\varphi(x)$ 和 $f(\varphi(x))$ 这三个函数中，若知其二，便可求得其三.

1° 已知 $f(x)$ 和 $\varphi(x)$，求 $f(\varphi(x))$ 的**思路**　将 $f(x)$ 中的 x 代换以 $\varphi(x)$ 即得 $f(\varphi(x))$；

2° 已知 $f(x)$ 和 $f(\varphi(x))$ 求 $\varphi(x)$ 的**思路**　将已知 $f(x)$ 中的 x 换成 $\varphi(x)$ 得 $f(\varphi(x))$ 的表达式，并令其等于已知的 $f(\varphi(x))$ 的表达式，从而求得 $\varphi(x)$；

3° 已知 $\varphi(x)$ 和 $f(\varphi(x))$ 求 $f(x)$ 的**思路有二　变量替换法**：令 $u=\varphi(x)$，求得 $x=\varphi^{-1}(u)$，将其代入 $f(\varphi(x))$ 表示式中的 x 即得 $f(u)$，再将 u 换成 x 得 $f(x)$；**直接表示法**：将 $f(\varphi(x))$ 的表示式设法表示成 $\varphi(x)$ 的函数，然后将 $\varphi(x)$ 换成 x 即得 $f(x)$.

(2) 若 $f(x)$ 为分段函数，$\varphi(x)$ 为分段函数或为初等函数，求复合函数 $f(\varphi(x))$ 或 $\varphi(f(x))$ 时，可采取先内后外或先外后内的分析法.

例 1　(1) $y=\mathrm{e}^{\frac{1}{x}}+\arcsin\ln\sqrt{1-x}$ 的定义域是______；

(2) 设 $f(x)=\ln\dfrac{1+x}{1-x}$，则 $y=f(x^2)+f(\mathrm{e}^x)$ 的定义域是______.

解　(1) 由 $\mathrm{e}^{\frac{1}{x}}$ 知，$x\neq 0$；由 $\arcsin\ln\sqrt{1-x}$ 知，有

$$-1\leqslant\ln\sqrt{1-x}\leqslant 1,\mathrm{e}^{-1}\leqslant\sqrt{1-x}\leqslant\mathrm{e},1-\mathrm{e}^2\leqslant x\leqslant 1-\mathrm{e}^{-2},$$

故所求定义域是 $[1-\mathrm{e}^2,0)\cup(0,1-\mathrm{e}^{-2}]$.

(2) 易求得函数 $f(x)$ 的定义域是 $(-1,1)$，由此，有

$$\begin{cases}-1<x^2<1,\\-1<\mathrm{e}^x<1,\end{cases}\text{因 } x^2\geqslant 0,\mathrm{e}^x>0,\text{故}\begin{cases}0\leqslant x^2<1,\\0<\mathrm{e}^x<1,\end{cases}$$

即
$$\begin{cases}-1<x<1,\\-\infty<x<0,\end{cases}\text{所求定义域为}(-1,0).$$

例 2　设函数 $y=\sqrt{g(x)}+\sqrt{16-x^2}$ 的定义域是 $[-4,-\pi]\cup[0,\pi]$，则 $g(x)=(\quad)$.

(A) $\sin x$　　(B) $\cos x$　　(C) $\tan x$　　(D) $\cot x$

解　按题目所给条件，在 $[-4,-\pi]\cup[0,\pi]$ 内必有 $g(x)\geqslant 0$，只有 $\sin x$ 满足这个条件.

$\tan x$ 在 $x=\dfrac{\pi}{2}$，$\cot x$ 在 $x=0$ 或 $x=\pi$ 无意义；$\cos x$ 在 $\left[\dfrac{\pi}{2},\pi\right]$ 内非正. 选(A).

例 3 判定下列各对函数是否相同,并说明理由.

(1) $y=\ln(6-x-x^2)$与$y=\ln(3+x)+\ln(2-x)$;

(2) $y=\arctan(\tan x)$与$y=x$;

(3) $y=\sqrt{\dfrac{1}{x^2}-1}$与$y=\dfrac{\sqrt{1-x^2}}{x}$.

解 (1) 相同.定义域都是$(-3,2)$,且对应法则相同:按对数性质,有$\ln(6-x-x^2)=\ln(3+x)+\ln(2-x)$.

(2) 不相同.定义域不同:前者是$x\neq k\pi+\dfrac{\pi}{2},k\in\mathbf{Z}$;而后者是$(-\infty,+\infty)$.

(3) 不相同.定义域都是$[-1,0)\cup(0,1]$;但对应法则不同:$y=\sqrt{\dfrac{1}{x^2}-1}=\dfrac{\sqrt{1-x^2}}{|x|}$与$y=\dfrac{\sqrt{1-x^2}}{x}$,当$x\in[-1,0)$时对应不同的值.

例 4 设不恒为零的函数$f(x)$,对任意实数x_1,x_2都满足

$$f(x_1)+f(x_2)=2f\left(\frac{x_1+x_2}{2}\right)\cdot f\left(\frac{x_1-x_2}{2}\right)$$

且$f\left(\dfrac{\pi}{2}\right)=0$,试推证下列各式成立:

(1) $f(0)=1$; (2) $f(x)=f(-x)$; (3) $f(x+\pi)=-f(x)$;

(4) $f(x+2\pi)=f(x)$; (5) $f(2x)=2f^2(x)-1$.

分析 本例应根据已知等式按所需要推证的等式恰当选取x_1,x_2的值.

证 (1) 在已知等式中,令$x_1=0,x_2=0$,得

$$2f(0)=2f(0)\cdot f(0),\text{即} f(0)=1 \text{ 或 } f(0)=0.$$

由$f(0)=0$可推得$f(x)$恒为零,与题设矛盾,舍去.故有$f(0)=1$.

(2) 在已知等式中,令$x_1=-x,x_2=x$,得

$$f(-x)+f(x)=2f(0)\cdot f(-x),\text{即有} f(x)=f(-x).$$

(3) 在已知等式中,令 $x_1=x+\pi, x_2=x$,得

$$f(x+\pi)+f(x)=2f\left(x+\frac{\pi}{2}\right)\cdot f\left(\frac{\pi}{2}\right)=0,$$

即

$$f(x+\pi)=-f(x).$$

(4) 在已知等式中,令 $x_1=x+2\pi, x_2=x+\pi$,得

$$f(x+2\pi)+f(x+\pi)=2f\left(x+\frac{3\pi}{2}\right)f\left(\frac{\pi}{2}\right)=0,$$

即 $f(x+2\pi)=-f(x+\pi)$,也即 $f(x+2\pi)=f(x)$.

(5) 在已知等式中,令 $x_1=2x, x_2=0$,得

$f(2x)+f(0)=2f(x)\cdot f(x)$,即 $f(2x)=2f^2(x)-1$.

例 5 设 $f(x)=\begin{cases}\dfrac{x}{2}, & -2<x<1,\\ x^2, & 1\leqslant x\leqslant 2,\\ 2^x, & 2<x\leqslant 4,\end{cases}$ 求 $f^{-1}(x)$.

解 求分段函数的反函数时,只要分别求出各区间段相对应函数表达式的反函数的表达式及其自变量的取值范围即可.

由 $y=\dfrac{x}{2}, -2<x<1$,得 $x=2y, -1<y<\dfrac{1}{2}$;

由 $y=x^2, 1\leqslant x\leqslant 2$,得 $x=\sqrt{y}, 1\leqslant y\leqslant 4$;

由 $y=2^x, 2<x\leqslant 4$,得 $x=\log_2 y, 4<y\leqslant 16$.

将以上各式中的字母 x 与 y 互换,得所求的反函数

$$f^{-1}(x)=\begin{cases}2x, & -1<x<\dfrac{1}{2},\\ \sqrt{x}, & 1\leqslant x\leqslant 4,\\ \log_2 x, & 4<x\leqslant 16.\end{cases}$$

例 6 设 $f(x)=\dfrac{4x}{x-1}$,则 $f^{-1}(3)=$ ______.

解 由于 $x=f^{-1}(f(x))$,由此式知,当 $f(x)=3$ 时所对应的 x

即为所求.

将 3 代入已知式 $f(x)=\dfrac{4x}{x-1}$ 的左端,得

$$3=\frac{4x}{x-1}, \text{即 } x=-3, \text{故 } f^{-1}(3)=-3.$$

例 7 设 $f(x)=\mathrm{e}^{\arcsin x}$, $f(\varphi(x))=x-1$, 求 $\varphi(x)$ 的表达式及其定义域.

解 这是已知 $f(x)$ 和 $f(\varphi(x))$, 求 $\varphi(x)$. 由 $f(x)=\mathrm{e}^{\arcsin x}$ 得 $f(\varphi(x))=\mathrm{e}^{\arcsin \varphi(x)}$ 又 $f(\varphi(x))=x-1$, 所以

$$\mathrm{e}^{\arcsin \varphi(x)}=x-1,$$

由此可解得

$$\arcsin \varphi(x)=\ln(x-1), \text{即 } \varphi(x)=\sin[\ln(x-1)].$$

因 $-\dfrac{\pi}{2}\leqslant \ln(x-1)\leqslant \dfrac{\pi}{2}$, 且 $x-1>0$, 可解得 $\varphi(x)$ 的定义域为 $[1+\mathrm{e}^{-\frac{\pi}{2}}, 1+\mathrm{e}^{\frac{\pi}{2}}]$.

例 8 设 $f(\mathrm{e}^x)=a^x(x^2-1)$, 求 $f(x)$.

解 1 用变量替换法 令 $u=\mathrm{e}^x$, 则 $x=\ln u$. 由已知等式,有

$f(u)=a^{\ln u}[(\ln u)^2-1]$, 即 $f(x)=a^{\ln x}[(\ln x)^2-1]$.

解 2 用直接表示法 注意到

$$a^x=\mathrm{e}^{\ln a^x}=(\mathrm{e}^x)^{\ln a}, x=\ln \mathrm{e}^x,$$

有 $f(\mathrm{e}^x)=(\mathrm{e}^x)^{\ln a}[(\ln \mathrm{e}^x)^2-1]$, 即 $f(x)=x^{\ln a}[(\ln x)^2-1]$,

注释 $a^{\ln x}=x^{\ln a}$ 是成立的. 两边取对数,有 $\ln x\cdot\ln a=\ln a\cdot\ln x$.

例 9 设 $f\left(\dfrac{x+1}{2x-1}\right)-2f(x)=x$, 求 $f(x)$.

分析 这是已知关于 $f(x)$ 和 $f(\varphi(x))$ 的一个等式,求 $f(x)$. 解题**思路** 令 $t=\varphi(x)$, 求得 $x=\varphi^{-1}(t)$, 将原等式中的 x 换为 $\varphi^{-1}(t)$, 可得到关于 $f(t)$ 和 $f(\varphi^{-1}(t))$ 的另一等式. 由解方程组即可得 $f(x)$.

解 设 $t=\dfrac{x+1}{2x-1}$，可解得 $x=\dfrac{t+1}{2t-1}$，将其代入原等式，则有

$$f(t)-2f\left(\frac{t+1}{2t-1}\right)=\frac{t+1}{2t-1}.$$

于是有
$$\begin{cases}f\left(\dfrac{x+1}{2x-1}\right)-2f(x)=x,\\ 2f\left(\dfrac{x+1}{2x-1}\right)-f(x)=-\dfrac{x+1}{2x-1}.\end{cases}$$

将 $f(x)$ 和 $f\left(\dfrac{x+1}{2x-1}\right)$ 看作未知数，解此线性方程组，可求得

$$f(x)=\frac{4x^2-x+1}{3(1-2x)}.$$

例 10 设 $f(x)+f\left(\dfrac{x-1}{x}\right)=2x$，求 $f(x)$.

解 设 $t=\dfrac{x-1}{x}$，得 $x=\dfrac{1}{1-t}$，代入原式得

$$f\left(\frac{1}{1-t}\right)+f(t)=\frac{2}{1-t}\text{，即 } f(x)+f\left(\frac{1}{1-x}\right)=\frac{2}{1-x}. \tag{1}$$

再设 $\dfrac{u-1}{u}=\dfrac{1}{1-x}$，可得 $x=\dfrac{1}{1-u}$，代入上式得

$$f\left(\frac{1}{1-u}\right)+f\left(\frac{u-1}{u}\right)=\frac{2(u-1)}{u},$$

即
$$f\left(\frac{1}{1-x}\right)=-f\left(\frac{x-1}{x}\right)+\frac{2(x-1)}{x}. \tag{2}$$

将(2)式代入(1)式得

$$f(x)-f\left(\frac{x-1}{x}\right)=\frac{2(x^2-x+1)}{x(1-x)}. \tag{3}$$

由已知式和(3)式可解得 $f(x)=x+\dfrac{x^2-x+1}{x(1-x)}$.

注释 为得到含 $f(x)$ 和 $f(\varphi(x))$ 的另一等式，例 9 经一次变

量替换即可；而例 10 需经两次变量替换. 其中的原因何在，请读者思考.

例 11 设 $f(x)=\begin{cases}e^x, & x<1\\ x, & x\geqslant 1,\end{cases}$ $\varphi(x)=\begin{cases}x+2, & x<0\\ x^2-1, & x\geqslant 0,\end{cases}$ 求 $f(\varphi(x))$.

解 1 按先内层函数后外层函数的方法.

$$f(\varphi(x))=\begin{cases}f(x+2), & x<0,\\ f(x^2-1), & x\geqslant 0,\end{cases}$$

$$=\begin{cases}e^{x+2}, & x+2<1 \text{ 且 } x<0,\\ x+2, & x+2\geqslant 1 \text{ 且 } x<0,\\ e^{x^2-1}, & x^2-1<1 \text{ 且 } x\geqslant 0,\\ x^2-1, & x^2-1\geqslant 1 \text{ 且 } x\geqslant 0,\end{cases}$$

$$=\begin{cases}e^{x+2}, & x<-1,\\ x+2, & -1\leqslant x<0,\\ e^{x^2-1}, & 0\leqslant x<\sqrt{2},\\ x^2-1, & x\geqslant\sqrt{2}.\end{cases}$$

解 2 按先外层函数后内层函数的方法.

$$f(\varphi(x))=\begin{cases}e^{\varphi(x)}, & \varphi(x)<1,\\ \varphi(x), & \varphi(x)\geqslant 1,\end{cases}$$

$$\begin{cases}e^{x+2}, & x<0, \text{且 } x+2<1,\\ e^{x^2-1}, & x\geqslant 0 \text{ 且 } x^2-1<1,\\ x+2, & x<0 \text{ 且 } x+2\geqslant 1,\\ x^2-1, & x\geqslant 0 \text{ 且 } x^2-1\geqslant 1,\end{cases}$$

$$\begin{cases}e^{x+2}, & x<-1,\\ e^{x^2-1}, & 0\leqslant x<\sqrt{2},\\ x+2, & -1\leqslant x<0,\\ x^2-1, & x\geqslant\sqrt{2}.\end{cases}$$

例 12 设$f(x)=\begin{cases}-x^2, & x\geqslant 0,\\ -e^x, & x<0,\end{cases}$ $\varphi(x)=\ln x$,求$f(\varphi(x))$.

解 首先注意,函数 $\varphi(x)=\ln x$ 的定义域是 $x>0$. 按先内层函数后外层函数的方法.

$$\begin{aligned} f(\varphi(x)) &= f(\ln x), x>0 \\ &= \begin{cases}-\ln^2 x, & \ln x\geqslant 0 \text{ 且 } x>0,\\ -e^{\ln x}=-x, & \ln x<0 \text{ 且 } x>0,\end{cases} \\ &= \begin{cases}-\ln^2 x, & x\geqslant 1,\\ -x, & 0<x<1.\end{cases}\end{aligned}$$

例 13 设$f(x)=\begin{cases}0, & x<0,\\ x, & x\geqslant 0,\end{cases}$ $\varphi(x)=x^2-x+1$,求$\varphi(f(x))$.

解 按先外层函数后内层函数的方法.

$$\begin{aligned} \varphi(f(x)) &= [f(x)]^2-f(x)+1, -\infty<x<+\infty, \\ &= \begin{cases}0^2-0+1=1, & x<0 \text{ 且 } -\infty<x+\infty,\\ x^2-x+1, & x\geqslant 0 \text{ 且 } -\infty<x<+\infty,\end{cases} \\ &= \begin{cases}1, & x<0,\\ x^2-x+1, & x\geqslant 0.\end{cases}\end{aligned}$$

§1.2 函数的几种特性

函数的几种特性是指函数的奇偶性、单调性、有界性和周期性.

1. 判定函数的奇偶性的**思路**

(1) 依据函数奇偶性的定义.

(2) 用奇偶函数的运算性质.

1° 奇函数与奇函数之和仍为奇函数;

2° 偶函数与偶函数之和仍为偶函数;

3° 奇函数与偶函数之积为奇函数;

4° 奇函数与奇函数之积为偶函数;

5° 偶函数与偶函数之积为偶函数.

（3）由奇偶函数构成复合函数的奇偶性

若$f(x)$是偶函数，$\varphi(x)$是奇函数，则$f(\varphi(x))$，$f(f(x))$，$\varphi(f(x))$均为偶函数，而$\varphi(\varphi(x))$为奇函数.

（4）用函数图形的对称性.

注释 任意一个定义在对称区间上的函数$f(x)$，都可写成一个偶函数$F(x)$与一个奇函数$G(x)$之和. 其中

$$F(x)=\frac{1}{2}(f(x)+f(-x)),\quad G(x)=\frac{1}{2}(f(x)-f(-x))$$

2. 判定函数的单调增减性的**思路**

（1）依据函数单调增减性的定义.

（2）用奇偶函数的单调性 在区间$(-l,0)$和$(0,l)$内，奇函数的单调性保持一致，偶函数的单调性恰好相反.

（3）用复合函数的单调性 若$f(x)$是增函数，$\varphi(x)$是减函数，则$f(f(x))$，$\varphi(\varphi(x))$是增函数，而$f(\varphi(x))$，$\varphi(f(x))$是减函数.

（4）函数单调性的一般判定法将在第四章讲述.

3. 判定函数的有界性的**思路**

按函数有界性的定义判定函数$f(x)$在区间Ⅰ①上有界，可有如下情况：

（1）若存在一个正数M，使得下式成立即可

$$|f(x)|\leqslant M,x\in \mathrm{I}\ (\text{可以没有等号});$$

（2）若存在两个数m和M，且$m<M$，使得下式成立即可：

$$m\leqslant f(x)\leqslant M,x\in \mathrm{I}\ (\text{可以没有等号});$$

（3）若函数$f(x)$在闭区间$[a,b]$上是单调增加（减少）的，因

$$f(a)\leqslant f(x)\leqslant f(b)\quad (f(b)\leqslant f(x)\leqslant f(a)),x\in[a,b]$$

故$f(x)$在$[a,b]$上有界；

（4）若函数$f(x)$在$[a,b]$上连续，则$f(x)$在$[a,b]$上有界（将

---

① 用Ⅰ表示的区间，可以是开区间，可以是闭区间，也可以是无限区间. 以下同.

在第二章闭区间上连续函数的性质中学习).

4. 判定函数的周期性的**思路**

(1) 依据函数周期性的定义.

(2) 若函数 $f(x)$ 的周期为 T,则函数 $f(ax+b)$ 的周期为 $\dfrac{T}{|a|}$.

(3) 若函数 $f(x)$,$g(x)$ 的周期都是 T,则 $f(x)\pm g(x)$ 的周期也是 T.

(4) 若函数 $f(x)$,$g(x)$ 的周期分别是 T_1,T_2($T_1\neq T_2$),则 $f(x)\pm g(x)$ 和 $f(x)\cdot g(x)$ 都是以 T_1 和 T_2 的最小公倍数 T 为周期的函数.

几个常见的周期函数:$\sin x$,$\cos x$ 的周期是 2π;$\tan x$,$\cot x$ 的周期为 π.

例 1 设 $g(x)$ 在 $(-\infty,+\infty)$ 内有定义,且是奇函数,判定 $f(x)=g(x)\cdot\ln(x+\sqrt{1+x^2})$ 的奇偶性.

解 函数 $f(x)$ 的定义域是 $(-\infty,+\infty)$. 设 $\varphi(x)=\ln(x+\sqrt{1+x^2})$,因

$$
\begin{aligned}
\varphi(-x)&=\ln(-x+\sqrt{1+x^2})\\
&=\ln\frac{(-x+\sqrt{1+x^2})(x+\sqrt{1+x^2})}{x+\sqrt{1+x^2}}\\
&=\ln\frac{1}{x+\sqrt{1+x^2}}=-\ln(x+\sqrt{1+x^2})=-\varphi(x).
\end{aligned}
$$

所以,$\varphi(x)$ 是奇函数,从而 $f(x)$ 是偶函数.

例 2 设 $f(x)=\begin{cases}\cos x-x, & -\pi\leqslant x<0.\\ \cos x+x, & 0\leqslant x\leqslant\pi,\end{cases}$ 证明 $f(x)$ 是偶函数.

证 1 用定义证明. 为便于理解,已知函数可写作

$$f(x)=\begin{cases}\cos x-x, & -\pi\leqslant x<0,\\ 1, & x=0,\\ \cos x+x, & 0<x\leqslant\pi,\end{cases}$$

由于 $$f(-x)=\begin{cases}\cos(-x)-(-x), & -\pi\leqslant(-x)<0,\\ 1, & -x=0,\\ \cos(-x)+(-x), & 0<(-x)\leqslant\pi,\end{cases}$$

即 $$f(-x)=\begin{cases}\cos x+x, & 0<x\leqslant\pi,\\ 1, & x=0,\\ \cos x-x, & -\pi\leqslant x<0.\end{cases}$$

因 $f(-x)=f(x)$，所以 $f(x)$ 是偶函数.

证 2 用奇偶函数的性质证明.

设 $\varphi(x)=\cos x, x\in[-\pi,\pi], g(x)=|x|, x\in[-\pi,\pi]$，则

$$f(x)=\varphi(x)+g(x),\ x\in[-\pi,\pi].$$

因 $\varphi(x)$ 和 $g(x)$ 都是偶函数，故 $f(x)$ 是偶函数.

例 3 设 $f(x)=2^{\cos x}, g(x)=\left(\frac{1}{2}\right)^{\sin x}$，在区间 $\left(0,\frac{\pi}{2}\right)$ 内（　　）.

(A) $f(x)$ 是增函数，$g(x)$ 是减函数

(B) $f(x)$ 是减函数，$g(x)$ 是增函数

(C) $f(x)$，$g(x)$ 都是增函数

(D) $f(x)$，$g(x)$ 都是减函数

解 在 $\left(0,\frac{\pi}{2}\right)$ 内，2^x 是增函数，而 $\cos x$ 是减函数，故 $2^{\cos x}$ 是减函数.

在 $\left(0,\frac{\pi}{2}\right)$ 内，$\left(\frac{1}{2}\right)^x$ 是减函数，而 $\sin x$ 是增函数，故 $\left(\frac{1}{2}\right)^{\sin x}$ 是减函数.

选(D).

例 4 设 $f(x),\varphi(x),\psi(x)$ 是 $(-\infty,+\infty)$ 内的单调增函数，

证明:若 $\varphi(x)\leqslant f(x)\leqslant\psi(x)$,则

$$\varphi(\varphi(x))\leqslant f(f(x))\leqslant\psi(\psi(x)).$$

证 设 x_0 为 $(-\infty,+\infty)$ 内的任一点,由题设,有

$$\varphi(x_0)\leqslant f(x_0)\leqslant\psi(x_0),$$

由 $\varphi(x)\leqslant f(x)\leqslant\psi(x)$ 及函数的单调增加性,得

$$f(\varphi(x_0))\leqslant f(f(x_0)),\ \varphi(\varphi(x_0))\leqslant f(\varphi(x_0)),$$

从而

$$\varphi(\varphi(x_0))\leqslant f(f(x_0)).$$

同理可证 $f(f(x_0))\leqslant\psi(\psi(x_0))$.

由 x_0 的任意性,可知在 $(-\infty,+\infty)$ 内,有

$$\varphi(\varphi(x))\leqslant f(f(x))\leqslant\psi(\psi(x)).$$

例 5 设函数 $f(x)=x-[x]$,试确定:

(1) $f(x)$ 的定义域; (2) $f(x)$ 的值域;

(3) $f(x)$ 是有界函数;(4) $f(x)$ 是以 1 为周期的周期函数.

解 因 $y=[x]$ 是取整函数,即 $[x]$ 表示不超过 x 的最大整数:

$$y=[x]=n,n\leqslant x<n+1,n=0,\pm1,\pm2,\pm3,\cdots.$$

该函数的定义域是 $(-\infty,+\infty)$,值域是整数集合 $\{0,\pm1,\pm2,\pm3,\cdots\}$.

(1) 由函数 $y=[x]$ 的定义域知,$f(x)$ 的定义域是 $(-\infty,+\infty)$.

(2) 按函数 $y=[x]$ 的意义,任取 $x\in(-\infty,+\infty)$,设

$$n\leqslant x<n+1,\ n=0,\pm1,\pm2,\cdots,$$

则

$$x-[x]\geqslant n-n=0,\ x-[x]<n+1-n=1,$$

即 $0\leqslant x-[x]<1$,由此函数 $f(x)$ 的值域是 $[0,1)$. 这表明 $f(x)=x-[x]$ 表示 x 的非负小数部分.

(3) $f(x)$ 的值域是 $[0,1)$,该函数是有界函数.

(4) 对任意 $x\in(-\infty,+\infty)$,有

$$f(x+1)=x+1-[x+1]=x+1-([x]+1)$$
$$=x-[x]=f(x).$$

上式说明$f(x)$是以1为周期的周期函数. $f(x)=x-[x]$的图形如图1－1所示.

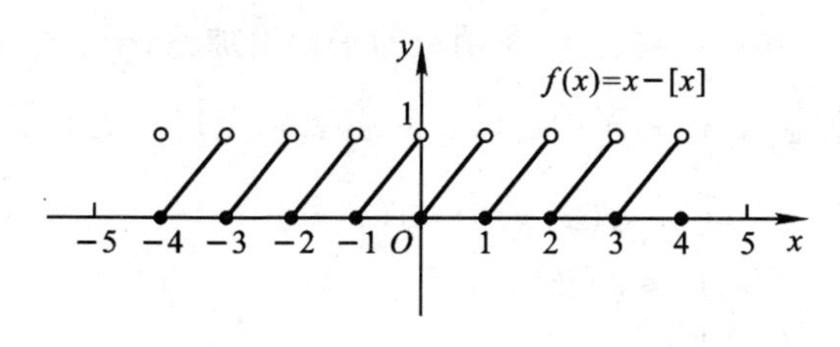

图1－1

§1.3 图形的几何变换

一、用图形的几何变换作图

由已知函数的解析式作出它的图形,一般是采用描点法. 这里介绍借助于已知初等函数图形的几何变换,即通过“平移”、“对称”等作出某些函数的图形.

假设已知函数$y=f(x)$的图形,要作出一些与它相关的函数的图形.

1. 平移

(1) 函数$y=f(x)+b(b>0)$的图形可由$y=f(x)$的图形沿y轴向上平移b个单位得到.

点$A(x_0,f(x_0))$在曲线$y=f(x)$上,点$B(x_0,f(x_0)+b)$在曲线$y=f(x)+b$上,而点$B(x_0,f(x_0)+b)$在点$A(x_0,f(x_0))$的正上方且相距b个单位.

(2) 函数$y=f(x)-b(b>0)$的图形可由$y=f(x)$的图形沿y轴向下平移b个单位得到.

(3) 函数$y=f(x+a)(a>0)$的图形可由$y=f(x)$的图形沿x

轴向左平移 a 个单位得到.

由于 $f((x_0-a)+a)=f(x_0)$，故点 $B(x_0-a,f(x_0))$ 在曲线 $y=f(x+a)$ 上，而点 $B(x_0-a,f(x_0))$ 在点 $A(x_0,f(x_0))$ 的左侧且相距 a 个单位.

(4) 函数 $y=f(x-a)(a>0)$ 的图形可由 $y=f(x)$ 的图形沿 x 轴向右平移 a 个单位得到.

2. 对称

(1) 函数 $y=-f(x)$ 的图形与 $y=f(x)$ 的图形关于 x 轴对称.

因点 $A(x_0,f(x_0))$ 在曲线 $y=f(x)$ 上，点 $B(x_0,-f(x_0))$ 在曲线 $y=-f(x)$ 上，而点 A 与点 B 关于 x 轴对称.

(2) 函数 $y=f(-x)$ 的图形与 $y=f(x)$ 的图形关于 y 轴对称.

因点 $A(x_0,f(x_0))$ 在曲线 $y=f(x)$ 上，点 B 的坐标 $B(-x_0,f(-(-x_0)))$，即点 $B(-x_0,f(x_0))$ 在曲线 $y=f(-x)$ 上，而点 A 与点 B 关于 y 轴对称.

(3) 函数 $y=-f(-x)$ 的图形与 $y=f(x)$ 的图形关于坐标原点对称.

由(1),(2)自然得到(3)的结论.

(4) 函数 $y=|f(x)|$ 的图形，是将 $y=f(x)$ 的图形在 x 轴下方部分对称到 x 轴上方，而在 x 轴上方部分不变而得到的.

由(1)及 $|f(x)|=|-f(x)|$ 可得该结论.

(5) 函数 $=f(|x|)$ 的图形，是将 $y=f(x)$ 的图形在 y 轴右侧部分不变，再将其右侧部分关于 y 轴对称得 y 轴左侧部分.

因为 $|-x|=|x|$，所以 $f(|-x|)=f(|x|)$，这表明 $y=f(|x|)$ 是偶函数.

(6) 函数 $y=f^{-1}(x)$ 的图形与其反函数 $y=f(x)$ 的图形关于直线 $y=x$ 对称.

(7) 函数 $y=f(a-x)$ 的图形与 $y=f(x-a)$ 的图形关于直线

$x=a$ 对称.

设 $a>0$($a<0$ 时可同样推导),将函数 $y=f(x)$ 的图形向右平移 a 个单位得函数 $y=f(x-a)$ 的图形;将该图形关于直线 $x=a$ 对称,得函数 $y=f(-(x-a))=f(a-x)$ 的图形.

3. 伸长或压缩

(1) 设 $a>0$,函数 $y=af(x)$ 的图形,是将 $y=f(x)$ 的图形沿 y 轴方向伸长或压缩 a 倍得到:当 $a>1$ 时,是伸长;当 $a<1$ 时,是压缩.

(2) 设 $a>0$,函数 $y=f(ax)$ 的图形,是将 $y=f(x)$ 的图形沿 x 轴方向伸长或压缩 a 倍得到:当 $a>1$ 时,是压缩;当 $a<1$ 时,是伸长.

例 1 已知函数 $y=x^2$ 的图形,作函数 $y=-x^2-2x+1$ 的图形.

解 由于 $y=-x^2-2x+1=-(x+1)^2+2$. 故将曲线 $y=x^2$ 向左平移一个单位,得到的曲线关于 x 轴对称后,再向上平移两个单位,便得到曲线 $y=-x^2-2x+1$(图 1-2).

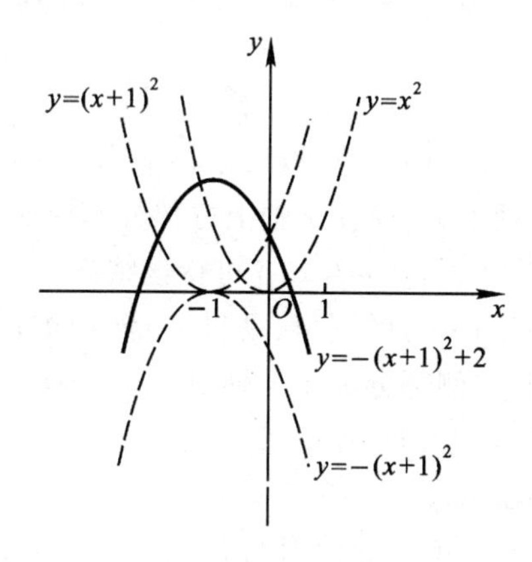

图 1-2

例 2 已知函数 $y=\ln x$ 的图形,作下列函数的图形:

(1) $y=\ln(-x)$;　　　　(2) $y=\ln|x|$;

(3) $y=\ln(1-x)$;　　　　(4) $y=|\ln(1-x)|$.

解 (1) 已知曲线 $y=\ln x$ 关于 y 轴对称得 $y=\ln(-x)$ 的图形(图 1-3).

(2) 因 $y=\ln|x|$ 是偶函数:

$$y=\ln|x|=\begin{cases}\ln x, & 0<x<+\infty,\\ \ln(-x), & -\infty<x<0.\end{cases}$$

曲线 $y=\ln|x|$ 有两个分支:曲线 $y=\ln x$ 与 $y=\ln(-x)$. 参阅图 1-3.

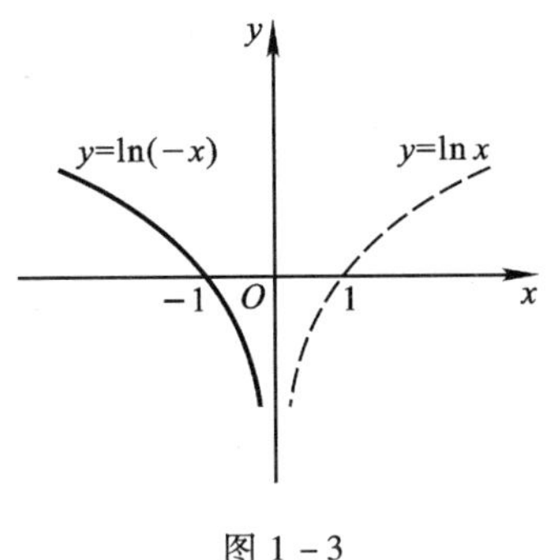

图 1-3

(3) 因函数 $y=\ln(1-x)$ 的图形与函数 $y=\ln(x-1)$ 的图形关于直线 $x=1$ 对称. 将曲线 $y=\ln x$ 向右平移一个单位得函数 $y=\ln(x-1)$ 的图形,从而可得函数 $y=\ln(1-x)$ 的图形(图 1-4).

(4) 将曲线 $y=\ln(1-x)$ 在 x 轴下方部分关于 x 轴对称,而 x 轴上方部分不动,便得函数 $y=|\ln(1-x)|$ 的图形(图 1-5).

例 3 已知函数 $y=\sin x$ 的图形,作函数 $y=2\sin\left(2x-\frac{\pi}{2}\right)$ 的图形.

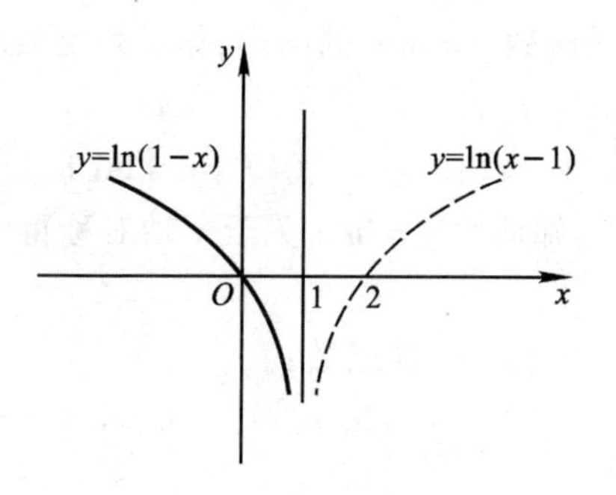

图 1－4

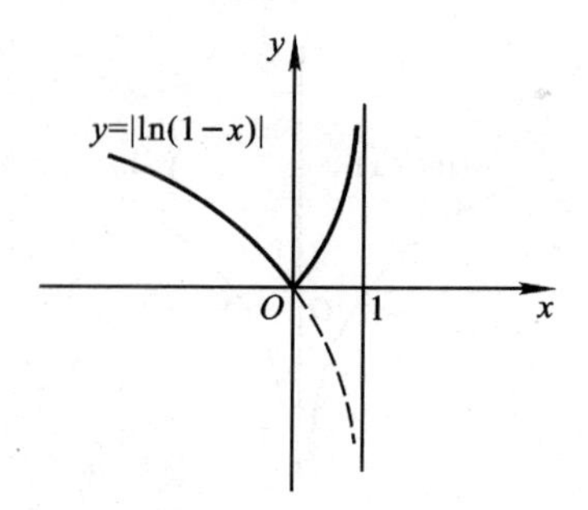

图 1－5

解 因 $y=2\sin\left(2x-\frac{\pi}{2}\right)=2\sin\left[2\left(x-\frac{\pi}{4}\right)\right]$.

将 $y=\sin x$ 的图形(图 1－6(a))沿 x 轴方向压缩 2 倍得 $y=\sin 2x$ 的图形(图 1－6(b));所得图形沿 x 轴向右平移$\frac{\pi}{4}$,得到 $y=\sin 2\left(x-\frac{\pi}{4}\right)$的图形(图 1－6(c));再将所得图形沿 y 轴方向伸长 2 倍可得 $y=2\sin\left(2x-\frac{\pi}{2}\right)$的图形(图 1－6(d)).

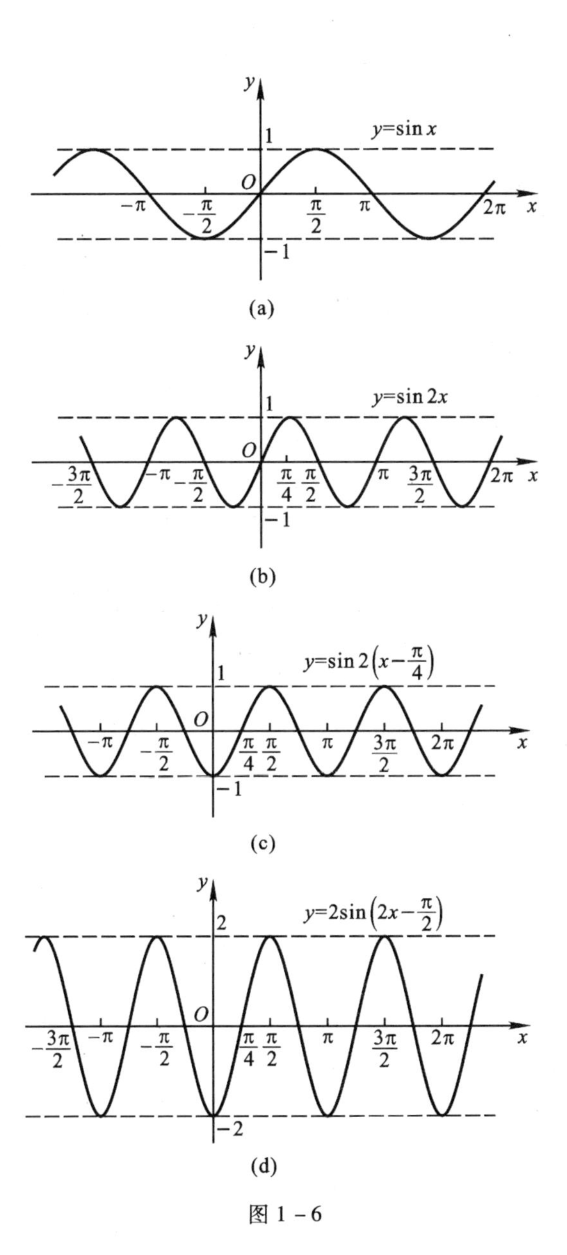

y
1
y=sin x
O
−π
−π/2
π/2
π
2π
x
−1
(a)
y
1
y=sin 2x
O
−3π/2
−π
−π/2
π/4
π/2
π
3π/2
2π
x
−1
(b)
y
y=sin 2(x−π/4)
1
O
−π
−π/2
π/4
π/2
π
3π/2
2π
x
−1
(c)
y
y=2sin(2x−π/2)
2
O
−3π/2
−π
−π/2
π/4
π/2
π
3π/2
2π
x
−2
(d)

图 1－6

二、对称图形的增减性、极值、凹向、拐点及切线斜率[①]

1．关于 x 轴对称的图形

函数 $y=f(x)$ 的图形与 $y=-f(x)$ 的图形关于 x 轴对称.

(1) **增减性** 在同一区间内，函数 $y=f(x)$ 与 $y=-f(x)$ 的增减性正好相反.

在有定义的区间内，若 $y=f(x)$ 是增（减）函数，则 $y=-f(x)$ 是减（增）函数；若函数 $y=f(x)$ 先增（减）后减（增），则 $y=-f(x)$ 先减（增）后增（减）.

(2) **极值** 若点 x_0 是函数 $y=f(x)$ 的极大（小）值点，$f(x_0)$ 是函数 $y=f(x)$ 的极大（小）值，则点 x_0 是函数 $y=-f(x)$ 的极小（大）值点，$-f(x_0)$ 是函数 $y=-f(x)$ 的极小（大）值.

(3) **凹向** 在同一区间内，曲线 $y=f(x)$ 与 $y=-f(x)$ 的凹向正好相反.

在有定义的区间内，若曲线 $y=f(x)$ 上（下）凹，则曲线 $y=-f(x)$ 下（上）凹；若曲线 $y=f(x)$ 先上（下）凹后下（上）凹，则曲线 $y=-f(x)$ 先下（上）凹后上凹.

(4) **拐点** 若点 $(x_0,f(x_0))$ 是曲线 $y=f(x)$ 的拐点，则点 $(x_0,-f(x_0))$ 是曲线 $y=-f(x)$ 的拐点.

(5) **切线斜率** 曲线 $y=f(x)$ 与 $y=-f(x)$ 在点 x_0 处的切线斜率互为相反数.

见图 1-7 及图 1-2 中 $y=(x+1)^2$ 与 $y=-(x+1)^2$ 的图形.

2．关于 y 轴对称的图形

函数 $y=f(x)$ 的图形与 $y=f(-x)$ 的图形关于 y 轴对称.

(1) **增减性** 函数 $y=f(x)$ 在区间 (a,b) 内的增减性与函数 $y=f(-x)$ 在对称区间 $(-b,-a)$ 内的增减性正好相反.

---

① 初学者学习完 §4.3、§4.4 之后再阅读这部分内容.

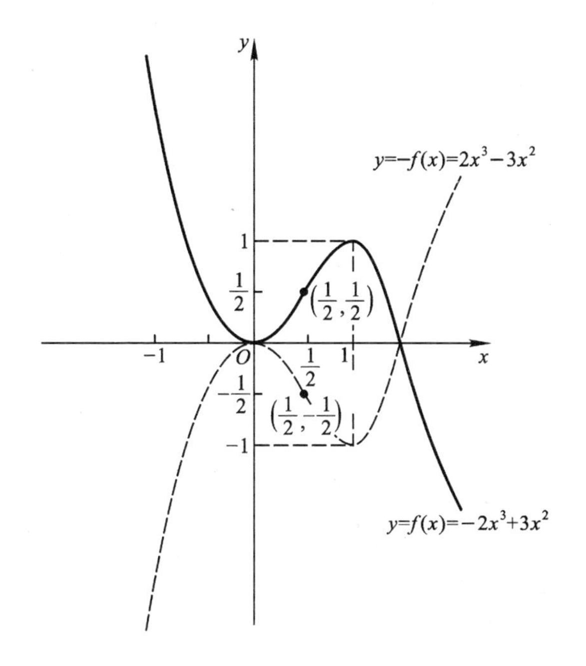

图 1－7

在有定义的区间内，若 $y=f(x)$ 是增（减）函数，则 $y=f(-x)$ 是减（增）函数；若函数 $y=f(x)$ 先增（减）后减（增），则函数 $y=f(-x)$ 先减（增）后增（减）.

（2）**极值** 若点 x_0 是函数 $y=f(x)$ 的极大（小）值点，$f(x_0)$ 是函数 $y=f(x)$ 的极大（小）值，则点 $-x_0$ 是函数 $y=f(-x)$ 的极大（小）值点，$f(-x_0)$ 是函数 $y=f(-x)$ 的极大（小）值.

（3）**凹向** 曲线 $y=f(x)$ 在区间 (a,b) 内的凹向与曲线 $y=f(-x)$ 在对称区间 $(-b,-a)$ 内的凹向相同.

在有定义的区间内，若曲线 $y=f(x)$ 上（下）凹，则曲线 $y=f(-x)$ 也上（下）凹；若曲线 $y=f(x)$ 先上（下）凹后下（上）凹，则曲线 $y=f(-x)$ 也先上（下）凹后下（上）凹.

(4) **拐点**　若点$(x_0,f(x_0))$是曲线$y=f(x)$的拐点，则点$(-x_0,f(-x_0))$是曲线$y=f(-x)$的拐点.

(5) **切线斜率**　曲线$y=f(x)$在点x_0处的切线斜率与曲线$y=f(-x)$在点$-x_0$处的切线斜率互为相反数.

见图1-8及图1-3.

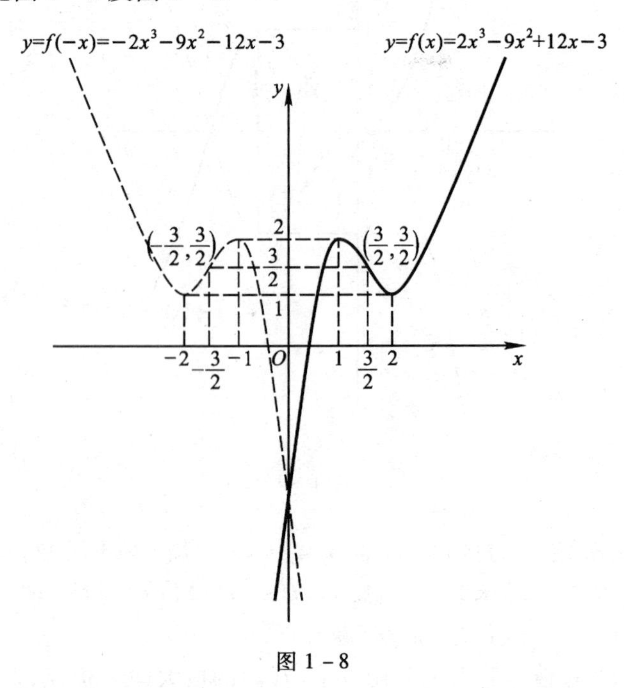

图1-8

3. 关于坐标原点对称的图形

函数$y=f(x)$的图形与$y=-f(-x)$的图形关于坐标原点对称.

(1) **增减性**　函数$y=f(x)$在区间(a,b)内的增减性与函数$y=-f(-x)$在对称区间$(-b,-a)$内的增减性相同.

在有定义的区间内，若$y=f(x)$是增(减)函数，则$y=-f(-x)$也是增(减)函数；若函数$y=f(x)$先增(减)后减

（增），则 $y=-f(-x)$ 也先增（减）后减（增）.

（2）**极值**　若点 x_0 是函数 $y=f(x)$ 的极大（小）值点，$f(x_0)$ 是函数 $y=f(x)$ 的极大（小）值，则点 $-x_0$ 是函数 $y=-f(-x)$ 的极小（大）值点，$-f(-x_0)$ 是函数 $y=-f(x)$ 的极小（大）值.

（3）**凹向**　曲线 $y=f(x)$ 在区间 (a,b) 内的凹向与曲线 $y=-f(-x)$ 在对称区间 $(-b,-a)$ 内的凹向正好相反.

在有定义的区间内，若曲线 $y=f(x)$ 先上（下）凹后下（上）凹，则曲线 $y=-f(-x)$ 先下（上）凹后上（下）凹.

（4）**拐点**　若点 $(x_0,f(x_0))$ 是曲线 $y=f(x)$ 的拐点，则点 $(-x_0,-f(-x_0))$ 是曲线 $y=-f(-x)$ 的拐点.

（5）**切线斜率**　曲线 $y=f(x)$ 在点 x_0 处的切线斜率与曲线 $y=-f(-x)$ 在点 $-x_0$ 处的切线斜率相同.

见图 1-9.

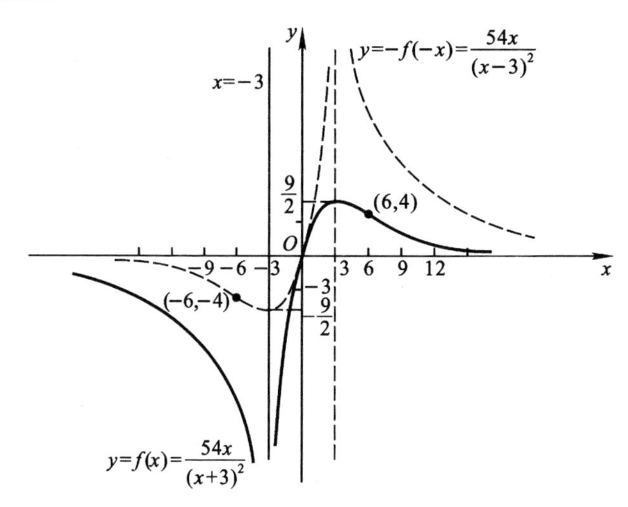

图 1-9

小　　结

一、知识点、重点、难点

1. 知识点：

(1) 函数概念：函数定义、反函数定义、复合函数定义、分段函数.

(2) 函数的几种特性.

(3) 基本初等函数的性质及其图形.

2. 重点：函数概念. 基本初等函数的性质及其图形.

3. 难点：复合函数及其分解.

二、微积分的研究对象是函数，且主要是初等函数.

自　测　题

1. 填空题

(1) 设函数 $f(x)$ 的定义域是 $[0,2]$，且 $0<a\leqslant 1$，则函数 $f(x+a)+f(x-a)$ 的定义域是______.

(2) 设函数 $\operatorname{sgn} x=\begin{cases}1, & x>0,\\ 0, & x=0,\\ -1, & x<0,\end{cases}$ (称为符号函数)，且 $f(x)$ 的定义域是 $[-2,0]$，则 $f(\operatorname{sgn} x)$ 的定义域是______.

(3) 函数 $y=\sqrt{\dfrac{4x+3}{x-3}}$ 的值域是________.

(4) 已知 $f^{-1}(\log_a x)=x^2+1$，则 $f(x)=$______.

(5) 设 $f(x)=\dfrac{x}{\sqrt{1+x^2}}$，则 $f_n(x)=\underbrace{f(f(\cdots f(x)\cdots))}_{n次}=$______.

2. 单项选择题

(1) 设 $f(x)=\begin{cases}x^2, & x\leqslant -2,\\ x+9, & -2<x<2,\\ 2^x, & x\geqslant 2,\end{cases}$ 则下列等式中不成立的是(　　).

(A) $f(-2)=f(2)$　　(B) $f(1)=f(4)$

(C) $f(-1)=f(3)$　　(D) $f(0)=f(-3)$

(2) 对任何 $x\in(1,a)$,设 $f(x)=\log_a x$,则正确的是(　　).

(A) $f(f(x))<f(x^2)<[f(x)]^2$　(B) $f(f(x))<[f(x)]^2<f(x^2)$

(C) $f(x^2)<f(f(x))<[f(x)]^2$　(D) $[f(x)]^2<f(x^2)<f(f(x))$

(3) 设函数 $f(x)$ 在 $(-\infty,+\infty)$ 内有定义,则下列函数中是偶函数的是(　　)

(A) $[f(x)]^2$　　(B) $|f(x)|$　　(C) $f(-x)$　　(D) $e^{\cos x}f(x^2)$

(4) 设 $b>a$,且 $(b+c)\sin(b+c)-(a+c)\sin(a+c)=0$,则 $c=$(　　).

(A) $2(a+b)$　(B) $-2(a+b)$　(C) $\frac{1}{2}(a+b)$　(D) $-\frac{1}{2}(a+b)$

(5) 设 $f(x)$ 在 $(-\infty,+\infty)$ 内有定义,又 $f(x+\pi)=f(x)+\sin x$,则 $f(x)$(　　).

(A) 是周期函数,周期是 π　　(B) 是周期函数,周期是 2π

(C) 是周期函数,周期是 4π　　(D) 不是周期函数

3. 计算题

(1) 设函数 $f(x)$ 的定义域是 $(0,1)$,试求函数 $f\left(\frac{[x]}{x}\right)$ 的定义域.

(2) 设函数 $f(x)$ 对一切正值都满足方程 $f(xy)=f(x)+f(y)$ 试推证下列各式:

1° $f(1)=0$;　　2° $f\left(\frac{1}{x}\right)=-f(x)$;

3° $f\left(\frac{x}{y}\right)=f(x)-f(y)$;　　4° $f(\sqrt[n]{x})=\frac{1}{n}f(x)$.

(3) 求函数 $y=\frac{1-\sqrt{1-2x}}{1+\sqrt{1-2x}}\ \left(x\leqslant\frac{1}{2}\right)$ 的反函数.

4. 设 $f(x)$ 在 $(-\infty,+\infty)$ 内有定义,且对任意的 $x,y\in(-\infty,+\infty)$,有

$$|f(x)-f(y)|<|x-y|,$$

试证明 $F(x)=f(x)+x$ 在 $(-\infty,+\infty)$ 内单调增加.

5. 用图形的几何变换作下列函数的图形:

（1）由 $y=x^2$ 的图形作 $y=\frac{1}{2}x^2+3x+\frac{5}{2}$ 的图形；

（2）由 $y=\ln x$ 的图形作 $y=\ln(2+3x)$ 的图形.

第二章 极限与连续

§2.1 极限概念

1. 用数列极限的定义证明数 A 是数列 $\{x_n\}$ 的极限的**思路**

首先,把要证明的命题用定义的形式给出:

$\lim\limits_{n\to\infty}x_n=A \Leftrightarrow$ 对任意给定的 $\varepsilon>0$,存在正整数 N,当 $n>N$ 时,都有

$$|x_n-A|<\varepsilon$$

其次,在假设不等式 $|x_n-A|<\varepsilon$ 成立时,用分析法解出 n,以确定 n 与 ε 的关系,从而找出正整数 N. 这有两种情况:

(1) 直接解不等式 $|x_n-A|<\varepsilon$,求出 n 与 ε 的关系(见例 1).

(2) 用"放大法",即适当放大原不等式,以便易于求出 n 与 ε 的关系:

$$|x_n-A|\leqslant|\varphi(n)|<\varepsilon$$

只要从 $|\varphi(n)|<\varepsilon$ 中解出 n 与 ε 的关系即可(见例 2).

最后,根据第二步的分析,证明第一步所列出的命题.

2. 用定义证明 A 是函数 $f(x)$ 当 $x\to\infty$ ($x\to+\infty$, $x\to-\infty$)时的极限的**思路**

对任意给定的 $\varepsilon>0$,从 $|f(x)-A|<\varepsilon$ 出发,要设法从 $|f(x)-A|$ 中分离出因子 $|x|$,以确定 $|x|$ 与 ε 的关系,从而找出一个正数 M. M 的找法类似于前述找寻 N 的方法(见例 3).

3. 用定义证明 A 是函数 $f(x)$ 当 $x\to x_0(x\to x_0^-,x\to x_0^+)$ 时的极限的**思路**

对任意给定的 $\varepsilon>0$，从 $|f(x)-A|<\varepsilon$ 出发，要设法从 $|f(x)-A|$ 中分离出因子 $|x-x_0|$，以确定 $|x-x_0|$ 与 ε 的关系，从而找出小的正数 δ. 这一般有两种情况($M>0$)：

(1) $|f(x)-A|=M|x-x_0|<\varepsilon$，则 $|x-x_0|<\dfrac{\varepsilon}{M}$，取$\delta=\dfrac{\varepsilon}{M}$ (见例4(1)).

(2) $|f(x)-A|=|\varphi(x)(x-x_0)|$，此时，若

$$|\varphi(x)|\leqslant M,\ x\in(x_0-\eta,x_0+\eta)$$

令

$$|\varphi(x)(x-x_0)|\leqslant M|x-x_0|<\varepsilon$$

由此

$$|x-x_0|<\frac{\varepsilon}{M}$$

取 $\delta=\min\left(\eta,\dfrac{\varepsilon}{M}\right)$就可以了(见例4(2)).

例1 设 $0<q<1,S_n=1+q+q^2+\cdots+q^n$，求证：

$$\lim_{n\to\infty}S_n=\frac{1}{1-q}$$

证 由于 $S_n=1+q+q^2+\cdots+q^n=\dfrac{1-q^{n+1}}{1-q}$.

首先，把要证明的命题用定义形式写出.

对任意给定的 $\varepsilon>0$，要找一个正整数 N，使得当 $n>N$ 时，都有

$$\left|S_n-\frac{1}{1-q}\right|=\left|\frac{1-q^{n+1}}{1-q}-\frac{1}{1-q}\right|<\varepsilon.$$

其次，用分析法解上述不等式，确定 n 与 ε 的关系，从而找出正整数 N.

由于

$$\left|\frac{1-q^{n+1}}{1-q}-\frac{1}{1-q}\right|=\left|\frac{-q^{n+1}}{1-q}\right|=\frac{q^{n+1}}{1-q},$$

要使 $\left|S_n-\dfrac{1}{1-q}\right|<\varepsilon$ 成立,就是使

$$\frac{q^{n+1}}{1-q}<\varepsilon \text{ 或 } q^{n+1}<\varepsilon(1-q),$$

即 $(n+1)\ln q<\ln\varepsilon(1-q)$ 或 $n>\dfrac{\ln\varepsilon(1-q)}{\ln q}-1(\ln q<0)$.

于是,取 $N=\left[\dfrac{\ln\varepsilon(1-q)}{\ln q}-1\right]$,则当 $n>N$ 时,就有

$$\left|S_n-\frac{1}{1-q}\right|<\varepsilon.$$

最后,把上面过程逆推一遍,即证明了极限问题.

由此,对任意给定的 $\varepsilon>0$,存在 $N=\left[\dfrac{\ln\varepsilon(1-q)}{\ln q}-1\right]$,当 $n>N$ 时,总有

$$\left|S_n-\frac{1}{1-q}\right|<\varepsilon.$$

由数列极限的定义,即 $\lim\limits_{n\to\infty}S_n=\dfrac{1}{1-q}$.

注释 (1) 读者在证明此类题时,方框内的叙述不要写出,此处加上这些叙述,是为了明确解题思路.

(2) 用定义证明极限存在,逻辑推理要严格,但书写过程可简化.

例 2 用定义证明 $\lim\limits_{n\to\infty}\dfrac{n^2-n}{2n^2+n-6}=\dfrac{1}{2}$.

证 对任意给定的 $\varepsilon>0$,要使

$$\left|\frac{n^2-n}{2n^2+n-6}-\frac{1}{2}\right|<\varepsilon$$

成立. 由于

$$\left|\frac{n^2-n}{2n^2+n-6}-\frac{1}{2}\right|=\left|\frac{6-3n}{2(2n^2+n-6)}\right|,$$

显然,当 $n\geqslant 6$ 时,有

$$\left|\frac{6-3n}{2(2n^2+n-6)}\right|<\frac{3n}{4n^2}<\frac{1}{n}, \tag{1}$$

故只要使$\frac{1}{n}<\varepsilon$,即 $n>\frac{1}{\varepsilon}$即可.

于是,对任意给定的 $\varepsilon>0$,取 $N=\max\left\{6,\left[\frac{1}{\varepsilon}\right]\right\}$,则当 $n>N$ 时,总有

$$\left|\frac{n^2-n}{2n^2+n-6}-\frac{1}{2}\right|<\varepsilon.$$

从而,由数列极限定义,命题得证.

注释 例 1 中直接由$\left|S_n-\frac{1}{1-q}\right|<\varepsilon$解出 n,确定 n 与 ε 的关系:$n>\frac{\ln \varepsilon(1-q)}{\ln q}-1$. 而例 2 是用放大法.

上述(1)式中的第二个不等式$\frac{3n}{4n^2}<\frac{1}{n}$是无条件放大. 而第一个不等式$\left|\frac{6-3n}{2(2n^2+n-6)}\right|<\frac{3n}{4n^2}$是有条件(当 $n\geqslant 6$ 时)放大. 因数列的极限与它的前有限项无关,为了便于求出 n 与 ε 的关系,这种放大是可行的.

有的题目需要有条件放大,而有的题目只需无条件放大.

例 3 用定义证明$\lim\limits_{x\to\infty}\frac{x^2}{x^2-1}=1$.

证 对任意给定的 $\varepsilon>0$,要使

$$\left|\frac{x^2}{x^2-1}-1\right|=\left|\frac{1}{x^2-1}\right|=\frac{1}{|x^2-1|}<\varepsilon.$$

因 $|x^2-1|\geqslant|x^2|-1=|x|^2-1>0$(因 $x\to\infty$,可设 $|x|>1$),

所以
$$\left|\frac{x^2}{x^2-1}-1\right|=\frac{1}{|x^2-1|}\leqslant\frac{1}{|x|^2-1},$$

从而,只要$\frac{1}{|x|^2-1}<\varepsilon$,即 $|x|>\sqrt{1+\frac{1}{\varepsilon}}$即可.

于是取 $M=\sqrt{1+\frac{1}{\varepsilon}}$,则当 $|x|>M$ 时,都有

$$\left|\frac{x^2}{x^2-1}-1\right|<\varepsilon.$$

这就证明了 $\lim\limits_{x\to\infty}\frac{x^2}{x^2-1}=1$.

例 4 用定义证明:

(1) $\lim\limits_{x\to2}\frac{2(x^2-4)}{x-2}=8$;　　(2) $\lim\limits_{x\to2}\frac{1}{x-1}=1$.

证 (1) 对任意给定的 $\varepsilon>0$,要使

$$\left|\frac{2(x^2-4)}{x-2}-8\right|<\varepsilon,$$

当 $x\neq2$ 时,因

$$\left|\frac{2(x^2-4)}{x-2}-8\right|=|2(x+2)-8|=2|x-2|$$

所以,只要 $2|x-2|<\varepsilon$,即 $|x-2|<\frac{\varepsilon}{2}$ 即可.

于是,取 $\delta=\frac{\varepsilon}{2}$,则当 $0<|x-2|<\delta$ 时,便有

$$\left|\frac{2(x^2-4)}{x-2}-8\right|<\varepsilon.$$

由函数极限的定义,有 $\lim\limits_{x\to2}\frac{2(x^2-4)}{x-2}=8$.

(2) 对任意给定的 $\varepsilon>0$,要使

$$\left|\frac{1}{x-1}-1\right|=\left|\frac{x-2}{x-1}\right|=\frac{|x-2|}{|x-1|}<\varepsilon,$$

因极限过程是 $x\to2$,可限制 $0<|x-2|<\frac{1}{2}$,这时有

$$|x-1|=|1+x-2|\geqslant1-|x-2|>\frac{1}{2},$$

所以

$$\frac{|x-2|}{|x-1|}<2|x-2|.$$

于是,对任意给定的 $\varepsilon>0$,取 $\delta=\min\left(\frac{1}{2},\frac{\varepsilon}{2}\right)$,当 $0<|x-2|<\delta$ 时,便有

$$\left|\frac{1}{x-1}-1\right|<2|x-2|<2\cdot\frac{\varepsilon}{2}=\varepsilon.$$

即 $\lim\limits_{x\to2}\frac{1}{x-1}=1$.

§2.2 极限运算

这里,先给出复合函数的极限,幂指函数的极限,以及无穷大与有极限的函数的四则运算.

1. 复合函数 $f(\varphi(x))$ 的极限

设 $\lim\limits_{x\to x_0}\varphi(x)=a$,但在 $O_\delta^\circ(x_0)$①内,$\varphi(x)\neq a$

(1) 若 $\lim\limits_{u\to a}f(u)=A$,则

$$\lim_{x\to x_0}f(\varphi(x))=\lim_{u\to a}f(u)=A. \tag{1}$$

特别,若 $\lim\limits_{u\to a}f(u)=f(a)$,则

$$\lim_{x\to x_0}f(\varphi(x))=f(\lim_{x\to x_0}\varphi(x))=f(a). \tag{2}$$

上述(1)式表明,求极限时可作变量替换,令 $u=\varphi(x)$,则求 $\lim\limits_{x\to x_0}f(\varphi(x))$ 就转化为求 $\lim\limits_{u\to a}f(u)$;(2)式表明,函数符号"f"与极限符号"$\lim\limits_{x\to x_0}$"可以交换次序,即"极限运算可移到内层函数上去施行".

例如,$f(\varphi(x))=\frac{\sin(x-1)}{x-1}$,$\varphi(x)=x-1\ (x\neq1)$,$f(u)=\frac{\sin u}{u}$.

---

① $O^\circ_\delta(x_0)$ 表示点 x_0 的空心 δ 邻域. $O_\delta(x_0)$ 表示点 x_0 的 δ 邻域.

因 $\lim\limits_{x\to1}(x-1)=0,\lim\limits_{u\to0}\frac{\sin u}{u}=1$（见本节第二部分），

则 $$\lim_{x\to1}\frac{\sin(x-1)}{x-1}\xlongequal{u=x-1}\lim_{u\to0}\frac{\sin u}{u}=1.$$

又如，$f(\varphi(x))=\ln(1+x)^{\frac{1}{x}},\varphi(x)=(1+x)^{\frac{1}{x}},f(u)=\ln u$.

因 $\lim\limits_{x\to0}(1+x)^{\frac{1}{x}}=\mathrm{e}$（见本节第二部分），$\lim\limits_{u\to e}\ln u=\ln\mathrm{e}=f(\mathrm{e})=1$，

则 $$\lim_{x\to0}\ln(1+x)^{\frac{1}{x}}=\ln\lim_{x\to0}(1+x)^{\frac{1}{x}}=\ln\mathrm{e}=1.$$

（2）若 $\lim\limits_{u\to a}f(u)=\infty$，则 $\lim\limits_{x\to x_0}f(\varphi(x))=\lim\limits_{u\to a}f(u)=\infty$

例如，$f(\varphi(x))=\ln|\sin x|,\varphi(x)=\sin x,f(u)=\ln|u|$.

因 $\lim\limits_{x\to0}\sin x=0,\lim\limits_{u\to0}\ln|u|=-\infty$，则 $\lim\limits_{x\to0}\ln|\sin x|=\lim\limits_{u\to0}\ln|u|=-\infty$.

（3）若 $\lim\limits_{u\to a}f(u)$ 不存在（∞ 除外），则 $\lim\limits_{x\to x_0}f(\varphi(x))$ 未必不存在.

例如，$f(\varphi(x))=\mathrm{e}^{-\frac{1}{x^2}},\varphi(x)=x^2>0,f(u)=\mathrm{e}^{-\frac{1}{u}}$.

这时，$\lim\limits_{x\to0}x^2=0,\lim\limits_{u\to0}\mathrm{e}^{-\frac{1}{u}}$ 不存在，却有 $\lim\limits_{x\to0}\mathrm{e}^{-\frac{1}{x^2}}=0$.

注释 极限式"$\lim\limits_{x\to x_0}\varphi(x)=a$"中，$x\to x_0$ 可以改为 $x\to\infty$；极限 a 也可改为 ∞.

例如，$f(\varphi(x))=\cos\frac{1}{x},\varphi(x)=\frac{1}{x},f(u)=\cos u$.

因 $\lim\limits_{x\to\infty}\frac{1}{x}=0,\lim\limits_{u\to0}\cos u=1$，则 $\lim\limits_{x\to\infty}\cos\frac{1}{x}=1$.

又如，$f(\varphi(x))=\arctan\frac{1}{x},\varphi(x)=\frac{1}{x},f(u)=\arctan u$.

因 $\lim\limits_{x\to0^+}\frac{1}{x}=+\infty$，$\lim\limits_{u\to+\infty}\arctan u=\frac{\pi}{2}$，则 $\lim\limits_{x\to0^+}\arctan\frac{1}{x}=\frac{\pi}{2}$.

再如，$f(\varphi(x))=\ln(1+x^2),\varphi(x)=1+x^2,f(u)=\ln u$.

因 $\lim\limits_{x\to\infty}(1+x^2)=+\infty$，$\lim\limits_{u\to+\infty}\ln u=+\infty$，则 $\lim\limits_{x\to\infty}\ln(1+x^2)=$

$+\infty$.

2. 幂指函数 $f(x)^{g(x)}$ 的极限

(1) 设 $\lim f(x)=A(A>0)$, $\lim g(x)=B$, 则 $\lim f(x)^{g(x)}=\lim f(x)^{\lim g(x)}=A^B$.

(2) 设 $\lim f(x)=A$, 且 $A>0, A\neq 1$, $\lim g(x)=+\infty$:

1° 若 $0<A<1$, 则 $\lim f(x)^{g(x)}=0$;

2° 若 $A>1$, 则 $\lim f(x)^{g(x)}=+\infty$.

注释 幂指函数 $f(x)^{g(x)}$ 经常呈 1^∞, 0^0, ∞^0 型未定式,这将在以后陆续讲授.

3. 无穷大与有极限的函数的四则运算

设 $\lim f(x)=\infty$, $\lim g(x)=A$, 则

$\lim[f(x)\pm g(x)]=\infty$ ($\lim[f(x)\pm g(x)]=\lim f(x)\pm\lim g(x)=\infty$ 是错误的);

$$\lim\frac{f(x)}{g(x)}=\infty;\lim[f(x)\cdot g(x)]=\begin{cases}\infty, & A\neq 0,\\ \text{未定式}, & A=0.\end{cases}$$

一、代数函数的极限

代数函数是指有理函数与无理函数

1. 有理函数的情形

设 $P(x)=a_0x^n+a_1x^{n-1}+\cdots+a_{n-1}x+a_n(a_0\neq 0)$,

$Q(x)=b_0x^m+b_1x^{m-1}+\cdots+b_{m-1}x+b_m(b_0\neq 0)$.

(1) 当 $x\to\infty$ 时,有

1° $\lim\limits_{x\to\infty}P(x)=\lim\limits_{x\to\infty}x^n\left(a_0+\dfrac{a_1}{x}+\cdots+\dfrac{a_n}{x^n}\right)=\infty$;

2° $$\lim_{x\to\infty}\frac{P(x)}{Q(x)}\overset{\frac{\infty}{\infty}}{=\!=}\begin{cases}\infty, & n>m\text{ 时},\\ \dfrac{a_0}{b_0}, & n=m\text{ 时},\ (\text{分母、分子同除以 }x\text{ 的最高次幂}).\\ 0, & n<m\text{ 时}.\end{cases}$$

(2) 当 $x\to x_0$ 时,有

1° $\lim\limits_{x \to x_0} P(x) = a_0 x_0^n + a_1 x_0^{n-1} + \cdots + a_{n-1} x_0 + a_n = P(x_0)$.

2° $\lim\limits_{x \to x_0} \dfrac{P(x)}{Q(x)} = \begin{cases} \dfrac{P(x_0)}{Q(x_0)}, & \text{当 } Q(x_0) \neq 0 \text{ 时}, \\ \infty, & \text{当 } Q(x_0) = 0, P(x_0) \neq 0 \text{ 时}, \\ \dfrac{0}{0}\text{型}, & \text{当 } Q(x_0) = 0, P(x_0) = 0 \text{ 时}. \end{cases}$

对上述的$\frac{0}{0}$型,先将分母、分子因式分解,分解出公因子$(x - x_0)$,将其约分后,再求极限.

2. 无理函数的情形

当分式的分母、或分子、或分母与分子同时出现无理式时:

(1) 当$x \to \infty$时,若呈$\frac{\infty}{\infty}$型,分母与分子同除以x的最高次幂,然后再求极限;

(2) 当$x \to x_0$时,若呈$\frac{0}{0}$型,可将分母、分子同乘一个因式,其目的是使以零为极限的公因子$(x - x_0)$显露出来,约去公因子后,再求极限.

3. $\infty - \infty$与$0 \cdot \infty$型未定式

若代数函数的极限呈$\infty - \infty$型,可用通分、乘因子等方法,将其转化为分式,然后再求极限;若呈$0 \cdot \infty$型,可化为分式$\dfrac{0}{\frac{1}{\infty}}$或$\dfrac{\infty}{\frac{1}{0}}$,这将是$\frac{0}{0}$或$\frac{\infty}{\infty}$型,然后再求极限.

4. 推广

对某些非代数函数的极限,也可按上述思路来进行:

对$\frac{\infty}{\infty}$型,可将分母、分子同除以最高阶的无穷大.

对$\frac{0}{0}$型,通过恒等变形,变量代换等,以分离出分母、分子中以零为极限的公因子.

例 1 求下列极限：

(1) $\lim\limits_{x\to\infty}\dfrac{x^7(1-2x)^8}{(3x+2)^{15}}$;

(2) 求 $\lim\limits_{x\to-\infty}\dfrac{\sqrt{9x^2+2x-3}+2x+1}{\sqrt{x^2+\sin^2 x}}$.

解 这是$\dfrac{\infty}{\infty}$型. 分母、分子同除以 x 的最高次幂.

(1) 原式 $=\lim\limits_{x\to\infty}\dfrac{\left(\dfrac{1}{x}-2\right)^8}{\left(3+\dfrac{2}{x}\right)^{15}}=\dfrac{2^8}{3^{15}}$.

(2) 原式 $=\lim\limits_{x\to-\infty}\dfrac{-x\sqrt{9+\dfrac{2}{x}-\dfrac{3}{x^2}}+2x+1}{-x\sqrt{1+\dfrac{1}{x^2}\sin^2 x}}$

$$=\lim_{x\to-\infty}\frac{-x\left(\sqrt{9+\dfrac{2}{x}-\dfrac{3}{x^2}}-2-\dfrac{1}{x}\right)}{-x\sqrt{1+\dfrac{1}{x^2}\sin^2 x}}=\frac{3-2}{1}=1.$$

注释 本例之(2)若不注意 $x\to-\infty$，易错误得到$\dfrac{3+2}{1}=5$.

例 2 求下列极限：

(1) $\lim\limits_{x\to1}\dfrac{x^{n+1}-(n+1)x+n}{(x-1)^2}$;

(2) $\lim\limits_{x\to0}\dfrac{\cos x+\cos^2 x+\cdots+\cos^n x-n}{\cos x-1}$.

解 这是$\dfrac{0}{0}$型，通过分解因式，分离出分子以零为极限的因子.

(1) $x^{n+1}-(n+1)x+n=x(x^n-1)-n(x-1)$

$$= (x-1)[x(x^{n-1}+x^{n-2}+\cdots+x+1)-n]$$
$$= (x-1)[(x^n-1)+(x^{n-1}-1)+\cdots+(x-1)]$$
$$= (x-1)^2[x^{n-1}+2x^{n-2}+\cdots+(n-1)x+n].$$

于是 $\quad$ 原式 $=\lim\limits_{x\to 1}[x^{n-1}+2x^{n-2}+\cdots+(n-1)x+n]$

$$=1+2+\cdots+(n-1)+n=\frac{1}{2}n(n+1).$$

(2) 原式 $=\lim\limits_{x\to 0}\dfrac{(\cos x-1)+(\cos^2 x-1)+\cdots+(\cos^n x-1)}{\cos x-1}$

$$=\lim_{x\to 0}[1+(\cos x+1)+\cdots+(\cos^{n-1}x+\cos^{n-2}x+\cdots+1)]$$
$$=1+2+\cdots+n=\frac{n(n+1)}{2}.$$

例 3 求 $\lim\limits_{x\to 1}\dfrac{\sqrt{2x+7}-3}{\sqrt[3]{x}-1}$.

解 1 这是 $\dfrac{0}{0}$ 型. 分子须乘共轭因子, 分母须乘 $(\sqrt[3]{x^2}+\sqrt[3]{x}+1)$.

$$原式=\lim_{x\to 1}\frac{(2x+7-9)(\sqrt[3]{x^2}+\sqrt[3]{x}+1)}{(x-1)(\sqrt{2x+7}+3)}=\frac{2\cdot 3}{3+3}=1.$$

解 2 变量替换,先将分母化为有理函数. 设 $\sqrt[3]{x}=t$,则

$$原式=\lim_{t\to 1}\frac{\sqrt{2t^3+7}-3}{t-1}=\lim_{t\to 1}\frac{2t^3+7-9}{(t-1)(\sqrt{2t^3+7}+3)}$$
$$=\frac{2}{6}\lim_{t\to 1}(t^2+t+1)=1.$$

注释 本例的第二种解法,先通过变量替换消去分母的根式;再设法消去分母、分子以零为极限的公因子. 一般说来,这较第一种解法简便.

例 4 求证 $\lim\limits_{x\to 0}\dfrac{(1+x)^{\frac{1}{n}}-1}{x}=\dfrac{1}{n}$ (n 为非零整数).

证 这是$\frac{0}{0}$型. 当 n 为正整数时,设$(1+x)^{\frac{1}{n}}=u$,则

$$原式=\lim_{u\to 1}\frac{u-1}{u^n-1}=\lim_{u\to 1}\frac{1}{u^{n-1}+u^{n-2}+\cdots+1}=\frac{1}{n}.$$

当 n 为负整数时,设 $n=-m$(m 为正整数),则

$$原式=\lim_{x\to 0}\frac{\frac{1}{(1+x)^{\frac{1}{m}}}-1}{x}$$

$$=\lim_{x\to 0}\frac{(1+x)^{\frac{1}{m}}-1}{x}\cdot\left[-\frac{1}{(1+x)^{\frac{1}{m}}}\right]=\frac{1}{m}(-1)=\frac{1}{n}.$$

注释 本例结论可作为公式使用.

例 5 求下列极限,其中 m 和 n 为非零整数:

(1) $\lim\limits_{x\to 0}\frac{\sqrt[m]{1+\alpha x}\cdot\sqrt[n]{1+\beta x}-1}{x}$;(2) $\lim\limits_{x\to 1}\frac{\sqrt[m]{x}-1}{\sqrt[n]{x}-1}$.

解 这是$\frac{0}{0}$型,用例 4 公式.

(1) $$原式=\lim_{x\to 0}\left(\alpha\frac{\sqrt[m]{1+\alpha x}-1}{\alpha x}+\beta\frac{\sqrt[m]{1+\alpha x}(\sqrt[n]{1+\beta x}-1)}{\beta x}\right)$$

$$=\frac{\alpha}{m}+\frac{\beta}{n}.$$

(2) 令 $x=1+t$. 于是

$$原式=\lim_{t\to 0}\left(\frac{\sqrt[m]{1+t}-1}{t}\cdot\frac{1}{\frac{\sqrt[n]{1+t}-1}{t}}\right)=\frac{1}{m}\cdot\frac{1}{\frac{1}{n}}=\frac{n}{m}.$$

例 6 $\lim\limits_{x\to\frac{\pi}{2}}\frac{1-\sin^{\alpha+\beta}x}{\sqrt{(1-\sin^{\alpha}x)(1-\sin^{\beta}x)}}$($\alpha,\beta$ 为正整数)

解 这是$\frac{0}{0}$型. 当 n 是正整数,有

$$\lim_{t\to 1}\frac{t^n-1}{t-1}=\lim_{t\to 1}(t^{n-1}+t^{n-2}+\cdots+1)=n.$$

设 $\sin x=t$，则当 $x\to\frac{\pi}{2}$ 时，$t\to1$. 于是

$$原式=\lim_{t\to1}\frac{1-t^{\alpha+\beta}}{1-t}\frac{1}{\sqrt{\frac{1-t^{\alpha}}{1-t}\cdot\frac{1-t^{\beta}}{1-t}}}=\frac{\alpha+\beta}{\sqrt{\alpha\beta}}.$$

例 7 求下列极限：

(1) $\lim\limits_{x\to0^+}\left(\frac{1}{\sqrt{x}}-\frac{2\sqrt{x}-1}{x-\sqrt{x}}\right)$；

(2) $\lim\limits_{x\to+\infty}\left(\sqrt{x^2+x+1}-\sqrt{x^2-x+1}\right)$.

解 这是 $\infty-\infty$ 型. 先化成分式，再求极限.

(1) $原式=\lim\limits_{x\to0^+}\frac{x-\sqrt{x}-2x+\sqrt{x}}{\sqrt{x}(x-\sqrt{x})}=\lim\limits_{x\to0^+}\frac{-1}{\sqrt{x}-1}=1.$

(2) **解 1**

$$原式=\lim_{x\to+\infty}\frac{2x}{\sqrt{x^2+x+1}+\sqrt{x^2-x+1}}$$

$$=\lim_{x\to+\infty}\frac{2}{\sqrt{1+\frac{1}{x}+\frac{1}{x^2}}+\sqrt{1-\frac{1}{x}+\frac{1}{x^2}}}=1.$$

解 2 这种题型，也可用倒代换. 设 $x=\frac{1}{t}$，则

$$原式=\lim_{t\to0^+}\frac{\sqrt{1+t+t^2}-\sqrt{1-t+t^2}}{t}$$

$$=\lim_{t\to0^+}\frac{2t}{t(\sqrt{1+t+t^2}+\sqrt{1-t+t^2})}=1.$$

例 8 求 $\lim\limits_{x\to+\infty}\sqrt{x}(\sqrt{x+2}-2\sqrt{x+1}+\sqrt{x})$.

解 1 这是 $0\cdot\infty$ 型，应化成 $\frac{0}{0}$ 型. 为使计算简便，注意到

$$\sqrt{x+2}-2\sqrt{x+1}+\sqrt{x}=(\sqrt{x+2}-\sqrt{x+1})-(\sqrt{x+1}-\sqrt{x}).$$

$$原式=\lim_{x\to+\infty}\left(\frac{\sqrt{x+2}-\sqrt{x+1}}{\frac{1}{\sqrt{x}}}-\frac{\sqrt{x+1}-\sqrt{x}}{\frac{1}{\sqrt{x}}}\right)$$

$$= \lim_{x \to +\infty} \left(\frac{1}{\sqrt{1+\frac{2}{x}} + \sqrt{1+\frac{1}{x}}} - \frac{1}{\sqrt{1+\frac{1}{x}}+1} \right) = 0.$$

解 2 用倒代换. 设 $x = \frac{1}{t}$,则

$$原式 = \lim_{t \to 0^+} \frac{\sqrt{1+2t} - 2\sqrt{1+t} + 1}{t}$$

$$= \lim_{t \to 0^+} \left(\frac{\sqrt{1+2t}-1}{t} - \frac{2(\sqrt{1+t}-1)}{t} \right) = 1 - 1 = 0.$$

例 9 求 $\lim\limits_{x \to +\infty} \frac{\ln(1+\sqrt{x}+\sqrt[3]{x})}{\ln(1+\sqrt[3]{x}+\sqrt[4]{x})}$.

解 这是 $\frac{\infty}{\infty}$ 型. 分子加上 $-\frac{1}{2}\ln x + \frac{1}{2}\ln x$, 分母加上 $-\frac{1}{3}\ln x + \frac{1}{3}\ln x$.

$$原式 = \lim_{x \to +\infty} \frac{\ln \frac{1+\sqrt{x}+\sqrt[3]{x}}{\sqrt{x}} + \frac{1}{2}\ln x}{\ln \frac{1+\sqrt[3]{x}+\sqrt[4]{x}}{\sqrt[3]{x}} + \frac{1}{3}\ln x} = \frac{0+\frac{1}{2}}{0+\frac{1}{3}} = \frac{3}{2}.$$

例 10 求下列极限：

(1) $\lim\limits_{x \to +\infty} \arccos(\sqrt{x^2+x} - x)$;

(2) $\lim\limits_{x \to +\infty} (\sin\sqrt{x+1} - \sin\sqrt{x})$.

解 (1) 由复合函数的极限法则

$$原式 = \arccos\left[\lim_{x \to +\infty} (\sqrt{x^2+x} - x)\right]$$

$$= \arccos\left[\lim_{x \to +\infty} \frac{x}{\sqrt{x^2+x}+x}\right] = \arccos\frac{1}{2} = \frac{\pi}{3}.$$

(2) 当 $x \to +\infty$ 时, $\sin\sqrt{x+1}$, $\sin\sqrt{x}$ 均无极限. 由三角公式

$$\sin\sqrt{x+1} - \sin\sqrt{x} = 2\sin\frac{\sqrt{x+1}-\sqrt{x}}{2} \cdot \cos\frac{\sqrt{x+1}+\sqrt{x}}{2}.$$

因 $\left|2\cos\dfrac{\sqrt{x+1}+\sqrt{x}}{2}\right|\leqslant 2$,是有界变量,

又
$$\lim_{x\to+\infty}\sin\frac{\sqrt{x+1}-\sqrt{x}}{2}=\sin\lim_{x\to+\infty}\frac{\sqrt{x+1}-\sqrt{x}}{2}$$
$$=\sin\lim_{x\to+\infty}\frac{1}{2(\sqrt{x+1}+\sqrt{x})}$$
$$=\sin 0=0,$$

由无穷小与有界变量的乘积仍是无穷小知,原式 $=0$.

二、用两个重要极限求极限

1. 第一个重要极限

公式及推广公式

$$\lim_{x\to 0}\frac{\sin x}{x}=1;\ \lim_{\varphi(x)\to 0}\frac{\sin\varphi(x)}{\varphi(x)}=1.$$

该极限的**特征**

(1) $\dfrac{0}{0}$型未定式.

(2) 无穷小的正弦与自身的比,即$\dfrac{\sin\square}{\square}$,分母、分子方框中的变量形式相同,且都是无穷小.

用该公式求极限的**思路**

(1) 当函数式为$\dfrac{\sin\varphi(x)}{f(x)}$且为$\dfrac{0}{0}$型时,若$f(x)\neq\varphi(x)$,设法将$f(x)$变形使之出现$\varphi(x)$. 例如

$$\lim_{x\to 1}\frac{\sin(x^2-1)}{x-1}=\lim_{x\to 1}\frac{\sin(x^2-1)}{x^2-1}(x+1)=1\cdot 2=2.$$

(2) 当函数式出现三角函数且为$\dfrac{0}{0}$型时,可通过提取公因子、或乘上一个因子、或三角恒等变形,使其出现该形式的极限. 例如

$$\lim_{x\to 0}\frac{\tan x-\sin x}{x^3}=\lim_{x\to 0}\frac{\tan x}{x}\cdot\frac{1-\cos x}{x^2}$$

$$=1\cdot\lim_{x\to 0}\frac{\sin^2 x}{x^2(1+\cos x)}=\frac{1}{2}.$$

（3）当函数式含 arcsin x，arctan x 且为$\frac{0}{0}$型时，可用变换 $t=\arcsin x, t=\arctan x$ 试算. 因为

$$\lim_{x\to 0}\frac{\arcsin x}{x}=\lim_{t\to 0}\frac{t}{\sin t}=1.$$

2. 第二个重要极限

公式及推广公式

$$\lim_{n\to\infty}\left(1+\frac{1}{n}\right)^n=\mathrm{e},\lim_{x\to\infty}\left(1+\frac{1}{x}\right)^x=\mathrm{e},\lim_{x\to 0}(1+x)^{\frac{1}{x}}=\mathrm{e};$$

$$\lim_{\varphi(x)\to\infty}\left(1+\frac{1}{\varphi(x)}\right)^{\varphi(x)}=\mathrm{e},\lim_{\varphi(x)\to 0}(1+\varphi(x))^{\frac{1}{\varphi(x)}}=\mathrm{e}.$$

该极限的**特征**

（1）1^∞ 型未定式.

（2）$(1+\text{无穷小})^{\text{无穷大}}$，即$(1+\square)^{\frac{1}{\square}}$，底与指数方框中的变量形式相同，且都是无穷小.

用该公式求极限的**思路**

（1）当函数式为$(1+\varphi(x))^{g(x)}$且为 1^∞ 型时，若 $g(x)\neq\frac{1}{\varphi(x)}$，设法将 $g(x)$ 变形使之出现$\frac{1}{\varphi(x)}$；如果可能，也可将 $\varphi(x)$ 变形使 $\varphi(x)=\frac{1}{g(x)}$. 例如

$$\lim_{x\to 0}(1+3x)^{x+\frac{1}{x}}=\lim_{x\to 0}[(1+3x)^{\frac{1}{3x}}]^3(1+3x)^x=\mathrm{e}^3\cdot 1=\mathrm{e}^3,$$

$$\lim_{x\to+\infty}\left(1-\frac{1}{x}\right)^{\sqrt{x}}=\lim_{x\to+\infty}\left(1+\frac{1}{\sqrt{x}}\right)^{\sqrt{x}}\left[\left(1-\frac{1}{\sqrt{x}}\right)^{-\sqrt{x}}\right]^{-1}=\mathrm{e}\cdot\mathrm{e}^{-1}=1.$$

（2）对幂指函数 $f(x)^{g(x)}$ 的极限，若呈 1^∞ 型，通常有如下计算方法：

1° $\lim f(x)^{g(x)}=\lim\{[1+(f(x)-1)]^{\frac{1}{f(x)-1}}\}^{g(x)(f(x)-1)}$

$$= e^{\lim g(x)(f(x)-1)}.$$

2° 利用恒等式 $f(x)^{g(x)} = e^{g(x)\ln f(x)}$，而 $\ln f(x) = \ln[1+(f(x)-1)]$ 由于在自变量的变化过程中，$\ln[1+(f(x)-1)]$ 与 $(f(x)-1)$ 是等价无穷小①，从而

$$\lim f(x)^{g(x)} = e^{\lim g(x)\ln f(x)} = e^{\lim g(x)(f(x)-1)}.$$

3° 可设法将 $f(x)$ 写成 $[1+\varphi(x)]$ 的形式，当 $f(x)$ 是分式时，有时可将分子、分母分别写成 $[1+\varphi(x)]$ 的形式. 将 $g(x)$ 写成 $\frac{1}{\varphi(x)}a$ 或 $\frac{1}{\varphi(x)}\cdot\psi(x)$ 形式，其中 $\varphi(x)\to 0$，$\psi(x)$ 有极限.

读者不难发现，以上三种计算方法，其思考的出发点不同，但最后都是把求极限 $\lim f(x)^{g(x)}$ 归结为求极限 $\lim g(x)(f(x)-1)$.

3. 常用公式

(1) $\lim\limits_{x\to 0}\frac{\tan x}{x} = 1$；　　(2) $\lim\limits_{x\to 0}\frac{1-\cos x}{x^2} = \frac{1}{2}$；

(3) $\lim\limits_{x\to 0}\frac{\arcsin x}{x} = 1$；　　(4) $\lim\limits_{x\to 0}\frac{\ln(1+x)}{x} = 1$；

(5) $\lim\limits_{x\to 0}\frac{e^x-1}{x} = 1$；　　(6) $\lim\limits_{x\to 0}\frac{a^x-1}{x} = \ln a\ (a>0)$.

例 11 设 m,n 为正整数，$f(x) = \frac{\sin x^n}{\sin^m x}$：

当 $n=m$ 时，$\lim\limits_{x\to 0} f(x) =$ ______；当 $n>m$ 时，$\lim\limits_{x\to 0} f(x) =$ ______；当 $n<m$ 时，$\lim\limits_{x\to 0} f(x) =$ ______.

解

$$\frac{\sin x^n}{\sin^m x} = \frac{\sin x^n}{x^n}\frac{1}{\left(\frac{\sin x}{x}\right)^m}\cdot x^{n-m},$$

当 $n=m$ 时，因 $x^{n-m}=1$，故 $\lim\limits_{x\to 0} f(x) = 1$；

当 $n>m$ 时，因 $x\to 0$ 时，$x^{n-m}\to 0$，故 $\lim\limits_{x\to 0} f(x) = 0$；

---

① 请参看“本节三、无穷小与无穷大阶的比较及等价无穷小代换”.

当 $n<m$ 时,因 $x\to 0$ 时,$x^{n-m}\to\infty$,故 $\lim\limits_{x\to 0} f(x)=\infty$.

例 12 求下列极限:

(1) $\lim\limits_{x\to 0}\dfrac{1+\sin x-\cos x}{1+\sin 2x-\cos 2x}$;

(2) $\lim\limits_{x\to 0}\dfrac{\sqrt{1+\tan x}-\sqrt{1+\sin x}}{x(1-\cos x)}$.

解 这是 $\dfrac{0}{0}$ 型.

(1) 原式 $=\lim\limits_{x\to 0}\dfrac{x\dfrac{1-\cos x}{x^2}+\dfrac{\sin x}{x}}{4x\dfrac{1-\cos 2x}{(2x)^2}+\dfrac{\sin 2x}{2x}\cdot 2}=\dfrac{0+1}{0+1\cdot 2}=\dfrac{1}{2}$.

(2) 原式 $=\lim\limits_{x\to 0}\dfrac{\tan x-\sin x}{x(1-\cos x)(\sqrt{1+\tan x}+\sqrt{1+\sin x})}$

$$=\frac{1}{2}\lim_{x\to 0}\frac{\tan x(1-\cos x)}{x(1-\cos x)}=\frac{1}{2}\cdot 1=\frac{1}{2}.$$

例 13 求下列极限:

(1) $\lim\limits_{x\to 1}(1-x)\tan\dfrac{\pi x}{2}$; (2) $\lim\limits_{x\to\frac{\pi}{4}}\tan 2x\cdot\tan\left(\dfrac{\pi}{4}-x\right)$.

解 这是 $0\cdot\infty$ 型,可经恒等变形化为 $\dfrac{0}{0}$ 型.

(1) 原式 $=\lim\limits_{x\to 1}\dfrac{(1-x)\sin\dfrac{\pi}{2}x}{\cos\dfrac{\pi}{2}x}$

$$\overset{\frac{0}{0}}{=\!=\!=}\lim_{x\to 1}\sin\frac{\pi}{2}x\cdot\lim_{x\to 1}\frac{\frac{\pi}{2}(1-x)}{\sin\left[\frac{\pi}{2}(1-x)\right]}\cdot\frac{2}{\pi}=\frac{2}{\pi}.$$

(2) 原式 $=\lim\limits_{x\to\frac{\pi}{4}}\dfrac{\sin 2x}{\cos 2x}\cdot\dfrac{\sin\left(\dfrac{\pi}{4}-x\right)}{\cos\left(\dfrac{\pi}{4}-x\right)}$

$$\xlongequal{\frac{0}{0}}\lim_{x\to\frac{\pi}{4}}\frac{\sin 2x}{\cos\left(\frac{\pi}{4}-x\right)}\cdot\lim_{x\to\frac{\pi}{4}}\frac{\sin\left(\frac{\pi}{4}-x\right)}{\sin\left(\frac{\pi}{2}-2x\right)}$$

$$=\lim_{x\to\frac{\pi}{4}}\frac{\sin\left(\frac{\pi}{4}-x\right)}{\frac{\pi}{4}-x}\cdot\frac{\frac{\pi}{2}-2x}{\sin\left(\frac{\pi}{2}-2x\right)}\cdot\frac{1}{2}=\frac{1}{2}.$$

例 14 （1）$\lim\limits_{x\to1}(1+2\ln x)^{\frac{1}{\ln x}}=$ ______.

（2）$\lim\limits_{x\to3}\left(\frac{x}{3}\right)^{\frac{1}{x-3}}=$ ______.

（3）$\lim\limits_{x\to\infty}\left(\cos\frac{a}{x}\right)^{x^2}=$ ______.

解 这是 1^{∞} 型，用第二个重要极限.

（1）原式 $=\lim\limits_{x\to1}(1+2\ln x)^{\frac{1}{2\ln x}\cdot 2}=e^2$.

（2）原式 $=\lim\limits_{x\to3}\left[1+\left(\frac{x}{3}-1\right)\right]^{\frac{3}{x-3}\cdot\frac{1}{3}}=e^{\frac{1}{3}}$.

（3）原式 $=\lim\limits_{x\to\infty}\left\{\left[1+\left(\cos\frac{a}{x}-1\right)\right]^{\frac{1}{\cos\frac{a}{x}-1}}\right\}^{\frac{1-\cos\frac{a}{x}}{\left(\frac{a}{x}\right)^2}\cdot(-a^2)}=e^{-\frac{a^2}{2}}$.

例 15 求下列极限：

（1）$\lim\limits_{x\to0}\frac{a^x-1}{x}(a>0)$； （2）$\lim\limits_{x\to0}\frac{e^{\alpha x}-e^{\beta x}}{\sin\alpha x-\sin\beta x}(\alpha\neq\beta)$；

（3）$\lim\limits_{x\to0}\left(\frac{1+x\cdot 2^x}{1+x\cdot 3^x}\right)^{\frac{1}{x^2}}$； （4）$\lim\limits_{x\to\infty}\left(\frac{1}{x}+e^{\frac{1}{x}}\right)^x$.

解 （1）设 $u=a^x-1$，$x=\frac{\ln(1+u)}{\ln a}$；当 $x\to0$ 时，$u\to0$.

$$原式=\lim_{u\to0}\frac{u\ln a}{\ln(1+u)}=\lim_{u\to0}\frac{\ln a}{\frac{\ln(1+u)}{u}}=\ln a.$$

其中 $\lim\limits_{u\to0}\frac{\ln(1+u)}{u}=\lim\limits_{u\to0}\ln(1+u)^{\frac{1}{u}}=\ln e=1$.

特别，$\lim\limits_{x\to 0}\dfrac{e^x-1}{x}=1$.

（2）原式 $=\lim\limits_{x\to 0}\dfrac{\dfrac{e^{\alpha x}-1}{x}-\dfrac{e^{\beta x}-1}{x}}{\dfrac{\alpha\sin\alpha x}{\alpha x}-\dfrac{\beta\sin\beta x}{\beta x}}=\dfrac{\alpha-\beta}{\alpha-\beta}=1$.

（3）原式 $=\lim\limits_{x\to 0}\dfrac{(1+x\cdot 2^x)^{\frac{1}{x\cdot 2^x}\cdot\frac{2^x}{x}}}{(1+x\cdot 3^x)^{\frac{1}{x\cdot 3^x}\cdot\frac{3^x}{x}}}=e^{\lim\limits_{x\to 0}\frac{2^x-3^x}{x}}=e^{\ln\frac{2}{3}}=\dfrac{2}{3}$，

其中 $$\lim_{x\to 0}\frac{2^x-3^x}{x}=\lim_{x\to 0}\left(\frac{2^x-1}{x}-\frac{3^x-1}{x}\right)=\ln 2-\ln 3.$$

（4）原式 $=\lim\limits_{x\to\infty}\left\{\left[1+\left(\dfrac{1}{x}+e^{\frac{1}{x}}-1\right)\right]^{\left(\frac{1}{x}+e^{\frac{1}{x}}-1\right)^{-1}}\right\}^{[1+x(e^{\frac{1}{x}}-1)]}$

$=e^2$，

其中，$$\lim_{x\to\infty}x(e^{\frac{1}{x}}-1)=\lim_{x\to\infty}\frac{e^{\frac{1}{x}}-1}{\frac{1}{x}}=1.$$

三、无穷小与无穷大阶的比较及等价无穷小代换

1. 等价无穷小的传递与代换性质

设 $\lim\alpha=0$，$\lim\beta=0$，$\lim\gamma=0$：

（1）若 $\alpha\sim\gamma$，$\beta\sim\gamma$，则 $\alpha\sim\beta$；

（2）若 $\alpha\sim\gamma$，则

$$\lim\alpha\beta=\lim\gamma\beta,\lim\frac{\beta}{\alpha}=\lim\frac{\beta}{\gamma},\lim\frac{\alpha}{\beta}=\lim\frac{\gamma}{\beta}.$$

2. 常用的等价无穷小

当 $x\to 0$ 时，有

$\sin x\sim x$，　$\sin(\sin x)\sim x$，　$\arcsin x\sim x$，

$\tan x\sim x$，　$\arctan x\sim x$，　$\ln(1+x)\sim x$，

$e^x-1\sim x$，　$a^x-1\sim x\ln a$，　$\sqrt{1+x}-\sqrt{1-x}\sim x$，

$1-\cos x\sim\dfrac{x^2}{2}$，$(1+x)^{\frac{1}{n}}-1\sim\dfrac{x}{n}$，$(1+\alpha x)^{\frac{m}{n}}-1\sim\dfrac{m}{n}\alpha x$.

将上述各等价无穷小代换式中的 x 换成 $\varphi(x)$,仍适用. 例如,当 $\varphi(x)\to 0$ 时,有 $\ln[1+\varphi(x)]\sim\varphi(x)$,$1-\cos\varphi(x)\sim\frac{1}{2}[\varphi(x)]^2$.

例 16 当 $x\to 0$ 时,$\sqrt[4]{1+\sqrt[3]{x}}-1$ 与 x 相比是(　　).

(A) 高阶无穷小　　　　(B) 低阶无穷小

(C) 等价无穷小　　　　(D) 同阶但不是等价无穷小

解 当 $x\to 0$ 时,$\sqrt[4]{1+\sqrt[3]{x}}-1\sim\frac{\sqrt[3]{x}}{4}$,即 $\sqrt[4]{1+\sqrt[3]{x}}-1$ 与 $x^{\frac{1}{3}}$ 是同阶无穷小,可知选(B).

也可如下计算

$$\lim_{x\to 0}\frac{\sqrt[4]{1+\sqrt[3]{x}}-1}{x}=\lim_{x\to 0}\frac{\frac{\sqrt[3]{x}}{4}}{x}=\infty.$$

例 17 当 $x\to 0$ 时,$\ln(e^{\sin x}+\sqrt[3]{1-\cos x})$ 与 $\arcsin(\sqrt[3]{1-\cos x})$ 相比是(　　).

(A) 高阶无穷小　　　　(B) 低阶无穷小

(C) 等价无穷小　　　　(D) 同阶但不是等价无穷小

解 当 $x\to 0$ 时,$\ln(1+x)\sim x$,$\arcsin x\sim x$,$1-\cos x\sim\frac{1}{2}x^2$,$e^x-1\sim x$.

$$\lim_{x\to 0}\frac{\ln(e^{\sin x}+\sqrt[3]{1-\cos x})}{\arcsin(\sqrt[3]{1-\cos x})}=\lim_{x\to 0}\frac{\ln[1+(e^{\sin x}-1+\sqrt[3]{1-\cos x})]}{\sqrt[3]{1-\cos x}}$$

$$=\lim_{x\to 0}\left(\frac{e^{\sin x}-1}{\sqrt[3]{1-\cos x}}+1\right)=\lim_{x\to 0}\frac{\sin x}{\left(\frac{1}{2}x^2\right)^{\frac{1}{3}}}+1=1.$$

选(C).

例 18 设当 $x\to 0$ 时,$\sin(\sin^2 x)\ln(1+x^2)$ 是比 $x\sin x^n$ 高阶无穷小,而 $x\sin x^n$ 是比 $(e^{x^2}-1)$ 高阶无穷小. 则正整数 $n=$(　　).

(A) 1　　　(B) 2　　　(C) 3　　　(D) 4

解　依题意,有

$$\lim_{x\to 0}\frac{\sin(\sin^2 x)\ln(1+x^2)}{x\sin x^n}=0,\lim_{x\to 0}\frac{x\sin x^n}{e^{x^2}-1}=0.$$

分别用等价无穷小代换计算,则上述左式与右式分别为

$$\lim_{x\to 0}\frac{x^2\cdot x^2}{x\cdot x^n}=\lim_{x\to 0}x^{3-n}=0,\text{故 } 3-n>0; \tag{1}$$

$$\lim_{x\to 0}\frac{x\cdot x^n}{x^2}=\lim_{x\to 0}x^{n-1}=0,\text{故 } n-1>0. \tag{2}$$

由(1)式与(2)式得 $1<n<3$;即 $n=2$. 选(B).

例 19　$\lim\limits_{x\to 0}(\cos x)^{\frac{1}{\ln(1+x^2)}}=$ ______.

解　当 $x\to 0$ 时,$1-\cos x\sim\frac{1}{2}x^2$.

$$\text{原式}=\lim_{x\to 0}[1+(\cos x-1)]^{\frac{1}{\cos x-1}\cdot\frac{x^2}{-2\ln(1+x^2)}}=e^{-\frac{1}{2}}.$$

例 20　求 $\lim\limits_{n\to\infty}\left(\frac{\sqrt[n]{a}+\sqrt[n]{b}}{2}\right)^n\ (a>0,b>0)$.

解　这是 1^∞ 型. 用等价无穷小代换. 由于

$$\left(\frac{\sqrt[n]{a}+\sqrt[n]{b}}{2}\right)^n=e^{n\ln\frac{\sqrt[n]{a}+\sqrt[n]{b}}{2}},\text{且}\lim_{n\to\infty}n(\sqrt[n]{a}-1)=\ln a.$$

而
$$\lim_{n\to\infty}n\ln\frac{\sqrt[n]{a}+\sqrt[n]{b}}{2}=\lim_{n\to\infty}\left[n\ln\left(1+\frac{\sqrt[n]{a}+\sqrt[n]{b}-2}{2}\right)\right]$$

$$=\lim_{n\to\infty}n\frac{(\sqrt[n]{a}-1)+(\sqrt[n]{b}-1)}{2}=\frac{\ln a+\ln b}{2}=\frac{\ln ab}{2},$$

所以
$$\text{原式}=\sqrt{ab}.$$

注释　由本例可知

$$\lim_{x\to+\infty}\left(\frac{a_1^{\frac{1}{x}}+a_2^{\frac{1}{x}}+\cdots+a_n^{\frac{1}{x}}}{n}\right)^x=\sqrt[n]{a_1a_2\cdots a_n}.$$

例 21　求下列极限:

(1) $\lim\limits_{x\to0}\dfrac{\ln(x^2+e^x)}{\ln(x^4+e^{2x})}$; (2) $\lim\limits_{x\to0}\dfrac{\ln(\tan^2x+e^{2x})-2x}{\ln(\sin^2x+e^{4x})-4x}$;

(3) $\lim\limits_{x\to\infty}x\left[\sin\ln\left(1+\dfrac{3}{x}\right)-\sin\ln\left(1+\dfrac{1}{x}\right)\right]$.

解 (1) 当 $x\to0$ 时, $\ln[1+(x^2+e^x-1)]\sim(x^2+e^x-1)$, $\ln[1+(x^4+e^{2x}-1)]\sim(x^4+e^{2x}-1)$.

$$原式=\lim_{x\to0}\frac{x^2+e^x-1}{x^4+e^{2x}-1}=\lim_{x\to0}\frac{x+\dfrac{e^x-1}{x}}{x^3+2\,\dfrac{e^{2x}-1}{2x}}=\frac{1}{2}.$$

(2) $$原式=\lim_{x\to0}\frac{\ln(\tan^2x+e^{2x})-\ln\ e^{2x}}{\ln(\sin^2x+e^{4x})-\ln\ e^{4x}}=\lim_{x\to0}\frac{\ln\left(1+\dfrac{\tan^2x}{e^{2x}}\right)}{\ln\left(1+\dfrac{\sin^2x}{e^{4x}}\right)}$$

$$=\lim_{x\to0}\frac{\dfrac{\tan^2x}{e^{2x}}}{\dfrac{\sin^2x}{e^{4x}}}=\lim_{x\to0}e^{2x}\frac{x^2}{x^2}=1.$$

(3) $$原式=\lim_{x\to\infty}\frac{\sin\ \ln\left(1+\dfrac{3}{x}\right)}{\dfrac{1}{x}}-\lim_{x\to\infty}\frac{\sin\ \ln\left(1+\dfrac{1}{x}\right)}{\dfrac{1}{x}}$$

$$=\lim_{x\to\infty}\frac{\dfrac{3}{x}}{\dfrac{1}{x}}-\lim_{x\to\infty}\frac{\dfrac{1}{x}}{\dfrac{1}{x}}=2.$$

例 22 求下列极限:

(1) $\lim\limits_{x\to0}\dfrac{\sqrt[m]{(1+x)^n}-1}{x}$; (2) $\lim\limits_{x\to4}\dfrac{\sqrt[3]{x+23}-3}{x-4}$.

解 这是$\dfrac{0}{0}$型. 注意到, 当 $x\to0$ 时, $(1+\alpha x)^{\frac{1}{n}}-1\sim\dfrac{\alpha}{n}x$.

(1) 原式 $=\lim\limits_{x\to 0}\dfrac{(1+x)^{\frac{n}{m}}-1}{x}=\lim\limits_{x\to 0}\dfrac{\frac{n}{m}x}{x}=\dfrac{n}{m}$.

(2) 原式 $=\lim\limits_{x\to 4}\dfrac{\sqrt[3]{27+x-4}-3}{x-4}=\lim\limits_{x\to 4}\dfrac{3\left(\sqrt[3]{1+\dfrac{x-4}{27}}-1\right)}{x-4}$

$$=\lim_{x\to 4}\frac{3\cdot\dfrac{1}{3}\cdot\dfrac{x-4}{27}}{x-4}=\frac{1}{27}.$$

例 23 求 $\lim\limits_{x\to 0}\dfrac{e^{\tan x}-e^{\sin x}}{(x+x^2)(a^{x^2}-1)}$.

解 这是 $\dfrac{0}{0}$ 型. 用等价无穷小代换. 当 $x\to 0$ 时, $x+x^2\sim x$.

$$原式=\lim_{x\to 0}\frac{e^{\sin x}(e^{\tan x-\sin x}-1)}{(x+x^2)(a^{x^2}-1)}$$

$$=\lim_{x\to 0}e^{\sin x}\cdot\frac{\tan x-\sin x}{x\cdot x^2\ln a}$$

$$=\frac{1}{\ln a}\lim_{x\to 0}\frac{\tan x}{x}\cdot\frac{1-\cos x}{x^2}=\frac{1}{2\ln a}.$$

例 24 求 $\lim\limits_{x\to 1}\dfrac{\arctan(a^{\sqrt[3]{x^3-1}}-1)}{\sqrt[5]{1+\sqrt[3]{x^2-1}}-1)}$ $(a>0)$.

解 这是 $\dfrac{0}{0}$ 型. 当 $x\to 1$ 时,

$$\arctan(a^{\sqrt[3]{x^3-1}}-1)\sim(a^{\sqrt[3]{x^3-1}}-1)\sim\sqrt[3]{x^3-1}\ln a;$$

而 $\sqrt[5]{1+\sqrt[3]{x^2-1}}-1=\left(1+\sqrt[3]{x^2-1}\right)^{\frac{1}{5}}-1\sim\dfrac{1}{5}\sqrt[3]{x^2-1}$. 于是

$$原式=\lim_{x\to 1}\frac{\sqrt[3]{x^3-1}\ln a}{\dfrac{1}{5}\sqrt[3]{x^2-1}}$$

$$=5\ln a\lim_{x\to 1}\sqrt[3]{\frac{x^2+x+1}{x+1}}=5\sqrt[3]{\frac{3}{2}}\ln a.$$

例 25 求$\lim\limits_{x\to0}\dfrac{2\arctan x+\sin^2x-1+\cos x}{\sin(\sin x)+2x^3}$.

解 这是$\dfrac{0}{0}$型. 当 $x\to0$ 时, $\arctan x\sim x$, $\sin(\sin x)\sim x$; 而 $\sin^2x$, $1-\cos x$, $2x^3$ 均是 x 的高阶无穷小. 求极限时, 都可略去. 于是

故 $$原式=\lim_{x\to0}\frac{2x}{x}=2.$$

例 26 求 $\lim\limits_{x\to+\infty}\dfrac{e^x-x^2\arctan x}{e^x+x^2\sin x}$.

解 这是$\dfrac{\infty}{\infty}$型. 由于当 $x\to+\infty$ 时, e^x是比 x^2 较高阶的无穷大, 所以分子、分母同除以 e^x(见本节第五部分例 32 之注释).

$$原式=\lim_{x\to+\infty}\frac{1-\dfrac{x^2}{e^x}\arctan x}{1+\dfrac{x^2}{e^x}\sin x}=\frac{1-0\cdot\dfrac{\pi}{2}}{1+0}=1.$$

四、用单侧极限准则求极限

1. 这里所说的单侧极限准则就是下述的极限存在的充分必要条件

(1) $\lim\limits_{x\to x_0}f(x)=A\Leftrightarrow\lim\limits_{x\to x_0^-}f(x)=A=\lim\limits_{x\to x_0^+}f(x)$.

(2) $\lim\limits_{x\to\infty}f(x)=A\Leftrightarrow\lim\limits_{x\to-\infty}f(x)=A=\lim\limits_{x\to+\infty}f(x)$.

2. 下列类型的函数须用单侧极限准则求极限

(1) 分段函数在分段点处的极限

1° 分段函数在分段点两侧函数式不同的, 必须用;

2° 分段函数在分段点两侧用同一函数式表示的, 有时也须用.

(2) 含绝对值符号的函数

须先去掉绝对值符号化分为分段函数.

(3) 含 a^x(特别当 $a=e$ 时)的函数, 含 $a^{\frac{1}{x}}$ 的函数

当 $a>1$ 时，$\lim\limits_{x\to-\infty} a^x=0$，$\lim\limits_{x\to+\infty} a^x=+\infty$；

$$\lim_{x\to0^-} a^{\frac{1}{x}}=0,\ \lim_{x\to0^+} a^{\frac{1}{x}}=+\infty.$$

当 $0<a<1$ 时，$\lim\limits_{x\to-\infty} a^x=+\infty$，$\lim\limits_{x\to+\infty} a^x=0$；

$$\lim_{x\to0^-} a^{\frac{1}{x}}=+\infty,\ \lim_{x\to0^+} a^{\frac{1}{x}}=0.$$

特别地，有

$$\lim_{x\to0^-} \mathrm{e}^{\frac{1}{x}}=0,\ \lim_{x\to0^+} \mathrm{e}^{\frac{1}{x}}=+\infty;$$

$$\lim_{x\to0^-} \mathrm{e}^{-\frac{1}{x}}=+\infty,\ \lim_{x\to0^+} \mathrm{e}^{-\frac{1}{x}}=0.$$

请注意下式与前述不同：

$$\lim_{x\to0} \mathrm{e}^{\frac{1}{x^2}}=+\infty,\ \lim_{x\to0} \mathrm{e}^{-\frac{1}{x^2}}=0.$$

（4）含 $\arctan x$ 或 $\operatorname{arccot} x$ 的函数，含 $\arctan \dfrac{1}{x}$ 或 $\operatorname{arccot} \dfrac{1}{x}$ 的函数

$$\lim_{x\to-\infty} \arctan x=-\frac{\pi}{2},\quad \lim_{x\to+\infty} \arctan x=\frac{\pi}{2};$$

$$\lim_{x\to0^-} \arctan \frac{1}{x}=-\frac{\pi}{2},\quad \lim_{x\to0^+} \arctan \frac{1}{x}=\frac{\pi}{2}.$$

$$\lim_{x\to-\infty} \operatorname{arccot} x=\pi,\quad \lim_{x\to+\infty} \operatorname{arccot} x=0;$$

$$\lim_{x\to0^-} \operatorname{arccot} \frac{1}{x}=\pi,\quad \lim_{x\to0^+} \operatorname{arccot} \frac{1}{x}=0.$$

（5）含偶次方根的函数，含奇次方根的函数

含偶次方根的函数，提到根式外的因子只能取正号；含奇次方根的函数，提到根号外的因子可取正号，也可取负号.

（6）含取整函数的函数

设 n 是正整数，则 $x\to n^-$ 时，$[x]=n-1$；$x\to n^+$ 时 $[x]=n$.

例 27 设 $f(x)=\begin{cases}\dfrac{x}{1-\sqrt{1-x}}, & x<0,\\ \dfrac{\ln(1+2x)}{x}, & x>0,\end{cases}$ 求 $\lim\limits_{x\to 0}f(x)$.

解 $x=0$ 是分段函数的分段点,分段点的两侧函数式不同.因

$$f(0-0)=\lim_{x\to 0^-}f(x)=\lim_{x\to 0^-}\frac{x}{1-\sqrt{1-x}}=2,$$

$$f(0+0)=\lim_{x\to 0^+}f(x)=\lim_{x\to 0^+}\frac{\ln(1+2x)}{x}=2.$$

由 $f(0-0)=f(0+0)$ 知,$\lim\limits_{x\to 0}f(x)=2$.

例 28 求下列极限:

(1) $\lim\limits_{x\to 0}\dfrac{e^{\frac{1}{x}}+1}{e^{\frac{1}{x}}-1}\arctan\dfrac{1}{x}$;(2) $\lim\limits_{x\to\infty}\dfrac{e^{\frac{1}{x}}-e^{-x}}{\cos\dfrac{1}{x}}$.

解 (1) 须分别求 $f(0-0)$,$f(0+0)$.

$$f(0-0)=\lim_{x\to 0^-}\frac{e^{\frac{1}{x}}+1}{e^{\frac{1}{x}}-1}\arctan\frac{1}{x}=\frac{0+1}{0-1}\cdot\left(-\frac{\pi}{2}\right)=\frac{\pi}{2}.$$

$$f(0+0)=\lim_{x\to 0^+}\frac{e^{\frac{1}{x}}+1}{e^{\frac{1}{x}}-1}\arctan\frac{1}{x}=\lim_{x\to 0^+}\frac{1+e^{-\frac{1}{x}}}{1-e^{-\frac{1}{x}}}\lim_{x\to 0^+}\arctan\frac{1}{x}$$

$$=\frac{1+0}{1-0}\cdot\frac{\pi}{2}=\frac{\pi}{2}.$$

由 $f(0-0)=f(0+0)$ 知,原式 $=\dfrac{\pi}{2}$.

(2) $x\to-\infty$,$x\to+\infty$ 须分别求.注意到

$x\to-\infty$ 时,$e^{\frac{1}{x}}\to 1$,$e^{-x}\to+\infty$,$\cos\dfrac{1}{x}\to 1$;

$x\to+\infty$ 时,$e^{\frac{1}{x}}\to 1$,$e^{-x}\to 0$,$\cos\dfrac{1}{x}\to 1$.

故
$$\lim_{x\to-\infty}\frac{e^{\frac{1}{x}}-e^{-x}}{\cos\frac{1}{x}}=-\infty,\ \lim_{x\to+\infty}\frac{e^{\frac{1}{x}}-e^{-x}}{\cos\frac{1}{x}}=1.$$
从而,原式极限不存在.

例 29 求 $\lim\limits_{x\to1}\left(\dfrac{2+e^{\frac{1}{x-1}}}{1+e^{\frac{4}{x-1}}}+\dfrac{\sin(x-1)}{|x-1|}\right)$.

解 $f(1-0)=\lim\limits_{x\to1^-}\left(\dfrac{2+e^{\frac{1}{x-1}}}{1+e^{\frac{4}{x-1}}}-\dfrac{\sin(x-1)}{x-1}\right)=2-1=1,$

$$f(1+0)=\lim_{x\to1^+}\left(\frac{2e^{-\frac{4}{x-1}}+e^{-\frac{3}{x-1}}}{e^{-\frac{4}{x-1}}+1}+\frac{\sin(x-1)}{x-1}\right)=0+1=1.$$
故原式 $=1$.

例 30 求下列极限:

(1) $\lim\limits_{x\to\infty}\dfrac{\sqrt[3]{2x^3+3}}{\sqrt{3x^2-2}}$;(2) $\lim\limits_{x\to n}(x-[x])$ (n 是正整数).

解 (1) $\lim\limits_{x\to-\infty}\dfrac{\sqrt[3]{2x^3+3}}{\sqrt{3x^2-2}}=\lim\limits_{x\to-\infty}\dfrac{x\sqrt[3]{2+\dfrac{3}{x^3}}}{-x\sqrt{3-\dfrac{2}{x^2}}}=-\dfrac{\sqrt[3]{2}}{\sqrt{3}},$

$$\lim_{x\to+\infty}\frac{\sqrt[3]{2x^3+3}}{\sqrt{3x^2-2}}=\lim_{x\to+\infty}\frac{x\sqrt[3]{2+\dfrac{3}{x^3}}}{x\sqrt{3-\dfrac{2}{x^2}}}=\frac{\sqrt[3]{2}}{\sqrt{3}}$$

显然,$\lim\limits_{x\to\infty}\dfrac{\sqrt[3]{2x^3+3}}{\sqrt{3x^2-2}}$不存在.

(2) 由于当 $x\to n^-$ 时,$[x]=n-1$;当 $x\to n^+$ 时,$[x]=n$,故

$\lim\limits_{x\to n^-}(x-[x])=\lim\limits_{x\to n^-}[x-(n-1)]=1+\lim\limits_{x\to n^-}(x-n)=1+0=1,$

$\lim\limits_{x\to n^+}(x-[x])=\lim\limits_{x\to n^+}(x-n)=0.$

即$\lim\limits_{x\to n}(x-[x])$不存在.

五、用极限存在准则求极限

1. 使用夹逼准则求极限的**思路**

把求极限的函数式适度地放大和缩小,且放大和缩小后的函数式容易求得相同的极限. 所谓适度地放大和缩小,就是必须放大和缩小函数中不改变函数极限的某一项和某个因子. 利用该准则计算数列$\{x_n\}$的极限时,是通过对数列$\{x_n\}$的通项x_n进行放大和缩小去寻找数列$\{y_n\}$和$\{z_n\}$. 放大和缩小函数常用的**方法**有

(1) 直接放大和缩小　如n个正数之和不超过其中最大的数去乘n,不小于其中最小的数去乘n;分母分子同为正值时,分母放大比值缩小,分母缩小比值放大;在若干个正数相乘时,略去小于1的因子则放大,略去大于1的因子则缩小等.

(2) 用不等式放大和缩小.

2. 利用单调有界准则求极限的**程序**

首先,必须判定数列的单调性. 判定数列$\{x_n\}$单调性常用的**方法**如下:

(1) 计算差$r_n=x_{n+1}-x_n$. 若$r_n\leqslant 0(n=1,2,\cdots)$,则$\{x_n\}$单调递减;若$r_n\geqslant 0(n=1,2,\cdots)$,则$\{x_n\}$单调递增.

(2) 当$x_n>0(n=1,2,\cdots)$时,计算商$d_n=\dfrac{x_{n+1}}{x_n}$. 若$d_n\leqslant 1$ $(n=1,2,\cdots)$,则$\{x_n\}$单调递减;若$d_n\geqslant 1(n=1,2,\cdots)$,则$\{x_n\}$单调递增.

(3) 记$f(n)=x_n$. 若函数$f(x)(x\geqslant 1)$可导,则当$f'(x)\leqslant 0$时,$\{x_n\}$单调递减;当$f'(x)\geqslant 0$时,$\{x_n\}$单调递增(见§4.3).

例如,判定数列$\left\{\dfrac{1}{n-\ln n}\right\}$的单调性就可采用此法,若记

$$f(x)=\frac{1}{x-\ln x}\ (x\geqslant 1).$$

由于$f'(x)=\dfrac{1-x}{x(x-\ln x)^2}\leqslant 0$(等号仅在$x=1$时成立),所以

$\left\{\dfrac{1}{n-\ln n}\right\}$单调递减.

其次,判定数列$\{x_n\}$有界.从而得知其极限存在.由此,设$\lim\limits_{n\to\infty}x_n=A$;

再次,写出数列相邻两项之间的关系式,并在关系式的两端求$n\to\infty$时的极限,即得关于A的方程;

最后,解此方程,若能解出A,就得到所求的极限.

3. 可用极限存在准则求极限的函数**类型**

(1) 含有阶乘、乘方形式的数列求极限,见例31.

(2) 含取整函数的极限可用夹逼准则.

(3) 对数列的通项有递推关系的数列求极限可考虑用单调有界准则.

(4) 数列的通项为n项和的极限:

1° 能求出n项和表达式的极限,见本节第六部分;

2° 不能求出n项和表达式的,应按题型特点,采用不同方法,其中主要方法有:用夹逼准则;用定积分的定义(见§6.1).

(5) 数列的通项为n个因子乘积的极限:

1° n个因子乘积能简化并能写出可求极限表示式的,见本节第六部分.

2° n个因子乘积不能简化的,可用夹逼准则.

例31 求证:(1) $\lim\limits_{n\to\infty}\dfrac{2^n n!}{n^n}=0$;(2) $\lim\limits_{n\to\infty}\dfrac{(2n-1)!!}{(2n)!!}=0$.

证 (1) 设$x_n=\dfrac{2^n n!}{n^n}$,由于$\dfrac{x_{n+1}}{x_n}=\dfrac{2}{\left(1+\dfrac{1}{n}\right)^n}\leqslant 1$,所以数列$\{x_n\}$单调下降,又$x_n>0$,即$\{x_n\}$有下界,故数列$\{x_n\}$收敛.因

$$\lim_{n\to\infty}x_{n+1}=\lim_{n\to\infty}\frac{2x_n}{\left(1+\dfrac{1}{n}\right)^n}=\frac{2}{\mathrm{e}}\lim_{n\to\infty}x_n,\text{故}\lim_{n\to\infty}x_n=0.$$

(2) 因 $0<\dfrac{(2n-1)!!}{(2n)!!}=\dfrac{1}{2}\cdot\dfrac{3}{4}\cdot\cdots\cdot\dfrac{2n-3}{2n-2}\cdot\dfrac{2n-1}{2n}$

$$<\frac{2}{3}\cdot\frac{4}{5}\cdot\cdots\cdot\frac{2n-2}{2n-1}\cdot\frac{2n}{2n+1}=\frac{(2n)!!}{(2n-1)!!}\cdot\frac{1}{2n+1}$$

即 $0<\left(\dfrac{(2n-1)!!}{(2n)!!}\right)^2<\dfrac{1}{2n+1}, 0<\dfrac{(2n-1)!!}{(2n)!!}<\dfrac{1}{\sqrt{2n+1}}$

而 $\lim\limits_{n\to\infty}\dfrac{1}{\sqrt{2n+1}}=0$,由夹逼准则,即得所要结论.

例 32 设 $a>0$,求 $\lim\limits_{n\to\infty}\sqrt[n]{a}$.

解 当 $a=1$ 时,$\lim\limits_{n\to\infty}\sqrt[n]{a}=1$.

当 $a>1$ 时,$\sqrt[n]{a}>1$. 令 $\sqrt[n]{a}=1+\alpha_n$,则 $\alpha_n>0$,且

$$a=(1+\alpha_n)^n=1+n\alpha_n+\cdots+\alpha_n^n>1+n\alpha_n.$$

从而 $0<\alpha_n<\dfrac{a-1}{n}$. 因 $\lim\limits_{n\to\infty}\dfrac{a-1}{n}=0$,由夹逼准则,有 $\lim\limits_{n\to\infty}\alpha_n=0$,于是 $\lim\limits_{n\to\infty}\sqrt[n]{a}=1$.

当 $0<a<1$ 时,$\dfrac{1}{a}>1$,由前述

$$\lim_{n\to\infty}\sqrt[n]{a}=\lim_{n\to\infty}\frac{1}{\sqrt[n]{\dfrac{1}{a}}}=\frac{1}{\lim\limits_{n\to\infty}\sqrt[n]{\dfrac{1}{a}}}=1.$$

综上,$\lim\limits_{n\to\infty}\sqrt[n]{a}=1$.

注释 除例 31、例 32 的极限外,以后还用到下述极限

$\lim\limits_{n\to\infty}\dfrac{n^k}{a^n}=0\quad(a>1)$,$\lim\limits_{n\to\infty}\dfrac{a^n}{n!}=0$,$\lim\limits_{n\to\infty}\dfrac{1}{\sqrt[n]{n!}}=0$,

$\lim\limits_{n\to\infty}nq^n=0\quad(|q|<1)$,$\lim\limits_{n\to\infty}\dfrac{\log_a n}{n}=0\quad(a>1)$,$\lim\limits_{n\to\infty}\sqrt[n]{n}=1$.

由以上这些公式,也可知当 $n\to\infty$ 时,无穷大由低阶到高阶的排列顺序为:$\log_a n, n, n^k(k>1), a^n(a>1), n!, n^n$.

例 33 求极限 $\lim\limits_{x\to0}x\left[\dfrac{2}{x}\right]$([$x$]表示 x 的取整函数).

解 1 用夹逼准则. 由不等式$\frac{2}{x}-1<\left[\frac{2}{x}\right]\leqslant\frac{2}{x}$知,

当 $x>0$ 时,有 $\qquad 2-x<x\left[\frac{2}{x}\right]\leqslant 2,$

当 $x<0$ 时,有 $\qquad 2-x>x\left[\frac{2}{x}\right]\geqslant 2.$

因 $\lim\limits_{x\to 0}(2-x)=2$,由夹逼准则,得$\lim\limits_{x\to 0}x\left[\frac{2}{x}\right]=2.$

解 2 注意到$\left|\left[\frac{2}{x}\right]-\frac{2}{x}\right|<1$,于是

$$\lim_{x\to 0}x\left[\frac{2}{x}\right]=\lim_{x\to 0}x\left(\frac{2}{x}+\left[\frac{2}{x}\right]-\frac{2}{x}\right)=2+\lim_{x\to 0}x\left(\left[\frac{2}{x}\right]-\frac{2}{x}\right)=2.$$

例 34 求$\lim\limits_{n\to\infty}x_n$:

(1) $a>0,x_n=\frac{n}{n^2+a}+\frac{n}{n^2+2a}+\cdots+\frac{n}{n^2+na}$;

(2) $a_k>0,k=1,2,\cdots,m,x_n=\sqrt[n]{a_1^n+a_2^n+\cdots+a_m^n}.$

分析 (1) 数列的通项 x_n是 n 项和,求不出 n 项和的表达式,考虑用夹逼准则. 在$\frac{n}{n^2+ka}(k=1,2,\cdots,n)$式中,$ka$ 的改变不会改变 x_n的极限,其中$\frac{n}{n^2+a}$最大,$\frac{n}{n^2+na}$最小.

(2) 在 x_n的表示式中,$a_1^n+a_2^n+\cdots+a_m^n$是 m 项和,不能求出 m 项和的表达式. 考虑用夹逼准则.

解 (1) 由于

$$\frac{n\cdot n}{n^2+na}<x_n<\frac{n\cdot n}{n^2+a},$$

而$\lim\limits_{n\to\infty}\frac{n^2}{n^2+na}=\lim\limits_{n\to\infty}\frac{n^2}{n^2+a}=1$,由夹逼准则,$\lim\limits_{n\to\infty}x_n=1.$

(2) 设 $A=\max\{a_1,a_2,\cdots,a_m\}$,则 $0<a_k^n\leqslant A^n(k=1,2,\cdots m)$,所以

$$A < x_n \leqslant \sqrt[n]{mA^n} = A\sqrt[n]{m}.$$

由于$\lim\limits_{n\to\infty} A\sqrt[n]{m} = A \cdot 1 = A$,由夹逼准则,$\lim\limits_{n\to\infty} x_n = A$.

例 35 设 $a>0, x_1>0, x_{n+1}=\dfrac{1}{3}\left(2x_n+\dfrac{a}{x_n^2}\right), n=1,2,\cdots$. 试证明数列$\{x_n\}$收敛,并求其极限.

证 本题适合用单调有界准则证明. 由算术平均值不小于几何平均值,有

$$x_{n+1}=\frac{1}{3}\left(x_n+x_n+\frac{a}{x_n^2}\right) \geqslant \sqrt[3]{x_n \cdot x_n \cdot \frac{a}{x_n^2}}=\sqrt[3]{a},$$

又 $$x_{n+1}-x_n=\frac{1}{3}\left(\frac{a}{x_n^2}-x_n\right)=\frac{1}{3x_n^2}(a-x_n^3) \leqslant 0 (x_n \geqslant \sqrt[3]{a}),$$

所以数列$\{x_n\}$单调减少且有下界,从而极限一定存在.

记$\lim\limits_{n\to\infty} x_n=A$,在 $x_{n+1}=\dfrac{1}{3}\left(2x_n+\dfrac{a}{x_n^2}\right)$两端,令 $n\to\infty$ 求极限,得

$$A=\frac{1}{3}\left(2A+\frac{a}{A^2}\right),$$

由此解得实根 $A=\sqrt[3]{a}$. 即有$\lim\limits_{n\to\infty} x_n=\sqrt[3]{a}$.

注释 (1) 本例也可如下推算数列$\{x_n\}$递减

$$\frac{x_{n+1}}{x_n}=\frac{1}{3}\left(2+\frac{a}{x_n^3}\right) \leqslant \frac{1}{3}\left(2+\frac{a}{(\sqrt[3]{a})^3}\right)=1.$$

(2) 本例具有一般性,即设 $a>0$, $x_1>0$, $x_{n+1}=\dfrac{1}{m}\left[(m-1)x_n+\dfrac{a}{x_n^{m-1}}\right]$ $(n=1,2,\cdots.)$, m 是正整数,则 $\lim\limits_{n\to\infty} x_n=\sqrt[m]{a}$. 如当 $m=2$ 时,就有$\lim\limits_{n\to\infty} x_n=\sqrt{a}$.

例 36 设 $x_n=\left(1+\dfrac{1}{n^2}\right)\left(1+\dfrac{2}{n^2}\right)\cdots\left(1+\dfrac{n}{n^2}\right)$,求$\lim\limits_{n\to\infty} x_n$.

分析 数列的通项是 n 个因子乘积,因写不出可求极限的表示式,考虑用极限存在准则.

解 已知式两端取对数,得

$$\ln x_n = \ln\left(1 + \frac{1}{n^2}\right) + \ln\left(1 + \frac{2}{n^2}\right) + \cdots + \ln\left(1 + \frac{n}{n^2}\right).$$

注意到,当 $x>0$ 时,有 $\frac{x}{1+x} < \ln(1+x) < x$①,由此,有

$$\frac{\frac{k}{n^2}}{1+\frac{k}{n^2}} < \ln\left(1 + \frac{k}{n^2}\right) < \frac{k}{n^2}, 1 \leqslant k \leqslant n;$$

又 $\lim\limits_{n\to\infty}\sum\limits_{k=1}^{n}\frac{k}{n^2} = \frac{1}{2}$, $\lim\limits_{n\to\infty}\sum\limits_{k=1}^{n}\left[\frac{k}{n^2} - \frac{\frac{k}{n^2}}{1+\frac{k}{n^2}}\right] = \lim\limits_{n\to\infty}\sum\limits_{k=1}^{n}\frac{k^2}{n^2(n^2+k)} = 0$,

其中, $\sum\limits_{k=1}^{n}\frac{k^2}{n^2(n^2+k)} < \sum\limits_{k=1}^{n}\frac{k^2}{n^4} = \frac{n(n+1)(2n+1)}{6n^4}$

由夹逼准则, $\lim\limits_{n\to\infty}\sum\limits_{k=1}^{n}\ln\left(1+\frac{k}{n^2}\right) = \frac{1}{2}$. 于是

$$\lim_{n\to\infty} x_n = e^{\frac{1}{2}}.$$

注释 若本例改为只证明数列 $\{x_n\}$ 收敛,也可用单调有界准则.

显然 x_n 递增. 注意到当 $x \geqslant 1$ 时, $\left(1+\frac{1}{x}\right)^x \leqslant e$,于是

$$\left(1+\frac{k}{n^2}\right)^{\frac{n^2}{k}} \leqslant e, \text{即} \left(1+\frac{k}{n^2}\right) \leqslant e^{\frac{k}{n^2}},$$

从而
$$x_n \leqslant \prod_{k=1}^{n} e^{\frac{k}{n^2}} = e^{\sum\limits_{k=1}^{n}\frac{k}{n^2}} = e^{\frac{1}{2}\left(1+\frac{1}{n}\right)} < e.$$

由单调有界准则知, $\{x_n\}$ 收敛.

六、通项为 n 项和与 n 个因子乘积的极限

1. 通项为 n 项和且能求出 n 项和表达式的极限

---

① 请参看 §4.1 例 34.

解题程序　先求出 n 项和的表达式，再求极限.

求 n 项和表达式的**方法**：

1° 用公式　用等比数列、等差数列、部分和公式、正整数求和、正整数平方求和等公式；

2° 分项　把通项中的每一项分成两项和，通过正负项相加，消去若干项，得到 n 项和的表达式；

3° 设法将通项化成可利用上述公式求和的形式.

2. 通项为 n 个因子乘积且可简化的极限

解题程序　设法将乘积简化，写出可求极限的表示式，再求极限.

写出可求极限表示式的**方法**：

1° 把通项中的每个因子合并或拆开，使中间一些因子相约消掉；

2° 分母、分子同乘一个因子，以使乘积简化；

3° 可取对数，化为 n 项和的形式.

例 37　求 $\lim\limits_{n\to\infty} x_n$：

(1) $x_n = \dfrac{1}{n^3} + \dfrac{1+2}{n^3} + \cdots + \dfrac{1+2+\cdots+n}{n^3}$；

(2) $x_n = \dfrac{n^3\left(1+\dfrac{1}{2}+\dfrac{1}{2^2}+\cdots+\dfrac{1}{2^n}\right)}{(n+1)+2(n+2)+\cdots+n(n+n)}$；

(3) $x_n = \dfrac{1}{n^3}[(2n-1)+2(2n-3)+3(2n-5)+\cdots+n]$；

(4) $x_n = \dfrac{1}{3} + \dfrac{3}{3^2} + \dfrac{5}{3^3} + \cdots + \dfrac{2n-1}{3^n}$.

解　(1) 通项为 n 项和，可求得 n 项和的表达式. 因

$$x_n = \frac{1}{n^3}\left[1 + \frac{2(1+2)}{2} + \frac{3(1+3)}{2} + \cdots + \frac{n(1+n)}{2}\right]$$

$$= \frac{1}{2n^3}[2+2+2^2+3+3^2+\cdots+n+n^2]$$

$$= \frac{1}{2n^3}[(1+2+3+\cdots+n)+(1^2+2^2+\cdots+n^2)]$$

$$=\frac{1}{2n^3}\left[\frac{n(1+n)}{2}+\frac{n(n+1)(2n+1)}{6}\right]$$

$$=\frac{n(n+1)(n+2)}{6n^3},$$

所以$\lim\limits_{n\to\infty}x_n=\frac{1}{6}$.

(2) 通项 x_n的分母与分子分别都是 n 项和,可以求得其和的表达式. 因

$$(n+1)+2(n+2)+\cdots+n(n+n)$$
$$=n(1+2+\cdots+n)+(1^2+2^2+\cdots+n^2)$$
$$=n\cdot\frac{n(n+1)}{2}+\frac{1}{6}n(n+1)(2n+1),$$

所以
$$x_n=\frac{n^3\cdot 2\left[1-\left(\frac{1}{2}\right)^{n+1}\right]}{\frac{n^3}{2}\left(1+\frac{1}{n}\right)+\frac{n^3}{6}\left(1+\frac{1}{n}\right)\left(2+\frac{1}{n}\right)}.$$

于是,$\lim\limits_{n\to\infty}x_n=\frac{12}{5}$.

(3) 通项 x_n可以化成等差数列的部分和. 因

$$\begin{aligned}x_n=\frac{1}{n^3}[&(2n-1)+(2n-3)+(2n-5)+\cdots+1\\&+(2n-3)+(2n-5)+\cdots+1\\&+(2n-5)+\cdots+1\\&\cdots\cdots\cdots\cdots\\&+1]\end{aligned}$$

$$=\frac{1}{n^3}\left[\frac{1+(2n-1)}{2}n+\frac{1+(2n-3)}{2}(n-1)+\cdots+1\right]$$

$$=\frac{1}{n^3}[n^2+(n-1)^2+\cdots+1]$$

$$=\frac{1}{n^3}\frac{n(n+1)(2n+1)}{6}.$$

所以，$\lim\limits_{n\to\infty}x_n=\dfrac{1}{3}$.

（4）**解 1**　数列的通项 x_n 可化成等比数列的部分和，从而可求得通项和的表达式.

$$x_n=\frac{1}{3}+\frac{3}{3^2}+\frac{5}{3^3}+\cdots+\frac{2n-3}{3^{n-1}}+\frac{2n-1}{3^n},$$

$$\frac{1}{3}x_n=\frac{1}{3^2}+\frac{3}{3^3}+\frac{5}{3^4}+\cdots+\frac{2n-3}{3^n}+\frac{2n-1}{3^{n+1}}.$$

两式相减，得

$$\frac{2}{3}x_n=\frac{1}{3}+\frac{2}{3^2}\left[1+\frac{1}{3}+\frac{1}{3^2}+\cdots+\frac{1}{3^{n-2}}\right]-\frac{2n-1}{3^{n+1}}$$

$$=\frac{1}{3}+\frac{2}{3^2}\cdot\frac{1-\frac{1}{3^{n-1}}}{1-\frac{1}{3}}-\frac{2n-1}{3^{n+1}}$$

即
$$x_n=\frac{1}{2}+\frac{1}{2}\left(1-\frac{1}{3^{n-1}}\right)-\frac{2n-1}{3^{n+1}}\cdot\frac{3}{2}.$$

于是，$\lim\limits_{n\to\infty}x_n=\dfrac{1}{2}+\dfrac{1}{2}=1$.

解 2　通项 x_n 中的每一项均可分项. 由于

$$\frac{2n-1}{3^n}=\frac{n}{3^{n-1}}-\frac{n+1}{3^n},$$

所以
$$x_n=\left(1-\frac{2}{3}\right)+\left(\frac{2}{3}-\frac{3}{3^2}\right)+\left(\frac{3}{3^2}-\frac{4}{3^3}\right)+\cdots+\left(\frac{n}{3^{n-1}}-\frac{n+1}{3^n}\right)$$
$$=1-\frac{n+1}{3^n}.$$

于是，$\lim\limits_{n\to\infty}x_n=1$.

注释　（1）通项为 n 项和

$$x_n=\frac{b+c}{a}+\frac{2b+c}{a^2}+\cdots+\frac{nb+c}{a^n}$$

的数列 $\{x_n\}$ 均可用本例之(4)的两种方法求极限. 分项可如下进

行:设 α,β 满足

$$\frac{nb+c}{a^n}=\frac{\alpha n+\beta}{a^{n-1}}-\frac{\alpha(n+1)+\beta}{a^n}$$

等式右端通分,其分子部分与左端分子比较系数可得

$$\begin{cases}\alpha(a-1)=b\\ \beta(a-1)-\alpha=c\end{cases}$$

解得

$$\alpha=\frac{b}{a-1},\beta=\frac{c}{a-1}+\frac{b}{(a-1)^2}$$

(2)常用的分项式有

$$\frac{1}{n(n+1)}=\frac{1}{n}-\frac{1}{n+1},$$

$$\frac{1}{[kn-(k-1)](kn+1)}=\frac{1}{k}\left[\frac{1}{kn-(k-1)}-\frac{1}{kn+1}\right],k\text{ 是正整数.}$$

$$\frac{1}{(kn)^2-1}=\frac{1}{2}\left(\frac{1}{kn-1}-\frac{1}{kn+1}\right),k\text{ 是正整数.}$$

$$\frac{2n+1}{n^2(n+1)^2}=\frac{1}{n^2}-\frac{1}{(n+1)^2}.$$

$$\frac{n}{(n+1)!}=\frac{1}{n!}-\frac{1}{(n+1)!}.$$

$$\frac{1}{n(n+1)(n+2)}=\frac{1}{2}\left[\frac{1}{n(n+1)}-\frac{1}{(n+1)(n+2)}\right].$$

例 38 求 $\lim\limits_{n\to\infty}x_n$:

(1) $x_n=\dfrac{2^3-1}{2^3+1}\cdot\dfrac{3^3-1}{3^3+1}\cdot\cdots\cdot\dfrac{n^3-1}{n^3+1}$;

(2) $x_n=\left(1+\dfrac{1}{1\cdot3}\right)\left(1+\dfrac{1}{2\cdot4}\right)\cdots\left[1+\dfrac{1}{n(n+2)}\right]$.

解 (1) 因 $\dfrac{k^3-1}{k^3+1}=\dfrac{k-1}{k+1}\cdot\dfrac{k^2+k+1}{k^2-k+1}$,又

$$\prod_{k=2}^{n}\frac{k-1}{k+1}=\frac{2}{n(n+1)},\ \prod_{k=2}^{n}\frac{k^2+k+1}{k^2-k+1}=\frac{n^2+n+1}{3},$$

故

$$\lim_{n\to\infty}x_n=\lim_{n\to\infty}\frac{2}{n(n+1)}\cdot\frac{n^2+n+1}{3}=\frac{2}{3}$$

(2) 由于 $1+\frac{1}{k(k+2)}=\frac{(k+1)^2}{k(k+2)}$

所以
$$\lim_{n\to\infty}x_n=\lim_{n\to\infty}\frac{2^2}{1\cdot 3}\cdot\frac{3^2}{2\cdot 4}\cdot\cdots\cdot\frac{(n+1)^2}{n(n+2)}$$
$$\xlongequal{\text{分子与分母相约}}\lim_{n\to\infty}2\cdot\frac{n+1}{n+2}=2.$$

七、含有参变量的极限

在极限式中若含有参变量,因参变量取不同值时,其极限值不同,因此,要根据所给极限式,首先确定参变量应如何划分区间. 然后根据参变量的不同取值范围,再求极限.

由于极限是由参变量的取值决定的,这也可看作是由极限式定义函数,参变量是该函数的自变量. 这种极限多半是下述**形式**
$$f(x)=\lim_{n\to\infty}\varphi(n,x).$$
其中 n 是正整数,是极限变量,x 是参变量.

解题思路 由含参变量的极限所定义的函数,一般是分段函数,而参变量划分区间的分界点,正是分段函数的分段点. 由此,求这种极限的**关键是确定划分区间的分界点**.

例 39 求 $f(x)=\lim\limits_{n\to\infty}\frac{x^{n+2}}{\sqrt{2^{2n}+x^{2n}}}$.

分析 对 $2^{2n}+x^{2n}$,当 $n\to\infty$ 时,若 $|x|<2$,$\left(\frac{x}{2}\right)^n\to 0$;若 $|x|>2$,$\left(\frac{2}{x}\right)^n\to 0$. 应以 $|x|=2$ 划分区间.

解 当 $|x|<2$ 时,
$$f(x)=\lim_{n\to\infty}\left(\frac{x}{2}\right)^n\frac{x^2}{\sqrt{1+\left(\frac{x}{2}\right)^{2n}}}=0\cdot x^2=0,$$

当 $x>2$ 时,$f(x)=\lim\limits_{n\to\infty}x^2\cdot\frac{1}{\sqrt{\left(\frac{2}{x}\right)^{2n}+1}}=x^2$,

当 $x<-2$ 时，$f(x)=\lim\limits_{n\to\infty}\dfrac{x^n\cdot x^2}{(-x)^n\sqrt{\left(\dfrac{2}{x}\right)^{2n}+1}}$

$$=\lim_{n\to\infty}\frac{(-1)^n x^2}{\sqrt{\left(\dfrac{2}{x}\right)^{2n}+1}},$$

因 $\lim\limits_{n\to\infty}(-1)^n$ 不存在，故上式极限不存在.

当 $x=2$ 时，$f(x)=\lim\limits_{n\to\infty}\dfrac{2^{n+2}}{\sqrt{2^{2n}+2^{2n}}}=\dfrac{4}{\sqrt{2}}=2\sqrt{2}$，

当 $x=-2$ 时，$f(x)=\lim\limits_{n\to\infty}\dfrac{(-2)^n(-2)^2}{\sqrt{2^{2n}+(-2)^{2n}}}$ 不存在.

综上，$f(x)=\begin{cases}\text{不存在}, & x\leqslant -2,\\ 0, & |x|<2,\\ 2\sqrt{2}, & x=2,\\ x^2, & x>2.\end{cases}$

例 40 求函数 $f(x)$：

(1) $f(x)=\lim\limits_{n\to\infty}\dfrac{n^x-n^{-x}}{n^x+n^{-x}}$；

(2) $f(x)=\lim\limits_{n\to\infty}\dfrac{x^2\mathrm{e}^{n(x-1)}+ax+b}{\mathrm{e}^{n(x-1)}+1}$.

解 (1) 由于当 $n\to\infty$ 时，若 $x>0$，$n^x\to+\infty$；若 $x<0$，$n^{-x}\to+\infty$. 所以

当 $x<0$ 时，$f(x)=\lim\limits_{n\to\infty}\dfrac{n^{2x}-1}{n^{2x}+1}=\dfrac{0-1}{0+1}=-1$；

当 $x=0$ 时，$f(x)=\lim\limits_{n\to\infty}\dfrac{1-1}{1+1}=0$；

当 $x>0$ 时，$f(x)=\lim\limits_{n\to\infty}\dfrac{1-n^{-2x}}{1+n^{-2x}}=\dfrac{1-0}{1+0}=1$.

(2) 由 $n(x-1)=0$ 得 $x=1$. 当 $n\to\infty$ 时，若 $x<1$，$\mathrm{e}^{n(x-1)}\to0$；若 $x>1$，$\mathrm{e}^{n(x-1)}\to+\infty$. 于是

当 $x<1$ 时，$f(x)=\lim\limits_{n\to\infty}\dfrac{x^2e^{n(x-1)}+ax+b}{e^{n(x-1)}+1}=ax+b$；

当 $x>1$ 时，$f(x)=\lim\limits_{n\to\infty}\dfrac{x^2+ax\cdot e^{-n(x-1)}+be^{-n(x-1)}}{1+e^{-n(x-1)}}=x^2$；

当 $x=1$ 时，$f(x)=\dfrac{1+a+b}{2}$.

例 41 求 $\lim\limits_{t\to 0}\dfrac{e^{\frac{x}{t^2}}-1}{e^{\frac{x}{t^2}}+1}$.

分析 本例中，t 是极限变量，x 是参变量. 对函数 e^u 而言. 由于当 $u\to-\infty$ 时，$e^u\to 0$；当 $u\to+\infty$ 时，$e^u\to+\infty$. 由此，对 $e^{\frac{x}{t^2}}$，若令 $u=\dfrac{x}{t^2}$，当 $t\to 0$ 时，显然，若 $x<0$，则有 $u\to-\infty$；若 $x>0$，则有 $u\to+\infty$.

解 当 $x=0$ 时，原式 $=0$；

当 $x<0$ 时，原式 $=\lim\limits_{t\to 0}\dfrac{e^{\frac{x}{t^2}}-1}{e^{\frac{x}{t^2}}+1}=\dfrac{0-1}{0+1}=-1$；

当 $x>0$ 时，原式 $=\lim\limits_{t\to 0}\dfrac{1-e^{-\frac{x}{t^2}}}{1+e^{-\frac{x}{t^2}}}=1$.

八、确定待定常数、待定函数、待定极限

已知函数的极限值或已知函数的极限存在，确定该极限式中未知的常数、未知的某一函数或确定该极限式中隐含的极限，这是常见的一种题型.

解题思路 求解这类问题，一般是从已知极限式成立的必要条件出发去寻求解答. 例如

设 $\lim\limits_{x\to\infty}\dfrac{f(x)}{g(x)}=A\neq 0$，若 $f(x)$ 是 n 次多项式，则 $g(x)$ 也必是 n 次多项式；

设$\lim\limits_{x\to x_0}\dfrac{f(x)}{g(x)}=A\neq0$,若$\lim\limits_{x\to x_0}f(x)=0$,则必有$\lim\limits_{x\to x_0}g(x)=0$;

设$\lim f(x)g(x)=A$,若$\lim f(x)=\infty$,则必有$\lim g(x)=0$,等等.

例 42 已知下列极限式,确定式中的α和β:

(1) $\lim\limits_{x\to\infty}\dfrac{x^{2004}}{x^{\alpha}-(x-1)^{\alpha}}=\beta\neq0$;

(2) $\lim\limits_{x\to1}\dfrac{x+x^2+\cdots+x^{2004}-2004}{x-\alpha}=\beta\neq0$.

解 (1) 依题设,分母必是 2004 次多项式,即$\alpha-1=2004$,故$\alpha=2005$. 由二项展开式

$$(x-1)^{\alpha}=x^{\alpha}-\alpha x^{\alpha-1}+\frac{\alpha(\alpha-1)}{2!}x^{\alpha-2}-\cdots+(-1)^{\alpha},$$

则 $$\beta=\lim_{x\to\infty}\frac{x^{2004}}{\alpha x^{\alpha-1}-\dfrac{\alpha(\alpha-1)}{2!}x^{\alpha-2}+\cdots-(-1)^{\alpha}}=\frac{1}{\alpha}=\frac{1}{2005}.$$

(2) 由$\lim\limits_{x\to1}(x+x^2+\cdots+x^{2004}-2004)=0$知,必有$\lim\limits_{x\to1}(x-\alpha)=0$,故$\alpha=1$. 由于

$$\begin{aligned}&x+x^2+\cdots+x^{2004}-2004\\&=(x-1)+(x^2-1)+\cdots+(x^{2004}-1)\\&=(x-1)[1+(x+1)+\cdots+(x^{2003}+x^{2002}+\cdots+1)]\end{aligned}$$

所以 $$\begin{aligned}\beta&=\lim_{x\to1}\frac{(x-1)[1+(x+1)+\cdots+(x^{2003}+x^{2002}+\cdots+1)]}{x-1}\\&=1+2+\cdots+2004=2\,009\,010.\end{aligned}$$

例 43 确定常数a,b,使$\lim\limits_{x\to1}\dfrac{x^2+ax+b}{\sin(x^2-1)}=3$.

解 注意到,当$x\to1$时,$\sin(x^2-1)\to0$,则必有

$$\lim_{x\to1}(x^2+ax+b)=0,\text{即 }1+a+b=0. \qquad (1)$$

$$\text{原式左端}=\lim_{x\to1}\frac{x^2+ax+b}{x^2-1}=\lim_{x\to1}\frac{(x-1)(x-b)}{(x-1)(x+1)}$$

$$=\lim_{x\to1}\frac{x-b}{x+1}=3.$$

即$\dfrac{1-b}{1+1}=3$，故 $b=-5$. 将其代入(1)式，$a=4$.

例 44 确定常数 a,b，使 $\lim\limits_{x\to+\infty}(\sqrt{2x^2+4x-1}-ax-b)=0$.

解 这是$\infty-\infty$型未定式，化成分式.

$$原式左端=\lim_{x\to+\infty}\frac{(2-a^2)x^2+(4-2ab)x-(1+b^2)}{\sqrt{2x^2+4x-1}+ax+b}=0$$

由此知 $2-a^2=0,4-2ab=0$. 故 $a=\sqrt{2},b=\sqrt{2}$.（$a=-\sqrt{2},b=-\sqrt{2}$不符合题设，舍去）.

例 45 设极限$\lim\limits_{x\to0}\dfrac{\cos 2x-\sqrt{\cos 2x}}{x^k}=\alpha$（常数 $\alpha\neq0$），试求 α 与 k.

解 依题设，这是$\dfrac{0}{0}$型未定式. 通过求极限来确定 α 和 k.

$$原式=\lim_{x\to0}\frac{\cos^2 2x-\cos 2x}{x^k(\cos 2x+\sqrt{\cos 2x})}=\lim_{x\to0}\frac{\cos 2x-1}{x^k\left(1+\dfrac{1}{\sqrt{\cos 2x}}\right)}(\cos 2x>0)$$

$$=\frac{1}{2}\lim_{x\to0}\frac{-\dfrac{(2x)^2}{2}}{x^k}=\alpha.$$

由于常数 $\alpha\neq0$，只有当 $k=2$ 时，上式方能成立，显然，这时，$\alpha=-1$.

例 46 设 $\lim\limits_{x\to0^+}\dfrac{\ln x+\sin\dfrac{1}{x}}{\ln x+f(x)}=1$，则 $f(x)=$（　　）.

(A) $e^{\frac{1}{x}}$　　(B) $\cos\dfrac{1}{x}$　　(C) $\dfrac{1}{x}$　　(D) $\ln\dfrac{1}{x}$

解 由题设及 $\lim\limits_{x\to0^+}\ln x=-\infty$ 知，这是$\dfrac{\infty}{\infty}$型未定式. 因

$$原式左端=\lim_{x\to0^+}\frac{1+\dfrac{1}{\ln x}\sin\dfrac{1}{x}}{1+\dfrac{1}{\ln x}\cdot f(x)}=1$$

又 $\lim\limits_{x\to 0^+}\dfrac{1}{\ln x}\sin\dfrac{1}{x}=0$,必有 $\lim\limits_{x\to 0^+}\dfrac{1}{\ln x}f(x)=0$. 由此必有

当 $x\to 0^+$ 时,$f(x)\to$常数或 $f(x)$为有界变量. 选(B).

例 47 设 $f(x)=x^2+2x\cdot\lim\limits_{x\to 1}f(x)$,且 $\lim\limits_{x\to 1}f(x)$存在,求$f(x)$.

解 因 $\lim\limits_{x\to 1}f(x)$存在,可设 $\lim\limits_{x\to 1}f(x)=A$(常数). 于是,已知式两端求极限,有

$$\lim_{x\to 1}f(x)=\lim_{x\to 1}(x^2+2x\cdot A),\text{即 } A=1+2A.$$

可知 $A=-1$. 故 $f(x)=x^2-2x$.

例 48 设 $\lim\limits_{x\to\infty}[f(x)-ax-b]=0$,求 $\lim\limits_{x\to\infty}\dfrac{f(x)}{x}$.

解 由 $\lim\limits_{x\to\infty}[f(x)-ax-b]=\lim\limits_{x\to\infty}x\left[\dfrac{f(x)}{x}-a-\dfrac{b}{x}\right]=0$,

且 $\lim\limits_{x\to\infty}x=\infty$,必有 $\lim\limits_{x\to\infty}\left[\dfrac{f(x)}{x}-a-\dfrac{b}{x}\right]=0$,从而 $\lim\limits_{x\to\infty}\dfrac{f(x)}{x}=a$.

例 49 设 $\lim\limits_{x\to 0}\dfrac{\sqrt{1+f(x)\tan 3x}-1}{e^{3x}-1}=3$,求 $\lim\limits_{x\to 0}f(x)$.

解 由题设及 $\lim\limits_{x\to 0}(e^{3x}-1)=0$ 知,这是$\dfrac{0}{0}$型未定式. 故 $\lim\limits_{x\to 0}f(x)\tan 3x=0$.

当 $x\to 0$ 时,由 $e^x-1\sim x$, $\sqrt{1+x}-1\sim\dfrac{1}{2}x$,有

$$\text{原式左端}=\lim_{x\to 0}\frac{f(x)\tan 3x}{2\cdot 3x}=1\cdot\lim_{x\to 0}\frac{f(x)}{2}=3.$$

于是 $\lim\limits_{x\to 0}f(x)$存在,且 $\lim\limits_{x\to 0}f(x)=6$.

例 50 设 $\lim\limits_{x\to 0}\left(1+x+\dfrac{f(x)}{x}\right)^{\frac{1}{x}}=e^3$,求 $\lim\limits_{x\to 0}\left(1+\dfrac{f(x)}{x}\right)^{\frac{1}{x}}$.

解 因 $\lim\limits_{x\to 0}\left(1+x+\dfrac{f(x)}{x}\right)^{\frac{1}{x}}=e^3$,所以

$\lim\limits_{x\to 0}\dfrac{\ln\left(1+x+\dfrac{f(x)}{x}\right)}{x}=3$. 从而必有

$$\lim_{x\to 0}\ln\left(1+x+\frac{f(x)}{x}\right)=0,\lim_{x\to 0}\left(x+\frac{f(x)}{x}\right)=0,\lim_{x\to 0}\frac{f(x)}{x}=0.$$

又当 $x\to 0$ 时, $\ln\left(1+x+\dfrac{f(x)}{x}\right)\sim x+\dfrac{f(x)}{x}$, 于是

$$\lim_{x\to 0}\frac{\ln\left(1+x+\frac{f(x)}{x}\right)}{x}=\lim_{x\to 0}\frac{x+\frac{f(x)}{x}}{x}=\lim_{x\to 0}\left(1+\frac{f(x)}{x^2}\right)=3,$$

即
$$\lim_{x\to 0}\frac{f(x)}{x^2}=2.$$

故
$$\lim_{x\to 0}\left(1+\frac{f(x)}{x}\right)^{\frac{1}{x}}=\lim_{x\to 0}\left(1+\frac{f(x)}{x}\right)^{\frac{x}{f(x)}\cdot\frac{f(x)}{x^2}}=e^2.$$

例 51 设 $f(x)$ 是 x 的三次多项式, a 是非零常数, 且 $\lim\limits_{x\to 2a}\dfrac{f(x)}{x-2a}=\lim\limits_{x\to 4a}\dfrac{f(x)}{x-4a}=1$, 求 $\lim\limits_{x\to 3a}\dfrac{f(x)}{x-3a}$.

解 应确定 $f(x)$, 然后再求极限.

依题设可知 $f(2a)=0, f(4a)=0$. 因 $a\neq 0$, 故 $2a\neq 4a$. 可设

$$f(x)=k(x-2a)(x-4a)(x-b).$$

由题设

$$\lim_{x\to 2a}\frac{f(x)}{x-2a}=-2ka(2a-b)=1, \tag{1}$$

$$\lim_{x\to 4a}\frac{f(x)}{x-4a}=2ka\cdot(4a-b)=1. \tag{2}$$

由(1)式和(2)式可解得 $2ka^2=1, 2kab=3$, 从而 $b=3a$, 故

$$f(x)=k(x-2a)(x-4a)(x-3a).$$

于是
$$\lim_{x\to 3a}\frac{f(x)}{x-3a}=-ka^2=-\frac{1}{2}.$$

例 52 求函数 $f(x)=\lim\limits_{n\to\infty}\dfrac{x^{2n-1}+ax^2+bx}{x^{2n}+1}$, 并确定常数 a,b 使

$\lim\limits_{x\to -1} f(x)$与$\lim\limits_{x\to 1} f(x)$都存在.

解 注意到当$n\to\infty$时,若$|x|<1$,$x^{2n}\to 0$;若$|x|>1$,$x^{2n}\to +\infty$.于是,$|x|=1$应是划分区间的分界点.

当$|x|<1$时,$f(x)=\lim\limits_{n\to\infty}\dfrac{x^{2n-1}+ax^2+bx}{x^{2n}+1}=ax^2+bx$;

当$|x|>1$时,$f(x)=\lim\limits_{n\to\infty}\dfrac{x^{-1}+ax^{-2n+2}+bx^{-2n+1}}{1+x^{-2n}}=\dfrac{1}{x}$;

当$x=-1$时,$f(x)=\dfrac{-1+a-b}{2}$;

当$x=1$时,$f(x)=\dfrac{1+a+b}{2}$.

综上
$$f(x)=\begin{cases} ax^2+bx, & |x|<1, \\ \dfrac{1}{x}, & |x|>1, \\ \dfrac{-1+a-b}{2}, & x=-1, \\ \dfrac{1+a+b}{2}, & x=1. \end{cases}$$

由上式,可以求得
$$f(-1-0)=-1,f(-1+0)=a-b;$$
$$f(1-0)=a+b,f(1+0)=1.$$
为使$\lim\limits_{x\to -1} f(x)$与$\lim\limits_{x\to 1} f(x)$都存在,应有
$$a-b=-1,a+b=1,$$
由此解得$a=0,b=1$.

在以后的章节中,我们将陆续讲述下列求极限的方法:

1. 用导数定义.
2. 用拉格朗日中值定理.
3. 用洛必达法则.
4. 用函数极限求数列极限.
5. 用定积分定义.

6. 用积分中值定理.

7. 用泰勒公式.

§2.3 函数连续与间断概念

有关函数连续与间断概念,主要讨论下述问题:

1. 讨论函数$f(x)$在某点x_0的连续性

在一点x_0连续常用以下两种叙述形式

(1) $f(x)$在点x_0连续$\Leftrightarrow \lim\limits_{\Delta x \to 0} \Delta y$

$$= \lim_{\Delta x \to 0} [f(x_0 + \Delta x) - f(x_0)] = 0.$$

(2) $f(x)$在点x_0连续 $\Leftrightarrow$ $\lim\limits_{x \to x_0} f(x) = f(x_0)$,即在$x = x_0$处

$f(x)$有定义;

极限$\lim\limits_{x \to x_0} f(x)$存在;

极限值等于函数值$f(x_0)$.

2. 讨论函数在区间 I 上的连续性以及确定函数的连续区间

3. 用连续概念确定函数式中的待定常数

4. 确定函数$f(x)$的间断点,并判别其类型

函数$f(x)$的间断点x_0的分类,见下表:

第一类间断点		第二类间断点	
$f(x_0-0)$,$f(x_0+0)$均存在		$f(x_0-0)$,$f(x_0+0)$至少有一个不存在	
$f(x_0-0)=f(x_0+0)$	$f(x_0-0)\neq f(x_0+0)$	$f(x_0-0)$,$f(x_0+0)$至少一个为∞	除前面情况以外
可去间断点	跳跃间断点	无穷间断点	振荡间断点

讨论函数连续性的**核心**就是函数在一点连续的定义.

由于函数 $f(x)$ 在点 x_0 的连续性与 $f(x)$ 在点 x_0 的极限密切相关,因此,在讨论函数连续性时,涉及的极限**问题**主要是:在点 x_0 的单侧极限;含有参变量的极限所确定的函数以及确定极限式中待定常数.

例 1 函数 $f(x)=\begin{cases} e^{-\frac{1}{x-1}}, & x\neq 1, \\ 0, & x=1, \end{cases}$ 在 $x=1$ 处( ).

(A) 左连续 (B) 右连续 (C) 左、右皆不连续

(D) 连续

解 因 $f(1)=0$,且

$$f(1-0)=\lim_{x\to 1^-} e^{-\frac{1}{x-1}}=+\infty, f(1+0)=\lim_{x\to 1^+} e^{-\frac{1}{x-1}}=0$$

由 $f(1+0)=f(0)$ 知,选(B).

例 2 设函数 $f(x)$ 在区间 $[a,b]$ 上有定义且单调增加,对点 $x_0\in(a,b)$,若极限 $\lim\limits_{x\to x_0}f(x)$ 存在,证明 $f(x)$ 在点 x_0 处连续.

证 依题设,并根据极限的保号性,有

当 $x<x_0$ 时,$f(x)<f(x_0)$,故 $\lim\limits_{x\to x_0^-}f(x)\leqslant f(x_0)$;

当 $x>x_0$ 时,$f(x)>f(x_0)$,故 $\lim\limits_{x\to x_0^+}f(x)\geqslant f(x_0)$.

由于 $\lim\limits_{x\to x_0}f(x)$ 存在,必有

$$\lim_{x\to x_0}f(x)=\lim_{x\to x_0^-}f(x)=\lim_{x\to x_0^+}f(x)=f(x_0).$$

故函数 $f(x)$ 在 x_0 处连续.

例 3 设 $f(x)=\begin{cases} x & ,x<1, \\ a & ,x\geqslant 1, \end{cases}$ $g(x)=\begin{cases} b & ,x<0, \\ x+2 & ,x\geqslant 0, \end{cases}$ 确定 a, b 的值,使 $F(x)=f(x)+g(x)$ 在 $(-\infty,+\infty)$ 内连续.

解 先写出 $F(x)$ 的表达式,由已知条件,有

$$F(x)=\begin{cases}x+b, & x<0,\\ 2x+2, & 0\leqslant x<1,\\ x+2+a, & x\geqslant 1.\end{cases}$$

在区间$(-\infty,0)$,$[0,1)$,$[1,+\infty)$内,$F(x)$是初等函数,均连续.显然,只要确定a,b的值,使$F(x)$在$x=0$,$x=1$处左连续即可.

由于$F(0)=2$,且$\lim\limits_{x\to 0^-}F(x)=\lim\limits_{x\to 0^-}(x+b)=b=F(0)$,所以$b=2$时,$F(x)$在$x=0$处连续.

又因$F(1)=3+a$,且$\lim\limits_{x\to 1^-}F(x)=\lim\limits_{x\to 1^-}(2x+2)=4=F(1)$,所以$a=1$时,$F(x)$在$x=1$连续.

综上知,$a=1$,$b=2$,$F(x)$在$(-\infty,+\infty)$内连续.

例 4 确定函数$f(x)=\lim\limits_{n\to\infty}(x-a)\arctan\left|\dfrac{x}{a}\right|^n$ $(a>0)$的连续区间.

解 这是由含参变量x的极限所确定的函数.注意到,当$n\to\infty$时,若$\left|\dfrac{x}{a}\right|<1$,则$\left|\dfrac{x}{a}\right|^n\to 0$;若$\left|\dfrac{x}{a}\right|>1$,则$\left|\dfrac{x}{a}\right|^n\to+\infty$.应以$|x|=a$为分界点,先确定$f(x)$.

当$x=a$时,$f(a)=0$;当$x=-a$时,$f(-a)=-\dfrac{\pi}{2}a$.

当$|x|<a$时,因$\lim\limits_{n\to\infty}\arctan\left|\dfrac{x}{a}\right|^n=0$,故$f(x)=0$;

当$|x|>a$时,因$\lim\limits_{n\to\infty}\arctan\left|\dfrac{x}{a}\right|^n=\dfrac{\pi}{2}$,故$f(x)=\dfrac{\pi}{2}(x-a)$.

综上
$$f(x)=\begin{cases}0, & -a<x\leqslant a,\\ \dfrac{\pi}{2}(x-a), & |x|>a,\\ -\dfrac{\pi}{2}a, & x=-a.\end{cases}$$

由于$f(a-0)=f(a+0)=f(0)$,故$f(a)$在$x=a$处连续.

由于$f(-a-0)=-a\pi\neq f(-a)$，$f(-a+0)=0\neq f(-a)$，故$f(x)$在$x=-a$处间断，且既不左连续，也不右连续.

由此，$f(x)$的连续区间是$(-\infty,-a)\cup(-a,+\infty)$.

例 5 设函数$f(x)$对任意的x、y满足$f(x+y)=f(x)f(y)$，且在$x=0$处连续. 试证$f(x)$在$(-\infty,+\infty)$内处处连续.

证 当$f(x)\equiv 0$时，$f(x)$显然连续. 现设$f(x)$不恒等于零.

令$y=0$，由已知，有$f(x+0)=f(x)f(0)$，可得$f(0)=1$. 因$f(x)$在$x=0$处连续，由连续定义，有

$$\lim_{\Delta x\to 0}[f(0+\Delta x)-f(0)]=\lim_{\Delta x\to 0}[f(\Delta x)-1]=0.$$

现在$(-\infty,+\infty)$内任取一点x_0. 若$x_0=0$，则由题设知$f(x)$在$x_0=0$处连续；若$x_0\neq 0$，应有$f(x_0+\Delta x)=f(x_0)f(\Delta x)$，于是

$$\begin{aligned}\lim_{\Delta x\to 0}[f(x_0+\Delta x)-f(x_0)]&=\lim_{\Delta x\to 0}[f(x_0)f(\Delta x)-f(x_0)]\\&=f(x_0)\lim_{\Delta x\to 0}[f(\Delta x)-1]=0.\end{aligned}$$

故$f(x)$在点x_0处连续. 由点x_0的任意性，可得$f(x)$在$(-\infty,+\infty)$内处处连续.

例 6 设$f(x)$，$\varphi(x)$在$(-\infty,+\infty)$内有定义，$f(x)$是连续函数，且$f(x)\neq 0$，$\varphi(x)$有间断点，则下列结论正确的是(　　).

(A) $f(\varphi(x))$必有间断点　　(B) $\varphi(f(x))$必有间断点

(C) $\varphi^2(x)$必有间断点　　(D) $\dfrac{\varphi(x)}{f(x)}$必有间断点

解 选(D). 若$F(x)=\dfrac{\varphi(x)}{f(x)}$是连续函数，则$\varphi(x)=F(x)f(x)$必为连续函数，这与题设矛盾.

(A) 的反例：$f(x)=\sin x$，$\varphi(x)=\begin{cases}x-\pi, & x\leqslant 0,\\ x+\pi, & x>0,\end{cases}$在$x=0$间断，则

$$f(\varphi(x))=-\sin x=\begin{cases}\sin(x-\pi), & x\leqslant 0,\\ \sin(x+\pi), & x>0,\end{cases}$$

在 $x=0$ 处连续，且在 $(-\infty,+\infty)$ 内连续.

(B)和(C)的反例：$\varphi(x)=\begin{cases}1, & x\geqslant 0,\\ -1, & x<0,\end{cases}$ 在 $x=0$ 间断，$f(x)=x^2$，则 $\varphi(f(x))=\varphi(x^2)=1$，$\varphi^2(x)=1$ 在 $(-\infty,+\infty)$ 内连续.

例 7 求出下列函数的间断点及其类型；若是可去间断点，设法使其变为连续点：

(1) $f(x)=\begin{cases}\arctan\dfrac{1}{x^2}, & x\neq 0,\\ 1, & x=0;\end{cases}$

(2) $f(x)=\lim\limits_{t\to x}\left(\dfrac{\sin t}{\sin x}\right)^{\frac{x}{\sin t-\sin x}}$.

解 (1) 因 $\lim\limits_{x\to 0}f(x)=\lim\limits_{x\to 0}\arctan\dfrac{1}{x^2}=\dfrac{\pi}{2}\neq f(0)=1$

故 $f(x)$ 在 $x=0$ 处间断，这是可去间断点. 改变 $f(x)$ 在 $x=0$ 处的函数值，使其等于极限值，即令 $f(0)=\dfrac{\pi}{2}$：

$$f(x)=\begin{cases}\arctan\dfrac{1}{x^2}, & x\neq 0,\\ \dfrac{\pi}{2}, & x=0,\end{cases}\quad\text{(见注释)}$$

则 $f(x)$ 在 $x=0$ 就由间断变为连续.

注释 此处的函数与原给函数已经不相同，但从问题的性质出发，此处仍记作 $f(x)$. 以下均如此.

(2) 这是由含参变量的极限所确定的函数. 先确定 $f(x)$. 注意到这是 1^∞ 型. 因

$$f(x)=\lim_{t\to x}\left[1+\left(\frac{\sin t}{\sin x}-1\right)\right]^{\frac{\sin x}{\sin t-\sin x}\cdot\frac{x}{\sin x}}=e^{\frac{x}{\sin x}},$$

可知 $x=k\pi\ (k=0,\pm 1,\pm 2,\cdots)$ 是函数的间断点. 由于

$$\lim_{x\to 0}f(x)=\lim_{x\to 0}e^{\frac{x}{\sin x}}=e,$$

所以,$x=0$ 是函数 $f(x)$ 的可去间断点. 这时若补充 $f(x)$ 在 $x=0$ 处的定义,即令 $f(0)=\mathrm{e}$,则 $f(x)$ 在 $x=0$ 就由间断变为连续.

$x=k\pi(k=\pm1,\pm2,\cdots)$ 均是第二类间断点.

例 8 设 $f(x)$ 是连续函数,试证明函数 $F(x)=|f(x)|$ 也是连续函数.

证 因 $y=|u|$ 是 u 的连续函数,又 $u=f(x)$ 是 x 的连续函数;由复合函数的连续性,知 $F(x)=|f(x)|$ 是 x 的连续函数.

例 9 设函数 $f(x)$、$g(x)$ 是连续的,证明

$\max\{f(x),g(x)\}$,$\min\{f(x),g(x)\}$ 也是连续的. 其中

$$\varphi(x)=\max\{f(x),g(x)\}=\frac{1}{2}[f(x)+g(x)+|f(x)-g(x)|],$$

$$\psi(x)=\min\{f(x),g(x)\}=\frac{1}{2}[f(x)+g(x)-|f(x)-g(x)|].$$

证 由题设,连续函数的四则运算法则及例 8 可知,函数 $|f(x)-g(x)|$ 是连续的,再由连续函数的四则运算法则知,函数 $\varphi(x)$ 及 $\psi(x)$ 也是连续的.

§2.4 用连续函数的性质讨论方程的根

1. 证明方程存在实根

若存在 $x=x_0$,使 $f(x_0)=0$,则称 x_0 是函数 $f(x)$ 的零点. 函数 $f(x)$ 的零点 x_0 又称为方程 $f(x)=0$ 的实根.

证明方程存在实根有两层含义:其一是在区间 (a,b) 内根的存在性;其二是有时需要证明在区间 (a,b) 内根的惟一性.

证明方程存在根

解题思路 要用连续函数的零点(或根值)定理.

(1) 若题设给出方程,首先将方程写成 $F(x)=0$ 的形式;然后,设函数 $F(x)$,并验证该函数在所给的闭区间 $[a,b]$ 上满足零点定理的条件,即可得到结论.

(2) 若题目不是证明方程存在根,而是证明存在 $\xi\in[a,b]$(或 $x_0\in[a,b]$),使一含 ξ 的等式成立. 这时,先将欲证的含 ξ 的等式写成 $F(\xi)=0$ 的形式,这相当于证明方程 $F(x)=0$ 存在根 ξ. 这只要作辅助函数 $F(x)$ 即可.(见例3)

(3) 根值定理的推广　根值定理中的闭区间 $[a,b]$,可推广至开区间,半开区间和无限区间.

这里以无限区间 $(-\infty,+\infty)$ 为例来说明:设 $F(x)$ 在 $(-\infty,+\infty)$ 内连续.

若 $\lim\limits_{x\to-\infty}F(x)=A$, $\lim\limits_{x\to+\infty}F(x)=B$,且 A 与 B 异号;

或　若 $\lim\limits_{x\to-\infty}F(x)=-\infty(+\infty)$, $\lim\limits_{x\to+\infty}F(x)=+\infty(-\infty)$,

则总可在 $(-\infty,+\infty)$ 内选定一个闭区间 $[c,d]$,使 $F(c)\cdot F(d)<0$,因而可在 $[c,d]$ 上应用根值定理.

若在开区间 (a,b) 讨论方程 $F(x)=0$ 存在根,应考察极限 $\lim\limits_{x\to a^+}F(x)$ 和 $\lim\limits_{x\to b^-}F(x)$ 是否异号.

(4) 根值定理是确定方程 $f(x)=0$ 在开区间 (a,b) 内存在根. 若欲证方程 $f(x)=0$ 在区间 $(a,b]$, $[a,b)$ 和 $[a,b]$ 上存在根,除用根值定理证明方程在 (a,b) 内存在根外,对区间的端点还应加以讨论.(见例2).

证明方程根的惟一性

解题思路

(1) 先证方程 $F(x)=0$ 在 (a,b) 内存在根;再验证函数 $F(x)$ 在 $[a,b]$ 上单调.

(2) 用反证法　设方程有两个实根,而导出矛盾.

2. 证明 $f(\xi)=C$

证明函数 $f(x)$ 在点 $x=\xi$ 的函数值 $f(\xi)$ 等于某一确定的常数 C,即 $f(\xi)=C$. 证明方法有**两种思路**:

其一,用零点定理. 将 $f(\xi)=C$ 写成 $f(\xi)-C=0$,作辅助函数 $F(x)=f(x)-C$. 只要证明方程 $F(x)=0$ 存在根 ξ 即可.

其二,用介值定理.若$f(x)$在闭区间$[a,b]$上连续,且最大值与最小值分别为M和m,只要能证明常数C介于m与M之间,由连续函数的介值定理便得欲证结论.

例1 设$a<b<c$,求证:方程$\frac{1}{x-a}+\frac{1}{x-b}+\frac{1}{x-c}=0$在区间$(a,b)$与$(b,c)$内各至少有一个实根.

解 已知方程可改写作

$$(x-b)(x-c)+(x-c)(x-a)+(x-a)(x-b)=0.$$

设 $f(x)=(x-b)(x-c)+(x-c)(x-a)+(x-a)(x-b)$.因为$f(x)$在$[a,b]$上连续,且

$$f(a)=(a-b)(a-c)>0,f(b)=(b-c)(b-a)<0,$$

所以由根值定理,存在$\xi_1\in(a,b)$,使得$f(\xi_1)=0$,ξ_1是方程$f(x)=0$的根.

同理可证,存在$\xi_2\in(b,c)$,使得$f(\xi_2)=0$,ξ_2是方程$f(x)=0$的根.

例2 试证方程$x=a\sin x+b(a>0,b>0)$至少有一个正根,且不超过$a+b$.

分析 本例欲证方程在区间$(0,a+b]$上有根.

证 设函数$F(x)=x-a\sin x-b$.$F(x)$是初等函数,在闭区间$[0,a+b]$上连续.由于

$$F(0)=-b<0,F(a+b)=a[1-\sin(a+b)]\geqslant0(a>0,\sin(a+b)\leqslant1).$$

若$F(a+b)>0$,则由零点定理知,存在$\xi\in(0,a+b)$,使$F(\xi)=0$,即$\xi=a\sin\xi+b$,ξ是方程的根;

若$F(a+b)=0$,则$a+b$为方程$F(x)=0$,即为方程$x=a\sin x+b$的正根.

综上,方程$x=a\sin x+b$至少有一个正根,且不超过$a+b$.

例3 设函数$f(x)$在$[a,b]$上连续,且$f(a)\leqslant a$,$f(b)\geqslant b$,证明在$[a,b]$上至少存在一点ξ,使$f(\xi)=\xi$.

分析 存在一点ξ,使$f(\xi)=\xi$,应理解成,ξ是方程$f(x)=x$

的根. 作辅助函数 $F(x)=f(x)-x$,用零点定理即可. 证明留给读者.

例 4 设函数 $f(x)$ 是周期为 $2l$ 的周期函数,且在整个数轴上连续,证明方程 $f(x)=f(x-l)$ 在任何长度为 l 的闭区间上至少有一个实根.

分析 设 α 为任意实数,本例是证明方程在闭区间 $[\alpha,\alpha+l]$ 上有实根.

证 设 α 为任意实数,在闭区间 $[\alpha,\alpha+l]$ 上作辅助函数

$$F(x)=f(x)-f(x-l)$$

显然 $F(x)$ 在 $[\alpha,\alpha+l]$ 上连续,且

$$F(\alpha)=f(\alpha)-f(\alpha-l),F(\alpha+l)=f(\alpha+l)-f(\alpha)=f(\alpha-l)-f(\alpha)$$

其中 $f(\alpha+l)=f(\alpha-l)$ 是因为 $f(x)$ 是以 $2l$ 为周期的周期函数.

若 $f(\alpha)\neq f(\alpha-l)$,$F(\alpha)$ 与 $F(\alpha+l)$ 异号. 由零点定理知,至少存在一点 $\xi\in(\alpha,\alpha+l)$,使 $F(\xi)=0$,即方程 $f(x)=f(x-l)$ 在 $(\alpha,\alpha+l)$ 内至少有一个实根.

若 $f(\alpha)=f(\alpha-l)$,则 $F(\alpha)=0$,$F(\alpha+l)=0$,即 $\alpha,\alpha+l$ 均为方程 $f(x)=f(x-l)$ 在区间 $[\alpha,\alpha+l]$ 上的实根.

例 5 证明方程 $x^3-9x-1=0$ 恰有三个实根.

分析 三次方程最多有三个实根,若能证明该方程至少有三个实根即可. 本例的关键是用观察法找出两点,使所作的辅助函数 $F(x)$ 在这两点取值异号,以便利用零点定理.

证 作辅助函数 $F(x)=x^3-9x-1$. 该函数在 $(-\infty,+\infty)$ 内连续. 注意到

$$F(-3)=-1<0,F(-2)=9>0,F(0)=-1<0,F(4)=27>0.$$

所以方程 $F(x)=0$ 在各区间 $(-3,-2)$,$(-2,0)$,$(0,4)$ 内至少有一个实根. 即 $x^3-9x-1=0$ 至少有三个实根. 又因为三次方程最多有三个实根,故所给方程恰有三个实根.

例 6 证明:方程 $|x|^{\frac{1}{4}}+|x|^{\frac{1}{2}}-\frac{1}{2}\cos x=0$ 在 $(-\infty,+\infty)$ 内仅有两个实根.

证 由于 $|x|^{\frac{1}{4}}+|x|^{\frac{1}{2}}-\frac{1}{2}\cos x$ 为偶函数,只要证明所给方程在 $(0,+\infty)$ 仅有一个实根即可.

设 $F(x)=x^{\frac{1}{4}}+x^{\frac{1}{2}}-\frac{1}{2}\cos x$. 先证根的存在性.

因 $F(0)=-\frac{1}{2}<0$,可知 $x=0$ 不是方程 $F(x)=0$ 的根,又因 $\lim\limits_{x\to+\infty}F(x)=+\infty$,故存在一点 $x_0>0$,使得 $F(x_0)>0$. 例如,取 $x_0=1$,便有 $F(1)=1+1-\frac{1}{2}>0$. 于是,由零点定理,在区间 $(0,1)$ 内 $F(x)=0$ 至少存在一个根.

注意到当 $x>1$ 时,$F(x)$ 恒大于 0,故在区间 $(1,+\infty)$ 内方程 $F(x)=0$ 不可能有根.

再证根的惟一性. 因为 $0<x<1<\frac{\pi}{2}$ 时,函数 $x^{\frac{1}{4}}, x^{\frac{1}{2}}, -\cos x$ 都是单调增加的,所以 $F(x)$ 在 $(0,1)$ 内单调增加,从而 $F(x)=0$ 在 $(0,1)$ 内仅有一个实根.

综上,并因 $|x|^{\frac{1}{4}}+|x|^{\frac{1}{2}}-\frac{1}{2}\cos x$ 为偶函数,即所给方程在 $(-\infty,+\infty)$ 内仅有两个实根.

例 7 设函数 $f(x)$ 在 $[a,b]$ 上连续,且 $a<c<d<b$,证明:

(1) 存在一个 $\xi\in(a,b)$,使得 $f(c)+f(d)=2f(\xi)$;

(2) 存在一个 $\xi\in(a,b)$,使得 $mf(c)+nf(d)=(m+n)f(\xi)$. 其中 m,n 为正数.

分析 本例若用介值定理证明可将欲证结论写成

(1) $f(\xi)=\frac{f(c)+f(d)}{2}$; (2) $f(\xi)=\frac{mf(c)+nf(d)}{m+n}$.

本例欲用零点定理证明,易想到,应在区间$[c,d]$上进行. 且应作辅助函数

(1) $F(x)=2f(x)-f(c)-f(d)$;

(2) $F(x)=(m+n)f(x)-mf(c)-nf(d)$.

证 这里用介值定理证明. 由于$f(x)$在$[a,b]$上连续,所以$f(x)$在$[a,b]$上必有最大值M和最小值N,因c、$d\in[a,b]$,必有

$$N\leqslant f(c)\leqslant M,\quad N\leqslant f(d)\leqslant M,$$

(1) 将上二式相加,得

$$2N\leqslant f(c)+f(d)\leqslant 2M,\quad 即\quad N\leqslant\frac{f(c)+f(d)}{2}\leqslant M,$$

从而由介值定理,在(a,b)内存在一点ξ,使得

$$f(\xi)=\frac{f(c)+f(d)}{2},\quad 即\quad f(c)+f(d)=2f(\xi).$$

(2) 因$m>0,n>0$,有

$$mN\leqslant mf(c)\leqslant mM,\quad nN\leqslant nf(d)\leqslant nM,$$

于是$(m+n)N\leqslant mf(c)+nf(d)\leqslant(m+n)M$,即$N\leqslant\dfrac{mf(c)+nf(d)}{m+n}\leqslant M$,

从而由介值定理,在(a,b)内存在一点ξ,使得

$$f(\xi)=\frac{mf(c)+nf(d)}{m+n},\quad 即\quad mf(c)+nf(d)=(m+n)f(\xi).$$

小　　结

一、知识点、重点、难点

1. 知识点:

(1) 极限概念;极限运算法则;极限的性质.

(2) 极限存在准则(夹逼准则和单调有界准则).

(3) 无穷小与无穷大的概念,无穷小的性质与无穷小阶的比较.

(4) 两个重要极限.

(5) 函数在一点连续;间断点及其分类;连续函数.初等函数的连续性.

(6) 闭区间上连续函数性质.

2. 重点:极限概念;极限运算法则.极限的保号性质.等价无穷小.函数的连续性.

3. 难点:极限概念.利用等价无穷小求极限.

二、极限与连续都是微积分的基本概念,极限理论是微积分学的理论基础,极限方法是微积分学的基本方法.微积分主要研究连续函数.

三、正确理解函数、极限、无穷小、连续的基本概念和它们之间的内在联系

1. 极限$\lim\limits_{x \to x_0} f(x)$是否存在与函数$f(x)$在点$x_0$处是否有定义无关.

2. $\lim\limits_{x \to x_0} f(x) = A \Leftrightarrow \lim\limits_{x \to x_0^-} f(x) = \lim\limits_{x \to x_0^+} f(x) = A$;

$\lim\limits_{x \to \infty} f(x) = A \Leftrightarrow \lim\limits_{x \to -\infty} f(x) = \lim\limits_{x \to +\infty} f(x) = A$.

3. 函数$f(x)$在点x_0处有定义是函数$f(x)$在点x_0处连续的必要条件,但不是充分条件.

4. 极限$\lim\limits_{x \to x_0} f(x)$存在是函数$f(x)$在点$x_0$处连续的必要条件,但不是充分条件.

5. 函数极限与无穷小的关系 $\lim f(x) = A \Leftrightarrow f(x) = A + \alpha$,其中,$\lim \alpha = 0$.

6. $\lim f(x) = \infty \Leftrightarrow \lim \dfrac{1}{f(x)} = 0$.

自 测 题

1. 填空题

(1) $\lim\limits_{h\to 0}\dfrac{(x+h)^3-x^3}{h}=$ ________. (2) $\lim\limits_{x\to\infty}\dfrac{2x+3}{x+x^2}\arctan x=$ ________.

(3) $\lim\limits_{x\to 0}\dfrac{4\sin x+3x^2\sin\dfrac{1}{x}}{(1+\cos x)\sin(\sin x)}=$ ________.

(4) 设$\lim\limits_{x\to 0}\dfrac{\ln\left[1+\dfrac{f(x)}{\sin 3x}\right]}{3^x-1}=3$,则$\lim\limits_{x\to 0}\dfrac{f(x)}{x^2}=$ ________.

(5) 函数$f(x)=\dfrac{1}{\sqrt{x^2-3x+2}}$的连续区间是________.

2. 单项选择题

(1) 设$f(x)=\begin{cases}e^{\frac{1}{x-1}}, & x>0\text{ 且 }x\neq 1\\ \ln(1+x), & -1<x\leqslant 0,\end{cases}$ 则$\lim\limits_{x\to 0}f(x)$是(　　).

(A) 1　　(B) e^{-1}　　(C) 0　　(D) 不存在

(2) 设$x\to 0$时,$e^{x\cos x^2}-e^x$与x^n是同阶无穷小,则正整数$n=$(　　).

(A) 2　　(B) 3　　(C) 4　　(D) 5

(3) $\lim\limits_{x\to 0}\dfrac{1}{x}\ln(1+x+x^2)=$(　　).

(A) 1　　(B) e　　(C) ∞　　(D) 不存在但不是∞

(4) 设函数$f(x)=\begin{cases}x^{\alpha}\sin\dfrac{1}{x}, & x>0\\ e^x+\beta, & x\leqslant 0\end{cases}$ 在$x=0$处连续,则(　　)

(A) $\alpha\geqslant 0,\beta=-1$　　(B) $\alpha>0,\beta=-1$

(C) $\alpha\leqslant 0,\beta=-1$　　(D) $\alpha<0,\beta=-1$

(5) 函数$f(x)=\lim\limits_{n\to\infty}\dfrac{1+x}{1+x^{2n}}$(　　).

(A) 不存在间断点　　(B) 存在间断点$x=1$

(C) 存在间断点$x=0$　　(D) 存在间断点$x=-1$

3. 计算题

(1) $\lim\limits_{n\to\infty}\left(\sqrt{n^2+3n-1}-\sqrt{n^2-5n+2}\right)$.

(2) $\lim\limits_{x\to\infty}x\left(\dfrac{\pi}{4}-\arctan\dfrac{x}{1+x}\right)$.

(3) $\lim\limits_{x\to 0}\dfrac{\dfrac{x^2}{2}+1-\sqrt{1+x^2}}{(\cos x-\mathrm{e}^{x^2})\sin x^2}$.

(4) $\lim\limits_{x\to 0}\dfrac{1-\cos x\cdot\sqrt{\cos 2x}\cdot\sqrt[3]{\cos 3x}}{x^2}$.

(5) $\lim\limits_{x\to\infty}\dfrac{(x+a)^{x+a}(x+b)^{x+b}}{(x+a+b)^{2x+a+b}}$.

(6) $\lim\limits_{x\to\frac{\pi}{2}}\dfrac{(1-\sqrt{\sin x})(1-\sqrt[3]{\sin x})\cdots(1-\sqrt[n]{\sin x})}{(1-\sin x)^{n-1}}$.

(7) 已知$\lim\limits_{x\to 0}\dfrac{\sqrt{1+\dfrac{1}{x}f(x)}-1}{x^2}=b(b\neq 0)$，求常数 a 和 k，使得当 $x\to 0$ 时，函数 $f(x)\sim ax^k$.

(8) $\lim\limits_{n\to\infty}\sin^2(\pi\sqrt{n^2+1})$.

4. 设 $f(x)=\begin{cases}\dfrac{x^3-x}{\sin\pi x}, & x<0,\\ \sin\dfrac{1}{x^2-1}, & x\geqslant 0,\end{cases}$ 求 $f(x)$ 的间断点，并指出其类型.

5. 设函数 $f(x)$ 在 (a,b) 内连续，且 $x_k\in(a,b)$，$k=1,2,\cdots,n$. 证明至少存在一点 $\xi\in(a,b)$，使

$$f(\xi)=\frac{2}{n(n+1)}[f(x_1)+2f(x_2)+\cdots+nf(x_n)].$$

第三章　导数与微分

§3.1　导数概念

函数 $y=f(x)$ 在点 x_0 的导数定义为

$$f'(x_0)=\lim_{\Delta x\to 0}\frac{\Delta y}{\Delta x}=\lim_{\Delta x\to 0}\frac{f(x_0+\Delta x)-f(x_0)}{\Delta x}, \tag{1}$$

或

$$f'(x_0)=\lim_{x\to x_0}\frac{f(x)-f(x_0)}{x-x_0}. \tag{2}$$

理解和应用导数定义时应注意下述问题：

(1) (1)式或(2)式是$\frac{0}{0}$型.

(2) $f'(x_0)$是一个数值，由(1)式或(2)式可看出，该数值与$f(x_0)$有关. 正因为如此，在用(1)式或(2)式计算$f'(x_0)$时，必须先知道$f(x_0)$的值：有的题直接给出$f(x_0)$的值；有的题隐含给出；有的题须由题设条件推出. 还有，要特别注意$f(x_0)=0$的情形.

(3) 在式$\frac{f(x_0+\Delta x)-f(x_0)}{\Delta x}$中，分母是$x$在点$x_0$取得的改变量，而分子则是与$\Delta x$相对应的函数$y=f(x)$的改变量. 由此，若用(1)式求$f'(x_0)$，而所给的极限式不符合上述情况时，一般应调整分母，使之达到上述相对应的情况.

在$f'(x_0)$存在的前提下，若(1)式右端分子中被减项符号$f(\quad)$中的表达式与减项符号$f(\quad)$中的表达式之差刚好是分母时，则该极限就是$f'(x_0)$.

(4) 确定分段函数 $f(x)$ 在分段点 x_0 的导数，多数情况须用到下述关系式

$$f'(x_0)=A\Leftrightarrow f'_-(x_0)=f'_+(x_0)=A.$$

(5) $f'(x_0)$ 是函数 $y=f(x)$ 的导函数 $f'(x)$ 在 $x=x_0$ 时的函数值.

例 1 设下列极限存在，试求之：

(1) $\lim\limits_{\Delta x\to 0}\dfrac{f(x_0+3\Delta x)-f(x_0)}{\Delta x}$； (2) $\lim\limits_{h\to\infty}h\left[f\left(x_0-\dfrac{1}{h}\right)-f(x_0)\right]$；

(3) $\lim\limits_{x\to 3}\dfrac{f(6-x)-f(3)}{2x-6}$； (4) $\lim\limits_{x\to 0}\dfrac{f(a-2x^2)-f(a)}{\tan^2 x}$.

解 用导数公式(1).

(1) 直观判定：因 $(x_0+3\Delta x)-x_0=3\Delta x$，可知原式 $=3f'(x_0)$. 事实上

$$\text{原式}=3\lim_{\Delta x\to 0}\frac{f(x_0+3\Delta x)-f(x_0)}{3\Delta x}=3f'(x_0).$$

(2) 当 $h\to\infty$ 时，$\dfrac{1}{h}\to 0$，直观判定，原式 $=-f'(x_0)$. 事实上

$$\text{原式}=-\lim_{h\to\infty}\frac{f\left(x_0-\dfrac{1}{h}\right)-f(x_0)}{-\dfrac{1}{h}}=-f'(x_0).$$

(3) 当 $x\to 3$ 时，有 $(x-3)\to 0$. 直观判定：因 $(6-x)-3=3-x$，故原式 $=-\dfrac{1}{2}f'(3)$.

$$\text{原式}=-\frac{1}{2}\lim_{x\to 3}\frac{f(3+(3-x))-f(3)}{3-x}=-\frac{1}{2}f'(3).$$

(4) 直观判定：因 $(a-2x^2)-a=-2x^2$，且当 $x\to 0$ 时，$x^2\sim\tan^2 x$，故原式 $=-2f'(a)$.

$$\text{原式}=-2\lim_{x\to 0}\frac{f(a-2x^2)-f(a)}{-2x^2}\cdot\frac{x^2}{\tan^2 x}=-2f'(a).$$

注释 作题时，直观判定部分无须写出. 此处是帮助读者理解而写出.

例 2 (1) 设函数 $f(x)$, $g(x)$ 在 $x=0$ 处可导, $f(0)=g(0)=0$, 且 $f'(0)\neq 0$, 则 $\lim\limits_{x\to 0}\dfrac{g(tx)}{f(x)}=$ ________;

(2) 设 $f(0)=1$, $f'(0)=-1$, 则 $\lim\limits_{x\to 1}\dfrac{f(\ln x)-1}{1-x}=$ ________;

(3) 已知 $f(x)=\dfrac{(x-1)(x-2)(x-3)\cdots(x-n)}{(x+1)(x+2)(x+3)\cdots(x+n)}$, 则 $f'(1)=$ ________.

解 用导数定义.

(1) 注意到 $f(0)=g(0)=0$, 故

$$\text{原式}=\lim_{x\to 0}\frac{\dfrac{g(tx)-g(0)}{tx}}{\dfrac{f(x)-f(0)}{x-0}}\cdot t=t\frac{g'(0)}{f'(0)}.$$

(2) 因 $x\to 1$ 时, $\ln x\to 0$.

$$\text{原式}=-\lim_{x\to 1}\frac{f(\ln x)-f(0)}{\ln x}\cdot\frac{\ln[1+(x-1)]}{x-1}=-f'(0)\cdot 1=1.$$

(3) $$f'(1)=\lim_{x\to 1}\frac{f(x)-f(1)}{x-1}$$

$$=\lim_{x\to 1}\frac{(x-2)(x-3)\cdots(x-n)}{(x+1)(x+2)\cdots(x+n)}.$$

$$=\frac{(-1)^{n-1}(n-1)!}{(n+1)!}=\frac{(-1)^{n-1}}{n(n+1)}.$$

例 3 设 $f'(x_0)$ 存在, 求 $\lim\limits_{\Delta x\to 0}\dfrac{f(x_0+\Delta x)-f(x_0-\Delta x)}{2\Delta x}$.

解 因函数 $f(x)$ 在 x_0 可导, 则 $f(x_0)$ 有意义.

$$\text{原式}=\frac{1}{2}\lim_{\Delta x\to 0}\left[\frac{f(x_0+\Delta x)-f(x_0)}{\Delta x}+\frac{f(x_0-\Delta x)-f(x_0)}{-\Delta x}\right]$$

$$=\frac{1}{2}[f'(x_0)+f'(x_0)]=f'(x_0).$$

注释 $$\lim_{\Delta x\to 0}\frac{f(x_0+\Delta x)-f(x_0-\Delta x)}{2\Delta x}=f'(x_0). \tag{3}$$

与 $$\lim_{\Delta x\to 0}\frac{f(x_0+\Delta x)-f(x_0)}{\Delta x}=f'(x_0)\text{（导数定义）}\tag{1}$$

是不等价的. 若(1)式成立,则(3)式左边的极限存在,且等于 $f'(x_0)$. 但反之则不成立,即(3)式左边的极限存在并不能保证(1)式成立. 因为(3)式与 $f(x_0)$ 无关. 例如,函数

$$f(x)=\begin{cases}\cos\dfrac{1}{x}, & x\neq 0,\\ 0, & x=0,\end{cases}$$

在 $x=0$ 处间断, $f'(0)$ 不存在. 即极限 $\lim\limits_{\Delta x\to 0}\dfrac{f(0+\Delta x)-f(0)}{\Delta x}$ 不存在,但有

$$\lim_{\Delta x\to 0}\frac{f(0+\Delta x)-f(0-\Delta x)}{2\Delta x}=\lim_{\Delta x\to 0}\frac{\cos\dfrac{1}{\Delta x}-\cos\dfrac{1}{\Delta x}}{2\Delta x}=0.$$

例 4 设函数 $f(x)$ 在 $x=a$ 处可导,且 $f(a)>0$,求 $\lim\limits_{n\to\infty}\left[\dfrac{f\left(a+\dfrac{1}{n}\right)}{f(a)}\right]^n$.

解 这是 1^∞ 型. 注意到当 $n\to\infty$ 时,

$$\ln\left[1+\frac{f\left(a+\dfrac{1}{n}\right)-f(a)}{f(a)}\right]\sim\frac{f\left(a+\dfrac{1}{n}\right)-f(a)}{f(a)}.$$

而 $$\lim_{n\to\infty}n\ln\frac{f\left(a+\dfrac{1}{n}\right)}{f(a)}=\lim_{n\to\infty}n\ln\left[1+\frac{f\left(a+\dfrac{1}{n}\right)-f(a)}{f(a)}\right]$$

$$=\lim_{n\to\infty}n\cdot\frac{f\left(a+\dfrac{1}{n}\right)-f(a)}{f(a)}$$

$$=\lim_{n\to\infty}\frac{1}{f(a)}\frac{f\left(a+\dfrac{1}{n}\right)-f(a)}{\dfrac{1}{n}}=\frac{f'(a)}{f(a)}.$$

所以,原式 $=\mathrm{e}^{\frac{f'(a)}{f(a)}}$.

例 5 设函数 $F(x)=\max\{f(x_1),f(x_2)\}$ 的定义域为 $(-1,1)$,其中 $f_1(x)=x+1$, $f_2(x)=(x+1)^2$,试讨论 $F(x)$ 在 $x=0$ 处的连续性与可导性.

解 先确定 $F(x)$ 的表达式. 当 $-1<x\leqslant 0$ 时, $x+1\geqslant(x+1)^2$;当 $0<x<1$ 时, $(x+1)^2>x+1$. 所以

$$F(x)=\begin{cases}x+1, & -1<x\leqslant 0,\\(x+1)^2, & 0<x<1.\end{cases}$$

由于 $F(0-0)=F(0)=F(0+0)=1$,所以 $F(x)$ 在 $x=0$ 处连续.

因 $F'_-(0)=\lim\limits_{x\to 0^-}\dfrac{F(x)-F(0)}{x-0}=\lim\limits_{x\to 0^-}\dfrac{(x+1)-1}{x}=1.$

$$F'_+(0)=\lim_{x\to 0^+}\frac{F(x)-F(0)}{x-0}=\lim_{x\to 0^+}\frac{(x+1)^2-1}{x}=2.$$

即 $F'_-(0)\neq F'_+(0)$,所以 $F(x)$ 在 $x=0$ 处不可导.

例 6 设函数 $f(x)=\begin{cases}1+\ln(1-4x), & x\leqslant 0\\ a+b\mathrm{e}^x, & x>0,\end{cases}$ 试确定 a,b 的值,使 $f(x)$ 在 $x=0$ 处可导,并求 $f'(0)$.

分析 本题要确定两个未知量,必须由两个等式来确定 a 和 b. 按题设:在 $x=0$ 处 $f'(0)$ 存在,自然应有 $f'_-(0)=f'_+(0)$;另一个条件是隐含在题设中,即 $f(x)$ 在 $x=0$ 处可导,则 $f(x)$ 在 $x=0$ 处必连续.

解 由于 $f(0)=1$,且

$$f(0+0)=\lim_{x\to 0^+}f(x)=\lim_{x\to 0^+}(a+b\mathrm{e}^x)=a+b,$$

由 $f(x)$ 在 $x=0$ 处连续,有 $a+b=1$. 又

$$f'_-(0)=\lim_{x\to 0^-}\frac{f(x)-f(0)}{x}=\lim_{x\to 0^-}\frac{1+\ln(1-4x)-1}{x}=-4,$$

$$f'_+(0)=\lim_{x\to 0^+}\frac{f(x)-f(0)}{x}=\lim_{x\to 0^+}\frac{a+b\mathrm{e}^x-(a+b)}{x}=b$$

因 $f(x)$ 在 $x=0$ 处可导，有 $f'_-(0)=f'_+(0)$，即 $b=-4$.

再由 $a+b=1$ 知 $a=5$，且 $f'(0)=-4$.

例 7 设函数 $f(x)=|x-a|\varphi(x)$，其中 $\varphi(x)$ 在 $x=a$ 处连续且 $\varphi(a)\neq 0$，试讨论 $f(x)$ 在 $x=a$ 处是否可导.

解 因题设出现 $|x-a|$，须先求 $f'_-(a)$ 和 $f'_+(a)$. 因 $f(a)=0$，且 $\varphi(x)$ 在 $x=a$ 处连续，于是

$$f'_-(a)=\lim_{x\to a^-}\frac{f(x)-f(a)}{x-a}=\lim_{x\to a^-}\frac{-(x-a)\varphi(x)}{x-a}=-\varphi(a),$$

$$f'_+(a)=\lim_{x\to a^+}\frac{f(x)-f(a)}{x-a}=\lim_{x\to a^+}\frac{(x-a)\varphi(x)}{x-a}=\varphi(a),$$

$f'_-(a)$ 和 $f'_+(a)$ 虽然都存在，但不等，故 $f'(a)$ 不存在.

注释 若题设是"$\varphi(x)$ 在 $x=a$ 处连续且 $\varphi(a)=0$"，显然，$f(x)$ 在 $x=a$ 处可导且 $f'(a)=0$.

例 8 函数 $f(x)=(x^2-x-2)|x^3-x|$ 不可导点的个数是（　　）.

(A) 3　　(B) 2　　(C) 1　　(D) 0

解 $f(x)=(x-2)(x+1)|x(x-1)(x+1)|$

$$=(x-2)[(x+1)|x+1|]|x||x-1|.$$

该函数是分段函数，有三个分段点. 由前例知，$f(x)$ 在 $x=0$，$x=1$ 处不可导；由前例注释知，$f(x)$ 在 $x=-1$ 处可导，故选(B).

例 9 设 $f(x)$ 在 $x=a$ 的某邻域内有定义，可导，且 $f(a)=0$，求证 $|f(x)|$ 在 $x=a$ 可导的充要条件是 $f'(a)=0$.

证 记 $F(x)=|f(x)|$，$F(x)$ 在 $x=a$ 的左导数为

$$F'_-(a)=\lim_{x\to a^-}\frac{F(x)-F(a)}{x-a}=\lim_{x\to a^-}\frac{|f(x)|-|f(a)|}{x-a}$$

$$=\lim_{x\to a^-}\frac{|f(x)|}{x-a}=-\lim_{x\to a^-}\left|\frac{f(x)-f(a)}{x-a}\right|$$

$$=-\left|\lim_{x\to a^-}\frac{f(x)-f(a)}{x-a}\right|=-|f'(a)|.$$

同样可求得

$$F'_+(a)=\lim_{x\to a^+}\frac{F(x)-F(a)}{x-a}=|f'(a)|.$$

$F(x)=|f(x)|$ 在 $x=a$ 可导的充要条件是 $F'_-(a)=F'_+(a)$，即 $-|f'(a)|=|f'(a)|$. 由此 $f'(a)=0$.

例 10 设函数 $f(x)$ 在 $[-1,1]$ 上有定义，且满足

$$x\leqslant f(x)\leqslant x^2+x\quad x\in[-1,1],$$

证明：$f'(0)$ 存在且等于 1.

分析 为确定 $f'(0)$，须先确定 $f(0)$.

证 在已知不等式中，令 $x=0$，得 $0\leqslant f(0)\leqslant 0$，即 $f(0)=0$. 于是

当 $x>0$ 时，有 $\dfrac{x}{x}\leqslant\dfrac{f(x)-f(0)}{x}\leqslant\dfrac{x^2+x}{x}$

当 $x<0$ 时，有 $\dfrac{x^2+x}{x}\leqslant\dfrac{f(x)-f(0)}{x}\leqslant\dfrac{x}{x}$

由 $\lim\limits_{x\to0}\dfrac{x}{x}=\lim\limits_{x\to0}\dfrac{x^2+x}{x}=1$ 及夹逼定理，得

$$f'_+(0)=\lim_{x\to0^+}\frac{f(x)-f(0)}{x}=1,f'_-(0)=\lim_{x\to0^-}\frac{f(x)-f(0)}{x}=1.$$

因 $f'_+(0)=f'_-(0)=1$，可知 $f'(0)$ 存在且 $f'(0)=1$.

例 11 设函数 $f(x)$ 在 $(0,+\infty)$ 内有定义，对定义域内的任何 x,y 满足 $f(xy)=f(x)+f(y)$；又导数 $f'(1)$ 存在，试证明 $f(x)$ 在 $(0,+\infty)$ 处处可导，并求 $f'(x)$.

分析 须要用导函数的表达式确定 $f'(x)$ 的存在性，为此须用 $f'(1)$ 的表达式. 先由已知方程确定 $f(1)$.

解 在已知式中，令 $x=1$，得 $f(y)=f(1)+f(y)$，即 $f(1)=0$. 对 $x\in(0,+\infty)$.

$$f'(x)=\lim_{\Delta x\to0}\frac{f(x+\Delta x)-f(x)}{\Delta x}=\lim_{\Delta x\to0}\frac{f\left(x\left(1+\dfrac{\Delta x}{x}\right)\right)-f(x)}{\Delta x}$$

$$=\lim_{\Delta x\to0}\frac{f(x)+f\left(1+\dfrac{\Delta x}{x}\right)-f(x)}{\Delta x}$$

$$=\frac{1}{x}\lim_{\Delta x\to 0}\frac{f\left(1+\frac{\Delta x}{x}\right)-f(1)}{\frac{\Delta x}{x}}=\frac{1}{x}f'(1).$$

上式表明 $f'(x)$ 在 $(0,+\infty)$ 内处处存在，并求得了结果.

例 12 设函数 $f(x)$ 在 $[a,b]$ 上连续，$f(a)=f(b)=0$，且 $f'_+(a)<0$，$f'_-(b)<0$. 试证明 $f(x)$ 在 (a,b) 内必有一个零点.

证 依据 $f'(x_0)$ 的局部性质：由于 $f'_+(a)<0$，所以存在点 a 的某一右侧邻域，对该邻域内的任一 $x(x>a)$，有 $f(x)<f(a)=0$. 取其中的一点 x_1，有 $f(x_1)<0$. 由于 $f'_-(b)<0$，所以存在点 b 的某一左侧邻域，对该邻域内的任一 $x(x<b)$，有 $f(x)>f(b)=0$. 取其中的一点 x_2，有 $f(x_2)>0$.

因函数 $f(x)$ 在区间 $[x_1,x_2]\subset(a,b)$ 内连续，且 $f(x_1)f(x_2)<0$，由零点定理知，函数 $f(x)$ 在 (a,b) 内必有一个零点.

§3.2 导数运算

一、导数的运算法则

这里仅给出复合函数的导数法则.

复合函数的导数法则

由 $u=\varphi(x)$，$y=f(u)$ 构成复合函数 $y=f(\varphi(x))$，则

$$\frac{\mathrm{d}y}{\mathrm{d}x}=\frac{\mathrm{d}y}{\mathrm{d}u}\cdot\frac{\mathrm{d}u}{\mathrm{d}x}\text{或 } y'_x=f'(u)\varphi'(x)=f'(\varphi(x))\varphi'(x).$$

这里请注意以下记号的意义：

$[f(\varphi(x))]'$ 表示 y 对自变量 x 求导数，$f'(\varphi(x))$ 表示 y 对中间变量 $\varphi(x)$ 求导数，即

$$[f(\varphi(x))]'=f'(\varphi(x))\cdot\varphi'(x).$$

例如，设 $f(x)=\sin x$，则 $f(x^2)=\sin x^2$. 有

$$f'(x^2)=\frac{\mathrm{d}f(x^2)}{\mathrm{d}x^2}=\frac{\mathrm{d}(\sin x^2)}{\mathrm{d}x^2}=\cos x^2,$$

$$[f(x^2)]' = \frac{\mathrm{d}f(x^2)}{\mathrm{d}x} = f'(x^2)(x^2)' = 2x\cos x^2.$$

复合函数求导的**思路**　该法则可推广至任意有限次复合的情形，计算复合函数的导数，其关键是分析清楚复合函数的构造，即该函数是由哪些基本初等函数经过怎样的过程复合而成的. 求导数时，要按复合次序由最外层起，向内一层一层对中间变量求导数，直到对自变量求导数为止.

求复合函数的导数**易出现的错误**　看错复合层次，中间漏层和没有达到对自变量求导.

例如，函数 $y = \ln\tan\frac{x}{2}$ 是由 $y = \ln u, u = \tan v, v = \frac{x}{2}$ 复合而成. 下述两种写法是正确的：

(1) $y' = (\ln u)'(\tan v)'\left(\frac{x}{2}\right)' = \frac{1}{u}\cdot\sec^2 v\cdot\frac{1}{2}$

$$= \frac{1}{\tan\frac{x}{2}}\sec^2\frac{x}{2}\cdot\frac{1}{2} = \frac{1}{\sin x}.$$

(2) $y' = \left(\ln\tan\frac{x}{2}\right)' = \frac{1}{\tan\frac{x}{2}}\left(\tan\frac{x}{2}\right)' = \frac{1}{\tan\frac{x}{2}}\sec^2\frac{x}{2}\left(\frac{x}{2}\right)'$

$$= \frac{1}{\tan\frac{x}{2}}\sec^2\frac{x}{2}\cdot\frac{1}{2} = \frac{1}{\sin x}.$$

本例易出现下述三种错误：

(1) $y' = \left(\ln\tan\frac{x}{2}\right)'\left(\tan\frac{x}{2}\right)'\left(\frac{x}{2}\right)' = \frac{1}{\tan\frac{x}{2}}\sec^2\frac{x}{2}\cdot\frac{1}{2}$

$$= \frac{1}{\sin x}.$$

这里 $\left(\ln\tan\frac{x}{2}\right)'$ 已表示 y 对 x 求导数，$\left(\tan\frac{x}{2}\right)'\left(\frac{x}{2}\right)'$ 是多写的两个因子，这是错在对导数表达式的理解. 而在求导数时，又出

现一次错误：$\left(\ln\tan\frac{x}{2}\right)'$是对 x 求导数，这里却是对 $\tan\frac{x}{2}$求导；$\left(\tan\frac{x}{2}\right)'$是对 x 求导，这里却是对$\frac{x}{2}$求导. 前后错了两次，最后的结果倒是对的.

(2) $y'=\left(\ln\tan\frac{x}{2}\right)'=\frac{1}{\tan\frac{x}{2}}\left(\frac{x}{2}\right)'=\frac{1}{\tan\frac{x}{2}}\cdot\frac{1}{2}.$

这是错在中间漏层，没求$(\tan v)'$.

(3) $y'=\left(\ln\tan\frac{x}{2}\right)'=\frac{1}{\tan\frac{x}{2}}\left(\tan\frac{x}{2}\right)'=\frac{1}{\tan\frac{x}{2}}\cdot\sec^2\frac{x}{2}.$

这是错在求导时没达到自变量 x. 没求$\left(\frac{x}{2}\right)'$.

又如，求函数 $y=\ln(x+\sqrt{a^2+x^2})$的导数. 正确的是

$$y'=[\ln(x+\sqrt{a^2+x^2})]'=\frac{1}{x+\sqrt{a^2+x^2}}(x+\sqrt{a^2+x^2})'$$

$$=\frac{1}{x+\sqrt{a^2+x^2}}\left[1+\frac{1}{2\sqrt{a^2+x^2}}(a^2+x^2)'\right] \tag{1}$$

$$=\frac{1}{x+\sqrt{a^2+x^2}}\left[1+\frac{2x}{2\sqrt{a^2+x^2}}\right]=\frac{1}{\sqrt{a^2+x^2}}.$$

看错复合层次，(1)式错写成

$$y'=\frac{1}{x+\sqrt{a^2+x^2}}\left(1+\frac{1}{2\sqrt{a^2+x^2}}\right)(a^2+x^2)'.$$

例 1 就下列情况断定函数$f(x)+g(x)$和$f(x)\cdot g(x)$在$x=x_0$的可导性：

(1) 在 $x=x_0$，$f(x)$可导，$g(x)$不可导；

(2) 在 $x=x_0$，$f(x)$和 $g(x)$都不可导.

解 (1) $f(x)+g(x)$在 $x=x_0$不可导. 设

$$F(x)=f(x)+g(x)$$

假若 $F'(x_0)$ 存在,则有

$$g'(x_0)=[F(x)-f(x)]'\big|_{x=x_0}=F'(x_0)-f'(x_0)$$

此与假设 $g(x)$ 在 $x=x_0$ 不可导矛盾.

不能断定 $f(x)\cdot g(x)$ 在 $x=x_0$ 不可导. 例如:

$$f(x)=\sin x \text{ 在 } x=0 \text{ 可导}, g(x)=\sqrt[3]{x} \text{ 在 } x=0 \text{ 不可导},$$

但 $F(x)=f(x)\cdot g(x)$ 在 $x=0$ 可导. 事实上

$$F'(0)=\lim_{x\to 0}\frac{F(x)-F(0)}{x-0}=\lim_{x\to 0}\frac{\sqrt[3]{x}\sin x-0}{x}$$

$$=\lim_{x\to 0}\sqrt[3]{x}\frac{\sin x}{x}=0\cdot 1=0.$$

(2) 不能断定 $f(x)+g(x)$ 在 $x=x_0$ 不可导. 例如:

$$f(x)=x+\frac{1}{x}, g(x)=x-\frac{1}{x} \text{ 在 } x=0 \text{ 都不可导}.$$

但 $\quad f(x)+g(x)=2x$ 在 $x=0$ 可导.

且 $\quad [f(x)+g(x)]'=2, [f(x)+g(x)]'\big|_{x=0}=2.$

不能断定 $f(x)\cdot g(x)$ 在 $x=x_0$ 不可导. 例如:

$$f(x)=\sqrt[3]{x}, g(x)=\sqrt[3]{x^2} \text{ 在 } x=0 \text{ 都不可导}.$$

但 $G(x)=f(x)\cdot g(x)=x$ 在 $x=0$ 可导,且 $G'(x)=1, G'(0)=1.$

例 2 若 $f(x)$ 是可导的偶函数,试证明 $f'(x)$ 是奇函数.

分析 本题的已知条件是 $f'(x)$ 存在且有 $f(-x)=f(x)$. 要证明 $f'(-x)=-f'(x)$.

证 由已知条件有

$$f(-x)=f(x).$$

上式左端理解成复合函数:$f(u), u=-x$. 于是将上式两端对 x 求导数,得

$$f'(-x)(-x)'=f'(x),$$

即 $\qquad -f'(-x)=f'(x) \quad$ 或 $\quad f'(-x)=-f'(x).$

这就是要证明的等式.

注释 用同样方法可证明：

(1) 若 $f(x)$ 是可导的奇函数，则 $f'(x)$ 是偶函数；

(2) 若 $f(x)$ 是可导的周期函数，则 $f'(x)$ 是具有相同周期的周期函数.

例 3 求下列函数的导数：

(1) $y=\mathrm{e}^{\arctan\sqrt{ax}}$；　　(2) $y=\sqrt[4]{\arcsin\sqrt{\sin x+\mathrm{e}^{-x}}}$；

(3) $y=\arctan^3(x^2+\tan\sqrt{x})$；　(4) $y=\ln(\cos^2 x+\sqrt{1+\cos^4 x})$.

解 (1) 设出中间变量.

$$y=\mathrm{e}^u,u=\arctan v,v=\sqrt{t},t=ax.$$

$$\begin{aligned}y'&=(\mathrm{e}^u)'(\arctan v)'(\sqrt{t})'(ax)'\\&=\mathrm{e}^u\cdot\frac{1}{1+v^2}\cdot\frac{1}{2\sqrt{t}}a\\&=\frac{a\mathrm{e}^{\arctan\sqrt{ax}}}{2\sqrt{ax}(1+ax)}.\end{aligned}$$

(2) 不设出中间变量，分层写出导数.

$$\begin{aligned}y'&=\frac{1}{4}(\arcsin\sqrt{\sin x+\mathrm{e}^{-x}})^{-\frac{3}{4}}(\arcsin\sqrt{\sin x+\mathrm{e}^{-x}})'\\&=\frac{1}{4}(\arcsin\sqrt{\sin x+\mathrm{e}^{-x}})^{-\frac{3}{4}}\cdot\\&\quad\frac{1}{\sqrt{1-(\sin x+\mathrm{e}^{-x})}}(\sqrt{\sin x+\mathrm{e}^{-x}})'\\&=\frac{1}{4}(\arcsin\sqrt{\sin x+\mathrm{e}^{-x}})^{-\frac{3}{4}}\frac{1}{\sqrt{1-\sin x-\mathrm{e}^{-x}}}\cdot\\&\quad\frac{1}{2\sqrt{\sin x+\mathrm{e}^{-x}}}(\sin x+\mathrm{e}^{-x})'\\&=\frac{\cos x-\mathrm{e}^{-x}}{8\sqrt{\sin x+\mathrm{e}^{-x}}\cdot\sqrt{1-\sin x-\mathrm{e}^{-x}}\cdot\sqrt[4]{(\arcsin\sqrt{\sin x+\mathrm{e}^{-x}})^3}}.\end{aligned}$$

(3) 从外层向内层求导，一步写出导数.

$$y' = 3\arctan^2(x^2+\tan\sqrt{x}) \cdot \frac{1}{1+(x^2+\tan\sqrt{x})^2} \cdot \left(2x+\sec^2\sqrt{x}\cdot\frac{1}{2\sqrt{x}}\right).$$

(4) 为简化计算，设 $u=\cos^2 x$，则所给函数可看成是由 $y=\ln(u+\sqrt{1+u^2})$ 与 $u=\cos^2 x$ 复合而成. 于是

$$y'_x = y'_u \cdot u'_x = \frac{1}{u+\sqrt{1+u^2}}\left(1+\frac{2u}{2\sqrt{1+u^2}}\right)\cdot 2\cos x(-\sin x)$$
$$= \frac{-\sin 2x}{\sqrt{1+\cos^4 x}}.$$

例 4 设 $f\left(\frac{1}{2}x\right)=\sin x$，求 $f'(x)$，$f'(f(x))$，$[f(f(x))]'$.

解 先求出 $f(x)$，设 $t=\frac{1}{2}x$，则 $x=2t$. 于是 $f(t)=\sin 2t$，即 $f(x)=\sin 2x$.

$$f'(x)=2\cos 2x;\quad f'(f(x))=2\cos(2\sin 2x);$$
$$[f(f(x))]'=f'(f(x))\cdot f'(x)$$
$$=4\cos 2x\cdot\cos(2\sin 2x).$$

例 5 求下列函数的导数：

(1) $y=f[(x^3+3^{3x})^n]$； (2) $y=[f(3^{x^3}\cdot\cos x)]^n$.

解 注意复合函数的构造层次.

(1) $y'=f'[(x^3+3^{3x})^n]\cdot n(x^3+3^{3x})^{n-1}\cdot(3x^2+3^{3x}\ln 3\cdot 3)$
$=3n(x^2+3^{3x}\ln 3)(x^3+3^{3x})^{n-1}\cdot f'[(x^3+3^{3x})^n]$.

(2) $y'=n[f(3^{x^3}\cdot\cos x)]^{n-1}\cdot f'(3^{x^3}\cdot\cos x)\cdot$
$(3^{x^3}\cdot\ln 3\cdot 3x^2\cdot\cos x-3^{x^3}\sin x)$
$=n(3\ln 3\cdot x^2 3^{x^3}\cos x-3^{x^3}\sin x)\cdot f'(3^{x^3}\cdot\cos x)\cdot$
$[f(3^{x^3}\cdot\cos x)]^{n-1}$.

例 6 设 $f(x)>0$，$g(x)>0$，且 $f(x)$，$g(x)$ 可导，$y=\log_{g(x)}f(x)$，求 y'.

解 先用换底公式,然后再求导.

$$y' = \left[\frac{\ln f(x)}{\ln g(x)}\right]' = \frac{\frac{f'(x)}{f(x)} \cdot \ln g(x) - \frac{g'(x)}{g(x)} \cdot \ln f(x)}{[\ln g(x)]^2}$$

$$= \frac{g(x) \cdot f'(x) - f(x) \cdot g'(x) \cdot \log_{g(x)} f(x)}{f(x) \cdot g(x) \cdot \ln g(x)}.$$

二、隐函数的导数

隐函数求导数的**思路** 若由方程 $F(x,y)=0$ 确定 y 为 x 的函数,这是隐函数形式.有的隐函数可化为显函数,但多数隐函数不能化为显函数.这样,由隐函数求 y 对 x 的导数 y'_x,一般情况,只能从隐函数形式出发.要把方程 $F(x,y)=0$ 中的变量 x 看作是自变量,而把变量 y 看作是 x 的函数.

隐函数求导数的**程序**

(1) 首先将方程两端同时对 x 求导数,这就得到一个关于 y' 的方程;

(2) 再由上述方程中解出 y',就得到结果.

例 7 由方程 $2x^2y^2 + x\cos y - \frac{1}{2} = 0$ 确定 y 是 x 的函数,求 $\frac{dy}{dx}$.

分析 在方程 $2x^2y^2 + x\cos y - \frac{1}{2} = 0$ 中,x 是自变量,y 是 x 的函数,从而方程中出现的 y^2,$\cos y$ 都应看作是 x 的复合函数,y 要看作是中间变量.于是

$$(y^2)'_x = 2y \cdot y'_x,(\cos y)'_x = -\sin y \cdot y'_x.$$

解 将方程两端对 x 求导数,得

$$2 \cdot 2xy^2 + 2x^2 \cdot 2yy' + 1 \cdot \cos y + x(-\sin y) \cdot y' = 0$$

解出 y'

$$4xy^2 + \cos y + (4x^2y - x\sin y)y' = 0$$

即

$$y' = \frac{4xy^2 + \cos y}{x\sin y - 4x^2y}.$$

注释 由隐函数求导数时，在 y' 的表达式中一般都含有 y. 这里不要求，往往也是不可能将 y 换成 x 的表示式. 因为多数情况，由方程 $F(x,y)=0$ 不可能解出 y，将 y 表示为 x 的显函数.

例 8 由方程 $x^3+y^3-\sin 3x+6y=0$ 确定 $y=f(x)$，求 $\left.\dfrac{\mathrm{d}y}{\mathrm{d}x}\right|_{x=0}$.

解 先求当 $x=0$ 时所对应的 y 值. 将 $x=0$ 代入原方程得

$$0+y^3-\sin 0+6y=0, \text{即 } y=0.$$

其次求 $y'\Big|_{\substack{x=0\\y=0}}$. 方程两端对 x 求导，得

$$3x^2+3y^2\cdot y'-3\cos 3x+6y'=0 \tag{1}$$

将 $x=0,y=0$ 代入上式，得

$$-3+6y'=0, \text{即 } y'\Big|_{\substack{x=0\\y=0}}=\frac{1}{2}.$$

注释 (1) $\left.\dfrac{\mathrm{d}y}{\mathrm{d}x}\right|_{x=0}$ 是在 $x=0$ 时的导数，它是一个数值. 由于在 y' 的表达式中一般都含 y，这个 y 也必须用与 $x=0$ 时相对应的 y 值代入，才能求得 y' 在 $x=0$ 时的值. 为求得与 $x=0$ 时相应的 y，必须将 $x=0$ 代入原方程求得. 下述结果是错误的

$$\left.\frac{\mathrm{d}y}{\mathrm{d}x}\right|_{x=0}=\left.\frac{\cos 3x-x^2}{2+y^2}\right|_{x=0}=\frac{1}{2+y^2}.$$

(2) 由隐函数求 $\left.\dfrac{\mathrm{d}y}{\mathrm{d}x}\right|_{\substack{x=x_0\\y=y_0}}$ 时，一般不用由前述(1)式解出 y'，再在 y' 的表示式中代入 $x=x_0,y=y_0$，可直接将 $x=x_0,y=y_0$ 代入(1)式即可得到答案.

例 9 设 $x=y^2+y, u=(x^2+x)^{\frac{3}{2}}$，求 $\dfrac{\mathrm{d}y}{\mathrm{d}u}$.

分析 由方程 $x=y^2+y$ 确定 y 是 x 的函数，由方程 $u=(x^2+x)^{\frac{3}{2}}$ 确定 x 是 u 的函数，$\dfrac{\mathrm{d}y}{\mathrm{d}u}=\dfrac{\mathrm{d}y}{\mathrm{d}x}\dfrac{\mathrm{d}x}{\mathrm{d}u}$.

解 1 将方程 $x=y^2+y$ 两端对 x 求导数，y 是 x 的函数，得

$$1=2y\frac{dy}{dx}+\frac{dy}{dx},\quad 即\quad \frac{dy}{dx}=\frac{1}{1+2y}.$$

将方程 $u=(x^2+x)^{\frac{3}{2}}$ 两端对 u 求导数,x 是 u 的函数,得

$$1=\frac{3}{2}(x^2+x)^{\frac{1}{2}}\left(2x\frac{dx}{du}+\frac{dx}{du}\right),即\frac{dx}{du}=\frac{2}{3(2x+1)(x^2+x)^{\frac{1}{2}}}.$$

于是
$$\frac{dy}{du}=\frac{dy}{dx}\cdot\frac{dx}{du}=\frac{2}{3(2x+1)(x^2+x)^{\frac{1}{2}}(2y+1)}.$$

解 2 将方程 $x=y^2+y$ 中 x,y 均看成 u 的函数,两端对 u 求导数,得

$$\frac{dx}{du}=2y\frac{dy}{du}+\frac{dy}{du},即\frac{dy}{du}=\frac{1}{2y+1}\frac{dx}{du}.$$

将方程 $u=(x^2+x)^{\frac{3}{2}}$ 中 x 看成 u 的函数,两端对 u 求导数,得

$$1=\frac{3}{2}(x^2+x)^{\frac{1}{2}}\left(2x\frac{dx}{du}+\frac{dx}{du}\right),即\frac{dx}{du}=\frac{2}{3(2x+1)(x^2+x)^{\frac{1}{2}}}$$

将其代入前式,得

$$\frac{dy}{du}=\frac{2}{3(2x+1)(x^2+x)^{\frac{1}{2}}(2y+1)}.$$

三、对数求导法

1. 对数求导法

对数求导法的**程序** 先将所给的显函数 $y=f(x)$ 两端取对数,得到隐函数 $\ln y=\ln f(x)$ 形式,然后按隐函数求导数的思路求出 y 对 x 的导数. 将 $\ln y=\ln f(x)$ 两端对 x 求导数得

$$\frac{1}{y}y'=(\ln f(x))',\quad 即\ y'=y(\ln y)'.$$

2. 根据对数性质,对数求导法最**适用**于下述两种形式的函数

(1) 形如 $y=f(x)^{g(x)}$ 的幂指函数,两端取对数,得

$$\ln y=g(x)\ln f(x)$$

这就化为积的导数运算;

(2) 若干个因子幂的连乘积. 如 $y=\frac{x^2}{1-x}\sqrt[3]{\frac{3-x}{(3+x)^2}}$形式的函数可看成

$$y=x^2(1-x)^{-1}(3-x)^{\frac{1}{3}}(3+x)^{-\frac{2}{3}},$$

取对数后可化为和、差的导数运算:

$$\ln y=2\ln x-\ln(1-x)+\frac{1}{3}\ln(3-x)-\frac{2}{3}\ln(3+x).$$

例 10 设 $y=(\ln x)^x\cdot x^{\ln x}$,求 y'.

解 $y'=y\{\ln[(\ln x)^x\cdot x^{\ln x}]\}'=y[x\ln\ln x+(\ln x)^2]'$

$$=y\left[\ln\ln x+x\frac{1}{\ln x}\cdot\frac{1}{x}+2\ln x\cdot\frac{1}{x}\right]$$

$$=(\ln x)^{x-1}\cdot x^{\ln x-1}[x\ln x\cdot\ln\ln x+x+2(\ln x)^2].$$

注释 幂指函数也可化为指数函数求导数. 如 $y=x^{\ln x}=\mathrm{e}^{\ln x\cdot\ln x}=\mathrm{e}^{(\ln x)^2}$.

例 11 设 $y=x^{x^a}+x^{x^x}\quad(a>0)$,求 y'.

解 $y'=(x^{x^a})'+(x^{x^x})'$. 因

$$(x^{x^a})'=x^{x^a}(x^a\ln x)'=x^{x^a}\left(ax^{a-1}\ln x+x^a\cdot\frac{1}{x}\right),$$

$$(x^{x^x})'=x^{x^x}(x^x\ln x)'=x^{x^x}\left[(x^x)'\ln x+x^x\cdot\frac{1}{x}\right]$$

而 $$(x^x)'=x^x(x\ln x)'=x^x(\ln x+1)$$

所以 $y'=x^{x^a}(ax^{a-1}\ln x+x^{a-1})+x^{x^x}[x^x(\ln x)^2+x^x\ln x+x^{x-1}]$.

注释 请避免如下错误

$$\ln y=x^a\ln x+x^x\ln x.$$

例 12 设 $y=\frac{x^2}{1-x}\sqrt[3]{\frac{3-x}{(3+x)^2}}$,求 y'.

解 $y'=y(\ln y)'$

$$=\frac{x^2}{1-x}\sqrt[3]{\frac{3-x}{(3+x)^2}}\left[\frac{2}{x}+\frac{1}{1-x}-\frac{1}{3(3-x)}-\frac{2}{3(3+x)}\right].$$

四、由参数方程所确定的函数的导数

设有参数方程

$$\begin{cases} x=\varphi(t), \\ y=\psi(t), \end{cases} \quad \alpha \leqslant t \leqslant \beta,$$

其中 $\varphi(t)$，$\psi(t)$ 都是 t 的可导函数且 $\varphi'(t) \neq 0$，则由上式确定的函数 $y=f(x)$ 的导数公式是

$$\frac{\mathrm{d}y}{\mathrm{d}x}=\frac{\psi'(t)}{\varphi'(t)}=\frac{\dfrac{\mathrm{d}y}{\mathrm{d}t}}{\dfrac{\mathrm{d}x}{\mathrm{d}t}}.$$

例 13 设 $\begin{cases} x=\ln(1+t^2), \\ y=\arctan t, \end{cases}$ 求 $\dfrac{\mathrm{d}y}{\mathrm{d}x}$.

解 由参数方程的导数公式

$$\frac{\mathrm{d}y}{\mathrm{d}x}=\frac{y'_t}{x'_t}=\frac{\dfrac{1}{1+t^2}}{\dfrac{2t}{1+t^2}}=\frac{1}{2t}.$$

例 14 设函数 $y=f(x)$ 由方程组

$$\begin{cases} x=3t^2+2t+3, \\ \mathrm{e}^y \sin t-y+1=0 \end{cases}$$

确定，求 $\left.\dfrac{\mathrm{d}y}{\mathrm{d}x}\right|_{t=0}$.

分析 这里函数 $y=f(x)$ 是由参数方程 $x=\varphi(t)$，$y=\psi(t)$ 确定，而 $y=\psi(t)$ 是由隐函数式确定.

解 由方程组的第一个方程，得

$$x'_t=6t+2=2(3t+1).$$

由方程组的第二个方程，两端对 t 求导，有

$$\mathrm{e}^y y'_t \sin t+\mathrm{e}^y \cos t-y'_t=0，\text{即 } y'_t=\frac{\mathrm{e}^y \cos t}{1-\mathrm{e}^y \sin t},$$

所以
$$\frac{\mathrm{d}y}{\mathrm{d}x}=\frac{y'_t}{x'_t}=\frac{\mathrm{e}^y \cos t}{2(3t+1)(1-\mathrm{e}^y \sin t)}.$$

为了求得在 $t=0$ 时的导数,将 $t=0$ 代入已给方程组的第二个方程,得 $y\big|_{t=0}=1$. 将 $t=0,y=1$ 代入$\frac{\mathrm{d}y}{\mathrm{d}x}$的表示式,得

$$\left.\frac{\mathrm{d}y}{\mathrm{d}x}\right|_{t=0}=\frac{\mathrm{e}}{2}.$$

五、分段函数求导数

分段函数求导数的**程序**

(1) 在各个部分区间内用导数公式与运算法则求导数;

(2) 在分段点 x_0处,可用下述两种方法求导数

1° 用导数定义 直接求 $f'(x_0)$,或先求 $f'_-(x_0)$ 和 $f'_+(x_0)$,再确定 $f'(x_0)$是否存在.

2° 用导函数在 x_0处的左(右)极限确定左(右)导数,即

$$f'_-(x_0)=\lim_{x\to x_0^-}f'(x),f'_+(x_0)=\lim_{x\to x_0^+}f'(x).$$

关于上述等式有如下结论:

若函数 $f(x)$ 在点 x_0 的左邻域 $(x_0-\delta,x_0]$ 上连续,在 $(x_0-\delta,x_0)$内可导,且 $\lim\limits_{x\to x_0^-}f'(x)$存在,则

$$\lim_{x\to x_0^-}f'(x)=f'_-(x_0).$$

对于函数 $f(x)$ 的点 x_0 的右导数也有类似结论(证明请阅§4.1例4).

注释 在函数 $f(x)$ 的分段点 x_0 处,用等式 $\lim\limits_{x\to x_0^-}f'(x)=f'_-(x_0)$和$\lim\limits_{x\to x_0^+}f'(x)=f'_+(x_0)$确定 $f'(x_0)$时,须注意以下两点:

(1) $f(x)$在点 x_0处必须连续. 如函数

$$f(x)=\begin{cases}x-1, & x>0,\\ x+1, & x\leqslant 0.\end{cases}$$

虽有 $\lim\limits_{x\to 0^-}f'(x)=\lim\limits_{x\to 0^+}f'(x)=1$,但 $f(x)$ 在 $x=1$ 处并不可导,原因是 $f(x)$ 在 $x=0$ 处不连续;

(2) 若$\lim\limits_{x\to x_0}f'(x)$不存在,不能断定 $f'(x_0)$不存在. 见下述例

17 之(3).

例 15 设 $f(x)=\begin{cases}\sin x, & x\leqslant\dfrac{\pi}{4},\\ ax+b, & x>\dfrac{\pi}{4},\end{cases}$ 确定 a,b 的值,使 $f(x)$ 在 $x=\dfrac{\pi}{4}$ 处可导,并求 $f'(x)$.

解 在 $x<\dfrac{\pi}{4}$ 时,$f'(x)=(\sin x)'=\cos x$;在 $x>\dfrac{\pi}{4}$ 时,$f'(x)=(ax+b)'=a$. 在 $x=\dfrac{\pi}{4}$ 处,因 $f(x)$ 可导必连续,由于

$$f\left(\frac{\pi}{4}\right)=\frac{\sqrt{2}}{2},\ \lim_{x\to\frac{\pi}{4}^+}f(x)=\frac{a\pi}{4}+b=f\left(\frac{\pi}{4}\right)$$

所以

$$\frac{\sqrt{2}}{2}=\frac{a\pi}{4}+b. \tag{1}$$

$$\lim_{x\to\frac{\pi}{4}^-}f'(x)=\lim_{x\to\frac{\pi}{4}^-}\cos x=\frac{\sqrt{2}}{2}=f'_-\left(\frac{\pi}{4}\right),$$

$$\lim_{x\to\frac{\pi}{4}^+}f'(x)=\lim_{x\to\frac{\pi}{4}^+}a=a=f'_+\left(\frac{\pi}{4}\right).$$

由 $f'_-\left(\dfrac{\pi}{4}\right)=f'_+\left(\dfrac{\pi}{4}\right)$ 得 $a=\dfrac{\sqrt{2}}{2}$. 将 $a=\dfrac{\sqrt{2}}{2}$ 代入(1)式,得 $b=\dfrac{\sqrt{2}}{2}\left(1-\dfrac{\pi}{4}\right)$.

综上所述,当 $a=\dfrac{\sqrt{2}}{2},b=\dfrac{\sqrt{2}}{2}\left(1-\dfrac{\pi}{4}\right)$ 时,$f(x)$ 在 $x=\dfrac{\pi}{4}$ 处可导,且

$$f'(x)=\begin{cases}\cos x, & x\leqslant\dfrac{\pi}{4},\\ \dfrac{\sqrt{2}}{2}, & x>\dfrac{\pi}{4}.\end{cases}$$

例 16 求下列函数 $f(x)$ 的导数:

(1) 设 $f(x)=|1-2x|\sin(2+x+\sqrt{1+x^2})$,求 $f'(x)$;

(2) 设 $g(x)=\begin{cases}x^2\arctan\dfrac{1}{x}, & x\neq 0,\\ 0, & x=0,\end{cases}$ $f(x)$ 处处可导,求 $f(g(x))$ 的导数.

解 (1) 这是分段函数,可以写成

$$f(x)=\begin{cases}(1-2x)\sin(2+x+\sqrt{1+x^2}), & x\leqslant\dfrac{1}{2},\\ (2x-1)\sin(2+x+\sqrt{1+x^2}), & x>\dfrac{1}{2}.\end{cases}$$

当 $x<\dfrac{1}{2}$ 时,

$$f'(x)=-2\sin(2+x+\sqrt{1+x^2})+\frac{(1-2x)(x+\sqrt{1+x^2})\cos(2+x+\sqrt{1+x^2})}{\sqrt{1+x^2}};$$

由此 $$f'_-\left(\frac{1}{2}\right)=\lim_{x\to\frac{1}{2}^-}f'(x)=-2\sin\frac{5+\sqrt{5}}{2};$$

当 $x>\dfrac{1}{2}$ 时,

$$f'(x)=2\sin(2+x+\sqrt{1+x^2})+\frac{(2x-1)(x+\sqrt{1+x^2})\cos(2+x+\sqrt{1+x^2})}{\sqrt{1+x^2}};$$

由此 $$f'_+\left(\frac{1}{2}\right)=\lim_{x\to\frac{1}{2}^+}f'(x)=2\sin\frac{5+\sqrt{5}}{2}.$$

因 $f'_+\left(\dfrac{1}{2}\right)\neq f'_-\left(\dfrac{1}{2}\right)$,所以 $f'\left(\dfrac{1}{2}\right)$ 不存在. 于是

$$
f'(x)=\begin{cases} -2\sin(2+x+\sqrt{1+x^2})+\\ \qquad \dfrac{(1-2x)(x+\sqrt{1+x^2})\cos(2+x+\sqrt{1+x^2})}{\sqrt{1+x^2}}, & x<\dfrac{1}{2},\\ 2\sin(2+x+\sqrt{1+x^2})+\\ \qquad \dfrac{(2x-1)(x+\sqrt{1+x^2})\cos(2+x+\sqrt{1+x^2})}{\sqrt{1+x^2}}, & x>\dfrac{1}{2}. \end{cases}
$$

（2）若 $g'(x)$ 已求出，则由复合函数的导数法则可得 $\dfrac{\mathrm{d}}{\mathrm{d}x}f(g(x))=f'(g(x))g'(x)$. 故只需求 $g'(x)$.

当 $x\neq 0$ 时，

$$
g'(x)=2x\arctan\frac{1}{x}-\frac{x^2}{1+x^2};
$$

当 $x=0$ 时，按导数定义求 $g'(0)$，则有

$$
g'(0)=\lim_{x\to 0}\frac{g(x)-g(0)}{x}=\lim_{x\to 0}\frac{x^2\arctan\dfrac{1}{x}}{x}=0.
$$

因此，

$$
\frac{\mathrm{d}}{\mathrm{d}x}f(g(x))=\begin{cases} f'\left(x^2\arctan\dfrac{1}{x}\right)\left(2x\arctan\dfrac{1}{x}-\dfrac{x^2}{1+x^2}\right), & x\neq 0,\\ 0, & x=0. \end{cases}
$$

例 17 设函数 $f(x)=\begin{cases} x^{\alpha}\sin\dfrac{1}{x}, & x\neq 0\\ 0, & x=0, \end{cases}$ 问 α 为何值时：

（1）$f(x)$ 在 $x=0$ 处不连续；

（2）$f(x)$ 在 $x=0$ 处连续，但不可导；

（3）$f(x)$ 在 $x=0$ 处可导，并求 $f'(x)$，但 $f'(x)$ 在 $x=0$ 处不连续；

（4）$f'(x)$ 在 $x=0$ 处连续.

解 （1）当 $\alpha\leqslant 0$ 时，因 $\lim\limits_{x\to 0}f(x)=\lim\limits_{x\to 0}x^{\alpha}\sin\dfrac{1}{x}$ 不存在，故

$f(x)$在 $x=0$ 处不连续.

(2) 当 $\alpha>0$ 时, $\lim\limits_{x\to0}f(x)=\lim\limits_{x\to0}x^{\alpha}\sin\dfrac{1}{x}=0=f(0)$, $f(x)$在 $x=0$ 处连续. 这时

$$\lim_{x\to0}\frac{f(x)-f(0)}{x}=\lim_{x\to0}x^{\alpha-1}\sin\frac{1}{x} \tag{1}$$

显然,当 $\alpha-1\leqslant0$,即 $\alpha\leqslant1$ 时,上述极限不存在.

综上知,当 $0<\alpha\leqslant1$ 时, $f(x)$在 $x=0$ 处连续,但不可导.

(3) 由(1)式,当 $\alpha>1$ 时, $\lim\limits_{x\to0}x^{\alpha-1}\sin\dfrac{1}{x}=0$,即 $f(x)$在 $x=0$ 可导. 这时

$$f'(x)=\begin{cases}\alpha x^{\alpha-1}\sin\dfrac{1}{x}-x^{\alpha-2}\cos\dfrac{1}{x}, & x\neq0,\\ 0, & x=0.\end{cases}$$

而
$$\begin{aligned}\lim_{x\to0}f'(x)&=\lim_{x\to0}\left(\alpha x^{\alpha-1}\sin\frac{1}{x}-x^{\alpha-2}\cos\frac{1}{x}\right)\\&=-\lim_{x\to0}x^{\alpha-2}\cos\frac{1}{x}.\end{aligned} \tag{2}$$

显然,当 $\alpha-2\leqslant0$,即 $\alpha\leqslant2$ 时上述极限不存在.

于是,当 $1<\alpha\leqslant2$ 时, $\lim\limits_{x\to0}f'(x)$不存在,但 $f'(0)$存在,且 $f'(0)=0$.

综上知,当 $1<\alpha\leqslant2$ 时, $f(x)$在 $x=0$ 处可导,但 $f'(x)$在 $x=0$ 处不连续.

(4) 由(2)式,当 $\alpha>2$ 时, $\lim\limits_{x\to0}x^{\alpha-2}\cos\dfrac{1}{x}=0=f'(0)$,即 $f'(x)$在 $x=0$ 处连续.

例 18 设 $f(x)=\lim\limits_{n\to\infty}\dfrac{x^2\mathrm{e}^{n(x-1)}+ax+b}{1+\mathrm{e}^{n(x-1)}}$可导,试确定 a,b;并求 $f'(x)$.

解 先确定 $f(x)$(见§2.2第七部分,例40的(2)).

$$f(x)=\lim_{n\to\infty}\frac{x^2e^{n(x-1)}+ax+b}{1+e^{n(x-1)}}=\begin{cases}ax+b, & x<1,\\ \frac{1}{2}(1+a+b), & x=1,\\ x^2, & x>1.\end{cases}$$

当 $x<1$ 时，$f'(x)=a$；当 $x>1$ 时，$f'(x)=2x$. 由于 $f(x)$ 可导，则 $f'_-(1)=f'_+(1)=f'(1)$. 而

$$f'_-(1)=\lim_{x\to1^-}f'(x)=\lim_{x\to1^-}a=a,$$

$$f'_+(1)=\lim_{x\to1^+}f'(x)=\lim_{x\to1^-}2x=2.$$

故 $a=2$.

又因 $f(x)$ 可导，则 $f(x)$ 连续，于是 $f(1+0)=f(1)$，即

$$f(1+0)=\lim_{x\to1^+}x^2=1=\frac{1}{2}(1+a+b).$$

因 $a=2$，可知 $b=-1$.

由上述可知

$$f'(x)=\begin{cases}2, & x\leqslant1,\\ 2x, & x>1.\end{cases}$$

§3.3 高阶导数

1. n 阶导数的运算法则

(1) $[u(x)\pm v(x)]^{(n)}=[u(x)]^{(n)}\pm[v(x)]^{(n)}$；

(2) $[u(x)v(x)]^{(n)}=\sum\limits_{k=0}^{n}C_n^k[u(x)]^{(k)}[v(x)]^{(n-k)}$，

其中 $C_n^k=\dfrac{n!}{k!\,(n-k)!}$，$[u(x)]^{(0)}=u(x)$，$[v(x)]^{(0)}=v(x)$，上述公式称为莱布尼茨公式.

2. 常用函数的 n 阶导数公式

(1) $(x^\alpha)^{(n)}=\alpha(\alpha-1)\cdot\cdots\cdot(\alpha-n+1)x^{\alpha-n}$；

$(x^n)^{(n)}=n!$ (n 是正整数).

(2) $\left(\frac{1}{ax+b}\right)^{(n)}=(-1)^n\frac{a^n n!}{(ax+b)^{n+1}}$.

(3) $(a^x)^{(n)}=a^x(\ln a)^n$; $(\mathrm{e}^{ax})^{(n)}=a^n\mathrm{e}^{ax}$;

$(\mathrm{e}^{ax+b})^{(n)}=a^n\mathrm{e}^{ax+b}$.

(4) $(\ln x)^{(n)}=(-1)^{n-1}\frac{(n-1)!}{x^n}$;

$$[\ln(1+x)]^{(n)}=(-1)^{n-1}\frac{(n-1)!}{(1+x)^n};$$

$$[\ln(a+bx)]^{(n)}=(-1)^{n-1}\frac{b^n(n-1)!}{(a+bx)^n}.$$

(5) $(\sin x)^{(n)}=\sin\left(x+\frac{n\pi}{2}\right)$;

$$[\sin(ax+b)]^{(n)}=a^n\sin\left(ax+b+\frac{n\pi}{2}\right).$$

(6) $(\cos x)^{(n)}=\cos\left(x+\frac{n\pi}{2}\right)$;

$$[\cos(ax+b)]^{(n)}=a^n\cos\left(ax+b+\frac{n\pi}{2}\right).$$

3. 高阶导数的**求法**

(1) 归纳法或直接法　求出函数的一阶、二阶、三阶等导数后,分析归纳出规律性,从而写出 n 阶导数的表达式. 严格说,应用数学归纳法证明,我们这里不证明.

(2) 分解法或间接法　通过恒等变形将函数分解成前述已知 n 阶导数的函数或其代数和,从而用常用函数的 n 阶导数公式求出 n 阶导数:

1° 有理分式函数(真分式)　将其分解成部分分式之和(见§5.5 有理函数的积分),然后用 x^α 或 $\frac{1}{ax+b}$ 的 n 阶导数公式.

有的无理函数也可用此法求出 n 阶导数.

2° 三角函数　利用三角恒等式将其化成 $\sin(ax+b)$,

$\cos(ax+b)$的代数和的形式,然后用 $\sin(ax+b)$, $\cos(ax+b)$的 n 阶导数的公式.

(3) 用莱布尼茨公式　对由两个函数乘积构成的函数,可用莱布尼茨公式. 特别是,若其中的每个函数的各阶导数有规律性时,常用莱布尼茨公式.

当两个函数中,有一个因子为次数较低的多项式函数时,由于阶数高于该次数的导数均为零,用莱布尼茨公式时,将有许多项为零(见例3).

(4) 用函数的泰勒公式求函数 $f(x)$ 在点 x_0 的 n 阶导数 $f^{(n)}(x_0)$. (见 §8.5 第一部分).

(5) 隐函数二阶导数的求法见例6.

例 1　设函数$f(x)$二阶可导,试证明:

$$f''(x)=\lim_{h\to 0}\frac{f(x+h)+f(x-h)-2f(x)}{h^2}.$$

分析　因为$f''(x)=\lim\limits_{h\to 0}\dfrac{f'(x+h)-f'(x)}{h}$,根据所要证明的等式知,应将该式中的 $f'(x+h)$, $f'(x)$ 通过 $f(x+h)$、$f(x-h)$, $f(x)$表示出来. 这显然要用导数定义.

证　注意到要证的等式右端出现$f(x-h)$和$2f(x)$. 由于

$$f'(x+h)=\lim_{h\to 0}\frac{f(x+h-h)-f(x+h)}{-h},$$

$$f'(x)=\lim_{h\to 0}\frac{f(x-h)-f(x)}{-h},$$

所以

$$\begin{aligned}f''(x)&=\lim_{h\to 0}\frac{f'(x+h)-f'(x)}{h}\\&=\lim_{h\to 0}\frac{1}{h}\left[\lim_{h\to 0}\frac{f(x+h-h)-f(x+h)}{-h}-\lim_{h\to 0}\frac{f(x-h)-f(x)}{-h}\right]\\&=\lim_{h\to 0}\left[\frac{f(x+h)-f(x)}{h^2}+\frac{f(x-h)-f(x)}{h^2}\right]\\&=\lim_{h\to 0}\frac{f(x+h)+f(x-h)-2f(x)}{h^2}.\end{aligned}$$

例 2 设 $y=\dfrac{\ln x}{x}$,求 $y^{(n)}$.

解 1 用归纳法.

$$y'=-\frac{1}{x^{2}}\ln x+\frac{1}{x^{2}}=-\frac{1}{x^{2}}(\ln x-1),$$

$$y''=\frac{2}{x^{3}}(\ln x-1)-\frac{1}{x^{3}}=\frac{2}{x^{3}}\left[\ln x-\left(1+\frac{1}{2}\right)\right],$$

$$y'''=-\frac{2\cdot 3}{x^{4}}\left[\ln x-\left(1+\frac{1}{2}\right)\right]-\frac{2}{x^{4}}=-\frac{2\cdot 3}{x^{4}}\left[\ln x-\left(1+\frac{1}{2}+\frac{1}{3}\right)\right],$$

依次类推,得 $y^{(n)}=\dfrac{(-1)^{n}n!}{x^{n+1}}\left[\ln x-\left(1+\dfrac{1}{2}+\cdots+\dfrac{1}{n}\right)\right]$.

解 2 用莱布尼茨公式

$$\begin{aligned}y^{(n)}&=(\ln x\cdot x^{-1})^{(n)}=\sum_{k=0}^{n}C_n^k(\ln x)^{(k)}(x^{-1})^{(n-k)}\\&=C_n^0(\ln x)(x^{-1})^{(n)}+\sum_{k=1}^{n}C_n^k(x^{-1})^{(k-1)}(x^{-1})^{(n-k)}\\&=\frac{\ln x\cdot(-1)^{n}n!}{x^{n+1}}+\sum_{k=1}^{n}\frac{n!}{k!\ (n-k)!}\cdot\\&\quad\frac{(-1)^{k-1}(k-1)!}{x^{k}}\cdot\frac{(-1)^{n-k}(n-k)!}{x^{n-k+1}}\\&=\frac{(-1)^{n}n!}{x^{n+1}}\left(\ln x-\sum_{k=1}^{n}\frac{1}{k}\right).\end{aligned}$$

例 3 已知 $f(x)=(x+2)^{2}\ln(3-x)$,求 $f^{(n)}(-2)$.

分析 用莱布尼茨公式.注意到 $f(x)$ 的第一个因子 $(x+2)^{2}$,它的三阶或高于三阶的导数全为零,所以用莱布尼茨公式时,$f^{(n)}(x)$ 的非零项只有三项.

解 用公式 $[\ln(a+bx)]^{(n)}=(-1)^{n-1}\dfrac{b^{n}(n-1)!}{(a+bx)^{n}}$,有

$$f^{(n)}(x)=\frac{(-1)^{n-1}(n-1)!}{(x-3)^{n}}(x+2)^{2}+n\frac{(-1)^{n-2}(n-2)!}{(x-3)^{n-1}}\cdot 2(x+2)$$

$$+\frac{n(n-1)}{2}\frac{(-1)^{n-3}(n-3)!}{(x-3)^{n-2}}\cdot 2,$$

故 $$f^{(n)}(-2)=n(n-1)\frac{-(n-3)!}{5^{n-2}}=-\frac{n!}{5^{n-2}(n-2)}.$$

例 4 设 $y=\dfrac{5}{2+3x-2x^2}$,求 $y^{(n)}$.

解 $y=\dfrac{5}{(2-x)(2x+1)}=\dfrac{2}{2x+1}-\dfrac{1}{x-2}$.

用公式$\left(\dfrac{1}{ax+b}\right)^{(n)}=(-1)^n\dfrac{a^n n!}{(ax+b)^{n+1}}$,有

$$\begin{aligned}y^{(n)}&=2\left(\frac{1}{2x+1}\right)^{(n)}-\left(\frac{1}{x-2}\right)^{(n)}\\&=\frac{(-1)^n2^{n+1}n!}{(2x+1)^{n+1}}-\frac{(-1)^n n!}{(x-2)^{n+1}}.\end{aligned}$$

例 5 已知 $y=\sin^4x+\cos^4x$,求 $y^{(n)}$.

解 $$\begin{aligned}y&=\sin^4x+\cos^4x=(\sin^2x+\cos^2x)^2-2\sin^2x\cos^2x\\&=1-\frac{1}{2}\sin^2 2x=1-\frac{1}{2}\cdot\frac{1-\cos 4x}{2}=\frac{3}{4}+\frac{1}{4}\cos 4x,\end{aligned}$$

用 $\cos(ax+b)$的 n 阶导数公式,得

$$y^{(n)}=\frac{1}{4}\cdot 4^n\cos\left(4x+n\cdot\frac{\pi}{2}\right).$$

例 6 由方程 $\sqrt{x^2+y^2}=e^{\arctan\frac{y}{x}}$确定 $y=y(x)$,求 y'与 y''.

解 注意 y 是 x 的函数,于是对 x 求导得

$$\frac{x+yy'}{\sqrt{x^2+y^2}}=e^{\arctan\frac{y}{x}}\frac{\dfrac{y'x-y}{x^2}}{1+\left(\dfrac{y}{x}\right)^2},$$

即$(x+yy')\sqrt{x^2+y^2}=e^{\arctan\frac{y}{x}}(y'x-y)$,注意 $\sqrt{x^2+y^2}=e^{\arctan\frac{y}{x}}$,得

$$x+yy'=y'x-y, \tag{1}$$

即 $$y'=\frac{x+y}{x-y}. \tag{2}$$

求二阶导数时，可以有以下两种方法.

其一，从(1)式出发，等式两端对 x 求导数，注意式中的 y' 也是 x 的函数，得

$$1+y'\cdot y'+yy''=y'+xy''-y',$$

解出 y''
$$y''=\frac{1+y'^2}{x-y}.$$

然后将 y' 的表达式，即(2)式代入上式，经整理得所求的二阶导数

$$y''=\frac{2(x^2+y^2)}{(x-y)^3}.$$

其二，从(2)式出发，对 x 再求导数，得

$$y''=\frac{(1+y')(x-y)-(x+y)(1-y')}{(x-y)^2}=\frac{2(xy'-y)}{(x-y)^2},$$

将 y' 表达式代入得 $y''=\dfrac{2(x^2+y^2)}{(x-y)^3}$.

注释 本例用等式 $\sqrt{x^2+y^2}=e^{\arctan\frac{y}{x}}$ 化简一阶导数的表达式. 这虽然不是对每个题都有这种可能，但还是应注意这种技巧.

例 7 设 $u=f(\varphi(x)+y^2)$，其中 x,y 满足方程 $y+e^y=x$，且 $f(x),\varphi(x)$ 均可导，求 $\dfrac{du}{dx},\dfrac{d^2u}{dx^2}$.

分析 这是复合函数与隐函数求导的综合题，只要将 u 的表达式中的 y 看成是由方程 $y+e^y=x$ 确定的隐函数即可.

解
$$\begin{aligned}\frac{du}{dx}&=[f(\varphi(x)+y^2)]'_x\\&=f'(\varphi(x)+y^2)(\varphi'(x)+2yy'_x),\end{aligned}$$

$$\begin{aligned}\frac{d^2u}{dx^2}&=(f'(\varphi(x)+y^2))'_x(\varphi'(x)+2yy'_x)\\&\quad+f'(\varphi(x)+y^2)(\varphi'(x)+2yy'_x)'_x\\&=f''(\varphi(x)+y^2)(\varphi'(x)+2yy'_x)^2\\&\quad+f'(\varphi(x)+y^2)(\varphi''(x)+2y'^2_x+2yy''_{xx}).\end{aligned}$$

再由 $y+e^y=x$ 确定 y'_x,y''_{xx}.

$$y'_x + e^y y'_x = 1, \quad y'_x = \frac{1}{1+e^y},$$

$$y''_{xx} = \frac{-e^y y'_x}{(1+e^y)^2} = -\frac{e^y}{(1+e^y)^3}.$$

将 y'_x, y''_{xx} 的表达式分别代入 $\frac{du}{dx}, \frac{d^2u}{dx^2}$ 的表达式中，得

$$\frac{du}{dx} = f'(\varphi(x)+y^2)\left(\varphi'(x) + \frac{2y}{1+e^y}\right),$$

$$\frac{d^2u}{dx^2} = f''(\varphi(x)+y^2)\left(\varphi'(x) + \frac{2y}{1+e^y}\right)^2$$

$$+ f'(\varphi(x)+y^2)\left(\varphi''(x) + \frac{2}{(1+e^y)^2} - \frac{2ye^y}{(1+e^y)^3}\right).$$

例 8 设 $f(x)$ 为单调函数且二阶可导，其反函数为 $g(x)$，又 $f(1)=2, f(1)=-\frac{1}{\sqrt{3}}, f''(1)=1$. 求 $g'(2), g''(2)$.

分析 $y=f(x)$ 与 $x=g(y)$ 互为反函数. 由 $f(1)=2$ 知，当 $x=1$ 时，$y=2$. 由反函数的导数法则，可由 $f'(1)$ 求 $g'(2)$.

解 由于 $y=f(x)$ 与 $x=g(y)$ 互为反函数，由反函数的导数法则 $f'(x)\cdot g'(y)=1$. 因为 $x=1$ 时，$y=2$，所以

$$g'(2) = \frac{1}{f'(1)} = -\sqrt{3}.$$

因为 y 是 x 的函数，按隐函数 $f'(x)g'(y)=1$ 两端对 x 求导数，得

$$f''(x)g'(y) + g''(y)\cdot f'(x)\cdot f'(x) = 0$$

将 $x=1, y=2$ 代入上式，可得 $g''(2)=3\sqrt{3}$.

例 9 设函数 $x=f(y)$、反函数 $y=f^{-1}(x)$ 及 $f'(f^{-1}(x))$, $f''(f^{-1}(x))$ 都存在，且 $f'(f^{-1}(x))\neq 0$, 求证 $\frac{d^2 f^{-1}(x)}{dx^2} = -\frac{f''(f^{-1}(x))}{[f'(f^{-1}(x))]^3}$.

分析　因 $y=f^{-1}(x)$，本例就是要证明 $\dfrac{d^2y}{dx^2}=-\dfrac{f''(y)}{[f'(y)]^3}$.

证　由于 $x=f(y)$ 与 $y=f^{-1}(x)$ 互为反函数，由反函数的导数法则

$$\frac{dy}{dx}=\frac{1}{f'(y)},$$

$$\frac{d^2y}{dx^2}=\frac{d}{dx}\left(\frac{dy}{dx}\right)=\frac{d}{dx}\left(\frac{1}{f'(y)}\right)=\frac{d}{dx}\left(\frac{1}{f'(y)}\right)\cdot\frac{dy}{dx}$$

$$=\frac{-f''(y)}{[f'(y)]^2}\cdot\frac{1}{f'(y)}=-\frac{-f''(f^{-1}(x))}{[f'(f^{-1}(x))]^3}.$$

例 10　设 $y=\dfrac{1}{\sqrt{1-x^2}}\arcsin x$，

(1) 证明　$(1-x^2)y^{(n+1)}-(2n+1)xy^{(n)}-n^2y^{(n-1)}=0$ $(n\geqslant1)$；

(2) 求 $y^{(n)}(0)$.

证　(1) 将所给的显函数写成如下方程

$$\sqrt{1-x^2}y=\arcsin x.$$

将方程两端对 x 求导数，得

$$y'\sqrt{1-x^2}-\frac{xy}{\sqrt{1-x^2}}=\frac{1}{\sqrt{1-x^2}}，即$$

$$(1-x^2)y'-xy=1 \tag{1}$$

(1)式两端对 x 求 n 阶导数，并用莱布尼茨公式，得

$(1-x^2)y^{(n+1)}+C_n^1(1-x^2)'y^{(n)}+C_n^2(1-x^2)''y^{(n-1)}-xy^{(n)}-C_n^1x'y^{(n-1)}=0$，

即

$$(1-x^2)y^{(n+1)}-2nxy^{(n)}-n(n-1)y^{(n-1)}-xy^{(n)}-ny^{(n-1)}=0$$

或　$(1-x^2)y^{(n+1)}-(2n+1)xy^{(n)}-n^2y^{(n-1)}=0\quad(n\geqslant1)\qquad(2)$

(2) 因 $x=0$ 时，$y(0)=0$，并由(1)式得 $y'(0)=1$；

将 $x=0,y(0)=0,y'(0)=1,n=1$ 代入递推公式(2)中，得

$y''(0)=0$；

将 $x=0, y'(0)=1, y''(0)=0, n=2$ 代入递推公式(2)中，得 $y'''(0)=2^2$；

将 $x=0, y''(0)=0, y'''(0)=2^2, n=3$ 代入(2)式中，得 $y^{(4)}(0)=0$；还可推得 $y^{(5)}(0)=(2\times4)^2=(4!!)^2, \cdots$

于是

$$y^{(n)}(0)=\begin{cases}[(n-1)!!]^2, & n\geqslant3,\quad 奇数,\\ 0, & n\geqslant2,\quad 偶数\end{cases}\qquad y'(0)=1.$$

§3.4 曲线的切线和法线

1. 函数 $f(x)$ 在点 x_0 **可导**

$f'(x_0)$ 表示曲线 $y=f(x)$ 在曲线上的点 $(x_0, f(x_0))$ 处切线的斜率. 当 $f'(x_0)\neq0$ 时，在点 $(x_0, f(x_0))$ 处的切线方程和法线方程分别为

$$y-f(x_0)=f'(x_0)(x-x_0),$$

$$y-f(x_0)=-\frac{1}{f'(x_0)}(x-x_0).$$

当 $f'(x_0)=0$ 时，切线方程和法线方程分别为

$$y=f(x_0),\quad x=x_0.$$

2. 函数 $f(x)$ 在点 x_0 **不可导**

(1) 若 $f'_-(x_0)$ 和 $f'_+(x_0)$ 均存在，但 $f'_-(x_0)\neq f'_+(x_0)$ 时，则曲线 $y=f(x)$ 在点 $(x_0, f(x_0))$ 处存在左切线和右切线. 因这两条切线不重合，认为曲线在点 $(x_0, f(x_0))$ 处不可作切线.

(2) 若函数 $f(x)$ 在 $x=x_0$ 处连续，且 $f'(x_0)=\infty$，则曲线 $y=f(x)$ 在点 $(x_0, f(x_0))$ 处可作切线，切线垂直于 x 轴，其方程是 $x=x_0$.

例 1 求曲线 $y=(x+1)\sqrt[3]{3-x}$ 在点 $A(-1,0), B(2,3)$,

$C(3,0)$处的切线方程和法线方程.

解 因
$$y'=\frac{8-4x}{3\sqrt[3]{(3-x)^2}},$$
故 $y'|_{x=-1}=\sqrt[3]{4}, y'|_{x=2}=0, y'|_{x=3}=-\infty$.

从而,过点 A 的切线方程和法线方程分别为
$$y=\sqrt[3]{4}(x+1) \quad 及 \quad y=-\frac{\sqrt[3]{2}}{2}(x+1).$$
过点 B 的切线方程和法线方程分别为
$$y=3 \quad 及 \quad x=2.$$
过点 C 的切线方程和法线方程分别为
$$x=3 \quad 及 \quad y=0.$$

例 2 求过原点且与曲线 $y=\dfrac{x+9}{x+5}$相切的切线方程.

分析 对曲线 $y=f(x)$,过曲线上的点(x_0,y_0)的切线方程为
$$y-y_0=f'(x_0)(x-x_0),$$
因此,为求出切线方程,必先求出切点(x_0,y_0)和切线斜率$f'(x_0)$.

解 先判定原点$(0,0)$是否在曲线上,其次,求切点.

因$0\neq\dfrac{0+9}{0+5}$,故原点$(0,0)$不在曲线 $y=\dfrac{x+9}{x+5}$上,即点$(0,0)$不是切点.

设切点为(x_0,y_0),则切点满足曲线方程,有
$$y_0=\frac{x_0+9}{x_0+5}. \tag{1}$$
因 $y'=-\dfrac{4}{(x+5)^2}$,故切线斜率为 $y'|_{x=x_0}=-\dfrac{4}{(x_0+5)^2}$,切线方程为
$$y-y_0=-\frac{4}{(x_0+5)^2}(x-x_0). \tag{2}$$
因原点在切线上,故点$(0,0)$满足上述方程,因此有

$$-y_0=-\frac{4}{(x_0+5)^2}(-x_0). \tag{3}$$

由(1)式,(3)式得　　$x_0=-3, x_0=-15$.

将 $x_0=-3, x_0=-15$ 分别代入曲线方程得 $y_0=3, y_0=\frac{3}{5}$,故切点为 $(-3,3)$, $\left(-15,\frac{3}{5}\right)$.

最后,写出切线方程. 将切点代入(2)式,得切线方程为

$$y=-x,\quad y=-\frac{1}{25}x.$$

注释　由于切线过原点,若切点为 (x_0,y_0),则切线的斜率 $k=\frac{y_0}{x_0}$,于是切线斜率

$$y'\big|_{x=x_0}=-\frac{4}{(x_0+5)^2}=\frac{y_0}{x_0}.$$

由该式与(1)式 $\left(y_0=\frac{x_0+9}{x_0+5}\right)$ 也可解得 $x_0=-3, x_0=-15$.

例 3　已知曲线 $y=a\sqrt{x}\ (a>0)$ 与曲线 $y=\ln\sqrt{x}$ 在点 (x_0,y_0) 处有公共切线,求

(1) 常数 a 及切点 (x_0,y_0);

(2) 过 (x_0,y_0) 的公共切线方程.

分析　依题设,两曲线在点 (x_0,y_0) 处的切线斜率相等,且点 (x_0,y_0) 在两条曲线上.

解　(1) 分别对 $y=a\sqrt{x}$ 和 $y=\ln\sqrt{x}$ 求导,得

$$y'=\frac{a}{2\sqrt{x}} \text{和} y'=\frac{1}{2x}.$$

由于两曲线在点 (x_0,y_0) 处有公切线,可见

$$\frac{a}{2\sqrt{x_0}}=\frac{1}{2x_0}\quad \text{得}\quad x_0=\frac{1}{a^2}.$$

将 $x_0=\frac{1}{a^2}$分别代入两曲线方程,有

$$y_0=a\sqrt{\frac{1}{a^2}}=\frac{1}{2}\ln\frac{1}{a^2},$$

于是 $a=\frac{1}{e}$,$x_0=e^2$,$y_0=1$,从而切点为$(e^2,1)$.

(2) 由于 $y'(x_0)=\frac{1}{2x_0}=\frac{1}{2}e^{-2}$,所以过点$(e^2,1)$的切线方程为

$$y-1=\frac{1}{2}e^{-2}(x-e^2)\quad 即\quad 2y-e^{-2}x-1=0.$$

例 4 求由隐函数 $y^2+e^{xy}=2$ 所确定的曲线在 $x=0$ 处的切线方程和法线方程.

解 先求出 $x=0$ 时,对应的 y 值.

将 $x=0$ 代入原方程,得 $y_1=1$,$y_2=-1$.

再求切线的斜率. 已知方程两端对 x 求导数,得

$$2y\cdot y'+e^{xy}(y+xy')=0,$$

于是过点$(0,1)$和点$(0,-1)$的切线斜率分别为

$$y'\Big|_{\substack{x=0\\y=1}}=-\frac{1}{2},y'\Big|_{\substack{x=0\\y=-1}}=-\frac{1}{2}.$$

故过点$(0,1)$的切线方程和法线方程分别为

$$y-1=-\frac{1}{2}x,y-1=2x;$$

过点$(0,-1)$的切线方程和法线方程分别为

$$y+1=-\frac{1}{2}x,y+1=2x.$$

例 5 曲线 $y=\frac{1}{\sqrt{x}}$的切线与 x 轴和 y 轴围成一个图形,记切点的横坐标为 α,试求切线方程和这个图形的面积. 当切点沿曲线趋于无穷远时,该面积的变化趋势如何?

解 先求切线方程,如图 3-1,

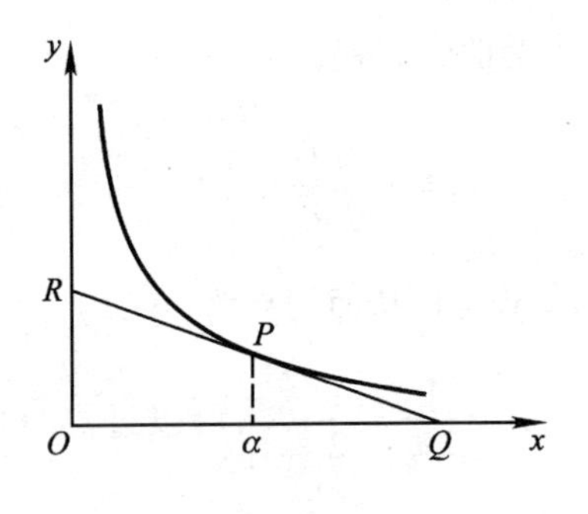

图 3－1

$$y'=-\frac{1}{2}x^{-\frac{3}{2}},y'\big|_{x=\alpha}=-\frac{1}{2\sqrt{\alpha^3}},$$

可知过切点 $P\left(\alpha,\frac{1}{\sqrt{\alpha}}\right)$ 的切线方程为

$$y-\frac{1}{\sqrt{\alpha}}=-\frac{1}{2\sqrt{\alpha^3}}(x-\alpha).$$

再求面积. 由上述切线方程知,切线与 x 轴和 y 轴的交点分别为 $Q(3\alpha,0)$ 和 $R\left(0,\frac{3}{2\sqrt{\alpha}}\right)$. 于是$\triangle ORQ$ 的面积

$$A=\frac{1}{2}\cdot 3\alpha\cdot\frac{3}{2\sqrt{\alpha}}=\frac{9}{4}\sqrt{\alpha}.$$

最后,考察面积的变化趋势. 当切点沿 x 轴正方向趋于无穷远时,有

$$\lim_{\alpha\to+\infty}A=+\infty.$$

当切点沿 y 轴正方向趋于无穷远时,有

$$\lim_{\alpha\to0^+}A=0.$$

例 6 已知 $f(x)$ 是周期为 5 的连续函数,它在 $x=0$ 的某个邻域内满足关系 $f(1+\sin x)-3f(1-\sin x)=8x+\alpha(x)$,
其中 $\alpha(x)$ 是当 $x\to0$ 时比 x 高阶的无穷小,且 $f(x)$ 在 $x=1$ 处可

导,求曲线 $y=f(x)$ 在点 $(6,f(6))$ 处的切线方程.

分析 为写出切线方程,只要求出 $f'(6)$ 即可. 由于函数 $f(x)$ 与其导函数 $f'(x)$ 是周期相同的周期函数,依题设 $f(x)$ 在 $x=1$ 处可导,设法求出 $f'(1)$ 即可.

解 由 $\lim\limits_{x\to 0}[f(1+\sin x)-3f(1-\sin x)]=\lim\limits_{x\to 0}[8x+\alpha(x)]$

得
$$f(1)-3f(1)=0,\text{故} f(1)=0.$$

又
$$\lim_{x\to 0}\frac{f(1+\sin x)-3f(1-\sin x)}{\sin x}=\lim_{x\to 0}\left[\frac{8x}{\sin x}+\frac{\alpha(x)}{x}\,\frac{x}{\sin x}\right]=8.$$

当 $x\to 0$ 时,$\sin x\to 0$,并注意 $f(1)=0$,由导数定义

$$\text{上式左端}=\lim_{x\to 0}\left[\frac{f(1+\sin x)-f(1)}{\sin x}+3\frac{f(1-\sin x)-f(1)}{-\sin x}\right]$$
$$=4f'(1),$$

所以 $f'(1)=2$.

由于 $f(x+5)=f(x)$,所以 $f'(x+5)=f'(x)$,从而 $f(6)=f(1)=0$,$f'(6)=f'(1)=2$,故所求的切线方程为

$$y=2(x-6),\text{即 } 2x-y-12=0.$$

§3.5 微分概念及其运算

微分与改变量的关系.

由微分定义,当 $\Delta x\to 0$ 时,$\Delta x,\Delta y,\mathrm{d}y$ 之间有下述关系

1° $\mathrm{d}y=A\Delta x$ 是 Δx 的线性函数(其中的 A 与 x 有关,是 Δx 的系数)且与 Δx 是同阶无穷小($A\neq 0$).

2° $\Delta y-\mathrm{d}y=o(\Delta x)$ 是比 Δx 较高阶无穷小.

3° 当 $f'(x)\neq 0$ 时,$\Delta y-\mathrm{d}y$ 是比 Δy 较高阶的无穷小. 因

$$\lim_{\Delta x\to 0}\frac{\Delta y-\mathrm{d}y}{\Delta y}=\lim_{\Delta x\to 0}\frac{o(\Delta x)}{A\Delta x+o(\Delta x)}=\lim_{\Delta x\to 0}\frac{1}{A\dfrac{\Delta x}{o(\Delta x)}+1}=0.$$

4° 当 $f'(x)\neq 0$ 时,Δy 与 $\mathrm{d}y$ 是等价无穷小. 因

$$\lim_{\Delta x\to 0}\frac{\Delta y}{\mathrm{d}y}=\lim_{\Delta x\to 0}\frac{A\cdot\Delta x+o(\Delta x)}{A\Delta x}=1.$$

例 1 已知函数 $y=f(x)$ 在任意一点 x 处,当自变量有改变量 Δx 时,函数相应的改变量

$$\Delta y=\frac{\Delta x}{\sqrt{1-x^2}}+\alpha \quad 且 \quad \lim_{\Delta x\to 0}\frac{\alpha}{\Delta x}=0.$$

又 $f(0)=0$,则 $f\left(\frac{\sqrt{2}}{2}\right)=(\quad)$.

(A) 0 (B) $\frac{\pi}{3}$ (C) $\frac{\pi}{4}$ (D) $\frac{\pi}{2}$

解 应先求 $f(x)$,再求 $f\left(\frac{\sqrt{2}}{2}\right)$.

依题设和微分定义知,$\frac{\Delta x}{\sqrt{1-x^2}}$是函数 $f(x)$ 在点 x 的微分,即 $\mathrm{d}y=\frac{\Delta x}{\sqrt{1-x^2}}$. 又由可微与可导的关系知

$$f'(x)=\frac{1}{\sqrt{1-x^2}},从而 f(x)=\arcsin x+C.$$

由 $f(0)=0$ 代入前式,有 $C=0$,故 $f(x)=\arcsin x$,$f\left(\frac{\sqrt{2}}{2}\right)=\frac{\pi}{4}$. 选(C).

例 2 设函数 $y=f(x)$ 在 $x=a$ 处连续,且 $\lim_{x\to a}\frac{f(x)}{x-a}=A$,则 $\mathrm{d}y\big|_{x=a}=$ ________.

解 1 由题设,$\lim_{x\to a}f(x)=0=f(a)$,即有 $\lim_{x\to a}\frac{f(x)-f(a)}{x-a}=A$. 由函数极限与无穷小的关系,有

$$f(x)-f(a)=A(x-a)+\alpha(x-a) \quad (\alpha\to 0),$$

令 $\Delta x=x-a$,上式为

$$f(a+\Delta x)-f(a)=A\Delta x+\alpha\cdot\Delta x=A\Delta x+o(\Delta x)$$

由微分定义知，函数$f(x)$在点$x=a$处可微，且$\mathrm{d}y\big|_{x=a}=A\Delta x$.

解 2 由于$\lim\limits_{x\to a}\dfrac{f(x)-f(a)}{x-a}=A=f'(a)$，由可微与可导的关系知，函数$f(x)$在$x=a$处可微，且$\mathrm{d}y\big|_{x=a}=f'(a)\Delta x=A\Delta x$.

例 3 设$y=f(\ln x)$且$f(x)$可导，则$\mathrm{d}y=(\quad)$.

(A) $f'(\ln x)\mathrm{d}x$ (B) $f'(\ln x)\dfrac{1}{x}\mathrm{d}x$

(C) $f'(\ln x)\dfrac{1}{x}\mathrm{d}\ln x$ (D) $[f(\ln x)]'\mathrm{d}\ln x$

解 由复合函数的微分法，选(B). 因

$$\mathrm{d}y=\mathrm{d}f(\ln x)=f'(\ln x)\mathrm{d}\ln x=f'(\ln x)\frac{1}{x}\mathrm{d}x.$$

例 4 设$y=\arctan\sqrt{x^2-1}-\dfrac{\ln x}{\sqrt{x^2-1}}$，求$\mathrm{d}y$.

解 可以先求y'，再求$\mathrm{d}y=y'\mathrm{d}x$. 这里用微分运算法则.

$$\begin{aligned}\mathrm{d}y&=\mathrm{d}\arctan\sqrt{x^2-1}-\mathrm{d}\frac{\ln x}{\sqrt{x^2-1}}\\&=\frac{1}{1+x^2-1}\mathrm{d}\sqrt{x^2-1}-\frac{\sqrt{x^2-1}\mathrm{d}\ln x-\ln x\cdot\mathrm{d}\sqrt{x^2-1}}{x^2-1}\\&=\frac{1}{x^2}\frac{2x}{2\sqrt{x^2-1}}\mathrm{d}x-\frac{\sqrt{x^2-1}\cdot\frac{1}{x}\mathrm{d}x-\ln x\cdot\frac{2x}{2\sqrt{x^2-1}}\mathrm{d}x}{x^2-1}\\&=\frac{x\ln x}{(x^2-1)\sqrt{x^2-1}}\mathrm{d}x.\end{aligned}$$

例 5 设$x^2y-\mathrm{e}^{2y}=\sin y$，求$\mathrm{d}y$.

解 由隐函数求$\mathrm{d}y$，也可先求出y'，再求$\mathrm{d}y$. 这里用直接对等式两端求微分的方法. 有

$$\mathrm{d}(x^2y)-\mathrm{d}\mathrm{e}^{2y}=\mathrm{d}\sin y$$

$$y\cdot2x\mathrm{d}x+x^2\mathrm{d}y-\mathrm{e}^{2y}\cdot2\mathrm{d}y=\cos y\mathrm{d}y$$

$$dy=\frac{2xy}{\cos y+2e^{2y}-x^2}dx$$

小　结

一、知识点、重点、难点

1. 知识点：

(1) 导数的定义及几何意义. 函数连续与可导的关系.

(2) 导数计算：基本初等函数的导数公式；导数的四则运算法则；复合函数求导法则；隐函数求导法.

(3) 分段函数求导数.

(4) 高阶导数：函数的二阶导数及某些函数的 n 阶导数.

(5) 微分的概念，可导与可微的关系；计算函数的微分.

2. 重点：导数和微分的概念. 复合函数求导法则.

3. 难点：求复合函数的导数.

二、研究导数理论，求导数与微分的方法及其应用的科学称为微分学. 微分法与积分法（将在第五章、第六章中学习）是两种互逆的运算. 微分学与积分学统称为微积分学.

三、正确理解函数连续、可导、可微之间的内在联系

1. 函数 $f(x)$ 在点 x_0 处连续是函数 $f(x)$ 在点 x_0 处可导的必要条件，但不是充分条件.

2. 函数 $f(x)$ 在点 x_0 处可导与函数 $f(x)$ 在点 x_0 处可微是等价的（这一点在多元函数中不成立）.

自　测　题

1. 填空题

(1) 设 $f(x)=\sin x\sqrt{\frac{1+2\arctan x}{1-2\arctan x}}$，则 $f'(0)=$ ________.

(2) 设曲线 $y=f(x)=x^n$ 在点(1,1)处的切线与 x 轴的交点为 $(\xi_n,0)$，则 $\lim\limits_{n\to\infty}f(\xi_n)=$ ________.

(3) 设 $f(t)=\lim\limits_{x\to\infty}t\left(\dfrac{x+t}{x-t}\right)^x$，则 $f'(t)=$ ________.

(4) 设 $f(x)=\dfrac{1-x}{1+x}$，则 $f^{(n)}(x)=$ ________.

(5) $\dfrac{\mathrm{d}(\arcsin x)}{\mathrm{d}(\arccos x)}=$ ________.

2. 单项选择题

(1) 设 $f'(a)$ 存在，则 $\lim\limits_{x\to a}\dfrac{xf(a)-af(x)}{x-a}=$(　　).

(A) $af'(a)$　　(B) $f(a)-af'(a)$

(C) $-af'(a)$　　(D) $-f(a)+af'(a)$

(2) 设 $f(x)=\begin{cases}k(k-1)x\mathrm{e}^x+1, & x>0,\\ k^2, & x=0,\\ x^2+1, & x<0,\end{cases}$ 则下列结论不正确的是(　　).

(A) k 为任意值时，$\lim\limits_{x\to0}f(x)$ 存在

(B) k 为 -1 或 1 时，$f(x)$ 在 $x=0$ 处连续

(C) k 为 1 时，$f(x)$ 在 $x=0$ 处可导

(D) k 为 -1 时，$f(x)$ 在 $x=0$ 处可导

(3) 设 $f(-x)=f(x)$，$x\in(-\infty,+\infty)$，且 $f(x)$ 二阶可导，若在 $(-\infty,0)$ 内 $f'(x)>0$，$f''(x)<0$，则在 $(0,+\infty)$ 内有(　　).

(A) $f'(x)<0,f''(x)<0$　　(B) $f'(x)<0,f''(x)>0$

(C) $f'(x)>0,f''(x)<0$　　(D) $f'(x)>0,f''(x)>0$

(4) 设 $f(x)=3x^4+x^3|x|$，则使 $f^{(n)}(0)$ 存在的最高阶数为(　　).

(A) 1　(B) 2　(C) 3　(D) 4

(5) 设曲线 $y=x^3+ax$ 与曲线 $y=bx^2+c$ 在点(-1,0)处相切，则(　　).

(A) $a=b=-1,c=1$　　(B) $a=-1,b=2,c=-2$

(C) $a=1,b=-2,c=2,$　　(D) $a=b=1,b=-1$

3. 计算题

(1) 设函数 $f(x)=\begin{cases}\dfrac{1-\cos x}{\sqrt{x}}, & x>0\\ x^2g(x), & x\leqslant 0,\end{cases}$ 其中 $g(x)$ 是有界函数，确定 $f(x)$ 在 $x=0$ 处是否可导.

(2) 设 $f'(x)=\dfrac{1}{x^2}$，$y=f\left(\dfrac{x+1}{x-1}\right)$，求 $\dfrac{\mathrm{d}y}{\mathrm{d}x}$.

(3) 设 $y=\sqrt{\mathrm{e}^x+\sqrt{\mathrm{e}^x+\sqrt{\mathrm{e}^x}}}$，求 y'.

(4) 设 $y=\sin x\cos x\cos 2x\cos 4x$，求 y'.

(5) 设 $y=(1+x)\ln(1+x+\sqrt{2x+x^2})-\sqrt{2x+x^2}$，求 $\mathrm{d}y$.

(6) 设 $\mathrm{e}^x+x=\mathrm{e}^y+y$，求 $\dfrac{\mathrm{d}^2y}{\mathrm{d}x^2}$.

(7) 设 $f(x)=x^{x^2}+\left(1+\dfrac{1}{x}\right)^x$，求 $f'(x)$，$f'\left(\dfrac{1}{2}\right)$.

(8) 设 $f(x)=2^{|x-a|}$，求 $f'(x)$.

4. 动点 $M(x,y)$ 到点 $A(1,1)$ 的距离是到直线 $x+y+2=0$ 的距离的一半，点 M 的轨迹与 x 轴有交点，试求以该交点为切点的点 M 的轨迹的切线方程.

第四章　微分中值定理与导数的应用

§4.1　微分中值定理

一、微分中值定理

罗尔定理、拉格朗日中值定理、柯西定理统称为微分中值定理. 读者应记住定理的条件和结论,并能灵活地运用它们.

例 1　下列函数 $f(x)$ 是否满足罗尔定理的条件? 曲线 $y=f(x)$ 是否有水平切线?

(1) $f(x)=|x|,\ -1\leqslant x\leqslant 1$;　(2) $f(x)=x, 0\leqslant x\leqslant 1$;

(3) $f(x)=\begin{cases} x, & 0\leqslant x<1, \\ 0, & x=1; \end{cases}$　(4) $f(x)=\begin{cases} \sin x, & 0\leqslant x\leqslant \dfrac{3\pi}{4}, \\ \cos x, & \dfrac{3\pi}{4}<x\leqslant \dfrac{5\pi}{4}. \end{cases}$

解　(1) 因 $f(x)$ 在 $x=0$ 处不可导,所以不满足罗尔定理的条件. 在 $(-1,0)\cup(0,1)$ 内,没有 $f'(x)=0$,故没有水平切线.

(2) 因 $f(0)=0, f(1)=1$,所以不满足罗尔定理的条件. 在 $(0,1)$ 内 $f'(x)=1$,故没有水平切线.

(3) 因 $f(x)$ 在 $[0,1]$ 上不连续,所以不满足罗尔定理的条件. 在 $(0,1)$ 内 $f'(x)=1$,故没有水平切线.

(4) 在 $\left[0,\dfrac{5\pi}{4}\right]$ 内,罗尔定理的三个条件 $f(x)$ 均不满足. 因 $f'\left(\dfrac{\pi}{2}\right)=f'(\pi)=0$,所以在 $x=\dfrac{\pi}{2}$ 和 $x=\pi$ 处,曲线有水平切线.

注释 罗尔定理的条件是充分的而非必要的. 即,若定理的条件之一不成立,则定理的结论就可能不成立;但定理的条件不成立,其结论也可能成立.

拉格朗日中值定理和柯西定理的条件也如此.

例 2 设函数 $f(x)$ 在区间 (a,b) 内可导,且 $\lim\limits_{x\to a^+}f(x)=\lim\limits_{x\to b^-}f(x)$. 试证在 (a,b) 内存在一点 ξ,使 $f'(\xi)=0$.

证 记 $\lim\limits_{x\to a^+}f(x)=\lim\limits_{x\to b^-}f(x)=A$,依题设,考虑函数

$$F(x)=\begin{cases}f(x), & a<x<b,\\ A, & x=a,x=b.\end{cases}$$

因 $F(x)$ 在 $[a,b]$ 上连续,在 (a,b) 内可导,且 $F(a)=F(b)$,由罗尔定理知,必存在 $\xi\in(a,b)$,使 $F'(\xi)=f'(\xi)=0$.

例 3 设函数 $f(x)$ 在 $[a,+\infty)$ 上连续,在 $(a,+\infty)$ 内可导,且 $\lim\limits_{x\to+\infty}f(x)=f(a)$,试证在 $(a,+\infty)$ 内至少存在一点 ξ,使得 $f'(\xi)=0$.

分析 按本例的题设和要证的结论看,这正是把罗尔定理从有限区间 $[a,b]$ 推广到无限区间 $[a,+\infty)$ 上.

用变换 $x=\tan t$ 将无限区间转化为有限区间.

证 记 $A=\arctan a$,在区间 $\left[A,\dfrac{\pi}{2}\right]$ 上定义函数 $F(t)$:

$$F(t)=\begin{cases}f(\tan t), & A\leqslant t<\dfrac{\pi}{2},\\ f(a), & t=\dfrac{\pi}{2},\end{cases}$$

显然, $\lim\limits_{t\to\frac{\pi}{2}^-}f(\tan t)=\lim\limits_{x\to+\infty}f(x)=f(a)$.

因 $F(t)$ 在 $\left[A,\dfrac{\pi}{2}\right]$ 上连续,在 $\left(A,\dfrac{\pi}{2}\right)$ 内可导,且 $F(A)=F\left(\dfrac{\pi}{2}\right)$,由罗尔定理,在 $\left(A,\dfrac{\pi}{2}\right)$ 内至少存在一点 η,使 $F'(\eta)=0$.

记 $\xi=\tan\eta$，则 $\xi\in(a,+\infty)$，且

$$0=F'(\eta)=f'(\tan\eta)\cdot\sec^2\eta=f'(\xi)\sec^2\eta.$$

因 $\sec^2\eta\neq 0$，故 $f'(\xi)=0$.

注释 （1）本例的条件，若改为：在 $(a,+\infty)$ 内可导，且 $\lim\limits_{x\to a^+}f(x)=\lim\limits_{x\to+\infty}f(x)$，则结论也成立. 这时，记 $A=\arctan a$，$B=\lim\limits_{x\to a^+}f(x)=\lim\limits_{x\to+\infty}f(x)$，定义函数 $F(t)$：

$$F(t)=\begin{cases}f(\tan t), & A<t<\dfrac{\pi}{2}\\ B, & t=A,t=\dfrac{\pi}{2}.\end{cases}$$

（2）本例还可推广为下述情况. 设 $f(x)$ 在 $(-\infty,+\infty)$ 内可导，且 $\lim\limits_{x\to\infty}f(x)$ 存在，则存在 $\xi\in(-\infty,+\infty)$，使得 $f'(\xi)=0$.

（3）本例可称为广义罗尔定理.

例 4 设函数 $f(x)$ 在 x_0 的左邻域 $[x_0-\delta,x_0]$ 上连续，在 $(x_0-\delta,x_0)$ 内可导，且 $\lim\limits_{x\to x_0^-}f'(x)$ 存在. 证明：$\lim\limits_{x\to x_0^-}f'(x)=f'_-(x_0)$.

证 任取 $x\in(x_0-\delta,x_0)$. 由题设，$f(x)$ 在 $[x,x_0]$ 上满足拉格朗日中值定理的条件，因此，至少存在一点 $\xi\in(x,x_0)$，使得

$$\frac{f(x)-f(x_0)}{x-x_0}=f'(\xi),\quad x<\xi<x_0.$$

当 $x\to x_0^-$ 时，$\xi\to x_0^-$. 将上式两边取极限，得

$$\lim_{x\to x_0^-}\frac{f(x)-f(x_0)}{x-x_0}=\lim_{\xi\to x_0^-}f'(\xi).$$

上式右边 $\lim\limits_{\xi\to x_0^-}f'(\xi)=\lim\limits_{x\to x_0^-}f'(x)$，由题设知其极限存在. 按导数定义，上式左边就是在 x_0 的左导数 $f'_-(x_0)$. 所以得到

$$f'_-(x_0)=\lim_{x\to x_0^-}f'(x).$$

注释 同样，可证明

$$f'_+(x_0)=\lim_{x\to x_0^+}f'(x).$$

例 5 试证：当 $x\geqslant 1$ 时，有恒等式

$$\arctan x+\frac{1}{2}\arcsin\frac{2x}{1+x^2}\equiv\frac{\pi}{2}.$$

分析 欲证当 $x\in$ 区间 I 时，有恒等式 $f(x)=a$. 用拉格朗日中值定理的推论. **解题程序：**

(1) 验证 $f'(x)=0$，由此推出 $f(x)=C$.

(2) 取区间 I 内一个特殊值确定常数 C：若 $x_0\in$ I，有 $f(x_0)=a$，即 $C=a$.

证 对欲证等式左端求导数. 记

$$f(x)=\arctan x+\frac{1}{2}\arcsin\frac{2x}{1+x^2},$$

则

$$f'(x)=\frac{1}{1+x^2}+\frac{1}{2}\frac{1}{\sqrt{1-\frac{4x^2}{(1+x^2)^2}}}\frac{2(1+x^2)-4x^2}{(1+x^2)^2}=0\quad(x>1).$$

于是，当 $x>1$ 时，$f(x)=C$. 取 $x=\sqrt{3}$，$C=f(\sqrt{3})=\frac{\pi}{3}+\frac{1}{2}\cdot\frac{\pi}{3}=\frac{\pi}{2}$. 又 $f(1)=\frac{\pi}{2}$，故当 $x\geqslant 1$ 时，

$$\arctan x+\frac{1}{2}\arcsin\frac{2x}{1+x^2}\equiv\frac{\pi}{2}.$$

注释 欲证两个函数恒等：当 $x\in$ 区间 I 时，有 $f(x)\equiv g(x)$. 这就是要证明恒等式 $f(x)-g(x)\equiv 0$.

例 6 已知 $f(1)=4$，且 $f(x)$ 满足 $xf'(x)+f(x)\equiv 0$，求 $f(2)$.

解 令 $F(x)=xf(x)$，则 $F'(x)=xf'(x)+f(x)\equiv 0$，所以 $F(x)=C$.

令 $x=1$，得 $C=4$. 即 $xf(x)=4$. 于是

$$2f(2)=4,f(2)=2.$$

二、用微分中值定理证明等式

1. 须用微分中值定理证明的等式

若题设函数$f(x)$或$f(x),g(x)$在区间$[a,b]$上连续,在(a,b)内可导(或题设中隐含这样的条件),**欲证**:至少存在一点$\xi\in(a,b)$(存在一点$\xi\in(a,b)$)或存在ξ、$\eta\in(a,b)$,使一个等式成立,且等式中含$f'(\xi)$,$f''(\xi)$或含$f'(\xi)$,$f'(\eta)$等,一般情况须用微分中值定理.

2. 证明等式的**解题思路和程序**

(1) 若欲证等式本身就是或可改写作微分中值定理结论的形式:

1° 若是$f'(\xi)=0$,对$f(x)$用罗尔定理.

2° 若是

$$f(b)-f(a)=f'(\xi)(b-a),\xi\in(a,b),$$

$$f(b)-f(a)=f'(a+\theta(b-a))(b-a),0<\theta<1,$$

$$f(x+h)-f(x)=f'(x+\theta h)h,0<\theta<1.$$

对函数$f(x)$用拉格朗日中值定理.

3° 若是$\dfrac{f(b)-f(a)}{g(b)-g(a)}=\dfrac{f'(\xi)}{g'(\xi)},\xi\in(a,b)$,

对$f(x),g(x)$应用柯西定理.

(2) 先将欲证等式恒等变形,使不含ξ的式子分离到左端,含ξ的式子分离到右端.然后观察并设法将左端写成

$$\frac{f(b)-f(a)}{b-a}\quad 或\quad \frac{f(b)-f(a)}{g(b)-g(a)}$$

形式;若可以写成,则计算$f'(\xi)$或$\dfrac{f'(\xi)}{g'(\xi)}$.再判断它是否等于右端,若相等,最后验证$f(x)$满足拉格朗日中值定理的条件,或$f(x),g(x)$满足柯西定理的条件,便得到欲证结论.

(3) 一般情况,将欲证等式看作是罗尔定理结论的形式,即$F'(\xi)=0$的形式.

这时用**作辅助函数的方法**证明等式(如何选取辅助函数将在

后面结合例题讲述). **解题程序**是

1° 将欲证等式写成等号一端只有零,即 $F'(\xi)=0$ 的形式,并将式中的 ξ 改写成 x,即写成 $F'(x)=0$ 的形式.

2° 依据 $F'(x)$ 选取辅助函数 $F(x)$(这是关键的一步):

直接观察　依据导数公式和导数运算法则,由 $F'(x)$ 的表达式确定函数 $F(x)$ 的表达式;

求积分　若由观察难以确定 $F(x)$,可由积分式

$$F(x)=\int F'(x)\mathrm{d}x \quad (\text{这是第五章学习的内容}),$$

得到函数 $F(x)$.

3° 验证函数 $F(x)$ 在给定的区间 $[a,b]$ 上满足罗尔定理的条件,可推出等式 $F'(\xi)=0$.

4° 由 $F'(\xi)=0$ 还原到欲证等式.

(4) 若前述"欲证:至少存在一点 $\xi\in(a,b)$(存在 $\xi\in(a,b)$)改为欲证:存在惟一一点 $\xi\in(a,b)$"时,这时尚需进一步证明 ξ 的惟一性,证明 ξ 的惟一性一般用反证法.

(5) 欲证:存在 ξ、$\eta\in(a,b)$,且欲证等式中含 $f'(\xi)$,$f'(\eta)$ 时,一般情况须用微分中值定理两次. 这时,应将含 ξ 的项和含 η 的项分写在等式两端,分别观察等式的两端,选取辅助函数 $F(x)$ 和 $g(x)$,以便应用微分中值定理.

若题设函数 $f(x)$ 二阶可导,或欲证等式中含 $f''(\xi)$ 时,有时也须两次用微分中值定理. 特别地,欲证等式 $f''(\xi)=0$ 时,这可理解为对函数 $f'(x)$ 应用罗尔定理.

例 7　设 $f(x)$ 在 $[a,b]$ 上连续,在 (a,b) 内可导,证明在 (a,b) 内至少存在一点 ξ,使

$$\frac{b^n f(b)-a^n f(a)}{b-a}=[nf(\xi)+\xi f'(\xi)]\xi^{n-1}\ (n\geqslant 1).$$

分析　注意欲证等式右端 $n\xi^{n-1}f(\xi)+\xi^n f'(\xi)$,这是函数 $F(x)=x^n f(x)$ 在 $x=\xi$ 的导数. 欲证等式是 $\dfrac{F(b)-F(a)}{b-a}=F'(\xi)$,

这是对函数 $F(x)=x^n f(x)$ 应用拉格朗日中值定理的结论.

证 设 $F(x)=x^n f(x)$,依题设 $F(x)$ 在 $[a,b]$ 上连续,在 (a,b) 内可导,由拉格朗日中值定理,在 (a,b) 内至少存在一点 ξ,使

$$\frac{F(b)-F(a)}{b-a}=F'(\xi),$$

即

$$\frac{b^n f(b)-a^n f(a)}{b-a}=[nf(\xi)+\xi f'(\xi)]\xi^{n-1}.$$

例 8 设函数 $f(x)$ 在 $[a,b]$ 上恒有 $f''(x)>0$,试证在 (a,b) 内存在惟一的 ξ,使

$$f'(\xi)=\frac{f(b)-f(a)}{b-a}.$$

证 只证惟一性,用反证法.

假设在 (a,b) 内存在两点 ξ_1,ξ_2,且 $\xi_1<\xi_2$ 满足拉格朗日中值定理,即有

$$f'(\xi_1)=\frac{f(b)-f(a)}{b-a},\quad f'(\xi_2)=\frac{f(b)-f(a)}{b-a}.$$

因在 $[a,b]$ 上 $f''(x)$ 存在,则 $f'(x)$ 在区间 $[\xi_1,\xi_2]\subset[a,b]$ 上满足罗尔定理的条件,于是在 (ξ_1,ξ_2) 内至少存在一点 ξ,使

$$f''(\xi)=0,$$

这与题设在 $[a,b]$ 上 $f''(x)>0$ 矛盾,故只能存在惟一的 ξ,使欲证等式成立.

例 9 当 $x\geqslant 0$ 时,证明:

$$\sqrt{x+1}-\sqrt{x}=\frac{1}{2\sqrt{x+\theta(x)}}\quad\left(\frac{1}{4}\leqslant\theta(x)\leqslant\frac{1}{2}\right)$$

且

$$\lim_{x\to 0^+}\theta(x)=\frac{1}{4},\lim_{x\to+\infty}\theta(x)=\frac{1}{2}.$$

分析 注意到 $(\sqrt{x})'=\frac{1}{2\sqrt{x}}$,欲证等式正是函数 $f(x)=\sqrt{x}$ 在区间 $[x,x+1]$ 上用拉格朗日中值定理的结果.

证 取函数 $f(x)=\sqrt{x}$,在 $[x,x+1]$ 上由拉格朗日中值定理,

得

$$f(x+1)-f(x)=f'(x+\theta(x)(x+1-x))\cdot(x+1-x)$$
$$=f'(x+\theta(x)),$$

即
$$\sqrt{x+1}-\sqrt{x}=\frac{1}{2\sqrt{x+\theta(x)}}.$$

为确定 $\theta(x)$ 的取值范围和求 $\theta(x)$ 的极限，由上式解出 $\theta(x)$，得

$$\theta(x)=\frac{1}{4}(1+2\sqrt{x(x+1)}-2x). \tag{1}$$

当 $x\geqslant 0$ 时，$\sqrt{x(x+1)}>x$，由(1)式知，$\theta(x)\geqslant\frac{1}{4}$. 又因

$$\sqrt{x(x+1)}\leqslant\frac{x+(x+1)}{2}=x+\frac{1}{2},$$

代入(1)式，即得 $\theta(x)\leqslant\frac{1}{2}$. 于是有 $\frac{1}{4}\leqslant\theta(x)\leqslant\frac{1}{2}$.

由(1)式

$$\lim_{x\to 0^+}\theta(x)=\frac{1}{4},$$

$$\lim_{x\to+\infty}\theta(x)=\frac{1}{4}+\frac{1}{2}\lim_{x\to+\infty}\frac{x}{\sqrt{x(x+1)}+x}=\frac{1}{2}.$$

例 10 设 $f(x)$ 在 $[0,1]$ 上连续，在 $(0,1)$ 内可导，试证存在 $\xi\in(0,1)$ 使

$$f(\xi)+f'(\xi)=\mathrm{e}^{-\xi}[f(1)\mathrm{e}-f(0)].$$

分析 将含 ξ 和不含 ξ 的式子分别写在等式两端，并注意 $\mathrm{e}^0=1$，则

$$\frac{f(1)\mathrm{e}^1-f(0)\mathrm{e}^0}{1-0}=f'(\xi)\mathrm{e}^{\xi}+f(\xi)\mathrm{e}^{\xi}.$$

左端是函数 $F(x)=f(x)\mathrm{e}^x$ 在区间 $[0,1]$ 上拉格朗日中值定理的形式，而右端恰是 $F'(\xi)$. 由题设知，$F(x)$ 在 $[0,1]$ 上满足拉格朗日中值定理的条件.

读者自证.

例 11 设函数 $f(x)$ 在区间 $[0,x]$ 上可导，且 $f(0)=0$，证明在 $(0,x)$ 内存在一点 ξ，使

$$f(x)=(1+\xi)\ln(1+x)f'(\xi).$$

分析 将含 ξ 和不含 ξ 的式子分写在等式两端，有

$$\frac{f(x)}{\ln(1+x)}=(1+\xi)f'(\xi).$$

若将 $f(x)$ 和 $\ln(1+x)$ 理解是函数 $f(x)$，$\ln(1+x)$ 在区间 $[0,x]$ 上右端点处的函数值；而在左端点处，有 $f(0)=0$，$\ln(1+0)=0$，欲证等式可写作

$$\frac{f(x)-f(0)}{\ln(1+x)-\ln(1+0)}=\frac{f'(\xi)}{\dfrac{1}{1+\xi}},$$

这正是函数 $f(x)$，$\ln(1+x)$ 在 $[0,x]$ 上用柯西定理的结论.

证 由题设，函数 $f(x)$ 和 $g(x)=\ln(1+x)$ 在区间 $[0,x]$ 上满足柯西定理的条件，故在 $(0,x)$ 内至少存在一点 ξ，使

$$\frac{f(x)-f(0)}{\ln(1+x)-\ln(1+0)}=\frac{f'(\xi)}{\dfrac{1}{1+\xi}},$$

即 $$f(x)=(1+\xi)\ln(1+x)f'(\xi).$$

例 12 设 $f(x)$ 在 $[a,b]$ 上可导，且 $ab>0$，证明：存在 $\xi\in(a,b)$，使

$$\frac{af(b)-bf(a)}{b-a}=\xi f'(\xi)-f(\xi)$$

分析 将欲证等式左端写成柯西定理的形式

$$\frac{\dfrac{af(b)-bf(a)}{ab}}{\dfrac{b-a}{ab}}=\frac{\dfrac{f(b)}{b}-\dfrac{f(a)}{a}}{-\dfrac{1}{b}-\left(-\dfrac{1}{a}\right)}$$

这可看作对函数 $F(x)=\dfrac{f(x)}{x}$，$g(x)=-\dfrac{1}{x}$ 应用柯西定理，而等式

右端恰是 $F'(\xi)$ 和 $g'(\xi)$，即 $\dfrac{\dfrac{\xi f'(\xi)-f(\xi)}{\xi^2}}{\dfrac{1}{\xi^2}}$.

读者自证.

注释 题设 $ab>0$，是有 $a<b<0$ 或 $0<a<b$，以保证 $F(x)=\dfrac{f(x)}{x}$，$g(x)=-\dfrac{1}{x}$ 在 $[a,b]$ 上有意义.

例 13 设 $f(x)$ 在 $[a,b]$ 上连续，在 (a,b) 内可导，$a>0$ 且 $f(a)\neq f(b)$. 证明在 (a,b) 内存在 ξ,η，且 $\xi\neq\eta$，使

$$2\eta f'(\xi)=(a+b)f'(\eta).$$

分析 将含 ξ 和 η 的项分写在等式两端，欲证等式为

$$\frac{f'(\xi)}{a+b}=\frac{f'(\eta)}{2\eta} \tag{1}$$

从等式右端看，这是 $f(x)$ 和 $g(x)=x^2$ 在 $[a,b]$ 上应用柯西定理，有

$$\frac{f'(\xi)}{a+b}=\frac{f(b)-f(a)}{b^2-a^2} \quad 或 \quad f'(\xi)=\frac{f(b)-f(a)}{b-a}.$$

显然，最后等式是 $f(x)$ 在 $[a,b]$ 上应用拉格朗日中值定理.

对(1)式，也可观察左端，若将 $f'(\xi)$ 理解为在 $[a,b]$ 上应用拉格朗日中值定理，则有

$$\frac{\dfrac{f(b)-f(a)}{b-a}}{a+b}=\frac{f(b)-f(a)}{b^2-a^2}=\frac{f'(\eta)}{2\eta}.$$

显然，这是 $f(x)$，$g(x)=x^2$ 在 $[a,b]$ 上应用柯西定理.

证 由题设，$f(x)$，$g(x)=x^2$ 在 $[a,b]$ 上满足柯西定理条件，故存在 $\eta\in(a,b)$，使

$$\frac{f(b)-f(a)}{b^2-a^2}=\frac{f'(\eta)}{2\eta} \quad 或 \quad \frac{f(b)-f(a)}{b-a}=\frac{f'(\eta)}{2\eta}(a+b). \tag{2}$$

再由题设对 $f(x)$ 在 $[a,b]$ 上，应用拉格朗日中值定理，存在 $\xi\in(a,b)$，使

$$\frac{f(b)-f(a)}{b-a}=f'(\xi). \tag{3}$$

由(2)式和(3)式，得

$$f'(\xi)=\frac{a+b}{2\eta}f'(\eta),\xi\neq\eta \text{ 且 } \xi,\eta\in(a,b).$$

例 14 设 $f(x)$ 在 $[a,b]$ 上连续，在 (a,b) 内可导，且 $f(a)=f(b)=1$. 试证：存在 $\xi,\eta\in(a,b)$，使

$$e^{\eta-\xi}[f(\eta)+f'(\eta)]=1.$$

分析 欲证等式写作

$$e^{\eta}f(\eta)+e^{\eta}f'(\eta)=e^{\xi}.$$

等式右端是 e^x 应用拉格朗日中值定理，而左端是 $e^x f(x)$ 应用拉格朗日中值定理.

读者自证.

以下结合例题说明**选取辅助函数 $F(x)$ 的思路**

当将欲证等式改写成 $F'(\xi)=0$，即 $F'(x)=0$ 后，以 $F'(x)$ 的形式来选取 $F(x)$.

(a) 选取 $F(x)=f(x)\pm g(x)$

当 $F'(x)=0$ 为 $f'(x)\pm g'(x)=0$ 时，因 $(f(x)\pm g(x))'=f'(x)\pm g'(x)$，选取 $F(x)=f(x)\pm g(x)$.

例 15 设 $f(x)$ 在 $(0,+\infty)$ 内可导，且对任意正数 x，成立 $0\leqslant f(x)\leqslant\frac{x}{1+x^2}$，试证：存在 $\xi\in(0,+\infty)$，使

$$f'(\xi)=\frac{1-\xi^2}{(1+\xi^2)^2}.$$

分析 注意到 $\left(\frac{x}{1+x^2}\right)'=\frac{1-x^2}{(1+x^2)^2}$. 欲证等式可写作

$$f'(x)-\left(\frac{x}{1+x^2}\right)'=0$$

证 记 $g(x)=\dfrac{x}{1+x^2}$，选取 $F(x)=f(x)-g(x)$. 因为

$$0\leqslant f(x)\leqslant\frac{x}{1+x^2}，且\lim_{x\to0^+}\frac{x}{1+x^2}=0$$

由夹逼定理，$\lim\limits_{x\to0^+}f(x)=0$，从而 $\lim\limits_{x\to0^+}F(x)=\lim\limits_{x\to0^+}(f(x)-g(x))=0$.

同理可得 $\lim\limits_{x\to+\infty}F(x)=0$. 依前述例 3 之注释，存在一点 $\xi\in(0,+\infty)$，使 $F'(\xi)=0$，即

$$f'(\xi)=\frac{1-\xi^2}{(1+\xi^2)^2}.$$

(b) 选取 $F(x)=f(x)g(x)$

当 $F'(x)=0$ 为 $f'(x)g(x)+f(x)g'(x)=0$ 时，因

$$(f(x)g(x))'=f'(x)g(x)+f(x)g'(x)$$

选取 $F(x)=f(x)g(x)$.

特别，当 $xf'(x)+f(x)=0$ 时，

选取 $F(x)=xf(x)$.

当 $f'(x)g(x)+mg'(x)f(x)=0$ 时 $(m>1)$，因

$$[f(x)(g(x))^m]'=[f'(x)g(x)+mg'(x)f(x)](g(x))^{m-1},$$

而 $(g(x))^{m-1}\neq0$，

选取 $F(x)=f(x)(g(x))^m$.

当 $nf'(x)g(x)+mg'(x)f(x)=0$ 时 $(n>1, m>1)$，因

$$[(f(x))^n(g(x))^m]'=[nf'(x)g(x)+mg'(x)f(x)](f(x))^{n-1}(g(x))^{m-1}$$

而 $(f(x))^{n-1}(g(x))^{m-1}\neq0$，

选取 $F(x)=(f(x))^n(g(x))^m$.

例 16 设 $f(x)$ 在 $[0,2]$ 上连续，在 $(0,2)$ 内可导，且 $f(2)=0$，试证：存在 $\xi\in(0,2)$，使

$$2\xi f(\xi)+(1+\xi^2)\ln(1+\xi^2)\cdot f'(\xi)=0.$$

分析 注意到 $[\ln(1+x^2)]'=\dfrac{2x}{1+x^2}$. 将欲证等式改写作

$$\frac{2xf(x)}{1+x^2}+\ln(1+x^2)f'(x)=0.$$

即 $$(\ln(1+x^2)\cdot f(x))'=0$$

选取函数 $F(x)=\ln(1+x^2)\cdot f(x)$. 因 $F(0)=F(2)=0$,在$[0,2]$上应用罗尔定理.

例 17 试证:在$\left(0,\frac{\pi}{2}\right)$内存在 ξ,使

$$\cos\xi=\xi\sin\xi.$$

分析 欲证等式写作

$$\cos x-x\sin x=0,\quad 即\quad (x\cos x)'=0$$

选取 $F(x)=x\cos x$,且 $F(0)=F\left(\frac{\pi}{2}\right)=0$,在$\left[0,\frac{\pi}{2}\right]$上应用罗尔定理.

例 18 设$f(x)$在$[0,1]$上连续,在$(0,1)$内可导,$f(0)=0$,k为正整数,试证:

(1) 存在 $\xi\in(0,1)$,使 $\xi f'(\xi)+kf(\xi)=f'(\xi)$;

(2) 当 $x>0$,$f(x)>0$ 时,存在 $\xi\in(0,1)$,使得

$$\frac{kf'(1-\xi)}{f(1-\xi)}=\frac{f'(\xi)}{f(\xi)}.$$

分析 (1) 欲证等式写作

$$f'(x)(x-1)+kf(x)=0,$$

$$即[f'(x)(x-1)+kf(x)](x-1)^{k-1}=0$$

选取 $F(x)=(x-1)^kf(x)$. 因 $F(0)=F(1)=0$,在$[0,1]$上用罗尔定理.

(2) 欲证等式写作

$$f'(x)f(1-x)-kf'(1-x)f(x)=0.$$

选取 $F(x)=f(x)(f(1-x))^k$,因 $F(0)=F(1)=0$,在$[0,1]$上用罗尔定理.

例 19 设 $a>0$,$f(x)$在$[a,b]$上可导,又 $f(a)=0$,证明:存在 $\xi\in(a,b)$,使

$$f(\xi)=\frac{b-\xi}{a}f'(\xi).$$

分析 欲证等式写作

$$f'(x)(b-x)-af(x)=0,$$

$$即[f'(x)(b-x)-af(x)](b-x)^{a-1}=0.$$

选取 $F(x)=f(x)(b-x)^a$. 因 $F(a)=F(b)=0$,在$[a,b]$上用罗尔定理.

例 20 设$f(x)$在$[0,1]$上连续,在$(0,1)$内可导,$f(0)=0$,且对任意 $x\in(0,1)$,$f(x)\neq0$. 试证:对任意正整数 m,n,存在一点 $\xi\in(0,1)$,使

$$\frac{nf'(\xi)}{f(\xi)}=\frac{mf'(1-\xi)}{f(1-\xi)}.$$

分析 欲证等式写作

$$nf'(x)f(1-x)-mf'(1-x)f(x)=0.$$

选取 $F(x)=(f(x))^n(f(1-x))^m$,因 $F(0)=F(1)=0$,在$[0,1]$上应用罗尔定理.

例 21 设 $f(x)$,$g(x)$在$[a,b]$上连续,在(a,b)内可导,且 $x\in(a,b)$时,$g'(x)\neq0$,试证:存在 $\xi\in(a,b)$,使

$$\frac{f(\xi)-f(a)}{g(b)-g(\xi)}=\frac{f'(\xi)}{g'(\xi)}.$$

分析 欲证等式可写作

$$f'(x)(g(b)-g(x))-g'(x)(f(x)-f(a))=0$$

即 $$(f(x)-f(a))'(g(x)-g(b))+(g(x)-g(b))'(f(x)-f(a))=0$$

选取 $F(x)=(f(x)-f(a))(g(x)-g(b))$. 由 $F(a)=F(b)=0$,在$[a,b]$上应用罗尔定理.

(c) 选取 $F(x)=\dfrac{f(x)}{g(x)}$.

当$f'(x)g(x)-g'(x)f(x)=0$,且 $g(x)\neq0$ 时,因

$$\left[\frac{f(x)}{g(x)}\right]'=\frac{f'(x)g(x)-g'(x)f(x)}{g^2(x)}$$

选取 $F(x)=\dfrac{f(x)}{g(x)}$.

特别,当 $xf'(x)-f(x)=0$ 时,

选取 $F(x)=\dfrac{f(x)}{x}$.

例 22 设 $f(x)$ 在 $[0,2]$ 上连续,在 $(0,2)$ 内可导,且 $f(2)=5f(0)$,试证:存在 $\xi\in(0,2)$,使

$$(1+\xi^2)f'(\xi)=2\xi f(\xi).$$

分析 欲证等式写作

$$(1+x^2)f'(x)-2xf(x)=0,$$

或
$$\frac{(1+x^2)f'(x)-(1+x^2)'f(x)}{(1+x^2)^2}=0$$

选取 $F(x)=\dfrac{f(x)}{1+x^2}$,且 $F(0)=f(0)$,$F(2)=\dfrac{f(2)}{5}=f(0)$,在 $[0,2]$ 上用罗尔定理.

(d) 选取 $F(x)$ 为两个函数乘积的形式,其中一个为指数函数,即 $F(x)=f(x)e^{g(x)}$.

当 $F'(x)=0$ 为 $f'(x)\pm f(x)g'(x)=0$ 时,因

$$(f(x)e^{\pm g(x)})'=[f'(x)\pm f(x)g'(x)]e^{\pm g(x)}$$

而 $e^{\pm g(x)}\neq 0$,**选取** $F(x)=f(x)e^{\pm g(x)}$.

特别,当 $f'(x)+\lambda f(x)=0$ 时,

选取 $F(x)=f(x)e^{\lambda x}$

当 $f'(x)\pm f(x)=0$ 时,

选取 $F(x)=f(x)e^{\pm x}$.

当 $f'(x)+(f(x)+\lambda)g'(x)=0$ (λ 是常数)时,因 $(f(x)+\lambda)'=f'(x)$,

选取 $F(x)=(f(x)+\lambda)e^{g(x)}$.

当 $(f'(x)+\lambda)+(f(x)+\lambda x)g'(x)=0$ (λ 是常数),

选取 $F(x)=(f(x)+\lambda x)e^{g(x)}$.

当 $f''(x)+f'(x)g'(x)=0$ 时,

选取 $F(x)=f'(x)e^{g(x)}$.

例 23 设$f(x)$在(a,b)上可导,且$f(x_1)=f(x_2)=0, x_1, x_2 \in (a,b)$. 试证:在$(x_1,x_2)$内存在$f'(x)+f(x)\frac{1}{1+x^2}$的一个零点.

分析 欲证就是存在$\xi \in (x_1,x_2)$,使

$$f'(\xi)+f(\xi)\frac{1}{1+\xi^2}=0.$$

注意到$(\arctan x)'=\frac{1}{1+x^2}$,欲证就是

$$f'(x)+f(x)(\arctan x)'=0.$$

选取$F(x)=f(x)\mathrm{e}^{\arctan x}$,且$F(x_1)=F(x_2)=0$,在$[x_1,x_2]$应用罗尔定理.

例 24 设$f(x)$在$[-a,a]$上连续,在$(-a,a)$内可导,且$f(-a)=f(a)$. 试证:存在$\xi \in (-a,a)$,使

$$f'(\xi)=2\xi f(\xi).$$

分析 欲证等式写作

$$f'(x)-2xf(x)=0,$$

即

$$f'(x)-(x^2)'f(x)=0$$

选取$F(x)=f(x)\mathrm{e}^{-x^2}$,且$F(-a)=F(a)$,在$[-a,a]$上应用罗尔定理.

例 25 设$f(x)$在$[a,b]$上连续,在(a,b)内可导,且$f(a)=f(b)=0$,试证:存在$\xi \in (a,b)$,使

$$f'(\xi)=f(\xi)$$

分析 欲证等式写作

$$f'(x)-f(x)=0$$

选取$F(x)=f(x)\mathrm{e}^{-x}$,且$F(a)=F(b)=0$,在$[a,b]$上用罗尔定理.

例 26 设$f(x)$在$[a,b]$上有连续的导函数,且存在$c \in (a,b)$,使$f'(c)=0$. 试证:存在$\xi \in (a,b)$,使

$$f'(\xi)=\frac{f(\xi)-f(a)}{b-a}.$$

分析 注意到$\left(-\frac{x}{b-a}\right)'=-\frac{1}{b-a}$,欲证等式写作

$$f'(x)+(f(x)-f(a))\frac{-1}{b-a}=0.$$

选取 $F(x)=(f(x)-f(a))\mathrm{e}^{-\frac{x}{b-a}}$.

虽有 $F(a)=0$,但 $F(b)\neq0$,且尚找不到 $x_0\in(a,b)$,使 $F(x_0)=0$,此时尚不能用罗尔定理.注意题设$f(x)$有连续的导数及$f'(c)=0$.应考虑 c 点.

证 设$F(x)=[f(x)-f(a)]\mathrm{e}^{-\frac{x}{b-a}}$,则

$$F'(x)=\left[f'(x)-(f(x)-f(a))\frac{1}{b-a}\right]\mathrm{e}^{-\frac{x}{b-a}},$$

$$F'(c)=\left[0-\frac{f(c)-f(a)}{b-a}\right]\mathrm{e}^{-\frac{c}{b-a}}=F(c)\cdot\frac{-1}{b-a}. \tag{1}$$

下面就 $F(c)=0$ 和 $F(c)\neq0$ 两种情况来讨论.

(1) 若 $F(c)=0$,则 $F(a)=F(c)=0$,$F(x)$在$[a,c]$上应用罗尔定理,则存在 $\xi\in(a,c)\subset(a,b)$,使 $F'(\xi)=0$,得

$$\left[f'(\xi)-\frac{f(\xi)-f(a)}{b-a}\right]\mathrm{e}^{-\frac{\xi}{b-a}}=0,$$

即
$$f'(\xi)=\frac{f(\xi)-f(a)}{b-a}\quad(\text{因 }\mathrm{e}^{-\frac{\xi}{b-a}}\neq0).$$

(2) 若 $F(c)\neq0$,$F(x)$在$[a,c]$上应用拉格朗日中值定理,有

$$F(c)-F(a)=F'(\xi_1)(c-a),\xi_1\in(a,c)$$

即
$$F'(\xi_1)=\frac{F(c)}{c-a} \tag{2}$$

因 $b-a>0$,$c-a>0$,由(1)式和(2)式知,$F'(\xi_1)$与 $F'(c)$异号;又 $F'(x)$在$[\xi_1,c]$上连续,由零点定理知,存在 $\xi\in(\xi_1,c)\subset(a,b)$,使 $F'(\xi)=0$.即欲证等式成立.

例 27 设$f(x)$在$[0,1]$上连续,在$(0,1)$内可导,且$f(0)=f(1)=0$,$f\left(\frac{1}{2}\right)=1$,试证:

(1) 存在 $\eta \in \left(\frac{1}{2},1\right)$,使 $f(\eta)=\eta$;

(2) 对任意 λ,必存在 $\xi \in (0,\eta)$,使

$$f'(\xi)-\lambda(f(\xi)-\xi)=1.$$

分析 (1) 选 $\Phi(x)=f(x)-x$,在 $\left[\frac{1}{2},1\right]$ 上用零点定理.

(2) 欲证等式可写作

$$(f'(x)-1)-\lambda(f(x)-x)=0.$$

选取 $F(x)=(f(x)-x)e^{-\lambda x}$,因 $F(0)=F(\eta)=0$,在 $[0,\eta]$ 上应用罗尔定理.

例 28 设 $f(x)$ 在 $[0,1]$ 上二阶可导,且 $f(0)=f(1)=0$. 试证:存在 $\xi \in (0,1)$,使

$$f''(\xi)=\frac{1}{(\xi-1)^2}f'(\xi).$$

分析 欲证等式写作:

$$f''(x)-\frac{1}{(x-1)^2}f'(x)=0,$$

即

$$f''(x)+f'(x)\left(\frac{1}{x-1}\right)'=0.$$

选取

$$F(x)=\begin{cases} f'(x)e^{\frac{1}{x-1}}, & 0 \leqslant x<1, \\ 0, & x=1. \end{cases}$$

由于 $\lim\limits_{x \to 1^-} f'(x)e^{\frac{1}{x-1}}=f'(1)\cdot 0=0$,故取 $F(1)=0$. 于是 $F(x)$ 在 $[0,1]$ 上连续,在 $(0,1)$ 内可导.

证 按前述选取 $F(x)$. 依题设,$f(x)$ 在 $[0,1]$ 上应用罗尔定理,存在 $\eta \in (0,1)$,使 $f'(\eta)=0$. 由此有 $F(1)=F(\eta)=0$.

$F(x)$ 在 $[\eta,1]$ 上应用罗尔定理,存在 $\xi \in (\eta,1) \subset (0,1)$,使

$$F'(\xi)=f''(\xi)e^{\frac{1}{\xi-1}}-f'(\xi)e^{\frac{1}{\xi-1}}\frac{1}{(\xi-1)^2}=0$$

即

$$f''(\xi)=\frac{1}{(\xi-1)^2}f'(\xi).$$

(e) 选取 $F(x)=f(x)e^{\int_a^x g(t)dt}$ 形式(此处涉及第六章的内容)

当 $F'(x)=0$ 为 $f'(x)\pm f(x)g(x)=0$ 时,因

$$\begin{aligned}\left(f(x)e^{\pm\int_a^x g(t)dt}\right)' &= f'(x)e^{\pm\int_a^x g(t)dt}\pm f(x)g(x)e^{\pm\int_a^x g(t)dt}\\&=[f'(x)\pm f(x)g(x)]e^{\pm\int_a^x g(t)dt}\end{aligned}$$

而 $e^{\pm\int_a^x g(t)dt}\neq 0$,选取 $F(x)=f(x)e^{\pm\int_a^x g(t)dt}$.

例 29 设 $f(x)$ 在 $[a,b]$ 上连续,在 (a,b) 内可导,且 $f(a)=f(b)=0$,求证:存在 $\xi\in(a,b)$,使

$$f'(\xi)=f(\xi)\sin\xi.$$

分析 欲证等式写作

$$f'(x)-f(x)\sin x=0$$

选取 $F(x)=f(x)e^{-\int_a^x \sin t dt}$. 因 $F(a)=F(b)=0$,在 $[a,b]$ 上应用罗尔定理.

(f) 选取 $F(x)=f'(x)g(x)-f(x)g'(x)$

当 $F'(x)=0$ 为 $f''(x)g(x)-f(x)g''(x)=0$ 时,因

$$\begin{aligned}[f'(x)g(x)-f(x)g'(x)]' &= f''(x)g(x)+f'(x)g'(x)-\\&\quad f'(x)g'(x)-f(x)g''(x),\end{aligned}$$

选取 $F(x)=f'(x)g(x)-f(x)g'(x)$.

例 30 设 $f(x)$ 在 $[0,1]$ 上二阶可导,且 $f(0)=f'(0)=0$. 试证:存在 $\xi\in(0,1)$,使

$$f''(\xi)=\frac{2f(\xi)}{(1-\xi)^2}.$$

分析 欲证等式写作

$$f''(x)(1-x)^2-2f(x)=0.$$

注意到 $[(1-x)^2]''=2$. 上式为

$$f''(x)(1-x)^2-f(x)[(1-x)^2]''=0.$$

选取 $F(x)=f'(x)(1-x)^2+2(1-x)f(x)$. 因 $F(0)=F(1)=0$,在 $[0,1]$ 上应用罗尔定理.

例 31　设 $f(x)$, $g(x)$ 在 $[a,b]$ 上二阶可导，且 $g''(x)\neq 0$，又 $f(a)=f(b)=g(a)=g(b)=0$. 试证：

（1）在 (a,b) 内 $g(x)\neq 0$；

（2）存在 $\xi\in(a,b)$，使 $\dfrac{f''(\xi)}{g''(\xi)}=\dfrac{f(\xi)}{g(\xi)}$.

分析　（1）依题设 $g(a)=g(b)=0$，可从罗尔定理入手. 用反证法.

（2）欲证等式可写作

$$f''(x)g(x)-f(x)g''(x)=0$$

选取 $F(x)=f'(x)g(x)-f(x)g'(x)$，在 $[a,b]$ 上用罗尔定理即可.

三、用微分中值定理证明不等式

解题思路

先由拉格朗日中值定理或柯西定理得到等式，然后再依据题设条件过渡到不等式

1. 不等式中的函数为初等函数时

以拉格朗日中值定理为例来说明**解题程序**

（1）根据所要证明的不等式恰当地选取函数 $f(x)$ 和区间 $[a,b]$.

（2）由定理得到等式

$$f(b)-f(a)=f'(\xi)(b-a),a<\xi<b. \tag{1}$$

（3）考查导数 $f'(x)$ 的符号或有界性，由等式过渡到不等式. 根据欲证不等式的需要，常有以下情形：

1° 若 $|f'(x)|\leqslant M, x\in[a,b]$，则由(1)式得到不等式

$$|f(b)-f(a)|\leqslant M(b-a).$$

特别是当 $0<M<1$ 时，有不等式

$$|f(b)-f(a)|\leqslant b-a.$$

2° 若 $m\leqslant f'(x)\leqslant M, x\in[a,b]$，($m,M$ 一般与 a,b 有关)，则由(1)式得到不等式

$$m(b-a)\leqslant f(b)-f(a)\leqslant M(b-a).$$

3° 当 $x\in[a,b]$ 时,若 $f'(x)\geqslant 0$ 或 $f'(x)\leqslant 0$,则由(1)式得到不等式

$$f(b)-f(a)\geqslant 0 \quad 或 \quad f(b)-f(a)\leqslant 0.$$

2. 不等式中的函数为抽象函数 $f(x)$ 时

若题设 $f(x)$ 具有微分中值定理的条件,特别是不等式中含 $f'(\xi)$,$f''(\xi)$ 时,可考虑从微分中值定理入手.

例 32 设 $0\leqslant\alpha<\beta<\dfrac{\pi}{2}$,证明不等式

$$(\beta-\alpha)\sec^2\alpha<\tan\beta-\tan\alpha<(\beta-\alpha)\sec^2\beta.$$

分析 因 $(\tan x)'=\sec^2 x$. 这是 $f(x)=\tan x$ 在 $[\alpha,\beta]$ 上用拉格朗日中值定理.

证 令 $f(x)=\tan x$,对 $f(x)$ 在 $[\alpha,\beta]\subset\left[0,\dfrac{\pi}{2}\right)$ 上应用拉格朗日中值定理,有

$$\tan\beta-\tan\alpha=\sec^2\xi\cdot(\beta-\alpha),\alpha<\xi<\beta,$$

因 $\sec^2 x=\dfrac{1}{\cos^2 x}$ 在 $\left[0,\dfrac{\pi}{2}\right)$ 为单调增函数,有

$$\sec^2\alpha<\sec^2\xi<\sec^2\beta.$$

从而有 $(\beta-\alpha)\sec^2\alpha<\tan\beta-\tan\alpha<(\beta-\alpha)\sec^2\beta.$

例 33 证明:当 $a>1$,n 为正整数时,有不等式

$$\frac{a^{\frac{1}{n+1}}}{(n+1)^2}<\frac{a^{\frac{1}{n}}-a^{\frac{1}{n+1}}}{\ln a}<\frac{a^{\frac{1}{n}}}{n^2}.$$

分析 注意到 $\left(a^{\frac{1}{x}}\right)'=a^{\frac{1}{x}}\ln a\left(-\dfrac{1}{x^2}\right)$. 用拉格朗日中值定理.

证 函数 $f(x)=a^{\frac{1}{x}}$ 在区间 $[n,n+1]$ 上满足拉格朗日中值定理的条件,故有

$$a^{\frac{1}{n}}-a^{\frac{1}{n+1}}=a^{\frac{1}{\xi}}\cdot\xi^{-2}\ln a,\xi\in(n,n+1). \tag{1}$$

因 $a>1$，$f(x)=a^{\frac{1}{x}}$ 在 $[n,n+1]$ 内单调减少，又 $n<\xi<n+1$，有

$$a^{\frac{1}{n+1}}<a^{\frac{1}{\xi}}<a^{\frac{1}{n}},(n+1)^{-2}<\xi^{-2}<n^{-2}.$$

所以，由(1)式得

$$\frac{a^{\frac{1}{n+1}}}{(n+1)^2}<\frac{a^{\frac{1}{n}}-a^{\frac{1}{n+1}}}{\ln a}<\frac{a^{\frac{1}{n}}}{n^2}.$$

例 34 证明：当 $x>-1,x\neq 0$ 时，有 $\frac{x}{1+x}<\ln(1+x)<x$.

分析 注意到 $[\ln(1+x)]'=\frac{1}{1+x}$，$\ln 1=0$，欲证的不等式可写作

$$\frac{x}{1+x}<\ln(1+x)-\ln 1<x.$$

用拉格朗日中值定理.

证 令 $f(x)=\ln(1+x)$，在 0 与 $x(x>-1)$ 之间用拉格朗日中值定理，有

$$\ln(1+x)=\ln(1+x)-\ln 1=\frac{x}{1+\xi},\xi \text{ 介于 } 0 \text{ 与 } x \text{ 之间} \quad (1)$$

当 $x>0$ 时，因 $\frac{1}{1+x}<\frac{1}{1+\xi}<1$，有 $\frac{x}{1+x}<\frac{x}{1+\xi}<x$，由(1)式得

$$\frac{x}{1+x}<\ln(1+x)<x.$$

当 $x<0(x>-1)$ 时，因 $0<1+x<1+\xi<1$，有 $\frac{x}{1+x}<\frac{x}{1+\xi}<x$，由(1)式，也有

$$\frac{x}{1+x}<\ln(1+x)<x.$$

例 35 设 $0<a<b$，证明：

$$(1+a)\ln(1+a)+(1+b)\ln(1+b)<(1+a+b)\ln(1+a+b).$$

分析 欲证的不等式可写成

$$(1+a)\ln(1+a)<(1+a+b)\ln(1+a+b)-(1+b)\ln(1+b)$$

并注意到$(1+x)\ln(1+x)$是单调增函数,应在$[b,a+b]$上用拉格朗日中值定理.

证 对函数$f(x)=(1+x)\ln(1+x)$在区间$[b,a+b]$上应用拉格朗日中值定理,有

$$\begin{aligned}&(1+a+b)\ln(1+a+b)-(1+b)\ln(1+b)\\=&[1+\ln(1+\xi)]a,\quad b<\xi<a+b\end{aligned}$$

对$a>0$,有$a>\ln(1+a)$及$\ln(1+\xi)>\ln(1+a)$,由上式得

$$\begin{aligned}(1+a+b)\ln(1+a+b)-(1+b)\ln(1+b)&>\ln(1+a)+a\ln(1+a).\\&=(1+a)\ln(1+a).\end{aligned}$$

例 36 设$a>\mathrm{e},0<x<y<\dfrac{\pi}{2}$,求证:

$$a^y-a^x>(\cos x-\cos y)a^x\ln a.$$

分析 即证 $\dfrac{a^y-a^x}{\cos y-\cos x}<-a^x\ln a=\dfrac{a^x\ln a}{-1}$,

注意不等式的左端,且$(a^x)'=a^x\ln a,(\cos x)'=-\sin x$,而$|\sin x|\leqslant1$,应用柯西定理.

证 设$f(t)=a^t,g(t)=\cos t$,依题设在区间$[x,y]$上应用柯西定理.有

$$\frac{a^y-a^x}{\cos y-\cos x}=\frac{a^\xi\ln a}{-\sin\xi}\quad 0<x<\xi<y<\frac{\pi}{2},$$

即
$$a^y-a^x=(\cos x-\cos y)\cdot a^\xi\ln a\cdot\frac{1}{\sin\xi},$$

因$a^x<a^\xi,0<\sin\xi<1$,由上式可得

$$a^y-a^x>(\cos x-\cos y)a^x\ln a.$$

例 37 设$f(x)$在(a,b)内二阶可导,且$f''(x)>0$. 试证明:当$a<\alpha<\beta<b$时,有

$$(\beta-\alpha)f'(\alpha)<f(\beta)-f(\alpha)<(\beta-\alpha)f'(\beta).$$

证 函数$f(x)$在$[\alpha,\beta]\subset(a,b)$上满足拉格朗日中值定理的

条件，故有

$$f(\beta)-f(\alpha)=f'(\xi)(\beta-\alpha),\alpha<\xi<\beta.$$

因 $f''(x)>0$，$f'(x)$ 在 (a,b) 内严格单调增加，有 $f'(\alpha)<f'(\xi)<f'(\beta)$，从而

$$(\beta-\alpha)f'(\alpha)<f(\beta)-f(\alpha)<(\beta-\alpha)f'(\beta).$$

例 38 设 $f(x)$ 在 $[a,b]$ 上连续，在 (a,b) 内可导，$f(a)=f(b)$，且 $f(x)$ 在 $[a,b]$ 上不恒为常数. 证明：存在 $\xi\in(a,b)$，使 $f'(\xi)<0$.

分析 由题设，若用罗尔定理，得不到要证结论. 若存在 $c\in(a,b)$，$f(c)\neq f(a)$，在 $[a,c]$ 上或 $[c,b]$ 上用拉格朗日中值定理.

证 由于 $f(x)$ 在 $[a,b]$ 上不恒为常数，必存在 $c\in(a,b)$，使 $f(c)\neq f(a)=f(b)$，不妨设 $f(c)<f(a)$.

$f(x)$ 在 $[a,c]$ 上应用拉格朗日中值定理，存在 $\xi\in(a,c)\subset(a,b)$，使

$$f'(\xi)=\frac{f(c)-f(a)}{c-a}<0.$$

注释 若 $f(c)>f(b)$，将存在 $\xi\in(c,b)\subset(a,b)$，得到欲证结论.

例 39 设 $f(x)$ 在 $[a,b]$ 上连续，在 (a,b) 内二阶可导，又 $f(a)=f(b)=0$，且存在 $c\in(a,b)$，使 $f(c)>0$. 证明在 (a,b) 内至少存在一点 ξ，使得 $f''(\xi)<0$.

分析 由题设和欲证结论知，应从中值定理入手，且需两次用中值定理.

证 对 $f(x)$ 分别在 $[a,c]$ 和 $[c,b]$ 上应用拉格朗日中值定理，有

$$f'(\xi_1)=\frac{f(c)-f(a)}{c-a},\quad a<\xi_1<c,$$

$$f'(\xi_2)=\frac{f(b)-f(c)}{b-c},\quad c<\xi_2<b.$$

因 $f(c)>f(a)$, $c>a$; $f(b)<f(c)$, $b>c$, 所以由上式分别有 $f'(\xi_1)>0$, $f'(\xi_2)<0$.

因在 (a,b) 上, $f(x)$ 二阶可导, $f'(x)$ 在 $[\xi_1,\xi_2]$ 应用拉格朗日中值定理,则

$$f''(\xi)=\frac{f'(\xi_2)-f'(\xi_1)}{\xi_2-\xi_1},\quad \xi_1<\xi<\xi_2.$$

由 $f'(\xi_2)<0$, $f'(\xi_1)>0$, $\xi_2>\xi_1$ 知 $f''(\xi)<0$.

例 40 设 $x\geqslant a$ 时, $f(x)$, $g(x)$ 可导,且 $f'(x)\leqslant g'(x)$,试证:

$$f(x)-f(a)\leqslant g(x)-g(a).$$

分析 欲证的不等式可写作

$$[g(x)-f(x)]-[g(a)-f(a)]\geqslant 0.$$

注意拉格朗日中值定理,若记 $\varphi(x)=g(x)-f(x)$,在区间 $[a,x]$ 上,只要有 $\varphi'(\xi)\geqslant 0$ 即可. 而这是已知条件.

证 依题设,函数 $\varphi(x)=g(x)-f(x)$ 在 $[a,x]$ 上满足拉格朗日中值定理的条件,故有

$$\begin{aligned}&[g(x)-f(x)]-[g(a)-f(a)]\\ &=[g'(\xi)-f'(\xi)](x-a),\quad a<\xi<x,\end{aligned}$$

由于 $g'(\xi)-f'(\xi)\geqslant 0$, $x>a$, 由上式得

$$f(x)-f(a)\leqslant g(x)-g(a).$$

注释 本例若将条件 $f'(x)\leqslant g'(x)$ 改为 $|f'(x)|\leqslant g'(x)$, 将有结论 $|f(x)-f(a)|\leqslant g(x)-g(a)$.

例 41 设函数 $f(x)$ 在 $[a,b]$ 上连续,在 (a,b) 内可导,且 $f(x)$ 不是线性函数. 试证:存在一点 $\xi\in(a,b)$,使

$$|f'(\xi)|>\left|\frac{f(b)-f(a)}{b-a}\right|.$$

分析 该例的几何意义:在曲线弧 $y=f(x)$ $(a\leqslant x\leqslant b)$ 上存在一点 $c(\xi,f(\xi))$,使过 c 点的切线斜率的绝对值大于两端点连线的斜率的绝对值. 因 $f(x)$ 不是线性函数, c 点一定存在.

证 1 在区间$[a,b]$内插入$(n-1)$个分点,依次为

$$a=x_0<x_1<x_2<\cdots<x_{n-1}<x_n=b,$$

则
$$\begin{aligned}|f(b)-f(a)|&=\left|\sum_{i=0}^{n-1}[f(x_{i+1})-f(x_i)]\right|\\&\leqslant\sum_{i=0}^{n-1}|f(x_{i+1})-f(x_i)|.\end{aligned}$$

由拉格朗日中值定理,有

$$f(x_{i+1})-f(x_i)=f'(\xi_i)\Delta x_i,$$

其中$x_i<\xi_i<x_{i+1}$, $\Delta x_i=x_{i+1}-x_i$, $i=1,2,\cdots,n-1$. 因$f(x)$不是线性函数,必存在$|f'(\xi)|\neq 0$,且$|f'(\xi)|=\max\limits_{0\leqslant i\leqslant n-1}\{f'(\xi_i)\}$. 于是

$$\begin{aligned}|f(b)-f(a)|&\leqslant\sum_{i=0}^{n-1}|f'(\xi_i)\Delta x_i|\\&<|f'(\xi)|\sum_{i=0}^{n-1}\Delta x_i\\&=|f'(\xi)|(b-a),\end{aligned}$$

故
$$|f'(\xi)|>\left|\frac{f(b)-f(a)}{b-a}\right|.$$

证 2 令$F(x)=f(x)-\dfrac{f(b)-f(a)}{b-a}x$.

则$F(a)=F(b)=\dfrac{f(a)b-f(b)a}{b-a}$,因$F(x)$不是线性函数,存在$c\in(a,b)$,有$F(c)\neq F(a)=F(b)$,不妨设$F(c)>F(a)$.

在$[a,c]$和$[c,b]$上,分别用拉格朗日中值定理,存在$\xi_1\in(a,c)$, $\xi_2\in(c,b)$,使

$$F'(\xi_1)=\frac{F(c)-F(a)}{c-a}>0,\text{即 }f'(\xi_1)-\frac{f(b)-f(a)}{b-a}>0,\tag{1}$$

$$F'(\xi_2)=\frac{F(c)-F(b)}{c-b}<0,\text{即 }f'(\xi_2)-\frac{f(b)-f(a)}{b-a}<0.\tag{2}$$

由此,当$f(b)-f(a)\geqslant 0$时,取$\xi=\xi_1$,由(1)式,有

$$|f'(\xi)| > \left|\frac{f(b)-f(a)}{b-a}\right|,$$

当 $f(b)-f(a)<0$ 时,取 $\xi=\xi_2$,由(2)式,有

$$|f'(\xi)| > \left|\frac{f(b)-f(a)}{b-a}\right|.$$

四、用微分中值定理求极限

例 42 求 $\lim\limits_{n\to\infty} n^2\left(\arctan\dfrac{\alpha}{n}-\arctan\dfrac{\alpha}{n+1}\right)$.

解 这是 $0\cdot\infty$ 型. 用拉格朗日中值定理求该极限. 设 $f(x)=\arctan x$,在 $\left[\dfrac{\alpha}{n+1},\dfrac{\alpha}{n}\right]$ 上,有

$$\arctan\frac{\alpha}{n}-\arctan\frac{\alpha}{n+1}=\frac{1}{1+\xi^2}\frac{\alpha}{n(n+1)},\frac{\alpha}{n+1}<\xi<\frac{\alpha}{n}.$$

由夹逼准则知,$\lim\limits_{n\to\infty}\xi=0$,于是

$$原式=\lim_{n\to\infty}\frac{n^2}{1+\xi^2}\cdot\frac{\alpha}{n(n+1)}=\alpha.$$

注释 该例可化为 $\dfrac{0}{0}$ 型用洛必达法则求极限,但比此法繁.

例 43 已知函数 $f(x)$ 在 $(-\infty,+\infty)$ 内可导,且 $\lim\limits_{x\to\infty}f'(x)=\mathrm{e}$,

$$\lim_{x\to\infty}\left(\frac{x+c}{x-c}\right)^x=\lim_{x\to\infty}[f(x)-f(x-1)],$$

求 c 的值.

分析 已知等式左端的极限可求得,而等式右端的极限,通过拉格朗日中值定理可转化为求极限 $\lim\limits_{x\to\infty}f'(x)$.

解 因 $\lim\limits_{x\to\infty}\left(\dfrac{x+c}{x-c}\right)^x=\mathrm{e}^{2c}$,在区间 $[x-1,x]$ 或 $[x,x-1]$ 上,应用拉格朗日中值定理,有

$$f(x)-f(x-1)=f'(\xi)\cdot 1,\xi 介于 x-1 与 x 之间,$$

于是
$$\lim_{x\to\infty}[f(x)-f(x-1)]=\lim_{\xi\to\infty}f'(\xi)=\mathrm{e}.$$

由 $e^{2c}=e$ 知 $c=\frac{1}{2}$.

例 44 求$\lim\limits_{x\to a}\frac{\sin(x^x)-\sin a^x}{a^{x^x}-a^{a^x}}(a>1)$

解 用柯西中值定理求极限. 设$f(t)=\sin t, g(t)=a^t$,则

$$\frac{\sin(x^x)-\sin a^x}{a^{x^x}-a^{a^x}}=\frac{f'(\xi)}{g'(\xi)}=\frac{\cos\xi}{a^{\xi}\ln a},\xi \text{ 介于 } a^x \text{ 与 } x^x \text{ 之间}.$$

因$\lim\limits_{x\to a}x^x=\lim\limits_{x\to a}a^x=a^a$,由夹逼准则,$\lim\limits_{x\to a}\xi=a^a$

于是
$$\text{原式}=\lim_{x\to a}\frac{\cos\xi}{a^{\xi}\ln a}=\lim_{\xi\to a^a}\frac{\cos\xi}{a^{\xi}\ln a}=\frac{\cos(a^a)}{a^{a^a}\ln a}.$$

§4.2 用洛必达法则与泰勒公式求极限

一、洛必达法则

1. $\frac{0}{0}$和$\frac{\infty}{\infty}$型,直接用洛必达法则

设 $\lim\frac{f(x)}{g(x)}$是$\frac{0}{0}$或$\frac{\infty}{\infty}$型,若 $\lim\frac{f'(x)}{g'(x)}=A$(有限数)或$\infty$,则 $\lim\frac{f(x)}{g(x)}=A$ 或∞.

应用洛必达法则须**注意**下列各项:

(1) 化简,分离出非未定式

用一次洛必达法则后,若算式$\frac{f'(x)}{g'(x)}$较繁,须进行化简;若算式中有非未定式,应将其分离出来,并算出结果.

(2) 连续用洛必达法则

将极限式 $\lim\frac{f'(x)}{g'(x)}$化简(若有必要),并分离出非未定式(若存在)后,先观察可否算得极限 A 或∞,若是,就得到结果;若否,检查是否为$\frac{0}{0}$或$\frac{\infty}{\infty}$型未定式,若是,可再用一次洛必达法则.

(3) 洛必达法则失效

若 $\lim \dfrac{f'(x)}{g'(x)} \neq A$ 或 ∞,也不是未定式,不能断定极限 $\lim \dfrac{f(x)}{g(x)}$ 不存在;出现这种情况,说明洛必达法则不能应用于该极限,这时需改用其它方法求极限.洛必达法则失效常见的情况:

1° 当 $x \to 0$ 时,函数式中含 $\sin \dfrac{1}{x}$ 或 $\cos \dfrac{1}{x}$;当 $x \to \infty$ 时,函数式中含 $\sin x$ 或 $\cos x$. 例如

求 $\lim\limits_{x \to 0} \dfrac{3\sin x + x^2 \cos \dfrac{1}{x}}{(1+\cos x)\ln(1+x)} \left(\dfrac{0}{0}\text{型}\right)$,因 $\left(x^2 \cos \dfrac{1}{x}\right)' = 2x\cos \dfrac{1}{x} + \sin \dfrac{1}{x}$,而 $\lim\limits_{x \to 0} \sin \dfrac{1}{x}$ 不存在.此题如下求解:

$$\text{上式} = \lim_{x \to 0} \frac{1}{1+\cos x} \cdot \frac{\dfrac{3\sin x}{x} + x\cos \dfrac{1}{x}}{\dfrac{\ln(1+x)}{x}} = \frac{1}{2} \cdot \frac{3+0}{1} = \frac{3}{2}.$$

又如,$\lim\limits_{x \to \infty} \dfrac{x - \cos x}{x + \sin x} \left(\dfrac{\infty}{\infty}\text{型}\right)$,也不能用洛必达法则.

2° 多次用洛必达法则,极限式出现循环现象.例如,

$$\lim_{x \to +\infty} \frac{\sqrt{1+x^2}}{x} \left(\frac{\infty}{\infty}\text{型}\right), \lim_{x \to +\infty} \frac{e^x - e^{-x}}{e^x + e^{-x}} \left(\frac{\infty}{\infty}\text{型}\right)$$

用两次洛必达法则均还原.应改用下法:

$$\lim_{x \to +\infty} \frac{\sqrt{1+x^2}}{x} = \lim_{x \to +\infty} \frac{x\sqrt{\dfrac{1}{x^2}+1}}{x} = 1,$$

$$\lim_{x \to +\infty} \frac{e^x - e^{-x}}{e^x + e^{-x}} = \lim_{x \to +\infty} \frac{1 - e^{-2x}}{1 + e^{-2x}} = 1.$$

(4) 结合其它方法

用洛必达法则求极限时,要注意结合运用以前学过的方法.

2. $\infty - \infty$ 和 $0 \cdot \infty$ 型

$\infty-\infty$ 型，$0\cdot\infty$ 型化成分式便是$\frac{0}{0}$型或$\frac{\infty}{\infty}$型.

3. 1^{∞}，0^{0}和∞^{0}型

若 $\lim f(x)^{g(x)}$ 为上述未定式，令 $y=f(x)^{g(x)}$，取对数后 $\ln y=g(x)\cdot\ln f(x)$，则 $\lim g(x)\cdot\ln f(x)$ 为 $0\cdot\infty$ 型未定式：

$$\text{当}\lim g(x)\ln f(x)=\begin{cases}k\\+\infty\\-\infty\end{cases}\text{时，则}\lim f(x)^{g(x)}=\begin{cases}e^{k}\\+\infty.\\0\end{cases}$$

例 1 求下列极限：

(1) $\lim\limits_{x\to0}\frac{\sin^{2}x-x^{2}\cos^{2}x}{x^{2}\sin^{2}x}$； (2) $\lim\limits_{x\to0}\frac{e^{2}-(1+x)^{\frac{2}{x}}}{x}$.

解 (1) 这是$\frac{0}{0}$型. 先变形并用等价无穷小代换，再用洛必达法则.

$$\text{原式}=\lim_{x\to0}\frac{\sin x+x\cos x}{x}\cdot\frac{\sin x-x\cos x}{x^{3}}$$

$$\xlongequal[\text{未定式}]{\text{分离非}}\lim_{x\to0}\left(\frac{\sin x}{x}+\cos x\right)\cdot\lim_{x\to0}\frac{\sin x-x\cos x}{x^{3}}$$

$$\xlongequal{\text{用法则}}2\lim_{x\to0}\frac{\cos x-\cos x+x\sin x}{3x^{2}}=\frac{2}{3}.$$

(2) 这是$\frac{0}{0}$型. 因$(1+x)^{\frac{2}{x}}=e^{2\frac{\ln(1+x)}{x}}$，且

$$\left(e^{2\frac{\ln(1+x)}{x}}\right)'=e^{2\frac{\ln(1+x)}{x}}\cdot2\,\frac{\frac{x}{1+x}-\ln(1+x)}{x^{2}}.$$

$$\text{原式}=\lim_{x\to0}\frac{e^{2}-e^{2\frac{\ln(1+x)}{x}}}{x}$$

$$\xlongequal{\text{用法则}}-\lim_{x\to0}e^{2\frac{\ln(1+x)}{x}}\cdot\frac{2}{1+x}\cdot\lim_{x\to0}\frac{x-(1+x)\ln(1+x)}{x^{2}}$$

$$\xlongequal{\text{用法则}}-e^{2}\cdot2\cdot\lim_{x\to0}\frac{1-\ln(1+x)-1}{2x}=-2e^{2}\cdot\left(-\frac{1}{2}\right)=e^{2}.$$

例 2 求下列极限：

(1) $\lim\limits_{x\to 0^+}\dfrac{\ln\sin 3x}{\ln\sin x}$； (2) $\lim\limits_{x\to 0}\left[\dfrac{1}{\ln(x+\sqrt{1+x^2})}-\dfrac{1}{\ln(1+x)}\right]$.

解 (1) 这是$\dfrac{\infty}{\infty}$型.

$$\text{原式}\xlongequal{\text{用法则}}\lim_{x\to 0^+}\frac{\dfrac{1}{\sin 3x}\cos 3x\cdot 3}{\dfrac{1}{\sin x}\cdot\cos x}$$

$$\xlongequal[\text{非未定式}]{\text{化简,分离}}3\lim_{x\to 0^+}\frac{\cos 3x}{\cos x}\cdot\lim_{x\to 0^+}\frac{\dfrac{\sin x}{x}}{3\dfrac{\sin 3x}{3x}}=3\cdot 1\cdot\frac{1}{3}=1.$$

(2) 这是$\infty-\infty$型.

$$\text{原式}=\lim_{x\to 0}\frac{\ln(1+x)-\ln(x+\sqrt{1+x^2})}{\ln(x+\sqrt{1+x^2})\cdot\ln(1+x)}\left(\frac{0}{0}\text{型}\right)$$

$$\xlongequal{\text{用法则}}\lim_{x\to 0}\frac{\dfrac{1}{1+x}-\dfrac{1}{\sqrt{1+x^2}}}{\dfrac{1}{\sqrt{1+x^2}}\ln(1+x)+\dfrac{1}{1+x}\ln(x+\sqrt{1+x^2})}$$

$$\xlongequal{\text{化简}}\lim_{x\to 0}\frac{\sqrt{1+x^2}-(1+x)}{(1+x)\ln(1+x)+\sqrt{1+x^2}\cdot\ln(x+\sqrt{1+x^2})}\left(\frac{0}{0}\text{型}\right)$$

$$\xlongequal{\text{用法则}}\lim_{x\to 0}\frac{\dfrac{x}{\sqrt{1+x^2}}-1}{\ln(1+x)+1+\dfrac{x}{\sqrt{1+x^2}}\ln(x+\sqrt{1+x^2})+1}=-\frac{1}{2}.$$

例 3 设在 a 的某邻域内 $f(x)$ 二阶可导，且 $f'(a)\neq 0$，求

$$\lim_{x\to a}\left[\frac{1}{f(x)-f(a)}-\frac{1}{(x-a)f'(a)}\right].$$

解 依题设 $f(x)$ 在 $x=a$ 处连续，则 $\lim\limits_{x\to a}f(x)=f(a)$，这是$\infty-\infty$型.

$$原式=\lim_{x\to a}\frac{f'(a)(x-a)-f(x)+f(a)}{f'(a)(x-a)(f(x)-f(a))}\left(\frac{0}{0}型\right)$$

$$\xlongequal{用法则}\frac{1}{f'(a)}\lim_{x\to a}\frac{f'(a)-f'(x)}{f(x)-f(a)+(x-a)f'(x)} \qquad (1)$$

$$=\frac{1}{f'(a)}\lim_{x\to a}\frac{-\frac{f'(x)-f'(a)}{x-a}}{\frac{f(x)-f(a)}{x-a}+f'(x)}=-\frac{1}{f'(a)}\cdot\frac{f''(a)}{2f'(a)}=-\frac{f''(a)}{2[f'(a)]^2}.$$

注释 (1)式仍是$\frac{0}{0}$型,但此处不能用洛必达法则,因为题设没有$f''(x)$连续,因而不能判定$\lim\limits_{x\to a}f''(x)=f''(a)$. 但$f(x)$在$x=a$处二阶可导,故可用导数定义求(1)式的极限. 若题设$f(x)$有二阶连续导数,则可再用一次洛必达法则.

例 4 求证:(1) $\lim\limits_{x\to+\infty}\frac{x^k}{a^x}=0 \quad (a>1,k>0)$;

(2) $\lim\limits_{x\to+\infty}\frac{(\ln x)^\beta}{x^\alpha}=0 \quad (\alpha>0,\beta>0)$.

证 (1) 当k为正整数时,这是$\frac{\infty}{\infty}$型.

$$\lim_{x\to+\infty}\frac{x^k}{a^x}\xlongequal{用法则}\lim_{x\to+\infty}\frac{kx^{k-1}}{a^x\ln a}=\cdots=\lim_{x\to+\infty}\frac{k!}{a^x(\ln a)^k}$$

$$=0 \quad (共用 k 次洛必达法则).$$

当k为正数时,若$x\geqslant 1$,就有$0\leqslant x^k\leqslant x^{[k]+1}$,因

$$\lim_{x\to+\infty}\frac{x^{[k]+1}}{a^x}=0$$

由夹逼准则知$\lim\limits_{x\to+\infty}\frac{x^k}{a^x}=0$.

(2) 这是$\frac{\infty}{\infty}$型. 设$t=\ln x$,则$x=e^t$,于是

$$\lim_{x\to+\infty}\frac{(\ln x)^\beta}{x^\alpha}=\lim_{t\to+\infty}\frac{t^\beta}{(e^\alpha)^t}\xlongequal{由(1)}0.$$

注释 当$x\to+\infty$时,$(\ln x)^\beta(\beta>0)$,$x^\alpha(\alpha>0)$,$a^x(a>1)$都

是无穷大. 由本例知,幂函数是比对数函数较高阶的无穷大,指数函数是比幂函数较高阶的无穷大. 即指数增长快于幂增长,幂增长快于对数增长.

例 5 求下列极限:

(1) $\lim\limits_{x\to 0^+}\dfrac{e^{-\frac{1}{x}}}{x}$; (2) $\lim\limits_{x\to\infty}\left[x^2\left(e^{\frac{1}{x}}-1\right)-x\right]$.

解 (1) 这是$\dfrac{0}{0}$型. 若直接用洛必达法则,得不到结果,须改为$\dfrac{\infty}{\infty}$型. 若设 $x=\dfrac{1}{t}$,计算更简便.

$$\lim_{x\to 0^+}\frac{e^{-\frac{1}{x}}}{x}=\lim_{t\to+\infty}\frac{t}{e^t}=0.$$

(2) 直接观察,这是 $0\cdot\infty-\infty$ 型,因 $\lim\limits_{x\to\infty}x^2\left(e^{\frac{1}{x}}-1\right)=\infty$,实际上是$\infty-\infty$型. 设 $x=\dfrac{1}{t}$,计算简便.

$$\text{原式}=\lim_{t\to 0}\frac{e^t-1-t}{t^2}\xlongequal{\text{用法则}}\lim_{t\to 0}\frac{e^t-1}{2t}=\frac{1}{2}.$$

例 6 求下列极限:

(1) $\lim\limits_{n\to\infty}\left[\tan\left(\dfrac{\pi}{4}+\dfrac{1}{n}\right)\right]^n$; (2) $\lim\limits_{n\to\infty}\sqrt{n}\left(\sqrt[n]{n}-1\right)$.

解 这是数列的极限,为用洛必达法则,可改为函数的极限.

(1) 这是 1^∞ 型. 设 $f(x)=\left[\tan\left(\dfrac{\pi}{4}+\dfrac{1}{x}\right)\right]^x$. 由于

$$\lim_{x\to+\infty}x\ln\tan\left(\frac{\pi}{4}+\frac{1}{x}\right)=\lim_{x\to+\infty}\frac{\ln\tan\left(\frac{\pi}{4}+\frac{1}{x}\right)}{\frac{1}{x}}\left(\frac{0}{0}\text{型}\right)$$

$$\xlongequal{\text{用法则}}\lim_{x\to+\infty}\frac{\cot\left(\frac{\pi}{4}+\frac{1}{x}\right)\cdot\sec^2\left(\frac{\pi}{4}+\frac{1}{x}\right)\left(-\frac{1}{x^2}\right)}{-\frac{1}{x^2}}=2.$$

故 $\lim\limits_{x\to+\infty}f(x)=e^2$,从而,原式 $=e^2$.

(2) 这是 $0\cdot\infty$ 型. 设 $f(x)=\sqrt{x}(\sqrt[x]{x}-1)$.

$$\lim_{x\to+\infty}f(x)=\lim_{x\to+\infty}\frac{x^{\frac{1}{x}}-1}{x^{-\frac{1}{2}}}\xlongequal{\frac{0}{0}}\lim_{x\to+\infty}\frac{x^{\frac{1}{x}}\left(-\frac{1}{x^2}\ln x+\frac{1}{x^2}\right)}{-\frac{1}{2}x^{-\frac{3}{2}}}$$

$$=2\lim_{x\to+\infty}x^{\frac{1}{x}}\cdot\lim_{x\to+\infty}\frac{\ln x-1}{x^{\frac{1}{2}}}\xlongequal{\frac{\infty}{\infty}}2\cdot1\lim_{x\to+\infty}\frac{\frac{1}{x}}{\frac{1}{2}x^{-\frac{1}{2}}}$$

$$=2\lim_{x\to+\infty}\frac{2}{x^{\frac{1}{2}}}=2\cdot0=0.$$

故,原式 $=0$.

例 7 设函数 $f(x)=\begin{cases}\dfrac{\ln(1+ax^3)}{x-\arcsin x}, & x<0,\\ 6, & x=0,\\ \dfrac{e^{ax}+x^2-ax-1}{x\sin\frac{x}{4}}, & x>0,\end{cases}$

问 a 为何值时,$f(x)$ 在 $x=0$ 处连续;a 为何值时,$x=0$ 是 $f(x)$ 的可去间断点?

解 $$\lim_{x\to0^-}f(x)\xlongequal{\frac{0}{0}}\lim_{x\to0^-}\frac{\ln(1+ax^3)}{x-\arcsin x}=\lim_{x\to0^-}\frac{ax^3}{x-\arcsin x}$$

$$\xlongequal{\text{用法则}}\lim_{x\to0^-}\frac{3ax^2}{1-\frac{1}{\sqrt{1-x^2}}}=\lim_{x\to0^-}\frac{3ax^2}{\sqrt{1-x^2}-1}\cdot\lim_{x\to0^-}\sqrt{1-x^2}$$

$$=\lim_{x\to0}\frac{3ax^2}{-\frac{1}{2}x^2}\cdot1=-6a.$$

$$\lim_{x\to0^+}f(x)\xlongequal{\frac{0}{0}}\lim_{x\to0^+}\frac{e^{ax}+x^2-ax-1}{x\sin\frac{x}{4}}=4\lim_{x\to0^+}\frac{e^{ax}+x^2-ax-1}{x^2}$$

$$\xlongequal{\text{用法则}} 4\lim_{x\to0^+}\frac{ae^{ax}+2x-a}{2x}\xlongequal{\text{用法则}} 2\lim_{x\to0^+}(a^2e^{ax}+2)=2a^2+4.$$

令 $\lim\limits_{x\to0^+}f(x)=\lim\limits_{x\to0^-}f(x)$，有 $-6a=2a^2+4$，得 $a=-1$，或 $a=-2$.

当 $a=-1$ 时，$\lim\limits_{x\to0}f(x)=6=f(0)$，即 $f(x)$ 在 $x=0$ 处连续.

当 $a=-2$ 时，$\lim\limits_{x\to0}f(x)=12\neq f(0)$，因而 $x=0$ 是 $f(x)$ 的可去间断点.

例 8 设 $f(x)=\begin{cases}\dfrac{g(x)}{x}, & x\neq0,\\ 0, & x=0,\end{cases}$ 其中 $g(x)$ 在 $(-\infty,+\infty)$ 内有二阶连续导数，且 $g'(0)=g(0)=0$，讨论导函数 $f'(x)$ 在哪个区间内连续.

解 当 $x\neq0$ 时，有

$$f'(x)=\frac{xg'(x)-g(x)}{x^2}.$$

由已知，$g(x)$ 和 $g'(x)$ 在 $(-\infty,0)\cup(0,+\infty)$ 内连续，所以 $f'(x)$ 在 $(-\infty,0)\cup(0,+\infty)$ 内连续.

当 $x=0$ 时

$$f'(0)=\lim_{x\to0}\frac{f(x)-f(0)}{x-0}=\lim_{x\to0}\frac{g(x)}{x^2}\xlongequal{\text{用法则}}\lim_{x\to0}\frac{g'(x)}{2x}\xlongequal{\text{用法则}}\lim_{x\to0}\frac{g''(x)}{2}=\frac{g''(0)}{2}.$$

又

$$\lim_{x\to0}f'(x)=\lim_{x\to0}\frac{xg'(x)-g(x)}{x^2}\xlongequal{\text{用法则}}\lim_{x\to0}\frac{g'(x)+xg''(x)-g'(x)}{2x}$$

$$=\lim_{x\to0}\frac{g''(x)}{2}=\frac{1}{2}g''(0),$$

所以 $\lim\limits_{x\to0}f'(x)=f'(0)$，即 $f'(x)$ 在 $(-\infty,+\infty)$ 上为连续函数.

例 9 设 $f(x)=\begin{cases}\dfrac{xe^{\frac{1}{x}}}{1+e^{\frac{1}{x}}}, & x\neq0\\ 0, & x=0\end{cases}$，试求 $f'_-(0)$ 和 $f'_+(0)$.

解 当 $x\neq 0$ 时，$f'(x)=\dfrac{e^{\frac{1}{x}}\left(1-\frac{1}{x}+e^{\frac{1}{x}}\right)}{(1+e^{\frac{1}{x}})^2}$.

$$f'_-(0)=\lim_{x\to 0^-}f'(x)=\lim_{x\to 0^-}\frac{e^{\frac{1}{x}}\left(1-\frac{1}{x}+e^{\frac{1}{x}}\right)}{(1+e^{\frac{1}{x}})^2}$$

$$\xlongequal{\frac{1}{x}=u}\lim_{u\to-\infty}\frac{e^u(1-u+e^u)}{(1+e^u)^2}=\lim_{u\to-\infty}(-ue^u)(0\cdot\infty\text{型})$$

$$=-\lim_{u\to-\infty}\frac{u}{e^{-u}}\xlongequal{\text{用法则}}\lim_{u\to-\infty}\frac{1}{e^{-u}}=0.$$

$$f'_+(0)=\lim_{x\to 0^+}f'(x)=\lim_{x\to 0^+}\frac{e^{\frac{1}{x}}\left(1-\frac{1}{x}+e^{\frac{1}{x}}\right)}{(1+e^{\frac{1}{x}})^2}.$$

$$\xlongequal{\frac{1}{x}=u}\lim_{u\to+\infty}\frac{e^u(1-u+e^u)}{(1+e^u)^2}\xlongequal{\text{用法则}}\lim_{u\to+\infty}\frac{e^u-e^u-ue^u+2e^{2u}}{2(1+e^u)e^u}$$

$$=\lim_{u\to+\infty}\frac{-u+2e^u}{2(1+e^u)}\xlongequal{\text{用法则}}\lim_{u\to+\infty}\frac{-1+2e^u}{2e^u}=1.$$

例 10 求下列极限.

(1) $\lim\limits_{x\to 0}\dfrac{a^x-a^{\sin x}}{x^3}$; (2) $\lim\limits_{x\to 0}\dfrac{e^x-e^{\tan x}}{x-\tan x}$.

解 (1) 这是$\dfrac{0}{0}$型，可直接用洛必达法则求解，但比较繁，可先分离出非不定式，并用无穷小代换，最后再用洛必达法则.

$$\lim_{x\to 0}\frac{a^x-a^{\sin x}}{x^3}=\lim_{x\to 0}a^x\,\frac{1-a^{\sin x-x}}{x^3}=\lim_{x\to 0}a^x\,\lim_{x\to 0}\frac{-(\sin x-x)\ln a}{x^3}$$

$$=\ln a\lim_{x\to 0}\frac{1-\cos x}{3x^2}=\frac{1}{6}\ln a.$$

(2) 这是$\dfrac{0}{0}$型. 若用洛必达法则，须用三次方可得到结果. 若先分离出非未定式，用等价无穷小代换便可.

$$原式=\lim_{x\to 0}e^{\tan x}\frac{e^{x-\tan x}-1}{x-\tan x}=\lim_{x\to 0}\frac{x-\tan x}{x-\tan x}=1.$$

二、用泰勒公式求极限

1. 带佩亚诺余项的泰勒公式

(1) 设$f(x)$在x_0处有n阶导数,则在x_0邻近$f(x)$的带佩亚诺余项的泰勒公式为

$$f(x)=f(x_0)+f'(x_0)(x-x_0)+\frac{f''(x_0)}{2!}(x-x_0)^2+\cdots+\frac{f^{(n)}(x_0)}{n!}(x-x_0)^n+o((x-x_0)^n).$$

特别,当$x_0=0$时,泰勒公式称为麦克劳林公式,有

$$f(x)=f(0)+f'(0)x+\frac{f''(0)}{2!}x^2+\cdots+\frac{f^{(n)}(0)}{n!}x^n+o(x^n).$$

(2) 常用的泰勒(麦克劳林)公式

1° $e^x=1+x+\frac{x^2}{2!}+\cdots+\frac{x^n}{n!}+o(x^n)\ (-\infty<x<+\infty)$,

2° $\sin x=x-\frac{x^3}{3!}+\frac{x^5}{5!}-\cdots+(-1)^{m-1}\frac{x^{2m-1}}{(2m-1)!}+o(x^{2m})$

$(-\infty<x<+\infty)$,

3° $\cos x=1-\frac{x^2}{2!}+\frac{x^4}{4!}-\cdots+(-1)^m\frac{x^{2m}}{(2m)!}+o(x^{2m+1})$

$(-\infty<x<+\infty)$.

4° $\ln(1+x)=x-\frac{x^2}{2}+\frac{x^3}{3}-\cdots+(-1)^n\frac{x^n}{n}+o(x^n)$

$(-1<x<1)$,

5° $(1+x)^\alpha=1+\alpha x+\frac{\alpha(\alpha-1)}{2!}x^2+\cdots+\frac{\alpha(\alpha-1)\cdots(\alpha-n+1)}{n!}x^n+o(x^n)\ (-1<x<1)$.

2. 无穷小阶的运算法则(当$x\to 0$时):

(1) $o(x^n)\pm o(x^m)=\begin{cases}o(x^n), & m\geqslant n\\ o(x^m), & m<n,\end{cases}$

(2) $o(kx)=o(x)$

(3) $o(x^m)\cdot o(x^n)=o(x^{m+n})$,

(4) $x^m\cdot o(x^n)=o(x^{n+m})$.

3. 利用带佩亚诺余项的泰勒公式求极限

(1) 求极限的**思路**

若极限$\lim\limits_{x\to x_0}\dfrac{f(x)}{g(x)}$是$\dfrac{0}{0}$型未定式,而$f(x)$或$g(x)$是若干项的代数和(这时不能用等价无穷小代换),可将$f(x)$或$g(x)$表达式中**各非幂函数的初等函数**,用其适当阶在点x_0的泰勒公式代换.使原极限转化为关于$x-x_0$的有理分式的极限,而这种极限是易求的.

求当$x\to\infty$的极限时,可作代换$t=\dfrac{1}{x}$,考虑$t\to 0$时的极限.把待求极限表达式中各非幂函数的初等函数,用其适当阶关于$t=\dfrac{1}{x}$的麦克劳林公式代换.

(2) 确定**无穷小的阶与极限**

1° 设$\lim\limits_{x\to x_0}f(x)=0$,$f(x)$有泰勒展开式

$$f(x)=\frac{f^{(k)}(x_0)}{k!}(x-x_0)^k+o((x-x_0)^k)\quad(x\to x_0)$$

其中$f^{(k)}(x_0)\neq 0$(即$f^{(k)}(x_0)$是泰勒展开式中第一个不等于零的系数),则$x\to x_0$时,$f(x)$是$x-x_0$的k阶无穷小.

2° 设$\lim\limits_{x\to x_0}f(x)=0$,$\lim\limits_{x\to x_0}g(x)=0$,则$\lim\limits_{x\to x_0}\dfrac{f(x)}{g(x)}$是$\dfrac{0}{0}$型未定式,若$f(x)$,$g(x)$有泰勒展开式

$$f(x)=\frac{f^{(n)}(x_0)}{n!}(x-x_0)^n+o((x-x_0)^n),\text{其中}f^{(n)}(x_0)\neq 0,$$

$$g(x)=\frac{g^{(m)}(x_0)}{m!}(x-x_0)^m+o((x-x_0)^m),\text{其中}g^{(m)}(x_0)\neq 0,$$

则
$$\lim_{x\to x_0}\frac{f(x)}{g(x)}=\begin{cases}f^{(n)}(x_0)/g^{(n)}(x_0), & n=m,\\ 0, & n>m,\\ \infty, & n<m.\end{cases}$$

例 11 确定常数 α,β,使 $f(x)=x-(\alpha+\beta\cos x)\sin x$ 在 $x\to0$ 时是关于 x 的 5 阶无穷小.

分析 这就是要推出 $\lim\limits_{x\to0}\dfrac{f(x)}{x^5}$ 存在且不为零.

解 分别将 $\cos x,\sin x$ 展开为 4 阶和 5 阶麦克劳林公式,有

$$\begin{aligned}f(x)&=x-(\alpha+\beta\cos x)\sin x\\&=x-\left[\alpha+\beta\left(1-\frac{x^2}{2!}+\frac{x^4}{4!}+o(x^5)\right)\right]\left(x-\frac{x^3}{3!}+\frac{x^5}{5!}+o(x^6)\right)\\&=(1-\alpha-\beta)x+\left(\frac{\alpha+\beta}{3!}+\frac{\beta}{2!}\right)x^3-\left(\frac{\alpha+\beta}{5!}-\frac{\beta}{3!}\right)x^5+o(x^5),\end{aligned}$$

为使 $\lim\limits_{x\to0}\dfrac{f(x)}{x^5}=A\neq0$,必须有

$$1-\alpha-\beta=0,\frac{\alpha+\beta}{3!}+\frac{\beta}{2!}=0,$$

可解得 $\alpha=\dfrac{4}{3},\beta=-\dfrac{1}{3}$.

例 12 当 $x\to0$ 时,确定无穷小 $f(x)=e^x-1-x-\dfrac{1}{2}x\sin x$ 是 x 的几阶无穷小.

分析 将 $f(x)$ 展开为麦克劳林公式,确定第一个不为零的系数.

解 用 $e^x,\sin x$ 的三阶麦克劳林公式,有

$$\begin{aligned}f(x)&=e^x-1-x-\frac{1}{2}x\sin x\\&=1+x+\frac{x^2}{2!}+\frac{x^3}{3!}+o(x^3)-1-x-\frac{1}{2}x\left(x-\frac{x^3}{3!}+o(x^4)\right)\\&=\frac{1}{6}x^3+\frac{x^4}{12}+o(x^3)=\frac{1}{6}x^3+o(x^3).\end{aligned}$$

所以，当 $x\to 0$ 时，$f(x)$ 是 x 的三阶无穷小.

例 13 求 $\lim\limits_{x\to 0}\dfrac{\cos x-\mathrm{e}^{-\frac{x^2}{2}}}{x^4}$.

解 由于极限式中分母是 x^4，所以将 $\cos x$，$\mathrm{e}^{-\frac{x^2}{2}}$ 展开到 $o(x^4)$.

由 e^x 的麦克劳林公式，$\mathrm{e}^x=1+x+\dfrac{x^2}{2!}+o(x^2)$，得

$$\mathrm{e}^{-\frac{x^2}{2}}=1+\left(-\frac{x^2}{2}\right)+\frac{1}{2}\left(-\frac{x^2}{2}\right)^2+o\left(\left(-\frac{x^2}{2}\right)^2\right),$$

于是
$$\cos x-\mathrm{e}^{-\frac{x^2}{2}}=1-\frac{x^2}{2!}+\frac{x^4}{4!}+o(x^5)-1+\frac{x^2}{2}-\frac{x^4}{8}-o(x^4)$$
$$=-\frac{x^4}{12}+o(x^5)-o(x^4)=-\frac{x^4}{12}+o(x^4),$$

从而
$$\lim_{x\to 0}\frac{\cos x-\mathrm{e}^{-\frac{x^2}{2}}}{x^4}=\lim_{x\to 0}\frac{-\dfrac{x^4}{12}+o(x^4)}{x^4}=-\frac{1}{12}.$$

例 14 求 $\lim\limits_{x\to 0}\dfrac{\sin x-x\cos x}{\sin^3 x}$

解 用 $\sin x$ 和 $\cos x$ 的麦克劳林公式，并注意到当 $x\to 0$ 时，$\sin^3 x\sim x^3$.

$$原式=\lim_{x\to 0}\frac{x-\dfrac{x^3}{3!}+o(x^4)-x\left[\left(1-\dfrac{x^2}{2!}\right)+o(x^3)\right]}{x^3}$$
$$=\lim_{x\to 0}\frac{\dfrac{x^3}{3}+o(x^4)}{x^3}=\frac{1}{3}.$$

例 15 求 $\lim\limits_{x\to 0}\dfrac{\ln(1+x+x^2)+\ln(1-x+x^2)}{\sec x-\cos x}$.

解 由于 $\dfrac{1}{\sec x-\cos x}=\cos x\cdot\dfrac{1}{\sin^2 x}$，且当 $x\to 0$ 时，$\cos x\to 1$ 用 $\ln(1+x)$ 的麦克劳林公式，并展开到 $o(x^2)$. 因

$$\ln(1+x+x^2)=(x+x^2)-\frac{1}{2}(x+x^2)^2+o(x^2)$$

$$=x+\frac{1}{2}x^2+o(x^2),$$

$$\ln(1-x+x^2)=(-x+x^2)-\frac{1}{2}(-x+x^2)^2+o(x^2)$$

$$=-x+\frac{1}{2}x^2+o(x^2),$$

故　原式 $=\lim\limits_{x\to 0}\cos x\dfrac{x+\frac{1}{2}x^2+o(x^2)+\left(-x+\frac{1}{2}x^2+o(x^2)\right)}{x^2}$

$$=\lim_{x\to 0}\frac{x^2+o(x^2)}{x^2}=1.$$

例 16　求 $\lim\limits_{x\to\infty}\left[x-x^2\ln\left(1+\dfrac{1}{x}\right)\right]$.

解　当 $x\to\infty$ 时，$\dfrac{1}{x}\to 0$，用 $\ln(1+t)$ 的麦克劳林公式.

$$\text{原式}=\lim_{x\to\infty}\left\{x-x^2\left[\frac{1}{x}-\frac{1}{2}\left(\frac{1}{x}\right)^2+o\left(\left(\frac{1}{x}\right)^2\right)\right]\right\}$$

$$=\lim_{x\to\infty}\left\{x-x+\frac{1}{2}+o\left(\frac{1}{x^2}\right)\right\}=\frac{1}{2}.$$

例 17　求 $\lim\limits_{x\to\infty}(\sqrt[3]{(a+x)(b+x)(c+x)}-x)$.

解　作变量代换 $t=\dfrac{1}{x}$，当 $x\to\infty$ 时，$t\to 0$. 由 $(1+x)^{\alpha}=1+\alpha x+o(x)$，有

$$\text{原式}=\lim_{t\to 0}\left(\sqrt[3]{\left(a+\frac{1}{t}\right)\left(b+\frac{1}{t}\right)\left(c+\frac{1}{t}\right)}-\frac{1}{t}\right)$$

$$=\lim_{t\to 0}\frac{1}{t}[(1+at)^{\frac{1}{3}}(1+bt)^{\frac{1}{3}}(1+ct)^{\frac{1}{3}}-1]$$

$$=\lim_{t\to 0}\frac{1}{t}\left[\left(1+\frac{at}{3}+o(t)\right)\left(1+\frac{bt}{3}+o(t)\right)\left(1+\frac{ct}{3}+o(t)\right)-1\right]$$

$$=\lim_{t\to 0}\frac{1}{t}\left[\frac{a+b+c}{3}t+o(t)\right]=\frac{a+b+c}{3}.$$

例 18 确定 a,b,使 $\lim\limits_{x\to+\infty}(\sqrt{2x^2+4x-1}-ax-b)=0$

解 设 $t=\dfrac{1}{x}$,并用 $(1+x)^\alpha$ 的麦克劳林公式.

$$\text{原式左端}=\lim_{t\to0^+}\frac{1}{t}(\sqrt{2+4t-t^2}-a-bt)$$

$$=\sqrt{2}\lim_{t\to0^+}\frac{1}{t}\left\{\left[1+\left(2t-\frac{t^2}{2}\right)\right]^{\frac{1}{2}}-\frac{a}{\sqrt{2}}-\frac{b}{\sqrt{2}}t\right\}$$

$$=\sqrt{2}\lim_{t\to0^+}\frac{1}{t}\left[1+\frac{1}{2}\left(2t-\frac{t^2}{2}\right)+o(t)-\frac{a}{\sqrt{2}}-\frac{b}{\sqrt{2}}t\right]$$

$$=\sqrt{2}\lim_{t\to0^+}\frac{1}{t}\left[\left(1-\frac{a}{\sqrt{2}}\right)+\left(1-\frac{b}{\sqrt{2}}\right)t+o(t)\right]$$

要使上式极限为零,必须有 $1-\dfrac{a}{\sqrt{2}}=0,1-\dfrac{b}{\sqrt{2}}=0$,即 $a=\sqrt{2}$, $b=\sqrt{2}$.

§4.3 函数的增减性与极值

1. 确定函数**单调增减区间的程序**

(1) 确定函数 $f(x)$ 的连续区间(对初等函数就是有定义的区间).若题设没指定讨论函数增减性的区间,则须先确定函数的自然定义域.

(2) 确定函数增减区间的可能分界点:驻点、不可导点(在该点连续).

(3) 判别函数的增减区间:驻点、不可导点将函数的连续区间分成若干个部分区间,由导数 $f'(x)$ 在各个部分区间内的符号确定函数在各相应部分区间内的增减性:

设 I 是其中一个部分区间,当 $x\in I$ 时,若 $f'(x)>0$ 或 $f'(x)\geqslant0$(等号只在一些点成立),则 $f(x)$ 在 I 内是单调增加的;若 $f'(x)<0$ 或 $f'(x)\leqslant0$(等号只在一些点成立),则 $f(x)$ 在 I 内是单

调减少的.

2. 确定函数**极值的程序**

(1) 确定函数$f(x)$的连续区间:即确定寻找极值点的范围.

(2) 求出可能取极值的点:驻点和不可导点(在该点连续).

(3) 判别可能取极值的点是否为极值点:

1° 设$f'(x_0)=0$或$f'(x_0)$不存在,若$f'(x)$在x_0两侧变号,则x_0是极值点:当$x\in(x_0-\delta,x_0)$时,若$f'(x)>0$(或$f'(x)<0$),当$x\in(x_0,x_0+\delta)$时,若$f'(x)<0$(或$f'(x)>0$),则x_0是$f(x)$的极大值点(或极小值点).

2° 设$f'(x_0)=0$,若$f''(x_0)<0$(或$f''(x_0)>0$),则x_0是$f(x)$的极大值点(或极小值点).

当$f'(x_0)=0$,$f''(x_0)$不存在时,只能用上述1°考察;当$f'(x_0)=0$,$f''(x_0)=0$时,可用上述1°考察,也可用下述方法考察(见下表).

(4) 若x_0是极值点,求出极值$f(x_0)$.

3. 函数增减性及极值的一般**检验法**

$f'(x_0)=f''(x_0)=\cdots=f^{(k-1)}(x_0)=0,f^{(k)}(x_0)\neq0$		
k	$f^{(k)}(x_0)$	函数$f(x)$
奇　　数	+	在点x_0增加
	−	在点x_0减少
偶　　数	+	有极小值$f(x_0)$
	−	有极大值$f(x_0)$

4. 求函数的最值

(1) 在闭区间$[a,b]$上求连续函数$f(x)$最值的**程序**

1° 求出$f(x)$在区间(a,b)内的所有驻点和导数不存在点的函数值(无须判定是否为极值);

2° 求出区间端点的函数值$f(a)$和$f(b)$;

3° 将这些值进行比较,其中最大(小)者为最大(小)值.

注释 （1）若函数$f(x)$在连续区间(a,b)内仅有一个极值，是极大（小）值时，它就是$f(x)$在$[a,b]$上的最大（小）值.

若函数$f(x)$在区间$[a,b]$上为单调函数，则最大（小）值在区间端点取得.

（2）在开区间，半开区间和无穷区间内求$f(x)$的最值时，对区间的端点，应考察单侧极限. 若极限值最大或最小则$f(x)$在该区间内无最大值或最小值.

例 1 当$x<x_0$时，$f'(x)>0$；当$x>x_0$时，$f'(x)<0$，则x_0必定是函数$f(x)$的（　　）.

（A）驻点　　（B）极大值点　　（C）极小值点

（D）以上均不可选

解 选（D）. 因题干没给出函数$f(x)$在点x_0连续的条件，故不能选（B）. 例如，$f(x)=\frac{1}{(x-1)^2}$在$x=1$处就如此.

例 2 设函数$f(x)=6\ln x-2x^3+9x^2-18x$，则（　　）.

（A）$x=1$是函数的极小值点　（B）$x=1$是函数的极大值点

（C）$x=-1$是函数的极小值点　（D）$x=-1$是函数的极大值点

解 选（B）. 由于

$$f'(x)=\frac{6}{x}-6x^2+18x-18,\quad f'(1)=0;$$

$$f''(x)=-\frac{6}{x^2}-12x+18,\qquad f''(1)=0;$$

$$f'''f(x)=\frac{12}{x^3}-12,\qquad f'''f(1)=0;$$

$$f^{(4)}(x)=-\frac{36}{x^4},\qquad f^{(4)}(1)=-36.$$

由于四阶导数首先不为零，且是负值，所以在$x=1$时，函数有极大值. 而$x=-1$不在函数$f(x)$的定义域之内，故（C）、（D）是干扰项.

例 3 已知函数$f(x)$在$(-\infty,+\infty)$内可导，对任意的x_1，

$x_2 \in (-\infty, +\infty)$，当 $x_1 < x_2$ 时，有 $f(x_1) < f(x_2)$，则(　　).

(A) 对任意的 $x \in R, f'(x) > 0$　　(B) 对任意的 $x \in R, f'(x) \leqslant 0$

(C) $f(-x)$单调增加　　(D) $f(-x)$单调减少

解　选(D).依题设，$f(x)$在$(-\infty, +\infty)$内单调增加.而函数 $y = f(x)$与 $y = f(-x)$的图形关于 y 轴对称，所以 $y = f(-x)$单调减少(见§1.3,二,2.关于 y 轴对称的图形).

$f(x)$单调增加，并不必须要求 $f'(x) > 0$；只要 $f'(x) \geqslant 0$，而等号只在一些点成立即可，故(A)不对.

例 4　设函数 $f(x)$在定义域内可导，$y = f(x)$的图形如图 4-1 所示，

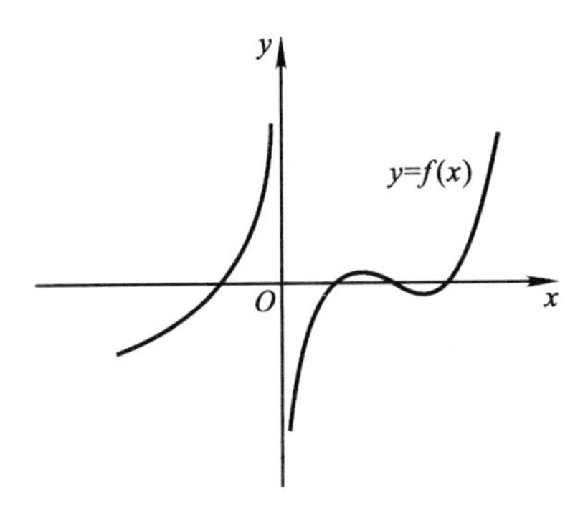

图 4-1

则导数 $y = f'(x)$的图形为(　　).

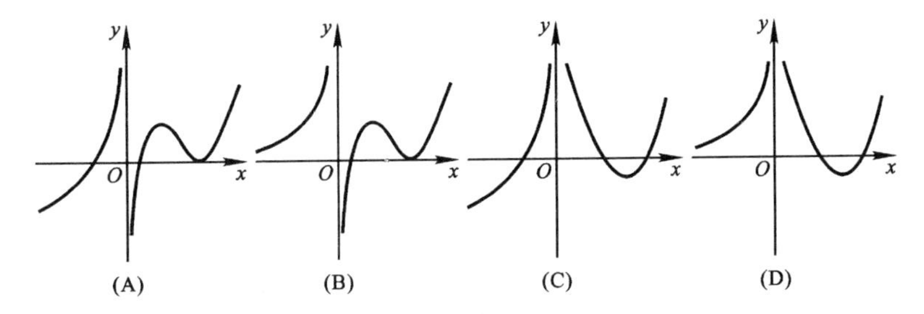

解 选(D). 由已知图形看,在$(-\infty,0)$内,函数$y=f(x)$单调增加,故必有$f'(x)>0$,从而曲线$y=f'(x)$应在x轴上方,这就排除了(A)和(C);而在$(0,+\infty)$内,函数$y=f(x)$先增后减再增,故$f'(x)$应先正后负再正,这就排除了(B).

例5 设函数$f(x)$在$[a,b]$内不为常数且连续可导,若$f(a)=f(b)$,则在(a,b)内,有(　　).

(A) $f'(x)\equiv 0$　　(B) $f'(x)>0$　　(C) $f'(x)<0$

(D) 在(a,b)内存在两点ξ_1与ξ_2,使$f'(\xi_1)$与$f'(\xi_2)$异号.

解 选(D). 因$f(x)$不为常数,应排除(A). 因$f(a)=f(b)$,所以$f(x)$在$[a,b]$内不可能单调增,也不可能单调减,应排除(B)和(C).

依题设,在(a,b)内可以取点c,使$f(c)\neq f(a)$. 在$[a,c]$与$[c,b]$上应用拉格朗日中值定理,有$\xi_1\in(a,c)$,$\xi_2\in(c,b)$,使

$$f'(\xi_1)=\frac{f(c)-f(a)}{c-a},\quad f'(\xi_2)=\frac{f(b)-f(c)}{b-c}.$$

因$f(c)-f(a)$与$f(b)-f(c)$异号,故$f'(\xi_1)$与$f'(\xi_2)$异号.

例6 设函数$f(x)$满足关系式$f''(x)-2f'(x)+4f(x)=0$,且$f(x_0)>0$,$f'(x_0)=0$,则$f(x)$(　　),

(A) 在点x_0处有极大值　　(B) 在点x_0处有极小值

(C) 在$O_\delta(x_0)$内单调增加　(D) 在$O_\delta(x_0)$内单调减

解 选(A). 由已知条件有$f''(x_0)=-4f(x_0)<0$,故$f(x)$在x_0处有极大值.

例7 设函数$f(x)$在$(-\infty,+\infty)$内有定义,$x_0\neq 0$是函数$f(x)$的极大值点,则(　　).

(A) x_0必为$f(x)$的驻点

(B) $-x_0$必为$-f(-x)$的极小值点

(C) $-x_0$必为$-f(x)$的极小值点

(D) 对一切x都有$f(x)\leqslant f(x_0)$

解 选(B). 因$y=-f(-x)$与$y=f(x)$的图形关于原点对

称，所以依题设，$-x_0$ 必是 $-f(-x)$ 的极小值点（见 §1.3，二，3. 关于坐标原点对称的图形）.

若用筛选法. 因极值点未必是驻点，应淘汰(A)；因极大值点未必是最大值点，应淘汰(D). 对于(C)，可以取

$$f(x)=\begin{cases}1, & x=1,\\ -1, & x=-1,\\ 0, & x\neq 1,x\neq -1,\end{cases} \quad 则 \quad -f(x)=\begin{cases}-1, & x=1,\\ 1, & x=-1,\\ 0, & x\neq 1,x\neq -1.\end{cases}$$

显然 $x_0=1$ 是 $f(x)$ 的极大值点，但 $-x_0=-1$ 不是 $-f(x)$ 的极小值点. 应排除(C).

例 8 设函数 $f(x)$ 在 $(-\infty,+\infty)$ 内连续，其导函数的图形如图 4-2 所示，则 $f(x)$ 有(　　).

(A) 一个极小值点和两个极大值点

(B) 两个极小值点和一个极大值点

(C) 两个极小值点和两个极大值点

(D) 三个极小值点和一个极大值点

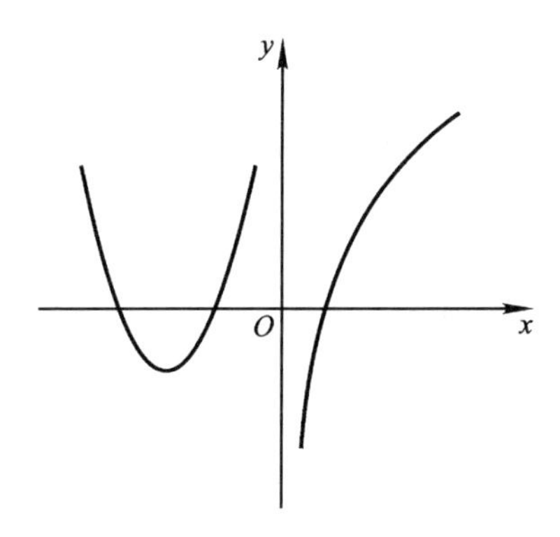

图 4-2

解 选(C). 曲线与 x 轴有三个交点，按由小到大的顺序排，第一个交点处、第二个交点处、第三个交点处分别是极大值点(由

$f'(x)>0$ 变为 $f'(x)<0$)、极小值点(由 $f'(x)<0$ 变为 $f'(x)>0$)和极小值点. 而在 $x=0$ 处,函数 $f(x)$ 不可导,但 $x=0$ 是极大值点($f(x)$ 在 $x=0$ 连续,且在 $x=0$ 的左侧邻近 $f'(x)>0$,在 $x=0$ 的右侧邻近 $f'(x)<0$).

例 9 设函数 $f(x)$ 在 $O_\delta(x_0)$ 有定义,且

$$\lim_{x\to x_0}\frac{f(x)-f(x_0)}{(x-x_0)^n}=k,$$

其中 n 为正整数,常数 $k\neq 0$,讨论 $f(x)$ 在 x_0 处是否有极值.

解 由极限的保号性性质,在 x_0 的某邻域内,

因 $\lim\limits_{x\to x_0}\dfrac{f(x)-f(x_0)}{(x-x_0)^n}=k$,知 $\dfrac{f(x)-f(x_0)}{(x-x_0)^n}$ 与 k 同号

由此,在 x_0 的某邻域内

(1) n 为偶数时

若 $k>0$,则 $f(x)-f(x_0)>0$,由极值定义,$f(x_0)$ 是函数的极小值;

若 $k<0$,则 $f(x)-f(x_0)<0$,$f(x_0)$ 是函数的极大值.

(2) n 为奇数时

若 $k>0$,当 $x-x_0<0$ 时,$f(x)-f(x_0)<0$,当 $x-x_0>0$ 时,$f(x)-f(x_0)>0$. 即函数 $f(x)$ 在 x_0 增加;

若 $k<0$,当 $x-x_0<0$ 时,$f(x)-f(x_0)>0$,当 $x-x_0>0$ 时,$f(x)-f(x_0)<0$. 即函数 $f(x)$ 在 x_0 减少.

由本例知,若

$$\lim_{x\to a}\frac{f(x)-f(a)}{(x-a)^2}=-1 \text{ 或 } 1,$$

则函数 $f(x)$ 在 $x=a$ 处取极大值或极小值.

若

$$\lim_{x\to a}\frac{f(x)-f(a)}{(x-a)^3}=-1 \text{ 或 } 1,$$

则函数 $f(x)$ 在 $x=a$ 处单调减少或单调增加.

例 10 已知 $f(x)$ 在 $x=0$ 的某邻域内连续,且 $f(0)=0$,

$\lim\limits_{x\to 0}\frac{f(x)}{1-\cos x}=2$,则在 $x=0$ 处 $f(x)$(　　).

(A) 不可导　　　　　(B) 可导,且 $f'(0)\neq 0$

(C) 取得极大值　　　(D) 取得极小值

分析　由于各选择项均与 $f'(0)$ 是否存在及是否为零有关,从求 $f'(0)$ 入手

解 1　$f'(0)=\lim\limits_{x\to 0}\frac{f(x)-f(0)}{x-0}=\lim\limits_{x\to 0}\frac{f(x)}{x}$

$$=\lim_{x\to 0}\frac{f(x)}{1-\cos x}\cdot\frac{1-\cos x}{x}=2\cdot 0=0.$$

由此知,$x=0$ 是函数 $f(x)$ 的驻点. 否定(A)和(B).

在 $O_\delta^0(0)$ 内,由 $\lim\limits_{x\to 0}\frac{f(x)}{1-\cos x}=2>0$,$1-\cos x>0$ 及极限保性知 $f(x)>0=f(0)$. 可见 $f(0)$ 是极小值. 选(D).

解 2　由于当 $x\to 0$ 时,$1-\cos x\sim\frac{x^2}{2}$,又因 $f(0)=0$,则

$$\lim_{x\to 0}\frac{f(x)}{1-\cos x}=2\lim_{x\to 0}\frac{f(x)}{x^2}=2\lim_{x\to 0}\frac{f(x)-f(0)}{(x-0)^2}=2$$

由例 9 知,$f(x)$ 在 $x=0$ 处有极小值.

例 11　设在 $[0,1]$ 上,$f''(x)>0$,则 $f'(0)$,$f'(1)$,$f(1)-f(0)$,或 $f(0)-f(1)$ 的大小顺序是(　　)

(A) $f'(1)>f'(0)>f(1)-f(0)$　　(B) $f'(1)>f(1)-f(0)>f'(0)$

(C) $f(1)-f(0)>f'(0)>f'(1)$　(D) $f'(1)>f(0)-f(1)>f'(0)$

解　选(B). 在 $[0,1]$ 上,对 $f(x)$ 用拉格朗日中值定理,有 $f(1)-f(0)=f'(\xi)$,其中 $0<\xi<1$. 由于 $f''(x)>0$,$f'(x)$ 是增函数,所以有

$$f'(1)>f(1)-f(0)>f'(0).$$

例 12　设在 $(-\infty,+\infty)$ 内,$f''(x)>0$,$f(0)\leqslant 0$,试讨论函数 $\frac{f(x)}{x}$ 的单调增减性.

解 函数的定义域为$(-\infty,0)\cup(0,+\infty)$

$$\left(\frac{f(x)}{x}\right)'=\frac{xf'(x)-f(x)}{x^2}$$

为确定上式右端的符号，设$F(x)=xf'(x)-f(x)$，则$F'(x)=xf''(x)$，因在$(-\infty,+\infty)$内，$f''(x)>0$，故

$$F'(x)\begin{cases}>0 & ,x>0\\ <0 & ,x<0.\end{cases}$$

又因$F(0)=0\cdot f'(0)-f(0)\geqslant 0$(因$f(0)\leqslant 0$). 可知在$(-\infty,0)$及$(0,+\infty)$内都有$F(x)>0$，从而$\left(\frac{f(x)}{x}\right)'>0$.

于是$\frac{f(x)}{x}$分别在$(-\infty,0)$和$(0,+\infty)$单调增加.

例 13 讨论函数$f(x)=\left(1+\frac{1}{x}\right)^x$的增减性.

解 由$1+\frac{1}{x}>0$且$1+\frac{1}{x}\neq 1$知，函数的定义域是$(-\infty,-1)\cup(0,+\infty)$.

$$f'(x)=\left(1+\frac{1}{x}\right)^{x-1}\left[\left(1+\frac{1}{x}\right)\ln\left(1+\frac{1}{x}\right)-\frac{1}{x}\right].$$

上式中第一个因子$\left(1+\frac{1}{x}\right)^{x-1}>0$，为了考察第二个因子的符号，令$u=1+\frac{1}{x}$，考虑辅助函数

$$\varphi(u)=u\ln u-u+1\quad(u>0).$$

由于

$$\varphi'(u)=\ln u\begin{cases}<0, & 0<u<1,\\ =0, & u=1,\\ >0, & u>1,\end{cases}$$

因此，$\varphi(u)\geqslant 0$(仅在$u=1$时取等号).

由$u=1+\frac{1}{x}$，$x\in(-\infty,-1)\cup(0,+\infty)$，当$u>0$，且$u\neq 1$时，由$\varphi(u)>0$得

$$\left(1+\frac{1}{x}\right)\ln\left(1+\frac{1}{x}\right)-\frac{1}{x}>0$$

从而 $f'(x)>0$. 于是函数 $f(x)$ 在其定义域内是单调增加的.

例 14 求函数 $y=\sqrt[3]{(2x-x^2)^2}$ 的单调区间和极值.

解 函数的连续区间是 $(-\infty,+\infty)$,因

$$y'=\frac{4}{3}\frac{1-x}{\sqrt[3]{2x-x^2}},$$

得驻点 $x=1$;又 $x=0,x=2$ 时,y' 不存在.

列表判定:

x	$(-\infty,0)$	0	$(0,1)$	1	$(1,2)$	2	$(2,+\infty)$
y'	$-$	不存在	$+$	0	$-$	不存在	$+$
y	↘	极小值	↗	极大值	↘	极小值	↗

由表知,函数 y 在 $(-\infty,0)$,$(1,2)$ 内单调减;在 $(0,1)$,$(2,+\infty)$ 内单调增. $x=0,x=2$ 是极小值点,且极小值是 $y_{|x=0}=0$,$y_{|x=2}=0$;$x=1$ 是极大值点且极大值是 $y_{|x=1}=1$.

例 15 设三次函数 $f(x)=ax^3+bx^2+cx+\mathrm{d}(a\neq 0)$,试确定 a,b,c 应满足的条件,使

(1) 函数 $f(x)$ 是单调增加的;

(2) 函数 $f(x)$ 有极值.

解 $f'(x)=3ax^2+2bx+c$ (1)

(1) 为使函数 $f(x)$ 单调增加,应有 $f'(x)\geqslant 0$ 这样,(1)式就有

$$a>0,\text{判别式 }\Delta=(2b)^2-4\cdot 3a\cdot c\leqslant 0,$$

即 $a>0,b^2-3ac\leqslant 0$.

(2) 使函数 $f(x)$ 有极值的条件是(1)式有相异二实根,即

$$\Delta=b^2-3ac>0.$$

例 16 设三次函数 $f(x)=x^3+3ax^2+3bx+c$ 的极大值点是 $x=\alpha$,极小值点是 $x=\beta$:

(1) 试用 a,b,c 表示 $f(\alpha)+f(\beta)$;

（2）若曲线 $y=f(x)$ 的极大点和极小点分别为 $A(\alpha,f(\alpha))$，$B(\beta,f(\beta))$，试证线段 AB 的中点 M 在此曲线上.

解 （1）$f'(x)=3(x^2+2ax+b)$. 因 α,β 是方程 $f'(x)=0$ 的根，所以，$\alpha+\beta=-2a,\alpha\beta=b$. 由此

$$\alpha^2+\beta^2=(\alpha+\beta)^2-2\alpha\beta=4a^2-2b,$$

$$\alpha^3+\beta^3=(\alpha+\beta)^3-3\alpha\beta(\alpha+\beta)=-8a^3+6ab,$$

从而 $f(\alpha)+f(\beta)=(\alpha^3+\beta^3)+3a(\alpha^2+\beta^2)+3b(\alpha+\beta)+2c$

$$=2(2a^3-3ab+c).$$

（2）设 AB 的中点 M 的坐标为 (X,Y)，则

$$X=\frac{\alpha+\beta}{2}=-a,Y=\frac{f(\alpha)+f(\beta)}{2}=2a^3-3ab+c$$

于是得 $f(x)=2a^3-3ab+c=Y$，所以点 $M(X,Y)$ 在曲线 $y=f(x)$ 上.

例 17 设函数 $f(x)$ 对一切实数 x 满足关系式

$$xf''(x)+3x[f'(x)]^2=1-\mathrm{e}^{-x},$$

且 $f''(x)$ 在 $x=0$ 连续.

（1）若 $f(x)$ 在 $a\neq0$ 处有一个极值，证明这个极值是极小值；

（2）若 $f(x)$ 在 $x=0$ 处有一个极值，问这个极值是极小值还是极大值.

分析 （1）由已知条件知 $f'(a)=0$，由此应推出 $f''(a)>0$；

（2）由 $f'(0)=0$ 且 $f''(x)$ 在 $x=0$ 连续，应判断 $f''(0)$ 的符号.

解 （1）因 $f(x)$ 在 $a\neq0$ 处取极值，所以 $f'(a)=0$，在已知关系式中，令 $x=a$，得

$$f''(a)=\frac{1}{a}(1-\mathrm{e}^{-a}).$$

当 $a>0$ 时，$\mathrm{e}^{-a}<1$；当 $a<0$ 时，$\mathrm{e}^{-a}>1$，所以 $1-\mathrm{e}^{-a}$ 与 a 同号，从而 $f''(a)>0$，故 $f(a)$ 是极小值.

（2）由 $f'(0)=0$，且 $f''(x)$ 在 $x=0$ 处连续，所以，由已知关系式，有

$$f''(0)=\lim_{x\to0}f''(x)=\lim_{x\to0}\frac{1}{x}[1-e^{-x}-3x(f'(x))^2]$$

$$=\lim_{x\to0}\frac{1-e^{-x}}{x}\overset{\frac{0}{0}}{=\!=}\lim_{x\to0}\frac{e^{-x}}{1}=1>0.$$

所以 $f(0)$ 仍是极小值.

例 18 设 $y=f(x)$ 由方程 $2y^3-2y^2+2xy-x^2=1$ 所确定,求 $y=f(x)$ 的驻点,并判定其驻点是否为极值点?

解 先由隐函数求导法求出 y'_x.

$$6y^2y'-4yy'+2xy'+2y-2x=0,$$

解得
$$y'=\frac{x-y}{3y^2-2y+x}. \tag{1}$$

再由 $y'=0$ 及原方程确定驻点. 由 $y'=0$ 得 $y=x$ 代入原方程,有

$$2x^3-x^2-1=0\text{ 或 }(x-1)(2x^2+x+1)=0,$$

仅有根 $x=1$. 当 $y=x=1$ 时,$3y^2-2y+x\neq0$,故得驻点 $x=1$.

最后判定驻点是否为极值点 由(1)式得

$$(3y^2-2y+x)y'=x-y,$$

$$(3y^2-2y+x)'_xy'+y''(3y^2-2y+x)=1-y'.$$

注意到 $y'\Big|_{x=1}=0,y\Big|_{x=1}=1$,由上式得

$$2y''\Big|_{x=1}=1,\text{即 }y''\Big|_{x=1}=\frac{1}{2}>0.$$

所以 $x=1$ 是隐函数 $y=f(x)$ 的极小值点.

例 19 求函数 $f(x)=x^3-3x^2+2$ 在区间 $[-a,a]$ 上的最大值与最小值.

分析 由于 a 不是确定的数,要按 a 的不同取值分各种情况考虑. 解题时,不能按一般解题程序进行.

解 由 $f'(x)=3x(x-2)=0$ 得 $x=0,x=2$.

参见下表和图 4-3.

x	$(-\infty,0)$	0	$(0,2)$	2	$(2,+\infty)$
$f'(x)$	+	0	-	0	+
$f(x)$	↗	极大值 2	↘	极小值 -2	↗

(1) 先考虑最大值. 注意到 $f(0)=2$ 是极大值,在 $(2,+\infty)$ 内函数 $f(x)$ 单调增加且 $f(3)=2$. 所以在 $[-a,a]$ 上:

当 $a\leqslant 3$ 时,最大值与极大值 $f(0)=2$ 相同;

当 $a>3$ 时,最大值是 $f(a)=a^3-3a^2+2$.

(2) 再考虑最小值.

因 $f(a)-f(-a)$

$=(a^3-3a^2+2)-(-a^3-3a^2+2)$

$=2a^3>0$,

所以 $f(a)>f(-a)$.

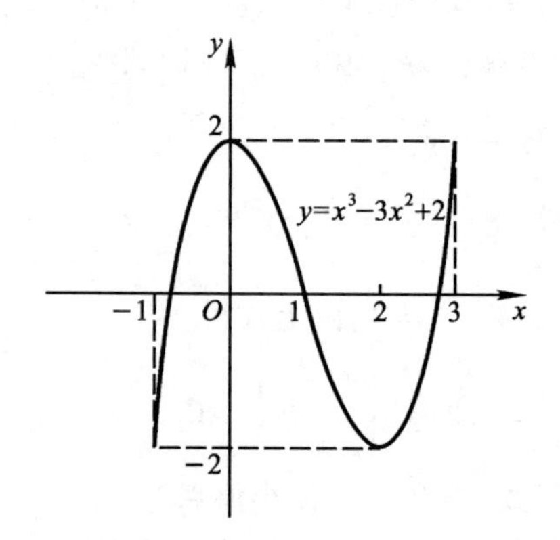

图 4-3

注意到 $f(2)=-2$ 是极小值且 $f(-1)=-2$,所以,在 $[-a,a]$ 上:

当 $a\leqslant 2$ 时,最小值是 $f(-a)=-a^{3}-3a^{2}+2$,

当 $a>2$ 时,最小值也是 $f(-a)=-a^{3}-3a^{2}+2$.

综上所述,$\begin{cases}\text{最大值是}\quad \begin{cases}2, & a\leqslant 3,\\ a^{3}-3a^{2}+2, & a>3.\end{cases}\\ \text{最小值是}\ -a^{3}-3a^{2}+2.\end{cases}$

例 20　设在区间$[0,1]$上,x 的函数 $|x^{3}-x+1-a|$ 的最大值为 M. 把 M 看作是 a 的函数时,求 a 的值使 M 最小.

解　首先求函数 $|x^{3}-x+1-a|$ 的最大值 M.

设 $f(x)=x^{3}-x+1-a$,则 $f'(x)=3\left(x+\dfrac{1}{\sqrt{3}}\right)\left(x-\dfrac{1}{\sqrt{3}}\right)$.

只取驻点 $x=\dfrac{1}{\sqrt{3}}$,从而 $f\left(\dfrac{1}{\sqrt{3}}\right)=1-\dfrac{2\sqrt{3}}{9}-a$,

又 $f(0)=f(1)=1-a$. 所以在区间$[0,1]$上,设 $|f(x)|$ 的最大值为 M,则

$$M=\max\left\{\ |1-a|\ ,\left|1-\frac{2\sqrt{3}}{9}-a\right|\right\}. \tag{1}$$

当 a 取不同值时, $|1-a|$, $\left|1-\dfrac{2\sqrt{3}}{9}-a\right|$ 的图像如图 4－4 所示.

按(1)式 M 的定义,a 取不同值时,M 的图像如图 4－5 所示.

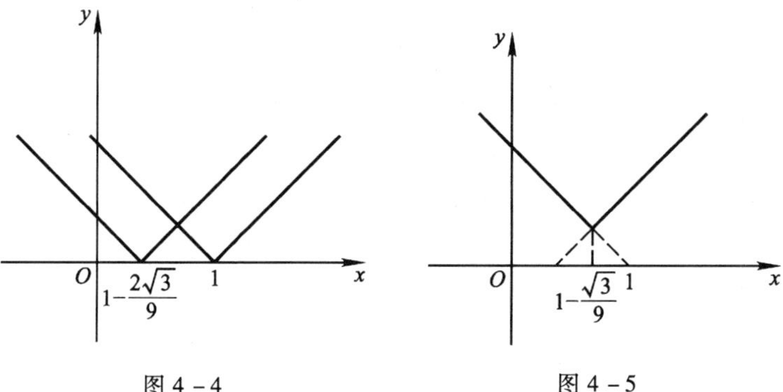

图 4－4　　　　图 4－5

由于当 $a<1$ 时，$|1-a|=1-a$.

当 $a>1-\frac{2\sqrt{3}}{9}$时，$\left|1-\frac{2\sqrt{3}}{9}-a\right|=a-1+\frac{2\sqrt{3}}{9}$.

故 M 的最小值是满足下述等式的 a 值

$$a-1+\frac{2\sqrt{3}}{9}=1-a.$$

即 $a=1-\frac{\sqrt{3}}{9}$时，M 最小.

例 21 设 $a>1$，$f(t)=a^t-at$ 在$(-\infty,+\infty)$内的驻点为 $t(a)$. 问 a 为何值时，$t(a)$最小？并求出最小值.

解 由 $f'(t)=a^t\ln a-a=0$，得惟一驻点 $t(a)=1-\frac{\ln\ln a}{\ln a}$.

考察函数 $t(a)=1-\frac{\ln\ln a}{\ln a}$在 $a>1$ 时的最小值. 令

$$t'(a)=-\frac{\frac{1}{a}-\frac{1}{a}\ln\ln a}{(\ln a)^2}=-\frac{1-\ln\ln a}{a(\ln a)^2}=0,$$

得惟一驻点 $a=e^e$.

当 $a>e^e$ 时，$t'(a)>0$；当 $a<e^e$ 时，$t'(a)<0$，因此 $t(e^e)=1-\frac{1}{e}$ 为极小值，从而是最小值.

例 22 对 t 取不同的值，讨论函数 $f(x)=\frac{1+2x}{2+x^2}$在区间 $[t,+\infty)$上是否有最大值或最小值；若存在最大值或最小值，求出相应的最大值点和最大值，或相应的最小值点和最小值.

分析 由于 t 值可取任何实数，因此首先应弄清 $f(x)$在$(-\infty,+\infty)$上的单调性和极值；由于区间$[t,+\infty)$是无限区间，还应研究函数 $f(x)$当 $x\to-\infty$ 和 $x\to+\infty$ 时的极限.

解 求 $f(x)$的导数得

$$f'(x)=\frac{2(x+2)(1-x)}{(2+x^2)^2}.$$

令 $f'(x)=0$ 可得驻点 $x_1=-2$ 和 $x_2=1$. 又

$$\lim_{x\to-\infty}f(x)=\lim_{x\to+\infty}f(x)=0,\quad f\left(-\frac{1}{2}\right)=0.$$

于是 $f(x)$ 的单调性和极值等性态可列表说明如下:(表中用"→0"表示 $f(x)$ 的极限为0)

x	$(-\infty,-2)$	-2	$\left(-2,-\frac{1}{2}\right)$	$-\frac{1}{2}$	$\left(-\frac{1}{2},1\right)$	1	$(1,+\infty)$
$f'(x)$	$-$	0	$+$	$+$	$+$	0	$-$
$f(x)$	$(0\leftarrow)$ ↘	$-\frac{1}{2}$ 极小值	↗	0	↗	1 极大值	↘ $(\to 0)$

用 $m(t)$ 和 $M(t)$ 分别表示 $f(x)$ 在区间 $[t,+\infty)$ 上的最小值和最大值. 由上表可知:

(1) 当 $t\leqslant-2$ 时, $m(t)=f(-2)=-\frac{1}{2}$, $M(t)=f(1)=1$;

(2) 当 $-2<t\leqslant-\frac{1}{2}$ 时, $m(t)=f(t)=\frac{1+2t}{2+t^2}$, $M(t)=f(1)=1$;

(3) 当 $-\frac{1}{2}<t\leqslant1$ 时, 无 $m(t)$, $M(t)=f(1)=1$;

(4) 当 $t>1$ 时, 无 $m(t)$, $M(t)=f(t)=\frac{1+2t}{2+t^2}$.

注释 本例, 由于 $f\left(-\frac{1}{2}\right)=0$, 必须把 $t=-\frac{1}{2}$ 作为 t 取值的一个分界点.

§4.4 曲线的凹凸性与渐近线

一、曲线的凹凸性与拐点

1. 凹凸性与拐点的定义

曲线的凹凸性　在区间 I 内，若曲线弧位于其上任一点切线的上（下）方，则称曲线弧在该区间内是凹（凸）的或上（下）凹的.

注释　曲线的凹向也可如下定义：

（1）在区间 I 内，若曲线弧上任意两点间的弦位于两点间曲线弧的上（下）方，则称曲线弧在该区间内是凹（凸）的（图 4－6）.

（2）设曲线 $y=f(x)$ 在区间 I 内连续，若对 I 内任意不同的两点 x_1, x_2，有

$$f\left(\frac{x_1+x_2}{2}\right)<(>)\frac{1}{2}[f(x_1)+f(x_2)]$$

则称曲线在该区间内是凹（凸）的（图 4－6）.

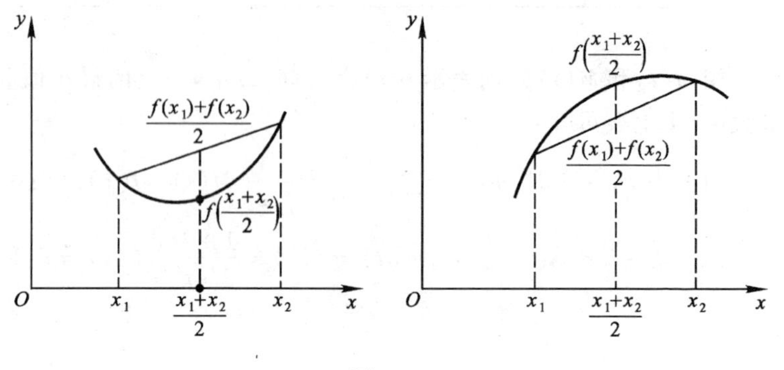

图 4－6

（3）设曲线 $y=f(x)$ 在区间 I 内连续，若对 I 内任意不同的两点 x_1, x_2，有

$$f(qx_1+px_2)<(>)qf(x_1)+pf(x_2), q+p=1.$$

则称曲线在该区间内是凹（凸）的.

显然（2）是（3）的特例.

拐点　曲线上凹与凸的分界点称为曲线的拐点.

2. 确定曲线 $y=f(x)$ 的凹向与拐点的**程序**

（1）确定函数 $f(x)$ 的连续区间；

（2）求二阶导数，解方程 $f''(x)=0$ 求其根，若有二阶导数不

存在的点($f(x)$在该点连续)也要求出;

(3) 判别:$f''(x)=0$ 的根和二阶导数不存在的点(若有的话),将连续区间分成若干个部分区间,在各个部分区间内讨论 $f''(x)$的符号:

设 I 是一个部分区间,当 $x\in I$ 时,若 $f''(x)>0$ 或 $f''(x)<0$,则曲线 $y=f(x)$在 I 内凹或凸.

设 $f''(x_0)=0$ 或 $f''(x_0)$不存在($f(x)$在 x_0 连续,$f'(x_0)$可以存在,也可以不存在),若在 x_0 的左右邻域 $f''(x)$的符号相反,则点 $(x_0,f(x_0))$是曲线 $y=f(x)$的拐点.

3. 曲线凹向与拐点的一般**检验法**

$f'(x_0)=f''(x_0)=\cdots=f^{(k-1)}(x_0)=0,f^{(k)}(x_0)\neq 0$		
k	$f^{(k)}(x_0)$	曲线 $y=f(x)$
偶　　数	+	在点 x_0 的邻域内凹
	−	在点 x_0 的邻域内凸
奇　　数	$\neq 0$	有拐点$(x_0,f(x_0))$

例 1　当 $x<x_0$ 时,$f''(x)>0$;当 $x>x_0$ 时,$f''(x)<0$,则(　　).

(A) 点$(x_0,f(x_0))$是曲线 $y=f(x)$的拐点

(B) 当 $x<x_0$ 时,曲线 $y=f(x)$下凹

(C) 对区间$(x_0,+\infty)$内的任意不同的两点 x_1,x_2,有 $f\left(\dfrac{x_1+x_2}{2}\right)<\dfrac{1}{2}[f(x_1)+f(x_2)]$

(D) 当 $x<x_0$ 时,曲线 $y=f(x)$位于其上任一点切线的上方

解　选(D).因为当 $x<x_0$ 时,曲线 $y=f(x)$上凹.不能选(A)是因为题中没说明函数 $f(x)$在点 x_0 连续.例如,$f(x)=$

$\frac{8}{4-x^2}$在$x=2$处就如此.

例 2 设$p>0,q>0$,且$p+q=1$,对不同的x_1,x_2,则不等式$e^{px_1+qx_2}<pe^{x_1}+qe^{x_2}$(　　).

(A) 仅在区间$(-\infty,0)$内成立　(B) 仅在区间$(0,+\infty)$内成立

(C) 在区间$(-\infty,+\infty)$内成立　(D) 仅在区间$(-1,1)$内成立

解 选(C).按曲线凹向的定义,不等式成立表明曲线$y=e^x$是上凹的.而该曲线在$(-\infty,+\infty)$内是上凹的,因为$y''=e^x>0$.

例 3 若函数$y=f(x)$在(a,b)内可导,试证曲线$y=f(x)$在(a,b)内上凹(下凹)的充要条件是导函数$f'(x)$在(a,b)内递增(递减).

分析 只分析上凹的情形.

要根据曲线上凹的定义,即曲线$y=f(x)$位于其每点处切线的上方进行证明.

证 只证上凹的情形.

充分性 由$f'(x)$在(a,b)内递增,证明曲线$y=f(x)$在(a,b)内上凹

设$x_0\in(a,b)$,曲线$y=f(x)$在点$(x_0,f(x_0))$处的切线方程为

$$y=f(x_0)+f'(x_0)(x-x_0). \tag{1}$$

又对任意$x\in(a,b)$,在$[x_0,x]$(或$[x,x_0]$)$\subset(a,b)$上,由拉格朗日中值定理,有

$$f(x)=f(x_0)+f'(\xi)(x-x_0),\quad(\xi\text{ 在 }x_0\text{ 与 }x\text{ 之间}). \tag{2}$$

由于$x-x_0$与$\xi-x_0$同号,且$f'(x)$递增,所以$f'(\xi)-f'(x_0)$与$x-x_0$非异号,于是

$$f'(\xi)(x-x_0)-f'(x_0)(x-x_0)=[f'(\xi)-f'(x_0)](x-x_0)\geqslant 0.$$

从而，由(1)式和(2)式知

$$f(x) \geqslant f(x_0) + f'(x_0)(x - x_0),$$

这正说明曲线 $y = f(x)$ 在 (a, b) 内上凹.

必要性 由曲线 $y = f(x)$ 在 (a, b) 内上凹，证明 $f'(x)$ 在 (a, b) 内递增.

由曲线下凸的定义，对任意 $x_1, x_2 \in (a, b)$，有

$$f(x_1) \geqslant f(x_2) + f'(x_2)(x_1 - x_2), \tag{3}$$

$$f(x_2) \geqslant f(x_1) + f'(x_1)(x_2 - x_1), \tag{4}$$

(3)、(4)式相加后得

$$f'(x_2)(x_1 - x_2) + f'(x_1)(x_2 - x_1) = [f'(x_2) - f'(x_1)](x_1 - x_2) \leqslant 0,$$

即当 $x_1 < x_2$ 时，有 $f'(x_1) \leqslant f'(x_2)$. 这就证得导函数 $f'(x)$ 在 (a, b) 内是递增的.

例 4 设函数 $f(x)$ 在 $(-\infty, +\infty)$ 内连续，$x_0 \neq 0$，$f(x_0) \neq 0$，且点 $(x_0, f(x_0))$ 是曲线 $y = f(x)$ 的拐点，则(　　).

(A) 必有 $f''(x_0) = 0$

(B) $(x_0, -f(x_0))$ 是曲线 $y = -f(x)$ 的拐点

(C) $(-x_0, f(-x_0))$ 不是曲线 $y = f(-x)$ 的拐点

(D) $(-x_0, -f(-x_0))$ 不是曲线 $y = -f(-x)$ 的拐点

解 选(B). 因 $y = -f(x)$ 与 $y = f(x)$ 的图形关于 x 轴对称，所以点 $(x_0, -f(x_0))$ 必是 $y = -f(x)$ 的拐点. 因 $y = f(-x)$ 与 $y = f(x)$ 的图形关于 y 轴对称，所以点 $(-x_0, f(-x_0))$ 是曲线 $y = f(-x)$ 的拐点. 因为 $y = -f(-x)$ 与 $y = f(x)$ 的图形关于原点对称，所以点 $(-x_0, -f(-x_0))$ 是曲线 $y = -f(-x)$ 的拐点(见§1.3，二、对称图形的拐点部分).

例 5 设 $f(x) = 2x^6 - x^3 + 3$，则

(A) $x = 0$ 是极小值点　　(B) $x = 0$ 是极大值点

(C) $(0, 3)$ 是曲线 $y = f(x)$ 的拐点

(D) $x = 0$ 不是极值点，$(0, 3)$ 也不是曲线的拐点

解 $f'(x) = 12x^5 - 3x^2$，$f'(0) = 0$；$f''(x) = 60x^4 - 6x$，

$f''(0)=0$;

$$f'''f(x)=240x^3-6, f'''f(0)=-6.$$

由于 $f(x)$ 的三阶导数在 $x=0$ 时首先不等于零，且 3 是奇数，又 $f(0)=3$，故 $(0,3)$ 是曲线的拐点. 选(C).

例 6 设函数 $f(x)$ 在 $O_\delta(0)$ 有连续的二阶导数，且 $f'(0)=0$，$\lim\limits_{x\to 0}\dfrac{f''(x)}{\sin x}=1$，则(　　).

(A) $f(0)$ 是 $f(x)$ 的极大值

(B) $f(0)$ 是 $f(x)$ 的极小值

(C) $(0,f(0))$ 是曲线 $y=f(x)$ 的拐点

(D) $f(0)$ 不是 $f(x)$ 的极值，$(0,f(0))$ 也不是曲线 $y=f(x)$ 的拐点

解 选(C). 由 $\lim\limits_{x\to 0}\dfrac{f''(x)}{\sin x}=1$ 及二阶导数连续知 $f''(0)=0$.

又由极限的保号性及 $\sin x$ 在 $x=0$ 两侧近旁异号，知 $f''(x)$ 在 $x=0$ 两侧近旁也异号，故 $(0,f(0))$ 是曲线的拐点.

例 7 设函数 $f(x)$ 满足关系式 $f''(x)+[f'(x)]^2=x$，且 $f'(0)=0$，则(　　).

(A) $f(0)$ 是 $f(x)$ 的极大值

(B) $f(0)$ 是 $f(x)$ 的极小值

(C) $(0,f(0))$ 是曲线 $y=f(x)$ 的拐点

(D) $f(0)$ 不是 $f(x)$ 的极值，$(0,f(0))$ 也不是曲线 $y=f(x)$ 的拐点

解 选(C). 注意已知式 $f''(x)+[f'(x)]^2=x$，当 $x=0$ 时，因 $f'(0)=0$，显然 $f''(0)=0$.

在点 $x=0$ 的某邻域内：当 $x<0$ 时，因 $[f'(x)]^2\geqslant 0$，必有 $f''(x)<0$；当 $x>0$ 时，虽有 $[f'(x)]^2\geqslant 0$，也必有 $f''(x)>0$. 其理由如下：

由
$$\lim_{x\to 0}\frac{f'(x)}{x}=\lim_{x\to 0}\frac{f'(x)-f'(0)}{x}=f''(0)=0.$$

所以当 $x\to 0$ 时，$f'(x)$ 是比 x 的高阶无穷小，从而 $[f'(x)]^2$ 是比 x 的高阶无穷小.

当 $x>0$ 时，只有 $f''(x)>0$，已知关系式才能成立.

例 8 设 $f(x)$ 具有二阶导数，则曲线 $y^2=f(x)$ 的拐点的横坐标 ξ 适合的关系式是（　　）.

(A) $[f'(\xi)]^2=-2f(\xi)f''(\xi)$　　(B) $[f'(\xi)]^2=2f(\xi)f''(\xi)$

(C) $[f'(\xi)]^2=-\dfrac{1}{2}f(\xi)f''(\xi)$　　(D) $[f'(\xi)]^2=\dfrac{1}{2}f(\xi)f''(\xi)$

解 由 $y^2=f(x)$ 知 $y=[f(x)]^{\frac{1}{2}}$，$y=-[f(x)]^{\frac{1}{2}}$.

当 $y=[f(x)]^{\frac{1}{2}}$ 时，
$$y'=\frac{1}{2}[f(x)]^{-\frac{1}{2}}f'(x),$$

由 $y''=-\dfrac{1}{4}[f(x)]^{-\frac{3}{2}}[f'(x)]^2+\dfrac{1}{2}[f(x)]^{-\frac{1}{2}}f''(x)=0$，

得
$$[f'(x)]^2=2f(x)f''(x).$$

把 x 换成 ξ 得 $[f'(\xi)]^2=2f(\xi)f''(\xi)$.

当 $y=-[f(x)]^{\frac{1}{2}}$ 时，也有 $[f'(x)]^2=2f(x)f''(x)$. 故选(B)

例 9 曲线 $y=x^3(x-4)$ 拐点的个数是（　　）.

(A) 0　　(B) 1　　(C) 2　　(D) 3

解 由 $y''=12x(x-2)=0$ 得 $x=0$，$x=2$. 在 $(-\infty,0)$ 内，$y''>0$；在 $(0,2)$ 内，$y''<0$；在 $(2,+\infty)$ 内，$y''>0$，故在 $x=0$，$x=2$ 处均有拐点. 选(C).

注释 三次曲线必有一个拐点，且曲线关于拐点 $A(x_0,f(x_0))$ 对称；四次曲线可能有两个拐点，也可能没有拐点.

例 10 讨论下列曲线的凹向和拐点：

(1) $y=x+(x-2)^{\frac{5}{3}}$；　(2) $y=\dfrac{9}{7}x^{\frac{4}{3}}(x+7)$.

解 (1) 函数的连续区间是$(-\infty,+\infty)$. 由于

$$y'=1+\frac{5}{3}(x-2)^{\frac{2}{3}},y''=\frac{10}{9}(x-2)^{-\frac{1}{3}},$$

故当 $x=2$ 时,y''不存在. 又当 $x<2$ 时,$y''<0$;当 $x>2$ 时,$y''>0$,所以曲线在区间$(-\infty,2)$内下凹;在区间$(2,+\infty)$内上凹. 因 $y_{|x=2}=2$,故拐点是$(2,2)$.

(2) 函数的定义域(即连续区间)是$(-\infty,+\infty)$. 由于

$$y'=3x^{\frac{4}{3}}+12x^{\frac{1}{3}},\quad y''=4x^{\frac{1}{3}}+4x^{-\frac{2}{3}}=\frac{4(x+1)}{\sqrt[3]{x^2}}.$$

令 $y''=0$ 得 $x=-1$;当 $x=0$ 时,y''不存在.

列表判定:

x	$(-\infty,-1)$	-1	$(-1,0)$	0	$(0,+\infty)$
y''	$-$	0	$+$	不存在	$+$
y	$\cap$	拐点	$\cup$		$\cup$

由表可知,曲线在区间$(-\infty,-1)$内下凹,在区间$(-1,+\infty)$内上凹;因 $y\Big|_{x=-1}=\frac{54}{7}$,所以拐点是$\left(-1,\frac{54}{7}\right)$.

注释 本例在 $x=0$ 处,函数连续,二阶导数 y''不存在. 由于在 $x=0$ 左、右邻近二阶导数 y''的符号相同,故在 $x=0$ 处不存在拐点.

例 11 试证三次曲线 $y=f(x)$只有一个拐点,设其拐点为 $A(x_0,f(x_0))$,并证明曲线 $y=f(x)$关于点 A 对称.

分析 若 $A(x_0,f(x_0))$是三次曲线的拐点,将坐标原点平移到点 A,只要证出在新坐标系 XAY 下,曲线方程为 $y=px^3+qx$(奇函数)即可.

证 设

$$f(x)=ax^3+bx^2+cx+d\quad(a\neq0)$$

因 $$f''(x)=6ax+2b=2(3ax+b)$$

显然，$x_0=-\dfrac{b}{3a}$时

$$f''(x_0)=0.$$

而 $$f'''f(x)=6a, f'''f(x_0)=6a\neq 0.$$

所以，点 $A(x_0,f(x_0))$ 是曲线惟一的拐点.

将坐标轴平行移动，使点 $A(x_0,f(x_0))$ 为原点，则在新坐标系 XAY 下(图 4－7)，曲线方程为

$$Y+f(x_0)=f(X+x_0)$$

由于 $f(X+x_0)$

$$=a(X+x_0)^3+b(X+x_0)^2+c(X+x_0)+d$$

$$=aX^3+(3ax_0+b)X^2+(3ax_0^2+2bx_0+c)X+(ax_0^3+bx_0^2+cx_0+d)$$

$$=aX^3+(3ax_0^2+2bx_0+c)X+f(x_0)\text{(因 }3ax_0+b=0\text{)}.$$

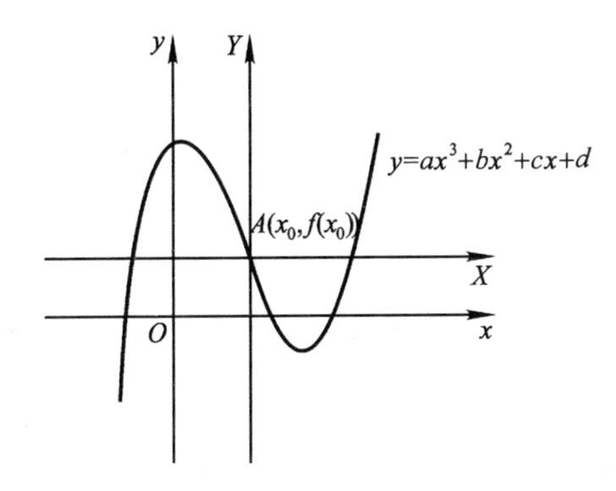

图 4－7

所以 $$Y=F(X)=aX^3+(3ax_0^2+2bx_0+c)X,$$

显然有 $$F(-X)=-F(X).$$

这说明曲线 $Y=F(X)$ 关于原点 A 对称，从而曲线 $y=f(x)$ 关于拐点 $A(x_0,f(x_0))$ 对称.

例 12 试证明曲线 $y=\dfrac{x+1}{x^2+1}$ 有三个拐点位于同一直线上.

证 $y'=\dfrac{1-2x-x^2}{(x^2+1)^2}$, $y''=\dfrac{2(x-1)(x^2+4x+1)}{(x^2+1)^3}$.

令 $y''=0$ 得 $x_1=-2-\sqrt{3}$, $x_2=-2+\sqrt{3}$, $x_3=1$.

列表判定:

x	$(-\infty,-2-\sqrt{3})$	$-2-\sqrt{3}$	$(-2-\sqrt{3},-2+\sqrt{3})$	$-2+\sqrt{3}$	$(-2+\sqrt{3},1)$	1	$(1,+\infty)$
y''	$-$	0	$+$	0	$-$	0	$+$
y	$\cap$	$-\dfrac{\sqrt{3}-1}{4}$ 拐点	$\cup$	$\dfrac{\sqrt{3}+1}{4}$ 拐点	$\cap$	1 拐点	$\cup$

拐点有三个 $A\left(-2-\sqrt{3},-\dfrac{\sqrt{3}-1}{4}\right)$, $B\left(-2+\sqrt{3},\dfrac{\sqrt{3}+1}{4}\right)$ 和 $C(1,1)$

过点 A、B 的直线,斜率 $k_{AB}=\dfrac{\dfrac{\sqrt{3}+1}{4}+\dfrac{\sqrt{3}-1}{4}}{-2+\sqrt{3}+2+\sqrt{3}}=\dfrac{1}{4}$,

过点 A、C 的直线,斜率 $k_{AC}=\dfrac{1+\dfrac{\sqrt{3}-1}{4}}{1+2+\sqrt{3}}=\dfrac{1}{4}$.

所以 A、B、C 在同一直线上.

例 13 函数 $y=f(x)$ 具有下列特征:

$$f(0)=1;f'(0)=0, \text{当 } x\neq 0 \text{ 时}, f'(x)>0;$$

$$f''(x)\begin{cases}<0, & x<0\\ >0, & x>0,\end{cases}$$

它的图形(图 4-8)是(　　).

解 选(B). 由题设知, $f(x)$ 是单调增函数,这就排除了(C)和(D). 又知曲线在 $(-\infty,0)$ 内下凹,在 $(0,+\infty)$ 内上凹,故选

(B).

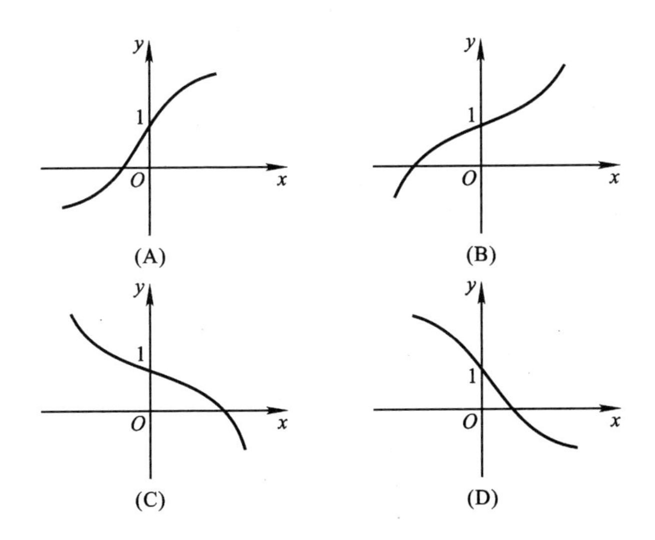

图 4－8

二、曲线的渐近线

曲线的渐近线有三种:水平渐近线,垂直渐近线和斜渐近线.

渐近线的求法:

1. 水平渐近线

对函数 $f(x)$,若

$$\lim_{x\to-\infty} f(x)=b \text{ 或 } \lim_{x\to+\infty} f(x)=b,$$

则曲线 $y=f(x)$ 向左无限延伸或向右无限延伸时有水平渐近线 $y=b$.

2. 垂直渐近线

对函数 $f(x)$,若

$$\lim_{x\to x_0^-} f(x)=\infty \text{ 或 } \lim_{x\to x_0^+} f(x)=\infty,$$

则曲线 $y=f(x)$ 有垂直渐近线 $x=x_0$. 点 x_0 可能是函数 $f(x)$ 的间断点,也可能是函数 $f(x)$ 有定义区间的端点(在端点处无定义).

上述极限式中的无穷大，若是“$-\infty$”，“$+\infty$”，“∞”，则曲线分别向下，向上，向上下无限延伸有垂直渐近线.

3. 斜渐近线

对函数$f(x)$，若

$$\lim_{x\to-\infty}\frac{f(x)}{x}=a \text{ 且 } \lim_{x\to-\infty}[f(x)-ax]=b$$

或

$$\lim_{x\to+\infty}\frac{f(x)}{x}=a \text{ 且 } \lim_{x\to+\infty}[f(x)-ax]=b,$$

则曲线$y=f(x)$有斜渐近线$y=ax+b$.

上述式中的$a(\neq 0)$是渐近线的斜率，b是其在y轴上的截距. 当$a=0$时，渐近线就成为水平渐近线.

由斜渐近线的求法可知，当$x\to\infty$时，$f(x)$与x是同阶无穷大是曲线$y=f(x)$有斜渐近线的必要条件.

例 14 曲线$y=\dfrac{1+e^{-x^2}}{1-e^{-x^2}}$(　　).

(A) 没有渐近线　　(B) 仅有水平渐近线

(C) 仅有垂直渐近线　　(D) 既有水平渐近线又有垂直渐近线

解 选(D). 因$\lim\limits_{x\to0}y=\infty$，故直线$x=0$是垂直渐近线. 又$\lim\limits_{x\to\infty}y=1$，故直线$y=1$是水平渐近线.

例 15 曲线$y=(x+6)e^{\frac{1}{x}}$的渐近线有(　　).

(A) 1 条　　(B) 2 条　　(C) 3 条　　(D) 4 条

解 选(B). 因$\lim\limits_{x\to0^+}(x+6)e^{\frac{1}{x}}=+\infty$，故直线$x=0$为曲线的垂直渐近线. 又

$$\lim_{x\to\infty}\frac{y}{x}=\lim_{x\to\infty}\frac{x+6}{x}e^{\frac{1}{x}}=1$$

$$\lim_{x\to\infty}(y-x)=\lim_{x\to\infty}[(x+6)e^{\frac{1}{x}}-x]\xlongequal{\frac{1}{x}=t}\lim_{t\to0}\frac{(1+6t)e^t-1}{t}=7$$

于是曲线有斜渐近线$y=x+7$.

例 16 曲线 $y=x+\arccos\frac{1}{x}$(　　).

(A) 没有渐近线　　(B) 有水平渐近线

(C) 有垂直渐近线　　(D) 有斜渐近线

解 选(D). 因当 $|x|>1$ 时,函数有意义,可知曲线没有垂直渐近线.

又 $\lim\limits_{x\to\infty}y=\infty$,故曲线没有水平渐近线.

由于
$$\lim_{x\to\infty}\frac{y}{x}=\lim_{x\to\infty}\left(1+\frac{1}{x}\arccos\frac{1}{x}\right)=1,$$
$$\lim_{x\to\infty}(y-x)=\lim_{x\to\infty}\arccos\frac{1}{x}=\frac{\pi}{2},$$
故曲线向左、右延伸有斜渐近线 $y=x+\frac{\pi}{2}$.

例 17 求曲线 $y=\sqrt{x^2-x+1}$ 的渐近线.

解 易判断曲线没有水平渐近线,也没有垂直渐近线.

由于
$$\lim_{x\to-\infty}\frac{y}{x}=\lim_{x\to-\infty}\frac{|x|}{x}\sqrt{1-\frac{1}{x}+\frac{1}{x^2}}=-1,$$
$$\lim_{x\to-\infty}(y+x)=\lim_{x\to-\infty}\frac{-x+1}{\sqrt{x^2-x+1}-x}=\frac{1}{2};$$
$$\lim_{x\to+\infty}\frac{y}{x}=1,\ \lim_{x\to+\infty}(y-x)=-\frac{1}{2}.$$
故曲线有斜渐近线 $y=-x+\frac{1}{2}$ 和 $y=x-\frac{1}{2}$.

例 18 求曲线 $y=(x-1)e^{\frac{\pi}{2}+\arctan x}$ 的渐近线.

解 因 $\lim\limits_{x\to\infty}y=\infty$,故没有水平渐近线;易看出也没有垂直渐近线. 由于
$$\lim_{x\to-\infty}\frac{y}{x}=\lim_{x\to-\infty}\left(1-\frac{1}{x}\right)e^{\frac{\pi}{2}+\arctan x}=1,$$

$$\lim_{x\to-\infty}(y-x)=\lim_{x\to-\infty}\left[(x-1)e^{\frac{\pi}{2}+\arctan x}-x\right]$$

$$=\lim_{x\to-\infty}\left(\frac{e^{\frac{\pi}{2}+\arctan x}-1}{\frac{1}{x}}-e^{\frac{\pi}{2}+\arctan x}\right)=-1-1=-2,$$

$$\lim_{x\to+\infty}\frac{y}{x}=e^{\pi},$$

$$\lim_{x\to+\infty}(y-xe^{\pi})=\lim_{x\to+\infty}\left(\frac{e^{\frac{\pi}{2}+\arctan x}-e^{\pi}}{\frac{1}{x}}-e^{\frac{\pi}{2}+\arctan x}\right)=-e^{\pi}-e^{\pi}=-2e^{\pi}.$$

故曲线有斜渐近线 $y=x-2$ 和 $y=e^{\pi}x-2e^{\pi}$.

例 19 设函数 $y=f(x)=\dfrac{\ln x}{x}$,

(1) 讨论函数 $f(x)$ 的单调性与极值;讨论曲线 $y=f(x)$ 的凹向与拐点,求曲线的渐近线;

(2) 比较 e^{π} 与 π^{e} 的大小,并说明理由;

(3) 说明 $0<x<1$ 或 $x=e$ 时,只有 $y=x$ 才满足 $x^{y}=y^{x}$;当 $x>1$ 且 $x\neq e$ 时,对一切 x,可找到惟一的一个 $y\neq x$,使得 $y^{x}\neq x^{y}$.

解 (1) 函数的定义域是 $(0,+\infty)$.

由 $y'=\dfrac{1}{x^{2}}(1-\ln x)=0$ 得 $x_1=e$;由 $y''=\dfrac{1}{x^{3}}(2\ln x-3)$ 得 $x_2=e^{\frac{3}{2}}$.

单调性、极值、凹向、拐点如下表

x	$(0,e)$	e	$(e,e^{\frac{3}{2}})$	$e^{\frac{3}{2}}$	$(e^{\frac{3}{2}},+\infty)$
y'	+	0	–	–	–
y''	–	–	–	0	+
y	↗∩	极大值	↘∩	拐点	↘∪

函数的极大值 $f(e)=\dfrac{1}{e}$;曲线的拐点是 $\left(e^{\frac{3}{2}},\dfrac{3}{2}e^{-\frac{3}{2}}\right)$.

因 $\lim\limits_{x\to+\infty}\frac{\ln x}{x}\xlongequal{\frac{\infty}{\infty}}0$，故曲线有水平渐近线 $y=0$，

因 $\lim\limits_{x\to0^+}\frac{\ln x}{x}=-\infty$，故曲线有垂直渐近线 $x=0$.

(2) 由于 $x>\mathrm{e}$ 时，函数 $f(x)$ 单调减少，且 $\mathrm{e}<\pi$，所以

$$f(\mathrm{e})>f(\pi)\text{，即}\quad \frac{\ln \mathrm{e}}{\mathrm{e}}>\frac{\ln \pi}{\pi},\ln \mathrm{e}^{\pi}>\ln \pi^{\mathrm{e}}.$$

再由函数 $\ln x$ 的单调增加性知，$\mathrm{e}^{\pi}>\pi^{\mathrm{e}}$.

(3) 当 $0<x<1$ 时，因 $f(x)=\frac{\ln x}{x}$ 单调增加，所以，当 $x,y\in(0,1)$ 且 $y\neq x$ 时，$f(x)\neq f(y)$；欲使 $f(x)=f(y)$，必须 $y=x$. 这表明，只有当 $x=y$ 时，有 $x^{y}=y^{x}$.

当 $x=\mathrm{e}$ 时，因 $f(\mathrm{e})=\frac{1}{\mathrm{e}}$ 是极大值，所以对任何 $y\neq\mathrm{e}$，均有 $f(y)<f(\mathrm{e})$，只有当 $y=x=\mathrm{e}$ 时，$x^{y}=y^{x}$.

当 $x_0>1,x_0\neq\mathrm{e}$ 时，由于 $f(1)=0$，$\lim\limits_{x\to+\infty}f(x)=0$；且当 $x\in(1,\mathrm{e})$ 时，$f(x)$ 单调增加，当 $x\in(\mathrm{e},+\infty)$ 时，$f(x)$ 单调减少. 所以直线 $y=\frac{\ln x_0}{x_0}$（该值小于极大值 $\frac{1}{\mathrm{e}}$）与曲线 $y=\frac{\ln x}{x}$ 有且只有两个交点. 设其交点分别为 $\left(x_0,\frac{\ln x_0}{x_0}\right)$，$\left(y_0,\frac{\ln y_0}{y_0}\right)$，则

$$\frac{\ln x_0}{x_0}=\frac{\ln y_0}{y_0}\text{，即 } x_0^{y_0}=y_0^{x_0}.$$

这表明，当 $x_0>1,x_0\neq\mathrm{e}$ 时，有惟一的 $y_0\neq x_0$，使得 $x_0^{y_0}=y_0^{x_0}$. 得证.

§4.5 用增减性、极值、凹凸性证明不等式

一、用增减性与极值证明不等式

1. 欲证明当 $x>a$ 或在区间 (a,b) 上，有函数不等式 $f(x)>$

$g(x)$. 这里当然假设所给函数都是可导的.

解题思路

(1) 作辅助函数 $F(x)=f(x)-g(x)$;

(2) 由 $F'(x)$讨论 $F(x)$的增减性或极值,只要能推出 $F(x)>0$ 即可.

常用的推证方法

(1) 若 $F(a)\geqslant 0$ 或 $\lim\limits_{x\to a^+}F(x)=A\geqslant 0$,只要能证明 $F'(x)>0$ 即可(图 4-9).

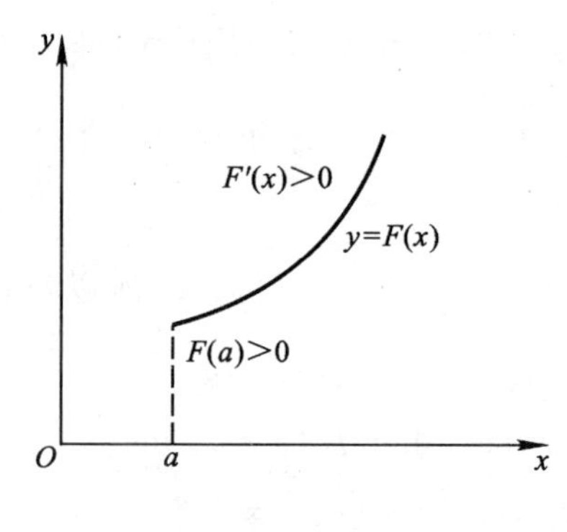

图 4-9

若不能直接判定 $F'(x)$的符号,可求二阶导数 $F''(x)$. 由 $F'(a)\geqslant 0$, $F''(x)>0$,可知 $F'(x)>0$.

一般情况,若 $F'(a)=F''(a)=\cdots=F^{(n-1)}(a)=0$,而 $F^{(n)}(x)>0$,则有 $F(x)>0$.

(2) 若 $F(a)>0$ 或 $\lim\limits_{x\to a^+}F(x)=A>0$,而 $F'(x)<0$,只要能推出 $\lim\limits_{x\to+\infty}F(x)=B\geqslant 0$ 或 $F(b)\geqslant 0$ 即可(图 4-10).

(3) 若有惟一的 $x_0\in(a,+\infty)$或(a,b),使 $F'(x_0)=0$,推出 $F(x_0)$是极小值且 $F(x_0)\geqslant 0$,从而 $F(x)>0$(图 4-11).

(4) 若 $F(a)\geqslant 0$, $\lim\limits_{x\to+\infty}F(x)=B\geqslant 0$ 或 $F(a)\geqslant 0$, $F(b)\geqslant 0$,又有惟一的 $x_0\in(a,+\infty)$或(a,b),使 $F'(x_0)=0$,且 $F(x_0)$是极大

值，就有 $F(x)>0$（图 4－12）.

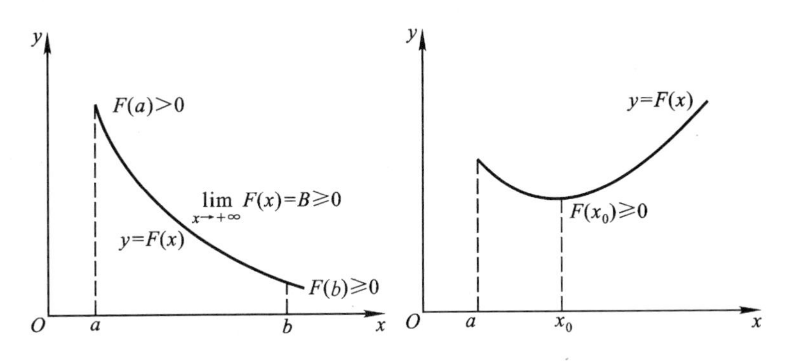

图 4－10　　　　图 4－11

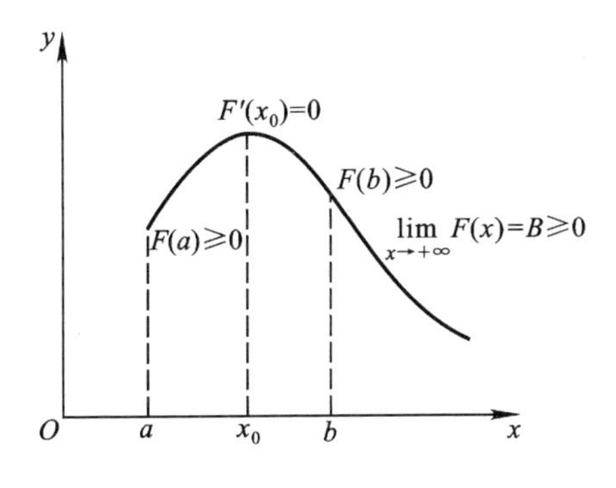

图 4－12

2. 欲证的不等式若是数值不等式，通常是依待证的不等式或经恒等变形后的不等式，选取变量 x，构造一个辅助函数. 由证明函数不等式，最后再归结到数值不等式.

例 1　设 $x>0$，证明：$\ln(1+x)>\dfrac{\arctan x}{1+x}$.

证　欲证不等式可改写成

$$(1+x)\ln(1+x)>\arctan x, x>0.$$

令 $F(x)=(1+x)\ln(1+x)-\arctan x$,则 $F(0)=0$,且

$$F'(x)=\ln(1+x)+1-\frac{1}{1+x^2}=\frac{x^2+(1+x^2)\ln(1+x)}{1+x^2}>0$$

故 $F(x)$在 $x>0$ 时单调增加,从而 $F(x)>0=F(0)$,即

$$\ln(1+x)>\frac{\arctan x}{1+x}.$$

注释 欲证不等式可以改写为$\dfrac{(1+x)\ln(1+x)}{\arctan x}>1$. 若设 $f(x)=(1+x)\ln(1+x)$,$g(x)=\arctan x$. 注意到$f(0)=g(0)=0$. 在区间$[0,x]$上应用柯西定理也可证明不等式.

例 2 设 $x>0$,证明 $\ln\left(1+\dfrac{1}{x}\right)>\dfrac{1}{1+x}$.

证 设 $F(x)=\ln\left(1+\dfrac{1}{x}\right)-\dfrac{1}{1+x}$,则 $\lim\limits_{x\to0^+}F(x)=+\infty$,且

$$F'(x)=\frac{1}{1+\frac{1}{x}}\left(-\frac{1}{x^2}\right)+\frac{1}{(1+x)^2}=-\frac{1}{x(1+x)^2}<0\quad(x>0),$$

函数 $F(x)$在区间$(0,+\infty)$内单调减少. 由于

$$\lim_{x\to+\infty}F(x)=\lim_{x\to+\infty}\left[\ln\left(1+\frac{1}{x}\right)-\frac{1}{1+x}\right]=0,$$

故在区间$(0,+\infty)$内,$F(x)>0$,即

$$\ln\left(1+\frac{1}{x}\right)>\frac{1}{1+x}.$$

注释 令$f(x)=\ln\left(1+\dfrac{1}{x}\right)$,在区间$[x,x+1]$上应用拉格朗日定理也可证明该不等式.

例 3 设 $x<1$,$x\neq0$,证明:$\dfrac{1}{x}+\dfrac{1}{\ln(1-x)}<1$.

证 欲证不等式可改写为

$$\ln(1-x)+x>x\ln(1-x).$$

令 $F(x)=\ln(1-x)+x-x\ln(1-x)$,则

$$F'(x)=-\ln(1-x),\text{有惟一驻点 } x=0.$$

又 $$F''(x)=\frac{1}{1-x},\quad F''(0)=1>0,$$

故 $x=0$ 是极小值点,且极小值是 $F(0)=0$,从而 $F(x)>0$ $(x<1,x\neq0)$. 即

$$\ln(1-x)+x>x\ln(1-x)\quad(x<1,x\neq0).$$

例 4 当 $0<x<\frac{\pi}{2}$时,证明 $x>\sin x>\frac{2}{\pi}x.$

证 1 欲证不等式可改写为

$$1>\frac{\sin x}{x}>\frac{2}{\pi}.$$

令 $F(x)=\frac{\sin x}{x}$,则 $\lim\limits_{x\to0^+}F(x)=1$,$F\left(\frac{\pi}{2}\right)=\frac{2}{\pi}$,且

$$F'(x)=\frac{\cos x}{x^2}(x-\tan x)<0,\left(0<x<\frac{\pi}{2}\right),$$

所以,在 $0<x<\frac{\pi}{2}$时,有

$$1>\frac{\sin x}{x}>\frac{2}{\pi}.$$

证 2 当 $0<x<\frac{\pi}{2}$时,显然有 $x>\sin x.$

令 $F(x)=\sin x-\frac{2}{\pi}x$,则 $F(0)=F\left(\frac{\pi}{2}\right)=0$,且

$$F'(x)=\cos x-\frac{2}{\pi},\text{有惟一驻点 } x=\arccos\frac{2}{\pi}.$$

又 $$F''(x) = -\sin x,\quad F''\left(\arccos\frac{2}{\pi}\right) < 0,$$

所以 $x = \arccos\frac{2}{\pi}$ 是极大值点，从而，当 $0 < x < \frac{\pi}{2}$ 时，有

$$\sin x - \frac{2}{\pi}x > 0,$$

综上，当 $0 < x < \frac{\pi}{2}$ 时，有 $x > \sin x > \frac{2}{\pi}x$.

例 5 试证：当 $x \geqslant 5$ 时，$2^x > x^2$.

证 设 $F(x) = 2^x - x^2$，则

$$F'(x) = 2^x\ln 2 - 2x \quad 且\ F(5) = 2^5 - 5^2 > 0$$

因不易判定当 $x \geqslant 5$ 时 $F'(x) > 0$，用 $F'(x)$ 的导数来判定. 因

$$F''(x) = 2^x(\ln 2)^2 - 2 = 2^{x-2}(\ln 4)^2 - 2 > 0 \quad (x \geqslant 5)$$

且 $$F'(5) = (2^{x-1}\ln 4 - 2x)_{|x=5} = 2^4\ln 4 - 10 > 0$$

所以，当 $x \geqslant 5$ 时，$F'(x)$ 单调增加，有 $F'(x) > 0$，从而 $F(x)$ 单调增加，有 $F(x) > 0$. 即当 $x \geqslant 5$ 时，$2^x > x^2$ 成立.

例 6 设 $x > 0$，证明 $\sqrt{1+x}\ln(1+x) < x$.

证 设 $F(x) = x - \sqrt{1+x}\ln(1+x)$，则 $F(0) = 0$，且

$$F'(x) = 1 - \frac{\ln(1+x)}{2\sqrt{1+x}} - \frac{\sqrt{1+x}}{1+x} = \frac{2\sqrt{1+x} - \ln(1+x) - 2}{2\sqrt{1+x}}$$

注意到 $2\sqrt{1+x} > 0$，为了判定 $F'(x)$ 的符号，再作辅助函数

$$g(x) = 2\sqrt{1+x} - \ln(1+x) - 2,$$

则 $$g'(x) = \frac{1}{\sqrt{1+x}} - \frac{1}{1+x} > 0,$$

由 $g'(x) > 0$ 知 $g(x) > g(0) = 0$，从而 $F'(x) > 0$. 于是

$$F(x) > F(0) = 0，即\quad x > \sqrt{1+x}\ln(1+x).$$

例 7 当 $0<x<1$ 时,证明:$e^{-x}+\sin x<1+\frac{1}{2}x^2$.

证 令 $F(x)=1+\frac{1}{2}x^2-e^{-x}-\sin x$,则 $F(0)=0$.

$$F'(x)=x+e^{-x}-\cos x,\quad F'(0)=0,$$
$$F''(x)=1-e^{-x}+\sin x,\quad F''(0)=0,$$
$$F'''(x)=e^{-x}+\cos x>0,(0<x<1).$$

由此可知 $F''(x)$ 单调增加,从而有 $F''(x)>F''(0)=0$;由 $F''(x)>0$ 推知 $F'(x)$ 单调增加,且 $F'(x)>F'(0)=0$,所以 $F(x)$ 单调增加,有 $F(x)>F(0)=0$,即

$$e^{-x}+\sin x<1+\frac{1}{2}x^2$$

例 8 设 $0\leqslant x\leqslant 1,p>1$,试证:$2^{1-p}\leqslant x^p+(1-x)^p\leqslant 1$.

分析 若函数 $F(x)$ 在区间 I 上有最大值 M 与最小值 m,则在 I 上有

$$m\leqslant F(x)\leqslant M,m<F(x)<M.$$

证 令 $F(x)=x^p+(1-x)^p$,考察 $F(x)$ 在 $[0,1]$ 上的最值.

由 $\quad F'(x)=p[x^{p-1}-(1-x)^{p-1}]=0$ 得驻点 $x=\frac{1}{2}$.

又 $$F\left(\frac{1}{2}\right)=2^{1-p},F(0)=1,F(1)=1$$

所以 $F(x)$ 在 $[0,1]$ 上的最大值与最小值分别为 1 和 2^{1-p}. 从而有

$$2^{1-p}\leqslant x^p+(1-x)^p\leqslant 1,x\in[0,1].$$

例 9 设 $0<x<1$,试证:$\frac{1}{\ln 2}-1<\frac{1}{\ln(1+x)}-\frac{1}{x}<\frac{1}{2}$.

证 设 $F(x)=\frac{1}{\ln(1+x)}-\frac{1}{x}$,考察 $F(x)$ 在 $(0,1)$ 上的最值,

由于 $F(1)=\frac{1}{\ln 2}-1$,且

$$\lim_{x\to 0^+}F(x)=\lim_{x\to 0^+}\frac{x-\ln(1+x)}{x\ln(1+x)}\xlongequal{\frac{0}{0}}\frac{1}{2}$$

又
$$F'(x)=\frac{(1+x)\ln^2(1+x)-x^2}{(1+x)x^2\ln^2(1+x)}<0$$

(由例 6 知,当 $0<x<1$ 时,$(1+x)\ln^2(1+x)-x^2<0$)

故
$$\frac{1}{\ln 2}-1<\frac{1}{\ln(1+x)}-\frac{1}{x}<\frac{1}{2},0<x<1.$$

例 10 设 $b>a>\mathrm{e}$,试证 $a^b>b^a$.

分析 这是数值不等式. $a^b>b^a$ 等价于$\frac{\ln a}{a}>\frac{\ln b}{b}$. 若构造函数$f(x)=\frac{\ln x}{x}$,只要证明:当 $x>\mathrm{e}$ 时,其单调减少即可.

该题的证明见 §4.4 例 19.

例 11 设 $b>a>0$,求证 $\ln\frac{b}{a}>\frac{2(b-a)}{b+a}$.

分析 为引进变量 x,先变换不等式形式,由于 $a>0$,$\ln\frac{b}{a}>\frac{2(b-a)}{b+a}$等价于 $\ln\frac{b}{a}>\frac{2\left(\frac{b}{a}-1\right)}{1+\frac{b}{a}}$. 若令 $x=\frac{b}{a}$,即需证 $\ln x>\frac{2(x-1)}{x+1}$.

证 令 $x=\frac{b}{a}$,设$f(x)=\ln x-\frac{2(x-1)}{x+1}$,则
$$f'(x)=\frac{(x-1)^2}{x(x+1)^2}>0(x>1),$$
因此,当 $x>1$ 时,$f(x)$单调增加,从而$f(x)>f(1)=0$,即
$$\ln x>\frac{2(x-1)}{x+1}(x>1)\text{亦即}\ln\frac{b}{a}>\frac{2(b-a)}{b+a}(b>a>0).$$

例 12 当 $b>a>1$,证明:$b^{a^b}>a^{b^a}$.

证 对欲证不等式两次取对数后,得
$$\ln\ln b+b\ln a>\ln\ln a+a\ln b,$$

即 $\ln\ln b-\ln\ln a>a\ln b-b\ln a, \ln\frac{\ln b}{\ln a}>\ln a\left(a\frac{\ln b}{\ln a}-b\right).$

设 $x=\ln a>0, t=\frac{\ln b}{\ln a}>1$,则上述不等式为

$$\ln t>x(te^{x}-e^{tx}). \tag{1}$$

令 $F(x,t)=te^{x}-e^{tx}$,其 x 是自变量,t 理解成参数.

注意到 $\ln t>0, x>0$,若 $F(x,t)\leqslant 0$,不等式(1)显然成立.

现设 $F(x,t)>0$,则 $F(0,t)=t-1$,且

$$F_x'(x,t)=te^{x}-te^{tx}<0, F(x,t)<F(0,t)=t-1.$$

又
$$F(x,t)=e^{x}(t-e^{(t-1)x})>0,$$

故 $\ln t>(t-1)x$,即

$$\ln t>(t-1)x>xF(x,t).$$

不等式(1)成立,即当 $b>a>1$ 时,有 $b^{a^b}>a^{b^a}$.

二、用凹凸性证明不等式

解题思路 根据曲线凹凸性定义.设 $f(x)$ 在区间 I 内二阶可导,对 I 内的任意不同的两点 x_1, x_2:

(1) 若 $f''(x)>0, x\in I$,则 $f(x)$ 在 I 内凹,有

$$f\left(\frac{x_1+x_2}{2}\right)<\frac{1}{2}[f(x_1)+f(x_2)] \tag{1}$$

或
$$f(qx_1+px_2)<qf(x_1)+pf(x_2), q+p=1, q>0, p>0. \tag{2}$$

(2) 若 $f''(x)<0, x\in I$,则 $f(x)$ 在 I 内凸,有

$$f\left(\frac{x_1+x_2}{2}\right)>\frac{1}{2}[f(x_1)+f(x_2)] \tag{3}$$

或 $f(qx_1+px_2)>qf(x_1)+pf(x_2), q+p=1, q>0, p>0.$ (4)

例 13 设 $x>0, y>0, x\neq y$,证明不等式

$$x\ln x+y\ln y>(x+y)\ln\frac{x+y}{2}.$$

分析 欲证不等式可写作

$$\frac{1}{2}[x\ln x+y\ln y]>\frac{x+y}{2}\ln\frac{x+y}{2}.$$

若设$f(t)=t\ln t$，这正是不等式(1)．这只须证明$f''(t)>0$．

证　设$f(t)=t\ln t, t>0$．由于

$$f'(t)=\ln t+1, f''(t)=\frac{1}{t}>0,$$

所以，$f(t)=t\ln t$在区间(x,y)或(y,x)，$x>0, y>0$是上凹的，于是

$$\frac{1}{2}[f(x)+f(y)]>f\left(\frac{x+y}{2}\right),$$

即
$$\frac{1}{2}[x\ln x+y\ln y]>\frac{x+y}{2}\ln\frac{x+y}{2}.$$

或写作
$$x\ln x+y\ln y>(x+y)\ln\frac{x+y}{2}.$$

例 14　设$a>0, b>0, a\neq b$，证明下列不等式：

(1) 当$0<p<1$时，$a^p+b^p<2^{1-p}(a+b)^p$；

(2) 当$p>1$时，$a^p+b^p>2^{1-p}(a+b)^p$．

分析　(1) 欲证不等式可写作

$$\frac{1}{2}(a^p+b^p)<\left(\frac{a+b}{2}\right)^p,$$

可设$f(x)=x^p, x>0$．

证　设$f(x)=x^p, x>0$．由于

$$f'(x)=px^{p-1}, f''(x)=p(p-1)x^{p-2}.$$

(1) 当$0<p<1$时，对$x>0$，$f''(x)<0$，所以，当$a>0, b>0$且$a\neq b$时，由不等式(3)式有

$$\frac{1}{2}[f(a)+f(b)]<f\left(\frac{a+b}{2}\right),$$

即
$$\frac{1}{2}[a^p+b^p]<\left(\frac{a+b}{2}\right)^p,$$

或写作
$$a^p+b^p<2^{1-p}(a+b)^p.$$

(2) 当 $p>1$ 时,对 $x>0$, $f''(x)>0$,所以,当 $a>0$, $b>0$ 且 $a\neq b$时,有

$$\frac{1}{2}[f(a)+f(b)]>f\left(\frac{a+b}{2}\right),$$

即
$$\frac{1}{2}[a^p+b^p]>\left(\frac{a+b}{2}\right)^p,$$

或写作
$$a^p+b^p>2^{1-p}(a+b)^p.$$

§4.6 用导数讨论方程的根

一、方程 $f(x)=0$ 的根

关于方程 $f(x)=0$ 存在根和根的惟一性在 §2.4 节我们已讨论过. 这里将用导数进一步讨论这个问题.

1. 判别方程 $f(x)=0$ 存在根

解题思路

(1) 用连续函数的根值(零点)定理

若题设有函数 $f(x)$ 可导的条件,有时须先用导数的有关知识或微分中值定理,进而再用根值定理判定方程 $f(x)=0$ 存在根.

(2) 用罗尔定理

欲证方程 $f(x)=0$ 存在根,依此作辅助函数 $F(x)$,使$F'(x)=f(x)$;然后验证 $F(x)$ 在区间 $[a,b]$ 上满足罗尔定理的条件,则 $F'(x)=f(x)=0$ 在 (a,b) 内至少存在一个根. 其实,这就是 §4.1 中,用微分中值定理证明等式的内容.

用广义罗尔定理也能判别方程存在根.

2. 判别方程 $f(x)=0$ 实根的个数

解题思路

(1) 用导数 $f'(x)$ 确定函数 $f(x)$ 的增减区间及极值,考查曲线 $y=f(x)$ 与 x 轴交点的个数.

(2) 用二阶导数 $f''(x)$ 确定曲线 $y=f(x)$ 是凹(或凸),以确定

曲线与 x 轴交点的个数.

(3) 用罗尔定理估计方程根的个数:设 $f(x)$ 在 $[a,b]$ 上连续,在 (a,b) 可导

1° 若 $f'(x)$ 在 (a,b) 内没有零点,则 $f(x)=0$ 在 (a,b) 内最多只有一个根.

2° 若 $f'(x)$ 在 (a,b) 内有一个(m 个)零点,则 $f(x)=0$ 在 (a,b) 内至多有两个($m+1$)个根.

推广 若 $f^{(n)}(x)$ 在 (a,b) 内无零点,则 $f(x)$ 在 (a,b) 内至多有 n 个根.

3. 在用反证法证明方程根惟一性时,有时要用到微分中值定理

例1 设 $f(x)$ 在 $[a,+\infty)$ 内可导,且当 $x>a$ 时,$f'(x)>k>0$,其中 k 为常数. 证明如果 $f(a)<0$,则方程 $f(x)=0$ 在 $\left[a,a-\dfrac{f(a)}{k}\right]$ 内有且仅有一个实根.

分析 由题设知,若设 $b=a-\dfrac{f(a)}{k}$,只要推出 $f(b)>0$ 即可. 由于 $b-a=-\dfrac{f(a)}{k}$,而 $f(a)$ 和 $-\dfrac{f(a)}{k}$ 已知,可用拉格朗日中值定理.

证 设 $b=a-\dfrac{f(a)}{k}$,由拉格朗日中值定理,存在 $\xi\in(a,b)$,使

$$f(b)-f(a)=f'(\xi)(b-a)=-\frac{f(a)}{k}f'(\xi)>-\frac{f(a)}{k}\cdot k=-f(a)$$

由上式知 $f(b)>0$,又 $f(a)<0$,由根值定理知,方程 $f(x)=0$ 在 (a,b) 内至少存在一个实根. 又 $f'(x)>k>0$,所以 $f(x)$ 在 $[a,b]$ 上单调增,从而方程 $f(x)=0$ 在 $\left[a,a-\dfrac{f(a)}{k}\right]$ 内有且仅有一个实根.

例 2 求证：方程 $x+p+q\cos x=0$ 恰有一个实根，其中 p、q 为常数，且 $0<q<1$.

分析 本例可理解在 $(-\infty,+\infty)$ 内恰有一个根.

证 令 $f(x)=x+p+q\cos x$. 由于

$$\lim_{x\to-\infty}f(x)=-\infty,\quad \lim_{x\to+\infty}f(x)=+\infty$$

可知，存在 a，使 $f(a)<0$，存在 b，使 $f(b)>0$. 故由根值定理知，在 (a,b) 内至少存在一点 c，使 $f(c)=0$，即 c 就是方程 $f(x)=0$ 的根.

又 $f'(x)=1-q\sin x>0$，故 $f(x)$ 在 $(-\infty,+\infty)$ 内单调增加，可知方程 $f(x)=0$ 只能有一个实根.

例 3 设 $f(x)$ 在 (a,b) 内二阶可导，且 $f''(x)<0$；存在 $x_0\in(a,b)$ 使得 $f'(x_0)=0$，$f(x_0)>0$；又 $\lim\limits_{x\to a^+}f(x)=A<0$，$\lim\limits_{x\to b^-}f(x)=B<0$. 求证：$f(x)$ 在 (a,b) 内恰有两个零点.

证 1 由 $\lim\limits_{x\to a^+}f(x)=A<0$ 知存在 $x_1\in(a,x_0)$，使 $f(x_1)<0$，又 $f(x_0)>0$，则由根值定理，在 (x_1,x_0) 内 $f(x)$ 存在零点.

同理，由 $\lim\limits_{x\to b^-}f(x)=B<0$，可知在 (x_0,x_2) 内 $(x_2<b)$ $f(x)$ 存在零点.

因 $f''(x)<0$，所以 $f'(x)$ 在 (a,b) 内单调减少，又因 $f'(x_0)=0$，则在 (a,x_0) 内 $f'(x)>0$，故 $f(x)$ 单调增加；在 (x_0,b) 内 $f'(x)<0$，故 $f(x)$ 单调减少，从而 $f(x)$ 在 (a,x_0)，(x_0,b) 内各分别存在惟一零点，即在 (a,b) 内 $f(x)$ 恰有两个零点.

证 2 由 $f''(x)<0$ 知，在 (a,b) 上的曲线弧 $y=f(x)$ 凸，又由已知条件知，曲线上的点 $(x_0,f(x_0))$ 在 x 轴上方，曲线弧的两个端点 (a,A)，(b,B) 在 x 轴的下方，所以曲线 $y=f(x)$ 与 x 轴恰有两个交点，这两个交点的横坐标就是 $f(x)$ 在 (a,b) 的两个零点（见图 4-13）.

例 4 设函数 $f(x)$ 在 $[a,b]$ 上连续，在 (a,b) 内可导，若 $f'(x)$ 在 (a,b) 内没有零点，则方程 $f(x)=0$ 在 (a,b) 内最多只有一

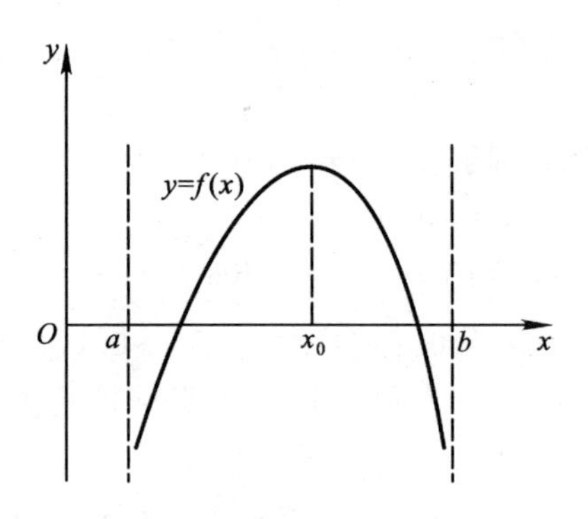

图 4－13

个根.

证　用反证法. 假若 $f(x)=0$ 至少有两个根,设为 x_1 和 x_2,且 $x_1<x_2$,即有 $f(x_1)=f(x_2)=0$. 在区间 $[x_1,x_2]$ 上应用罗尔定理,则存在 $\xi\in(x_1,x_2)$,使 $f'(\xi)=0$. 这与 $f'(x)$ 在 (a,b) 内没有零点矛盾. 从而 $f(x)=0$ 在 (a,b) 内最多只有一个根.

例 5　讨论三次方程 $f(x)=ax^3+bx^2+cx+d=0\ (a>0)$ 实根的个数.

解　首先,函数 $f(x)$ 在整个数轴上连续,且

$$\lim_{x\to-\infty}f(x)=-\infty,\quad \lim_{x\to+\infty}f(x)=+\infty.$$

又因

$$f'(x)=3ax^2+2bx+c$$

考查该二次三项式的判别式

$$\Delta=4b^2-4\cdot 3a\cdot c=4(b^2-3ac)$$

(1) 若 $b^2-3ac\leqslant 0$,则 $f'(x)\geqslant 0$,因此 $f(x)$ 在 $(-\infty,+\infty)$ 内单调增加,从而 $f(x)=0$ 有一个实根(重根可看作是一个).

(2) 若 $b^2-3ac>0$,则 $f'(x)=0$ 有两个不相同的实根 α 与 β,假设 $\alpha<\beta$. 因此 $f(\alpha)$,$f(\beta)$ 是 $f(x)$ 的极值,所以

若 $f(\alpha)f(\beta)<0$,则 $f(x)=0$ 有相异三个实根(图 4－14);

若 $f(\alpha)f(\beta)=0$,则 $f(x)=0$ 有重根和另一个实根(图

4 - 15)；

若 $f(\alpha)f(\beta)>0$，则 $f(x)=0$ 有一个实根（图 4 - 16）.

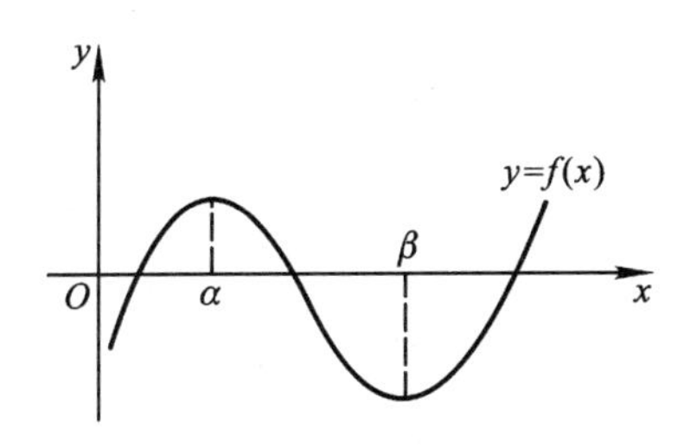

图 4 - 14

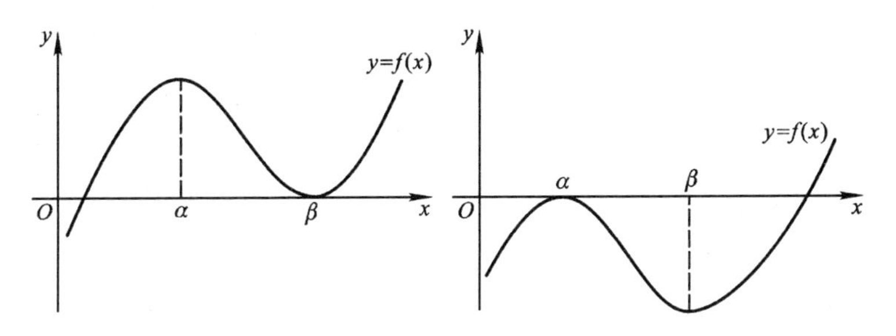

图 4 - 15

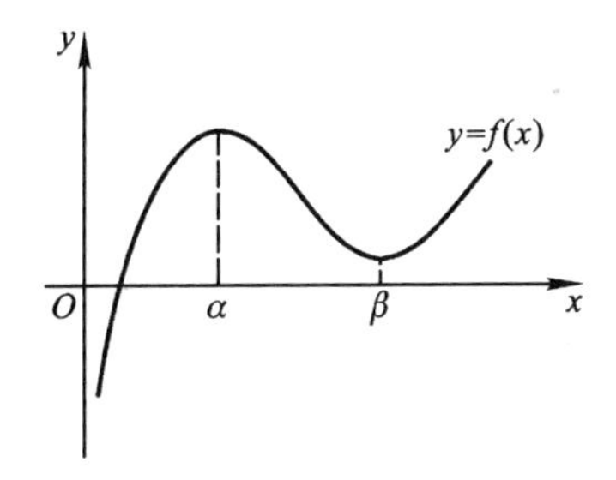

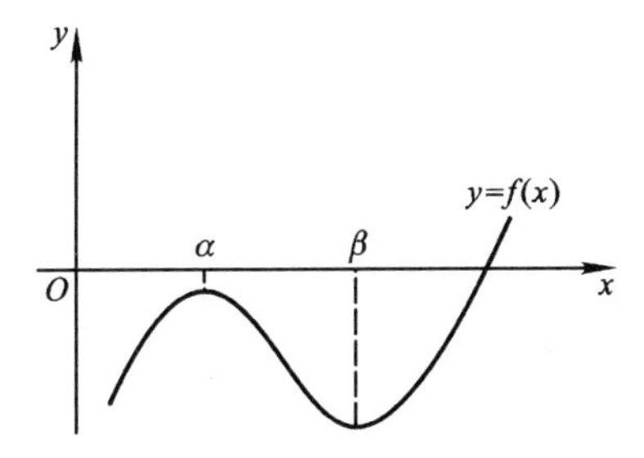

图 4 - 16

例 6 确定下述函数实零点的个数

$$f(x)=2e^{2-x^2}(x^6-3x^4+5x^2-1)-2e-5.$$

解 用函数的增减性讨论. 记 $x^2=t$,则

$$f(x)=\varphi(t)=2e^{2-t}(t^3-3t^2+5t-1)-2e-5,t>0,$$

$$\varphi'(t)=-2e^{2-t}(t-1)(t-2)(t-3).$$

于是,当 $0\leqslant t<1$ 时,$\varphi'(t)>0$,当 $1<t<2$ 时,$\varphi'(t)<0$,当 $2<t<3$ 时,$\varphi'(t)>0$,当 $t>3$ 时,$\varphi'(t)<0$. 由此,$t=1$,$t=3$ 是极大值点,$t=2$ 是极小值点;且 $\varphi(0)<0$,$\varphi(1)>0$,$\varphi(2)<0$,$\varphi(3)<0$. 从而,函数 $\varphi(t)$ 有两个零点:在 $(0,1)$ 内有一个,在 $(1,2)$ 内有一个,故函数 $f(x)$ 有四个零点.

例 7 讨论曲线 $y=4\ln x+k$ 与 $y=4x+\ln^4 x$ 的交点个数.

解 问题等价于讨论方程 $\ln^4 x-4\ln x+4x-k=0$ 有几个不同的实根.

设 $\varphi(x)=\ln^4 x-4\ln x+4x-k$,则有

$$\varphi'(x)=\frac{4(\ln^3 x-1+x)}{x},\text{且 } x=1 \text{ 是 } \varphi(x) \text{的驻点}.$$

当 $0<x<1$ 时,$\varphi'(x)<0$,即 $\varphi(x)$ 单调减少;当 $x>1$ 时,$\varphi'(x)>0$,即 $\varphi(x)$ 单调增加,故 $\varphi(1)=4-k$ 为函数 $\varphi(x)$ 的最小值.

当 $k<4$,即 $4-k>0$ 时,$\varphi(x)=0$ 无实根,即两条曲线无交点.

当 $k=4$,即 $4-k=0$ 时,$\varphi(x)=0$ 有惟一实根,即两条曲线只有一个交点.

当 $k>4$,即 $4-k<0$ 时,由于

$$\lim_{x\to 0^+}\varphi(x)=\lim_{x\to 0^+}[\ln x(\ln^3 x-4)+4x-k]=+\infty;$$

$$\lim_{x\to +\infty}\varphi(x)=\lim_{x\to +\infty}[\ln x(\ln^3 x-4)+4x-k]=+\infty,$$

故 $\varphi(x)=0$ 有两个实根,分别位于 $(0,1)$ 与 $(1+\infty)$ 内,即两条曲线有两个交点.

例 8 考察方程 $e^x=ax^2$ 实根的个数是怎样随着 a 的值而变

化的.

分析 若将方程写成 $e^x x^{-2}=a$,则曲线 $y=e^x x^{-2}$ 与直线 $y=a$ 交点的个数就是方程 $e^x=ax^2$ 实根的个数.

解 将已知方程写成 $e^x x^{-2}=a$. 显然当 $a\leqslant 0$ 时,无解.

在 $a>0$ 时,讨论函数 $f(x)=e^x x^{-2}$ 的增减性. 因

$$f'(x)=e^x(x-2)x^{-3},$$

在 $(-\infty,0)$ 内,$f(x)$ 由 0 增至 $+\infty$;在 $(0,2]$ 内,$f(x)$ 由 $+\infty$ 减至 $\frac{e^2}{4}$;在 $[2,+\infty)$ 内,$f(x)$ 由 $\frac{e^2}{4}$ 增至 $+\infty$.

于是,在 $0<a<\frac{e^2}{4}$ 时,方程只有一个根,该根在 $(-\infty,0)$ 内;在 $a=\frac{e^2}{4}$ 时,方程有两个根:在 $(-\infty,0)$ 内有一个,另一个根是 $x=2$;在 $a>\frac{e^2}{4}$ 时,方程有三个根;在区间 $(-\infty,0)$,$(0,2]$ 和 $[2,+\infty)$ 内各有一个(图 4-17).

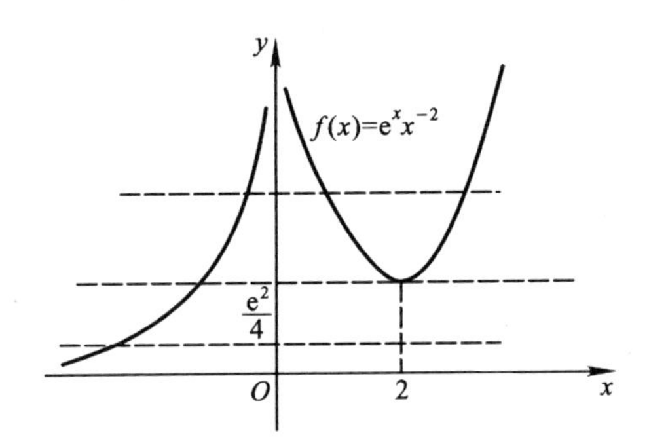

图 4-17

例 9 设 $x>0$,考察方程 $ax+\frac{1}{x^2}=1$ 实根的个数怎样随着 a 的取值而变化的.

解 设$f(x)=ax+\frac{1}{x^2}-1$,则$f'(x)=a-\frac{2}{x^3}$.

当$a=0$时,由$f(x)=0$,即$x^2=1$知,原方程只有一个实根($x>0$).

当$a<0$时,由$\lim\limits_{x\to 0^+}f(x)=+\infty$及$f'(x)<0$知,$f(x)$由$+\infty$减至$-\infty$,则原方程只有一个实根. 注意到$f(1)=a<0$,该根在(0,1)内.

当$a>0$时,$f(x)$有惟一一个极小值点$x_0=\sqrt[3]{\frac{2}{a}}$,且当$f(x_0)=0$时,$a=\frac{2}{9}\sqrt{3}$. 于是,当$a>\frac{2}{9}\sqrt{3}$时,因$f(x_0)>0$,原方程没有实根;当$a=\frac{2}{9}\sqrt{3}$时,原方程仅有一个实根;当$a<\frac{2}{9}\sqrt{3}$时,因$f(x_0)<0$,原方程有两个实根.

例 10 设$c_0+\frac{c_1}{2}+\cdots+\frac{c_n}{n+1}=0$,

则在区间(0,1)内,方程$c_0+c_1x+\cdots+c_nx^n=0$至少有一个实根.

分析 注意到

$$F'(x)=\left(c_0x+\frac{c_1}{2}x^2+\cdots+\frac{c_n}{n+1}x^{n+1}\right)'$$

$$=c_0+c_1x+\cdots+c_nx^n,$$

且$F(0)=0$,$F(1)=0$(题设). 本题应用罗尔定理证明.

证 设 $F(x)=c_0x+\frac{c_1}{2}x^2+\cdots+\frac{c_n}{n+1}x^{n+1}$.

由题设$F(1)=0$,又$F(0)=0$,$F(x)$在[0,1]上连续,在(0,1)内可导. 由罗尔定理知,在(0,1)内至少存在一点ξ,使$F'(\xi)=0$. 这样的ξ就是方程

$$c_0+c_1x+\cdots+c_nx^n=0.$$

在(0,1)内的根.

例 11 设在闭区间$[0,1]$上,有 $0<f(x)<1$,$f(x)$可微且$f'(x)\neq 1$. 证明在$(0,1)$内有且仅有一个 x,使$f(x)=x$.

分析 可以证明,方程$f(x)-x=0$ 在$(0,1)$内有且仅有一个根.

证 (1) 先证存在性. 设 $F(x)=f(x)-x$,则它在$[0,1]$上连续,由题设

$$F(0)=f(0)-0>0, F(1)=f(1)-1<0,$$

据根值定理,在$(0,1)$内至少存在一点 x,使

$$F(x)=f(x)-x=0, \text{即} f(x)=x.$$

(2) 再证惟一性. 用反证法

假若存在 $x_1,x_2\in(0,1)$,且 $x_1<x_2$,使$f(x_1)=x_1$,$f(x_2)=x_2$成立,则在区间$[x_1,x_2]$上应用拉格朗日中值定理,有

$$f'(\xi)=\frac{f(x_2)-f(x_1)}{x_2-x_1}=\frac{x_2-x_1}{x_2-x_1}=1, \xi\in(x_1,x_2),$$

此与题设$f'(x)\neq 1$ 矛盾. 故只能存在惟一的 $x\in(0,1)$,使$f(x)=x$.

二、整式方程有重根的条件

整式方程 $f(x)=0$ 有二重根 $x=a$ 的充要条件是 $f(a)=f'(a)=0$.

例 12 设$f(x)$是二次以上的整式,试证:

(1) $f(x)$除以$(x-a)^2$ 时余式是$f'(a)x+f(a)-af'(a)$;

(2) $f(x)$能被$(x-a)^2$ 整除的充要条件是

$$f(a)=f'(a)=0.$$

分析 设$f(x)$除以$(x-a)^2$ 的商为 $g(x)$,余式为 $px+q$,则

$$f(x)=(x-a)^2g(x)+px+q.$$

按欲证的结果,应用$f(a)$和$f'(a)$表示 p、q 即可.

证 (1) 设$f(x)$除以$(x-a)^2$ 时的商为 $g(x)$,余式为 $px+q$,则

$$f(x)=(x-a)^2g(x)+px+q,$$

$$f'(x)=2(x-a)g(x)+(x-a)^2g'(x)+p,$$

于是
$$f(a)=pa+q, f'(a)=p,$$

由以上二式得 $p=f'(a), q=f(a)-af'(a)$. 即余式为

$$f'(a)x+f(a)-af'(a).$$

(2) 由(1)的结果得, $f(x)$ 能被 $(x-a)^2$ 整除的充要条件是不论 x 为何值时,必须有 $f(x)=(x-a)^2g(x)$, 即

$$f'(a)x+f(a)-af'(a)=0,$$

成立. 即 $f'(a)=0$, $f(a)-af'(a)=0$ 同时成立,也即

$$f(a)=f'(a)=0.$$

例 13 试确定 α 为何值时,三次方程 $2x^3+3x^2-12x+\alpha=0$ 有重根,并求这时方程的根.

分析 设 $f(x)=2x^3+3x^2-12x+\alpha$, 使 $f(x)=0$ 和 $f'(x)=0$ 有公共根,便可以确定 α 的值:

解 设
$$f(x)=2x^3+3x^2-12x+\alpha$$

则
$$f'(x)=6(x-1)(x+2)$$

显然 $f'(x)=0$ 的根为 $x=-2, x=1$.

若使 $f(x)=0$ 和 $f'(x)=0$ 有公共根,则 $x=-2$, 或 $x=1$ 也应是 $f(x)=0$ 的根.

(1) 当 $x=-2$ 时,则由 $f(-2)=\alpha+20=0$ 得 $\alpha=-20$.

这时
$$f(x)=(x+2)^2(2x-5),$$

于是 $f(x)=0$ 的根为 $x=-2$(重根), $x=\frac{5}{2}$.

(2) 当 $x=1$ 时,则由 $f(1)=\alpha-7=0$ 得 $\alpha=7$. 这时

$$f(x)=(x-1)^2(2x+7),$$

于是 $f(x)=0$ 的根为 $x=1$(重根), $x=-\frac{7}{2}$.

例 14 设 λ 是函数 $f(x)=\frac{ax^2+bx+c}{\alpha x^2+\beta x+\gamma}$ 的极值,求证:方程

$$ax^2+bx+c-\lambda(\alpha x^2+\beta x+\gamma)=0$$

有重根.

分析 整式方程 $g(x)=0$ 有重根 $x=x_0$ 的充要条件是 $g(x_0)=g'(x_0)=0$. 本例,若设

$$g(x)=ax^2+bx+c-\lambda(\alpha x^2+\beta x^2+\gamma)$$

就是要推出存在 x_0,使 $g(x_0)=g'(x_0)=0$.

证 因 $f(x)$ 存在极值 λ,所以在极值点 x_0 处,有

$$f'(x_0)=\frac{(2ax_0+b)(\alpha x_0^2+\beta x_0+\gamma)-(2\alpha x_0+\beta)(ax_0^2+bx_0+c)}{(\alpha x_0^2+\beta x_0+\gamma)^2}=0,$$

即 $(2ax_0+b)(\alpha x_0^2+\beta x_0+\gamma)-(2\alpha x_0+\beta)(ax_0^2+bx_0+c)=0.$

由于 λ 是 $f(x)$ 的极值,由上式得

$$\lambda=\frac{ax_0^2+bx_0+c}{\alpha x_0^2+\beta x_0+\gamma}=\frac{2ax_0+b}{2\alpha x_0+\beta},$$

或写作
$$\begin{cases}ax_0^2+bx_0+c-\lambda(\alpha x_0^2+\beta x_0+\gamma)=0, & (1)\\ 2ax_0+b-\lambda(2\alpha x_0+\beta)=0. & (2)\end{cases}$$

若设 $g(x)=ax^2+bx+c-\lambda(\alpha x^2+\beta x+\gamma)$,则(1)式和(2)式正是 $g(x_0)=0$ 和 $g'(x_0)=0$,即所给方程有重根 $x=x_0$. x_0 正是函数 $f(x)$ 的极值点.

§4.7 最大值与最小值应用问题

在实际问题中,所给条件一定,要求效益最佳的问题,就是最大值问题;而效益一定,要求条件最少的问题,是最小值问题.

最值应用问题的**解题程序**

(1) 分析问题,建立目标函数

在充分理解题意的基础上,设出自变量与因变量. 一般,是把问题的目标,即要求的量作为因变量,把它所依赖的量作为自变

量,建立二者的函数关系,即目标函数,并确定函数的定义域.

(2) 解极值问题

确定自变量的取值,使目标达到最大值或最小值.

(3) 作出结论

即回答题目所提出的问题.

一、几何应用

例1 用一块半径为 r 的圆形铁皮,剪去一圆心角为 α 的扇形,把余下部分围成一个圆锥,问 α 为何值时,圆锥的容积最大(图 4-18).

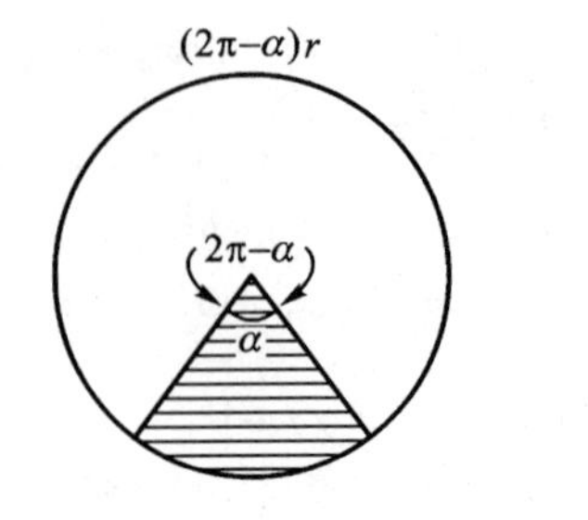

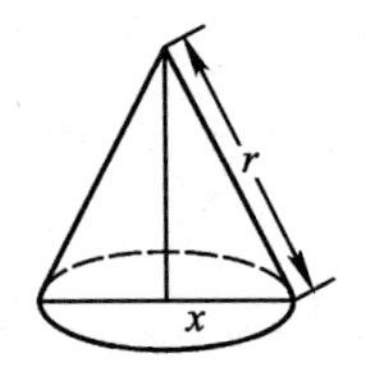

图 4-18

分析 该问题的目标是容积 V 最大,由于圆锥的斜高就是圆形铁皮的半径 r,它是定值,因此,V 只依赖于底面半径 x,由 x 便可确定 α.

解 设圆锥底面半径为 x,容积为 V.

因圆锥的高为 $\sqrt{r^2-x^2}$,则目标函数

$$V=V(x)=\frac{1}{3}\pi x^2\sqrt{r^2-x^2}\quad x\in(0,r)$$

为使计算简便,设

$$f(x)=(x^2\sqrt{r^2-x^2})^2=r^2x^4-x^6,$$

则 $f(x)$ 与 $V(x)$ 有相同的极值点,因

$$f'(x)=4r^2x^3-6x^5$$

$$=-6x^3\left(x-\sqrt{\frac{2}{3}}r\right)\left(x+\sqrt{\frac{2}{3}}r\right)\begin{cases}>0, & 0<x<\sqrt{\frac{2}{3}}r,\\ =0, & x=\sqrt{\frac{2}{3}}r,\\ <0, & \sqrt{\frac{2}{3}}r<x<r.\end{cases}$$

所以,当 $x=\sqrt{\frac{2}{3}}r$ 时($x=0,x=-\sqrt{\frac{2}{3}}r$ 舍),$f(x)$取极大值,也是最大值,于是 $V(x)$取最大值.

因圆锥底面圆的周长 = 去掉 α 所对的扇形弧长后所剩余的弧长. 即

$$2\pi x=(2\pi-\alpha)r$$

所以,当 $x=\sqrt{\frac{2}{3}}r$ 时

$$\alpha=\frac{2\pi(r-x)}{r}=2\pi\left(1-\frac{\sqrt{6}}{3}\right)(\text{弧度})$$

当剪去的圆心角 $\alpha=2\pi\left(1-\frac{\sqrt{6}}{3}\right)$时,圆锥的容积最大.

注释 (1) 本例,若把目标 V 直接表为剪去的圆心角 α 的函数,计算很繁. 这样,通过两次运算:先求 x,再由 x 确定 α 计算简便.

(2) 目标函数与函数 $f(x)$有相同的极值点.

例 2 做一有底无盖的圆柱形容器,具有一定的容积 A 和一定的厚度 t,求在其用料的体积最小时的深度与内径之比.

分析 目标是用料的体积 V 最小. 由于容积 A 与内径 y 及深度 x 之间有函数关系,且 A 一定,则满足$\frac{\mathrm{d}A}{\mathrm{d}x}=0$,从中可得到$\frac{\mathrm{d}y}{\mathrm{d}x}$.

解 设深度为 x,内径为 y,(图 4-19)则用料的体积

$$V=\pi\left(\frac{y}{2}+t\right)^2(x+t)-A,\quad A=\pi\left(\frac{y}{2}\right)^2x$$

其中 A,t 都是常数，则$\dfrac{dA}{dx}=0$，即

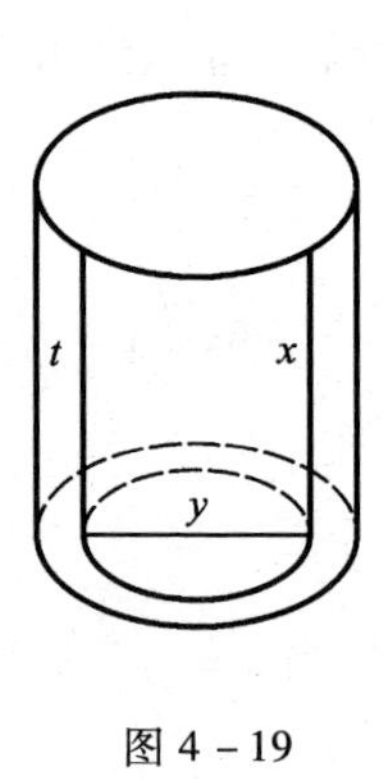

图 4－19

$$\frac{dA}{dx}=\frac{\pi}{4}\left(y^2+2xy\frac{dy}{dx}\right)=0,$$

得$\dfrac{dy}{dx}=-\dfrac{y}{2x}$. 因而

$$\begin{aligned}\frac{dV}{dx}&=\pi\left(\frac{y}{2}+t\right)^2+\pi(x+t)\left(\frac{y}{2}+t\right)\frac{dy}{dx}\\&=\pi\left(\frac{y}{2}+t\right)^2-\frac{\pi y}{2x}(x+t)\left(\frac{y}{2}+t\right)\\&=\frac{\pi t\left(\frac{y}{2}+t\right)(2x-y)}{2x}.\end{aligned}$$

令$\dfrac{dV}{dx}=0$，得 $2x-y=0$，即 $x:y=1:2$. 此时

$$\frac{d^2V}{dx^2}=\frac{\pi t\left(\frac{y}{2}+t\right)(4x+y)}{4x^2}>0,$$

所以 $x:y=1:2$ 可使 V 取到极小值，也是最小值.

二、经济应用

1. 复利公式与贴现公式

设 A_0 为初始本金（称现在值），年利率为 r，按连续复利计算，t 年末的本利和记作 A_t（称未来值）.

已知现在值 A_0 求未来值 A_t，有复利公式

$$A_t=A_0e^{rt}.$$

已知未来值 A_t 求现在值 A_0 有贴现公式（这时利率称为贴现率）

$$A_0=A_te^{-rt}$$

2. 边际与弹性

(1) 边际概念

在经济函数中，因变量对自变量的导数一般用“边际”概念.

例如：

若 $C=C(Q)$ 是总成本函数，则 $MC=\frac{\mathrm{d}C}{\mathrm{d}Q}=C'(Q)$ 称为边际成本函数；

若 $R=R(Q)$ 是总收益函数，则 $MR=\frac{\mathrm{d}R}{\mathrm{d}Q}=R'(Q)$ 称为边际收益函数.

$C'(Q_0)$ 的经济解释　假定已经生产了 Q_0 个单位产品，再生产单位产品总成本增加的数额，也可解释为生产第 Q_0 个单位产品的生产成本.

（2）函数的弹性

函数的弹性

函数 $y=f(x)$ 在点 x 的弹性记作 $\frac{Ey}{Ex}$ 或 $\frac{Ef(x)}{Ex}$，定义为：

$$\lim_{\Delta x\to 0}\frac{\frac{f(x+\Delta x)-f(x)}{f(x)}}{\frac{\Delta x}{x}}=x\frac{f'(x)}{f(x)}=\frac{x}{y}\frac{\mathrm{d}y}{\mathrm{d}x} \tag{1}$$

由于　$\mathrm{d}\ln f(x)=\frac{1}{f(x)}\mathrm{d}f(x)$，$\mathrm{d}\ln x=\frac{1}{x}\mathrm{d}x$，

所以函数 $y=f(x)$ 在点 x 的弹性 $\frac{Ey}{Ex}=\frac{\mathrm{d}\ln f(x)}{\mathrm{d}\ln x}$.

（3）函数弹性的经济意义

1° 需求价格弹性

设 $Q=\varphi(P)$ 为需求函数，则需求价格弹性记作 E_d（或 ε），定义为：

$$E_d=\frac{P}{Q}\frac{\mathrm{d}Q}{\mathrm{d}P}=p\frac{\varphi'(p)}{\varphi(p)}$$

需求价格弹性用微分形式可表示为：

$$E_d=\frac{\mathrm{d}(\ln Q)}{\mathrm{d}(\ln P)}$$

由于假设 $Q=\varphi(P)$ 是单调减函数，因 $\frac{\mathrm{d}Q}{\mathrm{d}P}<0$，所以 $E_d<0$.

E_d 的经济解释　在价格为 P 时，若价格提高或降低 1% 时，需求由 Q 起降低（或提高）的百分数为 $|E_d|$.

需求价格弹性 E_d 与收益 R 对价格 P 的边际效应 $\frac{\mathrm{d}R}{\mathrm{d}P}$ 之间的关系：

$$\frac{\mathrm{d}R}{\mathrm{d}P}=\varphi(P)(1+E_d). \tag{2}$$

设 $Q=\varphi(P)$ 为需求函数，若将收益 R 表为 P 的函数：$R=P\cdot Q=P\cdot\varphi(P)$，则 $\frac{\mathrm{d}R}{\mathrm{d}P}$ 也是边际收益，为了与 $\frac{\mathrm{d}R}{\mathrm{d}Q}$ 区别，也称**边际效应**.

(i) $E_d>-1(|E_d|<1)$ 时，$\frac{\mathrm{d}R}{\mathrm{d}P}>0$. 提高价格可使总收益增加. 这时为低弹性，需求下降的幅度小于价格提高的幅度.

(ii) $E_d<-1(|E_d|>1)$ 时，$\frac{\mathrm{d}R}{\mathrm{d}P}<0$. 提高价格，总收益减少. 这时为（高）弹性，需求下降的幅度大于价格提高的幅度.

(iii) $E_d=-1(|E_d|=1)$ 时，$\frac{\mathrm{d}R}{\mathrm{d}P}=0$. 这时，为单位弹性，总收益达到最大值.

需求价格弹性 E_d 与边际收益 MR 之间的关系

$$MR=P\left(1+\frac{1}{E_d}\right)=\varphi^{-1}(Q)\left(1+\frac{1}{E_d}\right).$$

2° 收益价格弹性

若将收益 R 表为价格 P 的函数：$R=R(P)$，则收益价格弹性定义为

$$E_R=\frac{ER}{EP}=\frac{P}{R}\frac{\mathrm{d}R}{\mathrm{d}P}=P\frac{R'(P)}{R(P)}. \tag{3}$$

需求价格弹性 E_d 与收益价格弹性 E_R 之间的关系：

$$E_R = 1 + E_d.$$

将$\frac{dR}{dP}$的表示式(2)代入 E_R 的表示式(3)便可得上式.

其他经济函数都可按函数弹性定义(1)式来定义弹性.

(5) 增长率

设 y 是时间 t 的函数 $y=f(t)$,则定义

$$\lim_{\Delta t \to 0} \frac{\frac{f(t+\Delta t)-f(t)}{f(t)}}{\Delta t} = \frac{f'(t)}{f(t)} = \frac{1}{y}\frac{dy}{dt}$$

为函数 $y=f(t)$ 在时间点 t 的瞬时增长率,简称增长率.

对指数函数 $y=A_0 e^{rt}$,它在任何时间点 t 上都以常数比率 r 增长:

$$\frac{1}{y}\frac{dy}{dt} = \frac{A_0 e^{rt} \cdot r}{A_0 e^{rt}} = r.$$

当函数 $A_0 e^{rt}$ 中的 r 取负值时,也认为是瞬时增长率,这是负增长,这时也称 r 为衰减率.

例 3 如果世界上可耕种的土地由于气候条件以每年 1.5% 的速度被侵蚀,问现在数量 A 的可耕种的土地多少年后将剩下一半.

解 设经 t 年后,可耕种的土地为$\frac{1}{2}A$,这里 $r=-0.015$ 是常数. 由

$$\frac{1}{2}A = Ae^{-0.015t} \quad 或 \quad -\ln 2 = -0.015t.$$

若取 $\ln 2 = 0.693\,1$,易算出 $t=46.2$(年).

即约经过 46.2 年,世界上可耕种的土地是现在可耕种的土地数量的一半.

例 4 建造一座钢桥的费用为 380 000 元,每隔 10 年需要油漆一次,每次费用 40 000 元,桥的期望寿命为 40 年;建造一座木桥的费用为 200 000 元,每隔两年需油漆一次,每次费用 20 000

元,期望寿命为 15 年;若年利率为 10%,桥需长年使用,问建造哪一种桥较为经济?

分析 由于一座桥的寿命有限,而桥需要长年使用,桥的费用包括两部分:建桥的系列费用和油漆的系列费用.

为了比较钢桥费用和木桥费用,需把各次费用化为现在值.

解 对钢桥.记

$A_0=380\ 000, r=0.1, t=40, 0.1\times40=4$,则建桥费用的现在值

$$D_1=A_0+A_0\mathrm{e}^{-4}+A_0\mathrm{e}^{-2\times4}+\cdots=A_0\frac{1}{1-\mathrm{e}^{-4}}=\frac{A_0\mathrm{e}^4}{\mathrm{e}^4-1}$$

$$=\frac{380\ 000\times\mathrm{e}^{0.1\times40}}{\mathrm{e}^{0.1\times40}-1}=387\ 089.8\ (\text{元}).$$

同样可算得油漆费用的现在值

$$D_2=\frac{40\ 000\times\mathrm{e}^{0.1\times10}}{\mathrm{e}^{0.1\times10}-1}=63\ 279.1\ (\text{元}).$$

建钢桥总费用的现在值

$$D_{\text{钢}}=D_1+D_2=450\ 368.9\ (\text{元}).$$

类似计算.建木桥费用和油漆木桥费用的现在值分别为

$$D_3=\frac{200\ 000\times\mathrm{e}^{0.1\times15}}{\mathrm{e}^{0.1\times15}-1}=257\ 443\ (\text{元}),$$

$$D_4=\frac{20\ 000\times\mathrm{e}^{0.1\times2}}{\mathrm{e}^{0.1\times2}-1}=110\ 333.1\ (\text{元}).$$

建木桥总费用的现在值

$$D_{\text{木}}=D_3+D_4=367\ 776.1\ (\text{元}).$$

由计算知,建木桥合适.

3. 总收益最大

总收益为价格 P 与销量 Q 的乘积.即总收益函数为

$$R=R(Q)=P\cdot Q.$$

若产品以固定价格 P_0 销售,总收益函数为

$$R = P_0 \cdot Q.$$

这种情况,销量越多,总收益越多,不存在极值问题.

若需求函数 $Q=\varphi(P)$ 是单调减少的,则总收益函数为

$$R = \varphi^{-1}(Q) \cdot Q.$$

考虑这种情况下的极值问题.

求总收益最大有两种方法:

(1) 应用极值存在的必要条件和充分条件求解.

(2) 用需求价格弹性:当 $E_d = -1$ 时,总收益最大.

由于边际收益与需求价格弹性有关系式

$$MR = \frac{\mathrm{d}R}{\mathrm{d}Q} = P\left[1 + \frac{1}{E_d}\right]. \tag{4}$$

由极值存在的条件,假若销量 $Q=Q_0$ 时,总收益最大,那么,由必要条件,有

$$\left.\frac{\mathrm{d}R}{\mathrm{d}Q}\right|_{Q=Q_0} = 0.$$

由(4)式,并注意到 $P>0$,可推得 $E_d = -1$.

由充分条件,

当 $Q<Q_0$ 时,$\frac{\mathrm{d}R}{\mathrm{d}Q}>0$,由(4)式,可知 $E_d < -1$;

当 $Q>Q_0$ 时,$\frac{\mathrm{d}R}{\mathrm{d}Q}<0$,由(4)式,可知 $E_d > -1$.

由此,得到用需求价格弹性确定最大收益的结论:**当产量 Q_0 可使需求价格弹性 $E_d = -1$ 时,则总收益最大.**

例 5 已知某商品的需求函数 $Q = \frac{100}{P+1} - 1$,问价格为多少时,总收益最大?并求出总收益最大时,总收益的价格弹性.

解 1 由已知,总收益函数(将 R 表为 P 的函数)

$$R = P \cdot Q = P \cdot \left(\frac{100}{P+1} - 1\right) = \frac{99P - P^2}{P+1}, 0 \leqslant P \leqslant 99.$$

因 $\frac{\mathrm{d}R}{\mathrm{d}P}=-\frac{(P+11)(P-9)}{(P+1)^2}\begin{cases}>0, & 0<P<9,\\ =0, & P=9(P=-11\text{ 舍}),\\ <0, & 9<P<99,\end{cases}$

故当 $P=9$ 时,总收益最大.

若总收益函数为 $R=R(P)$,则总收益的价格弹性

$$E_R=\frac{ER}{EP}=\frac{P}{R}\frac{\mathrm{d}R}{\mathrm{d}P}.$$

因当总收益最大,即当 $P=9$ 时,$\frac{\mathrm{d}R}{\mathrm{d}P}=0$,所以,这时 $E_R\Big|_{P=9}=0$.

解 2 因当需求价格弹性 $E_d=-1$ 时,总收益最大. 由于

$$Q=\frac{100}{P+1}-1=\frac{99-P}{P+1},\frac{\mathrm{d}Q}{\mathrm{d}P}=-\frac{100}{(P+1)^2},$$

由 $$E_d=\frac{P}{Q}\frac{\mathrm{d}Q}{\mathrm{d}P}=\frac{P(P+1)}{99-P}\cdot\left(-\frac{100}{(P+1)^2}\right)=-1$$

可解得 $P=9(P=-11$ 舍),即总收益最大时,价格 $P=9$.

此时,由 $E_R=1+E_d$ 知,$E_R=0$.

4. 利润最大

在假设产量与销量一致的情况下,总利润函数应是总收益函数与总成本函数之差:

$$\pi=\pi(Q)=R(Q)-C(Q).$$

若工厂以最大利润为目标而控制产量,且产量为 Q_0 时可达此目的,根据极值存在的必要条件和充分条件,利润函数应满足

$$\left.\frac{\mathrm{d}\pi}{\mathrm{d}Q}\right|_{Q=Q_0}=R'(Q_0)-C'(Q_0)=0,$$

$$\left.\frac{\mathrm{d}^2\pi}{\mathrm{d}Q^2}\right|_{Q=Q_0}=R''(Q_0)-C''(Q_0)<0.$$

上二式可写作,当 $Q=Q_0$ 时

$$MR=MC, \tag{5}$$

$$\frac{\mathrm{d}(MR)}{\mathrm{d}Q}<\frac{\mathrm{d}(MC)}{\mathrm{d}Q}. \tag{6}$$

由(5)式和(6)式,关于利润最大必有下述结论:**产量水平可使边际收益等于边际成本,且若再增加产量,边际成本将大于边际收益时,可获最大利润**.

例 6 设平均收益函数和总成本函数分别为

$$AR = a - bQ \quad (a > 0, 0 < b < 4),$$

$$C = \frac{1}{3}Q^3 - 7Q^2 + 100Q + 50.$$

当边际收益 $MR = 67$,需求价格弹性 $E_d = -\frac{89}{22}$时,其利润最大:

(1) 求利润最大时的产量;

(2) 确定 a, b 的值.

解 (1) 由总成本函数得边际成本函数

$$MC = Q^2 - 14Q + 100.$$

利润最大时,有 $MR = MC$,即

$$67 = Q^2 - 14Q + 100 \text{ 解得 } Q_1 = 3, Q_2 = 11.$$

因为

$$\frac{d(MC)}{dQ} = 2Q - 14, \frac{d(MC)}{dQ}\bigg|_{Q=11} = 22 - 14 > 0,$$

$$\frac{d(MC)}{dQ}\bigg|_{Q=3} = 6 - 14 < 0,$$

$$R = P \cdot Q = AR \cdot Q = aQ - bQ^2,$$

$$\frac{d(MR)}{dQ} = -2b < 0 \quad (0 < b < 4),$$

故当 $Q_2 = 11$ 时,满足利润极大时的充分条件,即利润最大时,产量 $Q = 11$.

(2) 因边际收益 MR 与需求价格弹性 E_d 之间有关系式

$$MR = P\left(1 + \frac{1}{E_d}\right),$$

将 $MR = 67, E_d = -\frac{89}{22}$代入上式,可得利润最大时的价格 $P = 89$.

由于 $AR=a-bQ, MR=a-2bQ$，将 $MR=67, P=AR=89, Q=11$ 代入上二式，可得 $a=111, b=2$.

例 7 设某物品进货价每件 70 元，售价为 100 元，则平均一天能卖出 180 件. 若每件售价提高 x 元，则一天卖出的件数减少 $\frac{3}{25}x^2$ 件. 现商家想获得最大利润，问每件物品的售价定为多少元最合适？设售价是 5 元的整数倍.

分析 利润 = 每件利润 × 卖出件数

= (每件售价 − 每件成本) × 卖出件数.

解 依题设，每件售价为 $(100+x)$ 元，每件利润为

$$(100+x-70)\text{元}.$$

每天卖出的件数为 $\left(180-\frac{3}{25}x^2\right)$ 件. 所以每天的利润为

$$\begin{aligned}\pi(x)&=(100+x-70)\left(180-\frac{3}{25}x^2\right)\\&=-\frac{3}{25}x^3-\frac{18}{5}x^2+180x+5\ 400.\end{aligned}$$

由 $\pi'(x)=-\frac{9}{25}x^2-\frac{36}{5}x+180=0$ 得 $x=-10+\sqrt{600}\approx 14.5$，($x=-10-\sqrt{600}$ 舍去). 又

$$\pi''(x)=-\frac{18}{25}x-\frac{36}{5},\quad \pi''(14.5)<0.$$

所以 $x=14.5$ 是利润函数的极大值点，也是取最大值的点.

因 $\pi(14)=6\ 720, \pi(15)=6\ 885$，故取 $x=15$(元). 从而售价定为每件 115 元，商家可获得最大利润.

例 8 某企业的生产函数为

$$Q=g(L)=40L^{\frac{1}{2}},$$

其中 L 是劳动力的投入量，Q 是产量，产品的售价为每单位 $\bar{P}=5$ 百元，其生产成本组成为每周期固定成本 $F=50$ 百元加所雇用的每单位劳动力 25 百元(即工资率，记作 W). 求

（1）利润最大时的劳动力投入水平；

（2）最大利润值.

解 （1）由已知条件,收益函数和成本函数分别为

$$R=\bar{P}\cdot Q=5\times 40L^{\frac{1}{2}}=200L^{\frac{1}{2}}(\text{百元}),$$
$$C=WL+F=25L+50(\text{百元}).$$

所以,利润函数为

$$\pi=R-C=200L^{\frac{1}{2}}-25L-50(\text{百元}),$$

由 $\pi'(L)=100L^{-\frac{1}{2}}-25=0$ 得 $L=16$.

又 $$\pi''(L)=-50L^{-\frac{3}{2}},\pi''(16)<0,$$

所以利润最大化时的劳动力投入水平为 $L=16$ 单位.

（2）最大利润

$$\pi(16)=350(\text{百元}).$$

例 9 设某企业的生产函数(或总产量函数)为 $Q=g(L)$,其中 Q 是产品的产量,L 是劳动力数量;需求函数为 $P=\varphi(Q)$,其中 P 是产品的价格;劳动力供给函数为 $W=h(L)$,其中 W 为工资率,即每个劳动力所付工资.

（1）该企业以利润最大化为目标,在不考虑固定成本的情况下,试推导出下述关系式

$$P\left(1+\frac{1}{E_d}\right)MP=W\left(1+\frac{1}{\theta}\right),$$

其中 $E_d=\dfrac{P}{Q}\dfrac{\mathrm{d}Q}{\mathrm{d}P}$ 为需求价格弹性,$\theta=\dfrac{W}{L}\dfrac{\mathrm{d}L}{\mathrm{d}W}$ 为劳动力供给弹性.

$MP=\dfrac{\mathrm{d}Q}{\mathrm{d}L}$ 为边际产量.

（2）在上述条件下,当企业的收益达到最大时,将有劳动力供给弹性 $\theta=-1$.

解 （1）依题设,企业追求最大利润,在不计固定成本时,利润函数为

$$\pi=R-C=P\cdot Q-W\cdot L,$$

其中 $P=\varphi(Q), Q=g(L), W=\psi(L)$，上式以 L 为自变量.

由极值存在的必要条件，用复合函数的导数法则，有

$$\frac{\mathrm{d}\pi}{\mathrm{d}L}=P\frac{\mathrm{d}Q}{\mathrm{d}L}+Q\frac{\mathrm{d}P}{\mathrm{d}Q}\cdot\frac{\mathrm{d}Q}{\mathrm{d}L}-L\frac{\mathrm{d}W}{\mathrm{d}L}-W=0,$$

即

$$\left(P+Q\frac{\mathrm{d}P}{\mathrm{d}Q}\right)\frac{\mathrm{d}Q}{\mathrm{d}L}=W+L\frac{\mathrm{d}W}{\mathrm{d}L}.$$

由反函数的导数，上式可写作

$$P\left(1+\frac{1}{\dfrac{P}{Q}\dfrac{\mathrm{d}Q}{\mathrm{d}P}}\right)\frac{\mathrm{d}Q}{\mathrm{d}L}=W\left(1+\frac{1}{\dfrac{W}{L}\dfrac{\mathrm{d}L}{\mathrm{d}W}}\right).$$

因边际产量 $MP=\dfrac{\mathrm{d}Q}{\mathrm{d}L}$，并注意 E_d 和 θ 的表示式，上式便是

$$P\left(1+\frac{1}{E_d}\right)MP=W\left(1+\frac{1}{\theta}\right). \tag{7}$$

（2）企业的收益函数为

$$R=P\cdot Q=\varphi(Q)\cdot Q.$$

由极值存在的必要条件，有

$$\frac{\mathrm{d}R}{\mathrm{d}Q}=\frac{\mathrm{d}P}{\mathrm{d}Q}\cdot Q+P=0,$$

即

$$P\left[1+\frac{Q}{P}\frac{\mathrm{d}P}{\mathrm{d}Q}\right]=P\left[1+\frac{1}{E_d}\right]=0.$$

因 $MP>0, W>0$，由(7)式可知，当收益达到最大时，有 $\theta=-1$.

例 10 某旅行社组织风景区旅游团，若每团人数不超过 30 人，飞机票每张收费 900 元；若每团人数多于 30 人，则给予优惠，每多 1 人，机票每张减少 10 元，直至每张降为 450 元. 每团乘飞机，旅行社需付给航空公司包机费 15 000 元.

（1）写出飞机票的价格函数；

（2）每团人数为多少时，旅行社可获最大利润？

解 依题意，对旅行社而言，机票收入是收益，付给航空公司的包机费是成本. 设 x 表示每团人数，P 表示飞机票的价格.

（1）因$\dfrac{900-450}{10}=45$，所以每团人数最多为 $30+45=75$ 人. 从而飞机票的价格函数

$$P=\begin{cases}900, & 1\leqslant x\leqslant 30,\\ 900-10\times(x-30), & 30<x\leqslant 75.\end{cases}\quad (x \text{ 取正整数})$$

（2）旅行社的利润函数为

$$\begin{aligned}\pi&=\pi(x)=xP-15\ 000\\ &=\begin{cases}900x-15\ 000, & 1\leqslant x\leqslant 30,\\ 900x-10\times(x-30)x-15\ 000, & 30<x\leqslant 75.\end{cases}\end{aligned}$$

因 $\pi'(x)=\begin{cases}900,\\ 1\ 200-20x,\end{cases}$ 由 $\pi'(x)=0$ 得 $x=60$，又 $\pi''(x)=-20<0$，所以 $x=60$ 人时，利润极大，也是最大值，即每团 60 人时，旅行社可获最大利润. 最大利润是

$$\pi=21\ 000(\text{元}).$$

例 11 某集团公司计划筹款，假设所筹款以利息形式回报，且筹款量与利率成正比，而所筹款贷出的收益为 16%. 问筹款利率确定为多少，可使贷款纯收益最大.

分析 这是利润最大问题：贷款利息所得是收益，筹款所付利息是成本，贷款纯收益是利润.

解 设以 r 表示待定筹款利率，以 M 表示筹款总量. 依题设，筹款总量与利率成正比，有

$$M=kr(k>0,k \text{ 是比例系数}),$$

筹款利息为

$$rM=r(kr)=kr^2.$$

因贷款总额也为 M，则贷款收益为

$$0.16M=0.16kr.$$

于是，贷款的纯收益（即利润）为

$$\pi(r)=0.16kr-kr^2.$$

由 $\qquad \pi'(r)=0.16k-2kr=0 \quad$ 得 $r=0.08$，

又　　$\pi''(r) = -2k<0$(当 $r=0.08$ 时,也如此).

故 $r=0.08$ 是纯收益函数惟一的极值点,且是极大值点.即利率定为 8% 时,可使贷款纯收益最大.

5. 平均成本最低

设总成本函数为 $C=C(Q)$,则平均成本函数

$$AC=\frac{C(Q)}{Q}.$$

关于**平均成本最低**有结论:**产量水平可使边际成本等于平均成本,且若再增加产量,边际成本将大于平均成本时,平均成本最低.**

下面推证该结论.

假设平均成本函数在产量 $Q=Q_0$ 时达到最小值,由极值存在的必要条件

$$\frac{\mathrm{d}(AC)}{\mathrm{d}Q}=\frac{Q\cdot C'(Q)-C(Q)}{Q^2}=\frac{1}{Q}[MC-AC]=0,$$

因 $Q>0$,上式可写作

$$MC=AC. \tag{8}$$

由极值存在的充分条件

$$\begin{aligned}\frac{\mathrm{d}^2(AC)}{\mathrm{d}Q^2}&=\frac{\mathrm{d}}{\mathrm{d}Q}\left[\frac{1}{Q}(MC-AC)\right]\\&=-\frac{1}{Q^2}(MC-AC)+\frac{1}{Q}\left[\frac{\mathrm{d}(MC)}{\mathrm{d}Q}-\frac{\mathrm{d}(AC)}{\mathrm{d}Q}\right]>0\end{aligned}$$

因已有 $MC=AC,\dfrac{\mathrm{d}(AC)}{\mathrm{d}Q}=0$,且 $Q>0$,上式可写作

$$\frac{\mathrm{d}(MC)}{\mathrm{d}Q}>0. \tag{9}$$

(8)式和(9)式已说明,平均成本最低时,边际成本必等于平均成本,且若再增产量,边际成本将大于平均成本.

例 12　在经济学中假定平均成本 AC 曲线是 U 型曲线,试确定平均成本 AC 曲线与边际成本 MC 曲线的下述关系:

（1）MC 曲线在上升段相交于 AC 曲线的最低点；

（2）MC 曲线的最低点一定在 AC 曲线最低点的左侧.

分析　按题设，平均成本函数存在惟一的极值且是极小值；又 AC 曲线是上凹的，即 $\frac{d^2(AC)}{dQ^2}>0$.

证（1）　设总成本函数为 $C=C(Q)$，则平均成本函数为 $AC=\frac{C(Q)}{Q}$，边际成本函数为 $MC=\frac{dC}{dQ}$. 由于

$$\frac{d(AC)}{dQ}=\frac{1}{Q}(MC-AC), \tag{10}$$

$$\frac{d^2(AC)}{dQ^2}=\frac{1}{Q}\left[\frac{d(MC)}{dQ}-2\frac{d(AC)}{dQ}\right]. \tag{11}$$

按题设，假设平均成本函数在 Q_0 处取得极小值（也是最小值），则由极值存在的必要条件，有

$$\left.\frac{d(AC)}{dQ}\right|_{Q=Q_0}=0.$$

由（10）式可得，当 $Q<Q_0$ 时，$MC<AC$；当 $Q=Q_0$ 时，$MC=AC$；当 $Q>Q_0$ 时，$MC>AC$.

由上得边际成本 MC 曲线相交于平均成本 AC 曲线的最低点.

由极值存在的充分条件得 $\left.\frac{d^2(AC)}{dQ^2}\right|_{Q=Q_0}>0$. 由（11）式，得

$$\left.\frac{d(MC)}{dQ}\right|_{Q=Q_0}>0,\left(\text{因已有}\left.\frac{d(AC)}{dQ}\right|_{Q=Q_0}=0\right)$$

由此，MC 曲线在上升段相交于 AC 曲线的最低点（图 4－20）.

证（2）　假若 MC 曲线在 $Q=Q_1$ 处达到极小值（也是最小值），则由极值存在的必要条件有 $\left.\frac{d(MC)}{dQ}\right|_{Q=Q_1}=0$. 由（11）式及 $\frac{d^2(AC)}{dQ^2}>0$ 可得 $\left.\frac{d(AC)}{dQ}\right|_{Q=Q_1}<0$，即 MC 曲线的最低点在 AC 曲线的下降段处，因此，MC 曲线的最低点一定在 AC 曲线的最低点的

左侧(图 4-20).

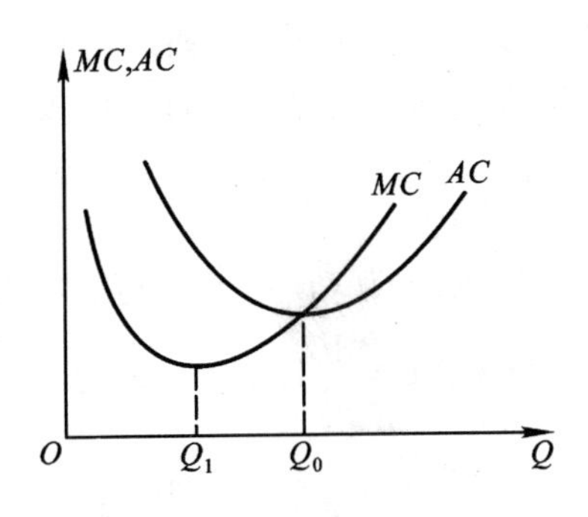

图 4-20

例 13 某厂每月生产 Q 吨产品的总成本

$$C=\frac{1}{4}Q^2+8Q+4\,900\text{ 元},$$

若价格每吨 P 元,每月可销售$\frac{1}{3}(528-P)$吨. 假设该厂每月能将全部产品销清. 试以(1)最大利润,(2) 最大收益,(3) 最低平均成本为基础,求

1° 每月产量;　　　2° 每吨平均成本;

3° 每月总成本;　　4° 产品价格;

5° 每月总收益;　　6° 每月总利润.

解 (1) 该厂以最大利润为目标,写出利润函数 $\pi(Q)$.

由题设 $Q=\frac{1}{3}(528-P)$知 $P=528-3Q$,则收益函数

$$R(Q)=P\cdot Q=528Q-3Q^2,$$

于是

$$\pi(Q)=R(Q)-C(Q)=-\frac{13}{4}Q^2+520Q-4\,900.$$

由
$$\pi'(Q)=-\frac{13}{2}Q+520=0$$

得惟一驻点 $Q=80$.

又
$$\pi''(Q)=-\frac{13}{2}<0,$$
所以每月产量 $Q=80$ 吨时,利润最大.

将 $Q=80$ 分别代入平均成本函数,总成本函数,价格函数,总收益函数,总利润函数,可得

$$AC=89.25\ 元/吨;C=7\ 140\ 元;$$
$$P=288\ 元/吨;R(80)=23\ 040\ 元;\pi=15\ 900\ 元.$$

(2) 该厂以最大收益为目标,而收益函数为
$$R(Q)=528Q-3Q^2.$$
可以算得,当每月产量 $Q=88$ 吨时,收益最大. 此时
$$AC=85.68\ 元/吨;C=7\ 540\ 元;$$
$$P=264\ 元/吨;R=23\ 232\ 元;\pi=15\ 692\ 元.$$

(3) 该厂以最低平均成本为目标,而平均成本函数为
$$AC=\frac{1}{4}Q+8+\frac{4\ 900}{Q}.$$
可以算得,当每月产量 $Q=140$ 吨时,平均成本最低. 此时
$$AC=78\ 元/吨;\quad C=10\ 920\ 元;$$
$$P=108\ 元/吨;\quad R=15\ 120\ 元;\pi=4\ 200\ 元.$$

6. 总产量最高,平均产量最高

若以 L 表示生产要素(劳动力)的投入量,Q 表示产量,则生产函数(也称为总产量函数)记作 $Q=g(L)$. 平均产量函数为
$$AP=\frac{g(L)}{L}.$$
为使生产函数有经济意义,它被限定一种特定的形式,如图 4-21(a)所示. 同样,平均产量函数 AP 和边际产量函数 $MP=g'(L)$ 如图 4-21(b)所示. 由此,关于生产函数有两方面的问题:

(1) 总产量最高;

(2) 平均产量最高.

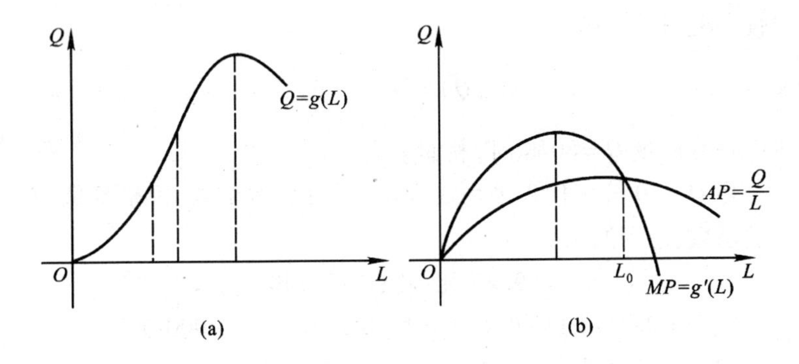

图 4－21

仿平均成本最低的条件推导，可以得到：若 $L=L_0$ 时，平均产量最高，其必要条件和充分条件分别是，当 $L=L_0$ 时

$$MP=AP, \tag{12}$$

$$\frac{\mathrm{d}(MP)}{\mathrm{d}L}<0. \tag{13}$$

(12)式和(13)式表明，**平均产量最高**的结论：**生产要素的投入量可使边际产量 MP 等于平均产量 AP，且若再增加要素的投入量，边际产量将小于平均产量时，平均产量最高.**

从图形上看(图 4－21(b))，边际产量曲线在下降段交于平均产量曲线的最高点.

例 14 设生产函数为

$$Q=g(L)=-\frac{4}{5}L^3+48L^2.$$

(1) 求总产量最高时的 L 值，并求出最高产量；

(2) 导出平均产量函数 AP，说明在 AP 的最大值点上，$AP=MP$.

解 (1) 由 $g'(L)=-\frac{12}{5}L^2+96L=0$ 得 $L=40, L=0$(舍). 又 $g''(L)=-\frac{24}{5}L+96, g''(40)<0$，故 $L=40$ 时总产量取最大值，最高产量为 $g(40)=25\ 600$.

(2) 平均产量函数

$$AP=\frac{g(L)}{L}=-\frac{4}{5}L^2+48L.$$

由$\frac{\mathrm{d}(AP)}{\mathrm{d}L}=-\frac{8}{5}L+48=0$,得 $L=30$. 又$\frac{\mathrm{d}^2(AP)}{\mathrm{d}L^2}=-\frac{8}{5}<0$(对 L 取任何值都成立),故 $L=30$ 时,平均产量最高,其值为 $AP\big|_{L=30}=720$.

边际产量函数 $MP=g'(L)=-\frac{12}{5}L^2+96L$. 因 $g'(30)=720$,所以当 $L=30$ 时,AP 取最大值,且这时有 $AP=MP$.

7. 征税与补贴

征税有两类问题:

1. 若厂商是以**追求最大利润为目标**而控制产量,政府对产品征税,政府应如何确定税率 t——单位产品的税收金额,以使征税收益达到最大.

设工厂的总收益函数 $R=R(Q)$ 和总成本函数 $C=C(Q)$ 已给定. 由于每单位产品要上税,其值为 t,从而,上税后的总成本函数是

$$C_t=C_t(Q)=C(Q)+t\cdot Q.$$

政府征税得到的总收益是

$$T=t\cdot Q,$$

这是目标函数,由于 T 与 t 和 Q 都有关,必须恰当的选择 t,以使 T 取最大值.

若政府对单位产品给以补贴 t,则总收益函数将增加 tQ. 设总收益函数为 R_t,则

$$R_t=R_t(Q)=R(Q)+t\cdot Q.$$

2. 若厂商以**市场均衡为目标**而控制产量,政府对产品征税,应如何确定税率 t,使征税收益最大.

设市场的需求函数 $Q_d=\varphi(P)$ 和供给函数 $Q_s=f(P)$ 已给定. 由于政府对产品征收的税率为 t,如果 P 是对消费者的市场价格,

那么对厂商的实际价格将是 $P-t$.

例 15 已知厂商的总收益函数和总成本函数分别为

$$R=\alpha Q-\beta Q^2(\alpha>0,\beta>0),C=aQ^2+bQ+c(a>0,b>0,c>0).$$

厂商追求最大利润,政府征收产品税:

(1) 确定税率 t,使征税收益最大;

(2) 试说明当税率 t 增加时,产品的价格随之增加,而产量随之下降;

(3) 征税收益最大时的税率 t 由消费者和厂商各分担多少?

解 (1) 用 T 表示征税收益,则目标函数是

$$T=tQ.$$

税后总成本函数是

$$C_t=aQ^2+bQ+c+tQ.$$

由于 $$\frac{\mathrm{d}R}{\mathrm{d}Q}=\alpha-2\beta Q,\quad \frac{\mathrm{d}C_t}{\mathrm{d}Q}=2aQ+b+t,$$

由 $$\frac{\mathrm{d}R}{\mathrm{d}Q}=\frac{\mathrm{d}C_t}{\mathrm{d}Q}$$

得 $$Q_t=\frac{\alpha-b-t}{2(a+\beta)}.$$

又 $$\frac{\mathrm{d}^2R}{\mathrm{d}Q^2}=-2\beta,\quad \frac{\mathrm{d}^2C_t}{\mathrm{d}Q^2}=2a,$$

显然,$\frac{\mathrm{d}^2R}{\mathrm{d}Q^2}<\frac{\mathrm{d}^2C_t}{\mathrm{d}Q^2}$,故税后,获最大利润的产出水平是 $Q_t=\frac{\alpha-b-t}{2(a+\beta)}$. 这时,征税收益函数是

$$T=tQ_t=\frac{t(\alpha-b-t)}{2(a+\beta)}.$$

由 $$\frac{\mathrm{d}T}{\mathrm{d}t}=\frac{\alpha-b-2t}{2(a+\beta)}\overset{\text{令}}{=\!=}0 \text{ 得 } t=\frac{\alpha-b}{2},$$

又 $$\frac{\mathrm{d}^2T}{\mathrm{d}t^2}=\frac{-2}{2(a+\beta)}=-\frac{1}{a+\beta}<0 \quad (\text{对任何 } t \text{ 皆成立}),$$

所以，当税率 $t=\frac{\alpha-b}{2}$ 时，征税收益最大.

(2) 由总收益函数得产品的价格（也称需求）函数 $P=\frac{R}{Q}=\alpha-\beta Q$，税后的价格

$$P_t=\alpha-\beta Q_t=\alpha-\frac{\alpha-b-t}{2(a+\beta)}\beta.$$

因 $$\frac{\mathrm{d}P_t}{\mathrm{d}t}=\frac{\beta}{2(a+\beta)}>0,\frac{\mathrm{d}Q_t}{\mathrm{d}t}=\frac{-1}{2(a+\beta)}<0,$$

所以，价格随 t 增加而增加，产量随 t 增加而减少.

(3) 在上述 Q_t 的表示式中，当 $t=0$ 时（即不纳税），是厂商获最大利润的产量，这时的产量 Q_0 和价格 P_0 分别是

$$Q_0=\frac{\alpha-b}{2(a+\beta)},P_0=\alpha-\beta Q_0.$$

于是，消费者承担的税率额是

$$\begin{aligned}P_t-P_0&=\alpha-\beta Q_t-(\alpha-\beta Q_0)\\&=\alpha-\beta\frac{\alpha-b-t}{2(a+\beta)}-\left[\alpha-\beta\frac{\alpha-b}{2(a+\beta)}\right]\\&=\frac{\beta(\alpha-b)}{4(a+\beta)}.\end{aligned}$$

从而厂商承担的税率额是

$$t-(P_t-P_0)=\frac{\alpha-b}{2}-\frac{\beta(\alpha-b)}{4(a+\beta)}=\frac{(2a+\beta)(\alpha-b)}{4(a+\beta)}.$$

例 16 设产品的需求函数和供给函数分别为

$$Q_d=a-bP(a>0,b>0),Q_s=-c+dP(c>0,d>0).$$

若厂商以供需一致来控制产量，政府征收产品税，求：

(1) 税前的均衡价格和均衡产量；

(2) 税率 t 为何值时，征税收益最大？

解 (1) 由 $Q_d=Q_s$，即

$$a-bP=-c+dP$$

可解得均衡价格和均衡产量分别为

$$\bar{P}=\frac{a+c}{b+d},\bar{Q}=\frac{ad-bc}{b+d}\quad(ad>bc).$$

（2）目标函数是

$$T=t\cdot Q.$$

税后供给函数是(厂商得到的价格是市场价格减去税率)

$$Q_{st}=-c+d(P-t).$$

由 $Q_d=Q_{st}$,即

$$a-bP=-c+d(P-t)$$

可得均衡价格

$$\bar{P}_t=\frac{a+c}{b+d}+\frac{d}{b+d}t=\bar{P}+\frac{d}{b+d}t.$$

从而,均衡产量

$$\bar{Q}_t=\frac{ad-bc}{b+d}-\frac{bd}{b+d}t=\bar{Q}-\frac{bd}{b+d}t.$$

将 $\bar{Q}_t$ 的表示式代入目标函数,得

$$T=t\cdot Q_t=\frac{(ad-bc)t-bdt^2}{b+d}.$$

由 $$\frac{\mathrm{d}T}{\mathrm{d}t}=\frac{(ad-bc)-2bdt}{b+d}=0\text{ 得 }t=\frac{ad-bc}{2bd}.$$

又 $$\frac{\mathrm{d}^2T}{\mathrm{d}t^2}=-\frac{2bd}{b+d}<0\quad(\text{对任何 }t\text{ 值皆成立}),$$

故税率 $t=\dfrac{ad-bc}{2bd}$时,征税收益最大.

8. 最佳时间选择

在经济现象中,一般说来,成本与收益系在不同的时间发生:成本在先,收益在后.为使收益与成本作比较,应用收益的现在值与成本作比较.

设一项投资的收益 y 是时间 t 的函数

$$y=f(t).$$

资金的贴现率为 r,以连续复利计算,试选择最佳时间,使收益的现在值最大.

若记 L 为收益 y 的现在值,由贴现公式

$$L = y\mathrm{e}^{-rt} = f(t)\mathrm{e}^{-rt}.$$

我们的问题是以 $f(t)\mathrm{e}^{-rt}$ 为目标函数,确定 t(t 以年为单位)的值,以使 L 取最大值.

由极值存在的必要条件

$$\frac{\mathrm{d}L}{\mathrm{d}t} = \frac{\mathrm{d}y}{\mathrm{d}t}\mathrm{e}^{-rt} - r\mathrm{e}^{-rt}\cdot y = \mathrm{e}^{-rt}\left(\frac{\mathrm{d}y}{\mathrm{d}t} - ry\right) = 0.$$

注意到 $\mathrm{e}^{-rt} > 0$,有

$$\frac{\mathrm{d}y}{\mathrm{d}t} - ry = 0 \quad 或 \quad \frac{1}{y}\frac{\mathrm{d}y}{\mathrm{d}t} = r. \tag{14}$$

(14)式左端是函数 $y = f(t)$ 在时刻 t 的瞬时增长率.

由极值存在的充分条件

$$\frac{\mathrm{d}^2L}{\mathrm{d}t^2} = \frac{\mathrm{d}^2y}{\mathrm{d}t^2}\mathrm{e}^{-rt} - 2r\mathrm{e}^{-rt}\frac{\mathrm{d}y}{\mathrm{d}t} + r^2\mathrm{e}^{-rt}\cdot y = \mathrm{e}^{-rt}\left(\frac{\mathrm{d}^2y}{\mathrm{d}t^2} - 2r\frac{\mathrm{d}y}{\mathrm{d}t} + r^2y\right) < 0,$$

即

$$\frac{\mathrm{d}^2y}{\mathrm{d}t^2} - 2r\frac{\mathrm{d}y}{\mathrm{d}t} + r^2y < 0.$$

将 $r = \frac{1}{y}\frac{\mathrm{d}y}{\mathrm{d}t}$ 代入上式,整理后,有

$$\frac{\mathrm{d}^2y}{\mathrm{d}t^2} - \frac{1}{y}\left(\frac{\mathrm{d}y}{\mathrm{d}t}\right)^2 < 0, 或写作 \frac{\frac{\mathrm{d}^2y}{\mathrm{d}t^2}y - \left(\frac{\mathrm{d}y}{\mathrm{d}t}\right)^2}{y^2}\cdot y < 0.$$

由于 $y > 0$,由商的导数法则上式可写作

$$\frac{\mathrm{d}}{\mathrm{d}t}\left(\frac{1}{y}\frac{\mathrm{d}y}{\mathrm{d}t}\right) < 0. \tag{15}$$

根据(14)式和(15)式,结论是:**若收益函数 $y = f(t)$ 的增长率是单调减少的,为使收益的现在值最大,最佳时间是,使其增长率等于资金的贴现率.**

例 17 假设生长在某块土地上的木材价值是时间 t(单位:年)的增函数

$$y = e^{\sqrt[3]{t}}\text{（单位：万元）}.$$

又设资金的贴现率为 r，按连续复利计算，且不计树木生长期间的保养费.

（1）试计算伐木出售的最佳时间；当 $r=0.06$ 时，最佳时间是多少年？

（2）设 $r=0.06$，当种植树木的成本低于多少万元时，种植树木方可获得利润？

分析　（1）若记 L 是木材价值 y 的现在值，由贴现公式

$$L = ye^{-rt} = e^{\sqrt[3]{t}}e^{-rt} = e^{\sqrt[3]{t}-rt}$$

该问题是以 $e^{\sqrt[3]{t}-rt}$ 为目标函数，确定 t（单位：年）的值，以使 L 取最大值.

（2）当种植成本低于 L 的最大值时，种植树木才有利可图.

解　（1）按上述分析，木材价格 y 的现在值

$$L = ye^{-rt} = e^{\sqrt[3]{t}-rt}$$

由极值存在的必要条件

$$\frac{dL}{dt} = e^{\sqrt[3]{t}-rt}\left(\frac{1}{3}t^{-\frac{2}{3}} - r\right) = 0$$

可解得 $t_0 = (3r)^{-\frac{3}{2}}$. 又由极值存在的充分条件

$$\frac{d^2L}{dt^2} = e^{\sqrt[3]{t}-rt}\left[\left(\frac{1}{3}t^{-\frac{2}{3}} - r\right)^2 - \frac{2}{9}t^{-\frac{5}{3}}\right]$$

$$\left.\frac{d^2L}{dt^2}\right|_{t_0} = -\frac{2}{9}Lt^{-\frac{5}{3}}\Big|_{t_0} < 0,$$

所以伐木出售的最佳时间 $t_0 = (3r)^{-\frac{3}{2}}$ 年.

由 t_0 的值可知，贴现率越高，伐木时间越早.

当 $r=0.06$ 时，

$$t_0 = (3\times 0.06)^{-\frac{3}{2}} \approx 13.09\text{（年）}$$

（2）当 $r=0.06$ 时，$t_0=13.09$ 年，种植树木收益的现在值

$$L = e^{\sqrt[3]{t}-rt}\Big|_{\substack{r=0.06\\ t_0=13.09}} = 4.81\text{（万元）}$$

即只有种植成本低于 4.81 万元(而且假设不计保养树木的成本)时,种植树木才可获得利润.

9. 存货总费用最少

(1) 成批到货,一致需求,不许缺货的存货模型

现假设在一个计划期内

D:需求数量,即生产总量或订购货物的总量;

Q:每批投产数量或每次订购货物的数量,即批量;

C_1:产品在仓库保存,每件产品所付存储费;

C_2:每批生产准备费或每次订购费;

E:存货总费用,即生产准备费(或订购费)与存储费之和.

每批产品整批存入仓库,产品由仓库均匀提取投放市场,且当前一批产品提取完后,下一批产品立即到货. 库存水平变动情况如图 4-22 所示. 这种模型,规定按批量(最高库存量)的一半,即$\frac{Q}{2}$付存储费.

于是,在一个计划期内,存储费为$\frac{Q}{2}C_1$,生产准备费为$\frac{D}{Q}C_2$,从而

$$E=E(Q)=\frac{Q}{2}C_1+\frac{D}{Q}C_2,Q\in(0,D].$$

我们的问题是:决策批量 Q,使目标函数 $E=E(Q)$取最小值.

由极值存在的必要条件

$$E'(Q)=\frac{1}{2}C_1-\frac{D}{Q^2}C_2=0$$

解得

$$Q_0=\sqrt{\frac{2C_2D}{C_1}}\quad(只取正值).\tag{16}$$

由极值存在的充分条件

$$E''(Q_0)=\frac{2C_2D}{Q_0^3}>0\quad(D_2,C,Q_0\text{ 均为正数}),$$

所以,当批量由(16)式确定时,总费用最小,其值

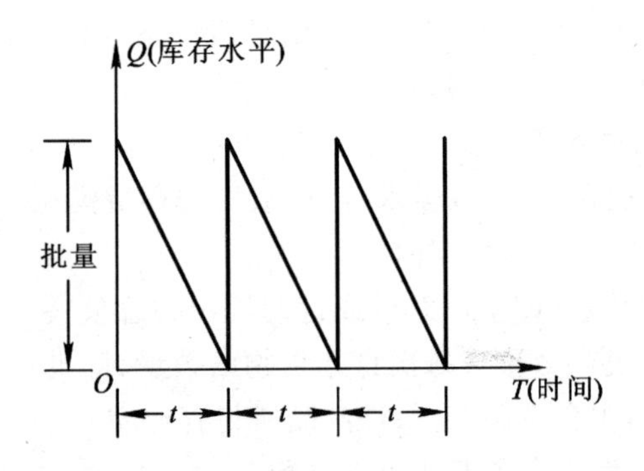

图 4－22

$$E_0=\frac{Q_0}{2}C_1+\frac{D}{Q_0}C_2=\sqrt{2DC_1C_2}.$$

表达式(16)称为“经济批量”公式,简称为“EOQ”公式.

注意到由 $E'(Q_0)=0$ 也可得到

$$\frac{Q_0}{2}C_1=\frac{D}{Q_0}C_2. \tag{17}$$

(17)式表明,**使存储费与生产准备费相等的批量是经济批量**.

(2) 陆续到货,一致需求,不许短缺的库存模型

陆续到货,就是每批投产或每次订购的数量 Q,不是整批到货,立即补足库存;而是从库存为零时起,经过时间 t_1 才能全部到货,其他情况同前一模型.

在此,尚需补充假设;

p:每单位时间内的到货量,即到货率;

μ:每单位时间内的需求量,即需求率.

显然,若 $p>\mu$,则每单位时间内净增加存货量为 $p-\mu$,到时刻 t_1 终了库存出现了一个顶点,这时库存量为 $t_1(p-\mu)$. 由于经历时间 t_1 到货总量为 Q,因此 $t_1=\dfrac{Q}{p}$,从而最大库存量为

$$\frac{Q}{p}(p-\mu)=Q\left(1-\frac{\mu}{p}\right).$$

这种库存模型的库存水平变动情况如图 4－23 所示.

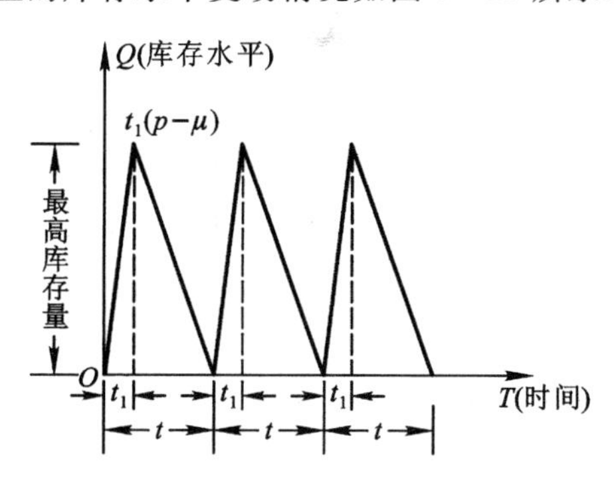

图 4－23

这样,在一个计划期内,付存储费的数量为最大库存量之半,因而库存费为$\frac{C_1Q}{2}\left(1-\frac{\mu}{p}\right)$. 本问题中,生产准备费或订购费同前一模型. 因此,存货总费用 E 与每批数量 Q 的函数关系,即目标函数是

$$E=E(Q)=\frac{C_1Q}{2}\left(1-\frac{\mu}{p}\right)+\frac{D}{Q}C_2, Q\in(0,D).$$

为决策批量 Q,由极值存在的必要条件和充分条件,易算得,经济批量

$$Q_0=\sqrt{\frac{2DC_2}{C_1}}\cdot\frac{1}{\sqrt{1-\frac{\mu}{p}}},\text{或写作}\frac{C_1Q_0}{2}\left(1-\frac{\mu}{p}\right)=\frac{C_2D}{Q_0}, \tag{18}$$

这时,库存总费用的最小值

$$E_0=\sqrt{2DC_1C_2}\sqrt{1-\frac{\mu}{p}}.$$

(18)式所表明的结论与(17)式表明的结论相同.

例 18 设某企业每月需要使用某种零件 2 400 件,每件成本为 150 元,每件每年的存储费为成本的 6%,每次订货费为 100 元. 试就下述两种情况确定每批订货量,以使每月的存储费与订货费之和最小,并求出最小费用:

(1) 成批到货,使用均匀,不许缺货;

(2) 陆续到货,使用均匀,不许缺货,每周到货 800 件.

解 (1) 设每批订货量为 Q. 由题设,每月每件的存储费为

$$C_1=\frac{150\times 0.06}{12}=0.75\ (\text{元})$$

每月存储费为$\frac{Q}{2}\times 0.75$(元),每月订货费为$\frac{2\,400}{Q}\times 100$ 元. 由此,每月总费用 E 与每批订货量 Q 的函数关系为

$$E=\frac{Q}{2}\times 0.75+\frac{2\,400}{Q}\times 100$$

易求得批量 $Q=800$(件)时,一个月的总费用最小,其值是 $E=600$ (元).

(2) 由题设,到货率 800 件/周,需求率$\frac{2\,400}{4}$件/周,因此每月总费用 E 与每批产量 Q 的关系为

$$E=\frac{0.75}{2}Q\left(1-\frac{2\,400}{4\times 800}\right)+\frac{2\,400}{Q}\times 100.$$

可求得批量 $Q=1\,600$(件)时,一个月总费用最小,其值是 $E=300$ (元).

小　　结

一、知识点、重点、难点

1. 知识点:

(1) 罗尔定理,拉格朗日中值定理,柯西定理及其应用.

(2) 用洛必达法则和泰勒公式求未定式的极限.

(3) 函数增减性的判别法;函数极值的概念及其求法.

(4) 函数图形的凹凸性、拐点的概念及其判别,曲线的渐近线.

(5) 函数的最大值、最小值及其应用问题.

2. 重点:拉格朗日中值定理. 洛必达法则. 函数增减性的判别. 函数的极值及其求法. 最值问题在经济中的应用.

3. 难点:用微分中值定理及函数的性态证明等式、不等式和讨论方程的根.

二、微分中值定理是微分学的基本定理,在应用导数解决各种问题时起重要作用.

三、1. 微分中值定理的条件都是充分的,而不是必要的.

2. 罗尔定理是拉格朗日中值定理当 $f(a)=f(b)$ 时的特例,拉格朗日中值定理是柯西定理当 $g(x)=x$ 时的特例.

3. 注意洛必达法则的使用条件,洛必达法则是求各种未定式极限的常用方法.

4. 注意极值与最值之间的区别与联系.

自　测　题

1. 填空题

(1) $\lim\limits_{x\to 0}\dfrac{xe^{x}+xe^{2x}-2e^{2x}+2e^{x}}{(e^{x}-1)^{3}}=$__________.

(2) 曲线 $y=x\ln\left(e+\dfrac{1}{x}\right)$的渐近线方程为__________.

(3) 设 $f(x)=xe^{x}$,则 $f^{(n)}(x)$的极小值是__________.

(4) 设 $f(x)=\dfrac{1}{2}x^{2}+\dfrac{a}{x}(x>0,a>0)$,使得 $f(x)\geqslant 6$ 的最小的常数 $a=$

__________.

(5) 曲线 $y=x^{5}$ 的拐点是______.

2. 单项选择题

(1) 设非常量函数 $f(x)$ 在区间 (a,b) 内可导,则下述结论不正确的是(　　).

(A) 若$f(a)=f(b)$,则存在$\xi\in(a,b)$,使$f'(\xi)=0$

(B) 若$f(a+0)=f(a)$,$f(b-0)=f(b)$,则存在$\xi\in(a,b)$,使$f(b)-f(a)=f'(\xi)(b-a)$.

(C) 若$a<x_1<x_2<b$,且$f(x_1)f(x_2)<0$,则存在$\xi\in(a,b)$,使$f(\xi)=0$

(D) 对任何$\xi\in(a,b)$,有$\lim\limits_{x\to\xi}[f(x)-f(\xi)]=0$

(2) 设$f(x)>0$,$g(x)>0$,均可导且$f'(x)g(x)-f(x)g'(x)<0$,则当$a<x<b$时,有(　　).

(A) $f(x)g(b)>f(b)g(x)$　　(B) $f(x)g(a)>f(a)g(x)$

(C) $f(x)g(x)>f(b)g(b)$　　(D) $f(x)g(x)>f(a)g(a)$

(3) $1,\sqrt{2},\sqrt[3]{3},\sqrt[4]{4},\cdots,\sqrt[n]{n},\cdots$中的最大项是(　　).

(A) $\sqrt{2}$　(B) $\sqrt[e]{e}$　(C) $\sqrt[3]{3}$　(D) $\sqrt[4]{4}$

(4) 设$f(x)$在$x=x_0$的某邻域内n阶可导,且$f'(x_0)=f''(x_0)=\cdots=f^{(n-1)}(x_0)=0$,$f^{(n)}(x_0)>0$,则$f(x)$在$x=x_0$处(　　).

(A) 有极大值　　(B) 有极小值

(C) 无极小值也无极大值　　(D) 是否取极值与n的取值有关.

(5) 设常数$k>0$,方程$\ln x=\frac{x}{e}-k$在$(0,+\infty)$根的个数为(　　).

(A) 0　(B) 1　(C) 2　(D) 3

3. 求$\lim\limits_{x\to\infty}\left(\sin\frac{2}{x}+\cos\frac{1}{x}\right)^x$.

4. 确定常数α,β,使$f(x)=e^x-\frac{1+\alpha x}{1+\beta x}$在$x\to0$时为$x$的三阶无穷小.

5. 设函数$y=f(x)=\frac{x^3}{(x-1)^2}$,试讨论:

(1) 函数的定义域,间断点,曲线$y=f(x)$的渐近线;

(2) 函数的单调性,极值,曲线$y=f(x)$凹向和拐点.

6. 设函数$f(x)$在$[a,b]$$(a>0)$上连续,在$(a,b)$内可导,且$f(a)=f(b)=1$. 试证:存在$\xi$、$\eta\in(a,b)$,使得

$$\left(\frac{\eta}{\xi}\right)^{n-1}=f(\xi)+\frac{\xi}{n}f'(\xi).$$

7. 当$x>1$时,证明:$0<\frac{1}{2}\ln\frac{x+1}{x-1}-\frac{1}{x}<\frac{1}{3x(x^2-1)}$.

8. 试确定常数 k 的取值范围，使方程 $e^x = kx$ 有实根，并确定实根的个数.

9. 某厂商的需求函数与成本函数分别为

$$P = 30 - 0.75Q, C = 0.3Q^2 + 9Q + 30.$$

（1）试求相应的 Q 值，使

1° 收益最大； 2° 平均成本最小； 3° 利润最大.

（2）在下列情况下，试求能获得最大利润的产量 Q：

1° 当政府所征收一次总付税款为 10；

2° 对厂商每单位产品征收的税款（即税率）为 8.4；

3° 当政府给予厂商每单位产品的补贴为 4.2.

第五章　不定积分

§5.1　不定积分的概念与性质

1. 若 $F(x)$ 是 $f(x)$ 在区间 I 的一个原函数，则 $F(x)$ 在该区间上连续且可导

2. 原函数存在的充分条件

在某区间 I 上连续的函数 $f(x)$，在该区间上一定存在原函数 $F(x)$. 这是充分条件而非必要条件.

例如，函数 $f(x)=\begin{cases}2x\cos\dfrac{1}{x}+\sin\dfrac{1}{x}, & x\neq 0,\\ 0, & x=0\end{cases}$ 在 $x=0$ 处间断（是第二类间断点），$f(x)$ 在 $(-\infty,+\infty)$ 上不连续. 但 $f(x)$ 的原函数存在.

$F(x)=\begin{cases}x^2\cos\dfrac{1}{x}, & x\neq 0,\\ 0, & x=0\end{cases}$ 就是 $f(x)$ 在 $(-\infty,+\infty)$ 上的一个原函数.

当 $x\neq 0$ 时，$F'(x)=\left(x^2\cos\dfrac{1}{x}\right)'=2x\cos\dfrac{1}{x}+\sin\dfrac{1}{x}$；

当 $x=0$ 时，$F'(0)=\lim\limits_{x\to 0}\dfrac{F(x)-F(0)}{x-0}=\lim\limits_{x\to 0}\dfrac{x^2\cos\dfrac{1}{x}}{x}=0.$

3. 积分运算与微分运算互为逆运算

下述等式表达了这种**互逆关系**

$$\frac{\mathrm{d}}{\mathrm{d}x}\left(\int f(x)\,\mathrm{d}x\right)=f(x) \quad 或 \quad \mathrm{d}\left(\int f(x)\,\mathrm{d}x\right)=f(x)\,\mathrm{d}x,$$

$$\int F'(x)\,\mathrm{d}x = F(x)+C \quad 或 \quad \int \mathrm{d}F(x) = F(x)+C.$$

正因如此,由导数的基本公式对应地可以得到基本积分公式.

4. 直接积分法

所谓**直接积分法**就是用基本积分公式和不定积分的运算性质,或先将被积函数通过代数或三角恒等变形,再用基本积分公式和不定积分的运算性质可求出不定积分的结果.

例 1 若函数 $f(x)$ 的导数是 $\sin x$,则 $f(x)$ 的一个原函数是(　　).

(A) $-\sin x+Cx$　　(B) $-\sin x+x$

(C) $-\cos x+1$　　(D) $\cos x+1$

解 选(B). 由 $f'(x)=\sin x$,得 $f(x)=-\cos x+C_1$. 又

$$\int f(x)\,\mathrm{d}x=-\sin x+C_1x+C_2.$$

取 $C_1=1, C_2=0$ 即可.

$f(x)$ 的全体原函数,即不定积分是 $-\sin x+C_1x+C_2$ (C_1, C_2 是任意常数). (A)是 $f(x)$ 的无穷多个原函数(不是全体原函数),是干扰项.

这类题也可用逆推法. 先排除(A),验证(B):

$$(-\sin x+x)'=-\cos x+1=f(x),\ f'(x)=\sin x.$$

例 2 若 $f(x)$ 的一个原函数是 $x\ln x-x$,则 $\int \mathrm{e}^{2x}f'(\mathrm{e}^x)\,\mathrm{d}x=$ ______.

解 题设为 $f(x)=(x\ln x-x)'$,即 $f(x)=\ln x$. 由此,

$$f'(x)=\frac{1}{x},\ f'(\mathrm{e}^x)=\mathrm{e}^{-x}.$$

于是

$$\int \mathrm{e}^{2x}\cdot \mathrm{e}^{-x}\,\mathrm{d}x=\mathrm{e}^x+C.$$

例 3 设 $\int f'(\tan x)\mathrm{d}x=\tan x+x+C$,则 $f(x)=$______.

解 已知等式两端对 x 求导,得

$$f'(\tan x)=\sec^2 x+1=\tan^2 x+2,\text{即} f'(x)=x^2+2,$$

于是 $$f(x)=\int f'(x)\mathrm{d}x=\int(x^2+2)\mathrm{d}x=\frac{1}{3}x^3+2x+C.$$

例 4 设 $f(x)$ 与 $g(x)$ 互为反函数,且 $F(x)$ 是 $f(x)$ 的一个原函数,$G(x)$ 是 $g(x)$ 的一个原函数,则下列各式中不正确的是(   ).

(A) $f'(x)g'(f(x))=1$ (B) $f'(x)g'(x)=1$

(C) $[G(f(x))]'=xf'(x)$ (D) $[F(g(x))]'=xg'(x)$

解 选(B). 依题设应有

$$f(g(x))=x,g(f(x))=x,f'(x)=\frac{1}{g'(f(x))}.$$

由最后一式知,(A)正确. 由此(B)不正确.

(C)正确:$[G(f(x))]'=G'(f(x))f'(x)=g(f(x))f'(x)=xf'(x)$.

(D)正确:$[F(g(x))]'=F'(g(x))g'(x)=f(g(x))g'(x)=xg'(x)$.

例 5 函数 $e^{-|x|}$ 的一个原函数 $F(x)=$(   ).

(A) $\begin{cases}e^x, & x<0,\\ -e^{-x}, & x\geqslant 0\end{cases}$ (B) $\begin{cases}-e^{-x}, & x<0,\\ e^x, & x\geqslant 0\end{cases}$

(C) $\begin{cases}e^x-2, & x<0,\\ -e^{-x}, & x\geqslant 0\end{cases}$ (D) $\begin{cases}e^x-1, & x<0,\\ -e^{-x}, & x\geqslant 0\end{cases}$

解 选(C). 因 $e^{-|x|}=\begin{cases}e^x, & x<0,\\ e^{-x}, & x\geqslant 0,\end{cases}$ 当 $x\neq 0$ 时,对(A),(C),(D)均有 $F'(x)=e^{-|x|}$. 但只有(C),满足 $F(x)$ 在 $x=0$ 连续且可导的条件,即 $F'(x)=e^{-|x|},x\in(-\infty,+\infty)$.

注释 由本例结果可知 $\int e^{-|x|}\mathrm{d}x=\begin{cases}e^x-2+C, & x<0,\\ -e^{-x}+C, & x\geqslant 0.\end{cases}$

例 6 设 $f'(\ln x)=\begin{cases}1, & 0<x\leqslant 1\\ x, & 1<x<+\infty,\end{cases}$

(1) 求 $f(x)$； (2) 当 $f(0)=1$ 时,求 $f(x)$.

分析 由 $f'(\ln x)$ 先求 $f'(x)$,再求 $f(x)$.

由分段函数求其不定积分的程序

(1) 分别在各个部分区间内求不定积分的表达式,积分常数用不同的字母；

(2) 由原函数在分段点处的连续性确定不同积分常数之间的关系,最终要用一个字母表示积分.

若不是求不定积分,而是求满足特定条件的一个原函数,上述程序(2)就是由原函数在分段点处的连续性确定不同积分常数的取值.

解 (1) 设 $t=\ln x$,则 $x=e^t$,于是

$$f'(t)=\begin{cases}1, & -\infty<t\leqslant 0\\ e^t, & 0<t<+\infty,\end{cases}$$

从而
$$f(x)=\int f'(x)\mathrm{d}x=\begin{cases}x+C_1, & -\infty<x\leqslant 0\\ e^x+C_2, & 0<x<+\infty,\end{cases} \tag{1}$$

其中 C_1,C_2 为积分常数(C_1 与 C_2 不是相互独立的).

因 $f(x)$ 在 $x=0$ 处连续,且

$$f(0)=C_1, f(0+0)=\lim_{x\to 0^+}(e^x+C_2)=1+C_2.$$

由 $C_1=1+C_2$,若取 $C_1=C$,则 $C_2=C-1$,故

$$f(x)=\begin{cases}x+C, & -\infty<x\leqslant 0\\ e^x-1+C, & 0<x<+\infty.\end{cases} \tag{2}$$

(2) 由 $f(0)=1$ 确定(2)式中 C 的取值.

由 $f(0)=1$ 及(2)式知 $C=1$,于是

$$f(x)=\begin{cases}x+1, & -\infty<x\leqslant 0\\ e^x, & 0<x<+\infty.\end{cases}$$

由 $f(0)=1$,也可用(1)式确定 C_1,C_2 的取值.

由(1)式及 $f(0)=1$ 知 $C_1=1$. 因 $f(x)$ 在 $x=0$ 处连续, $f(0+0)=1+C_2=f(0)$可知, $C_2=0$.

例 7 设函数$f(x)$满足下列条件,求$f(x)$.

(1) $f(0)=2, f(-2)=0$;

(2) $f(x)$在 $x=-1, x=5$ 处有极值;

(3) $f(x)$的导数是 x 的二次函数.

解 因 $x=-1, x=5$ 为极值点,可设

$$f'(x)=a(x+1)(x-5)=a(x^2-4x-5),$$

于是
$$f(x)=\int f'(x)\,\mathrm{d}x=a\left(\frac{x^3}{3}-2x^2-5x\right)+C.$$

由$f(0)=2$,得 $C=2$.

由$f(-2)=0$,有 $a\left(-\frac{8}{3}-8+10\right)+2=0$,解得 $a=3$.

所求函数$f(x)=x^3-6x^2-15x+2$.

例 8 求下列不定积分:

(1) $\int\frac{2+3x^2}{x^2(1+x^2)}\mathrm{d}x$; (2) $\int\left(\sqrt{\frac{1+x}{1-x}}+\sqrt{\frac{1-x}{1+x}}\right)\mathrm{d}x$;

(3) $\int\frac{\sqrt{x^4+x^{-4}+2}}{x^3}\mathrm{d}x$; (4) $\int\frac{2^x(\mathrm{e}^{3x}+1)}{\mathrm{e}^x+1}\mathrm{d}x$.

解 (1) $I=\int\left(\frac{2}{x^2}+\frac{1}{1+x^2}\right)\mathrm{d}x=-\frac{1}{x}+\arctan x+C$.

(2) $I=\int\left(\frac{1+x}{\sqrt{1-x^2}}+\frac{1-x}{\sqrt{1-x^2}}\right)\mathrm{d}x=2\arcsin x+C$.

(3) $I=\int\frac{1}{x^3}\left(x^2+\frac{1}{x^2}\right)\mathrm{d}x=\int\left(\frac{1}{x}+\frac{1}{x^5}\right)\mathrm{d}x=\ln|x|-\frac{1}{4x^4}+C$.

(4)
$$\begin{aligned}I&=\int 2^x(\mathrm{e}^{2x}-\mathrm{e}^x+1)\,\mathrm{d}x=\int[(2\mathrm{e}^2)^x-(2\mathrm{e})^x+2^x]\,\mathrm{d}x\\&=\frac{(2\mathrm{e}^2)^x}{\ln(2\mathrm{e}^2)}-\frac{(2\mathrm{e})^x}{\ln(2\mathrm{e})}+\frac{2^x}{\ln 2}+C\\&=2^x\left(\frac{\mathrm{e}^{2x}}{\ln 2+2}-\frac{\mathrm{e}^x}{\ln 2+1}+\frac{1}{\ln 2}\right)+C.\end{aligned}$$

例 9 求下列不定积分：

(1) $\int \frac{\cos 2x}{\sin^2 x\cos^2 x}\mathrm{d}x$； (2) $\int \frac{1+\cos^2 x}{1+\cos 2x}\mathrm{d}x$；

(3) $\int \frac{1}{1+\cos x}\mathrm{d}x$； (4) $\int \frac{1+\sin 2x}{\sin x+\cos x}\mathrm{d}x$.

解 (1) $I = \int \frac{\cos^2 x-\sin^2 x}{\sin^2 x\cos^2 x}\mathrm{d}x = \int \left(\frac{1}{\sin^2 x}-\frac{1}{\cos^2 x}\right)\mathrm{d}x$

$= -\cot x-\tan x+C.$

(2) $I = \int \frac{1+\cos^2 x}{2\cos^2 x}\mathrm{d}x = \frac{1}{2}\int \left(\frac{1}{\cos^2 x}+1\right)\mathrm{d}x = \frac{1}{2}(\tan x+x)+C.$

(3) $I = \int \frac{1-\cos x}{1-\cos^2 x}\mathrm{d}x = \int \left(\frac{1}{\sin^2 x}-\csc x\cot x\right)\mathrm{d}x$

$= -\cot x+\csc x+C.$

(4) $I = \int \frac{(\sin x+\cos x)^2}{\sin x+\cos x}\mathrm{d}x = \int (\sin x+\cos x)\mathrm{d}x$

$= -\cos x+\sin x+C.$

§5.2 换元积分法

一、第一换元积分法

1. 公式与求积分过程

$$\int f(\varphi(x))\varphi'(x)\mathrm{d}x = \int f(\varphi(x))\mathrm{d}\varphi(x)$$

$$\xlongequal[\text{令 }\varphi(x)=u]{\text{变量替换}} \int f(u)\mathrm{d}u$$

$$\xlongequal[F'(u)=f(u)]{\text{用积分公式}} F(u)+C$$

$$\xlongequal[u=\varphi(x)]{\text{变量还原}} F(\varphi(x))+C.$$

2. 用第一换元积分法的**思路**

(1) 公式的意义

第一换元积分法的实质正是复合函数求导公式的逆用. 它相当于**将基本积分公式中的积分变量 x 替换以 x 的可微函数 $\varphi(x)$ 后公式仍然成立**.

(2) 第一换元积分法**适用**的情况

不定积分 $\int g(x)\mathrm{d}x$ 可用第一换元积分法,并用变量替换 $u=\varphi(x)$,其**关键**是被积函数 $g(x)$ 或被积表达式 $g(x)\mathrm{d}x$ 可视为两个因子的乘积

$$g(x)=f(\varphi(x))\varphi'(x) \quad 或 \quad g(x)\mathrm{d}x=f(\varphi(x))\mathrm{d}\varphi(x),$$

且一个因子 $f(\varphi(x))$ 是 $\varphi(x)$ 的函数(是积分变量 x 的复合函数),另一个因子 $\varphi'(x)$ 是 $\varphi(x)$ 的导数或 $\mathrm{d}\varphi(x)$ 是 $\varphi(x)$ 的微分(可以相差常数因子).

例 1 求 $\int g(x)\mathrm{d}x=\int \frac{x-2}{x^2-4x+3}\mathrm{d}x$

分析 由于 $\mathrm{d}(x^2-4x+3)=(2x-4)\mathrm{d}x$,若视 $(x^2-4x+3)=\varphi(x)$,则

$$\frac{1}{x^2-4x+3}=f(\varphi(x)),g(x)\mathrm{d}x=\frac{1}{2}\frac{1}{x^2-4x+3}(2x-4)\mathrm{d}x$$

解

$$I=\frac{1}{2}\int\frac{1}{x^2-4x+3}\mathrm{d}(x^2-4x+3)\xlongequal{x^2-4x+3=u}\frac{1}{2}\int\frac{1}{u}\mathrm{d}u$$

$$=\frac{1}{2}\ln|u|+C=\frac{1}{2}\ln|x^2-4x+3|+C.$$

计算时,把 x^2-4x+3 理解成新变量 u,不用设出,可如下书写

$$I=\frac{1}{2}\int\frac{1}{x^2-4x+3}\mathrm{d}(x^2-4x+3)=\frac{1}{2}\ln|x^2-4x+3|+C.$$

注释 若被积函数 $g(x)$ 是一个分式,且分子是分母的导数(可以相差一个常数因子),可用第一换元积分法. 这正是将公式 $\int\frac{1}{x}\mathrm{d}x=\ln|x|+C$ 中之 x 换以 $\varphi(x)$,有公式

$$\int \frac{\varphi'(x)}{\varphi(x)}\mathrm{d}x = \int \frac{1}{\varphi(x)}\mathrm{d}\varphi(x) = \ln|\varphi(x)| + C.$$

利用上述公式,可求出下列各积分:

(1) $$\int \frac{x+\cos x}{x^2+2\sin x}\mathrm{d}x = \frac{1}{2}\int \frac{1}{x^2+2\sin x}\mathrm{d}(x^2+2\sin x)$$

$$= \frac{1}{2}\ln|x^2+2\sin x| + C.$$

(2) $$\int \frac{\mathrm{e}^x}{\mathrm{e}^x+\mathrm{e}^{-x}}\mathrm{d}x = \int \frac{\mathrm{e}^{2x}}{\mathrm{e}^{2x}+1}\mathrm{d}x = \frac{1}{2}\ln(\mathrm{e}^{2x}+1) + C.$$

(3) $$\int \frac{\cot x}{\ln\sin x}\mathrm{d}x = \int \frac{1}{\ln\sin x}\mathrm{d}(\ln\sin x) = \ln|\ln\sin x| + C.$$

(4) 由于$(\sin x\cos x)' = \cos^2 x - \sin^2 x = \cos 2x$,所以

$$\int \frac{\cos 2x}{1+\sin x\cos x}\mathrm{d}x = \int \frac{1}{1+\sin x\cos x}\mathrm{d}(1+\sin x\cos x)$$

$$= \ln|1+\sin x\cos x| + C.$$

(5) 注意到

$(\sin^2 x)' = 2\sin x\cos x = \sin 2x$, $(\cos^2 x)' = -\sin 2x$,故

$$\int \frac{\sin 2x}{a^2\sin^2 x + b^2\cos^2 x}\mathrm{d}x = \frac{1}{a^2-b^2}\int \frac{a^2\sin 2x - b^2\sin 2x}{a^2\sin^2 x + b^2\cos^2 x}\mathrm{d}x$$

$$= \frac{1}{a^2-b^2}\int \frac{\mathrm{d}(a^2\sin^2 x + b^2\cos^2 x)}{a^2\sin^2 x + b^2\cos^2 x}$$

$$= \frac{1}{a^2-b^2}\ln|a^2\sin^2 x + b^2\cos^2 x| + C(a \neq b).$$

(6) 由于$(x+\sqrt{x})' = 1 + \dfrac{1}{2\sqrt{x}} = \dfrac{2\sqrt{x}+1}{2\sqrt{x}}$,所以

$$\int \frac{1+2\sqrt{x}}{\sqrt{x}(x+\sqrt{x})}\mathrm{d}x = 2\int \frac{1}{x+\sqrt{x}}\cdot\frac{2\sqrt{x}+1}{2\sqrt{x}}\mathrm{d}x = 2\int \frac{\mathrm{d}(x+\sqrt{x})}{x+\sqrt{x}}$$

$$= 2\ln|x+\sqrt{x}| + C.$$

(7) 由于$(\ln\ln x)' = \dfrac{1}{x\ln x}$,故

$$\int \frac{1}{x\ln x \cdot \ln\ln x}dx = \int \frac{\frac{1}{x\ln x}}{\ln\ln x}dx = \int \frac{d(\ln\ln x)}{\ln\ln x} = \ln|\ln\ln x| + C.$$

$$(8) \int \frac{\ln x}{x(\ln^2 x - 1)}dx = \frac{1}{2}\int \frac{2\frac{\ln x}{x}}{\ln^2 x - 1}dx = \frac{1}{2}\int \frac{d(\ln^2 x - 1)}{\ln^2 x - 1}$$

$$= \frac{1}{2}\ln|\ln^2 x - 1| + C.$$

例 2 求 $\int \sqrt{\frac{\ln(x+\sqrt{1+x^2})}{1+x^2}}dx.$

分析 由于 $d[\ln(x+\sqrt{1+x^2})] = \frac{1}{\sqrt{1+x^2}}dx$，若视 $\ln(x+\sqrt{1+x^2}) = \varphi(x)$，则

$$\sqrt{\ln(x+\sqrt{1+x^2})} = f(\varphi(x)),$$

$$g(x)dx = \sqrt{\ln(x+\sqrt{1+x^2})} \cdot \frac{1}{\sqrt{1+x^2}}dx.$$

解 $I = \int [\ln(x+\sqrt{1+x^2})]^{\frac{1}{2}} d[\ln(x+\sqrt{1+x^2})]$

$$= \frac{2}{3}[\ln(x+\sqrt{1+x^2})]^{\frac{3}{2}} + C.$$

注释 将公式 $\int x^\alpha dx = \frac{1}{\alpha+1}x^{\alpha+1} + C(\alpha \neq -1)$ 中之 x 换以 $\varphi(x)$，有公式

$$\int [\varphi(x)]^\alpha \varphi'(x)dx = \int [\varphi(x)]^\alpha d\varphi(x) = \frac{1}{\alpha+1}[\varphi(x)]^{\alpha+1} + C.$$

利用上述公式可求出下列各积分：

$$(1) \int \frac{x^2}{\sqrt[3]{2-x^3}}dx = -\frac{1}{3}\int (2-x^3)^{-\frac{1}{3}} d(2-x^3)$$

$$= -\frac{1}{2}(2-x^3)^{\frac{2}{3}} + C.$$

(2) 由于$(1-x\sqrt{x})'=-\frac{3}{2}\sqrt{x}$,所以

$$\int\sqrt{\frac{x}{1-x\sqrt{x}}}\mathrm{d}x=-\frac{2}{3}\int(1-x\sqrt{x})^{-\frac{1}{2}}\left(-\frac{3}{2}\sqrt{x}\right)\mathrm{d}x$$

$$=-\frac{2}{3}\int(1-x\sqrt{x})^{-\frac{1}{2}}\mathrm{d}(1-x\sqrt{x})$$

$$=-\frac{4}{3}\sqrt{1-x\sqrt{x}}+C.$$

(3) 由于$[(x^2+x)\mathrm{e}^x]'=(x^2+3x+1)\mathrm{e}^x$,所以

$$\int\sqrt{(x^2+x)\mathrm{e}^x}(x^2+3x+1)\mathrm{e}^x\mathrm{d}x=\int\sqrt{(x^2+x)\mathrm{e}^x}\mathrm{d}[(x^2+x)\mathrm{e}^x]$$

$$=\frac{2}{3}[(x^2+2x)\mathrm{e}^x]^{\frac{3}{2}}+C.$$

(4) 由于$(\ln\tan x)'=\frac{1}{\tan x}\sec^2x=\frac{1}{\sin x\cos x}$,所以

$$\int\frac{\ln\tan x}{\sin x\cos x}\mathrm{d}x=\int\ln\tan x\mathrm{d}(\ln\tan x)=\frac{1}{2}(\ln\tan x)^2+C.$$

(5) 由于$\left(\ln\frac{1+x}{1-x}\right)'=\frac{2}{1-x^2}$,所以

$$\int\frac{1}{1-x^2}\ln\frac{1+x}{1-x}\mathrm{d}x=\frac{1}{2}\int\ln\frac{1+x}{1-x}\mathrm{d}\left(\ln\frac{1+x}{1-x}\right)=\frac{1}{4}\left(\ln\frac{1+x}{1-x}\right)^2+C.$$

(6) $\int\frac{x\cos x+\sin x}{(x\sin x)^2}\mathrm{d}x=\int\frac{1}{(x\sin x)^2}\mathrm{d}(x\sin x)=-\frac{1}{x\sin x}+C.$

(7) $\int\frac{\sin x-\cos x}{1+\sin 2x}\mathrm{d}x=-\int\frac{1}{(\sin x+\cos x)^2}\mathrm{d}(\sin x+\cos x)$

$$=\frac{1}{\sin x+\cos x}+C.$$

(8) 注意到$(\tan x)'=\frac{1}{\cos^2x}$,故

$$\int\frac{1}{\cos^2x\cdot\sqrt{\tan x-1}}\mathrm{d}x=\int\frac{1}{\sqrt{\tan x-1}}\mathrm{d}(\tan x-1)=2\sqrt{\tan x-1}+C.$$

(9) $\int\frac{\mathrm{d}x}{\sin^2x\sqrt[4]{\cot x}}=\int(\cot x)^{-\frac{1}{4}}\frac{1}{\sin^2x}\mathrm{d}x$

$$= -\int (\cot x)^{-\frac{1}{4}}\mathrm{d}\cot x = -\frac{4}{3}\sqrt[4]{\cot^3 x} + C.$$

（10）由于$\left(\arctan\frac{1}{x}\right)' = -\frac{1}{1+x^2}$，所以

$$\int \frac{\arctan\frac{1}{x}}{1+x^2}\mathrm{d}x = -\int \arctan\frac{1}{x}\mathrm{d}\left(\arctan\frac{1}{x}\right) = -\frac{1}{2}\left(\arctan\frac{1}{x}\right)^2 + C.$$

（11）由于$\left(\arctan\frac{1+x}{1-x}\right)' = \frac{1}{1+x^2}$，所以

$$\int \frac{1}{1+x^2}\arctan\frac{1+x}{1-x}\mathrm{d}x = \int \arctan\frac{1+x}{1-x}\mathrm{d}\arctan\frac{1+x}{1-x} = \frac{1}{2}\left(\arctan\frac{1+x}{1-x}\right)^2 + C.$$

（12）由于$(\arctan\sqrt{x})' = \frac{1}{2\sqrt{x}(1+x)}$，所以

$$\int \frac{\arctan\sqrt{x}}{\sqrt{x}(1+x)}\mathrm{d}x = 2\int \arctan\sqrt{x}\mathrm{d}(\arctan\sqrt{x}) = (\arctan\sqrt{x})^2 + C$$

（13）由于$(\arcsin\sqrt{x})' = \frac{1}{2\sqrt{x}\sqrt{1-x}}$，所以

$$\int \frac{\arcsin\sqrt{x}}{\sqrt{x(1-x)}}\mathrm{d}x = 2\int \arcsin\sqrt{x}\mathrm{d}(\arcsin\sqrt{x}) = (\arcsin\sqrt{x})^2 + C.$$

（14）由于$[\arcsin(1-x)]' = \frac{-1}{\sqrt{1-(1-x)^2}} = -\frac{1}{\sqrt{2x-x^2}}$，所以

$$\begin{aligned}\int \frac{\arcsin(1-x)}{\sqrt{2x-x^2}}\mathrm{d}x &= -\int \arcsin(1-x)\mathrm{d}[\arcsin(1-x)] \\ &= -\frac{1}{2}[\arcsin(1-x)]^2 + C.\end{aligned}$$

（15）由于$[\ln(x+1) - \ln x]' = \frac{1}{1+x} - \frac{1}{x} = -\frac{1}{x(1+x)}$，所以

$$\begin{aligned}\int \frac{\ln(1+x) - \ln x}{x(1+x)}\mathrm{d}x &= -\int [\ln(1+x) - \ln x]\mathrm{d}[\ln(1+x) - \ln x] \\ &= -\frac{1}{2}\left(\ln\frac{1+x}{x}\right)^2 + C.\end{aligned}$$

(16) $\int \frac{f'(\ln x)}{x\sqrt{f(\ln x)}}dx = \int \frac{1}{\sqrt{f(\ln x)}}d[f(\ln x)] = 2\sqrt{f(\ln x)} + C.$

(17) 由于$[e^{f(\sin x)}]' = e^{f(\sin x)} \cdot f'(\sin x) \cdot \cos x$,所以

$$\int [e^{f(\sin x)}]^2 f'(\sin x)\cos x dx = \int e^{f(\sin x)} de^{f(\sin x)} = \frac{1}{2}[e^{f(\sin x)}]^2 + C.$$

$$\begin{aligned}(18)\ \int\left\{\frac{f(x)}{f'(x)} - \frac{f^2(x)f''(x)}{[f'(x)]^3}\right\}dx &= \int\frac{f(x)[f'(x)]^2 - f^2(x)f''(x)}{[f'(x)]^3}dx \\ &= \int\frac{f(x)}{f'(x)} \cdot \frac{[f'(x)]^2 - f(x)f''(x)}{[f'(x)]^2}dx \\ &= \int\frac{f(x)}{f'(x)}d\left[\frac{f(x)}{f'(x)}\right] = \frac{1}{2}\left[\frac{f(x)}{f'(x)}\right]^2 + C.\end{aligned}$$

例 3 求$\int\left(1 - \frac{1}{x^2}\right)e^{x+\frac{1}{x}}dx$.

分析 因$\left(x + \frac{1}{x}\right)' = 1 - \frac{1}{x^2}$,视$x + \frac{1}{x} = \varphi(x)$,则$e^{x+\frac{1}{x}} = f(\varphi(x))$.

解 $I = \int e^{x+\frac{1}{x}}d\left(x + \frac{1}{x}\right) = e^{x+\frac{1}{x}} + C.$

注释 将公式$\int e^x dx = e^x + C$中的x替换以$\varphi(x)$,有公式

$$\int e^{\varphi(x)}\varphi'(x)dx = \int e^{\varphi(x)}d\varphi(x) = e^{\varphi(x)} + C.$$

例如,可求出下列各积分:

(1) $\int e^{e^x + x}dx = \int e^{e^x} \cdot e^x dx = \int e^{e^x}de^x = e^{e^x} + C.$

(2) $\int \frac{e^{\sqrt{2x-1}}}{\sqrt{2x-1}}dx = \int e^{\sqrt{2x-1}}d\sqrt{2x-1} = e^{\sqrt{2x-1}} + C.$

(3) 由于$(e^x\cos x)' = e^x\cos x - e^x\sin x$,所以

$$\int e^{e^x\cos x}(\cos x - \sin x)e^x dx = \int e^{e^x\cos x}d(e^x\cos x) = e^{e^x\cos x} + C.$$

(4) 由于$(\arcsin\sqrt{x})' = \frac{1}{2\sqrt{x}\sqrt{1-x}}$,所以

$$\int \frac{e^{\arcsin\sqrt{x}}}{\sqrt{x-x^2}}dx = 2\int e^{\arcsin\sqrt{x}}d\arcsin\sqrt{x} = 2e^{\arcsin\sqrt{x}} + C.$$

(5) 由于$\left(\tan\frac{1}{x}\right)' = \sec^2\frac{1}{x}\cdot\left(-\frac{1}{x^2}\right)$,所以

$$\int \frac{2^{\tan\frac{1}{x}}}{x^2\cos^2\frac{1}{x}}dx = -\int 2^{\tan\frac{1}{x}}\cdot d\left(\tan\frac{1}{x}\right) = -\frac{1}{\ln 2}2^{\tan\frac{1}{x}} + C.$$

例 4 求$\int \frac{1}{\sqrt{x}(1+x)}dx$.

分析 注意到$(\sqrt{x})' = \frac{1}{2\sqrt{x}}$,若视$\sqrt{x} = \varphi(x)$,则$\frac{1}{1+x} = \frac{1}{1+(\sqrt{x})^2} = f(\varphi(x))$.

解 $I = 2\int \frac{1}{1+(\sqrt{x})^2}d\sqrt{x} = 2\arctan\sqrt{x} + C.$

注释 由公式$\int \frac{1}{a^2+x^2}dx = \frac{1}{a}\arctan\frac{x}{a} + C$可得公式

$$\int \frac{\varphi'(x)}{a^2+\varphi^2(x)}dx = \int \frac{1}{a^2+\varphi^2(x)}d\varphi(x) = \frac{1}{a}\arctan\frac{\varphi(x)}{a} + C.$$

利用上述公式可求出下列各积分:

(1) $$\int \frac{x^2}{4+x^6}dx = \frac{1}{3}\int \frac{3x^2}{2^2+(x^3)^2}dx = \frac{1}{3}\int \frac{1}{2^2+(x^3)^2}dx^3 = \frac{1}{6}\arctan\frac{x^3}{2} + C.$$

(2) $$\int \frac{x}{x^4+2x^2+5}dx = \frac{1}{2}\int \frac{1}{4+(1+x^2)^2}d(1+x^2) = \frac{1}{4}\arctan\frac{1+x^2}{2} + C.$$

(3) 由于$(x^{\frac{3}{2}})' = \frac{3}{2}\sqrt{x}$,所以

$$\int \frac{\sqrt{x}}{1+x^3}dx = \frac{2}{3}\int \frac{1}{1+(x^{\frac{3}{2}})^2}dx^{\frac{3}{2}} = \frac{2}{3}\arctan x^{\frac{3}{2}} + C.$$

(4) $\int \frac{1}{e^x + e^{-x}} dx = \int \frac{e^x}{e^{2x}+1} dx$

$$= \int \frac{1}{e^{2x}+1} de^x = \arctan e^x + C.$$

(5) $\int \frac{1}{\sqrt{1+x}+(\sqrt{1+x})^3} dx = \int \frac{1}{\sqrt{1+x}(1+(\sqrt{1+x})^2)} dx$

$$= 2\int \frac{1}{1+(\sqrt{1+x})^2} d\sqrt{1+x}$$

$$= 2\arctan \sqrt{1+x} + C.$$

(6) $\int \frac{\cos x}{1+\sin^2 x} dx = \int \frac{1}{1+\sin^2 x} d\sin x = \arctan (\sin x) + C.$

(7) $\int \frac{\sin x\cos x}{1+\sin^4 x} dx = \frac{1}{2}\int \frac{d\sin^2 x}{1+(\sin^2 x)^2}$

$$= \frac{1}{2}\arctan(\sin^2 x) + C.$$

(8) $\int \frac{\sin x\cos x}{\sin^4 x+\cos^4 x} dx = 2\int \frac{\sin x\cos x}{1+(\cos 2x)^2} dx$

$$= -\frac{1}{2}\int \frac{1}{1+(\cos 2x)^2} d\cos 2x$$

$$= -\frac{1}{2}\arctan (\cos 2x) + C.$$

(9) $\int \frac{2^x \cdot 3^x}{9^x+4^x} dx = \int \frac{\left(\frac{3}{2}\right)^x}{\left(\frac{3}{2}\right)^{2x}+1} dx = \frac{1}{\ln \frac{3}{2}}\int \frac{1}{1+\left(\frac{3}{2}\right)^{2x}} d\left(\frac{3}{2}\right)^x$

$$= \frac{1}{\ln 3 - \ln 2}\arctan \left(\frac{3}{2}\right)^x + C.$$

(10) $\int \frac{2^x}{1+2^x+4^x} dx = \frac{1}{\ln 2}\int \frac{1}{\left(2^x+\frac{1}{2}\right)^2+\frac{3}{4}} d\left(2^x+\frac{1}{2}\right)$

$$= \frac{2}{\sqrt{3}\ln 2}\arctan \frac{2^{x+1}+1}{\sqrt{3}} + C.$$

(11) 由于 $\mathrm{d}f(\sqrt{x})=f'(\sqrt{x})\dfrac{1}{2\sqrt{x}}\mathrm{d}x$,所以

$$\int\frac{f'(\sqrt{x})}{\sqrt{x}[1+f^2(\sqrt{x})]}\mathrm{d}x=2\int\frac{1}{1+f^2(\sqrt{x})}\mathrm{d}[f(\sqrt{x})]$$

$$=2\arctan[f(\sqrt{x})]+C.$$

例 5 求 $\displaystyle\int\frac{x^2}{\sqrt{1-x^6}}\mathrm{d}x$.

分析 由于$(x^3)'=3x^2$,若视 $x^3=\varphi(x)$,则 $\sqrt{1-(x^3)^2}=f(\varphi(x))$.

解 $I=\dfrac{1}{3}\displaystyle\int\frac{1}{\sqrt{1-(x^3)^2}}\mathrm{d}x^3=\dfrac{1}{3}\arcsin x^3+C.$

注释 由公式 $\displaystyle\int\frac{1}{\sqrt{a^2-x^2}}\mathrm{d}x=\arcsin\frac{x}{a}+C$ 可有公式

$$\int\frac{\varphi'(x)}{\sqrt{a^2-\varphi^2(x)}}\mathrm{d}x=\int\frac{1}{\sqrt{a^2-\varphi^2(x)}}\mathrm{d}\varphi(x)=\arcsin\frac{\varphi(x)}{a}+C.$$

利用上述公式可求出下列各积分:

(1) $\displaystyle\int\frac{1}{\sqrt{4x-x^2}}\mathrm{d}x=\int\frac{1}{\sqrt{x}\sqrt{4-x}}\mathrm{d}x=2\int\frac{1}{\sqrt{4-(\sqrt{x})^2}}\mathrm{d}\sqrt{x}$

$$=2\arcsin\frac{\sqrt{x}}{2}+C.$$

(2) $\displaystyle\int\sqrt{\frac{x}{1-x^3}}\mathrm{d}x=\frac{2}{3}\int\frac{1}{\sqrt{1-(x^{\frac{3}{2}})^2}}\mathrm{d}x^{\frac{3}{2}}=\frac{2}{3}\arcsin x^{\frac{3}{2}}+C.$

(3) $\displaystyle\int\frac{1}{x\sqrt{1-\ln^2x}}\mathrm{d}x=\int\frac{1}{\sqrt{1-\ln^2x}}\mathrm{d}\ln x=\arcsin(\ln x)+C.$

(4) $\displaystyle\int\frac{2^x}{\sqrt{1-4^x}}\mathrm{d}x=\frac{1}{\ln 2}\int\frac{1}{\sqrt{1-(2^x)^2}}\mathrm{d}2^x=\frac{1}{\ln 2}\arcsin 2^x+C.$

(5) $\displaystyle\int\frac{\mathrm{e}^{\frac{x}{2}}}{\sqrt{16-\mathrm{e}^x}}\mathrm{d}x=2\int\frac{1}{\sqrt{4^2-(\mathrm{e}^{\frac{x}{2}})^2}}\mathrm{d}\mathrm{e}^{\frac{x}{2}}=2\arcsin\frac{\mathrm{e}^{\frac{x}{2}}}{4}+C.$

(6) $\int \frac{\sin 2x}{\sqrt{3-\cos^4 x}}\mathrm{d}x = -\int \frac{1}{\sqrt{3-(\cos^2 x)^2}}\mathrm{d}\cos^2 x$

$$= -\arcsin \frac{\cos^2 x}{\sqrt{3}} + C.$$

(7) $\int \frac{\sin x}{\sqrt{1+\sin^2 x}}\mathrm{d}x = -\int \frac{1}{\sqrt{2-\cos^2 x}}\mathrm{d}\cos x$

$$= -\arcsin\left(\frac{\cos x}{\sqrt{2}}\right) + C.$$

(8) 由于 $\cos 2x = 1-2\sin^2 x$，且 $(\sin x)' = \cos x$，所以

$$\int \frac{\cos x}{\sqrt{2+\cos 2x}}\mathrm{d}x = \int \frac{\cos x}{\sqrt{3-2\sin^2 x}}\mathrm{d}x = \frac{1}{\sqrt{2}}\int \frac{\mathrm{d}(\sqrt{2}\sin x)}{\sqrt{3-(\sqrt{2}\sin x)^2}}$$

$$= \frac{1}{\sqrt{2}}\arcsin \frac{\sqrt{2}\sin x}{\sqrt{3}} + C.$$

例 6 求 $\int \frac{\mathrm{e}^{2x}}{4-\mathrm{e}^{4x}}\mathrm{d}x$.

分析 注意到 $\mathrm{e}^{4x} = (\mathrm{e}^{2x})^2$，且 $(\mathrm{e}^{2x})' = 2\mathrm{e}^{2x}$，视 $\mathrm{e}^{2x} = \varphi(x)$.

解 $I = \frac{1}{2}\int \frac{1}{4-(\mathrm{e}^{2x})^2}\mathrm{d}\mathrm{e}^{2x} = \frac{1}{8}\ln\left|\frac{2+\mathrm{e}^{2x}}{2-\mathrm{e}^{2x}}\right| + C.$

注释 由公式 $\int \frac{1}{a^2-x^2}\mathrm{d}x = \frac{1}{2a}\ln\left|\frac{a+x}{a-x}\right| + C$ 可得公式

$$\int \frac{\varphi'(x)}{a^2-\varphi^2(x)}\mathrm{d}x = \int \frac{1}{a^2-\varphi^2(x)}\mathrm{d}\varphi(x) = \frac{1}{2a}\ln\left|\frac{a+\varphi(x)}{a-\varphi(x)}\right| + C.$$

利用上述公式可求出下列各积分：

(1) $\int \frac{x}{x^4-1}\mathrm{d}x = \frac{1}{2}\int \frac{1}{(x^2)^2-1}\mathrm{d}x^2 = \frac{1}{4}\ln\left|\frac{x^2-1}{x^2+1}\right| + C.$

(2) $\int \frac{x^3}{2-x^8}\mathrm{d}x = \frac{1}{4}\int \frac{1}{2-(x^4)^2}\mathrm{d}x^4 = \frac{1}{8\sqrt{2}}\ln\left|\frac{\sqrt{2}+x^4}{\sqrt{2}-x^4}\right| + C.$

(3) $\int \frac{x}{x^4-2x^2-1}\mathrm{d}x = \frac{1}{2}\int \frac{1}{(x^2-1)^2-2}\mathrm{d}(x^2-1)$

$$=\frac{1}{4\sqrt{2}}\ln\left|\frac{x^2-1-\sqrt{2}}{x^2-1+\sqrt{2}}\right|+C.$$

(4) $\int\frac{(2-x)^2}{2-x^2}\mathrm{d}x=\int\frac{4-4x+x^2}{2-x^2}\mathrm{d}x=\int\left(\frac{6}{2-x^2}-\frac{4x}{2-x^2}-1\right)\mathrm{d}x$

$$=\frac{3}{\sqrt{2}}\ln\left|\frac{\sqrt{2}+x}{\sqrt{2}-x}\right|+2\ln|2-x^2|-x+C.$$

(5) $\int\frac{x}{\sqrt{1+x^2}(1-x^2)}\mathrm{d}x=\int\frac{1}{2-(\sqrt{1+x^2})^2}\mathrm{d}\sqrt{1+x^2}$

$$=\frac{1}{2\sqrt{2}}\ln\left|\frac{\sqrt{2}+\sqrt{1+x^2}}{\sqrt{2}-\sqrt{1+x^2}}\right|+C.$$

(6) $\int\frac{x}{\sqrt{1-x^2}(1-2x^2)}\mathrm{d}x=-\int\frac{1}{1-2x^2}\mathrm{d}\sqrt{1-x^2}$

$$=\frac{1}{\sqrt{2}}\int\frac{1}{1-(\sqrt{2-2x^2})^2}\mathrm{d}\sqrt{2-2x^2}$$

$$=\frac{1}{2\sqrt{2}}\ln\left|\frac{1+\sqrt{2-2x^2}}{1-\sqrt{2-2x^2}}\right|+C.$$

(7) $\int\frac{\cos x}{9-\sin^2x}\mathrm{d}x=\int\frac{1}{9-\sin^2x}\mathrm{d}\sin x=\frac{1}{6}\ln\left|\frac{3+\sin x}{3-\sin x}\right|+C.$

(8) $\int\frac{\cos x}{1+\cos^2x}\mathrm{d}x=\int\frac{1}{2-\sin^2x}\mathrm{d}\sin x$

$$=\frac{1}{2\sqrt{2}}\ln\left|\frac{\sqrt{2}+\sin x}{\sqrt{2}-\sin x}\right|+C.$$

(9) $\int\frac{\cos 2x}{\sin^4x+\cos^4x}\mathrm{d}x=2\int\frac{\cos 2x}{2-\sin^2(2x)}\mathrm{d}x=\int\frac{1}{2-\sin^2(2x)}\mathrm{d}\sin 2x$

$$=\frac{1}{2\sqrt{2}}\ln\left|\frac{\sqrt{2}+\sin 2x}{\sqrt{2}-\sin 2x}\right|+C.$$

例 7 求 $\int\sqrt[3]{3x-4}\,\mathrm{d}x$

分析 $(3x-4)^{\frac{1}{3}}$是线性函数$(3x-4)$的函数，且$(3x-4)'=3$.

视 $3x-4=\varphi(x)$.

解 $I=\frac{1}{3}\int(3x-4)^{\frac{1}{3}}\mathrm{d}(3x-4)=\frac{1}{4}(3x-4)^{\frac{4}{3}}+C$.

注释 本例可看作是下述公式:

若 $F'(x)=f(x)$,则

$$\int f(ax+b)\mathrm{d}x=\frac{1}{a}\int f(ax+b)\mathrm{d}(ax+b)=\frac{1}{a}F(ax+b)+C.$$

上述公式可推广到一般情况:若 $F'(x)=f(x)$,$\mu\neq 0$,则有

$$\int f(ax^{\mu}+b)x^{\mu-1}\mathrm{d}x=\frac{1}{a\mu}\int f(ax^{\mu}+b)\mathrm{d}(ax^{\mu}+b)=\frac{1}{a\mu}F(ax^{\mu}+b)+C.$$

看下列积分:

(1) $\mu=2$, $\displaystyle\int\frac{x}{\sqrt{1-3x^2}}\mathrm{d}x=-\frac{1}{3\cdot 2}2\sqrt{1-3x^2}+C$

$$=-\frac{1}{3}\sqrt{1-3x^2}+C.$$

(2) $\mu=3$, $\displaystyle\int\frac{x^2}{\sqrt[3]{(x^3-5)^2}}\mathrm{d}x=\frac{1}{3}\cdot 3(x^3-5)^{\frac{1}{3}}+C$

$$=\sqrt[3]{x^3-5}+C.$$

(3) $\mu=\frac{1}{2}$, $\displaystyle\int\frac{1}{\sqrt{x}\sqrt{1+\sqrt{x}}}\mathrm{d}x=2\int\frac{1}{\sqrt{1+\sqrt{x}}}\mathrm{d}(1+\sqrt{x})$

$$=4\sqrt{1+\sqrt{x}}+C.$$

(4) $\mu=-1$, $\displaystyle\int\frac{1}{x^2}\sec\frac{1}{x}\mathrm{d}x=-\int\sec\frac{1}{x}\mathrm{d}\left(\frac{1}{x}\right)$

$$=-\ln\left|\sec\frac{1}{x}+\tan\frac{1}{x}\right|+C.$$

(5) $\mu=\frac{3}{2}$, $\displaystyle\int\sqrt{\frac{x}{1-x\sqrt{x}}}\mathrm{d}x=-\frac{2}{3}\int(1-x\sqrt{x})^{-\frac{1}{2}}\left(-\frac{3}{2}\sqrt{x}\right)\mathrm{d}x$

$$=-\frac{2}{3}\int(1-x\sqrt{x})^{-\frac{1}{2}}\mathrm{d}(1-x\sqrt{x})=-\frac{4}{3}\sqrt{1-x\sqrt{x}}+C.$$

例 8 求 $\displaystyle\int\frac{2x+5}{x^2+2x-3}\mathrm{d}x$.

解 因$(x^2+2x-3)'=2x+2$，且$2x+5=2x+2+3$，所以

$$I=\int\frac{2x+2}{x^2+2x-3}\mathrm{d}x+\int\frac{3}{x^2+2x-3}\mathrm{d}x.$$

上式中的第一个积分已会计算(见例1)，现计算第二个积分：

$$\begin{aligned}\int\frac{3}{x^2+2x-3}\mathrm{d}x&=\frac{3}{4}\int\frac{(x+3)-(x-1)}{(x+3)(x-1)}\mathrm{d}x\\&=\frac{3}{4}\int\left[\frac{1}{x-1}-\frac{1}{x+3}\right]\mathrm{d}x\\&=\frac{3}{4}\ln\left|\frac{x-1}{x+3}\right|+C.\end{aligned}$$

于是 $$I=\ln|x^2+2x-3|+\frac{3}{4}\ln\left|\frac{x-1}{x+3}\right|+C.$$

注释 若被积函数为$\dfrac{hx+l}{ax^2+bx+c}$型，则将其分为$\dfrac{2ax+b}{ax^2+bx+c}$与$\dfrac{1}{ax^2+bx+c}$(这里尚有常数因子)之和. 前一式用第一换元积分法，后一式分下面三种情况：

(1) 当$b^2-4ac>0$时，将ax^2+bx+c因式分解，被积函数分项后，用第一换元积分法. 如本例.

(2) 当$b^2-4ac<0$时，将ax^2+bx+c配方，再用第一换元积分法. 如

$$\int\frac{1}{x^2-2x+5}\mathrm{d}x=\int\frac{1}{2^2+(x-1)^2}\mathrm{d}(x-1)=\frac{1}{2}\arctan\frac{x-1}{2}+C.$$

(3) 当$b^2-4ac=0$时，将ax^2+bx+c写成$(Ax+B)^2$，再用第一换元积分法. 如

$$\int\frac{1}{x^2+2x+1}\mathrm{d}x=\int\frac{1}{(x+1)^2}\mathrm{d}(x+1)=-\frac{1}{x+1}+C.$$

关于有理函数用分项法求积分，将在§5.5节讲述.

例9 求$\int\cos^2x\sin^3x\mathrm{d}x$.

解 因$\sin^3x=(1-\cos^2x)\sin x$，且$(\cos x)'=-\sin x$，所以

$$I=\int\cos^2x(\cos^2x-1)\,\mathrm{d}\cos x=\frac{1}{5}\cos^5x-\frac{1}{3}\cos^3x+C.$$

注释 对 $\int\sin^m x\cdot\cos^n x\mathrm{d}x$ 型积分，其中 m、n 为正整数或其中之一为零，分两种情形求积分：

（1）当 m 和 n 都是偶数或其中之一为零时，用三角公式

$$\sin^2x=\frac{1-\cos 2x}{2},\cos^2x=\frac{1+\cos 2x}{2},\sin x\cdot\cos x=\frac{1}{2}\sin 2x$$

化被积函数为易于求出积分的函数.

（2）当 m 或 n 中至少有一个为奇数时，例如 $m=2k+1(k=0,1,2,\cdots,l)$，则

$$\begin{aligned}\int\sin^{2k+1}x\cdot\cos^n x\mathrm{d}x&=\int\sin^{2k}x\cdot\cos^n x\cdot\sin x\mathrm{d}x\\&=-\int(1-\cos^2x)^k\cos^n x\mathrm{d}(\cos x).\end{aligned}$$

显然，被积函数是关于 $\cos x$ 的多项式，可求出结果.

如下列积分均属此类型：

$$\int\sin^2x\cos^2x\mathrm{d}x,\int\sin^5x\mathrm{d}x,\int\sin 2x\cos^3x\mathrm{d}x=2\int\cos^4x\sin x\mathrm{d}x.$$

例 10 求 $\int\sin 2x\cos 3x\mathrm{d}x$.

解 用 $\sin 2x\cos 3x=\frac{1}{2}(\sin 5x-\sin x)$，于是

$$I=\frac{1}{2}\int(\sin 5x-\sin x)\mathrm{d}x=-\frac{1}{10}\cos 5x+\frac{1}{2}\cos x+C.$$

注释 被积函数为 $\sin mx\cos nx,\sin mx\sin nx,\cos mx\cos nx$ 时，可用积化和差公式变形，然后用第一换元积分法.

（1）当 $m=n$ 时，用公式

$$\sin mx\cdot\cos mx=\frac{1}{2}\sin 2mx,$$

$$\sin^2mx=\frac{1}{2}(1-\cos 2mx),$$

$$\cos^2 mx = \frac{1}{2}(1+\cos 2mx);$$

（2）当 $m \neq n$ 时，用公式

$$\sin mx \cdot \cos nx = \frac{1}{2}[\sin(m+n)x + \sin(m-n)x],$$

$$\sin mx \cdot \sin nx = \frac{1}{2}[\cos(m-n)x - \cos(m+n)x],$$

$$\cos mx \cdot \cos nx = \frac{1}{2}[\cos(m+n)x + \cos(m-n)x].$$

看下例

$$\int \sin x \sin\left(x+\frac{\pi}{3}\right)\sin\left(x+\frac{2\pi}{3}\right)dx$$

$$=\frac{1}{2}\int\left[\cos\left(-\frac{2\pi}{3}\right)-\cos\left(2x+\frac{2\pi}{3}\right)\right]\sin\left(x+\frac{\pi}{3}\right)dx$$

$$=\frac{1}{2}\int\left\{\left(-\frac{1}{2}\right)\sin\left(x+\frac{\pi}{3}\right)-\frac{1}{2}\left[\sin(3x+\pi)-\sin\left(x+\frac{\pi}{3}\right)\right]\right\}dx$$

$$=-\frac{1}{4}\int\sin(3x+\pi)dx = -\frac{1}{12}\cos 3x + C.$$

例 11 求下列不定积分：

（1）$\int \frac{dx}{\cos^4 x}$； （2）$\int \frac{1}{\sin^4 x\cos^4 x}dx$.

解 （1）$I = \int \sec^2 x d\tan x = \int (1+\tan^2 x)d\tan x$

$$=\tan x + \frac{1}{3}\tan^3 x + C.$$

（2）$I = 8\int \frac{1}{\sin^4(2x)}d(2x) = -8\int[1+\cot^2(2x)]d\cot(2x)$

$$=-8\cot(2x) - \frac{8}{3}\cot^3(2x) + C.$$

例 12 求下列不定积分：

（1）$\int \frac{\tan x}{1+\cos x}dx$ （2）$\int \frac{1}{\sin x+\cos x}dx$

解 （1）$I=\int\frac{\tan x(1-\cos x)}{1-\cos^2 x}\mathrm{d}x=\int\frac{\tan x}{\sin^2 x}\mathrm{d}x-\int\frac{1}{\sin x}\mathrm{d}x$

$$=2\int\frac{1}{\sin 2x}\mathrm{d}x-\ln|\csc x-\cot x|+C$$

$$=\ln|\csc 2x-\cot 2x|-\ln|\csc x-\cot x|+C.$$

（2）$I=\frac{1}{\sqrt{2}}\int\frac{1}{\sin\left(x+\frac{\pi}{4}\right)}\mathrm{d}\left(x+\frac{\pi}{4}\right)$

$$=\frac{1}{\sqrt{2}}\ln\left|\csc\left(x+\frac{\pi}{4}\right)-\cot\left(x+\frac{\pi}{4}\right)\right|+C.$$

例 13 求下列不定积分：

（1）$\int\frac{1}{\sin^2 x+2\cos^2 x}\mathrm{d}x$；　（2）$\int\frac{1}{(\sin x+2\cos x)^2}\mathrm{d}x$.

解 因 $\mathrm{d}\tan x=\sec^2 x\mathrm{d}x$.

（1）$I=\int\frac{1}{(\tan^2 x+2)\cos^2 x}\mathrm{d}x=\frac{1}{\sqrt{2}}\arctan\frac{\tan x}{\sqrt{2}}+C.$

（2）$I=\int\frac{1}{(\tan x+2)^2\cos^2 x}\mathrm{d}x=-\frac{1}{\tan x+2}+C.$

例 14 求 $\int\frac{1}{5-\cos x}\mathrm{d}x$.

解 用半角公式.

$$I=\int\frac{1}{4+2\sin^2\frac{x}{2}}\mathrm{d}x=\int\frac{1}{2\sin^2\frac{x}{2}\left(2\csc^2\frac{x}{2}+1\right)}\mathrm{d}x$$

$$=\frac{1}{2}\int\frac{1}{\cot^2\frac{x}{2}+\frac{3}{2}}\mathrm{d}\left(\cot\frac{x}{2}\right)=\frac{1}{\sqrt{6}}\arctan\frac{\sqrt{2}\cot\frac{x}{2}}{\sqrt{3}}+C.$$

例 15 求下列不定积分：

（1）$\int\frac{1}{\sin x+\cos x+\sqrt{2}}\mathrm{d}x$；　（2）$\int\frac{1}{\sin x-\cos x-5}\mathrm{d}x$.

解 （1）分母、分子同乘$(\sin x+\cos x)-\sqrt{2}$.

$$I=-\int\frac{\sin x+\cos x}{(\sin x-\cos x)^2}dx+\int\frac{\sqrt{2}}{(\sin x-\cos x)^2}dx$$

$$=-\int\frac{1}{(\sin x-\cos x)^2}d(\sin x-\cos x)+\sqrt{2}\int\frac{1}{(\tan x-1)^2\cos^2 x}dx$$

$$=\frac{1}{\sin x-\cos x}-\frac{\sqrt{2}}{\tan x-1}+C.$$

（2）用半角公式.

$$\sin x-\cos x-5=2\sin\frac{x}{2}\cos\frac{x}{2}-2\cos^2\frac{x}{2}-4$$

$$=2\cos^2\frac{x}{2}\left(\tan\frac{x}{2}-1-4\sec^2\frac{x}{2}\right)$$

$$=-2\cos^2\frac{x}{2}\left[\left(2\tan\frac{x}{2}-\frac{1}{4}\right)^2+\frac{79}{16}\right].$$

$$I=-\frac{1}{2}\int\frac{1}{\left(2\tan\frac{x}{2}-\frac{1}{4}\right)^2+\frac{79}{16}}d\left(2\tan\frac{x}{2}-\frac{1}{4}\right)$$

$$=-\frac{2}{\sqrt{79}}\arctan\left(\frac{8\tan\frac{x}{2}-1}{\sqrt{79}}\right)+C.$$

例 16 求下列不定积分：

（1）$\int\frac{1}{e^x(1+e^{2x})}dx$；（2）$\int\frac{1}{(1+e^x)^2}dx$；

（3）$\int\frac{1}{\sqrt{e^{2x}+1}}dx$；（4）$\int\frac{1}{\sqrt{e^{2x}-1}}dx$；

（5）$\int\sqrt{\frac{e^x-1}{e^x+1}}dx$；（6）$\int\sqrt{1+e^x}dx$.

解 将被积函数适当变形用第一换元积分法.（1）、（2）分项；（3）、（4）分母、分子分别乘 e^{-x}；（5）、（6）（分母看成 1）先将分子有理化，再分项.

（1）$I=\int\frac{1+e^{2x}-e^{2x}}{e^x(1+e^{2x})}dx=\int\frac{1}{e^x}dx-\int\frac{e^x}{1+e^{2x}}dx$

$$= -e^{-x} - \arctan e^{x} + C.$$

(2) $I = \int \frac{1+e^{x}-e^{x}}{(1+e^{x})^{2}}dx = \int \left(\frac{1}{1+e^{x}} - \frac{e^{x}}{(1+e^{x})^{2}}\right)dx$

$$= \int \frac{1+e^{x}-e^{x}}{1+e^{x}}dx - \int \frac{1}{(1+e^{x})^{2}}d(1+e^{x})$$

$$= x - \ln(1+e^{x}) + \frac{1}{1+e^{x}} + C.$$

(3) $I = -\int \frac{1}{\sqrt{e^{-2x}+1}}de^{-x} = -\ln(e^{-x} + \sqrt{e^{-2x}+1}) + C$

$$= x - \ln(1+\sqrt{1+e^{2x}}) + C.$$

(4) $I = -\int \frac{1}{\sqrt{1-e^{-2x}}}de^{-x} = -\arcsin e^{-x} + C.$

(5) $I = \int \frac{e^{x}-1}{\sqrt{e^{2x}-1}}dx = \ln(e^{x} + \sqrt{e^{2x}-1}) + \arcsin e^{-x} + C.$

(6) $I = \int \frac{1+e^{x}}{\sqrt{1+e^{x}}}dx = \int \frac{e^{-\frac{x}{2}}}{\sqrt{e^{-x}+1}}dx + \int \frac{e^{x}}{\sqrt{1+e^{x}}}dx$

$$= -2\ln(e^{-\frac{x}{2}} + \sqrt{e^{-x}+1}) + 2\sqrt{1+e^{x}} + C.$$

注释 本例是用了指数函数微分的特性：

$$e^{x}dx = de^{x}, e^{-x}dx = -de^{-x}.$$

例 17 求下列不定积分：

(1) $\int \frac{1}{\sqrt{2x+1}+\sqrt{2x-1}}dx$； (2) $\int \frac{\sqrt{(x+1)x}}{\sqrt{x+1}+\sqrt{x}}dx$；

(3) $\int \frac{x}{x+\sqrt{x^{2}-1}}dx$； (4) $\int \frac{1}{x\sqrt{x^{2}-1}+(x^{2}-1)}dx.$

分析 (1)、(2)、(3)分母有理化后将成为常数.(4)的分母提取公因子$\sqrt{x^{2}-1}$后，剩余部分将与(3)的分母相同.

解 (1) $I=\frac{1}{2}\int(\sqrt{2x+1}-\sqrt{2x-1})\mathrm{d}x$

$$=\frac{1}{2}\left[\frac{1}{2}\ \frac{2}{3}(2x+1)^{\frac{3}{2}}-\frac{1}{2}\ \frac{2}{3}(2x-1)^{\frac{3}{2}}\right]+C$$

$$=\frac{1}{6}[(2x+1)^{\frac{3}{2}}-(2x-1)^{\frac{3}{2}}]+C.$$

(2) $I=\int\sqrt{(x+1)x}(\sqrt{x+1}-\sqrt{x})\mathrm{d}x$

$$=\int(x+1)\sqrt{x}\mathrm{d}x-\int x\sqrt{x+1}\mathrm{d}x$$

$$=\frac{2}{5}x^{\frac{5}{2}}+\frac{2}{3}x^{\frac{3}{2}}-\int(x+1-1)\sqrt{x+1}\mathrm{d}x$$

$$=\frac{2}{5}x^{\frac{5}{2}}+\frac{2}{3}x^{\frac{3}{2}}-\frac{2}{5}(x+1)^{\frac{5}{2}}+\frac{2}{3}(x+1)^{\frac{3}{2}}+C.$$

(3) $I=\int(x^2-x\sqrt{x^2-1})\mathrm{d}x=\frac{1}{3}x^3-\frac{1}{2}\int\sqrt{x^2-1}\mathrm{d}(x^2-1)$

$$=\frac{1}{3}x^3-\frac{1}{3}(x^2-1)^{\frac{3}{2}}+C.$$

(4) $I=\int\frac{1}{\sqrt{x^2-1}(x+\sqrt{x^2-1})}\mathrm{d}x=\int\frac{x-\sqrt{x^2-1}}{\sqrt{x^2-1}}\mathrm{d}x$

$$=\sqrt{x^2-1}-x+C.$$

例 18 求下列不定积分：

(1) $\int\frac{1}{(2-x)\sqrt{1-x}}\mathrm{d}x$；　　(2) $\int\frac{1}{(x+1)\sqrt{1-x}}\mathrm{d}x$；

(3) $\int\frac{x}{\sqrt{1+x^2}(1-x^2)}\mathrm{d}x$；　　(4) $\int\frac{x}{\sqrt{1-x^2}(1-2x^2)}\mathrm{d}x$.

解 (1) 由于 $2-x=1+(1-x)=1+(\sqrt{1-x})^2$，且 $(\sqrt{1-x})'=\frac{-1}{2\sqrt{1-x}}$，故

$$I=-2\int\frac{1}{1+(\sqrt{1-x})^2}\mathrm{d}\sqrt{1-x}=-2\arctan\sqrt{1-x}+C.$$

(2) 注意到 $-(x+1)=(1-x)-2=(\sqrt{1-x})^2-2$.

$$I=2\int\frac{1}{(\sqrt{1-x})^2-2}\mathrm{d}\sqrt{1-x}=\frac{1}{\sqrt{2}}\ln\left|\frac{\sqrt{1-x}-\sqrt{2}}{\sqrt{1-x}+\sqrt{2}}\right|+C.$$

(3) 由于 $1-x^2=2-(1+x^2)=2-(\sqrt{1+x^2})^2$，且 $(\sqrt{1+x^2})'=\frac{x}{\sqrt{1+x^2}}$，故

$$I=\int\frac{1}{2-(\sqrt{1+x^2})^2}\mathrm{d}\sqrt{1+x^2}=\frac{1}{2\sqrt{2}}\ln\left|\frac{\sqrt{2}+\sqrt{1+x^2}}{\sqrt{2}-\sqrt{1+x^2}}\right|+C.$$

(4) 由于

$$\begin{aligned}1-2x^2&=-[1-(2-2x^2)]\\&=-[1-(\sqrt{2-2x^2})^2],\end{aligned}$$

且

$$(\sqrt{1-x^2})'=\frac{-x}{\sqrt{1-x^2}},\text{故}$$

$$I=\frac{1}{\sqrt{2}}\int\frac{1}{1-(\sqrt{2-2x^2})^2}\mathrm{d}\sqrt{2-2x^2}=\frac{1}{2\sqrt{2}}\ln\left|\frac{1+\sqrt{2-2x^2}}{1-\sqrt{2-x^2}}\right|+C.$$

注释 本例的解题**思路**是：将被积函数分成两个因子乘积之后，其中一个因子可看成 $\varphi'(x)$，而将另一个因子的**分母**分项，恰好可看成 $f(\varphi(x))$ 形式. 再看下例

$$\begin{aligned}\int\frac{x+1}{x\sqrt{x-2}}\mathrm{d}x&=\int\frac{1}{\sqrt{x-2}}\mathrm{d}x+2\int\frac{1}{2+(x-2)}\mathrm{d}\sqrt{x-2}\\&=2\sqrt{x-2}+\sqrt{2}\arctan\frac{\sqrt{x-1}}{\sqrt{2}}+C.\end{aligned}$$

例 19 求下列不定积分：

(1) $\int\frac{x+1}{x(1+xe^x)}\mathrm{d}x$； (2) $\int\frac{\ln x+2}{x\ln x(1+x\ln^2x)}\mathrm{d}x$.

解 分母、分子同乘一个因子，再分项.

(1) 由于 $(xe^x)'=e^x+xe^x$，而分子是 $(x+1)$，乘因子 e^x，以

xe^x 为积分变量.

$$I=\int\frac{1}{xe^x(1+xe^x)}\mathrm{d}(xe^x)=\int\frac{1}{xe^x}\mathrm{d}(xe^x)-\int\frac{1}{1+xe^x}\mathrm{d}(1+xe^x)$$

$$=\ln\left|\frac{xe^x}{1+xe^x}\right|+C.$$

(2) 由于$(x\ln^2x)'=\ln x(\ln x+2)$,而分子是$(\ln x+2)$,乘以$\ln x$,以 $x\ln^2x$ 为积分变量.

$$I=\int\frac{1}{x\ln^2x(1+x\ln^2x)}\mathrm{d}(x\ln^2x)=\int\left(\frac{1}{x\ln^2x}-\frac{1}{1+x\ln^2x}\right)\mathrm{d}(x\ln^2x)$$

$$=\ln\left|\frac{x\ln^2x}{1+x\ln^2x}\right|+C.$$

二、第二换元积分法

1. 公式与求积分过程

$$\int f(x)\mathrm{d}x\xlongequal[x=\varphi(t)]{\text{变量替换令}}\int f(\varphi(t))\varphi'(t)\mathrm{d}t$$

$$\xlongequal{\text{用积分公式}}F(t)+C$$

$$\xlongequal[t=\varphi^{-1}(x)]{\text{变量还原}}F(\varphi^{-1}(x))+C.$$

2. 第一换元积分法与第二换元积分法的**关系**

第二换元积分法正是从相反方向运用第一换元积分法公式,即二者正是一个公式从两个不同的方向运用:

$$\int f(\varphi(x))\varphi'(x)\mathrm{d}x\;\underset{\underset{\text{第二换元法}}{\text{令 }u=\varphi(x)}}{\overset{\overset{\text{第一换元法}}{\text{令 }\varphi(x)=u}}{\rightleftharpoons}}\;\int f(u)\mathrm{d}u.$$

还有,二者的区别在于,第一换元积分法是把被积表达式中原积分变量 x 的某一函数 $\varphi(x)$ 换成新的积分变量 u: $\varphi(x)=u$;而第二换元积分法则是把被积表达式中原积分变量 u 换成新变量 x 的某一函数 $\varphi(x)$: $u=\varphi(x)$.

3. 用第二换元积分法的**思路**

(1) 公式的**意义**

若所给的积分 $\int f(x)\mathrm{d}x$ 不易积出时，将原积分变量 x 用新变量 t 的某一函数 $\varphi(t)$ 来替换，化成以 t 为积分变量的不定积分 $\int f(\varphi(t))\varphi'(t)\mathrm{d}t$，若该积分易于求出，便可达到目的.

（2）第二换元积分法**适用**的主要情况

1° 被积函数含根式 $\sqrt[n]{ax+b}$（$a\neq 0$，b 可以是 0）时，由 $\sqrt[n]{ax+b}=t$，求其反函数. 作替换 $x=\dfrac{1}{a}(t^n-b)$，可消去根式，化为代数有理式的积分.

2° 被积函数含下述根式，作三角函数替换，可消去根式，化为三角函数有理式的积分：

含根式 $\sqrt{a^2-x^2}(a>0)$ 时，设 $x=a\sin t$，则 $\sqrt{a^2-x^2}=a\cos t$；

含根式 $\sqrt{x^2+a^2}(a>0)$ 时，设 $x=a\tan t$，则 $\sqrt{x^2+a^2}=a\sec t$；

含根式 $\sqrt{x^2-a^2}(a>0)$ 时，设 $x=a\sec t$，则 $\sqrt{x^2-a^2}=a\tan t$.

3° 被积函数含根式 $\sqrt[m]{\dfrac{ax+b}{cx+d}}$（$m$ 是正整数，$ad-bc\neq 0$），由 $t=\sqrt[m]{\dfrac{ax+b}{cx+d}}$，设 $x=\dfrac{dt^m-b}{a-ct^m}$.

4° 被积函数含 e^x 时，由 $\mathrm{e}^x=t$，设 $x=\ln t$；被积函数含 $\sqrt{\mathrm{e}^x\pm a}$ 时，由 $\sqrt{\mathrm{e}^x\pm a}=t$，设 $x=\ln(t^2\mp a)$.

例 20 求 $\displaystyle\int\frac{1}{\sqrt{x+1}+\sqrt[3]{x+1}}\mathrm{d}x$.

解 $\sqrt{x+1}$ 与 $\sqrt[3]{x+1}$ 的根指数分别为 2 和 3，而 2 和 3 的最小公倍数是 6.

设 $\sqrt[6]{x+1}=t$，则 $x=t^6-1$，$\mathrm{d}x=6t^5\mathrm{d}t$.

$$
\begin{aligned}
I&=\int\frac{6t^5}{t^3+t^2}\mathrm{d}t=6\int\frac{t^3+1-1}{t+1}\mathrm{d}t\\
&=2t^3-3t^2+6t-6\ln|t+1|+C
\end{aligned}
$$

$=2\sqrt{x+1}-3\sqrt[3]{x+1}+6\sqrt[6]{x+1}-6\ln(\sqrt[6]{x+1}+1)+C.$

例 21 求 $\int x^3\sqrt{4-x^2}\,\mathrm{d}x$.

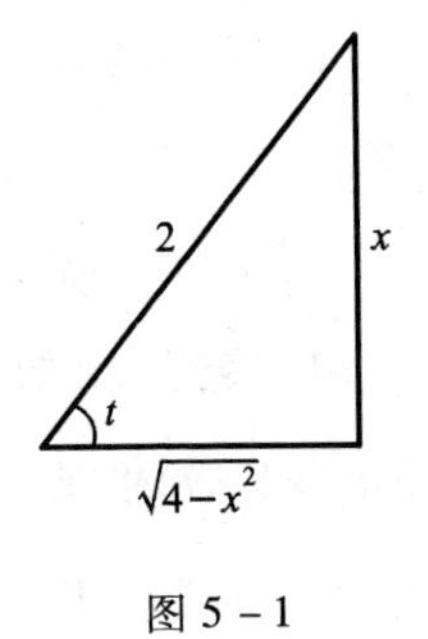

图 5－1

解 1 为消去根式 $\sqrt{4-x^2}$,设 $x=2\sin t$,则 $\mathrm{d}x=2\cos t\mathrm{d}t$. 于是

$$
\begin{aligned}
I&=\int 8\sin^3 t\cdot 2\cos t\cdot 2\cos t\mathrm{d}t\\
&=-32\int(1-\cos^2 t)\cos^2 t\mathrm{d}\cos t\\
&=-\frac{32}{3}\cos^3 t+\frac{32}{5}\cos^5 t+C\\
&=-\frac{4}{3}(4-x^2)^{\frac{3}{2}}+\frac{1}{5}(4-x^2)^{\frac{5}{2}}+C.
\end{aligned}
$$

这里,在变量还原时,请见图 5－1. 由原设 $x=2\sin t$,得 $\sin t=\frac{x}{2}$,由此作直角三角形,得

$$\cos t=\frac{\sqrt{4-x^2}}{2}.$$

解 2 由于 $x^3\mathrm{d}x=\frac{1}{2}x^2\mathrm{d}x^2$. 先分项.

$$
\begin{aligned}
I&=\frac{1}{2}\int x^2\sqrt{4-x^2}\mathrm{d}x^2=\frac{1}{2}\int(4-x^2-4)\sqrt{4-x^2}\mathrm{d}(4-x^2)\\
&=\frac{1}{2}\int[(4-x^2)^{\frac{3}{2}}-4(4-x^2)^{\frac{1}{2}}]\mathrm{d}(4-x^2)\\
&=\frac{1}{5}(4-x^2)^{\frac{5}{2}}-\frac{4}{3}(4-x^2)^{\frac{3}{2}}+C.
\end{aligned}
$$

解 3 令 $\sqrt{4-x^2}=t$,则 $x^2=4-t^2$, $2x\mathrm{d}x=-2t\mathrm{d}t$.

$$
\begin{aligned}
I&=-\int(4-t^2)\cdot t\cdot t\mathrm{d}t=-\frac{4}{3}t^3+\frac{1}{5}t^5+C\\
&=-\frac{4}{3}(4-x^2)^{\frac{3}{2}}+\frac{1}{5}(4-x^2)^{\frac{5}{2}}+C.
\end{aligned}
$$

例 22 求 $\int \frac{\sqrt{x^2-9}}{x^2}dx$.

解 为消去根式 $\sqrt{x^2-9}$,设 $x=3\sec t$,则

$$dx=3\sec t\cdot\tan t dt.\ 于是$$

$$I=\int\frac{3\tan t}{9\sec^2 t}3\sec t\cdot\tan t dt=\int\frac{\tan^2 t}{\sec t}dt=\int(\sec t-\cos t)dt$$

$$=\ln|\sec t+\tan t|-\sin t+C$$

$$=\ln\left|\frac{x}{3}+\frac{\sqrt{x^2-9}}{3}\right|-\frac{\sqrt{x^2-9}}{x}+C_1$$

$$=\ln|x+\sqrt{x^2-9}|-\frac{\sqrt{x^2-9}}{x}+C.$$

在变量还原时,由原设 $x=3\sec t$,即 $\sec t=\frac{x}{3}$作直角三角形(图 5-2),得 $\tan t=\frac{\sqrt{x^2-9}}{3}$;$C=C_1-\ln 3$.

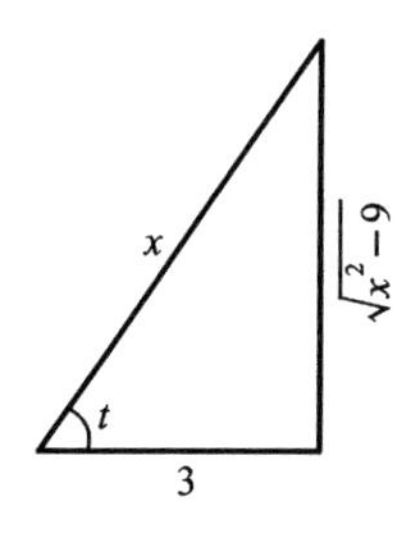

图 5-2

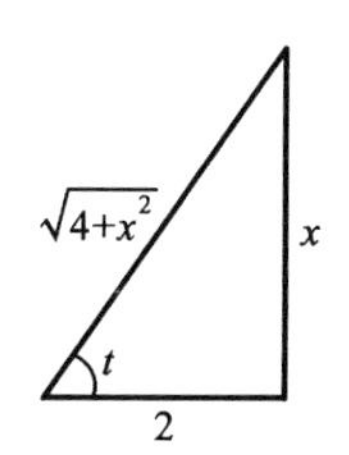

图 5-3

例 23 求 $\int\frac{1}{x^2\sqrt{4+x^2}}dx$.

解 1 为消去根式 $\sqrt{4+x^2}$,设 $x=2\tan t$,则 $dx=2\sec^2 t dt$. 于是

$$I=\frac{2}{8}\int\frac{\sec^2 t}{\tan^2 t\cdot\sec t}dt=\frac{1}{4}\int\frac{\cos t}{\sin^2 t}dt$$

$$= -\frac{1}{4}\frac{1}{\sin t}+C=-\frac{\sqrt{4+x^2}}{4x}+C.$$

变量还原,请参见图 5 - 3.

解 2 用倒代换. 设 $x=\frac{1}{t}$,则 $\mathrm{d}x=-\frac{1}{t^2}\mathrm{d}t$. 于是

$$I=\int t^2\frac{1}{\sqrt{4+\left(\frac{1}{t}\right)^2}}\left(-\frac{1}{t^2}\right)\mathrm{d}t=-\int\frac{t}{\sqrt{4t^2+1}}\mathrm{d}t$$

$$=-\frac{1}{8}\int\frac{1}{\sqrt{4t^2+1}}\mathrm{d}(4t^2+1)$$

$$=-\frac{\sqrt{4t^2+1}}{4}+C=-\frac{\sqrt{x^2+4}}{4x}+C.$$

注释 若被积函数是分式,分母、分子关于 x 的最高次数分别是 n 和 m 时,当 $n-m>1$ 时,可试用倒代换.

例 24 求下列不定积分

(1) $\int\frac{1}{\sqrt{2x^2-3x-1}}\mathrm{d}x$; (2) $\int\sqrt{2+x-x^2}\mathrm{d}x$;

(3) $\int\frac{x+1}{\sqrt{x^2+x+1}}\mathrm{d}x$.

解 (1) 将根号内的二次三项式配方.

$$I=\int\frac{1}{\sqrt{2\left(x^2-\frac{3}{2}x-\frac{1}{2}\right)}}\mathrm{d}x$$

$$=\frac{1}{\sqrt{2}}\int\frac{1}{\sqrt{\left(x-\frac{3}{4}\right)^2-\left(\frac{\sqrt{17}}{4}\right)^2}}\mathrm{d}\left(x-\frac{3}{4}\right)$$

$$=\frac{1}{\sqrt{2}}\ln\left|x-\frac{3}{4}+\sqrt{x^2-\frac{3}{2}x-\frac{1}{2}}\right|+C.$$

(2) 先将根号内的二次三项式配方

$$
\begin{aligned}
I &= \int \sqrt{\frac{9}{4}-\left(x-\frac{1}{2}\right)^2}\,\mathrm{d}\left(x-\frac{1}{2}\right) \\
&= \frac{x-\frac{1}{2}}{2}\sqrt{\frac{9}{4}-\left(x-\frac{1}{2}\right)^2}+\frac{1}{2}\ \frac{9}{4}\arcsin\frac{2\left(x-\frac{1}{2}\right)}{3}+C \\
&= \frac{2x-1}{4}\sqrt{2+x-x^2}+\frac{9}{8}\arcsin\frac{2x-1}{3}+C.
\end{aligned}
$$

(3) 注意到 $\mathrm{d}(x^2+x+1)=(2x+1)\mathrm{d}x$,应先将被积函数分项. 再将二次三项式配方.

$$
\begin{aligned}
I &= \int \frac{x+\frac{1}{2}}{\sqrt{x^2+x+1}}\mathrm{d}x+\frac{1}{2}\int\frac{1}{\sqrt{x^2+x+1}}\mathrm{d}x \\
&= \sqrt{x^2+x+1}+\frac{1}{2}\int\frac{1}{\sqrt{\left(x+\frac{1}{2}\right)^2+\left(\frac{\sqrt{3}}{2}\right)^2}}\mathrm{d}\left(x+\frac{1}{2}\right) \\
&= \sqrt{x^2+x+1}+\frac{1}{2}\ln\left|x+\frac{1}{2}+\sqrt{x^2+x+1}\right|+C.
\end{aligned}
$$

例 25 求 $\displaystyle\int\frac{1}{x(1-x)\sqrt{x(1-x)}}\mathrm{d}x$.

解 用倒代换. 设 $x=\dfrac{1}{t}$,则 $\mathrm{d}x=-\dfrac{1}{t^2}\mathrm{d}t$. 于是

$$
\begin{aligned}
I &= -\int\frac{t}{(t-1)\sqrt{t-1}}\mathrm{d}t=-\int\frac{t-1+1}{(t-1)\sqrt{t-1}}\mathrm{d}t \\
&= -\int\left[\frac{1}{\sqrt{t-1}}+\frac{1}{(t-1)^{\frac{3}{2}}}\right]\mathrm{d}(t-1)=-2\sqrt{t-1}+2(t-1)^{-\frac{1}{2}}+C \\
&= 2\left(\sqrt{\frac{x}{1-x}}-\sqrt{\frac{1-x}{x}}\right)+C.
\end{aligned}
$$

例 26 求 $\displaystyle\int\frac{1}{x}\sqrt{\frac{x+1}{x-1}}\mathrm{d}x$.

解 1 由 $\sqrt{\dfrac{x+1}{x-1}}=t$,设 $x=\dfrac{t^2+1}{t^2-1}$,则 $\mathrm{d}x=\dfrac{-4t}{(t^2-1)^2}\mathrm{d}t$.

$$I=-4\int\frac{t^2}{(t^2+1)(t^2-1)}\mathrm{d}t=-2\int\frac{(t^2+1)+(t^2-1)}{(t^2+1)(t^2-1)}\mathrm{d}t$$

$$=\ln\left|\frac{1+t}{1-t}\right|-2\arctan t+C$$

$$=\ln\left|\frac{\sqrt{x-1}+\sqrt{x+1}}{\sqrt{x-1}-\sqrt{x+1}}\right|-2\arctan\sqrt{\frac{x+1}{x-1}}+C.$$

解 2 先将分子有理化.

$$I=\int\frac{1}{x}\frac{x+1}{\sqrt{x^2-1}}\mathrm{d}x=\int\frac{1}{\sqrt{x^2-1}}\mathrm{d}x+\int\frac{1}{x\sqrt{x^2-1}}\mathrm{d}x$$

对上式第二项积分:设 $x=\sec t$,则 $\mathrm{d}x=\sec t\cdot\tan t\mathrm{d}t$.

$$\int\frac{1}{x\sqrt{x^2-1}}\mathrm{d}x=\int\mathrm{d}t=t+C=\arccos\frac{1}{x}+C,$$

于是

$$I=\ln\left|x+\sqrt{x^2-1}\right|+\arccos\frac{1}{x}+C.$$

例 27 求 $\int\frac{1}{\sqrt[3]{(x+1)^2(x-1)^4}}\mathrm{d}x$.

解 注意到被积函数可以变形.

$$I=\int\frac{1}{x^2-1}\sqrt[3]{\frac{x+1}{x-1}}\mathrm{d}x.$$

由 $\sqrt[3]{\frac{x+1}{x-1}}=t$,则 $x=\frac{t^3+1}{t^3-1}$, $\mathrm{d}x=-\frac{6t^2}{(t^3-1)^2}\mathrm{d}t$.

$$I=-\frac{3}{2}\int\mathrm{d}t=-\frac{3}{2}t+C=-\frac{3}{2}\sqrt[3]{\frac{x+1}{x-1}}+C.$$

§5.3 分部积分法

1. 分部积分法公式

$$\int u(x)v'(x)\mathrm{d}x=u(x)v(x)-\int v(x)u'(x)\mathrm{d}x$$

或

$$\int u(x)\mathrm{d}v(x)=u(x)v(x)-\int v(x)\mathrm{d}u(x).$$

2. 用分部积分法的**思路**

(1) 公式的**意义**

分部积分法公式是两个函数乘积求导数公式的逆用.

欲求 $\int uv'\mathrm{d}x \xlongequal[\text{分部积分法}]{\text{转化为}}$ 求 $\int vu'\mathrm{d}x$.

(2) 关于选取 u 和 v'

用分部积分法的**关键**是,当被积函数看作是两个函数乘积时,选取哪一个因子为 $u=u(x)$,哪一个因子为 $v'=v'(x)$. 一般来说,选取 u 和 v'应遵循如下**原则**:

1° 选取作 v'的函数,应易于计算它的原函数;

2° 所选取的 u 和 v',要使积分 $\int vu'\mathrm{d}x$ 较积分 $\int uv'\mathrm{d}x$ 易于计算;

3° 有的不定积分需要连续两次(或多于两次)运用分部积分法,第一次选作 v'(或 u)的函数,第二次不能选由 v'(或 u)所得到的 v(或 u')作 u(或 v'). 否则,经第二次运用,被积函数又将复原.

(3) 分部积分法所适用的情况

由于分部积分法公式是微分法中两个函数乘积求导数公式的逆用,因此,被积函数是两个函数乘积时,往往用分部积分法易见效. 可用分部积分法求积分的常见类型:

1° $\int x^n \mathrm{e}^{bx}\mathrm{d}x, \int x^n \sin bx\mathrm{d}x, \int x^n \cos bx\mathrm{d}x,$

其中 n 是正整数,x^n 也可是 n 次多项式 $P_n(x)$. 这时,选取

$$u=x^n, v'=\mathrm{e}^{bx}, \sin bx, \cos bx.$$

2° $\int x^n \ln x\mathrm{d}x, \int x^n \arcsin x\mathrm{d}x, \int x^n \arccos x\mathrm{d}x, \int x^n \arctan x\mathrm{d}x$,其中 n 是正整数或零,x^n 也可是 n 次多项式 $P_n(x)$. 这时,选取 $u=\ln x, \arcsin x, \arctan x$ 等,$v'=x^n$.

当 $n=0$ 时,被积函数只有一个因子,如 $\int \arctan x\mathrm{d}x$,这时,可

认为 $v'=1$ 或 $\mathrm{d}v=\mathrm{d}x$.

正因为如此，当被积函数只有一个因子，而又不适于用换元积分法时，可从分部积分法入手.

3° $\int \mathrm{e}^{kx}\sin(ax+b)\mathrm{d}x$，$\int \mathrm{e}^{kx}\cos(ax+b)\mathrm{d}x$.

这时，可设 $u=\mathrm{e}^{kx}$，也可设 $u=\sin(ax+b)$，$\cos(ax+b)$.

4° 被积函数含有 $\ln f(x)$，$\arcsin f(x)$，$\arccos f(x)$，$\arctan f(x)$，其中 $f(x)$ 为代数函数. 这种情况，一般选取 $u=\ln f(x)$，$\arcsin f(x)$等. 不过，这种被积函数往往第二换元积分法与分部积分法并用.

例 1 设 $f(x)$ 的一个原函数为 $\dfrac{\sin x}{x}$，则 $\int xf'(2x)\mathrm{d}x=$ __________.

分析 因 $f(x)=\left(\dfrac{\sin x}{x}\right)'=\dfrac{x\cos x-\sin x}{x^2}$，于是由分部积分法.

解
$$\begin{aligned} I &= \frac{1}{2}\int x\mathrm{d}[f(2x)] = \frac{1}{2}xf(2x) - \frac{1}{2}\int f(2x)\mathrm{d}x \\ &= \frac{1}{2}xf(2x) - \frac{1}{4}\int f(2x)\mathrm{d}(2x) \\ &= \frac{2x\cos 2x - \sin 2x}{8x} - \frac{\sin 2x}{4\cdot 2x} + C \\ &= \frac{\cos 2x}{4} - \frac{\sin 2x}{4x} + C. \end{aligned}$$

例 2 设 $\int f'(\sqrt{x})\mathrm{d}x = x(\mathrm{e}^{\sqrt{x}}+1)+C$，则 $f(x)=$ ________.

分析 先求 $f'(x)$，再求 $f(x)$.

解 将已知等式两端求导，得

$$f'(\sqrt{x}) = \mathrm{e}^{\sqrt{x}} + 1 + \frac{\sqrt{x}}{2}\mathrm{e}^{\sqrt{x}}.$$

令$\sqrt{x}=t$，则 $f'(t)=\dfrac{t}{2}\mathrm{e}^t+\mathrm{e}^t+1$. 于是

$$f(x)=\int\left(\frac{1}{2}xe^x+e^x+1\right)dx=\frac{1}{2}e^x(x-1)+e^x+x+C$$

$$=\frac{1}{2}e^x(x+1)+x+C.$$

其中,由分部积分法,得

$$\int xe^x dx=\int x de^x=xe^x-\int e^x dx=xe^x-e^x+C.$$

例 3 已知 $\int f(x)\,dx=xf(x)-\int\frac{x}{\sqrt{1+x^2}}dx$,则 $f(x)=$ ( ).

(A) $\sqrt{1+x^2}$ (B) $\ln\sqrt{1+x^2}$

(C) $\frac{1}{\sqrt{1+x^2}}$ (D) $\ln(x+\sqrt{1+x^2})$

解 选(D). 对照分部积分公式知, $u=f(x)$, 而 $du=\frac{1}{\sqrt{1+x^2}}dx$,故 $u=\ln(x+\sqrt{1+x^2})$.

已知等式两端求导数也可得结论.

例 4 求下列不定积分:

(1) $\int\left(\frac{\ln x}{x}\right)^2dx$; (2) $\int\frac{xe^x}{\sqrt{e^x-2}}dx$.

解 (1) 设 $u=\ln^2 x, dv=\frac{1}{x^2}dx=d\left(-\frac{1}{x}\right)$.

$$I=\int\ln^2 x\,d\left(-\frac{1}{x}\right)=-\frac{1}{x}\ln^2 x-\int\left(-\frac{1}{x}\right)d\ln^2 x$$

$$=-\frac{\ln^2 x}{x}+2\int\frac{\ln x}{x^2}dx$$

$$=-\frac{\ln^2 x}{x}-\frac{2\ln x}{x}-2\int\left(-\frac{1}{x}\right)d\ln x$$

$$=-\frac{\ln^2 x}{x}-\frac{2\ln x}{x}-\frac{2}{x}+C.$$

(2) 因 $d\sqrt{e^x-2}=\dfrac{e^x}{2\sqrt{e^x-2}}dx$,由分部积分法

$$I=2x\sqrt{e^x-2}-2\int\sqrt{e^x-2}dx,$$

这里,对上式右端积分,用第二换元积分法.

$$\int\sqrt{e^x-2}dx\xlongequal{\sqrt{e^x-2}=t}\int t\frac{2t}{t^2+2}dt=2\int\frac{t^2+2-2}{t^2+2}dt$$

$$=2t-4\frac{1}{\sqrt{2}}\arctan\frac{t}{\sqrt{2}}+C,$$

于是 $\quad I=2x\sqrt{e^x-2}-4\sqrt{e^x-2}+4\sqrt{2}\arctan\dfrac{\sqrt{e^x-2}}{\sqrt{2}}+C.$

例 5 求下列不定积分:

(1) $\displaystyle\int\frac{\ln\sin x}{\sin^2x}dx$; (2) $\displaystyle\int x\tan x\cdot\sec^4xdx$.

解 (1) 被积函数看作是乘积:$\ln\sin x\cdot\dfrac{1}{\sin^2x}$,用分部积分法. 设 $u=\ln\sin x,dv=\dfrac{1}{\sin^2x}dx$,则

$$I=-\cot x\cdot\ln\sin x+\int\cot^2xdx$$

$$=-\cot x\cdot\ln\sin x-\cot x-x+C.$$

(2) 因 $d\sec^4x=4\sec^3x\cdot\sec x\cdot\tan xdx$,被积函数看作是 x 与 $\tan x\cdot\sec^4x$ 的乘积,用分部积分法.

$$I=\frac{1}{4}\int xd\sec^4x=\frac{x}{4}\sec^4x-\frac{1}{4}\int\sec^4xdx$$

$$=\frac{x}{4}\sec^4x-\frac{1}{4}\int(1+\tan^2x)d\tan x$$

$$=\frac{x}{4}\sec^4x-\frac{1}{4}\tan x-\frac{1}{12}\tan^3x+C.$$

例 6 求下列不定积分:

(1) $\displaystyle\int\frac{\ln[(x+a)^{x+a}(x+b)^{x+b}]}{(x+a)(x+b)}dx$;

(2) $\int e^{\frac{x}{2}}\frac{\cos x-\sin x}{\sqrt{\cos x}}dx$.

解 (1) 用对数性质,先分项,再用分部积分法

$$\begin{aligned}I &= \int\frac{\ln(x+a)}{x+b}dx+\int\frac{\ln(x+b)}{x+a}dx\\ &= \int\ln(x+a)\,d\ln(x+b)+\int\frac{\ln(x+b)}{x+a}dx\\ &= \ln(x+a)\ln(x+b)-\int\frac{\ln(x+b)}{x+a}dx+\int\frac{\ln(x+b)}{x+a}dx\\ &= \ln(x+a)\ln(x+b)+C.\end{aligned}$$

(2) 先分项,再用分部积分法.

$$I=\int e^{\frac{x}{2}}\sqrt{\cos x}\,dx-\int e^{\frac{x}{2}}\frac{\sin x}{\sqrt{\cos x}}dx,$$

而 $\int e^{\frac{x}{2}}\frac{\sin x}{\sqrt{\cos x}}dx=-2\int e^{\frac{x}{2}}d\sqrt{\cos x}=-2e^{\frac{x}{2}}\sqrt{\cos x}+\int e^{\frac{x}{2}}\sqrt{\cos x}\,dx$,

代入原式,两项抵消,得

$$I=2e^{\frac{x}{2}}\sqrt{\cos x}+C.$$

注释 本例是先分项,其中一项用分部积分法,相减消掉另一项. 在求不定积分时,常遇到这种情况.

例 7 求下列不定积分:

(1) $\int e^{2x}\sin^2 x\,dx$; (2) $\int\frac{xe^{\arctan x}}{(1+x^2)^{\frac{3}{2}}}dx$.

解 (1) 按被积函数特点,应用分部积分法. 因

$$\sin^2 x=\frac{1}{2}(1-\cos 2x),$$

于是

$$I=\frac{1}{4}e^{2x}-\frac{1}{2}\int e^{2x}\cos 2x\,dx.$$

而 $\int e^{2x}\cos 2x\,dx=\frac{1}{2}\int\cos 2x\,de^{2x}=\frac{1}{2}\left[e^{2x}\cos 2x+2\int e^{2x}\sin 2x\,dx\right]$

$$=\frac{1}{2}e^{2x}\cos 2x+\frac{1}{2}\int\sin 2x\,de^{2x}$$

$$=\frac{1}{2}e^{2x}\cos 2x+\frac{1}{2}e^{2x}\sin 2x-\int e^{2x}\cos 2x\mathrm{d}x,$$

移项 $$\int e^{2x}\cos 2x\mathrm{d}x=\frac{1}{4}e^{2x}(\cos 2x+\sin 2x)+C,$$

从而 $$I=\frac{1}{8}e^{2x}(2-\cos 2x-\sin 2x)+C.$$

（2）**解 1** 注意到 $\mathrm{d}e^{\arctan x}=e^{\arctan x}\cdot\frac{1}{1+x^2}\mathrm{d}x$,于是

$$I=\int\frac{x}{\sqrt{1+x^2}}\mathrm{d}e^{\arctan x}=\frac{xe^{\arctan x}}{\sqrt{1+x^2}}-\int\frac{e^{\arctan x}}{(1+x^2)^{\frac{3}{2}}}\mathrm{d}x$$

$$=\frac{xe^{\arctan x}}{\sqrt{1+x^2}}-\int\frac{1}{\sqrt{1+x^2}}\mathrm{d}e^{\arctan x}$$

$$=\frac{xe^{\arctan x}}{\sqrt{1+x^2}}-\frac{e^{\arctan x}}{\sqrt{1+x^2}}-\int\frac{xe^{\arctan x}}{(1+x^2)^{\frac{3}{2}}}$$

移项 $$I=\frac{x-1}{2\sqrt{1+x^2}}e^{\arctan x}+C.$$

解 2 因被积函数含根式 $\sqrt{1+x^2}$,先换元. 设 $x=\tan t$,则

$$I=\int e^t\sin t\mathrm{d}t\xlongequal{\text{由本例之(1)的解法}}\frac{1}{2}e^t(\sin t-\cos t)+C$$

$$=\frac{x-1}{2\sqrt{1+x^2}}e^{\arctan x}+C.$$

注释 本例用分部积分法出现了循环现象,即等式右端又出现了原来的不定积分,但这恰好解决了问题. 用分部积分法时,有些题目出现这种情况.

例 8 求下列不定积分:

（1）$\int\frac{\arctan\sqrt{x^2-1}}{x^2\sqrt{x^2-1}}\mathrm{d}x$; （2）$\int\frac{x^2}{x^2-1}\ln\frac{x-1}{x+1}\mathrm{d}x$.

解 （1）应设 $u=\arctan\sqrt{x^2-1}$,而

$$\frac{1}{x^2\sqrt{x^2-1}}\mathrm{d}x=\mathrm{d}\frac{\sqrt{x^2-1}}{x}.$$

$$I=\frac{\sqrt{x^2-1}}{x}\arctan\sqrt{x^2-1}-\int\frac{1}{x^2}dx$$
$$=\frac{\sqrt{x^2-1}}{x}\arctan\sqrt{x^2-1}+\frac{1}{x}+C.$$

(2) 应设 $u=\ln\frac{x-1}{x+1}$，且 $du=\frac{2}{x^2-1}dx$，又

$$\frac{x^2}{x^2-1}=1+\frac{1}{x^2-1}.$$

$$I=\int\ln\frac{x+1}{x-1}dx+\frac{1}{2}\int\ln\frac{x+1}{x-1}d\left(\ln\frac{x+1}{x-1}\right)$$
$$=x\ln\frac{x+1}{x-1}-\int\frac{2x}{x^2-1}dx+\frac{1}{4}\left(\ln\frac{x+1}{x-1}\right)^2$$
$$=x\ln\frac{x+1}{x-1}-\ln|x^2-1|+\frac{1}{4}\left(\ln\frac{x+1}{x-1}\right)^2+C.$$

例 9 求下列不定积分：

(1) $\int\arcsin\sqrt{\frac{x}{1+x}}dx$；　　(2) $\int\arctan(1+\sqrt{x})dx$.

(1) **解 1** 用分部积分法.

$$I=x\arcsin\sqrt{\frac{x}{1+x}}-\int x\frac{1}{2\sqrt{x}(1+x)}dx$$
$$=x\arcsin\sqrt{\frac{x}{1+x}}-\int\frac{1+x-1}{2\sqrt{x}(1+x)}dx$$
$$=x\arcsin\sqrt{\frac{x}{1+x}}-\sqrt{x}+\arctan\sqrt{x}+C.$$

解 2 先换元. 由 $\arcsin\sqrt{\frac{x}{1+x}}=t$，设 $x=\tan^2t$.

$$I=\int t\,d(\tan^2t)=t\cdot\tan^2t-\int\tan^2t\,dt$$
$$=t\cdot\tan^2t-\tan t+t+C$$
$$=x\arcsin\sqrt{\frac{x}{1+x}}-\sqrt{x}+\arcsin\sqrt{\frac{x}{1+x}}+C.$$

（2）**解 1**　从分部积分入手

$$I=x\arctan(1+\sqrt{x})-\int\frac{x}{1+(1+\sqrt{x})^2}\frac{1}{2\sqrt{x}}\mathrm{d}x$$

$$=x\arctan(1+\sqrt{x})-\frac{1}{2}\int\frac{\sqrt{x}}{x+2\sqrt{x}+2}\mathrm{d}x.$$

设 $x=t^2$，则 $\mathrm{d}x=2t\mathrm{d}t$，

$$\int\frac{\sqrt{x}}{x+2\sqrt{x}+2}\mathrm{d}x=\int\frac{2t^2}{t^2+2t+2}\mathrm{d}t=2t-2\ln(t^2+2t+2)+C,$$

故 $$I=x\arctan(1+\sqrt{x})-\sqrt{x}+\ln(x+2\sqrt{x}+2)+C.$$

解 2　先换元. 由 $\arctan(1+\sqrt{x})=t$，设 $x=(\tan t-1)^2$，

$$I=\int t\mathrm{d}(\tan t-1)^2=t(\tan t-1)^2-\int(\tan t-1)^2\mathrm{d}t$$

$$=t(\tan t-1)^2-\tan t-2\ln|\cos t|+C$$

$$=x\arctan(1+\sqrt{x})-(1+\sqrt{x})+\ln(x+2\sqrt{x}+2)+C.$$

例 10　求下列不定积分：

（1）$\displaystyle\int\frac{\ln x}{(1+x^2)^{\frac{3}{2}}}\mathrm{d}x$；　　（2）$\displaystyle\int\frac{\arccos x}{(1-x^2)^{\frac{3}{2}}}\mathrm{d}x$.

解　（1）先换元. 设 $x=\tan t$，则

$$I=\int\frac{\ln\tan t}{\sec^3 t}\sec^2 t\mathrm{d}t=\int\cos t\cdot\ln\tan t\mathrm{d}t$$

$$=\sin t\cdot\ln\tan t-\int\sin t\cdot\frac{\sec^2 t}{\tan t}\mathrm{d}t$$

$$=\sin t\cdot\ln\tan t-\int\sec t\mathrm{d}t=\sin t\cdot\ln\tan t-\ln|\sec t+\tan t|+C$$

$$=\frac{x}{\sqrt{1+x^2}}\ln x-\ln(x+\sqrt{1+x^2})+C.$$

（2）先换元. 设 $x=\cos t$，$t=\arccos x$，则

$$I=-\int\frac{t}{\sin^3 t}\sin t\mathrm{d}t=\int t\mathrm{d}\cot t=t\cot t-\int\cot t\mathrm{d}t$$

$$=t\cot t-\ln|\sin t|+C$$

$$=\frac{x}{\sqrt{1-x^2}}\arccos x-\ln\sqrt{1-x^2}+C.$$

例 11 设 $F(x)$ 为 $f(x)$ 的原函数,且当 $x\geqslant 0$ 时,

$$f(x)F(x)=\frac{xe^x}{2(1+x)^2}.$$

已知 $F(0)=1, F(x)>0$,试求 $f(x)$.

解 由 $F'(x)=f(x)$,有

$$2F(x)F'(x)=\frac{xe^x}{(1+x)^2}.$$

两端积分

$$左端=2\int F(x)\mathrm{d}F(x)=F^2(x)+C,$$

$$右端=-\int xe^x\mathrm{d}\frac{1}{1+x}=-\left[\frac{xe^x}{1+x}-\int e^x\mathrm{d}x\right]$$

$$=-\frac{xe^x}{1+x}+e^x+C=\frac{e^x}{1+x}+C.$$

于是 $F^2(x)=\frac{e^x}{1+x}+C$. 由 $F(0)=1$ 和 $F^2(0)=1+C$,得 $C=0$. 从而

$$F(x)=\sqrt{\frac{e^x}{1+x}}\,(F(x)>0),\quad f(x)=\frac{xe^{\frac{x}{2}}}{2(1+x)^{\frac{3}{2}}}.$$

例 12 试推出下列不定积分的递推公式:

(1) $I_n=\int\sin^n x\mathrm{d}x$; (2) $I_n=\int(\arcsin x)^n\mathrm{d}x$;

(3) $I_n=\int\frac{1}{(x^2+a^2)^n}\mathrm{d}x\ (a>0)$.

解 (1) 用分部积分法

$$I_n=\int\sin^{n-1}x\cdot\sin x\mathrm{d}x=\int\sin^{n-1}x\mathrm{d}(-\cos x)$$

$$=-\sin^{n-1}x\cdot\cos x+(n-1)\int\cos^2x\cdot\sin^{n-2}x\mathrm{d}x$$

$$= -\sin^{n-1}x\cdot\cos x+(n-1)\int(1-\sin^2x)\sin^{n-2}x\mathrm{d}x$$

$$= -\sin^{n-1}x\cdot\cos x+(n-1)I_{n-2}-(n-1)I_n.$$

移项并整理,得递推公式

$$I_n = -\frac{1}{n}\sin^{n-1}x\cos x+\frac{n-1}{n}I_{n-2}(n\geqslant 2).$$

由此,就把计算 I_n 归结为计算 I_{n-2},继续使用,最后归结为计算

$$I_0=\int\mathrm{d}x=x+C \text{ 或 } I_1=\int\sin x\mathrm{d}x=-\cos x+C.$$

(2) 设 $\arcsin x=t$,则 $x=\sin t$. 于是

$$I_n = \int t^n\mathrm{d}\sin t=t^n\sin t+n\int t^{n-1}\mathrm{d}\cos t$$

$$=t^n\sin t+n\left[t^{n-1}\cos t-(n-1)\int t^{n-2}\mathrm{d}\sin t\right]$$

$$=x(\arcsin x)^n+n\sqrt{1-x^2}(\arcsin x)^{n-1}-n(n-1)I_{n-2}.\ (n\geqslant 2).$$

$$I_0=\int\mathrm{d}x=x+C,$$

$$I_1=\int\arcsin x\mathrm{d}x=x\arcsin x+\sqrt{1-x^2}+C.$$

(3) 由分部积分法得

$$I_n = \frac{x}{(x^2+a^2)^n}+2n\int\frac{x^2}{(x^2+a^2)^{n+1}}\mathrm{d}x$$

$$=\frac{x}{(x^2+a^2)^n}+2n\int\frac{x^2+a^2-a^2}{(x^2+a^2)^{n+1}}\mathrm{d}x$$

$$=\frac{x}{(x^2+a^2)^n}+2nI_n-2na^2\int\frac{1}{(x^2+a^2)^{n+1}}\mathrm{d}x$$

$$=\frac{x}{(x^2+a^2)^n}+2nI_n-2na^2I_{n+1}$$

或

$$I_{n+1}=\frac{1}{2a^2n}\frac{x}{(x^2+a^2)^n}+\frac{2n-1}{2a^2n}I_n,$$

$$I_n=\frac{1}{2a^2(n-1)}\cdot\frac{x}{(x^2+a^2)^{n-1}}+\frac{2n-3}{2a^2(n-1)}I_{n-1}(n\geqslant 2),$$

$$I_1=\int\frac{1}{x^2+a^2}\mathrm{d}x=\frac{1}{a}\arctan\frac{x}{a}+C.$$

§5.4 用方程组求不定积分

用解方程组求不定积分的思路

1. 设 $I_1=\int f(x)\mathrm{d}x, I_2=\int g(x)\mathrm{d}x$. 若

$$\begin{cases}I_1+I_2=\int[f(x)+g(x)]\mathrm{d}x=F(x)+C,\\ I_1-I_2=\int[f(x)-g(x)]\mathrm{d}x=G(x)+C,\end{cases}$$

显然
$$I_1=\frac{1}{2}[F(x)+G(x)]+C,$$

$$I_2=\frac{1}{2}[F(x)-G(x)]+C.$$

由上述结论,欲求 I_1,若能选择 I_2,且较容易地求得 $I_1\pm I_2$,这不仅求得了 I_1,也顺便求得了 I_2.

2. 设 $I_1=\int f(x)\mathrm{d}x, I_2=\int xf'(x)\mathrm{d}x=\int x\mathrm{d}f(x)$.

因 $I_1+I_2=\int f(x)\mathrm{d}x+\int x\mathrm{d}f(x)=xf(x)+C,$

若 $I_1-I_2=\int[f(x)-xf'(x)]\mathrm{d}x=F(x)+C,$

则
$$I_1=\frac{1}{2}[xf(x)+F(x)]+C.$$

$$I_2=\frac{1}{2}[xf(x)-F(x)]+C.$$

由此结论,欲求 I_1,若容易求得 I_1-I_2 便可.

3. 设 $I_1=\int f(x)\mathrm{d}g(x), I_2=\int g(x)\mathrm{d}f(x)$.

因 $I_1+I_2=\int f(x)\mathrm{d}g(x)+\int g(x)\mathrm{d}f(x)=f(x)g(x)+C$,

若 $I_1-I_2=\int f(x)\mathrm{d}g(x)-\int g(x)\mathrm{d}f(x)=F(x)+C$,

则
$$I_1=\frac{1}{2}[f(x)g(x)+F(x)]+C,$$
$$I_2=\frac{1}{2}[f(x)g(x)-F(x)]+C.$$

由此结论,欲求 I_1,若能选择 I_2,且较容易地求得 I_1-I_2,便达目的.

例 1 求 $I_1=\int\frac{\sin x}{\sin x+\cos x}\mathrm{d}x$.

解 注意到$(\sin x+\cos x)'=\cos x-\sin x$,选取

$$I_2=\int\frac{\cos x}{\sin x+\cos x}\mathrm{d}x.\text{ 则}$$

$$I_1+I_2=\int\frac{\sin x+\cos x}{\sin x+\cos x}\mathrm{d}x=x+C,$$

$$I_2-I_1=\int\frac{\cos x-\sin x}{\sin x+\cos x}\mathrm{d}x=\ln|\sin x+\cos x|+C.$$

于是
$$I_1=\frac{1}{2}(x-\ln|\sin x+\cos x|)+C.$$

由此也可得到

$$I_2=\frac{1}{2}(x+\ln|\sin x+\cos x|)+C.$$

下列积分也可用此法:

求 $I_1=\int\frac{\cos x}{\sin x-\cos x}\mathrm{d}x$,选取 $I_2=\int\frac{\sin x}{\sin x-\cos x}\mathrm{d}x$. 则

$$I_1+I_2=\ln|\sin x-\cos x|+C,\quad I_2-I_1=x+C.$$

于是

$$I_1=\frac{1}{2}(\ln|\sin x-\cos x|-x)+C,$$

$$I_2=\frac{1}{2}(\ln|\sin x-\cos x|+x)+C.$$

例 2 求 $I_1=\int\frac{\sin x}{a\sin x+b\cos x}\mathrm{d}x$.

解 选取
$$I_2=\int\frac{\cos x}{a\sin x+b\cos x}\mathrm{d}x.$$

因
$$aI_1+bI_2=x+C,$$
$$aI_2-bI_1=\ln|a\sin x+b\cos x|+C,$$

于是
$$I_1=\frac{1}{a^2+b^2}(ax-b\ln|a\sin x+b\cos x|)+C.$$

由此也可得到
$$I_2=\frac{1}{a^2+b^2}(bx+a\ln|a\sin x+b\cos x|)+C.$$

例 3 求 $I_1=\int\frac{\sin^2 x}{\sin x+\cos x}\mathrm{d}x$.

解 注意到 $\sin^2 x+\cos^2 x=1$,
$$\sin^2 x-\cos^2 x=(\sin x+\cos x)(\sin x-\cos x).$$

选取 $I_2=\int\frac{\cos^2 x}{\sin x+\cos x}\mathrm{d}x$. 则
$$I_1+I_2=\int\frac{1}{\sin x+\cos x}\mathrm{d}x=\frac{1}{\sqrt{2}}\int\frac{1}{\sin\left(x+\frac{\pi}{4}\right)}\mathrm{d}\left(x+\frac{\pi}{4}\right)$$
$$=\frac{1}{\sqrt{2}}\ln\left|\csc\left(x+\frac{\pi}{4}\right)-\cot\left(x+\frac{\pi}{4}\right)\right|+C,$$
$$I_1-I_2=\int(\sin x-\cos x)\mathrm{d}x=-\cos x-\sin x+C.$$

于是
$$I_1=\frac{1}{2\sqrt{2}}\ln\left|\csc\left(x+\frac{\pi}{4}\right)-\cot\left(x+\frac{\pi}{4}\right)\right|-\frac{1}{2}(\sin x+\cos x)+C.$$

由此也可得到
$$I_2=\frac{1}{2\sqrt{2}}\ln\left|\csc\left(x+\frac{\pi}{4}\right)-\cot\left(x+\frac{\pi}{4}\right)\right|+\frac{1}{2}(\sin x+\cos x)+C.$$

下列积分也可用此法:

求 $I_1=\int\frac{\cos^2 x}{\sin x-\cos x}\mathrm{d}x$，选取 $\int\frac{\sin^2 x}{\sin x-\cos x}\mathrm{d}x$. 则

$$I_1+I_2=\frac{1}{\sqrt{2}}\ln\left|\csc\left(x-\frac{\pi}{4}\right)-\cot\left(x-\frac{\pi}{4}\right)\right|+C,$$

$$I_2-I_1=-\cos x+\sin x+C.$$

于是

$$I_1=\frac{1}{2\sqrt{2}}\ln\left|\csc\left(x-\frac{\pi}{4}\right)-\cot\left(x-\frac{\pi}{4}\right)\right|-\frac{1}{2}(\sin x-\cos x)+C,$$

$$I_2=\frac{1}{2\sqrt{2}}\ln\left|\csc\left(x-\frac{\pi}{4}\right)-\cot\left(x-\frac{\pi}{4}\right)\right|+\frac{1}{2}(\sin x-\cos x)+C.$$

例 4 求 $I_1=\int\frac{\sin x}{\sqrt{2+\sin 2x}}\mathrm{d}x$.

解 选取 $I_2=\int\frac{\cos x}{\sqrt{2+\sin 2x}}\mathrm{d}x$. 则

$$I_1+I_2=\int\frac{\mathrm{d}(\sin x-\cos x)}{\sqrt{3-(\sin x-\cos x)^2}}=\arcsin\frac{\sin x-\cos x}{\sqrt{3}}+C,$$

$$I_2-I_1=\int\frac{\mathrm{d}(\sin x+\cos x)}{\sqrt{1+(\sin x+\cos x)^2}}=\ln\left(\sin x+\cos x+\sqrt{2+\sin 2x}\right)+C.$$

于是

$$I_1=\frac{1}{2}\arcsin\frac{\sin x-\cos x}{\sqrt{3}}-\frac{1}{2}\ln\left(\sin x+\cos x+\sqrt{2+\sin 2x}\right)+C.$$

由此也得到

$$I_2=\frac{1}{2}\arcsin\frac{\sin x-\cos x}{\sqrt{3}}+\frac{1}{2}\ln\left(\sin x+\cos x+\sqrt{2+\sin 2x}\right)+C.$$

例 5 求 $I_1=\int\frac{x^2}{1+x^2+x^4}\mathrm{d}x$.

解 选取 $I_2=\int\frac{1}{1+x^2+x^4}\mathrm{d}x$，则

$$I_1+I_2=\int\frac{1+\frac{1}{x^2}}{x^2+\frac{1}{x^2}+1}\mathrm{d}x=\int\frac{1}{\left(x-\frac{1}{x}\right)^2+3}\mathrm{d}\left(x-\frac{1}{x}\right)$$

$$=\frac{1}{\sqrt{3}}\arctan\frac{x-\frac{1}{x}}{\sqrt{3}}+C=\frac{1}{\sqrt{3}}\arctan\frac{x^2-1}{\sqrt{3}x}+C,$$

$$I_1-I_2=\int\frac{1}{\left(x+\frac{1}{x}\right)^2-1}\mathrm{d}\left(x+\frac{1}{x}\right)=\frac{1}{2}\ln\left|\frac{x+\frac{1}{x}-1}{x+\frac{1}{x}+1}\right|+C$$

$$=\frac{1}{2}\ln\left|\frac{x^2-x+1}{x^2+x+1}\right|+C.$$

于是

$$I_1=\frac{1}{2\sqrt{3}}\arctan\frac{x^2-1}{\sqrt{3}x}+\frac{1}{4}\ln\left|\frac{x^2-x+1}{x^2+x+1}\right|+C.$$

由此也可得到

$$I_2=\frac{1}{2\sqrt{2}}\arctan\frac{x^2-1}{\sqrt{3}x}-\frac{1}{4}\ln\left|\frac{x^2-x+1}{x^2+x+1}\right|+C.$$

看下列积分

（1）求 $I_1=\int\frac{1}{1+x^4}\mathrm{d}x$，选取 $I_2=\int\frac{x^2}{1+x^4}\mathrm{d}x$，则

$$I_1+I_2=\int\frac{1}{\left(x-\frac{1}{x}\right)^2+2}\mathrm{d}\left(x-\frac{1}{x}\right)=\frac{1}{\sqrt{2}}\arctan\frac{x-\frac{1}{x}}{\sqrt{2}}+C$$

$$=\frac{1}{\sqrt{2}}\arctan\frac{x^2-1}{\sqrt{2}x}+C,$$

$$I_2-I_1=\int\frac{1}{\left(x+\frac{1}{x}\right)^2-2}\mathrm{d}\left(x+\frac{1}{x}\right)=\frac{1}{2\sqrt{2}}\ln\left|\frac{x+\frac{1}{x}-\sqrt{2}}{x+\frac{1}{x}+\sqrt{2}}\right|+C$$

$$=\frac{1}{2\sqrt{2}}\ln\frac{x^2-\sqrt{2}x+1}{x^2+\sqrt{2}x+1}+C.$$

于是 $$I_1=\frac{1}{2\sqrt{2}}\arctan\frac{x^2-1}{\sqrt{2}x}-\frac{1}{4\sqrt{2}}\ln\left|\frac{x^2-\sqrt{2}x+1}{x^2+\sqrt{2}x+1}\right|+C,$$

$$I_2=\frac{1}{2\sqrt{2}}\arctan\frac{x^2-1}{\sqrt{2}x}+\frac{1}{4\sqrt{2}}\ln\left|\frac{x^2-\sqrt{2}x+1}{x^2+\sqrt{2}x+1}\right|+C.$$

（2）求 $I_1=\int\frac{x^5}{x^8+1}\mathrm{d}x$，选取 $I_2=\int\frac{x}{x^8+1}\mathrm{d}x$. 则

$$I_1+I_2=\int\frac{x+\frac{1}{x^3}}{x^4+\frac{1}{x^4}}\mathrm{d}x=\frac{1}{2}\int\frac{1}{\left(x^2-\frac{1}{x^2}\right)^2+2}\mathrm{d}\left(x^2-\frac{1}{x^2}\right)$$

$$=\frac{1}{2\sqrt{2}}\arctan\frac{x^2-\frac{1}{x^2}}{\sqrt{2}}+C=\frac{1}{2\sqrt{2}}\arctan\frac{x^4-1}{\sqrt{2}x^2}+C,$$

$$I_1-I_2=\int\frac{x-\frac{1}{x^3}}{x^4+\frac{1}{x^4}}\mathrm{d}x=\frac{1}{2}\int\frac{1}{\left(x^2+\frac{1}{x^2}\right)-2}\mathrm{d}\left(x^2+\frac{1}{x^2}\right)$$

$$=\frac{1}{4\sqrt{2}}\ln\left|\frac{x^2+\frac{1}{x^2}-\sqrt{2}}{x^2+\frac{1}{x^2}+\sqrt{2}}\right|+C$$

$$=\frac{1}{4\sqrt{2}}\ln\left|\frac{x^4-\sqrt{2}x^2+1}{x^4+\sqrt{2}x^2+1}\right|+C.$$

于是

$$I_1=\frac{1}{4\sqrt{2}}\arctan\frac{x^4-1}{\sqrt{2}x^2}+\frac{1}{8\sqrt{2}}\ln\left|\frac{x^4-\sqrt{2}x^2+1}{x^4+\sqrt{2}x^2+1}\right|+C,$$

$$I_2=\frac{1}{4\sqrt{2}}\arctan\frac{x^4-1}{\sqrt{2}x^2}-\frac{1}{8\sqrt{2}}\ln\left|\frac{x^4-\sqrt{2}x^2+1}{x^4+\sqrt{2}x^2+1}\right|+C.$$

例 6 求 $I_1 = \int \sqrt{x^2 + x + 1}\,dx$.

解 选取 $I_2 = \int x d\sqrt{x^2 + x + 1} = \int \frac{2x^2 + x}{2\sqrt{x^2 + x + 1}}dx$. 由于

$$I_1 - I_2 = \int \left(\sqrt{x^2 + x + 1} - \frac{2x^2 + x}{2\sqrt{x^2 + x + 1}} \right) dx = \int \frac{x + \frac{1}{2} + \frac{3}{2}}{2\sqrt{x^2 + x + 1}} dx$$

$$= \frac{1}{4} \int \frac{1}{\sqrt{x^2 + x + 1}} d(x^2 + x + 1) + \frac{3}{4} \int \frac{1}{\sqrt{\left(x + \frac{1}{2}\right)^2 + \frac{3}{4}}} dx$$

$$= \frac{1}{2}\sqrt{x^2 + x + 1} + \frac{3}{4}\ln\left| x + \frac{1}{2} + \sqrt{x^2 + x + 1} \right| + C,$$

故

$$I_1 = \frac{1}{2}\left(x\sqrt{x^2 + x + 1} + \frac{1}{2}\sqrt{x^2 + x + 1} + \frac{3}{4}\ln\left| x + \frac{1}{2} + \sqrt{x^2 + x + 1} \right| \right) + C$$

$$= \frac{1}{2}\left(x + \frac{1}{2} \right)\sqrt{x^2 + x + 1} + \frac{3}{8}\ln\left| x + \frac{1}{2} + \sqrt{x^2 + x + 1} \right| + C.$$

由此也可得到

$$I_2 = \frac{1}{2}\left(x - \frac{1}{2} \right)\sqrt{x^2 + x + 1} - \frac{3}{8}\ln\left| x + \frac{1}{2} + \sqrt{x^2 + x + 1} \right| + C.$$

看下列积分

(1) 求 $I_1 = \int \sqrt{a^2 + x^2}\,dx$, 选取

$$I_2 = \int x d\sqrt{a^2 + x^2} = \int \frac{x^2}{\sqrt{a^2 + x^2}} dx. \text{ 则}$$

$$I_1 - I_2 = a^2 \ln\left(x + \sqrt{a^2 + x^2}\right) + C$$

于是 $$I_1 = \frac{1}{2}\left[x\sqrt{a^2 + x^2} + a^2 \ln\left(x + \sqrt{a^2 + x^2}\right) \right] + C.$$

由此也得到

$$I_2 = \frac{1}{2}\left[x\sqrt{a^2 + x^2} - a^2 \ln\left(x + \sqrt{a^2 + x^2}\right) \right] + C.$$

(2) 求 $I_1 = \int \sqrt{a^2 - x^2}\mathrm{d}x$,选取

$I_2 = \int x\mathrm{d}\sqrt{a^2 - x^2} = -\int \frac{x^2}{\sqrt{a^2 - x^2}}\mathrm{d}x$,则

$$I_1 - I_2 = a^2 \int \frac{1}{\sqrt{a^2 - x^2}}\mathrm{d}x = a^2 \cdot \arcsin \frac{x}{a} + C.$$

于是
$$I_1 = \frac{x}{2}\sqrt{a^2 - x^2} + \frac{a^2}{2}\arcsin \frac{x}{a} + C.$$

顺便可得到

$$\int \frac{x^2}{\sqrt{a^2 - x^2}}\mathrm{d}x = -\frac{x}{2}\sqrt{a^2 - x^2} + \frac{a^2}{2}\arcsin \frac{x}{a} + C.$$

例 7 求 $I_1 = \int \sin(\ln x)\mathrm{d}x$.

解 因$I_1 = -\int x\mathrm{d}\cos(\ln x)$,选取

$$I_2 = \int x\mathrm{d}\sin(\ln x) = \int \cos(\ln x)\mathrm{d}x.$$ 由于

$$I_2 - I_1 = \int \cos(\ln x)\mathrm{d}x + \int x\mathrm{d}\cos(\ln x) = x\cos(\ln x) + C,$$

故
$$I_1 = \frac{1}{2}[x\sin(\ln x) - x\cos(\ln x)] + C.$$

由此也可得到

$$I_2 = \frac{1}{2}[x\sin(\ln x) + x\cos(\ln x)] + C.$$

例 8 求 $I_1 = \int \mathrm{e}^x \sin x\mathrm{d}x$.

解 因 $I_1 = \int \sin x\mathrm{d}\mathrm{e}^x = -\int \mathrm{e}^x\mathrm{d}\cos x$,选取

$$I_2 = \int \mathrm{e}^x\mathrm{d}\sin x = \int \cos x\mathrm{d}\mathrm{e}^x = \int \mathrm{e}^x\cos x\mathrm{d}x,$$

则
$$I_1 + I_2 = \mathrm{e}^x\sin x + C,$$
$$I_2 - I_1 = \mathrm{e}^x\cos x + C.$$

于是

$$I_1=\frac{1}{2}e^x(\sin x-\cos x)+C.$$

由此也得到

$$I_2=\int e^x\cos x\mathrm{d}x=\frac{1}{2}e^x(\sin x+\cos x)+C.$$

例 9 求 $I_1=\int e^{ax}\sin bx\mathrm{d}x$.

解 因 $I_1=\frac{1}{a}\int\sin bx\mathrm{d}e^{ax}=-\frac{1}{b}\int e^{ax}\mathrm{d}\cos bx$,

选取

$$I_2=\int e^{ax}\cos bx\mathrm{d}x=\frac{1}{b}\int e^{ax}\mathrm{d}\sin bx=\frac{1}{a}\int\cos bx\mathrm{d}e^{ax}.$$

则

$$aI_1+bI_2=e^{ax}\sin bx+C,$$

$$aI_2-bI_1=e^{ax}\cos bx+C,$$

于是

$$I_1=\frac{1}{a^2+b^2}e^{ax}(a\sin bx-b\cos bx)+C.$$

由此也可知

$$I_2=\frac{1}{a^2+b^2}e^{ax}(b\sin bx+a\cos bx)+C.$$

例 10 求 $I_1=\int\frac{\sin(\ln x)}{x^2}\mathrm{d}x$.

解 因 $I_1=-\int\sin(\ln x)\mathrm{d}\frac{1}{x}=-\int\frac{1}{x}\mathrm{d}\cos(\ln x)$,

选取

$$I_2=\int\frac{1}{x}\mathrm{d}\sin(\ln x)=-\int\cos(\ln x)\mathrm{d}\frac{1}{x}=\int\frac{\cos(\ln x)}{x^2}\mathrm{d}x,$$

则 $I_1+I_2=-\frac{1}{x}\cos(\ln x)+C, I_2-I_1=\frac{1}{x}\sin(\ln x)+C$,

于是

$$I_1=-\frac{\cos(\ln x)+\sin(\ln x)}{2x}+C.$$

由此也可得到

$$I_2=\int\frac{\cos(\ln x)}{x^2}\mathrm{d}x=\frac{\sin(\ln x)-\cos(\ln x)}{2x}+C.$$

例 11 求 $I_1=\int\frac{x}{\sqrt{1-x^2}}\mathrm{e}^{\arcsin x}\mathrm{d}x.$

解 因 $I_1=\int x\mathrm{d}\mathrm{e}^{\arcsin x}=-\int\mathrm{e}^{\arcsin x}\mathrm{d}\sqrt{1-x^2},$

选取 $I_2=\int\mathrm{e}^{\arcsin x}\mathrm{d}x=\int\sqrt{1-x^2}\mathrm{d}\mathrm{e}^{\arcsin x}.$

则

$$I_1+I_2=x\mathrm{e}^{\arcsin x}+C,$$

$$I_2-I_1=\sqrt{1-x^2}\mathrm{e}^{\arcsin x}+C,$$

于是

$$I_1=\frac{1}{2}(x-\sqrt{1-x^2})\mathrm{e}^{\arcsin x}+C.$$

由此也可得到

$$I_2=\int\mathrm{e}^{\arcsin x}\mathrm{d}x=\frac{1}{2}(x+\sqrt{1-x^2})+C.$$

例 12 求 $I_1=\int\frac{\mathrm{e}^{\arctan x}}{(1+x^2)^{\frac{3}{2}}}\mathrm{d}x.$

解 因 $I_1=\int\frac{1}{\sqrt{1+x^2}}\mathrm{d}\mathrm{e}^{\arctan x}=\int\mathrm{e}^{\arctan x}\mathrm{d}\frac{x}{\sqrt{1+x^2}}.$

选取

$$I_2=\int\mathrm{e}^{\arctan x}\mathrm{d}\frac{1}{\sqrt{1+x^2}}=-\int\frac{x}{\sqrt{1+x^2}}\mathrm{d}\mathrm{e}^{\arctan x}$$

$$=-\int\frac{x\mathrm{e}^{\arctan x}}{(1+x^2)^{\frac{3}{2}}}\mathrm{d}x,$$

则

$$I_1+I_2=\frac{1}{\sqrt{1+x^2}}\mathrm{e}^{\arctan x}+C,$$

$$I_1-I_2=\frac{x}{\sqrt{1+x^2}}\mathrm{e}^{\arctan x}+C,$$

于是

$$I_1=\frac{1}{2}\frac{1+x}{\sqrt{1+x^2}}\mathrm{e}^{\arctan x}+C.$$

由此也可得到

$$-I_2=\int\frac{x\mathrm{e}^{\arctan x}}{(1+x^2)^{\frac{3}{2}}}\mathrm{d}x=\frac{1}{2}\frac{x-1}{\sqrt{1+x^2}}\mathrm{e}^{\arctan x}+C.$$

§5.5 有理函数的积分

1. 真分式的分解

设 $R(x)=\dfrac{P_n(x)}{Q_m(x)}(m>n)$ 为有理真分式. 真分式可用待定系数法化为部分分式之和,可用**两种方法**确定待定系数:

(1) 比较系数法　比较恒等式两端 x 同次幂的系数;

(2) 代值法　在恒等式(或先化简)中代入特殊的 x 值,这种方法有时较为简便.

真分式可化为下述**四种类型的部分分式**

(1) $\dfrac{A}{x-a}$;　　(2) $\dfrac{A}{(x-a)^n}$;

(3) $\dfrac{Bx+C}{x^2+px+q}$;　(4) $\dfrac{Bx+C}{(x^2+px+q)^n}$.

其中,A、B、C、p、q 都为常数,n 取大于 1 的正整数,(3)、(4)式中,$p^2-4q<0$.

2. 真分式的积分

真分式的积分归结为上述四种部分分式之积分,它们对应的不定积分为:

(1) $\displaystyle\int\frac{A}{x-a}\mathrm{d}x=A\ln|x-a|+C$,

(2) $\displaystyle\int\frac{A}{(x-a)^n}\mathrm{d}x=-\frac{A}{n-1}\cdot\frac{1}{(x-a)^{n-1}}+C$,

(3) $\displaystyle\int\frac{Bx+C}{x^2+px+q}\mathrm{d}x$

$$=\frac{B}{2}\ln|x^2+px+q|+\frac{2C-Bp}{\sqrt{4q-p^2}}\arctan\frac{2x+p}{\sqrt{4q-p^2}}+C,$$

$$(4)\int\frac{Bx+C}{(x^2+px+q)^n}dx=\int\frac{Bt+\left(C-\frac{Bp}{2}\right)}{(t^2+a^2)^n}dt$$

$$=\frac{B}{2}\int\frac{2tdt}{(t^2+a^2)^n}+$$

$$\left(C-\frac{Bp}{2}\right)\int\frac{dt}{(t^2+a^2)^n}$$

其中,$t=x+\frac{p}{2},a=\sqrt{q-\frac{p^2}{4}}$,上述第一个积分

$$\int\frac{2t}{(t^2+a^2)^n}dt=-\frac{1}{n-1}\cdot\frac{1}{(t^2+a^2)^{n-1}}+C,$$

第二个积分可用递推公式求出(见§5.3 例12(3)).

上述的前三个积分,我们已会计算(用第一换元积分法),无须死记公式.

注释 有理函数的积分,是把真分式分解为部分分式的代数和,然后逐项积分,这种方法也称为**分项积分法**.

从理论上讲,任何有理函数都可求得其原函数,而且它们是有理函数、对数函数及反正切函数. 但须指出,上述方法具体使用时,计算比较麻烦. 因此,对有理函数的积分,最好先充分分析被积函数的特点,或先试算,**选择其他简便的方法**.

例 1 求下列不定积分:

(1) $\int\frac{2x+3}{x^3+x^2-2x}dx$; (2) $\int\frac{2x^2+2x+13}{(x-2)(x^2+1)^2}dx$.

解 用比较系数法确定待定系数.

(1) 首先将被积函数分解为部分分式.

因 $x^3+x^2-2x=x(x-1)(x+2)$,设

$$\frac{2x+3}{x(x-1)(x+2)}=\frac{A}{x}+\frac{B}{x-1}+\frac{C}{x+2},$$

其中,A、B、C 为待定系数.

将上式右端通分,两端去分母,得

$$2x+3=A(x-1)(x+2)+B(x+2)x+C(x-1)x$$

即

$$2x+3=(A+B+C)x^2+(A+2B-C)x-2A$$

比较两端同次幂的系数,得

$$\begin{cases}A+B+C=0\\A+2B-C=2\\\qquad -2A=3,\end{cases}$$

解方程组,得　$A=-\dfrac{3}{2},B=\dfrac{5}{3},C=-\dfrac{1}{6}.$

将 A、B、C 的值代入,得分解式

$$\frac{2x+3}{x(x-1)(x+2)}=-\frac{3}{2x}+\frac{5}{3(x-1)}-\frac{1}{6(x+2)}.$$

其次,求积分

$$\begin{aligned}I&=-\frac{3}{2}\int\frac{1}{x}\mathrm{d}x+\frac{5}{3}\int\frac{1}{x-1}\mathrm{d}x-\frac{1}{6}\int\frac{1}{x+2}\mathrm{d}x\\&=-\frac{3}{2}\ln|x|+\frac{5}{3}\ln|x-1|-\frac{1}{6}\ln|x+2|+C.\end{aligned}$$

(2) 设$\dfrac{2x^2+2x+13}{(x-2)(x^2+1)^2}=\dfrac{A}{x-2}+\dfrac{Bx+C}{x^2+1}+\dfrac{Dx+E}{(x^2+1)^2}.$

将上式右端通分,两端去分母,得

$$2x^2+2x+13=A(x^2+1)^2+(Bx+C)(x-2)(x^2+1)+(Dx+E)(x-2),$$

比较两端同次幂的系数,并解方程组得

$A=1,B=-1,C=-2,D=-3,E=-4.$

$$I=\ln|x-2|-\frac{1}{2}\ln(x^2+1)-4\arctan x-\int\frac{3+4x}{2(x^2+1)}\mathrm{d}x+C.$$

其中$\displaystyle\int\frac{3x+4}{(x^2+1)^2}\mathrm{d}x=\frac{3}{2}\int\frac{1}{(x+1)^2}\mathrm{d}(x^2+1)+4\int\frac{1}{(x^2+1)^2}\mathrm{d}x$

$$=-\frac{3}{2}\,\frac{1}{x^2+1}+4\left(\frac{1}{2}\,\frac{x}{x^2+1}+\frac{1}{2}\arctan x\right)+C.$$

例 2　求下列不定积分:

(1) $\int \frac{x^2+2x-1}{(x-1)(x^2-x+1)}\mathrm{d}x$；　(2) $\int \frac{x^3+1}{x(x-1)^3}\mathrm{d}x$.

解　用代值法确定待定系数.

(1) 设 $\frac{x^2+2x-1}{(x-1)(x^2-x+1)} = \frac{A}{x-1}+\frac{Bx+C}{x^2-x+1}$

将上式右端通分,两端去分母得

$$x^2+2x-1=A(x^2-x+1)+(Bx+C)(x-1).$$

令 $x=1$,得 $2=A$,

令 $x=0$,得 $-1=A-C$,从而 $C=3$,

令 $x=2$,得 $7=3A+(2B+C)$,从而 $B=-1$.

$$I=2\ln|x-1|-\frac{1}{2}\ln|x^2-x+1|+\frac{5}{\sqrt{3}}\arctan\frac{2x-1}{\sqrt{3}}+C.$$

(2) 设 $\frac{x^3+1}{x(x-1)^3}=\frac{A}{x}+\frac{B}{x-1}+\frac{C}{(x-1)^2}+\frac{D}{(x-1)^3}$

则　$x^3+1=A(x-1)^3+B(x-1)^2x+C(x-1)x+Dx.$

分别令 $x=0$,得 $A=-1$;令 $x=1$,得 $D=2$.

令 $x=-1, x=2$,得 $\begin{cases}2B-C=3\\ B+C=3,\end{cases}$ 解得 $\begin{cases}B=2\\ C=1.\end{cases}$

$$I=-\ln|x|+2\ln|x-1|-\frac{1}{x-1}-\frac{1}{(x-1)^2}+C.$$

例 3　求下列不定积分:

(1) $\int \frac{x}{(x^2-1)(x^2+1)}\mathrm{d}x$;　　(2) $\int \frac{x^2+1}{x^4+x^2+1}\mathrm{d}x$;

(3) $\int \frac{1}{x^4(1+x^2)}\mathrm{d}x$;　　(4) $\int \frac{1}{(1-x^2)^2}\mathrm{d}x$.

解　(1) 注意到 $2x\mathrm{d}x=\mathrm{d}x^2$,直接观察将被积函数分项.

$$I=\frac{1}{4}\int\frac{(x^2+1)-(x^2-1)}{(x^2-1)(x^2+1)}\mathrm{d}x^2=\frac{1}{4}\left[\int\frac{1}{x^2-1}\mathrm{d}(x^2-1)-\int\frac{1}{x^2+1}\mathrm{d}(x^2+1)\right]$$

$$=\frac{1}{4}\ln\left|\frac{x^2-1}{x^2+1}\right|+C.$$

(2) 因 $\mathrm{d}\left(x-\frac{1}{x}\right)=\left(1+\frac{1}{x^2}\right)\mathrm{d}x$，设 $x-\frac{1}{x}=t$.

$$I=\int\frac{1+\frac{1}{x^2}}{x^2+\frac{1}{x^2}+1}\mathrm{d}x=\int\frac{1}{t^2+3}\mathrm{d}t=\frac{1}{\sqrt{3}}\arctan\frac{t}{\sqrt{3}}+C$$

$$=\frac{1}{\sqrt{3}}\arctan\frac{x^2-1}{\sqrt{3}x}+C.$$

(3) 用倒代换，设 $x=\frac{1}{t}$，则

$$I=-\int\frac{t^4}{1+t^2}\mathrm{d}t=-\int\frac{t^4-1+1}{1+t^2}\mathrm{d}t=-\int\left(t^2-1+\frac{1}{1+t^2}\right)\mathrm{d}t$$

$$=-\frac{1}{3}t^3+t-\arctan t+C=-\frac{1}{3x^3}+\frac{1}{x}-\arctan\frac{1}{x}+C.$$

也可设 $x=\tan t$，则

$$I=\int\cot^4t\mathrm{d}t=\int\cot^2t(\csc^2t-1)\mathrm{d}t$$

$$=-\frac{1}{3}\cot^3t+\cot t+t+C=-\frac{1}{3x^3}+\frac{1}{x}+\arctan x+C.$$

(4) $I=\int\frac{(1-x^2)+x^2}{(1-x^2)^2}\mathrm{d}x=\int\frac{1}{1-x^2}\mathrm{d}x+\int\frac{x^2}{(1-x^2)^2}\mathrm{d}x$

对上式第二项积分用分部积分法.

$$\int\frac{x^2}{(1-x^2)^2}\mathrm{d}x=\frac{1}{2}\int x\mathrm{d}\left(\frac{1}{1-x^2}\right)=\frac{1}{2}\left[\frac{x}{1-x^2}-\int\frac{1}{1-x^2}\mathrm{d}x\right],$$

故
$$I=\frac{1}{4}\ln\left|\frac{1+x}{1-x}\right|+\frac{x}{2(1-x^2)}+C.$$

小　　结

一、知识点、重点、难点

1. 知识点：

(1) 原函数与不定积分的定义.不定积分的性质.基本积分公式.

(2) 不定积分的计算:换元积分法;分部积分法.

2. 重点:不定积分的概念.第一换元积分法.

3. 难点:换元积分法.

二、一元函数积分学包括不定积分和定积分.不定积分是微分法的逆运算.换元积分法是复合函数导数公式的逆用;分部积分法是两个函数乘积的导数公式的逆用.

三、注意以下两个问题:

1. 原函数存在问题:

由于初等函数在其有定义的区间上是连续的,所以定义在区间上的初等函数存在原函数,但初等函数的原函数并不都是初等函数.例如函数 $e^{-x^2}, e^{x^2}, e^{\frac{1}{x}}, \sin x^2, \cos x^2, \frac{\sin x}{x}, \frac{\cos x}{x}, \frac{1}{\ln x}$ 等的原函数就无法用初等函数表示,即不能用有限形式表示(用级数形式表示).

2. 对同一个不定积分,采用不同的计算方法,往往得到形式不同的结果.这些结果至多相差一个常数,这是由不定积分的表达式中含有一个任意常数所致.

自 测 题

1. 填空题

(1) 若函数 $f(x)$ 的导数是 a^x,则 $\int f(x)\mathrm{d}x =$ __________.

(2) 若函数 $f(x)$ 的一个原函数是 $-\sin x$,则 $\int \frac{1}{1+f(x)}\mathrm{d}x =$ ______.

(3) 设一个三次函数的导数为 x^2-2x-8,则该函数的极大值与极小值之差是__________.

(4) 设 $\int f(x)\mathrm{d}x=\sin x^2+C$,则 $\int \frac{xf(\sqrt{2x^2-1})}{\sqrt{2x^2-1}}\mathrm{d}x=$ ________.

(5) $\int xf''(x)\mathrm{d}x=$ ________.

2. 单项选择题

(1) 初等函数 $f(x)$ 在其有定义的区间内(　　).

(A) 可求导数　　(B) 可求微分

(C) 存在原函数　　(D) 未必存在原函数

(2) 若 $F'(x)=f(x)$,则 $\int \frac{f(-\sqrt{x})}{\sqrt{x}}\mathrm{d}x=$(　　)

(A) $\frac{1}{2}F(-\sqrt{x})+C$　　(B) $-\frac{1}{2}F(-\sqrt{x})+C$

(C) $-F(\sqrt{x})+C$　　(D) $-2F(-\sqrt{x})+C$

(3) 设 $F(x)=f(x)-\frac{1}{f(x)}$, $g(x)=f(x)+\frac{1}{f(x)}$, $F'(x)=g^2(x)$,且 $f\left(\frac{\pi}{4}\right)=1$,则 $f(x)=$(　　).

(A) $\tan x$　　(B) $\cot x$　　(C) $\arctan x$　　(D) $\operatorname{arccot} x$

(4) 若 $\int \frac{\sin(\ln x)\cdot f(x)}{x}\mathrm{d}x=\frac{1}{2}\sin^2(\ln x)+C$,则 $f(x)=$ ________.

(A) $\ln x$　　(B) $\ln(\sin x)$　　(C) $\cos(\ln x)$　　(D) $\sin(\ln x)$

(5) 若 $\int xf(x)\mathrm{d}x=x\sin x-\int \sin x\mathrm{d}x$,则 $f(x)=$ ________.

(A) $\sin x$　　(B) $\cos x$　　(C) $\frac{\sin x}{x}$　　(D) $\frac{\cos x}{x}$

3. 计算下列不定积分:

(1) $\int \frac{\sec^2 x}{\sqrt{1+\tan x}}\mathrm{d}x$;　　(2) $\int \frac{1-\ln x}{(x-\ln x)^2}\mathrm{d}x$;

(3) $\int \frac{\mathrm{e}^{\arctan x}+x\ln(1+x^2)}{1+x^2}\mathrm{d}x$;　　(4) $\int \frac{\sin x\cos^3 x}{1+\cos^2 x}\mathrm{d}x$;

(5) $\int \frac{1}{\sqrt{1-2x}(1+\sqrt[3]{1-2x})}\mathrm{d}x$;　　(6) $\int \frac{1}{1+\sqrt{x}+\sqrt{1+x}}\mathrm{d}x$;

(7) $\int \frac{1}{2x+\sqrt{1-x^2}}\mathrm{d}x$;　　(8) $\int \frac{x\ln x}{(1+x^2)^{\frac{3}{2}}}\mathrm{d}x$;

(9) $\int \frac{e^x(1+\sin x)}{1+\cos x}dx$; (10) $\int \frac{x^2+1}{(x^2-1)(x+1)}dx$.

4. 设 $I_n = \int \frac{1}{\sin^n x}dx(n \geqslant 2)$,试建立递推公式.

第六章　定　积　分

§6.1　定积分的概念与性质

一、定积分概念

函数$f(x)$在闭区间$[a,b]$上的定积分为

$$\int_a^b f(x)\,\mathrm{d}x=\lim_{\Delta x\to 0}\sum_{i=1}^{n} f(\xi_i)\Delta x_i$$

其中 $\Delta x=\max\limits_{1\leqslant i\leqslant n}\{\Delta x_i\}$.

定积分是一个数值,这个值由被积函数$f(x)$和积分区间$[a,b]$所确定.

例1　用定积分的定义计算定积分$\int_2^4 (1+x)\,\mathrm{d}x$

分析　用定义计算定积分,首先,作出积分和$\sum\limits_{i=1}^{n} f(\xi_i)\Delta x_i$,然后,令$n\to\infty$,算出积分和的极限.

解　将区间$[2,4]$分作n等分,则分点的坐标为$x_i=2+i\dfrac{2}{n}$$(i=0,1,2,\cdots,n)$,小区间长度$\Delta x_i=\dfrac{2}{n}$;取$\xi_i=2+i\dfrac{2}{n}$(小区间的右端点),作积分和

$$S_n=\sum_{i=1}^{n} f(\xi_i)\Delta x_i=\sum_{i=1}^{n}\left(1+2+i\frac{2}{n}\right)\frac{2}{n}=6+\frac{4}{n^2}\frac{n(n+1)}{2},$$

于是

$$\int_2^4 (1+x)\,\mathrm{d}x=\lim_{n\to\infty}S_n=8.$$

例 2 利用定积分计算极限

$$\lim_{n\to\infty}\left[\frac{1}{\sqrt{n^2+1}}+\frac{1}{\sqrt{n^2+2}}+\cdots+\frac{1}{\sqrt{n^2+n^2}}\right].$$

分析 数列的极限可以用定积分计算的**前提是**,数列的通项为 n 项之和(或可化为 n 项之和),且这 n 项之和恰好可表示成积分和式;其**关键是**,根据积分和式确定被积函数和积分区间(或积分限).

解 首先,将数列的通项化成积分和的形式.

将 n 项和 $\frac{1}{\sqrt{n^2+1}}+\frac{1}{\sqrt{n^2+2}}+\cdots+\frac{1}{\sqrt{n^2+n}}$ 提出公因子 $\frac{1}{n}$,并将其余部分表示成通式. 即

$$\frac{1}{\sqrt{n^2+1}}+\frac{1}{\sqrt{n^2+2}}+\cdots+\frac{1}{\sqrt{n^2+n^2}}$$

$$=\left[\frac{1}{\sqrt{1+\left(\frac{1}{n}\right)^2}}-\frac{1}{\sqrt{1+\left(\frac{2}{n}\right)^2}}+\cdots+\frac{1}{\sqrt{1+\left(\frac{n}{n}\right)^2}}\right]\frac{1}{n}$$

$$=\sum_{i=1}^{n}\frac{1}{\sqrt{1+\left(\frac{i}{n}\right)^2}}\cdot\frac{1}{n}. \tag{1}$$

其次,根据通式确定积分区间和被积函数.

若将区间 $[0,1]$ n 等分,分点为 $x_i=\frac{i}{n}(i=0,1,2,\cdots,n)$,则小区间 $[x_{i-1},x_i]=\left[\frac{i-1}{n},\frac{i}{n}\right]$ 的长度 $\Delta x_i=\frac{1}{n}$;取 $\xi_i=x_i=\frac{i}{n}$, $f(\xi_i)=\frac{1}{\sqrt{1+\left(\frac{i}{n}\right)^2}}$,则被积函数为 $f(x)=\frac{1}{\sqrt{1+x^2}}$. 于是(1)式正是 $\frac{1}{\sqrt{1+x^2}}$ 在 $[0,1]$ 上的积分和式.

最后,写出定积分式并算出积分.

由于$f(x)=\dfrac{1}{\sqrt{1+x^2}}$在[0,1]上连续,故可积,所以

$$I=\lim_{n\to\infty}\sum_{i=1}^{n}\frac{1}{\sqrt{1+\left(\frac{i}{n}\right)^2}}\cdot\frac{1}{n}=\int_0^1\frac{1}{\sqrt{1+x^2}}\mathrm{d}x$$

$$=\ln\left(x+\sqrt{1+x^2}\right)\Big|_0^1=\ln\left(1+\sqrt{2}\right).$$

例 3 利用定积分计算$\lim\limits_{n\to\infty}\dfrac{1^p+2^p+\cdots+n^p}{n^{p+1}}(p>0)$.

解 $$\frac{1^p+2^p+\cdots+n^p}{n^{p+1}}=\left[\left(\frac{1}{n}\right)^p+\left(\frac{2}{n}\right)^p+\cdots+\left(\frac{n}{n}\right)^p\right]\cdot\frac{1}{n}$$

$$=\sum_{i=1}^{n}\left(\frac{i}{n}\right)^p\cdot\frac{1}{n}.$$

上式可看作被积函数$f(x)=x^p$在区间[0,1]上的积分和式.由于$f(x)=x^p$在[0,1]上连续,故

$$I=\lim_{n\to\infty}\sum_{i=1}^{n}\left(\frac{i}{n}\right)^p\cdot\frac{1}{n}=\int_0^1x^p\mathrm{d}x=\frac{1}{p+1}.$$

例 4 在区间$[a,b]$上,设$f(x)>0$.根据定积分的几何意义判断下列各式对否:

(1) 若$f'(x)<0,f''(x)<0$,则

$$(b-a)\frac{f(a)+f(b)}{2}<\int_a^bf(x)\mathrm{d}x<(b-a)f(a);$$

(2) 若$f'(x)<0,f''(x)>0$,则

$$(b-a)f(b)<\int_a^bf(x)\mathrm{d}x<(b-a)\frac{f(a)+f(b)}{2};$$

(3) 若$f'(x)>0,f''(x)<0$,则

$$(b-a)\frac{f(a)+f(b)}{2}<\int_a^bf(x)\mathrm{d}x<(b-a)f(b);$$

(4) 若$f'(x)>0,f''(x)>0$,则

$$(b-a)f(a)<\int_a^bf(x)\mathrm{d}x<(b-a)\frac{f(a)+f(b)}{2}.$$

解 在$[a,b]$上,$f'(x)>0(f'(x)<0)$,曲线$y=f(x)$上升

（下降）；

$f''(x)>0(f''(x)<0)$，曲线 $y=f(x)$ 上凹（下凹）. 由图 6－1 中 A、B、C、D 分别与题中之（1）、（2）、（3）、（4）相对应. 我们看图 6－1之 D：

$$(b-a)f(a)=\text{矩形 } aADb \text{ 的面积},$$

$$\int_a^b f(x)\,\mathrm{d}x=\text{曲边梯形 } aABb \text{ 的面积},$$

$$(b-a)\frac{f(a)+f(b)}{2}=\text{梯形 } aABb \text{ 的面积}.$$

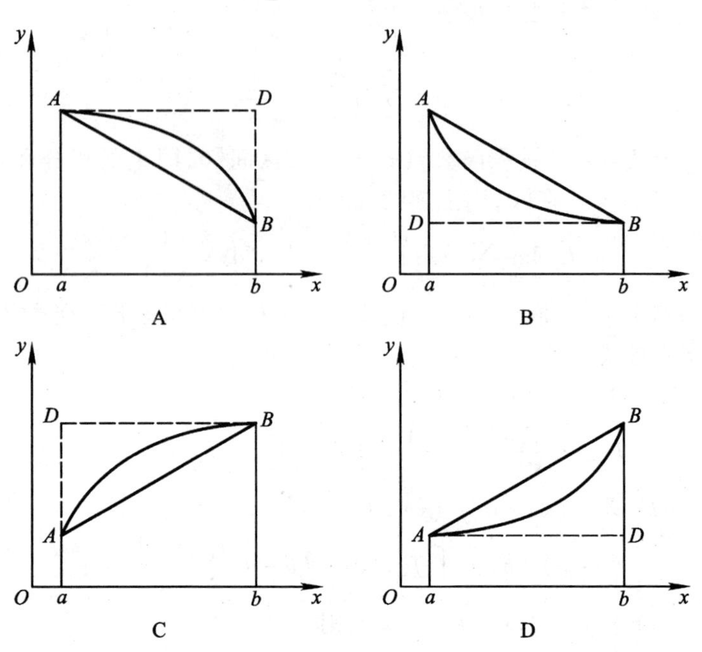

图 6－1

显然（4）对. 同样分析，各式均对.

例 5 下列函数中，在区间[－1，1]上不可积的是(　　).

(A) $f(x)=\begin{cases}1, & -1<x<1,\\ 0, & x=-1,x=1\end{cases}$ (B) $f(x)=\dfrac{1}{2x-1}$

(C) $f(x)=\begin{cases}\sin\dfrac{1}{x}, & x\neq 0,\\ 1, & x=0\end{cases}$ (D) $f(x)=\begin{cases}x\sin\dfrac{1}{x}, & x\neq 0,\\ 0, & x=0\end{cases}$

解 选(B). $f(x)=\dfrac{1}{2x-1}$在$[-1,1]$上有无穷型间断点 $x=\dfrac{1}{2}$,即无界.

(A) 在$[-1,1]$上有界,只有两个有限间断点.(C) 在$[-1,1]$上有界,只有一个有限间断点.(D) 在$[-1,1]$上连续.

二、定积分的性质

以下若不作说明,均设所论被积函数在给定的区间上是可积的.

(1) **线性运算性质**

$$\int_a^b[\alpha f(x)\pm\beta g(x)]\mathrm{d}x=\alpha\int_a^b f(x)\mathrm{d}x\pm\beta\int_a^b g(x)\mathrm{d}x.$$

(2) **对积分区间的可加性** 对任意三个数 a,b,c,总有

$$\int_a^b f(x)\mathrm{d}x=\int_a^c f(x)\mathrm{d}x+\int_c^b f(x)\mathrm{d}x.$$

(3) **保号性**

1° 若$f(x)$在$[a,b]$上非负,则$\int_a^b f(x)\mathrm{d}x\geqslant 0$.

2° 若$f(x)$是$[a,b]$上非负的连续函数,且$f(x)$不恒等于零,则$\int_a^b f(x)\mathrm{d}x>0$.

(4) **比较性质**

1° 若在$[a,b]$上有$f(x)\leqslant g(x)$,则$\int_a^b f(x)\mathrm{d}x\leqslant\int_a^b g(x)\mathrm{d}x$.

2° 若$f(x),g(x)$是$[a,b]$上的连续函数,且$f(x)\leqslant g(x)$,$f(x)\not\equiv g(x)$,则$\int_a^b f(x)\mathrm{d}x<\int_a^b g(x)\mathrm{d}x$.

3° 若$f(x)$在$[a,b]$上可积,则$|f(x)|$在$[a,b]$上亦可积,且

$$\left|\int_a^b f(x)\,\mathrm{d}x\right| \leqslant \int_a^b |f(x)|\,\mathrm{d}x.$$

(5) **估值定理** 若在$[a,b]$上,有$m\leqslant f(x)\leqslant M$,则

$$m(b-a)\leqslant \int_a^b f(x)\,\mathrm{d}x\leqslant M(b-a).$$

(6) **积分中值定理** 若$f(x)$在$[a,b]$上连续,则在$[a,b]$上至少存在一点ξ,使得

$$\int_a^b f(x)\,\mathrm{d}x = f(\xi)(b-a).$$

注释 积分中值定理中的ξ是在闭区间$[a,b]$上取得,我们可以证明,ξ一定也可在开区间(a,b)内取得. 如下证明:

对任意$x\in[a,b]$,记$F(x)=\int_a^x f(t)\,\mathrm{d}t$,则$F(x)$在$[a,b]$上满足拉格朗日中值定理的条件,故存在$\xi\in(a,b)$,使得

$$F(b)-F(a)=F'(\xi)(b-a),$$

即

$$\int_a^b f(x)\,\mathrm{d}x = f(\xi)(b-a).$$

积分第一中值定理 设$f(x),g(x)$在$[a,b]$上连续,且$g(x)>0$(实际上$g(x)$不变号即可),则在$[a,b]$上至少存在一点ξ,使得

$$\int_a^b f(x)g(x)\,\mathrm{d}x = f(\xi)\int_a^b g(x)\,\mathrm{d}x$$

积分中值定理是积分第一中值定理当$g(x)=1$时特例.

注释 (1) 积分第一中值定理中,在“闭区间$[a,b]$上至少存在一点ξ”,也可改为在“开区间(a,b)内至少存在一点ξ”.

(2) 积分第一中值定理的证明见§6.5例19.

例6 确定下列定积分的符号:

(1) $\int_{\frac{3}{2}}^{2} x^3\ln(x-1)\,\mathrm{d}x$; (2) $\int_0^{2\pi}\frac{\sin x}{x}\mathrm{d}x$.

分析 确定定积分的符号要用定积分的保号性.

解 (1) 在区间$\left[\frac{3}{2},2\right]$上,$x^3\ln(x-1)<0$,

故 $\int_{\frac{3}{2}}^{2} x^2\ln(x-1)\mathrm{d}x<0$.

(2) 由于在区间$(0,\pi]$上,$\frac{\sin x}{x}>0$,而在$[\pi,2\pi]$上,$\frac{\sin x}{x}\leqslant 0$,所以不能直接判别该积分的符号. 可以通过变量替换,将积分区间化为$[0,\pi]$(参见定积分的换元积分法).

$$\begin{aligned} I &= \int_0^{\pi}\frac{\sin x}{x}\mathrm{d}x+\int_{\pi}^{2\pi}\frac{\sin x}{x}\mathrm{d}x \\ &\xlongequal[\text{第二个积分}]{x=2\pi-u}\int_0^{\pi}\frac{\sin x}{x}\mathrm{d}x+\int_0^{\pi}\frac{\sin(2\pi-u)}{2\pi-u}\mathrm{d}u \\ &=\int_0^{\pi}\left(\frac{1}{x}+\frac{1}{x-2\pi}\right)\sin x\mathrm{d}x=\int_0^{\pi}\frac{2(x-\pi)}{x(x-2\pi)}\sin x\mathrm{d}x>0. \end{aligned}$$

例 7 确定下列两个定积分中哪个积分值较大,并说明理由:

$$I_1=\int_0^{\frac{\pi}{2}}\sin(\sin x)\mathrm{d}x,I_2=\int_0^{\frac{\pi}{2}}\cos(\sin x)\mathrm{d}x.$$

分析 比较两个定积分值的大小,应用定积分的比较性质. 大致分两种情况:

(1) 若积分区间相同,直接比较两个被积函数的大小.

(2) 若积分区间不同,可用被积函数的单调增减性进行比较;可通过变量替换(定积分的换元积分法)将积分区间化成相同的,再用比较性质;也可判定积分值是大于零、小于零或等于零进行比较.

解 在区间$\left(0,\frac{\pi}{2}\right)$内,$\sin x<x$,且$\sin x$单调增加,$\cos x$单调减少,故

$$\sin(\sin x)<\sin x,\cos(\sin x)>\cos x.$$

从而 $$I_1<\int_0^{\frac{\pi}{2}}\sin x\mathrm{d}x=1,I_2>\int_0^{\frac{\pi}{2}}\cos x\mathrm{d}x=1.$$

即 $I_1 < I_2$(这里计算定积分时,用了牛顿-莱布尼茨公式).

例 8 设 $I_1 = \int_0^{\frac{\pi}{4}} \frac{\tan x}{x}\mathrm{d}x, I_2 = \int_0^{\frac{\pi}{4}} \frac{x}{\tan x}\mathrm{d}x$,则(　　).

(A) $I_1 > I_2 > 1$　　　　(B) $1 > I_1 > I_2$

(C) $I_2 > I_1 > 1$　　　　(D) $1 > I_2 > I_1$

解 选(B). 在 $0 < x \leqslant \frac{\pi}{4}$ 时,有 $x < \tan x \leqslant 1$,故 $\frac{\tan x}{x} > \frac{x}{\tan x}$.

又知函数 $f(x) = \frac{\tan x}{x}$ 在 $\left(0, \frac{\pi}{4}\right]$ 上单调增加,所以 $f\left(\frac{\pi}{4}\right) = \frac{\tan\frac{\pi}{4}}{\frac{\pi}{4}} = \frac{4}{\pi} \geqslant \frac{\tan x}{x}, x \in \left(0, \frac{\pi}{4}\right]$;又 $\int_0^{\frac{\pi}{4}} \frac{4}{\pi}\mathrm{d}x = 1$.

例 9 判别不等式 $\int_0^{\pi} \mathrm{e}^{-x^2}\mathrm{d}x > \int_{\pi}^{2\pi} \mathrm{e}^{-x^2}\mathrm{d}x$ 的正确性.

分析 被积函数相同,积分区间不同,但长度相同,考察函数的单调增减性.

解 函数 $y = \mathrm{e}^{-x^2}$ 在 $[0, +\infty)$ 上单调递减,且 $\mathrm{e}^{-x^2} > 0$. 又因积分区间长度相同,由定积分的几何意义知,不等式成立.

例 10 判别不等式 $\int_0^{\pi} \mathrm{e}^{-x^2}\cos^2 x\mathrm{d}x < \int_{\pi}^{2\pi} \mathrm{e}^{-x^2}\cos^2 x\mathrm{d}x$ 的正确性.

分析 与例 9 不同,被积函数在所考察的积分区间上非单调. 通过变量替换,将积分区间化为相同的,再进行比较.

解 用变量替换,将后一个积分的积分区间化为 $[0, \pi]$.

$$\int_{\pi}^{2\pi} \mathrm{e}^{-x^2}\cos^2 x\mathrm{d}x \xlongequal{x = \pi + u} \int_0^{\pi} \mathrm{e}^{-(\pi+u)^2}\cos^2(\pi + u)\mathrm{d}u$$

$$= \int_0^{\pi} \mathrm{e}^{-(\pi+x)^2}\cos^2 x\mathrm{d}x.$$

因为,当 $x \in [0, \pi]$ 时,$\mathrm{e}^{-(\pi+x)^2}\cos^2 x \leqslant \mathrm{e}^{-x^2}\cos^2 x$,且

$e^{-(\pi+x)^2}\cos^2 x \not\equiv e^{-x^2}\cos^2 x$ 由定积分的比较性质,所给不等式不正确. 应将不等号改变方向.

例 11 设 $M=\int_{-\frac{\pi}{4}}^{\frac{\pi}{4}}\frac{1}{\sqrt{1-x^2}}\left(\frac{1}{1+e^x}-\frac{1}{2}\right)dx$,

$N=\int_{-\frac{\pi}{4}}^{\frac{\pi}{4}}\left(\frac{2^x-2^{-x}}{2}+x\tan x\right)dx$,

$P=\int_{-\frac{\pi}{4}}^{\frac{\pi}{4}}[\sin^2 x\cdot\ln(x+\sqrt{1+x^2})-1]dx$,则有不等式关系(　　).

(A) $N<P<M$　　(B) $M<P<N$

(C) $N<M<P$　　(D) $P<M<N$

解 选(D). 容易验证 $\frac{1}{\sqrt{1-x^2}}\left(\frac{1}{1+e^x}-\frac{1}{2}\right)$ 是奇函数,故 $M=0$.

因 $\frac{2^x-2^{-x}}{2}$ 是奇函数, $x\tan x$ 是偶函数, 且在 $\left[0,\frac{\pi}{4}\right]$ 上, $x\tan x>0$,故 $N=2\int_0^{\frac{\pi}{4}}x\tan x dx>0$.

因 $\sin^2 x\cdot\ln(x+\sqrt{1+x^2})$ 是奇函数,故 $P=-\int_{-\frac{\pi}{4}}^{\frac{\pi}{4}}dx<0$.

注释 本例参见奇偶函数的积分.

例 12 估计下列定积分值的所在范围:

(1) $\int_0^2 e^{x^2-x}dx$;　　(2) $\int_0^1\frac{e^{-x}}{x+1}dx$.

分析 估计定积分的值的**思路有二**.

其一　用定积分的估值定理或比较性质.

用此法的**关键**是确定被积函数 $f(x)$ 在积分区间 $[a,b]$ 上的界限. **确定 $f(x)$ 的界限的方法有**

(1) 用微分法求 $f(x)$ 在 $[a,b]$ 上的最大值和最小值.

(2) 用放缩法求出 $f(x)$ 在 $[a,b]$ 上的界限.

(3) 先用积分中值定理,再用放缩法写出 $f(x)$ 在 $[a,b]$ 上的界限.

其二　先放缩被积函数或积分限,然后通过计算出定积分的值而得到要证的不等式.

解　(1) 用估值定理. 设 $f(x)=e^{x^2-x}, x\in[0,2]$.

由 $f'(x)=e^{x^2-x}(2x-1)=0$,得 $x=\frac{1}{2}$. 而 $f(0)=1, f(2)=e^2$,

$f\left(\frac{1}{2}\right)=\frac{1}{\sqrt[4]{e}}$. 故最小值为 $f\left(\frac{1}{2}\right)=\frac{1}{\sqrt[4]{e}}$,最大值为 $f(2)=e^2$. 又

$$\int_0^2 \frac{1}{\sqrt[4]{e}}dx=\frac{2}{\sqrt[4]{e}},\ \int_0^2 e^2 dx=2e^2,$$

所以有

$$\frac{2}{\sqrt[4]{e}}\leqslant \int_0^2 e^{x^2-x}dx\leqslant 2e^2.$$

(2) **解 1**　用估值定理. 令 $f(x)=\frac{e^{-x}}{x+1}$,因

$$f'(x)=-\frac{x+2}{e^x(x+1)^2}<0, x\in[0,1],$$

故 $f(x)$ 在 $[0,1]$ 上的最小值为 $f(1)=\frac{1}{2e}$,最大值为 $f(0)=1$,又

$$\int_0^1 \frac{1}{2e}dx=\frac{1}{2e},\ \int_0^1 1\cdot dx=1,$$

所以有

$$\frac{1}{2e}\leqslant \int_0^1 \frac{e^{-x}}{x+1}dx\leqslant 1.$$

解 2　用积分第一中值定理. 因 $e^{-x}>0$,故有

$$\int_0^1 \frac{e^{-x}}{x+1}dx=\frac{1}{\xi+1}\int_0^1 e^{-x}dx=\frac{1-e^{-1}}{\xi+1}, 0\leqslant\xi\leqslant 1.$$

由 $\frac{1}{2}\leqslant\frac{1}{\xi+1}\leqslant 1$,有 $\frac{1-e^{-1}}{2}\leqslant\frac{1-e^{-1}}{\xi+1}\leqslant 1-e^{-1}$,从而有

$$\frac{1-e^{-1}}{2}=\int_0^1 \frac{1-e^{-1}}{2}dx\leqslant \int_0^1 \frac{e^{-x}}{x+1}dx\leqslant \int_0^1 (1-e^{-1})dx=1-e^{-1}.$$

注释　在估计定积分值所在范围时,用积分中值定理要比用估值定理估计得更精确些.

例 13　证明 $\ln(1+\sqrt{2}) \leqslant \int_0^1 \frac{1}{\sqrt{1+x^n}}\mathrm{d}x \leqslant 1 \quad (n \geqslant 2)$.

分析　注意到

$$1=\int_0^1 \mathrm{d}x=\int_0^1 \frac{1}{\sqrt{1+0}}\mathrm{d}x, \ln(1+\sqrt{2})=\int_0^1 \frac{1}{\sqrt{1+x^2}}\mathrm{d}x.$$

证　先放缩被积函数,再计算定积分的值. 当 $x \in [0,1]$时,有

$$\frac{1}{\sqrt{1+x^2}} \leqslant \frac{1}{\sqrt{1+x^n}} \leqslant \frac{1}{\sqrt{1+0}} \quad (n \geqslant 2),$$

故
$$\int_0^1 \frac{1}{\sqrt{1+x^2}}\mathrm{d}x \leqslant \int_0^1 \frac{1}{\sqrt{1+x^n}}\mathrm{d}x \leqslant \int_0^1 \frac{1}{\sqrt{1+0}}\mathrm{d}x,$$

即有
$$\ln(1+\sqrt{2}) \leqslant \int_0^1 \frac{1}{\sqrt{1+x^n}}\mathrm{d}x \leqslant 1.$$

注释　在证明形如

$$N \leqslant \int_a^b f(x)\,\mathrm{d}x \leqslant M \quad \text{或} \quad \left|\int_a^b f(x)\,\mathrm{d}x\right| \leqslant P$$

的不等式时,也要**用估计定积分值的思路**.

例 14　证明下列不等式:

(1) $\left|\int_{10}^{20} \frac{\sin x}{\sqrt{1+x^2}}\mathrm{d}x\right| < 1$;(2) $\frac{1}{2} < \int_0^1 \frac{1}{\sqrt{4-x^2+x^3}}\mathrm{d}x < \frac{\pi}{6}$.

证　(1) 用放缩法写出被积函数的界限. 因 $|\sin x| \leqslant 1$,且 $x>10$,所以

$$\left|\frac{\sin x}{\sqrt{1+x^2}}\right| < \left|\frac{\sin x}{\sqrt{x^2}}\right| = \left|\frac{\sin x}{x}\right| \leqslant \frac{1}{10}.$$

由定积分的比较性质

$$\left|\int_{10}^{20} \frac{\sin x}{\sqrt{1+x^2}}\mathrm{d}x\right| \leqslant \int_{10}^{20} \left|\frac{\sin x}{\sqrt{1+x^2}}\right|\mathrm{d}x < \int_{10}^{20} \frac{1}{10}\mathrm{d}x = 1.$$

(2) 若用估值定理证明,易求得被积函数在区间[0,1]上的最

大值与最小值分别为$\sqrt{\dfrac{27}{104}}$和$\dfrac{1}{2}$. 显然,这得不到所要证明的不等式.

用放缩法写出被积函数的界限. 在区间(0,1)上,

$$4>4-x^2+x^3>4-x^2,$$

即
$$\frac{1}{2}<\frac{1}{\sqrt{4-x^2+x^3}}<\frac{1}{\sqrt{4-x^2}}.$$

因 $\displaystyle\int_0^1 \frac{1}{\sqrt{4-x^2}}dx=\arcsin\frac{x}{2}\Big|_0^1=\arcsin\frac{1}{2}=\frac{\pi}{6},\int_0^1\frac{1}{2}dx=\frac{1}{2}$,

由定积分的比较性质,有

$$\frac{1}{2}<\int_0^1\frac{1}{\sqrt{4-x^2+x^3}}dx<\frac{\pi}{6}.$$

例 15 证明:$\displaystyle\frac{1}{2}-\frac{1}{2e}<\int_0^{+\infty}e^{-x^2}dx<1+\frac{1}{2e}$.

证 直接对积分放缩证明不等式. 放大被积函数. 因 $0<e^{-x^2}\leqslant 1$,有

$$\int_0^{+\infty}e^{-x^2}dx=\int_0^1 e^{-x^2}dx+\int_1^{+\infty}e^{-x^2}dx<\int_0^1 1dx+\int_1^{+\infty}xe^{-x^2}dx$$
$$=1-\frac{1}{2}e^{-x^2}\Big|_1^{+\infty}=1+\frac{1}{2e},$$

缩小积分区间,因$[0,1]\subset[0,+\infty)$,有

$$\int_0^{+\infty}e^{-x^2}dx>\int_0^1 e^{-x^2}dx>\int_0^1 xe^{-x^2}dx=-\frac{1}{2}e^{-x^2}\Big|_0^1=\frac{1}{2}-\frac{1}{2e}.$$

所以,欲证的不等式成立.

注释 本例$\displaystyle\int_0^{+\infty}e^{-x^2}dx$是反常积分,参见 §6.7.

§6.2 变上限积分

一、变上限积分的导数、未定式的极限

1. 变上限积分是函数

设 $f(x)$ 在 $[a,b]$ 上连续，$F(x)=\int_a^x f(t)\mathrm{d}t, x\in[a,b]$.

(1) 函数 $F(x)$ 在 $[a,b]$ 上连续、可导且是 $f(x)$ 在 $[a,b]$ 上的一个原函数.

(2) $F(x)$ 的奇偶性.

若 $f(x)$ 为奇函数，则 $F(x)=\int_0^x f(t)\mathrm{d}t$ 为偶函数（$f(x)$ 的全体原函数 $\int f(x)\mathrm{d}x$ 均为偶函数）；

若 $f(x)$ 为偶函数，则只有 $F(x)=\int_0^x f(t)\mathrm{d}t$ 为奇函数.

即奇函数的一切原函数皆为偶函数；而偶函数的原函数中只一个为奇函数.

(3) $F(x)$ 的周期性　若 $f(x)$ 是 $(-\infty,+\infty)$ 内连续的**奇函数**，且是以 T 为周期的周期函数，则 $F(x)$ 也是以 T 为周期的周期函数.

事实上
$$
\begin{aligned}
F(x+T)&=\int_0^{x+T} f(t)\mathrm{d}t=\int_0^T f(t)\mathrm{d}t+\int_T^{x+T} f(t)\mathrm{d}t\\
&=0+\int_T^{x+T} f(t)\mathrm{d}t\\
&\xlongequal{t=u+T}\int_0^x f(u+T)\mathrm{d}u=\int_0^x f(u)\mathrm{d}u=F(x).
\end{aligned}
$$

注释　若 $f(x)$ 是周期函数而不是奇函数，则 $F(x)$ 未必是周期函数. 例如，$f(x)=1+\sin x$ 是周期函数，而
$$
F(x)=\int_0^x (1+\sin t)\mathrm{d}t=x-\cos x+1
$$
却不是周期函数.

2. 变限定积分的导数

设 $f(x)$ 在 $[a,b]$ 上连续，$x\in[a,b]$，则

(1) $\dfrac{\mathrm{d}}{\mathrm{d}x}\left(\int_a^x f(t)\mathrm{d}t\right)=f(x)$.

(2) $\frac{\mathrm{d}}{\mathrm{d}x}\left(\int_a^{\varphi(x)} f(t)\,\mathrm{d}t\right) = f(\varphi(x))\varphi'(x)$.

(3) $\frac{\mathrm{d}}{\mathrm{d}x}\left(\int_{\psi(x)}^{\varphi(x)} f(t)\,\mathrm{d}t\right) = f(\varphi(x))\varphi'(x) - f(\psi(x))\psi'(x)$.

(4) $\frac{\mathrm{d}}{\mathrm{d}x}\left(\int_a^x f(t)g(x)\,\mathrm{d}t\right) = \frac{\mathrm{d}}{\mathrm{d}x}\left(g(x)\int_a^x f(t)\,\mathrm{d}t\right)$

$$= g'(x)\int_a^x f(t)\,\mathrm{d}t + g(x)f(x).$$

(5) $F(x) = \int_a^{\varphi(x)} f(t,x)\,\mathrm{d}t$ 的导数：

被积函数 $f(t,x)$ 中，t 是积分变量，x 是参变量. 若含参变量 x 的部分不能提到积分号前面，必须先作变量替换，去掉被积函数中的参变量 x，使 x 只能在积分上限和下限中出现. 然后再对变限求导数.

(6) $F(x) = \int_{\psi(x)}^{\varphi(x)}\left[\int_{g(t)}^{h(t)} f(u)\,\mathrm{d}u\right]\mathrm{d}t$ 的导数：

1° 用分部积分法，先将 $F(x)$ 化成单重积分，然后再求导数；

2° 也可直接对变限求导数.

3. 被积函数含参变量的定积分的导数

形如 $\int_a^b f(t,x)\,\mathrm{d}t$ 的定积分是参变量 x 的函数. 通过变量替换可消掉被积函数中的参变量 x，而化成 x 为变限的定积分，然后再按变限定积分求导数.

4. 变限定积分的极限为$\frac{0}{0}$型或$\frac{\infty}{\infty}$型的求法.

(1) 一般方法是用洛必达法则；

(2) 用积分中值定理；

(3) 用变限积分的等价无穷小代换：

由于当 $x\to 0$ 时，$x\sim\sin x$，$x\sim\tan x$ 等等，所以，当 $x\to 0$ 时，也有

$$\int_0^x \sin t\mathrm{d}t \sim \frac{x^2}{2}, \int_0^x \tan t\mathrm{d}x \sim \frac{x^2}{2},$$

$$\int_0^x \ln(1+t)\mathrm{d}t \sim \frac{x^2}{2}, \int_0^x \arcsin t\mathrm{d}t \sim \frac{x^2}{2}.$$

由此,也可推出:当 $x\to 0$ 时,若 $\varphi(x)\to 0$,则有

$$\int_0^{\varphi(x)} \sin t^n\mathrm{d}t \sim \int_0^{\varphi(x)} t^n\mathrm{d}t = \frac{1}{n+1}[\varphi(x)]^{n+1},$$

$$\int_0^{\varphi(x)} \ln(1+t)\mathrm{d}t \sim \int_0^{\varphi(x)} t\mathrm{d}t = \frac{1}{2}[\varphi(x)]^2.$$

例 1 设函数 $f(x)$ 在 $(-\infty,+\infty)$ 内为奇函数,且可导,则奇函数是(   ).

(A) $\sin f'(x)$　　(B) $\int_0^x \sin xf(t)\mathrm{d}t$

(C) $\int_0^x f(\sin t)\mathrm{d}t$　　(D) $\int_0^x [\sin t+f(t)]\mathrm{d}t$

解 选(B). 因 $\int_0^x f(t)\mathrm{d}t$ 为偶函数, $\sin x\int_0^x f(t)\mathrm{d}t = \int_0^x \sin xf(t)\mathrm{d}t$ 为奇函数. $f'(x)$ 是偶函数, $\sin f'(x)$ 是偶函数, $f(\sin t)$ 是奇函数, $\int_0^x f(\sin t)\mathrm{d}t$ 是偶函数. $\sin t+f(t)$ 是奇函数, $\int_0^x [\sin t+f(t)]\mathrm{d}t$ 是偶函数.

例 2 初等函数 $f(x)$ 在其有定义的区间 $[a,b]$ 上未必(   ).

(A) 连续　(B) 可导　(C) 存在原函数　(D) 可积

解 选(B). $f(x)$ 在 $[a,b]$ 上连续,从而存在原函数,可积,但未必可导.

例 3 已知 $f(x)$ 在 $[0,+\infty)$ 上连续, $F(x)=\int_1^x\left(\frac{2}{x}+\ln x\right)f(t)\mathrm{d}t$,求 $\frac{\mathrm{d}F(x)}{\mathrm{d}x}$.

解 $F(x)=\left(\frac{2}{x}+\ln x\right)\int_1^x f(t)\mathrm{d}t$,

$$F'(x)=\left(\frac{2}{x}+\ln x\right)'\int_1^x f(t)\mathrm{d}t+\left(\frac{2}{x}+\ln x\right)\left(\int_1^x f(t)\mathrm{d}t\right)'$$

$$=\left(-\frac{2}{x^2}+\frac{1}{x}\right)\int_1^x f(t)\mathrm{d}t+\left(\frac{2}{x}+\ln x\right)f(x).$$

例 4 已知 $\int_0^y \mathrm{e}^{t^2}\mathrm{d}t+\int_0^{\sin x}\cos^2 t\mathrm{d}t=0$,求$\frac{\mathrm{d}y}{\mathrm{d}x}$.

解 这是由已知方程确定 y 是 x 的隐函数. 将方程两端对 x 求导,注意 y 是 x 的函数,得

$$\mathrm{e}^{y^2}\frac{\mathrm{d}y}{\mathrm{d}x}+\cos^2(\sin x)\cdot\cos x=0,$$

$$\frac{\mathrm{d}y}{\mathrm{d}x}=-\mathrm{e}^{-y^2}\cos x\cdot\cos^2(\sin x).$$

例 5 设 $f(x)=\int_0^{g(x)}\frac{1}{\sqrt{1+t^3}}\mathrm{d}t$,其中

$g(x)=\int_0^{\cos x}[1+\sin t^2]\mathrm{d}t$,则 $f'\left(\frac{\pi}{2}\right)=$__________.

解 $f'(x)=\frac{g'(x)}{\sqrt{1+g^3(x)}}$

$$=\frac{1}{\sqrt{1+g^3(x)}}[1+\sin(\cos^2 x)](-\sin x),$$

因 $f'\left(\frac{\pi}{2}\right)=\frac{-1}{\sqrt{1+g^3\left(\frac{\pi}{2}\right)}}$ 且 $g\left(\frac{\pi}{2}\right)=0$,故 $f'\left(\frac{\pi}{2}\right)=-1$.

例 6 设 $F(x)=\int_0^x\left(\int_0^{y^3}\frac{\cos t}{\sqrt{1+t^2}}\mathrm{d}t\right)\mathrm{d}y$,求 $F''(x)$.

解 这是由两层变上限定积分表示的函数. 若设

$f(y)=\int_0^{y^3}\frac{\cos t}{\sqrt{1+t^2}}\mathrm{d}t$,则 $F(x)=\int_0^x f(y)\mathrm{d}y$,且 $F'(x)=f(x)$. 由此

知

$$F'(x) = \int_0^{x^3} \frac{\cos t}{\sqrt{1+t^2}}\mathrm{d}t, F''(x) = \frac{\cos x^3}{\sqrt{1+x^6}} \cdot 3x^2.$$

也可直接求导数.

$$\frac{\mathrm{d}}{\mathrm{d}x}F(x) = \frac{\mathrm{d}}{\mathrm{d}x}\int_0^x \left(\int_0^{y^3} \frac{\cos t}{\sqrt{1+t^2}}\mathrm{d}t\right)\mathrm{d}y = \int_0^{x^3} \frac{\cos t}{\sqrt{1+t^2}}\mathrm{d}t,$$

$$F''(x) = \frac{\cos x^3}{\sqrt{1+x^6}} \cdot 3x^2.$$

例 7 $\frac{\mathrm{d}}{\mathrm{d}x}\left(\int_{-x}^{x^2} \frac{1}{x+t+1}\mathrm{d}t\right) =$ __________.

解 1 被积函数含参变量 x. 设 $x+t=u$,则

$$\int_{-x}^{x^2} \frac{1}{x+t+1}\mathrm{d}t = \int_0^{x+x^2} \frac{1}{u+1}\mathrm{d}u,$$

$$I = \frac{\mathrm{d}}{\mathrm{d}x}\int_0^{x+x^2} \frac{1}{u+1}\mathrm{d}u = \frac{1+2x}{x+x^2+1}.$$

解 2 因定积分易求. 先求定积分,再求导.

$$\int_{-x}^{x^2} \frac{1}{x+t+1}\mathrm{d}t = \ln(x^2+x+1), I = \frac{2x+1}{x^2+x+1}.$$

例 8 设函数 $f(x)$ 在 $(-\infty, +\infty)$ 内连续,且在 $x \neq 0$ 时可导,又函数 $F(x) = \int_0^x xf(t)\mathrm{d}t$,求 $F''(0)$.

解 由题设,$F(x)$ 可导,且

$$F'(x) = \left[x\int_0^x f(t)\mathrm{d}t\right]' = \int_0^x f(t)\mathrm{d}t + xf(x), F'(0) = 0,$$

$$F''(0) = \lim_{x\to 0}\frac{F'(x) - F'(0)}{x} = \lim_{x\to 0}\left[\frac{\int_0^x f(t)\mathrm{d}t}{x} + f(x)\right]$$

$$= f(0) + f(0) = 2f(0).$$

注释 本例下述写法是错误的. 由 $F'(x) = \int_0^x f(t)\mathrm{d}t + xf(x)$

得 $F''(x)=f(x)+f(x)+xf'(x)$,

从而 $F''(0)=2f(0)$. 这是因为由题设,并不知道 $f'(0)$ 存在.

例 9 设 $f(x)=\begin{cases}\dfrac{1}{x^2}\displaystyle\int_0^x(e^{t^2}-1)dt, & x\neq 0,\\ 0, & x=0,\end{cases}$ 求 $f'(0)$.

解 由导数定义,并用洛必达法则

$$f'(0)=\lim_{x\to 0}\frac{\dfrac{1}{x^2}\displaystyle\int_0^x(e^{t^2}-1)dt-0}{x-0}\overset{\frac{0}{0}}{=\!=}\lim_{x\to 0}\frac{e^{x^2}-1}{3x^2}=\frac{1}{3}.$$

例 10 设 $f(x)$ 为连续函数, $F(x)=\int_0^{\sin x}f(tx^2)dt$:

(1) 求 $F'(x)$;(2) 讨论函数 $F'(x)$ 的连续性.

解 (1) 设 $u=tx^2$,则 $t=\dfrac{u}{x^2}$, $dt=\dfrac{1}{x^2}du$. 于是,当 $x\neq 0$ 时,

$$F(x)=\frac{1}{x^2}\int_0^{x^2\sin x}f(u)du,$$

$$F'(x)=-\frac{2}{x^3}\int_0^{x^2\sin x}f(u)du+\frac{1}{x^2}f(x^2\sin x)(2x\sin x+x^2\cos x).$$

当 $x=0$ 时,由题设 $F(0)=0$,用导数定义

$$F'(0)=\lim_{x\to 0}\frac{F(x)-F(0)}{x}=\lim_{x\to 0}\frac{1}{x^3}\int_0^{x^2\sin x}f(u)du$$

$$\overset{\frac{0}{0}}{=\!=}\lim_{x\to 0}\frac{f(x^2\sin x)(2x\sin x+x^2\cos x)}{3x^2}$$

$$=\lim_{x\to 0}f(x^2\sin x)\lim_{x\to 0}\frac{2x\sin x+x^2\cos x}{3x^2}=f(0)\cdot 1=f(0),\tag{1}$$

故

$$F'(x)=\begin{cases}-\dfrac{2}{x^3}\displaystyle\int_0^{x^2\sin x}f(u)du+\dfrac{1}{x^2}f(x^2\sin x)(2x\sin x+x^2\cos x), & x\neq 0,\\ f(0), & x=0.\end{cases}$$

(2) 当 $x\neq 0$ 时,由变上限定积分的连续性及函数连续性的性质知,$F'(x)$连续.

下面考察 $F'(x)$在 $x=0$ 处的连续性.注意(1)式的运算过程,知

$$\lim_{x\to 0}\left(-\frac{2}{x^3}\int_0^{x^2\sin x}f(u)\,\mathrm{d}u\right)=-2f(0),$$

$$\lim_{x\to 0}\frac{1}{x^2}f(x^2\sin x)(2x\sin x+x^2\cos x)=3f(0),$$

于是$\lim\limits_{x\to 0}F'(x)=-2f(0)+3f(0)=f(0)=F'(0)$,即 $F'(x)$在$x=0$处连续.从而 $F'(x)$为连续函数.

例 11 若$\lim\limits_{x\to 0}\dfrac{ax-\sin x}{\int_b^x\frac{\ln(1+t^3)}{t}\mathrm{d}t}=c(c\neq 0)$,则 a,b,c 的值分别为__________.

解 由于$\lim\limits_{x\to 0}(ax-\sin x)=0$,且 $c\neq 0$,故$\lim\limits_{x\to 0}\int_b^x\frac{\ln(1+t^3)}{t}\mathrm{d}t=0$,从而 $b=0$.又因

$$\lim_{x\to 0}\frac{ax-\sin x}{\int_0^x\frac{\ln(1+t^3)}{t}\mathrm{d}t}\overset{\frac{0}{0}}{=\!=}\lim_{x\to 0}\frac{a-\cos x}{\frac{\ln(1+x^3)}{x}}=\lim_{x\to 0}\frac{x(a-\cos x)}{\ln(1+x^3)}$$

$$=\lim_{x\to 0}\frac{x(a-\cos x)}{x^3}=\lim_{x\to 0}\frac{a-\cos x}{x^2}=c(c\neq 0),$$

故必有 $a=1$,从而 $c=\dfrac{1}{2}$.

例 12 设函数$f(x)$有连续的导数,$f(0)=0,f'(0)\neq 0$,且满足条件:当 $x\to 0$ 时,

$$F(x)=\int_0^x(\sin^2 x-\sin^2 t)f(t)\,\mathrm{d}t$$

与 x^k 为同阶无穷小,则 $k=($　　$)$.

(A) 1　　(B) 2　　(C) 3　　(D) 4

解　选(D). 由题设得

$$\lim_{x\to 0}\frac{F(x)}{x^k}\overset{\frac{0}{0}}{=\!=}\lim_{x\to 0}\frac{\sin 2x\int_0^x f(t)\mathrm{d}t+\sin^2 x\cdot f(x)-\sin^2 x\cdot f(x)}{kx^{k-1}}$$

$$=\lim_{x\to 0}\frac{\sin 2x}{x}\cdot\frac{\int_0^x f(t)\,\mathrm{d}t}{kx^{k-2}}\overset{\frac{0}{0}}{=\!=}\lim_{x\to 0}\frac{2f(x)}{k(k-2)x^{k-3}}$$

$$\overset{\frac{0}{0}}{=\!=}\lim_{x\to 0}\frac{2f'(x)}{k(k-2)(k-3)x^{k-4}}\overset{k=4}{=\!=}\frac{2f'(0)}{k(k-2)(k-3)}.$$

例 13　设 $f(x)$ 在 $x=12$ 的某邻域内为可导函数,且 $\lim\limits_{x\to 12}f(x)=0$, $\lim\limits_{x\to 12}f'(x)=1\ 002$,求极限

$$\lim_{x\to 12}\frac{\int_{12}^x\left(t\int_t^{12}f(u)\,\mathrm{d}u\right)\mathrm{d}t}{(12-x)^3}.$$

解　$I\overset{\frac{0}{0}}{=\!=}\lim\limits_{x\to 12}\dfrac{x\int_x^{12}f(u)\,\mathrm{d}u}{3(12-x)^2(-1)}$

$$\overset{\frac{0}{0}}{=\!=}\lim_{x\to 12}\frac{\int_{12}^x f(u)\,\mathrm{d}u+xf(x)}{6(12-x)(-1)}$$

$$\overset{\frac{0}{0}}{=\!=}\lim_{x\to 12}\frac{f(x)+f(x)+xf'(x)}{6}=\frac{12\cdot 1\ 002}{6}=2\ 004.$$

例 14　$\lim\limits_{x\to 0}\dfrac{\int_0^{\sin^2 x}\ln(1+t)\,\mathrm{d}t}{\sqrt{1+x^4}-1}=$__________.

解　用等价无穷小代换. 由于当 $x\to 0$ 时, $(\sqrt{1+x^4}-1)\sim\frac{1}{2}x^4$, $\int_0^{\sin^2 x}\ln(1+t)\,\mathrm{d}t\sim\frac{1}{2}(\sin^2 x)^2$,故

$$I=\lim_{x\to 0}\frac{\frac{1}{2}\sin^4 x}{\frac{1}{2}x^4}=1.$$

例 15 求$\lim\limits_{x\to 0}\dfrac{\int_{x^2}^{x}\frac{\sin xt}{t}\mathrm{d}t}{x^2}$.

解 1 设 $xt=u$,则

$$I=\lim_{x\to 0}\frac{\int_{x^3}^{x^2}\frac{\sin u}{u}\mathrm{d}u}{x^2}\overset{\frac{0}{0}}{=\!=\!=}\lim_{x\to 0}\frac{2x\frac{\sin x^2}{x^2}-3x^2\frac{\sin x^3}{x^3}}{2x}$$

$$=\lim_{x\to 0}\left(\frac{\sin x^2}{x^2}-\frac{3x}{2}\frac{\sin x^3}{x^3}\right)=1-0=1.$$

解 2 应用积分中值定理,

$$\int_{x^2}^{x}\frac{\sin xt}{t}\mathrm{d}t=(x-x^2)\frac{\sin x\xi}{\xi},$$

其中 ξ 介于 x^2 与 x 之间,当 $x\to 0$ 时,$\xi\to 0$,故

$$I=\lim_{x\to 0}\frac{1}{x^2}(x-x^2)\frac{\sin x\xi}{\xi}=\lim_{x\to 0}(1-x)\frac{\sin x\xi}{x\xi}=1.$$

例 16 设 $F(x)=\int_0^x tf(x^2-t^2)\mathrm{d}t$,其中函数 $f(x)$ 连续可微,$f(0)=0,f'(0)=1$,求

(1) $\dfrac{\mathrm{d}F(x)}{\mathrm{d}x}$; (2) $\lim\limits_{x\to 0}\dfrac{F(x)}{x^4}$.

解 (1) **解 1** 设 $x^2-t^2=u$,则 $-2t\mathrm{d}t=\mathrm{d}u$. 于是

$$F(x)=-\frac{1}{2}\int_{x^2}^{0}f(u)\mathrm{d}u,\frac{\mathrm{d}F(x)}{\mathrm{d}x}=xf(x^2).$$

解 2 设 $G(x)$ 为 $f(x)$ 的某一原函数,则

$$F(x)=-\frac{1}{2}\int_0^x f(x^2-t^2)\mathrm{d}(x^2-t^2)=-\frac{1}{2}G(x^2-t^2)\Big|_{t=0}^{t=x}$$

$$=\frac{1}{2}G(x^2)-\frac{1}{2}G(0).$$

于是 $$\frac{\mathrm{d}F(x)}{\mathrm{d}x}=\frac{1}{2}G'(x^2)\cdot 2x=xf(x^2).$$

$$(2)\ \lim_{x\to 0}\frac{F(x)}{x^4}\xlongequal{\frac{0}{0}}\lim_{x\to 0}\frac{F'(x)}{4x^3}=\lim_{x\to 0}\frac{f(x^2)}{4x^2}\xlongequal{\frac{0}{0}}\lim_{x\to 0}\frac{2xf'(x^2)}{8x}$$

$$=\frac{1}{4}f'(0)=\frac{1}{4}.$$

例 17 设函数 $f(x)$ 在 $(-\infty,+\infty)$ 内有连续的导数. 求

$$\lim_{x\to 0^+}\frac{1}{4x^2}\int_{-x}^{x}[f(t+x)-f(t-x)]\mathrm{d}t.$$

分析 这是 $\frac{0}{0}$ 型. 若用洛必达法则,须先经变量替换使被积函数中不含参变量 x.

解 1 设 $u=t+x$,则 $\int_{-x}^{x}f(t+x)\mathrm{d}t=\int_{0}^{2x}f(u)\mathrm{d}u$;

设 $u=t-x$,则 $\int_{-x}^{x}f(t-x)\mathrm{d}t=\int_{-2x}^{0}f(u)\mathrm{d}u$.

$$I=\lim_{x\to 0^+}\frac{1}{4x^2}\left[\int_{0}^{2x}f(u)\mathrm{d}u-\int_{-2x}^{0}f(u)\mathrm{d}u\right]$$

$$\xlongequal{\frac{0}{0}}\lim_{x\to 0^+}\frac{1}{8x}[2f(2x)-2f(-2x)]$$

$$\xlongequal{\frac{0}{0}}\lim_{x\to 0^+}\frac{1}{8}[4f'(2x)+4f'(-2x)]=f'(0).$$

解 2 先用积分中值定理,再用洛必达法则. 存在 $\xi\in[-x,x]$,使

$$\int_{-x}^{x}[f(t+x)-f(t-x)]\mathrm{d}t=2x[f(\xi+x)-f(\xi-x)]$$

于是 $$I=\lim_{x\to 0^+}\frac{2x[f(\xi+x)-f(\xi-x)]}{4x^2}=\lim_{x\to 0^+}\frac{f'(\xi+x)+f'(\xi-x)}{2}$$

$$=\frac{f'(0)+f'(0)}{2}=f'(0)$$(因 $x\to 0^+$ 时,有 $\xi\to 0$,且 $f'(t)$ 连续).

例 18 设 $f(x)$ 在 $[a,b]$ 上连续，$a<A<B<b$，试证明

$$\lim_{x\to 0}\frac{1}{x}\int_A^B [f(t+x)-f(t)]\mathrm{d}t=f(B)-f(A).$$

分析 $\int_A^B[f(t+x)-f(t)]\mathrm{d}t=\int_A^B f(t+x)\mathrm{d}t-\int_A^B f(t)\mathrm{d}t$，其中第一个积分是被积函数含参变量 x 的定积分.

解 因 $\int_A^B f(t+x)\mathrm{d}t \xlongequal{u=t+x} \int_{A+x}^{B+x} f(u)\mathrm{d}u$，于是

$$左端=\lim_{x\to 0}\frac{\int_{A+x}^{B+x}f(t)\mathrm{d}t-\int_A^B f(t)\mathrm{d}t}{x}$$

$$\xlongequal{\frac{0}{0}}\lim_{x\to 0}\frac{f(B+x)-f(A+x)}{1}=f(B)-f(A).$$

例 19 求下列极限：

(1) $\lim\limits_{x\to\infty}\dfrac{\int_0^x\sqrt{1+t^4}\mathrm{d}t}{x^3}$；　(2) $\lim\limits_{x\to 0^+}x^\alpha\int_x^1\dfrac{f(t)}{t^{\alpha+1}}\mathrm{d}t$，其中 $\alpha>0$，$f(x)$ 在 $[0,1]$ 上连续.

解 (1) 由于 $\int_0^x\sqrt{1+t^4}\mathrm{d}t\geqslant\int_0^x t^2\mathrm{d}t=\dfrac{x^3}{3}$，故

$\lim\limits_{x\to+\infty}\int_0^x\sqrt{1+t^4}\mathrm{d}t=+\infty$；

同理可知 $\lim\limits_{x\to-\infty}\int_0^x\sqrt{1+t^4}\mathrm{d}t=-\infty$. 故

$\lim\limits_{x\to\infty}\int_0^x\sqrt{1+t^4}\mathrm{d}t=\infty$. 用洛必达法则，$I=\lim\limits_{x\to\infty}\dfrac{\sqrt{1+x^4}}{3x^2}=\dfrac{1}{3}$.

(2) $I=\lim\limits_{x\to 0^+}\dfrac{\int_x^1\frac{f(t)}{t^{\alpha+1}}\mathrm{d}t}{\frac{1}{x^\alpha}}$，显然 $\lim\limits_{x\to 0^+}\dfrac{1}{x^\alpha}=+\infty$. 但这时未必有

$$\lim_{x\to 0^+}\int_x^1 \frac{f(t)}{t^{\alpha+1}}\mathrm{d}t=\infty.$$

这种情形也可以试用洛必达法则求极限：

$$I=\lim_{x\to 0^+}\frac{-\dfrac{f(x)}{x^{\alpha+1}}}{-\dfrac{\alpha}{x^{\alpha+1}}}=\frac{f(0)}{\alpha}.$$

注释 本题中的两小题是求分式的极限，当分母的极限是无穷大时，分子的极限可以不必验证是否为无穷大就可试用洛必达法则求极限. 有下述结论：

(1) 设函数 $f(x)$, $g(x)$ 在 $(a,+\infty)$ 内可导，$g'(x)\neq 0$，又 $\lim\limits_{x\to+\infty}g(x)=\infty$，且 $\lim\limits_{x\to+\infty}\dfrac{f'(x)}{g'(x)}=A$（或 ∞），则

$$\lim_{x\to+\infty}\frac{f(x)}{g(x)}=A\text{（或}\infty\text{）}.$$

(2) 设函数 $f(x)$, $g(x)$ 在 $(x_0,x_0+\delta)$ 内可导，$g'(x)\neq 0$，又 $\lim\limits_{x\to x_0^+}g(x)=\infty$，且 $\lim\limits_{x\to x_0^+}\dfrac{f'(x)}{g'(x)}=A$（或 ∞），则

$$\lim_{x\to x_0^+}\frac{f(x)}{g(x)}=A\text{（或}\infty\text{）}.$$

其他极限过程也有类似结论.

例 20 设 $f'(\ln x)=x$, $f(0)=0$ 且 $\int_0^x f(t)\mathrm{d}t=xf(ux)$，求

(1) $\lim\limits_{x\to 0}u$;　　　　(2) $\lim\limits_{x\to+\infty}u$.

分析 按所求的极限，须将 u 表示成 x 的函数，再求极限. 应先求出 $f(x)$.

解 设 $t=\ln x$，则 $f'(t)=\mathrm{e}^t$, $f(t)=\mathrm{e}^t+C$. 由 $f(0)=1$ 知 $C=0$，故 $f(x)=\mathrm{e}^x$. 从而已知等式为

$$\mathrm{e}^x-1=x\mathrm{e}^{ux}\text{，即 }u=\frac{1}{x}\ln\frac{\mathrm{e}^x-1}{x}.$$

(1) $\lim\limits_{x\to 0} u = \lim\limits_{x\to 0}\dfrac{\ln\dfrac{e^x-1}{x}}{x} \xlongequal{\frac{0}{0}} \lim\limits_{x\to 0}\dfrac{x}{e^x-1}\ \dfrac{xe^x-e^x+1}{x^2}=\dfrac{1}{2}$.

(2) $\lim\limits_{x\to+\infty} u = \lim\limits_{x\to+\infty}\dfrac{\ln\dfrac{e^x-1}{x}}{x} \xlongequal{\frac{\infty}{\infty}} 1$.

二、变上限积分函数的性态分析

这里讨论由变上限积分所确定函数的单调性、极值、凹向和拐点.

例 21 设函数 $f(x)$ 在 $(-\infty,+\infty)$ 内连续,且

$$F(x)=\int_0^x (2t-x)f(t)\,dt.$$

试证:(1) 若 $f(x)$ 是偶函数,则 $F(x)$ 也是偶函数;

(2) 若 $f(x)$ 是单调减函数,则 $F(x)$ 也是单调减函数.

证 (1) $F(x)=2\int_0^x tf(t)\,dt-x\int_0^x f(t)\,dt$.

由题设,$f(t)$ 是偶函数,$tf(t)$ 是奇函数,故 $\int_0^x f(t)\,dt$ 是奇函数,从而 $x\int_0^x f(t)\,dt$ 是偶函数;又可知 $\int_0^x tf(t)\,dt$ 是偶函数. 由偶函数的性质知,$F(x)$ 是偶函数.

(2) $F'(x)=2xf(x)-\int_0^x f(t)\,dt-xf(x)=xf(x)-\int_0^x f(t)\,dt$

$$=\int_0^x [f(x)-f(t)]\,dt$$

因为 $f(x)$ 是单调减函数,注意到 t 介于 0 与 x 之间,所以

当 $x>0$ 时,$f(x)-f(t)<0$,故 $F'(x)<0$;

当 $x=0$ 时,显然 $F'(0)=0$;

当 $x<0$ 时,$f(x)-f(t)>0$,故 $F'(x)<0$.

即 $x\in(-\infty,+\infty)$ 时,$F'(x)\leqslant 0$(等号仅在 $x=0$ 时成立),从而 $F(x)$ 是单调减函数.

注释 (1) 为比较 $xf(x)$ 与 $\int_0^x f(t)\,\mathrm{d}t$ 的大小,有两种**方法**,其一,将 $xf(x)$ 写成定积分形式,即 $xf(x)=\int_0^x f(x)\,\mathrm{d}t$(本例如此);其二,用积分中值定理变换定积分,即

$\int_0^x f(t)\,\mathrm{d}t=f(\xi)(x-0)$($\xi$ 介于 0 与 x 之间).然后再进行比较.

(2) 为证明 $F(x)$ 是偶函数,也可由 $F(x)$ 的表达式推出 $F(-x)=F(x)$.

例 22 设 $f(x)$ 在 $[a,b]$ 上连续,在 (a,b) 内可导且 $f'(x)<0$,

$$F(x)=\frac{1}{x-a}\int_a^x f(t)\,\mathrm{d}t,\ a<x<b.$$

试证:(1) $F(x)$ 在 (a,b) 内单调减;

(2) $0<F(x)-f(x)<f(a)-f(b)$.

证 (1) $F'(x)=\dfrac{(x-a)f(x)-\int_a^x f(t)\,\mathrm{d}t}{(x-a)^2}$

$$\xlongequal[\xi\in(a,x)]{\text{积分中值定理}}\frac{(x-a)f(x)-f(\xi)(x-a)}{(x-a)^2}$$

$$=\frac{f(x)-f(\xi)}{x-a}.$$

由 $f'(x)<0$ 知 $f(x)$ 单调减,即在 (a,b) 内,当 $\xi<x$ 时,有 $f(x)<f(\xi)$,又 $(x-a)>0$,可得 $F'(x)<0$.即 $F(x)$ 在 (a,b) 内单调减.

(2) 因 $F(x)-f(x)=\dfrac{1}{x-a}\int_a^x f(t)\,\mathrm{d}t-f(x)$

$$\xlongequal{\text{积分中值定理}}f(\xi)-f(x)>0,$$

又由 $f(x)$ 单调减知,$f(a)>f(\xi)$,$f(x)>f(b)$.于是有

$$0<F(x)-f(x)<f(a)-f(b).$$

注释 本例也可将$(x-a)f(x)$写成定积分$\int_a^x f(x)\,\mathrm{d}t$.

例 23 设 $\varphi(x)=\begin{cases}\dfrac{\int_0^x tf(t)\,\mathrm{d}t}{\int_0^x f(t)\,\mathrm{d}t}, & x\neq 0,\\ a, & x=0\end{cases}$ 其中函数$f(x)$的导数连续,且$f(x)>0$.

(1) 确定常数a,使$\varphi(x)$在$x=0$处连续;(2) 求$\varphi'(x)$;

(3) 讨论$\varphi'(x)$在$(-\infty,+\infty)$内的连续性;

(4) 证明$\varphi(x)$在$(-\infty,+\infty)$内单调增加.

解 (1) 因为$\lim\limits_{x\to 0}\varphi(x)\xlongequal{\frac{0}{0}}\lim\limits_{x\to 0}\dfrac{xf(x)}{f(x)}=0$,所以当$a=0$,即$\varphi(0)=0$时,$\varphi(x)$在$x=0$处连续.

(2) 当$x\neq 0$时,由商的求导数法则

$$\varphi'(x)=\frac{xf(x)\int_0^x f(t)\,\mathrm{d}t-f(x)\int_0^x tf(t)\,\mathrm{d}t}{\left(\int_0^x f(t)\,\mathrm{d}t\right)^2};$$

当$x=0$时,由导数定义

$$\varphi'(0)=\lim_{x\to 0}\frac{\varphi(x)-\varphi(0)}{x}=\lim_{x\to 0}\frac{\int_0^x tf(t)\,\mathrm{d}t}{x\int_0^x f(t)\,\mathrm{d}t}\xlongequal{\frac{0}{0}}\lim_{x\to 0}\frac{xf(x)}{\int_0^x f(t)\,\mathrm{d}t+xf(x)}$$

$$\xlongequal{\frac{0}{0}}\lim_{x\to 0}\frac{f(x)+xf'(x)}{f(x)+f(x)+xf'(x)}=\frac{f(0)}{2f(0)}=\frac{1}{2},$$

所以
$$\varphi'(x)=\begin{cases}\dfrac{f(x)\int_0^x (x-t)f(t)\,\mathrm{d}t}{\left(\int_0^x f(t)\,\mathrm{d}t\right)^2}, & x\neq 0,\\[2ex] \dfrac{1}{2}, & x=0.\end{cases}$$

(3) 当 $x\neq 0$ 时,$\varphi'(x)$显见是连续的. 又

$$\lim_{x\to 0}\varphi'(x)\overset{\frac{0}{0}}{=\!=\!=}$$

$$\lim_{x\to 0}\left[f(x)\int_0^x f(t)\,\mathrm{d}t+xf'(x)\int_0^x f(t)\,\mathrm{d}t+xf^2(x)-\right.$$

$$\left.f'(x)\int_0^x tf(t)\,\mathrm{d}t-xf^2(x)\right]\Big/2f(x)\int_0^x f(t)\,\mathrm{d}t$$

$$=\lim_{x\to 0}\left[\frac{1}{2}+\frac{xf'(x)}{2f(x)}-\frac{f'(x)\varphi(x)}{2f(x)}\right]=\frac{1}{2}=\varphi'(0).$$

所以 $\varphi'(x)$在 $x=0$ 处亦连续,即 $\varphi'(x)$在$(-\infty,+\infty)$内处处连续.

(4) 为证明 $\varphi(x)$单调增加,只要证明 $\varphi'(x)>0$ 即可. 因 $f(x)>0$,$\left(\int_0^x f(t)\,\mathrm{d}t\right)^2>0$,设

$$g(x)=\int_0^x(x-t)f(t)\,\mathrm{d}t,\text{则 }g'(x)=\int_0^x f(t)\,\mathrm{d}t.$$

当 $x<0$ 时,$g'(x)<0$,$g(x)$单调减少;当 $x>0$ 时,$g'(x)>0$,$g(x)$单调增加. 又当 $x=0$ 时,$g(0)=0$. 所以 $g(x)\geqslant 0$.

于是,当 $x\neq 0$ 时,$\varphi'(x)=\dfrac{f(x)\int_0^x(x-t)f(t)\,\mathrm{d}t}{\left(\int_0^x f(t)\,\mathrm{d}t\right)^2}>0$.

所以 $\varphi(x)$在$(-\infty,+\infty)$内单调增加.

例 24 设 $F(x)=-2a+\int_0^x(t^2-a^2)\,\mathrm{d}t$,

(1) 求 $F(x)$的极大值 M;

(2) 若把 M 看作是 a 的函数,求当 a 为何值时,M 取极小值.

解 (1) 由 $F'(x)=x^2-a^2=0$ 得 $x=-a,x=a$,又 $F''(x)=2x$;

当 $a>0$ 时,$F''(-a)=-2a<0$,所以极大值

$$M=F(-a)=-2a+\int_0^{-a}(t^2-a^2)\,\mathrm{d}t=\frac{2a}{3}(a^2-3).$$

当 $a<0$ 时，$F''(a)=2a<0$，所以极大值

$$M=F(a)=-2a+\int_0^{a}(t^2-a^2)\,\mathrm{d}t=-\frac{2a}{3}(a^2+3).$$

(2) 当 $a>0$ 时，$\frac{\mathrm{d}M}{\mathrm{d}a}=2a^2-2$，由 $\frac{\mathrm{d}M}{\mathrm{d}a}=0$ 得 $a=1$ ($a=-1$ 舍).

又 $\frac{\mathrm{d}^2M}{\mathrm{d}a^2}=4a$，$\left.\frac{\mathrm{d}^2M}{\mathrm{d}a^2}\right|_{a=1}>0$，故当 $a=1$ 时 M 取极小值.

当 $a<0$ 时，$\frac{\mathrm{d}M}{\mathrm{d}a}=-2a^2-2$，因 $\frac{\mathrm{d}M}{\mathrm{d}a}=0$ 无解，此时无极值.

例 25 设 $f(t)>0$ 且是连续的偶函数，又函数

$$F(x)=\int_{-a}^{a}|x-t|f(t)\,\mathrm{d}t,\quad x\in[-a,a],$$

试讨论下列问题：

(1) 导函数 $F'(x)$ 的单调增减性；

(2) 当 x 为何值时，$F(x)$ 取得最小值；

(3) 若函数 $F(x)$ 的最小值作为 a 的函数，它等于 $f(a)-a^2-1$，求函数 $f(t)$；

(4) 函数 $F(x)$ 的凹性.

解 (1) 因 $x\in[-a,a]$，所以

$$F(x)=\int_{-a}^{x}(x-t)f(t)\,\mathrm{d}t+\int_{x}^{a}(t-x)f(t)\,\mathrm{d}t.$$

于是 $F'(x)=\int_{-a}^{x}f(t)\mathrm{d}t+xf(x)-xf(x)-xf(x)+\int_{a}^{x}f(t)\mathrm{d}t+xf(x)$

$$=\int_{-a}^{x}f(t)\,\mathrm{d}t+\int_{a}^{x}f(t)\,\mathrm{d}t,$$

$$F''(x)=f(x)+f(x)=2f(x)>0\ (\text{因 } f(x)>0),$$

故 $F'(x)$ 在区间 $[-a,a]$ 内是单调增函数.

(2) 由 $F'(0)=\int_{-a}^{0}f(t)\,\mathrm{d}t-\int_{0}^{a}f(t)\,\mathrm{d}t=0$ ($f(t)$ 在 $[-a,a]$ 上

为偶函数),得 $F(x)$ 的惟一驻点 $x=0$;又 $F''(0)=2f(0)>0$,所以,当 $x=0$ 时,函数 $F(x)$ 取最小值.

(3) 求 $F(x)$ 在 $[-a,a]$ 上的最小值.

$$F(0)=-\int_{-a}^{0}tf(t)\,\mathrm{d}t+\int_{0}^{a}tf(t)\,\mathrm{d}t$$

$$\xlongequal[\text{第一项}]{t=-u}-\int_{a}^{0}uf(-u)\,\mathrm{d}u+\int_{0}^{a}tf(t)\,\mathrm{d}t=2\int_{0}^{a}tf(t)\,\mathrm{d}t.$$

由 $\quad 2\int_{0}^{a}tf(t)\,\mathrm{d}t=f(a)-a^{2}-1$,令 $a=0$,得 $f(0)=1$,

上式两端对 a 求导,得

$$2af(a)=f'(a)-2a,\text{即}\frac{f'(a)}{f(a)+1}=2a.$$

两端求不定积分,得 $\ln[f(a)+1]=a^{2}+C$. 再由 $f(0)=1$,得 $C=\ln 2$. 于是 $f(a)=2\mathrm{e}^{a^{2}}-1$,故

$$f(t)=2\mathrm{e}^{t^{2}}-1.$$

(4) 由(1)知,$F'(x)$ 在 $[-a,a]$ 内单调增,所以 $F(x)$ 在 $[-a,a]$ 内上凹.

例 26 讨论函数 $F(x)=\int_{0}^{x^{2}}\mathrm{e}^{-t^{2}}\mathrm{d}t,x\in(-\infty,+\infty)$ 的单调性、极值、凹向、拐点及曲线 $y=F(x)$ 的渐近线.

解 易知 $F(x)$ 是偶函数. 由于

$$\lim_{x\to\pm\infty}F(x)=\int_{0}^{+\infty}\mathrm{e}^{-t^{2}}\mathrm{d}t=\frac{\pi}{2}$$

所以曲线 $y=F(x)$ 有水平渐近线 $y=\frac{\pi}{2}$.

由 $F'(x)=2x\mathrm{e}^{-x^{4}}=0$ 得 $x=0$. 当 $x<0$ 时,$F'(x)<0$,故 $F(x)$ 单调减少;当 $x>0$ 时,$F'(x)>0$,故 $F(x)$ 单调增加;$F(0)=0$ 是极小值.

由 $F''(x)=2(1-4x^{4})\mathrm{e}^{-x^{4}}=0$ 得 $x=\pm\frac{1}{\sqrt{2}}$. 当 $-\frac{1}{\sqrt{2}}<x<\frac{1}{\sqrt{2}}$

时，$F''(x)>0$，故曲线 $y=F(x)$ 上凹；当 $|x|>\frac{1}{\sqrt{2}}$ 时，$F''(x)<0$，故曲线 $y=F(x)$ 下凹；曲线的拐点是 $\left(-\frac{1}{\sqrt{2}},F\left(-\frac{1}{\sqrt{2}}\right)\right)$ 和 $\left(\frac{1}{\sqrt{2}},F\left(-\frac{1}{\sqrt{2}}\right)\right)$.

§6.3 牛顿-莱布尼茨公式

一、分段函数求定积分

分段函数求定积分所**出现的情况与解题思路**.

1. 在积分区间内，**被积函数是分段函数时**，要用定积分对区间的可加性：先在各区间段分别计算定积分，然后相加.

2. **被积函数含最大值或最小值符号时**，先将最大值或最小值符号去掉，表示成分段函数，再求定积分.

3. **被积函数含取整函数时**，要用定积分对区间的可加性求定积分.

4. **被积函数含绝对值符号时**，先将绝对值符号去掉，表成分段函数，再求定积分.

5. **被积函数含偶次方根**，开方时一般要取绝对值，即 $\int_a^b \sqrt{(f(x))^2}\,dx=\int_a^b |f(x)|\,dx$，然后按 4 所述求积分.

6. **对变上限 x 的定积分**，先讨论和确定变限 x 的取值范围. 求积分时，下限固定，按上限 x 的取值范围分别求积分.

7. **被积函数含参变量 t 时**，在求积分时，t 是常数，但 t 又可任意取值. 先确定 t 的可能取值范围，按 t 的取值范围分别求积分.

例 1 求 $\int_{-2}^{2} \max(1,x^2)\,dx$.

解 $\max(1,x^2)=\begin{cases}x^2, & -2\leqslant x\leqslant -1,\\ 1, & -1<x\leqslant 1,\\ x^2, & 1<x\leqslant 2.\end{cases}$

$$I=\int_{-2}^{-1}x^2\mathrm{d}x+\int_{-1}^{1}\mathrm{d}x+\int_{1}^{2}x^2\mathrm{d}x=\frac{20}{3}.$$

例 2 设 $a>1$,$[x]$表示不超过 x 的最大整数. 证明:

$$\int_1^a[x]f'(x)\mathrm{d}x=[a]f(a)-\{f(1)+f(2)+\cdots+f([a])\},$$

并求出 $\int_1^a[x^2]f'(x)\mathrm{d}x$ 与上式相当的表达式.

解

$$\begin{aligned}\int_1^a[x]f'(x)\mathrm{d}x&=\int_1^2 1\cdot f'(x)\mathrm{d}x+\int_2^3 2\cdot f'(x)\mathrm{d}x+\cdots+\int_{[a]}^a[a]f'(x)\mathrm{d}x\\&=f(2)-f(1)+2[f(3)-f(2)]+\cdots+[a][f(a)-f([a])]\\&=[a]f(a)-\{f(1)+f(2)+\cdots+f([a])\}.\end{aligned}$$

$$\begin{aligned}\int_1^a[x^2]f'(x)\mathrm{d}x&=\int_1^{\sqrt{2}}1\cdot f'(x)\mathrm{d}x+\int_{\sqrt{2}}^{\sqrt{3}}2\cdot f'(x)\mathrm{d}x+\cdots+\int_{\sqrt{[a^2]}}^a[a^2]f'(x)\mathrm{d}x\\&=(f(\sqrt{2})-f(1))+2(f(\sqrt{3})-f(\sqrt{2}))+\cdots+\\&\quad[a^2](f(a)-f(\sqrt{[a^2]}))\\&=[a^2]f(a)-\{f(1)+f(\sqrt{2})+\cdots+f(\sqrt{[a^2]})\}.\end{aligned}$$

例 3 求下列定积分:

(1) $\int_a^b x|x|\mathrm{d}x(a<b)$;　(2) $\int_{-1}^3\left|x^2-3|x|\right|\mathrm{d}x$.

解 (1) 积分区间是$[a,b]$,积分变量 x 只能在积分区间内取值.

当 $a<b\leqslant 0$ 时,因 $|x|=-x$,故

$$I=-\int_a^b x^2\mathrm{d}x=-\left.\frac{x^3}{3}\right|_a^b=-\frac{1}{3}(b^3-a^3)=\frac{1}{3}(|b|^3-|a|^3);$$

当 $a<0<b$ 时,在$(a,0)$内,$|x|=-x$,在$(0,b)$内,$|x|=x$,故

$$I=-\int_a^0 x^2\mathrm{d}x+\int_0^b x^2\mathrm{d}x=\frac{1}{3}(b^3+a^3)=\frac{1}{3}(|b|^3-|a|^3);$$

当 $0\leqslant a<b$ 时,因 $|x|=x$,故

$$I=\int_a^b x^2\mathrm{d}x=\frac{1}{3}(b^3-a^3)=\frac{1}{3}(|b|^3-|a|^3).$$

综上 $$I=\frac{1}{3}(|b|^3-|a|^3).$$

(2) 在积分区间$[-1,3]$上,总有 $|x^2-3|x||=3|x|-x^2$,而

$$3|x|-x^2=\begin{cases}-3x-x^2, & -1\leqslant x\leqslant 0,\\ 3x-x^2, & 0<x\leqslant 3.\end{cases}$$

$$I=\int_{-1}^0(-3x-x^2)\mathrm{d}x+\int_0^3(3x-x^2)\mathrm{d}x=\frac{7}{6}+\frac{27}{6}=\frac{17}{3}.$$

例 4 设 $f(x)=\begin{cases}\sqrt{1-\sin 2x}, & 0\leqslant x\leqslant\dfrac{\pi}{2},\\ 6\left(x-\dfrac{\pi}{2}\right)^2, & \dfrac{\pi}{2}<x\leqslant 1+\dfrac{\pi}{2},\end{cases}$ 求 $\int_0^{1+\frac{\pi}{2}}f(x)\mathrm{d}x$.

解 $\sqrt{1-\sin 2x}=\sqrt{(\sin x-\cos x)^2}=|\sin x-\cos x|$.

$$\begin{aligned}I&=\int_0^{\frac{\pi}{2}}\sqrt{1-\sin 2x}\mathrm{d}x+\int_{\frac{\pi}{2}}^{1+\frac{\pi}{2}}6\left(x-\frac{\pi}{2}\right)^2\mathrm{d}x\\&=\int_0^{\frac{\pi}{4}}(\cos x-\sin x)\mathrm{d}x+\int_{\frac{\pi}{4}}^{\frac{\pi}{2}}(\sin x-\cos x)\mathrm{d}x+2=2\sqrt{2}.\end{aligned}$$

例 5 求 $\int_0^1|x-t|x\mathrm{d}x$.

分析 x 是积分变量,积分区间$[0,1]$. 被积函数含参变量 t,求积分时,t 可任意取值,即可有:$t\leqslant 0$,$0<t<1$,$t\geqslant 1$. 积分结果是 t 的函数.

解 因积分区间是$[0,1]$,t 按下述情况取值:

当 $t\leqslant 0$ 时，$I=\int_0^1 (x-t)x\mathrm{d}x=\frac{1}{3}-\frac{t}{2}$；

当 $0<t<1$ 时，$I=\int_0^t (t-x)x\mathrm{d}x+\int_t^1 (x-t)x\mathrm{d}x$

$$=\frac{1}{3}-\frac{t}{2}+\frac{t^3}{3};$$

当 $t\geqslant 1$ 时，$I=\int_0^1 (t-x)x\mathrm{d}x=\frac{t}{2}-\frac{1}{3}$.

综上所述 $$\int_0^1 |x-t|x\mathrm{d}x=\begin{cases}\frac{1}{3}-\frac{t}{2}, & t\leqslant 0,\\ \frac{1}{3}-\frac{t}{2}+\frac{t^3}{3}, & 0<t<1,\\ \frac{t}{2}-\frac{1}{3}, & 1\leqslant t.\end{cases}$$

例 6 求 $\varphi(x)=\int_{-1}^1 |t-x|\mathrm{e}^t\mathrm{d}t$ 在 $[-1,1]$ 上的最大值.

分析 如前例所述，积分结果是参变量 x 的函数. 依题目要求，x 只能在 $[-1,1]$ 上取值. 在 $[-1,x]$ 上，$t\leqslant x$，在 $[x,1]$ 上，$t\geqslant x$.

解 $\varphi(x)=\int_{-1}^x (x-t)\mathrm{e}^t\mathrm{d}t+\int_x^1 (t-x)\mathrm{e}^t\mathrm{d}t$

$$=2\mathrm{e}^x-\mathrm{e}x-\frac{x+2}{\mathrm{e}}.$$

因 $$\varphi'(x)=2\mathrm{e}^x-\mathrm{e}-\frac{1}{\mathrm{e}},\varphi''(x)=2\mathrm{e}^x>0,$$

所以 $\varphi(x)$ 是上凹函数. 最大值只能出现在区间的端点. 因

$$\varphi(-1)=\mathrm{e}+\frac{1}{\mathrm{e}},\varphi(1)=\mathrm{e}-\frac{3}{\mathrm{e}},$$

故最大值为 $\varphi(-1)=\mathrm{e}+\frac{1}{\mathrm{e}}$.

例 7 求 $\int_0^x |t(t-1)|\mathrm{d}t$.

分析 t 是积分变量,由 $t(t-1)=0$ 得 $t=0,t=1$. 积分上限为 x,x 可以任意取值,即可有 $x\leqslant 0,0<x<1,x\geqslant 1$.

解 设 $\varphi(x)=\int_0^x |t(t-1)|\mathrm{d}t$,则按 x 的取值范围,有

当 $x\leqslant 0$ 时,$\varphi(x)=\int_0^x t(t-1)\mathrm{d}t=\frac{x^3}{3}-\frac{x^2}{2}$;

当 $0<x<1$ 时,$\varphi(x)=\int_0^x t(1-t)\mathrm{d}t=-\frac{x^3}{3}+\frac{x^2}{2}$;

当 $x\geqslant 1$ 时,$\varphi(x)=\int_0^1 t(1-t)\mathrm{d}t+\int_1^x t(t-1)\mathrm{d}t$

$$=\frac{1}{3}+\frac{x^3}{3}-\frac{x^2}{2}.$$

综上所述

$$\varphi(x)=\begin{cases}\frac{x^3}{3}-\frac{x^2}{2}, & x\leqslant 0,\\ -\frac{x^3}{3}+\frac{x^3}{2}, & 0<x<1,\\ \frac{x^3}{3}-\frac{x^2}{2}+\frac{1}{3}, & 1\leqslant x.\end{cases}$$

例 8 设 $f(x)=\begin{cases}\mathrm{e}^{-x}, & 0\leqslant x\leqslant 1,\\ 2x, & 1<x\leqslant 2,\end{cases}$ 求 $F(x)=\int_0^x f(t)\mathrm{d}t$ 的表达式.

分析 $f(x)$ 在[0,2]上有定义,变限积分 $\int_0^x f(t)\mathrm{d}t$ 中的 x 只可在[0,2]上取值. 注意求积分时,下限固定.

解 当 $0\leqslant x\leqslant 1$ 时,$F(x)=\int_0^x f(t)\mathrm{d}t$

$$=\int_0^x \mathrm{e}^{-t}\mathrm{d}t=1-\mathrm{e}^{-x};$$

当 $1<x\leqslant 2$ 时,$F(x)=\int_0^x f(t)\mathrm{d}t$

$$=\int_0^1 \mathrm{e}^{-t}\mathrm{d}t+\int_1^x 2t\mathrm{d}t=x^2-\mathrm{e}^{-1}.$$

所以 $$F(x)=\begin{cases}1-e^{-x}, & 0\leqslant x\leqslant 1,\\ x^2-e^{-1}, & 1<x\leqslant 2.\end{cases}$$

例 9 设 $f(x)=\begin{cases}\dfrac{1}{3\sqrt[3]{x^2}}, & 1\leqslant x\leqslant 8,\\ 0, & \text{其他}.\end{cases}$ 求

$F(x)=\int_1^x f(t)\,dt$ 的表达式.

解 当 $x<1$ 时，$f(x)=0$，$F(x)=\int_1^x 0dt=0$；

当 $1\leqslant x\leqslant 8$ 时，$f(x)=\dfrac{1}{3\sqrt[3]{x^2}}$，

$$F(x)=\int_1^x \frac{1}{3\sqrt[3]{t^2}}dt=\sqrt[3]{x}-1;$$

当 $x>8$ 时，$f(x)=0$，

$$F(x)=\int_1^x f(t)\,dt=\int_1^8 \frac{1}{3\sqrt[3]{t^2}}dt+\int_8^x 0dt=1.$$

于是 $$F(x)=\begin{cases}0, & x<1,\\ \sqrt[3]{x}-1, & 1\leqslant x\leqslant 8,\\ 1, & x>8.\end{cases}$$

例 10 设 $f(x)=x, x\geqslant 0$；

$$g(x)=\begin{cases}\sin x, & 0\leqslant x\leqslant \pi/2,\\ 0, & x>\pi/2,\end{cases}$$

求 $F(x)=\int_0^x f(t)g(x-t)\,dt$ 的表达式.

分析 先将 $g(x-t)$ 化为 $g(x)$ 的形式：设 $u=x-t$ 即可. $F(x)$ 是变上限的函数，按前例思路分段计算.

解 $\int_0^x f(t)g(x-t)\,dt \xlongequal{u=x-t} \int_0^x f(x-u)g(u)\,du.$

当 $0\leqslant x\leqslant \pi/2$ 时，$\int_0^x f(x-t)g(t)\,dt=\int_0^x (x-t)\sin t\,dt$

$$=x-\sin x;$$

当 $x>\pi/2$ 时，$\int_0^x f(x-t)g(t)\mathrm{d}t$

$$=\int_0^{\frac{\pi}{2}}(x-t)\sin t\mathrm{d}t+\int_{\frac{\pi}{2}}^x(x-t)\cdot 0\mathrm{d}t=x-1.$$

所以
$$F(x)=\begin{cases}x-\sin x, & 0\leqslant x\leqslant\pi/2,\\ x-1, & x>\pi/2.\end{cases}$$

二、函数 $f(x)$ 在积分号下求 $f(x)$

1. $f(x)$ 含在定积分符号下求 $f(x)$ 的**解题方法**

已知一个含 $\int_a^b f(x)\mathrm{d}x$ 型定积分的等式，而要求 $f(x)$. 这时须注意 $\int_a^b f(x)\mathrm{d}x$ 是一个数值，并要设法求出 $\int_a^b f(x)\mathrm{d}x$.

2. $f(x)$ 含在变限定积分符号下求 $f(x)$ 的**解题方法**

(1) 已知一个含 $\int_a^{\varphi(x)} f(t)\mathrm{d}t$ 型积分的等式，而要求 $f(x)$. 这时从等式对 x 求导入手（有时要两次求导）：

有的题经求导便得到 $f(x)$；

多数题经求导得到含 $f'(x)$ 的等式. 为求 $f(x)$ 这是解微分方程问题（第九章内容）. 此处例题均是较为简单的，由求不定积分可得 $f(x)$. 这时，因在 $f(x)$ 的表示式中含任意常数 C，注意已知条件，看是否可给 C 以确定的值.

(2) 在已知等式中，若含 $\int_a^{\varphi(x)} f(t,x)\mathrm{d}t$ 型或 $\int_a^b f(t,x)\mathrm{d}t$ 型积分. 先作变量替换，再求导.

例 11 设 $f(x)$ 在 $(-\infty,+\infty)$ 上连续，且
$f(x)=\mathrm{e}^x+\frac{1}{\mathrm{e}}\int_0^1 f(x)\mathrm{d}x$，求 $f(x)$.

解 1 令 $\int_0^1 f(x)\mathrm{d}x=a$，已知等式两端在 $[0,1]$ 上求积分，得

$$a=\int_0^1 e^x dx+\frac{a}{e}\int_0^1 dx=e-1+\frac{a}{e},\text{即 } a=e.$$

于是
$$f(x)=e^x+\frac{1}{e}\cdot e=e^x+1.$$

解 2 由已知式可知,$f(x)=e^x+a$(a 是待定常数). 将该式代入已知等式确定 a:

$$e^x+a=e^x+\frac{1}{e}\int_0^1 (e^x+a)dx=e^x+\frac{1}{e}(e-1+a).$$

由此解得 $a=1$,所以 $f(x)=e^x+1$.

例 12 设 $f(x)=x^2-x\int_0^2 f(x)dx+2\int_0^1 f(x)dx$,求 $f(x)$.

分析 本例与前例类型相同,但这要计算出两个定积分的值.

解 1 设 $\int_0^2 f(x)dx=a$, $\int_0^1 f(x)dx=b$. 已知式两端分别在 $[0,1]$ 和 $[0,2]$ 上求积分,得

$$b=\int_0^1 x^2dx-a\int_0^1 xdx+2b=\frac{1}{3}-\frac{a}{2}+2b,$$

$$a=\int_0^2 x^2dx-a\int_0^2 xdx+2b\cdot 2=\frac{8}{3}-2a+4b,$$

由以上两式联立可解得 $a=\frac{4}{3}, b=\frac{1}{3}$. 于是

$$f(x)=x^2-\frac{4}{3}x+\frac{2}{3}.$$

解 2 由已知式可知,$f(x)=x^2-ax+b$,其中 a 与 b 是待定常数. 将该式代入已知等式中确定 a 与 b:

$$x^2-ax+b=x^2-x\int_0^2 (x^2-ax+b)dx+2\int_0^1 (x^2-ax+b)dx$$

即
$$3ax+b=\left(\frac{8}{3}+2b\right)x-\frac{2}{3}+a,$$

由上式可解得 $a=\frac{4}{3}, b=\frac{2}{3}$. 于是 $f(x)=x^2-\frac{4}{3}x+\frac{2}{3}$.

例 13 设 $f(x)=x-\int_0^{\pi} f(x)\cos x\mathrm{d}x$,求 $f(x)$.

解 1 由题设知,须求 $\int_0^{\pi} f(x)\cos x\mathrm{d}x$. 已知等式两端同乘 $\cos x$,并在$[0,\pi]$上求积分,得

$$\int_0^{\pi} f(x)\cos x\mathrm{d}x=\int_0^{\pi} x\cos x\mathrm{d}x-\int_0^{\pi} f(x)\cos x\mathrm{d}x\cdot\int_0^{\pi}\cos x\mathrm{d}x=-2.$$

于是
$$f(x)=x+2.$$

解 2 设 $f(x)=x-a$,将其代入已知等式,有

$$x-a=x-\int_0^{\pi}(x-a)\cos x\mathrm{d}x=x+2$$

由此 $a=-2$,故 $f(x)=x+2$.

例 14 设 $f(x)=\dfrac{1}{1+x^2}+\sqrt{1-x^2}\int_0^1 f(x)\mathrm{d}x$,求 $\int_0^1 f(x)\mathrm{d}x$.

解 已知等式两端在$[0,1]$上积分,得

$$\begin{aligned}\int_0^1 f(x)\mathrm{d}x&=\int_0^1\frac{1}{1+x^2}\mathrm{d}x+\int_0^1 f(x)\mathrm{d}x\cdot\int_0^1\sqrt{1-x^2}\mathrm{d}x\\&=\frac{\pi}{4}+\frac{\pi}{4}\int_0^1 f(x)\mathrm{d}x\end{aligned}$$

于是
$$\int_0^1 f(x)\mathrm{d}x=\frac{\pi}{4-\pi}.$$

例 15 求 $f(x)$. 已知 $f(x)$ 在$[0,1]$上连续,且

$$f(x)=3x-\sqrt{1-x^2}\int_0^1 f^2(x)\mathrm{d}x.$$

解 设 $\int_0^1 f^2(x)\mathrm{d}x=a$,则 $f(x)=3x-a\sqrt{1-x^2}$. 将其代入积分表达式得

$$\int_0^1(3x-a\sqrt{1-x^2})^2\mathrm{d}x=a,\text{即}\frac{2}{3}a^2-2a+3=a.$$

可解得 $a=\frac{3}{2}$ 或 $a=3$，

故 $f(x)=3x-\frac{3}{2}\sqrt{1-x^2}$ 或 $f(x)=3(x-\sqrt{1-x^2})$.

例 16 求函数 $f(x)$ 及常数 a. 已知 $f(x)$ 连续，且

$$x^5+1=\int_a^{x^3} f(t)\,\mathrm{d}t.$$

解 已知等式两端对 x 求导，得

$$5x^4=f(x^3)\cdot 3x^2, f(x^3)=\frac{5}{3}x^2,$$

从而 $f(t)=\frac{5}{3}t^{\frac{2}{3}}$，即 $f(x)=\frac{5}{3}x^{\frac{2}{3}}$.

已知等式中，令 $x=\sqrt[3]{a}$，则 $a^{\frac{5}{3}}+1=0, a=-1$.

例 17 设对任意的 $x>0$，曲线 $y=f(x)$ 上的点 $(x,f(x))$ 处的切线在 y 轴上的截距等于 $\frac{1}{x}\int_0^x f(t)\,\mathrm{d}t$，求 $f(x)$ 的一般表达式.

解 曲线 $y=f(x)$ 在点 $(x,f(x))$ 处的切线方程可写作

$$Y-f(x)=f'(x)(X-x).$$

令 $X=0$ 得在 y 轴上的截距 $Y=f(x)-xf'(x)$. 由已知条件得

$$\frac{1}{x}\int_0^x f(t)\,\mathrm{d}t=f(x)-xf'(x) \quad 即 \quad \int_0^x f(t)\,\mathrm{d}t=xf(x)-x^2f'(x).$$

两端对 x 求导数，并化简得

$$xf''(x)+f'(x)=0 \quad 或 \quad [xf'(x)]'=0,$$

积分得 $xf'(x)=C_1$ 或 $f'(x)=\frac{C_1}{x}$，故 $f(x)=C_1\ln x+C_2$.

例 18 求函数 $f(x)$. 已知 $f(x)$ 可导，

$$f'(x)+xf'(x-1)=12x^2+15x+15,$$

且 $$\int_0^1 f(tx)\,\mathrm{d}t+\int_0^x f(t-1)\,\mathrm{d}t=2x^3+\frac{7}{2}x^2+\frac{15}{2}x.$$

解　因 $\int_0^1 f(tx)\,\mathrm{d}t \xlongequal{tx=u} \frac{1}{x}\int_0^x f(u)\,\mathrm{d}u$,已知含积分的等式为

$$\int_0^x f(t)\,\mathrm{d}t + x\int_0^x f(t-1)\,\mathrm{d}t = 2x^4 + \frac{7}{2}x^3 + \frac{15}{2}x^2,$$

上式两端对 x 两次求导,得

$$f(x) + \int_0^x f(t-1)\,\mathrm{d}t + xf(x-1) = 8x^3 + \frac{21}{2}x^2 + 15x,$$

$$f'(x) + f(x-1) + f(x-1) + xf'(x-1) = 24x^2 + 21x + 15.$$

由题设,得

$f(x-1) = 6x^2 + 3x$,即 $f(x) = 6(x+1)^2 + 3(x+1) = 6x^2 + 15x + 9.$

例 19　设 $f(x)$ 连续,且积分 $\int_0^1 [f(x) + xf(xt)]\,\mathrm{d}t$ 与 x 无关,求 $f(x)$.

解　已知积分与 x 无关,这是定积分,可令其等于常数 a,于是

$$\int_0^1 f(x)\,\mathrm{d}t + \int_0^1 xf(xt)\,\mathrm{d}t = a,$$

而　$\int_0^1 xf(xt)\,\mathrm{d}t \xlongequal{xt=u} \int_0^x f(u)\,\mathrm{d}u$,即 $f(x) + \int_0^x f(u)\,\mathrm{d}u = a.$

上式两端对 x 求导,得 $f'(x) + f(x) = 0$,可解得

$f(x) = C\mathrm{e}^{-x}.$

例 20　求函数 $f(x)$. 已知 $\int_0^{f(x)} g(t)\,\mathrm{d}t = x^2\mathrm{e}^x$, $f(x)$ 在 $[0, +\infty)$ 上可导,$f(0) = 0$,且其反函数为 $g(x)$.

解　已知式两端对 x 求导,并注意 $g(f(x)) = x$,有

$g(f(x))f'(x) = 2x\mathrm{e}^x + x^2\mathrm{e}^x$,即 $xf'(x) = 2x\mathrm{e}^x + x^2\mathrm{e}^x.$

当 $x \neq 0$ 时,$f'(x) = 2\mathrm{e}^x + x\mathrm{e}^x$,由此 $f(x) = (x+1)\mathrm{e}^x + C.$

由于 $f(x)$ 在 $x = 0$ 处右连续,故

$f(0) = \lim\limits_{x\to 0^+} f(x) = \lim\limits_{x\to 0^+}[(x+1)\mathrm{e}^x + C] = 0$,即 $C = -1.$

所求 $$f(x)=(x+1)e^{x}-1.$$

例 21 求函数 $f(x)$. 已知 $f(x)$ 在 $(0,+\infty)$ 内连续, $f(1)=3$, 且

$$\int_1^{xy} f(t)\,dt = x\int_1^{y} f(t)\,dt + y\int_1^{x} f(t)\,dt\,(x>0,y>0).$$

分析 本例, x 与 y 是两个独立的变量, y 不是 x 的函数, 对 y 求导时, $\int_1^{xy} f(t)\,dt$ 应理解为 $\int_1^{\varphi(y)} f(t)\,dt$, 而 $\int_1^{x} f(t)\,dt$ 应理解为定积分. 对 x 求导时, 相应的积分式应作同样理解.

解 已知等式两端对 y 求导, 得

$$f(xy)(xy)'_y = xf(y)+\int_1^x f(t)\,dt,$$

即 $$xf(xy)=xf(y)+\int_1^x f(t)\,dt.$$

令 $y=1$, 并 $f(1)=3$, 得

$$xf(x)=3x+\int_1^x f(t)\,dt.$$

上式两端再对 x 求导, 得

$$f'(x)=\frac{3}{x}(x>0), \text{从而} f(x)=3\ln x+C.$$

又由 $f(1)=3$, 得 $C=3$, 故 $f(x)=3\ln x+3$.

例 22 设 $f(x)$ 连续, 且 $\int_0^x tf(2x-t)\,dt=\frac{1}{2}\arctan x^2$, 又 $f(1)=1$, 求 $\int_1^2 f(x)\,dx$.

解 因

$$\int_0^x tf(2x-t)\,dt \xlongequal{2x-t=u} -\int_{2x}^{x}(2x-u)f(u)\,du,$$

于是 $$2x\int_x^{2x} f(u)\,du-\int_x^{2x} uf(u)\,du=\frac{1}{2}\arctan x^2.$$

上式两端对 x 求导, 并整理得

$$\int_x^{2x} f(u)\,\mathrm{d}u = \frac{x}{2(1+x^4)} + \frac{xf(x)}{2},$$

令 $x=1$,可得 $\int_1^2 f(x)\,\mathrm{d}x = \frac{3}{4}$.

三、由定积分表示的变量的极限

由变限定积分所确定的未定式$\left(\frac{0}{0}\text{型和}\frac{\infty}{\infty}\text{型}\right)$的极限,在§6.2已讲过.这里讨论的由**定积分表示的变量的极限是下述类型**:

(1) 极限变量含在被积函数中,如$\lim\limits_{n\to\infty}\int_0^1 x^n\sin x\mathrm{d}x$;

(2) 极限变量含在积分限上,如$\lim\limits_{n\to\infty}\int_n^{n+2}\frac{x^2}{\mathrm{e}^{x^2}}\mathrm{d}x$;

(3) 极限变量既含在被积函数中,又含在积分限上,如

求$\lim\limits_{n\to\infty} na_n$,其中 $a_n = \frac{3}{2}\int_0^{\frac{n}{n+1}} x^{n-1}\sqrt{1+x^n}\mathrm{d}x$.

求这种极限的思路

(1) 若定积分易计算,先求定积分,再求极限.

(2) 若定积分无法计算或不易计算时,用以下**方法**

1° 可先用积分中值定理去掉积分号,再求极限;

2° 可先用夹逼定理或估值定理(在放大或缩小被积函数时,被积函数中的极限变量必须保留),然后再求极限.

例 23 求$\lim\limits_{n\to\infty}\int_0^1 x^n\sin x\mathrm{d}x$.

解 用夹逼定理.当 $0\leqslant x\leqslant 1$ 时,$0\leqslant x^n\sin x\leqslant x^n$,故

$$0\leqslant \int_0^1 x^n\sin x\mathrm{d}x\leqslant \int_0^1 x^n\mathrm{d}x = \frac{1}{n+1}\to 0\ (\text{当 } n\to\infty \text{ 时})$$

从而,$I=0$.

例 24 设$f(x)$在$[a,b]$上连续且$f(x)>0$,求

$\lim\limits_{n\to\infty}\int_a^b x^2\sqrt[n]{f(x)}\mathrm{d}x$.

解 由题设，$f(x)$ 在 $[a,b]$ 上存在最大值 M 和最小值 m，即有

$$\sqrt[n]{m} \leqslant \sqrt[n]{f(x)} \leqslant \sqrt[n]{M} \quad 且 \quad \lim_{n\to\infty}\sqrt[n]{m}=\lim_{n\to\infty}\sqrt[n]{M}=1,$$

所以 $$\sqrt[n]{m}\int_a^b x^2\mathrm{d}x \leqslant \int_a^b x^2\sqrt[n]{f(x)}\mathrm{d}x \leqslant \sqrt[n]{M}\int_a^b x^2\mathrm{d}x,$$

于是 $$\lim_{n\to\infty}\int_a^b x^2\sqrt[n]{f(x)}\mathrm{d}x=\int_a^b x^2\mathrm{d}x=\frac{b^3-a^3}{3}.$$

注释 该题的一般情况是：设 $f(x)$，$g(x)$ 在 $[a,b]$ 上连续，且 $f(x)>0$，$g(x)$ 非负，则

$$\lim_{n\to\infty}\int_a^b g(x)\sqrt[n]{f(x)}\mathrm{d}x=\int_a^b g(x)\mathrm{d}x.$$

例 25 设函数 $f(x)$ 在 $[a,b]$ 上有连续的导数，求

$\lim\limits_{t\to\infty}\int_a^b f(x)\cos tx\mathrm{d}x$.

解 依定积分特点，先用分部积分法求定积分，再求极限.

$$\begin{aligned}\int_a^b f(x)\cos tx\mathrm{d}x &= \frac{1}{t}\int_a^b f(x)\mathrm{d}\sin tx\\ &= \frac{1}{t}f(x)\sin tx\Big|_a^b-\frac{1}{t}\int_a^b f'(x)\sin tx\mathrm{d}x,\end{aligned}$$

显然 $$\lim_{t\to\infty}\frac{1}{t}f(x)\sin tx\Big|_a^b=\lim_{t\to\infty}\frac{1}{t}[f(b)\sin(tb)-f(a)\sin(ta)]=0,$$

又 $f'(x)$ 在 $[a,b]$ 上连续，则 $|f'(x)|\leqslant M$，$x\in[a,b]$，从而

$$\left|\int_a^b f'(x)\sin tx\mathrm{d}x\right| \leqslant \int_a^b |f'(x)\sin tx|\mathrm{d}x \leqslant \int_a^b |f'(x)|\mathrm{d}x \leqslant M(b-a).$$

故 $\lim\limits_{t\to\infty}\frac{1}{t}\int_a^b f'(x)\sin tx\mathrm{d}x=0$，由此得 $\lim\limits_{t\to 0}\int_a^b f(x)\cos tx\mathrm{d}x=0$.

例 26 求 $\lim\limits_{x\to+\infty}\int_x^{x+2} t\sin\frac{3}{t}\cdot f(t)\mathrm{d}t$，其中 $f(x)$ 可微，且 $\lim\limits_{x\to+\infty}f(x)=1$.

解 用积分中值定理，得

$$\int_x^{x+2} t\sin\frac{3}{t}\cdot f(t)\,\mathrm{d}t = 2\xi\sin\frac{3}{\xi}\cdot f(\xi)$$

$$(x<\xi<x+2, x\to+\infty \text{时}, \xi\to+\infty),$$

于是

$$I=\lim_{x\to+\infty}2\xi\cdot\sin\frac{3}{\xi}\cdot f(\xi)=\lim_{\xi\to+\infty}\frac{6\sin\frac{3}{\xi}}{\frac{3}{\xi}}f(\xi)=6.$$

例 27 求极限$\lim\limits_{n\to\infty}\int_n^{n+2}\frac{x^2}{\mathrm{e}^{x^2}}\mathrm{d}x$.

解 1 由积分中值定理,得

$$\int_n^{n+2}\frac{x^2}{\mathrm{e}^{x^2}}\mathrm{d}x=\frac{\xi^2}{\mathrm{e}^{\xi^2}}\cdot 2, n\leqslant\xi\leqslant n+2.$$

故
$$I=\lim_{\xi\to+\infty}\frac{2\xi^2}{\mathrm{e}^{\xi^2}}=0.$$

解 2 设$f(x)=x^2\mathrm{e}^{-x^2}$,则$f'(x)=2x\mathrm{e}^{-x^2}(1-x^2)<0$(在$[n,n+2]$内),所以$f(x)$单调减少.在$[n,n+2]$上,由估值定理,得

$$2(n+2)^2\mathrm{e}^{-(n+2)^2}\leqslant\int_n^{n+2}\frac{x^2}{\mathrm{e}^{x^2}}\mathrm{d}x\leqslant 2n^2\mathrm{e}^{-n^2}.$$

而$\lim\limits_{n\to\infty}2(n+2)^2\mathrm{e}^{-(n+2)^2}=0$, $\lim\limits_{n\to\infty}2n^2\mathrm{e}^{-n^2}=0$,所以$I=0$.

例 28 设$a_n=\frac{3}{2}\int_0^{\frac{n}{n+1}}x^{n-1}\sqrt{1+x^n}\,\mathrm{d}x$,求$\lim\limits_{n\to\infty}na_n$.

解 n是极限变量,易先求出定积分.

$$a_n=\frac{3}{2n}\int_0^{\frac{n}{n+1}}\sqrt{1+x^n}\,\mathrm{d}(1+x^n)$$

$$=\frac{1}{n}\left\{\left[1+\left(\frac{n}{n+1}\right)^n\right]^{\frac{3}{2}}-1\right\}.$$

于是
$$\lim_{n\to\infty}na_n=(1+\mathrm{e}^{-1})^{\frac{3}{2}}-1.$$

例 29 设函数 $f(x)$ 满足 $f(1)=1$，且对于 $x\geqslant 1$，有

$$f'(x)=\frac{1}{x^2+f^2(x)}$$

试证极限 $\lim\limits_{x\to+\infty}f(x)$ 存在，且极限值小于 $1+\frac{\pi}{4}$.

分析 注意到 $f'(x)>0$，故函数 $f(x)$ 单调增，只要证明 $f(x)$ 有界，则极限 $\lim\limits_{x\to+\infty}f(x)$ 即存在.

证 由于 $f'(x)>0$，故 $f(x)$ 单调增，从而 $f(x)>f(1)=1$，$x>1$.

所以
$$f'(x)=\frac{1}{x^2+f^2(x)}<\frac{1}{x^2+1},x>1.$$

上式两端从 1 到 x 积分，得

$$f(x)<1+\int_1^x\frac{1}{t^2+1}\mathrm{d}t=1+\arctan x-\frac{\pi}{4}.$$

由于 $-\frac{\pi}{2}<\arctan x<\frac{\pi}{2}$，故 $f(x)$ 有界，从而极限 $\lim\limits_{x\to+\infty}f(x)$ 存在. 又

$$\lim_{x\to+\infty}f(x)<\lim_{x\to+\infty}\left(1+\arctan x-\frac{\pi}{4}\right)=1+\frac{\pi}{4}.$$

即极限 $\lim\limits_{x\to+\infty}f(x)$ 的值小于 $1+\frac{\pi}{4}$.

§6.4 定积分的换元积分法与分部积分法

一、换元积分法 分部积分法

1. 用换元积分法的**解题思路**

换元积分法公式

$$\int_a^b f(x)\mathrm{d}x\xlongequal[\varphi(\alpha)=a,\varphi(\beta)=b]{x=\varphi(t)}\int_\alpha^\beta f(\varphi(t))\varphi'(t)\mathrm{d}t$$

用该公式的思路与不定积分换元积分法的思路基本上是一致的. 该公式从右端到左端相当于不定积分的第一换元积分法. 由于

这时可以不写出新的积分变量 x，也无须变换积分限；从左端到右端相当于不定积分的第二换元积分法，这时须写出新的积分变量 t，也必须相应地变换积分上下限.

用换元积分法公式时，特别**注意**以下变量替换：

（1）积分区间为 $[a,b]$ 时，可试作变量替换 $x=a+b-u$，这时有公式

公式 1　$\int_a^b f(x)\mathrm{d}x=\int_a^b f(a+b-x)\mathrm{d}x.$

公式 2　$\int_a^b f(x)\mathrm{d}x=\frac{1}{2}\int_a^b [f(x)+f(a+b-x)]\mathrm{d}x.$

公式 3　$\int_a^b f(x)\mathrm{d}x=2\int_a^{\frac{a+b}{2}} f(x)\mathrm{d}x$，若 $f(x)=f(a+b-x)$

这时，只要公式右端可算出即可.

（2）被积函数含有 $\sin x$ 或 $\cos x$ 时，可试作变量替换 $x=\pi\pm u$ 或 $x=\frac{\pi}{2}\pm u$，这是因为

$$\sin(\pi\pm u)=\mp\sin u,\sin\left(\frac{\pi}{2}\pm u\right)=\cos u;$$

$$\cos(\pi\pm u)=-\cos u,\cos\left(\frac{\pi}{2}\pm u\right)=\mp\sin u.$$

这时**有公式**

公式 4　$\int_0^\pi xf(\sin x)\mathrm{d}x=\frac{\pi}{2}\int_0^\pi f(\sin x)\mathrm{d}x.$

公式 5　$\int_0^{\frac{\pi}{2}} f(\sin x)\mathrm{d}x=\int_0^{\frac{\pi}{2}} f(\cos x)\mathrm{d}x.$

公式 6　$\int_0^{\frac{\pi}{2}} f(\sin x,\cos x)\mathrm{d}x=\int_0^{\frac{\pi}{2}} f(\cos x,\sin x)\mathrm{d}x.$

这时，只要可算出等式的一端就可得到另一端. 还有，若可算出等式两端之和，也可得到其一端. 实际上这些公式都是公式 1 的特殊情况.

(3) 积分区间为$[a,b]$时,可试作变量替换 $x=a+(b-a)u$,将区间$[a,b]$化为$[0,1]$,这时**有公式**

公式 7 $\int_a^b f(x)\,\mathrm{d}x=(b-a)\int_0^1 f(a+(b-a)x)\,\mathrm{d}x.$

这时,只要可算出等式右端即可.

(4) 积分区间为$[-a,a]$时,可作变量替换 $x=-u$.(这将在二、对称区间上的定积分讲授).

注释 以上列出的部分公式,将在§6.5 证明.

2. 用分部积分法的**解题思路**

(1) 分部积分法公式

$$\int_a^b u(x)\,\mathrm{d}v(x)=u(x)v(x)\Big|_a^b-\int_a^b v(x)\,\mathrm{d}u(x).$$

用该公式的思路与不定积分法的分部积分法是相同的.

(2) 当被积函数为变上限的定积分时,一般要用分部积分法.例如,设$f(x)=\int_c^x\varphi(t)\,\mathrm{d}t$,求$\int_a^b f(x)\,\mathrm{d}x$, 即求$\int_a^b\left(\int_c^x\varphi(t)\,\mathrm{d}t\right)\mathrm{d}x$. 这时应该视 $u=f(x)$,$\mathrm{d}v=\mathrm{d}x$.

例 1 求$\int_0^{\frac{\pi}{4}}\tan x\ln\cos x\,\mathrm{d}x$.

解 注意到 $\mathrm{d}(\ln\cos x)=-\tan x\,\mathrm{d}x$.

$$I=-\int_0^{\frac{\pi}{4}}\ln\cos x\,\mathrm{d}(\ln\cos x)=-\frac{1}{2}(\ln\cos x)^2\Big|_0^{\frac{\pi}{4}}=-\frac{1}{8}(\ln 2)^2.$$

注释 本例因没写出新的积分变量,也无需变换积分限.

例 2 $\int_{\sqrt{\mathrm{e}}}^{\mathrm{e}^{\frac{3}{4}}}\frac{1}{x\sqrt{\ln x(1-\ln x)}}\mathrm{d}x=$____.

解 注意到 $\mathrm{d}\sqrt{\ln x}=\frac{1}{2\sqrt{\ln x}\cdot x}\mathrm{d}x$.

$$I=\int_{\sqrt{\mathrm{e}}}^{\mathrm{e}^{\frac{3}{4}}}\frac{2}{\sqrt{1-(\sqrt{\ln x})^2}}\mathrm{d}\sqrt{\ln x}=2\arcsin(\sqrt{\ln x})\Big|_{\sqrt{\mathrm{e}}}^{\mathrm{e}^{\frac{3}{4}}}=\frac{\pi}{6}.$$

例 3 设函数 $F(x)$ 在 $x\geqslant\frac{1}{2}$ 有定义，满足 $F(1)=1$，且

$$F(x)F(y)=2F(x+y)\int_0^{\frac{\pi}{2}}(\cos\theta)^{2x-1}(\sin\theta)^{2y-1}\mathrm{d}\theta,$$

则 $F(x)=($　　$)$.

(A) $F(x)=\frac{1}{x}F(x+1)$　　(B) $F(x)=-\frac{1}{x}F(x+1)$

(C) $F(x)=xF(x+1)$　　(D) $F(x)=-xF(x+1)$

解 选(A). 为求 $F(x)$，由已知式及选项可知，应令 $y=1$，则

$$F(x)F(1)=F(x)=2F(x+1)\int_0^{\frac{\pi}{2}}(\cos\theta)^{2x-1}\mathrm{d}(-\cos\theta)$$

$$=2F(x+1)\left[-\frac{1}{2x}(\cos\theta)^{2x}\right]_0^{\frac{\pi}{2}}=\frac{1}{x}F(x+1).$$

例 4 求 $\int_0^3\frac{x^2}{\sqrt{1+x}}\mathrm{d}x$.

解 设 $x=t^2-1$，则 $\mathrm{d}x=2t\mathrm{d}t$. 当 $x=0$ 时，$t=1$；当 $x=3$ 时，$t=2$.

$$I=\int_1^2\frac{(t^2-1)^2}{t}\cdot 2t\mathrm{d}t=2\int_1^2(t^4-2t^2+1)\mathrm{d}t=\frac{76}{15}.$$

例 5 求下列定积分：

(1) $\int_1^{\sqrt{3}}\frac{x^2}{\sqrt{4-x^2}}\mathrm{d}x$；　　(2) $\int_{-2}^{-1}\frac{1}{x\sqrt{x^2-1}}\mathrm{d}x$.

解 (1) 为去掉被积函数中的根式，设 $x=2\sin t$. 当 $x=1$ 时，$t=\frac{\pi}{6}$，当 $x=\sqrt{3}$ 时，$t=\frac{\pi}{3}$. 于是

$$I=\int_{\frac{\pi}{6}}^{\frac{\pi}{3}}\frac{4\sin^2 t}{2|\cos t|}\cdot 2\cos t\mathrm{d}t=4\int_{\frac{\pi}{6}}^{\frac{\pi}{3}}\sin^2 t\mathrm{d}t=\frac{\pi}{3}.$$

(2) **解 1** 设 $x=\sec t$，当 $x=-2$ 时，$t=\frac{2}{3}\pi$；当 $x=-1$ 时，$t=\pi$. 于是

$$I=\int_{\frac{2}{3}\pi}^{\pi}\frac{\sec t\cdot\tan t}{\sec t\left|\tan t\right|}\mathrm{d}t=\int_{\frac{2}{3}\pi}^{\pi}\frac{\tan t}{-\tan t}\mathrm{d}t=-\frac{\pi}{3}.$$

解 2　用倒代换. 设 $x=\dfrac{1}{t}$. 当 $x=-2$ 时, $t=-\dfrac{1}{2}$; 当 $x=-1$ 时, $t=-1$. 又当 $-2\leqslant x<-1$ 时,

$$\sqrt{x^2-1}=\sqrt{(1/t)^2-1}=-\frac{1}{t}\sqrt{1-t^2}.$$

于是　$$I=\int_{-\frac{1}{2}}^{-1}\frac{1}{\sqrt{1-t^2}}\mathrm{d}t=\arcsin t\Big|_{-\frac{1}{2}}^{-1}=-\frac{\pi}{3}.$$

注释　在计算定积分作三角函数变量替换时,要注意三角函数在相应积分区间内的符号. 如本例之(1),在区间 $\left[\dfrac{\pi}{6},\dfrac{\pi}{3}\right]$ 内 $\sqrt{4-4\sin^2 t}=2\left|\cos t\right|=2\cos t$; 而本例之(2),在 $\left[\dfrac{2}{3}\pi,\pi\right]$ 内, $\sqrt{\sec^2 t-1}=\left|\tan t\right|=-\tan t$.

由本例之(2)看,作倒代换时,也有同样问题.

例 6　求 $\displaystyle\int_0^1 x(1-x^4)^{\frac{3}{2}}\mathrm{d}x$.

解　设 $x^2=\sin t$, 则 $2x\mathrm{d}x=\cos t\mathrm{d}t$. 当 $x=0$ 时, $t=0$; 当 $x=1$ 时, $t=\dfrac{\pi}{2}$.

$$I=\frac{1}{2}\int_0^{\frac{\pi}{2}}(\cos^2 t)^2\mathrm{d}t=\frac{1}{8}\int_0^{\frac{\pi}{2}}\left(1+2\cos 2t+\frac{1+\cos 4t}{2}\right)\mathrm{d}t=\frac{3}{32}\pi.$$

例 7　求 $\displaystyle\int_0^{\pi}\frac{x\sin x}{1+\cos^2 x}\mathrm{d}x$.

解　由前述公式 4

$$\begin{aligned}I&=\frac{\pi}{2}\int_0^{\pi}\frac{\sin x}{1+\cos^2 x}\mathrm{d}x\\&=-\frac{\pi}{2}\int_0^{\pi}\frac{1}{1+\cos^2 x}\mathrm{d}\cos x=-\frac{\pi}{2}\arctan(\cos x)\Big|_0^{\pi}=\frac{\pi^2}{4}.\end{aligned}$$

例 8　求下列定积分:

(1) $\int_0^{\frac{\pi}{4}} \ln(1+\tan x)\mathrm{d}x$;　　(2) $\int_0^1 \frac{\ln(1+x)}{1+x^2}\mathrm{d}x$.

解 (1) **解 1** 设 $x=\frac{\pi}{4}-u$①,则

$$I=\int_0^{\frac{\pi}{4}} \ln\left[1+\tan\left(\frac{\pi}{4}-u\right)\right]\mathrm{d}u=\int_0^{\frac{\pi}{4}} \ln\left[1+\frac{1-\tan u}{1+\tan u}\right]\mathrm{d}u$$

$$=\int_0^{\frac{\pi}{4}} [\ln 2-\ln(1+\tan u)]\mathrm{d}u$$

$$=\int_0^{\frac{\pi}{4}} \ln 2\mathrm{d}x-\int_0^{\frac{\pi}{4}} \ln(1+\tan x)\mathrm{d}x,$$

移项得

$$I=\frac{1}{2}\ln 2\int_0^{\frac{\pi}{4}} \mathrm{d}x=\frac{\pi}{8}\ln 2.$$

解 2

$$I=\int_0^{\frac{\pi}{4}} \ln\frac{\sqrt{2}\sin\left(x+\frac{\pi}{4}\right)}{\cos x}\mathrm{d}x$$

$$=\frac{1}{2}\ln 2\int_0^{\frac{\pi}{4}} \mathrm{d}x+\int_0^{\frac{\pi}{4}} \ln\sin\left(x+\frac{\pi}{4}\right)\mathrm{d}x$$

$$-\int_0^{\frac{\pi}{4}} \ln\cos x\mathrm{d}x=\frac{\pi}{8}\ln 2.$$

其中

$$\int_0^{\frac{\pi}{4}} \ln\sin\left(x+\frac{\pi}{4}\right)\mathrm{d}x \xlongequal{x=\frac{\pi}{4}-u} \int_0^{\frac{\pi}{4}} \ln\cos u\mathrm{d}u.$$

(2) 因被积函数中有 $1+x^2$,设 $x=\tan u$,则 $\frac{1}{1+x^2}\mathrm{d}x=\mathrm{d}u$. 于是

$$I=\int_0^{\frac{\pi}{4}} \ln(1+\tan u)\mathrm{d}u=\frac{\pi}{8}\ln 2.$$

例 9 求下列定积分:

---

① 由三角函数的加法公式 $\tan\left(\frac{\pi}{4}-u\right)=\frac{1-\tan u}{1+\tan u}$.

(1) $\int_0^1 \frac{x}{e^x + e^{1-x}}dx$;　　(2) $\int_0^{\frac{\pi}{2}} \frac{\cos^3 x}{\sin x + \cos x}dx$.

解　(1) 注意到积分区间是[0,1]和被积函数分母的特点，用公式2. 设 $x = 1 - u$，则

$$I = \frac{1}{2}\int_0^1 \left[\frac{x}{e^x + e^{1-x}} + \frac{1-x}{e^{1-x} + e^x}\right]dx = \frac{1}{2}\int_0^1 \frac{1}{e^x + e^{1-x}}dx$$

$$= \frac{1}{2}\int_0^1 \frac{1}{e^{2x} + e}de^x = \frac{1}{2\sqrt{e}}\arctan \frac{e^x}{\sqrt{e}}\bigg|_0^1 = \frac{1}{2\sqrt{e}}\left(\arctan\sqrt{e} - \arctan\frac{1}{\sqrt{e}}\right).$$

(2) 若令 $x = \frac{\pi}{2} - u$，注意到 $\sin\left(\frac{\pi}{2} - u\right) = \cos u$，$\cos\left(\frac{\pi}{2} - u\right) = \sin u$. 由公式2.

$$I = \frac{1}{2}\int_0^{\frac{\pi}{2}} \left(\frac{\cos^3 x}{\sin x + \cos x} + \frac{\sin^3 x}{\cos x + \sin x}\right)dx$$

$$= \frac{1}{2}\int_0^{\frac{\pi}{2}} (\sin^2 x - \sin x\cos x + \cos^2 x)dx = \frac{\pi - 1}{4}.$$

例 10　求下列定积分：

(1) $\int_2^4 \frac{\ln(9-x)}{\ln(9-x) + \ln(3+x)}dx$;　　(2) $\int_0^{\frac{\pi}{2}} \frac{e^{\sin x}}{e^{\sin x} + e^{\cos x}}dx$.

解　用公式2.

(1) 设被积函数为 $f(x)$，令 $x = 2 + 4 - u$，则因 $f(x) + f(6-x) = 1$，故

$$I = \frac{1}{2}\int_2^4 dx = 1.$$

(2) 设被积函数为 $f(x)$，令 $x = \frac{\pi}{2} - u$. 因 $\sin\left(\frac{\pi}{2} - u\right) = \cos u$，$\cos\left(\frac{\pi}{2} - u\right) = \sin u$，则 $f(x) + f\left(\frac{\pi}{2} - u\right) = 1$，从而

$$I = \frac{1}{2}\int_0^{\frac{\pi}{2}} dx = \frac{\pi}{4}.$$

注释 (1) 本例之(2)与例 9 之(2)也可认为是用了公式 6.

(2) 下述各例用**公式 2** 可立即得到答案(设式中 $f(x)$ 为连续函数)

1° $\displaystyle\int_{\frac{\pi}{6}}^{\frac{\pi}{3}} \frac{\sin^{\alpha}x}{\sin^{\alpha}x+\cos^{\alpha}x}\mathrm{d}x=\frac{1}{2}\left(\frac{\pi}{3}-\frac{\pi}{6}\right)=\frac{\pi}{12}.$

2° $\displaystyle\int_{0}^{\frac{\pi}{2}} \frac{f(\sin x)}{f(\sin x)+f(\cos x)}\mathrm{d}x=\frac{1}{2}\cdot\frac{\pi}{2}=\frac{\pi}{4}.$

3° $\displaystyle\int_{0}^{b} \frac{f(x)}{f(x)+f(b-x)}\mathrm{d}x=\frac{b}{2}.$

例 11 求下列定积分:

(1) $\displaystyle\int_{a}^{b} \sqrt{(b-x)(x-a)}\,\mathrm{d}x\ (a<b)$; (2) $\displaystyle\int_{0}^{\pi} \frac{1}{2+\cos 2x}\mathrm{d}x.$

解 (1) 用公式 7. 设 $x=a+(b-a)u$,则

$$
\begin{aligned}
I&=(b-a)\int_{0}^{1} \sqrt{(b-a)(1-u)(b-a)u}\,du\\
&=(b-a)^{2}\int_{0}^{1} \sqrt{u-u^{2}}\,\mathrm{d}u\\
&=(b-a)^{2}\int_{0}^{1} \sqrt{\frac{1}{4}-\left(u-\frac{1}{2}\right)^{2}}\,\mathrm{d}u\\
&=(b-a)^{2}\left[\frac{1}{8}\arcsin 2\left(u-\frac{1}{2}\right)+\frac{u-\frac{1}{2}}{2}\sqrt{u-u^{2}}\right]\Bigg|_{0}^{1}\\
&=\frac{(b-a)^{2}\pi}{8}.
\end{aligned}
$$

(2)
$$
\begin{aligned}
I&\xlongequal{2x=u}\frac{1}{2}\int_{0}^{2\pi} \frac{1}{2+\cos u}\mathrm{d}u\\
&=\frac{1}{2}\left(\int_{0}^{\pi} \frac{1}{2+\cos u}\mathrm{d}u+\int_{\pi}^{2\pi} \frac{1}{2+\cos u}\mathrm{d}u\right)
\end{aligned}
$$

而
$$
\int_{\pi}^{2\pi} \frac{1}{2+\cos u}\mathrm{d}u \xlongequal{u=2\pi-v} \int_{0}^{\pi} \frac{1}{2+\cos v}\mathrm{d}v,
$$

$$\int_{\frac{\pi}{2}}^{\pi}\frac{1}{2+\cos u}\mathrm{d}u \xlongequal{u=\pi-t} \int_0^{\frac{\pi}{2}}\frac{1}{2-\cos t}\mathrm{d}t,$$

则 $$I=\int_0^{\pi}\frac{1}{2+\cos u}\mathrm{d}u=\int_0^{\frac{\pi}{2}}\frac{\mathrm{d}u}{2+\cos u}+\int_{\frac{\pi}{2}}^{\pi}\frac{\mathrm{d}u}{2+\cos u}$$

$$=\int_0^{\frac{\pi}{2}}\frac{1}{2+\cos x}\mathrm{d}x+\int_0^{\frac{\pi}{2}}\frac{1}{2-\cos x}\mathrm{d}x$$

$$=\int_0^{\frac{\pi}{2}}\frac{\sec^2\frac{x}{2}}{3+\tan^2\frac{x}{2}}\mathrm{d}x+\int_0^{\frac{\pi}{2}}\frac{\sec^2\frac{x}{2}}{1+3\tan^2\frac{x}{2}}\mathrm{d}x$$

$$=\frac{2}{\sqrt{3}}\left[\arctan\left(\frac{1}{\sqrt{3}}\tan\frac{x}{2}\right)+\arctan\left(\sqrt{3}\tan\frac{x}{2}\right)\right]_0^{\frac{\pi}{2}}=\frac{\pi}{\sqrt{3}}.$$

注释 由 $\int_0^{\pi}\frac{1}{2+\cos 2x}\mathrm{d}x=\int_0^{\pi}\frac{1}{3+\tan^2 x}\mathrm{d}\tan x$,这是错误的,因在 $x=\frac{\pi}{2}$处,$\tan x$ 无定义.

例 12 设$f(x)=f(x-\pi)+\sin x$,且当 $x\in[0,\pi]$时,$f(x)=x$,求$\int_{\pi}^{3\pi}f(x)\mathrm{d}x$.

分析 $\int_{\pi}^{3\pi}f(x)\mathrm{d}x=\int_{\pi}^{3\pi}f(x-\pi)\mathrm{d}x+\int_{\pi}^{3\pi}\sin x\mathrm{d}x$,为利用已知条件$f(x)=x$,必须用替换 $x-\pi=t$,将$f(x-\pi)$化为$f(t)$.

解 1 $$\int_{\pi}^{3\pi}f(x)\mathrm{d}x=\int_{\pi}^{3\pi}[f(x-\pi)+\sin x]\mathrm{d}x$$

$$\xlongequal{x-\pi=t}\int_0^{2\pi}f(t)\mathrm{d}t+0$$

$$=\int_0^{\pi}f(t)\mathrm{d}t+\int_{\pi}^{2\pi}f(t)\mathrm{d}t$$

$$=\frac{\pi^2}{2}+\int_{\pi}^{2\pi}f(t-\pi)\mathrm{d}t+\int_{\pi}^{2\pi}\sin t\mathrm{d}t$$

$$\xlongequal{t-\pi=u}\frac{\pi^2}{2}+\int_0^{\pi}f(u)\mathrm{d}u-2=\pi^2-2.$$

解 2 由题设知，当 $x\in[\pi,2\pi]$ 时，$x-\pi\in[0,\pi]$，$f(x-\pi)=x-\pi$，$f(x)=x-\pi+\sin x$；

当 $x\in[2\pi,3\pi]$ 时，$x-2\pi\in[0,\pi]$，$f(x-2\pi)=x-2\pi$，$f(x-\pi)=f(x-2\pi)+\sin(x-\pi)$，则 $f(x)=f(x-\pi)+\sin x=f(x-2x)+\sin(x-\pi)+\sin x=x-2\pi$，

于是

$$\begin{aligned}\int_{\pi}^{3\pi}f(x)\,\mathrm{d}x&=\int_{\pi}^{2\pi}f(x)\,\mathrm{d}x+\int_{2\pi}^{3\pi}f(x)\,\mathrm{d}x\\&=\int_{\pi}^{2\pi}(x-\pi+\sin x)\,\mathrm{d}x+\int_{2\pi}^{3\pi}(x-2\pi)\,\mathrm{d}x\\&=\pi^2-2.\end{aligned}$$

例 13 求 $\int_0^1\frac{\ln(1+x)}{(2-x)^2}\mathrm{d}x$.

解

$$\begin{aligned}I&=\int_0^1\ln(1+x)\,\mathrm{d}\frac{1}{2-x}\\&=\frac{1}{2-x}\ln(1+x)\Big|_0^1-\int_0^1\frac{1}{(1+x)(2-x)}\mathrm{d}x\\&=\ln2-\frac{1}{3}\int_0^1\left(\frac{1}{1+x}+\frac{1}{2-x}\right)\mathrm{d}x=\frac{1}{3}\ln 2.\end{aligned}$$

例 14 设 $f(2x+a)=x\mathrm{e}^{\frac{x}{b}}$，求 $\int_{a+2b}^{y}f(t)\,\mathrm{d}t$.

分析 先通过变量替换将被积函数 $f(t)$ 化为 $f(2x+a)$，以便代入被积函数 $x\mathrm{e}^{\frac{x}{b}}$.

解 设 $t=2x+a$，则

$$\begin{aligned}\int_{a+2b}^{y}f(t)\,\mathrm{d}t&=2\int_{b}^{\frac{y-a}{2}}f(2x+a)\,\mathrm{d}x\\&=2\int_{b}^{\frac{y-a}{2}}x\mathrm{e}^{\frac{x}{b}}\mathrm{d}x\\&\xlongequal{\text{分部积分法}}2\left[xb\mathrm{e}^{\frac{x}{b}}\Big|_{b}^{\frac{y-a}{2}}-b\int_{b}^{\frac{y-a}{2}}\mathrm{e}^{\frac{x}{b}}\mathrm{d}x\right]\\&=2\left[\frac{y-a}{2}b\mathrm{e}^{\frac{y-a}{2b}}-b^2\mathrm{e}-b^2\mathrm{e}^{\frac{x}{b}}\Big|_{b}^{\frac{y-a}{2}}\right]\end{aligned}$$

$$=b(y-a-2b)e^{\frac{y-a}{2b}}.$$

例 15 已知$f'(x)=\arctan (x-1)^2, f(0)=0$,求$\int_0^1 f(x)\mathrm{d}x$.

分析 因已知$f'(x)$,用分部积分法,并设$u=f(x)$. 又注意到$f(0)=0$,而积分上限为1,应设$\mathrm{d}v=\mathrm{d}x=\mathrm{d}(x-1)$.

解
$$I=\int_0^1 f(x)\mathrm{d}(x-1)$$
$$=(x-1)f(x)\Big|_0^1-\int_0^1 (x-1)f'(x)\mathrm{d}x$$
$$=-\frac{1}{2}\int_0^1 \arctan(x-1)^2\mathrm{d}(x-1)^2$$
$$\xlongequal{(x-1)^2=t}\frac{1}{2}\int_0^1 \arctan t\mathrm{d}t$$
$$=\frac{1}{2}\arctan t\Big|_0^1-\frac{1}{2}\int_0^1 \frac{t}{1+t^2}\mathrm{d}t$$
$$=\frac{\pi}{8}-\frac{1}{4}\ln(1+t^2)\Big|_0^1=\frac{\pi}{8}-\frac{1}{4}\ln 2.$$

例 16 设$f(x)=\int_0^x \frac{\sin t}{\pi-t}\mathrm{d}t$,求$\int_0^\pi f(x)\mathrm{d}x$.

解 被积函数为变上限定积分,用分部积分法.
$$I=xf(x)\Big|_0^\pi-\int_0^\pi xf'(x)\mathrm{d}x=\pi f(\pi)-\int_0^\pi \frac{x\sin x}{\pi-x}\mathrm{d}x$$
$$=\int_0^\pi \frac{\pi\sin x}{\pi-x}\mathrm{d}x-\int_0^\pi \frac{x\sin x}{\pi-x}\mathrm{d}x=\int_0^\pi \sin x\mathrm{d}x=2.$$

例 17 设$f(x)=\int_0^x e^{-t^2+2t}\mathrm{d}t$,求$\int_0^1 (x-1)^2f(x)\mathrm{d}x$.

解 设$u=f(x)$, $\mathrm{d}v=(x-1)^2\mathrm{d}x$;这时,由题设,$f(0)=0$, $f'(x)=e^{-x^2+2x}$.
$$I=\frac{1}{3}(x-1)^3f(x)\Big|_0^1-\frac{1}{3}\int_0^1 (x-1)^3f'(x)\mathrm{d}x$$

$$= -\frac{1}{3}\int_0^1 (x-1)^3 e^{-x^2+2x} dx$$

$$= -\frac{1}{6}\int_0^1 (x-1)^2 e^{-(x-1)^2+1} d(x-1)^2$$

$$\xlongequal{(x-1)^2=t} -\frac{e}{6}\int_1^0 te^{-t}dt = \frac{1}{6}(e-2).$$

例 18 求 $\int_0^{\pi}\left[\int_0^x (x-\pi)\frac{\sin(t-\pi)^2}{t-\pi}dt\right]dx.$

解 被积函数为变上限的定积分,用分部积分法:

$$I = \frac{1}{2}\int_0^{\pi}\left[\int_0^x \frac{\sin(t-\pi)^2}{t-\pi}dt\right]d(x-\pi)^2$$

$$= \frac{1}{2}\left[\left(\int_0^x \frac{\sin(t-\pi)^2}{t-\pi}dt\right)(x-\pi)^2\Big|_0^{\pi}\right.$$

$$\left.-\int_0^{\pi}(x-\pi)^2\frac{\sin(x-\pi)^2}{x-\pi}dx\right]$$

$$= -\frac{1}{4}\int_0^{\pi}\sin(x-\pi)^2 d(x-\pi)^2 = \frac{1}{4}\cos(x-\pi)^2\Big|_0^{\pi}$$

$$= \frac{1}{4}(1-\cos\pi^2).$$

二、对称区间上定积分的计算

当积分区间是以坐标原点为对称时,其**解题思路**

1. 考察被积函数是否具有奇偶性,若具有,用公式

公式 8 $$\int_{-a}^{a} f(x)dx = \begin{cases} 2\int_0^a f(x)dx, & \text{当} f(x) \text{为偶函数}, \\ 0, & \text{当} f(x) \text{为奇函数}. \end{cases}$$

2. 作变量替换 $x=-u$,有公式

公式 9 $\int_{-a}^{a} f(x)dx = \int_{-a}^{a} f(-x)dx.$

公式 10 $\int_{-a}^{a} f(x)dx = \int_0^{a}[f(x)+f(-x)]dx.$

注释 公式 9 是公式 1 的特例;公式 10 是公式 2 的特例.

例 19 在$(-\infty,+\infty)$内，设$f(-x)=-f(x)$，$\varphi(-x)=\varphi(x)$，则$\int_{-a}^{a}f(\varphi'(x))\mathrm{d}x=$______.

解 因$\varphi(x)$为偶函数，则$\varphi'(x)$为奇函数，又因$f(x)$为奇函数，故$f(\varphi'(x))$为奇函数. 答案是 0.

例 20 求下列定积分：

(1) $\int_{-\frac{\pi}{4}}^{\frac{\pi}{4}}\frac{1}{\cos^2 x}\left(x\sin x+\ln\frac{1+x}{1-x}\right)\mathrm{d}x$；

(2) $\int_{-\pi}^{\pi}(\sin x\cos^3 x+1)\sqrt{1-\cos 2x}\mathrm{d}x$.

解 (1) 注意到$\frac{1}{\cos^2 x}\ln\frac{1+x}{1-x}$是奇函数，$\frac{x\sin x}{\cos^2 x}$是偶函数，有

$$
\begin{aligned}
I&=2\int_{0}^{\frac{\pi}{4}}x\frac{\sin x}{\cos^2 x}\mathrm{d}x=2\int_{0}^{\frac{\pi}{4}}x\mathrm{d}\frac{1}{\cos x}\\
&=2\left[\frac{x}{\cos x}\bigg|_{0}^{\frac{\pi}{4}}-\int_{0}^{\frac{\pi}{4}}\frac{1}{\cos x}\mathrm{d}x\right]\\
&=2\left[\frac{\sqrt{2}\pi}{4}-\ln|\sec x+\tan x|\bigg|_{0}^{\frac{\pi}{4}}\right]=\frac{\sqrt{2}\pi}{2}-2\ln(\sqrt{2}+1).
\end{aligned}
$$

(2) $\sqrt{1-\cos 2x}=\sqrt{2}|\sin x|$，且$\sin x\cos^3 x$是奇函数.

$$I=2\sqrt{2}\int_{0}^{\pi}\sin x\mathrm{d}x=4\sqrt{2}.$$

例 21 设$f(x)=\begin{cases}-1-x, & -1\leqslant x<-1/2,\\ x, & -1/2\leqslant x\leqslant 1/2,\\ 1-x, & 1/2<x\leqslant 1,\end{cases}$试求定积分$\int_{-1}^{1}f(x)\sin\pi x\mathrm{d}x$.

解 因为$f(x)$是奇函数，所以$f(x)\sin\pi x$是偶函数，于是

$$I=2\int_{0}^{1}f(x)\sin\pi x\mathrm{d}x=2I_1.$$

而 $$I_1=\int_{0}^{\frac{1}{2}}f(x)\sin\pi x\mathrm{d}x+\int_{\frac{1}{2}}^{1}f(x)\sin\pi x\mathrm{d}x$$

$$=\int_0^{\frac{1}{2}} x\sin \pi x\mathrm{d}x+\int_{\frac{1}{2}}^1 (1-x)\sin \pi x\mathrm{d}x$$

$$\xlongequal[\text{第二个积分}]{t=1-x}\int_0^{\frac{1}{2}} x\sin \pi x\mathrm{d}x+\int_0^{\frac{1}{2}} t\sin \pi t\mathrm{d}t$$

$$=2\int_0^{\frac{1}{2}} x\sin \pi x\mathrm{d}x$$

$$=2\left[-\frac{1}{\pi}x\cos \pi x\Big|_0^{\frac{1}{2}}+\frac{1}{\pi}\int_0^{\frac{1}{2}}\cos \pi x\mathrm{d}x\right]$$

$$=\frac{2}{\pi}\cdot\frac{1}{\pi}\sin \pi x\Big|_0^{\frac{1}{2}}=\frac{2}{\pi^2}.$$

所以 $\quad I=\frac{4}{\pi^2}.$

例 22 求下列定积分:

(1) $\int_{-\frac{\pi}{2}}^{\frac{\pi}{2}} \sin^2 x\cdot\ln(x+\sqrt{4+x^2})\mathrm{d}x$; (2) $\int_{-\frac{\pi}{2}}^{\frac{\pi}{2}} \frac{1}{1+\mathrm{e}^{\frac{1}{x}}}\sin^4 x\mathrm{d}x$;

(3) $\int_{-1}^1 \cos x\cdot\arccos x\mathrm{d}x$.

解 (1) **解 1** 用奇偶性. 注意 $\ln(x+\sqrt{4+x^2})$ 非奇非偶,但 $\ln\frac{x+\sqrt{4+x^2}}{2}$ 是奇函数.

$$I=\int_{-\frac{\pi}{2}}^{\frac{\pi}{2}} \sin^2 x\left[\ln 2+\ln\frac{x+\sqrt{4+x^2}}{2}\right]\mathrm{d}x$$

$$=2\ln 2\int_0^{\frac{\pi}{2}} \sin^2 x\mathrm{d}x+\int_{-\frac{\pi}{2}}^{\frac{\pi}{2}} \sin^2 x\ln\frac{x+\sqrt{4+x^2}}{2}\mathrm{d}x$$

$$=\ln 2\int_0^{\frac{\pi}{2}} (1-\cos 2x)\mathrm{d}x+0=\frac{\pi}{2}\ln 2.$$

解 2 用公式 10. 因

$$\ln(x+\sqrt{4+x^2})+\ln(-x+\sqrt{4+(-x)^2})=2\ln 2.$$

$$I = 2\ln 2\int_0^{\frac{\pi}{2}} \sin^2 x\mathrm{d}x = \frac{\pi}{2}\ln 2.$$

（2）用公式 10. 因$\dfrac{1}{1+\mathrm{e}^{\frac{1}{x}}}+\dfrac{1}{1+\mathrm{e}^{-\frac{1}{x}}}=1$,故

$$I = \int_0^{\frac{\pi}{2}} \sin^4 x\mathrm{d}x = \frac{1}{4}\int_0^{\frac{\pi}{2}} \left(1-2\cos 2x+\frac{1+\cos 4x}{2}\right)\mathrm{d}x = \frac{3}{16}\pi.$$

（3）用公式 10. 因 $\arccos x + \arccos(-x) = \arccos x + \pi - \arccos x = \pi$,且 $\cos(-x)=\cos x$,故

$$I = \pi\int_0^1 \cos x\mathrm{d}x = \pi\sin 1.$$

例 23 证明 $\displaystyle\int_{-\frac{\pi}{4}}^{\frac{\pi}{4}} \frac{1}{1+\sin x}\mathrm{d}x = 2\int_0^{\frac{\pi}{4}} \sec^2 x\mathrm{d}x$,并求其值.

解 用公式 10.

$$左 = \int_0^{\frac{\pi}{4}} \left(\frac{1}{1+\sin x}+\frac{1}{1+\sin(-x)}\right)\mathrm{d}x = 2\int_0^{\frac{\pi}{4}} \frac{1}{1-\sin^2 x}\mathrm{d}x$$

$$= 2\int_0^{\frac{\pi}{4}} \sec^2 x\mathrm{d}x = 2\tan x\Big|_0^{\frac{\pi}{4}} = 2.$$

例 24 设函数 $f(x)$,$g(x)$ 在区间 $[-a,a]$ 上连续,$g(x)$ 为偶函数,$f(x)$ 满足条件 $f(x)+f(-x)=c$,其中 c 为常数:

（1）证明 $\displaystyle\int_{-a}^{a} f(x)g(x)\mathrm{d}x = c\int_0^a g(x)\mathrm{d}x$;

（2）用上述等式计算 $\displaystyle\int_{-\pi/2}^{\pi/2} |\sin x|\arctan \mathrm{e}^x\mathrm{d}x$.

解 （1）用公式 10,并注意 $g(x)$ 为偶函数.

$$\begin{aligned}\int_{-a}^{a} f(x)g(x)\mathrm{d}x &= \int_0^a [f(x)g(x)+f(-x)g(-x)]\mathrm{d}x\\ &= \int_0^a [f(x)+f(-x)]g(x)\mathrm{d}x\\ &= c\int_0^a g(x)\mathrm{d}x\end{aligned}$$

(2) 取 $f(x)=\arctan e^x, g(x)=|\sin x|, a=\pi/2$. 因为

$$[f(x)+f(-x)]'=(\arctan e^x+\arctan e^{-x})'=0,$$

故 $f(x)+f(-x)=C$. 又当 $x=0$ 时, $C=\pi/2$, 即

$$f(x)+f(-x)=\arctan e^x+\arctan e^{-x}=\frac{\pi}{2}.$$

由上述等式

$$\int_{-\pi/2}^{\pi/2}|\sin x|\arctan e^x dx=\frac{\pi}{2}\int_0^{\pi/2}|\sin x|dx=\frac{\pi}{2}\int_0^{\pi/2}\sin x dx=\frac{\pi}{2}.$$

三、周期函数的定积分

若被积函数 $f(x)$ 是以 T 为周期的连续函数,求定积分时可用下述公式和结论

公式 11 $\displaystyle\int_a^{a+T}f(x)dx=\int_0^T f(x)dx=\int_{-\frac{T}{2}}^{\frac{T}{2}}f(x)dx.$

公式 12 $\displaystyle\int_0^{nT}f(x)dx=n\int_0^T f(x)dx$, n 为正整数.

公式 13 $\displaystyle\int_0^T f(x)dx=0$, 若 $f(x)$ 为奇函数.

结论 $F(x)=\displaystyle\int_0^x f(t)dt$ 以 T 为周期的充要条件是 $\displaystyle\int_0^T f(t)dt=0$.

例 25 设 $f(x)$ 是以 T 为周期的连续函数,证明: $F(x)=\displaystyle\int_0^x f(t)dt$ 以 T 为周期的充要条件是 $\displaystyle\int_0^T f(t)dt=0$.

证 $$F(x+T)=\int_0^{x+T}f(t)dt=\int_0^x f(t)dt+\int_x^{x+T}f(t)dt$$

$$\xlongequal{\text{公式 11}}F(x)+\int_0^T f(t)dt.$$

即 $$F(x+T)=F(x)\Leftrightarrow\int_0^T f(t)dt=0.$$

例 26 已知 n 和 k 为正整数,则 $I=\int_{\frac{k-1}{n}\pi}^{\frac{k}{n}\pi}|\sin nx|\mathrm{d}x=$ ______

______.

解 因为 $|\sin nx|$ 是以 $\frac{\pi}{n}$ 为周期的周期函数,所以

$$I=\int_{\frac{k-1}{n}\pi}^{\frac{k}{n}\pi}|\sin nx|\mathrm{d}x=\int_0^{\frac{\pi}{n}}|\sin nx|\mathrm{d}x$$

$$=\frac{1}{n}\int_0^{\frac{\pi}{n}}\sin nx\mathrm{d}(nx)=\frac{2}{n}.$$

例 27 设 $F(x)=\int_x^{x+2\pi}\mathrm{e}^{\sin t}\sin t\mathrm{d}t$,则 $F(x)=($ $)$.

(A) 为正常数 (B) 为负常数 (C) 恒为零 (D) 非常数

解 1 选(A). 由于 $\mathrm{e}^{\sin t}\sin t$ 是以 2π 为周期的周期函数,所以

$$F(x)=\int_0^{2\pi}\mathrm{e}^{\sin t}\sin t\mathrm{d}t=\int_0^{\pi}\mathrm{e}^{\sin t}\sin t\mathrm{d}t+\int_{\pi}^{2\pi}\mathrm{e}^{\sin t}\sin t\mathrm{d}t$$

$$\xlongequal[\text{第二个积分}]{t=u+\pi}\int_0^{\pi}\mathrm{e}^{\sin t}\sin t\mathrm{d}t+\int_0^{\pi}\mathrm{e}^{\sin(u+\pi)}\sin(u+\pi)\mathrm{d}u$$

$$=\int_0^{\pi}\mathrm{e}^{\sin t}\sin t\mathrm{d}t-\int_0^{\pi}\mathrm{e}^{-\sin t}\sin t\mathrm{d}t$$

$$=\int_0^{\pi}(\mathrm{e}^{\sin t}-\mathrm{e}^{-\sin t})\sin t\mathrm{d}t>0.$$

解 2 $F(x)=-\int_0^{2\pi}\mathrm{e}^{\sin t}\mathrm{d}\cos t$

$$=-\mathrm{e}^{\sin t}\cos t\Big|_0^{2\pi}+\int_0^{2\pi}\mathrm{e}^{\sin t}\cos^2 t\mathrm{d}t$$

$$=\int_0^{2\pi}\mathrm{e}^{\sin t}\cos^2 t\mathrm{d}t>0.$$

例 28 证明 $\int_0^{2\pi}\sin^n x\mathrm{d}x=\begin{cases}4\int_0^{\frac{\pi}{2}}\sin^n x\mathrm{d}x & ,n\text{ 为偶数},\\ 0 & ,n\text{ 为奇数}.\end{cases}$

分析 $\sin^n x$ 是以 2π 为周期的函数,n 为奇数时,$\sin^n x$ 为奇函

数，n 为偶数时，$\sin^n x$ 为偶函数.

证 因 $\sin^n x$ 以 2π 为周期，故当 n 为奇数时，由公式 13，

$$I=\int_0^{2\pi}\sin^n x\mathrm{d}x=0.$$

当 n 为偶数时，由公式 11 注意到 $\sin^n x=\sin^n(\pi-x)$，

$$I=\int_{-\pi}^{\pi}\sin^n x\mathrm{d}x=2\int_0^{\pi}\sin^n x\mathrm{d}x\xlongequal{\text{用公式 3}}2\cdot 2\int_0^{\frac{\pi}{2}}\sin^n x\mathrm{d}x.\text{ 证毕.}$$

例 29 设 $f(x)$ 是周期为 T 的连续函数，证明

$$\lim_{x\to+\infty}\frac{1}{x}\int_0^x f(t)\mathrm{d}t=\frac{1}{T}\int_0^T f(t)\mathrm{d}t.$$

分析 从欲证的等式看，左端的 x 处须先用含有 T 的式子表示，然后再求极限. 注意到 $f(x)$ 以 T 为周期.

证 对任何 $x>0$，总存在着正整数 n 和 $0<\theta<T$，使得 $x=nT+\theta$，且当 $x\to+\infty$ 时，$n\to\infty$，所以

$$\begin{aligned}\lim_{x\to+\infty}\frac{1}{x}\int_0^x f(t)\mathrm{d}t&=\lim_{n\to+\infty}\frac{1}{nT+\theta}\int_0^{nT+\theta}f(t)\mathrm{d}t\\&=\lim_{n\to+\infty}\frac{1}{nT+\theta}\left(n\int_0^T f(t)\mathrm{d}t+\int_0^\theta f(t)\mathrm{d}t\right)\\&=\lim_{n\to+\infty}\frac{n}{nT+\theta}\int_0^T f(t)\mathrm{d}t=\frac{1}{T}\int_0^T f(t)\mathrm{d}t.\end{aligned}$$

例 30 设函数 $S(x)=\int_0^x|\cos t|\mathrm{d}t$，

(1) 当 n 为正整数，且 $n\pi\leqslant x<(n+1)\pi$ 时，证明

$$2n\leqslant S(x)<2(n+1);$$

(2) 求 $\lim\limits_{x\to+\infty}\dfrac{S(x)}{x}$.

解 (1) 因为 $|\cos x|\geqslant 0$，且 $n\pi\leqslant x<(n+1)\pi$，所以

$$\int_0^{n\pi}|\cos x|\mathrm{d}x\leqslant S(x)<\int_0^{(n+1)\pi}|\cos x|\mathrm{d}x.$$

又因为 $|\cos x|$ 是以 π 为周期的函数，所以

$$\int_0^{n\pi} |\cos x| \mathrm{d}x = n\int_0^{\pi} |\cos x| \mathrm{d}x = 2n,$$

$$\int_0^{(n+1)\pi} |\cos x| \mathrm{d}x = 2(n+1).$$

因此当 $n\pi \leqslant x < (n+1)\pi$ 时,有

$$2n \leqslant S(x) < 2(n+1).$$

(2) 由(1)知,当 $n\pi \leqslant x < (n+1)\pi$ 时,有

$$\frac{2n}{(n+1)\pi} < \frac{S(x)}{x} < \frac{2(n+1)}{n\pi}.$$

令 $x \to +\infty$ $(n\to\infty)$,由夹逼准则,得 $\lim\limits_{x\to+\infty}\dfrac{S(x)}{x} = \dfrac{2}{\pi}.$

§6.5 证明定积分等式

一、证明两端都是积分表达式的等式

解题思路 可用换元积分法、分部积分法和已知的定积分等式,要依据等式两端被积函数的特征或积分限的情况入手.

1. 用换元积分法

(1) 若等式一端被积函数为 $f(x)$,而另一端或其主要部分为 $f(\varphi(x))$,从被积函数着眼,可作变量替换 $x=\varphi(u)$;

(2) 若被积函数出现 $\sin x$, $\cos x$ 或 $f(\sin x)$, $f(\cos x)$ 时,常用变量替换 $x=\pi \pm u$, $x=\dfrac{\pi}{2}\pm u$;

(3) 若等式两端的被积函数均为 $f(x)$,而积分区间不同,要根据两端积分限之间的关系选择变量替换.

2. 用分部积分法

(1) 被积函数含有 $f'(x)$ 或 $f''(x)$ 时;

(2) 被积函数为变限定积分的情况.

例 1 设函数 $f(x)$,在 $[a,b]$ 上连续,试证明

$$\int_a^b f(x)\mathrm{d}x = \int_a^b f(a+b-x)\mathrm{d}x. \tag{1}$$

分析 因等式左端的被积函数为$f(x)$,而右端为$f(a+b-x)$,从左向右推证,应设 $x=a+b-u$.

证 设 $x=a+b-u$,则 $\mathrm{d}x=-\mathrm{d}u$. 当 $x=a$ 时,$u=b$;当 $x=b$ 时,$u=a$.

$$\text{左端}=\int_b^a f(a+b-u)(-\mathrm{d}u)=\int_a^b f(a+b-x)\,\mathrm{d}x.$$

注释 由本例可知有§6.4的公式(1)和公式(2).

例2 设函数$f(x)$在$[a,b]$上连续,试证:

$$\int_a^b f(x)\,\mathrm{d}x=\int_a^{\frac{a+b}{2}}[f(x)+f(a+b-x)]\,\mathrm{d}x$$

分析 从欲证的等式右端看,应对§6.4公式(2)的右端用定积分对区间的可加性,只要证明下式

$$\int_a^{\frac{a+b}{2}}[f(x)+f(a+b-x)]\,\mathrm{d}x=\int_{\frac{a+b}{2}}^b[f(x)+f(a+b-x)]\,\mathrm{d}x$$

即可. 应从等式两端的积分区间着眼作变量替换. 从右向左推证.

证 设 $x=a+b-u$,则 $\mathrm{d}x=-\mathrm{d}u$. 当 $x=\dfrac{a+b}{2}$时,$u=\dfrac{a+b}{2}$;当 $x=b$ 时,$u=a$. 于是

$$\int_{\frac{a+b}{2}}^b[f(x)+f(a+b-x)]\,\mathrm{d}x=\int_a^{\frac{a+b}{2}}[f(a+b-u)+f(u)]\,\mathrm{d}u$$

因
$$\begin{aligned}\int_a^b[f(x)+f(a+b-x)]\,\mathrm{d}x&=\int_a^{\frac{a+b}{2}}[f(x)+f(a+b-x)]\,\mathrm{d}x\\&\quad+\int_{\frac{a+b}{2}}^b[f(x)+f(a+b-x)]\,\mathrm{d}x\\&=2\int_a^{\frac{a+b}{2}}[f(x)+f(a+b-x)]\,\mathrm{d}x.\end{aligned}$$

而 $\displaystyle\int_a^b f(x)\,\mathrm{d}x=\frac{1}{2}\int_a^b[f(x)+f(a+b-x)]\,\mathrm{d}x$. 故得证.

注释 由本例可知,当$f(x)=f(a+b-x)$时,有§6.4的公式

3,即

$$\int_a^b f(x)\,dx = 2\int_a^{\frac{a+b}{2}} f(x)\,dx$$

例 3 设下述等式中的被积函数连续,证明

(1) $\int_0^a x[f(\varphi(x))+f(\varphi(a-x))]\,dx = a\int_0^a f(\varphi(a-x))\,dx$;

(2) $\int_a^b f(x)\,dx = (b-a)\int_0^1 f(a+(b-a)x)\,dx$;

(3) $\int_0^{\frac{\pi}{2}} f(\sin x)\,dx = \int_0^{\frac{\pi}{2}} f(\cos x)\,dx$;

(4) $\int_0^{\frac{\pi}{2}} f(\sin x,\cos x)\,dx = \int_0^{\frac{\pi}{2}} f(\cos x,\sin x)\,dx$;

(5) $\int_0^{\pi} xf(\sin x)\,dx = \frac{\pi}{2}\int_0^{\pi} f(\sin x)\,dx$.

证 (1) 等式两端被积函数都有 $f(\varphi(a-x))$,应先移项,将 $f(\varphi(a-x))$移到等号一端,等式化为

$$\int_0^a xf(\varphi(x))\,dx = \int_0^a (a-x)f(\varphi(a-x))\,dx.$$

从被积函数着眼,由左端向右端推证,作变量替换 $x=a-u$ 即可.

(2) 左端的被积函数是$f(x)$,而右端是$f(a+(b-a)x)$. 应从被积函数入手,由左向右推证,只要设 $x=a+(b-a)u$ 即可.

(3) 左端被积函数是$f(\sin x)$,右端被积函数是$f(\cos x)$. 作变量替换 $x=\frac{\pi}{2}-u$ 即可. 因 $\sin\left(\frac{\pi}{2}-u\right)=\cos u$

(4) 显然,设 $x=\frac{\pi}{2}-u$ 就可推证.

(5) 左右两端的积分区间相同,被积函数的主要部分都是 $f(\sin x)$. 设 $x=\pi-u$,则 $dx=-du$.

$$左端 = \int_0^{\pi} (\pi-u)f(\sin(\pi-u))\,du$$

$$=\pi\int_0^{\pi} f(\sin u)-\int_0^{\pi} uf(\sin u)\,\mathrm{d}u.$$

移项得
$$\int_0^{\pi} xf(\sin x)\,\mathrm{d}x=\frac{\pi}{2}\int_0^{\pi} f(\sin x)\,\mathrm{d}x$$

注释 本例之(1),(3),(4)都是公式

$\int_a^b f(x)\,\mathrm{d}x=\int_a^b f(a+b-x)\,\mathrm{d}x$ 的特例.

例 4 证明下列等式:

(1) $\int_0^a \mathrm{e}^{x(a-x)}\,\mathrm{d}x=2\int_0^{\frac{a}{2}} \mathrm{e}^{x(a-x)}\,\mathrm{d}x$;

(2) $\int_0^{\pi} f(\sin x)\,\mathrm{d}x=2\int_0^{\frac{\pi}{2}} f(\sin x)\,\mathrm{d}x$.

分析 这正是例 2 注释中所述公式

$\int_a^b f(x)\,\mathrm{d}x=2\int_a^{\frac{a+b}{2}} f(x)\,\mathrm{d}x$ 的特例.

证 (1) $\int_0^a \mathrm{e}^{x(a-x)}\,\mathrm{d}x=\int_0^{\frac{a}{2}} \mathrm{e}^{x(a-x)}\,\mathrm{d}x+\int_{\frac{a}{2}}^{a} \mathrm{e}^{x(a-x)}\,\mathrm{d}x$

$$\xlongequal[\text{第二个积分}]{x=a-u}\int_0^{\frac{a}{2}} \mathrm{e}^{x(a-x)}\,\mathrm{d}x+\int_0^{\frac{a}{2}} \mathrm{e}^{u(a-u)}\,\mathrm{d}u$$

$$=2\int_0^{\frac{a}{2}} \mathrm{e}^{x(a-x)}\,\mathrm{d}x$$

(2) 读者自证.

例 5 证明 $\int_0^{\frac{\pi}{2}} \sin^n x\cos^n x\,\mathrm{d}x=\frac{1}{2^n}\int_0^{\frac{\pi}{2}} \cos^n x\,\mathrm{d}x$

证 左端 $=\frac{1}{2^n}\int_0^{\frac{\pi}{2}} \sin^n(2x)\,\mathrm{d}x\xlongequal{2x=u}\frac{1}{2^{n+1}}\int_0^{\pi} \sin^n u\,\mathrm{d}u$

由例 4 之(2)与例 3 之(3)

$\frac{1}{2^{n+1}}\int_0^{\pi} \sin^n x\,\mathrm{d}x=\frac{1}{2^n}\int_0^{\frac{\pi}{2}} \sin^n x\,\mathrm{d}x=\frac{1}{2^n}\int_0^{\frac{\pi}{2}} \cos^n x\,\mathrm{d}x$. 得证.

例 6 设 m,n 为正整数,

(1) 证明 $\int_0^1 x^m(1-x)^n\mathrm{d}x = \int_0^1 x^n(1-x)^m\mathrm{d}x$;

(2) 利用上述等式计算 $\int_0^1 (1-x)^{50}x\mathrm{d}x$,

$$\int_1^2 (2-x)^{50}(x-1)\mathrm{d}x;$$

(3) 求 $\int_0^1 x^m(1-x)^n\mathrm{d}x$.

解 (1) 由等式两端的被积函数看,须将 x 化为 $1-x$. 因此,设 $x=1-u$,则

$$\int_0^1 x^m(1-x)^n\mathrm{d}x = -\int_1^0 (1-u)^m u^n\mathrm{d}u = \int_0^1 x^n(1-x)^m\mathrm{d}x.$$

(2) $\int_0^1 (1-x)^{50}x\mathrm{d}x = \int_0^1 x^{50}(1-x)\mathrm{d}x = \dfrac{1}{51}-\dfrac{1}{52}=\dfrac{1}{2\,652}$.

设 $t=x-1$,则 $2-x=1-(x-1)=1-t$,于是

$$\int_1^2 (2-x)^{50}(x-1)\mathrm{d}x = \int_0^1 (1-t)^{50}t\mathrm{d}t = \frac{1}{2\,652}.$$

(3) 设 $f(m,n) = \int_0^1 x^m(1-x)^n\mathrm{d}x$,用分部积分法,则

$$\begin{aligned} f(m,n) &= \int_0^1 (1-x)^n\mathrm{d}\frac{x^{m+1}}{m+1} \\ &= \frac{1}{m+1}x^{m+1}(1-x)^n\Big|_0^1 + \frac{n}{m+1}\int_0^1 x^{m+1}(1-x)^{n-1}\mathrm{d}x \\ &= \frac{n}{m+1}f(m+1,n-1). \end{aligned}$$

同样方法可得

$$f(m+1,n-1) = \frac{n-1}{m+2}f(m+2,n-2).$$

逐次递推,可得

$$f(m+n-1,1) = \frac{1}{m+n}f(m+n,0).$$

而 $$f(m+n,0)=\int_0^1 x^{m+n}\mathrm{d}x=\frac{1}{m+n+1},$$

于是
$$\begin{aligned}f(m,n)&=\frac{n}{m+1}f(m+1,n-1)\\&=\frac{n}{m+1}\cdot\frac{n-1}{m+2}f(m+2,n-2)\\&=\cdots\cdots\\&=\frac{n}{m+1}\frac{n-1}{m+2}\cdots\frac{2}{m+n-1}\frac{1}{m+n}f(m+n,0)\\&=\frac{n}{m+1}\frac{n-1}{m+2}\cdots\frac{2}{m+n-1}\frac{1}{m+n}\frac{1}{m+n+1}\\&=\frac{m!\ n!}{(m+n+1)!}.\end{aligned}$$

注释 下述定积分均可用本例之公式计算,其中 a 为任意实数,n 为正整数.

$$\int_a^{a+1}(x-a)^n[1-(x-a)]\mathrm{d}x,\ \int_a^{a+1}(x-a)[1-(x-a)]^n\mathrm{d}x.$$

例 7 设函数 $f(x)$ 连续,且 $f(x)>0$,试证

$$\int_0^1\ln f(x+t)\mathrm{d}t=\int_0^x\ln\frac{f(t+1)}{f(t)}\mathrm{d}t+\int_0^1\ln f(t)\mathrm{d}t.$$

分析 从欲证等式看,左端被积函数含参变量 x,右端第一个积分上限为 x. 若从左端向右端推证,设 $x+t=u$,左端将化为积分限为 x 的积分.

证 设 $x+t=u$,则

$$\begin{aligned}\int_0^1\ln f(x+t)\mathrm{d}t&=\int_x^{x+1}\ln f(u)\mathrm{d}u=\int_x^0\ln f(u)\mathrm{d}u\\&\quad+\int_0^1\ln f(u)\mathrm{d}u+\int_1^{x+1}\ln f(u)\mathrm{d}u.\end{aligned}$$

对右端第三个积分,设 $u=t+1$,则

$$\int_1^{x+1}\ln f(u)\mathrm{d}u=\int_0^x\ln f(t+1)\mathrm{d}t.$$

于是 $$\int_0^1 \ln f(x+t)\,\mathrm{d}t = \int_0^x \ln\frac{f(t+1)}{f(t)}\mathrm{d}t + \int_0^1 \ln f(t)\,\mathrm{d}t.$$

例 8 证明 $\int_x^1 \frac{1}{1+x^2}\mathrm{d}x = \int_1^{\frac{1}{x}} \frac{1}{1+x^2}\mathrm{d}x.$

分析 等式两端被积函数相同,从积分区间看,应设 $x=\frac{1}{u}$.

证 设 $x=\frac{1}{u}$,则 $\mathrm{d}x=-\frac{1}{u^2}\mathrm{d}u$,于是

$$左端 = \int_{\frac{1}{u}}^1 \frac{1}{1+\frac{1}{u^2}}\left(-\frac{1}{u^2}\right)\mathrm{d}u = \int_1^{\frac{1}{x}} \frac{1}{1+x^2}\mathrm{d}x$$

例 9 设函数 $f(x)$ 在 $(0,+\infty)$ 内连续,试证

$$\int_1^4 f\left(\frac{2}{x}+\frac{x}{2}\right)\frac{\ln x}{x}\mathrm{d}x = \ln 2\int_1^4 f\left(\frac{2}{x}+\frac{x}{2}\right)\frac{1}{x}\mathrm{d}x.$$

分析 欲证该式,从被积函数看,不易选取变量替换;两端积分区间虽然相同,这里应有上、下限交换过程,从积分限入手选取变量替换.

证 设 $x=\frac{4}{t}$,则 $\mathrm{d}x=-\frac{4}{t^2}\mathrm{d}t$. 于是

$$\begin{aligned}\int_1^4 f\left(\frac{2}{x}+\frac{x}{2}\right)\frac{\ln x}{x}\mathrm{d}x &= \int_4^1 f\left(\frac{t}{2}+\frac{2}{t}\right)\frac{\ln\frac{4}{t}}{\frac{4}{t}}\left(-\frac{4}{t^2}\right)\mathrm{d}t \\ &= \int_1^4 f\left(\frac{2}{x}+\frac{x}{2}\right)\frac{\ln 4-\ln x}{x}\mathrm{d}x.\end{aligned}$$

将等式右端分为两项,其中一项移到等式左端,有

$$2\int_1^4 f\left(\frac{2}{x}+\frac{x}{2}\right)\frac{\ln x}{x}\mathrm{d}x = \ln 2^2\int_1^4 f\left(\frac{2}{x}+\frac{x}{2}\right)\frac{1}{x}\mathrm{d}x.$$

上式两端除以 2,就是要证的等式.

例 10 设 $f(x)$ 满足 $f(2x)=2f(x)$,证明

$$\int_1^2 xf(x)\,\mathrm{d}x = 7\int_0^1 xf(x)\,\mathrm{d}x.$$

分析 欲证等式可写成 $\int_0^2 xf(x)\,\mathrm{d}x = 8\int_0^1 xf(x)\,\mathrm{d}x$. 从积分区间着眼选积分变量.

证 设 $x=2u$,并由 $f(2x)=2f(x)$,得

$$\int_0^2 xf(x)\,\mathrm{d}x = 4\int_0^1 uf(2u)\,\mathrm{d}u = 8\int_0^1 uf(u)\,\mathrm{d}u$$

即

$$\int_1^2 xf(x)\,\mathrm{d}x = 7\int_0^1 xf(x)\,\mathrm{d}x$$

例 11 设函数 $f(x)$ 在 $[0,1]$ 上有二阶连续导数,则

$$\int_0^1 f(x)\,\mathrm{d}x = \frac{f(0)+f(1)}{2} - \frac{1}{2}\int_0^1 x(1-x)f''(x)\,\mathrm{d}x.$$

证 被积函数中含有 $f''(x)$,用分部积分.

$$\int_0^1 x(1-x)f''(x)\,\mathrm{d}x = \int_0^1 (x-x^2)\,\mathrm{d}f'(x)$$

$$= (x-x^2)f'(x)\Big|_0^1 - \int_0^1 f'(x)(1-2x)\,\mathrm{d}x$$

$$= -\int_0^1 (1-2x)\,\mathrm{d}f(x)$$

$$= -\left[(1-2x)f(x)\Big|_0^1 - \int_0^1 (-2)f(x)\,\mathrm{d}x\right]$$

$$= f(1)+f(0)-2\int_0^1 f(x)\,\mathrm{d}x.$$

两端被 2 除,并移项就是所证的不等式.

例 12 设 $f(x)$ 在积分区间上连续,证明

$$\int_0^x (x-u)f(u)\,\mathrm{d}u = \int_0^x \left[\int_0^u f(t)\,\mathrm{d}t\right]\mathrm{d}u.$$

分析 注意到 $\mathrm{d}\left(\int_0^u f(t)\,\mathrm{d}t\right) = f(u)\,\mathrm{d}u$,用分部积分法.

证 1 自右向左证明(也可自左向右证明).

$$\text{右端} = \left[u\int_0^u f(t)\,\mathrm{d}t\right]\Big|_0^x - \int_0^x u\,\mathrm{d}\left[\int_0^u f(t)\,\mathrm{d}t\right]$$

$$=x\int_0^x f(t)\,\mathrm{d}t-\int_0^x uf(u)\,\mathrm{d}u$$

$$=x\int_0^x f(u)\,\mathrm{d}u-\int_0^x uf(u)\,\mathrm{d}u$$

$$=\int_0^x (x-u)f(u)\,\mathrm{d}u.$$

证 2 由于等式两端都是变上限定积分,也可从求导入手.

因 $$\frac{\mathrm{d}}{\mathrm{d}x}\int_0^x (x-u)f(u)\,\mathrm{d}u$$

$$=\frac{\mathrm{d}}{\mathrm{d}x}\left(x\int_0^x f(u)\,\mathrm{d}u-\int_0^x uf(u)\,\mathrm{d}u\right)$$

$$=\int_0^x f(u)\,\mathrm{d}u+xf(x)-xf(x)=\int_0^x f(u)\,\mathrm{d}u.$$

而 $$\frac{\mathrm{d}}{\mathrm{d}x}\int_0^x\left[\int_0^u f(t)\,\mathrm{d}t\right]\mathrm{d}u=\int_0^x f(t)\,\mathrm{d}t$$

则 $$\int_0^x (x-u)f(u)\,\mathrm{d}u=\int_0^x\left[\int_0^u f(t)\,\mathrm{d}t\right]\mathrm{d}u+C$$

将 $x=0$ 代入上式,得 $C=0$. 所以原式得证.

例 13 设函数 $y=f(x)$ 在 $[a,b]$ 上连续且单调增加,其反函数为 $x=\varphi(y)$,令 $f(a)=\alpha, f(b)=\beta$,试证:

$$\int_\alpha^\beta \varphi(y)\,\mathrm{d}y=b\beta-a\alpha-\int_a^b f(x)\,\mathrm{d}x,$$

并从几何上解释该等式.

分析 从欲证等式看,首先须把左端关于 y 的积分化为关于 x 的积分.

证 依题设

$$\int_\alpha^\beta \varphi(y)\,\mathrm{d}y=\int_a^b x\,\mathrm{d}f(x)=xf(x)\Big|_a^b-\int_a^b f(x)\,\mathrm{d}x$$

$$=b\beta-a\alpha-\int_a^b f(x)\,\mathrm{d}x.$$

假设曲线 $y=f(x)$ 在第一象限内,如图 6-2 所示. $\int_\alpha^\beta \varphi(y)\,\mathrm{d}y$

表示曲边梯形 $\alpha AB\beta$ 的面积，$\int_a^b f(x)\,\mathrm{d}x$ 表示曲边梯形 $aABb$ 的面积，而 $b\beta$ 表示矩形 $ObB\beta$ 的面积，$a\alpha$ 表示矩形 $OaA\alpha$ 的面积. 显然

$\alpha AB\beta$ 的面积 = $ObB\beta$ 的面积 − $OaA\alpha$ 的面积 − $aABb$ 的面积.

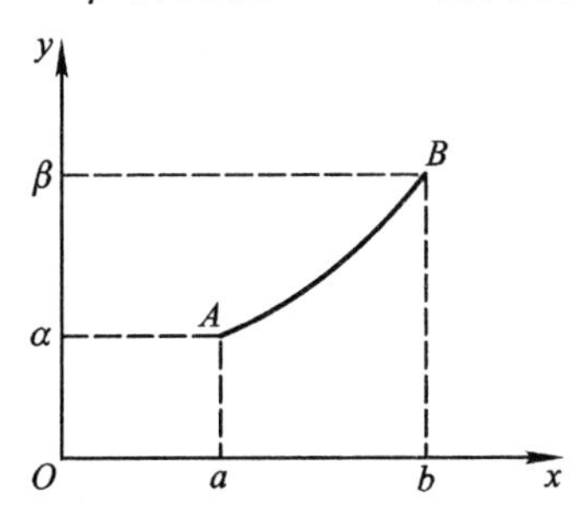

图 6－2

二、用微分中值定理证明有关定积分等式

用微分中值定理证明有关定积分等式与其证明微分等式，其思路基本上是一致的.

1. 适用于下述情况

题设被积函数 $f(x)$（$f(x)$ 也可以是被积函数的部分式）在 $[a,b]$ 上连续，在 (a,b) 内可导，欲证的等式中

（1）含有 $f'(\xi)$ 或 $f''(\xi)$，$\xi\in(a,b)$；

（2）含有 $\int_a^b f(x)\,\mathrm{d}x$，$f(\xi)$ $(a<\xi<b)$，这应理解 $f(\xi)=\left(\int_a^x f(t)\,\mathrm{d}t\right)'\Big|_{x=\xi}$；

（3）含有 $\int_a^\xi f(x)\,\mathrm{d}x$，或 $\int_\xi^b f(x)\,\mathrm{d}x$，即积分限含有 ξ.

这时应考虑用微分中值定理.

2. **解题思路与解题程序**请再读 §4.1，二.

例 14 设函数 $f(x)$ 在 $[0,1]$ 上可导，且满足 $f(1)=2\int_0^{\frac{1}{2}}e^{x-x^2}f(x)\,dx$，试证：至少存在一点 $\xi\in(0,1)$，使

$$f'(\xi)=(2\xi-1)f(\xi).$$

分析 将欲证等式写成等号一端为 0 的形式，并将 ξ 换为 x，有

$$(1-2x)f(x)+f'(x)=0.$$

注意被积函数 $F(x)=e^{x-x^2}f(x)$，当 $F'(x)=0$ 时，显然是

$$e^{x-x^2}(1-2x)f(x)+e^{x-x^2}f'(x)=0.$$

本例正是证明 $F(x)$ 在 $[0,1]$ 上满足罗尔定理.

证 作辅助函数 $F(x)=e^{x-x^2}f(x)$，$F(x)$ 在 $\left[0,\frac{1}{2}\right]$ 上连续，由积分中值定理，有

$$f(1)=2\int_0^{\frac{1}{2}}e^{x-x^2}f(x)\,dx=F(c),0\leqslant c\leqslant\frac{1}{2}.$$

因 $F(1)=f(1)=F(c)$，又因 $F(x)$ 在 $[c,1]$ 上连续，在 $(c,1)$ 内可导，由罗尔定理，至少存在一点 $\xi\in(c,1)\subset(0,1)$，使

$$F'(\xi)=[(1-2\xi)f(\xi)+f'(\xi)]e^{\xi-\xi^2}=0$$

即

$$f'(\xi)=(2\xi-1)f(\xi).$$

例 15 设函数 $f(x)$ 在 $[0,1]$ 上可导，$G(x)=\int_0^x t^2f(t)\,dt$，且 $G(1)=f(1)$. 试证：至少存在一点 $\xi\in(0,1)$，使

$$f'(\xi)=-\frac{2f(\xi)}{\xi}.$$

分析 观察被积函数，并注意欲证等式可改写作

$$xf'(x)+2f(x)=0 \text{ 或 } x^2f'(x)+2xf(x)=0.$$

应选取辅助函数 $F(x)=x^2f(x)$（正是被积函数），用罗尔定理.

证 由题设，并用积分中值定理，有

$$G(1)=\int_0^1 t^2 f(t)\,\mathrm{d}t=\eta^2 f(\eta),\eta\in[0,1].$$

令 $F(x)=x^2 f(x)$，则 $F(\eta)=\eta^2 f(\eta)=G(1)=f(1)=F(1)$，又 $F(x)$ 在 $[\eta,1]$ 上连续且可导，由罗尔定理，存在 $\xi\in(\eta,1)\subset(0,1)$，有

$$F'(\xi)=\xi^2\cdot f'(\xi)+2\xi f(\xi)=0,\text{即} f'(\xi)=-\frac{2f(\xi)}{\xi}.$$

例 16 设 $f(x)$ 在 $[a,b]$ 内二阶可微，且 $f(a)=f(b)=\frac{1}{b-a}\int_a^b f(x)\,\mathrm{d}x$. 试证明：存在 $\xi\in(a,b)$，使 $f''(\xi)=0$.

分析 欲证 $f''(\xi)=0$，这是对被积函数 $f(x)$ 两次用罗尔定理. 由已知条件知，存在 $c\in(a,b)$，使

$$f(c)=\frac{1}{b-a}\int_a^b f(x)\,\mathrm{d}x=f(a)=f(b).$$

这恰好可对 $f(x)$ 两次用罗尔定理.

证 由积分中值定理，存在 $c\in(a,b)$，使

$$f(c)=\frac{1}{b-a}\int_a^b f(x)\,\mathrm{d}x.$$

在区间 $[a,c]$ 与 $[c,b]$ 上，函数 $f(x)$ 分别用罗尔定理，存在 $\xi_1\in(a,c)$，存在 $\xi_2\in(c,b)$，使

$$f'(\xi_1)=0,f'(\xi_2)=0.$$

又在区间 $[\xi_1,\xi_2]$ 上，对 $f'(x)$ 用罗尔定理，则存在 $\xi\in(\xi_1,\xi_2)\subset(a,b)$，使 $f''(\xi)=0$.

例 17 设函数 $f(x),g(x)$ 在 $[a,b]$ 上连续，试证：存在 $\xi\in(a,b)$，使

$$f(\xi)\int_\xi^b g(x)\,\mathrm{d}x=g(\xi)\int_a^\xi f(x)\,\mathrm{d}x.$$

分析 将欲证等式写成等号一端为 0 的形式，并将 ξ 换为 x，有

$$f(x)\int_x^b g(t)\,\mathrm{d}t-g(x)\int_a^x f(t)\,\mathrm{d}t=0.$$

注意到

$$\left(\int_a^x f(t)\,\mathrm{d}t\right)'=f(x),\ \left(\int_x^b g(x)\,\mathrm{d}t\right)'=-g(x),$$

则上式正是

$$\left[\int_a^x f(t)\,\mathrm{d}t\cdot\int_x^b g(x)\,\mathrm{d}t\right]'=0.$$

证 令 $F(x)=\int_a^x f(t)\,\mathrm{d}t\cdot\int_x^b g(t)\,\mathrm{d}t.$

由于 $f(x),g(x)$ 在 $[a,b]$ 上连续,所以函数 $F(x)$ 在 $[a,b]$ 上连续且可导;又 $F(a)=F(b)=0$. 于是,由罗尔定理,存在 $\xi\in(a,b)$,使 $F'(\xi)=0$,即

$$f(\xi)\int_\xi^b g(x)\,\mathrm{d}x=g(\xi)\int_a^\xi f(x)\,\mathrm{d}x.$$

注释 本例中,欲证等式中不显含导数,而实际上 $f(\xi),g(\xi)$ 正是变限定限定积分的导数,因为本例中,微分中值定理中的函数是变限定积分.

例 18 设函数 $f(x),g(x)$ 在区间 $[a,b]$ 上连续,且 $g(x)\neq 0$, $x\in[a,b]$. 试证:至少有一点 $\xi\in(a,b)$,使得

$$\frac{\int_a^b f(x)\,\mathrm{d}x}{\int_a^b g(x)\,\mathrm{d}x}=\frac{f(\xi)}{g(\xi)}.$$

分析 将欲证等式写成

$$g(x)\int_a^b f(x)\,\mathrm{d}x-f(x)\int_a^b g(x)\,\mathrm{d}x=0$$

注意到 $\left(\int_a^x f(t)\,\mathrm{d}t\right)'=f(x)$, $\left(\int_a^x g(t)\,\mathrm{d}t\right)'=g(x)$. 于是有

$$\left(\int_a^x g(t)\,\mathrm{d}t\cdot\int_a^b f(x)\,\mathrm{d}x-\int_a^x f(t)\,\mathrm{d}t\cdot\int_a^b g(x)\,\mathrm{d}x\right)'=0.$$

证 设 $F(x)=\int_a^x g(t)\,\mathrm{d}t\cdot\int_a^b f(x)\,\mathrm{d}x-$

$$\int_a^x f(t)\,\mathrm{d}t \cdot \int_a^b g(x)\,\mathrm{d}x.$$

则 $F(a)=F(b)=0$,又 $F(x)$ 在 $[a,b]$ 上连续且可导,由罗尔定理,至少存在一点 $\xi\in(a,b)$,使

$$F'(\xi)=0,\text{即}\ \frac{\int_a^b f(x)\,\mathrm{d}x}{\int_a^b g(x)\,\mathrm{d}x}=\frac{f(\xi)}{g(\xi)}.$$

例 19 设函数 $f(x)$,$g(x)$ 在 $[a,b]$ 上连续,且 $g(x)>0$,则在 $[a,b]$ 上至少存在一点 ξ,使得

$$\int_a^b f(x)g(x)\,\mathrm{d}x=f(\xi)\int_a^b g(x)\,\mathrm{d}x.$$

分析 将欲证等式写成等号一端为 0 的形式,并将 ξ 换为 x,有

$$\int_a^b f(x)g(x)\,\mathrm{d}x-f(x)\int_a^b g(x)\,\mathrm{d}x=0, \tag{1}$$

注意到 $g(x)=\left(\int_a^x g(t)\,\mathrm{d}t\right)'>0$, $f(x)g(x)=\left(\int_a^x f(t)g(t)\,\mathrm{d}t\right)'$,

将欲证等式两端同乘以 $g(x)$,可写成

$$\int_a^b f(t)g(t)\,\mathrm{d}t\left(\int_a^x g(t)\,\mathrm{d}t\right)'-\left(\int_a^x f(t)g(t)\,\mathrm{d}t\right)'\int_a^b g(t)\,\mathrm{d}t=0.$$

即 $$\left(\int_a^b f(t)g(t)\,\mathrm{d}t\int_a^x g(t)\,\mathrm{d}t-\int_a^x f(t)g(t)\,\mathrm{d}t\int_a^b g(t)\,\mathrm{d}t\right)'=0.$$

证 1 设 $$F(x)=\int_a^b f(t)g(t)\,\mathrm{d}t\int_a^x g(t)\,\mathrm{d}t-\int_a^x f(t)g(t)\,\mathrm{d}t\int_a^b g(t)\,\mathrm{d}t,$$

则 $F(a)=F(b)=0$,又 $F(x)$ 在 $[a,b]$ 上连续且可导,由罗尔定理,至少存在一点 $\xi\in(a,b)\subset[a,b]$,使得 $F'(\xi)=0$,即

$$g(\xi)\int_a^b f(t)g(t)\mathrm{d}t-f(\xi)g(\xi)\int_a^b g(t)\mathrm{d}t=0,$$

亦即 $$\int_a^b f(x)g(x)\mathrm{d}x=f(\xi)\int_a^b g(x)\mathrm{d}x.\ (g(x)>0)$$

注释 题设中 $g(x)>0$,实际上 $g(x)$ 不变号即可.

证 2 利用连续函数的介值定理.

因为 $f(x),g(x)$ 在 $[a,b]$ 上连续,且 $g(x)>0$,由最值定理知,$f(x)$ 在 $[a,b]$ 上有最大值 M 和最小值 m,即

$$m\leqslant f(x)\leqslant M,$$

故 $$mg(x)\leqslant f(x)g(x)\leqslant Mg(x)$$

于是 $$\int_a^b mg(x)\mathrm{d}x\leqslant\int_a^b f(x)g(x)\mathrm{d}x\leqslant\int_a^b Mg(x)\mathrm{d}x$$

因此 $$m\leqslant\frac{\int_a^b f(x)g(x)\mathrm{d}x}{\int_a^b g(x)\mathrm{d}x}\leqslant M$$

由连续函数介值定理,存在 $\xi\in[a,b]$,使 $f(\xi)=\dfrac{\int_a^b f(x)g(x)\mathrm{d}x}{\int_a^b g(x)\mathrm{d}x}$,即

$$\int_a^b f(x)g(x)\mathrm{d}x=f(\xi)\int_a^b g(x)\mathrm{d}x.$$

注释 这就是积分第一中值定理.

例 20 设 $F(x)=\int_0^x f(t)\mathrm{d}t$,其中 $f(x)$ 可微且 $f(x)=F(x-a),a\neq 0$,

证明:对任意实数 x,在 a 与 $a+x$ 之间存在 ξ,使

$$\int_0^x F(t)\mathrm{d}t=F'(\xi)x.$$

分析 从欲证的等式右端看,须在区间 $[a,a+x]$(或 $[a+x,a]$)上用到拉格朗日中值定理,

$$F'(\xi)x=F(a+x)-F(a)\xlongequal{\text{依题设}}\int_a^{a+x}f(t)\,\mathrm{d}t.$$

证 作变量替换. 设 $t=u-a$,则

$$\int_0^x F(t)\,\mathrm{d}t=\int_a^{a+x}F(u-a)\,\mathrm{d}u=\int_a^{a+x}f(u)\,\mathrm{d}u$$
$$=F(a+x)-F(a)=F'(\xi)x,$$

其中 ξ 介于 a 与 $a+x$ 之间.

例 21 设函数 $f(x)$ 在闭区间 $[a,b]$ 上连续,在开区间 (a,b) 内可导,且 $f'(x)>0$. 若极限 $\lim\limits_{x\to a^+}\dfrac{f(2x-a)}{x-a}$ 存在,证明:

(1) 在 (a,b) 内 $f(x)>0$;

(2) 在 (a,b) 内存在点 ξ,使 $\dfrac{b^2-a^2}{\int_a^b f(x)\,\mathrm{d}x}=\dfrac{2\xi}{f(\xi)}$;

(3) 在 (a,b) 内存在与(2)中 ξ 相异的点 η,使

$$f'(\eta)(b^2-a^2)=\frac{2\xi}{\xi-a}\int_a^b f(x)\,\mathrm{d}x.$$

分析 (1) 由 $f'(x)>0,x\in(a,b)$ 知,只要证明 $f(a)\geqslant 0$ 即可;

(2) 注意到 $(x^2)'=2x$, $\left(\int_a^x f(t)\,\mathrm{d}t\right)'=f(x)$,这是函数 $F(x)=x^2$ 和 $g(x)=\int_a^x f(t)\,\mathrm{d}t\,(a\leqslant x\leqslant b)$ 在 $[a,b]$ 上用柯西中值定理;

(3) 欲证等式可写作 $\dfrac{b^2-a^2}{\int_a^b f(x)\,\mathrm{d}x}=\dfrac{2\xi}{f'(\eta)(\xi-a)}$. 因 $f(a)=0$,这就要证 $f(\xi)-f(a)=f'(\eta)(\xi-a)$. 这是函数 $f(x)$ 在 $[a,\xi]$ 上用拉格朗日定理.

证 (1) 因为 $\lim\limits_{x\to a^+}\dfrac{f(2x-a)}{x-a}$ 存在,故 $\lim\limits_{x\to a^+}f(2x-a)=0$,由 $f(x)$ 在 $[a,b]$ 上连续,从而 $f(a)=0$. 又 $f'(x)>0$ 知 $f(x)$ 在

(a,b)内单调增加,故

$$f(x)>f(a)=0,x\in(a,b).$$

(2) 设 $F(x)=x^2,g(x)=\int_a^x f(t)\mathrm{d}t(a\leqslant x\leqslant b)$,则 $g'(x)=f(x)>0$,故 $F(x),g(x)$满足柯西中值定理的条件,于是在(a,b)内存在点 ξ,使

$$\frac{F(b)-F(a)}{g(b)-g(a)}=\frac{b^2-a^2}{\int_a^b f(t)\mathrm{d}t-\int_a^a f(t)\mathrm{d}t}=\frac{(x^2)'}{\left(\int_a^x f(t)\mathrm{d}t\right)'}\Bigg|_{x=\xi},$$

即

$$\frac{b^2-a^2}{\int_a^b f(x)\mathrm{d}x}=\frac{2\xi}{f(\xi)}.$$

(3) 因$f(\xi)=f(\xi)-0=f(\xi)-f(a)$,在$[a,\xi]$上应用拉格朗日中值定理,知在$(a,\xi)$内存在一点 η,使$f(\xi)=f'(\eta)(\xi-a)$,从而由(2)的结论得

$$\frac{b^2-a^2}{\int_a^b f(x)\mathrm{d}x}=\frac{2\xi}{f'(\eta)(\xi-a)},$$

即有

$$f'(\eta)(b^2-a^2)=\frac{2\xi}{\xi-a}\int_a^b f(x)\mathrm{d}x.$$

三、讨论涉及定积分式的方程的根

这里所讨论的是题设或结论中含有定积分的方程根的问题.

这类问题的**解题思路请见** §2.4 **和** §4.6.

例 22 设函数$f(x)$在$[0,1]$上连续,且$f(x)<1$,求证:方程 $2x-\int_0^x f(t)\mathrm{d}t=1$ 在$(0,1)$内有且仅有一个根.

分析 由零点定理证明方程有根;由函数的单调性证明方程仅有一个根.

证 由已给方程作函数 $F(x)=2x-\int_0^x f(t)\mathrm{d}t-1$. 该函数在$[0,1]$上连续,且 $F(0)=-1$,

$$F(1)=1-\int_0^1 f(t)\,\mathrm{d}t \xlongequal{\text{积分中值定理}} 1-f(\xi)>0,\xi\in[0,1].$$

于是根据零点定理,存在 $\eta\in(0,1)$,使 $F(\eta)=0$,即原方程在 $(0,1)$ 内有根.

又 $F'(x)=2-f(x)>0$,可知 $F(x)$ 在 $[0,1]$ 上单调增加. 故原方程在 $(0,1)$ 内仅有一个根.

例 23 设函数 $f(x)$ 在 $[0,\pi]$ 上连续,且 $\int_0^\pi f(x)\sin x\mathrm{d}x=0$, $\int_0^\pi f(x)\cos x\mathrm{d}x=0$,试证 $f(x)$ 在 $(0,\pi)$ 内至少存在两个零点.

证 1 不妨设 $f(x)$ 在 $(0,\pi)$ 内不恒为零,因为在 $(0,\pi)$ 上, $\sin x>0$,及 $\int_0^\pi f(x)\sin x\mathrm{d}x=0$,可知 $f(x)$ 在 $(0,\pi)$ 内必定变号,否则不可能有 $\int_0^\pi f(x)\sin x\mathrm{d}x=0$. 又因 $f(x)$ 在 $[0,\pi]$ 上连续,则在 $(0,\pi)$ 内至少存在一点 x_0 使 $f(x_0)=0$.

用反证法证明 $f(x)$ 的零点不惟一. 假定 x_0 是 $f(x)$ 的惟一零点,则 $f(x)$ 在 $(0,x_0)$ 与 (x_0,π) 上异号. 若 $f(x)$ 在 $(0,x_0)$ 上为正,在 (x_0,π) 上为负,则 $f(x)\sin(x-x_0)$ 在 $(0,x_0)$ 与在 (x_0,π) 上均为负,从而

$$\int_0^\pi f(x)\sin(x-x_0)\mathrm{d}x\neq 0.$$

若 $f(x)$ 在 $(0,x_0)$ 上为负,在 (x_0,π) 上为正,则 $f(x)\sin(x-x_0)$ 在 $(0,x_0)$ 与在 (x_0,π) 上均为正,也有

$$\int_0^\pi f(x)\sin(x-x_0)\mathrm{d}x\neq 0.$$

由已知条件知

$$\begin{aligned}\int_0^\pi f(x)\sin(x-x_0)\mathrm{d}x &= \int_0^\pi f(x)[\sin x\cos x_0-\cos x\sin x_0]\mathrm{d}x\\ &=\cos x_0\int_0^\pi f(x)\sin x\mathrm{d}x-\end{aligned}$$

$$\sin x_0 \int_0^{\pi} f(x)\cos x\mathrm{d}x = 0$$

显然,这与前述矛盾,故$f(x)$在$(0,\pi)$上至少有两个零点.

证2 用罗尔定理证明$f(x)$至少有一个零点.

因在$(0,\pi)$内$\sin x>0$,若在$(0,\pi)$内$f(x)$有零点时,$f(x)\sin x$有零点,由此作辅助函数

$$F(x) = \int_0^x f(t)\sin t\mathrm{d}t, x\in[0,\pi],$$

因$F(x)$在$[0,\pi]$上连续、可导且$F(0)=F(\pi)=0$,由罗尔定理,在$(0,\pi)$内至少存在一点x_0,使$F'(x_0)=f(x_0)\sin x_0=0$,即$f(x_0)=0$.

零点不惟一的证明同证1.

例24 求证方程$\ln x = \dfrac{x}{\mathrm{e}} - \int_0^{\pi}\sqrt{1-\cos 2x}\mathrm{d}x$在$(0,+\infty)$内仅有两个不同的实根.

证 设$f(x)=\ln x - \dfrac{x}{\mathrm{e}} + \int_0^{\pi}\sqrt{1-\cos 2x}\,\mathrm{d}x$,并注意到$\int_0^{\pi}\sqrt{1-\cos 2x}\mathrm{d}x>0$. 由于

$$\lim_{x\to 0^+} f(x) = -\infty, \lim_{x\to+\infty} f(x) = -\infty,$$

且$f(\mathrm{e}) = \int_0^{\pi}\sqrt{1-\cos 2x}\mathrm{d}x>0$.

其中,当$x\to+\infty$时,x是较$\ln x$高阶无穷大. 所以在$(0,\mathrm{e})$和$(\mathrm{e},+\infty)$内各至少存在一个根.

由于$f'(x)=\dfrac{1}{x}-\dfrac{1}{\mathrm{e}}$在$(0,+\infty)$内仅有一个零点,故$f(x)$在$(0,+\infty)$内至多有两个根.

综上知,已知方程在$(0,+\infty)$内仅有两个不同的实根.

§6.6 证明定积分不等式

一、直接计算定积分推证不等式

推证思路 要证明定积分 $\int_a^b f(x)\,\mathrm{d}x$ 或 $\int_a^x f(t)\,\mathrm{d}t$ 小于(大于)某一个数或一个具体函数时,往往从计算定积分入手.通过缩小(放大)被积函数或积分区间而过渡到不等式.

例 1 设在区间[0,1]上,$f''(x)>0$,试证:

$$\int_0^1 f(x^\alpha)\,\mathrm{d}x \geqslant f\left(\frac{1}{\alpha+1}\right),$$

其中 α 为正实数.

分析 $f\left(\frac{1}{\alpha+1}\right)$是函数$f(x)$在 $x=\frac{1}{\alpha+1}$时的值,曲线 $y=f(x)$ 在其点 $x=\frac{1}{\alpha+1}$处的切线方程可出现$f\left(\frac{1}{\alpha+1}\right)$.

证 依题设,$f(u)$在[0,1]上是上凹的,故曲线 $y=f(u)$ 在其切线的上方.在点 $u=\frac{1}{\alpha+1}$处,有

$$f(u)\geqslant f\left(\frac{1}{\alpha+1}\right)+f'\left(\frac{1}{\alpha+1}\right)\left(u-\frac{1}{\alpha+1}\right),u\in(0,1).$$

因 $\alpha>0$,令 $u=x^\alpha$,代入上式,有

$$f(x^\alpha)\geqslant f\left(\frac{1}{\alpha+1}\right)+f'\left(\frac{1}{\alpha+1}\right)\left(x^\alpha-\frac{1}{\alpha+1}\right),$$

在[0,1]上求积分,得

$$\int_0^1 f(x^\alpha)\,\mathrm{d}x\geqslant f\left(\frac{1}{\alpha+1}\right)+f'\left(\frac{1}{\alpha+1}\right)\left(\int_0^1 x^\alpha\,\mathrm{d}x-\frac{1}{\alpha+1}\right)=f\left(\frac{1}{\alpha+1}\right).$$

例 2 设$f(x)=\int_x^{x+1}\sin t^2\,\mathrm{d}t$,试证:当 $x>0$ 时,有 $|f(x)|\leqslant \frac{1}{x}$.

分析 从已知等式欲推出所证不等式,只能推算已知等式的右端.

证 由分部积分法,得

$$f(x)=\int_x^{x+1}\sin t^2\mathrm{d}t=\int_x^{x+1}\frac{1}{2t}\sin t^2\mathrm{d}t^2$$

$$=-\frac{\cos t^2}{2t}\Big|_x^{x+1}-\int_x^{x+1}\frac{\cos t^2}{2t^2}\mathrm{d}t$$

$$=-\frac{\cos(x+1)^2}{2(x+1)}+\frac{\cos x^2}{2x}-\int_x^{x+1}\frac{\cos t^2}{2t^2}\mathrm{d}t.$$

由绝对值不等式的性质,当 $x>0$ 时,有

$$|f(x)|\leqslant\left|-\frac{\cos(x+1)^2}{2(x+1)}\right|+\left|\frac{\cos x^2}{2x}\right|+\int_x^{x+1}\left|\frac{\cos t^2}{2t^2}\right|\mathrm{d}t$$

$$\leqslant\frac{1}{2(x+1)}+\frac{1}{2x}+\int_x^{x+1}\frac{1}{2t^2}\mathrm{d}t=\frac{1}{x}.$$

例 3 设函数 $P(x)$ 在 $[0,1]$ 上具有连续的导数,且 $P(0)=0$, $P(1)=1$,试证:

$$\int_0^1|P'(x)-P(x)|\mathrm{d}x\geqslant\frac{1}{\mathrm{e}}.$$

分析 按欲证不等式,应从推算 $\int_0^1|P'(x)-P(x)|\mathrm{d}x$ 入手.

注意到

$[\mathrm{e}^{-x}P(x)]'=P'(x)\mathrm{e}^{-x}-P(x)\mathrm{e}^{-x}$,有

$$P'(x)-P(x)=\mathrm{e}^x[\mathrm{e}^{-x}P(x)]'.$$

证 $\int_0^1|P'(x)-P(x)|\mathrm{d}x=\int_0^1|\mathrm{e}^x[\mathrm{e}^{-x}P(x)]'|\mathrm{d}x$

$$\geqslant\int_0^1|[\mathrm{e}^{-x}P(x)]'|\mathrm{d}x$$

$$\geqslant\int_0^1[\mathrm{e}^{-x}P(x)]'\mathrm{d}x=\frac{1}{\mathrm{e}}.$$

例 4 设 n 为正整数,试证:在 $[0,+\infty)$ 内

$$\int_0^x(t-t^2)\sin^{2n}t\mathrm{d}t\leqslant\frac{1}{(2n+2)(2n+3)}.$$

分析 若从计算不等式的左端入手,注意 $\sin^{2n}t>0$,且在 $[0,+\infty)$ 上,$\sin^{2n}t\leqslant t^{2n}$.

证 1 由定积分的可加性及 $\sin^{2n}t\leqslant t^{2n}$

$$
\begin{aligned}
\int_0^x (t-t^2)\sin^{2n}t\mathrm{d}t &\leqslant \int_0^1 (t-t^2)t^{2n}\mathrm{d}t+\int_1^x (t-t^2)t^{2n}\mathrm{d}t \\
&\leqslant \int_0^1 (t^{2n+1}-t^{2n+2})\mathrm{d}t \\
&=\frac{1}{(2n+2)(2n+3)}.
\end{aligned}
$$

其中,当 $t\geqslant 1$ 时,$(t-t^2)\leqslant 0$,$t^{2n}>0$,故 $\int_1^x (t-t^2)t^{2n}\mathrm{d}t<0$.

证 2 设 $f(x)=\int_0^x (t-t^2)\sin^{2n}t\mathrm{d}t$,若可推出函数 $f(x)$ 在 $[0,+\infty)$ 上的最大值 $f(x_0)\leqslant\frac{1}{(2n+2)(2n+3)}$ 即可.

因 $f'(x)=(x-x^2)\sin^{2n}x$,且

当 $0<x<1$ 时,$f'(x)>0$;当 $x=1$ 时,$f'(x)=0$;当 $x>1$ 时,除去 $x=k\pi(k=1,2,\cdots)$ 之外,$f'(x)<0$. 所以在 $x>0$ 时,$f(1)$ 是 $f(x)$ 的惟一极值且是极大值,也是最大值. 又 $\sin^{2n}t\leqslant t^{2n}$,所以

$$
\begin{aligned}
f(x)\leqslant f(1)&=\int_0^1 (t-t^2)\sin^{2n}t\mathrm{d}t\leqslant\int_0^1 (t-t^2)t^{2n}\mathrm{d}t \\
&=\frac{1}{(2n+2)(2n+3)}.
\end{aligned}
$$

二、用作辅助函数的方法证明不等式

结合例题来说明这种方法的**解题思路与解题程序**.

例题 设函数 $f(x)$,在 $[0,+\infty)$ 上连续且单调增加,试证对满足 $0<a<b$ 的任意实数 a,b 有

$$
\int_a^b xf(x)\mathrm{d}x\geqslant\frac{1}{2}\left[b\int_0^b f(x)\mathrm{d}x-a\int_0^a f(x)\mathrm{d}x\right].
$$

解题思路 当题设被积函数 $f(x)$ 在 $[a,b]$ 上连续时,因函数

$F(x)=\int_a^x f(t)\,\mathrm{d}t(a\leqslant x\leqslant b)$可导,可考虑用作辅助函数的方法.

解题程序　首先,作辅助函数:将欲证不等式中的积分上限或下限(常数或字母)换成 x,若不等式中有相同的常数或字母也应换成 x. 将该不等式移项,使一端为零,则非零端的表达式即为所作的辅助函数.

本例　将积分限 b 及式中相应的 b 换成 x,并移项得辅助函数

$$F(x)=\int_a^x tf(t)\,\mathrm{d}t-\frac{1}{2}\left[x\int_0^x f(t)\,\mathrm{d}t-a\int_0^a f(t)\,\mathrm{d}t\right].$$

其次,判别 $F(x)$ 的单调增减性:求 $F(x)$ 的导数,用 $F'(x)$ 判别.

本例　$F'(x)=xf(x)-\dfrac{1}{2}\displaystyle\int_0^x f(t)\,\mathrm{d}t-\frac{1}{2}xf(x)$

$$\xlongequal{\text{积分中值定理}}\frac{1}{2}xf(x)-\frac{1}{2}xf(\xi)$$

$$=\frac{1}{2}x[f(x)-f(\xi)].$$

其中 $\xi\in(0,x)$. 由 $f(x)$ 单调增加,知 $f(x)>f(\xi)$. 由此 $F'(x)\geqslant 0$, $F(x)$ 单调增加.

最后,确定 $F(b)\geqslant F(a)=0$ 或 $F(a)\geqslant F(b)\geqslant 0$:比较$F(x)$在$[a,b]$端点的值 $F(a)$和 $F(b)$,其中有一个为零,得出欲证的结论.

本例　由 $F(a)=0$ 知 $F(b)\geqslant F(a)=0$,原不等式得证. 即

$$\int_a^b xf(x)\,\mathrm{d}x\geqslant\frac{1}{2}\left[b\int_0^b f(x)\,\mathrm{d}x-a\int_0^a f(x)\,\mathrm{d}x\right].$$

注释　若 $F(a)=F(b)=0$,此时可用函数 $F(x)$ 的极值与凹凸性来讨论. 参见 §4. 5.

例 5　设$f(x)$在$[a,b]$上连续非负且单调增加,试证:

$$\int_a^b xf(x)\,\mathrm{d}x\geqslant\frac{a+b}{2}\int_a^b f(x)\,\mathrm{d}x.$$

证 将积分上限 b 换成 x,作辅助函数

$$F(x)=\int_a^x tf(t)\,\mathrm{d}t-\frac{a+x}{2}\int_a^x f(t)\,\mathrm{d}t,x\in[a,b].$$

则
$$F'(x)=xf(x)-\frac{1}{2}\int_a^x f(t)\,\mathrm{d}t-\frac{a+x}{2}f(x)$$

$$\xlongequal{\text{积分中值定理}}\frac{1}{2}(x-a)f(x)-\frac{1}{2}(x-a)f(\xi)$$

$$=\frac{1}{2}(x-a)(f(x)-f(\xi)).$$

其中 $\xi\in(a,x)$. 又 $f(x)$ 单调增加,由 $f(x)>f(\xi)$ 知 $F'(x)>0$,即 $F(x)$ 单调增加. 由此 $F(b)\geqslant F(a)=0$. 即

$$\int_a^b xf(x)\,\mathrm{d}x\geqslant\frac{a+b}{2}\int_a^b f(x)\,\mathrm{d}x.$$

例 6 设 $f(x),g(x)$ 在 $[a,b]$ 上连续,证明

$$\left[\int_a^b f(x)g(x)\,\mathrm{d}x\right]^2\leqslant\int_a^b f^2(x)\,\mathrm{d}x\cdot\int_a^b g^2(x)\,\mathrm{d}x.$$

证 1 用作辅助函数的方法,设

$$F(x)=\int_a^x f^2(t)\,\mathrm{d}t\cdot\int_a^x g^2(t)\,\mathrm{d}t-\left[\int_a^x f(t)g(t)\,\mathrm{d}t\right]^2.$$

因
$$\begin{aligned}F'(x)&=f^2(x)\int_a^x g^2(t)\,\mathrm{d}t+g^2(x)\int_a^x f^2(t)\,\mathrm{d}t\\&\quad-2f(x)g(x)\int_a^x f(t)g(t)\,\mathrm{d}t\\&=\int_a^x f^2(x)g^2(t)\,\mathrm{d}t+\int_a^x g^2(x)f^2(t)\,\mathrm{d}t\\&\quad-2\int_a^x f(x)g(x)f(t)g(t)\,\mathrm{d}t\\&=\int_a^x[f(x)g(t)-f(t)g(x)]^2\,\mathrm{d}t\geqslant 0,\end{aligned}$$

且仅有 $F'(a)=0$,所以 $F(x)$ 在 $[a,b]$ 上单调增加;从而 $F(b)>F(a)=0$,即

$$\int_a^b f^2(x)\mathrm{d}x \cdot \int_a^b g^2(x)\mathrm{d}x \geqslant \left[\int_a^b f(x)g(x)\mathrm{d}x\right]^2.$$

证 2 由于不等式中,被积函数出现 $f^2(x)$, $g^2(x)$ 和 $f(x)\cdot g(x)$,可以考虑从 $[f(x)-kg(x)]^2\geqslant 0$ 入手,因

$$\int_a^b [f(x)-kg(x)]^2\mathrm{d}x \geqslant 0\ (k\text{ 为任意实数}),$$

即 $$k^2\int_a^b g^2(x)\mathrm{d}x - 2k\int_a^b f(x)g(x)\mathrm{d}x + \int_a^b f^2(x)\mathrm{d}x \geqslant 0.$$

上式左端是关于 k 的二次三项式,对任意的 k,它的值都不小于零,因此它的判别式必不大于零,即有

$$\left[\int_a^b f(x)g(x)\mathrm{d}x\right]^2 - \int_a^b f^2(x)\mathrm{d}x \cdot \int_a^b g^2(x)\mathrm{d}x \leqslant 0.$$

所以 $$\left[\int_a^b f(x)g(x)\mathrm{d}x\right]^2 \leqslant \int_a^b f^2(x)\mathrm{d}x \cdot \int_a^b g^2(x)\mathrm{d}x.$$

注释 本例的不等式称为柯西积分不等式(也称为柯西-施瓦茨不等式).用该式可以证明其他积分不等式.

例 7 用柯西积分不等式证明下列各式:

(1) 设 $f(x)$ 在 $[a,b]$ 上连续,且 $f(x)>0$,则

$$\int_a^b f(x)\mathrm{d}x \cdot \int_a^b \frac{1}{f(x)}\mathrm{d}x \geqslant (b-a)^2.$$

(2) 设 $f(x)$ 在 $[a,b]$ 上有连续的导数,且 $f(a)=0$,则

$$\int_a^b f^2(x)\mathrm{d}x \leqslant \frac{(b-a)^2}{2}\int_a^b (f'(x))^2\mathrm{d}x.$$

(3) $\int_0^{\frac{\pi}{2}} \sqrt{x\sin x}\,\mathrm{d}x \leqslant \frac{\pi}{2\sqrt{2}}$.

证 (1) 在柯西积分不等式中,取 $f(x)$ 为 $\sqrt{f(x)}$, $g(x)$ 为 $\frac{1}{\sqrt{f(x)}}$,则有

$$\int_a^b f(x)\mathrm{d}x \cdot \int_a^b \frac{1}{f(x)}\mathrm{d}x \geqslant \left(\int_a^b \sqrt{f(x)}\cdot\frac{1}{\sqrt{f(x)}}\mathrm{d}x\right)^2 = (b-a)^2.$$

特别在[0,1]上有

$$\int_0^1 f(x)\,\mathrm{d}x \cdot \int_0^1 \frac{1}{f(x)}\mathrm{d}x \geqslant 1.$$

(2) 因 $f'(x)$ 在 $[a,b]$ 上连续，且 $f(a)=0$，故 $f(x)=\int_a^x f'(t)\,\mathrm{d}t, x\in[a,b]$. 由柯西积分不等式和定积分的性质，有

$$\begin{aligned} f^2(x) &= \left(\int_a^x f'(t)\,\mathrm{d}t\right)^2 \\ &\leqslant \int_a^x \mathrm{d}t \int_a^x (f'(t))^2\mathrm{d}t \leqslant (x-a)\int_a^b (f'(t))^2\mathrm{d}t. \end{aligned}$$

积分 $$\begin{aligned} \int_a^b f^2(x)\,\mathrm{d}x &\leqslant \int_a^b (f'(x))^2\mathrm{d}x \cdot \int_a^b (x-a)\,\mathrm{d}x \\ &= \frac{(b-a)^2}{2}\int_a^b (f'(x))^2\mathrm{d}x. \end{aligned}$$

(3) 由柯西积分不等式，有

$$\left[\int_0^{\frac{\pi}{2}} \sqrt{x\sin x}\,\mathrm{d}x\right]^2 \leqslant \int_0^{\frac{\pi}{2}} x\,\mathrm{d}x \cdot \int_0^{\frac{\pi}{2}} \sin x\,\mathrm{d}x = \frac{\pi^2}{8},$$

所以 $$\int_0^{\frac{\pi}{2}} \sqrt{x\sin x}\,\mathrm{d}x \leqslant \sqrt{\frac{\pi^2}{8}} = \frac{\pi}{2\sqrt{2}}.$$

例 8 设 $f(x)$ 在 $[a,b]$ 上二阶可导，且 $f''(x)>0$. 证明：

$$f\left(\frac{a+b}{2}\right) \leqslant \frac{1}{b-a}\int_a^b f(x)\,\mathrm{d}x \leqslant \frac{1}{2}[f(a)+f(b)].$$

证 1 用计算定积分推证. 先证左端不等式，因 $f''(x)>0$，$x\in[a,b]$，故曲线 $y=f(x)$ 位于其切线的上方. 在 $x=\frac{a+b}{2}$ 处，有

$$f(x) \geqslant f\left(\frac{a+b}{2}\right) + f'\left(\frac{a+b}{2}\right)\left(x-\frac{a+b}{2}\right)$$

积分 $$\int_a^b f(x)\,\mathrm{d}x \geqslant f\left(\frac{a+b}{2}\right)\int_a^b \mathrm{d}x +$$

$$f'\left(\frac{a+b}{2}\right)\int_a^b\left(x-\frac{a+b}{2}\right)\mathrm{d}x$$

$$=f\left(\frac{a+b}{2}\right)(b-a)+0.\text{得证.}$$

再证右端不等式,因$f''(x)>0,x\in[a,b]$,曲线$y=f(x)$上凹.联结该曲线两端点$(a,f(a)),(b,f(b))$的直线段位于曲线之上,故有

$$f(x)\leqslant f(a)+\frac{f(b)-f(a)}{b-a}(x-a).$$

积分 $\displaystyle\int_a^b f(x)\mathrm{d}x=f(a)(b-a)+\frac{f(b)-f(a)}{b-a}\int_a^b(x-a)\mathrm{d}x$

$$=\frac{1}{2}[f(a)+f(b)](b-a).\text{得证.}$$

证 2 用作辅助函数法.对不等式左端,设

$$F(x)=\int_a^x f(t)\mathrm{d}t-(x-a)f\left(\frac{a+x}{2}\right)$$

则
$$F'(x)=f(x)-f\left(\frac{a+x}{2}\right)-\frac{1}{2}(x-a)f'\left(\frac{a+x}{2}\right)$$

$$\xlongequal{\text{拉格朗日中值定理}}\frac{1}{2}(x-a)f'(\xi)-\frac{1}{2}(x-a)f'\left(\frac{a+x}{2}\right)$$

$$=\frac{1}{2}(x-a)\left[f'(\xi)-f'\left(\frac{a+x}{2}\right)\right]$$

$$\xlongequal{\text{拉格朗日中值定理}}\frac{1}{2}(x-a)\left(\xi-\frac{a+x}{2}\right)f''(\eta)\geqslant 0$$

其中,$a\leqslant\frac{a+x}{2}<\xi<x\leqslant b,\frac{a+x}{2}<\eta<\xi$.即$F(x)$在$[a,b]$上单调增加,有$F(b)\geqslant F(a)=0$,故不等式得证.

对不等式右端,设

$$G(x)=\frac{1}{2}[f(a)+f(x)](x-a)-\int_a^x f(t)\mathrm{d}t.$$

则 $$G'(x)=\frac{1}{2}(x-a)f'(x)+\frac{1}{2}[f(a)-f(x)],$$

$$G''(x)=\frac{1}{2}(x-a)f''(x)\geqslant 0\quad(x\geqslant a).$$

可知 $G'(x)$ 在 $[a,b]$ 上单调增加，且 $G'(x)\geqslant G'(a)=0$；由此有 $G(x)$ 在 $[a,b]$ 上单调增加，有 $G(b)\geqslant G(a)=0$，故不等式得证.

证 3 用上凹函数的特性与积分等式证明.

由 $f''(x)>0$ 知 $f(x)$ 在 $[a,b]$ 上为上凹函数①，对左端不等式，由

$$\int_a^b f(x)\mathrm{d}x=\int_a^b f(a+b-x)\mathrm{d}x=\int_a^b\frac{f(x)+f(a+b-x)}{2}\mathrm{d}x$$

$$\geqslant\int_a^b f\left(\frac{x+(a+b-x)}{2}\right)\mathrm{d}x=(b-a)f\left(\frac{a+b}{2}\right).$$ 得证.

对右端不等式

$$\int_a^b f(x)\mathrm{d}x=\int_a^b f\left(\frac{b-x}{b-a}\cdot a+\frac{x-a}{b-a}\cdot b\right)\mathrm{d}x$$

$$\leqslant\int_a^b\left[\frac{b-x}{b-a}f(a)+\frac{x-a}{b-a}f(b)\right]\mathrm{d}x$$

$$=\frac{f(a)+f(b)}{2}(b-a).$$ 得证.

三、用积分中值定理和微分中值定理证明不等式

1. 用积分中值定理证明不等式

思路 当题设被积函数 $f(x)$ 在 $[a,b]$ 上连续时，依欲证不等式的特征，可用积分中值定理.

2. 用拉格朗日中值定理证明不等式

思路 当题设被积函数 $f(x)$ 在 $[a,b]$ 上一阶可导时：

---

① 若 $f(x)$ 在 $[a,b]$ 内为上凹函数，则对 $[a,b]$ 内的任意两点 x_1,x_2 和满足 $q_1+q_2=1$ 的非负实数，总有 $f(q_1x_1+q_2x_2)\leqslant q_1f(x_1)+q_2f(x_2)$.

若又知$f(a)$**或**$f(b)$的值，任取$x\in(a,b)$，可在$[a,x]$上或$[x,b]$上用定理，即有

$$f(x)-f(a)=f'(\xi)(x-a),a<\xi<x,$$

或

$$f(x)-f(b)=f'(\xi)(x-b),x<\xi<b.$$

若又知$f(a)$**和**$f(b)$的值，任取$x\in(a,b)$，可在$[a,x]$和$[x,b]$上用定理，即有

$$f(x)-f(a)=f'(\xi_1)(x-a),a<\xi_1<x,$$

和

$$f(x)-f(b)=f'(\xi_2)(x-b),x<\xi_2<b.$$

并用积分的可加性，有

$$\int_a^b f(x)\,\mathrm{d}x=\int_a^{\frac{a+b}{2}}f(x)\,\mathrm{d}x+\int_{\frac{a+b}{2}}^b f(x)\,\mathrm{d}x.$$

例9 设函数$f(x)$在$[0,1]$上连续，且单调减，证明对任给$\alpha\in(0,1)$，有

$$\int_0^\alpha f(x)\,\mathrm{d}x>\alpha\int_0^1 f(x)\,\mathrm{d}x.$$

证1 用作辅助函数的方法. 设

$$F(x)=\int_0^x f(t)\,\mathrm{d}t-x\int_0^1 f(t)\,\mathrm{d}t$$

则$F(0)=F(1)=0$. 又

$$F'(x)=f(x)-\int_0^1 f(t)\,\mathrm{d}t,$$

由$f(x)$在$[0,1]$内单调减，知$F'(x)$在$[0,1]$内单调减. 这说明函数$F(x)$在$[0,1]$内是下凹的，所以在$(0,1)$内$F(x)>0$，从而$F(\alpha)>0$，即

$$\int_0^\alpha f(x)\,\mathrm{d}x\geqslant\alpha\int_0^1 f(x)\,\mathrm{d}x.$$

证2 由于不等式两端的积分限不同，首先要将左端作变量替换$x=\alpha t$，使两端的积分限相同.

由于$\int_0^\alpha f(x)\,\mathrm{d}x\overset{x=\alpha t}{=\!=\!=}\alpha\int_0^1 f(\alpha t)\,\mathrm{d}t$，欲证的不等式化为

$$\alpha\int_0^1 f(\alpha t)\,\mathrm{d}t-\alpha\int_0^1 f(t)\,\mathrm{d}t>0. \tag{1}$$

将上限 1 换成 x,作辅助函数

$$F(x)=\alpha\int_0^x f(\alpha t)\,\mathrm{d}t-\alpha\int_0^x f(t)\,\mathrm{d}t,$$

则有 $F'(x)=\alpha[f(\alpha x)-f(x)]$. 因为 $0\leqslant x\leqslant 1, 0<\alpha<1$,所以 $\alpha x<x$. 又因 $f(x)$ 单调减,故 $f(\alpha x)>f(x)$. 从而 $F'(x)>0$. 于是函数 $F(x)$ 在 $[0,1]$ 上单调增,有 $F(1)>F(0)=0$,即(1)式成立. 也即

$$\int_0^\alpha f(x)\,\mathrm{d}x>\alpha\int_0^1 f(x)\,\mathrm{d}x.$$

证 3 根据已知条件,利用定积分的比较性质

$$\int_0^\alpha f(x)\,\mathrm{d}x\xlongequal{x=\alpha t}\alpha\int_0^1 f(\alpha t)\,\mathrm{d}t=\alpha\int_0^1 f(\alpha x)\,\mathrm{d}x.$$

因 $0<\alpha<1, x>0$,故 $\alpha x<x$;又因 $f(x)$ 是单调减少,便有 $f(\alpha x)>f(x)$. 由定积分的比较性,便有

$$\int_0^\alpha f(x)\,\mathrm{d}x=\alpha\int_0^1 f(\alpha x)\,\mathrm{d}x>\alpha\int_0^1 f(x)\,\mathrm{d}x.$$

证 4 用积分中值定理证明. 因 $f(x)$ 在 $[0,1]$ 上连续,由积分中值定理,并注意到 $0<\alpha<1$,有

$$\begin{aligned}\int_0^\alpha f(x)\,\mathrm{d}x-\alpha\int_0^1 f(x)\,\mathrm{d}x&=(1-\alpha)\int_0^\alpha f(x)\,\mathrm{d}x-\alpha\int_\alpha^1 f(x)\,\mathrm{d}x\\&=\alpha(1-\alpha)f(\xi)-\alpha(1-\alpha)f(\eta)=\alpha(1-\alpha)[f(\xi)-f(\eta)],\end{aligned}$$

其中 $0\leqslant\xi\leqslant\alpha\leqslant\eta\leqslant 1$. 由于 $f(x)$ 单调减少,有 $f(\xi)-f(\eta)\geqslant 0$,又 $\alpha>0, 1-\alpha>0$,故 $\alpha(1-\alpha)[f(\xi)-f(\eta)]>0$,即原不等式成立.

例 10 设函数 $f(x)$ 在 $[0,b]$ 上有连续的导数,证明:

$$|f(0)|\leqslant\frac{1}{b}\int_0^b|f(x)|\,\mathrm{d}x+\int_0^b|f'(x)|\,\mathrm{d}x.$$

分析 注意积分中值定理,恰有

$$\frac{1}{b}\int_0^b |f(x)|\,\mathrm{d}x = |f(\xi)|, 0\leqslant\xi\leqslant b.$$

证 由积分中值定理,存在 $\xi\in[0,b]$,使

$$\frac{1}{b}\int_0^b |f(x)|\,\mathrm{d}x = |f(\xi)|.$$

而 $\int_0^\xi f'(x)\,\mathrm{d}x = f(\xi)-f(0)$,即 $f(0)=f(\xi)-\int_0^\xi f'(x)\,\mathrm{d}x$.
由定积分的比较性质

$$\begin{aligned}|f(0)| &= \left|f(\xi)-\int_0^\xi f'(x)\,\mathrm{d}x\right| \leqslant |f(\xi)| + \left|\int_0^\xi f'(x)\,\mathrm{d}x\right| \\ &\leqslant |f(\xi)| + \int_0^\xi |f'(x)|\,\mathrm{d}x \\ &\leqslant \frac{1}{b}\int_0^b |f(x)|\,\mathrm{d}x + \int_0^b |f'(x)|\,\mathrm{d}x.\end{aligned}$$

例 11 设 $f(x)$ 在 $[0,b]$ 上有连续的导数,且 $f(0)=0$,记 $M=\max\limits_{0\leqslant x\leqslant b}|f'(x)|$,证明:

$$\left|\int_0^b f(x)\,\mathrm{d}x\right| \leqslant \frac{Mb^2}{2}.$$

分析 依题设,应用拉格朗日中值定理.

证 任取 $x\in(0,b)$,由拉格朗日中值定理,有

$$f(x)=f(x)-f(0)=f'(\xi)x, 0<\xi<x.$$

$$\begin{aligned}\left|\int_0^b f(x)\,\mathrm{d}x\right| &\leqslant \int_0^b |f(x)|\,\mathrm{d}x = \int_0^b |f'(\xi)|\,x\mathrm{d}x \\ &\leqslant M\int_0^b x\mathrm{d}x = \frac{Mb^2}{2}.\end{aligned}$$

例 12 设函数 $f(x)$ 在 $[a,b]$ 上有连续的导数,且 $f(a)=f(b)=0$,试证

$$\max_{a\leqslant x\leqslant b}|f'(x)| \geqslant \frac{4}{(b-a)^2}\int_a^b |f(x)|\,\mathrm{d}x.$$

证 按题设条件,从拉格朗日中值定理出发. 任取 $x\in(a,b)$,在 $[a,x]$ 与 $[x,b]$ 上,有

$$f(x)=f(x)-f(a)=f'(\xi_1)(x-a),a<\xi_1<x;$$
$$-f(x)=f(b)-f(x)=f'(\xi_2)(b-x),x<\xi_2<b.$$

由于$f'(x)$在$[a,b]$上连续,存在$M>0$,使得$M=\max\limits_{a\leqslant x\leqslant b}|f'(x)|$.由此,对$a\leqslant x\leqslant\frac{1}{2}(a+b)$,有

$$|f(x)|=|f'(\xi_1)(x-a)|\leqslant M(x-a).$$

对$\frac{1}{2}(a+b)\leqslant x\leqslant b$,有

$$|f(x)|=|f'(\xi_2)(b-x)|\leqslant M(b-x),$$

于是 $\frac{4}{(b-a)^2}\int_a^b|f(x)|\mathrm{d}x$

$$=\frac{4}{(b-a)^2}\left[\int_a^{\frac{a+b}{2}}|f(x)|\mathrm{d}x+\int_{\frac{a+b}{2}}^b|f(x)|\mathrm{d}x\right]$$
$$\leqslant\frac{4}{(b-a)^2}\left[\int_a^{\frac{a+b}{2}}M(x-a)\mathrm{d}x+\int_{\frac{a+b}{2}}^bM(b-x)\mathrm{d}x\right]$$
$$=\frac{4M}{(b-a)^2}\cdot\frac{(b-a)^2}{4}=M=\max_{a\leqslant x\leqslant b}|f'(x)|.$$

例 13 设$f(x)$在$[0,2]$上可导,$f(0)=f(2)=1$,$|f'(x)|\leqslant 1$.试证

$$1\leqslant\int_0^2f(x)\mathrm{d}x\leqslant 3.$$

证 根据题设条件,应用拉格朗日中值定理,任取$x\in(0,2)$,在$[0,x]$与$[x,2]$上,有

$$f(x)-f(0)=f'(\xi_1)(x-0),\xi_1\in(0,x),$$
$$f(2)-f(x)=f'(\xi)(2-x),\xi_2\in(x,2),$$

又 $$|f'(x)|\leqslant 1,$$

则 $$1-x\leqslant f(x)=1+f'(\xi_1)x\leqslant 1+x,x\in[0,1],$$
$$x-1\leqslant f(x)=1-f'(\xi_2)(2-x)\leqslant 3-x,x\in[1,2],$$

于是
$$\int_0^2 f(x)\,\mathrm{d}x \geqslant \int_0^1 (1-x)\,\mathrm{d}x + \int_1^2 (x-1)\,\mathrm{d}x = 1,$$
$$\int_0^2 f(x)\,\mathrm{d}x \leqslant \int_0^1 (1+x)\,\mathrm{d}x + \int_1^2 (3-x)\,\mathrm{d}x = 3.$$

§6.7 反常积分

一、用收敛定义计算反常积分

在高等数学里,收敛的反常积分求值一般有**两种方法**:定义法和 Γ 函数法.

定义法 用反常积分收敛的定义计算,这是此处要讲授的内容;

Γ 函数法 假若所给反常积分经过适当地变换后可化成 Γ 函数或 B 函数,然后再用 Γ 函数或 B 函数的性质算得反常积分.这方面的内容将在本节第三部分讲授.

1. 用反常积分敛散性定义计算反常积分

(1) **计算程序**

首先,计算定积分(理解成变上限或变下限的定积分).

其次,求变限定积分的极限,若极限存在,则此极限值为反常积分的值;否则反常积分发散.

(2) 应注意的一个事实

定积分的换元积分法和分部积分法也适用于反常积分.一个反常积分经变量替换后可能化为定积分,若求得该定积分的值,显然这就表示该反常积分是收敛的,且所求之值就是该反常积分的值.

2. 常用的反常积分

(1) $\int_1^{+\infty} \frac{1}{x^p}\mathrm{d}x = \begin{cases} \frac{1}{p-1}, & p>1, \\ +\infty, & p\leqslant 1. \end{cases}$

(2) $\int_a^{+\infty}\frac{1}{x(\ln x)^p}\mathrm{d}x=\begin{cases}\frac{1}{p-1}(\ln a)^{1-p}, & p>1,\\ +\infty, & p\leqslant 1.\end{cases}(a>1).$

(3) $\int_0^{+\infty}\mathrm{e}^{-x^2}\mathrm{d}x=\frac{\sqrt{\pi}}{2}.$

(4) $\int_0^{+\infty}\frac{\sin x}{x}\mathrm{d}x=\frac{\pi}{2}.$

(5) $\int_0^1\frac{1}{x^p}\mathrm{d}x=\begin{cases}\frac{1}{1-p}, & 0<p<1,\\ \infty, & p\geqslant 1.\end{cases}$

(6) $\int_a^b\frac{1}{(x-a)^p}\mathrm{d}x=\int_a^b\frac{1}{(b-x)^p}\mathrm{d}x$

$$=\begin{cases}\frac{(b-a)^{1-p}}{1-p}, & 0<p<1,\\ \infty, & p\geqslant 1.\end{cases}$$

例 1 计算 $\int_3^{+\infty}\frac{1}{(x-1)^4\sqrt{x^2-2x}}\mathrm{d}x.$

解 因 $x^2-2x=(x-1)^2-1$，作变量替换 $x-1=\sec t$. 当 $x=3$ 时，$t=\frac{\pi}{3}$；当 $x\to+\infty$ 时，$t\to\frac{\pi}{2}$，于是

$$I=\int_{\frac{\pi}{3}}^{\frac{\pi}{2}}\frac{\sec t\cdot\tan t}{\sec^4 t\cdot\tan t}\mathrm{d}t=\int_{\frac{\pi}{3}}^{\frac{\pi}{2}}\cos^3 t\mathrm{d}t$$

$$=\int_{\frac{\pi}{3}}^{\frac{\pi}{2}}(1-\sin^2 t)\mathrm{d}\sin t=\frac{2}{3}-\frac{3\sqrt{3}}{8}.$$

例 2 计算 $\int_1^{+\infty}\frac{\arctan x}{x^2}\mathrm{d}x$

解 $I=-\int_1^{+\infty}\arctan x\mathrm{d}\left(\frac{1}{x}\right)$

$$=-\frac{1}{x}\arctan x\bigg|_1^{+\infty}+\int_1^{+\infty}\frac{1}{x(1+x^2)}\mathrm{d}x$$

$$=\frac{\pi}{4}+I_1=\frac{\pi}{4}+\frac{1}{2}\ln 2.$$

下面用三种方法计算 I_1.

解 1 设 $x=\frac{1}{t}$,则

$$I_1=\int_1^0\frac{1}{\frac{1}{t}\left(\frac{1}{t^2}+1\right)}\left(-\frac{1}{t^2}\right)\mathrm{d}t=\int_0^1\frac{t}{1+t^2}\mathrm{d}t$$

$$=\frac{1}{2}\ln(1+t^2)\Big|_0^1=\frac{1}{2}\ln 2.$$

解 2 $$I_1=\int_1^{+\infty}\frac{1}{x^3\left(1+\frac{1}{x^2}\right)}\mathrm{d}x=-\frac{1}{2}\int_1^{+\infty}\frac{\mathrm{d}\left(1+\frac{1}{x^2}\right)}{1+\frac{1}{x^2}}$$

$$=-\frac{1}{2}\ln\left(1+\frac{1}{x^2}\right)\Big|_1^{+\infty}=\frac{1}{2}\ln 2.$$

解 3 因$\frac{1}{x(1+x^2)}=\frac{1}{x}-\frac{x}{1+x^2}$,取 $b>1$,则

$$\int_1^b\frac{1}{x(1+x^2)}\mathrm{d}x=\int_1^b\frac{1}{x}\mathrm{d}x-\int_1^b\frac{x}{1+x^2}\mathrm{d}x$$

$$=\ln b-\frac{1}{2}\ln(1+x^2)\Big|_1^b$$

$$=\ln\frac{b}{\sqrt{1+b^2}}+\frac{1}{2}\ln 2.$$

所以 $\int_1^{+\infty}\frac{1}{x(1+x^2)}\mathrm{d}x=\lim\limits_{b\to+\infty}\left[\ln\frac{b}{\sqrt{1+b^2}}+\frac{1}{2}\ln 2\right]=\frac{1}{2}\ln 2.$

注释 本题,若如下得出结论将是错误的:由于

$$\int_1^{+\infty}\frac{1}{x(1+x^2)}\mathrm{d}x=\int_1^{+\infty}\frac{1}{x}\mathrm{d}x-\int_1^{+\infty}\frac{x}{1+x^2}\mathrm{d}x,$$

而右端的两个反常积分均发散,所以原反常积分发散. 实际上,右端是$\infty-\infty$型未定式. 按反常积分定义,不能断定这个未定式没有

极限.

本例说明:一个反常积分若分成两个发散的反常积分的代数和,不能断定此反常积分发散. 但若一个反常积分可分成一个收敛的反常积分和一个发散的反常积分的代数和,可得出此反常积分发散.

例 3 计算 $\int_{-\infty}^{+\infty}\frac{x}{\sqrt{1+x^2}}\mathrm{d}x$.

解 $$\int_{-\infty}^{+\infty}\frac{x}{\sqrt{1+x^2}}\mathrm{d}x=\int_{-\infty}^{0}\frac{x}{\sqrt{1+x^2}}\mathrm{d}x+\int_{0}^{+\infty}\frac{x}{\sqrt{1+x^2}}\mathrm{d}x,$$

而 $$\int_{-\infty}^{0}\frac{x}{\sqrt{1+x^2}}\mathrm{d}x=\sqrt{1+x^2}\Big|_{-\infty}^{0}=-\infty.$$

由反常积分收敛与发散的定义知,原反常积分发散.

注释 由于我们是通过计算——先计算定积分,再取极限——来判定反常积分的收敛或发散,因此,在计算之前,不能肯定反常积分一定收敛. 这样,在计算反常积分时,不能用函数的奇偶性. 若盲目地用奇函数这一性质,则 $\int_{-\infty}^{+\infty}\frac{x}{\sqrt{1+x^2}}\mathrm{d}x=0$. 反常积分成为收敛的,这显然是错误的.

例 4 已知 $\int_{0}^{+\infty}\frac{\sin x}{x}\mathrm{d}x=\frac{\pi}{2}$,求 $\int_{0}^{+\infty}\frac{\sin^2 x}{x^2}\mathrm{d}x$.

解 用分部积分法.

$$I=-\int_{0}^{+\infty}\sin^2 x\mathrm{d}\left(\frac{1}{x}\right)=-\frac{\sin^2 x}{x}\Big|_{0}^{+\infty}+\int_{0}^{+\infty}\frac{2\sin x\cos x}{x}\mathrm{d}x$$

$$=\int_{0}^{+\infty}\frac{\sin 2x}{2x}\mathrm{d}(2x)\xlongequal{2x=t}\int_{0}^{+\infty}\frac{\sin t}{t}\mathrm{d}t=\frac{\pi}{2}.$$

例 5 已知 $\int_{0}^{+\infty}\mathrm{e}^{-t^2}\mathrm{d}t=\frac{\sqrt{\pi}}{2}$,计算 $\int_{1}^{+\infty}x^2\mathrm{e}^{-x^2+2x}\mathrm{d}x$.

解 1 用分部积分法,

$$I=\int_{1}^{+\infty}x^2\mathrm{e}^{2x}\mathrm{e}^{-x^2}\mathrm{d}x=-\frac{1}{2}\int_{1}^{+\infty}x\mathrm{e}^{2x}\mathrm{d}\mathrm{e}^{-x^2}$$

$$= -\frac{1}{2}\left[xe^{2x}e^{-x^2}\Big|_1^{+\infty} - \int_1^{+\infty}(e^{2x}+2xe^{2x})e^{-x^2}dx\right]$$

$$= \frac{1}{2}e + \frac{1}{2}\int_1^{+\infty}e^{2x}e^{-x^2}dx + \int_1^{+\infty}xe^{2x}e^{-x^2}dx.$$

而 $$\int_1^{+\infty}xe^{2x}e^{-x^2}dx = -\frac{1}{2}\int_1^{+\infty}e^{2x}de^{-x^2}$$

$$= -\frac{1}{2}\left[e^{2x}e^{-x^2}\Big|_1^{+\infty} - 2\int_1^{+\infty}e^{2x}e^{-x^2}dx\right]$$

$$= \frac{1}{2}e + \int_1^{+\infty}e^{-x^2+2x}dx,$$

所以 $$I = e + \frac{3}{2}\int_1^{+\infty}e^{-(x-1)^2}edx \xlongequal{x-1=t} e + \frac{3}{2}e\int_0^{+\infty}e^{-t^2}dt$$

$$= e\left[1+\frac{3}{4}\sqrt{\pi}\right].$$

解 2 注意到$(e^{-x^2+2x})' = e^{-x^2+2x}(-2x+2)$,

$$I = \int_1^{+\infty}(x^2-1+1)e^{-x^2+2x}dx$$

$$= \int_1^{+\infty}(x+1)(x-1)e^{-x^2+2x}dx + \int_1^{+\infty}e^{-x^2+2x}dx$$

$$= -\frac{1}{2}\int_1^{+\infty}(1+x)de^{-x^2+2x} + \int_1^{+\infty}e^{-x^2+2x}dx$$

$$= -\frac{1}{2}\left[(1+x)e^{-x^2+2x}\Big|_1^{+\infty} - \int_1^{+\infty}e^{-x^2+2x}dx\right]$$

$$+ \int_1^{+\infty}e^{-x^2+2x}dx$$

$$= e + \frac{3}{2}\int_1^{+\infty}e^{-(x-1)^2}edx$$

$$= e + \frac{3}{2}e\int_0^{+\infty}e^{-t^2}dt = e\left[1+\frac{3}{4}\sqrt{\pi}\right].$$

例 6 已知$\int_0^{+\infty}e^{-x^2}dx = \frac{\sqrt{\pi}}{2}$,对任何实数 x,求

$$\lim_{n\to\infty}\int_0^x\sqrt{n}e^{-nt^2}dt.$$

解 由 $\int_0^{+\infty} \mathrm{e}^{-x^2}\mathrm{d}x = \frac{\sqrt{\pi}}{2}$知 $-\int_0^{-\infty} \mathrm{e}^{-x^2}\mathrm{d}x = \frac{\sqrt{\pi}}{2}$. 因

$$\int_0^x \sqrt{n}\mathrm{e}^{-nt^2}\mathrm{d}t = \int_0^x \mathrm{e}^{-(\sqrt{nt})^2}\mathrm{d}\sqrt{n}t \xlongequal{\sqrt{n}t=y} \int_0^{\sqrt{n}x} \mathrm{e}^{-y^2}\mathrm{d}y,$$

故 $$\lim_{n\to\infty}\int_0^x \sqrt{n}\mathrm{e}^{-nt^2}\mathrm{d}t = \lim_{n\to\infty}\int_0^{\sqrt{n}x} \mathrm{e}^{-y^2}\mathrm{d}y = \begin{cases} \sqrt{\pi}/2, & x>0, \\ 0, & x=0, \\ -\sqrt{\pi}/2, & x<0. \end{cases}$$

例 7 试确定常数 c 的值,使下列反常积分收敛,并求出其值:

$$\int_0^{+\infty} \left(\frac{1}{\sqrt{x^2+4}} - \frac{c}{x+2}\right)\mathrm{d}x.$$

解 $$I \xlongequal{b>0} \lim_{b\to+\infty}\int_0^b \left(\frac{1}{\sqrt{x^2+4}} - \frac{c}{x+2}\right)\mathrm{d}x$$

$$= \lim_{b\to+\infty}\left[\ln(x+\sqrt{x^2+4}) - c\ln(x+2)\right]\Big|_0^b$$

$$= \lim_{b\to+\infty}\left[\ln\frac{b+\sqrt{b^2+4}}{(b+2)^c} + \ln 2^{c-1}\right]$$

$$= \ln\lim_{b\to+\infty}\frac{(b+\sqrt{b^2+4})2^{c-1}}{(b+2)^c}.$$

当 $c>1$ 时,因分子中 b 的方幂最高为 1,而分母中 b 的方幂大于 1,因 $\lim\limits_{b\to+\infty}\frac{(b+\sqrt{b^2+4})2^{c-1}}{(b+2)^c}=0$,故 $I=-\infty$.

当 $c<1$ 时,同样分析,有 $\lim\limits_{b\to+\infty}\frac{(b+\sqrt{b^2+4})2^{c-1}}{(b+2)^c}=+\infty$,故 $I=+\infty$.

当 $c=1$ 时,因 $\lim\limits_{b\to+\infty}\frac{b+\sqrt{b^2+4}}{b+2}=2$,故原反常积分收敛,且 $I=\ln 2$.

例 8 计算 $\int_0^2 \frac{1}{\sqrt{x(2-x)}}\mathrm{d}x$.

解 $x=0,x=2$ 是被积函数的瑕点. 取 $\varepsilon_1>0,\varepsilon_2>0$,则

$$I=\int_0^1\frac{1}{\sqrt{x(2-x)}}\mathrm{d}x+\int_1^2\frac{1}{\sqrt{x(2-x)}}\mathrm{d}x$$

$$=\lim_{\varepsilon_1\to0}2\int_{\varepsilon_1}^1\frac{1}{\sqrt{2-x}}\mathrm{d}\sqrt{x}+\lim_{\varepsilon_2\to0}2\int_1^{2-\varepsilon_2}\frac{1}{\sqrt{2-x}}\mathrm{d}\sqrt{x}$$

$$=\lim_{\varepsilon_1\to0}2\arcsin\frac{\sqrt{x}}{\sqrt{2}}\Bigg|_{\varepsilon_1}^{1}+\lim_{\varepsilon_2\to0}2\arcsin\frac{\sqrt{x}}{\sqrt{2}}\Bigg|_{1}^{2-\varepsilon_2}$$

$$=\lim_{\varepsilon_1\to0}2\left(\frac{\pi}{4}-\arcsin\sqrt{\frac{\varepsilon_1}{2}}\right)+\lim_{\varepsilon_2\to0}2\left(\arcsin\sqrt{\frac{2-\varepsilon_2}{2}}-\frac{\pi}{4}\right)$$

$$=\frac{\pi}{2}+2\left(\frac{\pi}{2}-\frac{\pi}{4}\right)=\pi.$$

例 9 计算 $\int_1^2\left[\frac{1}{x\ln^2x}-\frac{1}{(x-1)^2}\right]\mathrm{d}x$.

解 $x=1$ 是被积函数的瑕点. 取 $\varepsilon>0$,

$$I=\lim_{\varepsilon\to0}\int_{1+\varepsilon}^2\left[\frac{1}{x\ln^2x}-\frac{1}{(x-1)^2}\right]\mathrm{d}x=\lim_{\varepsilon\to0}\left[-\frac{1}{\ln x}+\frac{1}{x-1}\right]\Bigg|_{1+\varepsilon}^{2}$$

$$=\lim_{\varepsilon\to0}\left[-\frac{1}{\ln 2}+1+\frac{1}{\ln(1+\varepsilon)}-\frac{1}{1+\varepsilon-1}\right]$$

$$=1-\frac{1}{\ln 2}+\lim_{\varepsilon\to0}\frac{\varepsilon-\ln(1+\varepsilon)}{\varepsilon\ln(1+\varepsilon)}=1-\frac{1}{\ln 2}+\frac{1}{2}=\frac{3}{2}-\frac{1}{\ln 2}.$$

注释 本题若写成下式是错误的:

$$\int_1^2\left[\frac{1}{x\ln^2x}-\frac{1}{(x-1)^2}\right]\mathrm{d}x=\int_1^2\frac{1}{x\ln^2x}\mathrm{d}x-\int_1^2\frac{1}{(x-1)^2}\mathrm{d}x,$$

因右端的两个反常积分均发散,这是$\infty-\infty$型未定式. 见例 2 注释.

例 10 计算积分 $\int_{\frac{1}{2}}^{\frac{3}{2}}\frac{\mathrm{d}x}{\sqrt{|x-x^2|}}$.

解 注意到被积函数内有绝对值号且 $x=1$ 是被积函数的瑕点,故

$$I=\int_{\frac{1}{2}}^{1}\frac{\mathrm{d}x}{\sqrt{x-x^2}}+\int_1^{\frac{3}{2}}\frac{\mathrm{d}x}{\sqrt{x^2-x}}=I_1+I_2.$$

$$I_1=\int_{\frac{1}{2}}^{1}\frac{\mathrm{d}x}{\sqrt{\frac{1}{4}-\left(x-\frac{1}{2}\right)^2}}=\arcsin(2x-1)\Big|_{\frac{1}{2}}^{1}=\arcsin 1=\frac{\pi}{2},$$

$$\begin{aligned}I_2&=\int_{1}^{\frac{3}{2}}\frac{\mathrm{d}x}{\sqrt{\left(x-\frac{1}{2}\right)^2-\frac{1}{4}}}\\&=\ln\left[\left(x-\frac{1}{2}\right)+\sqrt{\left(x-\frac{1}{2}\right)^2-\frac{1}{4}}\right]\Big|_{1}^{\frac{3}{2}}\\&=\ln(2+\sqrt{3}),\end{aligned}$$

故
$$\int_{\frac{1}{2}}^{\frac{3}{2}}\frac{\mathrm{d}x}{\sqrt{|x-x^2|}}=\frac{\pi}{2}+\ln(2+\sqrt{3}).$$

例 11 设 $f(x)=\int_1^{\sqrt{x}}\mathrm{e}^{-t^2}\mathrm{d}t$,求 $\int_0^1\frac{f(x)}{\sqrt{x}}\mathrm{d}x$.

解 $x=0$ 是瑕点,用分部积分法.

$$\begin{aligned}\int_0^1\frac{f(x)}{\sqrt{x}}\mathrm{d}x&=2\int_0^1 f(x)\,\mathrm{d}\sqrt{x}\\&=2\left[\sqrt{x}f(x)\Big|_0^1-\int_0^1\sqrt{x}f'(x)\,\mathrm{d}x\right]\\&=0-2\int_0^1\sqrt{x}\left(\mathrm{e}^{-x}\cdot\frac{1}{2\sqrt{x}}\right)\mathrm{d}x=\mathrm{e}^{-x}\Big|_0^1\\&=\mathrm{e}^{-1}-1.\end{aligned}$$

二、反常积分敛散性的判别

1. 无穷积分敛散性的判别法

(1) 比较原则

设函数 $f(x)$ 和 $g(x)$ 在区间 $[a,+\infty)$ 上连续,且 $0\leqslant f(x)\leqslant g(x)$:

1° 若 $\int_a^{+\infty}g(x)\,\mathrm{d}x$ 收敛,则 $\int_a^{+\infty}f(x)\,\mathrm{d}x$ 收敛;

2° 若 $\int_a^{+\infty}f(x)\,\mathrm{d}x$ 发散,则 $\int_a^{+\infty}g(x)\,\mathrm{d}x$ 发散.

在该比较原则中,若取 $g(x)=\frac{1}{x^p}$,则有下述的比较判别法和极限判别法.

(2) 比较判别法

设 $f(x)$ 在 $[a,+\infty)(a>0)$ 上连续, $f(x)\geqslant 0$, $M>0$:

1° 若 $f(x)\leqslant\frac{M}{x^p}$,且 $p>1$,则 $\int_a^{+\infty}f(x)\mathrm{d}x$ 收敛;

2° 若 $f(x)\geqslant\frac{M}{x^p}$,且 $p\leqslant 1$,则 $\int_a^{+\infty}f(x)\mathrm{d}x$ 发散.

(3) 极限判别法

设 $f(x)$ 在 $[a,+\infty)(a>0)$ 上连续, $f(x)\geqslant 0$,且 $\lim\limits_{x\to+\infty}x^p f(x)=A$:

1° 若 $p>1$, $0\leqslant A<+\infty$,则 $\int_a^{+\infty}f(x)\mathrm{d}x$ 收敛;

2° 若 $p\leqslant 1$, $0<A\leqslant+\infty$,则 $\int_a^{+\infty}f(x)\mathrm{d}x$ 发散.

(4) 绝对收敛,条件收敛

若 $\int_a^{+\infty}|f(x)|\mathrm{d}x$ 收敛,则 $\int_a^{+\infty}f(x)\mathrm{d}x$ 收敛,这时称它绝对收敛;若 $\int_a^{+\infty}f(x)\mathrm{d}x$ 收敛,而 $\int_a^{+\infty}|f(x)|\mathrm{d}x$ 发散,则称它条件收敛.

2. 判别无穷积分敛散性的**方法**

(1) 定义法　用无穷积分敛散性的定义;

(2) 用上述判别法.

3. 判别无穷积分 $\int_a^{+\infty}f(x)\mathrm{d}x\,(f(x)>0)$ 敛散性的**思路与解题程序**以用极限判别法来说明

思路　因当 $p>1$ 时, $\lim\limits_{x\to+\infty}x^p=+\infty$,所以,若 $\int_a^{+\infty}f(x)\mathrm{d}x$ 收

敛,当 $x\to+\infty$ 时,$f(x)$ 必须是无穷小,即 $f(x)\to 0$,且 $f(x)$ 与 $\frac{1}{x^p}$ $(p>1)$ 相比,是同阶或高阶无穷小.

解题程序

(1) 按上述思路,将 $f(x)$ 与 $\frac{1}{x^p}$ 作比较,对 $\int_a^{+\infty} f(x)\,\mathrm{d}x$ 的敛散性作出初步估计;

(2) 恰当的选取 x^p;

(3) 计算极限 $\lim\limits_{x\to+\infty} x^p f(x)$,得到结论.

4. 瑕积分敛散性的判别法

(1) 比较原则

设函数 $f(x)$ 和 $g(x)$ 在 $(a,b]$ 上连续,a 是 $f(x)$ 和 $g(x)$ 的瑕点,且 $0\leqslant f(x)\leqslant g(x)$:

1° 若 $\int_a^b g(x)\,\mathrm{d}x$ 收敛,则 $\int_a^b f(x)\,\mathrm{d}x$ 收敛;

2° 若 $\int_a^b f(x)\,\mathrm{d}x$ 发散,则 $\int_a^b g(x)\,\mathrm{d}x$ 发散.

在该比较原则中,若取 $g(x)=\frac{1}{(x-a)^p}\ (p>0)$,则有下述的比较判别法和极限判别法.

(2) 比较判别法

设 $f(x)$ 在 $(a,b]$ 上连续,a 是 $f(x)$ 的瑕点,$f(x)\geqslant 0$,$M>0$:

1° 若 $f(x)\leqslant\frac{M}{(x-a)^p}$,且 $0<p<1$,则 $\int_a^b f(x)\,\mathrm{d}x$ 收敛;

2° 若 $f(x)\geqslant\frac{M}{(x-a)^p}$,且 $p\geqslant 1$,则 $\int_a^b f(x)\,\mathrm{d}x$ 发散.

(3) 极限判别法

设 $f(x)$ 在 $(a,b]$ 上连续,a 是 $f(x)$ 的瑕点,$f(x)\geqslant 0$,且 $\lim\limits_{x\to a^+}(x-a)^p f(x)=A$:

1° 若 $0<p<1, 0\leqslant A<+\infty$，则 $\int_a^b f(x)\mathrm{d}x$ 收敛；

2° 若 $p\geqslant 1, 0<A\leqslant +\infty$，则 $\int_a^b f(x)\mathrm{d}x$ 发散.

(4) 绝对收敛，条件收敛

设 a 是 $f(x)$ 的瑕点，若 $\int_a^b |f(x)|\mathrm{d}x$ 收敛，则 $\int_a^b f(x)\mathrm{d}x$ 收敛，这时称它绝对收敛；若 $\int_a^b f(x)\mathrm{d}x$ 收敛，而 $\int_a^b |f(x)|\mathrm{d}x$ 发散，则称它条件收敛.

例 12 若无穷积分 $\int_1^{+\infty} x^p(\mathrm{e}^{1-\cos\frac{1}{x}}-1)\mathrm{d}x$ 收敛，则 p 的取值范围是(　　).

(A) $(-\infty,2)$　(B) $(-\infty,1)$　(C) $(-1,+\infty)$　(D) $(1,+\infty)$

解 选(B). 若无穷积分收敛，当 $x\to+\infty$ 时，被积函数为无穷小，且

$$x^p(\mathrm{e}^{1-\cos\frac{1}{x}}-1)\sim x^p\left(1-\cos\frac{1}{x}\right)\sim\frac{1}{2x^{2-p}}.$$

由比较判别法，当 $2-p>1$，即 $p<1$ 时，无穷积分收敛.

例 13 判别无穷积分 $\int_3^{+\infty}\frac{1}{(x-1)(\ln x)^p}\mathrm{d}x\ (p>0)$ 的敛散性.

解 被积函数在 $[3,+\infty)$ 上连续且恒正，并注意到 $x\geqslant 3$，因

$$\frac{1}{(x-1)(\ln x)^p}>\frac{1}{x(\ln x)^p},$$

$$\frac{1}{(x-1)(\ln x)^p}<\frac{1}{(x-1)[\ln(x-1)]^p}\qquad(x-1\geqslant 2),$$

由常用反常积分(2)，即 $\int_a^{+\infty}\frac{1}{x(\ln x)^p}\mathrm{d}x\ (a>1)$ 的敛散性及比较原则可知，当 $p\leqslant 1$ 时，无穷积分发散；当 $p>1$ 时，无穷积分收敛.

例 14 判别无穷积分 $\int_1^{+\infty}\frac{\arctan x}{(1+x^2)^{\frac{3}{2}}}\mathrm{d}x$ 的敛散性.

解 在 $[1,+\infty)$ 内,被积函数恒正,因 $0<\arctan x<\frac{\pi}{2}$, $(1+x^2)^{\frac{3}{2}}>x^3$,有

$$0<\frac{\arctan x}{(1+x^2)^{\frac{3}{2}}}<\frac{\pi}{2}\frac{1}{x^3},$$

由比较判别法,取 $x^p=x^3(p>1)$, $M=\frac{\pi}{2}>0$,所给反常积分收敛.

例 15 判别下列反常积分的敛散性:

(1) $\int_1^{+\infty}\frac{\ln^2 x}{x^2}\mathrm{d}x$; (2) $\int_1^{+\infty}\frac{2x}{\sqrt{x+1}}\arctan\frac{1}{x}\mathrm{d}x$.

解 (1) 在 $[1,+\infty)$ 内, $\frac{\ln^2 x}{x^2}\geqslant 0$,且

$$\frac{\ln^2 x}{x^2}=\frac{1}{x^{\frac{3}{2}}}\cdot\frac{\ln^2 x}{x^{\frac{1}{2}}},\quad \lim_{x\to+\infty}\frac{\ln^2 x}{x^{\frac{1}{2}}}=0.$$

取 $x^p=x^{\frac{3}{2}}$,由于 $p=\frac{3}{2}>1$,且 $\lim\limits_{x\to+\infty}x^{\frac{3}{2}}\frac{\ln^2 x}{x^2}=0$,所以由极限判别法,反常积分收敛.

(2) 在 $[1,+\infty)$ 内, $\frac{2x}{\sqrt{x+1}}\arctan\frac{1}{x}=\frac{2}{\sqrt{x+1}}\cdot\frac{\arctan\frac{1}{x}}{\frac{1}{x}}>0$,因

$$\lim_{x\to+\infty}\frac{\arctan\frac{1}{x}}{\frac{1}{x}}=1,\text{且}\frac{1}{\sqrt{x+1}}\sim\frac{1}{\sqrt{x}},$$

取 $x^p=x^{\frac{1}{2}}$,因 $p=\frac{1}{2}<1$,且

$$\lim_{x\to+\infty} x^{\frac{1}{2}}\cdot\frac{2x}{\sqrt{x+1}}\arctan\frac{1}{x}=2$$

由极限判别法,所给反常积分发散.

例 16 判别 $\int_1^{+\infty}\frac{\ln x}{x^2}\sin x\mathrm{d}x$ 是否收敛?是否是绝对收敛?

解 在$[1,+\infty)$内,$\frac{\ln x}{x^2}\geqslant 0$,而 $\sin x$ 非恒正值,从而被积函数$f(x)=\frac{\ln x}{x^2}\sin x$ 非恒正值. 由于

$$\left|\frac{\ln x}{x^2}\sin x\right|\leqslant\frac{\ln x}{x^2},\text{且}\quad \lim_{x\to+\infty} x^{\frac{3}{2}}\cdot\frac{\ln x}{x^2}=\lim_{x\to+\infty}\frac{\ln x}{x^{\frac{1}{2}}}=0,$$

所以,反常积分 $\int_1^{+\infty}\frac{\ln x}{x^2}\mathrm{d}x$ 收敛;由比较原则,反常积分 $\int_1^{+\infty}\left|\frac{\ln x}{x^2}\sin x\right|\mathrm{d}x$ 收敛. 从而反常积分$\int_1^{+\infty}\frac{\ln x}{x^2}\sin x\mathrm{d}x$ 收敛且绝对收敛.

例 17 判别 $\int_2^{+\infty}\frac{\cos x}{\ln x}\mathrm{d}x$ 的敛散性.

解 由分部积分法

$$\begin{aligned}\int_2^{+\infty}\frac{\cos x}{\ln x}\mathrm{d}x &= \int_2^{+\infty}\frac{1}{\ln x}\mathrm{d}\sin x\\ &=\frac{\sin x}{\ln x}\Big|_2^{+\infty}+\int_2^{+\infty}\frac{\sin x}{x\ln^2 x}\mathrm{d}x\\ &=-\frac{\sin 2}{\ln 2}+\int_2^{+\infty}\frac{\sin x}{x\ln^2 x}\mathrm{d}x\end{aligned}$$

因 $$\left|\frac{\sin x}{x\ln^2 x}\right|\leqslant\frac{1}{x\ln^2 x},\text{而}\int_2^{+\infty}\frac{1}{x\ln^2 x}\mathrm{d}x\text{ 收敛}.$$

所以,$\int_2^{+\infty}\left|\frac{\sin x}{x\ln^2 x}\right|\mathrm{d}x$ 收敛,从而$\int_2^{+\infty}\frac{\sin x}{x\ln^2 x}\mathrm{d}x$ 收敛,故$\int_2^{+\infty}\frac{\cos x}{\ln x}\mathrm{d}x$ 收敛,且是绝对收敛.

注释 若对无穷积分难以用比较判别法判别其敛散性,可利用分部积分法提高被积函数分母的 x 幂次,把其转化为新的无穷积分,然后再判别该无穷积分的敛散性. 这个方法也有一定的普遍性.

例 18 判别下列瑕积分的敛散性:

(1) $\int_0^1 \frac{x^4}{\sqrt{1-x^4}}dx$; (2) $\int_0^1 \frac{\ln x}{1-x^2}dx$;

(3) $\int_0^1 \frac{1}{\sqrt[3]{x(e^x-e^{-x})}}dx$; (4) $\int_0^1 \frac{\sin x}{x^{\frac{3}{2}}}dx$.

解 (1) $x=1$ 是瑕点,在$[0,1)$内,被积函数恒正,且

$$\frac{x^4}{\sqrt{1-x^4}}=\frac{x^4}{\sqrt{1+x^2}\cdot\sqrt{1+x}\cdot\sqrt{1-x}}\leqslant\frac{1}{\sqrt{1-x}},$$

由常用反常积分(6)知,$\int_0^1 \frac{1}{\sqrt{1-x}}dx$ 收敛,由比较判别法,所论积分收敛.

(2) 易看出 $x=0$ 是瑕点. 由于 $\lim\limits_{x\to1^-}\frac{\ln x}{1-x^2}\overset{\frac{0}{0}}{=\!=}-\frac{1}{2}$,故 $x=1$ 不是瑕点.

在$(0,1]$内,被积函数恒负,不妨考虑瑕积分 $\int_0^1 \frac{-\ln x}{1-x^2}dx$. 因 $\lim\limits_{x\to0^+}\frac{-\ln x}{x^{-\frac{1}{2}}}=0$,取 $x^p=x^{\frac{1}{2}}\left(p=\frac{1}{2}\right)$. 由于

$$\lim_{x\to0^+}x^{\frac{1}{2}}\cdot\frac{-\ln x}{1-x^2}=0$$

由极限判别法,瑕积分 $\int_0^1 \frac{-\ln x}{1-x^2}dx$ 收敛,从而 $\int_0^1 \frac{\ln x}{1-x^2}dx$ 收敛且是绝对收敛.

(3) $x=0$ 是瑕点,在$(0,1]$内,被积函数

$$\frac{1}{\sqrt[3]{x(e^x-e^{-x})}}=\frac{1}{\sqrt[3]{x}}\cdot\frac{1}{\sqrt{e^x-e^{-x}}}>0$$

由于$\lim\limits_{x\to0^+}\dfrac{e^x-e^{-x}}{2x}=1$，取$x^p=x^{\frac{2}{3}}\left(p=\dfrac{2}{3}\right)$. 因

$$\lim_{x\to0^+}x^{\frac{2}{3}}\cdot\frac{1}{\sqrt[3]{x}\sqrt[3]{e^x-e^{-x}}}=\lim_{x\to0^+}\frac{\sqrt[3]{x}}{\sqrt[3]{e^x-e^{-x}}}=\frac{1}{\sqrt[3]{2}},$$

由极限判别法，所论积分收敛.

(4) $x=0$是瑕点. 因为在$(0,1]$上，$\dfrac{\sin x}{x}$有界，故在$(0,1]$上，可以取$M>0$，有

$$\left|\frac{\sin x}{x^{\frac{3}{2}}}\right|=\left|\frac{\sin x}{x}\cdot\frac{1}{x^{\frac{1}{2}}}\right|\leqslant\frac{M}{x^{\frac{1}{2}}}$$

因$\displaystyle\int_0^1\frac{1}{\sqrt{x}}dx$收敛，由比较判别法，所论积分收敛.

例 19 判别反常积分$\displaystyle\int_1^{+\infty}\frac{1}{x\sqrt{x-1}}dx$的敛散性.

解 所设反常积分既是瑕积分，又是无穷积分. $x=1$是瑕点.

$$\int_1^{+\infty}\frac{1}{x\sqrt{x-1}}dx=\int_1^2\frac{1}{x\sqrt{x-1}}dx+\int_2^{+\infty}\frac{1}{x\sqrt{x-1}}dx,$$

因 $\displaystyle\lim_{x\to1^+}(x-1)^{\frac{1}{2}}\frac{1}{x\sqrt{x-1}}=1,\ \lim_{x\to+\infty}x^{\frac{3}{2}}\frac{1}{x\sqrt{x-1}}=1$

故$\displaystyle\int_1^2\frac{1}{x\sqrt{x-1}}dx$和$\displaystyle\int_2^{+\infty}\frac{1}{x\sqrt{x-1}}dx$均收敛，从而$\displaystyle\int_1^{+\infty}\frac{1}{x\sqrt{x-1}}dx$收敛.

例 20 判别反常积分$\displaystyle\int_0^{+\infty}\frac{x^m}{1+x^n}dx$的敛散性.

解 $\displaystyle\int_0^{+\infty}\frac{x^m}{1+x^m}dx=\int_0^1\frac{x^m}{1+x^n}dx+\int_1^{+\infty}\frac{x^m}{1+x^n}dx$

若$n>0$，因

$$\lim_{x\to0^+}x^{-m}\frac{x^m}{1+x^n}=1,\ \lim_{x\to+\infty}x^{n-m}\frac{x^m}{1+x^n}=1$$

可知瑕积分$\displaystyle\int_0^1\frac{x^m}{1+x^n}dx$在$-m<1$时收敛，在$-m\geqslant1$时发散；无穷

积分 $\int_1^{+\infty} \frac{x^m}{1+x^n}\mathrm{d}x$ 在 $n-m>1$ 时收敛,在 $n-m\leqslant 1$ 时发散.

若 $n<0$,因

$$\lim_{x\to 0^+} x^{n-m}\frac{x^{m-n}}{x^{-n}+1}=1,\ \lim_{x\to+\infty} x^{-m}\frac{x^{m-n}}{x^{-n}+1}=1,$$

可知瑕积分 $\int_0^1 \frac{x^m}{1+x^n}\mathrm{d}x$ 在 $n-m<1$ 时收敛,在 $n-m\geqslant 1$ 时发散;无穷积分 $\int_1^{+\infty} \frac{x^m}{1+x^n}\mathrm{d}x$ 在 $-m>1$ 时收敛,在 $-m\leqslant 1$ 时发散.

若 $n=0$,则 $\int_0^{+\infty} \frac{x^m}{1+x^n}\mathrm{d}x=\frac{1}{2}\int_0^1 \frac{1}{x^{-m}}\mathrm{d}x+\frac{1}{2}\int_1^{+\infty} \frac{1}{x^{-m}}\mathrm{d}x$.

瑕积分 $\int_0^1 \frac{1}{x^{-m}}\mathrm{d}x$ 在 $0<-m<1$ 时收敛,$-m\geqslant 1$ 时发散;无穷积分 $\int_1^{+\infty} \frac{1}{x^{-m}}\mathrm{d}x$ 在 $-m>1$ 时收敛,在 $-m\leqslant 1$ 时发散. 故 $n=0$ 时,反常积分 $\int_0^{+\infty} \frac{x^m}{1+x^n}\mathrm{d}x$ 发散.

综上所述,原反常积分在 $n>0,m>-1,n>m+1$ 时收敛,在 $n<0,m<-1,n<m+1$ 时也收敛,其余情形都发散.

三、Γ 函数与 B 函数

1. Γ 函数

(1) **定义** 含参变量 α 的积分

$$\Gamma(\alpha)=\int_0^{+\infty} x^{\alpha-1}\mathrm{e}^{-x}\mathrm{d}x \qquad (\alpha>0) \tag{1}$$

称为 Γ 函数. 当 $\alpha>0$ 时,该积分收敛.

若令 $x=t^2$,得 Γ 函数的另一种表现形式

$$\Gamma(\alpha)=2\int_0^{+\infty} t^{2\alpha-1}\mathrm{e}^{-t^2}\mathrm{d}t \tag{2}$$

(2) Γ 函数的递推公式

$$\Gamma(\alpha+1)=\alpha\Gamma(\alpha),\quad \Gamma\left(\frac{1}{2}\right)=\sqrt{\pi}$$

$$\Gamma(n+1)=n! \quad (n\text{ 为正整数}),\Gamma(1)=1.$$

2. B 函数

(1) **定义** 含参变量 p 和 q 的积分

$$B(p,q)=\int_0^1 x^{p-1}(1-x)^{q-1}\mathrm{d}x(p>0,q>0) \tag{3}$$

称为 B 函数. 当 $p>0,q>0$ 时,该积分收敛.

若令 $x=\sin^2 t$,得 B 函数的另一种表现形式

$$B(p,q)=2\int_0^{\frac{\pi}{2}} \sin^{2p-1}t\cdot\cos^{2q-1}t\mathrm{d}t \tag{4}$$

(2) B 函数的性质

1° 对称性 $B(p,q)=B(q,p)$

2° 递推公式

$$B(p+1,q+1)=\frac{q}{p+q+1}B(p+1,q),$$

$$B(p+1,q+1)=\frac{p}{p+q+1}B(p,q+1),$$

$$B(p+1,q+1)=\frac{pq}{(p+q+1)(p+q)}B(p,q).$$

$$B(1,1)=1,B\left(\frac{1}{2},\frac{1}{2}\right)=\pi.$$

3. Γ 函数与 B 函数的关系

$$B(p,q)=\frac{\Gamma(p)\Gamma(q)}{\Gamma(p+q)}.$$

例 21 证明 $\int_0^{+\infty} \mathrm{e}^{-x^2}\mathrm{d}x=\frac{\sqrt{\pi}}{2}$;并以其证明

$$\frac{1}{\sigma\sqrt{2\pi}}\int_{-\infty}^{+\infty} x\mathrm{e}^{-\frac{(x-\mu)^2}{2\sigma^2}}\mathrm{d}x=\mu.$$

证 由 Γ 函数表现形式(2)式知,这就是要证 $\Gamma\left(\frac{1}{2}\right)=\sqrt{\pi}$. 由 Γ 函数与 B 函数的关系式

$$B\left(\frac{1}{2},\frac{1}{2}\right)=\frac{\Gamma\left(\frac{1}{2}\right)\Gamma\left(\frac{1}{2}\right)}{\Gamma\left(\frac{1}{2}+\frac{1}{2}\right)}=\left[\Gamma\left(\frac{1}{2}\right)\right]^2,$$

由 B 函数的表现形式(4)式知

$$B\left(\frac{1}{2},\frac{1}{2}\right)=2\int_0^{\frac{\pi}{2}}\mathrm{d}t=\pi,$$

于是 $\Gamma\left(\frac{1}{2}\right)=\sqrt{\pi}$，即 $\int_0^{+\infty}\mathrm{e}^{-x^2}\mathrm{d}x=\frac{\sqrt{\pi}}{2}$.

由 $\mathrm{e}^{-\frac{(x-\mu)^2}{2\sigma^2}}$ 与 e^{-t^2} 的关系知，设 $t=\frac{x-\mu}{\sqrt{2}\sigma}$，则 $\mathrm{d}x=\sqrt{2}\sigma\mathrm{d}t$. 于是

$$\frac{1}{\sqrt{2\pi}\sigma}\int_{-\infty}^{+\infty}x\mathrm{e}^{-\frac{(x-\mu)^2}{2\sigma^2}}\mathrm{d}x=\frac{1}{\sqrt{\pi}}\int_{-\infty}^{+\infty}(\mu+\sqrt{2}\sigma t)\mathrm{e}^{-t^2}\mathrm{d}t$$

$$=\frac{\mu}{\sqrt{\pi}}\int_{-\infty}^{+\infty}\mathrm{e}^{-t^2}\mathrm{d}t-\frac{\sqrt{2}\sigma}{2\sqrt{\pi}}\left[\int_{-\infty}^{0}\mathrm{e}^{-t^2}\mathrm{d}(-t^2)+\int_0^{+\infty}\mathrm{e}^{-t^2}\mathrm{d}(-t^2)\right]$$

$$=\frac{2\mu}{\sqrt{\pi}}\int_0^{+\infty}\mathrm{e}^{-t^2}\mathrm{d}t-\frac{\sigma}{\sqrt{2\pi}}\left[\mathrm{e}^{-t^2}\Big|_{-\infty}^{0}+\mathrm{e}^{-t^2}\Big|_0^{+\infty}\right]$$

$$=\frac{2\mu}{\sqrt{\pi}}\cdot\frac{\sqrt{\pi}}{2}-[1-1]=\mu.$$

例 22 用 Γ 函数、B 函数计算下列积分：

(1) $\int_0^1\frac{1}{\sqrt{1-\sqrt[3]{x}}}\mathrm{d}x$； (2) $\int_0^{\frac{\pi}{2}}\sin^6x\cdot\cos^4x\mathrm{d}x$.

解 (1) 注意 B 函数的表现形式(3)式，设 $x=t^3$，则

$$I=\int_0^1(1-t)^{-\frac{1}{2}}\cdot 3t^2\mathrm{d}t=3\int_0^1 t^{3-1}(1-t)^{\frac{1}{2}-1}=3B\left(3,\frac{1}{2}\right)$$

$$=3\frac{\Gamma(3)\Gamma\left(\frac{1}{2}\right)}{\Gamma\left(3+\frac{1}{2}\right)}=\frac{3\cdot 2!\ \Gamma\left(\frac{1}{2}\right)}{\frac{5}{2}\cdot\frac{3}{2}\cdot\frac{1}{2}\Gamma\left(\frac{1}{2}\right)}=\frac{16}{5}.$$

(2) 注意 B 函数的表现形式(4)式，

$$I=\int_0^{\frac{\pi}{2}}\sin^{7-1}x\cdot\cos^{5-1}x\mathrm{d}x=\frac{1}{2}\mathrm{B}\left(\frac{7}{2},\frac{5}{2}\right)$$

$$=\frac{1}{2}\cdot\frac{\Gamma\left(\frac{7}{2}\right)\Gamma\left(\frac{5}{2}\right)}{\Gamma\left(\frac{7}{2}+\frac{5}{2}\right)}$$

$$=\frac{1}{2}\frac{\frac{5}{2}\cdot\frac{3}{2}\cdot\frac{1}{2}\Gamma\left(\frac{1}{2}\right)\cdot\frac{3}{2}\cdot\frac{1}{2}\cdot\Gamma\left(\frac{1}{2}\right)}{5!}=\frac{3\pi}{512}.$$

例 23 用 Γ 函数计算下列反常积分：

(1) $\int_0^{+\infty}x^{2n}\mathrm{e}^{-x^2}\mathrm{d}x$（$n$ 是正整数）；

(2) $\int_0^1\left(\ln\frac{1}{x}\right)^p\mathrm{d}x$ （p 是正整数）.

解 (1) 由 Γ 函数的表现形式(2)式

$$\int_0^{+\infty}x^{2n}\mathrm{e}^{-x^2}\mathrm{d}x=\frac{1}{2}\cdot2\int_0^{+\infty}x^{2\left(n+\frac{1}{2}\right)-1}\mathrm{e}^{-x^2}\mathrm{d}x$$

$$=\frac{1}{2}\Gamma\left(n+\frac{1}{2}\right)=\frac{1}{2}\Gamma\left[\left(n-\frac{1}{2}\right)+1\right]$$

$$=\frac{1}{2}\left(n-\frac{1}{2}\right)\left(n-\frac{3}{2}\right)\cdots\frac{3}{2}\cdot\frac{1}{2}\Gamma\left(\frac{1}{2}\right)$$

$$=\frac{1\cdot3\cdot5\cdots(2n-1)}{2^{n+1}}\sqrt{\pi}.$$

(2) 用对数函数与指数函数的关系，可将对数函数化为指数函数. 设 $t=\ln\frac{1}{x}$，则 $x=\mathrm{e}^{-t}$. 于是

$$\int_0^1\left(\ln\frac{1}{x}\right)^p\mathrm{d}x=\int_0^{+\infty}t^p\mathrm{e}^{-t}\mathrm{d}t$$

$$=\int_0^{+\infty}t^{(p+1)-1}\mathrm{e}^{-t}\mathrm{d}t=\Gamma(p+1)=p!$$

注释 本例之(2)，若 p 不是正整数，得到 $\Gamma(P+1)$ 之后，用递推公式并查 Γ 函数表也可求得其值.

例 24 用 Γ 函数和 B 函数表示下列积分：

(1) $\int_0^{+\infty} x^n e^{-x^m} dx$； (2) $\int_0^1 \frac{1}{\sqrt[n]{1-x^n}} dx$.

解 (1) 由 Γ 函数的表示式(1)式知，设 $x^m = t$.

当 $m>0$ 时，得 $I=\frac{1}{m}\int_0^{+\infty} t^{\frac{n+1}{m}-1}e^{-t}dt$,

当 $m<0$ 时，得 $I=\frac{1}{m}\int_{+\infty}^0 t^{\frac{n+1}{m}-1}e^{-t}dt=\frac{1}{-m}\int_0^{+\infty} t^{\frac{n+1}{m}-1}e^{-t}dt$.

由上述两种情形知，当 $m\neq 0$，且$\frac{n+1}{m}>0$ 时，所论积分存在，且

$$I=\frac{1}{|m|}\Gamma\left(\frac{n+1}{m}\right).$$

(2) 由 B 函数的表示式(3)式知，设 $x=t^{\frac{1}{n}}$，则

$$dx=\frac{1}{n}t^{\frac{1}{n}-1}dt.$$

$$\begin{aligned} I &= \frac{1}{n}\int_0^1 t^{\frac{1}{n}-1}(1-t)^{-\frac{1}{n}}dt \\ &= \frac{1}{n}\int_0^1 t^{\frac{1}{n}-1}(1-t)^{\left(1-\frac{1}{n}\right)-1}dt \\ &= \frac{1}{n}B\left(\frac{1}{n},\frac{n-1}{n}\right). \end{aligned}$$

由此知，所论积分，当$\frac{1}{n}>0$，$\frac{n-1}{n}>0$，即 $n>1$ 时存在.

§6.8 积分学的应用

一、定积分的几何应用

1. 平面图形的面积

(1) 面积公式

1° 曲线 $y=f(x)$，直线 $x=a$，$x=b(a<b)$ 及 $y=0$ 所围图形的

面积

$$S=\int_a^b |f(x)|\,dx.$$

2° 曲线 $y=f(x)$, $y=g(x)$ 和直线 $x=a$, $x=b(a<b)$ 所围图形的面积

$$S=\int_a^b |f(x)-g(x)|\,dx.$$

3° 曲线 $x=\varphi(y)$,直线 $y=c$, $y=d(c<d)$ 及 $x=0$ 所围图形的面积

$$S=\int_c^d |\varphi(y)|\,dy.$$

4° 曲线 $x=\varphi(y)$, $x=\psi(y)$ 和直线 $y=c$, $y=d(c<d)$ 所围图形的面积

$$S=\int_c^d |\varphi(y)-\psi(y)|\,dy.$$

（2）**解题程序**

1° 据已知条件画出草图;

2° 选择积分变量并确定积分限:直接判定或解方程组确定曲线的交点;

3° 用相应的公式计算面积.

注释 选择积分变量时,一般情况以计算面积时,图形不分块和少分块为好.

2. 旋转体的体积

（1）曲线 $y=f(x)$ 与直线 $x=a$, $x=b(a<b)$ 及 $y=0$ 所围图形绕 x 轴旋转而成的体积

$$V_x=\pi\int_a^b [f(x)]^2\,dx \tag{1}$$

（2）曲线 $y=f(x)$ 与直线 $x=a$, $x=b(0\leqslant a<b)$ 及 $y=0$ 所围图形绕 y 轴旋转而成的体积

$$V_y=2\pi\int_a^b x|f(x)|\,dx.\text{（证明见例 5）} \tag{2}$$

(3) 曲线 $x=\varphi(y)$ 与直线 $y=c, y=d(c<d)$ 及 $x=0$ 所围图形绕 y 轴旋转而成的体积

$$V_y=\pi\int_c^d[\varphi(y)]^2\mathrm{d}y. \tag{3}$$

例 1 曲线 $y=-x^3+x^2+2x$ 与 x 轴所围成的图形的面积 $S=$_____.

解 $y=-x^3+x^2+2x=-x(x+1)(x-2)$,则曲线与 x 轴的交点为 $x=-1, x=0, x=2$. 于是

$$S=\int_{-1}^0(x^3-x^2-2x)\mathrm{d}x+\int_0^2(-x^3+x^2+2x)\mathrm{d}x=\frac{37}{12}.$$

例 2 已知抛物线 $y=px^2+qx$(其中 $p<0, q>0$)在第一象限内与直线 $x+y=5$ 相切,且此抛物线与 x 轴所围成的平面图形的面积为 S.

(1) 问 p 和 q 为何值时,S 达到最大值?

(2) 求出此最大值.

解 (1) 依题意知,抛物线如图 6-3 所示,求得它与 x 轴交点的横坐标为 $x_1=0, x_2=-\frac{q}{p}$. 面积

$$S=\int_0^{-\frac{q}{p}}(px^2+qx)\mathrm{d}x=\left(\frac{p}{3}x^3+\frac{q}{2}x^2\right)\Bigg|_0^{-\frac{q}{p}}=\frac{q^3}{6p^2}. \tag{4}$$

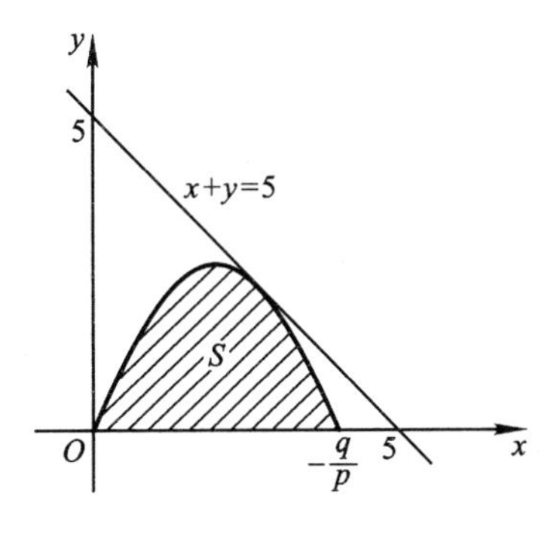

图 6-3

因直线 $x+y=5$ 与抛物线 $y=px^2+qx$ 相切，故它们有惟一公共点. 由方程组

$$\begin{cases}x+y=5,\\ y=px^2+qx\end{cases}$$

得 $px^2+(q+1)x-5=0$，其判别式必等于零，即

$$\Delta=(q+1)^2+20p=0,p=-\frac{1}{20}(1+q)^2.$$

将 p 代入(4)式得

$S(q)=\dfrac{200q^3}{3(q+1)^4}$. 由 $S'(q)=\dfrac{200q^2(3-q)}{3(q+1)^5}=0$，

得驻点 $q=3$. 当 $0<q<3$ 时，$S'(q)>0$；当 $q>3$ 时，$S'(q)<0$. 于是，当 $q=3$ 时，$S(q)$ 取极大值，即最大值. 此时，$p=-\dfrac{4}{5}$.

(2) 将 p 和 q 的值代入(4)式，得面积的最大值 $S=\dfrac{225}{32}$.

例 3 设 $f(x)$ 在 $[a,b]$ 上连续，且在 (a,b) 内 $f'(x)>0$，证明：在 (a,b) 内存在惟一点 ξ，使由曲线 $y=f(x)$ 与两直线 $y=f(\xi)$，$x=a$ 所围平面图形面积 S_1 是由曲线 $y=f(x)$ 与两直线 $y=f(\xi)$，$x=b$ 所围平面图形面积 S_2 的 3 倍.

证 由题设知，曲线 $y=f(x)$ 在 $[a,b]$ 上单调增加.

对于 (a,b) 内任一点 t，作平行于 x 轴的直线 $y=f(t)$ 与曲线只交一点(图 6-4)并与曲线 $y=f(x)$，直线 $x=a$，$x=b$ 分别围成平面图形 S_1 和 S_2. 于是

$$S_1=\int_a^t[f(t)-f(x)]\mathrm{d}x,$$

$$S_2=\int_t^b[f(x)-f(t)]\mathrm{d}x.$$

设 $F(t)=S_1-3S_2=\displaystyle\int_a^t[f(t)-f(x)]\mathrm{d}x$

$$-3\int_t^b[f(x)-f(t)]\mathrm{d}x$$

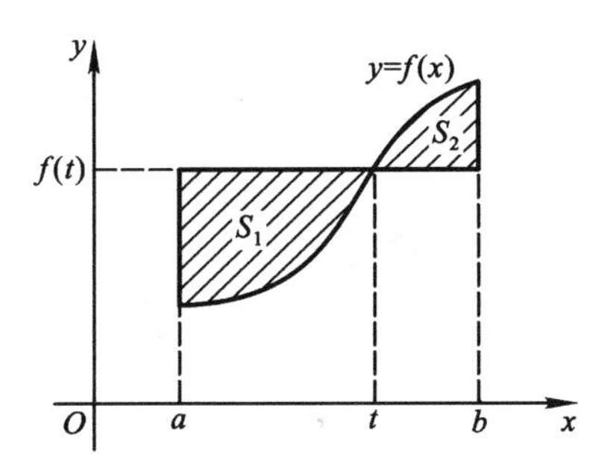

图 6－4

由于 $F(a)=-3\int_a^b[f(x)-f(a)]\mathrm{d}x<0$,

$$F(b)=\int_a^b[f(b)-f(x)]\mathrm{d}x>0,$$

且 $F(x)$ 在 $[a,b]$ 连续,利用闭区间上连续函数的零点定理,可知在 (a,b) 内至少存在一点 ξ,使 $F(\xi)=0$.

又因为 $F'(t)=f'(t)(t-a)+3f'(t)(b-t)>0$,
因此,$F(t)$ 单调增加.结合条件 $F(a)<0,F(b)>0$,可知在 (a,b) 内只有一点 ξ.使 $F(\xi)=0$.即在 (a,b) 内存在惟一点 ξ,使 $S_1=3S_2$.

例 4 设 $y=px^2+\frac{1}{p}$,取 $p=n,p=n+1$(n 为正整数)时,得两条曲线(图 6－5)的面积为 S_n,这两条曲线交点横坐标中正的一个为 a_n,求 $\sum_{n=1}^{\infty}\frac{S_n}{a_n}$.

解 在曲线 $y=px^2+\frac{1}{p}$ 中令 $p=n,p=n+1$,得

$$y=nx^2+\frac{1}{n},y=(n+1)x^2+\frac{1}{n+1}.$$

交点 $$a_n=\frac{1}{\sqrt{n(n+1)}}.$$

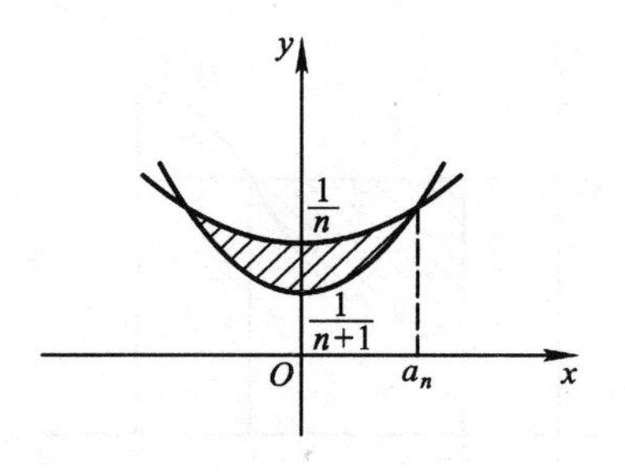

图 6－5

由于图形关于 y 轴对称，故

$$S_n = 2\int_0^{a_n}\left[nx^2 + \frac{1}{n} - (n+1)x^2 - \frac{1}{n+1}\right]dx$$

$$= 2\int_0^{a_n}\left(\frac{1}{n(n+1)} - x^2\right)dx = \frac{2}{n(n+1)}a_n - \frac{2}{3}a_n^3$$

$$= \frac{4}{3n(n+1)\sqrt{n(n+1)}}.$$

则
$$\frac{S_n}{a_n} = \frac{4}{3n(n+1)} = \frac{4}{3}\left(\frac{1}{n} - \frac{1}{n+1}\right),$$

$$\sum_{n=1}^{\infty}\frac{S_n}{a_n} = \lim_{n\to\infty}\sum_{k=1}^{n}\frac{S_k}{a_k} = \lim_{n\to\infty}\frac{4}{3}\left(1 - \frac{1}{n+1}\right) = \frac{4}{3}.$$

例 5 试证由曲线 $y=f(x)$ 与直线 $x=a, x=b(0\leqslant a<b)$ 及 $y=0$ 所围图形绕 y 轴旋转而成的体积为

$$V_y = 2\pi\int_a^b x\,|f(x)|\,dx,$$

并求由抛物线 $y=x(x-a)$ 与直线 $x=0, x=c(a<c)$ 及 $y=0$ 所围图形绕 y 轴旋转所得体积.

解 如图 6－6. 对区间 $[a,b]$ 作任意分划，任意取一个分划小区间 $[x,x+dx]$，其对应的曲边梯形绕 y 转旋转的体积可近似看作以 $|f(x)|$ 为高，内半径为 x，厚度为 dx 的圆筒体积. 即

$$\Delta V \approx \pi[(x+dx)^2 - x^2]\,|f(x)|$$

$$= \pi[2x\mathrm{d}x + (\mathrm{d}x)^2]\,|f(x)| \approx 2\pi x\,|f(x)|\,\mathrm{d}x,$$

其中$(\mathrm{d}x)^2$是较$\mathrm{d}x$高阶无穷小(当$\mathrm{d}x\to 0$时),即体积微元为

$$\mathrm{d}V = 2\pi x\,|f(x)|\,\mathrm{d}x$$

于是该立体的体积为

$$V_y = \int_a^b \mathrm{d}V = 2\pi\int_a^b x\,|f(x)|\,\mathrm{d}x.$$

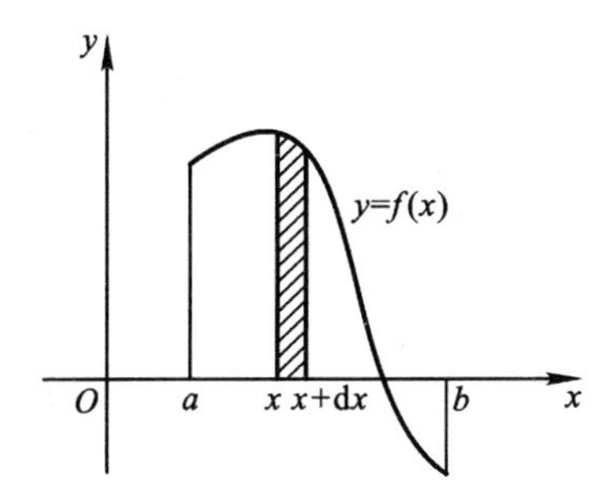

图 6-6

利用上述公式,抛物线$y = x(x-a)$在区间$[0,c]$$(a<c)$上与$x$轴所围图形(图 6-7)绕$y$轴旋转所得体积

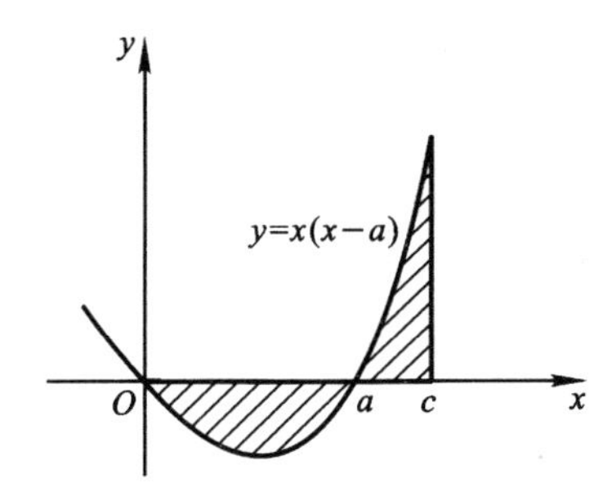

图 6-7

$$V_y = 2\pi\int_0^c x\,|f(x)|\,\mathrm{d}x$$

$$=2\pi\int_0^a x(ax-x^2)\mathrm{d}x+2\pi\int_a^c x(x^2-ax)\mathrm{d}x$$

$$=\frac{\pi a^4}{3}+\frac{\pi}{6}(3c^4-4ac^3).$$

例 6 求由曲线 $y=\mathrm{e}^{-x^2}(x\geqslant 0)$, x 轴, y 轴所围图形绕 x 轴和 y 轴旋转所成之旋转体的体积(图 6 - 8)

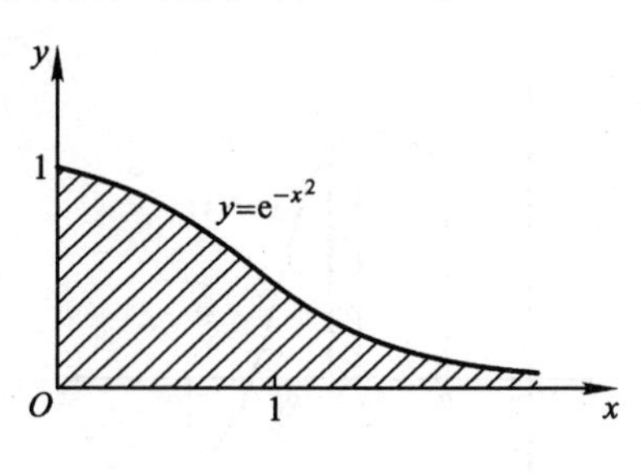

图 6 - 8

解 绕 x 轴旋转所成体积

$$V_x=\pi\int_0^{+\infty}y^2\mathrm{d}x=\pi\int_0^{+\infty}\mathrm{e}^{-2x^2}\mathrm{d}x$$

$$\xlongequal{\sqrt{2}x=t}\frac{\pi}{\sqrt{2}}\int_0^{+\infty}\mathrm{e}^{-t^2}\mathrm{d}t=\frac{\pi^{\frac{3}{2}}}{2\sqrt{2}}.$$

为求该图形绕 y 轴旋转所成的体积,可用下述两种方法.

解 1 用旋转体体积公式 2.

$$V_y=2\pi\int_0^{+\infty}x\mathrm{e}^{-x^2}\mathrm{d}x=-\pi\mathrm{e}^{-x^2}\Big|_0^{+\infty}=\pi.$$

解 2 用旋转体体积公式 3.

由 $y=\mathrm{e}^{-x^2}$ 解得 $x^2=-\ln y$. 于是

$$V_y=-\pi\int_0^1\ln y\mathrm{d}y\xlongequal[\varepsilon>0]{y=0\text{ 是瑕点}}\lim_{\varepsilon\to 0}\left[-\pi\int_\varepsilon^1\ln y\mathrm{d}y\right]$$

$$=-\pi\lim_{\varepsilon\to 0}[y\ln y-y]_\varepsilon^1$$

$$=\pi\lim_{\varepsilon\to 0}[(\varepsilon\ln\varepsilon-\varepsilon)-(\ln 1-1)]=\pi,$$

其中$\lim\limits_{\varepsilon\to 0}\varepsilon\ln\varepsilon=\lim\limits_{\varepsilon\to 0}\dfrac{\ln\varepsilon}{1/\varepsilon}=0.$

例7 过曲线 $y=\sqrt[3]{x}(x\geqslant 0)$ 上的点 A 作切线，使该切线与曲线及 x 轴所围成的平面图形 D 的面积 S 为$\dfrac{3}{4}$.

(1) 求点 A 的坐标；

(2) 求平面图形绕 x 轴旋转一周所得旋转体的体积.

解 (1) 平面图形 D 的草图如图6-9所示(切线与 x 轴的交点坐标未知). 设切点 A 的坐标为$(t,\sqrt[3]{t})(t>0)$，曲线过点 A 的切线方程是

$$y-\sqrt[3]{t}=\frac{1}{3\sqrt[3]{t^2}}(x-t)\text{或 }y=\frac{x}{3\sqrt[3]{t}}+\frac{2}{3}\sqrt[3]{t}.$$

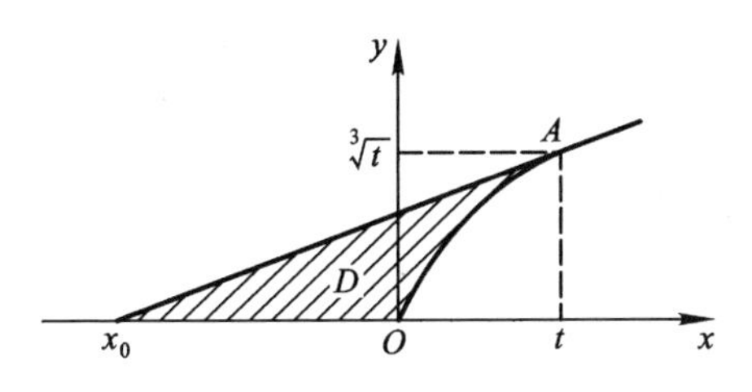

图 6-9

令 $y=0$，由上式得切线与 x 轴交点的横坐标 $x_0=-2t$. 于是 D 的面积

$$S=\triangle Ax_0t\text{ 的面积}-\text{曲边三角形 }OtA\text{ 的面积}$$
$$=\frac{1}{2}\sqrt[3]{t}\cdot 3t-\int_0^t\sqrt[3]{x}\,\mathrm{d}x=\frac{3}{4}t\sqrt[3]{t}.$$

由 $S=\dfrac{3}{4}$可确定 $t=1$. 由此点 A 的坐标是$(1,1)$.

(2) 因 $x_0=-2$，图形 D 绕 x 轴旋转一周所得旋转体的体积

$$V = \text{圆锥体的体积} - \text{曲边三角形 } OtA \text{ 旋转所得体积}$$

$$= \frac{\pi}{3}(\sqrt[3]{1})^2 \cdot 3 - \pi\int_0^1 (\sqrt[3]{x})^2 \mathrm{d}x = \pi - \frac{3}{5}\pi = \frac{2}{5}\pi.$$

例 8 设曲线方程为 $y = \mathrm{e}^{-x}(x \geqslant 0)$

(1) 把曲线 $y = \mathrm{e}^{-x}$, x 轴, y 轴和直线 $x = \xi(\xi > 0)$ 所围平面图形绕 x 轴旋转一周,得一旋转体,求此旋转体的体积 $V(\xi)$. 求满足 $V(a) = \frac{1}{2}\lim\limits_{\xi \to +\infty} V(\xi)$ 的 a.

(2) 在此曲线上找一点,使过该点的切线与两个坐标轴所夹平面图形的面积最大,并求出该面积.

解 (1) 曲线 $y = \mathrm{e}^{-x}$, x 轴, y 轴和直线 $x = \xi(\xi > 0)$ 所围平面图形如图 6-10 所示,则

$$V(\xi) = \pi\int_0^{\xi} (\mathrm{e}^{-x})^2 \mathrm{d}x$$

$$= -\frac{1}{2}\pi\mathrm{e}^{-2x}\Big|_0^{\xi} = \frac{\pi}{2}(1 - \mathrm{e}^{-2\xi}).$$

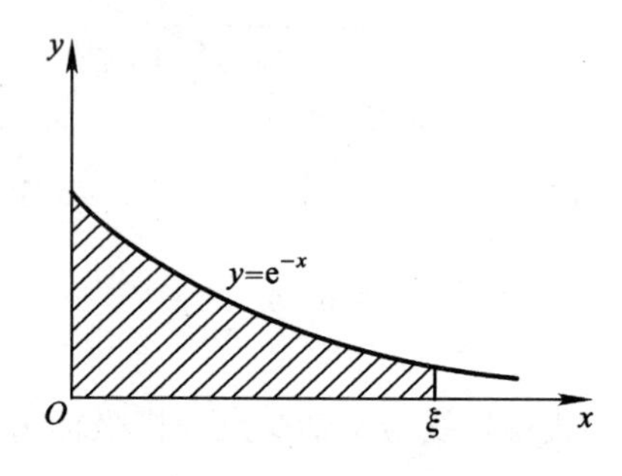

图 6-10

于是 $\lim\limits_{\xi \to +\infty} V(\xi) = \frac{\pi}{2}$. 所以由 $V(a) = \frac{1}{2}\lim\limits_{\xi \to +\infty} V(\xi)$,有

$$\frac{\pi}{2}(1 - \mathrm{e}^{-2a}) = \frac{1}{2} \cdot \frac{\pi}{2}.$$

解得　$a=\dfrac{1}{2}\ln 2.$

(2) 设切点 $A(t,\mathrm{e}^{-t})(t>0)$，则曲线过 A 点的切线方程为(图 6-11).

$$y-\mathrm{e}^{-t}=-\mathrm{e}^{-t}(x-t)$$

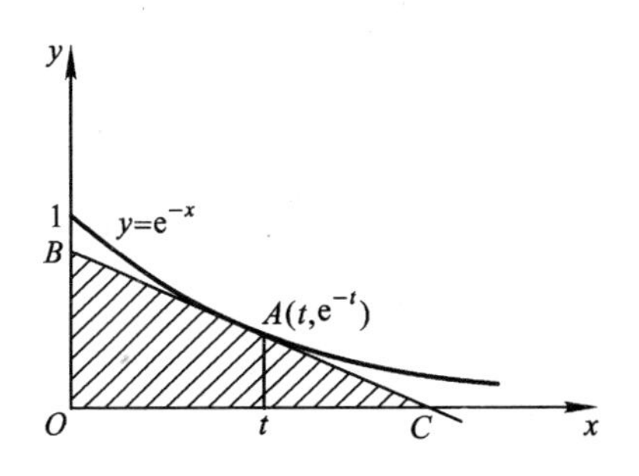

图 6-11

于是 $B(0,(1+t)\mathrm{e}^{-t})$，$C(1+t,0)$，$\triangle BOC$ 的面积为

$$S=\frac{1}{2}(1+t)^2\mathrm{e}^{-t}.$$

令 $S'=\dfrac{1}{2}(1+t)(1-t)\mathrm{e}^{-t}=0$，得 $t=1$($t=-1$ 舍去). 又 $S''(1)=-\dfrac{1}{2\mathrm{e}}<0$，则 $S(1)$ 是极大值即最大值. 其值为 $S(1)=\dfrac{2}{\mathrm{e}}$. 切点 $A(1,\mathrm{e}^{-1})$.

例 9　设直线 $y=ax$ 与抛物线 $y=x^2$ 所围成图形的面积为 S_1，它们与直线 $x=1$ 所围成的图形面积为 S_2，并且 $a<1$.

(1) 试确定 a 的值，使 S_1+S_2 达到最小，并求出最小值；

(2) 求该最小值所对应的平面图形绕 x 轴旋转一周所得旋转体的体积.

解　(1) 当 $0<a<1$ 时，如图 6-12.

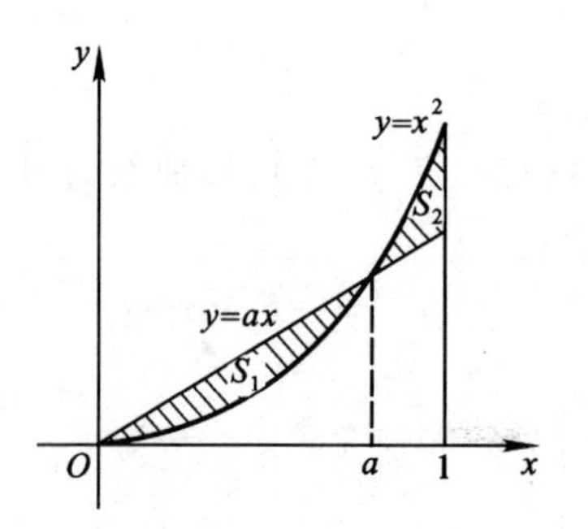

图 6－12

$$S = S_1 + S_2 = \int_0^a (ax - x^2)\mathrm{d}x + \int_a^1 (x^2 - ax)\mathrm{d}x$$

$$= \frac{a^3}{3} - \frac{a}{2} + \frac{1}{3}.$$

令 $S' = a^2 - \frac{1}{2} = 0$，得 $a = \frac{1}{\sqrt{2}}$. 又 $S''\left(\frac{1}{\sqrt{2}}\right) = \sqrt{2} > 0$，则$S\left(\frac{1}{\sqrt{2}}\right)$是极小值即最小值. 其值为 $S\left(\frac{1}{\sqrt{2}}\right) = \frac{2-\sqrt{2}}{6}$.

当 $a \leqslant 0$ 时，如图 6－13.

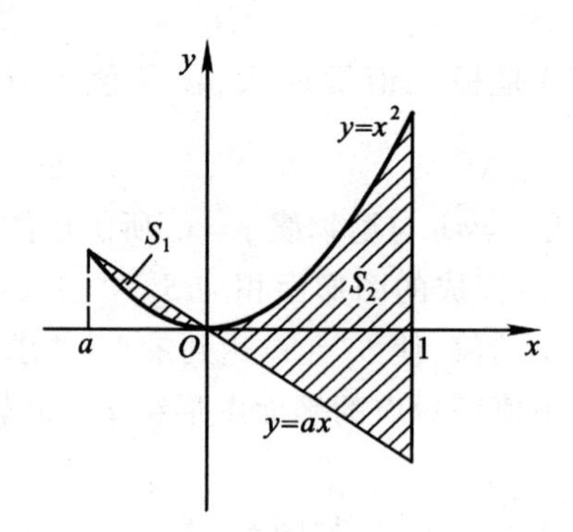

图 6－13

$$S=S_1+S_2=\int_a^0(ax-x^2)\mathrm{d}x+\int_0^1(x^2-ax)\mathrm{d}x=-\frac{a^3}{6}-\frac{a}{2}+\frac{1}{3},$$

因 $S'=-\left(\frac{a^2}{2}+1\right)<0$，$S$ 单调减少，故 $a=0$ 时，S 取得最小值，此时 $S=\frac{1}{3}$.

综合上述，当 $a=\frac{1}{\sqrt{2}}$ 时，S_1+S_2 达到最小，最小值为 $\frac{2-\sqrt{2}}{6}$.

(2) $$V_x=\pi\int_0^{\frac{1}{\sqrt{2}}}\left(\frac{1}{2}x^2-x^4\right)\mathrm{d}x+\pi\int_{\frac{1}{\sqrt{2}}}^1\left(x^4-\frac{1}{2}x^2\right)\mathrm{d}x$$

$$=\frac{\sqrt{2}+1}{30}\pi.$$

例 10　设 D_1 是由抛物线 $y=2x^2$ 和直线 $x=a$，$x=2$ 及 $y=0$ 所围成的平面区域；D_2 是由抛物线 $y=2x^2$ 和直线 $y=0$，$x=a$ 所围成的平面区域，其中 $0<a<2$.

(1) 试求 D_1 绕 x 轴旋转而成的旋转体体积 V_1；D_2 绕 y 轴旋转而成的旋转体体积 V_2；

(2) 问当 a 为何值时，V_1+V_2 取得最大值？试求此最大值.

解　(1) 如图 6-14 所示，

$$V_1=\pi\int_a^2(2x^2)^2\mathrm{d}x=\frac{4\pi}{5}(32-a^5),$$

$$V_2=\pi a^2\cdot 2a^2-\pi\int_0^{2a^2}\frac{y}{2}\mathrm{d}y=2\pi a^4-\pi a^4=\pi a^4.$$

或
$$V_2=2\pi\int_0^a x2x^2\mathrm{d}x=\pi a^4.$$

(2) 设 $V=V_1+V_2=\frac{4\pi}{5}(32-a^2)+\pi a^4$. 因

$$\frac{\mathrm{d}V}{\mathrm{d}a}=4\pi a^3(1-a)\begin{cases}>0, & 0<a<1,\\ =0, & a=1,\\ <0, & 1<a<2,\end{cases}$$

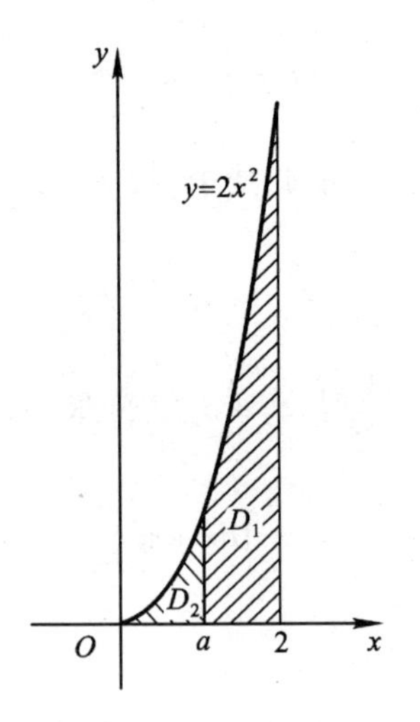

图 6－14

知 $a=1$ 是区间$(0,2)$内的惟一驻点，且是极大值点，即是最大值点. 此时，V 取最大值，其值是 $V=\dfrac{129}{5}\pi$.

例 11　过坐标原点作曲线 $y=\ln x$ 的切线，该切线与曲线 $y=\ln x$ 及 x 轴围成平面图形 D（如图 6－15）.

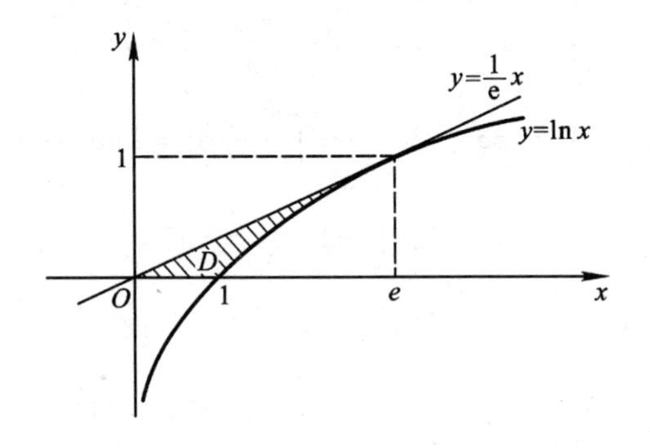

图 6－15

（1）求 D 的面积 S；

（2）求 D 绕直线 $x=\mathrm{e}$ 旋转一周所得旋转体的体积 V.

解　（1）曲线 $y=\ln x$ 在切点 $(x_0,\ln x_0)$ 处的切线方程是

$$y-\ln x_0=\frac{1}{x_0}(x-x_0).$$

由该切线过原点，知 $\ln x_0=1, x_0=\mathrm{e}$，所以该切线方程为 $y=\frac{1}{\mathrm{e}}x$.

平面图形 D 的面积

$$S=\int_0^1(\mathrm{e}^y-\mathrm{e}y)\mathrm{d}y=\frac{1}{2}\mathrm{e}-1$$

（2）切线 $y=\frac{1}{\mathrm{e}}x$ 与 x 轴及直线 $x=\mathrm{e}$ 所围成的三角形绕直线 $x=\mathrm{e}$ 旋转所得圆锥体体积为

$$V_1=\frac{1}{3}\pi\mathrm{e}^2$$

曲线 $y=\ln x$ 与 x 轴及直线 $x=\mathrm{e}$ 所围成的图形绕直线 $x=\mathrm{e}$ 旋转所得的旋转体体积为

$$V_2=\int_0^1\pi(\mathrm{e}-\mathrm{e}^y)^2\mathrm{d}y$$

因此所求旋转体的体积为

$$V=V_1-V_2=\frac{1}{3}\pi\mathrm{e}^2-\int_0^1\pi(\mathrm{e}-\mathrm{e}^y)^2\mathrm{d}y=\frac{\pi}{6}(5\mathrm{e}^2-12\mathrm{e}+3).$$

例 12　求曲线 $y=-x^2+2$ 与直线 $y=-x$ 所围的图形绕 x 轴旋转所得旋转体的体积.

分析　由于平面图形 OAB 与 OCB 在旋转时，所得旋转体的体积重合（图 6-16），所以，所求旋转体的体积可看成是由平面区域 D_1 与 D_2 部分旋转所成.

解　由图 6-16，

$V_{D_1}=2\cdot$（曲边梯形 $OEAF$ 的旋转体积 − 三角形 OAF 的旋转体积）

$$=2\left(\pi\int_0^1(-x^2+2)^2\mathrm{d}x-\pi\cdot\frac{1}{3}\right)=\frac{76}{15}\pi,$$

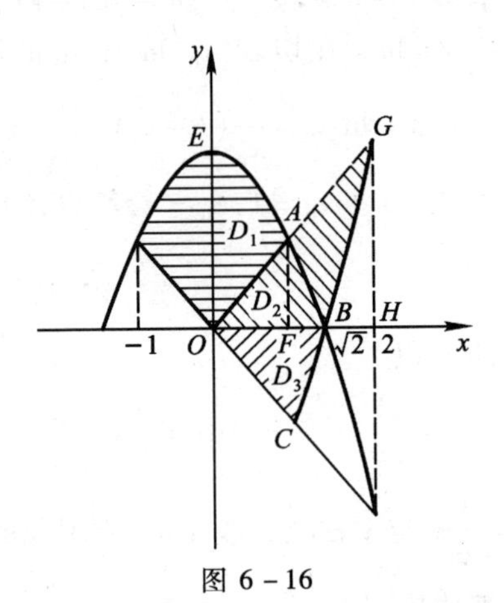

图 6－16

$$V_{D_2}=\text{三角形 } OGH \text{ 的旋转体积}-\text{曲边三角形 } BGH \text{ 的旋转体积}$$

$$=\frac{\pi}{3}\cdot 2^3-\pi\int_{\sqrt{2}}^2(-x^2+2)^2\mathrm{d}x=-\frac{16}{15}\pi+\frac{32\sqrt{2}}{15}\pi,$$

故
$$V_x=V_{D_1}+V_{D_2}=4\pi+\frac{32}{15}\sqrt{2}\pi.$$

例 13 求由曲线 $y=3-|x^2-1|$ 与 x 轴所围成的平面图形绕直线 $y=3$ 旋转一周所得的旋转体的体积 V.

解 曲线 $y=3-|x^2-1|$ 与 x 轴的交点分别为 $(-2,0)$，$(2,0)$（图 6－17）.

所求的旋转体的体积可看作是由直线 $y=3,x=-2,x=2$ 及 x 轴所围图形绕 x 轴旋转而得的体积与曲线 $y=3-|x^2-1|$，直线 $x=-2,x=2,y=3$ 所围图形绕 $y=3$ 旋转得到的体积之差. 即.

$$V=\pi\int_{-2}^2 3^2\mathrm{d}x-\pi\int_{-2}^2[3-(3-|x^2-1|)]^2\mathrm{d}x$$

$$=\frac{448\pi}{15}.$$

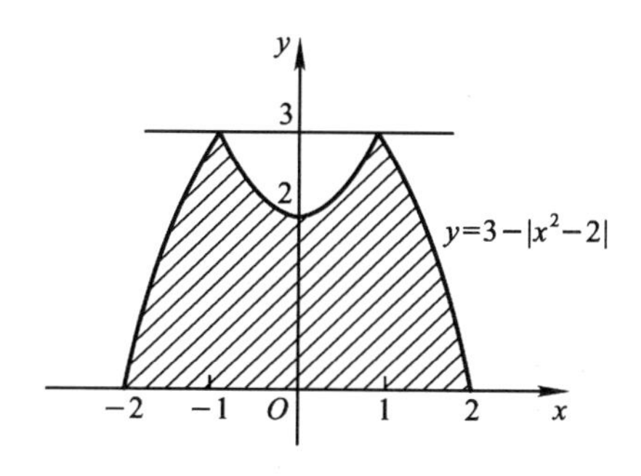

图 6－17

二、由边际函数求总函数

1. 已知边际成本函数 $MC=\frac{\mathrm{d}C}{\mathrm{d}Q}$,边际收益函数 $MR=\frac{\mathrm{d}R}{\mathrm{d}Q}$,则总成本函数,总收益函数可表示为

$$C(Q)=\int(MC)\mathrm{d}Q, \tag{1}$$

$$R(Q)=\int(MR)\mathrm{d}Q, \tag{2}$$

或

$$C(Q)=\int_0^Q(MC)\mathrm{d}x+C_0, \tag{3}$$

$$R(Q)=\int_0^Q(MR)\mathrm{d}x. \tag{4}$$

用公式(1)或(2),尚需知道一个确定积分常数的条件.对公式(1),常给出的条件是 $C(0)=C_0$,即产量为0时,总成本等于固定成本 C_0;公式(2),是 $R(0)=0$,即销量为0时,总收益为0,这个条件题中一般不给出.

由(3)式和(4)式可得总利润函数

$$\pi(Q)=\int_0^Q(MR-MC)\mathrm{d}x-C_0, \tag{5}$$

其中公式(3)、(5)中的 C_0 是固定成本.

产量(或销量)由 a 个单位改变到 b 个单位,总成本的改变量、总收益的改变量用下式计算

$$\int_a^b (MC)\,\mathrm{d}Q,$$

$$\int_a^b (MR)\,\mathrm{d}Q.$$

2. 已知总产量 Q 对时间 t 的变化率为 $f(t)$,则总产量 Q 表为 t 的函数为

$$Q=Q(t)=\int f(t)\,\mathrm{d}t, \tag{6}$$

或

$$Q=Q(t)=\int_0^t f(x)\,\mathrm{d}x,$$

确定公式(6)积分常数的条件一般是 $Q(0)=0$.

由时刻 a 到时刻 b 这段时间内,总产量的改变量是

$$\int_a^b f(t)\,\mathrm{d}t.$$

例 14 已知生产某产品的固定成本为 1 万元,边际成本函数 $MC=4+\frac{Q}{4}$(万元/台),产品的需求价格弹性 $E_d=\frac{EQ}{EP}=-\frac{P}{13-P}$. 市场对该产品的最大需求量 $Q=13$ 台. 求利润最大时的产量及产品的价格.

分析 依题目要求须写出利润函数. 依题设,可由 MC 求得总成本函数,由 $\frac{EQ}{EP}$ 求出需求函数,从而得总收益函数. 产品的价格 $P=0$ 时的需求量是最大需求量.

解 依题设,总成本函数

$$C=\int_0^Q (MC)\,\mathrm{d}x+C_0=\int_0^Q\left(4+\frac{x}{4}\right)\mathrm{d}x+1=4Q+\frac{Q^2}{8}+1.$$

由已知需求价格弹性,有

$$\frac{P}{Q}\frac{\mathrm{d}Q}{\mathrm{d}P}=-\frac{P}{13-P},\text{即}\frac{\mathrm{d}Q}{Q}=-\frac{1}{13-P}\mathrm{d}P.$$

积分得 $\ln Q=\ln(13-P)+\ln C$，即 $Q=C(13-P)$.

由 $P=0$ 时，$Q=13$ 知 $C=1$. 于是需求函数为 $Q=13-P$ 或 $P=13-Q$.

总收益函数 $R=Q\cdot P=13Q-Q^2$，利润函数为

$$\pi=R-C=-\frac{9}{8}Q^2+9Q-1.$$

由 $\frac{\mathrm{d}\pi}{\mathrm{d}Q}=-\frac{9}{4}Q+9=0$，得 $Q=4$，又 $\frac{\mathrm{d}^2L}{\mathrm{d}Q^2}=-\frac{9}{4}<0$（对任何 Q 都成立）. 故产量 $Q=4$（台）时，利润最大. 此时，产品的价格

$$P=(13-Q)\big|_{Q=4}=9\text{（万元）}.$$

例 15 某厂购置一台机器，该机器在时刻 t 所生产出的产品，其追加盈利（追加收益减去追加成本）为

$$E(t)=225-\frac{1}{4}t^2\text{（万元/年）},$$

在时刻 t 机器的追加维修成本为

$$F(t)=2t^2\text{（万元/年）},$$

在不计购置成本的情况下，工厂追求最大利润：

（1）假设在任何时刻拆除这台机器，它都没有残留价值，使用这台机器可获得的最大利润是多少？

（2）假设这台机器在时刻 t（单位：年）有残留价值 $S(t)=\frac{6480}{6+t}$（万元），那么应在何时拆除这台机器，工厂就可获得最大利润.

分析 这里，追加收益就是总收益对时间 t 的变化率，追加成本就是总成本对时间 t 的变化率. 而 $E(t)-F(t)$ 是在时刻 t 的追加净利润，或者说是利润对时间 t 的变化率. 由于 $F(t)$ 是增函数，$E(t)$ 是减函数，这意味着维修费用逐年增加，而所得盈利逐年减少. 由图 6－18 看，所获得的最大利润应是有阴影部分面积的数值.

解 （1）使用这台机器，在时刻 t 的追加净利润为

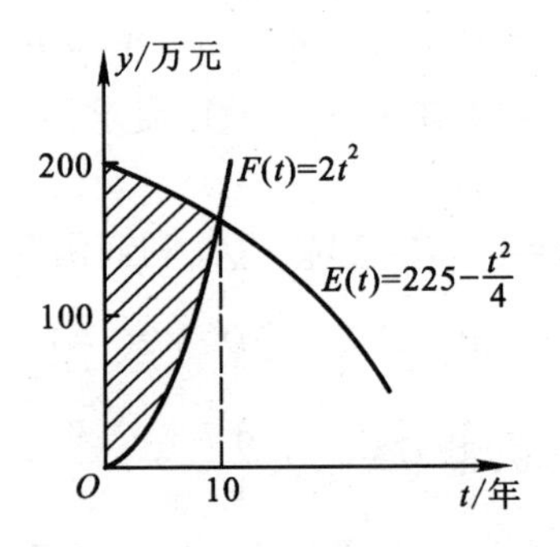

图 6－18

$$E(t)-F(t)=225-\frac{9}{4}t^{2}(\text{万元/年}).$$

由极值存在的必要条件:$E(t)-F(t)=0$,即

$$225-\frac{9}{4}t^{2}=0,$$

解得 $t=10$(只取正值). 又

$$\frac{\mathrm{d}}{\mathrm{d}t}[E(t)-F(t)]=-\frac{9}{2}t,\text{且}-\frac{9}{2}t\bigg|_{t=10}<0,$$

所以到 10 年末,使用这台机器可获得最大利润. 其值为

$$\pi=\int_{0}^{10}[E(t)-F(t)]\mathrm{d}t=\int_{0}^{10}\left[225-\frac{9}{4}t^{2}\right]\mathrm{d}t=1500(\text{万元}).$$

(2) 假设第 T 年末拆除这台机器,工厂可获得最大利润,那么 T 年后的净利润等于 T 年的残留价值即可(见图 6－19).

T 年后的净利润为

$$N(T)=\int_{T}^{10}\left(225-\frac{9}{4}t^{2}\right)\mathrm{d}t=1500-225T+\frac{3}{4}T^{3}.$$

令
$$\frac{6480}{6+T}=1500-225T+\frac{3}{4}T^{3},$$

可得
$$(T-4)\left(\frac{3}{4}T^{3}+\frac{15}{2}T^{2}-195T-630\right)=0,$$

即 4 年后拆除这台机器，工厂便可获得最大利润.

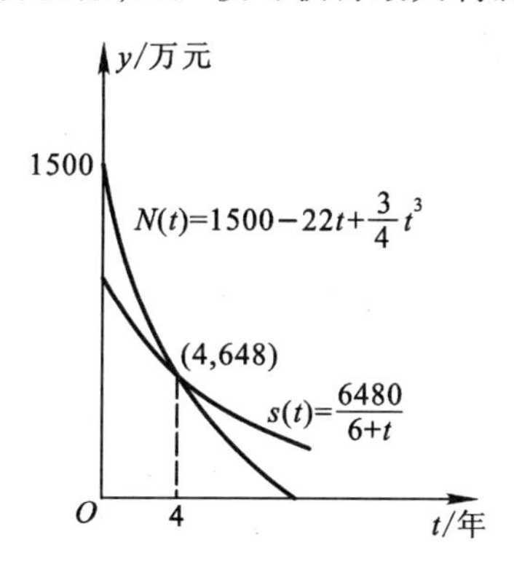

图 6 - 19

三、现金流量的现在值

设现金流量是时间 t 的函数 $R(t)$：若 t 以年为单位，在时间点 t 每年的流量是 $R(t)$. 这样，在一个很短的时间间隔 $[t, t+\mathrm{d}t]$ 内，现金流量的总量的现在值（近似值）是

$$R(t)\cdot \mathrm{d}t.$$

当年贴现率为 r 时，按连续复利计算，其现在值应是

$$R(t)\mathrm{e}^{-rt}\mathrm{d}t.$$

到 n 年末现金流量的总量的现在值就是定积分

$$\int_0^n R(t)\mathrm{e}^{-rt}\mathrm{d}t.$$

特别地，当 $R(t)$ 是常量 A 时（每年的流量不变，都是 A），这称为**均匀流**，则均匀流的总量的现在值是

$$\int_0^n A\mathrm{e}^{-rt}\mathrm{d}t=\frac{A}{r}(1-\mathrm{e}^{rn}).$$

例 16 设某栋别墅现售价 500 万元，首付 20%，剩下部分分期付款，10 年付清，每年付款数相同. 若年贴现率为 6%，按连续复利计算，每年应付款多少元？

解 这是均匀流量,设每年付款 A 元,因全部付款的总现在值是已知的,即现售价扣除首付的部分:$500-20\% \times 500=400$(万元). 于是有

$$400=A\int_0^{10} \mathrm{e}^{-0.06t}\mathrm{d}t=\frac{A}{0.06}(1-\mathrm{e}^{-0.06\times 10})$$

即 $$24=A(1-0.5488),A=53.19(\text{万元})$$

每年应付款 53.19 万元.

例 17 某一型号的轿车正常使用寿命为 10 年,如购进此轿车需 20 万元;如租用此轿车每月租金为 3 000 元. 设资金的年利率为 6%,按连续复利计算,问购进轿车与租用轿车哪一种方式合算.

分析 为比较租金和购进费用,可以有两种计算方法:其一是把 10 年租金总值的现在值与购进费用比较;其二是将购买轿车的费用折算成按租用付款,然后与实际租用费比较.

解 1 计算租金流量的总值的现在值,然后与购买轿车的费用比较.

每月租金 3 000 元,每年租金为 3.6 万元. 按连续复利计算,第 t 年租金的现在值为 $3.6\mathrm{e}^{-0.06t}$(连续的贴现公式). 租金流的总值的现在值为

$$P=\int_0^{10} 3.6\mathrm{e}^{-0.06t}\mathrm{d}t=\frac{3.6}{0.06}(1-\mathrm{e}^{-0.06\times 10})=27.07(\text{万元})$$

因为购进费用为 20 万元,显然,购进轿车合算.

解 2 将购买轿车的费用折算成按每年租用付款,然后与实际租金比较.

设每年付出租金为 A 元,则第 t 年租金的现在值为 $A\mathrm{e}^{-0.06t}$,经 10 年,租金流量的总值的现在值为 20 万元. 于是有

$$20=\int_0^{10} A\mathrm{e}^{-0.06t}\mathrm{d}t=\frac{A}{0.06}(1-\mathrm{e}^{-0.06\times 10}).$$

可算出 $A\approx 2.66$(万元),每月租金约为 2216 元.

因实际每年租金为3.6万元,显然,购进轿车为好.

例 18 有一个大型投资项目,投资成本为$C=10\ 000$万元,投资年利率为$r=0.05$,每年可均匀收益2 000万元,求该投资为无限期时的纯收益的现在值.

解 本例中,均匀收益流量每年$A=2\ 000$万元,无限期的投资的总收益的现在值为

$$\pi=A\int_0^{+\infty}\mathrm{e}^{-rt}\mathrm{d}t=2\ 000\int_0^{+\infty}\mathrm{e}^{-0.05t}\mathrm{d}t=\frac{2\ 000}{0.05}=40\ 000(\text{万元}).$$

纯收益的现在值应是总收益的现在值与投资成本之差

$$\pi-C=40\ 000-10\ 000=30\ 000(\text{万元})=3(\text{亿元}),$$

即投资为无限期的纯收益的现在值为3亿元.

小　　结

一、知识点、重点、难点

1. 知识点:

(1) 定积分的概念及其性质.定积分的中值定理.

(2) 变上限积分.牛顿-莱布尼茨公式.

(3) 定积分的换元积分法与分部积分法.

(4) 定积分的几何应用(面积、旋转体体积).定积分在经济学中的应用.

(5) 反常积分收敛与发散的概念.计算收敛反常积分的方法.

(6) 反常积分$\int_1^{+\infty}\frac{1}{x^p}\mathrm{d}x$与$\int_0^1\frac{1}{x^p}\mathrm{d}x$敛散性的条件.

(7) 反常积分敛散性的判别.

(8) Γ函数与B函数的概念、基本性质与传递公式.

2. 重点:定积分的概念与积分中值定理.变上限积分.定积分的计算及几何应用.反常积分积分敛散性的概念.

3. 难点:证明定积分等式与不等式.反常积分敛散性的判别

法.

二、定积分是有界函数在有限区间上的积分.定积分是一种和式的极限,是无限项(每一项都是无穷小)相加.

三、1. 可积的必要条件与充分条件

(1) $f(x)$在$[a,b]$上有界,是$f(x)$在$[a,b]$上可积的必要条件.

(2) $f(x)$在$[a,b]$上连续是$f(x)$在$[a,b]$上可积的充分条件.

(3) 在$[a,b]$上只有有限个间断点的有界函数$f(x)$,在$[a,b]$上可积.

2. 公式$\frac{\mathrm{d}}{\mathrm{d}x}\int_a^x f(t)\,\mathrm{d}t=f(x)$揭示了求导数运算是求变上限定积分的逆运算.

3. 牛顿-莱布尼茨公式阐明了定积分与原函数之间的关系:定积分的值等于被积函数的一个原函数在积分上限与积分下限的函数值之差.

4. 反常积分是定积分的推广:有界函数在无穷区间上的积分是无穷积分;无界函数在有限区间上的积分是瑕积分.

自 测 题

1. 填空题

(1) 过曲线 $y=\int_0^x (t-1)(t-2)\,\mathrm{d}t$ 上点(0,0)处的切线方程是________________.

(2) $\lim\limits_{n\to\infty}\int_0^1 \ln(1+x^n)\,\mathrm{d}x=$________.

(3) $\frac{\mathrm{d}}{\mathrm{d}x}\int_0^x \sin\,(x-t)^2\,\mathrm{d}t=$________.

(4) 设 k 为整数,则 $\int_0^{\pi}\frac{\sin 2kx}{\sin x}\mathrm{d}x=$________.

(5) $\int_{-1}^{1}\frac{\mathrm{d}}{\mathrm{d}x}\left(\frac{1}{1+2^{\frac{1}{x}}}\right)\mathrm{d}x=$ ________.

2. 单项选择题

(1) 设 $P=\int_{\frac{1}{2}}^{1}\frac{1}{(1+x^2)\sqrt{x}}\mathrm{d}x, Q=\int_{\frac{1}{2}}^{1}\frac{1}{(1+x)\sqrt[3]{x}}\mathrm{d}x, N=\int_{\frac{1}{2}}^{1}\frac{1}{(1+x^2)\sqrt[3]{x}}\mathrm{d}x$,则三个数 P,Q,N 的关系是(　　).

(A) $P<Q<N$　　(B) $Q<N<P$

(C) $N<P<Q$　　(D) $P<N<Q$

(2) 当 $x\to 0$ 时,$f(x)=\int_0^{\sin x}\sin t^2\mathrm{d}t$ 与 $g(x)=x^3+x^4$ 比较是(　　)的无穷小.

(A) 等价　　(B) 同阶非等价　　(C) 高阶　　(D) 低阶

(3) 设 $F(a)=\int_0^{\pi}\ln(1-2a\cos x+a^2)\mathrm{d}x$,则(　　).

(A) $F(-a)=F(a)$　　(B) $F(-a)=0$

(C) $F(-a)=2F(a)$　　(D) $F(-a)=\frac{1}{2}F(a)$

(4) 下列等式中成立的是(　　).

(A) $\int_1^{+\infty}\frac{1}{x^4}\mathrm{d}x=\int_{-1}^{1}\frac{1}{x^2}\mathrm{d}x$

(B) $\int_{-\infty}^{0}\frac{4}{4+x^2}\mathrm{d}x=\int_0^1\frac{\mathrm{d}x}{\sqrt{x(1-x)}}$

(C) $\int_{\mathrm{e}}^{+\infty}\frac{1}{x\ln x}\mathrm{d}x=\int_{-1}^{1}\frac{1}{\sqrt{1-x^2}}\mathrm{d}x$

(D) $\int_0^{+\infty}\sin x\mathrm{d}x=\int_0^2\frac{1}{(x-1)^2}\mathrm{d}x$.

3. 证明不等式 $2\leqslant\int_{-1}^{1}\sqrt{1+x^4}\mathrm{d}x\leqslant\frac{8}{3}$.

4. 求 $\lim\limits_{n\to\infty}\int_0^1\frac{x^n\mathrm{e}^x}{1+\mathrm{e}^x}\mathrm{d}x$.

5. 设 $f(t)=\int_0^1\ln\sqrt{x^2+t^2}\mathrm{d}t$,试讨论 $f(t)$ 在 $t=0$ 处的连续性与可导性.

6. 设 $f(x)$ 连续,且 $\lim\limits_{x\to 0}\frac{f(x)}{x}=2$,$\varphi(x)=\int_0^1 f(tx)\mathrm{d}t$,求 $\varphi'(x)$,并讨论

$\varphi'(x)$的连续性.

7. 设函数$f(x)$为连续函数,且$\int_1^x f(t)\,\mathrm{d}t = x(f(x)+1)$,求$f(x)$.

8. 计算$\int_{-\frac{1}{2}}^{\frac{1}{2}} \sqrt{\ln^2(1-x)}\,\mathrm{d}x$.

9. 设$f(x)=\int_0^{a-x} \mathrm{e}^{t(2a-t)}\,\mathrm{d}t$,求$\int_0^a f(x)\,\mathrm{d}x$.

10. 已知$\int_0^{\pi} \frac{\cos x}{(x+2)^2}\mathrm{d}x = A$,求$\int_0^{\frac{\pi}{2}} \frac{\sin x\cos x}{x+1}\mathrm{d}x$.

11. 设函数$f(x)$在$[0,1]$上可微,满足$f(1)=2\int_0^{\frac{1}{2}} xf(x)\,\mathrm{d}x$,试证至少存在一点$\xi\in(0,1)$,使得$f(\xi)+\xi f'(\xi)=0$.

12. 已知$\lim\limits_{x\to+\infty}\left(\frac{x-a}{x+a}\right)^x = \int_a^{+\infty} 4x^2\mathrm{e}^{-2x}\,\mathrm{d}x$,求$a$的值.

13. 计算下列广义积分:

(1) $\int_1^{+\infty} \frac{\mathrm{d}x}{\mathrm{e}^{1+x}+\mathrm{e}^{3-x}}$; (2) $\int_0^{+\infty} \frac{\mathrm{d}x}{(1+x^2)(1+x^{\alpha})}(\alpha\geqslant 0)$.

14. 判断反常积分$\int_2^{+\infty} \frac{\mathrm{d}x}{x\sqrt[3]{x^2-3x+2}}$的敛散性

15. 用Γ函数、B函数计算下列积分:

(1) $\int_0^{+\infty} \frac{\sqrt[4]{x}}{(1+x)^2}\mathrm{d}x$;

(2) $\int_0^1 x^{m-1}\left(\ln\frac{1}{x}\right)^{\frac{n}{2}}\mathrm{d}x$($m,n$为正整数,$n$为奇数).

16. 设$f(x)$在$[a,b]$上连续,在(a,b)内二阶可导,且$f''(x)<0$,求$x_0\in(a,b)$,使得由曲线$y=f(x)$,直线$x=a,x=b$以及过点$M(x_0,f(x_0))$的曲线$y=f(x)$的切线所围成的平面图形的面积最小.

17. 设抛物线$y=ax^2+bx+c$过原点,当$0\leqslant x\leqslant 1$时,$y\geqslant 0$,又该抛物线与直线$x=1$及x轴围成平面图形的面积为$\frac{1}{3}$,求a,b,c,使此图形绕x轴旋转一周而成的旋转体体积V最小.

18. 某公司打算购置计算机的若干辅加的辅助设备. 若Q表示增加设备的计算机的台数,所带来的节约金额和维修成本分别为

$$C_1 = 3Q^2 + 11, C_2 = 4Q^2 + 2.$$

C_1, C_2 以千元计. 为使总净收益最大,试问多少台计算机应增加设备,最大净收益是多少?

第七章　多元函数微积分学

§7.1　多元函数的概念

一、二元函数概念

1. 平面区域的表示

(1) 用试点法确定$f(x,y)\geqslant 0(\leqslant 0)$表示的半平面

方程$f(x,y)=0$在几何上表示xy平面上的一条曲线,一般情况,这条曲线将xy平面分成两个半平面.而不等式$f(x,y)\geqslant 0(\leqslant 0)$就表示被曲线$f(x,y)=0$所分成的两个半平面之一.为了确定$f(x,y)\geqslant 0$表示的是哪个半平面,可由$xy$平面上任选一点的坐标来验证:对点$P_0(x_0,y_0)$,若有$f(x_0,y_0)\geqslant 0$,则点$P_0$所在的半平面就应是$f(x,y)\geqslant 0$;而另一半平面就是$f(x,y)\leqslant 0$.

(2) 平面区域的表示

xy平面上的平面区域一般是用一个不等式$f(x,y)\geqslant 0$或由若干个这样的不等式构成的不等式组来表示.

2. 二元函数的几何意义

二元函数$z=f(x,y),(x,y)\in D$,其图形是空间直角坐标系下一张空间曲面;该曲面在xy平面上的投影区域就是该函数的定义域D(图7-1).

3. 求二元函数定义域和函数值的思路

求二元函数定义域和函数值的思路与一元函数的这类问题是一致的.

4. 齐次函数定义

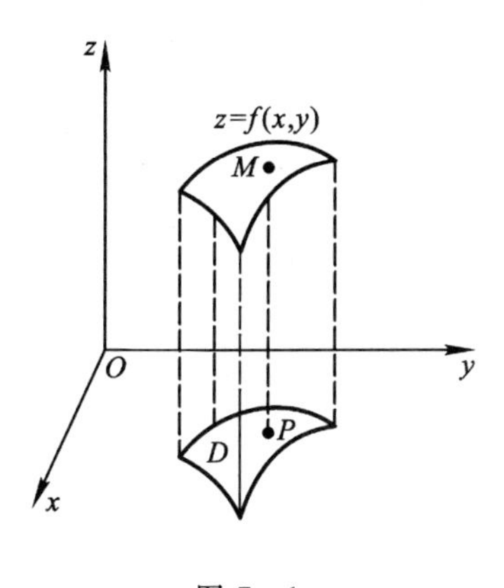

图 7－1

设函数 $f(x,y)$ 定义在区域 D 上. 若对任意的正实数 λ 和 $(x,y)\in D$,存在常数 m,有

$$f(\lambda x,\lambda y)=\lambda^{m}f(x,y)$$

则称 $f(x,y)$ 为 m 次齐次函数. m 次齐次函数 $f(x,y)$ 可化为形式 $x^{m}F\left(\frac{y}{x}\right)$.

特别地,当 $m=1$ 时,有 $f(\lambda x,\lambda y)=\lambda f(x,y)$,称为线性齐次函数.

例 1 求函数 $z=\ln(y-x)+\frac{\sqrt{x}}{\sqrt{1-x^{2}-y^{2}}}$的定义域,并画出定义域的图形.

解 由 $\ln(y-x)$ 有 $y-x>0$,由$\sqrt{x}$有 $x\geqslant 0$,由 $\sqrt{1-x^{2}-y^{2}}$且在分母上,有 $x^{2}+y^{2}<1$,故函数的定义 D(图 7－2)

$$D=\{(x,y)\mid x\geqslant 0,y>x,x^{2}+y^{2}<1\}$$

例 2 设 $f(x,y)=\frac{xy}{x+y}$,求 $f\left(\frac{y}{x},1\right)$,$f(x-y,xy)$.

解 将 $f(x,y)$ 表达式中的 x 和 y 分别代换$\frac{y}{x}$和 1,可得

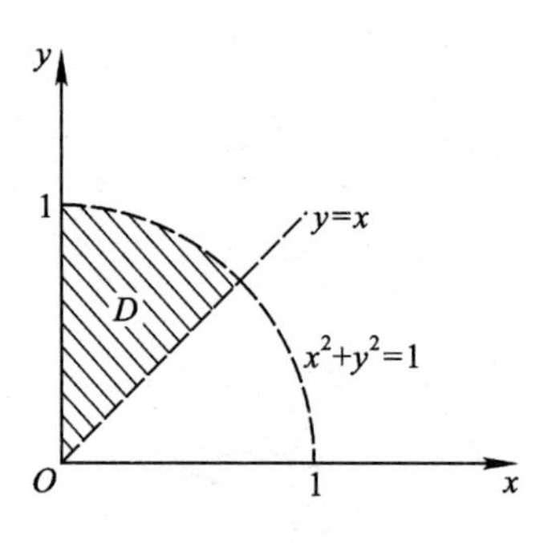

图 7-2

$$f\left(\frac{y}{x},1\right)=\frac{\frac{y}{x}\cdot 1}{\frac{y}{x}+1}=\frac{y}{y+x}.$$

将 $f(x,y)$ 表达式中的 x 和 y 分别代换 $x-y$ 和 xy,得

$$f(x-y,xy)=\frac{(x-y)xy}{x-y+xy}=\frac{x^2y-xy^2}{x-y+xy}.$$

例 3 设 $f(x+y,x-y)=2(x^2+y^2)e^{x^2-y^2}$,求 $f(x,y)$.

解 1 用变量代换的方法.

设 $u=x+y,v=x-y$,则可解得

$$x=\frac{1}{2}(u+v),y=\frac{1}{2}(u-v),$$

于是
$$\begin{aligned}f(u,v)&=2\left[\left(\frac{u+v}{2}\right)^2+\left(\frac{u-v}{2}\right)^2\right]e^{\left(\frac{u+v}{2}\right)^2-\left(\frac{u-v}{2}\right)^2}\\&=(u^2+v^2)e^{uv},\end{aligned}$$

所求
$$f(x,y)=(x^2+y^2)e^{xy}.$$

解 2 设法将 $2(x^2+y^2)e^{x^2-y^2}$ 表示为 $(x+y)$ 和 $(x-y)$ 的函数. 由于

$$2(x^2+y^2)e^{x^2-y^2}=[(x+y)^2+(x-y)^2]e^{(x+y)(x-y)},$$

将 $(x+y)$ 和 $(x-y)$ 分别以 x 和 y 代换,得

$$f(x,y)=(x^2+y^2)e^{xy}$$

例 4　设 $z=f(x,y)=x+y+\varphi(x-y)$；若当 $y=0$ 时，$z=x^2$，求函数 $\varphi(x)$ 和 $f(x,y)$.

解　由题设，$y=0$ 时，$z=x^2$，即

$$z=x+\varphi(x)=x^2\text{，故 }\varphi(x)=x^2-x.$$

从而　　$\varphi(x-y)=(x-y)^2-(x-y)$，

于是　　$f(x,y)=x+y+\varphi(x-y)=(x-y)^2+2y.$

例 5　设 $u(x,y)=y^2F(3x+2y)$，若 $u\left(x,\dfrac{1}{2}\right)=x^2$，求 $u(x,y)$.

解　由 $u\left(x,\dfrac{1}{2}\right)=x^2$，得 $F(3x+1)=4x^2$.

设　$3x+1=t$，则 $x=\dfrac{t-1}{3}$，于是

$$F(t)=\frac{4}{9}(t-1)^2,F(3x+2y)=\frac{4}{9}(3x+2y-1)^2,$$

即
$$u(x,y)=\frac{4}{9}y^2(3x+2y-1)^2.$$

例 6　设 $f(K,L)=AK^{\alpha}L^{\beta}\ (A>0,\alpha>0,\beta>0)$，则 $f(\lambda K,\lambda L)=$ ________.

解　$f(\lambda K,\lambda L)=A(\lambda K)^{\alpha}(\lambda L)^{\beta}=A\lambda^{\alpha+\beta}K^{\alpha}L^{\beta}.$

二、二元函数的极限与连续

计算二元函数极限的**思路**

计算二元函数的极限，一般情况比较复杂，通常的作法是，若有可能，就化为一元函数的极限问题，并用其运算法则和方法. 例如，极限的四则运算法则，无穷小与有界变量的乘积，等价无穷小代换，两个重要极限，夹逼准则等.

例 7　求下列极限：

(1) $\displaystyle\lim_{(x,y)\to(0,2)}\frac{\sin xy^2}{x}$；　　(2) $\displaystyle\lim_{(x,y)\to(0,0)}\frac{xy}{\sqrt{xy+1}-1}$；

(3) $\lim\limits_{(x,y)\to(\infty,a)}\left(1+\frac{1}{x}\right)^{\frac{x^2}{x+y}}$;　　(4) $\lim\limits_{(x,y)\to(+\infty,+\infty)}\left(\frac{xy}{x^2+y^2}\right)^{x^2}$.

解　(1) $I=\lim\limits_{(x,y)\to(0,2)}\frac{\sin xy^2}{xy^2}\cdot\lim\limits_{(x,y)\to(0,2)}y^2=1\cdot 4=4.$

(2) $I=\lim\limits_{(x,y)\to(0,0)}\frac{xy(\sqrt{xy+1}+1)}{xy}$

$$=\lim_{(x,y)\to(0,0)}(\sqrt{xy+1}+1)=2.$$

另解，当$(x,y)\to(0,0)$时，$\sqrt{xy+1}-1\sim\frac{1}{2}xy$，故

$$I=\lim_{(x,y)\to(0,0)}\frac{xy}{\frac{1}{2}xy}=2.$$

(3) 因$\lim\limits_{x\to\infty}\left(1+\frac{1}{x}\right)^x=\mathrm{e}$，$\lim\limits_{(x,y)\to(\infty,a)}\frac{x}{x+y}=1$，所以

$$I=\lim_{(x,y)\to(\infty,a)}\left[\left(1+\frac{1}{x}\right)^x\right]^{\frac{x}{x+y}}=\mathrm{e}.$$

(4) 由于当$x>0,y>0$时，有$xy\leqslant\frac{1}{2}(x^2+y^2)$，所以

$$0\leqslant\left(\frac{xy}{x^2+y^2}\right)^{x^2}\leqslant\left(\frac{1}{2}\right)^{x^2}，且\lim_{(x,y)\to(+\infty,+\infty)}\left(\frac{1}{2}\right)^{x^2}=0.$$

故
$$\lim_{(x,y)\to(+\infty,+\infty)}\left(\frac{xy}{x^2+y^2}\right)^{x^2}=0.$$

例 8　讨论函数$f(x,y)=\begin{cases}\frac{2xy}{x^2+y^2}, & x^2+y^2\neq 0,\\ 0, & x^2+y^2=0\end{cases}$在点$(0,0)$的连续性.

解　函数$f(x,y)$在$x=0,y=0$处有定义，即$f(0,0)=0$. 当动点(x,y)沿直线$y=kx$趋于$(0,0)$时，有

$$\lim_{(x,y)\to(0,0)}f(x,y)=\lim_{\substack{x\to 0\\ y=kx\to 0}}\frac{2xy}{x^2+y^2}=\lim_{\substack{x\to 0\\ kx\to 0}}\frac{2x^2k}{x^2(1+k^2)}=\frac{2k}{1+k^2}.$$

显然，当 k 取不同的值时，上述极限值不同，因而上述极限不存在，故 $f(x,y)$ 在点 $(0,0)$ 不连续.

§7.2 偏导数与全微分

一、连续，偏导数存在，可微的关系

在一元函数中，连续是可导的必要条件，可导是连续的充分条件；可导与可微是等价的.

在二元函数中，它们之间的关系却与一元函数不同.

1. 连续与偏导数之间没有联系

函数连续，偏导数可能存在，也可能不存在；偏导数存在，函数可能连续，也可能不连续.

2. 偏导数与全微分之间的关系

全微分存在，则偏导数一定存在；偏导数存在且连续，则全微分存在，但这是可微分的充分条件，而不是必要条件. 若偏导数存在但不连续时，这时要用全微分定义来检验是否可微.

3. 连续与全微分之间的关系

全微分存在，函数一定连续；但反之则不真.

以下各例给出各种情况：

函数 $f(x,y)=\begin{cases}\dfrac{\sqrt{|xy|}}{x^2+y^2}\sin(x^2+y^2), & x^2+y^2\neq 0,\\ 0, & x^2+y^2=0\end{cases}$

在点 $(0,0)$ 连续，两个偏导数存在.

函数 $f(x,y)=\sqrt{x^2+y^2}$ 在点 $(0,0)$ 连续，两个偏导数不存在.

函数 $f(x,y)=\begin{cases}\dfrac{x^2y}{x^4+y^2}, & x^2+y^2\neq 0,\\ 0, & x^2+y^2=0\end{cases}$ 在点 $(0,0)$ 不连续，两个偏导数存在.

函数 $f(x,y)=\begin{cases} y\sin\dfrac{1}{x^2+y^2}, & x^2+y^2\neq 0, \\ 0, & x^2+y^2=0 \end{cases}$ 在点(0,0)连续，$f_x(0,0)=0$，而 $f_y(0,0)$ 不存在.

函数 $f(x,y)=\begin{cases} (x^2+y^2)\sin\dfrac{1}{x^2+y^2}, & x^2+y^2\neq 0, \\ 0, & x^2+y^2=0 \end{cases}$

在点(0,0)可微，偏导数 $f_x(x,y)$，$f_y(x,y)$ 在点(0,0)及其邻近存在，但偏导数在该点不连续.

函数 $f(x,y)=\begin{cases} \dfrac{xy}{\sqrt{x^2+y^2}}, & x^2+y^2\neq 0, \\ 0, & x^2+y^2=0 \end{cases}$ 在点(0,0)连续，偏导数存在（$f_x(0,0)=0$，$f_y(0,0)=0$），但不可微.

例1 考虑二元函数 $f(x,y)$ 的下面4条性质：

① $f(x,y)$ 在点 (x_0,y_0) 处连续，

② $f(x,y)$ 在点 (x_0,y_0) 处的两个偏导数连续，

③ $f(x,y)$ 在点 (x_0,y_0) 处可微，

④ $f(x,y)$ 在点 (x_0,y_0) 处的两个偏导数存在.

若用“$P\Rightarrow Q$”表示可由性质 P 推出性质 Q，则有（　　）.

(A) ②⇒③⇒①.　　(B) ③⇒②⇒①.

(C) ③⇒④⇒①.　　(D) ③⇒①⇒④.

解 由前述知，可选(A).

例2 若函数 $f(x,y)$ 在区域 D 内具有二阶偏导数，则结论正确的是（　　）.

(A) 必有 $\dfrac{\partial^2 f}{\partial x\partial y}=\dfrac{\partial^2 f}{\partial y\partial x}$　　(B) $f(x,y)$ 在 D 内必可微

(C) $f(x,y)$ 在 D 内必连续　　(D) (A)，(B)，(C)三个结论都不对

解 选(D). 因二阶混合偏导数在区域 D 内不一定处处连续，

否定(A);一阶偏导数在区域 D 内处处存在,但不一定处处连续,否定(B);一阶偏导数在区域 D 内存在,而函数 $f(x,y)$ 在区域 D 内不一定处处连续,否定(C).

注释 对函数 $f(x,y)$,当 $\frac{\partial^2 f}{\partial x\partial y}$ 和 $\frac{\partial^2 f}{\partial y\partial x}$ 在区域 D 内处处连续时,才有 $\frac{\partial^2 f}{\partial x\partial y}=\frac{\partial^2 f}{\partial y\partial x}$.

二、偏导数

1. 求函数的偏导数**思路**

由偏导数的定义知,求偏导数仍是求一元函数的导数问题,即

$$f_x(x,y)=\frac{\mathrm{d}}{\mathrm{d}x}f(x,y)\Big|_{y不变},f_y(x,y)=\frac{\mathrm{d}}{\mathrm{d}y}f(x,y)\Big|_{x不变}.$$

(1) 求偏导(函)数时,一般用一元函数的导数公式与运算法则.

(2) 求在某定点 (x_0,y_0) 的偏导数时,可采取两种方法:

1° 先求偏导(函)数,然后再定值;

2° 用下述公式

$$f_x(x_0,y_0)=\frac{\mathrm{d}f(x,y_0)}{\mathrm{d}x}\bigg|_{x=x_0},f_y(x_0,y_0)=\frac{\mathrm{d}f(x_0,y)}{\mathrm{d}y}\bigg|_{y=y_0},$$

即求 $f_x(x_0,y_0)$ 时,可先由 $f(x,y)$ 得到 $f(x,y_0)$,再求 $f_x(x_0,y_0)$. 求 $f_y(x_0,y_0)$ 时也如此.

(3) 求分段函数在分段点处的偏导数时,一般用偏导数的定义.

2. 高阶偏导数

二阶偏导数是偏导数的偏导数,求二阶偏导数,只要对偏导数再求一次偏导数即可. 二阶和二阶以上的偏导数统称为高阶偏导数.

例 3 设 $f(x,y)=x^3(y^2-1)+(x-1)\tan^3\sqrt{\frac{y}{x}}$,求 $f_x(1,0),f_y(1,0)$.

解 这是求在定点的偏导数，为求$f_x(1,0)$，先确定$f(x,0)$，为求$f_y(1,0)$，先确定$f(1,y)$.

依题设$f(x,0)=-x^3$，故$f_x(x,0)=-3x^2$，从而$f_x(1,0)=-3$.

因$f(1,y)=y^2-1$，故$f_y(1,y)=2y$，$f_y(1,0)=0$.

例 4 设$z=x^{\ln y}\sin\frac{y}{x}$，求$\frac{\partial z}{\partial x},\frac{\partial z}{\partial y}$.

解 对x求偏导数，视y为常量，$x^{\ln y}$是幂函数

$$\begin{aligned}\frac{\partial z}{\partial x}&=\frac{\partial}{\partial x}(x^{\ln y})\cdot\sin\frac{y}{x}+x^{\ln y}\cdot\frac{\partial}{\partial x}\left(\sin\frac{y}{x}\right)\\&=\ln y\cdot x^{\ln y-1}\cdot\sin\frac{y}{x}+x^{\ln y}\cdot\cos\frac{y}{x}\left(-\frac{y}{x^2}\right)\\&=x^{\ln y-1}\cdot\ln y\cdot\sin\frac{y}{x}-\frac{y}{x^2}x^{\ln y}\cdot\cos\frac{y}{x}.\end{aligned}$$

对y求偏导数，视x为常量，$x^{\ln y}$是指数函数.

$$\begin{aligned}\frac{\partial z}{\partial y}&=\frac{\partial}{\partial y}(x^{\ln y})\cdot\sin\frac{y}{x}+x^{\ln y}\cdot\frac{\partial}{\partial y}\left(\sin\frac{y}{x}\right)\\&=x^{\ln y}\cdot\ln x\cdot\frac{1}{y}\sin\frac{y}{x}+x^{\ln y}\cdot\cos\frac{y}{x}\cdot\frac{1}{x}\\&=\frac{\ln x}{y}x^{\ln y}\cdot\sin\frac{y}{x}+x^{\ln y-1}\cdot\cos\frac{y}{x}.\end{aligned}$$

例 5 设$z=(x^2y+xy^2)^{\cos(xy)}$，求$\frac{\partial z}{\partial x},\frac{\partial z}{\partial y}$.

解 对x对y都是幂指函数，用对数求导法. 取对数得

$$\ln z=\cos(xy)\ln(x^2y+xy^2).$$

对x求偏导数得

$$\frac{1}{z}\frac{\partial z}{\partial x}=-\sin(xy)\cdot y\ln(x^2y+xy^2)+\cos(xy)\frac{2xy+y^2}{x^2y+xy^2},$$

故 $$\frac{\partial z}{\partial x}=(x^2y+xy^2)^{\cos(xy)}\left[\cos(xy)\frac{2x+y}{x^2+xy}-y\sin(xy)\ln(x^2y+xy^2)\right].$$

由函数式中，x与y的对称性可得

$$\frac{\partial z}{\partial y}=(x^2y+xy^2)^{\cos(xy)}\left[\cos(xy)\frac{2y+x}{y^2+xy}-x\sin(xy)\ln(x^2y+xy^2)\right].$$

例 6 设 $z=\dfrac{y}{F(x^2-y^2)}$,其中 F 为任意可导函数.证明:

$$\frac{1}{x}\frac{\partial z}{\partial x}+\frac{1}{y}\frac{\partial z}{\partial y}=\frac{z}{y^2}.$$

证 因 $\dfrac{\partial z}{\partial x}=-\dfrac{y}{F^2(x^2-y^2)}F'(x^2-y^2)\cdot 2x,$

$$\frac{\partial z}{\partial y}=\frac{1}{F(x^2-y^2)}-\frac{y}{F^2(x^2-y^2)}F'(x^2-y^2)\cdot(-2y),$$

所以
$$\begin{aligned}\frac{1}{x}\frac{\partial z}{\partial x}+\frac{1}{y}\frac{\partial z}{\partial y}&=-\frac{2y}{F^2(x^2-y^2)}F'(x^2-y^2)+\frac{1}{yF(x^2-y^2)}\\&\quad+\frac{2y}{F^2(x^2-y^2)}F'(x^2-y^2)\\&=\frac{y}{y^2F(x^2-y^2)}=\frac{z}{y^2}.\end{aligned}$$

例 7 对函数 $z=f(x,y)$,有 $\dfrac{\partial z}{\partial y}=x^2+2y$,且 $f(x,x^2)=1$,求 $f(x,y)$.

分析 由 $\dfrac{\partial z}{\partial y}=x^2+2y$,求 $f(x,y)$,这是求原函数问题.

解 由 $\dfrac{\partial z}{\partial y}=x^2+2y$,两端对 y 求积分,得

$$z=f(x,y)=x^2y+y^2+\varphi(x)$$

其中 $\varphi(x)$ 为待定函数.

为确定 $\varphi(x)$,再由 $f(x,x^2)=1$,得

$$x^2\cdot x^2+(x^2)^2+\varphi(x)=1,\text{即 }\varphi(x)=1-2x^4,$$

故
$$f(x,y)=1+x^2y+y^2-2x^4$$

例 8 设 $z=f(x,y)$,有 $\dfrac{\partial z}{\partial x}=-\sin y+\dfrac{1}{1-xy}$,且 $f(1,y)=\sin y$,求 $f(x,y)$.

解 由$\frac{\partial z}{\partial x}=-\sin y+\frac{1}{1-xy}$求$f(x,y)$，这是求原函数问题. 将已知等式两端对$x$求积分，得

$$z=f(x,y)=-x\sin y-\frac{1}{y}\ln|1-xy|+\varphi(y),$$

其中$\varphi(y)$为待定函数. 为确定$\varphi(y)$，再由$f(1,y)=\sin y$，得

$$-\sin y-\frac{1}{y}\ln|1-y|+\varphi(y)=\sin y,$$

$$\varphi(y)=2\sin y+\frac{1}{y}\ln|1-y|,$$

于是
$$f(x,y)=(2-x)\sin y+\frac{1}{y}\ln\left|\frac{1-y}{1-xy}\right|.$$

例 9 对函数$z=f(x,y)$有$f_{yy}(x,y)=2x$，且$f(x,1)=0$，$f_y(x,0)=\sin x$，求$f(x,y)$.

分析 因$f_{yy}(x,y)=2x$，为求$f(x,y)$，须采取积分运算.

解 由 $\frac{\partial}{\partial y}\left(\frac{\partial z}{\partial y}\right)=2x$，得$\frac{\partial z}{\partial y}=2xy+\varphi(x)$，

其中$\varphi(x)$是待定函数. 由$f_y(x,0)=\sin x$，

即 $[2xy+\varphi(x)]\big|_{y=0}=\sin x$，得$\varphi(x)=\sin x$.

从而 $f_y(x,y)=2xy+\sin x$.

由此 $f(x,y)=xy^2+y\sin x+\psi(x)$.

其中$\psi(x)$是待定函数，再由$f(x,1)=0$，有

$$f(x,1)=[xy^2+y\sin x+\psi(x)]\big|_{y=1}=x+\sin x+\psi(x)=0,$$

即$\psi(x)=-x-\sin x$. 于是

$$f(x,y)=xy^2+y\sin x-x-\sin x.$$

例 10 设$z=f(x^2+y^2)$，且f可微，则$\frac{\partial z}{\partial x}=$________；$\frac{\partial^2 z}{\partial x^2}=$________.

解 $\frac{\partial z}{\partial x}=[f(x^2+y^2)]'_x=f'(x^2+y^2)\cdot(x^2+y^2)'_x=2xf'$，

$$\frac{\partial^2 z}{\partial x^2}=(2xf')_x=(2x)'_x\cdot f'+2x(f')'_x=2f'+4x^2f''.$$

例 11 设 $z=e^{\frac{x}{y}}$,求$\frac{\partial^2 z}{\partial x\partial y},\frac{\partial^2 z}{\partial y\partial x}$.

解 $\frac{\partial z}{\partial x}=\frac{1}{y}e^{\frac{x}{y}},\frac{\partial z}{\partial y}=-\frac{x}{y^2}e^{\frac{x}{y}}$;

$$\frac{\partial^2 z}{\partial x\partial y}=-\frac{1}{y^2}e^{\frac{x}{y}}+\frac{1}{y}e^{\frac{x}{y}}\left(-\frac{x}{y^2}\right)=-\frac{1}{y^2}e^{\frac{x}{y}}\left(1+\frac{x}{y}\right),$$

$$\frac{\partial^2 z}{\partial y\partial x}=-\frac{1}{y^2}e^{\frac{x}{y}}-\frac{x}{y^2}e^{\frac{x}{y}}\cdot\frac{1}{y}=-\frac{1}{y^2}e^{\frac{x}{y}}\left(1+\frac{x}{y}\right).$$

因$\frac{\partial^2 z}{\partial x\partial y},\frac{\partial^2 z}{\partial y\partial x}$在其有定义的区域 D 内连续,故二者相等.

例 12 设$f(x,y)=\begin{cases}xy\dfrac{x^2-y^2}{x^2+y^2}, & x^2+y^2\neq 0,\\ 0, & x^2+y^2=0.\end{cases}$

(1) 求$f_{xy}(0,0),f_{yx}(0,0)$;

(2) $f_{xy}(0,0)$与$f_{yx}(0,0)$是否相等,为什么?

解 (1) 当 $x^2+y^2\neq 0$ 时

$$f_x(x,y)=\frac{x^4-y^4+4x^2y^2}{(x^2+y^2)^2}y,$$

$$f_y(x,y)=\frac{x^4-y^4-4x^2y^2}{(x^2+y^2)^2}x,$$

易求得 $f_x(0,0)=f_y(0,0)=0.$

由此 $f_{xy}(0,0)=\lim\limits_{y\to 0}\frac{f_x(0,y)-f_x(0,0)}{y-0}=\lim\limits_{y\to 0}\frac{-y}{y}=-1,$

$$f_{yx}(0,0)=\lim_{x\to 0}\frac{f_y(x,0)-f_y(0,0)}{x-0}=\lim_{x\to 0}\frac{x}{x}=1.$$

(2) $f_{xy}(0,0)\neq f_{yx}(0,0)$. 本例说明求高阶导数与求导次序有关. 对二阶混合偏导数,当$f_{xy}(x,y)$与$f_{yx}(x,y)$在点(x_0,y_0)处连续时,才有

$$f_{xy}(x_0,y_0)=f_{yx}(x_0,y_0).$$

三、全微分

求函数 $z=f(x,y)$ 全微分的**思路**

按全微分存在的充分条件，若所求 $f_x(x,y)$ 和 $f_y(x,y)$ 是连续的，则全微分

$$dz=f_x(x,y)dx+f_y(x,y)dy.$$

例 13 设 $f(x,y,z)=\sqrt[z]{\dfrac{x}{y}}$，求 $df(1,1,1)$.

解 $df(x,y,z)=f_x(x,y,z)dx+f_y(x,y,z)dy+f_z(x,y,z)dz$,

$$df(1,1,1)=f_x(1,1,1)dx+f_y(1,1,1)dy+f_z(1,1,1)dz.$$

先求出在点(1,1,1)的偏导数.

由 $f(x,1,1)=x$，得 $f_x(x,1,1)=1, f_x(1,1,1)=1$；

由 $f(1,y,1)=\dfrac{1}{y}$，得 $f_y(1,y,1)=-\dfrac{1}{y^2}, f_y(1,1,1)=-1$；

由 $f(1,1,z)=1$，得 $f_z(1,1,1)=0$.

于是
$$df(1,1,1)=dx-dy.$$

例 14 已知函数 $F(x,y)$ 可微，且 $F(x,y)(ydx+xdy)$ 为函数 $f(x,y)$ 的全微分，则 $F(x,y)$ 满足条件(　　).

(A) $F_x(x,y)=F_y(x,y)$　　(B) $xF_x(x,y)=yF_y(x,y)$

(C) $xF_y(x,y)=yF_x(x,y)$　　(D) $-xF_x(x,y)=yF_y(x,y)$

分析 由题设知

$$f_x(x,y)=yF(x,y), f_y(x,y)=xF(x,y).$$

由 $F(x,y)$ 可微知，$F_x(x,y)$，$F_y(x,y)$ 存在且连续，从而有 $f_{xy}(x,y)=f_{yx}(x,y)$.

解
$$f_{xy}(x,y)=F(x,y)+yF_y(x,y),$$
$$f_{yx}(x,y)=F(x,y)+xF_x(x,y).$$

由 $f_{xy}^{-}(x,y)=f_{yx}(x,y)$ 可得 $xF_x(x,y)=yF_y(x,y)$. 选(B).

例 15 已知 $\mathrm{d}f(x,y)=(x^3+3x^2y^2-2xy^3)\mathrm{d}x$

$+(2x^3y-3x^2y^2+y^3)\mathrm{d}y$,求 $f(x,y)$.

解 由题设,有 $f_x(x,y)=x^3+3x^2y^2-2xy^3$, $f_y(x,y)=2x^3y-3x^2y^2+y^3$,该二式分别对 x,对 y 积分,得

$$f(x,y)=\int(x^3+3x^2y^2-2xy^3)\mathrm{d}x=\frac{x^4}{4}+x^3y^2-x^2y^3+\varphi(y),$$

$$f(x,y)=\int(2x^3y-3x^2y^2+y^3)\mathrm{d}y=x^3y^2-x^2y^3+\frac{y^4}{4}+\psi(x).$$

其中 $\varphi(y)$ 为任意一个 y 的可微函数,$\psi(x)$ 为任意一个 x 的可微函数,由上二式相等,得

$$\varphi(y)=\frac{y^4}{4}+C,\psi(x)=\frac{x^4}{4}+C(C\text{ 是任意常数}).$$

于是
$$f(x,y)=\frac{x^4}{4}+x^3y^2-x^2y^3+\frac{y^4}{4}+C.$$

注释 本题的答案不能忘掉任意常数 C.

§7.3 复合函数与隐函数的微分法

一、复合函数的微分法

复合函数微分法的**思路**

多元复合函数微分法从一定意义上说,可以认为是一元复合函数微分法的推广.

由 $y=f(u)$,$u=\varphi(x)$ 构成的一元复合函数 $y=f(\varphi(x))$,其导数公式是

$$\frac{\mathrm{d}y}{\mathrm{d}x}=\frac{\mathrm{d}y}{\mathrm{d}u}\frac{\mathrm{d}u}{\mathrm{d}x}.$$

对多元复合函数,因变量对每一个自变量求导数也如此,不过,因变量要通过各个中间变量达到自变量.

(1) 关键是分清复合函数的构造

由于多元函数的复合关系可能出现各种情形,必须根据具体

复合关系,按复合函数的思路求导,不能死套某一公式.因此,求复合函数的偏导数,其关键是分析清楚复合函数的构成层次,即分清哪些变量是自变量,哪些变量是中间变量,以及中间变量又是哪些自变量的函数,必要时,函数的复合关系可用图表示.

(2) 偏导数公式的构成

复合函数有**几个自变量**,就有**几个偏导数**(导数)**公式**;

复合函数有**几个中间变量**,偏导数(导数)公式中就有**几项**相加;

对每一个自变量到达因变量有**几层复合**,该对应项就有**几个因子乘积**,即因变量对中间变量的导数与中间变量对自变量导数的乘积.

例如

1° 一个自变量两个中间变量的**全导数公式**

由 $z=f(u,v)$, $u=\varphi(x)$, $v=\psi(x)$ 构成的复合函数,复合关系为 $z\begin{smallmatrix} \nearrow u \searrow \\ \searrow v \nearrow \end{smallmatrix}x$,则

$$\frac{\mathrm{d}z}{\mathrm{d}x}=\frac{\partial z}{\partial u}\frac{\mathrm{d}u}{\mathrm{d}x}+\frac{\partial z}{\partial v}\frac{\mathrm{d}v}{\mathrm{d}x}.$$

特别地,当 $z=f(x,\varphi(x))$ 时,其中 $y=\varphi(x)$,复合关系为 $z\begin{smallmatrix} \nearrow x \searrow \\ \searrow y \nearrow \end{smallmatrix}x$,有

$$\frac{\mathrm{d}z}{\mathrm{d}x}=\frac{\partial z}{\partial x}+\frac{\partial z}{\partial y}\frac{\mathrm{d}y}{\mathrm{d}x}.$$

上式左端的$\frac{\mathrm{d}z}{\mathrm{d}x}$是 z 关于 x 的"全"导数,它是在 y 以确定的方式 $y=f(x)$ 随 x 而变化的假设下计算出来的;右端的$\frac{\partial z}{\partial x}$是 z 关于 x

的偏导数，它是在 y 不变的假设下计算出来的.

2° 两个自变量两个中间变量的偏导数公式

由 $z=f(u,v)$，$u=\varphi(x,y)$，$v=\varphi(x,y)$ 构成的复合函数，复合关系为 $z\begin{array}{l}\nearrow u \longrightarrow x\\ \searrow v \longrightarrow y\end{array}$（$u\searrow y$，$v\nearrow x$），则

$$\frac{\partial z}{\partial x}=\frac{\partial z}{\partial u}\frac{\partial u}{\partial x}+\frac{\partial z}{\partial v}\frac{\partial v}{\partial x},\quad \frac{\partial z}{\partial y}=\frac{\partial z}{\partial u}\frac{\partial u}{\partial y}+\frac{\partial z}{\partial v}\frac{\partial v}{\partial y}.$$

3° 两个自变量一个中间变量的偏导数公式

由 $z=f(u)$，$u=\varphi(x,y)$ 构成复合函数，复合关系为 $z\longrightarrow u\begin{array}{l}\nearrow x\\ \searrow y\end{array}$，则

$$\frac{\partial z}{\partial x}=\frac{\mathrm{d}z}{\mathrm{d}u}\frac{\partial u}{\partial x},\quad \frac{\partial z}{\partial y}=\frac{\mathrm{d}z}{\mathrm{d}u}\frac{\partial u}{\partial y}.$$

（3）抽象函数求偏导数

以抽象函数 $z=f\left(xy,\frac{y}{x}\right)$ 为例来说明，这里，外层函数 f 是抽象函数.

1° 必须设出中间变量. 设 $u=xy$，$v=\frac{y}{x}$，则 $z=f\left(xy,\frac{y}{x}\right)$ 看成是由 $z=f(u,v)$，$u=xy$，$v=\frac{y}{x}$ 复合而成的函数.

2° 简化偏导数的记号. 以 f_1，f_2 分别表示 $f(u,v)$ 对第一个、第二个中间变量的偏导数；以 f_{12} 表示 $f(u,v)$ 先对第一个，再对第二个中间变量的二阶偏导数. 依此类推.

3° 求 z 对 x（或对 y）的二阶偏导数时，必须把一阶偏导数 $f_u(u,v)$，$f_v(u,v)$ 仍看作是 x,y 的函数. 求再高阶的偏导数时，依此类推.

例 1 设 $z=u^v$，而 $u=\sin x, v=\cos x$，求$\frac{\mathrm{d}z}{\mathrm{d}x}$.

解 1 z 通过两个中间变量 u,v 依赖于一个自变量 x. 由全导数公式

$$\begin{aligned}\frac{\mathrm{d}z}{\mathrm{d}x}&=\frac{\partial z}{\partial u}\frac{\mathrm{d}u}{\mathrm{d}x}+\frac{\partial z}{\partial v}\frac{\mathrm{d}v}{\mathrm{d}x}\\&=vu^{v-1}\cos x+u^v\ln u\cdot(-\sin x)\\&=(\sin x)^{\cos x-1}\cdot\cos^2x-(\sin x)^{\cos x+1}\cdot\ln\sin x.\end{aligned}$$

解 2 将 $u=\sin x, v=\cos x$ 代入 $z=u^v$ 中得$z=(\sin x)^{\cos x}$，于是，

$$\ln z=\cos x\ln\sin x,$$

$$\frac{1}{z}z'=-\sin x\cdot\ln\sin x+\cos x\cdot\frac{\cos x}{\sin x},$$

$$z'=(\sin x)^{\cos x}\left(\frac{\cos^2x}{\sin x}-\sin x\cdot\ln\sin x\right).$$

注释 由这种显函数构成的复合函数的全导数，其实就是一元函数的导数.

例 2 设 $z=f(x,y), x=y+\varphi(y)$ 所确定的函数二次可微，求$\frac{\mathrm{d}z}{\mathrm{d}x},\frac{\mathrm{d}^2z}{\mathrm{d}x^2}$.

分析 z 通过两个中间变量 x,y 依赖于一个自变量 x：$z=f(x,y)$，而 $x=x, y=y(x)$. 其中 $y=y(x)$ 由 $x=y+\varphi(y)$ 确定.

解 按一元隐函数求导法，将 $x=y+\varphi(y)$ 两端对 x 求导，得

$$1=\frac{\mathrm{d}y}{\mathrm{d}x}+\varphi'(y)\frac{\mathrm{d}y}{\mathrm{d}x},\text{即}\frac{\mathrm{d}y}{\mathrm{d}x}=\frac{1}{1+\varphi'(y)},$$

于是
$$\frac{\mathrm{d}z}{\mathrm{d}x}=\frac{\partial z}{\partial x}+\frac{\partial z}{\partial y}\frac{\mathrm{d}y}{\mathrm{d}x}=f_1+f_2\cdot\frac{1}{1+\varphi'(y)}.$$

求二阶全导数时，须将 f_1, f_2 看作是通过中间变量 x,y 依赖于

自变量 x 的复合函数,$\varphi'(y)$仍是 x 的复合函数.

$$\frac{\mathrm{d}^2z}{\mathrm{d}x^2}=\frac{\mathrm{d}}{\mathrm{d}x}\left(f_1+\frac{f_2}{1+\varphi'(y)}\right)$$

$$=\frac{\partial f_1}{\partial x}+\frac{\partial f_1}{\partial y}\cdot\frac{\mathrm{d}y}{\mathrm{d}x}+\frac{\partial}{\partial x}\left(\frac{f_2}{1+\varphi'(y)}\right)+\frac{\partial}{\partial y}\left(\frac{f_2}{1+\varphi'(y)}\right)\frac{\mathrm{d}y}{\mathrm{d}x}$$

$$=f_{11}+f_{12}\cdot\frac{1}{1+\varphi'(y)}+\frac{f_{21}}{1+\varphi'(y)}$$

$$+\frac{f_{22}(1+\varphi'(y))-\varphi''(y)f_2}{[1+\varphi'(y)]^2}\cdot\frac{1}{1+\varphi'(y)}$$

$$=f_{11}+\frac{f_{12}+f_{21}}{1+\varphi'(y)}+\frac{f_{22}}{[1+\varphi'(y)]^2}-\frac{f_2\varphi''(y)}{[1+\varphi'(y)]^3}.$$

例 3 设函数 $z=f(x,y)$在点(1,1)处可微,且 $f(1,1)=1$, $f_x(1,1)=2$, $f_y(1,1)=3$, $\varphi(x)=f(x,f(x,x))$,求$\frac{\mathrm{d}}{\mathrm{d}x}\varphi^3(x)\big|_{x=1}$.

解 $\varphi(1)=f(1,f(1,1))=f(1,1)=1.$

$$\frac{\mathrm{d}}{\mathrm{d}x}\varphi^3(x)=3\varphi^2(x)\frac{\mathrm{d}}{\mathrm{d}x}\varphi(x)$$

$$=3\varphi^2(x)[f_1(x,f(x,x))+$$
$$f_2(x,f(x,x))(f_1(x,x)+f_2(x,x))],$$

由已知条件

$$f_1(1,1)=2,f_2(1,1)=3,f_1(1,f(1,1))=f_1(1,1)=2,$$
$$f_2(1,f(1,1))=f_2(1,1)=3,$$

故 $$\frac{\mathrm{d}}{\mathrm{d}x}\varphi^3(x)\big|_{x=1}=3\cdot1^2\cdot[2+3(2+3)]=51.$$

例 4 设 $u=f(x,y,z)$有连续的一阶偏导数,又函数$y=y(x)$, $z=z(x)$分别由下列两式确定:

$\mathrm{e}^{xy}-xy=2$, $\mathrm{e}^x=\int_0^{x-z}\frac{\sin t}{t}\mathrm{d}t$,求$\frac{\mathrm{d}u}{\mathrm{d}x}$.

分析 u 通过三个中间变量 x,y,z 依赖一个自变量 x. $u=f(x,y,z)$,而 $x=x$, $y=y(x)$, $z=z(x)$. 由全导数公式

$$\frac{\mathrm{d}u}{\mathrm{d}x}=\frac{\partial f}{\partial x}+\frac{\partial f}{\partial y}\frac{\mathrm{d}y}{\mathrm{d}x}+\frac{\partial f}{\partial z}\frac{\mathrm{d}z}{\mathrm{d}x} \tag{1}$$

其中$\frac{\mathrm{d}y}{\mathrm{d}x}$由隐函数 $\mathrm{e}^{xy}-xy=2$ 求得，$\frac{\mathrm{d}z}{\mathrm{d}x}$由隐函数 $\mathrm{e}^{x}=\int_0^{x-z}\frac{\sin t}{t}\mathrm{d}t$ 求得.

解 由 $\mathrm{e}^{xy}-xy=2$ 两边对 x 求导，得

$$\mathrm{e}^{xy}\left(y+x\frac{\mathrm{d}y}{\mathrm{d}x}\right)-\left(y+x\frac{\mathrm{d}y}{\mathrm{d}x}\right)=0,\text{即}\frac{\mathrm{d}y}{\mathrm{d}x}=-\frac{y}{x}.$$

由 $\mathrm{e}^{x}=\int_0^{x-z}\frac{\sin t}{t}\mathrm{d}t$ 两边对 x 求导，得

$$\mathrm{e}^{x}=\frac{\sin(x-z)}{x-z}\left(1-\frac{\mathrm{d}z}{\mathrm{d}x}\right),\text{即}\frac{\mathrm{d}z}{\mathrm{d}x}=1-\frac{\mathrm{e}^{x}(x-z)}{\sin(x-z)}.$$

将$\frac{\mathrm{d}y}{\mathrm{d}x},\frac{\mathrm{d}z}{\mathrm{d}x}$的表达式代入(1)式，得

$$\frac{\mathrm{d}u}{\mathrm{d}x}=\frac{\partial f}{\partial x}-\frac{y}{x}\frac{\partial f}{\partial y}+\left[1-\frac{\mathrm{e}^{x}(x-z)}{\sin(x-z)}\right]\frac{\partial f}{\partial z}.$$

例 5 设 $z=(x^2+y^2)\mathrm{e}^{\frac{x^2+y^2}{xy}}$，求$\frac{\partial z}{\partial x},\frac{\partial z}{\partial y}$.

解 1 直接求偏导数，视 y 为常量，对 x 求偏导数

$$\begin{aligned}\frac{\partial z}{\partial x}&=\frac{\partial}{\partial x}(x^2+y^2)\cdot\mathrm{e}^{\frac{x^2+y^2}{xy}}+(x^2+y^2)\frac{\partial}{\partial x}\left(\mathrm{e}^{\frac{x^2+y^2}{xy}}\right)\\&=2x\cdot\mathrm{e}^{\frac{x^2+y^2}{xy}}+(x^2+y^2)\mathrm{e}^{\frac{x^2+y^2}{xy}}\cdot\frac{2x\cdot xy-y(x^2+y^2)}{x^2y^2}\\&=\frac{x^4-y^4+2x^3y}{x^2y}\mathrm{e}^{\frac{x^2+y^2}{xy}}.\end{aligned}$$

由函数式中 x 与 y 的对称性，可得

$$\frac{\partial z}{\partial y}=\frac{y^4-x^4+2xy^3}{xy^2}\mathrm{e}^{\frac{x^2+y^2}{xy}}.$$

解 2 引入中间变量，用复合函数微分法. 设 $u=x^2+y^2,v=xy$，则 $z=u\mathrm{e}^{\frac{u}{v}}$. 于是

$$\frac{\partial z}{\partial x}=\frac{\partial z}{\partial u}\frac{\partial u}{\partial x}+\frac{\partial z}{\partial v}\frac{\partial v}{\partial x}$$

$$=\left(e^{\frac{u}{v}}+ue^{\frac{u}{v}}\cdot\frac{1}{v}\right)\cdot 2x+ue^{\frac{u}{v}}\left(-\frac{u}{v^2}\right)\cdot y$$

$$=\left[\left(1+\frac{u}{v}\right)\cdot 2x-y\frac{u^2}{v^2}\right]e^{\frac{u}{v}}$$

$$=\frac{x^4-y^4+2x^3y}{x^2y}e^{\frac{x^2+y^2}{xy}},$$

$$\frac{\partial z}{\partial y}=\frac{\partial z}{\partial u}\frac{\partial u}{\partial y}+\frac{\partial z}{\partial v}\frac{\partial v}{\partial y}=\frac{y^4-x^4+2xy^3}{xy^2}e^{\frac{x^2+y^2}{xy}}.$$

解 3 用一阶全微分形式的不变性,求出微分后便可得到两个偏导数.

$$\mathrm{d}z=e^{\frac{x^2+y^2}{xy}}\mathrm{d}(x^2+y^2)+(x^2+y^2)\mathrm{d}e^{\frac{x^2+y^2}{xy}}$$

$$=e^{\frac{x^2+y^2}{xy}}(2x\mathrm{d}x+2y\mathrm{d}y)+(x^2+y^2)e^{\frac{x^2+y^2}{xy}}\mathrm{d}\left(\frac{x^2+y^2}{xy}\right)$$

$$=e^{\frac{x^2+y^2}{xy}}\left[2x\mathrm{d}x+2y\mathrm{d}y+(x^2+y^2)\cdot\frac{xy\mathrm{d}(x^2+y^2)-(x^2+y^2)\mathrm{d}(xy)}{x^2y^2}\right]$$

$$=e^{\frac{x^2+y^2}{xy}}\left(\frac{x^4-y^4+2x^3y}{x^2y}\mathrm{d}x+\frac{y^4-x^4+2xy^3}{xy^2}\mathrm{d}y\right).$$

故 $$\frac{\partial z}{\partial x}=\frac{x^4-y^4+2x^3y}{x^2y}e^{\frac{x^2+y^2}{xy}},\quad \frac{\partial z}{\partial y}=\frac{y^4-x^4+2xy^3}{xy^2}e^{\frac{x^2+y^2}{xy}}.$$

例 6 设 $z=f(x,u,v)=xe^u\sin v+e^u\cos v$,而 $u=xy, v=x+y$,求$\frac{\partial z}{\partial x},\frac{\partial z}{\partial y}$.

分析 这里,自变量是两个 x 和 y. 对自变量 x,有三个中间变量 x,u,v;而对自变量 y 只有两个中间变量 u 和 v.

解

$$\frac{\partial z}{\partial x}=\frac{\partial f}{\partial x}+\frac{\partial f}{\partial u}\frac{\partial u}{\partial x}+\frac{\partial f}{\partial v}\frac{\partial v}{\partial x}$$

$$=e^u\sin v+(xe^u\sin v+e^u\cos v)\cdot y$$

$$+(xe^u\cos v-e^u\sin v)\cdot 1$$

$$=e^{xy}[xy\sin(x+y)+(x+y)\cos(x+y)].$$

$$
\begin{aligned}
\frac{\partial z}{\partial y} &= \frac{\partial f}{\partial u}\frac{\partial u}{\partial y} + \frac{\partial f}{\partial v}\frac{\partial v}{\partial y} \\
&= (x\mathrm{e}^u \sin v + \mathrm{e}^u \cos v)\cdot x \\
&\quad + (x\mathrm{e}^u \cos v - \mathrm{e}^u \sin v)\cdot 1 \\
&= \mathrm{e}^{xy}[(x^2-1)\sin(x+y) + 2x\cos(x+y)].
\end{aligned}
$$

例 7 设 $f(u,v)$ 具有二阶连续偏导数,且 $\frac{\partial^2 f}{\partial u^2}+\frac{\partial^2 f}{\partial v^2}=1$,又 $g(x,y)=f\left(xy,\frac{1}{2}(x^2-y^2)\right)$,求 $\frac{\partial^2 g}{\partial x^2}+\frac{\partial^2 g}{\partial y^2}$.

分析 x, y 是自变量, u, v 是中间变量,且 $u=xy$, $v=\frac{1}{2}(x^2-y^2)$.

解 $\frac{\partial g}{\partial x}=\frac{\partial f}{\partial u}\cdot y+\frac{\partial f}{\partial v}\cdot x,\quad \frac{\partial g}{\partial y}=\frac{\partial f}{\partial u}\cdot x+\frac{\partial f}{\partial v}(-y)$,

$$
\begin{aligned}
\frac{\partial^2 g}{\partial x^2} &= \frac{\partial}{\partial x}\left(\frac{\partial f}{\partial u}\right)\cdot y + \frac{\partial}{\partial x}\left(\frac{\partial f}{\partial v}\right)\cdot x + \frac{\partial f}{\partial v} \\
&= \frac{\partial^2 f}{\partial u^2}\cdot y^2 + \frac{\partial^2 f}{\partial u \partial v}\cdot xy + \frac{\partial^2 f}{\partial v \partial u}\cdot xy + \frac{\partial^2 f}{\partial v^2}x^2 + \frac{\partial f}{\partial v},
\end{aligned}
$$

$$
\begin{aligned}
\frac{\partial^2 g}{\partial y^2} &= \frac{\partial}{\partial y}\left(\frac{\partial f}{\partial u}\right)\cdot x - \frac{\partial}{\partial y}\left(\frac{\partial f}{\partial v}\right)y - \frac{\partial f}{\partial v} \\
&= \frac{\partial^2 f}{\partial u^2}x^2 + \frac{\partial^2 f}{\partial u \partial v}x(-y) - \frac{\partial^2 f}{\partial v \partial u}\cdot yx - \frac{\partial^2 f}{\partial v^2}y(-y) - \frac{\partial f}{\partial v}.
\end{aligned}
$$

所以 $$\frac{\partial^2 g}{\partial x^2}+\frac{\partial^2 g}{\partial y^2}=(x^2+y^2)\left(\frac{\partial^2 f}{\partial u^2}+\frac{\partial^2 f}{\partial v^2}\right)=x^2+y^2.$$

例 8 设 $z=f(x^2y^2+x^2+y^3)$,其中 f 具有二阶导数,求 $\frac{\partial z}{\partial x},\frac{\partial z}{\partial y},\frac{\partial^2 z}{\partial x^2}$.

解 这是一个中间变量两个自变量的函数,令 $u=x^2y^2+x^2+y^3$,则 $z=f(u)$,于是

$$\frac{\partial z}{\partial x}=f'(u)\frac{\partial u}{\partial x}=f'(u)\cdot(2xy^2+2x),$$

$$\frac{\partial z}{\partial y}=f'(u)\frac{\partial u}{\partial y}=f'(u)(2x^2y+3y^2),$$

$$\frac{\partial^2 z}{\partial x^2}=\frac{\partial}{\partial x}(f'(u))\cdot(2xy^2+2x)+f'(u)\cdot\frac{\partial}{\partial x}(2xy^2+2x)$$

$$=f''(u)\frac{\partial u}{\partial x}(2xy^2+2x)+f'(u)(2y^2+2)$$

$$=f''(u)(2xy^2+2x)^2+f'(u)(2y^2+2).$$

例 9 设 $z=f(t)$，$t=\varphi(xy,x^2+y^2)$，其中 f,φ 具有连续的二阶导数及偏导数，求$\frac{\partial^2 z}{\partial x^2}$.

分析 令 $u=xy$，$v=x^2+y^2$，则复合关系为 $z\to t$（$t\to u$，$t\to v$；$u\to x$，$u\to y$；$v\to x$，$v\to y$），

这是三层复合函数，自变量是 x,y，内层中间变量是 u,v，外层的中间变量是 t.

解 $\frac{\partial z}{\partial x}=f'(t)\left[\frac{\partial t}{\partial u}\cdot\frac{\partial u}{\partial x}+\frac{\partial t}{\partial v}\frac{\partial v}{\partial x}\right]=f'(t)[\varphi_1\cdot y+\varphi_2\cdot 2x]$，

$$\frac{\partial^2 z}{\partial x^2}=\frac{\partial}{\partial x}(f'(t))\cdot[y\varphi_1+2x\varphi_2]+f'(t)\frac{\partial}{\partial x}[y\varphi_1+2x\varphi_2]$$

$$=f''(t)[y\varphi_1+2x\varphi_2]^2+f'(t)[y(\varphi_{11}\cdot y+\varphi_{12}\cdot 2x)+$$
$$2\varphi_2+2x(\varphi_{21}\cdot y+\varphi_{22}\cdot 2x)]$$

$$=f''(t)(y\varphi_1+2x\varphi_2)^2+$$
$$f'(t)(y^2\varphi_{11}+4xy\varphi_{12}+4x^2\varphi_{22}+2\varphi_2).$$

例 10 设 $u=f(xy,yz,zx)$，其中 f 具有二阶偏导数，求$\frac{\partial^2 u}{\partial x\partial z}$.

分析 令 $r=xy$，$s=yz$，$t=zx$，则 $u=f(r,s,t)$. 该函数是三个中间变量三个自变量. 但对每一个自变量 x,y,z 而言，因变量 u 是通过两个中间变量到达自变量.

解 $\frac{\partial u}{\partial x}=\frac{\partial u}{\partial r}\frac{\partial r}{\partial x}+\frac{\partial u}{\partial t}\frac{\partial t}{\partial x}=f_1\cdot y+f_3\cdot z.$

$$\begin{aligned}\frac{\partial^2 u}{\partial x\partial z}&=y\frac{\partial}{\partial z}(f_1)+\frac{\partial}{\partial z}(z)\cdot f_3+z\frac{\partial}{\partial z}(f_3)\\&=y(f_{12}\cdot y+f_{13}\cdot x)+f_3+z(f_{32}\cdot y+f_{33}\cdot x)\\&=y^2f_{12}+xyf_{13}+f_3+yzf_{32}+xzf_{33}.\end{aligned}$$

例 11 设 $z=f(x,y)$ 是由 $x=\mathrm{e}^{u+v},y=\mathrm{e}^{u-v},z=uv$ 所确定的函数,求 $\frac{\partial^2 z}{\partial x\partial y}$.

解 1 先将 z 表示成 x,y 的直接函数. 由 $x=\mathrm{e}^{u+v},y=\mathrm{e}^{u-v}$ 解出 u 和 v,得 $u=\frac{1}{2}(\ln x+\ln y),v=\frac{1}{2}(\ln x-\ln y)$,将其代入 $z=uv$ 中,有

$$z=\frac{1}{4}(\ln^2 x-\ln^2 y).$$

所以 $\frac{\partial z}{\partial x}=\frac{\ln x}{2x}$,于是

$$\frac{\partial^2 z}{\partial x\partial y}=\frac{\partial}{\partial y}\left(\frac{\partial z}{\partial x}\right)=\frac{\partial}{\partial y}\left(\frac{\ln x}{2x}\right)=0.$$

解 2 将 z 看成是通过中间变量 u,v 而依赖于自变量 x,y. 则

$$\frac{\partial z}{\partial x}=\frac{\partial z}{\partial u}\frac{\partial u}{\partial x}+\frac{\partial z}{\partial v}\frac{\partial v}{\partial x}=v\frac{\partial u}{\partial x}+u\frac{\partial v}{\partial x}. \tag{1}$$

为计算 $\frac{\partial u}{\partial x},\frac{\partial v}{\partial x}$,分别对 $x=\mathrm{e}^{u+v},y=\mathrm{e}^{u-v}$ 的两边对 x 求偏导数,得

$$1=\mathrm{e}^{u+v}\left(\frac{\partial u}{\partial x}+\frac{\partial v}{\partial x}\right),0=\mathrm{e}^{u-v}\left(\frac{\partial u}{\partial x}-\frac{\partial v}{\partial x}\right).$$

由上式可得 $\frac{\partial u}{\partial x}=\frac{\partial v}{\partial x}=\frac{1}{2}\mathrm{e}^{-(u+v)}$,将其代入(1)式,得

$$\frac{\partial z}{\partial x}=\frac{1}{2}(u+v)\mathrm{e}^{-(u+v)}=\frac{\ln x}{2x}.$$

于是
$$\frac{\partial^2 z}{\partial x\partial y}=\frac{\partial}{\partial y}\left(\frac{\ln x}{2x}\right)=0.$$

例 12 设 $f(x,y)$ 是 m 次齐次函数,试证明:

$$x\frac{\partial f}{\partial x}+y\frac{\partial f}{\partial y}=mf(x,y).$$

证 由题设,对任意正实数 λ 有

$$f(\lambda x,\lambda y)=\lambda^{m}f(x,y),$$

设 $u=\lambda x, v=\lambda y$,则

$$f(u,v)=\lambda^{m}f(x,y).$$

将上式两端看作是 λ 的函数,对 λ 求导数

$$\frac{\partial f}{\partial u}\cdot\frac{\partial u}{\partial \lambda}+\frac{\partial f}{\partial u}\cdot\frac{\partial v}{\partial \lambda}=m\lambda^{m-1}f(x,y),$$

即
$$x\frac{\partial f}{\partial u}+y\frac{\partial f}{\partial v}=m\lambda^{m-1}f(x,y).$$

该等式对任何 $\lambda(>0)$ 都成立,特别取 $\lambda=1$ 时,有

$$x\frac{\partial f}{\partial x}+y\frac{\partial f}{\partial y}=mf(x,y).$$

注释 该例所证明的等式,是齐次函数的偏导数所具有的重要性质. 特别是对线性齐次函数,即 $m=1$ 时,有

$$x\frac{\partial f}{\partial x}+y\frac{\partial f}{\partial y}=f(x,y).$$

二、隐函数的微分法

1. 由一个方程确定的隐函数的**解题方法**

(1) 由方程 $F(x,y)=0$ 确定隐函数 $y=f(x)$,求$\frac{\mathrm{d}y}{\mathrm{d}x}$的**方法**:

其一 在一元函数微分学中已学过的方法.

其二 将 $F(x,y)$ 看作 x,y 的函数,用下述公式

$$\frac{\mathrm{d}y}{\mathrm{d}x}=-\frac{\partial F/\partial x}{\partial F/\partial y}=-\frac{F_x(x,y)}{F_y(x,y)}(F_y(x,y)\neq 0).$$

(2) 由方程 $F(x,y,z)=0$ 确定隐函数 $z=f(x,y)$,求$\frac{\partial z}{\partial x}$,$\frac{\partial z}{\partial y}$的**方法**:

其一　求$\frac{\partial z}{\partial x}$时，将方程 $F(x,y,z)=0$ 中的 y 视为常量，x 视自变量，z 视为 x 的函数，等式两端对 x 求导数，得到关于$\frac{\partial z}{\partial x}$的方程，解出$\frac{\partial z}{\partial x}$即可. 用类似的方法求$\frac{\partial z}{\partial y}$.

其二　将 $F(x,y,z)$ 看作是 x,y,z 的函数，用下述公式

$$\left.\begin{aligned}\frac{\partial z}{\partial x}=-\frac{\partial F/\partial x}{\partial F/\partial z}=-\frac{F_x(x,y,z)}{F_z(x,y,z)},\\ \frac{\partial z}{\partial y}=-\frac{\partial F/\partial y}{\partial F/\partial z}=-\frac{F_y(x,y,z)}{F_z(x,y,z)},\end{aligned}\right.\quad (F_z(x,y,z)\neq 0).$$

2. 由方程组$\begin{cases}F(x,y,z)=0\\ G(x,y,z)=0\end{cases}$确定隐函数 $y=y(x)$，$z=z(x)$ 求$\frac{\mathrm{d}y}{\mathrm{d}x},\frac{\mathrm{d}z}{\mathrm{d}x}$的**解题程序**

（1）各方程两端对 x 求导数，得

$$\begin{cases}F_x+F_y\dfrac{\mathrm{d}y}{\mathrm{d}x}+F_z\dfrac{\mathrm{d}z}{\mathrm{d}x}=0,\\ G_x+G_y\dfrac{\mathrm{d}y}{\mathrm{d}x}+G_z\dfrac{\mathrm{d}z}{\mathrm{d}x}=0,\end{cases}\text{即}\begin{cases}F_y\dfrac{\mathrm{d}y}{\mathrm{d}x}+F_z\dfrac{\mathrm{d}z}{\mathrm{d}x}=-F_x,\\ G_y\dfrac{\mathrm{d}y}{\mathrm{d}x}+G_z\dfrac{\mathrm{d}z}{\mathrm{d}x}=-G_x.\end{cases}$$

（2）将$\frac{\mathrm{d}y}{\mathrm{d}x},\frac{\mathrm{d}z}{\mathrm{d}x}$作为未知量，用克拉默法则解方程组，得

$$\frac{\mathrm{d}y}{\mathrm{d}x}=\frac{F_zG_x-F_xG_z}{F_yG_z-F_zG_y},\quad \frac{\mathrm{d}z}{\mathrm{d}x}=\frac{F_xG_y-F_yG_x}{F_yG_z-F_zG_y}.$$

例 13　设 $x^2+z^2=y\varphi\left(\frac{z}{y}\right)$，其中函数 φ 可微，求$\frac{\partial z}{\partial x},\frac{\partial z}{\partial y}$.

分析　这可看作是由方程 $F(x,y,z)=0$ 确定 $z=f(x,y)$.

解 1　用隐函数的偏导数公式.

设　$F(x,y,z)=x^2+z^2-y\varphi\left(\frac{z}{y}\right)$，因

$$F_x=2x,F_y=-\varphi\left(\frac{z}{y}\right)-y\varphi'\left(\frac{z}{y}\right)\left(-\frac{z}{y^2}\right)=-\varphi\left(\frac{z}{y}\right)+\frac{z}{y}\varphi'\left(\frac{z}{y}\right),$$

$$F_z=2z-y\varphi'\left(\frac{z}{y}\right)\cdot\frac{1}{y}=2z-\varphi'\left(\frac{z}{y}\right).$$

所以
$$\frac{\partial z}{\partial x}=-\frac{F_x}{F_z}=\frac{2x}{\varphi'\left(\frac{z}{y}\right)-2z},$$

$$\frac{\partial z}{\partial y}=-\frac{F_y}{F_z}=\frac{\varphi\left(\frac{z}{y}\right)-\frac{z}{y}\varphi'\left(\frac{z}{y}\right)}{2z-\varphi'\left(\frac{z}{y}\right)}.$$

解 2 按一元隐函数求导数. 视 y 为常量,z 为 x 的函数,已知等式两端对 x 求导数,得

$$2x+2zz'_x=y\varphi'\left(\frac{z}{y}\right)\cdot\frac{z'_x}{y},$$

解得
$$\frac{\partial z}{\partial x}=\frac{2x}{\varphi'\left(\frac{z}{y}\right)-2z}.$$

同理,已知等式两端对 y 求导数,得

$$2zz'_y=\varphi\left(\frac{z}{y}\right)+y\varphi'\left(\frac{z}{y}\right)\cdot\frac{z'_y\cdot y-z}{y^2},$$

解得
$$\frac{\partial z}{\partial y}=\frac{\varphi\left(\frac{z}{y}\right)-\frac{z}{y}\varphi'\left(\frac{z}{y}\right)}{2z-\varphi'\left(\frac{z}{y}\right)}.$$

例 14 设由方程 $F\left(\frac{y}{x},\frac{z}{x}\right)=0$ 确定隐函数 $z=f(x,y)$,其中 F 具有一阶连续的偏导数,求证:$x\frac{\partial z}{\partial x}+y\frac{\partial z}{\partial y}=z$.

证 用隐函数的偏导数公式. 已知方程左端分别对 x,y,z 求偏导数.

$$F_x=F_1\cdot\left(-\frac{y}{x^2}\right)+F_2\cdot\left(-\frac{z}{x^2}\right)=-\frac{y}{x^2}F_1-\frac{z}{x^2}F_2,$$

$$F_y=F_1\cdot\frac{1}{x},\quad F_z=F_2\cdot\frac{1}{x},$$

故 $$\frac{\partial z}{\partial x}=-\frac{F_x}{F_z}=\frac{yF_1+zF_2}{xF_2},\quad \frac{\partial z}{\partial y}=-\frac{F_y}{F_z}=-\frac{F_1}{F_2}.$$

从而 $$x\frac{\partial z}{\partial x}+y\frac{\partial z}{\partial y}=x\cdot\frac{yF_1+zF_2}{xF_2}+y\left(-\frac{F_1}{F_2}\right)=z.$$

例 15 设 $u=f(x,y,z)$ 有连续偏导数，且 $z=z(x,y)$ 由方程 $xe^x-ye^y=ze^z$ 所确定，求 $\mathrm{d}u$.

分析 本例，三个中间变量，两个自变量，复合关系为

$$\begin{array}{ccc} & x\longrightarrow x & \\ & \nearrow\quad\nearrow & \\ u\longrightarrow z & & \\ & \searrow\quad\searrow & \\ & y\longrightarrow y & \end{array},\qquad \mathrm{d}u=\frac{\partial u}{\partial x}\mathrm{d}x+\frac{\partial u}{\partial y}\mathrm{d}y.$$

解 1 由隐函数的导数公式.

设 $F(x,y,z)=xe^x-ye^y-ze^z$，则

$$F_x=e^x+xe^x,F_y=-e^y-ye^y,F_z=-e^z-ze^z,$$

故 $$\frac{\partial z}{\partial x}=-\frac{F_x}{F_z}=\frac{x+1}{z+1}e^{x-z},\frac{\partial z}{\partial y}=-\frac{F_y}{F_z}=-\frac{y+1}{z+1}e^{y-z}.$$

而 $$\frac{\partial u}{\partial x}=f_x+f_z\cdot\frac{\partial z}{\partial x}=f_x+f_z\frac{x+1}{z+1}e^{x-z},$$

$$\frac{\partial u}{\partial y}=f_y+f_z\frac{\partial z}{\partial y}=f_y-f_z\frac{y+1}{z+1}e^{y-z}.$$

所以

$$\mathrm{d}u=\frac{\partial u}{\partial x}\mathrm{d}x+\frac{\partial u}{\partial y}\mathrm{d}y=\left(f_x+f_z\frac{x+1}{z+1}e^{x-z}\right)\mathrm{d}x+\left(f_y-f_z\frac{y+1}{z+1}e^{y-z}\right)\mathrm{d}y.$$

解 2 直接求微分 $\mathrm{d}u$. 由 $u=f(x,y,z)$ 得

$$\mathrm{d}u=f_x\mathrm{d}x+f_y\mathrm{d}y+f_z\mathrm{d}z. \tag{1}$$

在 $xe^x-ye^y=ze^z$ 两边微分，得

$$e^x\mathrm{d}x+xe^x\mathrm{d}x-e^y\mathrm{d}y-ye^y\mathrm{d}y=e^z\mathrm{d}z+ze^z\mathrm{d}z,$$

故 $$\mathrm{d}z=\frac{(1+x)e^x\mathrm{d}x-(1+y)e^y\mathrm{d}y}{(1+z)e^z}.$$

将该式代入(1)式，并整理得

$$du=\left(f_x+f_z\frac{x+1}{z+1}e^{x-z}\right)dx+\left(f_y-f_z\frac{y+1}{z+1}e^{y-z}\right)dy.$$

例 16 设 $y=y(x),z=z(x)$ 是由方程 $F(x,y,z)=0$ 和 $z=xf(x+y)$ 所确定的函数,其中 F 和 f 分别具有一阶连续偏导数和一阶连续导数,求 $\frac{dy}{dx},\frac{dz}{dx}$.

解 由方程组 $\begin{cases}F(x,y,z)=0,\\ z-xf(x+y)=0\end{cases}$ 确定 $y=y(x)$ 和 $z=z(x)$.

各方程两端分别对 x 求导数,得

$$\begin{cases}F_x+F_y\frac{dy}{dx}+F_z\frac{dz}{dx}=0,\\ \frac{dz}{dx}-f-xf'\cdot\left(1+\frac{dy}{dx}\right)=0.\end{cases}$$

整理得

$$\begin{cases}F_y\frac{dy}{dx}+F_z\frac{dz}{dx}=-F_x,\\ -xf'\frac{dy}{dx}+\frac{dz}{dx}=f+xf'.\end{cases}$$

由克拉默法则可解得

$$\frac{dy}{dx}=\frac{\begin{vmatrix}-F_x & F_z\\ f+xf' & 1\end{vmatrix}}{\begin{vmatrix}F_y & F_z\\ -xf' & 1\end{vmatrix}}=-\frac{F_x+(f+xf')F_z}{xf'F_z+F_y},$$

$$\frac{dz}{dx}=\frac{\begin{vmatrix}F_y & -F_x\\ -xf' & f+xf'\end{vmatrix}}{\begin{vmatrix}F_y & F_z\\ -xf' & 1\end{vmatrix}}=\frac{(f+xf')F_y-xf'F_x}{xf'F_z+F_y}.$$

例 17 设 $y=f(x,z)$,由方程 $G(x,y,z)=0$ 确定 z 是 x,y 的函数,其中 f,G 均为可微函数,求 $\frac{dy}{dx}$.

解 看成由方程组 $\begin{cases}y-f(x,z)=0\\ G(x,y,z)=0\end{cases}$,确定 y,z 皆为 x 的函数.

可以求得(读者自解).

$$\frac{\mathrm{d}y}{\mathrm{d}x}=\frac{f_xG_z-f_zG_x}{G_z+f_zG_y}.$$

例 18 设$\begin{cases}u=f(x-ut,y-ut,z-ut),\\g(x,y,z)=0,\end{cases}$求$\frac{\partial u}{\partial x},\frac{\partial u}{\partial y}$.

分析 本例有五个变量,两个方程. 依题意,u 是因变量,x,y 是自变量,由第一个方程看,u 是 x,y,z,t 的函数,而由第二个方程看,z 又是 x,y 的函数.

解 1 将两个方程两端分别对 x 求导数,得

$$\begin{cases}\frac{\partial u}{\partial x}=f_1\left(1-t\frac{\partial u}{\partial x}\right)-f_2\frac{\partial u}{\partial x}t+f_3\left(\frac{\partial z}{\partial x}-\frac{\partial u}{\partial x}t\right),\\\frac{\partial g}{\partial x}+\frac{\partial g}{\partial z}\frac{\partial z}{\partial x}=0.\end{cases}$$

即
$$\begin{cases}\frac{\partial u}{\partial x}[1+t(f_1+f_2+f_3)]=f_1+f_3\frac{\partial z}{\partial x}, & (1)\\\frac{\partial z}{\partial x}=-\frac{\partial g}{\partial x}\Big/\frac{\partial g}{\partial z}. & (2)\end{cases}$$

将(2)式代入(1)式得

$$\frac{\partial u}{\partial x}=\frac{f_1\frac{\partial g}{\partial z}-f_3\frac{\partial g}{\partial x}}{\frac{\partial g}{\partial z}[1+t(f_1+f_2+f_3)]}.$$

将方程组对 y 求偏导数同样可得

$$\frac{\partial u}{\partial y}=\frac{f_2\frac{\partial g}{\partial z}-f_3\frac{\partial g}{\partial y}}{\frac{\partial g}{\partial z}[1+t(f_1+f_2+f_3)]}.$$

解 2 利用一阶全微分形式不变性,分别对两个方程求全微分得

$$\begin{aligned}\mathrm{d}u&=f_1\mathrm{d}(x-ut)+f_2\mathrm{d}(y-ut)+f_3\mathrm{d}(z-ut)\\&=f_1(\mathrm{d}x-u\mathrm{d}t-t\mathrm{d}u)+f_2(\mathrm{d}y-u\mathrm{d}t-t\mathrm{d}u)\\&\quad+f_3(\mathrm{d}z-u\mathrm{d}t-t\mathrm{d}u).\end{aligned}$$

整理得

$$[1+t(f_1+f_2+f_3)]\mathrm{d}u=f_1\mathrm{d}x+f_2\mathrm{d}y+f_3\mathrm{d}z, \tag{3}$$

对第二个方程求全微分得 $g_x\mathrm{d}x+g_y\mathrm{d}y+g_z\mathrm{d}z=0$,解得

$$\mathrm{d}z=-\frac{1}{g_z}(g_x\mathrm{d}x+g_y\mathrm{d}y),$$

将上式代入(3)式,得

$$[1+t(f_1+f_2+f_3)]\mathrm{d}u=\frac{1}{g_z}[(f_1g_z-f_3g_x)\mathrm{d}x+(f_2g_x-f_3g_y)\mathrm{d}y],$$

由此得

$$\frac{\partial u}{\partial x}=\frac{f_1\frac{\partial g}{\partial z}-f_3\frac{\partial g}{\partial x}}{\frac{\partial g}{\partial z}[1+t(f_1+f_2+f_3)]},\frac{\partial u}{\partial y}=\frac{f_2\frac{\partial g}{\partial z}-f_3\frac{\partial g}{\partial y}}{\frac{\partial g}{\partial z}[1+t(f_1+f_2+f_3)]}.$$

§7.4 多元函数的极值

一、二元函数的极值

1. 无条件极值

求函数 $z=f(x,y)$ 在其定义域 D 上的极值,是无条件极值问题.

求函数极值的程序

(1) 求驻点(可能极值点)

方程组 $\begin{cases}f_x(x,y)=0\\ f_y(x,y)=0\end{cases}$ 的一切实数解,即是函数的驻点.

(2) 判定 用极值存在的充分条件判定所求驻点 $P_0(x_0,y_0)$ 是否为极值点.

算出二阶偏导数在点 $P_0(x_0,y_0)$ 的值.

$$A=f_{xx}(x_0,y_0),B=f_{xy}(x_0,y_0),C=f_{yy}(x_0,y_0)$$

1° 若 $B^2-AC<0$

当 $A<0$(或 $C<0$)时,则 $P_0(x_0,y_0)$ 是函数 $f(x,y)$ 的极大值点;

当 $A>0$(或 $C>0$)时,则 $P_0(x_0,y_0)$ 是函数 $f(x,y)$ 的极小值点.

2° 若 $B^2-AC>0$,则 $P_0(x_0,y_0)$ 不是函数 $f(x,y)$ 的极值点.

3° 若 $B^2-AC=0$,则不能判定 $P_0(x_0,y_0)$ 是否为函数的极值点.

(3) 求出极值　由极值点求出相应的极值.

注释　(1) 驻点不一定是极值点. 例如,点(0,0)是函数 $z=y^2-x^2$ 的驻点,却不是极值点.

(2) 在偏导数不存在的点处,函数也可能取得极值,例如,函数 $z=\sqrt{x^2+y^2}$ 在点(0,0)处偏导数不存在,但 $z\big|_{(0,0)}=0$ 是函数的极小值.

(3) 函数 $f(x,y)=y^2+x^3$ 和 $f(x,y)=(x^2+y^2)^2$ 在驻点(0,0)处,均有

$$B^2-AC=f_{xy}(0,0)-f_{xx}(0,0)\cdot f_{yy}(0,0)=0,$$

但易看出,在点(0,0)处,$f(x,y)=y^2+x^3$ 无极值;而 $f(x,y)=(x^2+y^2)^2$ 有极小值.

2. 条件极值问题

求函数 $z=f(x,y)((x,y)\in D)$,在约束条件 $g(x,y)=0$ 之下的极值,这是条件极值问题,这是在函数的定义域 D 上满足附加条件 $g(x,y)=0$ 的点中选取极值点.

求解条件极值问题一般有两种方法:

(1) 把条件极值问题转化为无条件极值问题

解题程序

先从约束条件 $g(x,y)=0$ 中解出 y,即将 y 表示为 x 的函数:$y=\varphi(x)$;再把它代入函数 $z=f(x,y)$ 中,得到

$$z=f(x,\varphi(x)),$$

这个一元函数的无条件极值就是二元函数 $z=f(x,y)$ 在约束条件

$g(x,y)=0$ 下的条件极值.

当从条件 $g(x,y)=0$ 解出 y 较困难时,此法就不适用.

(2) 拉格朗日乘数法

解题程序

1° 先作辅助函数(称拉格朗日函数)

$$F(x,y)=f(x,y)+\lambda g(x,y),$$

其中 λ(称拉格朗日乘数)是待定常数.

2° 其次,求可能极值点,求偏导数,并解方程组

$$\begin{cases}\dfrac{\partial F}{\partial x}=\dfrac{\partial f}{\partial x}+\lambda\dfrac{\partial g}{\partial x}=0,\\[2mm]\dfrac{\partial F}{\partial y}=\dfrac{\partial f}{\partial y}+\lambda\dfrac{\partial g}{\partial y}=0,\\[2mm]g(x,y)=0.\end{cases}$$

一般情况是消去 λ,解出 x,y,则点(x,y)就是可能极值点.

3° 判定可能极值点是否为极值点

这里不讲述判别的充分条件. 对应用问题,一般根据问题的实际意义来判定.

用拉格朗日乘数法解条件极值问题具有一般性,这种方法可推广到 n 元函数的情形.

3. 最大值与最小值问题

在有界闭区域 D 上的连续函数 $f(x,y)$ 一定有最大值和最小值.

为了求出最值,需先算出函数 $f(x,y)$ 在区域 D 内部所有驻点、偏导数不存在的点的函数值,一般而言,这是无条件极值问题;

其次,需算出函数 $f(x,y)$ 在区域 D 的边界上点的极值,一般而言,这是以 $f(x,y)$ 为目标函数,以 D 的边界曲线方程为约束条件的条件极值问题;

最后比较,其中最大(最小)者,即为函数 $f(x,y)$ 在 D 上的最大(最小)值.

这是一般方法,实际上这样做,将是极为复杂甚至是困难的.

对于应用问题,若已经知道或能够判定函数在区域 D 的内部确实有最大(或最小)值;此时,若在 D 内函数仅有一个驻点,就可以断定,该驻点的函数值就是函数在区域 D 上的最大(或最小)值.

例 1 从几何意义上判定下列极值:

(1) 求函数 $z=x^2+y^2+1$ 的极小值;

(2) 在约束条件 $x+y-3=0$ 之下,求函数 $z=x^2+y^2+1$ 的极小值.

解 (1) 这是无条件极值问题. 该函数的定义域 D 是 xy 平面,这是在函数的定义域内确定函数的极小值点,从而求函数的极小值.

从几何意义上看,$z=x^2+y^2+1$ 是顶点在(0,0,1),开口向上的旋转抛物面. 显然,抛物面的顶点是曲面的最低点(图 7-3).

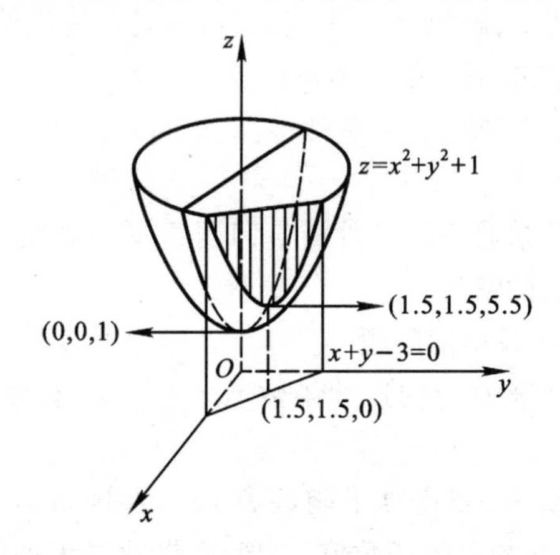

图 7-3

从极值意义看,点(0,0)是该函数的极小值点,$z=1$ 是其极小值.

(2) 这是条件极值问题. 由于方程 $x+y-3=0$ 在 xy 平面上

是一条直线. 这样,就是在 xy 平面上的这条直线上确定函数的极小值点,从而求出函数的极小值.

从几何意义上看,方程 $x+y-3=0$ 在空间直角坐标系下表示平行于 z 轴的平面. 这个极值问题就是要确定旋转抛物面 $z=x^2+y^2+1$被平面 $x+y-3=0$ 所截得的抛物线的顶点. 由图 7-3可看出,顶点的坐标是(1.5,1.5,5.5).

这就是,点(1.5,1.5)是这个条件极值的极小值点,而极小值 $z=5.5$.

注释 由此例知,函数$f(x,y)$的极值和函数在某条件下的极值是两类不同的问题. 从几何上看,函数的极值是曲面$z=f(x,y)$在某局部范围内的最高点和最低点. 由于 $g(x,y)=0$ 在空间直角坐标系下表示母线平行 z 轴的柱面,函数 $z=f(x,y)$ 在约束条件 $g(x,y)=0$ 下的极值,是曲面 $z=f(x,y)$ 和柱面的交线在某局部范围内的最高点和最低点.

例 2 设可微函数$f(x,y)$在点(x_0,y_0)取得极小值,则下列结论正确的是

(A) $f(x_0,y)$在 $y=y_0$ 处的导数等于零

(B) $f(x_0,y)$在 $y=y_0$ 处的导数大于零

(C) $f(x_0,y)$在 $y=y_0$ 处的导数小于零

(D) $f(x_0,y)$在 $y=y_0$ 处的导数不存在

解 选(A). 若$f(x,y)$可微,则在点(x_0,y_0)取得极值的必要条件是$f_x(x_0,y_0)=0$ 和$f_y(x_0,y_0)=0$.

例 3 已知函数$f(x,y)$在点(0,0)的某个邻域内连续,且 $\lim\limits_{\substack{x\to 0\\ y\to 0}}\dfrac{f(x,y)-xy}{(x^2+y^2)^2}=1$,则

(A) 点(0,0)不是$f(x,y)$的极值点

(B) 点(0,0)是$f(x,y)$的极大值点

(C) 点(0,0)是$f(x,y)$的极小值点

(D) 根据所给条件无法判断点(0,0)是否为$f(x,y)$的极值点

解 选(A). 由题设知

$$\lim_{\substack{x\to 0\\ y\to 0}}[f(x,y)-xy]=0,\text{且}\lim_{\substack{x\to 0\\ y\to 0}}f(x,y)=f(0,0)=0.$$

又由极限的保号性,在点(0,0)的某空心邻域内有

$$f(x,y)-xy>0,\text{即}f(x,y)>xy. \tag{1}$$

但在该空心邻域内,当x与y取同号时,$xy>0$,当x与y取异号时,$xy<0$,因此,在该空心邻域内,无法使

$$f(x,y)>f(0,0)=0\text{ 或 }f(x,y)<f(0,0)=0$$

中的任何一个成立.

例 4 确定函数$f(x,y)=e^{x^2-y}(5-2x+y)$的极值点.

解 由方程组$\begin{cases}f_x=e^{x^2-y}(-2+10x-4x^2+2xy)=0\\ f_y=e^{x^2-y}(-4+2x-y)=0\end{cases}$

得惟一驻点:$x=1,y=-2$.

又 $f_{xx}=e^{x^2-y}(10-8x+2y)+2xe^{x^2-y}(-2+10x-4x^2+2xy).$

$f_{xy}=2xe^{x^2-y}-e^{x^2-y}(-2+10x-4x^2+2xy),$

$f_{yy}=-e^{x^2-y}-e^{x^2-y}(-4+2x-y).$

$A=f_{xx}(1,-2)=-2e^3,\quad B=f_{xy}(1,-2)=2e^3,$

$C=f_{yy}(1,-2)=-e^3.$

因 $B^2-AC=4e^6-2e^6>0$,故$f(x,y)$无极值点.

例 5 求函数$z=(1+e^y)\cos x-ye^y$的极值.

解 由方程组$\begin{cases}z_x=-(1+e^y)\sin x=0,\\ z_y=e^y(\cos x-1-y)=0.\end{cases}$

可解得无穷多个驻点 $(k\pi,\cos k\pi-1),k=0,\pm 1,\pm 2,\cdots$.

又 $z_{xx}=-(1+e^y)\cos x,z_{xy}=-e^y\sin x,z_{yy}=e^y(\cos x-2-y).$

当$k=0,\pm 2,\pm 4,\cdots$时,驻点为$(k\pi,0)$,这时

$$A=z_{xx}=-2,B=z_{xy}=0,C=z_{yy}=-1,$$

$$B^2-AC=-2<0, A=-2<0,$$

所以驻点$(k\pi,0)$都为极大值点,函数有无穷多个极大值,其值为

$$z=(1+e^0)\cos k\pi=2.$$

当$k=\pm1,\pm3,\cdots$时,驻点为$(k\pi,-2)$,这时

$$A=z_{xx}=(1+e^{-2}), B=z_{xy}=0, C=z_{yy}=-e^{-2}$$

$$B^2-AC=(1+e^{-2})\cdot e^{-2}>0,$$

所以,驻点$(k\pi,-2)$均非极值点.

例 6　求函数$z=f(x,y)=(x^2+y^2)e^{-(x^2+y^2)}$的极值.

解　由方程组$\begin{cases}f_x=2x(1-x^2-y^2)e^{-(x^2+y^2)}=0,\\ f_y=2y(1-x^2-y^2)e^{-(x^2+y^2)}=0\end{cases}$得驻点$(0,0)$和$x^2+y^2=1$.

又

$$f_{xx}=[2(1-3x^2-y^2)-4x^2(1-x^2-y^2)]e^{-(x^2+y^2)},$$

$$f_{xy}=-4xy(2-x^2-y^2)e^{-(x^2+y^2)},$$

$$f_{yy}=[2(1-x^2-3y^2)-4y^2(1-x^2-y^2)]e^{-(x^2+y^2)}.$$

当$x=0,y=0$时,$f_{xx}=2, f_{xy}=0, f_{yy}=2$. 因

$$(f_{xy})^2-f_{xx}\cdot f_{yy}=-4<0 \text{ 且 } f_{xx}=2>0,$$

故函数$f(x,y)$在点$(0,0)$有极小值,其值$f(0,0)=0$.

对满足$x^2+y^2=1$的所有驻点有

$$f_{xx}=-4x^2e^{-1}, f_{xy}=-4xye^{-1}, f_{yy}=-4y^2e^{-1}.$$

因$(f_{xy})^2-f_{xx}\cdot f_{yy}=0$,故不能确定是否为极值.

考虑函数$f(t)=te^{-t}$的极值:

由$f'(t)=e^{-t}(1-t)=0$得驻点$t=1$;又$f''(t)=e^{-t}(t-2)$, $f''(1)=-e^{-1}<0$,故$f(t)$在$t=1$时有极大值,其值$f(1)=e^{-1}$.

由此知函数$f(x,y)=(x^2+y^2)e^{-(x^2+y^2)}$,当$x^2+y^2=1$时有极大值$z=e^{-1}$.

例 7　设$f(x,y)=Ax^2+2Bxy+Cy^2+2Dx+2Ey+F$,其中$A>$

$0, B^2 < AC$. 证明：

(1) $f(x, y)$存在极小值点；

(2) 极小值点满足方程$f(x_1, y_1) = Dx_1 + Ey_1 + F$；

(3) $f(x_1, y_1) = \dfrac{1}{AC - B^2}\begin{vmatrix} A & B & D \\ B & C & E \\ D & E & F \end{vmatrix}$.

证 (1) 由$\begin{cases} f_x(x, y) = 0, \\ f_y(x, y) = 0 \end{cases}$得$\begin{cases} 2Ax + 2By = -2D, \\ 2Bx + 2Cy = -2E. \end{cases}$由克拉默法则，由$\begin{vmatrix} A & B \\ B & C \end{vmatrix} = AC - B^2 \neq 0$知，上述方程组有惟一解

$$x_1 = \frac{BE - DC}{AC - B^2}, \quad y_1 = \frac{BD - AE}{AC - B^2}. \tag{1}$$

又因$f_{xx} = 2A, f_{xy} = 2B, f_{yy} = 2C$，知

$$[f_{xy}(x_1, y_1)]^2 - f_{xx}(x_1, y_1) f_{yy}(x_1, y_1) = 4B^2 - 4AC < 0,$$

$$f_{xx}(x_1, y_1) = 2A > 0,$$

所以(x_1, y_1)是函数$f(x, y)$的极小值点.

(2) 极小值$f(x_1, y_1)$可写作

$$\begin{aligned} f(x_1, y_1) &= x_1(Ax_1 + By_1 + D) + y_1(Bx_1 + Cy_1 + E) + Dx_1 + Ey_1 + F \\ &= Dx_1 + Ey_1 + F. \end{aligned}$$

(3) 注意到x_1, y_1的表示式(1)，按第3列展开下述行列式

$$\begin{aligned} \begin{vmatrix} A & B & D \\ B & C & E \\ D & E & F \end{vmatrix} &= D\begin{vmatrix} B & C \\ D & E \end{vmatrix} - E\begin{vmatrix} A & B \\ D & E \end{vmatrix} + F\begin{vmatrix} A & B \\ B & C \end{vmatrix} \\ &= D(BE - CD) - E(AE - BD) + F(AC - B^2), \end{aligned}$$

所以 $$\frac{1}{AC - B^2}\begin{vmatrix} A & B & D \\ B & C & E \\ D & E & F \end{vmatrix} = Dx_1 + Ey_1 + F = f(x_1, y_1).$$

例 8 求由$x^2 + y^2 + z^2 - 2x + 2y - 4z - 10 = 0$所确定的隐函数的极值.

解 隐函数求极值与显函数求极值方法基本一样.

(1) 求驻点 已知方程分别对 x,对 y 求偏导数,得

$$2x+2z\frac{\partial z}{\partial x}-2-4\frac{\partial z}{\partial x}=0 \tag{1}$$

$$2y+2z\frac{\partial z}{\partial y}+2-4\frac{\partial z}{\partial y}=0 \tag{2}$$

解出$\frac{\partial z}{\partial x},\frac{\partial z}{\partial y}$,得

$$\frac{\partial z}{\partial x}=\frac{1-x}{z-2},\quad \frac{\partial z}{\partial y}=\frac{1+y}{2-z}.$$

令$\frac{\partial z}{\partial x}=0,\frac{\partial z}{\partial y}=0$,并与已知方程联立得方程组

$$\begin{cases}1-x=0,\\ 1+y=0,\\ x^2+y^2+z^2-2x+2y-4z-10=0.\end{cases}$$

得驻点 $x=1,y=-1$,这时 $z=-2$ 和 $z=6$.

(2) 判定

(1) 式对 x 再求偏导数,得

$$2+2\left(\frac{\partial z}{\partial x}\right)^2+2z\frac{\partial^2 z}{\partial x^2}-4\frac{\partial^2 z}{\partial x^2}=0.$$

(1) 式再对 y 求偏导数,得

$$2\frac{\partial z}{\partial y}\frac{\partial z}{\partial x}+2z\frac{\partial^2 z}{\partial x\partial y}-4\frac{\partial^2 z}{\partial x\partial y}=0.$$

(2) 式对 y 再求偏导数,得

$$2+2\left(\frac{\partial z}{\partial y}\right)^2+2z\frac{\partial^2 z}{\partial y^2}-4\frac{\partial^2 z}{\partial y^2}=0.$$

于是,当 $x=1,y=-1,z=-2$ 时

$$A=\frac{\partial^2 z}{\partial x^2}=\frac{1}{4},B=\frac{\partial^2 z}{\partial x\partial y}=0,C=\frac{\partial^2 z}{\partial y^2}=\frac{1}{4}.$$

$$B^2-AC=0-\frac{1}{4}\frac{1}{4}<0,\text{且 }A>0,$$

故 $z=-2$ 是极小值.

当 $x=1, y=-1, z=6$ 时

$$A=\frac{\partial^2 z}{\partial x^2}=-\frac{1}{4}, B=\frac{\partial^2 z}{\partial x \partial y}=0, C=\frac{\partial^2 z}{\partial y^2}=-\frac{1}{4}.$$

$$B^2-AC=0-\left(-\frac{1}{4}\right)\left(-\frac{1}{4}\right)<0, \text{且 } A<0,$$

故 $z=6$ 是极大值.

例 9 求函数 $z=x^2y(4-x-y)$ 在直线 $x=0, y=0, x+y=6$ 所围成的三角形区域上的最大值和最小值.

解 首先,考虑函数在三角形区域内部的极值. 由

$$z_x=2xy(4-x-y)-x^2y=xy(8-3x-2y)=0,$$

$$z_y=x^2(4-x-y)-x^2y=x^2(4-x-2y)=0.$$

得区域内的惟一驻点(2,1). 这时,$z\big|_{(2,1)}=4$.

其次,考虑在三角形区域边界上的值.

(1) 在 $x=0$ 上($0\leqslant y\leqslant 6$),此时 $z=0$;

(2) 在 $y=0$ 上($0\leqslant x\leqslant 6$),此时 $z=0$;

(3) 在 $x+y=6$ 上:此时 $y=6-x$,代入原函数,得

$$z=x^2(6-x)(4-x-6+x)=2x^3-12x^2 (0\leqslant x\leqslant 6).$$

令 $z_x=6x^2-24x=0$,得 $x=0, x=4$.

$$z\big|_{x=0}=0, z\big|_{x=4}=-64, z\big|_{x=6}=0.$$

综上知,最大值是 $z\big|_{(2,1)}=4$(内部),最小值是 $z\big|_{(4,2)}=-64$(在边界上).

例 10 求函数 $f(x,y)=x^2+12xy+2y^2$ 在闭区域 $4x^2+y^2\leqslant 25$ 上的最大值和最小值.

解 (1) 在区域内部,即在 $4x^2+y^2<25$ 时考虑函数的最值. 由

$$f_x(x,y)=2x+12y=0, f_y(x,y)=12x+4y=0,$$

得惟一驻点(0,0),此时 $f(0,0)=0$.

(2) 在区域的边界上,即在椭圆 $4x^2+y^2=25$ 上考虑函数的

最值. 这是求目标函数 $f(x,y)$ 在约束条件 $4x^2+y^2=25$ 下的最值问题.

作辅助函数

$$F(x,y)=x^2+12xy+2y^2+\lambda(4x^2+y^2-25)$$

由
$$\begin{cases}F_x=2x+12y+8\lambda x=0, & (1)\\ F_y=12x+4y+2\lambda y=0, & (2)\\ 4x^2+y^2=25. & (3)\end{cases}$$

的(1)式和(2)式,方程组 $\begin{cases}(1+4\lambda)x+6y=0,\\ 6x+(2+\lambda)y=0\end{cases}$ 有非零解的充要条件是 $\begin{vmatrix}1+4\lambda & 6\\ 6 & 2+\lambda\end{vmatrix}=0$,解出 $\lambda_1=2,\lambda_2=\frac{-17}{4}$. 从而可以求得四个可能取极值的点 $(2,-3),(-2,3),\left(\frac{3}{2},4\right),\left(-\frac{3}{2},-4\right)$. 而相应的函数值

$$f(2,-3)=-50,\qquad f(-2,3)=-50,$$

$$f\left(\frac{3}{2},4\right)=106\frac{1}{4},\qquad f\left(-\frac{3}{2},-4\right)=106\frac{1}{4}.$$

由问题的几何性质,有最大值和最小值. 于是,与 $f(0,0)=0$ 比较可知,最大值为 $106\frac{1}{4}$,最小值为 -50.

例 11 设 n 个正数 $a_1,a_2,\cdots,a_n$ 的和等于常数 l,求它们乘积的最大值;并证明这 n 个正数的几何平均值小于算术平均值,即

$$\sqrt[n]{a_1\cdot a_2\cdot\cdots\cdot a_n}\leqslant\frac{a_1+a_2+\cdots+a_n}{n}.$$

解 问题化为求函数

$$u=f(a_1,a_2,\cdots,a_n)=a_1\cdot a_2\cdot\cdots\cdot a_n$$

在约束条件 $a_1+a_2+\cdots+a_n=l$ 的条件极值.

设 $\quad F(a_1,a_2,\cdots,a_n)$

$$=a_1\cdot a_2\cdot\cdots\cdot a_n+\lambda(a_1+a_2+\cdots+a_n-l)$$

解方程组
$$\begin{cases}F_1=a_2\cdot a_3\cdot\cdots\cdot a_n+\lambda=0,\\F_2=a_1\cdot a_3\cdot\cdots\cdot a_n+\lambda=0,\\\cdots\cdots\cdots\cdots\\F_n=a_1\cdot a_n\cdot\cdots\cdot a_{n-1}+\lambda=0,\\a_1+a_2+\cdots+a_n-l=0.\end{cases}$$

可得 $a_1=a_2=\cdots=a_n=\dfrac{l}{n}$. 因这是上述方程组的惟一解,且该问题存在最大值. 故 n 个正数乘积的最大值为

$$f\left(\frac{l}{n},\frac{l}{n},\cdots,\frac{l}{n}\right)=\left(\frac{l}{n}\right)^n.$$

由上面的讨论知,对 n 个正数 $a_1,a_2,\cdots,a_n$ 有

$$a_1\cdot a_2\cdot\cdots\cdot a_n\leqslant\left(\frac{l}{n}\right)^n.$$

上式两端开 n 次方,并将 $l=a_1+a_2+\cdots+a_n$ 代入,得

$$\sqrt[n]{a_1\cdot a_2\cdot\cdots\cdot a_n}\leqslant\frac{a_1+a_2+\cdots+a_n}{n}.$$

例 12 过椭圆 $3x^2+2xy+3y^2=1$ 上任意点作椭圆的切线,试求诸切线与两坐标轴所围成的三角形面积的最小值.

解 将曲线方程两端对 x 求导数,得

$$6x+2y+2xy'+6yy'=0.$$

即
$$\frac{\mathrm{d}y}{\mathrm{d}x}=-\frac{3x+y}{x+3y}.$$

若设 (a,b) 为椭圆上任一点,则在点 (a,b) 处的切线斜率是 $-\dfrac{3a+b}{a+3b}$,所以切线方程为

$$y-b=-\frac{3a+b}{a+3b}(x-a),$$

它与坐标轴的交点是 $\left(\dfrac{(a+3b)b}{3a+b}+a,0\right)$ 和 $\left(0,\dfrac{(3a+b)a}{a+3b}+b\right)$. 所

以,切线与坐标轴所围的面积为

$$S=\frac{1}{2}\left|\left[\frac{(a+3b)b}{3a+b}+a\right]\cdot\left[\frac{(3a+b)a}{a+3b}+b\right]\right|$$

$$=\frac{1}{2}\left|\frac{(3a^2+2ab+3b^2)^2}{(3a+b)(a+3b)}\right|.$$

因为点(a,b)在椭圆上,所以$3a^2+2ab+3b^2=1$,从而

$$S=\frac{1}{2}\left|\frac{1}{(3a+b)(a+3b)}\right|.$$

由此,只需求函数$f(a,b)=(3a+b)(a+3b)$在条件:$3a^2+2ab+3b^2=1$下的极值即可. 为此,设

$$F(a,b)=(3a+b)(a+3b)+\lambda(3a^2+2ab+3b^2-1).$$

由

$$\begin{cases}\dfrac{\partial F}{\partial a}=6a+10b+6a\lambda+2b\lambda=0,\\ \dfrac{\partial F}{\partial b}=10a+6b+2a\lambda+6b\lambda=0,\\ 3a^2+2ab+3b^2-1=0.\end{cases}$$

解得

$$(3a+5b)(a+3b)-(5a+3b)(3a+b)=0,$$

即

$$a=\pm b.$$

将$a=\pm b$代入椭圆方程得$8b^2=1$或$4b^2=1$. 由此

$$\begin{cases}b=\pm\dfrac{\sqrt{2}}{4}\\ a=\pm\dfrac{\sqrt{2}}{4}\end{cases},\text{或}\begin{cases}b=\pm\dfrac{1}{2},\\ a=\pm\dfrac{1}{2},\end{cases}$$

由所得a,b的值,得

$$S=\frac{1}{4}\text{或 }S=\frac{1}{2},$$

所以诸切线与坐标轴所围成的三角形面积的最小值是$\frac{1}{4}$.

二、经济应用问题

应用1　利润最大,多种产品的产量决策

设一个工厂生产两种产品(也可以是两种以上产品),产量分别为 Q_1 和 Q_2,总成本函数由两种产品的产量决定,即总成本函数为 $C=C(Q_1,Q_2)$;两种产品的价格分别为 P_1 和 P_2. 工厂以最大利润为目标,决策两种产品的产量.

利润函数是

$$\pi=R-C=P_1Q_1+P_2Q_2-C(Q_1,Q_2)$$

这是无条件极值问题.

例 13 工厂生产两种产品,总成本函数,两种产品的价格函数分别为

$$C=C(Q_1,Q_2)=2Q_1^2-2Q_1Q_2+Q_2^2+37.5$$

$$P_1=70-2Q_1-3Q_2,P_2=110-3Q_1-5Q_2$$

为使利润最大,试确定两种产品的产量及最大利润.

解 由题设,利润函数是

$$\begin{aligned}\pi&=R-C=P_1Q_1+P_2Q_2-C(Q_1,Q_2)\\&=(70-2Q_1-3Q_2)Q_1+(110-3Q_1-5Q_2)Q_2\\&\quad-(2Q_1^2-2Q_1Q_2+Q_2^2+37.5)\end{aligned}$$

由极值存在的必要条件和充分条件可求得,产量 $Q_1=5,Q_2=7.5$ 时利润最大,最大利润 $\pi=550$.

应用 2 利润最大,价格差别的销量决策

工厂生产一种产品,在两个(或两个以上)独立市场销售,假设各市场的需求情况不同,因而可以分别确定价格. 厂商控制各市场的销量,使利润最大. 设厂商的总成本函数是

$$C=C(Q),Q=Q_1+Q_2,$$

其中 Q_1,Q_2 分别是在两个市场的销量,各市场的价格分别是 P_1 和 P_2,于是利润函数是

$$\pi=R-C=P_1Q_1+P_2Q_2-C(Q).$$

这是无条件极值问题.

例 14 一种产品在两个独立市场销售,其需求函数分别为

$$Q_1 = 103 - \frac{1}{6}P_1, Q_2 = 55 - \frac{1}{2}P_2,$$

该产品的总成本函数为

$$C = 18Q + 75,\text{其中 } Q = Q_1 + Q_2,$$

求利润最大时,投放到每个市场的销量,并确定此时每个市场的价格.

解 由需求函数得 $P_1 = 618 - 6Q_1, P_2 = 110 - 2Q_2$. 于是利润函数为

$$\begin{aligned}\pi &= P_1Q_1 + P_2Q_2 - C \\ &= (618 - 6Q_1)Q_1 + (110 - 2Q_2)Q_2 - [18(Q_1 + Q_2) + 75] \\ &= 600Q_1 - 6Q_1^2 + 92Q_2 - 2Q_2^2 - 75.\end{aligned}$$

由极值存在的必要条件和充分条件可求得,$Q_1 = 50, Q_2 = 23$ 时,利润最大,此时产品的价格

$$P_1 = (618 - 6Q_1)\big|_{Q_1=50} = 318, P_2 = (110 - 2Q_2)\big|_{Q_2=23} = 64.$$

应用 3　利润最大,成本差别的产量决策

一厂商经营两个工厂(也可以多于两个工厂),生产同一种产品且在同一市场销售;因两个工厂的经营情况不同,生产成本有差别. 我们的问题是:如何决策每个工厂的产量,以使厂商利润最大.

设 Q_1 和 Q_2 分别是两个工厂的产量,其总产出 $Q = Q_1 + Q_2$;两个工厂的成本函数分别为 $C_1 = C_1(Q_1), C_2 = C_2(Q_2)$. 总收益函数 $R = R(Q)$,其中 $Q = Q_1 + Q_2$. 于是,利润函数为

$$\pi = R - C = R(Q) - C_1(Q_1) - C_2(Q_2).$$

这是无条件极值问题.

例 15　一厂商经营两个工厂生产同一种产品,其成本函数分别为

$$C_1 = 2Q_1^2 + 4, \quad C_2 = 6Q_2^2 + 8,$$

而价格函数为

$$P = 88 - 4Q, \quad Q = Q_1 + Q_2.$$

厂商追求最大利润,试确定每个工厂的产量及产品的价格.

解 利润函数为

$$
\begin{aligned}
\pi &= PQ-(C_1+C_2)\\
&=[88-4(Q_1+Q_2)](Q_1+Q_2)-(2Q_1^2+4+6Q_2^2+8)\\
&=88Q_1+88Q_2-6Q_1^2-8Q_1Q_2-10Q_2^2-12.
\end{aligned}
$$

由极值存在的必要条件和充分条件可求得 $Q_1=6, Q_2=2$ 时,利润最大. 此时产品的价格

$$P=(88-4Q)\big|_{Q=8}=56.$$

应用4 利润最大,两种生产要素的投入决策

假设生产一种产品需要两种生产要素投入,产量 Q 是投入 K 和 L 的函数,即给定生产函数 $Q=f(K,L)$;又两种投入要素的价格固定,分别为 P_K 和 P_L,则总成本函数是 $C=P_KK+P_LL$. 若产品的价格给定,产出水平不限,生产者以追求最大利润为目的,来决策两种投入 K 和 L 的水平.

依题设,收益函数是 $R=P\cdot Q=P\cdot f(K,L)$,于是利润函数是

$$\pi=R-C=P\cdot f(K,L)-P_KK-P_LL,$$

这是无条件极值问题.

如果加上条件:生产产品的过程为 t 年. 由于销售收益比已支付的生产成本滞后 t 年,因此,二者比较时,必须将收益贴现. 若按连续复利计算,贴现率为 r,则收益 $R=PQ\mathrm{e}^{-rt}$.

例16 设生产函数 $Q=6K^{\frac{1}{3}}L^{\frac{1}{2}}$,其投入价格 $P_K=4, P_L=3$. 产品的价格 $P=2$.

(1) 求使利润最大化的两种要素的投入水平、产出水平和最大利润;

(2) 若产品的生产过程为 $t=\dfrac{1}{4}$年,贴现率 $r=0.06$,最大利润为多少?

解 （1）依题设,利润函数

$$\pi = R - C = PQ - (P_K K + P_L L) = 12K^{\frac{1}{3}}L^{\frac{1}{2}} - 4K - 3L.$$

由极值存在的必要条件有

$$\begin{cases} \dfrac{\partial \pi}{\partial K} = 4K^{-\frac{2}{3}} \cdot L^{\frac{1}{2}} - 4 = 0, \\ \dfrac{\partial \pi}{\partial L} = 6K^{\frac{1}{3}}L^{-\frac{1}{2}} - 3 = 0, \end{cases}$$

解方程组得 $K = 8, L = 16$.

又 $$\frac{\partial^2 \pi}{\partial K^2} = -\frac{8}{3}K^{-\frac{5}{3}}L^{\frac{1}{2}}, \quad \frac{\partial^2 \pi}{\partial K \partial L} = 2K^{-\frac{2}{3}}L^{-\frac{1}{2}},$$

$$\frac{\partial^2 \pi}{\partial L^2} = -3K^{\frac{1}{3}}L^{-\frac{3}{2}},$$

当 $K = 8, L = 16$ 时,由于

$$\frac{\partial^2 \pi}{\partial K \partial L} - \frac{\partial^2 \pi}{\partial K^2} \cdot \frac{\partial^2 \pi}{\partial L^2} = 4K^{-\frac{4}{3}}L^{-1} - 8K^{-\frac{4}{3}}L^{-1} < 0, \text{且} \frac{\partial^2 \pi}{\partial K^2} < 0,$$

故当两种要素的投入分别为 $K = 8, L = 16$ 时,利润函数取极大值,也是最大值. 此时,产量和利润分别为

$$Q = 6 \cdot 8^{\frac{1}{3}} \cdot 16^{\frac{1}{2}} = 48,$$

$$\pi = 12(8)^{\frac{1}{3}}(16)^{\frac{1}{2}} - (4 \cdot 8 + 3 \cdot 16) = 96 - 80 = 16.$$

（2）当 $t = \frac{1}{4}, r = 0.06$ 时,收益贴现后为

$$R_t = 96 \cdot \mathrm{e}^{-\frac{1}{4} \times 0.06} = 94.57$$

这时,利润为 $\pi = R_t - C = 94.57 - 80 = 14.57$.

应用 5 成本最低,两种生产要素的投入决策

已知生产函数和总成本函数分别为

$$Q = f(K, L), \quad C = P_K K + P_L L.$$

若限定产出水平 Q_0,生产者为使成本最低,决策两种投入 K 和 L 的水平.

这是条件极值问题:在约束条件 $f(K, L) = Q_0$ 之下,求成本函

数 $C=P_K K+P_L L$ 的最小值问题.

应用 6　产量最高,两种生产要素的投入决策

已知生产函数和总成本函数分别为

$$Q=f(K,L),\quad C=P_K K+P_L L.$$

若限定成本预算 C_0,生产者为使产量最高,决策两种投入 K 和 L 的水平.

这是条件极值问题:在约束条件 $P_K K+P_L L=C_0$ 之下,求生产函数 $Q=f(K,L)$ 的最大值问题.

例 17　设生产函数和成本函数分别为

$$Q=f(K,L)=4K^{\frac{1}{2}}L^{\frac{1}{2}},\quad C=P_K K+P_L L=2K+8L.$$

(1) 当产量 $Q_0=64$ 时,求最低成本的投入组合及最低成本;

(2) 当成本预算 $C_0=64$ 时,两种要素投入量为多少时,产量最高,最高产量为多少?

解　这是条件极值问题.

(1) 依题意,目标函数是成本函数,约束条件是 $64=4K^{\frac{1}{2}}L^{\frac{1}{2}}$. 作拉格朗日函数

$$F(K,L)=2K+8L+\lambda[64-4K^{\frac{1}{2}}L^{\frac{1}{2}}].$$

由极值存在的必要条件

$$\begin{cases} F_K=2-2\lambda K^{-\frac{1}{2}}L^{\frac{1}{2}}=0 \\ F_L=8-2\lambda K^{\frac{1}{2}}L^{-\frac{1}{2}}=0 \\ 4K^{\frac{1}{2}}L^{\frac{1}{2}}-64=0 \end{cases}\quad \text{可解得 } K=32, L=8.$$

因可能取极值的点惟一,且实际问题存在最小值,所以当投入 $K=32$, $L=8$ 时,成本最低. 最低成本是

$$C=2\cdot 32+8\cdot 8=128.$$

(2) 依题意,目标函数是生产函数,约束条件是 $64=2K+8L$.

设 $F(K,L)=4K^{\frac{1}{2}}L^{\frac{1}{2}}+\lambda[64-2K-8L]$,

由 $\begin{cases} F_K=2K^{-\frac{1}{2}}L^{\frac{1}{2}}-2\lambda=0, \\ F_L=2K^{\frac{1}{2}}L^{-\frac{1}{2}}-8\lambda=0, \\ 2K+8L=64. \end{cases}$ 可解得 $K=16,L=4$.

因可能取极值的点惟一,且实际问题存在最大值,所以当投入 $K=16,L=4$ 时,产量最高,最高产量是

$$Q=4(16)^{\frac{1}{2}}4^{\frac{1}{2}}=32.$$

注释 若生产函数和成本函数分别为

$$Q=AK^{\alpha}L^{\beta},\quad C=P_KK+P_LL.$$

可以证明:

(1) 产量为 Q_0 时,当

$$K=\left(\frac{Q_0}{A}\right)^{\frac{1}{\alpha+\beta}}\left(\frac{\alpha P_L}{\beta P_K}\right)^{\frac{\beta}{\alpha+\beta}},L=\left(\frac{Q_0}{A}\right)^{\frac{1}{\alpha+\beta}}\left(\frac{\beta P_K}{\alpha P_L}\right)^{\frac{\alpha}{\alpha+\beta}}$$

时,成本最低.

(2) 成本预算为 C_0 时,当

$$K=\frac{\alpha C_0}{(\alpha+\beta)P_K},\quad L=\frac{\beta C_0}{(\alpha+\beta)P_L}$$

时,产量最高.

例 18 已知生产函数和成本函数分别为

$$Q=A(aK^{\alpha}+bL^{\alpha})^{\frac{1}{\alpha}},A>0,\alpha>0,a+b=1,$$
$$C=P_KK+P_LL.$$

当成本预算为 M 时,试确定两种要素的投入量,以使产量达到最高.

分析 这是在约束条件 $M=P_KK+P_LL$ 下求生产函数的极大值.将生产函数改写为

$$\left(\frac{Q}{A}\right)^{\alpha}=aK^{\alpha}+bL^{\alpha},$$

当 $\alpha>0$ 时,$\left(\frac{Q}{A}\right)^{\alpha}$ 是 Q 的递增函数,因此,求得$\left(\frac{Q}{A}\right)^{\alpha}$ 的最大值,自然也达到了 Q 的最大值.

解 作拉格朗日函数

$$F(K,L)=\left(\frac{Q}{A}\right)^{\alpha}+\lambda[M-P_K K-P_L L]$$

即
$$F(K,L)=aK^{\alpha}+bL^{\alpha}+\lambda[M-P_K K-P_L L]$$

令
$$\begin{cases}F_K=a\alpha K^{\alpha-1}-\lambda P_K=0, & (1)\\ F_L=b\alpha L^{\alpha-1}-\lambda P_L=0, & (2)\\ M-P_K K-P_L L=0. & (3)\end{cases}$$

由(1)式与(2)式的比,得

$$\frac{aK^{\alpha-1}}{bL^{\alpha-1}}=\frac{P_K}{P_L}\text{或}\left(\frac{K}{L}\right)^{\alpha-1}=\frac{bP_K}{aP_L}.$$

由上式得 $K=\left(\frac{b}{a}\right)^{\frac{1}{\alpha-1}}\left(\frac{P_K}{P_L}\right)^{\frac{1}{\alpha-1}}\cdot L$,令$\frac{1}{\alpha-1}=s$.

将 K 的表示式代入(3)式,有

$$P_K\left(\frac{b}{a}\right)^{s}\left(\frac{P_K}{P_L}\right)^{s}\cdot L+P_L L=M,$$

可解得
$$L=\frac{Ma^{s}P_L^{s}}{a^{s}P_L^{1+s}+b^{s}P_K^{1+s}}, \tag{4}$$

$$K=\frac{Mb^{s}P_K^{s}}{a^{s}P_L^{1+s}+b^{s}P_K^{1+s}}. \tag{5}$$

因驻点惟一,且实际问题存在最大值,故两种要素投入分别由(4)和(5)式表示时,产量最高.

注释 (1) 本例求$\left(\frac{Q}{A}\right)^{\alpha}$ 的极值比直接求 Q 的极值较简单.

(2) 本例中的 α,也可 $\alpha<0$,这时$\left(\frac{Q}{A}\right)^{\alpha}$ 是 Q 的递减函数,求$\left(\frac{Q}{A}\right)^{\alpha}$ 的最小值将得到 Q 的最大值.

应用 7　效用最大

效用就是商品或劳务满足人的欲望或需要的能力. 人们可以在条件允许的限度内, 做出恰当地选择, 以使效用最大.

例 19　假设消费者可将每天的时间 $H(H=24)$ 分为工作时间 x 与休息时间 t(x,t 均以小时为单位). 若每小时的工资率为 r, 则他每天的工作收入 $Y=rx$. 如果表示其选择工作与休息时间的效用函数为

$$U=atY-bY^2-ct^2\ (a,b,c>0).$$

(1) 为使其每天的效用最大, 他每天应工作多少小时?

(2) 若按税率 $s(0<s<1)$ 交纳收入税, 他每天的工作时间应是多少小时?

解　依题设, $H=x+t$, $Y=rx$.

(1) 这是以效用函数为目标函数, 以 $H=x+t$ 为约束条件的极值问题. 作拉格朗日函数. 并把效用函数中的 Y 以 rx 代入, 有

$$F(x,t)=atrx-br^2x^2-ct^2+\lambda(x+t-H).$$

由

$$\begin{cases}\dfrac{\partial F}{\partial x}=art-2br^2x+\lambda=0,\\ \dfrac{\partial F}{\partial t}=arx-2ct+\lambda=0,\\ x+t-H=0.\end{cases}$$

可解得

$$x_0=\frac{(ar+2c)H}{2(ar+br^2+c)}\text{(小时)}. \tag{1}$$

因驻点惟一, 而实际问题有最大值, 故每天工作时数为 x_0 时, 效用最大.

(2) 由于征收税率为 $s(0<s<1)$ 的收入税, 消费者所交税额为 sY, 其每天的收入为

$$Y-sY=(1-s)Y=(1-s)rx.$$

若令 $r_s=(1-s)r$, 用 r_s 代替(1)式中的 r, 便可得到纳税后的日工作时数

$$x_s=\frac{(ar_s+2c)H}{2(ar_s+br_s^2+c)}=\frac{[a(1-s)r+2c]H}{2[a(1-s)r+b(1-s)^2r^2+c]}(\text{小时}).$$

应用8　存货总费用最少

这里所讲的是成批到货，一致需求，不许缺货的存货模型.

例 20　两种产品 A_1,A_2，其年需要量分别为 1 200 件和2 000 件，分批生产，其每批生产准备费分别为 40 元和 70 元，每年每件产品的库存费为 0.15 元. 若两种产品的总生产能力为 1 000 件，试确定最优批量 Q_1 和 Q_2，以使生产准备费与库存费之和最小.

解　因按批量的一半收库存费. 依题意，总费用函数（生产准备费与库存费之和）为

$$E=\frac{40\times 1\,200}{Q_1}+\frac{0.15Q_1}{2}+\frac{70\times 2\,000}{Q_2}+\frac{0.15Q_2}{2},$$

约束条件是 $Q_1+Q_2=1\,000$. 用拉格朗日乘数法. 令

$$F(Q_1,Q_2)=\frac{40\times 1\,200}{Q_1}+\frac{0.15Q_1}{2}+\frac{70\times 2\,000}{Q_2}+\frac{0.15Q_2}{2}+\lambda(1\,000-Q_1-Q_2).$$

可以解得 $Q_1=369,Q_2=631$ 且可能取极值的点惟一. 由实际问题的意义可知，当批量 $Q_1=369,Q_2=631$ 时，总费用最小.

§7.5　二 重 积 分

一、二重积分的概念与性质

例 1　设积分区域 D 由直线 $x=0,y=0,x+y=\frac{1}{2},x+y=1$ 围成. 记

$$I_1=\iint\limits_D \ln(x+y)\,d\sigma,\quad I_2=\iint\limits_D (x+y)^2 d\sigma,\quad I_3=\iint\limits_D (x+y)\,d\sigma,$$

则 I_1,I_2,I_3 的大小顺序是（　　）.

(A) $I_1\leqslant I_2\leqslant I_3$　　　(B) $I_2\leqslant I_1\leqslant I_3$

(C) $I_3 \leqslant I_1 \leqslant I_2$　　(D) $I_3 \leqslant I_2 \leqslant I_1$

解　因在 D 内,有 $\frac{1}{2} \leqslant x+y \leqslant 1$,所以,$0<(x+y)^2<(x+y)$,又 $\ln(x+y) \leqslant 0$,即 $\ln(x+y) \leqslant (x+y)^2 \leqslant x+y$. 由二重积分的比较性质,应选(A).

例 2　设 D_1 是正方形区域,D_2 是 D_1 的内切圆,D_3 是 D_1 的外接圆,D_1 的中心点在(1,1)处. 记

$$I_1=\iint_{D_1} \mathrm{e}^{-x^2-y^2} \mathrm{d}\sigma, I_2=\iint_{D_2} \mathrm{e}^{-x^2-y^2} \mathrm{d}\sigma, I_3=\iint_{D_3} \mathrm{e}^{-x^2-y^2} \mathrm{d}\sigma,$$

则 I_1, I_2, I_3 的大小顺序是(　　).

(A) $I_1 \leqslant I_2 \leqslant I_3$　　(B) $I_2 \leqslant I_1 \leqslant I_3$

(C) $I_3 \leqslant I_1 \leqslant I_2$　　(D) $I_3 \leqslant I_2 \leqslant I_1$

解　因三个二重积分的被积函数一样,均为正值函数,且 $D_2 \subset D_1 \subset D_3$,故由二重积分的几何意义可知,$I_2 \leqslant I_1 \leqslant I_3$. 选(B).

例 3　设 D 为中心在原点、半径为 r 的圆域,则

$$\lim_{r \to 0} \frac{1}{\pi r^2} \iint_D \mathrm{e}^{x^2-y^2} \cos(x+y) \mathrm{d}x \mathrm{d}y = \_\_\_\_\_\_.$$

解　根据积分中值定理,D 上至少存在一点 (ξ, η),使

$$\iint_D \mathrm{e}^{x^2-y^2} \cos(x+y) \mathrm{d}x \mathrm{d}y = \mathrm{e}^{\xi^2-\eta^2} \cos(\xi+\eta) \cdot \pi r^2$$

注意到当 $r \to 0$ 时,$(\xi, \eta) \to (0,0)$. 于是

$$\text{原式} = \lim_{r \to 0} \mathrm{e}^{\xi^2-\eta^2} \cos(\xi+\eta) = 1.$$

例 4　估计 $I=\iint\limits_{|x|+|y| \leqslant 10} \frac{1}{100+\cos^2 x+\cos^2 y} \mathrm{d}\sigma$ 的值.

解　积分区域 D 如图 7-4,它的面积为 200,由积分中值定理,存在 $(\xi, \eta) \in D$,使

$$I=\frac{1}{100+\cos^2 \xi+\cos^2 \eta} \iint\limits_{|x|+|y| \leqslant 10} \mathrm{d}\sigma=\frac{200}{100+\cos^2 \xi+\cos^2 \eta}.$$

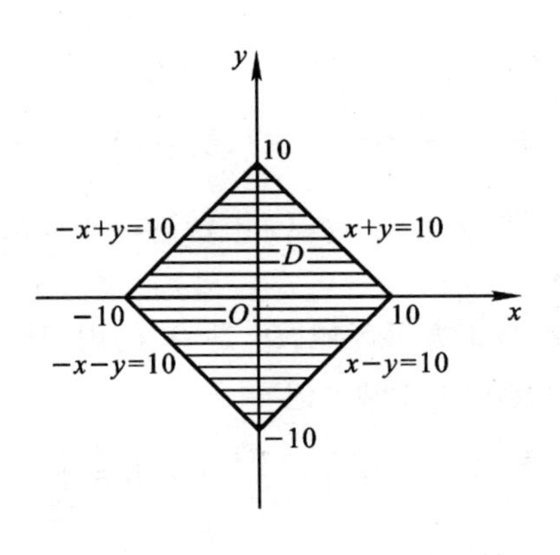

图 7－4

又因 $0\leqslant\cos^2\xi+\cos^2\eta\leqslant 2$，故

$$\frac{200}{102}\leqslant I\leqslant\frac{200}{100}, 即\frac{100}{51}\leqslant I\leqslant 2.$$

例 5　设函数 $f(x,y)$ 和 $g(x,y)$ 都在有界闭区域 D 上连续，且 $g(x,y)$ 在 D 上不变号，则必存在一点 $(\xi,\eta)\in D$，使

$$\iint_D f(x,y)g(x,y)\,\mathrm{d}x\mathrm{d}y=f(\xi,\eta)\iint_D g(x,y)\,\mathrm{d}x\mathrm{d}y.$$

证　由题设知，$f(x,y)$ 在 D 上有最大值 M 和最小值 m；因 $g(x,y)$ 在 D 上不变号，不妨设 $g(x,y)\geqslant 0$，于是对任意 $(x,y)\in D$ 时，有

$$m\cdot g(x,y)\leqslant f(x,y)g(x,y)\leqslant M\cdot g(x,y).$$

由二重积分的性质，得

$$m\iint_D g(x,y)\,\mathrm{d}x\mathrm{d}y\leqslant\iint_D f(x,y)g(x,y)\,\mathrm{d}x\mathrm{d}y\leqslant M\iint_D g(x,y)\,\mathrm{d}x\mathrm{d}y.$$

若 $\iint_D g(x,y)\,\mathrm{d}x\mathrm{d}y=0$，由上式知

$$\iint_D f(x,y)g(x,y)\,\mathrm{d}x\mathrm{d}y=0.$$

这时，任取 D 中的点，均可作为(ξ,η)，使欲证等式成立.

若 $\iint\limits_D g(x,y)\mathrm{d}x\mathrm{d}y>0$，由上述不等式，得

$$m\leqslant u=\frac{\iint\limits_D f(x,y)g(x,y)\mathrm{d}x\mathrm{d}y}{\iint\limits_D g(x,y)\mathrm{d}x\mathrm{d}y}\leqslant M.$$

即 u 是介于 m 与 M 之间的一个常数. 按连续函数的介值定理，必存在$(\xi,\eta)\in D$，使 $f(\xi,\eta)=u$，从而对这样的(ξ,η)，有

$$\iint\limits_D f(x,y)g(x,y)\mathrm{d}x\mathrm{d}y=f(\xi,\eta)\iint\limits_D g(x,y)\mathrm{d}x\mathrm{d}y.$$

二、在直角坐标系下计算二重积分

1. 解题程序与计算公式

解题程序

（1）画出积分区域 D 的草图

（2）选择积分次序，将二重积分化为二次积分；并确定相应的积分上限和下限：

1° 根据 D 的形状选择积分次序，以将 D 不分块或少分块（必须分块时）为好；

2° 根据被积函数 $f(x,y)$ 选择积分次序，以积分简便或能够进行积分为原则.

（3）计算二次积分.

计算公式

面积元素 $\mathrm{d}\sigma=\mathrm{d}x\mathrm{d}y$.

根据 D 的形状有以下**计算公式**：

（1）矩形区域 D：$\begin{cases}a\leqslant x\leqslant b,\\ c\leqslant y\leqslant d,\end{cases}$ 图 7－5.

$$\iint\limits_D f(x,y)\mathrm{d}x\mathrm{d}y=\int_a^b\mathrm{d}x\int_c^d f(x,y)\mathrm{d}y=\int_c^d\mathrm{d}y\int_a^b f(x,y)\mathrm{d}x.$$

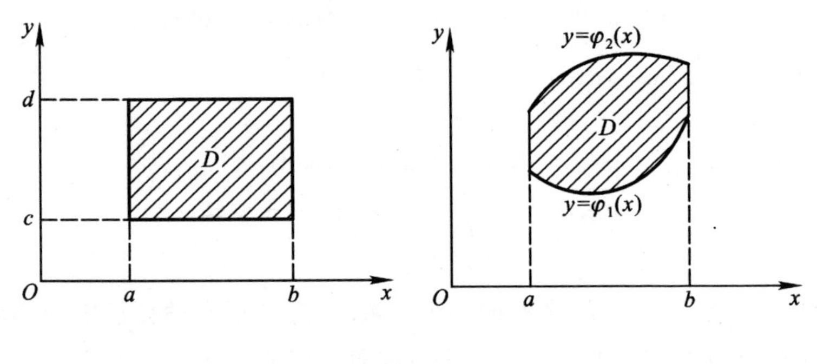

图 7-5　　　　图 7-6

特别地，当 $f(x,y)=f_1(x)\cdot f_2(y)$ 时.

$$\iint_D f(x,y)\,\mathrm{d}x\mathrm{d}y=\left(\int_a^b f_1(x)\,\mathrm{d}x\right)\cdot\left(\int_c^d f_2(y)\,\mathrm{d}y\right).$$

(2) X 型区域 $D:\begin{cases}a\leqslant x\leqslant b,\\ \varphi_1(x)\leqslant y\leqslant\varphi_2(x),\end{cases}$ 图 7-6.

$$\iint_D f(x,y)\,\mathrm{d}x\mathrm{d}y=\int_a^b\mathrm{d}x\int_{\varphi_1(x)}^{\varphi_2(x)}f(x,y)\,\mathrm{d}y.$$

说明　1° 对 X 型区域 D，垂直于 x 轴的直线 $x=x_0\,(a<x_0<b)$ 至多与 D 的边界交于两点.

2° 积分限：

对 y 积分：由下向上作垂直于 x 轴的直线，先交于曲线 $y=\varphi_1(x)$，则它为积分下限；后交于曲线 $y=\varphi_2(x)$，则它为积分上限.

对 x 积分：x 从左到右的最大变动范围的左端点与右端点分别为积分下限、上限. 对 x 的积分限定为常数.

3° 积分次序：固定 x，先对 y 积分，所得结果再对 x 积分.

(3) Y 型区域 $D:\begin{cases}c\leqslant y\leqslant d,\\ \psi_1(y)\leqslant x\leqslant\psi_2(y),\end{cases}$ 图 7-7.

$$\iint_D f(x,y)\,\mathrm{d}x\mathrm{d}y=\int_c^d\mathrm{d}y\int_{\psi_1(y)}^{\psi_2(y)}f(x,y)\,\mathrm{d}x.$$

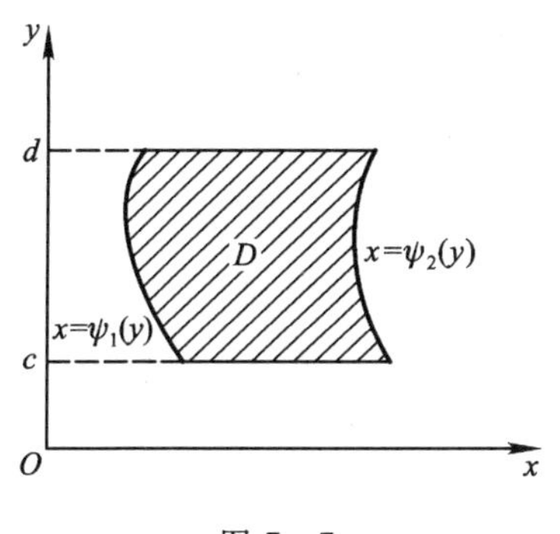

图 7－7

2. 交换二次积分的次序

解题程序：

(1) 由给定的限**画图**　即由所给定的二次积分的积分限确定积分域 D 由哪些曲线围成，并以此画出 D 的图形.

(2) 由图**确定**积分限　即由域 D 的形状按新的积分次序确定积分限，并写出二次积分.

交换二次积分次序的**关键是正确画出积分域 D 的图形**.

交换二次积分次序时，所给二次积分必须符合二重积分化为二次积分的**定限原则**：内层积分和外层积分的积分限必须下限小，上限大. 若所给二次积分（特别注意内层积分）不符合原则，必须用定积分的性质，交换上下限.

需要交换二次积分次序的**常见情形**：

(1) 交换二次积分次序，**可简化计算**

1° 先对 x（或 y）后对 y（或 x）的积分，而被积函数仅为 x（或 y）的函数，其原函数又不易求出；

2° 按给定的二次积分，内层积分计算较繁，或使外层积分计算较繁.

(2) 按给定的二次积分，内层积分**无法计算**.

如被积函数 $f(x,y)$ 中关于 x 的函数为 e^{-x^2}，e^{x^2}，$\sin x^2$，$\cos x^2$，

$\frac{\sin x}{x}, \frac{1}{\ln x}, \frac{1}{x^x-1}, \frac{\ln x}{e^x}$等因子，由于这些函数的原函数无法用初等函数表示，应先对 y 积分，后对 x 积分.

3. 关于 x 或 y 的奇偶函数的二重积分

利用积分区域 D 的**对称性**与被积函数的**奇偶性**可简化计算.

(1) 设区域 D 关于 x 轴对称，且 x 轴上方部分为区域 D_1，下方部分为区域 D_2(图 7-8)，则

$$\iint_D f(x,y)\,\mathrm{d}\sigma = \begin{cases} 0, & f(x,-y) = -f(x,y), \\ 2\iint_{D_1} f(x,y)\,\mathrm{d}\sigma, & f(x,-y) = f(x,y). \end{cases}$$

式中 $f(x,-y) = -f(x,y)$，表示 $f(x,y)$ 关于 y 为奇函数；$f(x,-y) = f(x,y)$，表示 $f(x,y)$ 关于 y 为偶函数.

(2) 设区域 D 关于 y 轴对称，且 y 轴右方部分为区域 D_1，左方部分为区域 D_2(图 7-9)，则

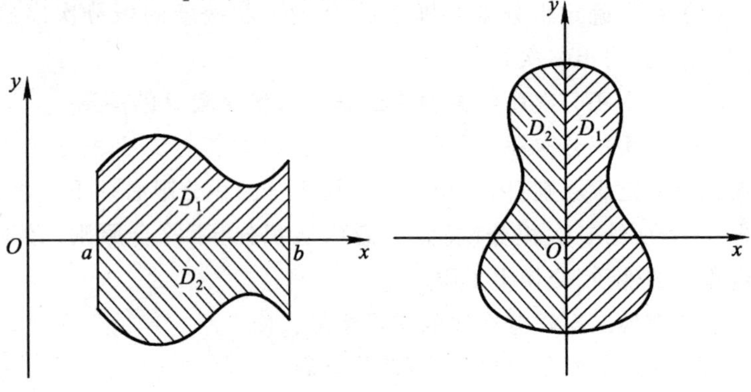

图 7-8　　　　图 7-9

$$\iint_D f(x,y)\,\mathrm{d}\sigma = \begin{cases} 0, & f(-x,y) = -f(x,y), \\ 2\iint_{D_1} f(x,y)\,\mathrm{d}\sigma, & f(-x,y) = f(x,y). \end{cases}$$

式中 $f(-x,y)=-f(x,y)$，表示 $f(x,y)$ 关于 x 为奇函数；$f(-x,y)=f(x,y)$，表示 $f(x,y)$ 关于 x 为偶函数.

(3) 设区域 D 关于 x 轴、y 轴均对称，D_1 是 D 的第一象限部分，则

$$\iint\limits_D f(x,y)\mathrm{d}\sigma=\begin{cases}0, & f(-x,y)=-f(x,y) \text{ 或 } f(x,-y)=-f(x,y)\\ 4\iint\limits_{D_1} f(x,y)\mathrm{d}\sigma, & f(-x,y)=f(x,-y)=f(x,y).\end{cases}$$

式中 $f(-x,-y)=f(x,y)$，表示 $f(x,y)$ 关于 x,y 为偶函数.

(4) 设区域 D 关于原点对称，且两对称部分的区域为 D_1 和 D_2，即 $D=D_1+D_2$，则

$$\iint\limits_D f(x,y)\mathrm{d}\sigma=\begin{cases}0, & f(-x,-y)=-f(x,y),\\ 2\iint\limits_{D_1} f(x,y)\mathrm{d}\sigma, & f(-x,-y)=f(x,y).\end{cases}$$

式中 $f(-x,-y)=-f(x,y)$，表示 $f(x,y)$ 关于 x,y 为奇函数.

(5) 区域 D 关于直线 $y=x$ 对称，则

$$\iint\limits_D f(x,y)\mathrm{d}\sigma=\iint\limits_D f(y,x)\mathrm{d}\sigma.$$

4. 积分域需先分块再计算的二重积分

常见情形

(1) 区域 D 不是 X 型或 Y 型区域

区域 D 与平行于坐标轴的直线的交点多于两个，这时，需用平行于坐标轴的直线将 D 分块，使其部分区域或为 X 型区域，或为 Y 型区域.

(2) 被积函数含有绝对值符号

为去掉被积函数中的绝对值符号，需用使绝对值中的函数等于零的曲线将区域 D 分块.

(3) 被积函数的表示式分区域给出

这时，需将 D 按所给分区域相应地分块.

例 6 求 $I=\iint\limits_{D}\frac{\ln(1+x)\ln(1+y)}{1+x^2+y^2+x^2y^2}\mathrm{d}x\mathrm{d}y$,

其中 $D=\{(x,y)\mid 0\leqslant x\leqslant 1,0\leqslant y\leqslant 1\}$.

解 D 是矩形区域,并注意到

$$1+x^2+y^2+x^2y^2=(1+x^2)(1+y^2),$$

则

$$\begin{aligned}I&=\left(\int_0^1\frac{\ln(1+x)}{1+x^2}\mathrm{d}x\right)\left(\int_0^1\frac{\ln(1+y)}{1+y^2}\mathrm{d}y\right)\\&=\left[\int_0^1\frac{\ln(1+x)}{1+x^2}\mathrm{d}x\right]^2(\text{积分与积分变量所用字母无关}).\end{aligned}$$

而 $$\int_0^1\frac{\ln(1+x)}{1+x^2}\mathrm{d}x=\frac{\pi}{8}\ln 2(\text{见}\S 6.4\ \text{例}\ 8).$$

于是 $$I=\left(\frac{\pi}{8}\ln 2\right)^2=\frac{\pi^2}{64}\ln^2 2.$$

说明 本例,积分域 D 为矩形,被积函数 $f(x,y)=f_1(x)f_2(y)$,二重积分化为两个定积分的乘积求解. 反之,两个定积分的乘积也可看作是矩形上的二重积分. 用这种思路也可求定积分. 请见下例.

例 7 求 $I=\int_0^1\frac{\ln(1+x)}{(2-x)^2}\mathrm{d}x$(见 §6.4 例 13).

解 用二重积分求解. 注意到 $\mathrm{d}\ln(1+x)=\frac{1}{1+x}\mathrm{d}x$. 有

$$I=\int_0^1\frac{1}{(2-x)^2}\mathrm{d}x\int_0^x\frac{1}{1+t}\mathrm{d}t=\iint\limits_{D}\frac{1}{(1+t)(2-x)^2}\mathrm{d}x\mathrm{d}t$$

交换积分次序,有

$$\begin{aligned}I&=\int_0^1\frac{1}{1+t}\mathrm{d}t\int_t^1\frac{1}{(2-x)^2}\mathrm{d}x=\int_0^1\frac{1-t}{(1+t)(2-t)}\mathrm{d}t\\&=\frac{2}{3}\int_0^1\frac{1}{1+t}\mathrm{d}t+\frac{1}{3}\int_0^1\frac{1}{t-2}\mathrm{d}t=\frac{1}{3}\ln 2.\end{aligned}$$

例 8 交换二次积分次序:

(1) $I_1=\int_0^1 \mathrm{d}y\int_{\sqrt{y}}^{\sqrt{2-y^2}} f(x,y)\,\mathrm{d}x$;

(2) $I_2=\int_1^3 \mathrm{d}x\int_1^x f(x,y)\,\mathrm{d}y+\int_3^9 \mathrm{d}x\int_{\frac{x}{3}}^3 f(x,y)\,\mathrm{d}y$;

(3) $I_3=\int_0^3 \mathrm{d}x\int_{\sqrt{3x}}^{x^2-2x} f(x,y)\,\mathrm{d}y$.

解 (1) 这是先对 x 后对 y 积分. 由二次积分可看出区域 D 由下列曲线围成:

两条直线:$y=0, y=1$.

两条曲线:$x=\sqrt{y}, x=\sqrt{2-y^2}$,即抛物线 $y=x^2$ 和圆 $x^2+y^2=2$ 的右上半部.

据此画出 D 的草图(图 7 - 10).

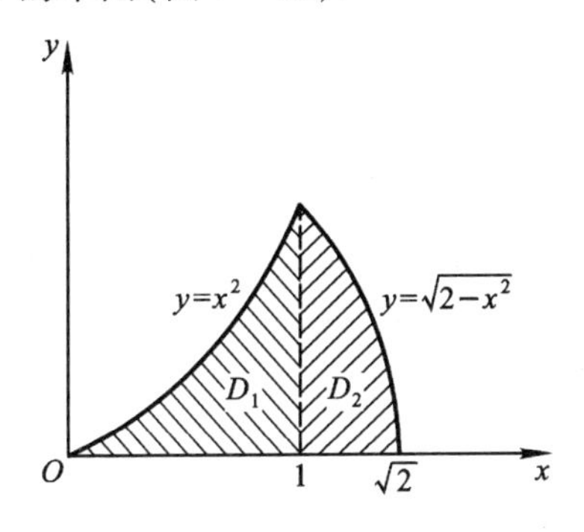

图 7 - 10

若先对 y 后对 x 积分,由图 7 - 10 看出,D 应分成两个部分区域 D_1 和 D_2:

区域 D_1:$x=0, x=1, y=0, y=x^2$.

区域 D_2:$x=1, x=\sqrt{2}, y=0, y=\sqrt{2-x^2}$.

于是 $\quad I_1=\iint\limits_{D_1} f(x,y)\,\mathrm{d}x\mathrm{d}y+\iint\limits_{D_2} f(x,y)\,\mathrm{d}x\mathrm{d}y$

$$=\int_0^1 dx\int_0^{x^2} f(x,y)\,dy+\int_1^{\sqrt{2}} dx\int_0^{\sqrt{2-x^2}} f(x,y)\,dy.$$

（2）这是两个二次积分之和，需将它们所确定的二重积分的区域合并成一个区域 D；再交换积分次序.

第一个积分区域由下列直线围成：

$$x=1,x=3,y=1,y=x.$$

第二个积分区域由下列直线围成：

$$x=3,x=9,y=\frac{x}{3},y=3.$$

据此画出积分区域 D 的草图（图 7－11）.

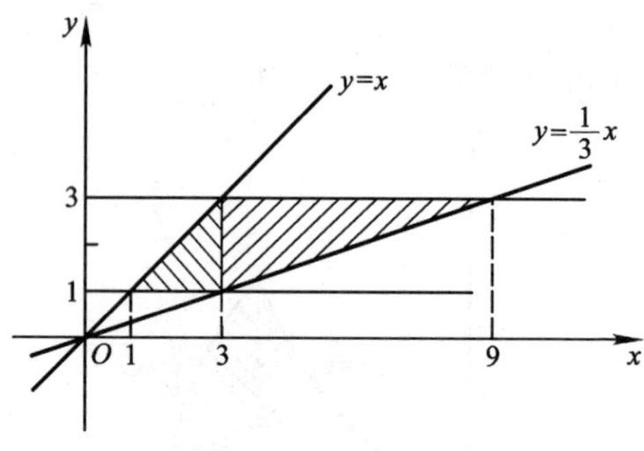

图 7－11

若先对 x 后对 y 积分，区域 D 可用以下不等式表示

$$D:1\leqslant y\leqslant 3,\quad y\leqslant x\leqslant 3y.$$

于是
$$I_2=\int_1^3 dy\int_y^{3y} f(x,y)\,dx.$$

（3）由于当 $0\leqslant x\leqslant 3$ 时，$x^2-2x\leqslant\sqrt{3x}$，所给二次积分的内层积分的上下限不符合下限小、上限大的原则. 内层函数需先交换上、下限.

$$I_3=-\int_0^3 dx\int_{x^2-2x}^{\sqrt{3x}} f(x,y)\,dy$$

积分域 D 由下列曲线围成：直线 $x=0$，$x=3$，抛物线

$y=x^2-2x, y=\sqrt{3x}$(图 7－12).

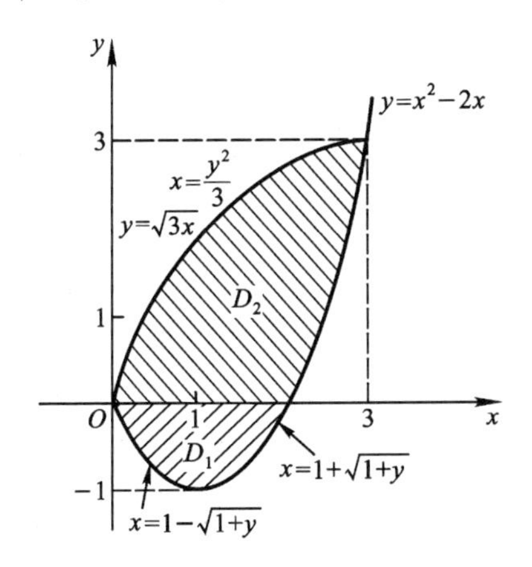

图 7－12

于是 $\quad I_3=-\left(\int_{-1}^{0}\mathrm{d}y\int_{1-\sqrt{1+y}}^{1+\sqrt{1+y}}f(x,y)\mathrm{d}x+\int_{0}^{3}\mathrm{d}y\int_{\frac{y^2}{3}}^{1+\sqrt{1+y}}f(x,y)\mathrm{d}x\right)$.

注释 在交换二次积分次序时,据积分限画出域 D 的图形后,一定要注意考察给出的二次积分是否满足定限原则.

例 9 将 $I=\iint\limits_{D}f(x,y)\mathrm{d}x\mathrm{d}y$ 化为二次积分,其中 D 由曲线 $y=\sqrt{x}$,直线 $y=x$ 和 $y=\frac{1}{2}$所围成.

解 积分域 D 如图 7－13. 若先对 y 后对 x 积分:

x 的变动范围:域 D 介于直线 $x=\frac{1}{4}$和 $x=1$ 之间;y 的积分限:由于在直线 $x=\frac{1}{4}$和 $x=1$ 之间有三条曲线,$y=\frac{1}{2}$,$y=\sqrt{x}$和$y=x$,需用直线 $x=\frac{1}{2}$将 D 分成两个 X 型区域 D_1 和 D_2.

$$D_1=\left\{(x,y)\;\middle|\;\frac{1}{2}\leqslant y\leqslant\sqrt{x},\frac{1}{4}\leqslant x\leqslant\frac{1}{2}\right\},$$

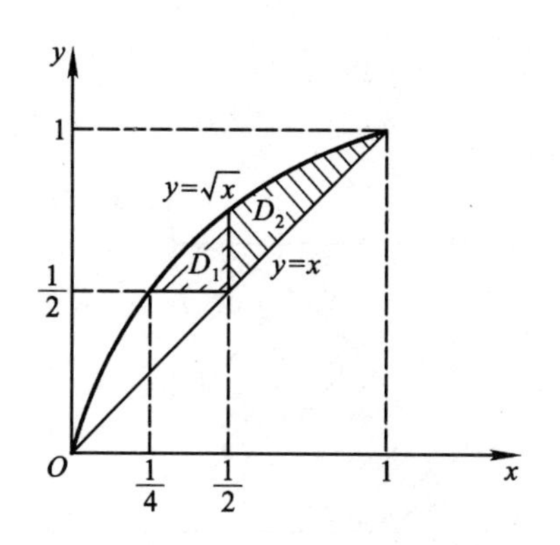

图 7－13

$$D_2=\{(x,y)\mid x\leqslant y\leqslant\sqrt{x},\frac{1}{2}\leqslant x\leqslant 1\}.$$

$$I=\int_{\frac{1}{4}}^{\frac{1}{2}}\mathrm{d}x\int_{\frac{1}{2}}^{\sqrt{x}}f(x,y)\,\mathrm{d}y+\int_{\frac{1}{2}}^{1}\mathrm{d}x\int_{x}^{\sqrt{x}}f(x,y)\,\mathrm{d}y.$$

若先 x 后对 y 积分，D 是 Y 型区域.

y 的变动范围：域 D 介于直线 $y=\frac{1}{2}$ 和 $y=1$ 之间；

x 的积分限：下限是 $x=y^2$，上限是 $x=y$.

即
$$D=\{(x,y)\mid y^2\leqslant x\leqslant y,\frac{1}{2}\leqslant y\leqslant 1\}.$$

$$I=\int_{\frac{1}{2}}^{1}\mathrm{d}y\int_{y^2}^{y}f(x,y)\,\mathrm{d}x.$$

注释　本例，选择积分次序应先对 x 后对 y 为好.

例 10　求 $I=\iint\limits_D(y^2-x)\,\mathrm{d}x\mathrm{d}y$，$D$ 由曲线 $x=y^2$ 和 $x=3-2y^2$ 所围成.

解　积分域 D 如图 7－14. 若从 D 的形状看，选择积分次序应先对 x 后对 y 积分. D 是 Y 型区域

$$D=\{(x,y)\mid y^2\leqslant x\leqslant 3-2y^2,\ -1\leqslant y\leqslant 1\}.$$

$$
\begin{aligned}
I &= \int_{-1}^{1} \mathrm{d}y \int_{y^2}^{3-2y^2} (y^2 - x)\,\mathrm{d}x \\
&= \int_{-1}^{1} \left(y^2 x - \frac{1}{2}x^2\right)\Big|_{y^2}^{3-2y^2} \mathrm{d}y \\
&= \int_{-1}^{1} \left[y^2(3-2y^2) - \frac{1}{2}(3-2y^2)^2 - y^4 + \frac{1}{2}y^4\right]\mathrm{d}y \\
&= -\frac{24}{5}.
\end{aligned}
$$

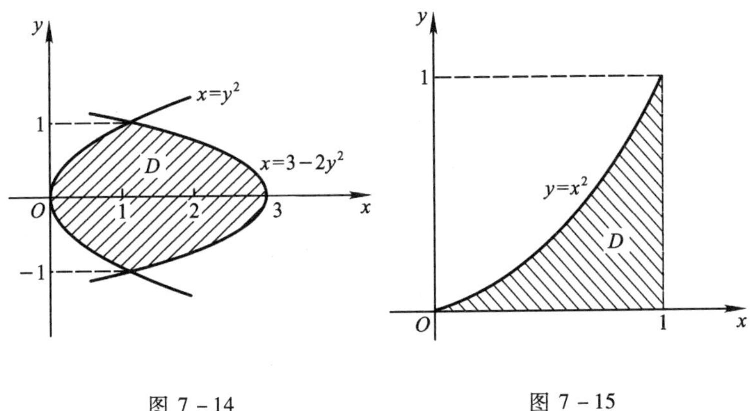

图 7－14　　图 7－15

例 11　求 $I = \iint\limits_D \sqrt{1+x^3}\,\mathrm{d}x\mathrm{d}y$，$D$ 由曲线 $y = x^2$，直线 $y = 0$ 和 $x = 1$ 所围成.

解　积分域 D 如图 7－15. 若从 D 的形状看，D 可以看成 X 型区域，也可看成 Y 型区域. 若从被积函数看，由于其仅是 x 的函数. 选择先对 y 后对 x 的积分次序为好.

$$
\begin{aligned}
I &= \int_0^1 \sqrt{1+x^3}\,\mathrm{d}x \int_0^{x^2} \mathrm{d}y = \frac{1}{3}\int_0^1 \sqrt{1+x^3}\,\mathrm{d}(1+x^3) \\
&= \frac{1}{3} \cdot \frac{2}{3}(1+x^3)^{\frac{3}{2}}\Big|_0^1 = \frac{2}{9}(2\sqrt{2}-1).
\end{aligned}
$$

例 12 求 $I=\iint\limits_D y\mathrm{e}^{xy}\mathrm{d}x\mathrm{d}y$,

其中 $D=\left\{(x,y)\mid \frac{1}{x}\leqslant y\leqslant 2,1\leqslant x\leqslant 2\right\}$.

解 1 积分区域 D 如图 7－16. 若由 D 的形状选择积分次序，应先对 y、后对 x 积分，这是 X 型区域. 于是

$$I=\int_1^2\mathrm{d}x\int_{\frac{1}{x}}^2 y\mathrm{e}^{xy}\mathrm{d}y$$

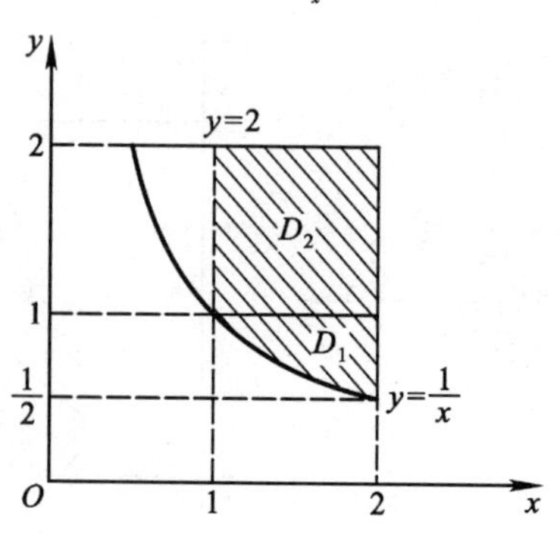

图 7－16

而
$$\int_{\frac{1}{x}}^2 y\mathrm{e}^{xy}\mathrm{d}y\xlongequal{\text{分部积分法}}\frac{y}{x}\mathrm{e}^{xy}\Big|_{\frac{1}{x}}^2-\int_{\frac{1}{x}}^2\frac{1}{x}\mathrm{e}^{xy}\mathrm{d}y$$
$$=\frac{2}{x}\mathrm{e}^{2x}-\frac{1}{x^2}\mathrm{e}^{2x}.$$

又
$$\int_1^2\left(\frac{2}{x}\mathrm{e}^{2x}-\frac{1}{x^2}\mathrm{e}^{2x}\right)\mathrm{d}x$$
$$\xlongequal{\text{分部积分法}}\int_1^2\frac{2}{x}\mathrm{e}^{2x}\mathrm{d}x+\left(\frac{1}{x}\mathrm{e}^{2x}\Big|_1^2-\int_1^2\frac{2}{x}\mathrm{e}^{2x}\mathrm{d}x\right)$$
$$=\frac{1}{2}\mathrm{e}^4-\mathrm{e}^2,$$

即
$$I=\frac{1}{2}\mathrm{e}^4-\mathrm{e}^2.$$

解 2 观察被积函数,由于

$$\int y\mathrm{e}^{xy}\mathrm{d}x=\int \mathrm{e}^{xy}\mathrm{d}(xy)=\mathrm{e}^{xy}+C,$$

应先对 x 积分. 这时,可用直线 $y=1$ 将 D 分成 D_1 和 D_2. 于是

$$\begin{aligned}I&=\int_{\frac{1}{2}}^{1}\mathrm{d}y\int_{\frac{1}{y}}^{2}y\mathrm{e}^{xy}\mathrm{d}x+\int_{1}^{2}\mathrm{d}y\int_{1}^{2}y\mathrm{e}^{xy}\mathrm{d}x.\\&=\int_{\frac{1}{2}}^{1}\mathrm{e}^{xy}\Big|_{\frac{1}{y}}^{2}\mathrm{d}y+\int_{1}^{2}\mathrm{e}^{xy}\Big|_{1}^{2}\mathrm{d}y\\&=\int_{\frac{1}{2}}^{1}(\mathrm{e}^{2y}-\mathrm{e})\mathrm{d}y+\int_{1}^{2}(\mathrm{e}^{2y}-\mathrm{e}^{y})\mathrm{d}y\\&=\frac{1}{2}\mathrm{e}^{4}-\mathrm{e}^{2}.\end{aligned}$$

注释 本例解 2 尽管域 D 需分块,但积分运算却极为简便.

例 13 求 $I=\iint\limits_{D}\frac{\mathrm{e}^{xy}}{y^{y}-1}\mathrm{d}x\mathrm{d}y$,$D$ 由曲线 $y=\mathrm{e}^{x}$,直线 $y=2$ 和 $x=0$ 所围成.

分析 若由积分域 D 的形状(图 7-17)看,D 可以看成 X 型区域,也可看成 Y 型区域. 但对 y 而言,由于被积函数$\frac{\mathrm{e}^{xy}}{y^{y}-1}$的原函数不能用初等函数表示. 所以无法计算,只能将 D 看成 Y 型区域.

解 由于 D 可表示为 $0\leqslant x\leqslant \ln y,1\leqslant y\leqslant 2$. 所以

$$\begin{aligned}I&=\int_{1}^{2}\frac{1}{y^{y}-1}\mathrm{d}y\int_{0}^{\ln y}\mathrm{e}^{xy}\mathrm{d}x=\int_{1}^{2}\frac{1}{y^{y}-1}\frac{1}{y}(\mathrm{e}^{xy})\Big|_{0}^{\ln y}\mathrm{d}y\\&=\int_{1}^{2}\frac{1}{y^{y}-1}\frac{1}{y}(y^{y}-1)\mathrm{d}y=\int_{1}^{2}\frac{1}{y}\mathrm{d}y=\ln 2.\end{aligned}$$

例 14 计算 $I=\int_{0}^{1}\mathrm{d}y\int_{\arcsin y}^{\pi-\arcsin y}x\mathrm{d}x$.

分析 按所给积分次序,内层积分易求出,但再积分就困难了. 应先交换积分次序.

解 积分域 D 如图 7-18 所示.

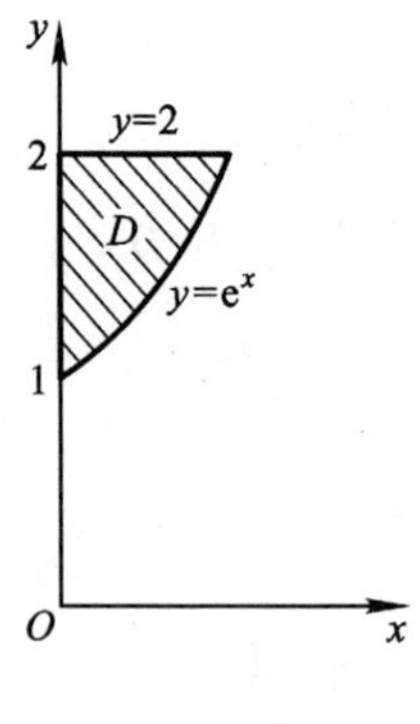

图 7-17

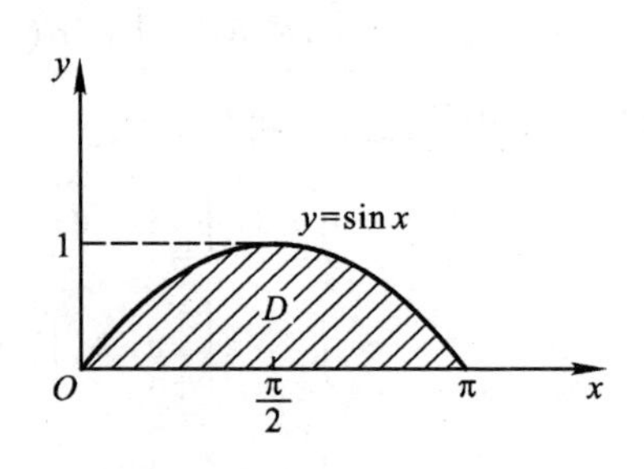

图 7-18

$$I = \int_0^{\pi} x\mathrm{d}x \int_0^{\sin x} \mathrm{d}y = -\int_0^{\pi} x\mathrm{d}(\cos x)$$

$$= -x\cos x \Big|_0^{\pi} + \int_0^{\pi} \cos x\mathrm{d}x = \pi.$$

例 15 计算 $I = \iint\limits_D y\left[1 + x\mathrm{e}^{\frac{1}{2}(x^2+y^2)}\right]\mathrm{d}x\mathrm{d}y$. 其中 D 是由直线 $y = x, y = -1, x = 1$ 围成的平面区域.

解 积分区域 D 如图 7-19.

并将 D 分成 D_1 与 D_2. 注意 D_1 关于 x 轴对称,D_2 关于 y 轴对称.

$$I = \iint\limits_D y\mathrm{d}x\mathrm{d}y + \iint\limits_D xy\mathrm{e}^{\frac{1}{2}(x^2+y^2)}\mathrm{d}x\mathrm{d}y.$$

因 $xy\mathrm{e}^{\frac{1}{2}(x^2+y^2)}$ 关于 y 为奇函数,关于 x 也为奇函数,故

$$\iint\limits_D xy\mathrm{e}^{\frac{1}{2}(x^2+y^2)}\mathrm{d}x\mathrm{d}y$$

$$= \iint\limits_{D_1} xy\mathrm{e}^{\frac{1}{2}(x^2+y^2)}\mathrm{d}x\mathrm{d}y + \iint\limits_{D_2} xy\mathrm{e}^{\frac{1}{2}(x^2+y^2)}\mathrm{d}x\mathrm{d}y = 0$$

于是 $I = \iint\limits_D y\mathrm{d}x\mathrm{d}y = \int_{-1}^{1}\mathrm{d}y\int_y^1 y\mathrm{d}x = \int_{-1}^{1} y(1-y)\mathrm{d}y = -\frac{2}{3}.$

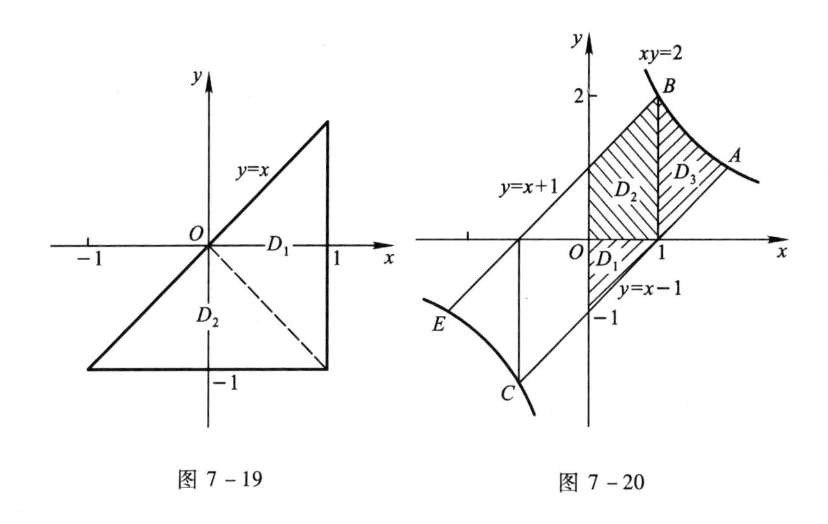

图 7－19　　　　图 7－20

例 16　设 D 是由 $xy=2$，$y=x-1$，$y=x+1$ 所围成的平面区域，计算 $I=\iint\limits_{D}(|x|+|y|)\mathrm{d}x\mathrm{d}y$.

解　作出积分区域 D 的图形（图 7－20）.

易求交点 A 与 B 的坐标：$A(2,1)$，$B(1,2)$.
由于积分区域 D 关于原点对称，记图中阴影部分的区域为 D_0，而 $f(x,y)=|x|+|y|$ 是关于 x,y 的偶函数，故

$$
\begin{aligned}
I&=2\iint\limits_{D_0}(|x|+|y|)\mathrm{d}x\mathrm{d}y\\
&=2\Big(\iint\limits_{D_1}(x-y)\mathrm{d}x\mathrm{d}y+\iint\limits_{D_2}(x+y)\mathrm{d}x\mathrm{d}y\\
&\quad+\iint\limits_{D_3}(x+y)\mathrm{d}x\mathrm{d}y\Big)\\
&=2\Big[\int_0^1\mathrm{d}x\int_{x-1}^{0}(x-y)\mathrm{d}y+\int_0^1\mathrm{d}x\int_0^{x+1}(x+y)\mathrm{d}y\\
&\quad+\int_1^2\mathrm{d}x\int_{x-1}^{\frac{2}{x}}(x+y)\mathrm{d}y\Big]=\frac{26}{3}.
\end{aligned}
$$

注释 从定限考虑 $\iint\limits_{D_1+D_2+D_3}(|x|+|y|)\mathrm{d}x\mathrm{d}y$

$$=\iint\limits_{D_1+D_2}(|x|+|y|)\mathrm{d}x\mathrm{d}y+\iint\limits_{D_3}(|x|+|y|)\mathrm{d}x\mathrm{d}y,$$

但当$(x,y)\in D_1+D_2$时，$-1\leqslant y\leqslant 2$,不能去掉 y 的绝对值符号,所以 D_0 必须分成 D_1,D_2,D_3 三块.

例 17 设$f(x)$在$[0,+\infty)$上连续,$F(t)=\iint\limits_D f(|x|)\mathrm{d}x\mathrm{d}y$,其中 D 为 $|y|\leqslant|x|\leqslant t$,求 $F'(t)$.

分析 函数 $F(t)$是由二重积分来定义的,且是积分区域 D 所含参数 t 的函数. 为求 $F'(t)$,须将二重积分化二次积分,且化为以参数 t 为变限的变限积分.

解 积分域 D 如图 7-21. 根据域 D 的对称性和 $f(|x|)$为偶函数,有

$$F(t)=4\iint\limits_{D_1}f(x)\mathrm{d}x\mathrm{d}y=4\int_0^t f(x)\mathrm{d}x\int_0^x\mathrm{d}y$$

$$=4\int_0^t xf(x)\mathrm{d}x.$$

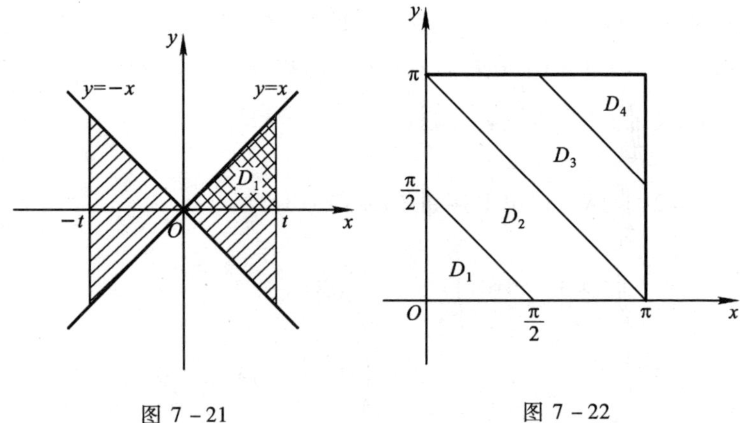

图 7-21　　图 7-22

将上式两端求导,得

$$F'(t)=4tf(t).$$

例 18 计算 $I=\iint\limits_{\substack{0\leqslant x\leqslant \pi\\0\leqslant y\leqslant \pi}}|\cos(x+y)|\mathrm{d}x\mathrm{d}y.$

分析 为去掉被积函数中的绝对值号,须分割积分区域 D,使 $\cos(x+y)$ 在各分区域内不变号.

解 如图 7-22. 将正方形区域 D 做如下分割:

$$D_1:0\leqslant x+y\leqslant\frac{\pi}{2},0\leqslant x\leqslant\frac{\pi}{2};D_2:\frac{\pi}{2}\leqslant x+y\leqslant\pi,0\leqslant x\leqslant\pi;$$

$$D_3:\pi\leqslant x+y\leqslant\frac{3\pi}{2},0\leqslant x\leqslant\pi;D_4:\frac{3\pi}{2}\leqslant x+y\leqslant 2\pi,\frac{\pi}{2}\leqslant x\leqslant\pi.$$

由对称性,有

$$\iint\limits_{D_1}\cos(x+y)\mathrm{d}x\mathrm{d}y=\iint\limits_{D_4}\cos(x+y)\mathrm{d}x\mathrm{d}y,$$

$$\iint\limits_{D_2}\cos(x+y)\mathrm{d}x\mathrm{d}y=\iint\limits_{D_3}\cos(x+y)\mathrm{d}x\mathrm{d}y.$$

于是 $$\begin{aligned}I&=2\Big[\iint\limits_{D_1}\cos(x+y)\mathrm{d}x\mathrm{d}y+\iint\limits_{D_2}(-\cos(x+y))\mathrm{d}x\mathrm{d}y\Big]\\&=2\Big[2\iint\limits_{D_1}\cos(x+y)\mathrm{d}x\mathrm{d}y-\iint\limits_{D_1+D_2}\cos(x+y)\mathrm{d}x\mathrm{d}y\Big]\\&=2\Big[2\int_0^{\frac{\pi}{2}}\mathrm{d}x\int_0^{\frac{\pi}{2}-x}\cos(x+y)\mathrm{d}y-\int_0^{\pi}\mathrm{d}x\int_0^{\pi-x}\cos(x+y)\mathrm{d}y\Big]\\&=2\Big[2\int_0^{\frac{\pi}{2}}(1-\sin x)\mathrm{d}x+\int_0^{\pi}\sin x\mathrm{d}x\Big]=2\pi.\end{aligned}$$

例 19 计算 $I=\iint\limits_{D}f(x,y)\mathrm{d}x\mathrm{d}y$,其中

$$f(x,y)=\begin{cases}x^2y, & 1\leqslant x\leqslant 2,0\leqslant y\leqslant x\\0, & \text{其他}\end{cases},D=\{(x,y)\mid x^2+y^2\geqslant 2x\}.$$

分析 二重积分由被积函数与积分区域所确定. 本例被积函

数为分段函数,应由 $f(x,y)$ 的表示式、自变量的取值范围及所给区域 D 共同确定二重积分.

解 区域 D_1 是 $\{(x,y)\mid 1\leqslant x\leqslant 2,0\leqslant y\leqslant x\}$ 与 $D=\{(x,y)\mid x^2+y^2\geqslant 2x\}$ 的公共部分(图 7-23),即

$$D_1=\{(x,y)\mid 1\leqslant x\leqslant 2,\sqrt{2x-x^2}\leqslant y\leqslant x\}.$$

此时 $f(x,y)=x^2y$;而在其他部分,$f(x,y)=0$.

$$\begin{aligned}I&=\iint_{D_1}x^2y\mathrm{d}x\mathrm{d}y\\&=\int_1^2 x^2\frac{y^2}{2}\Big|_{\sqrt{2x-x^2}}^{x}\mathrm{d}x=\int_1^2(x^4-x^3)\mathrm{d}x=\frac{49}{20}.\end{aligned}$$

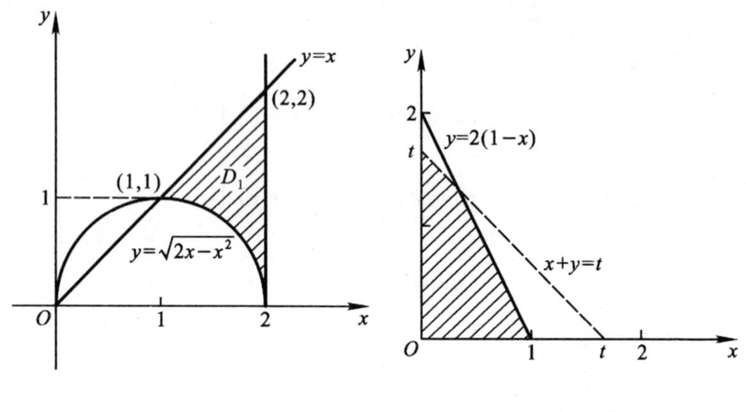

图 7-23　　　　图 7-24

例 20 设 $f(x,y)=\begin{cases}1, & 0\leqslant y\leqslant 2(1-x),0\leqslant x\leqslant 1\\0, & \text{其他}.\end{cases}$,且

$F(t)=\iint\limits_{x+y\leqslant t}f(x,y)\mathrm{d}x\mathrm{d}y$,求 $F(t)$.

分析 由被积函数的表达式及积分区域(图 7-24)的情况,可知 $F(t)$ 是区域 $x+y\leqslant t$ 与三角形区域:$0\leqslant y\leqslant 2(1-x),0\leqslant x\leqslant 1$ 的公共部分的面积.

解 当 $t\leqslant 0$ 时,无公共部分,$F(t)=0$;

当 $0<t\leqslant 1$ 时,$F(t)=\frac{1}{2}t^2$;

当 $1\leqslant t\leqslant 2$ 时,

$$F(t)=\int_0^{2-t}\mathrm{d}x\int_0^{t-x}\mathrm{d}y+\int_{2-t}^{1}\mathrm{d}x\int_0^{2(1-x)}\mathrm{d}y=-\frac{t^2}{2}+2t-1;$$

当 $t>2$ 时,$F(t)=1$.

综上所述,
$$F(t)=\begin{cases}0, & t\leqslant 0,\\ \frac{1}{2}t^2, & 0<t\leqslant 1,\\ -\frac{1}{2}t^2+2t-1, & 1<t\leqslant 2,\\ 1, & t>2.\end{cases}$$

三、在极坐标系下计算二重积分

1. 适用类型

选择极坐标系可从积分区域 D 或被积函数着眼.

区域 D 为圆域、环域、扇域、环扇域等或其一部分;

被积函数为 $f(x^2+y^2)$,$f\left(\frac{y}{x}\right)$,$f\left(\frac{x}{y}\right)$,$f(x+y)$ 等形式时.

2. 解题程序

(1) 画出积分区域 D 的草图.

(2) 将直角坐标的二重积分化为极坐标的二重积分.

直角坐标与极坐标的关系为 $x=r\cos\theta,y=r\sin\theta$,

极坐标系下的面积元素 $\mathrm{d}\sigma=r\mathrm{d}r\mathrm{d}\theta$;

围成区域 D 的边界线用极坐标方程表示.

于是
$$\iint\limits_D f(x,y)\mathrm{d}\sigma=\iint\limits_D f(r\cos\theta,r\sin\theta)r\mathrm{d}r\mathrm{d}\theta.$$

(3) 将极坐标的二重积分化为二次积分,积分次序一般是先对 r 后对 θ 积分.

(4) 计算二次积分.

3. 极坐标系下,二次积分上下限的确定

(1) 极点 O 在 D 的内部(图 7-25).

$$D=\{(r,\theta)\mid 0\leqslant r\leqslant r(\theta),0\leqslant\theta\leqslant 2\pi\}$$

则

$$\iint_D f(r\cos\theta,r\sin\theta)r\mathrm{d}r\mathrm{d}\theta=\int_0^{2\pi}\mathrm{d}\theta\int_0^{r(\theta)}f(r\cos\theta,r\sin\theta)r\mathrm{d}r$$

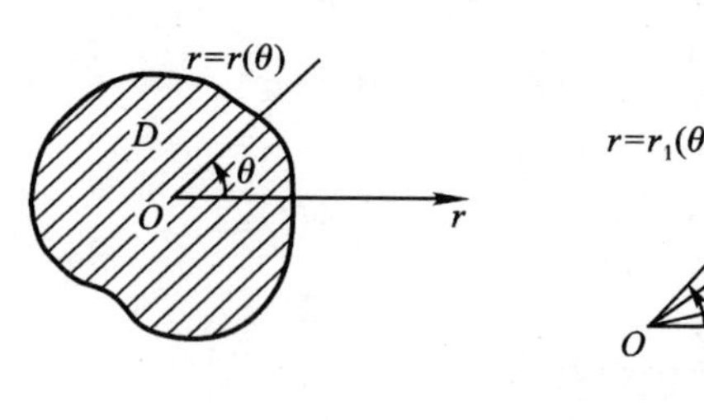

图 7-25

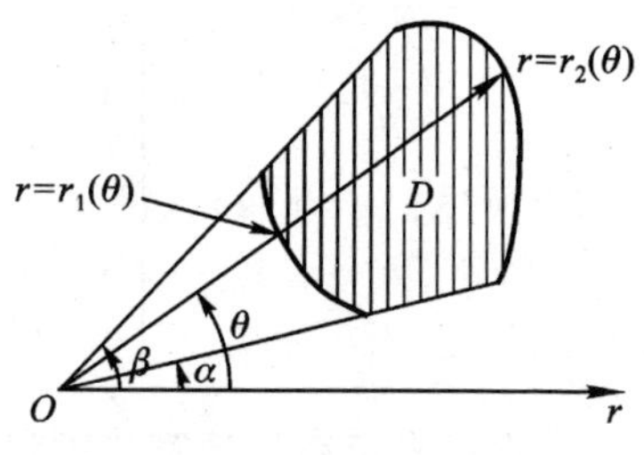

图 7-26

(2) 极点在 D 的外部(图 7-26).

$$D=\{(r,\theta)\mid r_1(\theta)\leqslant r\leqslant r_2(\theta),\alpha\leqslant\theta\leqslant\beta\}$$

则

$$\iint_D f(r\cos\theta,r\sin\theta)r\mathrm{d}r\mathrm{d}\theta=\int_\alpha^\beta\mathrm{d}\theta\int_{r_1(\theta)}^{r_2(\theta)}f(r\cos\theta,r\sin\theta)r\mathrm{d}r$$

(3) 极点在 D 的边界上.

1° $D=\{(r,\theta)\mid 0\leqslant r\leqslant r(\theta),\alpha\leqslant\theta\leqslant\beta\}$,(图 7-27)

则

$$\iint_D f(r\cos\theta,r\sin\theta)\boldsymbol{r}\mathbf{d}\boldsymbol{r}\mathrm{d}\theta=\int_\alpha^\beta\mathrm{d}\theta\int_0^{r(\theta)}f(r\cos\theta,r\sin\theta)r\mathrm{d}r.$$

2° $D=\{(r,\theta)\mid r_1(\theta)\leqslant r\leqslant r_2(\theta),\alpha\leqslant\theta\leqslant\beta\}$,(图 7-28)

则

$$\iint_D f(r\cos\theta,r\sin\theta)r\mathrm{d}r\mathrm{d}\theta=\int_\alpha^\beta\mathrm{d}\theta\int_{r_1(\theta)}^{r_2(\theta)}f(r\cos\theta,r\sin\theta)r\mathrm{d}r.$$

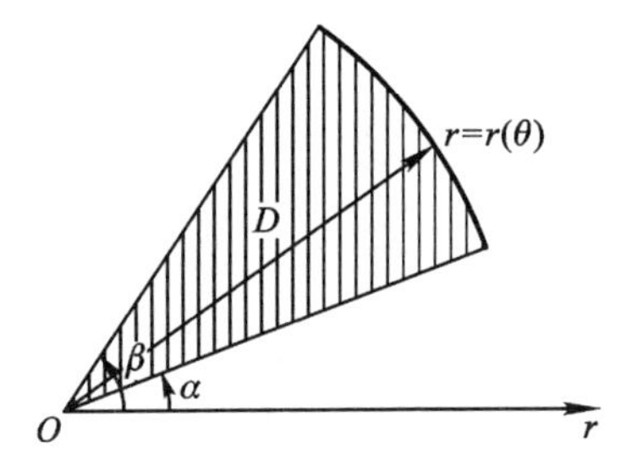

图 7-27

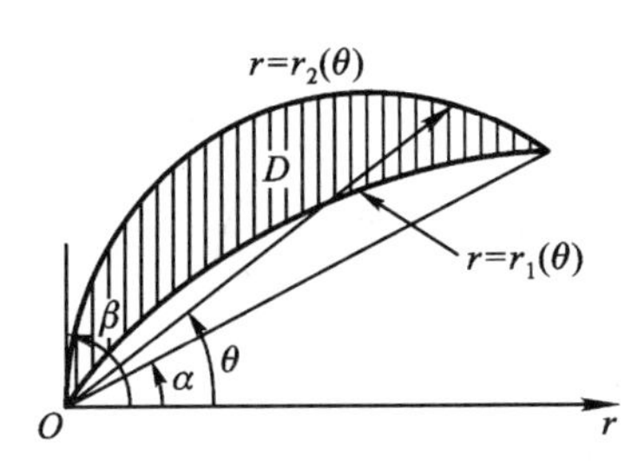

图 7-28

4. 直角坐标系与极坐标系中**圆的方程**

直角坐标($a>0$)		极坐标
$x^2+y^2=a^2$		$r=a(0\leqslant\theta\leqslant 2\pi)$.
$\begin{cases}(x-a)^2+y^2=a^2,\\ x^2+y^2=2ax.\end{cases}$	(图 7-29)	$r=2a\cos\theta\left(-\dfrac{\pi}{2}\leqslant\theta\leqslant\dfrac{\pi}{2}\right)$.
$\begin{cases}(x+a)^2+y^2=a^2,\\ x^2+y^2=-2ax.\end{cases}$	(图 7-30)	$r=-2a\cos\theta\left(\dfrac{\pi}{2}\leqslant\theta\leqslant\dfrac{3}{2}\pi\right)$.
$\begin{cases}x^2+(y-a)^2=a^2,\\ x^2+y^2=2ay.\end{cases}$	(图 7-31)	$r=2a\sin\theta(0\leqslant\theta\leqslant\pi)$.
$\begin{cases}x^2+(y+a)^2=a^2,\\ x^2+y^2=-2ay.\end{cases}$	(图 7-32)	$r=-2a\sin\theta(\pi\leqslant\theta\leqslant 2\pi)$.

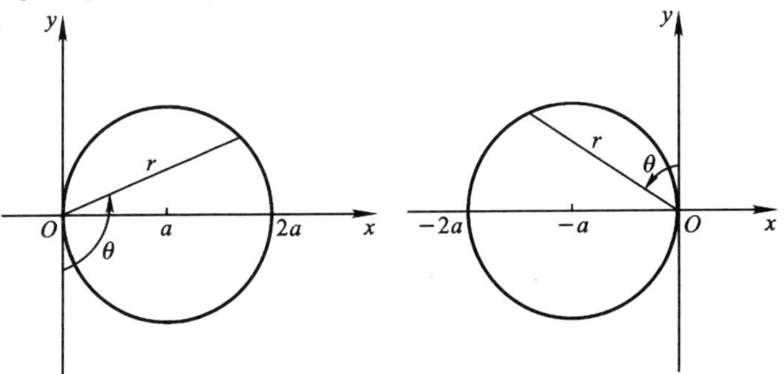

图 7-29　　图 7-30

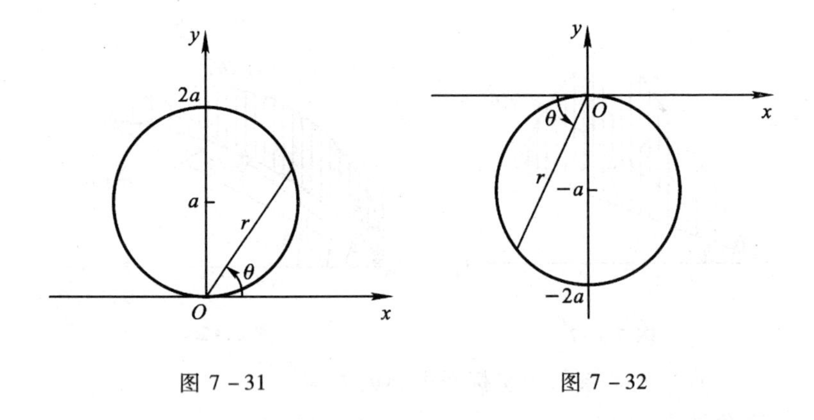

图 7－31　　　　　　　　图 7－32

例 21　求 $I=\iint\limits_{x^2+y^2\leqslant 1}(x-y)^2\mathrm{d}\sigma$.

分析　由于积分区域为圆域,可考虑用极坐标计算.观察被积函数,展开后可由积分区域的对称性简化计算.

解　$I=\iint\limits_{x^2+y^2\leqslant 1}(x^2-2xy+y^2)\mathrm{d}\sigma$.

利用圆形关于 x 轴、y 轴及 $y=x$ 的对称性与被积函数的奇偶性可以得到

$$\iint\limits_{x^2+y^2\leqslant 1}x^2\mathrm{d}\sigma=\iint\limits_{x^2+y^2\leqslant 1}y^2\mathrm{d}\sigma,\quad \iint\limits_{x^2+y^2\leqslant 1}xy\mathrm{d}\sigma=0,$$

因此

$$I=2\iint\limits_{x^2+y^2\leqslant 1}x^2\mathrm{d}\sigma=2\cdot 4\iint\limits_{\substack{x^2+y^2\leqslant 1\\ x\geqslant 0\\ y\geqslant 0}}x^2\mathrm{d}\sigma$$

$$=8\int_0^{\frac{\pi}{2}}\mathrm{d}\theta\int_0^1 r^2\cos^2\theta r\mathrm{d}r=\frac{\pi}{2}.$$

例 22　设闭区域 $D:x^2+y^2\leqslant y,x\geqslant 0$. $f(x,y)$ 为 D 上的连续函数,且

$$f(x,y)=\sqrt{1-x^2-y^2}-\frac{8}{\pi}\iint\limits_D f(u,v)\mathrm{d}u\mathrm{d}v,$$

求 $f(x,y)$.

解 由积分区域 D(图 7-33). 及被积函数 $f(x,y)$ 知,选用极坐标.

$$D=\left\{(r,\theta)\,\middle|\,0\leqslant r\leqslant \sin\theta,0\leqslant\theta\leqslant\frac{\pi}{2}\right\}.$$

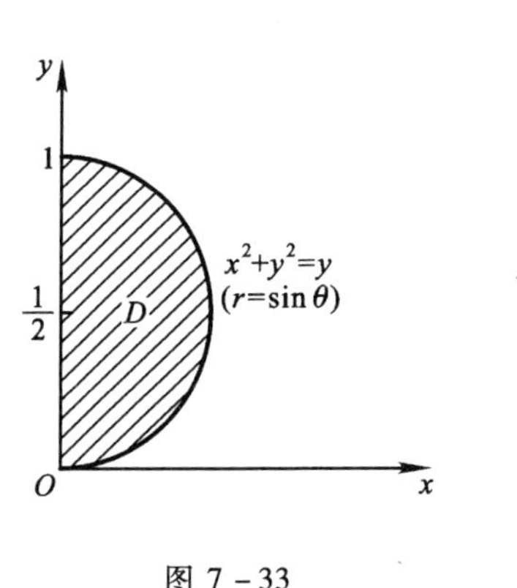

图 7-33

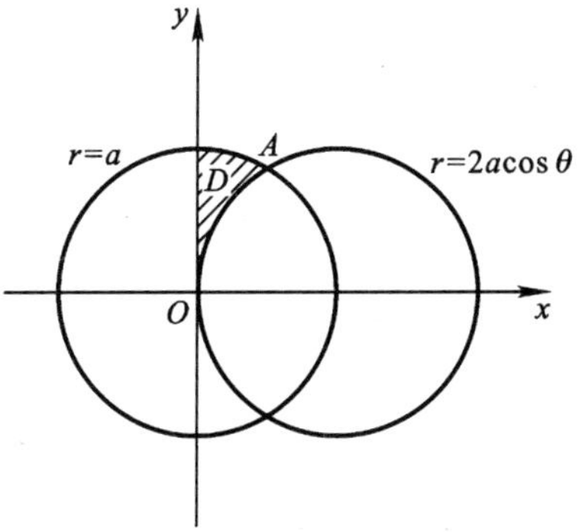

图 7-34

注意到二重积分是一个数值,设 $A=\iint\limits_D f(u,v)\,\mathrm{d}u\mathrm{d}v$.

已知等式两端在 D 上求二重积分,有

$$\iint\limits_D f(x,y)\,\mathrm{d}x\mathrm{d}y=\iint\limits_D\sqrt{1-x^2-y^2}\,\mathrm{d}x\mathrm{d}y-\frac{8A}{\pi}\iint\limits_D\mathrm{d}x\mathrm{d}y,$$

故
$$A=\iint\limits_D\sqrt{1-x^2-y^2}\,\mathrm{d}x\mathrm{d}y-A.$$

而
$$\iint\limits_D\sqrt{1-x^2-y^2}\,\mathrm{d}x\mathrm{d}y=\int_0^{\frac{\pi}{2}}\mathrm{d}\theta\int_0^{\sin\theta}\sqrt{1-r^2}\,r\mathrm{d}r$$

$$=\frac{1}{3}\left(\frac{\pi}{2}-\frac{2}{3}\right),$$

所以,$A=\frac{1}{6}\left(\frac{\pi}{2}-\frac{2}{3}\right)$,$f(x,y)=\sqrt{1-x^2-y^2}-\frac{4}{3\pi}\left(\frac{\pi}{2}-\frac{2}{3}\right)$.

注释 $\iint\limits_D \mathrm{d}x\mathrm{d}y=$ 区域 D 的面积 $=\frac{1}{2}\pi\left(\frac{1}{2}\right)^2=\frac{\pi}{8}$.

例 23 计算二重积分 $I=\iint\limits_D \frac{1}{\sqrt{x^2+y^2}}\mathrm{d}x\mathrm{d}y$. 其中 D 是第一象限内由 y 轴和两个圆 $x^2+y^2=a^2, x^2-2ax+y^2=0$ 所围成的区域.

解 画出积分区域 D 的草图(图 7-34).

由区域 D 和被积函数知,宜选用极坐标系进行计算.

两圆的极坐标方程分别为 $r=a, r=2a\cos\theta$.

交点 A 的极坐标为 $A\left(a,\frac{\pi}{3}\right)$. 因而 θ 的变化范围为$\frac{\pi}{3}\leqslant\theta\leqslant\frac{\pi}{2}$.

为定 r 的积分限,应先把 θ 在$\left(\frac{\pi}{3},\frac{\pi}{2}\right)$内固定,然后以原点为起点作射线. 先交于 $r_1=2a\cos\theta$,后交于 $r=a$. 即

$$D=\left\{(r,\theta)\ \middle|\ 2a\cos\theta\leqslant r\leqslant a, \frac{\pi}{3}\leqslant\theta\leqslant\frac{\pi}{2}\right\}.$$

于是
$$I=\int_{\frac{\pi}{3}}^{\frac{\pi}{2}}\mathrm{d}\theta\int_{2a\cos\theta}^{a}\frac{1}{r}\cdot r\mathrm{d}r=a\left(\frac{\pi}{6}-2+\sqrt{3}\right).$$

注释 不能因为极点 O 在 D 的边界上,误认为对 r 积分的积分下限为零.

例 24 设 $I=\int_0^{2a}\mathrm{d}x\int_{\sqrt{2ax-x^2}}^{\sqrt{2ax}}f(x,y)\mathrm{d}y$,交换二次积分的顺序,并将其化为极坐标系下的二次积分.

解 由二次积分可看出区域 D 由下列曲线围成:

两条直线:$x=0, x=2a$;

两条曲线:$y=\sqrt{2ax-x^2}, y=\sqrt{2ax}$,即圆 $(x-a)^2+y^2=a^2$ 和抛物线 $y^2=2ax$ 的上半部. 据此画出 D 的草图(图 7-35).

若先对 x 积分,后对 y 积分,由图 7-35 看出,D 应分成三个部分区域:D_1, D_2 和 D_3. 即

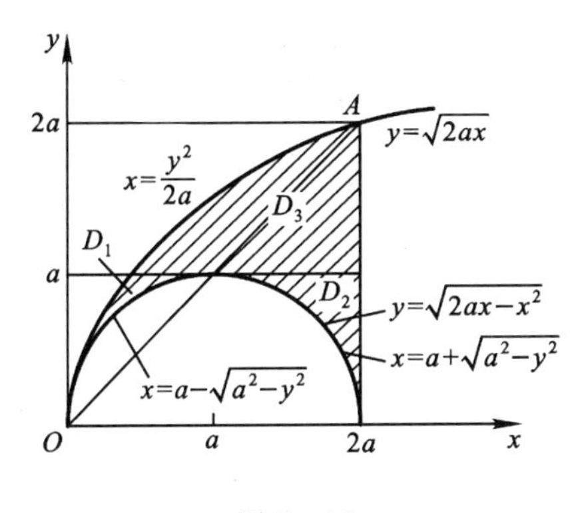

图 7－35

区域 $D_1: y=0, y=a; x=\dfrac{y^2}{2a}, x=a-\sqrt{a^2-y^2}$；

区域 $D_2: y=0, y=a; x=a+\sqrt{a^2-y^2}, x=2a$；

区域 $D_3: y=a, y=2a; x=\dfrac{y^2}{2a}, x=2a$.

于是 $$I=\iint\limits_{D_1} f(x,y)\mathrm{d}x\mathrm{d}y+\iint\limits_{D_2} f(x,y)\mathrm{d}x\mathrm{d}y+\iint\limits_{D_3} f(x,y)\mathrm{d}x\mathrm{d}y$$

$$=\int_0^a \mathrm{d}y\int_{\frac{y^2}{2a}}^{a-\sqrt{a^2-y^2}} f(x,y)\mathrm{d}x+\int_0^a \mathrm{d}y\int_{a+\sqrt{a^2-y^2}}^{2a} f(x,y)\mathrm{d}x$$

$$+\int_a^{2a}\mathrm{d}y\int_{\frac{y^2}{2a}}^{2a} f(x,y)\mathrm{d}x.$$

为化为极坐标系下的二次积分，需用直线 OA 将 D 分成两个部分区域，若直线 OA 右下部分和左上部分的区域分别用 D_4 和 D_5 表示. 由于圆 $(x-a)^2+y^2=a^2$，直线 $x=2a$ 和抛物线 $x=\dfrac{y^2}{2a}$ 的极坐标方程分别为

$$r=2a\cos\theta, r=\frac{2a}{\cos\theta}, r=\frac{2a\cos\theta}{\sin^2\theta},$$

所以 $$D_4: 0 \leqslant \theta \leqslant \frac{\pi}{4}, 2a\cos\theta \leqslant r \leqslant \frac{2a}{\cos\theta};$$

$$D_5: \frac{\pi}{4} \leqslant \theta \leqslant \frac{\pi}{2}, 2a\cos\theta \leqslant r \leqslant \frac{2a\cos\theta}{\sin^2\theta}.$$

从而 $$I = \int_0^{\frac{\pi}{4}} \mathrm{d}\theta \int_{2a\cos\theta}^{\frac{2a}{\cos\theta}} f(r\cos\theta, r\sin\theta) r\mathrm{d}r$$

$$+ \int_{\frac{\pi}{4}}^{\frac{\pi}{2}} \mathrm{d}\theta \int_{2a\cos\theta}^{\frac{2a\cos\theta}{\sin^2\theta}} f(r\cos\theta, r\sin\theta) r\mathrm{d}r.$$

例 25 计算二重积分 $\iint\limits_D y\mathrm{d}x\mathrm{d}y$，其中 D 是由直线 $x=-2$，$y=0$，$y=2$ 以及曲线 $x=-\sqrt{2y-y^2}$ 所围成的平面区域.

解 1 区域 D 和 D_1 如图 7－36 所示，有

$$\iint\limits_D y\mathrm{d}x\mathrm{d}y = \iint\limits_{D+D_1} y\mathrm{d}x\mathrm{d}y - \iint\limits_{D_1} y\mathrm{d}x\mathrm{d}y,$$

$$\iint\limits_{D+D_1} y\mathrm{d}x\mathrm{d}y = \int_{-2}^{0} \mathrm{d}x \int_0^2 y\mathrm{d}y = 4.$$

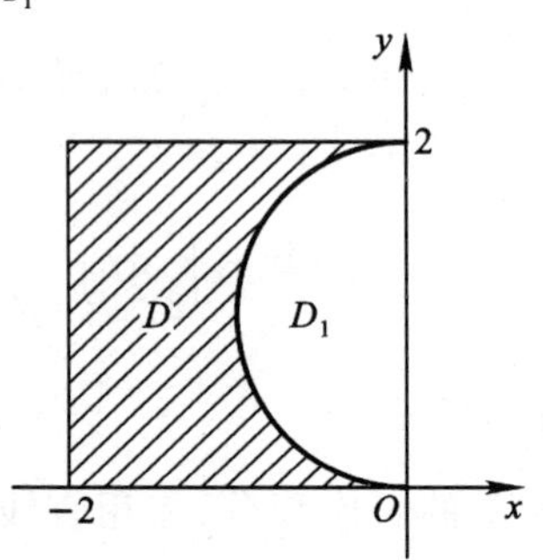

图 7－36

在极坐标系下，有

$$D_1 = \left\{ (r,\theta) \,\middle|\, 0 \leqslant r \leqslant 2\sin\theta, \frac{\pi}{2} \leqslant \theta \leqslant \pi \right\}.$$

因此 $\iint\limits_{D_1} y\mathrm{d}x\mathrm{d}y = \int_{\frac{\pi}{2}}^{\pi} \mathrm{d}\theta \int_0^{2\sin\theta} r\sin\theta \cdot r\mathrm{d}r = \frac{8}{3}\int_{\frac{\pi}{2}}^{\pi} \sin^4\theta\mathrm{d}\theta$

$$= \frac{8}{3\cdot 4}\int_{\frac{\pi}{2}}^{\pi}\left[1-2\cos 2\theta+\frac{1+\cos 4\theta}{2}\right]\mathrm{d}\theta = \frac{\pi}{2},$$

于是
$$\iint\limits_D y\mathrm{d}x\mathrm{d}y = 4-\frac{\pi}{2}.$$

解 2 如图 7－36 所示，

$$D=\{(x,y)\mid -2\leqslant x\leqslant -\sqrt{2y-y^2},0\leqslant y\leqslant 2\},$$

$$\iint\limits_D y\mathrm{d}x\mathrm{d}y = \int_0^2 y\mathrm{d}y\int_{-2}^{-\sqrt{2y-y^2}}\mathrm{d}x = 2\int_0^2 y\mathrm{d}y - \int_0^2 y\sqrt{2y-y^2}\mathrm{d}y$$

$$= 4-\int_0^2 y\sqrt{1-(y-1)^2}\mathrm{d}y.$$

令 $y-1=\sin t$，有 $\mathrm{d}y=\cos t\mathrm{d}t$，则

$$\int_0^2 y\sqrt{1-(y-1)^2}\mathrm{d}y = \int_{-\frac{\pi}{2}}^{\frac{\pi}{2}}(1+\sin t)\cos^2 t\mathrm{d}t$$

$$= \int_{-\frac{\pi}{2}}^{\frac{\pi}{2}}\cos^2 t\mathrm{d}t + \int_{-\frac{\pi}{2}}^{\frac{\pi}{2}}\cos^2 t\sin t\mathrm{d}t$$

$$= \int_0^{\frac{\pi}{2}}(1+\cos 2t)\mathrm{d}t = \frac{\pi}{2}.$$

于是
$$\iint\limits_D y\mathrm{d}x\mathrm{d}y = 4-\frac{\pi}{2}.$$

例 26 设 $f(u)$ 为可微函数，且 $f(0)=0$，求

$$\lim_{t\to 0}\frac{1}{\pi t^3}\iint\limits_{x^2+y^2\leqslant t^2} f(\sqrt{x^2+y^2})\mathrm{d}x\mathrm{d}y\ (t>0).$$

解 由于

$$\iint\limits_{x^2+y^2\leqslant t^2} f(\sqrt{x^2+y^2})\mathrm{d}x\mathrm{d}y = \int_0^{2\pi}\mathrm{d}\theta\int_0^t f(r)r\mathrm{d}r$$

$$= 2\pi\int_0^t f(r)r\mathrm{d}r$$

于是

$$I=\lim_{t\to 0}\frac{2\pi}{\pi t^3}\int_0^t f(r)r\mathrm{d}r \xlongequal{\text{洛必达法则}} \lim_{t\to 0}\frac{2f(t)t}{3t^2}$$

$$=\frac{2}{3}\lim_{t\to 0}\frac{f'(t)}{1}=\frac{2}{3}f'(0).$$

四、无界区域的二重积分

解题程序

计算无界区域 D 上的二重积分时

(1) 在 D 中选取一个有界闭区域 D_r，并使得能实现 $D_r\to D$.

(2) 在 D_r 上计算二重积分 $\iint\limits_{D_r} f(x,y)\mathrm{d}\sigma$.

(3) 通过取极限，当 $D_r\to D$ 时，D_r 上的二重积分就过渡到无界区域 D 上的二重积分，即计算 $\lim\limits_{D_r\to D}\iint\limits_{D_r} f(x,y)\mathrm{d}\sigma$，若该极限存在，其值就是二重积分 $\iint\limits_{D} f(x,y)\mathrm{d}\sigma$.

例 27 计算 $I=\iint\limits_{D}\frac{1}{x^4+y^2}\mathrm{d}x\mathrm{d}y$，其中 D 是由 $x\geqslant 1$ 和 $y\geqslant x^2$ 所确定的平面区域.

解 画出区域 D 的草图(图 7－37). D 为无界区域.

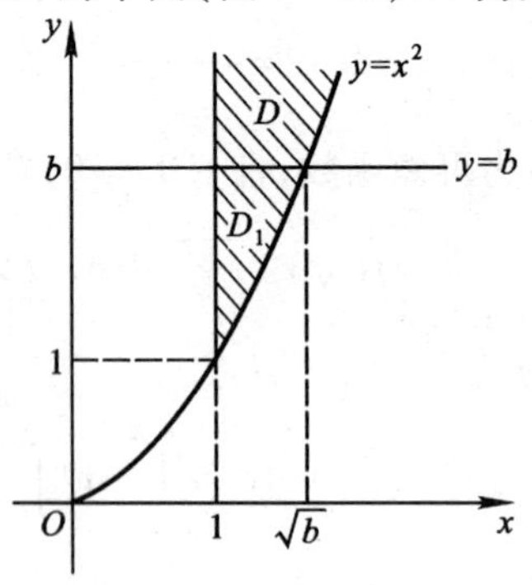

图 7－37

作直线 $y=b(b>1)$,得区域 D_1,

$$D_1=\{(x,y)\mid 1\leqslant x\leqslant\sqrt{b},x^2\leqslant y\leqslant b\}.$$

显然,当 $b\to+\infty$ 时,$D_1\to D$. 于是

$$\begin{aligned}I&=\lim_{b\to+\infty}\int_1^{\sqrt{b}}\mathrm{d}x\int_{x^2}^{b}\frac{1}{x^4+y^2}\mathrm{d}y=\int_1^{+\infty}\mathrm{d}x\int_{x^2}^{+\infty}\frac{1}{x^4+y^2}\mathrm{d}y\\&=\int_1^{+\infty}\frac{1}{x^2}\arctan\frac{y^2}{x^2}\bigg|_{x^2}^{+\infty}\mathrm{d}x=\int_1^{+\infty}\frac{1}{x^2}\left(\frac{\pi}{2}-\frac{\pi}{4}\right)\mathrm{d}x=\frac{\pi}{4}.\end{aligned}$$

例 28 (1) 计算 $I=\iint\limits_{D_a}\mathrm{e}^{-(x^2+y^2)}\mathrm{d}\sigma,D_a:x^2+y^2\leqslant a^2$;

(2) 计算反常积分 $I_1=\int_{-\infty}^{+\infty}\mathrm{e}^{-x^2}\mathrm{d}x$.

解 (1) 该积分在直角坐标系下无法计算. 考虑在极坐标系下计算. 这是极点在积分区域 D_a 内部的情形.

$$D_a=\{(r,\theta)\mid 0\leqslant r\leqslant a,0\leqslant\theta\leqslant 2\pi\},$$

于是

$$\begin{aligned}I&=\int_0^{2\pi}\mathrm{d}\theta\int_0^a\mathrm{e}^{-r^2}r\mathrm{d}r=2\pi\cdot\left(-\frac{1}{2}\mathrm{e}^{-r^2}\bigg|_0^a\right)\\&=\pi[1-\mathrm{e}^{-a^2}].\end{aligned}$$

(2) 考虑无界区域上的二重积分

$$\iint\limits_{D}\mathrm{e}^{-(x^2+y^2)}\mathrm{d}\sigma,\text{其中 } D \text{ 是全坐标平面.}$$

由(1),D_a 表示圆域:$x^2+y^2\leqslant a^2$;显然,当 $a\to+\infty$ 时,则 $D_a\to D$. 于是

$$\begin{aligned}\iint\limits_{D}\mathrm{e}^{-(x^2+y^2)}\mathrm{d}\sigma&=\lim_{a\to+\infty}\iint\limits_{D_a}\mathrm{e}^{-(x^2+y^2)}\mathrm{d}x\mathrm{d}y\\&=\lim_{a\to+\infty}\pi(1-\mathrm{e}^{-a^2})=\pi\end{aligned}$$

又 $$\iint\limits_{D}\mathrm{e}^{-(x^2+y^2)}\mathrm{d}x\mathrm{d}y=\left(\int_{-\infty}^{+\infty}\mathrm{e}^{-x^2}\mathrm{d}x\right)\left(\int_{-\infty}^{+\infty}\mathrm{e}^{-y^2}\mathrm{d}y\right)$$

$$=\left(\int_{-\infty}^{+\infty} e^{-x^2}dx\right)^2$$

所以
$$\int_{-\infty}^{+\infty} e^{-x^2}dx=\sqrt{\pi}.$$

注释 类似于本例(2)的计算方法,可得$\int_0^{+\infty} e^{-x^2}dx=\frac{\sqrt{\pi}}{2}$.

例 29 求 $I=\iint\limits_D e^{-(x^2+y^2)}\cos(x^2+y^2)dxdy$,$D$ 是全坐标平面.

解 显然 D 是无界区域.

取 D_a 表示有界闭区域:$x^2+y^2\leqslant a^2$,则当 $a\to+\infty$ 时,$D_a\to D$.

在极坐标系下计算

$$\begin{aligned}I&=\lim_{a\to+\infty}\iint\limits_{D_a} e^{-(x^2+y^2)}\cos(x^2+y^2)dxdy\\&=\int_0^{2\pi}d\theta\int_0^{+\infty} e^{-r^2}\cos r^2\cdot rdr\\&=2\pi\int_0^{+\infty}\frac{1}{2}e^{-r^2}\cos r^2dr^2.\\&\xlongequal[r^2=t]{\text{分部积分法}}\pi\left[\frac{e^{-t}(-\cos t+\sin t)}{2}\right]\Bigg|_0^{+\infty}=\frac{\pi}{2}.\end{aligned}$$

例 30 设 $I=\int_{\frac{1}{2}}^1 dx\int_{1-x}^x f(x,y)dy+\int_1^{+\infty}dx\int_0^x f(x,y)dy$,交换二次积分的次序,并把它化为极坐标系下的二次积分.

解 由所给二次积分知,这是无界区域上的二重积分,且

$$D_1:\frac{1}{2}\leqslant x\leqslant 1,1-x\leqslant y\leqslant x;\quad D_2:1\leqslant x<+\infty,0\leqslant y\leqslant x.$$

由此知二重积分的区域 D 如图 7-38. 于是

$$I=\int_0^{\frac{1}{2}}dy\int_{1-y}^{+\infty}f(x,y)dx+\int_{\frac{1}{2}}^{+\infty}dy\int_y^{+\infty}f(x,y)dx.$$

在极坐标下,D 的边界线 $y=0, y=x$ 和 $y=1-x$ 的极坐标方程为

$$\theta=0, \theta=\frac{\pi}{4}, r(\cos\theta+\sin\theta)=1,$$

故
$$I=\int_0^{\frac{\pi}{4}} \mathrm{d}\theta \int_{\frac{1}{\cos\theta+\sin\theta}}^{+\infty} f(r\cos\theta, r\sin\theta) r\mathrm{d}r.$$

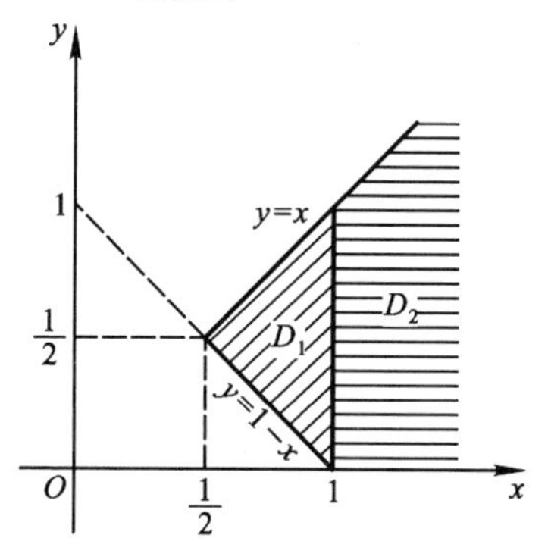

图 7-38

五、证明二重积分等式与不等式

证明思路

证明二重积分的等式与不等式,可从以下**几方面思考**:

(1) 若出现二次积分,可化为二重积分;或交换积分次序.

(2) 若积分区域 D 关于直线 $y=x$ 对称,被积函数 $f(x,y)$ 可改为 $f(y,x)$.

(3) 定积分与积分变量所用字母无关:

$$\int_a^b f(x)\mathrm{d}x=\int_a^b f(y)\mathrm{d}y.$$

(4) 因两个定积分的乘积可转化为二重积分,所以有的定积分的问题可转化为二重积分. 若定积分式中出现常数,考虑常数是否可改写为定积分的表示式. 若定积分中的被积函数无法进行积

分运算时,考虑可否将其改写为定积分的表示式.

(5) 证明不等式时,还应考虑用二重积分的比较性质、估值定理.

例 31 设 $f(x)$ 在区间 $[0,1]$ 上连续. 证明

$$\int_0^1 f(x)\,\mathrm{d}x\int_x^1 f(y)\,\mathrm{d}y=\frac{1}{2}\left(\int_0^1 f(x)\,\mathrm{d}x\right)^2.$$

证 1 注意到 $\int_0^x f(t)\,\mathrm{d}t+\int_x^1 f(t)\,\mathrm{d}t=\int_0^1 f(t)\,\mathrm{d}t$,利用交换积分次序证明.

交换积分次序,并因积分与积分变量所用字母无关,有

$$\begin{aligned}\int_0^1 f(x)\,\mathrm{d}x\int_x^1 f(y)\,\mathrm{d}y&=\int_0^1 f(y)\,\mathrm{d}y\int_0^y f(x)\,\mathrm{d}x\\&=\int_0^1 f(x)\,\mathrm{d}x\int_0^x f(y)\,\mathrm{d}y,\end{aligned}$$

于是 $\int_0^1 f(x)\,\mathrm{d}x\int_x^1 f(y)\,\mathrm{d}y$

$$\begin{aligned}&=\frac{1}{2}\left[\int_0^1 f(x)\,\mathrm{d}x\int_x^1 f(y)\,\mathrm{d}y+\int_0^1 f(x)\,\mathrm{d}x\int_0^x f(y)\,\mathrm{d}y\right]\\&=\frac{1}{2}\int_0^1 f(x)\,\mathrm{d}x\left[\int_0^x f(y)\,\mathrm{d}y+\int_x^1 f(y)\,\mathrm{d}y\right]\\&=\frac{1}{2}\int_0^1 f(x)\,\mathrm{d}x\int_0^1 f(y)\,\mathrm{d}y=\frac{1}{2}\left(\int_0^1 f(x)\,\mathrm{d}x\right)^2.\end{aligned}$$

证 2 设 $F(x)=\int_x^1 f(y)\,\mathrm{d}y$,则 $F'(x)=-f(x)$,且 $F(1)=0$.

于是 $\int_0^1 f(x)\,\mathrm{d}x\int_x^1 f(y)\,\mathrm{d}y$

$$\begin{aligned}&=\int_0^1 f(x)F(x)\,\mathrm{d}x=-\int_0^1 F(x)F'(x)\,\mathrm{d}x\\&=-\int_0^1 F(x)\,\mathrm{d}F(x)=-\frac{1}{2}F^2(x)\Big|_0^1\\&=\frac{1}{2}F^2(0)=\frac{1}{2}\left(\int_0^1 f(x)\,\mathrm{d}x\right)^2.\end{aligned}$$

例 32 设函数 $f(x)$ 连续且 $f(x)>0$,求证

$$I=\int_a^b f(x)\mathrm{d}x\cdot\int_a^b\frac{1}{f(x)}\mathrm{d}x\geqslant(b-a)^2.$$

证 由于定积分与积分变量所用字母无关,且两个定积分的乘积可转化为二重积分,有

$$I=\int_a^b f(x)\mathrm{d}x\cdot\int_a^b\frac{1}{f(y)}\mathrm{d}y=\int_a^b\int_a^b\frac{f(x)}{f(y)}\mathrm{d}x\mathrm{d}y,$$

$$I=\int_a^b f(y)\mathrm{d}y\cdot\int_a^b\frac{1}{f(x)}\mathrm{d}x=\int_a^b\int_a^b\frac{f(y)}{f(x)}\mathrm{d}x\mathrm{d}y,$$

于是 $$I=\frac{1}{2}\int_a^b\int_a^b\left[\frac{f(x)}{f(y)}+\frac{f(y)}{f(x)}\right]\mathrm{d}x\mathrm{d}y$$

$$=\frac{1}{2}\int_a^b\int_a^b\frac{f^2(x)+f^2(y)}{f(x)f(y)}\mathrm{d}x\mathrm{d}y\geqslant\int_a^b\int_a^b\mathrm{d}x\mathrm{d}y=(b-a)^2.$$

注释 本例用到不等式 $f^2(x)+g^2(x)\geqslant 2f(x)\cdot g(x)$ 及重积分的比较性质.

例 33 设 $f(x)$ 是 $[0,1]$ 上的连续正值函数,且单调减,证明

$$\frac{\int_0^1 xf^2(x)\mathrm{d}x}{\int_0^1 xf(x)\mathrm{d}x}\leqslant\frac{\int_0^1 f^2(x)\mathrm{d}x}{\int_0^1 f(x)\mathrm{d}x}.$$

分析 注意到要证明的不等式可写成两个定积分乘积的不等式,从而考虑通过二重积分来证明. 因不等式中的分母大于零,欲证不等式可写为

$$I=\int_0^1 xf^2(x)\mathrm{d}x\cdot\int_0^1 f(x)\mathrm{d}x-\int_0^1 xf(x)\mathrm{d}x\cdot\int_0^1 f^2(x)\mathrm{d}x\leqslant 0.$$

证 由于定积分与积分变量所用字母无关,故

$$\begin{aligned}I&=\int_0^1 xf^2(x)\mathrm{d}x\int_0^1 f(y)\mathrm{d}y-\int_0^1 xf(x)\mathrm{d}x\int_0^1 f^2(y)\mathrm{d}y\\&=\int_0^1\int_0^1 xf^2(x)f(y)\mathrm{d}x\mathrm{d}y-\int_0^1\int_0^1 xf(x)f^2(y)\mathrm{d}x\mathrm{d}y\\&=\iint_D xf(x)f(y)[f(x)-f(y)]\mathrm{d}x\mathrm{d}y.\end{aligned}$$

其中 $D=\{(x,y)\mid 0\leqslant x\leqslant 1,0\leqslant y\leqslant 1\}$.

由于 D 关于直线 $y=x$ 对称,又有

$$I=\iint_D yf(y)f(x)[f(y)-f(x)]\mathrm{d}x\mathrm{d}y,$$

两式相加,得

$$2I=\iint_D f(x)f(y)(x-y)[f(x)-f(y)]\mathrm{d}x\mathrm{d}y.$$

由于 $f(x)$ 在 $[0,1]$ 上单调减且取正值,所以

$$(x-y)[f(x)-f(y)]\leqslant 0,f(x)>0,f(y)>0,$$

故 $2I\leqslant 0$,或 $I\leqslant 0$. 由此,所证不等式成立.

注释 该证法用到的主要技巧是两个定积分相乘与二次积分及二重积分的直接关系. 类似的题还有:

若 $f(x)$ 是 $[0,1]$ 上的连续正值函数,则有

$$\int_0^1[f(x)]^{-1}\mathrm{d}x\geqslant\left[\int_0^1 f(x)\mathrm{d}x\right]^{-1}.$$

例 34 设函数 $z=f(x,y)$ 在 $D=\{(x,y)\mid 0\leqslant x\leqslant 1,0\leqslant y\leqslant 1\}$ 中有连续的混合偏导数,且 $\left|\dfrac{\partial^2 f}{\partial x\partial y}\right|\leqslant 4$;同时 $f(x,y)$ 及 $\dfrac{\partial f}{\partial x}$ 在 D 的边界上均为零. 证明 $\left|\iint_D f(x,y)\mathrm{d}\sigma\right|\leqslant 1$.

分析 依题设条件及证明结果,要从混合偏导数的有界性及 $f(x,y)$, $\dfrac{\partial f}{\partial x}$ 在边界上取零值来估计二重积分的上界. 为此,必须将积分用偏导数表示. 可用分部积分法来实现.

证 $\iint_D f(x,y)\mathrm{d}\sigma=\int_0^1\mathrm{d}y\int_0^1 f(x,y)\mathrm{d}x$

$$\xlongequal{\text{分部积分法}}\int_0^1\left[xf(x,y)\Big|_{x=0}^{x=1}-\int_0^1 x\frac{\partial f}{\partial x}\mathrm{d}x\right]\mathrm{d}y$$

$$=-\int_0^1\mathrm{d}y\int_0^1 x\frac{\partial f}{\partial x}\mathrm{d}x=-\int_0^1 x\mathrm{d}x\int_0^1\frac{\partial f}{\partial x}\mathrm{d}y$$

$$\xlongequal{\text{分部积分法}} -\int_0^1 x\left[y\frac{\partial f}{\partial x}\bigg|_{y=0}^{y=1}-\int_0^1 y\frac{\partial^2 f}{\partial y\partial x}\mathrm{d}y\right]\mathrm{d}x$$

$$=\int_0^1 x\mathrm{d}x\int_0^1 y\frac{\partial^2 f}{\partial y\partial x}\mathrm{d}y=\int_0^1\int_0^1 xy\frac{\partial^2 f}{\partial y\partial x}\mathrm{d}x\mathrm{d}y.$$

由$\left|\frac{\partial^2 f}{\partial y\partial x}\right|\leqslant 4$,得

$$\left|\int_0^1\int_0^1 xy\frac{\partial^2 f}{\partial y\partial x}\mathrm{d}x\mathrm{d}y\right|\leqslant\int_0^1\int_0^1\left|xy\frac{\partial^2 f}{\partial y\partial x}\right|\mathrm{d}x\mathrm{d}y$$

$$\leqslant 4\int_0^1\int_0^1 xy\mathrm{d}x\mathrm{d}y$$

而

$$\int_0^1\int_0^1 xy\mathrm{d}y=\int_0^1 x\mathrm{d}x\cdot\int_0^1 y\mathrm{d}y=\frac{1}{4},$$

所以

$$\left|\iint_D f(x,y)\mathrm{d}\sigma\right|\leqslant 4\cdot\frac{1}{4}=1.$$

例 35 证明不等式$\frac{61}{165}\pi\leqslant\iint\limits_{x^2+y^2\leqslant 1}\sin\sqrt{(x^2+y^2)^3}\mathrm{d}\sigma\leqslant\frac{2}{5}\pi$.

分析 在极坐标系下,由于

$$\iint\limits_{x^2+y^2\leqslant 1}\sin\sqrt{(x^2+y^2)^3}\mathrm{d}\sigma=2\pi\int_0^1 r\sin r^3\mathrm{d}r$$

问题就化为估计上式右端定积分. 从要证明的结果看,应估计$\sin r^3$.

证 由幂级数展开式知

$$\sin t=t-\frac{t^3}{3!}+\frac{t^5}{5!}-\cdots$$

故对任意实数t,有$t-\frac{t^3}{3!}\leqslant\sin t\leqslant t$,于是

$$r^3-\frac{r^9}{6}\leqslant\sin r^3\leqslant r^3,$$

$$\int_0^1 r\sin r^3\mathrm{d}r\leqslant\int_0^1 r^4\mathrm{d}r=\frac{1}{5},$$

$$\int_0^1 r\sin r^3\mathrm{d}r\geqslant\int_0^1\left(r^4-\frac{r^{10}}{6}\right)\mathrm{d}r=\frac{61}{330},$$

从而 $\dfrac{61}{165}\pi \leqslant 2\pi\int_0^1 r\sin r^3\,\mathrm{d}r = \iint\limits_{x^2+y^2\leqslant 1} \sin\sqrt{(x^2+y^2)^3}\,\mathrm{d}\sigma \leqslant \dfrac{2}{5}\pi.$

注释 若被积函数可展开为交错级数,则容易得到积分的一系列不足近似值和过剩近似值.

六、二重积分的几何应用

1. 平面图形的**面积**

公式 由二重积分的几何意义,平面区域 D 的面积

$$S=\iint\limits_D \mathrm{d}\sigma.$$

2. 曲顶柱体的体积

解题程序

(1) 确定曲顶方程——被积函数;

(2) 确定曲顶在 xOy 平面上的投影区域——积分区域 D;

(3) 计算二重积分,便得所求体积

$$V=\iint\limits_D |f(x,y)|\,\mathrm{d}\sigma.$$

例 36 求由抛物线 $y^2=10x+25$ 和 $y^2=-6x+9$ 所围成的区域的面积.

解 两条抛物线所围的平面区域 D 如图 7 - 39.

由二重积分的几何意义,区域 D 的面积

$$S=\iint\limits_D \mathrm{d}\sigma.$$

由于所给区域由两条曲线所围成,且关于 x 轴对称(图 7 - 39),在 Ox 轴上方,两曲线相交于点$(-1,\sqrt{15})$,所以

$$\begin{aligned} S &= 2\int_0^{\sqrt{15}}\mathrm{d}y\int_{\frac{y^2-25}{10}}^{\frac{9-y^2}{6}}\mathrm{d}x \\ &= 2\int_0^{\sqrt{15}}\left(4-\frac{4}{15}y^2\right)\mathrm{d}y=\frac{16}{3}\sqrt{15}. \end{aligned}$$

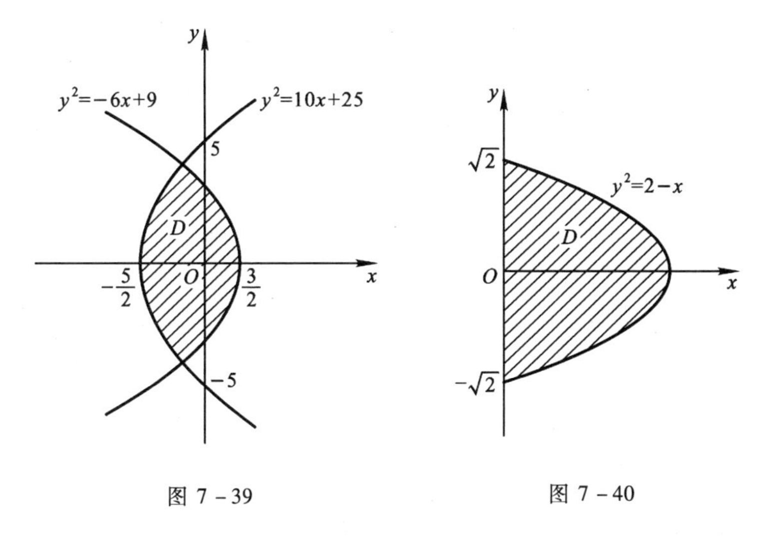

图 7－39　　　　图 7－40

例 37　求由平面 $z=0$，$z=x$ 和柱面 $y^2=2-x$ 所围成的立体的体积.

解　设立体的曲顶方程是 $z=x$（斜平顶）；底是由曲线 $y^2=2-x$ 和直线 $x=0$（平面 $z=x$ 与 xy 平面的交线，令 $z=0$，得 $x=0$）围成. 积分区域 D 如图 7－40，立体如图 7－41 所示. 于是，立体的体积

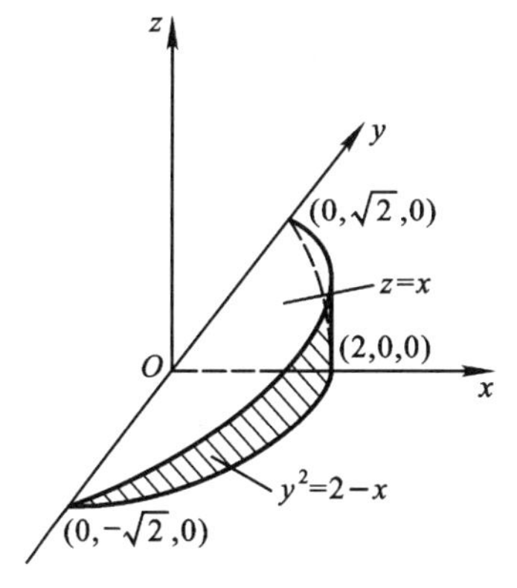

图 7－41

$$V=\iint_D x\mathrm{d}x\mathrm{d}y=\int_{\sqrt{2}}^{\sqrt{2}}\mathrm{d}y\int_0^{2-y^2}x\mathrm{d}x=\int_{-\sqrt{2}}^{\sqrt{2}}\frac{1}{2}(2-y^2)^2\mathrm{d}y=\frac{32}{15}\sqrt{2}.$$

例 38 求由曲面 $z=\sqrt{y-x^2}$，$x=\frac{1}{2}\sqrt{y}$和平面 $y=1$，$z=0$ 所围成的立体的体积.

解 设立体的曲顶方程是 $z=\sqrt{y-x^2}$；底是由曲线$x=\frac{1}{2}\sqrt{y}$，直线 $y=1$ 和曲线 $y=x^2$（曲面 $z=\sqrt{y-x^2}$与 Oxy 平面的交线，令 $z=0$，得 $y=x^2$）所围成. 积分区域 D 如图 7－42，立体如图 7－43 所示. 于是，立体的体积

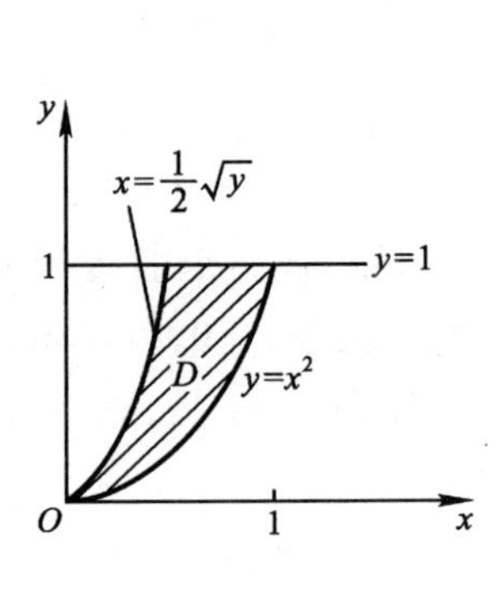

图 7－42

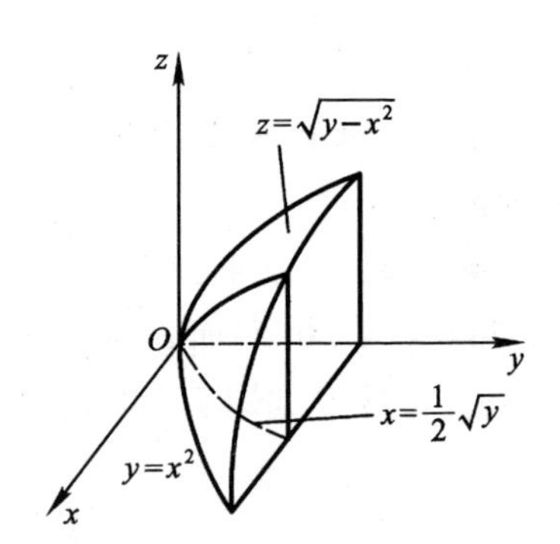

图 7－43

$$V=\iint_D\sqrt{y-x^2}\mathrm{d}x\mathrm{d}y=\int_0^1\mathrm{d}y\int_{\frac{\sqrt{y}}{2}}^{\sqrt{y}}\sqrt{y-x^2}\mathrm{d}x$$

$$\xlongequal{令\ x=\sqrt{y}\sin t}\int_0^1 y\mathrm{d}y\int_{\frac{\pi}{6}}^{\frac{\pi}{2}}\cos^2 t\mathrm{d}t=\frac{1}{2}\int_{\frac{\pi}{6}}^{\frac{\pi}{2}}\frac{1+\cos 2t}{2}\mathrm{d}t$$

$$=\frac{\pi}{12}-\frac{\sqrt{3}}{16}.$$

注释 求立体体积时，一般不用画出立体图形，只要把区域 D

的图形画出即可.

小　　结

一、知识点、重点、难点

1. 知识点:

(1) 多元函数概念. 二元函数的定义域及几何意义.

(2) 二元函数的极限和连续性的概念.

(3) 偏导数的定义及其计算;高阶偏导数的概念及计算.

(4) 全微分的定义及计算,全微分存在的必要条件和充分条件.

(5) 多元复合函数求偏导数的方法,隐函数求偏导数的方法.

(6) 二元函数极值的概念. 二元函数极值存在的必要条件与充分条件. 求二元函数极值的方法.

(7) 二元函数条件极值概念. 求二元函数条件极值的拉格朗日乘数法.

(8) 二元函数的最大值、最小值问题.

(9) 二元函数极值问题在经济中的应用.

(10) 二重积分的概念、几何意义及其性质.

(11) 在直角坐标系下、极坐标系下计算二重积分.

(12) 计算较简单的反常二重积分.

2. 重点:二元函数的概念. 偏导数和全微分的概念. 多元复合函数求偏导数. 极值问题在经济中的应用. 二重积分的计算.

3. 难点:多元复合函数求偏导数. 抽象函数求二阶偏导数. 隐函数求偏导数和全导数. 二重积分化为二次积分时积分上、下限的确定.

二、多元函数微积分学是一元函数微积分学的推广,因此它具有一元函数的许多性质,但也有些本质的区别

三、1. 在一元函数中,连续是可导的必要条件,可导是连续

的充分条件. 在二元函数中,连续不是偏导数存在的必要条件,即不连续,偏导数也可存在;偏导数存在也不是连续的充分条件,即偏导数存在,函数也未必连续.

2. 全微分与偏导数的关系:

(1) 若 $z=f(x,y)$ 在点 (x,y) 可微分,则函数在该点的偏导数存在.

(2) 若 $z=f(x,y)$ 在点 (x,y) 的某邻域内偏导数存在且连续,则该函数在点 (x,y) 可微.

3. 二元函数的极值与条件极值的区别与联系:

二元函数的极值是在二元函数定义域内求极值点;二元函数的条件极值是在二元函数定义域内的一条曲线上求函数的极值点. 条件极值有的可化为无条件极值问题.

4. 二重积分是化为二次定积分计算.

自 测 题

1. 填空题

(1) 设 $f(u^2+v^2,u^2-v^2)=\frac{9}{4}-2\left[\left(u^2+\frac{1}{4}\right)^2+\left(v^2-\frac{1}{4}\right)^2\right]$, 则 $f_x(x,y)+f_y(x,y)=$ ________.

(2) 设 $f(x,y)=x^2\arctan\frac{y}{x}-y^2\arctan\frac{x}{y}$, 则 $\frac{\partial^2 f}{\partial x\partial y}=$ ________.

(3) 设 $f(x,y)=|x-y|\varphi(x,y)$, 其中 $\varphi(x,y)$ 在点 $(0,0)$ 的邻域内连续,若 $f(x,y)$ 在点 $(0,0)$ 可微,则 $\varphi(0,0)=$ ________.

(4) D 由直线 $x=0,x-y=1,x+y=1$ 所围成,则 $\iint\limits_D e^{x^2}y\mathrm{d}x\mathrm{d}y=$ ________.

(5) D 为圆域: $x^2+y^2\leqslant R^2$, 则 $\iint\limits_D f'(x^2+y^2)\mathrm{d}x\mathrm{d}y=$ ________.

2. 单项选择题

(1) 在点 $P_0(x_0,y_0)$, 对函数 $f(x,y)$, 下述结论成立的是(　　).

（A）若连续则偏导数存在

（B）若两个偏导数存在则必连续

（C）两个偏导数或都存在，或都不存在

（D）两个偏导数存在但不一定连续

（2）函数 $f(x,y)$ 在点 $P(x,y)$ 的某邻域内有连续的偏导数，是 $f(x,y)$ 在该点可微分的（　　）.

（A）必要条件，但不是充分条件　　（B）充分条件，但不是必要条件

（C）充分必要条件　　（D）既不是充分，也不是必要条件

（3）设函数 $f(x,y)$ 在点 $O(0,0)$ 的某邻域内连续，且 $\lim\limits_{\substack{x\to 0\\ y\to 0}}\dfrac{f(x,y)-f(0,0)}{x^2+1-2x\sin y-\cos^2 y}=A>0$，则 $f(x,y)$ 在点 $O(0,0)$（　　）.

（A）没有极值　　（B）不能判定是否有极值

（C）有极大值　　（D）有极小值

（4）设 $D=\{(x,y)\mid -3<x<-1,0<y<1\}$，记 $I_1=\iint\limits_D yx^3\,\mathrm{d}\sigma$，$I_2=\iint\limits_D y^2x^3\,\mathrm{d}\sigma$，$I_3=\iint\limits_D y^{\frac{1}{2}}x^3\,\mathrm{d}\sigma$，则成立的是（　　）.

（A）$I_1<I_2<I_3$　　（B）$I_3<I_2<I_1$

（C）$I_2<I_1<I_3$　　（D）$I_3<I_1<I_2$

（5）设 D_1：$-1\leqslant x\leqslant 1,-2\leqslant y\leqslant 2$；$D_2$：$0\leqslant x\leqslant 1,0\leqslant y\leqslant 2$. 记 $I_1=\iint\limits_{D_1}(x^2+y^2)^3\,\mathrm{d}\sigma$，$I_2=\iint\limits_{D_2}(x^2+y^2)^3\,\mathrm{d}\sigma$，则正确的是（　　）.

（A）$I_1>4I_2$　　（B）$I_1=4I_2$　　（C）$I_1<4I_2$　　（D）$I_1=2I_2$

3. 设 $z=(x^2+y^2)^{\tan(xy)}$，求 $\dfrac{\partial z}{\partial x},\dfrac{\partial z}{\partial y}$.

4. 设 $u=f(x-y,y-z,t-z)$，求 $\dfrac{\partial u}{\partial x}+\dfrac{\partial u}{\partial y}+\dfrac{\partial u}{\partial z}+\dfrac{\partial u}{\partial t}$.

5. 若 $f(\xi,\eta)$ 具有二阶连续偏导数，且 $\dfrac{\partial^2 f}{\partial \xi^2}+\dfrac{\partial^2 f}{\partial \eta^2}=0$，则 $z=f(x^2-y^2,2xy)$ 满足 $\dfrac{\partial^2 z}{\partial x^2}+\dfrac{\partial^2 z}{\partial y^2}=0$.

6. 已知 $x+y-z=\mathrm{e}^z$，$x\mathrm{e}^x=\tan t$，$y=\cos t$，求 $\dfrac{\mathrm{d}z}{\mathrm{d}t}$.

7. 设 $I=\int_0^2 dx\int_{\sqrt{2+x^2}}^{\sqrt{4-x^2}} f(x,y)\,dy$,交换二次积分的次序.

8. 设 $D=\{(x,y)\mid |x|+|y|\leqslant 1\}$,求 $I=\iint\limits_D (|x|+|y|)\,dxdy$.

9. 求 $\iint\limits_D e^{\frac{x}{y}}\,dxdy$,其中 D 由 $y^2=x,x=0,y=1$ 所围成.

10. 求 $\iint\limits_D xy\,dxdy$, $D=\{(x,y)\mid x\geqslant 0,x^2+y^2\geqslant 1,x^2+y^2\leqslant 2y\}$.

11. 求 $\iint\limits_{0\leqslant x\leqslant y} e^{-(x+y)}\,dxdy$.

12. 某企业的生产函数和成本函数分别为

$$Q=20\left[\frac{3}{4}L^{-\frac{1}{4}}+\frac{1}{4}K^{-\frac{1}{4}}\right]^{-4},C=P_LL+P_KK=4L+3K.$$

(1) 若限定成本预算为 80,计算使产量达到最高的投入 L 和 K;

(2) 若限定产量为 120,计算使成本最低的投入 L 和 K.

第八章　无穷级数

§8.1　数项级数的概念与性质

1. 级数 $\sum\limits_{n=1}^{\infty} u_n$,通项数列$\{u_n\}$,部分和数列$\{S_n\}$,级数的和 S 之间有下述关系:

(1) $S_1=u_1, S_2=u_1+u_2, S_3=u_1+u_2+u_3, \cdots,$

$S_n=u_1+u_2+\cdots+u_n, \cdots;$

(2) $u_1=S_1, u_n=S_n-S_{n-1}, n=2,3,\cdots;$

(3) $\sum\limits_{n=1}^{\infty} u_n$的敛散性$\Leftrightarrow$数列$\{S_n\}$的敛散性.

(4) 当级数 $\sum\limits_{n=1}^{\infty} u_n$收敛时,级数的和

$$S=\sum_{n=1}^{\infty} u_n=u_1+u_2+\cdots+u_n+\cdots=\lim_{n\to\infty} S_n.$$

2. 数列$\{a_n\}$和级数 $\sum\limits_{n=1}^{\infty}(a_n-a_{n+1})$之间的关系　级数的部分和

$$S_n=\sum_{k=1}^{n}(a_k-a_{k+1})=a_1-a_{n+1} \tag{1}$$

由此,对级数 $\sum\limits_{n=1}^{\infty} u_n$,假设有 $u_n=a_n-a_{n+1}$,有下述结论:

结论 1　数列$\{a_n\}$收敛且$\lim\limits_{n\to\infty} a_n=a\Leftrightarrow$级数 $\sum\limits_{n=1}^{\infty}(a_n-a_{n+1})=$

$\sum_{n=1}^{\infty} u_n$ 收敛,且和

$$S = a_1 - a \tag{2}$$

结论 2 若$\lim_{n\to\infty} a_n = \infty$,则 $\sum_{n=1}^{\infty}(a_n - a_{n+1}) = \sum_{n=1}^{\infty} u_n$一定发散.

3. 三个重要级数

等比级数 $\sum_{n=1}^{\infty} aq^{n-1}\begin{cases} |q|<1 \text{ 时,收敛,其和为}\dfrac{a}{1-q}, \\ |q|\geqslant 1 \text{ 时,发散.} \end{cases}$

***p* 级数** $\sum_{n=1}^{\infty} \dfrac{1}{n^p}\begin{cases} p>1 \text{ 时,收敛,} \\ p\leqslant 1 \text{ 时,发散.} \end{cases}$

调和级数 $\sum_{n=1}^{\infty} \dfrac{1}{n}$($p=1$ 时的 p 级数)发散.

4. 判别数项级数敛散性的**思路**

(1) 用级数收敛与发散的定义

对此,首先要求出级数的部分和 S_n,然后再求 S_n当 $n\to\infty$ 时的极限. 而**求 S_n的方法**主要有以下三种:

1° 用公式 用等差、等比数列求和公式以及常见的求和公式,直接求出前 n 项和.

2° 交叉相消 通过正负项相加,消去若干项,最后得到 n 项和的表示式.

3° 分项求和 根据级数通项的特点,把级数的每一项分成两项之和,然后,或各对应项分别用公式求和,或交叉相消求和. 最常用的方法是前述公式(1).

由于对数列$\{a_n\}$有结论

$$\lim_{n\to\infty} a_n = a \Leftrightarrow \lim_{n\to\infty} a_{2n-1} = \lim_{n\to\infty} a_{2n} = a$$

也可分别求$\lim_{n\to\infty} S_{2n}$和$\lim_{n\to\infty} S_{2n+1}$来判定级数的敛散性.

(2) 用级数的基本性质

用级数的性质判断其敛散性的前提是,读者须熟知某些级数

的敛散性.这将随着所学内容的增多而逐步掌握.当前最常用的是前述三个重要极数.

假设要判断某一级数的敛散性,可根据级数的基本性质把该级数化成已知其敛散性的级数来讨论.

(3) 用级数收敛的必要条件判断级数发散

若$\lim\limits_{n\to\infty}u_n\neq 0$,则$\sum\limits_{n=1}^{\infty}u_n$一定发散.

例1 (1) 若级数$\sum\limits_{n=1}^{\infty}u_n$发散,$\sum\limits_{n=1}^{\infty}v_n$收敛,试说明级数$\sum\limits_{n=1}^{\infty}(u_n\pm v_n)$发散;

(2) 若级数$\sum\limits_{n=1}^{\infty}u_n$与$\sum\limits_{n=1}^{\infty}v_n$都发散,试举例说明级数$\sum\limits_{n=1}^{\infty}(u_n\pm v_n)$的敛散性不确定.

解 (1) 用反证法.若级数$\sum\limits_{n=1}^{\infty}(u_n\pm v_n)$收敛,由于

$$u_n=(u_n\pm v_n)\mp v_n$$

根据级数的基本性质,级数$\sum\limits_{n=1}^{\infty}u_n$也必收敛,这与题设矛盾.从而$\sum\limits_{n=1}^{\infty}(u_n\pm v_n)$不可能收敛.

(2) 例如,级数$\sum\limits_{n=1}^{\infty}\dfrac{1}{n}$,$\sum\limits_{n=1}^{\infty}\dfrac{-1}{n}$都发散,则级数$\sum\limits_{n=1}^{\infty}\left[\dfrac{1}{n}+\left(-\dfrac{1}{n}\right)\right]=\sum\limits_{n=1}^{\infty}0$是收敛的,而级数$\sum\limits_{n=1}^{\infty}\left(\dfrac{1}{n}+\dfrac{1}{n}\right)=\sum\limits_{n=1}^{\infty}\dfrac{2}{n}$是发散的.

注释 对级数$\sum\limits_{n=1}^{\infty}u_n$,若将$u_n$分解为$u_n=a_n+b_n$,若能判定$\sum\limits_{n=1}^{\infty}a_n$与$\sum\limits_{n=1}^{\infty}b_n$都收敛或其中一个收敛,一个发散,就能判定

$\sum_{n=1}^{\infty} u_n$收敛或发散.

例 2 （1）设级数 $\sum_{n=1}^{\infty}(u_{2n-1}+u_{2n})$收敛，试举例说明级数 $\sum_{n=1}^{\infty} u_n$未必收敛；

（2）设级数 $\sum_{n=1}^{\infty}(u_{2n-1}+u_{2n})$收敛且和为 S，又$\lim\limits_{n\to\infty}u_n=0$，试说明级数 $\sum_{n=1}^{\infty} u_n$收敛，且其和仍为 S.

解 （1）例如，级数

$$[1+(-1)]+[1+(-1)]+\cdots+[1+(-1)]+\cdots$$

是收敛的，但级数

$$1+(-1)+1+(-1)+\cdots+1+(-1)+\cdots$$

却是发散的.

（2）记 S_{2n}，S_{2n+1}分别为级数 $\sum_{n=1}^{\infty} u_n$的前 $2n$ 项和与前 $2n+1$ 项和，则

$$S_{2n}=u_1+u_2+\cdots+u_{2n-1}+u_{2n}=(u_1+u_2)+\cdots+(u_{2n-1}+u_{2n}),$$
$$S_{2n+1}=S_{2n}+u_{2n+1}.$$

因 $\sum_{n=1}^{\infty}(u_{2n-1}+u_{2n})=S$，$\lim\limits_{n\to\infty}u_n=0$，所以

$$\lim_{n\to\infty}S_{2n}=S,\ \lim_{n\to\infty}S_{2n+1}=\lim_{n\to\infty}(S_{2n}+u_{2n+1})=S.$$

即级数 $\sum_{n=1}^{\infty} u_n$收敛，且其和仍为 S.

注释 本例之(2)的结论可用来判定级数收敛.

例 3 已知收敛级数 $\sum_{n=1}^{\infty} u_n$的部分和为 S_n，试写出 u_1，u_n，并写出级数及其和 S.

(1) $S_n = \dfrac{2n}{n+1}$;　　(2) $S_n = \dfrac{1}{n+1} + \dfrac{1}{n+2} + \cdots + \dfrac{1}{n+n}$.

解　(1)

$$u_1 = S_1 = \frac{2\cdot 1}{1+1} = 1;$$

$$u_n = S_n - S_{n-1} = \frac{2n}{n+1} - \frac{2(n-1)}{(n-1)+1} = \frac{2}{n(n+1)};$$

级数为 $\dfrac{2}{1\cdot 2} + \dfrac{2}{2\cdot 3} + \dfrac{2}{3\cdot 4} + \cdots + \dfrac{2}{n(n+1)} + \cdots$;

$$S = \lim_{n\to\infty} S_n = \lim_{n\to\infty} \frac{2n}{n+1} = 2.$$

(2)

$$u_1 = S_1 = \frac{1}{1+1} = \frac{1}{2};$$

$$\begin{aligned} u_n = S_n - S_{n-1} &= \left(\frac{1}{n+1} + \cdots + \frac{1}{n+n}\right) \\ &\quad - \left[\frac{1}{(n-1)+1} + \cdots + \frac{1}{(n-1)+(n-1)}\right] \\ &= \frac{1}{n+(n-1)} + \frac{1}{n+n} - \frac{1}{(n-1)+1} = \frac{1}{2n-1} - \frac{1}{2n}. \end{aligned}$$

级数为　$\left(1 - \dfrac{1}{2}\right) + \left(\dfrac{1}{3} - \dfrac{1}{4}\right) + \cdots + \left(\dfrac{1}{2n-1} - \dfrac{1}{2n}\right) + \cdots$

$$\begin{aligned} S &= \lim_{n\to\infty} S_n = \lim_{n\to\infty} \frac{1}{n}\left(\frac{1}{1+\frac{1}{n}} + \frac{1}{1+\frac{2}{n}} + \cdots + \frac{1}{1+\frac{n}{n}}\right) \\ &= \int_0^1 \frac{1}{1+x}\mathrm{d}x = \ln 2. \end{aligned}$$

上述求极限时,用了定积分的定义.

例 4　判别下列级数的敛散性.若收敛,求其和.

(1) $\displaystyle\sum_{n=1}^{\infty} \frac{1}{\sqrt{n(n+1)}(\sqrt{n} + \sqrt{n+1})}$;

(2) $\displaystyle\sum_{n=2}^{\infty} \ln\left(1 - \frac{1}{n^2}\right)$;　　(3) $\displaystyle\sum_{n=1}^{\infty} \ln\frac{n+3}{n+4}$.

解　用级数敛散性定义判别.因不能直接求得 S_n,需先将通项分项.

(1) 由于 $u_n=\dfrac{\sqrt{n+1}-\sqrt{n}}{\sqrt{n(n+1)}}=\dfrac{1}{\sqrt{n}}-\dfrac{1}{\sqrt{n+1}}(=a_n-a_{n+1})$,

由前述结论1,因 $n=1$ 时,$\dfrac{1}{\sqrt{n}}=1$(即 a_1),$\lim\limits_{n\to\infty}\dfrac{1}{\sqrt{n}}=0$,可知原级数收敛且其和 $S=1$.

此处用前述公式(1)也可. 因 $S_n=1-\dfrac{1}{\sqrt{n+1}}$,$\lim\limits_{n\to\infty}S_n=1$,可知原级数收敛,且和 $S=1$.

(2)
$$\begin{aligned}u_n&=\ln\left(1-\frac{1}{n^2}\right)\\&=\ln(n^2-1)-\ln n^2=\ln(n+1)+\ln(n-1)-2\ln n\\&=[\ln(n-1)-\ln n]-[\ln n-\ln(n+1)].\end{aligned}$$

由前述结论 1, 因 $n=2$ 时, $\ln(n-1)-\ln n=-\ln 2$, $\lim\limits_{n\to\infty}[\ln(n-1)-\ln n]=\lim\limits_{n\to\infty}\ln\dfrac{n-1}{n}=0$. 故原级数收敛且其和 $S=-\ln 2$.

(3) $u_n=\ln\dfrac{n+3}{n+4}=\ln(n+3)-\ln(n+4)$.

由前述结论2,因 $\lim\limits_{n\to\infty}\ln(n+3)=\infty$,知原级数发散.

例 5 证明级数 $\sum\limits_{n=1}^{\infty}\dfrac{nb+c}{a^n}(a>1)$ 收敛,并求其和 S.

证 1 由§2.2第六部分例37(4)之注释知

$$\frac{nb+c}{a^n}=\frac{\alpha n+\beta}{a^{n-1}}-\frac{\alpha(n+1)+\beta}{a^n}\tag{3}$$

其中,$\alpha=\dfrac{b}{a-1}$,$\beta=\dfrac{c}{a-1}+\dfrac{b}{(a-1)^2}$.

注意(3)式右端的第一项,当 $n=1$ 时为 $\alpha+\beta$,又 $\lim\limits_{n\to\infty}\dfrac{\alpha n+\beta}{a^{n-1}}=0$. 由前述结论 1 知,级数 $\sum\limits_{n=1}^{\infty}\dfrac{nb+c}{a^n}$ 收敛,且其和

$$S=\alpha+\beta-0=\frac{a(b+c)-c}{(a-1)^2}.$$

证 2 所给级数不是等比级数,注意到 $a>1$,且 $\sum_{n=1}^{\infty}\frac{1}{a^n}$是等比级数,考虑用等比数列求和公式求部分和 S_n.

由于

$$S_n=\frac{b+c}{a}+\frac{2b+c}{a^2}+\cdots+\frac{(n-1)b+c}{a^{n-1}}+\frac{nb+c}{a^n},$$

$$\frac{1}{a}S_n=\frac{b+c}{a^2}+\frac{2b+c}{a^3}+\cdots+\frac{(n-1)b+c}{a^n}+\frac{nb+c}{a^{n+1}},$$

两式相减得

$$\frac{a-1}{a}S_n=\frac{b+c}{a}+\frac{b}{a^2}\left(1+\frac{1}{a}+\frac{1}{a^2}+\cdots+\frac{1}{a^{n-2}}\right)-\frac{nb+c}{a^{n+1}}$$

$$=\frac{b+c}{a}+\frac{b}{a^2}\frac{1-\left(\frac{1}{a}\right)^{n-1}}{1-\frac{1}{a}}-\frac{nb+c}{a^{n+1}}.$$

于是

$$S_n=\frac{a}{a-1}\left(\frac{b+c}{a}+\frac{b}{a}\frac{1-\left(\frac{1}{a}\right)^{n-1}}{a-1}-\frac{nb+c}{a^{n+1}}\right)\to\frac{a(b+c)-c}{(a-1)^2}\quad(n\to\infty).$$

故级数收敛,且其和 $S=\frac{a(b+c)-c}{(a-1)^2}$.

注释 本例证法 1,对级数通项的分项方法具有一般性. 证法 2,利用等比数列公式求部分和 S_n的方法,对类似的题目均适用.

例 6 证明级数 $\sum_{n=1}^{\infty}\cos nx(0<x<\pi)$发散.

证 应用三角公式 $\sin\alpha-\sin\beta=2\cos\frac{\alpha+\beta}{2}\sin\frac{\alpha-\beta}{2}$. 级数的部分和

$$S_n=\cos x+\cos 2x+\cdots+\cos nx$$

$$=\frac{1}{2\sin\frac{x}{2}}\left[\left(\sin\frac{3x}{2}-\sin\frac{x}{2}\right)+\left(\sin\frac{5x}{2}-\sin\frac{3x}{2}\right)\right.$$

$$\left.+\cdots+\left(\sin\frac{2n+1}{2}x-\sin\frac{2n-1}{2}x\right)\right]$$

$$=\frac{\sin\frac{2n+1}{2}x}{2\sin\frac{x}{2}}-\frac{1}{2}.$$

因极限$\lim\limits_{n\to\infty}S_n$不存在，所以由级数敛散性定义知，级数发散.

例 7 判别下列级数的敛散性

(1) $\sum\limits_{n=1}^{\infty}\left(\frac{1}{n^3+4}\right)^{\frac{1}{n^2}}$;

(2) $\sum\limits_{n=1}^{\infty}\left(\frac{1}{n^2+n+1}+\frac{2}{n^2+n+2}+\cdots+\frac{n}{n^2+n+n}\right)$.

解 (1) 级数的通项 u_n，当 $n\to\infty$ 时是"0^0"型未定式，且

$$u_n=\left(\frac{1}{n^3+4}\right)^{\frac{1}{n^2}}=e^{-\frac{\ln(n^3+4)}{n^2}}.$$

由洛必达法则

$$\lim_{x\to+\infty}\frac{\ln(x^3+4)}{x^2}=\lim_{x\to+\infty}\frac{3x}{2(x^3+4)}=0,$$

所以，$\lim\limits_{n\to\infty}u_n=e^0=1\neq0$，故级数发散.

(2) 由于

$$u_n=\frac{1}{n^2+n+1}+\cdots+\frac{n}{n^2+n+n}$$

$$>\frac{\frac{n(n+1)}{2}}{n^2+n+n}\to\frac{1}{2}\ (n\to\infty),$$

故$\lim\limits_{n\to\infty}u_n\neq0$，从而级数发散.

注释 当不能直接推出$\lim\limits_{n\to\infty}u_n\neq0$时，也可利用不等式间接推出$\lim\limits_{n\to\infty}u_n\neq0$. 本例之(2)就如此.

例 8 从点$P_1(1,0)$作x轴的垂线，交抛物线$y=x^2$于点$Q_1(1,1)$；再从Q_1作这条抛物线的切线与x轴交于P_2. 然后又从P_2作x轴的垂线，交抛物线于点Q_2，依次重复上述过程得到一系列的点$P_1,Q_1;P_2,Q_2;\cdots;P_n,Q_n;\cdots$.

(1) 求$\overline{OP_n}$；

(2) 求级数$\overline{Q_1P_1}+\overline{Q_2P_2}+\cdots+\overline{Q_nP_n}+\cdots$的和，

其中$n(n\geqslant1)$为正整数，而$\overline{Q_1P_1}$表示点Q_1与P_1之间的距离.

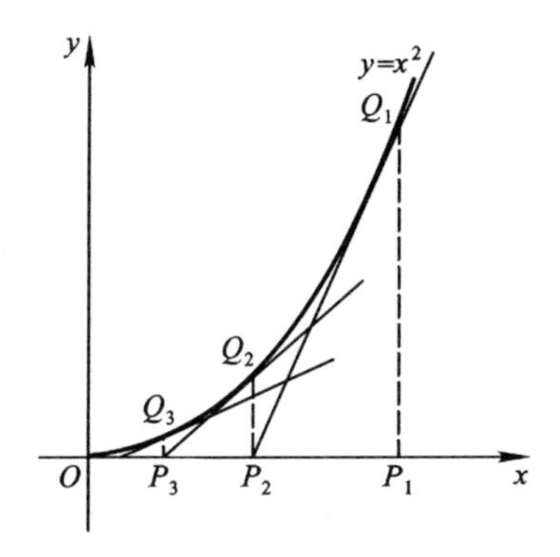

图 8 - 1

解 (1) 由$y=x^2$，得$y'=2x$. 对于任意$a(0<a\leqslant1)$，抛物线$y=x^2$在点(a,a^2)处的切线方程为(图 8 - 1)

$$y-a^2=2a(x-a)$$

且该切线与x轴的交点为$\left(\dfrac{a}{2},0\right)$，故由$\overline{OP_1}=1$，可见

$$\overline{OP_2}=\frac{1}{2}\overline{OP_1}=\frac{1}{2},$$

$$\overline{OP_3}=\frac{1}{2}\overline{OP_2}=\frac{1}{2}\cdot\frac{1}{2}=\frac{1}{2^2},$$

$$\cdots\cdots\cdots\cdots\overline{OP_n}=\frac{1}{2^{n-1}}.$$

（2）由于$\overline{Q_nP_n}=(\overline{OP_n})^2=\left(\frac{1}{2}\right)^{2n-2}$，

由等比级数的求和公式

$$\sum_{n=1}^{\infty}\overline{Q_nP_n}=\sum_{n=1}^{\infty}\left(\frac{1}{2}\right)^{2n-2}$$

$$=\frac{1}{1-\left(\frac{1}{2}\right)^2}=\frac{4}{3}.$$

例 9 设 $a_n=\int_0^1 x^2(1-x)^n\mathrm{d}x$,讨论级数 $\sum\limits_{n=1}^{\infty}a_n$的敛散性;若收敛,求其和.

解 先用分部积分法求 a_n. 由 §6.5 例 6 知

$$a_n=\frac{2!\ n!}{(n+2+1)!}$$

$$=\frac{2}{(n+1)(n+2)(n+3)}.$$

其次,判别级数 $\sum\limits_{n=1}^{\infty}a_n$的敛散性

因
$$a_n=\frac{2}{(n+1)(n+2)(n+3)}$$

$$=\frac{1}{(n+1)(n+2)}-\frac{1}{(n+2)(n+3)},$$

由前述结论 1,级数收敛,且 $\sum\limits_{n=1}^{\infty}a_n=\frac{1}{6}-0=\frac{1}{6}.$

§8.2 正项级数敛散性的判别法

设 $\sum_{n=1}^{\infty} u_n(u_n \geqslant 0)$，$\sum_{n=1}^{\infty} v_n(v_n \geqslant 0)$是正项级数.

正项级数敛散性的**判别方法与解题思路**

1. 用比值判别法

通项 u_n中含有 $n!$,n^n,多个因子连乘时,适用此法.

若极限$\lim\limits_{n\to\infty}\frac{u_{n+1}}{u_n}=1$ 或$\lim\limits_{n\to\infty}\frac{u_{n+1}}{u_n}$不易计算或不存在时,不能用比值判别法.

2. 用根值判别法

通项 u_n中含以 n 为指数幂的因子时,适用此法. u_n中含有 $n!$ 时,有时也用此法.

若极限$\lim\limits_{n\to\infty}\sqrt[n]{u_n}=1$ 或$\lim\limits_{n\to\infty}\sqrt[n]{u_n}$不易计算或不存在时,不能用根值判别法.

3. 用比较判别法或极限形式的比较判别法

在比较判别法中,极限形式的比较判别法比非极限形式的比较判别法用起来更方便些.

在用比较判别法判别级数 $\sum_{n=1}^{\infty} u_n(u_n \geqslant 0)$的敛散性时,欲判别它收敛或发散,须先找出一个收敛或发散的正项级数与之比较. 这就要凭自己所掌握的有关知识,对所要判别的级数作出初步判断,然后再去寻找作为比较的级数. 经常用来作比较的级数有**等比级数、调和级数和 p 级数.**

(1) 由比较判别法知,若 $\sum_{n=1}^{\infty} u_n$收敛且数列$\{a_n\}$有 $0<a_n \leqslant M$ $(n=1,2,\cdots)$,则 $\sum_{n=1}^{\infty} a_n u_n$收敛. 事实上,因 $a_n u_n \leqslant M u_n$,而 $\sum_{n=1}^{\infty} M u_n$

收敛,故 $\sum_{n=1}^{\infty} a_n u_n$收敛.

特别,若 $\sum_{n=1}^{\infty} u_n$ 收敛,且数列 $\{a_n\}$ $(a_n > 0)$ 存在极限,则 $\sum_{n=1}^{\infty} a_n u_n$ 收敛.

(2) 极限形式的判别法,实际上是考察两个级数的通项,当 $n \to \infty$ 时,无穷小的阶:

1° 当 $n \to \infty$ 时,若 u_n与 v_n是同阶无穷小,则 $\sum_{n=1}^{\infty} u_n$与 $\sum_{n=1}^{\infty} v_n$同敛散. 例如,假设取 $v_n = \dfrac{1}{n^p}$,且当 $n \to \infty$ 时,u_n与 v_n是同阶无穷小,则根据 p 的取值范围就可判定级数 $\sum_{n=1}^{\infty} u_n$的敛散性.

2° 当 $n \to \infty$ 时,若 u_n是比 v_n的高阶无穷小,当 $\sum_{n=1}^{\infty} v_n$收敛时,则 $\sum_{n=1}^{\infty} u_n$收敛;若 u_n是比 v_n的低阶无穷小,当 $\sum_{n=1}^{\infty} v_n$发散时,则 $\sum_{n=1}^{\infty} u_n$ 发散.

(3) 若级数的通项 u_n为 n 的有理分式或无理分式,当分母中 n 的最高次幂减去分子中 n 的最高次幂大于 1 时,则该级数收敛,反之,若小于等于 1 时,则该级数发散. 在具体计算时,用极限形式的比较判别法,取 p 级数 $\sum_{n=1}^{\infty} \dfrac{1}{n^p}$作为比较的级数. 见本节例 3.

(4) 通项 u_n为定积分的级数,判别其敛散性可从两方面考虑:

若定积分能够算出,可用级数敛散性的定义,若收敛,并得到了级数的和. 例如 §8.1 例 9.

若定积分难以算出,通常用比较判别法. 通过放缩定积分,确定用来比较的级数. 见本节例 8.

4. 用等价无穷小代换

用等价无穷小代换级数的通项或通项中的部分因子,所得到的新级数,与原级数有相同的敛散性. 这是基于极限形式比较判别法的实质,是无穷小阶的比较. 见本节例 5.

5. 用收敛的基本定理

$\sum_{n=1}^{\infty} u_n$收敛$\Leftrightarrow$其部分和数列$\{S_n\}$有上界.

在能判别级数的部分和数列$\{S_n\}$有界或无界的情况下,可试用收敛的基本定理.

6. 用积分判别法

设$f(x)$是区间$[1,+\infty)$上非负单调减少的连续函数,则$\sum_{n=1}^{\infty} u_n = \sum_{n=1}^{\infty} f(n)$与$\int_1^{+\infty} f(x)\,\mathrm{d}x$的敛散性相同.

注释 当$a>1$时,对$\int_a^{+\infty} f(x)\,\mathrm{d}x$,该判别法仍成立.

若利用积分判别法,应根据我们已掌握的无穷区间的积分的敛散性. 例如,积分

$$\int_a^{+\infty} \frac{1}{x(\ln x)^p}\mathrm{d}x \ (a>1),$$

$$\int_a^{+\infty} \frac{1}{x\ln x(\ln\ln x)^p}\mathrm{d}x \ (a>2)$$

在$p>1$时收敛;在$p\leqslant 1$时发散. 见本节例 7.

例 1 设级数$\sum_{n=1}^{\infty} u_n (u_n>0)$收敛,证明下列级数均收敛:

(1) $\sum_{n=1}^{\infty} u_{2n-1}$; (2) $\sum_{n=1}^{\infty} u_n^2$;

(3) $\sum_{n=1}^{\infty} \frac{u_n}{n}$; (4) $\sum_{n=1}^{\infty} u_n \cdot u_{n+1}$;

(5) $\sum_{n=1}^{\infty} \sqrt{u_n \cdot u_{n+1}}$;　　　(6) $\sum_{n=1}^{\infty} \frac{\sqrt{u_n}}{n}$.

证　这是正项级数,由题设,若以 S_n 记级数 $\sum_{n=1}^{\infty} u_n$ 的部分和,则 $\lim_{n\to\infty} S_n = S$(级数的和),且 $\lim_{n\to\infty} u_n = 0$.

(1) 用收敛的基本定理,只要推出级数的部分和数列有上界即可.

若以 σ_n 记 $\sum_{n=1}^{\infty} u_{2n-1}$ 的前 n 项和,则

$$\sigma_n = u_1 + u_3 + \cdots + u_{2n-1} < u_1 + u_2 + u_3 + \cdots + u_{2n-1} = S_{2n-1} < S.$$

故该级数收敛.

(2) **证 1**　用收敛的基本定理

因

$$S_n = u_1 + u_2 + \cdots + u_n < S$$

$$S_n^2 = (u_1 + u_2 + \cdots + u_n)^2 < S^2.$$

若以 σ_n 记 $\sum_{n=1}^{\infty} u_n^2$ 的前 n 项和,则

$$\sigma_n = u_1^2 + u_2^2 + \cdots + u_n^2 < (u_1 + u_2 + \cdots + u_n)^2 < S^2$$

于是所给级数收敛.

证 2　由于

$$\lim_{n\to\infty} \frac{u_n^2}{u_n} = \lim_{n\to\infty} u_n = 0,$$

由极限形式的比较判别法,知 $\sum_{n=1}^{\infty} u_n^2$ 收敛.

(3) 因 $\lim_{n\to\infty} \frac{\frac{u_n}{n}}{u_n} = \lim_{n\to\infty} \frac{1}{n} = 0$,故级数 $\sum_{n=1}^{\infty} \frac{u_n}{n}$ 收敛.

(4) 因 $\lim_{n\to\infty} \frac{u_n \cdot u_{n+1}}{u_n} = \lim_{n\to\infty} u_{n+1} = 0$,故级数 $\sum_{n=1}^{\infty} u_n \cdot u_{n+1}$ 收敛.

(5) 用比较判别法证明. 因 $u_n > 0$,有

$$u_n + u_{n+1} > \sqrt{u_n \cdot u_{n+1}}$$

由 $\sum_{n=1}^{\infty} u_n$ 收敛知 $\sum_{n=1}^{\infty} u_{n+1}$ 收敛,从而 $\sum_{n=1}^{\infty}(u_n + u_{n+1})$ 收敛. 故级数 $\sum_{n=1}^{\infty}\sqrt{u_n \cdot u_{n+1}}$ 收敛.

(6) 用比较判别法证明. 因 $\frac{\sqrt{u_n}}{n} < \frac{1}{2}\left(\frac{1}{n^2} + u_n\right)$,由 $\sum_{n=1}^{\infty} u_n$ 和 $\sum_{n=1}^{\infty}\frac{1}{n^2}$ 收敛,知级数 $\sum_{n=1}^{\infty}\frac{\sqrt{u_n}}{n}$ 收敛.

注释 (1) 若 $\sum_{n=1}^{\infty} u_n(\geqslant 0)$ 收敛,则 $\sum_{n=1}^{\infty} u_{2n}$ 一定收敛. 当 $\sum_{n=1}^{\infty} u_n$ 不是正项级数时,若 $\sum_{n=1}^{\infty} u_n$ 收敛,则 $\sum_{n=1}^{\infty} u_{2n}$ 未必收敛.

(2) 若 $\sum_{n=1}^{\infty} u_n^2(u_n > 0)$ 收敛,则 $\sum_{n=1}^{\infty} u_n$ 未必收敛. 例如, $\sum_{n=1}^{\infty}\frac{1}{n^2}$ 收敛,但 $\sum_{n=1}^{\infty}\frac{1}{n}$ 发散.

例 2 判别级数 $\sum_{n=1}^{\infty}\frac{a^n}{1 + a^{2n}}(a > 0)$ 的敛散性.

解 由于 a 是参数,需对 a 的取值进行讨论.

当 $a = 1$ 时,原级数为 $\sum_{n=1}^{\infty}\frac{1}{2}$,显然发散.

当 $0 < a < 1$ 时,因 $\frac{a^n}{1 + a^{2n}} < a^n$,且 $\sum_{n=1}^{\infty} a^n$ 收敛,则原级数收敛.

当 $a > 1$ 时,因 $\frac{a^n}{1 + a^{2n}} = \frac{1}{\frac{1}{a^n} + a^n} < \frac{1}{a^n} = \left(\frac{1}{a}\right)^n$,且 $\sum_{n=1}^{\infty}\left(\frac{1}{a}\right)^n$ 收敛,则原级数收敛.

例 3 判别下列级数的敛散性:

(1) $\sum_{n=1}^{\infty}\frac{1}{(n^2 + 2n + 3)^p}$;

(2) $\sum_{n=1}^{\infty}\left(\sqrt{n^3+\sqrt{n}}-\sqrt{n^3-\sqrt{n}}\right)$.

解 通项 u_n 为 n 的有理式或无理式,用比较判别法或极限形式的比较判别法.

(1) 取 $v_n=\frac{1}{n^{2p}}$,因

$$\lim_{n\to\infty}\frac{u_n}{v_n}=\lim_{n\to\infty}\frac{n^{2p}}{(n^2+2n+3)^p}=1,$$

而当 $p>\frac{1}{2}$ 时, $\sum_{n=1}^{\infty}\frac{1}{n^{2p}}$ 收敛;$p\leqslant\frac{1}{2}$, $\sum_{n=1}^{\infty}\frac{1}{n^{2p}}$ 发散. 故原级数,当 $p>\frac{1}{2}$ 时收敛,$p\leqslant\frac{1}{2}$ 时发散.

(2) 因 $u_n=\left(\sqrt{n^3+\sqrt{n}}-\sqrt{n^3-\sqrt{n}}\right)$

$$=\frac{2\sqrt{n}}{\sqrt{n^3+\sqrt{n}}+\sqrt{n^3-\sqrt{n}}}\sim\frac{1}{n}(n\to\infty)$$

而 $\sum_{n=1}^{\infty}\frac{1}{n}$ 发散,故原级数发散.

注释 本例(1)也可用(2)题之法解之.

例 4 判别下列级数的敛散性:

(1) $\sum_{n=1}^{\infty}\frac{1}{a^{\ln n}}\ (a>0)$; (2) $\sum_{n=2}^{\infty}\frac{1}{(\ln n)^{\ln n}}$.

解 这是正项级数,按通项的形式,用比较判别法.

(1) 由于 $\frac{1}{a^{\ln n}}=\frac{1}{\mathrm{e}^{\ln n\cdot\ln a}}=\frac{1}{n^{\ln a}}$,因此,

当 $\ln a>1$,即 $a>\mathrm{e}$ 时,原级数收敛;当 $\ln a\leqslant1$,即 $0<a\leqslant\mathrm{e}$ 时,原级数发散.

(2) 注意到当 n 充分大时,有 $\ln\ln n>2$. 因

$$u_n=\frac{1}{(\ln n)^{\ln n}}=\frac{1}{\mathrm{e}^{\ln n\ln\ln n}}=\frac{1}{n^{\ln\ln n}}<\frac{1}{n^2}$$

而 $\sum_{n=1}^{\infty}\frac{1}{n^2}$收敛,故原级数收敛.

注释 当所给正项级数的通项中既含有指数又含有对数时,常需利用对数的性质将原级数放大(或缩小)为 p 级数.

例 5 判别下列级数的敛散性:

(1) $\sum_{n=1}^{\infty} n\tan\frac{\pi}{2^{n+1}}$;　　(2) $\sum_{n=1}^{\infty}\frac{1}{\sqrt{n}}\ln\left(1+\frac{1}{n^2}\right)$.

解 用无穷小代换判别.

(1) 当 $n\to\infty$ 时,$\tan\frac{\pi}{2^{n+1}}\sim\frac{\pi}{2^{n+1}}$,而级数 $\sum_{n=1}^{\infty} n\frac{\pi}{2^{n+1}}$收敛,故原级数收敛.

(2) 当 $n\to\infty$ 时,$\ln\left(1+\frac{1}{n^2}\right)\sim\frac{1}{n^2}$,而级数 $\sum_{n=1}^{\infty}\frac{1}{\sqrt{n}}\frac{1}{n^2}$收敛,故原级数收敛.

例 6 判别级数 $\sum_{n=1}^{\infty}\frac{n!\ x^n}{n^n}(x>0)$的敛散性.

解 通项 u_n中含有 $n!$,用比值判别法. 由于

$$\lim_{n\to\infty}\frac{u_{n+1}}{u_n}=\lim_{n\to\infty}\frac{(n+1)!\ x^{n+1}}{(n+1)^{n+1}}\cdot\frac{n^n}{n!\ x^n}$$

$$=\lim_{n\to\infty}\frac{x}{\left(1+\frac{1}{n}\right)^n}=\frac{x}{\mathrm{e}}.$$

故由比值判别法:当 $0<x<\mathrm{e}$ 时,级数收敛;当 $x>\mathrm{e}$ 时,级数发散;当 $x=\mathrm{e}$ 时,该法失效.

由于数列$\left\{\left(1+\frac{1}{n}\right)^n\right\}$单调增加且趋于 e,即$\left(1+\frac{1}{n}\right)^n<\mathrm{e}$,故当 $x=\mathrm{e}$ 时

$$\frac{u_{n+1}}{u_n}=\frac{\mathrm{e}}{\left(1+\frac{1}{n}\right)^n}>1,u_{n+1}>u_n$$

又 $u_1=\mathrm{e}$,从而$\lim\limits_{n\to\infty}u_n\neq 0$,这时,级数 $\sum\limits_{n=1}^{\infty}\frac{n!\ \mathrm{e}^n}{n^n}$发散.

例 7 判别级数 $\sum\limits_{n=1}^{\infty}\frac{6^n}{7^n-5^n}$ 的敛散性.

解 u_n 是 n 次方形式,可用比值法,也可用极限形式的比较法,这里用根值法. 由于

$$\lim_{n\to\infty}\sqrt[n]{u_n}=\lim_{n\to\infty}\sqrt[n]{\frac{6^n}{7^n-5^n}}=\frac{6}{7}\lim_{n\to\infty}\frac{1}{\sqrt[n]{1-\left(\frac{5}{7}\right)^n}}=\frac{6}{7},$$

故级数收敛.

例 8 判别下列级数的敛散性:

(1) $\sum\limits_{n=3}^{\infty}\frac{1}{n\ln n[\ln(\ln n)]^p}$; (2) $\sum\limits_{n=2}^{\infty}\frac{1}{(\ln n)^p}\sin\frac{1}{n}$.

解 (1) 用积分判别法,设函数$f(x)=\frac{1}{x\ln x(\ln\ln x)^p}$.

显然$f(x)$在$[3,+\infty)$上非负单调减且连续;又

$$\int_3^{+\infty}\frac{1}{x\ln x(\ln\ln x)^p}\mathrm{d}x\begin{cases}p>1\text{ 时,收敛}\\p\leqslant 1\text{ 时,发散.}\end{cases}$$

由积分判别法知,原级数当 $p>1$ 时收敛,当 $p\leqslant 1$ 时发散.

(2) 由于当 $n\to\infty$ 时,$\sin\frac{1}{n}\sim\frac{1}{n}$,则级数

$\sum\limits_{n=1}^{\infty}\frac{1}{(\ln n)^p}\sin\frac{1}{n}$与 $\sum\limits_{n=1}^{\infty}\frac{1}{n(\ln n)^p}$同敛散.

设函数$f(x)=\frac{1}{x(\ln x)^p}$. 因 $\int_2^{+\infty}\frac{1}{x(\ln x)^p}\mathrm{d}x$ 在 $p>1$ 时收敛,$p\leqslant 1$时发散,所以由积分判别法,原级数在 $p>1$ 时收敛,在 $p\leqslant 1$ 时发散.

例 9 判别级数 $\sum\limits_{n=1}^{\infty}\left[\int_0^n(1+x^4)^{\frac{1}{4}}\mathrm{d}x\right]^{-1}$的敛散性.

解 这是以定积分为通项的正项级数,用比较判别法.由于级数的通项 u_n:

$$0 < u_n = \frac{1}{\int_0^n \sqrt[4]{1+x^4}\,dx} \leqslant \frac{1}{\int_0^n x\,dx} = \frac{2}{n^2}.$$

又级数 $\sum_{n=1}^{\infty} \frac{2}{n^2}$ 收敛,故所给级数收敛.

例 10 设 $a_n = \int_0^{\frac{\pi}{4}} \tan^n x\,dx$,

(1) 求 $\sum_{n=1}^{\infty} \frac{1}{n}(a_n + a_{n+2})$ 的值;

(2) 试证:对任意的常数 $\lambda > 0$,级数 $\sum_{n=1}^{\infty} \frac{a_n}{n^{\lambda}}$ 收敛.

分析 这是以定积分为通项的正项级数

(1) 按题目要求,$a_n + a_{n+2}$ 是能够计算出来的;

(2) 证明 $\sum_{n=1}^{\infty} \frac{a_n}{n^{\lambda}}$ 收敛,可考虑用比较判别法.

解 (1) 由题设知 $a_n > 0$. 因为

$$\begin{aligned}\frac{1}{n}(a_n + a_{n+2}) &= \frac{1}{n}\int_0^{\frac{\pi}{4}} \tan^n x(1+\tan^2 x)\,dx \\ &= \frac{1}{n}\int_0^{\frac{\pi}{4}} \tan^n x\,d(\tan x) \\ &= \frac{1}{n(n+1)} = \frac{1}{n} - \frac{1}{n+1}.\end{aligned}$$

由 §8.1 结论 1, $\sum_{n=1}^{\infty} \frac{1}{n}(a_n + a_{n+2}) = 1$.

(2) 因为

$$a_n = \int_0^{\frac{\pi}{4}} \tan^n x\,dx \xlongequal{\tan x = t} \int_0^1 \frac{t^n}{1+t^2}\,dt < \int_0^1 t^n\,dt = \frac{1}{n+1},$$

所以

$$\frac{a_n}{n^{\lambda}} < \frac{1}{n^{\lambda}(n+1)} < \frac{1}{n^{\lambda+1}}.$$

由 $\lambda+1>1$ 知 $\sum\limits_{n=1}^{\infty}\dfrac{1}{n^{\lambda+1}}$收敛,从而 $\sum\limits_{n=1}^{\infty}\dfrac{a_n}{n^{\lambda}}$收敛.

例 11 设 $a_n>0,b_n>0,\dfrac{a_{n+1}}{a_n}\leqslant\dfrac{b_{n+1}}{b_n},n=1,2,\cdots$. 证明:

(1) 若 $\sum\limits_{n=1}^{\infty}b_n$收敛,则 $\sum\limits_{n=1}^{\infty}a_n$收敛;

(2) 若 $\sum\limits_{n=1}^{\infty}a_n$发散,则 $\sum\limits_{n=1}^{\infty}b_n$发散.

分析 按题设条件和所证结果,应用比较判别法. 需找出 a_n 与 b_n之间的大小关系.

证 1 由$\dfrac{a_{n+1}}{a_n}\leqslant\dfrac{b_{n+1}}{b_n}$得 $0<\dfrac{a_{n+1}}{b_{n+1}}\leqslant\dfrac{a_n}{b_n},n=1,2,\cdots$. 由此有

$$\frac{a_n}{b_n}\leqslant\frac{a_{n-1}}{b_{n-1}}\leqslant\cdots\leqslant\frac{a_1}{b_1},\text{即}\quad a_n\leqslant\frac{a_1}{b_1}b_n\text{或 }b_n\geqslant\frac{b_1}{a_1}a_n.$$

由比较判别法和级数的性质:

若 $\sum\limits_{n=1}^{\infty}b_n$收敛,则 $\sum\limits_{n=1}^{\infty}\dfrac{a_1}{b_1}b_n$收敛,从而 $\sum\limits_{n=1}^{\infty}a_n$收敛;

若 $\sum\limits_{n=1}^{\infty}a_n$发散,则 $\sum\limits_{n=1}^{\infty}\dfrac{b_1}{a_1}a_n$发散,从而 $\sum\limits_{n=1}^{\infty}b_n$发散.

证 2 由 $0<\dfrac{a_{n+1}}{b_{n+1}}\leqslant\dfrac{a_n}{b_n}(n=1,2,\cdots)$知,数列$\left\{\dfrac{a_n}{b_n}\right\}$单调减少且有下界,所以数列$\left\{\dfrac{a_n}{b_n}\right\}$收敛. 设 $\lim\limits_{n\to\infty}\dfrac{a_n}{b_n}=l(0\leqslant l<+\infty)$,由此 $\lim\limits_{n\to\infty}\dfrac{b_n}{a_n}=\rho(0<\rho\leqslant+\infty)$.

由极限形式的比较判别法知,若 $\sum\limits_{n=1}^{\infty}b_n$收敛,则 $\sum\limits_{n=1}^{\infty}a_n$收敛;若 $\sum\limits_{n=1}^{\infty}a_n$发散,则 $\sum\limits_{n=1}^{\infty}b_n$发散.

例 12 设级数 $\sum\limits_{n=1}^{\infty}a_n$和 $\sum\limits_{n=1}^{\infty}c_n$都收敛,且对一切 n,有 $a_n\leqslant$

$b_n \leqslant c_n$,试证明 $\sum_{n=1}^{\infty} b_n$ 收敛.

分析 $\sum_{n=1}^{\infty} a_n$ 和 $\sum_{n=1}^{\infty} c_n$ 未必是正项级数,不能用比较判别法.由 $a_n \leqslant b_n \leqslant c_n$,可推得 $0 \leqslant b_n - a_n \leqslant c_n - a_n$.

证 由 $\sum_{n=1}^{\infty} a_n$ 和 $\sum_{n=1}^{\infty} c_n$ 都收敛,知正项级数 $\sum_{n=1}^{\infty} (c_n - a_n)$ 收敛.于是 $\sum_{n=1}^{\infty} (b_n - a_n)$ 收敛.

又因 $b_n = a_n + (b_n - a_n)$,由级数的性质,可知 $\sum_{n=1}^{\infty} b_n$ 收敛.

例 13 设 $a_n \neq 0 (n=1,2,\cdots)$,且 $\lim\limits_{n\to\infty} a_n = a (\neq 0)$,试证明级数 $\sum_{n=1}^{\infty} |a_{n+1} - a_n|$ 与 $\sum_{n=1}^{\infty} \left|\frac{1}{a_{n+1}} - \frac{1}{a_n}\right|$ 同时收敛或同时发散.

分析 记 $\sum_{n=1}^{\infty} u_n = \sum_{n=1}^{\infty} |a_{n+1} - a_n|$, $\sum_{n=1}^{\infty} v_n = \sum_{n=1}^{\infty} \left|\frac{1}{a_{n+1}} - \frac{1}{a_n}\right|$

由于 $\sum_{n=1}^{\infty} u_n$ 和 $\sum_{n=1}^{\infty} v_n$ 都是正项级数,要推证二者同时收敛或同时发散,可从极限形式的比较判别法入手.

证 由于

$$\lim_{n\to\infty} \frac{u_n}{v_n} = \lim_{n\to\infty} \frac{|a_{n+1} - a_n|}{\left|\frac{1}{a_{n+1}} - \frac{1}{a_n}\right|} = \lim_{n\to\infty} |a_{n+1} \cdot a_n| = a^2 \neq 0$$

于是结论得证.

例 14 证明 $\lim\limits_{n\to\infty} \frac{n^n}{(n!)^2} = 0$.

分析 若能证明级数 $\sum_{n=1}^{\infty} \frac{n^n}{(n!)^2}$ 收敛,由级数收敛的必要条件,有 $\lim\limits_{n\to\infty} \frac{n^n}{(n!)^2} = 0$.

证 对级数 $\sum_{n=1}^{\infty}\frac{n^n}{(n!)^2}$用比值判别法知其收敛：

$$\lim_{n\to\infty}\frac{u_{n+1}}{u_n}=\lim_{n\to\infty}\frac{(n+1)^{n+1}}{[(n+1)!]^2}\cdot\frac{(n!)^2}{n^n}$$

$$=\lim_{n\to\infty}\frac{1}{n+1}\left(\frac{n+1}{n}\right)^n=0\cdot\mathrm{e}=0,$$

结论得证.

§8.3 任意项级数敛散性的判别法

1. 用莱布尼茨判别法可判别交错级数收敛

对级数 $\sum_{n=1}^{\infty}(-1)^{n-1}u_n(u_n>0)$或 $\sum_{n=1}^{\infty}(-1)^n u_n(u_n>0)$,若

$$\lim_{n\to\infty}u_n=0\quad 且\quad u_n\geqslant u_{n+1}(n=1,2,\cdots),$$

则交错级数收敛.

比较 u_n与 u_{n+1}的大小,见 §2.2 第五部分.

2. 对不满足条件 $u_n\geqslant u_{n+1}(n=1,2,\cdots)$的交错级数的**判别思路**

由于 $u_n\geqslant u_{n+1}(n=1,2,\cdots)$是判别交错级数收敛的充分条件,并非必要条件,若不满足 $u_n\geqslant u_{n+1}$,不能断定级数发散,这时可用下述方法判别级数的敛散性：

(1) 用级数敛散性的定义.

(2) 用加括号级数判别.

若加括号后的级数发散,则原级数一定发散；

若加括号后的级数收敛,且原级数的一般项以零为极限,则原级数收敛.

(3) 把一般项分项来判别.

(4) 用交换级数奇偶项的方法判别：

设级数(Ⅰ)：$\sum_{n=1}^{\infty}u_n=u_1+u_2+u_3+u_4+\cdots+u_{2n-1}+u_{2n}+\cdots$

$$(\text{Ⅱ}):u_2+u_1+u_4+u_3+\cdots+u_{2n}+u_{2n-1}+\cdots$$

其中级数(Ⅱ)是由级数(Ⅰ)经交换奇偶项得到的.

若$\lim\limits_{n\to\infty}u_n=0$,且级数(Ⅱ)收敛其和为$S$,则级数(Ⅰ)也收敛其和是$S$.

事实上,若级数(Ⅰ)、级数(Ⅱ)的前$2n$项的部分和分别记作S_{2n}和σ_{2n},则$S_{2n}=\sigma_{2n}$,因

$$\lim_{n\to\infty}S_{2n}=\lim_{n\to\infty}\sigma_{2n}=S$$

$$\lim_{n\to\infty}S_{2n+1}=\lim_{n\to\infty}(S_{2n}+u_{2n+1})=S+0=S$$

故级数(Ⅰ)收敛,其和为S.

3. 用正项级数判别法判别任意项级数(包括交错级数)敛散性的**思路**

设$\sum\limits_{n=1}^{\infty}u_n$为任意项级数,则$\sum\limits_{n=1}^{\infty}|u_n|$为正项级数.

(1) 比较判别法只能判别级数收敛

若$\sum\limits_{n=1}^{\infty}|u_n|$收敛,则$\sum\limits_{n=1}^{\infty}u_n$收敛且绝对收敛;若$\sum\limits_{n=1}^{\infty}|u_n|$发散,则$\sum\limits_{n=1}^{\infty}u_n$的敛散性不确定.

(2) 比值判别法、根值判别法可判别级数收敛与发散.

对$\sum\limits_{n=1}^{\infty}u_n$,若$\lim\limits_{n\to\infty}\left|\dfrac{u_{n+1}}{u_n}\right|=\rho$或$\lim\limits_{n\to\infty}\sqrt[n]{|u_n|}=\rho$,当$\rho<1$时,它绝对收敛;当$\rho>1$时,必有$\lim\limits_{n\to\infty}|u_n|\neq0$,从而$\lim\limits_{n\to\infty}u_n\neq0$,它发散.

注释 (1) 若级数$\sum\limits_{n=1}^{\infty}u_n$与$\sum\limits_{n=1}^{\infty}v_n$都绝对收敛,则$\sum\limits_{n=1}^{\infty}(u_n+v_n)$绝对收敛.

(2) 若级数$\sum\limits_{n=1}^{\infty}u_n$与$\sum\limits_{n=1}^{\infty}v_n$都条件收敛,则$\sum\limits_{n=1}^{\infty}(u_n+v_n)$可能条件收敛,也可能绝对收敛. 例如,

$$\sum_{n=1}^{\infty} u_n = \sum_{n=1}^{\infty} (-1)^{n+1}\frac{1}{n}, \quad \sum_{n=1}^{\infty} v_n = \sum_{n=1}^{\infty} (-1)^{n}\frac{2}{n}$$

都条件收敛,则 $\sum_{n=1}^{\infty}(u_n+v_n)=\sum_{n=1}^{\infty}\frac{(-1)^n}{n}$条件收敛. 而级数

$$\sum_{n=1}^{\infty} u_n = 1+\frac{1}{2^2}-\frac{1}{3}-\frac{1}{4^2}+\frac{1}{5}+\frac{1}{6^2}-\cdots,$$

$$\sum_{n=1}^{\infty} v_n = -1+\frac{1}{2^2}+\frac{1}{3}-\frac{1}{4^2}-\frac{1}{5}+\frac{1}{6^2}+\cdots$$

都条件收敛,而 $\sum_{n=1}^{\infty}(u_n+v_n)=\sum_{n=1}^{\infty}\frac{(-1)^{n+1}2}{(2n)^2}$就绝对收敛.

(3) 若 $\sum_{n=1}^{\infty} u_n$是非正项级数,当 $\sum_{n=1}^{\infty} u_n$收敛时,则 $\sum_{n=1}^{\infty} u_n^2$的敛散性不能确定. 例如,级数 $\sum_{n=1}^{\infty}(-1)^{n-1}\frac{1}{\sqrt{n}}$收敛,但 $\sum_{n=1}^{\infty} u_n^2 = \sum_{n=1}^{\infty}\frac{1}{n}$发散. 这种情况与正项级数不同. 见§8.2 例1之(2).

例 1 判别下列级数是绝对收敛,条件收敛,还是发散?

(1) $\sum_{n=1}^{\infty}(-1)^n\left(1-\cos\frac{a}{n}\right)(a>0)$;

(2) $\sum_{n=1}^{\infty}\frac{(-1)^n}{\ln\left(1+\frac{1}{n}\right)}$;

(3) $\sum_{n=2}^{\infty}\sin\left(n\pi+\frac{1}{\ln n}\right)$;

(4) $\sum_{n=1}^{\infty}(-1)^{n+1}\frac{\ln\left(2+\frac{1}{n}\right)}{\sqrt{(3n-2)(3n+2)}}$;

(5) $\sum_{n=1}^{\infty}\frac{(-1)^{n-1}}{n-\ln n}$.

解 (1) 记 $u_n=1-\cos\frac{a}{n}$,当 $n\to\infty$ 时,$u_n\sim\frac{a^2}{2n^2}$,由 $\sum_{n=1}^{\infty}\frac{a^2}{2n^2}$收

敛知 $\sum_{n=1}^{\infty} u_n$ 收敛,从而原级数绝对收敛.

(2) 因 $\lim_{n\to\infty}\ln\left(1+\frac{1}{n}\right)=0$,所以该级数的一般项 $\frac{(-1)^n}{\ln\left(1+\frac{1}{n}\right)}$ 不趋于零. 于是该级数发散.

(3) 记 $u_n=\sin\left(n\pi+\frac{1}{\ln n}\right)$,则

$$u_n=\sin(n\pi)\cos\frac{1}{\ln n}+\cos(n\pi)\sin\frac{1}{\ln n}=(-1)^n\sin\frac{1}{\ln n}.$$

级数 $\sum_{n=1}^{\infty} u_n=\sum_{n=1}^{\infty}(-1)^n\sin\frac{1}{\ln n}$ 为交错级数. 由于 $n\to\infty$ 时 $\sin\frac{1}{\ln n}\sim\frac{1}{\ln n}$,由 $\sum_{n=1}^{\infty}\frac{1}{\ln n}$ 发散,知 $\sum_{n=1}^{\infty} u_n$ 非绝对收敛.

因 $\lim_{n\to\infty}\sin\frac{1}{\ln n}=0$ 且 $\sin\frac{1}{\ln n}>\sin\frac{1}{\ln(n+1)}$,由莱布尼茨判别法知,级数 $\sum_{n=1}^{\infty} u_n$ 收敛,是条件收敛.

(4) 记 $u_n=\frac{\ln\left(2+\frac{1}{n}\right)}{\sqrt{(3n-2)(3n+2)}}$. 注意到当 $n\to\infty$ 时,u_n 与 $\frac{1}{n}$ 是同阶无穷小,因级数 $\sum_{n=1}^{\infty}\frac{1}{n}$ 发散,级数 $\sum_{n=1}^{\infty} u_n$ 发散,所以原级数不可能绝对收敛.

原级数是交错级数,因 $\lim_{n\to\infty}u_n=0$,且

$$\frac{u_{n+1}}{u_n}=\frac{\sqrt{(3n-2)(3n+2)}}{\sqrt{(3n+1)(3n+5)}}\cdot\frac{\ln\left(2+\frac{1}{n+1}\right)}{\ln\left(2+\frac{1}{n}\right)}<1$$

即 $u_n\geqslant u_{n+1}(n=1,2,\cdots)$,所以原级数收敛,是条件收敛.

(5) 记 $u_n=\frac{1}{n-\ln n}$,由于 $u_n>\frac{1}{n}$,而 $\sum_{n=1}^{\infty}\frac{1}{n}$ 发散,可知

$\sum_{n=1}^{\infty}(-1)^n u_n$ 非绝对收敛.

原级数为交错级数,由 $\lim_{n\to\infty}\frac{\ln n}{n}=0$ 知 $\lim_{n\to\infty}\frac{1}{n-\ln n}=0$.

为考察 u_n 的单调性,可参见 §2.2 第五部分. 此处,令 $f(x)=x-\ln x$.

因 $f'(x)=1-\frac{1}{x}>0\ (x>1)$,知 $f(x)$ 在 $(1,+\infty)$ 上单调增加,故 $f(n)=n-\ln n$ 单调增加,从而 $u_n>u_{n+1}\ (n=1,2,\cdots)$.

综上,原级数收敛,是条件收敛.

例 2 判别下列级数是绝对收敛,条件收敛,还是发散?

(1) $\sum_{n=1}^{\infty}\frac{n}{2^n}\sin\frac{n\pi}{5}$;　　(2) $\sum_{n=1}^{\infty}\frac{1}{n(\ln n)^3}\cos\frac{n\pi}{3}$.

解 由于 $\sin\frac{n\pi}{5}$ 和 $\cos\frac{n\pi}{3}$ 可正可负,但其负号并非正负相间,因此它不是交错级数而是任意项级数.

(1) 由于 $\left|\frac{n}{2^n}\sin\frac{n\pi}{5}\right|=\frac{n}{2^n}\left|\sin\frac{n\pi}{5}\right|\leqslant\frac{n}{2^n}$,

而 $\sum_{n=1}^{\infty}\frac{n}{2^n}$ 收敛,故原级数绝对收敛.

(2) 由于 $\left|\frac{1}{n(\ln n)^3}\cos\frac{n\pi}{3}\right|\leqslant\frac{1}{n(\ln n)^3}$,我们已知 $\sum_{n=1}^{\infty}\frac{1}{n(\ln n)^3}$ 收敛(见 §8.2 例 7 之(2)),故原级数绝对收敛.

例 3 判别下列交错级数的敛散性:

(1) $\frac{1}{2}-\frac{1}{3}+\frac{1}{2^2}-\frac{1}{3^2}+\cdots+\frac{1}{2^n}-\frac{1}{3^n}+\cdots$;

(2) $\frac{1}{\sqrt{2}-1}-\frac{1}{\sqrt{2}+1}+\frac{1}{\sqrt{3}-1}-\frac{1}{\sqrt{3}+1}+\cdots+\frac{1}{\sqrt{n}-1}-\frac{1}{\sqrt{n}+1}+\cdots$;

(3) $\frac{1}{2}-1+\frac{1}{5}-\frac{1}{4}+\cdots+\frac{1}{3n-1}-\frac{1}{3n-2}+\cdots$;

(4) $\sum_{n=2}^{\infty} \frac{(-1)^n}{[n+(-1)^n]^p}(p>0)$;

(5) $\sum_{n=2}^{\infty} \frac{(-1)^n}{\sqrt{n}+(-1)^n}$.

解 本例题都不满足 $u_n \geqslant u_{n+1}(n=1,2,\cdots)$的条件,不能用莱布尼茨判别法.

(1) 因 $u_{2n}=\frac{1}{3^n}<\frac{1}{2^{n+1}}=u_{2n+1}(n\geqslant 2)$,用级数敛散性定义判别.

由
$$S_{2n}=\left(\frac{1}{2}+\cdots+\frac{1}{2^n}\right)-\left(\frac{1}{3}+\cdots+\frac{1}{3^n}\right)$$
$$=\left(1-\frac{1}{2^n}\right)-\left(\frac{1}{2}-\frac{1}{2\cdot 3^n}\right),$$

$$S_{2n+1}=S_{2n}+\frac{1}{2^{n+1}}, \quad 且 \quad \lim_{n\to\infty} S_{2n+1}=\lim_{n\to\infty} S_{2n}=1-\frac{1}{2}=\frac{1}{2}.$$

故级数收敛且其和为$\frac{1}{2}$.

(2) 因 $u_{2n}=\frac{1}{\sqrt{n}+1}<\frac{1}{\sqrt{n+1}-1}=u_{2n+1}(n\geqslant 2)$,考虑加括号级数

$$\left(\frac{1}{\sqrt{2}-1}-\frac{1}{\sqrt{2}+1}\right)+\cdots+\left(\frac{1}{\sqrt{n}-1}-\frac{1}{\sqrt{n}+1}\right)+\cdots=\sum_{n=1}^{\infty}\frac{2}{n-1},$$

因级数 $\sum_{n=1}^{\infty}\frac{2}{n-1}$发散,故原级数发散.

(3) 因 $u_{2n-1}=\frac{1}{3n-1}<\frac{1}{3n-2}=u_{2n}(n=1,2,\cdots)$,考虑加括号级数.

$$\left(\frac{1}{2}-1\right)+\left(\frac{1}{5}-\frac{1}{4}\right)+\cdots+\left(\frac{1}{3n-1}-\frac{1}{3n-2}\right)+\cdots$$
$$=-\sum_{n=1}^{\infty}\frac{1}{(3n-1)(3n-2)},$$

而级数 $\sum_{n=1}^{\infty}\frac{1}{(3n-1)(3n-2)}$是收敛的,又级数的一般项趋于零,

故原级数收敛.

(4) 因 $u_{2n-1}=\dfrac{1}{(2n+1)^p}<\dfrac{1}{(2n)^p}=u_{2n},(n=1,2,\cdots)$. 交换级数的奇偶项.

原级数为 $\dfrac{1}{3^p}-\dfrac{1}{2^p}+\dfrac{1}{5^p}-\dfrac{1}{4^p}+\cdots+\dfrac{1}{(2n+1)^p}-\dfrac{1}{(2n)^p}+\cdots$,

交换后的级数为 $-\dfrac{1}{2^p}+\dfrac{1}{3^p}-\dfrac{1}{4^p}+\dfrac{1}{5^p}-\cdots-\dfrac{1}{(2n)^p}+\dfrac{1}{(2n+1)^p}-\cdots$,

显然,后一级数满足莱布尼茨判别法的条件,它收敛. 又因为原级数的通项 $\dfrac{(-1)^n}{[n+(-1)^n]^p}\to 0(n\to\infty)$,故原级数收敛.

(5) 因 $u_{2n-1}=\dfrac{1}{\sqrt{2n}+1}<\dfrac{1}{\sqrt{2n+1}-1}=u_{2n}(n=1,2,\cdots)$,将级数的一般项分项.

$$\frac{(-1)^n}{\sqrt{n}+(-1)^n}=\frac{(-1)^n(\sqrt{n}-(-1)^n)}{n-1}=\frac{(-1)^n\sqrt{n}}{n-1}-\frac{1}{n-1}$$

$$=\frac{(-1)^n(\sqrt{n}-1+1)}{n-1}-\frac{1}{n-1}$$

$$=\frac{(-1)^n}{\sqrt{n}+1}+\frac{(-1)^n}{n-1}-\frac{1}{n-1}.$$

由莱布尼兹判别法知 $\sum\limits_{n=2}^{\infty}\dfrac{(-1)^n}{\sqrt{n}+1}$, $\sum\limits_{n=2}^{\infty}\dfrac{(-1)^n}{n-1}$均收敛,而 $\sum\limits_{n=2}^{\infty}\dfrac{1}{n-1}$ 发散,故原级数发散.

例 4 设级数 $\sum\limits_{n=1}^{\infty}(-1)^n a_n 2^n$收敛,则级数 $\sum\limits_{n=1}^{\infty}a_n$( ).

(A) 发散 (B) 条件收敛

(C) 绝对收敛 (D) 敛散性不能确定

解 由题设,有 $\lim\limits_{n\to\infty}(-1)^n a_n 2^n=0$,也有 $\lim\limits_{n\to\infty}\dfrac{|a_n|}{\dfrac{1}{2^n}}=0$.

而 $\sum\limits_{n=1}^{\infty} \frac{1}{2^n}$收敛，可知 $\sum\limits_{n=1}^{\infty} |a_n|$收敛. 选(C).

例 5 试讨论当 k 取何值时，级数 $\sum\limits_{n=1}^{\infty} (-1)^n \frac{\ln n}{n^k}$发散、收敛、条件收敛、绝对收敛.

解 这是交错级数. 记 $u_n = \frac{\ln n}{n^k}$.

当 $k \leqslant 0$ 时，因 $\lim\limits_{n\to\infty} \frac{\ln n}{n^k} \neq 0$，所以级数 $\sum\limits_{n=1}^{\infty} (-1)^n \frac{\ln n}{n^k}$发散.

当 $k>0$ 时，由洛必达法则可知 $\lim\limits_{x\to+\infty} \frac{\ln x}{x^k} = 0$，故 $\lim\limits_{n\to\infty} u_n = 0$. 又因为

$$\left(\frac{\ln x}{x^k}\right)' = \frac{x^{k-1}(1-k\ln x)}{x^{2k}}$$

显然，当 $x > \mathrm{e}^{\frac{1}{k}}$时，$\left(\frac{\ln x}{x^k}\right)' < 0$. 所以当 n 充分大时，数列 $\{u_n\}$ 单调减少. 由莱布尼茨定理知，当 $k>0$ 时，原级数收敛.

取 $v_n = \frac{1}{n^p}$，由于

$$\lim_{n\to\infty} \frac{u_n}{v_n} = \lim_{n\to\infty} \frac{\ln n}{n^{k-p}} = \begin{cases} 0 & , k-p>0 \\ \infty & , k-p \leqslant 0 \end{cases}$$

由极限形式的比较判别法，当 $k>p>1$ 时，因级数 $\sum\limits_{n=1}^{\infty} \frac{1}{n^p}$收敛，所以 $\sum\limits_{n=1}^{\infty} u_n$收敛，从而原级数 $\sum\limits_{n=1}^{\infty} (-1)^n u_n$绝对收敛；当 $k \leqslant p \leqslant 1$ 时，因 $\sum\limits_{n=1}^{\infty} \frac{1}{n^p}$发散，所以 $\sum\limits_{n=1}^{\infty} u_n$发散，从而 $\sum\limits_{n=1}^{\infty} (-1)^n u_n$非绝对收敛.

综上所述，级数 $\sum\limits_{n=1}^{\infty} (-1)^n \frac{\ln n}{n^k}$，当 $k \leqslant 0$ 时，发散；当 $k>0$ 时收敛. 当 $0<k \leqslant 1$ 时，条件收敛；当 $k>1$ 时，绝对收敛.

例 6 设正值数列$\{a_n\}$单调减，且级数 $\sum\limits_{n=1}^{\infty}(-1)^n a_n$发散，判别级数 $\sum\limits_{n=1}^{\infty}\frac{1}{(a_n+1)^n}$的敛散性.

解 因数列$\{a_n\}$单调减且有下界($a_n>0$)，所以$\lim\limits_{n\to\infty}a_n$存在，设其为 a，必然有 $a>0$. 否则，若 $a=0$，由莱布尼茨判别法知，$\sum\limits_{n=1}^{\infty}(-1)^n a_n$ 收敛. 与已知条件矛盾.

由根值判别法，有$\lim\limits_{n\to\infty}\sqrt[n]{\frac{1}{(a_n+1)^n}}=\frac{1}{a+1}<1$，故级数收敛.

例 7 设正值数列$\{a_n\}$单调减，且级数 $\sum\limits_{n=1}^{\infty}(-1)^n a_n$收敛，判别级数 $\sum\limits_{n=1}^{\infty}\frac{1}{(a_n+1)^n}$的敛散性.

解 敛散性不能确定. 这时有$\lim\limits_{n\to\infty}a_n=a=0$.

若取 $a_n=\frac{1}{n}$，有$\lim\limits_{n\to\infty}a_n=0$ 且$\lim\limits_{n\to\infty}\frac{1}{(a_n+1)^n}=\frac{1}{\mathrm{e}}$，则级数发散.

若取 $a_n=\frac{1}{\sqrt{n}}$，有 $\lim\limits_{n\to\infty}a_n=0$；又当 $n\to\infty$ 时$\frac{1}{(a_n+1)^n}\sim\frac{1}{\mathrm{e}^{\sqrt{n}}}$，而$\lim\limits_{n\to\infty}\frac{\mathrm{e}^{-\sqrt{n}}}{\frac{1}{n^2}}=\lim\limits_{n\to\infty}\frac{n^2}{\mathrm{e}^{\sqrt{n}}}=0$. 由 $\sum\limits_{n=1}^{\infty}\frac{1}{n^2}$收敛知 $\sum\limits_{n=1}^{\infty}\mathrm{e}^{-\sqrt{n}}$收敛，从而原级数收敛.

例 8 证明级数 $\sum\limits_{n=0}^{\infty}\int_{n\pi}^{(n+1)\pi}\frac{\sin x}{\sqrt{x}}\mathrm{d}x$ 收敛.

证 记 $u_n=\int_{n\pi}^{(n+1)\pi}\frac{\sin x}{\sqrt{x}}\mathrm{d}x$，易知当 n 为偶数时，$u_n>0$；当 n 为奇数时，$u_n<0$，故原级数 $\sum\limits_{n=1}^{\infty}u_n$ 是交错级数. 现将它改记作

$\sum_{n=0}^{\infty}(-1)^n|u_n|$. 因

$$|u_n|=\left|\int_{n\pi}^{(n+1)\pi}\frac{\sin x}{\sqrt{x}}\mathrm{d}x\right|=\int_{n\pi}^{(n+1)\pi}\frac{|\sin x|}{\sqrt{x}}\mathrm{d}x>\int_{n\pi}^{(n+1)\pi}\frac{|\sin x|}{\sqrt{x+\pi}}\mathrm{d}x$$

$$\xlongequal{t=x+\pi}\int_{(n+1)\pi}^{(n+2)\pi}\frac{|\sin t|}{\sqrt{t}}\mathrm{d}t=|u_{n+1}|.$$

又有

$$0\leqslant|u_n|\leqslant\int_{n\pi}^{(n+1)\pi}\frac{1}{\sqrt{x}}\mathrm{d}x=\frac{2\pi}{\sqrt{(n+1)\pi}+\sqrt{n\pi}}\to 0(n\to\infty),$$

由夹逼准则知$\lim\limits_{n\to\infty}|u_n|=0$. 于是由莱布尼茨判别法知,原级数收敛.

例 9 设级数 $\sum\limits_{n=1}^{\infty}u_n^2$, $\sum\limits_{n=1}^{\infty}v_n^2$收敛,证明:

(1) 级数 $\sum\limits_{n=1}^{\infty}u_nv_n$绝对收敛;(2) 级数 $\sum\limits_{n=1}^{\infty}\frac{u_n}{n}$绝对收敛.

分析 (1) 关键是确定 u_n^2,v_n^2与$|u_nv_n|$之间的关系.

(2) 因$\frac{u_n}{n}=u_n\cdot\frac{1}{n}$,若(1)得证,取 $v_n=\frac{1}{n}$即可.

证 (1) 因对任意实数 u_n与 v_n,总有

$$|u_nv_n|\leqslant\frac{1}{2}(u_n^2+v_n^2),$$

而由题设知,级数 $\sum\limits_{n=1}^{\infty}\frac{1}{2}(u_n^2+v_n^2)$收敛,于是,级数 $\sum\limits_{n=1}^{\infty}|u_nv_n|$收敛.

(2) 取 $v_n=\frac{1}{n}$,则 $\sum\limits_{n=1}^{\infty}v_n^2=\sum\limits_{n=1}^{\infty}\frac{1}{n^2}$收敛. 由(1)的结论知,级数 $\sum\limits_{n=1}^{\infty}\left|u_n\frac{1}{n}\right|=\sum\limits_{n=1}^{\infty}\frac{|u_n|}{n}$收敛.

§8.4 幂级数的收敛半径与收敛域

1. 求幂级数收敛半径的**方法**

（1）对标准型幂级数 $\sum\limits_{n=0}^{\infty} a_n x^n$（其中每一个 $a_n \neq 0$），若 $\lim\limits_{n\to\infty}\left|\dfrac{a_{n+1}}{a_n}\right| = \rho$，或 $\lim\limits_{n\to\infty}\sqrt[n]{|a_n|} = \rho$，则

1° 当 $0 < \rho < +\infty$ 时，$R = \dfrac{1}{\rho}$；

2° 当 $\rho = 0$ 时，$R = +\infty$；

3° 当 $\rho = +\infty$ 时，$R = 0$.

（2）幂级数为 $\sum\limits_{n=0}^{\infty} a_n (x - x_0)^n$ 型时，设 $y = x - x_0$，将其化为标准型 $\sum\limits_{n=0}^{\infty} a_n y^n$，先求该级数的收敛半径，再推出原级数的收敛半径.

（3）幂级数是缺项级数时，即有的系数 a_n 为 0. 可通过变量替换化为标准型或将其看成是数项级数，直接用比值判别法或根值判别法去讨论敛散性.

（4）两个幂级数之和的收敛半径　设幂级数 $\sum\limits_{n=0}^{\infty} a_n x^n$ 与 $\sum\limits_{n=0}^{\infty} b_n x^n$ 的收敛半径分别为 R_a 与 R_b，则

$$\sum_{n=0}^{\infty} a_n x^n \pm \sum_{n=0}^{\infty} b_n x^n = \sum_{n=0}^{\infty} (a_n \pm b_n) x^n$$

的收敛半径 $R = \min(R_a, R_b)$.

2. 求幂级数 $\sum\limits_{n=0}^{\infty} a_n x^n$ 收敛域的**程序**

（1）求收敛半径 R；

（2）用数项级数的判别法判别当 $x = \pm R$ 时级数的敛散性；

（3）写出级数的收敛域.

3. 对**广义幂级数**（不是幂级数的函数项级数），**求收敛半径的方法**

（1）通过恰当的变量代换将其化为幂级数，先求幂级数的收

敛半径,再变量还原求出原级数的收敛半径.

(2) 直接用比值判别法或根值判别法.

例 1 幂级数 $\sum_{n=1}^{\infty}(-1)^{n-1}\frac{3^n}{\sqrt{n}}x^n$的收敛半径 $R=$________;收敛区间________;收敛域________.

解 $a_n=(-1)^{n-1}\frac{3^n}{\sqrt{n}}$. 由

$$\lim_{n\to\infty}\left|\frac{a_{n+1}}{a_n}\right|=\lim_{n\to\infty}\frac{3^{n+1}}{\sqrt{n+1}}\cdot\frac{\sqrt{n}}{3^n}=3,$$

知收敛半径 $R=\frac{1}{3}$;收敛区间为$\left(-\frac{1}{3},\frac{1}{3}\right)$.

当 $x=\frac{1}{3}$时,级数化为 $\sum_{n=1}^{\infty}(-1)^{n-1}\frac{1}{\sqrt{n}}$,这是收敛的交错级数;当 $x=-\frac{1}{3}$时,级数化为 $\sum_{n=1}^{\infty}\frac{-1}{\sqrt{n}}$,发散. 于是收敛域为$\left(-\frac{1}{3},\frac{1}{3}\right]$.

例 2 若幂级数 $\sum_{n=1}^{\infty}a^{n^2}x^n(a>0)$的收敛域为$(-\infty,+\infty)$,则 a 的取值范围是________.

解 依题设,收敛半径 $R=+\infty$,则必有 $\lim_{n\to\infty}\left|\frac{a^{(n+1)^2}}{a^{n^2}}\right|=\lim_{n\to\infty}a^{2n+1}=0$. 显然,当且仅当 $0<a<1$ 时,上式成立. 即 a 的取值范围是 $0<a<1$.

例 3 若幂级数 $\sum_{n=1}^{\infty}a_nx^n$ 的收敛半径为 R,则幂级数 $\sum_{n=1}^{\infty}(-1)^na_nx^{2n+1}$ 的收敛半径 $R_1=$________.

解 依题设,有$\lim_{n\to\infty}\left|\frac{a_{n+1}}{a_n}\right|=\frac{1}{R}$,直接用比值法求幂级数的收

敛半径 R_1. 当

$$\lim_{n\to\infty}\left|\frac{u_{n+1}(x)}{u_n(x)}\right|=\lim_{n\to\infty}\left|\frac{(-1)^{n+1}a_{n+1}x^{2n+3}}{(-1)^n a_n x^{2n+1}}\right|$$

$$=\lim_{n\to\infty}\left|\frac{a_{n+1}}{a_n}\right||x|^2=\frac{|x|^2}{R}<1,$$

即当 $|x|^2<R$ 或 $|x|<\sqrt{R}$时,所给幂级数收敛,故 $R_1=\sqrt{R}$.

例 4 若幂级数 $\sum\limits_{n=1}^{\infty}a_nx^n$在 $x=-4$ 处条件收敛,则该级数的收敛半径 $R=$__________.

解 按题设,$x=-4$ 是该级数收敛区间$(-R,R)$的左端点,即 $-R=-4$,故 $R=4$.

例 5 若幂级数 $\sum\limits_{n=1}^{\infty}a_n(2x-1)^n$在 $x=2$ 处收敛,则该级数在 $x=\dfrac{1}{3}$处(   ).

(A) 发散　　　　(B) 条件收敛

(C) 绝对收敛　　　　(D) 敛散性不确定

解 依题设,$\sum\limits_{n=1}^{\infty}a_n(2\cdot2-1)^n=\sum\limits_{n=1}^{\infty}a_n3^n$收敛,即幂级数 $\sum\limits_{n=1}^{\infty}a_ny^n$在 $|y|<3$ 时绝对收敛. 由此,当 $|2x-1|<3$,即 $-1<x<2$ 时,级数 $\sum\limits_{n=1}^{\infty}a_n(2x-1)^n$绝对收敛. 选(C).

注释 本例,若级数的收敛区间是(a,b),则应有$(-1,2)\subset(a,b)$,因此,当 $x_0\notin(-1,2)$时,不能断定级数的敛散性.

例 6 试讨论级数 $\sum\limits_{n=1}^{\infty}(-1)^{n-1}\dfrac{x^n}{n^p}$$(p>0$,常数$)$,在什么情况下绝对收敛,条件收敛,发散?

解 记 $a_n=(-1)^{n-1}\dfrac{1}{n^p}$,对于幂级数 $\sum\limits_{n=1}^{\infty}a_nx^n$,由于

$$\lim_{n\to\infty}\left|\frac{a_{n+1}}{a_n}\right|=\lim_{n\to\infty}\frac{n^p}{(n+1)^p}=1,$$

收敛半径 $R=1$,故 $|x|<1$ 时原级数绝对收敛; $|x|>1$ 时,原级数发散.

当 $x=1$ 时,因 $\sum_{n=1}^{\infty}|a_n|=\sum_{n=1}^{\infty}\frac{1}{n^p}$,所以 $p>1$ 时绝对收敛; $p\leqslant1$时,非绝对收敛. 应用莱布尼茨定理知 $0<p\leqslant1$ 时, $\sum_{n=1}^{\infty}a_n$条件收敛.

当 $x=-1$ 时,原级数 $=-\sum_{n=1}^{\infty}\frac{1}{n^p}$,所以 $p>1$ 时绝对收敛; $0<p\leqslant1$时发散.

例 7 求下列幂级数的收敛域:

(1) $\sum_{n=1}^{\infty}\frac{x^n}{c^n+b^n}(c>0,b>0)$; (2) $\sum_{n=1}^{\infty}\frac{3^n+(-2)^n}{n}(2x+1)^n$;

(3) $\sum_{n=1}^{\infty}\frac{(-1)^n}{n\cdot8^n}x^{3n-1}$; (4) $\sum_{n=1}^{\infty}\frac{x^{n^2}}{2^n}$.

解 (1) $a_n=\frac{1}{c^n+b^n}$. 因

$$\lim_{n\to\infty}\left|\frac{a_{n+1}}{a_n}\right|=\lim_{n\to\infty}\frac{c^n+b^n}{c^{n+1}+b^{n+1}}=\begin{cases}\frac{1}{c},当\ c\geqslant b,\\ \frac{1}{b},当\ c<b,\end{cases}$$

所以,当 $c\geqslant b$ 时,收敛半径 $R=c$;当 $c<b$ 时, $R=b$. 即 $R=\max(c,b)$.

当 $x=\pm R$ 时,由于级数的一般项不趋于零,故级数发散.

综上所述,幂级数的收敛域为 $(-R,R)$,其中 $R=\max(c,b)$.

(2) 设 $y=2x+1$,先考察级数 $\sum_{n=1}^{\infty}\frac{3^n+(-2)^n}{n}y^n$的收敛半径和收敛域. 由于

$$\lim_{n\to\infty}\left|\frac{a_{n+1}}{a_n}\right|=\lim_{n\to\infty}\frac{3^{n+1}+(-2)^{n+1}}{n+1}\cdot\frac{n}{3^n+(-2)^n}=3,$$

所以收敛半径 $R=\frac{1}{3}$.

当 $y=-\frac{1}{3}$ 时,级数化为

$$\sum_{n=1}^{\infty}\frac{3^n+(-2)^n}{n}\cdot\frac{(-1)^n}{3^n}=\sum_{n=1}^{\infty}\frac{(-1)^n}{n}+\sum_{n=1}^{\infty}\left(\frac{2}{3}\right)^n,$$

因上式右端两个级数都收敛,所以级数收敛.

当 $y=\frac{1}{3}$ 时,级数化为

$$\sum_{n=1}^{\infty}\frac{3^n+(-2)^n}{n}\cdot\frac{1}{3^n}=\sum_{n=1}^{\infty}\frac{1}{n}+\sum_{n=1}^{\infty}\frac{(-1)^n}{n}\left(\frac{2}{3}\right)^n,$$

因上式右端中的第一个级数发散,第二个级数收敛,所以级数发散.

综上所述,关于 y 的幂级数的收敛域是 $\left[-\frac{1}{3},\frac{1}{3}\right)$.

由 $y=2x+1$ 知,原级数的收敛域是 $\left[-\frac{2}{3},-\frac{1}{3}\right)$.

(3) 这是缺项级数,直接用比值判别法.

$$\lim_{n\to\infty}\left|\frac{u_{n+1}(x)}{u_n(x)}\right|=\lim_{n\to\infty}\left|\frac{(-1)^{n+1}x^{3n+2}}{(n+1)8^{n+1}}\cdot\frac{n\cdot 8^n}{(-1)^n x^{3n-1}}\right|$$

$$=\frac{|x|^3}{8}\begin{cases}<1, 当 |x|<2,\\ >1, 当 |x|>2,\end{cases}$$

即当 $|x|<2$ 时,级数绝对收敛;当 $|x|>2$ 时,级数发散,故收敛半径 $R=2$.

当 $x=2$ 时,级数化为 $\sum_{n=1}^{\infty}\frac{(-1)^n}{2n}$,收敛;当 $x=-2$ 时,级数化为 $\sum_{n=1}^{\infty}\frac{-1}{2n}$,发散. 所以原级数的收敛域为 $(-2,2]$.

(4) 这是缺项级数,直接用根值判别法. 因

$$\lim_{n\to\infty}\sqrt[n]{|u_n(x)|}=\lim_{n\to\infty}\sqrt[n]{\left|\frac{x^{n^2}}{2^n}\right|}=\lim_{n\to\infty}\frac{|x|^n}{2}=\begin{cases}0, 当 |x|<1 时,\\ \frac{1}{2}, 当 |x|=1 时,\\ +\infty, 当 |x|>1 时.\end{cases}$$

可知当 $|x|\leqslant 1$ 时,级数绝对收敛,当 $|x|>1$ 时,级数发散. 因此,级数的收敛半径 $R=1$,收敛域为$[-1,1]$.

例 8 求下列级数的收敛域:

(1) $\sum_{n=1}^{\infty}\frac{(-1)^n}{2n-1}\left(\frac{1-x}{1+x}\right)^n$; (2) $\sum_{n=1}^{\infty}\frac{2^n\sin^n x}{\sqrt{n}}$.

解 (1) 设 $y=\frac{1-x}{1+x}$, 则级数化为关于 y 的幂级数 $\sum_{n=1}^{\infty}\frac{(-1)^n}{2n-1}y^n$. 易求得关于 y 的幂级数的收敛半径 $R=1$. 即当 $|y|=\left|\frac{1-x}{1+x}\right|<1$,亦即当 $x>0$ 时,原级数收敛.

而当 $|y|=\left|\frac{1-x}{1+x}\right|=1$,即 $x=0$ 时,级数化为 $\sum_{n=1}^{\infty}\frac{(-1)^n}{2n-1}$,收敛.

综上所述,原级数的收敛域为$[0,+\infty)$.

(2) 直接用比值法. 因

$$\lim_{n\to\infty}\left|\frac{u_{n+1}(x)}{u_n(x)}\right|=\lim_{n\to\infty}\left|\frac{2^{n+1}\sin^{n+1}x}{\sqrt{n+1}}\cdot\frac{\sqrt{n}}{2^n\sin^n x}\right|=2|\sin x|.$$

所以当 $|\sin x|<\frac{1}{2}$时级数收敛;当 $|\sin x|>\frac{1}{2}$时级数发散.

当 $\sin x=\frac{1}{2}$时,级数化为 $\sum_{n=1}^{\infty}\frac{1}{\sqrt{n}}$发散;当 $\sin x=-\frac{1}{2}$时,级数化为 $\sum_{n=1}^{\infty}\frac{(-1)^n}{\sqrt{n}}$收敛.

由 $-\frac{1}{2}\leqslant\sin x<\frac{1}{2}$知原级数的收敛域为

$2k\pi-\frac{\pi}{6}\leqslant x<2k\pi+\frac{\pi}{6}$或$(2k+1)\pi-\frac{\pi}{6}<x\leqslant(2k+1)\pi+\frac{\pi}{6}$，$k=0,\pm1,\pm2,\cdots$.

§8.5 函数展开为幂级数与级数求和

一、函数展开为幂级数

常用函数的幂级数展开式

(1) $e^x=1+\frac{x}{1!}+\frac{x^2}{2!}+\cdots+\frac{x^n}{n!}+\cdots=\sum_{n=0}^{\infty}\frac{x^n}{n!}(-\infty<x<+\infty)$.

(2) $$\sin x=x-\frac{x^3}{3!}+\frac{x^5}{5!}-\cdots+(-1)^n\frac{x^{2n+1}}{(2n+1)!}+\cdots$$
$$=\sum_{n=0}^{\infty}(-1)^n\frac{x^{2n+1}}{(2n+1)!}(-\infty<x<+\infty).$$

(3) $$\cos x=1-\frac{x^2}{2!}+\frac{x^4}{4!}-\cdots+(-1)^n\frac{x^{2n}}{(2n)!}+\cdots$$
$$=\sum_{n=0}^{\infty}(-1)^n\frac{x^{2n}}{(2n)!}(-\infty<x<+\infty).$$

(4) $$\ln(1+x)=x-\frac{x^2}{2}+\frac{x^3}{3}-\cdots+(-1)^n\frac{x^{n+1}}{n+1}+\cdots$$
$$=\sum_{n=0}^{\infty}(-1)^n\frac{x^{n+1}}{n+1}(-1<x\leqslant1).$$

(5) $$(1+x)^\alpha=1+\alpha x+\frac{\alpha(\alpha-1)}{2!}x^2+\cdots+$$
$$\frac{\alpha(\alpha-1)\cdots(\alpha-n+1)}{n!}x^n+\cdots$$

当$\alpha\leqslant-1$，$-1<\alpha<0$，$\alpha>0$时，收敛域分别为$-1<x<1$，$-1<x\leqslant1$，$-1\leqslant x\leqslant1$.

(6) $\frac{1}{1-x}=1+x+x^2+\cdots+x^n+\cdots=\sum_{n=0}^{\infty}x^n(-1<x<1)$.

(7) $\frac{1}{1+x}=1-x+x^2-x^3+\cdots+(-1)^n x^n+\cdots$

$$= \sum_{n=0}^{\infty} (-1)^n x^n (-1 < x < 1).$$

1. 函数 $f(x)$ 展开成幂级数 $\sum_{n=0}^{\infty} \frac{f^{(n)}(0)}{n!} x^n$ 的**方法**

将函数 $f(x)$ 展开成 x 的幂级数有直接展开法与间接展开法. 这里讲的是**间接展开法**. 间接展开法就是利用已知函数的幂级数展开式求出函数 $f(x)$ 的展开式. 一般有下述方法:

(1) 变量替换法

若已知 $f(x) = \sum_{n=0}^{\infty} a_n x^n, |x| < R$, 以变量 $ax, x^m (m>0)$ 等替换变量 x, 可得 $f(ax), f(x^m)$ 等的幂级数展开式:

$$f(ax) = \sum_{n=0}^{\infty} a_n (ax)^n, |ax| < R; f(x^m) = \sum_{n=0}^{\infty} a_n (x^m)^n, |x^m| < R.$$

例如, $e^{-x}, e^{x^2}, \cos ax, \ln\left(1+\frac{x}{a}\right), \frac{1}{1+\frac{x}{a}}, \frac{1}{1+x^2}$,

$\frac{1}{\sqrt{1-x^2}} = [1+(-x^2)]^{-\frac{1}{2}}$ 等可用此法展开为幂级数.

(2) 初等变换法

将欲展开为幂级数的函数经代数恒等变形, 三角恒等变形等化为已知其幂级数展开式的函数. 例如, 常用到下述恒等变形.

$$a^x = e^{(\ln a)x}, \frac{1}{a+bx} = \frac{1}{a} \frac{1}{1+\frac{b}{a}x}, \frac{1}{x^2-5x+6} = \frac{1}{2-x} - \frac{1}{3-x},$$

$\ln(a+bx) = \ln a + \ln\left(1+\frac{b}{a}x\right), \ln(1+x-2x^2) = \ln(1+2x) + \ln(1-x), \sin^2 x = \frac{1}{2}(1-\cos 2x), \cos^2 x = \frac{1}{2}(1+\cos 2x)$ 等.

(3) 逐项求导法

若已知 $F(x) = \sum_{n=0}^{\infty} a_n x^n, |x| < R$, 且 $F'(x) = f(x)$, 则通过

逐项求导可得函数 $f(x)$ 的幂级数展开式. 例如,因 $\left(\frac{1}{1+x^2}\right)'=\frac{-2x}{(1+x^2)^2}$,则由 $\frac{1}{1+x^2}$ 的幂级数展开式,经逐项求导,可得 $\frac{-2x}{(1+x^2)^2}$ 的幂级数展开式.

(4) 逐项求积法

若已知 $f(x)=\sum\limits_{n=0}^{\infty}a_nx^n$, $|x|<R$,且 $F'(x)=f(x)$,则通过逐项求积分可得函数 $F(x)$ 的幂级数展开式. 在从 0 到 x 逐项求积分时,应是(牛顿-莱布尼茨公式)

$$\int_0^x f(x)\mathrm{d}x=\int_0^x F'(x)\mathrm{d}x=F(x)-F(0)$$

而不是 $\int_0^x F'(x)\mathrm{d}x=F(x)$. 因为 $F(0)$ 未必是 0. 例如,因

$$(\arctan x)'=\frac{1}{1+x^2},\text{且}\frac{1}{1+x^2}=\sum_{n=0}^{\infty}(-1)^n x^{2n},\ -1<x<1,$$

又 $\arctan x\Big|_{x=0}=0$,故

$$\arctan x=\sum_{n=0}^{\infty}(-1)^n\int_0^x x^{2n}\mathrm{d}x=\sum_{n=0}^{\infty}(-1)^n\frac{x^{2n+1}}{2n+1},\ -1\leqslant x\leqslant 1.$$

因 $\left(\arctan\frac{1+x}{1-x}\right)'=\frac{1}{1+x^2}$, 且 $\arctan\frac{1+x}{1-x}\Big|_{x=0}=\frac{\pi}{4}$,

故
$$\arctan\frac{1+x}{1-x}-\frac{\pi}{4}=\sum_{n=0}^{\infty}(-1)^n\frac{x^{2n+1}}{2n+1},$$

即
$$\arctan\frac{1+x}{1-x}=\frac{\pi}{4}+\sum_{n=0}^{\infty}(-1)^n\frac{x^{2n+1}}{2n+1},\ -1\leqslant x<1.$$

2. 函数 $f(x)$ 在 $x_0(x_0\neq 0)$ 展开成幂级数 $\sum\limits_{n=0}^{\infty}\frac{f^{(n)}(x_0)}{n!}(x-x_0)^n$ 的**思路**

一般应用恒等式 $f(x)=f(x_0+(x-x_0))$.

设法利用已知的幂级数展开式将 $f(x_0+(x-x_0))$ 展开成 $(x-x_0)$ 的幂级数. 这时,应用 $(x-x_0)$ 替换已知的幂级数展开式中的 x.

展开成的幂级数的形式为 $\sum\limits_{n=0}^{\infty} a_n(x-x_0)^n$.

例如,下列函数在指定点 x_0 处展开为幂级数:

e^x 在 $x_0=1$ 处: $e^x = e^{1+(x-1)} = e \cdot e^{x-1} = e\sum\limits_{n=0}^{\infty}\dfrac{(x-1)^n}{n!}$, $-\infty<x<+\infty$.

$\cos x$ 在 $x_0=-\dfrac{\pi}{3}$ 处:

$$\cos x = \cos\left(-\frac{\pi}{3}+\left(x+\frac{\pi}{3}\right)\right)=\frac{1}{2}\cos\left(x+\frac{\pi}{3}\right)+\frac{\sqrt{3}}{2}\sin\left(x+\frac{\pi}{3}\right)$$

$$=\frac{1}{2}\sum_{n=0}^{\infty}(-1)^n\frac{\left(x+\frac{\pi}{3}\right)^{2n}}{(2n)!}+\frac{\sqrt{3}}{2}\sum_{n=0}^{\infty}(-1)^n\frac{\left(x+\frac{\pi}{3}\right)^{2n+1}}{(2n+1)!}$$

$$=\frac{1}{2}\sum_{n=0}^{\infty}(-1)^n\left[\frac{\left(x+\frac{\pi}{3}\right)^{2n}}{(2n)!}+\sqrt{3}\frac{\left(x+\frac{\pi}{3}\right)^{2n+1}}{(2n+1)!}\right],-\infty<x<+\infty.$$

3. 利用幂级数展开式求 n 阶导数 $f^{(n)}(x_0)$ 的**思路**

假设函数 $f(x)$ 的幂级数展开式已求得,为

$$f(x)=\sum_{n=0}^{\infty}a_n(x-x_0)^n$$

由函数 $f(x)$ 的幂级数展开式的惟一性,及其展开式为

$$f(x)=\sum_{n=0}^{\infty}\frac{f^{(n)}(x_0)}{n!}(x-x_0)^n$$

比较上述两式同次幂的系数,可得

$$\frac{f^{(n)}(x_0)}{n!}=a_n,$$

于是 $\qquad f^{(n)}(x_0)=a_n n!, n=0,1,2,\cdots.$

特别,当 $x_0=0$ 时, $\qquad f^{(n)}(0)=a_n n!, n=0,1,2,\cdots.$

例 1 求满足 $\int_{x}^{2x} f(x)\,\mathrm{d}x = \mathrm{e}^{x} - 1$ 的函数 $f(x)$ 的幂级数展开式.

解 设 $f(x)$ 的幂级数展开式为 $\sum\limits_{n=0}^{\infty} a_n x^n$,则

$$\int_{x}^{2x}\left(\sum_{n=0}^{\infty} a_n x^n\right)\mathrm{d}x = \sum_{n=0}^{\infty}\int_{x}^{2x} a_n x^n\,\mathrm{d}x = \sum_{n=0}^{\infty}\frac{a_n}{n+1}(2^{n+1}-1)x^{n+1},$$

因
$$\mathrm{e}^{x} - 1 = \sum_{n=1}^{\infty}\frac{x^n}{n!} = \sum_{n=0}^{\infty}\frac{x^{n+1}}{(n+1)!},$$

即
$$\sum_{n=0}^{\infty}\frac{a_n}{n+1}(2^{n+1}-1)x^{n+1} = \sum_{n=0}^{\infty}\frac{x^{n+1}}{(n+1)!}.$$

比较上式两端展开式的系数,得 $a_n = \dfrac{1}{n!\ (2^{n+1}-1)}$,

于是
$$f(x) = \sum_{n=0}^{\infty}\frac{x^n}{n!\ (2^{n+1}-1)},\ -\infty < x < +\infty.$$

例 2 求 $\int_{0}^{1}\left[1 - x + \dfrac{x^2}{2!} - \dfrac{x^3}{3!} + \cdots + (-1)^n\dfrac{x^n}{n!} + \cdots\right]\mathrm{e}^{2x}\,\mathrm{d}x$.

解 注意到 e^{x} 的幂级数展开式知 $\mathrm{e}^{-x} = \sum\limits_{n=0}^{\infty}(-1)^n\dfrac{x^n}{n!}$. 于是

$$\text{原式} = \int_{0}^{1}\mathrm{e}^{-x}\cdot\mathrm{e}^{2x}\,\mathrm{d}x = \mathrm{e} - 1.$$

例 3 将下列函数展开成 x 的幂级数,并求其收敛域:

(1) $f(x) = 5\sin^2 x - \cos^2 x$;(2) $f(x) = \dfrac{x}{1 + x - 2x^2}$;

(3) $f(x) = \dfrac{2x}{1 + 2x^2 + x^4}$; (4) $f(x) = x\ln(x + \sqrt{1 + x^2})$;

(5) $f(x) = \dfrac{1}{4}\ln\dfrac{1+x}{1-x} + \dfrac{1}{2}\arctan x - x$.

解 (1) $f(x) = \dfrac{5}{2}(1 - \cos 2x) - \dfrac{1}{2}(1 + \cos 2x)$

$$= 2 - 3\cos 2x,$$

将 $\cos x$ 展开式中的 x 换成 $2x$ 便得到 $\cos 2x$ 的展开式. 于是

$$f(x)=2-3\sum_{n=0}^{\infty}(-1)^n\frac{(2x)^{2n}}{(2n)!}$$

$$=-1-3\sum_{n=1}^{\infty}(-1)^n\frac{2^{2n}}{(2n)!}x^{2n},-\infty<x<+\infty.$$

(2) 先将 $f(x)$ 分项

$$f(x)=\frac{x}{1+x-2x^2}=\frac{x}{(1-x)(1+2x)}=\frac{1}{3}\left(\frac{1}{1-x}-\frac{1}{1+2x}\right).$$

因 $$\frac{1}{1-x}=\sum_{n=0}^{\infty}x^n,-1<x<1,$$

$$\frac{1}{1+2x}=\sum_{n=0}^{\infty}(-2x)^n,-\frac{1}{2}<x<\frac{1}{2},$$

所以 $$f(x)=\frac{1}{3}\left(\sum_{n=0}^{\infty}x^n-\sum_{n=0}^{\infty}(-2x)^n\right)$$

$$=\sum_{n=0}^{\infty}\frac{1-(-2)^n}{3}x^n,-\frac{1}{2}<x<\frac{1}{2}.$$

这里 $f(x)$ 展开式的收敛域是上述两个展开式收敛域的交集 $(-1,1)\cap\left(-\frac{1}{2},\frac{1}{2}\right)$.

(3) 注意到 $f(x)=\frac{2x}{(1+x^2)^2}=-\left(\frac{1}{1+x^2}\right)'$, 而

$$\frac{1}{1+x^2}=\sum_{n=0}^{\infty}(-1)^nx^{2n},-1<x<1,$$

所以 $$f(x)=-\left(\sum_{n=0}^{\infty}(-1)^nx^{2n}\right)'$$

$$=\sum_{n=1}^{\infty}(-1)^{n+1}2nx^{2n-1},-1<x<1.$$

(4) 记 $\varphi(x)=\ln(x+\sqrt{1+x^2})$, 因 $\varphi'(x)=\frac{1}{\sqrt{1+x^2}}=(1+x^2)^{-\frac{1}{2}}$. 由 $(1+x)^\alpha$ 的展开式知

$$\frac{1}{\sqrt{1+x^2}}=1-\frac{1}{2}x^2+\frac{1\cdot 3}{2\cdot 4}x^4-\cdots+$$

$$(-1)^n\frac{1\cdot 3\cdots(2n-1)}{2\cdot 4\cdots(2n)}x^{2n}+\cdots,\ |x|<1.$$

上式两端从 0 到 x 积分,因 $\varphi(0)=0$,得

$$\ln(x+\sqrt{1+x^2})=x-\frac{1}{2}\frac{x^3}{3}+\frac{1\cdot 3}{2\cdot 4}\frac{x^5}{5}-\cdots+$$

$$(-1)^n\frac{1\cdot 3\cdots(2n-1)}{2\cdot 4\cdots(2n)}\frac{x^{2n+1}}{2n+1}+\cdots,\ |x|\leqslant 1.$$

故
$$f(x)=x\ln(x+\sqrt{1+x^2})$$
$$=x^2+\sum_{n=1}^{\infty}(-1)^n\frac{(2n-1)!!}{(2n)!}\frac{x^{2n+2}}{2n+1},\ |x|\leqslant 1.$$

(5) **解 1** $f(x)=\frac{1}{4}[\ln(1+x)-\ln(1-x)]+\frac{1}{2}\arctan x-x$

$$=\frac{1}{4}\left[\sum_{n=0}^{\infty}(-1)^n\frac{x^{n+1}}{n+1}+\sum_{n=0}^{\infty}\frac{x^{n+1}}{n+1}\right]+$$
$$\frac{1}{2}\sum_{n=0}^{\infty}(-1)^n\frac{x^{2n+1}}{2n+1}-x$$
$$=\sum_{n=0}^{\infty}\frac{x^{4n+1}}{4n+1}-x=\sum_{n=1}^{\infty}\frac{x^{4n+1}}{4n+1},\ -1<x<1.$$

解 2 因 $f'(x)=\frac{1}{4}\left(\frac{1}{1+x}+\frac{1}{1-x}\right)+\frac{1}{2}\frac{1}{1+x^2}-1$

$$=\frac{1}{1-x^4}-1=\sum_{n=1}^{\infty}x^{4n},\ -1<x<1.$$

又 $f(0)=0$,故

$$f(x)=\int_0^x\left(\sum_{n=1}^{\infty}x^{4n}\right)\mathrm{d}x=\sum_{n=1}^{\infty}\frac{x^{4n+1}}{4n+1},\ -1<x<1.$$

例 4 将下列函数在指定点处展开成幂级数,并求其收敛域:

(1) $f(x)=\ln(3x-x^2)$, $x_0=1$;

(2) $f(x)=\dfrac{1}{x^2+3x+2}, x_0=-4$;

(3) $f(x)=\sin x, x_0=\dfrac{\pi}{4}$.

解 (1) $$f(x)=\ln x+\ln(3-x)=\ln[1+(x-1)]+\ln[2-(x-1)]$$
$$=\ln[1+(x-1)]+\ln 2+\ln\left[1-\frac{x-1}{2}\right]$$

因 $\ln[1+(x-1)]=\sum\limits_{n=0}^{\infty}(-1)^n\dfrac{(x-1)^{n+1}}{n+1}, -1<x-1\leqslant 1$, 即 $0<x\leqslant 2$;

$$\ln\left[1-\frac{x-1}{2}\right]=-\sum_{n=0}^{\infty}\frac{1}{n+1}\left(\frac{x-1}{2}\right)^{n+1},$$
$$-1\leqslant\frac{x-1}{2}<1, \text{即 } -1\leqslant x<3.$$

故 $$f(x)=\ln 2+\sum_{n=0}^{\infty}\left[(-1)^n-\frac{1}{2^{n+1}}\right]\frac{(x-1)^{n+1}}{n+1}, 0<x\leqslant 2.$$

(2) $$f(x)=\frac{1}{x+1}-\frac{1}{x+2}=\frac{1}{-3+(x+4)}-\frac{1}{-2+(x+4)}$$
$$=\frac{1}{2}\frac{1}{1-\frac{x+4}{2}}-\frac{1}{3}\frac{1}{1-\frac{x+4}{3}}.$$

而 $$\frac{1}{1-\frac{x+4}{2}}=\sum_{n=0}^{\infty}\left(\frac{x+4}{2}\right)^n, -1<\frac{x+4}{2}<1, \text{即 } -6<x<-2;$$
$$\frac{1}{1-\frac{x+4}{3}}=\sum_{n=0}^{\infty}\left(\frac{x+4}{3}\right)^n, -1<\frac{x+4}{3}<1, \text{即 } -7<x<-1.$$

故 $$f(x)=\sum_{n=0}^{\infty}\left(\frac{1}{2^{n+1}}-\frac{1}{3^{n+1}}\right)(x+4)^n, -6<x<-2.$$

(3) $$f(x)=\sin\left[\frac{\pi}{4}+\left(x-\frac{\pi}{4}\right)\right]$$
$$=\frac{\sqrt{2}}{2}\left[\sin\left(x-\frac{\pi}{4}\right)+\cos\left(x-\frac{\pi}{4}\right)\right].$$

由 $\sin x, \cos x$ 的展开式,得

$$f(x)=\frac{\sqrt{2}}{2}\left[\sum_{n=0}^{\infty}(-1)^n\frac{\left(x-\frac{\pi}{4}\right)^{2n+1}}{(2n+1)!}+\sum_{n=0}^{\infty}(-1)^n\frac{\left(x-\frac{\pi}{4}\right)^{2n}}{(2n)!}\right]$$

$$=\frac{\sqrt{2}}{2}\sum_{n=0}^{\infty}(-1)^{\frac{n(n-1)}{2}}\frac{\left(x-\frac{\pi}{4}\right)^{n}}{n!},-\infty<x<+\infty.$$

例 5 (1) 设 $f(x)=x^4\cos x$，则 $f^{(10)}(0)=$ ________，$f^{(11)}(0)=$ ________；

(2) 设 $f(x)=x\ln(1-x^2)$，则 $f^{(101)}(0)=$ ________.

解 用函数 $f(x)$ 的幂级数的系数计算.

(1) 由 $\cos x$ 的幂级数展式知

$$f(x)=\sum_{n=0}^{\infty}(-1)^n\frac{x^{2n+4}}{(2n)!}\qquad -\infty<x<+\infty.$$

若设 $f(x)=\sum_{n=0}^{\infty}a_nx^n$，则

$$a_{2n+4}=\frac{(-1)^n}{(2n)!},n=0,1,\cdots;a_{2n+5}=0,n=0,1,2,\cdots.$$

故 $$f^{(10)}(0)=a_{10}\cdot 10!=\frac{(-1)^3}{(2\cdot 3)!}\cdot 10!=-5040;$$

$$f^{(11)}(0)=0.$$

(2) 由 $\ln(1+x)$ 的幂级数展开式得

$$f(x)=x\left(-\sum_{n=0}^{\infty}\frac{x^{2n+2}}{n+1}\right)=-\sum_{n=0}^{\infty}\frac{x^{2n+3}}{n+1},\ -1<x<1.$$

注意到 $a_{2n+3}=\dfrac{-1}{n+1},n=0,1,2,\cdots$，所以

$$f^{(101)}(0)=a_{101}\cdot 101!=\frac{-1}{49+1}\cdot 101!=-\frac{101!}{50}.$$

二、求幂级数和函数

求幂级数和函数的**思路**

其一是将所给幂级数化为等比级数 $\sum_{n=1}^{\infty}y^n$，其中的 y 一般是 x

的函数,从而求得等比级数的和函数.

这种思路的着眼点是所给幂级数的系数.要通过提出或消去幂级数系数中的多余因子达到目的.消去系数中多余因子的**方法**主要是求导或积分:若系数有多余因子$\frac{1}{n}$,因$(x^n)'=nx^{n-1}$,则可逐项求导以消去$\frac{1}{n}$;若系数有多余子$(n+1)$,因$\int_0^x x^n\mathrm{d}x=\frac{x^{n+1}}{n+1}$,则可逐项求积分消去$(n+1)$.当得到等比级数的和函数之后,再进行前述运算的逆运算,便得到原幂级数的和函数.

其二是从已知和函数的等比级数出发,这是上述思路的逆思维.根据所给幂级数恰当的选择等比级数,通过恒等变形、逐项求导、逐项求积分等方法将等比级数化为所给幂级数,从而得到原幂级数的和函数.这种方法无须进行逆运算.

在应用等比级数时,请正确运用下述各式:

$$\sum_{n=0}^{\infty} x^n=\frac{1}{1-x}(|x|<1);\quad \sum_{n=1}^{\infty} x^n=\frac{x}{1-x}(|x|<1);$$

$$\sum_{n=0}^{\infty}(-1)^n x^n=\frac{1}{1+x}(|x|<1);\quad \sum_{n=1}^{\infty}(-1)^n x^n=-\frac{x}{1+x}(|x|<1).$$

其三是将所给的幂级数设法(如果可能的话)化为常用函数的幂级数展开式,利用已知的和函数求得这新幂级数的和函数.

这种思路是基于熟悉常用函数的幂级数展开式,将所给幂级数与它们对照,以找出联系与差别,进而进行转化.

其四是通过解微分方程求得幂级数的和函数.

对幂级数进行若干次逐项求导,构造出其和函数所满足的微分方程及定解条件,由解微分方程得到幂级数的和函数.这方面的例题见§9.6第三部分.

求幂级数的和函数时,应根据幂级数的特点选择思路和方法.在运算过程中,**要应用以下方法和技巧:**

(1) 作必要的变量替换,以简化幂级数的形式.见例7.

(2) 将一个幂级数分解成两个幂级数之和,以简化计算.见例

6,例 8,例 10.

(3) 从幂级数中提出 x 的整数次幂因子或用 x 的整数次幂因子乘以幂级数,以达到将幂级数转化为所需要的幂级数的目的,见例 6,例 8.

(4) 根据需要,对幂级数进行恰当的标号变换. 见例 10.

特别须要指出,求幂级数的和函数时,必须先求出该级数的**收敛域**.

例 6 求幂级数 $\sum\limits_{n=0}^{\infty}(2n+1)x^{2n+1}$ 的收敛域,并求其和函数.

分析 记 $u_n(x)=(2n+1)x^{2n+1}$,消去每项系数中的因子 $(2n+1)$,便可把幂级数化为等比级数. 为从逐项求积分入手,先将级数的一般项改为 $(2n+1)x^{2n}$.

解 1 易求得幂级数的收敛域为 $(-1,1)$. 因

$$\sum_{n=0}^{\infty}(2n+1)x^{2n+1}=x\sum_{n=0}^{\infty}(2n+1)x^{2n},$$

记级数 $\sum\limits_{n=0}^{\infty}(2n+1)x^{2n}$ 的和函数为 $S(x)$,从 0 到 x 对 $S(x)$ 积分得

$$\int_0^x S(x)\mathrm{d}x=\sum_{n=0}^{\infty}x^{2n+1}=\frac{x}{1-x^2}.$$

对上式两端求导数,得

$$S(x)=\left(\frac{x}{1-x^2}\right)'=\frac{1+x^2}{(1-x^2)^2}.$$

于是

$$\sum_{n=0}^{\infty}(2n+1)x^{2n+1}=xS(x)=\frac{x(1+x^2)}{(1-x^2)^2},\ -1<x<1.$$

解 2 因幂级数的系数 $a_n=2n+1$,这是两项和,可将幂级数分解成两个级数:$\sum\limits_{n=1}^{\infty}2nx^{2n+1}$ 和 $\sum\limits_{n=0}^{\infty}x^{2n+1}$. 前者可从逐项求积分入手,后者已知是等比级数.

记 $\sum\limits_{n=1}^{\infty} 2nx^{2n+1} = x^2 \sum\limits_{n=1}^{\infty} 2nx^{2n-1} = x^2 S(x)$，则

$$S(x) = \left(\int_0^x S(x)\mathrm{d}x\right)' = \left(\sum_{n=1}^{\infty} x^{2n}\right)' = \left(\frac{x^2}{1-x^2}\right)' = \frac{2x}{(1-x^2)^2}.$$

于是

$$\sum_{n=0}^{\infty} (2n+1)x^{2n+1} = x^2 S(x) + \sum_{n=0}^{\infty} x^{2n+1}$$

$$= \frac{2x^3}{(1-x^2)^2} + \frac{x}{1-x^2} = \frac{x+x^3}{(1-x^2)^2}, \ -1 < x < 1.$$

解 3 解法 1 是从逐项求积分将幂级数化为等比级数. 现从等比级数(其和函数已知)出发，推出原幂级数的和函数.

由于 $(x^{2n+1})' = (2n+1)x^{2n}$. 故取等比级数 $\sum\limits_{n=0}^{\infty} x^{2n+1}$. 因

$$\sum_{n=0}^{\infty} x^{2n+1} = \frac{x}{1-x^2}$$

等式两端求导，得

$$\sum_{n=0}^{\infty} (2n+1)x^{2n} = \left(\frac{x}{1-x^2}\right)' = \frac{1+x^2}{(1-x^2)^2}$$

于是 $$\sum_{n=0}^{\infty} (2n+1)x^{2n+1} = x\sum_{n=0}^{\infty} (2n+1)x^{2n} = \frac{x+x^3}{(1-x^2)^2}, \ -1 < x < 1.$$

例 7 求幂级数 $\sum\limits_{n=1}^{\infty} n(n+1)(2x+1)^n$ 的收敛域及其和函数.

分析 令 $y = 2x+1$，则有 $\sum\limits_{n=1}^{\infty} n(n+1)y^n$. 为将幂级数化为等比级数，须消去系数中的因子 $n(n+1)$. 应从逐项求积分入手，须积分两次.

解 令 $y = 2x+1$，则原级数化为 $\sum\limits_{n=1}^{\infty} n(n+1)y^n$. 可以求得该级数的收敛域为 $(-1,1)$. 从而原级数的收敛域是 $-1 < 2x+1 < 1$，即

$-1<x<0$.

记 $S(y)=\sum\limits_{n=1}^{\infty} n(n+1)y^n$，两端积分

$$\begin{aligned}\int_0^y S(y)\mathrm{d}y &= \int_0^y\left(\sum_{n=1}^{\infty} n(n+1)y^n\right)\mathrm{d}y = \sum_{n=1}^{\infty} ny^{n+1}\\ &= y^2\sum_{n=1}^{\infty} ny^{n-1} = y^2\left[\int_0^y\left(\sum_{n=1}^{\infty} ny^{n-1}\right)\mathrm{d}y\right]'\\ &= y^2\left(\sum_{n=1}^{\infty} y^n\right)' = y^2\left(\frac{y}{1-y}\right)' = \frac{y^2}{(1-y)^2}.\end{aligned}$$

将上式两端求导，得

$$S(y)=\left(\frac{y^2}{(1-y)^2}\right)'=\frac{2y}{(1-y)^3}$$

于是 $\quad \sum\limits_{n=1}^{\infty} n(n+1)(2x+1)^n=\dfrac{2(2x+1)}{(-2x)^3}=-\dfrac{2x+1}{4x^3},\ -1<x<0.$

例 8 求幂级数 $\sum\limits_{n=1}^{\infty}\dfrac{(-1)^{n+1}}{n(2n+1)}(2x)^{2n}$ 的收敛域及其和函数.

分析 幂级数的系数中有因子 $\dfrac{1}{n(2n+1)}$，易看出从逐项求导入手，可将幂级数化为等比级数.

解 1 因 $\lim\limits_{n\to\infty}\left|\dfrac{u_{n+1}(x)}{u_n(x)}\right|=4|x|^2$，所以当 $|x|<\dfrac{1}{2}$ 时级数收敛；当 $x=\pm\dfrac{1}{2}$ 时，级数为 $\sum\limits_{n=1}^{\infty}\dfrac{(-1)^{n+1}}{n(2n+1)}$，显然是收敛的，故级数的收敛域是 $\left[-\dfrac{1}{2},\dfrac{1}{2}\right]$.

记 $S(x)=\sum\limits_{n=1}^{\infty}\dfrac{(-1)^{n+1}}{n(2n+1)}(2x)^{2n}$，为通过求导消去 $\dfrac{1}{2n+1}$，上述等式两端同乘 x，则

$$xS(x)=\sum_{n=1}^{\infty}\frac{(-1)^{n+1}}{n(2n+1)}2^{2n}x^{2n+1},$$

$$[xS(x)]'=\sum_{n=1}^{\infty}\frac{(-1)^{n+1}}{n}2^{2n}x^{2n}.$$

等式两端再求导，便可消去$\frac{1}{n}$，即

$$[xS(x)]''=\sum_{n=1}^{\infty}(-1)^{n+1}2^{2n}\cdot 2x^{2n-1}$$

$$=4\sum_{n=1}^{\infty}(-1)^{n+1}(2x)^{2n-1}=4\frac{2x}{1+(2x)^2}.$$

再由逆运算求 $S(x)$

$$[xS(x)]'=4\int_0^x\frac{2x}{1+(2x)^2}\mathrm{d}x=\ln(1+4x^2),$$

$$xS(x)=\int_0^x\ln(1+4x^2)\mathrm{d}x$$

$$=x\ln(1+4x^2)-2x+\arctan 2x,$$

于是

$$S(x)=\ln(1+4x^2)-2+\frac{1}{x}\arctan 2x, 0<|x|\leqslant\frac{1}{2}.$$

由于 $x=0$ 时，原幂级数为 0，故

$$\sum_{n=1}^{\infty}\frac{(-1)^{n+1}}{n(2n+1)}(2x)^{2n}=\begin{cases}\ln(1+4x^2)-2+\dfrac{1}{x}\arctan 2x, & 0<|x|\leqslant\dfrac{1}{2},\\ 0, & x=0.\end{cases}$$

解 2 由于$\frac{1}{n(2n+1)}=2\left[\frac{1}{2n}-\frac{1}{2n+1}\right]$，原级数化为

$$2\sum_{n=1}^{\infty}(-1)^{n+1}\frac{(2x)^{2n}}{2n}-2\sum_{n=1}^{\infty}(-1)^{n+1}\frac{(2x)^{2n}}{2n+1}.$$

从已知和函数的等比级数入手.

因 $$\sum_{n=1}^{\infty}(-1)^{n+1}(2x)^{2n-1}=\frac{2x}{1+(2x)^2}$$

两端从 0 到 x 积分，得

$$\frac{1}{2}\sum_{n=1}^{\infty}(-1)^{n+1}\frac{(2x)^{2n}}{2n}=\frac{1}{4}\ln(1+4x^2), -\frac{1}{2}\leqslant x\leqslant\frac{1}{2}.$$

又 $$\sum_{n=1}^{\infty}(-1)^{n+1}(2x)^{2n}=\frac{(2x)^2}{1+(2x)^2}=1-\frac{1}{1+(2x)^2},$$

两端从 0 到 x 积分，得

$$\frac{1}{2}\sum_{n=1}^{\infty}(-1)^{n+1}\frac{(2x)^{2n+1}}{2n+1}=x-\frac{1}{2}\arctan(2x),$$

或
$$x\sum_{n=1}^{\infty}(-1)^{n+1}\frac{(2x)^{2n}}{2n+1}=x-\frac{1}{2}\arctan(2x),$$

于是
$$\sum_{n=1}^{\infty}\frac{(-1)^{n+1}}{n(2n+1)}(2x)^{2n}=\ln(1+4x^2)-2+\frac{1}{x}\arctan(2x),$$

$$0<|x|\leqslant\frac{1}{2}.$$

当 $x=0$ 时，原级数的和为 0.

例 9 求幂级数 $\sum_{n=1}^{\infty}\frac{x^n}{n(n+1)}$ 的收敛域及其和函数.

分析 幂级数的系数中有因子 $\frac{1}{n(n+1)}$，从逐项求导入手，只要消去 $\frac{1}{n+1}$，便有 $\sum_{n=1}^{\infty}\frac{x^n}{n}=-\ln(1-x)$.

注意到 $\frac{1}{n(n+1)}=\frac{1}{n}-\frac{1}{n+1}$，且 $\sum_{n=1}^{\infty}\frac{x^n}{n}=-\ln(1-x)$，也可将所给幂级数化为已知和函数的幂级数.

解 1 可以求得级数的收敛域为 $[-1,1]$.

记 $S(x)=\sum_{n=1}^{\infty}\frac{x^n}{n(n+1)}$，$xS(x)=\sum_{n=1}^{\infty}\frac{x^{n+1}}{n(n+1)}$，则

$$[xS(x)]'=\sum_{n=1}^{\infty}\frac{x^n}{n}=-\ln(1-x),\ -1\leqslant x<1.$$

从 0 到 x 积分，得

$$xS(x)=-\int_0^x\ln(1-x)\,\mathrm{d}x=x+(1-x)\ln(1-x),\ -1\leqslant x<1.$$

于是
$$S(x)=1+\frac{(1-x)\ln(1-x)}{x},\ -1\leqslant x<1,x\neq0.$$

由于 $S(x)$ 在 $x=0$ 连续，显然 $S(0)=0$. 又幂级数在收敛区间右端点 $x=1$ 处收敛，它的和函数 $S(x)$ 在 $x=1$ 处必左连续，于

是

$$S(1)=\lim_{x\to1^-}S(x)=1+\lim_{x\to1^-}\frac{(1-x)\ln(1-x)}{x}=1+0=1.$$

综上所述,幂级数的和函数

$$S(x)=\begin{cases}1+\dfrac{(1-x)\ln(1-x)}{x}, & -1\leqslant x<1,x\neq0\\ 0, & x=0,\\ 1, & x=1.\end{cases}$$

解 2 因 $\sum\limits_{n=1}^{\infty}\dfrac{x^n}{n(n+1)}=\sum\limits_{n=1}^{\infty}\dfrac{x^n}{n}-\sum\limits_{n=1}^{\infty}\dfrac{x^n}{n+1}$,

而 $$\sum_{n=1}^{\infty}\frac{x^n}{n+1}=\frac{1}{x}\sum_{n=1}^{\infty}\frac{x^{n+1}}{n+1}=\frac{1}{x}\left(\sum_{n=1}^{\infty}\frac{x^n}{n}-x\right),$$

所以,原级数的和函数

$$S(x)=-\ln(1-x)+\frac{1}{x}\ln(1-x)+1,\ -1\leqslant x<1,x\neq0$$

以下同解法 1,可得幂级数的和函数是分段函数.

例 10 求幂级数 $\sum\limits_{n=0}^{\infty}\dfrac{n^2+1}{2^nn!}x^n$的收敛域及其和函数.

分析 幂级数的系数 $a_n=\dfrac{n^2+1}{2^nn!}$,显然无法将幂级数化为等比级数. 注意到 $e^x=\sum\limits_{n=0}^{\infty}\dfrac{x^n}{n!}$,有 $\sum\limits_{n=0}^{\infty}\dfrac{x^n}{2^nn!}=\sum\limits_{n=0}^{\infty}\dfrac{1}{n!}\left(\dfrac{x}{2}\right)^n=e^{\frac{x}{2}}$. 本例应利用 e^x的幂级数展开式.

解 可以求得幂级数的收敛域为$(-\infty,+\infty)$. 因

$$\sum_{n=0}^{\infty}\frac{n^2+1}{2^nn!}x^n=\sum_{n=0}^{\infty}\frac{n^2}{n!}\left(\frac{x}{2}\right)^n+\sum_{n=0}^{\infty}\frac{1}{n!}\left(\frac{x}{2}\right)^n$$

而 $$\sum_{n=0}^{\infty}\frac{n^2}{n!}\left(\frac{x}{2}\right)^n=\sum_{n=1}^{\infty}\frac{n-1+1}{(n-1)!}\left(\frac{x}{2}\right)^n$$

$$=\sum_{n=2}^{\infty}\frac{1}{(n-2)!}\left(\frac{x}{2}\right)^n+\sum_{n=1}^{\infty}\frac{1}{(n-1)!}\left(\frac{x}{2}\right)^n$$

$$=\frac{x^2}{4}\sum_{n=0}^{\infty}\frac{1}{n!}\left(\frac{x}{2}\right)^n+\frac{x}{2}\sum_{n=0}^{\infty}\frac{1}{n!}\left(\frac{x}{2}\right)^n.$$

所以
$$\sum_{n=0}^{\infty}\frac{n^2+1}{2^n n!}x^n=\frac{x^2}{4}e^{\frac{x}{2}}+\frac{x}{2}e^{\frac{x}{2}}+e^{\frac{x}{2}}$$
$$=e^{\frac{x}{2}}\left(\frac{x^2}{4}+\frac{x}{2}+1\right),-\infty<x<+\infty.$$

三、数项级数求和

数项级数求和的**方法**

1. 用数项级数收敛的定义

具体计算方法在§8.1已讲述.

2. 引入相应的幂级数

对幂级数 $\sum_{n=0}^{\infty}a_nx^n$,$x$ 每取定一个值 x_0 就是一个数项级数,因此,为了求数项级数的和,可以引入与其相对应的幂级数.若可以求得幂级数的和函数,数项级数的和也就求得.

假设要求数项级数 $\sum_{n=0}^{\infty}u_n$ 的和,选取幂级数有**两条思路**:

其一,选取幂级数 $\sum_{n=0}^{\infty}a_nx^n$,使其满足

(1) $a_nx_0^n=u_n$,x_0 是某一数值;

(2) 级数 $\sum_{n=0}^{\infty}a_nx^n$ 易于求出和函数 $S(x)$.

当 $S(x)$ 求出后,若 x_0 是幂级数 $\sum_{n=0}^{\infty}a_nx^n$ 收敛域内的点时,则数项级数的和

$$\sum_{n=0}^{\infty}u_n=S(x_0).$$

其二,选取的幂级数 $\sum_{n=0}^{\infty}a_nx^n$ 是等比级数,且 $\sum_{n=0}^{\infty}a_nx^n=S(x)$,使其满足下述两种情形之一:

(1) 对 $\sum_{n=1}^{\infty} na_n x^{n-1}=S'(x)$(收敛域是 D_1),有 $na_n x_0^{n-1}=u_n$.

若 $x_0\in D_1$,则数项级数的和 $\sum_{n=0}^{\infty} u_n=S'(x_0)$.

(2) 对 $\sum_{n=0}^{\infty}\frac{a_n}{n+1}x^{n+1}=\int_0^x S(x)\mathrm{d}x$(收敛域是 D_2),有 $\frac{a_n}{n+1}x_0^{n+1}=u_n$.

若 $x_0\in D_2$,则数项级数的和 $\sum_{n=0}^{\infty} u_n=\left(\int_0^x S(x)\mathrm{d}x\right)\bigg|_{x=x_0}$.

例 11 试求幂级数 $\sum_{n=1}^{\infty}\frac{(-1)^n}{2n-1}x^{2n-1}$的和函数,并求数项级数 $\sum_{n=1}^{\infty}\frac{(-1)^n}{2n-1}\left(\frac{3}{4}\right)^n$的和.

分析 显然,由逐项求得,可将幂级数化为等比级数.

对比级数 $\sum_{n=1}^{\infty}\frac{(-1)^n}{2n-1}\left(\frac{3}{4}\right)^n$和幂级数 $\sum_{n=1}^{\infty}\frac{(-1)^n}{2n-1}x^{2n-1}$. 由于 $\left(\frac{3}{4}\right)^n=\left(\frac{\sqrt{3}}{2}\right)^{2n}=\frac{\sqrt{3}}{2}\left(\frac{\sqrt{3}}{2}\right)^{2n-1}$,故可从幂级数的和函数 $S(x)$得到数项级数的和.

解 可以求得(读者自行完成)

$$S(x)=\sum_{n=1}^{\infty}\frac{(-1)^n}{2n-1}x^{2n-1}=-\arctan x,\ -1\leqslant x\leqslant 1.$$

于是
$$\sum_{n=1}^{\infty}\frac{(-1)^n}{2n-1}\left(\frac{3}{4}\right)^n=\frac{\sqrt{3}}{2}\sum_{n=1}^{\infty}\frac{(-1)^n}{(2n-1)}\left(\frac{\sqrt{3}}{2}\right)^{2n-1}$$
$$=\frac{\sqrt{3}}{2}S\left(\frac{\sqrt{3}}{2}\right)=-\frac{\sqrt{3}}{2}\arctan\frac{\sqrt{3}}{2}.$$

例 12 求级数 $\sum_{n=1}^{\infty}\frac{2n-1}{2^n}$的和.

解 1 用级数收敛的定义,见 §8.1 例 5. 可以求得 $\sum_{n=1}^{\infty}\frac{2n-1}{2^n}=3$.

解 2 引入相应的幂级数. 注意到 $u_n=\frac{2n-1}{2^n}$,若消去因子 $(2n-1)$,便可得到等比级数. 由此,取幂级数 $\sum\limits_{n=1}^{\infty}\frac{2n-1}{2^n}x^{2n-2}$,显然,当 $x=1$ 时,就是所给的数项级数,且通过逐项求积分可得到等比级数.

可以求得,该幂级数的收敛域为 $(-\sqrt{2},\sqrt{2})$. 令

$S(x)=\sum\limits_{n=1}^{\infty}\frac{2n-1}{2^n}x^{2n-2}$,则

$$
\begin{aligned}
S(x)&=\left(\sum_{n=1}^{\infty}\int_0^x\frac{2n-1}{2^n}x^{2n-2}\mathrm{d}x\right)'=\left(\sum_{n=1}^{\infty}\frac{1}{2^n}x^{2n-1}\right)'\\
&=\left(\frac{1}{x}\sum_{n=1}^{\infty}\left(\frac{x^2}{2}\right)^n\right)'=\left(\frac{1}{x}\,\frac{x^2}{2-x^2}\right)'=\frac{x^2+2}{(2-x^2)^2},\ -\sqrt{2}<x<\sqrt{2}.
\end{aligned}
$$

因为 $x=1$ 在幂级数的收敛域内,故所求级数的和

$$
S(1)=\left.\frac{x^2+2}{(2-x^2)^2}\right|_{x=1}=3.
$$

解 3 注意到$\frac{2n-1}{2^n}=\frac{n}{2^{n-1}}-\frac{1}{2^n}$,我们已知等比级数 $\sum\limits_{n=1}^{\infty}\frac{1}{2^n}=1$,且级数 $\sum\limits_{n=1}^{\infty}\frac{n}{2^{n-1}}$收敛. 由此,只要求级数 $\sum\limits_{n=1}^{\infty}\frac{n}{2^{n-1}}$的和即可.

为此,取幂级数 $\sum\limits_{n=1}^{\infty}nx^{n-1}$,当 $x=\frac{1}{2}$时,就是求和的数项级数,且该级数可化为等比级数. 因

$$
\begin{aligned}
\sum_{n=1}^{\infty}nx^{n-1}&=\left(\int_0^x\sum_{n=1}^{\infty}nx^{n-1}\mathrm{d}x\right)'=\left(\sum_{n=1}^{\infty}x^n\right)'\\
&=\left(\frac{x}{1-x}\right)'=\frac{1}{(1-x)^2},\ -1<x<1.
\end{aligned}
$$

令 $x=\frac{1}{2}$,得 $\sum\limits_{n=1}^{\infty}n\left(\frac{1}{2}\right)^n=4$. 于是

$$
\sum_{n=1}^{\infty}\frac{2n-1}{2^n}=4-1=3.
$$

解 4　记 $S(x)=\sum_{n=1}^{\infty}x^{2n-1}=\dfrac{x}{1-x^2}, -1<x<1.$

因
$$S'(x)=\sum_{n=1}^{\infty}(2n-1)x^{2n-2}$$

于是　$S'\left(\dfrac{1}{\sqrt{2}}\right)=2\sum_{n=1}^{\infty}\dfrac{2n-1}{2^n}$,即 $\sum_{n=1}^{\infty}\dfrac{2n-1}{2^n}=\dfrac{1}{2}S'\left(\dfrac{1}{\sqrt{2}}\right)$.

又因　$S'(x)=\left(\dfrac{x}{1-x^2}\right)'=\dfrac{1+x^2}{(1-x^2)^2}, S'\left(\dfrac{1}{\sqrt{2}}\right)=6$,故
$$\sum_{n=1}^{\infty}\frac{2n-1}{2^n}=3.$$

例 13　求级数 $\sum_{n=1}^{\infty}(-1)^n\dfrac{2n-1}{(2n)!}\left(\dfrac{\pi}{2}\right)^{2n}$ 的和.

分析　由所给的级数看,应考虑用 $\cos x$ 的幂级数展开式.
$$\cos x=\sum_{n=0}^{\infty}(-1)^n\frac{x^{2n}}{(2n)!}=1+\sum_{n=1}^{\infty}(-1)^n\frac{1}{(2n)!}x^{2n}$$
$$=1+x\sum_{n=1}^{\infty}(-1)^n\frac{1}{(2n)!}x^{2n-1}, -\infty<x<+\infty.$$

解　记 $S(x)=\sum_{n=1}^{\infty}(-1)^n\dfrac{1}{(2n)!}x^{2n-1}$,则
$$S'(x)=\sum_{n=1}^{\infty}(-1)^n\frac{2n-1}{(2n)!}x^{2n-2},$$
$$x^2S'(x)=\sum_{n=1}^{\infty}(-1)^n\frac{2n-1}{(2n)!}x^{2n}.$$
显然,在上式中令 $x=\dfrac{\pi}{2}$,就是所求级数的和.

由 $\cos x$ 的幂级数展开式知
$$S(x)=\frac{\cos x-1}{x}, S'(x)=\frac{1-\cos x-x\sin x}{x^2},$$
于是,所求级数的和
$$\left(\frac{\pi}{2}\right)^2\cdot S'\left(\frac{\pi}{2}\right)=\sum_{n=1}^{\infty}(-1)^n\frac{2n-1}{(2n)!}\left(\frac{\pi}{2}\right)^{2n}$$

$$=1-\cos\frac{\pi}{2}-\frac{\pi}{2}\sin\frac{\pi}{2}=1-\frac{\pi}{2}.$$

例 14 求$\dfrac{1+\dfrac{\pi^4}{5!}+\dfrac{\pi^8}{9!}+\dfrac{\pi^{12}}{13!}+\cdots}{\dfrac{1}{3!}+\dfrac{\pi^4}{7!}+\dfrac{\pi^8}{11!}+\dfrac{\pi^{12}}{15!}+\cdots}$.

分析 注意 $\sin x=x-\dfrac{x^5}{3!}+\dfrac{x^5}{5!}-\dfrac{x^7}{7!}+\cdots+(-1)^n\dfrac{x^{2n+1}}{(2n+1)!}+\cdots$. 可取 $x=\pi$.

解 设题设中分子为 p,分母为 q,则

$$p\pi-q\pi^3=\pi-\frac{\pi^3}{3!}+\frac{\pi^5}{5!}-\frac{\pi^7}{7!}+\cdots=\sin\pi=0$$

故
$$I=\frac{p}{q}=\pi^2.$$

小　　结

一、知识点、重点、难点

1. 知识点:

(1) 无穷级数及其收敛与发散的定义;收敛级数和的概念;无穷级数的基本性质,级数收敛的必要条件.

(2) 调和级数、几何级数和 p-级数的敛散性.

(3) 正项级数概念. 正项级数收敛的充分必要条件. 正项级数的比较判别法、比值判别法和根值判别法.

(4) 交错级数概念;莱布尼茨判别法.

(5) 任意项级数,绝对收敛与条件收敛的概念.

(6) 幂级数的概念;幂级数的收敛半径、收敛区间及收敛域的概念及求法.

(7) 幂级数和函数的概念. 幂级数的基本性质.

(8) 泰勒级数与麦克劳林级数.

(9) 将函数展开成幂级数的方法(直接展开法、间接展开法).常用的基本初等函数的幂级数展开式.

(10) 幂级数求和函数,数项级数求和.

2. 重点:无穷级数收敛与发散概念.调和级数、几何级数、p-级数的敛散性.正项级数敛散性的判别法.交错级数的莱布尼茨判别法.求幂级数收敛半径与收敛域.

$e^x,\sin x,\cos x,\ln(1+x),(1+x)^\alpha$的幂级数展开式.

3. 难点:正项级数的比较判别法.求幂级数的和函数.函数展开为泰勒级数.

二、无穷级数是表示函数(用无限形式表示函数)、研究函数的性质以及进行数值计算的有利工具

三、1. 注意极限$\lim\limits_{n\to\infty}u_n=0$是级数$\sum\limits_{n=1}^{\infty}u_n$收敛的必要条件,而不是充分条件.

2. 正项级数$\sum\limits_{n=1}^{\infty}u_n$收敛$\Leftrightarrow$部分和$S_n=\sum\limits_{k=1}^{n}u_k$有上界.

3. 莱布尼茨判别法是判别交错级数收敛的充分条件.

4. 任意项级数收敛,未必绝对收敛.可能只是条件收敛.

5. 幂级数$\sum\limits_{n=1}^{\infty}a_nx^n$,若$x$取$x_0$,即$\sum\limits_{n=1}^{\infty}a_nx_0^n$,就是一个数项级数.

自　测　题

1. 填空题

(1) 级数$\sum\limits_{n=1}^{\infty}\dfrac{2n+1}{n^2(n+1)^2}$的和$S=$__________.

(2) 级数$\sum\limits_{n=1}^{\infty}\int_n^{n+1}e^{-\sqrt{x}}dx$的和$S=$__________.

(3) $\lim\limits_{n\to\infty}\dfrac{3^nx^n}{n!}=$__________.

(4) 设幂级数 $\sum\limits_{n=0}^{\infty} a_n x^n$ 的收敛半径为2,则幂级数 $\sum\limits_{n=1}^{\infty} n a_n (x+1)^{n-1}$ 的收敛区间为__________.

(5) 幂级数 $\sum\limits_{n=1}^{\infty} (-1)^{n+1} \dfrac{x^{n+1}}{n(n+1)}$ 在收敛域 $(-1,1]$ 内的和函数 $S(x)$ = __________.

2. 单项选择题

(1) 级数 $\sum\limits_{n=1}^{\infty} \dfrac{(-1)^{n+1}}{\sqrt[n+1]{\ln(n+1)}}$ (　　).

(A) 发散　(B) 绝对收敛　(C) 条件收敛　(D) 敛散性不确定

(2) 设 a 是常数,级数 $\sum\limits_{n=1}^{\infty} \left[\dfrac{\sin(an)}{n^3} - \dfrac{1}{\sqrt{n}}\right]$ (　　).

(A) 发散　(B) 绝对收敛　(C) 条件收敛　(D) 敛散性与 a 的值有关

(3) 设 $u_n = (-1)^n \ln\left(1+\dfrac{1}{\sqrt{n}}\right)$,则下列结论正确的是(　　).

(A) $\sum\limits_{n=1}^{\infty} u_n$ 与 $\sum\limits_{n=1}^{\infty} u_n^2$ 都收敛　　(B) $\sum\limits_{n=1}^{\infty} u_n$ 与 $\sum\limits_{n=1}^{\infty} u_n^2$ 都发散

(C) $\sum\limits_{n=1}^{\infty} u_n$ 收敛而 $\sum\limits_{n=1}^{\infty} u_n^2$ 发散　　(D) $\sum\limits_{n=1}^{\infty} u_n$ 发散而 $\sum\limits_{n=1}^{\infty} u_n^2$ 收敛

(4) 若级数 $\sum\limits_{n=1}^{\infty} a_n (x-1)^n$ 在 $x=-1$ 收敛,则其在 $x=2$ 处(　　).

(A) 条件收敛　(B) 绝对收敛　(C) 发散　(D) 不能确定

(5) 已知级数 $x + \dfrac{x^3}{3} + \dfrac{x^5}{5} + \cdots$ 在收敛域内的和函数 $S(x) = \dfrac{1}{2}\ln\dfrac{1+x}{1-x}$,则级数 $\sum\limits_{n=1}^{\infty} \dfrac{1}{2^n(2n-1)}$ 的和是(　　).

(A) $\dfrac{1}{2}\ln(\sqrt{2}+1)$　　(B) $\dfrac{1}{\sqrt{2}}\ln(\sqrt{2}+1)$

(C) $\dfrac{1}{2}\ln(\sqrt{2}-1)$　　(D) $\dfrac{1}{\sqrt{2}}\ln(\sqrt{2}-1)$

3. 判别下列级数的敛散性:

(1) $\sum\limits_{n=1}^{\infty} \dfrac{\sqrt[3]{n}}{(n+1)\sqrt{n}}$;　　(2) $\sum\limits_{n=1}^{\infty} \dfrac{n^{n+1}}{(n+1)^{n+2}}$.

4. 讨论下列级数是绝对收敛,条件收敛,还是发散?

(1) $\sum_{n=1}^{\infty}(-1)^n\ln\left(1+\frac{1}{\sqrt{n}}\right)$;　　(2) $\sum_{n=1}^{\infty}\frac{(-1)^n}{n}\frac{a}{1+a^n}(a>0)$.

5. 求幂级数 $\sum_{n=1}^{\infty}\frac{x^n}{a^{\sqrt{n}}}(a>0)$的收敛域.

6. 将$f(x)=x\arctan x-\ln\sqrt{1+x^2}$展开成 x 的幂级数.

7. 设 $I_n=\int_0^{\frac{\pi}{4}}\sin^n x\cos x\mathrm{d}x, n=0,1,2,\cdots$,求 $\sum_{n=0}^{\infty}I_n$.

8. 设 $a_1=2, a_{n+1}=\frac{1}{2}\left(a_n+\frac{1}{a_n}\right)(n=1,2,\cdots)$,证明:

(1) $\lim_{n\to\infty}a_n$存在;　　(2) 级数 $\sum_{n=1}^{\infty}\left(\frac{a_n}{a_{n+1}}-1\right)$收敛.

第九章 微分方程

§9.1 微分方程的基本概念

微分方程 含有未知函数的导数或微分的方程.

微分方程的阶 微分方程中出现的各阶导数的最高阶数.

微分方程的解 代入微分方程中,使其成为恒等式的函数.

通解 含任意常数的个数等于微分方程的阶数的解.

特解 给通解中任意常数以确定值的解.

例 1 设 C_1,C_2是任意常数,并有方程

$$y'+y\tan x=-2-2x\tan x, \tag{1}$$

$$y''+y=-2x. \tag{2}$$

验证下列函数

$$y_1(x)=-2x,\qquad y_2(x)=-2x+C_1\cos x$$

$$y_3(x)=-2x+C_2\sin x,\quad y_4(x)=-2x+C_1\cos x+C_2\sin x$$

是否是上述方程的解? 若是解,是特解还是通解?

解 先验证方程(1).

由于 $y'_1(x)=-2$,将 $y_1(x),y'_1(x)$代入方程(1)中,有

$$-2+(-2x)\tan x=-2-2x\tan x$$

显然这是恒等式,即 $y_1(x)$是方程(1)的解. 因在 $y_1(x)$中不含任意常数,这是特解.

由于 $y'_2(x)=-2-C_1\sin x$,将 $y_2(x),y'_2(x)$代入方程(1)有

$$-2-C_1\sin x+(-2x+C_1\cos x)\tan x=-2-2x\tan x$$

这也是恒等式.故 $y_2(x)$ 也是方程(1)的解.方程(1)是一阶方程，而 $y_2(x)$ 中恰含一个任意常数 C_1，这是通解.

$y_1(x)$ 正是 $y_2(x)$ 当 $C_1=0$ 的特解.

由于 $y_2(x)$ 是方程(1)的通解，所以 $y_3(x)$ 和 $y_4(x)$ 一定不是方程(1)的解.

下面验证方程(2).

先看 $y_4(x)$.由于

$$y'_4(x)=-2-C_1\sin x+C_2\cos x, y''_4(x)=-C_1\cos x-C_2\sin x$$

将 $y_4(x)$，$y'_4(x)$，$y''_4(x)$ 代入方程(2)，有

$$-C_1\cos x-C_2\sin x-2x+C_1\cos x+C_2\sin x=-2x$$

这是恒等式，即 $y_4(x)$ 是方程(2)的解.因方程(2)是二阶微分方程，又 $y_4(x)$ 含两个任意常数，故 $y_4(x)$ 是方程(2)的通解.

由 $y_4(x)$ 的表示式知，$y_1(x)$（当 $C_1=0, C_2=0$ 时），$y_2(x)$（当 $C_2=0$ 时），$y_3(x)$（当 $C_1=0$ 时）均是方程(2)的解.

例 2　验证函数 $y=C_1\cos 2x+2C_2\sin^2 x-C_2$ 是否是方程 $y''+4y=0$ 的解？若是解，是否是通解？

解　因

$$\begin{aligned} y &= C_1\cos 2x+2C_2\sin^2 x-C_2 \\ &= C_1\cos 2x+C_2(1-\cos 2x)-C_2 \\ &= (C_1-C_2)\cos 2x=C\cos 2x, \end{aligned}$$

又

$$y'=-2C\sin 2x, y''=-4C\cos 2x,$$

显然有 $y''+4y=0$.即所给函数是方程的解.该解不是通解，因方程是二阶的，而所给函数，实质上只含一个独立的任意常数.

例 3　确定通解为下列函数的微分方程：

(1) $y(x)=-\dfrac{\cos x}{x}+\dfrac{C}{x}$；　(2) $y(x)=\dfrac{1}{9}x^3+C_1\ln x+C_2$.

分析　通解中含一个任意常数的相应方程是一阶的；含两个独立的任意常数的相应的方程是二阶的.通过对已知函数求导，消

去任意常数,可得所求方程.

解 (1) $y'(x)=\frac{x\sin x+\cos x}{x^2}-\frac{C}{x^2}$

$$=\frac{\sin x}{x}-\frac{1}{x}\left(-\frac{\cos x}{x}+\frac{C}{x}\right),$$

有
$$y'+\frac{1}{x}y=\frac{\sin x}{x}.$$

这就是所求的微分方程.

(2)
$$y'=\frac{1}{3}x^2+\frac{C_1}{x},\quad y''=\frac{2}{3}x-\frac{C_1}{x^2},$$

消去 C_1 可得二阶微分方程

$$y''+\frac{1}{x}y'=x.$$

例 4 曲线 $y=f(x)$ 过点 $\left(0,-\frac{1}{2}\right)$,其上任一点 (x,y) 处切线斜率为 $x\ln(1+x^2)$,求曲线方程.

解 由题设 $f'(x)=x\ln(1+x^2)$.

积分 $f(x)=\int x\ln(1+x^2)\,\mathrm{d}x=\frac{1}{2}\int\ln(1+x^2)\,\mathrm{d}(1+x^2)$

$$=\frac{1}{2}[(1+x^2)\ln(1+x^2)-(1+x^2)]+C.$$

由初始条件 $y\big|_{x=0}=-\frac{1}{2}$ 知 $C=0$,故所求曲线方程为

$$y=\frac{1}{2}[(1+x^2)\ln(1+x^2)-(1+x^2)].$$

§9.2 一阶微分方程

解题思路

首先,判别微分方程类型.必要时先化简整理.

其次,解微分方程.根据方程类型,选择解题方法.

注意　若在解题过程中进行了变量替换，在求得方程的解后，必须将变量还原.

1. 可分离变量的微分方程

(1) 形如下式

$$\frac{\mathrm{d}y}{\mathrm{d}x}=\varphi(x)g(y), \tag{1}$$

或

$$M_1(x)M_2(y)\mathrm{d}x=N_1(x)N_2(y)\mathrm{d}y. \tag{2}$$

求解方法　分离变量法

求解程序

1° 分离变量　将(1)式、(2)式分离变量，得

$$\frac{\mathrm{d}y}{g(y)}=\varphi(x)\mathrm{d}x,$$

$$\frac{N_2(y)}{M_2(y)}\mathrm{d}y=\frac{M_1(x)}{N_1(x)}\mathrm{d}x.$$

2° 等式两端求积分，得通解

$$\int\frac{1}{g(y)}\mathrm{d}y=\int\varphi(x)\mathrm{d}x+C,$$

$$\int\frac{N_2(y)}{M_2(y)}\mathrm{d}y=\int\frac{M_1(x)}{N_1(x)}\mathrm{d}x+C,$$

这里，$\int\frac{1}{g(y)}\mathrm{d}y$，$\int\varphi(x)\mathrm{d}x$，$\int\frac{N_2(y)}{M_2(y)}\mathrm{d}y$，$\int\frac{M_1(x)}{N_1(x)}\mathrm{d}x$ 仅表示一个原函数.

(2) 形如 $\frac{\mathrm{d}y}{\mathrm{d}x}=f(ax+by+c)$ 的微分方程，通过变量替换 $u=ax+by+c$ 可化为可分离变量的微分方程

$$\frac{\mathrm{d}u}{\mathrm{d}x}=a+bf(u).$$

2. 齐次微分方程

(1) 形如下式

$$\frac{\mathrm{d}y}{\mathrm{d}x}=\varphi\left(\frac{y}{x}\right), \tag{3}$$

或 $$P(x,y)\,dx+Q(x,y)\,dy=0. \tag{4}$$

其中,$P(x,y)$,$Q(x,y)$中各项 x 与 y 的方幂之和相等.

求解方法 用变量替换 $y=ux$ 化为关于 x 和 u 的可分离变量的微分方程.

(2) 形如下式

$$\frac{dy}{dx}=f\left(\frac{a_1x+b_1y+c_1}{a_2x+b_2y+c_2}\right),$$

其中 c_1,c_2至少一个不为零的微分方程,可化为齐次方程求解.

求解方法

1° 当 $\Delta=\begin{vmatrix} a_1 & b_1 \\ a_2 & b_2 \end{vmatrix}\neq 0$ 时,解方程组

$$\begin{cases} a_1x+b_1y+c_1=0, \\ a_2x+b_2y+c_2=0. \end{cases}$$

得 $x=\alpha,y=\beta$. 作变量替换:$x=\xi+\alpha,y=\eta+\beta$,化为关于新变量 ξ 和 η 的齐次方程.

2° 当 $\Delta=\begin{vmatrix} a_1 & b_1 \\ a_2 & b_2 \end{vmatrix}=0$, 即 $\frac{a_1}{a_2}=\frac{b_1}{b_2}=\lambda$ 时, 引入新变量 $u=a_2x+b_2y$,化为可分离变量的方程.

3. 一阶线性微分方程

(1) 形如下式

$$\frac{dy}{dx}+P(x)y=Q(x). \tag{5}$$

求解方法 常数变易法

求解程序

1° 先求线性齐次方程(可分离变量的方程)

$$\frac{dy}{dx}+P(x)y=0 \tag{6}$$

的通解

$$y=Ce^{-\int P(x)\,dx}.$$

2° 再求线性非齐次微分方程的通解

设方程(5) 有形如 $y = u(x)e^{-\int P(x)dx}$ 的解. 可以求得

$$u(x) = \int Q(x)e^{\int P(x)dx}dx + C,$$

于是方程(5)的通解是

$$y = e^{-\int P(x)dx}\int Q(x)e^{\int P(x)dx}dx + Ce^{-\int P(x)dx}, \tag{7}$$

其中第一项是方程(5)的一个特解($C=0$),记作 y^*;第二项就是方程(6)的通解,记作 y_C,则

$$y = y^* + y_C.$$

(2) **关于一阶线性微分方程的一些结论**

1° 若 $y_1(x)$,$y_2(x)$分别是方程

$$y' + P(x)y = Q_1(x), \quad y' + P(x)y = Q_2(x)$$

的解,则 $y = y_1(x) + y_2(x)$是方程 $y' + P(x)y = Q_1(x) + Q_2(x)$的解.

2° 若 y_1,y_2是方程 $y' + P(x)y = Q(x)$的两个不同的解,则

(i) $y = y_1 + C(y_2 - y_1)$是该方程的通解,其中 C 是任意常数;

(ii) 当 $\alpha + \beta = 1$ 时,线性组合 $\alpha y_1 + \beta y_2$是该方程的解;

(iii) 若 y_3是异于 y_1和 y_2的第三个特解,则比式$\dfrac{y_2 - y_1}{y_3 - y_1}$是常数.

4. 可化为一阶线性微分方程的方程

(1) 关于 x 和$\dfrac{dx}{dy}$的线性微分方程

在一阶微分方程中,若把 y 作为 x 的函数时是非一次幂的,而方程中仅含 x 的一次幂,且有 x 与 y'(或 x 与 dy)相乘的项,将 x 作为 y 的函数,常可化为

$$\frac{dx}{dy} + P(y)x = Q(y). \tag{8}$$

(2) 关于 $f(y)$ 和 $\frac{\mathrm{d}f(y)}{\mathrm{d}x}$ 的线性微分方程

由于 $\frac{\mathrm{d}f(y)}{\mathrm{d}x}=f'(y)\frac{\mathrm{d}y}{\mathrm{d}x}$. 因此形如

$$f'(y)\frac{\mathrm{d}y}{\mathrm{d}x}+P(x)f(y)=Q(x)$$

的方程可化为

$$\frac{\mathrm{d}f(y)}{\mathrm{d}x}+P(x)f(y)=Q(x). \tag{9}$$

作变量替换 $u=f(y)$ 即可化为一阶线性方程

(3) 关于 $f(x)$, $\frac{\mathrm{d}f(x)}{\mathrm{d}y}$ 的线性微分方程

由于 $\frac{\mathrm{d}f(x)}{\mathrm{d}y}=f'(x)\frac{\mathrm{d}x}{\mathrm{d}y}$,因此形如

$$f'(x)\frac{\mathrm{d}x}{\mathrm{d}y}+P(y)f(x)=Q(y)$$

的方程可化为

$$\frac{\mathrm{d}f(x)}{\mathrm{d}y}+P(y)f(x)=Q(y). \tag{10}$$

作变量替换 $u=f(x)$ 即可.

(4) 伯努利方程

1° 形如下式

$$\frac{\mathrm{d}y}{\mathrm{d}x}+P(x)y=Q(x)y^{n}\ (n\neq 0,1). \tag{11}$$

求解方法有两种:

其一,变量替换法　用 y^{n} 除以方程(11)的两端,作变量替换 $z=y^{1-n}$,(11)式可化为关于变量 z 和 x 的一阶线性微分方程

$$\frac{\mathrm{d}z}{\mathrm{d}x}+(1-n)P(x)z=(1-n)Q(x).$$

其二,用常数变易法直接求解.

2°　视 x 为 y 的函数的伯努利方程,形如下式

$$\frac{\mathrm{d}x}{\mathrm{d}y}+P(y)x=Q(y)x^n(n\neq 0,1).$$

例 1 判别下列一阶微分方程所属类型：

(1) $\frac{\mathrm{d}y}{\mathrm{d}x}-\frac{y}{x}+\frac{1}{x}=0$； (2) $x\mathrm{d}y=(y-x)\mathrm{d}x$；

(3) $xy'-y-\sqrt{y^2-x^2}=0$；

(4) $x\frac{\mathrm{d}y}{\mathrm{d}x}=y(1+\ln y-\ln x)$；

(5) $(x^2-1)y'+2xy+\cos x=0$；

(6) $y'+yf'(x)=f(x)f'(x)$，其中，$f(x)$，$f'(x)$为已知连续函数.

解 (1) 已知方程可写成

$$\frac{\mathrm{d}y}{\mathrm{d}x}=\frac{y-1}{x} \quad 或 \quad \frac{\mathrm{d}y}{\mathrm{d}x}-\frac{1}{x}y=-\frac{1}{x}.$$

既是可分离变量方程，也是一阶线性非齐次方程.

(2) 已知方程是齐次微分方程（前述(4)式），也是一阶线性非齐次方程：

$$\frac{\mathrm{d}y}{\mathrm{d}x}-\frac{1}{x}y=-1.$$

(3) 已知方程可写成

$$x\mathrm{d}y-(y+\sqrt{y^2-x^2})\mathrm{d}x=0.$$

这是前述(4)式，是齐次微分方程.

(4) 已知方程是齐次微分方程. 因为方程可写作

$$\frac{\mathrm{d}y}{\mathrm{d}x}=\frac{y}{x}\left(1+\ln\frac{y}{x}\right).$$

(5) 这是一阶线性非齐次方程. 因方程可写作

$$y'+\frac{2x}{x^2-1}y=\frac{\cos x}{1-x^2}.$$

(6) 这是一阶线性非齐次方程. 属前述(5)式，其中 $P(x)=f'(x)$，$Q(x)=f(x)f'(x)$.

例 2 求下列方程的通解或特解:

(1) $e^{y'}=x$; (2) $x^2y'-\cos 2y=1$ 当 $x\to+\infty$ 时,$y\to\frac{9\pi}{4}$;

(3) $(1+e^x)yy'=e^x, y|_{x=1}=1$; (4) $\frac{dy}{dx}=(x+y)^2$.

解 (1) 已知方程两端取以 e 为底的对数,得 $y'=\ln x$,这是可分离变量的方程. 可求得通解

$$y=x(\ln x-1)+C.$$

(2) 这是可分离变量的方程. 分离变量,积分,得

$$\frac{dy}{1+\cos 2y}=\frac{dx}{x^2},\text{或}\frac{1}{2}\frac{dy}{\cos^2 y}=\frac{dx}{x^2}$$

$$\tan y=-\frac{2}{x}+C.$$

由条件:当 $x\to+\infty$ 时,$y\to\frac{9}{4}\pi$,有 $\tan\frac{9}{4}\pi=C, C=1$. 即有

$$\tan y=-\frac{2}{x}+1, y=\arctan\left(1-\frac{2}{x}\right)+2\pi.$$

(3) 这是可分离变量的微分方程. 分离变量,得

$$ydy=\frac{e^x}{1+e^x}dx.$$

积分得 $y^2=2\ln(1+e^x)+C$, $y=\pm\sqrt{2\ln(1+e^x)+C}$.

由 $y|_{x=1}=1$ 知,根号前只能取正号,故通解为

$$y=\sqrt{2\ln(1+e^x)+C}.$$

再求特解 将 $y|_{x=1}=1$ 代入上式,得 $C=1-2\ln(1+e)$,于是所求特解为 $y=\sqrt{\ln\left(\frac{1+e^x}{1+e}\right)^2+1}$.

(4) 这是$\frac{dy}{dx}=f(ax+by+c)$型的方程.

设 $u=x+y$,则$\frac{du}{dx}=1+\frac{dy}{dx}$,将其代入原方程,得

$$\frac{\mathrm{d}u}{\mathrm{d}x}=1+u^2.$$

其通解为

$$\arctan u=x+C \text{ 或 } u=\tan(x+C).$$

变量还原,得原方程的通解

$$y=\tan(x+C)-x.$$

例 3 (1) 验证形如 $yf(xy)\mathrm{d}x+xg(xy)\mathrm{d}y=0$ 的微分方程,可经变量代换 $u=xy$ 化为变量可分离方程,并求其通解;

(2) 用此法解微分方程 $xy'-y[\ln(xy)-1]=0$.

解 (1) 设 $u=xy$,则 $\mathrm{d}u=x\mathrm{d}y+y\mathrm{d}x$,原方程化为

$$\frac{u}{x}[f(u)-g(u)]\mathrm{d}x+g(u)\mathrm{d}u=0.$$

这是可分离变量的方程,分离变量得

$$-\frac{g(u)}{u[f(u)-g(u)]}\mathrm{d}u=\frac{\mathrm{d}x}{x},$$

两端积分,得

$$-\int\frac{g(u)}{u[f(u)-g(u)]}\mathrm{d}u=\ln x+\ln C.$$

将上式左端求出积分后,以 $u=xy$ 代回,即得方程的通解.

(2) 设 $u=xy$,则 $u'=y+xy'$,代入原方程得

$$u'-\frac{u}{x}-\frac{u}{x}[\ln u-1]=0.$$

分离变量并积分

$$\frac{\mathrm{d}u}{u\ln u}=\frac{\mathrm{d}x}{x},\ln\ln u=\ln x+\ln C.$$

变量还原得原方程的通解为 $\ln(xy)=Cx$.

注释 当方程中出现 $f(xy)$,$f(x^2\pm y^2)$,$f(x\pm y)$ 等形式的项时,可试作相应的变量替换

$$u=xy,u=x^2\pm y^2,u=x\pm y \text{ 等}.$$

将其化为可分离变量的方程.

例 4 求微分方程 $2yy'+2x-\frac{x^2+y^2}{x}=e^{\frac{x^2+y^2}{x}}$ 的通解.

解 设 $u=\frac{x^2+y^2}{x}$,则

$$\frac{du}{dx}=-\frac{x^2+y^2}{x^2}+\frac{2x+2yy'}{x}=\frac{1}{x}\left(-\frac{x^2+y^2}{x}+2x+2yy'\right),$$

由此,原方程化为可分离变量的方程 $\frac{du}{dx}=\frac{1}{x}e^u$. 可求得其通解是

$$\ln|x|+e^{-\frac{x^2+y^2}{x}}=C.$$

例 5 解方程 $xy'=\sqrt{x^2-y^2}+y$.

解 这是齐次方程. 设 $y=ux$,则 $y'=xu'+u$,将其代入原方程,得

$$x\frac{du}{dx}=\sqrt{1-u^2}. \tag{1}$$

分离变量,并积分,有

$$\arcsin u=\ln Cx.$$

变量还原得原方程的通解

$$\arcsin\frac{y}{x}=\ln Cx \text{ 或 } y=x\sin\ln Cx.$$

在对(1)式分离变量时,方程两端同时除以 $x\sqrt{1-u^2}$. 这可能失去 $x\sqrt{1-u^2}=0$ 的常数解. 由已知方程知,$x\neq0$,现由 $\sqrt{1-u^2}=0$,即 $1-\frac{y^2}{x^2}=0$ 可得 $y=\pm x$. 可以验证 $y=\pm x$ 都是原齐次方程的解(该解不包含在通解式中).

注释 对一阶微分方程而言,只要求得的解中含有一个任意常数即是通解,通解不一定是所有的解. 求通解时,可不必补上失去的解. 若是求所有的解,就必须补上失去的解.

例 6 求下列方程的通解:

(1) $(x-y+1)dx-(x+y-3)dy=0$;

(2) $(x+y+1)\mathrm{d}x+(2x+2y-1)\mathrm{d}y=0$.

解 (1) 这不是齐次方程,但可化为齐次方程.

线性方程组$\begin{cases}x-y+1=0,\\x+y-3=0,\end{cases}$

其系数行列式 $\Delta=2\neq0$,方程组的解 $x=1,y=2$. 作变量替换

$$x=\xi+1,y=\eta+2,$$

原方程化为齐次方程

$$(\xi-\eta)\mathrm{d}\xi-(\xi+\eta)\mathrm{d}\eta=0.$$

再令 $\eta=u\xi$,得

$$(1-2u-u^2)\mathrm{d}\xi-(1+u)\xi\mathrm{d}u=0.$$

分离变量、并求积分得

$$\xi^2(u^2+2u-1)=C_1$$

由 $u=\dfrac{\eta}{\xi},\xi=x-1,\eta=y-2$,化回原变量 x,y,并整理,得原方程的通解

$$y^2+2xy-x^2-6y-2x=C.$$

(2) 由于方程组$\begin{cases}x+y+1=0\\2x+2y-1=0\end{cases}$的系数行列式 $\Delta=0$,作变量替换

$$u=x+y,\text{则 } \mathrm{d}y=\mathrm{d}u-\mathrm{d}x,$$

原方程化为

$$(2-u)\mathrm{d}x+(2u-1)\mathrm{d}u=0.$$

分离变量并积分得

$$x-2u-3\ln|u-2|=C_1,$$

化回原变量,得原方程的解为

$$x+2y+3\ln|x+y-2|=C.$$

例 7 求方程$\dfrac{\mathrm{d}y}{\mathrm{d}x}\cos^2x+y=\tan x$ 的通解.

解 1 方程化为

$$\frac{\mathrm{d}y}{\mathrm{d}x}+\sec^2 x\cdot y=\tan x\cdot\sec^2 x.$$

这是一阶线性非齐次方程. 用常数变易法求解.

首先,求线性齐次方程$\frac{\mathrm{d}y}{\mathrm{d}x}+\sec^2 x\cdot y=0$ 的通解,得

$$\ln y=-\tan x+\ln C,\text{即 } y=C\mathrm{e}^{-\tan x}.$$

其次,求所给非齐次方程的通解.

设方程有如下形式的解

$$y=u(x)\mathrm{e}^{-\tan x}.$$

其中 $u(x)$是待定函数,则

$$\frac{\mathrm{d}y}{\mathrm{d}x}=u'(x)\mathrm{e}^{-\tan x}-u(x)\mathrm{e}^{-\tan x}\cdot\sec^2 x.$$

将 y,y'的表示式代入原方程中,得

$$\mathrm{d}u=\mathrm{e}^{\tan x}\cdot\tan x\cdot\sec^2 x\mathrm{d}x,$$

积分,得

$$u(x)=\mathrm{e}^{\tan x}(\tan x-1)+C\quad(C\text{ 是任意常数}),$$

于是,所给方程的通解是

$$y=\mathrm{e}^{-\tan x}[\mathrm{e}^{\tan x}(\tan x-1)+C]=\tan x-1+C\mathrm{e}^{-\tan x}.$$

解 2 注意到一阶线性齐次方程$\frac{\mathrm{d}y}{\mathrm{d}x}+P(x)=0$ 的通解是

$$y=C\mathrm{e}^{-\int P(x)\mathrm{d}x}.$$

先用 $\mathrm{e}^{\int P(x)\mathrm{d}x}$ 乘非齐次方程$\frac{\mathrm{d}y}{\mathrm{d}x}+P(x)y=Q(x)$ 的两端,然后,再求解.

将方程两端先乘

$$\mathrm{e}^{\int P(x)\mathrm{d}x}=\mathrm{e}^{\int\sec^2 x\mathrm{d}x}=\mathrm{e}^{\tan x},$$

得 $$y'\mathrm{e}^{\tan x}+\mathrm{e}^{\tan x}\cdot\sec^2 x\cdot y=\mathrm{e}^{\tan x}\cdot\sec^2 x\cdot\tan x,$$

即 $$(y\mathrm{e}^{\tan x})'=\mathrm{e}^{\tan x}\cdot\sec^2 x\cdot\tan x,$$

于是 $$ye^{\tan x} = \int e^{\tan x}\sec^2 x \cdot \tan x\mathrm{d}x$$

$$= e^{\tan x}(\tan x - 1) + C$$

所求通解为

$$y = \tan x - 1 + Ce^{-\tan x}.$$

注释 将一阶线性非齐次方程的左端乘上 $e^{\int P(x)\mathrm{d}x}$,一定有

$$y'e^{\int P(x)\mathrm{d}x} + P(x)e^{\int P(x)\mathrm{d}x}y = (ye^{\int P(x)\mathrm{d}x})'$$

从而,一阶线性非齐次方程的通解就为

$$ye^{\int P(x)\mathrm{d}x} = \int Q(x)e^{\int P(x)\mathrm{d}x}\mathrm{d}x + C.$$

即 $$y = e^{-\int P(x)\mathrm{d}x}\left[\int Q(x)e^{\int P(x)\mathrm{d}x}\mathrm{d}x + C\right].$$

这样,就无需硬性记该公式了.

例 8 求方程 $y' - y = \cos x - \sin x$ 满足如下条件的解:当 $x \to +\infty$ 时,y 有界.

解 这是一阶线性非齐次方程. 可以求得其通解是

$$y = Ce^x + \sin x.$$

当 $C \neq 0$ 时,因当 $x \to +\infty$ 时,$Ce^x \to +\infty$,即由通解所得到的任一解都无界;而当 $C = 0$ 时,特解 $y = \sin x$ 满足条件:当 $x \to +\infty$ 时有界.

例 9 设 $y = e^x$ 是微分方程 $xy' + P(x)y = x$ 的一个解,求此微分方程满足条件 $y\big|_{x=\ln 2} = 0$ 的特解.

分析 先求出 $P(x)$,再求方程的通解,最后求出满足初始条件的特解.

解 以 $y = e^x, y' = e^x$ 代入原方程,得

$$xe^x + P(x)e^x = x,$$

由此得 $$P(x) = xe^{-x} - x.$$

将其代入原方程,得

$$y' + (e^{-x} - 1)y = 1.$$

因方程 $y'+(e^{-x}-1)y=0$ 的通解为 $y=Ce^{x+e^{-x}}$,
所以原方程的通解为

$$y=e^{x}+Ce^{x+e^{-x}}.$$

由 $y\big|_{x=\ln 2}=0$,得 $C=-e^{-\frac{1}{2}}$.

故所求特解为 $\qquad y=e^{x}+e^{x+e^{-x}-\frac{1}{2}}$.

例 10 设有微分方程 $y'-2y=\varphi(x)$,其中

$$\varphi(x)=\begin{cases}2, 若\ x<1,\\ 0, 若\ x>1.\end{cases}$$

试求在$(-\infty,+\infty)$内的连续函数 $y=y(x)$,使之在$(-\infty,1)$和$(1,+\infty)$内都满足所给方程,且满足条件 $y(0)=0$.

解 这是一阶线性微分方程,由题设和通解公式

$$y=\begin{cases}e^{\int 2dx}\left[\int 2e^{-\int 2dx}dx+C_1\right], & x<1,\\ C_2e^{\int 2dx}, & x>1,\end{cases}$$

$$y=\begin{cases}C_1e^{2x}-1, & x<1,\\ C_2e^{2x}, & x>1.\end{cases}$$

由 $y(0)=0$ 得 $C_1=1$. 又 $y=y(x)$ 在 $x=1$ 处连续,有

$$\lim_{x\to 1^-}y=\lim_{x\to 1^-}(e^{2x}-1)=e^2-1,$$

$$\lim_{x\to 1^+}y=\lim_{x\to 1^+}C_2e^{2x}=C_2e^2=e^2-1.$$

故 $C_2=1-e^{-2}$. 于是所求在$(-\infty,+\infty)$上连续函数

$$y=\begin{cases}e^{2x}-1, & x\leqslant 1,\\ (1-e^{-2})e^{2x}, & x>1.\end{cases}$$

例 11 设函数 $f(x)=\sum\limits_{n=0}^{\infty}a_nx^n\ (-\infty<x<+\infty)$,且 $\sum\limits_{n=0}^{\infty}[(n+1)a_{n+1}-a_n]x^n=e^x$,求 $f(x)$ 及 a_n.

分析 注意到

$$\sum_{n=0}^{\infty}[(n+1)a_{n+1}-a_n]x^n=\sum_{n=0}^{\infty}(n+1)a_{n+1}x^n-\sum_{n=0}^{\infty}a_nx^n,$$

而 $\sum_{n=0}^{\infty}(n+1)a_{n+1}x^n=\sum_{n=1}^{\infty}na_nx^{n-1}=f'(x)$,这是求解微分方程 $f'(x)-f(x)=e^x$ 的问题.

题设中隐含着初始条件 $f(0)=0$.

解 由题设知,所求 $f(x)$ 是微分方程 $f'(x)-f(x)=e^x$ 满足初始条件 $f(0)=0$ 的特解.

易求得微分方程的通解是 $f(x)=e^x(x+C)$;所求特解为 $f(x)=xe^x$.

因 $e^x=\sum_{n=0}^{\infty}\frac{x^n}{n!}$,所以

$$f(x)=xe^x=\sum_{n=0}^{\infty}\frac{x^{n+1}}{n!}=\sum_{n=1}^{\infty}\frac{x^n}{(n-1)!}.$$

由此可知,$a_0=0,a_n=\frac{1}{(n-1)!},n=1,2,\cdots$.

注释 当所求函数是微分方程的特解时,若题设没给出初始条件,要在题设中寻求隐含着的初始条件.

例 12 已知 $f_n(x)$ 满足

$$f_n'(x)=f_n(x)+x^{n-1}e^x \quad (n\text{ 为正整数}),$$

且 $f_n(1)=\frac{e}{n}$,求函数项级数 $\sum_{n=1}^{\infty}f_n(x)$ 之和.

解 已知条件可写成

$$f_n'(x)-f_n(x)=x^{n-1}e^x.$$

这是一阶线性微分方程,其通解为

$$f_n(x)=e^{\int dx}\left(\int x^{n-1}e^xe^{-\int dx}dx+C\right)=e^x\left(\frac{x^n}{n}+C\right).$$

由条件 $f_n(1)=\frac{e}{n}$ 得 $C=0$. 故 $f_n(x)=\frac{x^ne^x}{n}$. 从而

$$\sum_{n=1}^{\infty}f_n(x)=\sum_{n=1}^{\infty}\frac{x^ne^x}{n}=e^x\sum_{n=1}^{\infty}\frac{x^n}{n}.$$

记 $S(x)=\sum\limits_{n=1}^{\infty}\frac{x^n}{n}$,其收敛域为$[-1,1)$,当 $x\in(-1,1)$时,有

$$S'(x)=\sum_{n=1}^{\infty}x^{n-1}=\frac{1}{1-x},$$

故

$$S(x)=\int_0^x\frac{1}{1-t}dt=-\ln(1-x).$$

当 $x=-1$ 时,

$$\sum_{n=1}^{\infty}f_n(x)=-e^{-1}\ln 2.$$

于是,当 $-1\leqslant x<1$ 时,有

$$\sum_{n=1}^{\infty}f_n(x)=-e^{x}\ln(1-x).$$

例 13 求方程 $y'=\frac{1}{xy+y^3}$的通解.

解 这不是一阶线性微分方程.但具有关于 $x,\frac{dx}{dy}$的线性方程的特点.事实上,方程可化为关于 x 和$\frac{dx}{dy}$的线性方程

$$\frac{dx}{dy}-yx=y^3,$$

其中 $P(y)=y,Q(y)=y^3$.可以求得其通解为

$$x=e^{\int ydy}\left[\int y^3e^{-\int ydy}dy+C\right]=Ce^{\frac{y^2}{2}}-y^2-2.$$

注释 下列方程均可化为关于 x 和$\frac{dx}{dy}$的线性方程

$y'=\frac{y}{x+y^3}$化为$\frac{dx}{dy}-\frac{1}{y}x=y^2$.

$(x-2xy-y^2)y'+y^2=0$ 化为$\frac{dx}{dy}+\frac{1-2y}{y^2}x=1$.

$2xdy-ydx=2y^2dy$ 化为$\frac{dx}{dy}-\frac{2}{y}x=-2y$.

$(e^{-\frac{1}{2}y^2}-xy)dy-dx=0$ 化为$\frac{dx}{dy}+yx=e^{-\frac{1}{2}y^2}$.

例 14 求方程$(2x+1)y'-4e^{-y}+2=0$ 的通解.

解 这不是一阶线性微分方程,方程可化为

$$e^y y'+\frac{2}{2x+1}e^y=\frac{4}{2x+1}.$$

因$\frac{de^y}{dx}=e^y y'$,这是关于 e^y 和$\frac{de^y}{dx}$的线性方程

$$\frac{de^y}{dx}+\frac{2}{2x+1}e^y=\frac{4}{2x+1}.$$

可求得上述方程的通解为

$$\begin{aligned}e^y &= e^{-\int\frac{2}{2x+1}dx}\left(\int\frac{4}{2x+1}e^{\int\frac{2}{2x+1}dx}dx+C\right)\\ &=\frac{1}{2x+1}(4x+C),\end{aligned}$$

或

$$y=\ln\frac{4x+C}{2x+1}.$$

注释 下列方程可化为关于$f(y)$,$\frac{df(y)}{dx}$的线性方程

$6xy^2y'+2y^3+x=0$ 化为$\frac{dy^3}{dx}+\frac{1}{x}y^3=-\frac{1}{2}$.

$\sqrt{1+x^2}y'\sin 2y=2x\sin^2 y+e^{2\sqrt{1+x^2}}$化为

$\frac{d\sin^2 y}{dx}-\frac{2x}{\sqrt{1+x^2}}\sin^2 y=\frac{1}{\sqrt{1+x^2}}e^{2\sqrt{1+x^2}}$.

$\frac{dy}{dx}+ye^{-x}=y\ln y$ 化为$\frac{d\ln y}{dx}-\ln y=-e^{-x}$.

$\sin y\frac{dy}{dx}-\cos y+x\cos^2 y=0$ 化为$\frac{d}{dx}\left(\frac{1}{\cos y}\right)-\frac{1}{\cos y}=-x$.

例 15 求方程$\frac{dy}{dx}=\frac{2xy}{x^2-y^2}$的通解.

解 直观判定,这不是一阶线性方程.方程可化为

$$2x\frac{dx}{dy}-\frac{1}{y}x^2=-y,\text{即}\frac{dx^2}{dy}-\frac{1}{y}x^2=-y.$$

这是关于 x^2 和 $\frac{dx^2}{dy}$ 的一阶线性微分方程. 其通解为

$$x^2=e^{\int\frac{1}{y}dy}\left(-\int ye^{-\int\frac{1}{y}dy}dy+C\right)=y(C-y).$$

注释 下列方程可化为关于 $f(x)$, $\frac{df(x)}{dy}$ 的线性方程

$\frac{dy}{dx}=-\frac{6x^2y}{2x^3+y}$ 可化为 $\frac{dx^3}{dy}+\frac{1}{y}x^3=-\frac{1}{2}$.

$y'=\frac{4x^3y}{x^4+y^2}$ 可化为 $\frac{dx^4}{dy}-\frac{1}{y}x^4=y$.

$\frac{dx}{\sqrt{xy}}+\left(\frac{2}{y}-\sqrt{\frac{x}{y^3}}\right)dy=0$ 可化为 $\frac{d\sqrt{x}}{dy}-\frac{1}{2y}\sqrt{x}=-\frac{1}{\sqrt{y}}$.

$(x^3+e^y)y'=3x^2$ 可化为 $\frac{dx^3}{dy}-x^3=e^y$.

例 16 求微分方程 $y'+y=x\sqrt{y}$ 的通解.

解 1 这是伯努利方程. 其中 $P(x)=1, Q(x)=x, n=\frac{1}{2}$. 化为线性微分方程求解.

方程两端除以 $\sqrt{y}$, 并作变量替换 $z=y^{1-\frac{1}{2}}=\sqrt{y}$, 则

$$\frac{dz}{dx}=\frac{1}{2\sqrt{y}}\frac{dy}{dx}$$

原方程化为

$$\frac{dz}{dx}+\frac{1}{2}z=\frac{x}{2}.$$

可以求得 $z=e^{-\frac{x}{2}}\left(\int\frac{x}{2}e^{\frac{x}{2}}dx+C\right)=x-2+Ce^{-\frac{x}{2}}$.

于是, 由 $z=\sqrt{y}$ 得原方程的解

$$y=(x-2+Ce^{-\frac{x}{2}})^2.$$

解 2 用常数变易法求解.

先算出线性齐次方程 $y'+y=0$ 的通解是 $y=Ce^{-x}$.

设 $y=u(x)e^{-x}$ 是原方程的解,则

$$y'=u'e^{-x}-ue^{-x}.$$

将 y 与 y' 的表示式代入原方程中,并整理,得

$$\frac{du}{\sqrt{u}}=xe^{\frac{x}{2}}.$$

求积分,得 $\sqrt{u}=xe^{\frac{x}{2}}-2e^{\frac{x}{2}}+C=(x-2+Ce^{-\frac{x}{2}})e^{\frac{x}{2}}$,

即 $$u(x)=(x-2+Ce^{-\frac{x}{2}})^2e^x.$$

于是原方程的解为

$$y=(x-2+Ce^{-\frac{x}{2}})^2.$$

例 17 求微分方程 $(x^2+y^2+1)dy+xydx=0$ 的通解.

解 方程可化为

$$\frac{dy}{dx}=-\frac{xy}{x^2+y^2+1},$$

若将 x 视为 y 的函数,可化为

$$\frac{dx}{dy}+\frac{1}{y}x=-\frac{y^2+1}{y}x^{-1},$$

这是伯努里方程. 该方程也可化为

$$\frac{dx^2}{dy}+\frac{2}{y}x^2=-\frac{2(y^2+1)}{y}.$$

可以求得该方程的通解为

$$2x^2y^2+y^4+y^2=C.$$

注释 下列方程均为伯努利方程

$3xy^2y'-2y^3=x^2$ 为 $y'-\frac{2}{3x}y=\frac{x}{3}y^{-2}$, $n=-2$.

$y'=2\sqrt{\frac{y}{x}}-\frac{y}{x}$ 为 $y'+\frac{1}{x}y=\frac{2}{\sqrt{x}}y^{\frac{1}{2}}$, $n=\frac{1}{2}$.

$2xdy-ydx=y^2dx$ 为 $\frac{dy}{dx}-\frac{1}{2x}y=\frac{1}{2x}y^2$, $n=2$.

$x^2ydx-(x^3+y^4)dy=0$ 为 $\frac{dx}{dy}-\frac{1}{y}x=y^3x^{-2}$, $n=-2$,这里 x 视

为 y 的函数.

例 18 解微分方程$(y')^2+2(1-e^x y)y'=e^x y(2-e^x y)-1$.

解 这是一阶二次微分方程,由于

$$e^x y(2-e^x y)-1=-e^{2x}y^2+2e^x y-1=-(1-e^x y)^2,$$

所以原方程可化为

$$(y')^2+2(1-e^x y)y'+(1-e^x y)^2=0,$$

$$[y'+(1-e^x y)]^2=0 \quad \text{即} \quad y'-e^x y=-1.$$

这是一阶线性微分方程,其解

$$y=e^{\int e^x dx}\left[C-\int e^{-\int e^x dx}dx\right]=e^{e^x}\left[C-\int e^{-e^x}dx\right].$$

§9.3 高阶常系数线性微分方程的解法

一、二阶常系数线性微分方程的解法

二阶线性非齐次微分方程,形如下式

$$y''+py'+qy=f(x) \quad (p,q\text{ 为实数},f(x)\neq 0), \tag{1}$$

与方程(1)相对应的二阶线性齐次微分方程,形如下式

$$y''+py'+qy=0 \tag{2}$$

1. 求齐次方程(2)**通解的程序**

(1) 写出其特征方程 $r^2+pr+q=0$;

(2) 求出特征方程的两个根;

(3) 由特征根的情形写出通解,如表 1.

表 1

特征方程	特征根	线性无关特解	通解
$r^2+pr+q=0$	相异实根 r_1,r_2	$y_1=e^{r_1x}$, $y_2=e^{r_2x}$	$y_C=C_1e^{r_1x}+C_2e^{r_2x}$
	相同实根 r	$y_1=e^{rx}$, $y_2=xe^{rx}$	$y_C=(C_1+C_2x)e^{rx}$
	复根 $r=\alpha\pm i\beta$	$y_1=e^{\alpha x}\cos\beta x$, $y_2=e^{\alpha x}\sin\beta x$	$y_C=e^{\alpha x}(C_1\cos\beta x+C_2\sin\beta x)$

注释 若是求方程(2)的特解,还需把初始条件 $y(x_0)=y_0$, $y'(x_0)=y_1$代入通解 y_C中,以确定任意常数 C_1与 C_2的值.

2. 用待定系数法求非齐次方程(1)**特解 y^* 的程序**

(1) 根据非齐次方程(1)的自由项$f(x)$的形式设出待定特解 y^* 的形式,如表 2;

(2) 求出 $y^{*\prime}, y^{*\prime\prime}$,将 $y^*, y^{*\prime}, y^{*\prime\prime}$代入原非齐次方程(1)式,便得到一个恒等式;

(3) 比较等式两端,可得到一个确定待定常数的方程或方程组,由此可解出待定常数的具体数值;

(4) 写出非齐次方程(1)的特解 y^*.

表 2

$f(x)$的形式	特征根的情形	待定特解形式
$P_m(x)$ $P_m(x)$是 m 次多项式	0 不是特征根	$Q_m(x)$ $Q_m(x)$是 m 次多项式
	0 是一重特征根	$xQ_m(x)$
	0 是二重特征根	$x^2Q_m(x)$
$Ae^{\alpha x}$	α 不是特征根	$ae^{\alpha x}$
	α 是一重特征根	$axe^{\alpha x}$
	α 是二重特征根	$ax^2e^{\alpha x}$
$e^{\alpha x}P_m(x)$	α 不是特征根	$e^{\alpha x}Q_m(x)$
	α 是一重特征根	$xe^{\alpha x}Q_m(x)$
	α 是二重特征根	$x^2e^{\alpha x}Q_m(x)$
$A\cos\beta x+B\sin\beta x$	$\pm i\beta$ 不是特征根	$a\cos\beta x+b\sin\beta x$
	$\pm i\beta$ 是特征根	$x(a\cos\beta x+b\sin\beta x)$
$e^{\alpha x}(A\cos\beta x+B\sin\beta x)$	$\alpha\pm i\beta$ 不是特征根	$e^{\alpha x}(a\cos\beta x+b\sin\beta x)$
	$\alpha\pm i\beta$ 是特征根	$xe^{\alpha x}(a\cos\beta x+b\sin\beta x)$

3. 非齐次方程(1)的通解

$$y = y_C + y^*$$

注释 若是求非齐次方程(1)满足初始条件:$y(x_0)=y_0$,$y'(x_0)=y_1$(或是其他某种条件)的特解时,必须用所给条件确定通解中任意常数的取值.

例 1 设 $y_1(x)$ 和 $y_2(x)$ 为二阶常系数线性齐次方程 $y''+py'+qy=0$的两个特解,而 $c_1y_1(x)+c_2y(x_2)$(其中 c_1和 c_2是任意常数)是该方程的通解,其充分条件是(　　).

(A) $y_1(x)y_2'(x)-y_2(x)y_1'(x)=0$

(B) $y_1(x)y_2'(x)-y_2(x)y_1'(x)\neq 0$

(C) $y_1(x)y_2'(x)+y_2(x)y_1'(x)=0$

(D) $y_1(x)y_2'(x)+y_2(x)y_1'(x)\neq 0$

分析 $c_1y_1(x)+c_2y_2(x)$能够构成 $y''+py'+qy=0$ 的通解的充分条件是 $y_1(x)$和 $y_2(x)$线性无关,即$\dfrac{y_1(x)}{y_2(x)}\neq$常数.

解 由$\dfrac{y_1(x)}{y_2(x)}\neq$常数知$\left[\dfrac{y_1(x)}{y_2(x)}\right]'\neq 0$,从而

$$\frac{y_1'(x)y_2(x)-y_2'(x)y_1(x)}{y_2^2(x)}\neq 0.\text{ 选(B).}$$

例 2 写出下列方程两个线性无关的特解,并求出通解:

(1) $y''-7y'+6y=0$;　　　　(2) $y''-6y'+9y=0$.

解 (1) 该方程的特征方程为 $r^2-7r+6=0$;特征根为$r_1=1$,$r_2=6$;两个线性无关的特解为 $y_1(x)=\mathrm{e}^x$,$y_2(x)=\mathrm{e}^{6x}$;微分方程的通解为

$$y=C_1\mathrm{e}^x+C_2\mathrm{e}^{6x}\quad(C_1,C_2\text{为任意常数})①.$$

(2) 特征方程为 $r^2-6r+9=0$;其根为 $r_{1,2}=3$;线性无关的特

---

① 以下,若不特殊说明,C_1,C_2均表示两个独立的任意常数.

解为 $y_1(x)=e^{3x}$, $y_2(x)=xe^{3x}$;原方程的通解为

$$y=e^{3x}(C_1+C_2x).$$

例 3 求方程 $y''+4y'+qy=0$ 的通解,其中 q 为任意实数.

分析 微分方程 $y''+py'+qy=0$ 的特征方程为 $r^2+pr+q=0$,由表 1 知,特征根的不同情形将决定微分方程通解的形式,因此,当 p 或 q 中,若有没给定的常数时,必须对其进行讨论,以确定特征根的情形.

解 微分方程的特征方程为

$$r^2+4r+q=(r+2)^2-(4-q)=0.$$

(1) 当 $q<4$ 时,特征根 $r_{1,2}=-2\pm\sqrt{4-q}$;所求通解为

$$y=C_1e^{(-2+\sqrt{4-q})x}+C_2e^{(-2-\sqrt{4-q})x}.$$

(2) 当 $q=4$ 时,特征根 $r_{1,2}=-2$;其通解为

$$y=(C_1+C_2x)e^{-2x}.$$

(3) 当 $q>4$ 时,特征根 $r_{1,2}=-2\pm i\sqrt{q-4}$;其通解为

$$y=e^{-2x}(C_1\cos\sqrt{q-4}x+C_2\sin\sqrt{q-4}x).$$

例 4 求方程 $y''-2y'+10y=0$ 满足 $y\left(\frac{\pi}{6}\right)=0$, $y'\left(\frac{\pi}{6}\right)=e^{\frac{\pi}{6}}$的特解.

解 先求通解,再求满足初始条件的特解.

特征方程为 $r^2-2r+10=0$,其特征根为 $r_{1,2}=1\pm3i$. 通解为

$$y=e^x(C_1\cos 3x+C_2\sin 3x). \tag{1}$$

为求特解,先对上式求导得

$$y'=e^x[(C_2-3C_1)\sin 3x+(C_1+3C_2)\cos 3x], \tag{2}$$

将 $y\left(\frac{\pi}{6}\right)=0$, $y'\left(\frac{\pi}{6}\right)=e^{\frac{\pi}{6}}$分别代入(1)式和(2)式,得

$$\begin{cases}0=e^{\frac{\pi}{6}}C_2,\\ e^{\frac{\pi}{6}}=e^{\frac{\pi}{6}}(C_2-3C_1),\end{cases}$$

由此得 $C_1=-\frac{1}{3}, C_2=0$. 所求特解为 $y=-\frac{1}{3}e^x\cos 3x$.

例 5 已知二阶常系数齐次微分方程线性无关的特解，试写出原微分方程：

(1) e^{-2x}, e^{2x}；　　(2) e^{-x}, xe^{-x}；

(3) $1, e^{-2x}$；　　(4) $1, x$；

(5) $\cos 4x, \sin 4x$；　　(6) $e^{3x}\cos 2x, e^{3x}\sin 2x$.

分析 已知二阶常系数齐次微分方程线性无关的特解，写原微分方程.

解题程序 根据前述表 1：

(1) 由线性无关的特解写出特征方程的根；

(2) 由特征根确定特征方程；

(3) 由特征方程写出微分方程.

解 (1) 由题设知有相异实根 $r_1=-2, r_2=2$；特征方程为 $(r+2)(r-2)=r^2-4=0$；微分方程为 $y''-4y=0$.

(2) 有相同实根 $r=-1$；特征方程为 $(r+1)^2=r^2+2r+1=0$；微分方程为 $y''+2y'+y=0$.

(3) 因 $e^{0}=1$，有相异实根 $r_1=0, r_2=-2$；特征方程为 $r(r+2)=r^2+2r=0$；微分方程为 $y''+2y'=0$.

(4) 有相同实根 $r=0$；特征方程为 $r^2=0$；微分方程为 $y''=0$.

(5) 有共轭复根 $r_{1,2}=\pm 4i$；特征方程为 $(r+4i)(r-4i)=r^2+16=0$；微分方程为 $y''+16y=0$.

(6) 有共轭复根 $r_{1,2}=3\pm 2i$；特征方程为

$$[r-(3+2i)][r-(3-2i)]=[(r-3)-2i][(r-3)+2i]=r^2-6r+13=0,$$

微分方程为　$y''-6y'+13=0$.

注释 当特征方程 $r^2+pr+q=0$ 有共轭复根 $r_{1,2}=\alpha\pm i\beta$ 时，也可由韦达定理求 p 和 q：

$$r_1+r_2=-p,\qquad r_1r_2=q$$

即 $\quad p=-2\alpha, q=\alpha^2+\beta^2.$

例 6 设 $y=\mathrm{e}^{3x}(C_1\cos 2x+C_2\sin 2x)$($C_1,C_2$为任意常数)为二阶常系数线性齐次微分方程的通解,试求微分方程.

解 由前述表1,由通解表示式可得齐次方程的两个线性无关的特解:$\mathrm{e}^{3x}\cos 2x,\mathrm{e}^{3x}\sin 2x$. 由此知特征方程有两个共轭复根 $3+2\mathrm{i},3-2\mathrm{i}$. 于是特征方程 $r^2+pr+q=0$ 的系数

$$p=-2\cdot 3=-6, q=3^2+2^2=13.$$

于是所求微分方程为 $\quad y''-6y'+13=0.$

例 7 设 $y_1=x\mathrm{e}^x+\mathrm{e}^{2x},y_2=x\mathrm{e}^x+\mathrm{e}^{-x},y_3=x\mathrm{e}^x+\mathrm{e}^{2x}-\mathrm{e}^{-x}$是二阶常系数线性非齐次方程的特解,求该微分方程的通解和该微分方程.

分析 易看出所给三个特解线性无关. 由此知

求非齐次微分方程**通解的思路**

(1) 先用非齐次方程与齐次方程解之间的关系:

设 $y_1^*(x),y_2^*(x)$是非齐次方程(1)的两个不同的特解,则 $y=y_1^*(x)-y_2^*(x)$是齐次方程(2)的解. 得到齐次方程两个线性无关的特解.

(2) 写出齐次方程的通解.

(3) 用非齐次方程解的结构定理写出非齐次方程的通解.

求非齐次微分方程有**两种方法**:

其一 用特解代入法确定自由项 $f(x)$.

解题程序

(1) 用前述例 5 的方法写出齐次微分方程;

(2) 用特解代入法确定非齐次方程的自由项 $f(x)$.

其二 用通解消去任意常数法得到微分方程.

解 因 $y_2-y_1=\mathrm{e}^{-x}-\mathrm{e}^{2x},y_3-y_1=-\mathrm{e}^{-x}$均为齐次方程的解,显然,$\mathrm{e}^{-x}-\mathrm{e}^{2x}$与 $-\mathrm{e}^{-x}$线性无关;由此,齐次方程的通解为

$$y_C=C_1(\mathrm{e}^{-x}-\mathrm{e}^{2x})+C_2\mathrm{e}^{-x}=C_3\mathrm{e}^{-x}+C_4\mathrm{e}^{2x},$$

其中 $C_3=C_1+C_2, C_4=-C_1$;从而所求微分方程的通解为

$$\begin{aligned} y &= y_C+y_1=C_3\mathrm{e}^{-x}+C_4\mathrm{e}^{2x}+x\mathrm{e}^{x}+\mathrm{e}^{2x} \\ &= C_3\mathrm{e}^{-x}+C\mathrm{e}^{2x}+x\mathrm{e}^{x} \quad (C=C_4+1). \end{aligned}$$

下面求微分方程.

方法1 由 $y_C=C_3\mathrm{e}^{-x}+C_4\mathrm{e}^{2x}$知,齐次方程的特征根为 $r_1=-1, r_2=2$;特征方程为 $r^2-r-2=0$;齐次方程为

$$y''-y-2y=0.$$

设非齐次方程为

$$y''-y'-2y=f(x). \tag{1}$$

由通解 $y=C_3\mathrm{e}^{-x}+C\mathrm{e}^{2x}+x\mathrm{e}^{x}$知 $y^*=x\mathrm{e}^{x}$为其特解. 又

$$y^{*\prime}=\mathrm{e}^{x}+x\mathrm{e}^{x}, y^{*\prime\prime}=2\mathrm{e}^{x}+x\mathrm{e}^{x},$$

将 $y^*, y^{*\prime}, y^{*\prime\prime}$的表达式代入(1)式,可算得 $f(x)=\mathrm{e}^{x}(1-2x)$. 于是所求微分方程为

$$y''-y'-2y=\mathrm{e}^{x}(1-2x).$$

方法2 因

$$y=C_3\mathrm{e}^{-x}+C\mathrm{e}^{2x}+x\mathrm{e}^{x}, \tag{2}$$

$$y'=-C_3\mathrm{e}^{-x}+2C\mathrm{e}^{2x}+\mathrm{e}^{x}+x\mathrm{e}^{x}, \tag{3}$$

$$y''=C_3\mathrm{e}^{-x}+4C\mathrm{e}^{2x}+2\mathrm{e}^{x}+x\mathrm{e}^{x}. \tag{4}$$

由(2)式+(3)式,(3)式+(4)式可得

$$y+y'=3C\mathrm{e}^{2x}+\mathrm{e}^{x}+2x\mathrm{e}^{x},$$

$$y'+y''=6C\mathrm{e}^{2x}+3\mathrm{e}^{x}+2x\mathrm{e}^{x},$$

由上二式消去 C 可得微分方程为

$$y''-y'-2y=\mathrm{e}^{x}(1-2x).$$

例8 已知二阶常系数线性方程的特征根和右端 $f(x)$ 的形式,试写出待定特解的形式:

(1) $r_1=3, r_2=5; f(x)=Ax^2+Bx+C$;

(2) $r_1=-2, r_2=1; f(x)=A\mathrm{e}^{-2x}$;

(3) $r_1=-1, r_2=-1; f(x)=\mathrm{e}^{-x}(Ax+B)$;

(4) $r_1=-3\mathrm{i}, r_2=3\mathrm{i}$; $f(x)=A\cos 3x+B\sin 3x$;

(5) $r_1=-2+\sqrt{6}, r_2=-2-\sqrt{6}$; $f(x)=8\sin 2x$;

(6) $r_1=-1-\mathrm{i}, r_2=-1+\mathrm{i}$; $f(x)=\mathrm{e}^{-x}(A\cos x+B\sin x)$.

分析 本例应根据前述表2,由$f(x)$的形式及特征根的情形,设出待定特解y^*的形式.

解 (1) $f(x)=P_2(x)$,0不是特征根,故$y^*=ax^2+bx+c$.

(2) $f(x)=A\mathrm{e}^{\alpha x}$,$\alpha=-2$是一重特征根,设$y^*=ax\mathrm{e}^{-2x}$.

(3) $f(x)=\mathrm{e}^{\alpha x}P_1(x)$,$\alpha=-1$是二重特征根,设

$$y^*=x^2\mathrm{e}^{-x}(ax+b).$$

(4) $f(x)=A\cos\beta x+B\sin\beta x$, $\pm\mathrm{i}\beta=\pm3\mathrm{i}$是特征根,设

$$y^*=x(a\cos 3x+b\sin 3x).$$

(5) $f(x)=A\cos\beta x+B\sin\beta x, A=0, B=8, \beta=2$, $\pm\mathrm{i}\beta=\pm2\mathrm{i}$不是特征根,设$y^*=a\cos 2x+b\sin 2x$.

(6) $f(x)=\mathrm{e}^{\alpha x}(A\cos\beta x+B\sin\beta x)$, $\alpha=-1$, $\beta=1$, $\alpha\pm\mathrm{i}\beta=-1\pm\mathrm{i}$是特征根,设$y^*=x\mathrm{e}^{-x}(a\cos x+b\sin x)$.

例9 求微分方程$2y''+2y'+3y=x^2+2x-1$的通解.

解 这是二阶常系数线性微分方程.将已知方程写成如下形式

$$y''+y'+\frac{3}{2}y=\frac{1}{2}x^2+x-\frac{1}{2}.$$

先求齐次方程的通解.

特征方程是$r^2+r+\frac{3}{2}=0$,其解为$r_{1,2}=-\frac{1}{2}\pm\frac{\sqrt{5}}{2}\mathrm{i}$,所以,齐次方程的通解

$$y_C=\mathrm{e}^{-\frac{1}{2}x}\left(C_1\cos\frac{\sqrt{5}}{2}x+C_2\sin\frac{\sqrt{5}}{2}x\right).$$

再求非齐次方程的特解.

由于$f(x)=\frac{1}{2}x^2+x-\frac{1}{2}=P_2(x)$,且0不是特征根,所以设特解

$$y^* = ax^2 + bx + c,$$

其中 a,b,c 是待定常数.

求出 $y^{*\prime}, y^{*\prime\prime}$代入已知方程,有

$$\begin{array}{rr|l}
 & \frac{3}{2} & y^* = ax^2 + bx + c \\
 & 1 & y^{*\prime} = \quad 2ax + b \\
+) & 1 & y^{*\prime\prime} = \qquad\quad 2a \\
\hline
\end{array}$$

$$\frac{1}{2}x^2 + x - \frac{1}{2} = \frac{3}{2}ax^2 + \left(\frac{3}{2}b + 2a\right)x + \left(\frac{3}{2}c + b + 2a\right)$$

上述得到的等式是一个恒等式,等式两端 x 同次幂的系数必须相等. 比较 x 的同次幂的系数,得到方程组

$$\begin{cases} \frac{3}{2}a = \frac{1}{2}, \\ 2a + \frac{3}{2}b = 1, \\ 2a + b + \frac{3}{2}c = -\frac{1}{2}. \end{cases}$$

解之,得 $a = \frac{1}{3}, b = \frac{2}{9}, c = -\frac{25}{27}$. 故特解为

$$y^* = \frac{1}{3}x^2 + \frac{2}{9}x - \frac{25}{27}.$$

于是,所求通解为 $y = y_C + y^*$

$$= e^{-\frac{1}{2}x}\left(C_1\cos\frac{\sqrt{5}}{2}x + C_2\sin\frac{\sqrt{5}}{2}x\right) + \frac{1}{3}x^2 + \frac{2}{9}x - \frac{25}{27}.$$

例 10 求微分方程 $y'' - 4y' + 4y = xe^{2x}$的通解.

解 特征方程为 $r^2 - 4r + 4 = 0$,其根为 $r_{1,2} = 2$,齐次方程的通解为

$$y_C = (C_1 + C_2 x)e^{2x}.$$

由于$f(x)=xe^{2x}=e^{\alpha x}P_1(x)$，$\alpha=2$是二重特征根，所以设特解

$$y^*=x^2(ax+b)e^{2x}=(ax^3+bx^2)e^{2x}.$$

求出$y^{*\prime},y^{*\prime\prime}$代入已知方程，有

$$\begin{array}{r|l}
4 & y^*=(ax^3+bx^2)e^{2x} \\
-4 & y^{*\prime}=2(ax^3+bx^2)e^{2x}+(3ax^2+2bx)e^{2x} \\
1 & y^{*\prime\prime}=4(ax^3+bx^2)e^{2x}+2(3ax^2+2bx)e^{2x} \\
+) & \qquad\qquad +2(3ax^2+2bx)e^{2x}+(6ax+2b)e^{2x} \\
\hline
 & xe^{2x}=\quad 0 \quad + \quad 0 \quad +(6ax+2b)e^{2x}
\end{array}$$

由上式知$a=\dfrac{1}{6}$，$b=0$. 故特解为

$$y^*=\frac{1}{6}x^3e^{2x}.$$

于是所求通解为

$$y=y_C+y^*=\left(C_1+C_2x+\frac{1}{6}x^3\right)e^{2x}.$$

例 11　求微分方程$y''+\lambda^2y=\sin x(\lambda>0)$的通解.

分析　按前述例3，须对λ进行讨论.

解　特征方程$r^2+\lambda^2=0$，特征根$r_{1,2}=\pm\lambda i$，齐次方程的通解为

$$y_C=C_1\cos\lambda x+C_2\sin\lambda x.$$

方程的自由项$f(x)=\sin x=A\cos\beta x+B\sin\beta x$，其中$A=0,B=1,\beta=1$.

(1) 当$\lambda=1$时，$\pm i\beta=\pm i$是特征根. 设特解

$$y^*=x(a\cos x+b\sin x).$$

可以求得$a=-\dfrac{1}{2}$，$b=0$. 于是原方程的通解为

$$y=y_C+y^*=C_1\cos x+C_2\sin x-\frac{1}{2}x\cos x.$$

（2）当 $\lambda \neq 1$ 时，$\pm i\beta = \pm i$ 不是特征根.设特解

$$y^* = a\cos x + b\sin x.$$

可以求得 $a=0, b=\dfrac{1}{\lambda^2-1}$. 于是原方程的通解为

$$y = y_C + y^* = C_1\cos \lambda x + C_2\sin \lambda x + \frac{1}{\lambda^2-1}\sin x.$$

例 12 就参数 λ 取不同的值，写出微分方程

$$y'' - 2y' + \lambda y = e^x \sin 2x$$

的特解 y^*.

解 方程的自由项

$$f(x) = e^x \sin 2x = e^{\alpha x}(A\cos \beta x + B\sin \beta x),$$

其中 $\alpha=1, \beta=2, A=0, B=1$.

特征方程是 $r^2-2r+\lambda=0$，特征根 $r=1\pm\sqrt{1-\lambda}$.

（1）当 $\lambda=5$ 时，特征根为 $r=1\pm 2i$. 这时 $\alpha \pm i\beta = 1\pm 2i$ 是特征方程的根，故设特解

$$y^* = xe^x(a\cos 2x + b\sin 2x).$$

可以求得 $a=-\dfrac{1}{4}, b=0$. 故 $y^* = -\dfrac{1}{4}xe^x\cos 2x$.

（2）当 $\lambda \neq 5$ 时，$\alpha \pm i\beta = 1\pm 2i$ 不是特征根，设特解

$$y^* = e^x(a\cos 2x + b\sin 2x).$$

可以求得 $a=0, b=\dfrac{1}{\lambda-5}$. 于是 $y^* = \dfrac{1}{\lambda-5}e^x\sin 2x$.

例 13 写出微分方程 $y''-2y'+\lambda y = xe^{\alpha x}$ 的通解形式，其中 λ，α 是任意实数.

分析 本例不仅应讨论 λ 的取值；由前述表 2 知，α 取不同的值，将决定非齐次微分方程特解 y^* 的形式，故也应讨论 α 的取值.

解 特征方程是 $r^2-2r+\lambda=0$，特征根是 $r_1 = 1-\sqrt{1-\lambda}$，$r_2 = 1+\sqrt{1-\lambda}$.

$$f(x)=x\mathrm{e}^{\alpha x}=\mathrm{e}^{\alpha x}P_1(x).$$

(1) 当 $\lambda=1$ 时,特征根 $r_1=r_2=1$ 是二重根:

若 $\alpha=1$,则 α 是二重特征根,方程的通解形式为

$$y=(C_1+C_2x)\mathrm{e}^x+x^2(ax+b)\mathrm{e}^x.$$

若 $\alpha\neq1$,则 α 不是特征根,方程的通解形式为

$$y=(C_1+C_2x)\mathrm{e}^x+(ax+b)\mathrm{e}^{\alpha x}.$$

(2) 当 $\lambda<1$ 时,则有相异实根 $r_{1,2}=1\pm\sqrt{1-\lambda}$:

若 $\alpha=1+\sqrt{1-\lambda}$或 $\alpha=1-\sqrt{1-\lambda}$,则 α 是一重特征根,方程的通解形式为

$$y=C_1\mathrm{e}^{(1+\sqrt{1-\lambda})x}+C_2\mathrm{e}^{(1-\sqrt{1-\lambda})x}+x(ax+b)\mathrm{e}^{\alpha x}.$$

若 $a\neq1+\sqrt{1-\lambda}$,$\alpha\neq1-\sqrt{1-\lambda}$,则 α 不是特征根,方程的通解形式为

$$y=C_1\mathrm{e}^{(1+\sqrt{1-\lambda})x}+C_2\mathrm{e}^{(1-\sqrt{1-\lambda})x}+(ax+b)\mathrm{e}^{\alpha x}.$$

(3) 当 $\lambda>1$ 时,特征根为共轭复数 $r_{1,2}=1\pm\sqrt{\lambda-1}\mathrm{i}$. 因 α 是实数,则通解形式是

$$y=\mathrm{e}^x\left(C_1\cos\sqrt{\lambda-1}x+C_2\sin\sqrt{\lambda-1}x\right)+(ax+b)\mathrm{e}^{\alpha x}.$$

例 14 设二阶常系数线性微分方程 $y''+\alpha y'+\beta y=\gamma\mathrm{e}^x$ 的一个特解为 $y^*=\mathrm{e}^{2x}+(1+x)\mathrm{e}^x$,试确定 α,β,γ,并求该方程的通解.

分析 因特解 y^* 满足微分方程,将其代入方程可确定 α,β,γ.

解 将 $y^*=\mathrm{e}^{2x}+(1+x)\mathrm{e}^x$,$y^{*\prime}$,$y^{*\prime\prime}$代入方程,得

$$(4+2\alpha+\beta)\mathrm{e}^{2x}+(3+2\alpha+\beta)\mathrm{e}^x+(1+\alpha+\beta)x\mathrm{e}^x=\gamma\mathrm{e}^x$$

比较等式两端同类项的系数,得方程组

$$\begin{cases}4+2\alpha+\beta=0,\\3+2\alpha+\beta=\gamma,\\1+\alpha+\beta=0.\end{cases}$$

解之,得 $\alpha=-3,\beta=2,\gamma=-1$.

因所给方程为 $y''-3y'+2y=-e^x$. 易求得对应的齐次方程的通解为 $y_C=C_1e^x+C_2e^{2x}$. 从而原方程的通解为

$$y=y_C+y^*=C_3e^x+C_4e^{2x}+xe^x(C_3=C_1+1,C_4=C_2+1).$$

例 15 求微分方程 $y''+y=x^2+\cos x$ 的特解.

分析 本例按方程右端 $f(x)$ 的形式,需用解的叠加原理.

解 易看出齐次方程的特征根 $r_{1,2}=\pm i$. 为求所给方程的特解,需分别求两个方程的特解:

$$y''+y=x^2, \tag{1}$$

$$y''+y=\cos x. \tag{2}$$

可以求得方程(1)的特解 $y_1^*=x^2-2$;方程(2)的特解 $y^*=\frac{1}{2}x\sin x$. 由叠加原理,原方程的一个特解为

$$y=y_1^*+y_2^*=x^2-2+\frac{1}{2}x\sin x.$$

例 16 求微分方程 $y''+4y'+3y=9+8e^x$ 满足条件:当 $x\to-\infty$ 时,$y\to3$ 的特解.

分析 本例由于给出了特解满足的条件,必须先求方程的通解,再由所给条件确定特解.

解 齐次方程 $y''+4y'+3y=0$ 的通解为

$$y_C=C_1e^{-x}+C_2e^{-3x}.$$

非齐次方程 $y''+4y'+3y=9$,易观察出,$y_1^*=3$ 是其一个特解.

非齐次方程 $y''+4y'+3y=8e^x$,可以求得(也可观察出)$y_2^*=e^x$是其一个特解.

于是,由叠加原理,所给方程的通解为

$$y=y_C+y_1^*+y_2^*=C_1e^{-x}+C_2e^{-3x}+3+e^x.$$

当 $x\to-\infty$ 时,因 $e^{-x}\to+\infty$,$e^{-3x}\to+\infty$,$e^x\to0$. 取 $C_1=C_2=0$,则满足条件:当 $x\to-\infty$ 时,$y\to3$ 的特解是

$$y=3+e^x.$$

例 17 设函数 $y=y(x)$ 在 $(-\infty,+\infty)$ 内具有二阶导数,且 $y'\neq 0$,$x=x(y)$ 是 $y=y(x)$ 的反函数.

(1) 试将 $x=x(y)$ 所满足的微分方程

$$\frac{d^2x}{dy^2}+(y+\sin x)\left(\frac{dx}{dy}\right)^3=0$$

变换为 $y=y(x)$ 满足的微分方程;

(2) 求变换后的微分方程满足初始条件 $y(0)=0,y'(0)=\frac{3}{2}$ 的解.

分析 先由反函数的导数公式求出 $\frac{dx}{dy}$ 用 $\frac{dy}{dx}$ 的表示式,并求出 $\frac{d^2x}{dy^2}$ 用 $\frac{dy}{dx}$ 的表示式.

解 (1) 由反函数导数公式知 $\frac{dx}{dy}=\frac{1}{y'}$,即 $y'\frac{dx}{dy}=1$.

上式两端关于 x 求导,得

$$y''\frac{dx}{dy}+\frac{d^2x}{dy^2}(y')^2=0,\text{即}\frac{d^2x}{dy^2}=-\frac{\frac{dx}{dy}y''}{(y')^2}=-\frac{y''}{(y')^3}.$$

将 $\frac{dx}{dy},\frac{d^2x}{dy^2}$ 的表示式代入原方程,得

$$y''-y=\sin x \tag{1}$$

(2) 齐次方程 $y''-y=0$ 的特征根 $r_1=-1,r_2=1$;$f(x)=\sin x$,$\pm i$ 不是特征根.可以求得该上述方程(1)的通解为

$$y(x)=C_1e^{-x}+C_2e^x-\frac{1}{2}\sin x.$$

由 $y(0)=0,y'(0)=\frac{3}{2}$,得 $C_1=-1,C_2=1$.故所求初始问题的解为

$$y(x)=e^x-e^{-x}-\frac{1}{2}\sin x.$$

例 18 确定$(-\infty,+\infty)$上的可导函数

$$y=\begin{cases}y_1(x), x\leqslant\dfrac{\pi}{2},\\ y_2(x), x>\dfrac{\pi}{2},\end{cases}$$

使得$y_1(x)$是微分方程$y''+4y=x^2\left(x\leqslant\dfrac{\pi}{2}\right)$满足初始条件$y(0)=\dfrac{7}{8}$, $y'(0)=2$的特解，而$y_2(x)$满足微分方程$y''+9y=0\left(x>\dfrac{\pi}{2}\right)$.

分析 依题设$y''+4y=x^2$的特解$y_1(x)$可以求得，$y''+9y=0$的通解$y_2(x)$也可求得，因该通解中含两个任意常数，问题就成为用

$$y=\begin{cases}y_1(x), x\leqslant\dfrac{\pi}{2},\\ y_2(x), x>\dfrac{\pi}{2}\end{cases}$$ 在$x=\dfrac{\pi}{2}$可导来确定$y_2(x)$中的任意常数.

解 方程$y''+4y=0$的特征根$r=\pm 2\mathrm{i}$，故其通解为

$$y_C=C_1\cos 2x+C_2\sin 2x$$

方程$y''+4y=x^2$中，0 不是特征根，设特解$y^*=ax^2+bx+c$，可解得$a=\dfrac{1}{4}$, $b=0$, $c=-\dfrac{1}{8}$，即$y^*=\dfrac{x^2}{4}-\dfrac{1}{8}$. 从而

$$\begin{aligned}y_1(x)&=y_C+y^*\\&=C_1\cos 2x+C_2\sin 2x+\frac{x^2}{4}-\frac{1}{8}\left(x\leqslant\frac{\pi}{2}\right),\end{aligned}$$

由初始条件$y(0)=\dfrac{7}{8}$, $y'(0)=2$，可解得$C_1=1$, $C_2=1$. 于是

$$y_1(x)=\cos 2x+\sin 2x+\frac{x^2}{4}-\frac{1}{8}\left(x\leqslant\frac{\pi}{2}\right). \qquad (1)$$

方程$y''+9y=0$的特征根$r=\pm 3\mathrm{i}$，故其通解为

$$y_2(x)=C_3\cos 3x+C_4\sin 3x\left(x>\frac{\pi}{2}\right) \tag{2}$$

由(1)式和(2)式得

$$y=\begin{cases}\cos 2x+\sin 2x+\dfrac{x^2}{4}-\dfrac{1}{8}, x\leqslant\dfrac{\pi}{2},\\ C_3\cos 3x+C_4\sin 3x, \quad x>\dfrac{\pi}{2}\end{cases}$$

为使上述函数在 $x=\frac{\pi}{2}$ 处可微,该函数在 $x=\frac{\pi}{2}$ 处应连续且 $y'_-\left(\frac{\pi}{2}\right)=y'_+\left(\frac{\pi}{2}\right)$. 由已知条件有

$$y\left(\frac{\pi}{2}\right)=\frac{1}{8}\left(\frac{\pi^2}{2}-9\right) \tag{3}$$

且当 $x<\frac{\pi}{2}$ 时, $y'=-2\sin 2x+2\cos 2x+\frac{x}{2}$, $y'_-\left(\frac{\pi}{2}\right)=\frac{\pi}{4}-2$ (4)

由于当 $x>\frac{\pi}{2}$ 时, $y'=-3C_3\sin 3x+3C_4\cos 3x$. 由条件(3)和(4)可解得 $C_3=\frac{1}{3}\left(\frac{\pi}{4}-2\right)$, $C_4=\frac{1}{8}\left(9-\frac{\pi^2}{2}\right)$.

从而所求在$(-\infty,+\infty)$上的可导函数

$$y=\begin{cases}\cos 2x+\sin 2x+\dfrac{x^2}{4}-\dfrac{1}{8}, & x\leqslant\dfrac{\pi}{2},\\ \dfrac{1}{3}\left(\dfrac{\pi}{4}-2\right)\cos 3x+\dfrac{1}{8}\left(9-\dfrac{\pi^2}{2}\right)\sin 3x, & x>\dfrac{\pi}{2}.\end{cases}$$

例 19 设 $u=f(r)$, $r=\ln\sqrt{x^2+y^2+z^2}$满足方程

$$\frac{\partial^2 u}{\partial x^2}+\frac{\partial^2 u}{\partial y^2}+\frac{\partial^2 u}{\partial z^2}=(x^2+y^2+z^2)^{-\frac{3}{2}},$$

试求 $f(r)$ 的表达式.

分析 应先求出$\frac{\partial^2 u}{\partial x^2}$, $\frac{\partial^2 u}{\partial y^2}$, $\frac{\partial^2 u}{\partial z^2}$,并将其代入已知等式,进而求出 $f(r)$ 的表达式.

解 由题设有

$$\frac{\partial u}{\partial x}=f'(r)\frac{\partial r}{\partial x}=f'(r)\frac{x}{x^2+y^2+z^2},$$

$$\frac{\partial^2 u}{\partial x^2}=f''(r)\frac{x^2}{(x^2+y^2+z^2)^2}+f'(r)\frac{y^2+z^2-x^2}{(x^2+y^2+z^2)^2}.$$

由对称性得

$$\frac{\partial^2 u}{\partial y^2}=f''(r)\frac{y^2}{(x^2+y^2+z^2)^2}+f'(r)\frac{z^2+x^2-y^2}{(x^2+y^2+z^2)^2}.$$

$$\frac{\partial^2 u}{\partial z^2}=f''(r)\frac{z^2}{(x^2+y^2+z^2)^2}+f'(r)\frac{x^2+y^2-z^2}{(x^2+y^2+z^2)^2}.$$

因此

$$\frac{\partial^2 u}{\partial x^2}+\frac{\partial^2 u}{\partial y^2}+\frac{\partial^2 u}{\partial z^2}=\frac{f''(r)+f'(r)}{x^2+y^2+z^2}=(x^2+y^2+z^2)^{-\frac{3}{2}},$$

即

$$f''(r)+f'(r)=(x^2+y^2+z^2)^{-\frac{1}{2}}=\mathrm{e}^{-r}.$$

这是二阶常系数非齐次微分方程.

方程 $f''(r)+f'(r)=0$ 的特征方程的根为 0 和 -1,于是齐次方程的通解为

$$f_C(r)=C_1+C_2\mathrm{e}^{-r}.$$

因非齐次方程的自由项为 $\mathrm{e}^{-r}=A\mathrm{e}^{\alpha r}$,其中 $A=1,\alpha=-1$. 设非齐次方程的特解为 $f^*(r)=ar\mathrm{e}^{-r}$,可求得 $a=-1$. 故 $f^*(r)=-r\mathrm{e}^{-r}$. 从而原方程的通解为 $f(r)=C_1+C_2\mathrm{e}^{-r}-r\mathrm{e}^{r}$.

二、n 阶常系数线性微分方程的解法

n 阶常系数线性非齐次微分方程形如下式

$$y^{(n)}+a_1y^{(n-1)}+a_2y^{(n-2)}+\cdots+a_{n-1}y'+a_ny=f(x)\quad (f(x)\neq 0).\qquad(5)$$

与方程(5)相对应的 n 阶线性齐次微分方程形如下式

$$y^{(n)}+a_1y^{(n-1)}+a_2y^{(n-2)}+\cdots+a_{n-1}y'+a_ny=0.\qquad(6)$$

其特征方程为

$$r^n + a_1 r^{n-1} + a_2 r^{n-2} + \cdots + a_{n-1} r + a_n = 0. \tag{7}$$

特征方程(7)有 n 个根,n 个特征根对应齐次方程(6)的 n 个线性无关的特解;这 n 个特解的线性组合就是齐次方程(6)的通解. 由特征根确定齐次方程(6)的线性无关特解的情形如表 3.

表 3

特征根	线性无关的特解及其个数	通解表达式中的对应项
1 重实根 r	1 个 e^{rx}	1 项 Ce^{rx}
$k(\geqslant 2)$重实根 r	k 个 $e^{rx}, xe^{rx}, \cdots, x^{k-1}e^{rx}$	k 项 $(C_1 + C_2 x + \cdots + C_k x^{k-1}) e^{rx}$
1 重共轭复根 $\alpha \pm i\beta$	2 个 $e^{\alpha x}\cos \beta x, e^{\alpha x}\sin \beta x$	2 项 $e^{\alpha x}(C_1 \cos \beta x + C_2 \sin \beta x)$
$k(\geqslant 2)$ 重共轭复根 $\alpha \pm i\beta$	$2k$ 个 $e^{\alpha x}\cos \beta x, e^{\alpha x}\sin \beta x$ $xe^{\alpha x}\cos \beta x, xe^{\alpha x}\sin \beta x$ $\vdots$ $x^{k-1}e^{\alpha x}\cos \beta x, x^{k-1}e^{\alpha x}\sin \beta x$	$2k$ 项 $e^{\alpha x}[(C_1 + C_2 x + \cdots + C_k x^{k-1}) \cos \beta x$ $+ (D_1 + D_2 x + \cdots + D_k x^{k-1}) \sin \beta x]$

由 $f(x)$ 的常见类型确定非齐次方程(3)的特解 y^* 的形式如表 4.

表 4

$f(x)$的形式	特征的情形	待定特解形式
$e^{\alpha x}P_m(x)$	α 不是特征根	$e^{\alpha x}Q_m(x)$
	α 是 $k(\geqslant 1)$重特征根	$x^k e^{\alpha x}Q_m(x)$
$e^{\alpha x}(A\cos \beta x + B\sin \beta x)$	$\alpha \pm i\beta$ 不是特征根	$e^{\alpha x}(a\cos \beta x + b\sin \beta x)$
	$\alpha \pm i\beta$ 是 $k(\geqslant 1)$重特征根	$x^k e^{\alpha x}(a\cos \beta x + b\sin \beta x)$

例 20 具有特解 $y_1 = e^{-x}, y_2 = 2xe^{-x}, y_3 = 3e^x$的 3 阶常系数齐

次线性微分方程是(　　).

(A) $y''' - y'' - y' + y = 0$　　(B) $y''' + y'' - y' - y = 0$

(C) $y''' - 6y'' + 11y' - 6y = 0$　　(D) $y''' - 2y'' - y' + 2y = 0$

解　易判定,y_1, y_2, y_3线性无关,且齐次线性微分方程的特征根为 $r_1 = 1, r_{2,3} = -1$,特征方程为

$$(r-1)(r+1)^2 = r^3 + r^2 - r - 1 = 0$$

从而,微分方程为 $y''' + y'' - y' - y = 0$. 选(B).

例 21　求下列微分方程的通解:

(1) $y''' - 2y'' - 3y' = 0$;　(2) $y^{(5)} + 2y''' + y' = 0$.

解　(1) 特征方程为 $r^3 - 2r^2 - 3r = r(r^2 - 2r - 3) = 0$. 特征根 $r_1 = 0, r_2 = -1, r_3 = 3$.

按表 3,三个特征根对应的特解分别为 $e^{0x} = 1, e^{-x}, e^{3x}$. 于是,方程的通解是

$$y_C = C_1 + C_2 e^{-x} + C_3 e^{3x}$$

(2) 这是 5 阶齐次微分方程,其特征方程为

$$r^5 + 2r^3 + r = r(r^2 + 1)^2 = 0$$

特征根 $r_1 = 0, r_{2,3} = r_{4,5} = \pm i = 0 \pm i$.

$r_1 = 0$ 对应的特解是 1; $\pm i$ 是二重共轭复根,对应的特解是 $\cos x, \sin x, x\cos x, x\sin x$. 故原方程的通解是

$$y = C_1 + (C_2 + C_3 x)\cos x + (C_4 + C_5 x)\sin x.$$

例 22　求下列微分方程的通解或特解:

(1) $y''' - y = \sin x$;

(2) $y^{(4)} - y = 2e^x, y(0) = y'(0) = y''(0) = y'''(0) = 1$.

解　(1) 特征方程为 $r^3 - 1 = (r-1)(r^2 + r + 1) = 0$,特征根 $r_1 = 1, r_{2,3} = -\frac{1}{2} \pm \frac{\sqrt{3}}{2}i$. 齐次方程的通解为

$$y_C = C_1 e^x + e^{-\frac{1}{2}x}\left(C_2 \cos\frac{\sqrt{3}}{2}x + C_3 \sin\frac{\sqrt{3}}{2}x\right).$$

因 $f(x)=\sin x$，$0\pm \mathrm{i}$ 不是特征根，设特解

$$y^{*}=a\cos x+b\sin x,$$

又
$$y^{*\prime\prime\prime}=a\sin x-b\cos x,$$

将 y^{*}，$y^{*\prime\prime\prime}$ 代入原方程可算得 $a=\frac{1}{2}$，$b=-\frac{1}{2}$，故

$$y^{*}=\frac{1}{2}\cos x-\frac{1}{2}\sin x.$$

于是所求通解

$$y=y_C+y^{*}=C_1\mathrm{e}^{x}+\mathrm{e}^{-\frac{x}{2}}\left(C_2\cos\frac{\sqrt{3}}{2}x+C_3\sin\frac{\sqrt{3}}{2}x\right)+\frac{1}{2}(\cos x-\sin x).$$

（2）特征方程为 $r^4-1=0$，特征根 $r_1=1$，$r_2=-1$，$r_{3,4}=\pm\mathrm{i}$。齐次方程的通解为

$$y_C=C_1\mathrm{e}^{x}+C_2\mathrm{e}^{-x}+C_3\cos x+C_4\sin x.$$

$f(x)=2\mathrm{e}^{x}$，$\alpha=1$ 是 1 重特征根，设特解

$$y^{*}=ax\mathrm{e}^{x}.$$

将 y^{*}，$y^{*(4)}=4a\mathrm{e}^{x}+ax\mathrm{e}^{x}$ 代入原方程，可得 $a=\frac{1}{2}$，于是 $y^{*}=\frac{1}{2}x\mathrm{e}^{x}$.

原方程的通解为

$$y=y_C+y^{*}=C_1\mathrm{e}^{x}+C_2\mathrm{e}^{-x}+C_3\cos x+C_4\sin x+\frac{1}{2}x\mathrm{e}^{x}.$$

求出 y'，y''，y'''. 将 $y(0)=y'(0)=y''(0)=y'''(0)=1$ 代入 y，y'，y'' 和 y''' 的表达式，可得方程组

$$\begin{cases}C_1+C_2+C_3=1,\\ C_1-C_2+C_4+\frac{1}{2}=1,\\ C_1+C_2-C_3+1=1,\\ C_1-C_2-C_4+\frac{3}{2}=1.\end{cases}$$

由此,解得 $C_1=\frac{1}{4},C_2=\frac{1}{4},C_3=\frac{1}{2},C_4=\frac{1}{2}$. 从而所求特解为

$$y=\left(\frac{1}{4}+\frac{1}{2}x\right)e^{x}+\frac{1}{4}e^{-x}+\frac{1}{2}(\cos x+\sin x).$$

§9.4 可降阶的高阶微分方程

可降阶的二阶微分方程的**类型及解法**

1. 形如 $y''=f(x)$ 的方程

解法 两次积分可得通解.

2. 形如 $y''=f(x,y')$ 的方程

解法 令 $y'=P=P(x)$,则 $y''=P'(x)$,可化为关于未知函数 P 的一阶微分方程

$$\frac{dP}{dx}=f(x,P).$$

3. 形如 $y''=f(y,y')$ 的方程

解法 令 $y'=P=P(y)$,则 $y''=\frac{dP}{dx}=\frac{dP}{dy}\frac{dy}{dx}=P\frac{dP}{dy}$,可化为关于 y 和 P 的一阶微分方程

$$\frac{dP}{dy}=\frac{1}{P}f(y,P).$$

4. 关于变量 y,y',y'' 是齐次的微分方程,即对方程 $F(x,y,y',y'')=0$,有

$$F(x,ty,ty',ty'')=t^{k}F(x,y,y',y'').$$

解法 令 $y=e^{\int z dx}$,其中 $z=z(x)$,将其化为一阶微分方程.

例 1 求微分方程 $y'''=e^{2x}$ 的通解

解 这是形如 $y^{(n)}=f(x)$ 的方程. 连续求 n 次积分,即可得所求解. 对原方程积分得

$$y''=\int e^{2x}dx=\frac{1}{2}e^{2x}+C_1,$$

对上式再积分，得

$$y' = \frac{1}{4}e^{2x} + C_1 x + C_2,$$

对 y' 再积分，即可求得原方程的通解

$$y = \frac{1}{8}e^{2x} + \frac{1}{2}C_1 x^2 + C_2 x + C_3.$$

注释 每积分一次必须加上积分常数. n 阶微分方程的通解中一定含有 n 个独立的任意常数.

例 2 设 $g(x)$，$h(x)$ 为已知函数，$f(x)$ 为连续函数，且

$$\int_0^x f(t)\,dt = g(x), \int_0^x tf(t)\,dt = h(x).$$

试解方程（答案中不要出现积分号）

$$\begin{cases} y''(x) = f(x), \\ y(0) = y'(0) = 0. \end{cases}$$

解 这是形如 $y'' = f(x)$ 的方程，方程两边从 0 到 x 积分，并用条件 $y'(0) = 0$，得

$$y'(x) - 0 = \int_0^x f(t)\,dt = g(x),$$

两边再从 0 到 x 积分，并用条件 $y(0) = 0$，得

$$\begin{aligned} y(x) - 0 &= \int_0^x g(x)\,dx = \int_0^x dx\int_0^x f(t)\,dt \\ &\xlongequal{\text{交换积分次序}} \int_0^x dt\int_t^x f(t)\,dx = \int_0^x (x - t)f(t)\,dt \\ &= x\int_0^x f(t)\,dt - \int_0^x tf(t)\,dt = xg(x) - h(x). \end{aligned}$$

即所求的解为

$$y = xg(x) - h(x).$$

例 3 求微分方程 $y'' = \frac{1}{x}y' + xe^x \sin x$ 的通解.

解 这是 $y'' = f(x, y')$ 型方程，设 $y' = P = P(x)$，则 $y'' = P'$，原方程化为

$$P' - \frac{1}{x}P = xe^x \sin x.$$

这是一阶线性方程,可以求得

$$P = e^{\int \frac{1}{x}dx}\left(\int xe^x \sin x e^{-\int \frac{1}{x}dx}dx + C_1\right)$$

$$= \frac{1}{2}xe^x(\sin x - \cos x) + C_1 x,$$

即
$$\frac{dy}{dx} = \frac{1}{2}xe^x(\sin x - \cos x) + C_1 x.$$

分离变量并积分,得原方程的通解为

$$y = \frac{1}{2}\left[-xe^x \cos x + \frac{1}{2}e^x(\cos x + \sin x)\right] + \frac{1}{2}C_1 x^2 + C_2.$$

例 4 解方程 $2yy'' + 1 = y'^2$.

解 这是 $y'' = f(y, y')$ 型方程. 令 $y' = P = P(y)$,则 $y'' = \frac{dP}{dx} = P\frac{dP}{dy}$. 于是原方程化为

$$\frac{2P dP}{P^2 - 1} = \frac{dy}{y}.$$

积分并化简得

$$P = \pm\sqrt{1 + C_1 y}, \text{即} \frac{dy}{dx} = \pm\sqrt{1 + C_1 y}.$$

分离变量并积分,得通解

$$y = \frac{1}{4}C_1(x + C_2)^2 - \frac{1}{C_1}.$$

例 5 求方程 $y^3\frac{d^2y}{dx^2} + 1 = 0$ 满足初始条件 $y(1) = 1, y'(1) = 0$ 的特解.

解 该方程可看作是 $y'' = f(y, y')$ 型. 令 $y' = P = P(y)$,则 $y'' = \frac{dP}{dx} = P\frac{dP}{dy}$,于是原方程化为

$$P\frac{dP}{dy} = -y^{-3}, PdP = -y^{-3}dy.$$

积分得 $$P^2=y^{-2}+C_1,\text{即}\left(\frac{\mathrm{d}y}{\mathrm{d}x}\right)^2=\frac{1}{y^2}+C_1$$

故 $$\frac{\mathrm{d}y}{\mathrm{d}x}=\pm\left(\frac{1}{y^2}+C_1\right)^{\frac{1}{2}}$$

由条件 $y'(1)=0$ 得 $C_1=-1$,即

$$\frac{\mathrm{d}y}{\mathrm{d}x}=\pm\left(\frac{1}{y^2}-1\right)^{\frac{1}{2}},$$

解之得 $$-\sqrt{1-y^2}=\pm(x+C_2),\text{或 } y^2=1-(x+C_2)^2.$$

再由条件 $y(1)=1$ 得 $C_2=-1$. 于是原方程的特解为

$$y^2=1-(x-1)^2.$$

注释 对初值问题,先由条件 $y'(1)=0$ 确定 C_1,再继续解更好.

例 6 求方程 $(y''')^2-y''y^{(4)}=0$ 的通解.

分析 注意到 $y''=f(y,y')$ 方程,该方程可看作 $y^{(4)}=f(y'',y''')$ 型,只要将 y'' 按方程 $y''=f(y,y')$ 中的 y 来处理即可.

解 设 $y'''=P=P(x)$,则 $y^{(4)}=\frac{\mathrm{d}P}{\mathrm{d}x}=\frac{\mathrm{d}P}{\mathrm{d}y''}\cdot\frac{\mathrm{d}y''}{\mathrm{d}x}=P\cdot\frac{\mathrm{d}P}{\mathrm{d}y''}$. 原方程化为

$$P^2-y''P\cdot\frac{\mathrm{d}P}{\mathrm{d}y''}=0,\text{即}\quad P\left(P-y''\frac{\mathrm{d}P}{\mathrm{d}y''}\right)=0.$$

由 $P=0$,即 $y'''=0$,直接积分得

$$y=C_1x^2+C_2x+C_3.$$

由 $P-y''\frac{\mathrm{d}P}{\mathrm{d}y''}=0$,分离变量并积分得

$$P=a_1y'',\text{即}\frac{\mathrm{d}y''}{\mathrm{d}x}=a_1y''.$$

再次分离变量并积分得

$$y''=a_2\mathrm{e}^{a_1x}.$$

经直接积分,可得

$$y=\frac{a_2}{a_1^2}e^{a_1x}+a_3x+a_4\quad(a_1,a_2,a_3,a_4\text{为任意常数}).$$

故原方程的通解为

$$y=C_1x^2+C_2x+C_3\text{或}\ y=\frac{a_2}{a_1^2}e^{a_1x}+a_3x+a_4.$$

例 7 求方程 $y''+\sqrt{1-(y')^2}=0$ 的通解.

解 这是既属 $y''=f(x,y')$ 型,又属 $y''=f(y,y')$ 型方程.求解时,一般将它看作 $y''=f(x,y')$ 型,即设 $y'=P=P(x)$,则$y''=P'$.原方程化为

$$\frac{dP}{dx}+\sqrt{1-P^2}=0.$$

分离变量并积分,得

$$\arccos P=x+C_1,\text{即}\ P=\cos(x+C_1),$$

再积分得通解为 $y=\sin(x+C_1)+C_2$.

例 8 求微分方程 $x^2yy''=(y-xy')^2$的通解.

解 易判定,这是关于 y,y',y''是二次齐次的方程.

设 $y=e^{\int z dx}$,其中 $z=z(x)$,则

$$y'=ze^{\int z dx},y''=(z'+z^2)e^{\int z dx}.$$

将 y,y',y'' 的表达式代入原方程并消去 $e^{\int z dx}$,得

$$x^2(z'+z^2)=(1-xz)^2,\text{即}\ x^2z'+2xz=1.$$

这是一阶线性方程,它可化为$(x^2z)'=1$.

于是 $$x^2z=x+C_1\quad\text{即}\quad z=\frac{1}{x}+\frac{C_1}{x^2}.$$

所以,原方程的通解为

$$y=e^{\int z dx}=e^{\int\left(\frac{1}{x}+\frac{C_1}{x^2}\right)dx}=C_2xe^{-\frac{C_1}{x}}.$$

§9.5 用微分方程求解函数方程

一、含变限积分的函数方程

1. 含变限积分的函数方程

未知函数满足一个含变限积分的方程,未知函数是被积函数或位于积分限上.求解这类函数方程的**解题思路**:

先对变限求导数(有时须求二次导数),脱掉积分号,得到一个含未知函数导数的微分方程;然后解微分方程得到所求函数.

在解微分方程时,若题设中没给出初始条件,要特别**注意**以下问题:

(1) 是求微分方程的通解,还是求特解;

(2) 若是求特解(多数情况如此),初始条件是隐含在所给函数方程中,往往是通过确定变限积分的积分限而得到.若微分方程是二阶的,第二个初始条件往往是由原方程求导后所得到的方程来确定.

2. 含定积分的函数方程

未知函数满足一个含定积分的方程,未知函数是被积函数,而被积函数一般含有参数,求解这类函数方程的**解题思路**.

首先,通过变量替换,消去被积函数中的参数,并将定积分化为变限积分;然后再对变限求导数得到微分方程.

例 1 求满足下列方程的可微函数 $f(x)$:

(1) $f(x)$ 满足方程 $\int_1^x f^2(t)\,\mathrm{d}t = x^2 f(x) - f(1)$;

(2) $f(x)$ 满足方程 $f(x) = \cos 2x + \int_0^x f(t)\sin t\,\mathrm{d}t$.

分析 这是含变限积分的函数方程.由 $f(x)$ 可微知,已知方程两端可对 x 求导.

(1) 将 $x=1$ 代入已知方程中,不论 $f(1)$ 为何值,方程总成立，这是求微分方程的通解.

（2）将 $x=0$ 代入已知方程，有 $f(0)=1$，这应理解是初始条件，这是求特解.

解 （1）已知方程两端求导，得 $f^2(x)=2xf(x)+x^2f'(x)$. 记 $y=f(x)$，微分方程可写成

$$\frac{\mathrm{d}y}{\mathrm{d}x}=\frac{y^2}{x^2}-2\frac{y}{x}.$$

这是齐次微分方程，可求得通解为

$$y=\frac{3x}{1-Cx^3}, \text{即} \quad f(x)=\frac{3x}{1-Cx^3}(C \text{ 是任意常数}).$$

（2）等式两端求导，并记 $y=f(x)$，得

$$y'-\sin x\cdot y=-2\sin 2x.$$

这是一阶线性非齐次方程，其通解为

$$y=\mathrm{e}^{-\cos x}[4\mathrm{e}^{\cos x}(\cos x-1)+C]=4(\cos x-1)+C\mathrm{e}^{-\cos x}.$$

将 $x=0$ 代入已知方程得 $f(0)=1$，这是初始条件. 由 $f(0)=1$ 得 $C=1$. 于是

$$f(x)=4(\cos x-1)+\mathrm{e}^{-\cos x}.$$

例 2 已知可微函数 $f(x)$ 满足

$$\int_1^x \frac{f(x)}{f^2(x)+x}\mathrm{d}x=f(x)-1,$$

求 $f(1)$ 和 $f(x)$.

解 在已知等式两端令 $x=1$，得 $f(1)=1$. 为求 $f(x)$，须对等式两端求导数. 求导有

$$\frac{f(x)}{f^2(x)+x}=f'(x).$$

记 $y=f(x)$，将 x 看成 y 的函数，得 $\frac{\mathrm{d}x}{\mathrm{d}y}-\frac{1}{y}x=y$. 这是一阶线性非齐次方程，解得 $x=y(y+C)$. 由初始条件 $f(1)=1$ 得 $C=0$. 所求函数为 $x=y^2f^2(x)$.

例 3 设函数 $f(t)$ 在 $(0,+\infty)$ 上连续，满足方程

$$f(t)=e^{4\pi t^2}+\iint\limits_{x^2+y^2\leqslant 4t^2} f\left(\frac{1}{2}\sqrt{x^2+y^2}\right)dxdy$$

求 $f(t)$.

分析 函数 $f(t)$ 是由二重积分来定义的,且是积分区域 D 所含参数 t 的函数. 已知方程可理解为含变限积分的函数方程.

解 按域 D 及被积函数,选极坐标系,则

$$\begin{aligned}\iint\limits_{x^2+y^2\leqslant 4t^2} f\left(\frac{1}{2}\sqrt{x^2+y^2}\right)dxdy &= \int_0^{2\pi} d\theta\int_0^{2t} f\left(\frac{r}{2}\right)rdr \\ &= 2\pi\int_0^{2t} f\left(\frac{r}{2}\right)rdr,\end{aligned}$$

从而
$$f(t)=e^{4\pi t^2}+2\pi\int_0^{2t} f\left(\frac{r}{2}\right)rdr.$$

在上式中,两端对 t 求导数,得

$$f'(t)=8\pi t e^{4\pi t^2}+8\pi t f(t).$$

这是关于 $f(t)$ 的一阶线性非齐次微分方程

$$f'(t)-8\pi t f(t)=8\pi t e^{4\pi t^2},$$

该方程的通解为

$$\begin{aligned}f(t) &= e^{\int 8\pi t dt}\left(\int 8\pi t e^{4\pi t^2}\cdot e^{-\int 8\pi t dt}dt+C\right) \\ &= e^{4\pi t^2}\left(8\pi\int t dt+C\right)=e^{4\pi t^2}(4\pi t^2+C).\end{aligned}$$

由已知方程知,当 $t=0$ 时,二重积分为 0,故 $f(0)=1$. 代入上式可得 $C=1$. 于是,所求

$$f(t)=e^{4\pi t^2}(4\pi t^2+1).$$

例 4 设 $\varphi(x)$ 为连续函数,且

$$\varphi(x)=e^x-\int_0^x (x-t)\varphi(t)dt,$$

求 $\varphi(x)$.

解 为求 $\varphi(x)$,等式两端对 x 求导数,得

$$\varphi'(x) = e^x - \int_0^x \varphi(t)\,dt - x\varphi(x) + x\varphi(x) = e^x - \int_0^x \varphi(t)\,dt. \tag{1}$$

上式两端再对 x 求导数,得二阶方程

$$\varphi''(x) + \varphi(x) = e^x.$$

上述二阶方程的特征方程为 $r^2+1=0$,故 $r=\pm i$,可以求得二阶方程的通解为

$$\varphi(x) = C_1\cos x + C_2\sin x + \frac{1}{2}e^x.$$

在已知式中,令 $x=0$,在(1)式中令 $x=0$,可分别得 $\varphi(0)=1$,$\varphi'(0)=1$. 由此可确定 $C_1=\frac{1}{2}, C_2=\frac{1}{2}$. 于是所求的函数

$$\varphi(x) = \frac{1}{2}(\cos x + \sin x + e^x).$$

例 5 函数 $f(x)$ 在 $(0,+\infty)$ 可导,$f(0)=1$,且满足

$$f'(x) + f(x) = \frac{1}{x+1}\int_0^x f(t)\,dt.$$

(1) 求导数 $f'(x)$;

(2) 证明:当 $x\geqslant 0$ 时,$e^{-x}\leqslant f(x)\leqslant 1$.

解 (1) 由 $f(0)=1$ 及已知等式知,$f'(0)=-1$,且

$$(x+1)[f'(x)+f(x)] = \int_0^x f(t)\,dt,$$

两端对 x 求导,得

$$(x+1)f''(x) + (x+2)f'(x) = 0. \tag{1}$$

该方程为可降阶的 $y''=f(x,y')$ 型方程. 令 $f'(x)=P=P(x)$,则 $f''(x)=P'$,方程(1)化为

$$(x+1)P' + (x+2)P = 0,$$

分离变量并积分得

$$P = Ce^{-x-\ln(x+1)}.$$

又因 $f'(0)=P\big|_{x=0}=-1$,所以 $C=-1$. 于是所求导数

$$f'(x)=P=-\frac{e^{-x}}{x+1}.$$

方程(1)也可直接求解.

$$\frac{f''(x)}{f'(x)}=-\frac{x+2}{x+1}=-1-\frac{1}{x+1},$$

即 $$(\ln|f'(x)|)'=-1-\frac{1}{x+1}.$$

因 $f'(0)=-1$,故

$$\ln(-f'(x))\Big|_0^x=-\int_0^x\left(1+\frac{1}{x+1}\right)dx=-x-\ln(x+1),$$

从而

$$-f'(x)=e^{-x-\ln(x+1)},\text{即}\quad f'(x)=-\frac{e^{-x}}{x+1}.$$

(2) 要根据$f'(x)$来估计$f(x)$的范围.

因为$f(0)=1$,又当 $x\geqslant0$ 时

$$-e^{-x}\leqslant f'(x)=-\frac{e^{-x}}{x+1}\leqslant0.$$

两边积分得

$$-\int_0^x e^{-x}dx\leqslant f(x)-f(0)\leqslant0.$$

即 $$e^{-x}\leqslant f(x)\leqslant1.$$

例 6 求可微函数$f(x)$,$f(x)$ 满足

$$\int_0^1 f(\alpha x)d\alpha=\frac{1}{2}f(x)+1.$$

分析 这是含定积分的函数方程.注意被积函数$f(\alpha x)$含参数 x,应作变量替换 $t=\alpha x$.

解 由已知等式得$\int_0^1 f(\alpha x)d(\alpha x)=\frac{1}{2}xf(x)+x.$

令 $t=\alpha x$,则得

$$\int_0^x f(t)dt=\frac{1}{2}xf(x)+x.$$

两端求导，并整理得

$$f'(x)-\frac{1}{x}f(x)=-\frac{2}{x}.$$

这是一阶线性微分方程，可以求得其通解

$$f(x)=x\left(\frac{2}{x}+C\right)=2+Cx.$$

例 7 已知$f(x)$具有连续的二阶导数，且满足

$$f'(x)+3\int_0^x f'(t)\,dt+2x\int_0^1 f(tx)\,dt+e^{-x}=0,$$

及$f(0)=1$，求函数$f(x)$.

解 先对$\int_0^1 f(tx)\,dt$换元：设$u=tx$，则

$$\int_0^1 f(tx)\,dt=\int_0^x f(u)\frac{1}{x}du=\frac{1}{x}\int_0^x f(u)\,du,$$

于是原方程为

$$f'(x)+3\int_0^x f'(t)\,dt+2\int_0^x f(t)\,dt+e^{-x}=0. \qquad (1)$$

两边对x求导，得

$$f''(x)+3f'(x)+2f(x)=e^{-x}.$$

由特征方程$r^2+3r+2=0$，得$r_1=-1,r_2=-2$.

因非齐次项为$e^{-x}=e^{\alpha x}P_0(x)$，$\alpha=-1$是一重根，设特解$y^*=axe^{-x}$. 可以求得$a=1$，于是

$$f(x)=y_C+y^*=C_1e^{-x}+C_2e^{-2x}+xe^{-x}.$$

由$f(0)=1$，又由(1)式得$f'(0)=-1$. 由此可算得通解中的$C_1=1,C_2=1$，故所求函数

$$f(x)=e^{-x}+e^{-2x}+xe^{-x}.$$

二、不含积分符号也不含未知函数导数的函数方程

未知函数所满足的函数方程，既不含积分符号，也不含未知函数的导数，但需要先导出未知函数所满足的微分方程，然后再求得未知函数.

求解这类函数方程的**解题思路**:

首先,依题设应判定从求导数入手;

其次,若题设有未知函数$f(x)$可导,可对已知等式求导数,也可用导数定义求导数$f'(x)$;若题设没有未知函数可导,只能用导数定义求导数$f'(x)$.

解这类函数方程,应特别注意从题设中确定初始条件.

例 8 求可微函数$f(x)$,使其满足关系式

$$f(x+a)=\frac{f(x)+f(a)}{1+f(x)f(a)}, f'(0)=1.$$

分析 由所求$f(x)$可微知,应从求导数入手,由$f'(0)=1$应想到须确定函数$f(x)$所满足的初始条件$f(0)$的取值.

解 1 先确定$f(0)$的取值. 将$x=0$代入已知等式,得$f(0)(1-f^2(a))=0$.

当$1-f^2(a)=0$,即$f(a)=\pm 1$时,由已知等式得$f(x+a)=\pm 1$,于是$f(x)=\pm 1$,从而$f'(0)=0$,这不合题意. 故只有$f(0)=0$.

已知等式两端对x求导

$$f'(x+a)=\frac{f'(x)-f'(x)f^2(a)}{[1+f(x)f(a)]^2},$$

由条件$f(0)=0, f'(0)=1$,上式为$f'(a)=1-f^2(a)$.

由此知,问题就是求微分方程$y'=1-y^2$满足初始条件$y(0)=0$的解. 这是可分离变量的方程,其通解为

$$\frac{1+y}{1-y}=C\mathrm{e}^{2x} \text{或} y=\frac{C\mathrm{e}^{2x}-1}{C\mathrm{e}^{2x}+1}.$$

由$y(0)=0$得$C=1$. 于是所求函数$f(x)=\dfrac{\mathrm{e}^{2x}-1}{\mathrm{e}^{2x}+1}$.

解 2 假设已得到$f(0)=0$. 由导数定义,已知式可写作

$$\begin{aligned}\frac{f(a+x)-f(a)}{x}&=\frac{f(x)}{x}\,\frac{1-f^2(a)}{1+f(x)f(a)}\\&=\frac{f(x)-f(0)}{x}\,\frac{1-f^2(a)}{1+f(x)f(a)}.\end{aligned}$$

令 $x \to 0$,等式两端取极限得

$$f'(a)=f'(0)(1-f^2(a))=1-f^2(a)$$

这也得到微分方程 $y'=1-y^2$.

例 9 设函数 $f(x)$ 对 x,y 的一切正实数值满足方程

$$f(xy)=f(x)f(y)$$

且 $f'(1)=\alpha$(α 是实数),求 $f(x)$.

分析 题设没给出 $f(x)$ 可导,但从 $f'(1)=\alpha$ 知应先求 $f(1)$ 的值,并从导数定义入手求 $f'(x)$.

解 在已知等式中,令 $x=y=1$,得 $f(1)=f^2(1)$,由此 $f(1)=1$, $f(1)=0$. 可以判定 $f(1)=0$ 不合题意. 事实上,由导数定义和题设

$$f'(1)=\lim_{\Delta x\to 0}\frac{f(1+\Delta x)-f(1)}{\Delta x}=\lim_{\Delta x\to 0}\frac{f(1)\cdot f(1+\Delta x)-f(1)}{\Delta x}=0,$$

这与题设 $f'(1)=\alpha$ 相矛盾.

由导数定义求 $f'(x)$,有

$$\frac{f(x+\Delta x)-f(x)}{\Delta x}=\frac{f\left(x\left(1+\frac{\Delta x}{x}\right)\right)-f(x)}{\Delta x}$$

$$=\frac{f\left(1+\frac{\Delta x}{x}\right)-f(1)}{\frac{\Delta x}{x}}\cdot\frac{f(x)}{x}.$$

令 $\Delta x\to 0$,等式两端取极限,得 $f'(x)=f'(1)\dfrac{f(x)}{x}$,即得一阶微分方程

$$f'(x)-\frac{\alpha}{x}f(x)=0.$$

解方程,并用初始条件 $f(1)=1$,得所求函数 $f(x)=x^{\alpha}$.

例 10 设函数 $f(x)$ 对任意实数满足方程

$$f(x+y)=f(x)f(y)$$

且 $f(x)=1+xg(x)$,又当 $x\to 0$ 时,$g(x)=-\dfrac{1}{2}$,求 $f(x)$.

分析 由条件 $f(x)=1+xg(x)$ 得 $f(0)=1$，且

$$g(x)=\frac{f(x)-1}{x}$$

令 $x\to0$，等式两端取极限得 $f'(0)=-\frac{1}{2}$. 为求 $f(x)$，应从导数定义入手.

解 由上述已得 $f(0)=1$，$f'(0)=-\frac{1}{2}$. 由导数定义

$$\frac{f(x+\Delta x)-f(x)}{\Delta x}=\frac{f(x)f(\Delta x)-f(x)}{\Delta x}=f(x)\frac{f(\Delta x)-f(0)}{\Delta x},$$

当 $x\to0$，上式两端取极限，得

$$f'(x)=f(x)f'(0)=-\frac{1}{2}f(x).$$

解方程，并用条件 $f(0)=1$，可得所求函数 $f(x)=e^{-\frac{x}{2}}$.

例 11 设可微函数 $f(x)$ 对任何 x,y 恒有

$$f(x+y)=e^{y}f(x)+e^{x}f(y)$$

且 $f'(0)=2$，求 $f(x)$.

分析 由题设 $f(x)$ 可微且 $f'(0)=2$ 知，应先求 $f(0)$ 并从求导数入手.

解 1 在已知式中，令 $x=y=0$ 得 $f(0)=0$. 已知等式两端分别对 x,y 求导，得

$$f'(x+y)=e^{y}f'(x)+e^{x}f(y),$$
$$f'(x+y)=e^{y}f(x)+e^{x}f'(y).$$

故
$$e^{y}f'(x)+e^{x}f(y)=e^{y}f(x)+e^{x}f'(y),$$
即
$$e^{-x}(f'(x)-f(x))=e^{-y}(f'(y)-f(y)).$$

由此得 $f'(x)-f(x)=Ce^{x}$. 由 $f(0)=0$，$f'(0)=2$，可确定 $C=2$. 这样就得到关于 $f(x)$ 的一阶线性微分方程

$$f'(x)-f(x)=2e^{x}.$$

其通解
$$f(x)=e^{x}\left(\int 2e^{x}e^{-x}dx+C_1\right)=e^{x}(2x+C_1).$$

由 $f(0)=0$ 得 $C_1=0$. 于是所求函数 $f(x)=2xe^x$.

解 2 在已知等式中,令 $x=y=0$ 得 $f(0)=0$. 从导数定义入手.

$$\frac{f(x+\Delta x)-f(x)}{\Delta x}=\frac{e^{\Delta x}f(x)+e^x f(\Delta x)-f(x)}{\Delta x}$$

$$=f(x)\frac{e^{\Delta x}-e^0}{\Delta x}+e^x\frac{f(\Delta x)-f(0)}{\Delta x},$$

令 $\Delta x\to0$,上式两端取极限得

$$f'(x)=f(x)(e^x)'\big|_{x=0}+e^x f'(0)$$

由 $f'(0)=2$,得到了微分方程

$$f'(x)-f(x)=2e^x.$$

例 12 设 $F(x)=f(x)g(x)$,其中函数 $f(x),g(x)$ 在 $(-\infty,+\infty)$ 内满足以下条件:

$$f'(x)=g(x),g'(x)=f(x),且 f(0)=0,f(x)+g(x)=2e^x.$$

(1) 求 $F(x)$ 满足的一阶微分方程;

(2) 求出 $F(x)$ 的表达式.

分析 $F(x)$ 所满足的微分方程自然应含有其导函数,因此应从对 $F(x)$ 求导入手,并将其余部分转化为用 $F(x)$ 表示.

解 (1) $F'(x)=f'(x)g(x)+f(x)g'(x)=g^2(x)+f^2(x)$

$$=[f(x)+g(x)]^2-2f(x)g(x)$$

$$=(2e^x)^2-2F(x).$$

可见 $F(x)$ 所满足的一阶微分方程为

$$F'(x)+2F(x)=4e^{2x}.$$

(2) $F(x)=e^{-\int 2dx}\left[\int 4e^{2x}e^{\int 2dx}dx+C\right]$

$$=e^{-2x}\left[\int 4e^{4x}dx+C\right]=e^{2x}+Ce^{-2x}.$$

将 $F(0)=f(0)g(0)=0$ 代入上式,得 $C=-1$. 于是

$$F(x)=e^{2x}-e^{-2x}.$$

§9.6 微分方程的应用

微分方程应用题的**解题程序**

(1) 列出微分方程

用微分方程解应用问题,首先要依据实际问题的意义,建立微分方程.

(2) 求解微分方程

求解微分方程时,要注意是求通解还是求特解(多半是求特解),若是求特解,需要从实际问题中找出初始条件.

一、几何应用

用微分方程求解几何应用题多是求曲线方程 $y=f(x)$. 一般情况,可根据题设条件画一草图,再根据导数和积分的几何意义:

(1) $\frac{dy}{dx}$表示过曲线 $y=f(x)$ 上点 (x,y) 处的切线斜率;

(2) $-\frac{dx}{dy}$表示过曲线 $y=f(x)$ 上点 (x,y) 处的法线斜率;

(3) 积分$\int_a^x f(t)\mathrm{d}t$ 表示由曲线 $y=f(x)(\geqslant 0)$,直线 $x=a$, $x=x$,x 轴所围图形的面积;

(4) $\pi\int_a^x [f(t)]^2\mathrm{d}t$ 表示(3) 中所述图形绕 x 轴旋转所得的体积等等.

将已给出的假设条件用数学符号表示出来,列出等式. 对含变上限积分的问题求导数,便得到微分方程.

例 1 一曲线经过点(2,3),它在两坐标轴间的任意切线线段均被切点所平分,求该曲线方程.

解 设曲线方程为 $y=y(x)$,则 $y|_{x=2}=3$,且点 (x,y) 处的切线方程为

$$Y-y=y'(X-x).$$

因此切线与两坐标轴的交点为 $A\left(x-\frac{y}{y'},0\right)$，$B(0,y-xy')$. 而点 (x,y) 平分线段 $\overline{AB}$，所以

$$x=\frac{1}{2}\left(x-\frac{y}{y'}\right),\quad y=\frac{1}{2}(y-xy').$$

即 $$y+xy'=0 \quad 或 \quad \frac{\mathrm{d}y}{y}+\frac{\mathrm{d}x}{x}=0.$$

积分得 $$xy=C$$

因 $y|_{x=2}=3$，故 $C=6$. 所求曲线为 $xy=6$.

例 2 一曲线簇由微分方程

$$2xyy'-y^2+x^2=0$$

所确定，求另一簇曲线，它与前簇曲线在相交处均相互垂直.

解 由方程解出此簇曲线在 (x,y) 点的切线斜率为 $y'=-\frac{x^2-y^2}{2xy}$. 由题设可知，所求曲线簇在 (x,y) 点的切线斜率应是

$$y'=\frac{2xy}{x^2-y^2}.$$

这是一阶齐次微分方程. 可以求得其解为

$$x^2+y^2=2Cy.$$

这是一簇通过原点，圆心在 $(0,C)$ 的圆.

例 3 当 $x\geqslant 1$ 时，函数 $f(x)>0$，将曲线 $y=f(x)$，三直线 $x=1$，$x=a(a>1)$，$y=0$ 所围成的图形绕 x 轴旋转一周所产生的立体的体积 $V(a)=\frac{\pi}{3}[a^2f(a)-f(1)]$，又曲线过点 $M\left(2,\frac{2}{9}\right)$，求曲线 $y=f(x)$.

分析 由题设知，该旋转体的体积由直线 $x=a$ 的位置确定.

解 依题意，由旋转体的体积公式，有

$$\pi\int_1^a[f(x)]^2\mathrm{d}x=\frac{\pi}{3}[a^2f(a)-f(1)].$$

两端对 a 求导,有

$$3[f(a)]^2=2af(a)+a^2f'(a),$$

用 x 代替 a,$y=f(x)$ 所满足的微分方程是

$$\frac{\mathrm{d}y}{\mathrm{d}x}=3\left(\frac{y}{x}\right)^2-2\frac{y}{x}(x>1).$$

这是一阶齐次方程,可解得 $\frac{y-x}{y}=Cx^3$. 用条件 $y\big|_{x=2}=\frac{2}{9}$ 确定 C:$C=-1$. 于是所求曲线为 $y=\frac{x}{1+x^3}$.

例 4 连接两点 $A(0,1)$,$B(1,0)$ 的一条曲线,它位于弦 AB 上方. $P(x,y)$ 为曲线上任一点,已知曲线与弦 AP 之间的面积为 x^3,求曲线方程.

解 见图 9-1. 作 $PC\perp x$ 轴,则梯形 $OCPA$ 的面积为 $\frac{1}{2}x(1+y)$. 于是,依题设

$$\int_0^x y\mathrm{d}x-\frac{1}{2}x(1+y)=x^3,$$

两边对 x 求导,并整理得 $y'-\frac{1}{x}y=-6x-\frac{1}{x}$. 这是一阶线性方程,其通解

$$y=\mathrm{e}^{\int\frac{1}{x}\mathrm{d}x}\left[C-\int\left(6x+\frac{1}{x}\right)\mathrm{e}^{-\int\frac{1}{x}\mathrm{d}x}\mathrm{d}x\right]=Cx-6x^2+1.$$

由于曲线过点 $A(0,1)$,$B(1,0)$,即由 $y(0)=1$,$y(1)=0$ 确定出 $C=5$. 故所求曲线为 $y=-6x^2+5x+1$.

例 5 设 $y=f(x)$ 是第一象限内连接点 $A(0,1)$,$B(1,0)$ 的一段连续曲线,$M(x,y)$ 为该曲线上任意一点,点 C 为 M 在 x 轴上的投影,O 为坐标原点(图 9-2). 若梯形 $OCMA$ 的面积与曲边三角形 CBM 的面积之和为 $\frac{x^3}{6}+\frac{1}{3}$,求 $f(x)$ 的表达式.

解 根据题意,有

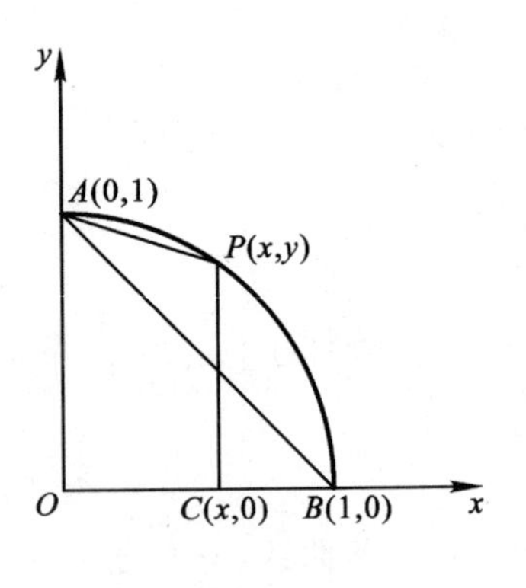

图 9－1

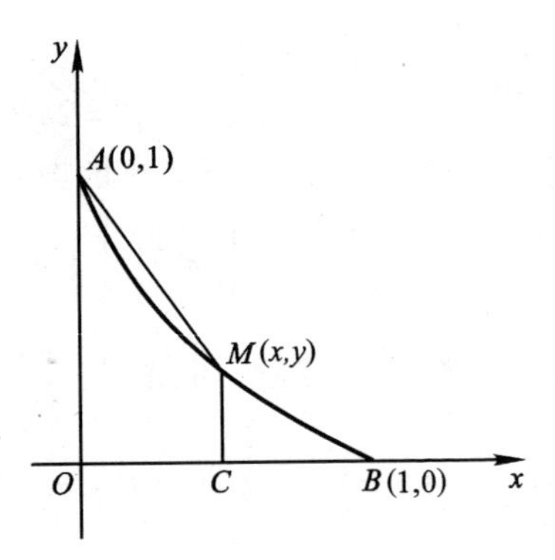

图 9－2

$$\frac{x}{2}[1+f(x)]+\int_x^1 f(t)\,\mathrm{d}t=\frac{x^3}{6}+\frac{1}{3}.$$

两边关于 x 求导，得

$$\frac{1}{2}[1+f(x)]+\frac{1}{2}xf'(x)-f(x)=\frac{1}{2}x^2.$$

当 $x\neq 0$ 时，得一阶线性微分方程

$$f'(x)-\frac{1}{x}f(x)=\frac{x^2-1}{x},$$

故 $$f(x)=\mathrm{e}^{-\int-\frac{1}{x}\mathrm{d}x}\left[\int\frac{x^2-1}{x}\mathrm{e}^{\int-\frac{1}{x}\mathrm{d}x}\mathrm{d}x+C\right]$$

$$=x\left(\int\frac{x^2-1}{x^2}\mathrm{d}x+C\right)=x^2+1+Cx.$$

当 $x=0$ 时，$f(0)=1$. 由于 $x=1$ 时，$f(1)=0$，故有 $2+C=0$，从而 $C=-2$. 所以

$$f(x)=x^2-2x+1=(x-1)^2.$$

例 6 求一曲线，使曲线的切线、坐标轴与切点的纵坐标所围成的梯形面积等于 a^2，且曲线过点 (a,a).

解 如图 9－3. 设所求曲线为 $y=y(x)$，则 $y\big|_{x=a}=a$，且点 (x,y) 处的切线方程为

$$Y-y=y'(X-x),$$

则 $A\left(x-\dfrac{y}{y'},0\right)$，$B(0,y)$. 由题设，有

$$S=\frac{1}{2}\left[x+\left(x-\frac{y}{y'}\right)\right]\cdot y=a^2,$$

即
$$2(xy-a^2)y'=y^2.$$

注意到 x 为一次幂. 可把 x 看成 y 的函数，上述方程可化为

$$\frac{\mathrm{d}x}{\mathrm{d}y}-\frac{2}{y}x=-\frac{2a^2}{y^2},$$

这是关于 $\dfrac{\mathrm{d}x}{\mathrm{d}y}$ 的一阶线性方程. 可求其通解为

$$x=\mathrm{e}^{\int\frac{2}{y}\mathrm{d}y}\left(\int-\frac{2a^2}{y^2}\mathrm{e}^{-\int\frac{2}{y}\mathrm{d}y}\mathrm{d}y+C\right).$$

$$=y^2\left(\frac{2a^2}{3y^2}+C\right).$$

由初始条件 $y\big|_{x=a}=a$，得 $C=\dfrac{1}{3a}$. 故所求曲线方程为

$$x=\frac{y^2}{3a}+\frac{2a^2}{3y}.$$

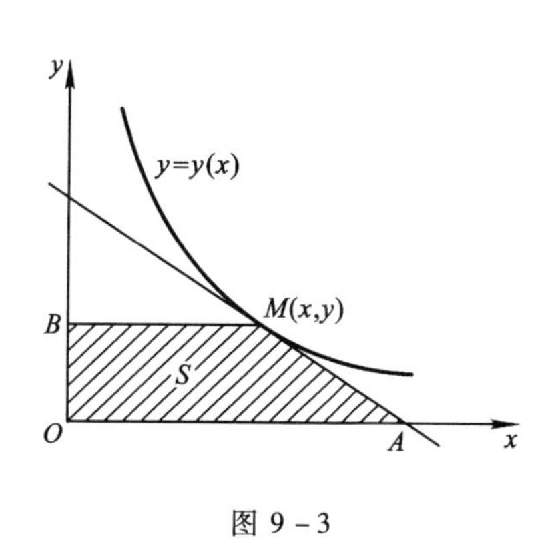

图 9－3

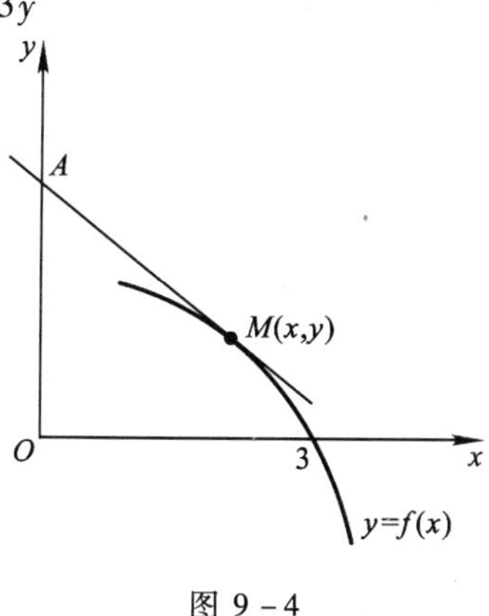

图 9－4

例 7 求通过点(3,0)的曲线方程，使曲线上任意点处的切线同 y 轴之交点与切点的距离等于此交点与原点的距离.

解 画草图如图 9－4. 设曲线 $y=f(x)$ 上任意一点为 $M(x,y)$，则过此点处的切线方程为

$$Y-y=y'(X-x).$$

令 $X=0$，得此切线与 y 轴的交点为 $A(0,y-xy')$. 依题意，有 $|OM|=|AM|$，即

$$|y-xy'|=\sqrt{(x-0)^2}+\sqrt{(y-y+xy')^2}.$$

化简得
$$2yy'-\frac{1}{2}y^2=-x.$$

因 $2yy'=(y^2)'$，这是关于 $y^2,(y^2)'$ 的一阶线性微分方程，其解为 $y^2=-x^2+Cx$. 由条件 $y|_{x=3}=0$，得 $C=3$. 于是所求曲线方程为

$$x^2+y^2=3x.$$

例 8 试确定出定义在 $x\geqslant 0$ 上的正值函数，使它对于每一个正数 x，函数 $f(x)$ 在闭区间 $[0,x]$ 上的平均值等于 $f(0)$ 与 $f(x)$ 的几何平均值.

解 依题意，由积分中值定理得

$$\frac{1}{x}\int_0^x f(x)\,\mathrm{d}x=\sqrt{f(0)f(x)}\text{ 或}\int_0^x f(x)\,\mathrm{d}x=x\sqrt{f(0)f(x)}.$$

两边对 x 求导，并令 $y=f(x)$，得

$$y'+\frac{2}{x}y=\frac{2}{x\cdot\sqrt{f(0)}}y^{\frac{3}{2}}.$$

这是**伯努利方程**. 令 $z=y^{-\frac{1}{2}}$，方程化为$\dfrac{\mathrm{d}z}{\mathrm{d}x}-\dfrac{1}{x}z=\dfrac{-1}{x\sqrt{f(0)}}$.

该线性方程的通解是

$$z=\mathrm{e}^{\int\frac{1}{x}\mathrm{d}x}\left(-\int\frac{1}{x\sqrt{f(0)}}\mathrm{e}^{-\int\frac{1}{x}\mathrm{d}x}\mathrm{d}x+C\right)=\frac{1}{\sqrt{f(0)}}+Cx.$$

由此可得所求函数为 $f(x)=\dfrac{f(0)}{\left(1+C\sqrt{f(0)}x\right)^2}$.

二、经济应用

用微分方程求解经济应用题，要根据导数的经济解释：

(1) 边际概念:经济函数中因变量对自变量的导数;

(2) 函数弹性的经济解释:如需求函数 $Q=\varphi(P)$,则需求价格弹性为 $P\cdot\dfrac{\varphi'(P)}{\varphi(P)}$;

(3) 函数 $y=f(t)$ 的导数 $f'(t)$ 是函数的变化率.

(4) 函数 $f(t)$ 的瞬时增长率是 $\dfrac{f'(t)}{f(t)}$(若是负增长则称为衰减率或贬值率)等等.

列出等式,建立微分方程. 注意所求微分方程的解要有经济意义.

例 9 设需求价格弹性 $E_d=-\dfrac{5}{\sqrt{Q}}(Q>0)$,且当 $Q=100$ 时,$P=1$. 试将价格 P 表为需求 Q 的函数.

解 所求函数 $P=P(Q)$ 是需求函数的反函数. 设需求函数为 $Q=Q(P)$,则按需求价格弹性的定义及初始条件,有

$$\begin{cases}\dfrac{P}{Q}\dfrac{\mathrm{d}Q}{\mathrm{d}P}=-\dfrac{5}{\sqrt{Q}},\\ P\big|_{Q=100}=1.\end{cases}$$

这是可分离变量的微分方程. 可以求得,满足初始条件的所求函数为

$$P=\mathrm{e}^{4-\frac{2}{5}\sqrt{Q}}.$$

例 10 在某一人群中推广技术是通过其中已掌握新技术的人进行的. 设该人群的总人数为 N,在 $t=0$ 时刻已掌握新技术的人数为 x_0,在任意时刻 t 已掌握新技术的人数为 $x(t)$(将 $x(t)$ 视为连续可微变量),其变化率与已掌握新技术人数和未掌握新技术人数之积成正比,比例常数 $k>0$,求 $x(t)$.

解 依题设,在时刻 t,掌握新技术的人数为 $x=x(t)$,未掌握新技术的人数为 $N-x$. 于是有

$$\begin{cases}\dfrac{\mathrm{d}x}{\mathrm{d}t}=kx(N-x),\\ x\big|_{t=0}=x_0,\end{cases}$$

这是可分离变量的方程. 其通解为

$$x = \frac{NCe^{kNt}}{1 + Ce^{kNt}},$$

满足初始条件的特解为

$$x = \frac{Nx_0 e^{kNt}}{N - x_0 + x_0 e^{kNt}}.$$

例 11 某湖泊的水量为 V,每年排入湖泊内含污染物 A 的污水量为 $\frac{V}{6}$,流入湖泊内不含 A 的水量为 $\frac{V}{6}$,流出湖泊的水量为 $\frac{V}{3}$. 已知 1999 年底湖中 A 的含量为 $5m_0$,超过国家规定指标. 为了治理污染,从 2000 年初起,限定排入湖泊中含 A 污水的浓度不超过 $\frac{m_0}{V}$. 问至多需经过多少年,湖泊中污染物 A 的含量降至 m_0 以内? (注:设湖水中 A 的浓度是均匀的)

解 设从 2000 年初(令此时 $t=0$)开始,第 t 年湖泊中污染物 A 的总量为 m,浓度为 $\frac{m}{V}$,则在时间间隔 $[t, t+\mathrm{d}t]$ 内,排入湖泊中 A 的量为 $\frac{m_0}{V} \cdot \frac{V}{6}\mathrm{d}t = \frac{m_0}{6}\mathrm{d}t$, 流出湖泊的水中 A 的量为 $\frac{m}{V} \cdot \frac{V}{3}\mathrm{d}t = \frac{m}{3}\mathrm{d}t$,因而在此时间间隔内湖泊中污染物 A 的改变量

$$\mathrm{d}m = \left(\frac{m_0}{6} - \frac{m}{3}\right)\mathrm{d}t.$$

依题设 $t=0$ 时,$m=5m_0$. 用分离变量法解上述初值问题可得

$$m = \frac{m_0}{2}(1 + 9e^{-\frac{t}{3}}).$$

令 $m = m_0$ 得 $t = 6\ \ln 3$. 即至多需经过 $6\ \ln 3$ 年,湖泊中污染物 A 的含量降至 m_0 以内.

例 12 欲订购货物,设库存费 E 随订购货物体积 V 增加而增加. 若其变化率等于库存费的平方与体积的平方和除以两倍的库

存费与体积乘积的商，且当 $V=1$ 时，$E=3$，求 E 与 V 之间的函数关系.

解 因变化率即是因变量对自变量的导数. 依题意，有

$$\frac{\mathrm{d}E}{\mathrm{d}V}=\frac{E^2+V^2}{2EV}, \quad \text{或} \quad \frac{\mathrm{d}E}{\mathrm{d}V}=\frac{1}{2}\left(\frac{E}{V}+\frac{V}{E}\right).$$

这是一阶齐次方程，初始条件为 $E\big|_{V=1}=3$. 可以求得 E 与 V 之间的函数关系为

$$E^2=V^2+8V.$$

例 13 设 $Y=Y(t)$ 为 t 时刻的国民产值，$K=K(t)$ 为 t 时刻的资本存量，$L=L(t)$ 为 t 时刻的劳力数. 现有如下经济增长模型

$$\begin{cases} Y=AK^{\alpha}L^{1-\alpha}, & (1)\\ \dfrac{\mathrm{d}K}{\mathrm{d}t}=sY, & (2)\\ L=L_0\mathrm{e}^{rt}. & (3)\end{cases}$$

其中 A、s、L_0、r 均是正的常数，$\alpha\in(0,1)$. s 为边际储蓄倾向. L_0 为初始($t=0$ 时)劳力数，r 为劳动增长率，(1)式为生产函数.

(1) 设 $K(0)=K_0$，求资本函数 $K=K(t)$；

(2) 求 $\lim\limits_{t\to+\infty}\dfrac{K}{L}$； (3) 求 $\lim\limits_{t\to+\infty}\dfrac{Y}{L}$.

解 (1) 先导出未知函数 $K(t)$ 满足的微分方程

将(3)式代入(1)式得

$$Y=AK^{\alpha}L_0^{1-\alpha}\mathrm{e}^{(1-\alpha)rt},$$

再将该式代入(2)式得

$$\frac{\mathrm{d}K}{\mathrm{d}t}=sAL_0^{1-\alpha}\mathrm{e}^{(1-\alpha)rt}K^{\alpha},$$

这是可分离变量的微分方程. 它的通解为

$$K^{1-\alpha}=\frac{sA}{r}L_0^{1-\alpha}\mathrm{e}^{(1-\alpha)rt}+C.$$

由 $K(0)=K_0$ 确定任意常数 $C=K_0^{1-\alpha}-\frac{sA}{r}L_0^{1-\alpha}$.

于是,得到

$$K=K(t)=\left[\frac{sA}{r}L_0^{1-\alpha}(\mathrm{e}^{(1-\alpha)rt}-1)+K_0^{1-\alpha}\right]^{\frac{1}{1-\alpha}}.$$

(2) 由于 $1-\alpha>0$, k_0 是常数,且

$$\frac{K}{L}=\left[\frac{\frac{sA}{r}L_0^{1-\alpha}(\mathrm{e}^{(1-\alpha)rt}-1)+K_0^{1-\alpha}}{L_0^{1-\alpha}\mathrm{e}^{(1-\alpha)rt}}\right]^{\frac{1}{1-\alpha}},$$

所以

$$\lim_{t\to+\infty}\frac{K}{L}=\left[\frac{sA}{r}\right]^{\frac{1}{1-\alpha}}. \tag{4}$$

(3) 由于 $Y=AK^{\alpha}L^{1-\alpha}$,所以

$$\frac{Y}{L}=AK^{\alpha}L^{1-\alpha}=A\left(\frac{K}{L}\right)^{\alpha},$$

从而,由(4)式

$$\lim_{t\to+\infty}\frac{Y}{L}=A\left[\frac{sA}{r}\right]^{\frac{\alpha}{1-\alpha}}.$$

注释 $\frac{K}{L}$ 是资本——劳力比率,即人均占有的资本,它的永久平均值是 $\left[\frac{sA}{r}\right]^{\frac{1}{1-\alpha}}$.

$\frac{Y}{L}$ 是收入——劳力比率,即人均收入.

例 14 设 $C=C(t)$, $I=I(t)$, $Y=Y(t)$ 分别表示在时刻 t 的消费、投资和国民收入. 现有如下国民经济收支模型:

$$\begin{cases} Y=C+I, & (1)\\ C=a+bY, a>0, 0<b<1, & (2)\\ I=kC', \quad k>0, & (3)\end{cases}$$

其中(2)式是消费函数, a 是自发消费, b 是边际消费倾向. (3)式表明,投资不是由消费决定,而是消费的变动,从而由收入的变动

决定.

(1) 设 $Y(0)=Y_0$,求 $Y(t),C(t),I(t)$;

(2) 求极限 $\lim\limits_{t\to+\infty}\dfrac{Y(t)}{I(t)}$.

解 (1) 先导出未知函数 $Y(t)$满足的微分方程.

将(2)式两端求导并代入(3)式,得 $I=kbY'$. 将该式和(2)式代入(1)式,整理,得

$$Y'-\frac{1-b}{kb}Y=-\frac{a}{kb}.$$

这是 Y 的一阶常系数线性微分方程. 可以求得其通解为

$$Y=Y_e+Ce^{\mu t},Y_e=\frac{a}{1-b},\mu=\frac{1-b}{kb},C\text{ 为任意常数}.$$

由初始条件 $Y(0)=Y_0$,得 $C=Y_0-Y_e$,于是

$$Y(t)=Y_e+(Y_0-Y_e)e^{\mu t}. \tag{4}$$

将 $Y(t)$的表示式代入(2)式,并注意 $a=(1-b)Y_e$,得

$$C(t)=Y_e+b(Y_0-Y_e)e^{\mu t}.$$

因 $I=kbY'$,将(4)式对 t 求导数,得 $Y'=\mu(Y_0-Y_e)e^{\mu t}$. 于是

$$I(t)=(1-b)(Y_0-Y_e)e^{\mu t}.$$

(2) 由于 Y_e是常数,$\mu>0$,且$\dfrac{Y(t)}{I(t)}=\dfrac{Y_e+(Y_0-Y_e)e^{\mu t}}{(1-b)(Y_0-Y_e)e^{\mu t}}$,

所以
$$\lim_{t\to+\infty}\frac{Y(t)}{I(t)}=\frac{1}{1-b}.$$

注释 (1) 当收入全部用于消费时,$Y=Y_e=\dfrac{a}{1-b}$;

(2) $\dfrac{1}{1-b}$是投资乘数,kb 是资本系数,这时,也是加速系数.

三、用微分方程求幂级数的和函数

例 15 求幂级数 $\sum\limits_{n=0}^{\infty}\dfrac{1}{(2n+1)!!}x^{2n+1}$ 的收敛域及和函数.

解 因 $\lim\limits_{n\to\infty}\dfrac{a_{n+1}}{a_n}=\lim\limits_{n\to\infty}\dfrac{(2n+1)!!}{(2n+3)!!}=\lim\limits_{n\to\infty}\dfrac{1}{2n+3}=0$

故收敛半径 $R=+\infty$,收敛域为$(-\infty,+\infty)$.

设 $S(x)=\sum\limits_{n=0}^{\infty}\frac{1}{(2n+1)!!}x^{2n+1}$,则

$$S'(x)=\sum_{n=0}^{\infty}\left[\frac{1}{(2n+1)!!}x^{2n+1}\right]'=1+\sum_{n=1}^{\infty}\frac{1}{(2n-1)!!}x^{2n}$$

$$=1+x\sum_{n=0}^{\infty}\frac{1}{(2n+1)!!}x^{2n+1}=1+xS(x).$$

于是和函数 $S(x)$满足一阶线性微分方程

$$S'(x)-xS(x)=1,$$

且 $S(0)=0$(由所给级数知).求解上述方程,可得和函数

$$S(x)=\mathrm{e}^{\frac{x^2}{2}}\int_0^x \mathrm{e}^{-\frac{t^2}{2}}\mathrm{d}t.$$

例 16 证明:

$$\frac{\frac{x}{1}+\frac{x^3}{1\cdot 3}+\frac{x^5}{1\cdot 3\cdot 5}+\frac{x^7}{1\cdot 3\cdot 5\cdot 7}+\cdots}{1+\frac{x^2}{2}+\frac{x^4}{2\cdot 4}+\frac{x^6}{2\cdot 4\cdot 6}+\cdots}=\int_0^x \mathrm{e}^{-\frac{t^2}{2}}\mathrm{d}t.$$

解 注意到 $\mathrm{e}^x=\sum\limits_{n=0}^{\infty}\frac{1}{n!}x^n,x\in(-\infty,+\infty)$,则

$$1+\frac{x^2}{2}+\frac{x^4}{2\cdot 4}+\frac{x^6}{2\cdot 4\cdot 6}+\cdots=\sum_{n=0}^{\infty}\frac{1}{n!}\left(\frac{x^2}{2}\right)^n=\mathrm{e}^{\frac{x^2}{2}}.$$

设 $S(x)=\frac{x}{1}+\frac{x^3}{1\cdot 3}+\frac{x^5}{1\cdot 3\cdot 5}+\frac{x^7}{1\cdot 3\cdot 5\cdot 7}+\cdots$

则 $S(x)=\mathrm{e}^{\frac{x^2}{2}}\int_0^x \mathrm{e}^{-\frac{t^2}{2}}\mathrm{d}t$(由前例).故所证等式成立.

例 17 已知函数 $S(x)$在区间$(-1,1)$上的幂级数展开式为

$$S(x)=\sum_{n=1}^{\infty}\frac{x^{2n}}{n(2n-1)}\quad(-1<x<1).$$

求 $S(x)$的表达式.

解 这是求函数 $\sum\limits_{n=1}^{\infty}\frac{x^{2n}}{n(2n-1)}$ 在收敛区间$(-1,1)$上的和函数.

注意到级数的系数有因子$\frac{1}{2n-1}$,将级数改写为

$$S(x) = x\sum_{n=1}^{\infty} \frac{x^{2n-1}}{n(2n-1)}.$$

上式两端对 x 求导,得

$$\begin{aligned} S'(x) &= \sum_{n=1}^{\infty} \frac{x^{2n-1}}{n(2n-1)} + x\sum_{n=1}^{\infty} \frac{x^{2n-2}}{n} \\ &= \frac{1}{x}\sum_{n=1}^{\infty} \frac{x^{2n}}{n(2n-1)} + \frac{1}{x}\sum_{n=1}^{\infty} \frac{x^{2n}}{n} \\ &= \frac{1}{x}S(x) + \frac{1}{x}\int_0^x \left(\sum_{n=1}^{\infty} \frac{x^{2n}}{n} \right)' \mathrm{d}x, \end{aligned}$$

而

$$\begin{aligned} \frac{1}{x}\int_0^x \left(\sum_{n=1}^{\infty} \frac{x^{2n}}{n} \right)' \mathrm{d}x &= \frac{1}{x}\int_0^x 2\left(\sum_{n=1}^{\infty} x^{2n-1} \right) \mathrm{d}x \\ &= \frac{1}{x}\int_0^x \frac{2x}{1-x^2} \mathrm{d}x = -\frac{1}{x}\ln(1-x^2), \end{aligned}$$

即得一阶线性微分方程

$$S'(x) - \frac{1}{x}S(x) = -\frac{1}{x}\ln(1-x^2).$$

可以求得其通解为

$$S(x) = x\left[-x\ln(1-x^2) + 2x + \ln\frac{1-x}{1+x} + C \right].$$

由题设知 $S(0)=0$,由此 $C=0$. 故 $S(x)$的表达式为

$$S(x) = x\left[-x\ln(1-x^2) + 2x + \ln\frac{1-x}{1+x} \right].$$

例 18 求幂级数$\sum_{n=0}^{\infty} \frac{x^{3n}}{(3n)!}(-\infty < x < +\infty)$的和函数.

分析 由于$\sum_{n=0}^{\infty} \frac{x^n}{n!} = \mathrm{e}^x$,所给级数正是该级数的 1,4,7,…项.

解 设$y = S(x) = \sum_{n=0}^{\infty} \frac{x^{3n}}{(3n)!}(-\infty < x < +\infty)$,

则 $y' = S'(x) = \sum_{n=1}^{\infty} \frac{x^{3n-1}}{(3n-1)!}$, $y'' = S''(x) = \sum_{n=1}^{\infty} \frac{x^{3n-2}}{(3n-2)!}$,

于是

$$y'' + y' + y = \mathrm{e}^{x}. \tag{1}$$

这是二阶常系数线性非齐次微分方程. 又由题设和 $S'(x)$ 的表达式知 $S(0)=1, S'(0)=0$.

可以求得上述方程(1)的通解为

$$y = y_C + y^* = \mathrm{e}^{-\frac{x}{2}}\left(C_1 \cos \frac{\sqrt{3}}{2}x + C_2 \sin \frac{\sqrt{3}}{2}x\right) + \frac{1}{3}\mathrm{e}^{x}.$$

由 $S(0)=1, S'(0)=0$ 可得 $C_1 = \frac{2}{3}, C_2 = 0$. 故所求的和函数

$$S(x) = \frac{2}{3}\mathrm{e}^{-\frac{x}{2}} \cos \frac{\sqrt{3}}{2}x + \frac{1}{3}\mathrm{e}^{x} \quad (-\infty < x < +\infty).$$

小 结

一、知识点、重点、难点

1. 知识点:

(1) 微分方程的阶与解(通解与特解)的概念.

(2) 可分离变量微分方程、齐次方程、一阶线性微分方程、伯努利方程的解法.

(3) 二阶齐次线性微分方程解的结构定理;二阶非齐次线性微分方程的解的结构定理.

(4) 可降阶的高阶微分方程: $y^{(n)} = f(x)$ 型、$y'' = f(x, y')$ 型、$y'' = f(y, y')$ 型的解法.

(5) 微分方程的应用.

2. 重点:可分离变量的微分方程及一阶线性微分方程的解法. 二阶常系数线性微分方程的解法.

3. 难点:二阶常系数非齐次线性微分方程的解法.

二、微分方程是在微积分学基础上发展起来的一个数学分

支,它在自然科学和经济领域中有着广泛的应用.

三、1. 把一阶微分方程的求解问题转化为初等函数的积分问题,这是求解一阶微分方程的基本方法(称初等积分法). 能用该法求解的只是一些特殊类型的一阶微分方程. 我们所讲述的一阶微分方程都可用该法求解.

用初等积分法求解一阶微分方程,首先要判别方程的类型,再按类型选择求解方法.

2. 一阶微分方程的通解,未必包含一阶微分方程的所有解.

3. 常系数非齐次线性微分方程的两个特解之差是其对应的齐次方程的一个解.

4. 二阶常系数非齐次线性微分方程的通解是由其一个特解与其对应的齐次方程的通解之和构成.

5. n 阶常系数齐次方程一定存在且仅存在 n 个线性无关的特解,且它们的线性组合是该齐次方程的通解.

自 测 题

1. 填空题

(1) 通解为 $y=Ce^{x}+x$ 的微分方程为________.

(2) 已知函数 $y=y(x)$ 在任意点 x 处的增量 $\Delta y=\dfrac{y\Delta x}{1+x^{2}}+\alpha$,且当 $\Delta x\to 0$ 时,α 是 Δx 的高阶无穷小,$y(0)=\pi$,则 $y(1)=$________.

(3) 一条曲线过原点,且它每一点处的切线斜率等于 $2x+y$,则该曲线方程是________.

(4) 方程 $y'''-x-e^{x}=0$ 满足 $y(0)=1,y'(0)=1,y''(0)=2$ 的解是________.

2. 单项选择题

(1) 若用代换 $y=z^{m}$ 可将微分方程 $y'=ax^{\alpha}+by^{\beta}$ 化为一阶齐次方程,则 α 和 β 应满足的条件是(　　).

(A) $\dfrac{1}{\beta}-\dfrac{1}{\alpha}=1$　(B) $\dfrac{1}{\beta}+\dfrac{1}{\alpha}=1$　(C) $\dfrac{1}{\alpha}-\dfrac{1}{\beta}=1$　(D) $\dfrac{1}{\beta}+\dfrac{1}{\alpha}=-1$

(2) 方程 $y''+y=\cos x$ 的一个特解的形式为 $y^*=($　　$)$.

(A) $Ax\cos x$　　(B) $Ax\cos x+B\sin x$

(C) $A\cos x+Bx\sin x$　　(D) $Ax\cos x+Bx\sin x$

(3) 若有界可积函数满足关系式 $f(x)=\int_0^{3x}f\left(\frac{t}{3}\right)dt+3x-3$,则 $f(x)=$ (　　).

(A) $-3e^{-3x}+1$　(B) $-2e^{-3x}-1$　(C) $-e^{3x}-2$　(D) $-3e^{3x}+1$

(4) 设 $p>0$,方程 $y''+py'+qy=0$ 的所有的解,当 $x\to+\infty$ 时都趋于零,则(　　).

(A) $q>0$　(B) $q\geqslant 0$　(C) $q<0$　(D) $q\leqslant 0$

(5) 设 $y=y(x)$ 是方程 $y''-y'-e^{\sin x}=0$ 的解,且 $y'(x_0)=0$,则 $y(x)$ 在(　　).

(A) x_0某邻域内单调增　　(B) x_0某邻域内单调减

(C) x_0处取得极小值　　(D) x_0处取得极大值

3. 求微分方程 $y'=\sqrt{|y|}$ 的通解.

4. 求下列微分方程的通解或特解:

(1) $(y^2-3x^2)dy+3xydx=0$ 满足 $y\big|_{x=0}=1$ 的特解;

(2) $(3x^2+2xy-y^2)dy+(x^2-2xy)dy=0$ 的通解.

5. 求下列方程的通解或特解:

(1) $y'+\dfrac{xy}{1-x^2}=\arcsin x+x, y\big|_{x=0}=-1$;

(2) $x^2y'+y=(x^2+1)e^x$,当 $x\to-\infty$ 时,$y\to 1$.

6. 解下列微分方程:

(1) $(x+y^3)y'=1$;　(2) $(x-2xy-2y^2)\dfrac{dy}{dx}+y^2=0$;

(3) $y'=\dfrac{y}{2y\ln y+y-x}$.

7. 求方程 $\dfrac{dy}{dx}+\dfrac{1}{3}y=\dfrac{1}{3}(1-2x)y^4$ 满足 $y(0)=1$ 的解.

8. 求连续函数 $f(x)$,使其满足方程

$$f(x)=\sin x-x\int_0^x f(t)dt+\int_0^x tf(t)dt.$$

9. 解微分方程 $(x+1)y''+y'=\ln(x+1)$.

10. 求微分方程 $y''' + 6y'' + (9 + a^2)y' = 1$ 的通解($a>0$).

11. 设$f(x)$在$[0,1]$上连续,在$(0,1)$内 $f(x)>0$,且 $xf'(x) = f(x) + \frac{3}{2}ax^2$. 又由曲线 $y=f(x)$与直线 $x=1$,$y=0$ 围成平面图形的面积为 2. 求函数 $y=f(x)$,问 a 为何值时,此图形绕 x 轴旋转成的旋转体体积最小.

第十章　差 分 方 程

§10.1　基本概念　基本定理

一、基本概念

1. 函数的差分

定义　函数 $y_t=f(t)$, $t=0,\pm1,\pm2,\cdots$,其一阶差分记作 Δy_t,定义为

$$\Delta y_t=y_{t+1}-y_t=f(t+1)-f(t).$$

二阶差分记作 $\Delta^2 y_t$,定义为

$$\Delta^2 y_t=\Delta(\Delta y_t)=\Delta y_{t+1}-\Delta y_t=y_{t+2}-2y_{t+1}+y_t.$$

依次类推,n 阶差分记作 $\Delta^n y_t$,定义为

$$\begin{aligned}\Delta^n y_t&=\Delta(\Delta^{n-1}y_t)=\Delta^{n-1}y_{t+1}-\Delta^{n-1}y_t\\&=\sum_{k=0}^{n}(-1)^k\frac{n!}{(n-k)!k!}y_{t+n-k}=\sum_{k=0}^{n}(-1)^k\mathrm{C}_n^k y_{t+n-k}\end{aligned}$$

其中 $y_{t+k}=f(t+k)\ (k=0,1,2,\cdots,n)$ 用 $y_t=f(t)$ 和它的各阶差分的表示式

$$\begin{aligned}&y_{t+1}=y_t+\Delta y_t,\\&y_{t+2}=y_t+2\Delta y_t+\Delta^2 y_t,\\&y_{t+3}=y_t+3\Delta y_t+3\Delta^2 y_t+\Delta^3 y_t,\\&\cdots\cdots\cdots\cdots\\&y_{t+n}=y_t+\mathrm{C}_n^1\Delta y_t+\mathrm{C}_n^2\Delta^2 y_t+\cdots+\mathrm{C}_n^{n-1}\Delta^{n-1}y_t+\Delta^n y_t.\end{aligned}\tag{1}$$

而 $\mathrm{C}_n^k=\dfrac{n!}{(n-k)!\ k!}$, $(k=1,2,\cdots,n-1)$.

若把差分符号 Δ 作为一个数来理解,上述一般公式(1)式可简写作

$$y_{t+n}=(1+\Delta)^{n}y_{t}.$$

四则运算性质

(1) $\Delta(y_t \pm z_t)=\Delta y_t \pm \Delta z_t$

(2) $\Delta(cy_t)=c\Delta y_t$

(3) $\Delta(y_t \cdot z_t)=y_{t+1}\cdot \Delta z_t+z_t\cdot \Delta y_t$

(4) $\Delta\left(\frac{y_t}{z_t}\right)=\frac{z_t\Delta y_t-y_t\cdot \Delta z_t}{z_t\cdot z_{t+1}}$

2. 差分方程的基本概念

差分方程 含有未知函数的差分的方程或含有多个点的未知函数值的方程.

差分方程的阶 差分方程中**实际**所含差分的最高阶数,或差分方程中未知函数下标的最大差数.

差分方程的解 代入差分方程中,使其成为恒等式的函数.

通解 含有任意常数的个数等于差分方程的阶数的解.

特解 给通解中任意常数以确定值的解.

例 1 设 $y_t=2t^2-3$,则 $\Delta y_t=$ ________,$\Delta^2 y_t=$ ________.

解 由差分的定义

$\Delta y_t=y_{t+1}-y_t=[2(t+1)^2-3]-(2t^2-3)=4t+2.$

$\Delta^2 y_t=y_{t+2}-2y_{t+1}+y_t$

$\quad=[2(t+2)^2-3]-2[2(t+1)^2-3]+(2t^2-3)=4.$

例 2 下列等式中,不是差分方程的是(　　).

(A) $3\Delta y_t-y_t=t$　　(B) $2\Delta y_{t+1}+2y_t=t^2$

(C) $2\Delta y_t+2y_t=\mathrm{e}^t$　　(D) $3y_t-2y_{t-2}=t\mathrm{e}^t$

解 将所给方程化成用函数值形式表示的方程. 注意到 $\Delta y_t=y_{t+1}-y_t$,应选(C). 因

$$2\Delta y_t + 2y_t = 2y_{t+1} - 2y_t + 2y_t, \text{即 } 2y_{t+1} = \mathrm{e}^t,$$

这只含一个点的未知函数值.

例 3 差分方程 $\Delta^3 y_t + y_t + 2 = 0$ 的阶数是(　　).

(A) 一阶　　(B) 二阶　　(C) 三阶　　(D) 四阶

解 选(B). 从形式上看所含差分的最高阶数是三阶,但若将其化成用函数值形式表示的方程:

$$\Delta^3 y_t + y_t + 2 = y_{t+3} - 3y_{t+2} + 3y_{t+1} - y_t + y_t + 2 = 0$$

即
$$y_{t+3} - 3y_{t+2} + 3y_{t+1} + 2 = 0$$

未知函数下标的最大差数是 2.

例 4 将差分方程 $y_{t+3} - 2y_{t+2} + 3y_{t+1} + y_t = 2t - 1$ 化成以函数差分表示的形式.

分析 由函数差分的定义,函数 $y_t = f(t)$ 的各个点的函数值 $y_{t+k} = f(t+k)\ (k = 1, 2, \cdots, n)$ 可以用 $y_t = f(t)$ 和它的各阶差分表示出来:

$$y_{t+1} = \Delta y_t + y_t,$$

$$\begin{aligned} y_{t+2} &= \Delta y_{t+1} + y_{t+1} = \Delta y_{t+1} + \Delta y_t + y_t \\ &= \Delta y_{t+1} - \Delta y_t + 2\Delta y_t + y_t = \Delta^2 y_t + 2\Delta y_t + y_t, \end{aligned}$$

$$y_{t+3} = \Delta y_{t+2} + y_{t+2} = \Delta^3 y_t + 3\Delta^2 y_t + 3\Delta y_t + y_t,$$

解 将上述分析中,$y_{t+1}, y_{t+2}, y_{t+3}$ 用 y_t 和它的各阶差分的表示式代入所给差分方程中,并整理化简,有

$$\Delta^3 y_t + \Delta^2 y_t + 2\Delta y_t + 3y_t = 2t - 1.$$

例 5 验证函数 $y_t = C_1 + C_2 2^t - t$ 是方程 $y_{t+2} - 3y_{t+1} + 2y_t = 1$ 的解;并求当 $y_0 = 0, y_1 = 3$ 时的特解.

解 将 $y_t = C_1 + C_2 2^t - t$ 代入已知方程的左端,有

$$\begin{aligned} &C_1 + C_2 2^{t+2} - (t+2) - 3[C_1 + C_2 2^{t+1} - (t+1)] + 2C_1 + 2C_2 2^t - 2t \\ &= C_1 + 4C_2 2^t - t - 2 - 3C_1 - 6C_2 2^t + 3t + 3 + 2C_1 + 2C_2 2^t - 2t \end{aligned}$$

$=1$

显然,左端=右端,故 $y_t=C_1+C_2 2^t-t$ 是已知方程的解,这是通解.

将 $y_0=0, y_1=3$ 分别代入 $y_t=C_1+C_2 2^t-t$ 中,得

$$\begin{cases}C_1+C_2\cdot 2^0-0=0\\C_1+C_2\cdot 2^1-1=3,\end{cases}\quad 解得 C_1=-4, C_2=4.$$

故所求特解为 $y_t=-4+4\cdot 2^t-t$.

二、线性差分方程的基本定理

这里以二阶线性差分方程叙述,不过,这些定理对任何阶线性差分方程都适用.

二阶线性差分方程的一般形式为

$$y_{t+2}+a(t)y_{t+1}+b(t)y_t=f(t) \tag{1}$$

与其对应的齐次线性差分方程为

$$y_{t+2}+a(t)y_{t+1}+b(t)y_t=0 \tag{2}$$

1. 基本定理

定理 1(齐次线性差分方程解的定理)

(1) 若函数 $y_1(t), y_2(t)$ 是方程(2)的解,则

$$y_t=C_1y_1(t)+C_2y_2(t)$$

也是该方程的解,其中 C_1, C_2 是任意常数;

(2) 二阶方程(2)存在两个线性无关的特解,但不存在三个线性无关的特解;

(3) 若函数 $y_1(t), y_2(t)$ 是方程(2)的两个线性无关的特解,则该方程的通解是

$$y_C(t)=C_1y_1(t)+C_2y_2(t)$$

其中, C_1, C_2 是任意常数.

定理 2 (非齐次线性差分方程解的结构定理)

若 $y^*(t)$ 是方程(1)的一个特解, $y_C(t)$ 是方程(2)的通解,则方程(1)的通解是

$$y_t=y_C(t)+y^*(t)$$

2. 重要结论

(1) 若函数 $y_1^*(t), y_2^*(t)$ 是方程(1)的两个不同的特解,则

$$y_t = y_1^*(t) - y_2^*(t)$$

是方程(2)的解.

(2) (叠加原理)若函数 $y_1(t), y_2(t)$ 分别是方程

$$y_{t+2} + a(t)y_{t+1} + b(t)y_t = f_1(t)$$

$$y_{t+2} + a(t)y_{t+1} + b(t)y_t = f_2(t)$$

的解,则
$$y_t = y_1(t) + y_2(t)$$
是方程
$$y_{t+2} + a(t)y_{t+1} + b(t)y_t = f_1(t) + f_2(t)$$
的解.

例 6 已知 $y_1(t) = 1, y_2(t) = \dfrac{1}{t+1}$是方程

$$y_{t+2} - 2\frac{t+2}{t+3}y_{t+1} + \frac{t+1}{t+3}y_t = 0$$

的解,则该方程的通解是________.

解 易看出,$y_1(t) = 1$ 和 $y_2(t) = \dfrac{1}{t+1}$线性无关,因此,已知方程的通解是

$$y_C(t) = C_1 + \frac{C_2}{t+1} \quad (C_1, C_2\text{是任意常数}).$$

例 7 已知 $y_1(t) = 4t^3, y_2(t) = 3t^2$是方程 $y_{t+1} + a(t)y_t = f(t)$ 的两个特解,则方程 $y_{t+1} + a(t)y_t = 0$ 的一个特解 $y_t =$ ____________;方程 $y_{t+1} + a(t)y_t = 0$ 的通解 $y_C(t) =$ ________;原方程的通解 $y(t) =$ ________.

解 齐次方程的一个特解 $y_t = 4t^3 - 3t^2$;其通解 $y_C(t) = C(4t^3 - 3t^2)$,其中 C 是任意常数;原方程的通解

$$y(t) = C(4t^3 - 3t^2) + 3t^2\text{或 } y(t) = C(4t^3 - 3t^2) + 4t^3.$$

§10.2 一阶常系数线性差分方程的解法

一阶常系数线性非齐次差分方程,形如下式

$$y_{t+1}+ay_t=f(t) \quad (a\text{ 是常数},a\neq 0,f(t)\neq 0). \tag{1}$$

与方程(1)相对应的一阶常系数线性齐次差分方程,形如下式

$$y_{t+1}+ay_t=0. \tag{2}$$

线性齐次方程(2)的特征方程,特征根分别是

$$\lambda+a=0,\lambda=-a.$$

一阶常系数线性非齐次差分方程的**解题思路**

1. 求齐次方程的通解

用迭代法可求得方程(2)的通解为

$$y_C(t)=\begin{cases}C(-a)^t, & -a\neq 1,\\ C, & -a=1.\end{cases} \quad (C\text{ 为任意常数}) \tag{3}$$

2. 非齐次方程求解

(1) 用迭代法求通解　用迭代法可求得方程(1)的通解

$$y_t=y_C(t)+y^*(t)=C(-a)^t+\sum_{k=0}^{t-1}(-a)^k f(t-k-1), \quad (C=y_0\text{ 为任意常数}) \tag{4}$$

其中第一项是方程(2)的通解 $y_C(t)$;第二项是方程(1)的特解 $y^*(t)$.

(2) 用待定系数法求特解

对方程(1),根据 $f(t)$ 的形式,确定待定特解的形式,见表1,比较方程两端系数,可得到特解 $y^*(t)$.

表1

$f(t)$的形式	确定待定特解的条件	待定特解形式
$\alpha^t P_m(t)$ $(\alpha>0)$ $P_m(t)$是 m 次多项式	α 不是特征根	$\alpha^t Q_m(t)$ $Q_m(t)$是 m 次多项式
	α 是特征根	$\alpha^t tQ_m(t)$

续表

$f(t)$的形式	确定待定特解的条件	待定特解形式
$\alpha^t(a\cos\beta t+b\sin\beta t)$ $(\alpha>0)$	令 $r=\alpha(\cos\beta+\mathrm{i}\sin\beta)$ r不是特征根	$\alpha^t(A\cos\beta t+B\sin\beta t)$
	r是特征根	$\alpha^t t(A\cos\beta t+B\sin\beta t)$

例 1 求差分方程 $y_{t+1}+y_t=2^t$的解.

解 1 用迭代法. 特征根 $\lambda=-a=-1$, $f(t)=2^t$, 由通解公式(4)知, 其特解

$$y^*(t)=\sum_{k=0}^{t-1}(-1)^k2^{t-k-1}=2^{t-1}\sum_{k=0}^{t-1}\left(-\frac{1}{2}\right)^k$$

$$=2^{t-1}\frac{1-\left(-\frac{1}{2}\right)^t}{1+\frac{1}{2}}=\frac{1}{3}2^t-\frac{1}{3}(-1)^t.$$

于是, 方程的通解

$$y_t=C_1(-1)^t+\frac{1}{3}2^t-\frac{1}{3}(-1)^t$$

$$=C(-1)^t+\frac{1}{3}2^t\quad\left(C_1-\frac{1}{3}=C\text{ 是任意常数}\right).$$

解 2 用待定系数法. 特征根 $\lambda=-1$, $f(t)=2^t=\alpha^tP_0(t)$, $\alpha=2$ 不是特征根. 设特解

$$y^*(t)=B2^t,$$

将其代入已知方程, 有 $B2^{t+1}+B2^t=2^t$, 可得 $B=\frac{1}{3}$. 于是, 方程的通解

$$y_t=y_C+y^*=C(-1)^t+\frac{1}{3}2^t\quad(C\text{ 是任意常数}).$$

例 2 求差分方程 $y_{t+1}-y_t=3+2t$ 的通解.

解 特征根 $\lambda=1$, $f(t)=3+2t=\alpha^tP_1(t)$, $\alpha=1$ 是特征根. 设特解

$$y^*(t)=t(B_0+B_1t),$$

将其代入已知方程,可解得 $B_0=2,B_1=1$. 于是,方程的通解

$$y_t=y_C+y^*=C+2t+t^2 \quad (C\text{ 为任意常数}).$$

例 3 求方程 $3y_t-3y_{t-1}=t3^t+1$ 的通解.

解 已知方程改写为 $3y_{t+1}-3y_t=(t+1)\cdot 3^{t+1}+1$. 求解如下两个方程

$$y_{t+1}-y_t=3^t(t+1), \tag{5}$$

$$y_{t+1}-y_t=\frac{1}{3}. \tag{6}$$

对方程(5):特征根 $\lambda=1,f(t)=3^t(t+1)=\alpha^tP_1(t),\alpha=3$ 不是特征根. 设特解

$$y_1^*(t)=3^t(B_0+B_1t),$$

将其代入方程(5),有

$$3^{t+1}[B_0+B_1(t+1)]-3^t(B_0+B_1t)=3^t(t+1),$$

可解得 $B_0=-\frac{1}{4},B_1=\frac{1}{2}$. 于是 $y_1^*(t)=3^t\left(-\frac{1}{4}+\frac{1}{2}t\right)$.

对方程(6):特征根 $\lambda=1,f(t)=\frac{1}{3}=\alpha^tP_0(t),\alpha=1$ 是特征根. 设特解

$$y_2^*(t)=Bt,$$

将其代入方程(6),可解得 $B=\frac{1}{3}$. 于是 $y_2^*(t)=\frac{1}{3}t$.

原方程的通解 $y_C=C$. 由叠加原理,原方程的通解为

$$y_t=y_C+y_1^*+y_2^*=C+3^t\left(\frac{1}{2}t-\frac{1}{4}\right)+\frac{1}{3}t.$$

例 4 求下列方程的通解:

(1) $y_{t+1}-3y_t=\sin\frac{\pi}{2}t$; (2) $y_{t+1}+2y_t=2^t\cos\pi t$.

解 (1) 特征根 $\lambda=3,f(t)=\sin\frac{\pi}{2}t$,由表 1 知 $\alpha=1,\beta=\frac{\pi}{2}$.

令 $r=\alpha(\cos\beta+\mathrm{i}\sin\beta)=\cos\frac{\pi}{2}+\mathrm{i}\sin\frac{\pi}{2}=\mathrm{i}$.

因 $r=\mathrm{i}$ 不是特征根，设特解

$$y^*(t)=A\cos\frac{\pi}{2}t+B\sin\frac{\pi}{2}t,$$

将其代入原方程，有

$$A\cos\frac{\pi}{2}(t+1)+B\sin\frac{\pi}{2}(t+1)-3\left(A\cos\frac{\pi}{2}t+B\sin\frac{\pi}{2}t\right)=\sin\frac{\pi}{2}t. \tag{7}$$

因 $\cos\frac{\pi}{2}(t+1)=-\sin\frac{\pi}{2}t,\sin\frac{\pi}{2}(t+1)=\cos\frac{\pi}{2}t,$

将其代入(7)式，得

$$(B-3A)\cos\frac{\pi}{2}t-(A+3B)\sin\frac{\pi}{2}t=\sin\frac{\pi}{2}t.$$

由 $B-3A=0,A+3B=1$ 可解得 $A=-\frac{1}{10},B=-\frac{3}{10}$. 于是，齐次方程的通解 $y_C(t)=C3^t$. 原方程的通解

$$y_t=y_C+y^*=C3^t-\frac{1}{10}\cos\frac{\pi}{2}t-\frac{3}{10}\sin\frac{\pi}{2}t \quad (C\text{ 为任意常数}).$$

(2) 特征根 $\lambda=-2,f(t)=2^t\cos\pi t$，由表 1 知 $\alpha=2,\beta=\pi$.

令 $r=\alpha(\cos\beta+\mathrm{i}\sin\beta)=2(\cos\pi+\mathrm{i}\sin\pi)=-2$.

因 $r=-2$ 是特征根，设特解

$$y^*(t)=2^tt(A\cos\pi t+B\sin\pi t),$$

将其代入原方程，有

$$2^{t+1}(t+1)[A\cos\pi(t+1)+B\sin\pi(t+1)]+$$
$$2\cdot2^tt(A\cos\pi t+B\sin\pi t)=2^t\cos\pi t,$$

注意到 $\cos\pi(t+1)=-\cos\pi t,\sin\pi(t+1)=-\sin\pi t,$

可得到方程

$$-2A\cos\pi t-2B\sin\pi t=\cos\pi t.$$

于是，$A=-1/2,B=0$. 从而原方程的通解

$$y_t=y_C+y^*=C(-2)^t-2^{t-1}t\cos\pi t \quad (C\text{ 为任意常数}).$$

例 5 求方程 $y_{t+1}-ay_t=\mathrm{e}^{bt}(a,b$ 为常数,$a\neq 0)$的通解.

解 由于 a,b 没给出具体数,可看作是含参数的一阶差分方程.

特征根 $\lambda=a,f(t)=\mathrm{e}^{bt}=(\mathrm{e}^b)^tP_0(t)$. 由表 1,$\alpha=\mathrm{e}^b$.

当 $\alpha=\mathrm{e}^b\neq a$ 时,设特解 $y^*(t)=B(\mathrm{e}^b)^t$. 将其代入原方程可得 $B=\dfrac{1}{\mathrm{e}^b-a}$.

当 $\alpha=\mathrm{e}^b=a$ 时,设特解 $y^*(t)=Bt(\mathrm{e}^b)^t$. 将其代入原方程可得 $B=\mathrm{e}^{-b}$.

综上,方程的通解

$$y_t=\begin{cases}Ca^t+\dfrac{1}{\mathrm{e}^b-a}\mathrm{e}^{bt},\mathrm{e}^b\neq a,\\ Ca^t+t\mathrm{e}^{b(t-1)},\quad \mathrm{e}^b=a.\end{cases}\quad (C\text{ 为任意常数}).$$

例 6 证明:通过变换 $z_t=y_t-\dfrac{b}{1+a}$,可将非齐次方程 $y_{t+1}+ay_t=b$ 化为 z_t的齐次方程,并由这个齐次方程的通解得到原方程的通解.

证 由 $z_t=y_t-\dfrac{b}{1+a}$得 $y_t=z_t+\dfrac{b}{1+a}$. 将其代入已知方程中,得

$$z_{t+1}+\frac{b}{1+a}+a\left(z_t+\frac{b}{1+a}\right)=b,\text{即}\quad z_{t+1}+az_t=0.$$

该方程的通解为 $z_t=C(-a)^t$,于是原方程的通解为

$$y_t=z_t+\frac{b}{1+a}=C(-a)^t+\frac{b}{1+a}.$$

例 7 已知差分方程$(a+by_t)y_{t+1}=cy_t$,其中 $a>0,b>0,c>0$,又知 $y_0>0$,

(1) 试证对所有的 $t=1,2,\cdots,y_t>0$;

(2) 试证代换 $z_t=\dfrac{1}{y_t}$可将已知方程化为关于 z_t的线性差分方程,并由此求出原方程的通解;

(3) 求方程 $(2+3y_t)y_{t+1}=4y_t, y_0=1/2$ 的特解,并考察当 $t\to+\infty$ 时,y_t 的极限.

证 (1) 用数学归纳法证明. 因 $y_0>0, a>0, b>0, c>0$,将 $t=0$ 代入原式有

$$y_1=\frac{cy_0}{a+by_0}>0.$$

设 $t=k$ 时,有 $y_k>0$,则 $t=k+1$ 时,可推出

$$y_{k+1}=\frac{cy_k}{a+by_k}>0.$$

由数学归纳法知,对 $t=1,2,\cdots$,都有 $y_t>0$.

(2) 由 $y_t>0$,原方程可变形为 $\frac{1}{y_{t+1}}=\frac{a}{c}\frac{1}{y_t}+\frac{b}{c}$. 由代换 $z_t=\frac{1}{y_t}$,可得

$$z_{t+1}-\frac{a}{c}z_t=\frac{b}{c}.$$

显然,这是关于 z_t 的线性方程,其通解为

$$z_t=\begin{cases}A\left(\frac{a}{c}\right)^t+\frac{b}{c-a}, & a\neq c,\\ A+\frac{b}{c}t, & a=c.\end{cases}\quad (A \text{ 是任意常数}).$$

于是,原方程的通解为

$$y_t=\begin{cases}\left[A\left(\frac{a}{c}\right)^t+\frac{b}{c-a}\right]^{-1}, & a\neq c,\\ \left[A+\frac{b}{c}t\right]^{-1}, & a=c.\end{cases}$$

当初值为 y_0 时,可求出任意常数 A,故其解可表示为

$$y_t=\begin{cases}\left[\left(\frac{1}{y_0}-\frac{b}{c-a}\right)\left(\frac{a}{c}\right)^t+\frac{b}{c-a}\right]^{-1}, & a\neq c,\\ \left(\frac{1}{y_0}+\frac{b}{c}t\right)^{-1}, & a=c.\end{cases}$$

（3）由已知，$a=2,b=3,c=4,y_0=\frac{1}{2}$，故方程$(2+3y_t)y_{t+1}=4y_t$的特解为

$$y_t=\left[\left(\frac{1}{0.5}-\frac{3}{4-2}\right)\left(\frac{1}{2}\right)^t+\frac{3}{4-2}\right]^{-1}=\left[\left(\frac{1}{2}\right)^{t+1}+\frac{3}{2}\right]^{-1}.$$

显然，当 $t\to+\infty$ 时，$y_t\to2/3$.

§10.3 高阶常系数线性差分方程的解法

一、二阶常系数线性差分方程的解法

二阶线性非齐次差分方程，形如下式

$$y_{t+2}+ay_{t+1}+by_t=f(t)\quad(a,b\text{ 为常数},f(t)\neq0).\tag{1}$$

与方程(1)相对应的二阶线性齐次差分方程，形如下式

$$y_{t+2}+ay_{t+1}+by_t=0.\tag{2}$$

1. 求齐次方程(2)的**通解的程序**

（1）写出其特征方程 $\lambda^2+\lambda a+b=0$；

（2）求出特征方程的两个根；

（3）由特征根的情形写出通解，如表 2.

表 2

特征方程	特征根	通解形式
$\lambda^2+a\lambda+b=0$	相异实根 λ_1,λ_2	$y_C(t)=C_1\lambda_1^t+C_2\lambda_2^t$
	相同实根 $\lambda=-\frac{a}{2}$	$y_C(t)=(C_1+C_2t)\left(-\frac{a}{2}\right)^t$
	共轭复根 λ_1,λ_2	令 $r=\sqrt{b},\tan\omega=-\frac{\sqrt{4b-a^2}}{a},\omega\in(0,\pi)$ $y_C(t)=r^t(C_1\cos\omega t+C_2\sin\omega t)$

注释 若是求方程(2)的特解，还需把初始条件 $y(0)=y_0$，$y(1)=y_1$代入通解 $y_C(t)$中，确定任意常数 C_1与 C_2的值.

2. 用待定系数法求非齐方程(1)的**特解的程序**

(1) 根据方程(1)的$f(t)$的形式设出待定特解$y^*(t)$的形式,见表3及其注释;

(2) 将$y^*(t)$代入方程(1)中,得到一个恒等式;

(3) 比较等式两端的系数,可得到一个确定待定常数的方程或方程组,由此可解得待定常数的值;

(4) 写出方程(1)的特解$y^*(t)$.

表3

$f(t)$的形式	确定待定特解的条件	待定特解形式
$\alpha^t P_m(t)\ (\alpha>0)$ $P_m(t)$是m次多项式	α不是特征根	$\alpha^t Q_m(t)$ $Q_m(t)$是m次多项式
	α是单特征根	$\alpha^t t Q_m(t)$
	α是s重特征根	$\alpha^t t^s Q_m(t)$
$\alpha^t(a\cos\beta t+b\sin\beta t)$ $(\alpha>0)$	令$r=\alpha(\cos\beta+\mathrm{i}\sin\beta)$ r不是特征根	$\alpha^t(A\cos\beta t+B\sin\beta t)$
	r是单特征根	$\alpha^t t(A\cos\beta t+B\sin\beta t)$
	r是s重特征根	$\alpha^t t^s(A\cos\beta t+B\sin\beta t)$

注释 表3适用于$n(\geqslant 2)$阶常系数线性非齐次差分方程确定待定特解形式. 当$n=2$时,表中的$s=2$.

3. 非齐次方程(1)的通解

$$y=y_C(t)+y^*(t).$$

注释 若是求非齐次方程(1)满足初始条件:$y(0)=y_0, y(1)=y_1$的特解时,必须用所给条件确定通解中任意常数的取值.

例1 求差分方程$y_{t+2}-6y_{t+1}+8y_t=0$的通解.

解 差分方程的特征方程是

$$\lambda^2-6\lambda+8=0$$

它有相异二实根$\lambda_1=2,\lambda_2=4$. 于是所求通解是

$$y_C(t)=C_1 2^t+C_2 4^t \quad (C_1,C_2\text{是任意常数}).$$

例 2 求差分方程 $y_{t+2}-4y_{t+1}+4y_t=0$ 的通解.

解 特征方程是 $\lambda^2-4\lambda+4=0$,它有重特征根 $\lambda_1=\lambda_2=2$,于是所求通解

$$y_C(t)=(C_1+C_2 t)2^t \quad (C_1,C_2\text{是任意常数}).$$

例 3 求差分方程 $y_{t+2}-2y_{t+1}+2y_t=0$ 的通解.

解 特征方程是 $\lambda^2-2\lambda+2=0$,它有一对共轭复根 $\lambda_1=1+\mathrm{i},\lambda_2=1-\mathrm{i}$.

因 $r=\sqrt{2},\tan\omega=-\dfrac{\sqrt{4\cdot 2-(-2)^2}}{-2}=1,\omega=\dfrac{\pi}{4}$. 所以通解为

$$y_C(t)=(\sqrt{2})^t\left(C_1\cos\frac{\pi}{4}t+C_2\sin\frac{\pi}{4}t\right).$$

例 4 求差分方程 $y_{t+2}-6y_{t+1}+8y_t=2+3t$ 的通解.

解 这是二阶线性非齐次差分方程. 特征根是 $\lambda_1=2,\lambda_2=4$.

$f(t)=2+3t$,其中,$m=1,\alpha=1$. 因 $\alpha=1$ 不是特征根,故设特解

$$y^*(t)=B_0+B_1 t(B_0,B_1\text{是待定系数}).$$

将其代入差分方程,有

$$B_0+B_1(t+2)-6[B_0+B_1(t+1)]+8(B_0+B_1 t)=2+3t,$$

可解得 $B_0=2,B_1=1$. 于是 $y^*(t)=2+t$,所求通解

$$y_t=y_C(t)+y^*(t)=C_1 2^t+C_2 4^t+2+t \quad (C_1,C_2\text{是任意常数}).$$

例 5 求差分方程 $y_{t+2}-y_{t+1}-6y_t=3^t(2t+1)$ 的通解.

解 特征根是 $\lambda_1=-2,\lambda_2=3$.

$f(t)=3^t(2t+1)$,其中 $m=1,\alpha=3$. 因 $\alpha=3$ 是单特征根,故设特解

$$y^*(t)=3^t t(B_0+B_1 t).$$

将其代入差分方程,有

$$3^{t+2}(t+2)[B_0+B_1(t+2)]-3^{t+1}(t+1)[B_0+B_1(t+1)]$$

$$-6\cdot 3^t t(B_0+B_1 t)=3^t(2t+1),$$

化简,整理得

$$(30B_1 t+33B_1+15B_0)3^t=3^t(2t+1),$$

由此,$B_1=\frac{1}{15}$,$B_0=-\frac{2}{25}$.

所求通解

$$y_t=C_1(-2)^t+C_2 3^t+3^t t\left(\frac{1}{15}t-\frac{2}{25}\right)\quad (C_1,C_2\text{为任意常数}).$$

例 6 求差分方程 $y_{t+2}-6y_{t+1}+9y_t=3^t$的通解.

解 特征根是 $\lambda_1=\lambda_2=3$. $f(t)=3^t$,其中 $m=0$,$\alpha=3$. 因$\alpha=3$是二重特征根,应设特解

$$y^*(t)=Bt^2 3^t,$$

将其代入差分方程,可求得 $B=\frac{1}{18}$. 于是所求通解

$$y_t=(C_1+C_2 t)3^t+\frac{1}{18}t^2 3^t\quad (C_1,C_2\text{是任意常数}).$$

例 7 求下列差分方程的通解.

(1) $3y_{t+2}-2y_{t+1}-y_t=10\sin\frac{\pi}{2}t$;

(2) $y_{t+2}-4y_t=2^t\sin\pi t$.

解 (1) 已知方程可改写为

$$y_{t+2}-\frac{2}{3}y_{t+1}-\frac{1}{3}y_t=\frac{10}{3}\sin\frac{\pi}{2}t.$$

其特征方程为 $\lambda^2-\frac{2}{3}\lambda-\frac{1}{3}=0$;特征根为 $\lambda_1=-\frac{1}{3}$,$\lambda_2=1$.

$$f(t)=\frac{10}{3}\sin\frac{\pi}{2}t,\text{其中},\alpha=1,\beta=\frac{\pi}{2}.$$

令 $r=\alpha(\cos\beta+\mathrm{i}\sin\beta)=\cos\frac{\pi}{2}+\mathrm{i}\sin\frac{\pi}{2}=\mathrm{i}$,

$r=\mathrm{i}$ 不是特征根,设特解

$$y^*(t)=A\cos\frac{\pi}{2}t+B\sin\frac{\pi}{2}t.$$

将其代入原方程,并用三角公式

$$\cos\left(\frac{\pi}{2}t+\pi\right)=-\cos\frac{\pi}{2}t,\quad \sin\left(\frac{\pi}{2}t+\pi\right)=-\sin\frac{\pi}{2}t,$$

$$\cos\left(\frac{\pi}{2}t+\frac{\pi}{2}\right)=-\sin\frac{\pi}{2}t,\quad \sin\left(\frac{\pi}{2}t+\frac{\pi}{2}\right)=\cos\frac{\pi}{2}t.$$

可得 $\quad(-4A-2B)\cos\frac{\pi}{2}t+(2A-4B)\sin\frac{\pi}{2}t=10\sin\frac{\pi}{2}t.$

解方程组 $\begin{cases}4A+2B=0\\2A-4B=10,\end{cases}$ 可得 $A=1,B=-2.$

于是所求通解为

$$y_t=C_1+C_2\left(-\frac{1}{3}\right)^t+\cos\frac{\pi}{2}t-2\sin\frac{\pi}{2}t(C_1,C_2\text{为任意常数}).$$

(2) 特征根 $\lambda_1=-2,\lambda_2=2,f(t)=2^t\sin\pi t$,其中,$\alpha=2$,$\beta=\pi$.

令 $\quad r=2(\cos\pi+\mathrm{i}\sin\pi)=-2.$

因 $r=-2$ 是单特征根,设特解

$$y^*(t)=2^t t(A\cos\pi t+B\sin\pi t).$$

将其代入原方程,并用到三角公式

$$\cos(\pi t+2\pi)=\cos\pi t,\sin(\pi t+2\pi)=\sin\pi t.$$

可得 $$(8A\cos\pi t+8B\sin\pi t)2^t=2^t\sin\pi t.$$

由此得 $A=0,B=\frac{1}{8}$. 所求通解为

$$y_t=C_1(-2)^t+C_2 2^t+2^{t-3}t\sin\pi t,C_1,C_2\text{为任意常数}.$$

例 8 求差分方程 $y_{t+2}-3y_{t+1}+3y_t=5$ 满足条件 $y_0=5,y_1=8$ 的特解.

解 特征根 $\lambda_{1,2}=\frac{3}{2}\pm\frac{\sqrt{3}}{2}\mathrm{i}$. 因 $r=\sqrt{3}$,

$\tan\omega=-\frac{\sqrt{4\cdot3-(-3)^2}}{-3}=\frac{\sqrt{3}}{3},\omega=\frac{\pi}{6}$. 所以齐次方程的通解为

$$y_C(t)=(\sqrt{3})^t\left(C_1\cos\frac{\pi}{6}t+C_2\sin\frac{\pi}{6}t\right).$$

$f(t)=5,\alpha=1,m=0$. 因 $\alpha=1$ 不是特征根,故设特解

$$y^*(t)=B.$$

将其代入原方程,可得 $B=5$. 于是所求特解 $y^*(t)=5$. 从而原方程的通解为

$$y_t=(\sqrt{3})^t\left(C_1\cos\frac{\pi}{6}t+C_2\sin\frac{\pi}{6}t\right)+5.$$

将 $y_0=5,y_1=8$ 分别代入上式,有

$$\begin{cases}C_1+5=5\\ \sqrt{3}\left(C_1\cdot\frac{\sqrt{3}}{2}+C_2\cdot\frac{1}{2}\right)+5=8,\end{cases}$$ 可解得 $C_1=0,C_2=2\sqrt{3}$.

故所求特解为 $y_t^*=2(\sqrt{3})^{t+1}\cdot\sin\frac{\pi}{6}t+5$.

例 9 求方程 $y_{t+2}-y_t=\sin\beta t$(β 是实常数)的通解.

解 特征根 $\lambda_1=-1,\lambda_2=1,f(t)=\sin\beta t$,其中,$\alpha=1,\beta=\beta$.

令 $r=\cos\beta+\mathrm{i}\sin\beta$.

(1) 当 $\beta=k\pi$ 时($k=0,\pm1,\pm2,\cdots$),$\sin\beta=0,r=1$ 或 $r=-1$,设特解

$$y^*(t)=t(A\cos\beta t+B\sin\beta t).$$

将其代入原方程,注意到 $\cos2\beta=1,\sin2\beta=0$,可得

$$2A\cos\beta t+2B\sin\beta t=\sin\beta t$$

由此,$A=0,B=\frac{1}{2}$.

(2) 当 $\beta\neq k\pi$ 时,$r\neq\pm1$,这时设特解

$$y^*(t)=A\cos\beta t+B\sin\beta t.$$

将其代入原方程,化简整理得

$$(A\cos2\beta+B\sin2\beta-A)\cos\beta t$$
$$+(B\cos2\beta-A\sin2\beta-B)\sin\beta t=\sin\beta t,$$

由此得方程组

$$\begin{cases}A\cos 2\beta+B\sin 2\beta-A=0\\ B\cos 2\beta-A\sin 2\beta-B=1,\end{cases}$$ 可解得 $A=-\dfrac{1}{2}\dfrac{\cos\beta}{\sin\beta}, B=-\dfrac{1}{2}$. ①

综上所述,原方程的通解为

$$y_t=\begin{cases}C_1+C_2(-1)^t+\dfrac{1}{2}t\sin\beta t, & \beta=k\pi,\\ C_1+C_2(-1)^t-\dfrac{1}{2\sin\beta}\cos\beta(t-1), & \beta\neq k\pi,\end{cases}\quad k=0,\pm1,\pm2,\cdots.$$

其中 C_1,C_2 为任意常数.

例 10 求方程 $y_{t+2}-2\cos\alpha\cdot y_{t+1}+y_t=1$ 的通解,其中 α 为常数.

解 特征方程为 $\lambda^2-2\cos\alpha\cdot\lambda+1=0$;特征根

$$\lambda_{1,2}=\frac{2\cos\alpha\pm\sqrt{4\cos^2\alpha-4}}{2}=\cos\alpha\pm\sqrt{(\cos\alpha+1)(\cos\alpha-1)}.$$

$f(t)=1$,其中 $m=0,\alpha=1$.

(1) 当 $\cos\alpha-1=0$ 时,即 $\cos\alpha=1$,这时 $\lambda_1=\lambda_2=1$. 齐次方程的通解为

$$y_C(t)=C_1+C_2t.$$

因 $\alpha=1$ 是二重特征根,设特解为 $y^*(t)=Bt^2$,代入原方程可解得 $B=\dfrac{1}{2}$.

原方程的通解为 $\quad y_t=C_1+C_2t+\dfrac{1}{2}t^2$.

(2) 当 $\cos\alpha+1=0$ 时,即 $\cos\alpha=-1$,这时 $\lambda_1=\lambda_2=-1$. 齐次方程的通解为 $\quad y_C(t)=(C_1+C_2t)(-1)^t$.

因 $\alpha=1$ 不是特征根,特解应为 $y^*(t)=B$,代入原方程,可求

---

① 解方程组时,用到三角公式:$\sin 2\beta=2\sin\beta\cos\beta$, $\sin^2 2\beta+\cos^2 2\beta=1$, $1-\cos 2\beta=2\sin^2\beta$.

得 $B=\frac{1}{4}$.

原方程的通解为 $y_t=(C_1+C_2t)(-1)^t+\frac{1}{4}$.

(3) 当 $\cos\alpha-1\neq0,\cos\alpha+1\neq0$ 时,特征根

$$\lambda_1=\cos\alpha+\mathrm{i}\sin\alpha,\lambda_2=\cos\alpha-\mathrm{i}\sin\alpha.$$

因 $r=\sqrt{1}=1,\tan\omega=-\frac{\sqrt{4-4\cos^2\alpha}}{-2\cos\alpha}=\tan\alpha$,即 $\omega=\alpha$,故齐次方程的通解为 $y_C(t)=C_1\cos\alpha t+C_2\sin\alpha t$.

因 $\alpha=1$ 不是特征根,特解为 $y^*(t)=B$ 形式. 可求得 $B=\frac{1}{2(1-\cos\alpha)}$.

原方程的通解为 $y_t=C_1\cos\alpha t+C_2\sin\alpha t+\frac{1}{2(1-\cos\alpha)}$.

综上所述,方程的通解为

$$y_t=\begin{cases}C_1+C_2t+\frac{1}{2}t^2, & \cos\alpha-1=0\\(C_1+C_2t)(-1)^t+\frac{1}{4}, & \cos\alpha+1=0\\C_1\cos\alpha t+C_2\sin\alpha t+\frac{1}{2(1-\cos\alpha)}, & \cos^2\alpha-1\neq0\end{cases}$$

二、n 阶常系数线性差分方程的解法

常系数 n 阶非齐次线性差分方程的一般形式为

$$y_{t+n}+a_1y_{t+n-1}+\cdots+a_ny_t=f(t),\tag{1}$$

与其相对应的齐次线性差分方程为

$$y_{t+n}+a_1y_{t+n-1}+\cdots+a_ny_t=0,\tag{2}$$

其中,$a_1,a_2,\cdots,a_n$都是常数,且 $a_n\neq0$.

差分方程(2)的特征方程是

$$\lambda^n+a_1\lambda^{n-1}+\cdots+a_n=0\tag{3}$$

若方程(2)的通解为 $y_C(t)$,方程(1)的一个特解为 $y^*(t)$,则

方程(1)的通解为

$$y_t = y_C(t) + y^*(t)$$

1. 齐次线性差分方程的通解

由于特征方程(3)一定有 n 个根,由此可得到差分方程(2)的 n 个线性无关的特解. 求方程(2)的特解的方法可参照表 2.

差分方程(2)的 n 个线性无关特解的线性组合就是其通解 $y_C(t)$.

2. 非齐次线性差分方程的特解

用待定系数法求特解 $y^*(t)$,见表 3.

例 11 求差分方程 $2y_{t+3} - y_{t+2} - 2y_{t+1} + y_t = 2$ 的通解.

解 这是三阶差分方程. 特征方程可写作

$$\lambda^3 - \frac{1}{2}\lambda^2 - \lambda + \frac{1}{2} = (\lambda - 1)(\lambda + 1)\left(\lambda - \frac{1}{2}\right) = 0,$$

特征根 $\lambda_1 = 1, \lambda_2 = -1, \lambda_3 = \frac{1}{2}$. 于是齐次差分方程的通解为

$$y_C(t) = C_1 \cdot 1^t + C_2(-1)^t + C_3\left(\frac{1}{2}\right)^t = C_1 + C_2(-1)^t + C_3\left(\frac{1}{2}\right)^t.$$

$f(t) = 2, m = 0, \alpha = 1$. 因 $\alpha = 1$ 是单特征根,故设特解

$$y^*(t) = B_0 t.$$

将其代入原差分方程,有

$$2B_0(t+3) - B_0(t+2) - 2B_0(t+1) + B_0 t = 2,$$

可解得 $B_0 = 1$,所以 $y^*(t) = t$. 从而,所求通解

$$y_t = y_C(t) + y^*(t) = C_1 + C_2(-1)^t + C_3\left(\frac{1}{2}\right)^t + t.$$

例 12 求差分方程 $y_{t+3} + y_{t+2} - 8y_{t+1} - 12y_t = 15 - 18t$ 的通解.

解 特征方程是

$$\lambda^3 + \lambda^2 - 8\lambda - 12 = (\lambda + 2)^2(\lambda - 3) = 0$$

特征根 $\lambda_1 = \lambda_2 = -2, \lambda_3 = 3$. 齐次差分方程的通解

$$y_C(t)=(C_1+C_2t)(-2)^t+C_3\cdot 3^t.$$

$f(t)=15-18t, m=1, \alpha=1$. 因 $\alpha=1$ 不是特征根,故设特解

$$y^*(t)=B_0+B_1t.$$

将其代入原差分方程,可求得 $B_0=-1, B_1=1$. 所以 $y^*(t)=t-1$. 于是所求通解

$$y_t=(C_1+C_2t)(-2)^t+C_3 3^t+t-1.$$

注释 若三阶差分方程的特征方程有三重根,即 $\lambda_1=\lambda_2=\lambda_3=\lambda$,则齐次方程的通解为 $y_C(t)=(C_1+C_2t+C_3t^2)\lambda^t$.

若三阶差分方程的特征方程为 $(\lambda^2+a\lambda+b)(\lambda-\lambda_3)=0$,其中 $\lambda^2+a\lambda+b=0$ 有一对共轭复根 λ_1,λ_2,则齐次方程的通解为 $y_C(t)=r^t(C_1\cos\omega t+C_2\sin\omega t)+C_3\lambda_3^t$.

例 13 求差分方程 $y_{t+4}+2y_{t+2}+y_t=8$ 的通解.

解 这是四阶差分方程,特征方程是

$$\lambda^4+2\lambda^2+1=(\lambda^2+1)^2=0$$

特征根 $\lambda_1=\lambda_2=\mathrm{i}, \lambda_3=\lambda_4=-\mathrm{i}$. 由于 $r=\sqrt{1}=1, \tan\omega=\infty, \omega=\frac{\pi}{2}$,故齐次方程的通解是

$$y_C(t)=(C_1+C_2t)\cos\frac{\pi}{2}t+(C_3+C_4t)\sin\frac{\pi}{2}t.$$

$f(t)=8, m=0, \alpha=1$. 因 $\alpha=1$ 不是特征根,故设特解

$$y^*(t)=B_0$$

将其代入原差分方程,有

$$B_0+2B_0+B_0=8, \text{即 } B_0=2.$$

于是 $y^*(t)=2$. 从而所求通解

$$y_t=(C_1+C_2t)\cos\frac{\pi}{2}t+(C_3+C_4t)\sin\frac{\pi}{2}t+2.$$

§10.4 差分方程在经济中的应用

例 1 某公司每年的工资总额比上一年增加 10% 的基础上再

追加 3 百万元. 若以 y_t表示第 t 年的工资总额(单位:百万元),则 y_t满足的差分方程是________.

解 第 t 年的前 1 年,即第 $t-1$ 年的工资总额为 y_{t-1},增加 10%,即为 $y_{t-1}+y_{t-1}\cdot 0.1=1.1y_{t-1}$;再追加 3 百万元,即为 $1.1y_{t-1}+3$,故 y_t满足的差分方程是 $y_t=1.1y_{t-1}+3$.

例 2 某公司由银行贷款 25 000 万元购买设备,银行年利率为 1%. 该公司计划在 12 年内用分期付款方式还清贷款,试问该公司每年需要向银行付款多少万元?

解 设每年付款 P 万元,y_t为付款 t 年后尚欠银行的款数(单位:万元). 由题设知 $y_0=25\ 000$ 万元,$y_{12}=0$(还清贷款). 于是,y_t 所满足的差分方程为

$$y_{t+1}=y_t+y_t\cdot 0.01-P,\quad \text{即}\quad y_{t+1}-(1.01)y_t=-P.$$

这是一阶线性非齐次差分方程.

该方程的通解为

$$y_t=y_C+y^*=C(1.01)^t+\frac{-P}{1-1.01}=C(1.01)^t+100P.$$

由条件 $y_0=25\ 000$,$y_{12}=0$ 得

$$\begin{cases}25\ 000=C+100P,\\0=C(1.01)^{12}+100P,\end{cases}$$

解之得 $C=-197\ 122$,$P=2\ 221.22$(万元),即每年应向银行付款 2 221.22 万元.

例 3 假设生产某种产品要求有一个固定的生产周期,并以此周期作为度量时间 t 的单位. 在这种情况下规定,第 t 期的供给量 Q_{st}由前一期的价格 P_{t-1}决定,而第 t 期的需求量 Q_{dt}由现期价格 P_t决定. 取供给函数和需求函数的线性形式,且假定每个时期中市场价格总是确定在市场销清的水平上,便有动态供需均衡模型

$$\begin{cases} Q_{dt} = \alpha - \beta P_t(\alpha, \beta > 0), & (1) \\ Q_{st} = -\gamma + \delta P_{t-1}(\gamma, \delta > 0), & (2) \\ Q_{dt} = Q_{st}. & (3) \end{cases}$$

又设当 $t=0$ 时，P_0是初始价格，试确定价格 P_t满足的差分方程，并解该差分方程.

解 将(1)式和(2)式代入(3)式，可得一阶差分方程

$$P_t + \frac{\delta}{\beta}P_{t-1} = \frac{\alpha+\gamma}{\beta} \quad 或 \quad P_{t+1} + \frac{\delta}{\beta}P_t = \frac{\alpha+\gamma}{\beta}.$$

该方程的通解为

$$P_t = C\left(-\frac{\delta}{\beta}\right)^t + \frac{\alpha+\gamma}{\beta+\delta} \quad (C\ 为任意常数).$$

将 $t=0$ 时，初始价格 P_0代入上式得

$$C = P_0 - \frac{\alpha+\gamma}{\beta+\delta}.$$

记 $\overline{P} = \frac{\alpha+\gamma}{\beta+\delta}$(静态均衡价格)，于是，满足初始价格为 P_0时的解为

$$P_t = (P_0 - \overline{P})\left(-\frac{\delta}{\beta}\right)^t + \overline{P}.$$

小　　结

一、知识点、重点、难点

1. 知识点：

(1) 差分方程的阶与解(通解与特解)的概念.

(2) 一阶常系数线性差分方程的解法.

(3) 二阶齐次线性差分方程解的结构定理. 二阶非齐次线性差分方程解的结构定理.

(4) 二阶常系数线性差分方程的解法.

(5) 差分方程在经济中的应用.

2. 重点：一阶、二阶常系数线性差分方程的解法.

3. 难点：二阶常系数线性差分方程的解法.

二、差分方程适合表示当变量被认为是离散的或间断地变化时这些变化之间的关系.在企业管理与经济分析中,差分方程常常是有效方法.

三、线性差分方程的解的结构定理同微分方程.

自 测 题

1. 填空题

(1) 设 $y_t=\log_a t$,则 $\Delta y_t=$ ________.

(2) 已知 $y_t=4^t$是差分方程 $y_{t+1}+ay_t-4y_{t-1}=0$ 的一个解,则 $a=$ ________.

(3) 设 $y_0=0$,且 y_t满足差分方程 $y_{t+1}-y_t=t$,则 $y_{100}=$ ________.

2. 单项选择题

(1) 下列差分方程中,其解是函数 $y_t=C+2t+t^2$的是(　　).

(A) $y_{t+1}+y_t=3+2t$　　(B) $y_{t+1}=3-2t^2$

(C) $y_{t+1}-y_t=3+2t$　　(D) $y_{t+1}-y_t=3+2t^2$

(2) 设 $y_{t+2}-6y_{t+1}+8y_t=2^t$,则其待定特解形式为(　　).

(A) 2^{Bt}　　(B) $B2^t$　　(C) $Bt2^t$　　(D) $Bt^2 2^t$

(3) 若 $y_t=C_1+C_2 2^t-t$ 是差分方程 $y_{t+2}-3y_{t+1}+2y_t=1$ 的通解,则该差分方程满足 $y_0=0,y_1=3$ 的特解 $y^*=$(　　).

(A) $4(2^t-1)$　　(B) $4(2^t-1)-t$

(C) $4(1-2^t)-t$　　(D) $4(2^t-1)+t$

3. 求差分方程 $y_{t+1}+y_t=40+6t^2$的通解.

4. 求差分方程 $y_{t+1}-3y_t=\frac{1}{2}3^t$的通解.

5. 求差分方程 $y_{t+1}-2y_t=\cos\frac{\pi}{2}t$ 的通解.

6. 求差分方程 $y_{t+2}-6y_{t+1}+8y_t=3t^2+2$ 的通解.

7. 求差分方程 $y_{t+2}+y_{t+1}-3y_t=7^t$的通解.

8. 求差分方程 $y_{t+2}-2y_{t+1}+y_t=2\sin\frac{\pi}{2}t$ 的通解.

自测题参考答案与解法提示

第一章自测题

1. (1) $[a,2-a]$.

(2) $(-\infty,0]$.

(3) 由 $x=\dfrac{3(1+y^2)}{y^2-4}(y\geqslant 0)$ 得 $y\in[0,2)\cup(2,+\infty)$.

(4) 先求 $f^{-1}(x)$,再求 $f(x)=\dfrac{1}{2}\log_a(x-1)$.

(5) 用归纳法可得 $f_n(x)=\dfrac{x}{\sqrt{1+nx^2}}$.

2. (1) (B).

(2) (B). 因 $0<f(x)<1<x^2$,有 $f(x^2)=2f(x)>[f(x)]^2$,且 $f(f(x))<0$.

(3) (D). 注意对任意 $f(x)$,不能断定 $[f(x)]^2$、$|f(x)|$、$f(-x)$ 的奇偶性.

(4) (D). 令 $f(x)=x\sin x$ 是偶函数,且 $f(b+c)=f(a+c)$ 知,$a+c=-(b+c)$.

(5) (B).

3. (1) 由 $0<\dfrac{[x]}{x}<1$,且当 $x\in[0,1)$ 时,$[x]=0$.

为使 $\dfrac{[x]}{x}>0$,$x\in(-\infty,0)\cup[1,+\infty)$;为使 $\dfrac{[x]}{x}<1$,$x>0$ 且 $x\neq 1,2,3,\cdots$. 于是所求定义域为 $x>1$ 且 $x\neq 2,3,\cdots$.

(2) 1° 在已知等式中,令 $x=1,y=1$;

2° 在已知等式中,x 不变,y 换以 $\dfrac{1}{x}$;

3° 在已知等式中,x 不变,y 换以 $\dfrac{1}{y}$,并利用 2°的结论;

4° 在 3°的等式中,x 不变,y 换以 $x^{\frac{1}{2}}, x^{\frac{2}{3}}, \cdots$用归纳法得结论.

(3) 由 $\sqrt{1-2x}=\dfrac{1-y}{1+y}\geqslant 0$ 得 $x=\dfrac{2y}{(1+y)^2}, y\in(-1,1]$.

即所求反函数为 $y=\dfrac{2x}{(1+x)^2}, x\in(-1,1]$.

4. 任意取 $x_1, x_2\in(-\infty,+\infty)$,且 $x_1<x_2$. 由题设有

$$|f(x_2)-f(x_1)|<|x_2-x_1|=x_2-x_1,$$

而
$$f(x_1)-f(x_2)\leqslant|f(x_2)-f(x_1)|<x_2-x_1,$$

所以 $f(x_1)+x_1<f(x_2)+x_2$,即 $F(x_1)<F(x_2)$,故 $F(x)$ 在 $(-\infty,+\infty)$ 内单调增加.

第二章自测题

1. (1) $3x^2$.

(2) 0.

(3) 原式 $=\lim\limits_{x\to 0}\dfrac{1}{1+\cos x}\cdot\dfrac{\dfrac{4\sin x}{x}+3x\sin\dfrac{1}{x}}{\dfrac{\sin(\sin x)}{x}}=2$.

(4) 由 $3=\lim\limits_{x\to 0}\dfrac{\dfrac{f(x)}{3x}}{x\ln 3}$ 知,$\lim\limits_{x\to 0}\dfrac{f(x)}{x^2}=9\ln 3$.

(5) $(-\infty,1)\cup(2,+\infty)$.

2. (1) (D).

(2) (D). $e^{x\cos x^2}-e^x=e^x[e^{x(\cos x^2-1)}-1]$,当 $x\to 0$ 时,$e^{x(\cos x^2-1)}-1\sim x(\cos x^2-1)\sim x\left(-\dfrac{x^4}{2}\right)$.

(3) (A).

(4) (B). $f(0)=1+\beta, f(0-0)=1+\beta, f(0+0)=\begin{cases}0, \alpha>0\\ \text{不存在}, \alpha\leqslant 0\end{cases}$.

由 $f(0-0)=f(0+0)=f(0)$ 知,$\alpha>0, \beta=-1$.

(5) (B). $f(x)=\begin{cases}1+x, & -1<x<1\\ 1, & x=1\\ 0, & x\leqslant -1 \text{ 或 } x>1\end{cases}$.

3. (1) 原式 $=\lim\limits_{n\to\infty}\dfrac{8n-3}{\sqrt{n^2+3n-1}+\sqrt{n^2-5n+2}}=4$.

（2）设 $y=\frac{\pi}{4}-\arctan\frac{x}{1+x}$，则 $x=\frac{\tan\left(\frac{\pi}{4}-y\right)}{1-\tan\left(\frac{\pi}{4}-y\right)}=\frac{1-\tan y}{2\tan y}$，

原式 $=\lim\limits_{y\to 0}\frac{y}{2\tan y}(1-\tan y)=\frac{1}{2}$.

（3）原式 $=\lim\limits_{x\to 0}\frac{x^4}{(\cos x-e^{x^2})\cdot x^2\cdot 4\left(\frac{x^2}{2}+1+\sqrt{1+x^2}\right)}$

$$=\frac{1}{8}\lim_{x\to 0}\frac{1}{\frac{\cos x-1}{x^2}+\frac{1-e^{x^2}}{x^2}}=-\frac{1}{12}.$$

（4）对分子反复用加一项减一项，并用 $\lim\limits_{x\to 0}\frac{1-\cos x}{x^2}=\frac{1}{2}$.

$$\text{原式}=\lim_{x\to 0}\frac{1}{x^2}\left[(1-\cos x)+(\cos x-\cos x\sqrt{\cos 2x})\right.$$

$$\left.+(\cos x\sqrt{\cos 2x}-\cos x\sqrt{\cos 2x}\sqrt[3]{\cos 3x})\right]$$

$$=\lim_{x\to 0}\frac{1-\cos x}{x^2}+4\lim_{x\to 0}\frac{1-\cos 2x}{(2x)^2}\cdot\frac{1}{1+\sqrt{\cos 2x}}$$

$$+9\lim_{x\to 0}\frac{1-\cos 3x}{(3x)^2}\cdot\frac{1}{1+\sqrt[3]{\cos 3x}+\sqrt[3]{(\cos 3x)^2}}=3$$

（5）原式 $=\lim\limits_{x\to\infty}\left(\frac{x+a}{x+a+b}\right)^{x+a}\left(\frac{x+b}{x+a+b}\right)^{x+b}=e^{-b}\cdot e^{-a}=e^{-(a+b)}$.

其中 $\lim\limits_{x\to\infty}\left(\frac{x+a}{x+a+b}\right)^{x+a}=\lim\limits_{x\to\infty}\left(1+\frac{b}{x+a}\right)^{-\frac{(x+a)}{b}\cdot b}=e^{-b}$，

同理 $\lim\limits_{x\to\infty}\left(\frac{x+b}{x+a+b}\right)^{x+b}=e^{-a}$.

（6）当 $x\to\frac{\pi}{2}$ 时，$\sqrt[m]{\sin x}-1=\sqrt[m]{1+(\sin x-1)}-1\sim\frac{1}{m}(\sin x-1)$.

$$\text{原式}=\lim_{x\to\frac{\pi}{2}}\frac{1-\sqrt{\sin x}}{1-\sin x}\cdot\frac{1-\sqrt[3]{\sin x}}{1-\sin x}\cdots\frac{1-\sqrt[n]{\sin x}}{1-\sin x}$$

$$=\frac{1}{2}\cdot\frac{1}{3}\cdots\frac{1}{n}=\frac{1}{n!}.$$

（7）由题设知，当 $x\to 0$ 时 $\sqrt{1+\frac{1}{x}f(x)}-1\sim\frac{1}{2x}f(x)$. 于是

$$原式=\lim_{x\to 0}\frac{\frac{1}{2x}f(x)}{x^2}=\lim_{x\to 0}\frac{f(x)}{2x^3}=b$$

从而当 $x\to 0$ 时 $f(x)\sim 2bx^3$. 故 $a=2b, k=3$.

(8) 对一切 n,有

$$0<\sin^2(\pi\sqrt{n^2+1})=\sin^2(n\pi-\pi\sqrt{n^2+1})$$
$$=\sin^2\frac{\pi}{n+\sqrt{n^2+1}}<\frac{\pi^2}{(n+\sqrt{n^2+1})^2}<\frac{\pi^2}{4n^2},$$

而 $\lim\limits_{n\to\infty}\frac{\pi^2}{4n^2}=0$. 由夹逼准则. 原式 $=0$.

4. 当 $x<0$ 时,由 $\sin\pi x=0$ 得间断点 $x=-1,-2,-3,\cdots$.

当 $x>0$ 时,由 x^2-1 得间断点 $x=1$.

在 $x=-1$ 处, $\lim\limits_{x\to -1}f(x)=\lim\limits_{x\to -1}\frac{x^3-x}{\sin\pi x}\xlongequal{x=y-1}\lim\limits_{y\to 0}\frac{(y-1)(y-2)y}{-\sin\pi y}=-\frac{2}{\pi}$.

在 $x_0=-2,-3,\cdots$处, $\lim\limits_{x\to x_0}f(x)=\lim\limits_{x\to x_0}\frac{x^3-x}{\sin\pi x}=\infty$.

在 $x=1$ 处, $\lim\limits_{x\to 1}f(x)=\lim\limits_{x\to 1}\sin\frac{1}{x^2-1}$不存在.

在 $x=0$ 处, $\lim\limits_{x\to 0^-}f(x)=\lim\limits_{x\to 0^-}\frac{x^3-x}{\sin\pi x}=\lim\limits_{x\to 0^-}\frac{x^2-1}{\pi\frac{\sin\pi x}{\pi x}}=-\frac{1}{\pi}$,

$$\lim_{x\to 0^+}f(x)=\lim_{x\to 0^+}\sin\frac{1}{x^2-1}=-\sin 1.$$

综上知, $x=-1$ 是可去间断点,属第一类. 令 $f(-1)=-\frac{2}{\pi}$,则 $f(x)$ 在 $x=-1$ 处就连续.

$x=0$ 是跳跃间断点,属第一类.

$x=1$,是第二类间断点; $x=-2,-3,\cdots$是无穷型间断点,属第二类.

5. 不妨设 $a<x_1<x_2<\cdots<x_n<b$,则 $f(x)$ 在闭区间 $[x_1,x_n]$ 上连续,从而 $f(x)$ 在 $[x_1,x_n]$ 上必有最大值 M 与最小值 m. 即

$$m\leqslant f(x)\leqslant M, x\in[x_1,x_n],从而 m\leqslant f(x_k)\leqslant M, k=1,2,\cdots,n.$$

于是有 $$m\leqslant\frac{2}{n(n+1)}[f(x_1)+2f(x_2)+\cdots+nf(x_n)]\leqslant M.$$

由介值定理知，至少存在一点 $\xi\in(x_1,x_n)\subset(a,b)$，使

$$f(\xi)=\frac{2}{n(n+1)}[f(x_1)+2f(x_2)+\cdots+nf(x_n)].$$

第三章自测题

1. (1) $f'(0)=\lim\limits_{x\to0}\dfrac{\sin x\sqrt{\dfrac{1+2\arctan x}{1-2\arctan x}}}{x}=1.$

(2) 可求得 $\xi_n=1-\dfrac{1}{n}$，$\lim\limits_{n\to\infty}f(\xi_n)=e^{-1}$.

(3) $f(t)=te^{2t}$，$f'(t)=(2t+1)e^{2t}$.

(4) $f(x)=\dfrac{2}{1+x}-1$，$f^{(n)}(x)=(-1)^n\dfrac{2\cdot n!}{(1+x)^{n+1}}$.

(5) -1.

2. (1) (B).

(2) (D). 当 $k=-1$ 时，$f'_-(0)=0$，而 $f'_+(0)=2$.

(3) (A).

(4) (C). 因 $y=x^3|x|$ 在 $x=0$ 存在三阶导数，但 $y^{(4)}$ 不存在.

(5) (A). 由 $y'\big|_{x=-1}=(x^3+ax)'\big|_{x=-1}=3+a$，$y'\big|_{x=-1}=(bx^2+c)'\big|_{x=-1}=-2b$，有 $3+a=-2b$. 又点 $(-1,0)$ 是两曲线的交点，有 $-1-a=0$，$b+c=0$.

3. (1) 因 $f(0)=0$，由

$$f'_-(0)=\lim_{x\to0^-}\frac{x^2g(x)}{x}=0,\quad f'_+(0)=\lim_{x\to0^+}\frac{1-\cos x}{x\sqrt{x}}=0.$$

知 $f'(0)$ 存在且 $f'(0)=0$.

(2) 设 $u=\dfrac{x+1}{x-1}$，则 $\dfrac{du}{dx}=-\dfrac{2}{(x-1)^2}$. 而

$$\frac{dy}{dx}=\frac{dy}{du}\frac{du}{dx}=f'(u)\frac{du}{dx}=\frac{(x-1)^2}{(x+1)^2}\left[-\frac{2}{(x-1)^2}\right]=-\frac{2}{(x+1)^2}.$$

(3) $y'=\dfrac{1}{2\sqrt{e^x+\sqrt{e^x+\sqrt{e^x}}}}\left[e^x+\dfrac{1}{2\sqrt{e^x+\sqrt{e^x}}}\left(e^x+\dfrac{e^x}{2\sqrt{e^x}}\right)\right]$.

(4) $y=\dfrac{1}{8}\sin 8x$，$y'=\cos 8x$.

(5) $dy=\ln(1+x+\sqrt{2x+x^2})\,dx$

(6) $y'=\dfrac{e^x+1}{e^y+1},\quad y''=\dfrac{(e^x-e^y)(1-e^{x+y})}{(e^y+1)^3}.$

(7) $f'(x)=x^{x^2}(2x\ln x+x)+\left(1+\dfrac{1}{x}\right)^x\left[\ln\left(1+\dfrac{1}{x}\right)-\dfrac{1}{x+1}\right],$

$$f'\left(\frac{1}{2}\right)=\sqrt[4]{\frac{1}{2}}\left(\ln\frac{1}{2}+\frac{1}{2}\right)+\sqrt{3}\left(\ln 3-\frac{2}{3}\right).$$

(8) $f(x)=\begin{cases}2^{x-a},x\geqslant a\\2^{a-x},x<a\end{cases}$,因 $f'_-(a)=-\ln 2,f'_+(a)=\ln 2$,

$$f'(x)=\begin{cases}2^{x-a}\ln 2,x>a\\-2^{a-x}\ln 2,x<a.\end{cases}$$

4. 依题意,点 $M(x,y)$ 的坐标满足方程

$$\sqrt{(x-1)^2+(y-1)^2}=\frac{1}{2}\left|\frac{x+y+2}{\sqrt{1^2+1^2}}\right|$$

两端平方并整理得

$$7x^2-2xy+7y^2-20x-20y+12=0$$

令 $y=0$ 得轨迹与 x 轴交点坐标为 $(2,0)$ 和 $\left(\dfrac{6}{7},0\right)$.

上式对 x 求导,得 $14x-2y-2xy'+14yy'-20-20y'=0$. 由此得 $y'\Big|_{\substack{x=2\\y=0}}=\dfrac{1}{3},y'\Big|_{\substack{x=\frac{6}{7}\\y=0}}=-\dfrac{7}{19}$. 所求切线方程为

$$y=\frac{1}{3}(x-2)\text{ 和 }y=-\frac{7}{19}\left(x-\frac{6}{7}\right).$$

第四章自测题

1. (1) $\dfrac{1}{6}$. 原式 $=\lim\limits_{x\to 0}e^x\dfrac{x+xe^x-2e^x+2}{x^3}=\dfrac{1}{6}$

(2) $y=x+\dfrac{1}{e}$. 其中 $a=\lim\limits_{x\to+\infty}\dfrac{y}{x}=1$,

$$b=\lim_{x\to+\infty}\left[x\ln\left(e+\frac{1}{x}\right)-x\right]=\lim_{x\to+\infty}\frac{\ln\left(e+\frac{1}{x}\right)-1}{\frac{1}{x}}=\frac{1}{e}.$$

(3) $f^{(n)}(-n-1)=-e^{-(n+1)}$. $f^{(n)}(x)=(n+x)e^x$,

由 $f^{(n+1)}(x)=(n+1+x)e^x=0$ 得 $x=-(n+1)$, $f^{(n+2)}(-n-1)>0$.

(4) $a=8$. 求使 $f(x)$ 取得最小值为 6 时的 a 值.

(5) $(0,0)$. 因 $f'(0)=f''(0)=f'''f(0)=f^{(4)}(0)=0$,而 $f^{(5)}(0)=5\neq 0$.

2. (1)(A). 没有$f(x)$在$[a,b]$上连续的条件,罗尔定理未必成立.

(2)(A). 已知条件可推出$\left[\ln\dfrac{f(x)}{g(x)}\right]'<0$,故$\dfrac{f(x)}{g(x)}$为减函数,有$\dfrac{f(x)}{g(x)}>\dfrac{f(b)}{g(b)}$.

(3)(C). 令$f(x)=x^{\frac{1}{x}}(x\geqslant 1)$,则$f(x)$的最大值是$f(\mathrm{e})=\sqrt[\mathrm{e}]{\mathrm{e}}$,因$\sqrt{2}<\sqrt[3]{3}$.

(4)(D). 由$\lim\limits_{x\to x_0}\dfrac{f(x)-f(x_0)}{(x-x_0)^n}=\lim\limits_{x\to x_0}\dfrac{f^{(n-1)}(x)}{n!\ (x-x_0)}$

$$=\frac{1}{n!}\lim_{x\to x_0}\frac{f^{(n-1)}(x)-f^{(n-1)}(x_0)}{x-x_0}=\frac{1}{n!}f^{(n)}(x_0).$$

当n为偶数时,有$f(x)-f(x_0)>0$,$f(x_0)$是极小值.

(5)(C). 设$f(x)=\ln x-\dfrac{x}{\mathrm{e}}+k$. 因$\lim\limits_{x\to 0^+}f(x)=-\infty$,$\lim\limits_{x\to+\infty}f(x)=-\infty$;又$f'(x)=\dfrac{1}{x}-\dfrac{1}{\mathrm{e}}$,$f(x)$在$(0,\mathrm{e})$内增,在$(\mathrm{e},+\infty)$减,且$f(\mathrm{e})=k>0$.

3. e^2. $\lim\limits_{x\to\infty}x\ln\left(\sin\dfrac{2}{x}+\cos\dfrac{1}{x}\right)=\lim\limits_{x\to\infty}\dfrac{\ln\left(\sin\dfrac{2}{x}+\cos\dfrac{1}{x}\right)}{\dfrac{1}{x}}$

$$\xlongequal{\frac{0}{0}}\lim_{x\to\infty}\frac{\left(2\cos\dfrac{2}{x}-\sin\dfrac{1}{x}\right)\left(-\dfrac{1}{x^2}\right)}{-\dfrac{1}{x^2}\left(\sin\dfrac{2}{x}+\cos\dfrac{1}{x}\right)}=2$$

4. 用e^x,$(1+\beta x)^{-1}$的麦克劳林公式,展开到$o(x^3)$.

$$f(x)=\mathrm{e}^x-(1+\alpha x)(1+\beta x)^{-1}$$

$$=1+x+\frac{x^2}{2!}+\frac{x^3}{3!}+o(x^3)-(1+\alpha x)(1-\beta x+\beta^2x^2-\beta^3x^3+o(x^3))$$

$$=(1-\alpha+\beta)x+\left(\frac{1}{2}+\alpha\beta-\beta^2\right)x^2+\left(\frac{1}{6}-\alpha\beta^2+\beta^3\right)x^3+o(x^3).$$

由$1-\alpha+\beta=0$,$\dfrac{1}{2}+\alpha\beta-\beta^2=0$得$\alpha=\dfrac{1}{2}$,$\beta=-\dfrac{1}{2}$.

5. (1) 定义域$(-\infty,1)\cup(1,+\infty)$,$x=1$是间断点.

由$\lim\limits_{x\to 1}\dfrac{x^3}{(x-1)^2}=+\infty$知,$x=1$是垂直渐近线,又因

$$\lim_{x\to\infty}\frac{y}{x}=\lim_{x\to\infty}\frac{x^2}{(x-1)^2}=1,\ \lim_{x\to\infty}(y-x)=\lim_{x\to\infty}\left[\frac{x^3}{(x-1)^2}-x\right]=2.$$

故 $y=x+2$ 是斜渐近线.

(2) 单调性、极值、凹向、拐点

$y'=\dfrac{x^2(x-3)}{(x-1)^3}$,令 $y'=0$,得驻点 $x=0$ 及 $x=3$,

$y''=\dfrac{6x}{(x-1)^4}$,令 $y''=0$,得 $x=0$.

列表

x	$(-\infty,0)$	0	$(0,1)$	1	$(1,3)$	3	$(3,+\infty)$
y'	+	0	+		−	0	+
y''	−	0	+		+	+	+
y	↗∩	拐点 $(0,0)$	↗∪	间断	↘∪	$\dfrac{27}{4}$ 极小值	↗∪

6. 欲证等式改写作

$$n\eta^{n-1}=n\xi^{n-1}f(\xi)+\xi^n f'(\xi).$$

上式左端是 $(x^n)'\big|_{x=\eta}$,右端是 $[x^n f(x)]'\big|_{x=\xi}$.

令 $F(x)=x^n$,在 $[a,b]$ 上,由拉格朗日定理,有

$$\frac{b^n-a^n}{b-a}=n\eta^{n-1}\quad \eta\in(a,b). \tag{1}$$

令 $g(x)=x^n f(x)$,在 $[a,b]$ 上,由拉格朗日中值定理,有

$$\frac{b^n f(b)-a^n f(a)}{b-a}=n\xi^{n-1}f(\xi)+\xi^n f'(\xi),\xi\in(a,b). \tag{2}$$

注意到 $f(a)=f(b)=1$,由(1)式和(2)式即得到欲证的等式.

7. 令$f(x)=\dfrac{1}{2}\ln\dfrac{x+1}{x-1}-\dfrac{1}{x}$

$$g(x)=\frac{1}{3x(x^2-1)}-\frac{1}{2}\ln\frac{x+1}{x-1}+\frac{1}{x}.$$

因 $f'(x)=-\dfrac{1}{x^2(x^2-1)}<0(x>1)$,且 $\lim\limits_{x\to+\infty}f(x)=0$.

可知,当 $x>1$,$f(x)>0$.

因 $g'(x)=-\dfrac{2}{3x^2(x^2-1)^2}<0(x>1)$,且 $\lim\limits_{x\to+\infty}g(x)=0$,

故当 $x>1$ 时,$g(x)>0$. 综上,欲证等式成立.

8. 令$f(x)=\mathrm{e}^x-kx,x\in(-\infty,+\infty)$,确定$f(x)$零点的个数.

当$k\neq 0$时,显然$f(x)$没有零点. 当$k\neq 0$时:

若$k<0,f'(x)=\mathrm{e}^x-k>0,f(x)$在$(-\infty,+\infty)$严格单调增,且$\lim\limits_{x\to-\infty}f(x)=-\infty,\lim\limits_{x\to+\infty}f(x)=+\infty$,故$f(x)$只有一个零点. 即原方程只有一个根.

若$k>0$,令$f'(x)=0$得惟一驻点$x_0=\ln k,f(x_0)=k(1-\ln k)$. 又$f''(x)=\mathrm{e}^x>0$,且$\lim\limits_{x\to-\infty}f(x)=+\infty,\lim\limits_{x\to+\infty}f(x)=+\infty$,曲线$y=f(x)$上凹:

当$0<k<\mathrm{e}$时,$f(x_0)=k(1-\ln k)>0$,函数$f(x)$没有零点;

当$k=\mathrm{e}$时,$f(x_0)=k(1-\ln k)=0$,函数仅有一个零点;

当$k>\mathrm{e}$时,$f(x_0)=k(1-\ln k)<0$,函数有两个零点.

9. (1) 1° 总收益函数$R=30Q-0.75Q^2$. 当$Q=20$时,收益最大.

2° 平均成本函数$AC=0.3Q+9+\dfrac{30}{Q}$. 当$Q=10$时,平均成本最小.

3° 利润函数$\pi=R-C=-1.05Q^2+21Q-30$. 当$Q=10$时,利润最大.

(2) 1° 这时,利润函数为$\pi=-1.05Q^2+21Q-40$. 厂商的产量不变,即仍是$Q=10$时,利润最大,总利润减少10.

2° 利润函数$\pi=-1.05Q^2+21Q-30-8.4Q$. 当$Q=6$时,利润最大.

3° 利润函数$\pi=-1.05Q^2+21Q-30+4.2Q$. $Q=12$时,利润最大.

第五章自测题

1. (1) $\dfrac{a^x}{\ln^2 a}+C_1x+C_2$. (2) $-\cot x-\dfrac{1}{\sin x}+C$.

(3) 36. 设$F(x)=\int(x^2-2x-8)\mathrm{d}x$,则$F(-2)$是极大值,$F(4)$是极小值.

(4) $\dfrac{1}{2}\sin(2x^2-1)+C$. (5) $xf'(x)-f(x)+C$.

2. (1) (C). (2) (D). (3) (A). (4) (C). (5) (B).

3. (1) $2\sqrt{1+\tan x}+C$.

(2) $\dfrac{x}{x-\ln x}+C$. 提示 $I=\int\dfrac{1}{\left(\dfrac{\ln x}{x}-1\right)^2}\mathrm{d}\left(\dfrac{\ln x}{x}\right)$.

(3) $e^{\arctan x}+\frac{1}{4}\ln^2(1+x^2)+C.$

(4) $-\frac{1}{2}\cos^2 x+\frac{1}{2}\ln(1+\cos^2 x)+C.$ 提示 $I=-\frac{1}{2}\int\frac{\cos^2 x}{1+\cos^2 x}\mathrm{d}\cos^2 x.$

(5) $-3(1-2x)^{\frac{1}{6}}+3\arctan(1-2x)^{\frac{1}{6}}+C.$ 提示 设 $x=\frac{1}{2}(1-t^6).$

(6) $\sqrt{x}+\frac{x}{2}-\frac{1}{2}\sqrt{x^2+x}-\frac{1}{4}\ln\left|x+\frac{1}{2}+\sqrt{x^2+x}\right|+C.$

提示 分母乘 $1+\sqrt{x}-\sqrt{1+x}.$

(7) $\frac{1}{5}\left(\arcsin x+2\ln\left|2x+\sqrt{1-x^2}\right|+C.\right)$提示 设 $x=\sin t.$

(8) $-\frac{\ln x}{\sqrt{1+x^2}}-\ln\left(\frac{1}{x}+\sqrt{1+\frac{1}{x^2}}\right)+C.$ 提示

$I=-\int\ln x\mathrm{d}\left(\frac{1}{\sqrt{1+x^2}}\right).$

(9) $\frac{e^x\sin x}{1+\cos x}+C.$ 提示 $I=\int\frac{e^x}{1+\cos x}\mathrm{d}x+\int\frac{\sin x}{1+\cos x}\mathrm{d}e^x.$

(10) $\frac{1}{x+1}+\frac{1}{2}\ln|x^2-1|+C.$ 提示 $I=\int\frac{x^2-x+x+1}{(x^2-1)(x+1)}\mathrm{d}x.$

4. $I_n=-\frac{1}{n-1}\frac{\cos x}{\sin^{n-1}x}+\frac{n-2}{n-1}I_{n-2}.$

提示 $I_n=\int\frac{1-\sin^2 x+\sin^2 x}{\sin^n x}\mathrm{d}x.$

第六章自测题

1. (1) 因 $y'|_{x=0}=2$,故切线方程为 $y=2x.$

(2) 由 $t\geqslant 0$ 时,有 $0\leqslant\ln(1+t)\leqslant t$ 知 $0\leqslant\int_0^1\ln(1+x^n)\mathrm{d}x\leqslant\int_0^1 x^n\mathrm{d}x=\frac{1}{n+1}.$ 由夹逼定理,$\lim\limits_{n\to\infty}\int_0^1\ln(1+x^n)\mathrm{d}x=0.$

(3) 令 $x-t=u$,则$\int_0^x\sin(x-t)^2\mathrm{d}t=\int_0^x\sin u^2\mathrm{d}u$,填 $\sin x^2.$

(4) 设 $x=\pi-u$,则 $I=-I$,于是 $I=0.$

(5) $x=0$ 是瑕点.

$$I=\int_{-1}^{-\varepsilon}\frac{\mathrm{d}}{\mathrm{d}x}\left(\frac{1}{1+2^{\frac{1}{x}}}\right)\mathrm{d}x+\int_{\varepsilon}^{1}\frac{\mathrm{d}}{\mathrm{d}x}\left(\frac{1}{1+2^{\frac{1}{x}}}\right)\mathrm{d}x$$

$$= (1+2^{\frac{1}{x}})\Big|_{-1}^{-\varepsilon} + (1+2^{\frac{1}{x}})\Big|_{\varepsilon}^{1} = \frac{2}{3}.$$

2. (1) (B). 在$\left[\frac{1}{2},1\right]$内,有 $x^2 < x < \sqrt{x} < \sqrt[3]{x}$,于是

$$\frac{1}{(1+x)\sqrt[3]{x}} < \frac{1}{(1+x^2)\sqrt[3]{x}} < \frac{1}{(1+x^2)\sqrt{x}}$$

(2) (B). 因$\lim\limits_{x\to 0}\dfrac{f(x)}{g(x)} = \lim\limits_{x\to 0}\dfrac{\cos x\cdot\sin(\sin x)^2}{3x^2+4x^3} = \lim\limits_{x\to 0}\dfrac{(\sin x)^2}{x^2(3+4x)} = \dfrac{1}{3}$.

(3) (A). $F(-a) = \int_0^{\pi}\ln(1+2a\cos x+a^2)\,\mathrm{d}x \xlongequal{x=\pi-u} F(a)$.

(4) (B). (A)左端$=\dfrac{1}{3}$,右端发散;(C)左端发散,右端$=\pi$;(D)左右两端均发散;(B)左端=右端$=\pi$.

3. 由于$1 \leqslant f(x) = \sqrt{1+x^4} \leqslant \sqrt{1+2x^2+x^4} = 1+x^2$,于是

$$2 = \int_{-1}^{1}\mathrm{d}x \leqslant \int_{-1}^{1}\sqrt{1+x^4}\,\mathrm{d}x \leqslant \int_{-1}^{1}(1+x^2)\,\mathrm{d}x = \frac{8}{3}.$$

4. 当$0\leqslant x\leqslant 1$时,$0\leqslant\dfrac{x^n\mathrm{e}^x}{1+\mathrm{e}^x}\leqslant x^n$. 故

$$0 \leqslant \int_0^1 \frac{x^n\mathrm{e}^x}{1+\mathrm{e}^x}\mathrm{d}x \leqslant \int_0^1 x^n\,\mathrm{d}x = \frac{1}{n+1}.$$

从而,$I=0$.

5. $f(0) = \int_0^1 \ln x\,\mathrm{d}x = -1$,当$t\neq 0$时,由分部积分法,

$$f(t) = \ln\sqrt{1+t^2} - 1 + t\cdot\arctan\frac{1}{t}$$

由$\lim\limits_{t\to 0} f(t) = -1 = f(0)$知,$f(t)$在$t=0$处连续. 又因

$$f'_-(0) = \lim_{t\to 0^-}\frac{f(t)-f(0)}{t-0} = \lim_{t\to 0^-}\arctan\frac{1}{t} = -\frac{\pi}{2},\ f'_+(0) = \frac{\pi}{2}.$$

故$f(t)$在$t=0$处不可导.

6. $\varphi(0) = \int_0^1 f(0)\,\mathrm{d}t = f(0)$. 由题设易知$f(0)=0$.

当$x\neq 0$时,令$u=xt$,则$\varphi(x) = \dfrac{1}{x}\int_0^x f(u)\,\mathrm{d}u$.

当 $x=0$ 时,由导数定义,$\varphi'(0)=\lim\limits_{x\to0}\dfrac{\dfrac{1}{x}\displaystyle\int_0^x f(u)-0}{x-0}=1$.

当 $x\neq0$ 时,$\varphi'(x)=\dfrac{xf(x)-\displaystyle\int_0^x f(u)\mathrm{d}u}{x^2}$,此时 $\varphi'(x)$ 连续,又

$$\lim_{x\to0}\varphi'(x)=\lim_{x\to0}\left(\frac{f(x)}{x}-\frac{1}{x^2}\int_0^x f(u)\mathrm{d}u\right)=2-1=\varphi'(0).$$

所以 $\varphi'(x)$ 为连续函数.

7. 已知式求导,得 $f'(x)=-\dfrac{1}{x}$,$f(x)=-\ln|x|+C$. 当 $x=1$ 时 $f(1)=-1$ 代入上式得 $C=-1$,于是 $f(x)=-\ln|x|-1$.

8. $I=\displaystyle\int_{-\frac{1}{2}}^{\frac{1}{2}}|\ln(1-x)|\mathrm{d}x=\int_{-\frac{1}{2}}^{0}\ln(1-x)\mathrm{d}x-\int_0^{\frac{1}{2}}\ln(1-x)\mathrm{d}x$

$$\xlongequal[\text{第一个积分}]{x=-t}\int_0^{\frac{1}{2}}\ln(1+t)\mathrm{d}t-\int_0^{\frac{1}{2}}\ln(1-x)\mathrm{d}x=\int_0^{\frac{1}{2}}\ln\frac{1+x}{1-x}\mathrm{d}x$$

$$=x\ln\frac{1+x}{1-x}\Big|_0^{\frac{1}{2}}-\int_0^{\frac{1}{2}}x\left(\frac{1}{1+x}+\frac{1}{1-x}\right)\mathrm{d}x=\frac{3}{2}\ln3-2\ln2.$$

9. 由分部积分法.

$$I=xf(x)\Big|_0^a-\int_0^a xf'(x)\mathrm{d}x=\int_0^a x\mathrm{e}^{a^2-x^2}\mathrm{d}x=\frac{1}{2}(\mathrm{e}^{a^2}-1).$$

10. $I=\dfrac{1}{2}\displaystyle\int_0^{\frac{\pi}{2}}\frac{\sin2x}{x+1}\mathrm{d}x\xlongequal{u=2x}\frac{1}{2}\int_0^{\pi}\frac{\sin u}{u+2}\mathrm{d}u$

$$\xlongequal{\text{分部积分法}}\frac{1}{2}\left(\frac{1}{2}+\frac{1}{\pi+2}-A\right).$$

11. 作辅助函数 $F(x)=xf(x)$,在 $\left[0,\dfrac{1}{2}\right]$ 上用积分中值定理存在 $c\in\left(0,\dfrac{1}{2}\right)$,使 $F(c)=2\displaystyle\int_0^{\frac{1}{2}}xf(x)\mathrm{d}x$.

在 $[c,1]$ 上用罗尔定理证得结论.

12. $\lim\limits_{x\to\infty}\left(\dfrac{x-a}{x+a}\right)^x=\mathrm{e}^{-2a}=\displaystyle\int_a^{+\infty}4x^2\mathrm{e}^{-2x}\mathrm{d}x=\frac{2a^2+2a+1}{\mathrm{e}^{2a}}$,

解得 $a=-1$ 或 0.

13. (1) $I=\displaystyle\int_1^{+\infty}\frac{\mathrm{e}^{x-3}}{\mathrm{e}^{2(x-1)}+1}\mathrm{d}x=\mathrm{e}^{-2}\int_1^{+\infty}\frac{\mathrm{d}\mathrm{e}^{x-1}}{1+\mathrm{e}^{2(x-1)}}=\frac{\pi}{4}\mathrm{e}^{-2}$.

(2) $I \xlongequal{x=\frac{1}{t}} \int_0^{+\infty} \frac{t^\alpha}{(1+t^2)(1+t^\alpha)}\mathrm{d}t = \int_0^{+\infty} \frac{\mathrm{d}t}{1+t^2} - I$,于是 $I = \frac{\pi}{4}$.

14. 设 $f(x) = \frac{1}{x(x-1)^{\frac{1}{3}}(x-2)^{\frac{1}{3}}}$,则 $I = \int_2^3 f(x)\mathrm{d}x + \int_3^{+\infty} f(x)\mathrm{d}x$.

当 $x \in (2,3]$ 时,$x(x-1)^{\frac{1}{3}} > 2(2-1)^{\frac{1}{3}} = 2$,则 $f(x) < \frac{1}{2(x-2)^{\frac{1}{3}}}$,而 $\int_2^3 \frac{\mathrm{d}x}{(x-2)^{\frac{1}{3}}}$ 收敛,所以 $\int_2^3 f(x)\mathrm{d}x$ 收敛.

当 $x \in [3,+\infty)$ 时,$x(x-1)^{\frac{1}{3}} > (x-2)(x-2)^{\frac{1}{3}} = (x-2)^{\frac{4}{3}}$,此时,$f(x) < \frac{1}{(x-2)^{\frac{5}{3}}}$,而 $\int_3^{+\infty} \frac{\mathrm{d}x}{(x-2)^{\frac{5}{3}}}$ 收敛,所以 $\int_3^{+\infty} f(x)\mathrm{d}x$ 收敛.

综上,$\int_2^{+\infty} f(x)\mathrm{d}x$ 收敛.

15. (1) 设 $\frac{x}{1+x} = t$,则

$$I = \int_0^1 t^{\frac{1}{4}}(1-t)^{-\frac{1}{4}}\mathrm{d}t = \beta\left(\frac{5}{4},\frac{3}{4}\right) = \frac{1}{4}\Gamma\left(\frac{5}{4},\frac{3}{4}\right).$$

(2) 设 $\ln\frac{1}{x} = t^2$,则

$$\begin{aligned} I &= 2\int_0^{+\infty} t^{n+1}\mathrm{e}^{-mt^2}\mathrm{d}t \\ &= \frac{2}{(\sqrt{m})^{n+1}\sqrt{m}}\int_0^{+\infty} (\sqrt{m}t)^{n+1}\mathrm{e}^{-(\sqrt{m}t)^2}\mathrm{d}(\sqrt{m}t) \\ &= \frac{1}{m^{\frac{n}{2}+1}}\Gamma\left(\frac{n}{2}+1\right). \end{aligned}$$

16. $x_0 = \frac{a+b}{2}$. 因曲线过点 $M(x_0, f(x_0))$ 切线方程为

$$y = f(x_0) + f'(x_0)(x-x_0),\ a < x_0 < b$$

由于 $f''(x) < 0$,切线在曲线上方,则所围面积

$$\begin{aligned} S(x_0) &= \int_a^b [f(x_0) + f'(x_0)(x-x_0) - f(x)]\mathrm{d}x \\ &= (b-a)f(x_0) + (b-a)\left(\frac{a+b}{2} - x_0\right)f'(x_0) - \int_a^b f(x)\mathrm{d}x \end{aligned}$$

由 $S'(x_0)=(b-a)\left(\frac{a+b}{2}-x_0\right)f''(x_0)=\begin{cases}<0, & x_0<\frac{a+b}{2}\\ =0, & x_0=\frac{a+b}{2}\\ >0, & x_0>\frac{a+b}{2}\end{cases}$得结论.

17. $a=-\frac{5}{4},b=\frac{3}{2},c=0$. 因抛物线过原点,$c=0$.

由题设 $S=\int_0^1(ax^2+bx)\mathrm{d}x=\frac{1}{3}$ 知,$b=\frac{2}{3}(1-a)$. 又

$$V_x=\pi\int_0^1(ax^2+bx)^2\mathrm{d}x=\pi\left(\frac{2}{135}a^2+\frac{1}{27}a+\frac{4}{27}\right).$$

由$\frac{\mathrm{d}V_x}{\mathrm{d}a}=0$,得 $a=-\frac{5}{4}$. 且$\frac{\mathrm{d}^2V_x}{\mathrm{d}a^2}=\frac{4\pi}{135}>0$.

18. 由 $C_1-C_2=-Q^2+9=0$ 得 $Q=3$(台).

$$\pi=\int_0^3(C_1-C_2)\mathrm{d}Q=\int_0^3(-Q^2+9)\mathrm{d}Q=18(\text{千元}).$$

第七章自测题

1. (1) $-2x-2\left(y+\frac{1}{2}\right)$. 因 $f(x,y)=\frac{9}{4}-\left[x^2+\left(y+\frac{1}{2}\right)^2\right]$.

(2) $\frac{x^2-y^2}{x^2+y^2}$.

(3) $\varphi(0,0)=0$. 由于$f(x,y)$在点$(0,0)$可微,在点$(0,0)$两个偏导数一定存在. 而

$$\lim_{x\to0^-}\frac{f(0+x,0)-f(0,0)}{x}=-\varphi(0,0),\lim_{x\to0^+}\frac{f(0+x,0)-f(0,0)}{x}=\varphi(0,0)$$

由 $f_x(0,0)$存在知,必有 $-\varphi(0,0)=\varphi(0,0)$,即 $\varphi(0,0)=0$.

(4) 0. 因为 D 关于 x 轴对称,且被积函数 $f(x,-y)=-f(x,y)$.

(5) $\pi[f(R^2)-f(0)]$. 在极坐标系下

$$I=\int_0^{2\pi}\mathrm{d}\theta\int_0^R f'(r^2)r\mathrm{d}r=2\pi\cdot\frac{f(r^2)}{2}\bigg|_0^R=\pi[f(R^2)-f(0)].$$

2. (1) (D). (2) (B).

(3) (D). 因 $x^2+1-2x\sin y-\cos^2y=x^2-2x\sin y+\sin^2y=(x-\sin y)^2$,故由题设知,$\lim\limits_{\substack{x\to0\\y\to0}}[f(x,y)-f(0,0)]=0$,即 $f(0,0)=0$,且在点 $O(0,0)$的某空心

邻域为，$f(x,y)-f(0,0)>0$，即 $f(x,y)>f(0,0)$.

(4)(D). 因 $x^3<0$，且 $y^2<y<y^{\frac{1}{2}}(0<y<1)$. 故 $y^{\frac{1}{2}}x^3<yx^3<y^2x^3$. 由二重积分的比较性质可知.

(5)(B). 因 D_1 关于 x 轴、y 轴对称，且在第一象部分与 D_2 重合. 又 $(x^2+y^2)^3$ 关于 x,y 均为偶函数.

3. 用对数求导法可得

$$\frac{\partial z}{\partial x}=(x^2+y^2)^{\tan(xy)}\left[y\sec^2(xy)\ln(x^2+y^2)+\frac{2x\tan(xy)}{x^2+y^2}\right],$$

$$\frac{\partial z}{\partial y}=(x^2+y^2)^{\tan(xy)}\left[x\sec^2(xy)\ln(x^2+y^2)+\frac{2y\tan(xy)}{x^2+y^2}\right].$$

4. 设 $v=x-y, w=y-z, s=t-z$，则 $u=f(v,w,s)$ 因

$$\frac{\partial u}{\partial x}=f_1,\frac{\partial u}{\partial y}=-f_1+f_2,\frac{\partial u}{\partial z}=-f_2-f_3,\frac{\partial u}{\partial t}=f_3$$

故
$$\frac{\partial u}{\partial x}+\frac{\partial u}{\partial y}+\frac{\partial u}{\partial z}+\frac{\partial u}{\partial t}=0.$$

5. 函数的复合关系为 $z\begin{matrix}\xi\longrightarrow x\\ \times\\ \eta\longrightarrow y\end{matrix}$，其中 $\xi=x^2-y^2, \eta=2xy$. 则

$$\frac{\partial z}{\partial x}=\frac{\partial f}{\partial\xi}2x+\frac{\partial f}{\partial\eta}2y,\frac{\partial z}{\partial y}=\frac{\partial f}{\partial\xi}(-2y)+\frac{\partial f}{\partial\eta}2x,$$

$$\frac{\partial^2 z}{\partial x^2}=\left[\left(\frac{\partial^2 f}{\partial\xi^2}2x+\frac{\partial^2 f}{\partial\xi\partial\eta}2y\right)2x+2\frac{\partial f}{\partial\xi}\right]+2y\left(\frac{\partial^2 f}{\partial\eta\partial\xi}2x+\frac{\partial^2 f}{\partial\eta^2}2y\right),$$

$$\frac{\partial^2 z}{\partial y^2}=\left[\left(\frac{\partial^2 f}{\partial\xi^2}(-2y)+\frac{\partial^2 f}{\partial\xi\partial\eta}2x\right)(-2y)-2\frac{\partial f}{\partial\xi}\right]+2x\left[\frac{\partial^2 f}{\partial\eta\partial\xi}(-2y)+\frac{\partial^2 f}{\partial\eta^2}2x\right],$$

于是
$$\frac{\partial^2 z}{\partial x^2}+\frac{\partial^2 z}{\partial y^2}=0.$$

6. 将 $x+y-z=\mathrm{e}^z$ 两端对 t 求导，得

$$\frac{\mathrm{d}x}{\mathrm{d}t}+\frac{\mathrm{d}y}{\mathrm{d}t}-\frac{\mathrm{d}z}{\mathrm{d}t}=\mathrm{e}^z\frac{\mathrm{d}z}{\mathrm{d}t}，有\frac{\mathrm{d}z}{\mathrm{d}t}=\frac{1}{1+\mathrm{e}^z}\left(\frac{\mathrm{d}x}{\mathrm{d}t}+\frac{\mathrm{d}y}{\mathrm{d}t}\right).$$

由 $x\mathrm{e}^x=\tan t$ 可得 $\dfrac{\mathrm{d}x}{\mathrm{d}t}=\dfrac{\sec^2 t}{\mathrm{e}^x(1+x)}$；由 $y=\cos t$，得 $\dfrac{\mathrm{d}y}{\mathrm{d}t}=-\sin t$.

于是 $$\frac{\mathrm{d}z}{\mathrm{d}t}=\frac{1}{1+\mathrm{e}^z}\left(\frac{\sec^2 t}{\mathrm{e}^x(1+x)}-\sin t\right).$$

7. 积分域如图 1.

$$
\begin{aligned}
I &= \int_0^1 \mathrm{d}x \int_{\sqrt{2+x^2}}^{\sqrt{4-x^2}} f(x,y)\,\mathrm{d}y - \int_0^2 \mathrm{d}x \int_{\sqrt{4-x^2}}^{\sqrt{2+x^2}} f(x,y)\,\mathrm{d}y \\
&= \iint_{D_1} f(x,y)\,\mathrm{d}\sigma - \iint_{D_2} f(x,y)\,\mathrm{d}\sigma \\
&= \int_{\sqrt{2}}^{\sqrt{3}} \mathrm{d}y \int_0^{\sqrt{y^2-2}} f(x,y)\,\mathrm{d}x + \int_{\sqrt{3}}^{2} \mathrm{d}y \int_0^{\sqrt{4-y^2}} f(x,y)\,\mathrm{d}x \\
&\quad - \int_0^{\sqrt{3}} \mathrm{d}y \int_{\sqrt{4-y^2}}^{2} f(x,y)\,\mathrm{d}x - \int_{\sqrt{3}}^{\sqrt{6}} \mathrm{d}y \int_{\sqrt{y^2-2}}^{2} f(x,y)\,\mathrm{d}x.
\end{aligned}
$$

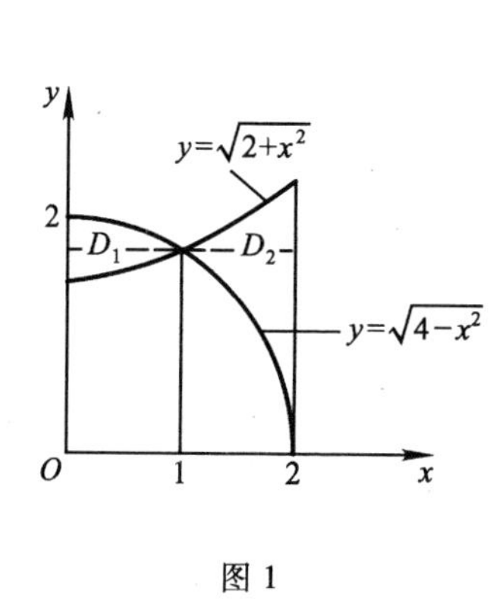

图 1

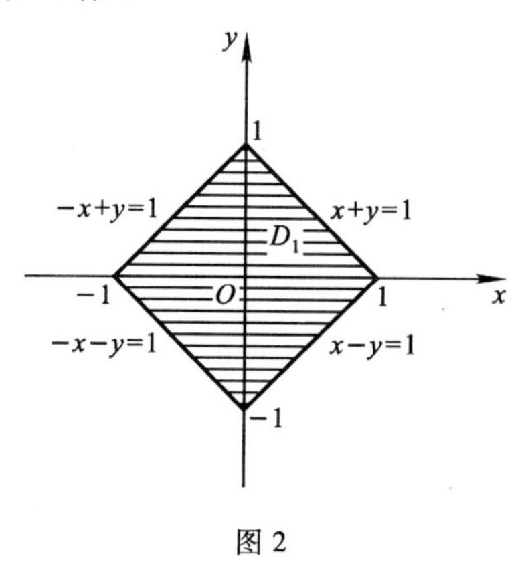

图 2

8. 积分域如图 2. 取 D 的第一象限部分 D_1，则

$$
I = 4\iint_{D_1}(x+y)\,\mathrm{d}x\mathrm{d}y = 4\int_0^1 \mathrm{d}x \int_0^{1-x}(x+y)\,\mathrm{d}y = \frac{4}{3}.
$$

9. 积分域如图 3. 先对 x 积分(先对 y 积分，积不出来)

$$
I = \int_0^1 \mathrm{d}y \int_0^{y^2} \mathrm{e}^{\frac{x}{y}}\,\mathrm{d}x = \int_0^1 y\mathrm{e}^{\frac{x}{y}}\Big|_0^{y^2}\mathrm{d}y = \frac{1}{2}.
$$

10. 积分域 D 如图 4. 在极坐标系下计算.

圆 $x^2+y^2=1$ 和 $x^2+y^2=2y$ 的极坐标方程分别为 $r=1$ 和 $r=2\sin\theta$. 其交点 M 的极坐标为 $M\left(1,\frac{\pi}{6}\right)$. 这是极点在 D 的外部的情形.

$$
D=\left\{(r,\theta)\ \middle|\ 1\leqslant r\leqslant 2\sin\theta,\frac{\pi}{6}\leqslant\theta\leqslant\frac{\pi}{2}\right\}.
$$

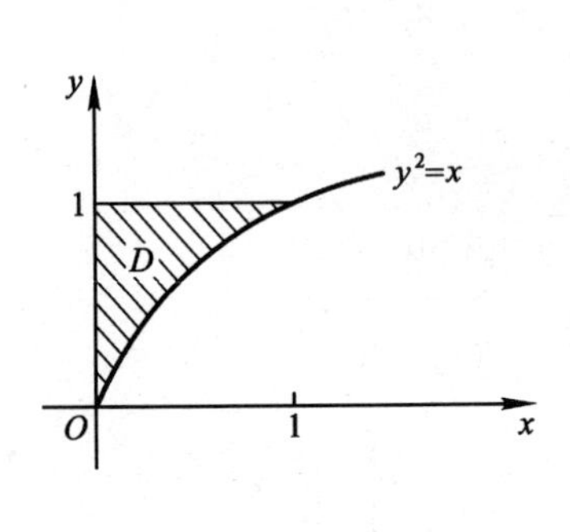

图 3

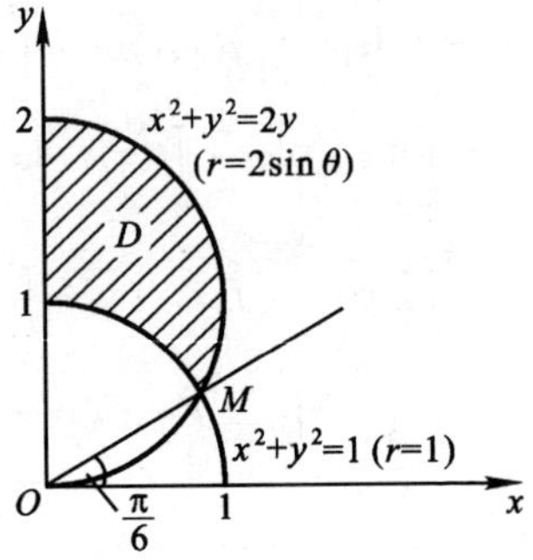

图 4

于是 $I = \int_{\frac{\pi}{6}}^{\frac{\pi}{2}} \mathrm{d}\theta \int_{1}^{2\sin\theta} r\cos\theta r\sin\theta \cdot r\mathrm{d}r$

$$= \frac{1}{4}\int_{\frac{\pi}{6}}^{\frac{\pi}{2}} \left[\sin\theta\cos\theta r^4 \Big|_{1}^{2\sin\theta} \right] \mathrm{d}\theta = \frac{9}{16}.$$

11. 积分区域 D 如图 5. 这是无界区域,取有界闭区域 $D_1 = \{(x,y) \mid 0 \leqslant x \leqslant b, x \leqslant y \leqslant b\}$,显然,当 $b \to +\infty$ 时,$D_1 \to D$. 于是

$$I = \lim_{b \to +\infty} \int_0^b \mathrm{d}x \int_x^b \mathrm{e}^{-(x+y)} \mathrm{d}y = \int_0^{+\infty} \mathrm{d}x \int_x^{+\infty} \mathrm{e}^{-(x+y)} \mathrm{d}y$$

$$= \int_0^{+\infty} \left(-\mathrm{e}^{-(x+y)} \right) \Big|_x^{+\infty} \mathrm{d}x = \int_0^{+\infty} \mathrm{e}^{-2x} \mathrm{d}x = \frac{1}{2}.$$

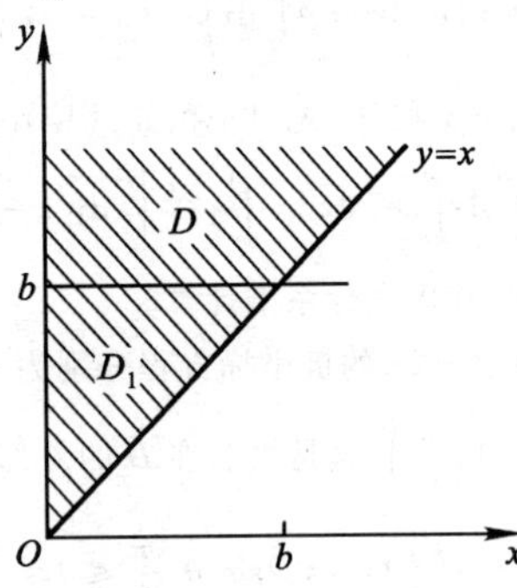

图 5

12. 解 (1) 目标函数是生产函数,约束条件是 $4L+3K=80$. 为使计算简便,由生产函数可得 $\left(\frac{Q}{20}\right)^{-\frac{1}{4}}=\frac{3}{4}L^{-\frac{1}{4}}+\frac{1}{4}K^{-\frac{1}{4}}$.

作拉格朗日函数 $F(L,K)=\left(\frac{Q}{20}\right)^{-\frac{1}{4}}-\lambda(4L+3K-80)$

$$=\frac{3}{4}L^{-\frac{1}{4}}+\frac{1}{4}K^{-\frac{1}{4}}-\lambda(4L+3K-80)$$

由 $F_L=F_K=F_\lambda=0$,得 $K=\dfrac{80}{4\left(\frac{9}{4}\right)^{\frac{4}{5}}+3}, L=\dfrac{80\left(\frac{9}{4}\right)^{\frac{4}{5}}}{4\left(\frac{9}{4}\right)^{\frac{4}{5}}+3}$.

(2) 目标函数是成本函数,约束条件是 $20\left[\frac{3}{4}L^{-\frac{1}{4}}+\frac{1}{4}K^{-\frac{1}{4}}\right]^{-4}=120$,将其简化,可得 $6^{-\frac{1}{4}}=\frac{3}{4}L^{-\frac{1}{4}}+\frac{1}{4}K^{-\frac{1}{4}}$. 作拉格朗日函数

$$F(L,K)=4L+3K+\lambda\left(\frac{3}{4}L^{-\frac{1}{4}}+\frac{1}{4}K^{-\frac{1}{4}}-6^{-\frac{1}{4}}\right).$$

由 $F_L=F_K=F_\lambda=0$,得 $K=6\left[\frac{3}{4}\left(\frac{9}{4}\right)^{-\frac{1}{5}}+\frac{1}{4}\right]^4$,

$$L=6\left[\frac{3}{4}+\frac{1}{4}\left(\frac{9}{4}\right)^{\frac{1}{5}}\right]^4.$$

第八章自测题

1. (1) $u_n=\dfrac{2n+1}{n^2(n+1)^2}=\dfrac{1}{n^2}-\dfrac{1}{(n+1)^2}, S=1$.

(2) $S_n=\sum\limits_{k=1}^{n}\int_k^{k+1}\mathrm{e}^{-\sqrt{x}}\mathrm{d}x=\int_1^{n+1}\mathrm{e}^{\sqrt{x}}\mathrm{d}x=4\mathrm{e}^{-1}-2(\sqrt{n+1}+1)\mathrm{e}^{-\sqrt{n+1}}, S=4\mathrm{e}^{-1}$.

(3) 由幂级数 $\sum\limits_{n=1}^{\infty}\dfrac{3^nx^n}{n!}$ 收敛半径 $R=+\infty$,知原式 $=0$.

(4) 由 $-2<x+1<2$ 知,所求收敛区间为 $(-3,1)$.

(5) 记 $S(x)=\sum\limits_{n=1}^{\infty}(-1)^{n+1}\dfrac{x^{n+1}}{n(n+1)}$,因 $S'(x)=\sum\limits_{n=1}^{\infty}(-1)^{n+1}\dfrac{x^n}{n}=\ln(1+x)$,则

$$S(x)=(1+x)\ln(1+x)-x.$$

2. (1) (A). 记 $u_n = \frac{1}{\sqrt[n+1]{\ln(n+1)}} = e^{-\frac{1}{n+1}\ln\ln(n+1)} \to e^0 (n\to\infty)$.

级数发散.

(2) (A) 因 $\left|\frac{\sin(an)}{n^3}\right| \leqslant \frac{1}{n^3}$, $\sum_{n=1}^{\infty}\frac{\sin(an)}{n^3}$ 收敛,而 $\sum_{n=1}^{\infty}\frac{1}{\sqrt{n}}$ 发散.

(3) (C). $u^2 = \ln^2\left(1+\frac{1}{\sqrt{n}}\right) \sim \left(\frac{1}{\sqrt{n}}\right)^2 = \frac{1}{n}$, 知 $\sum_{n=1}^{\infty} u^2$ 发散, $\sum_{n=1}^{\infty} u_n$ 收敛.

(4) (B). 因 $\sum_{n=1}^{\infty} a_n (x-1)^n$ 在 $|x-1| < 2$ 绝对收敛. 故级数在 $x = 2$ 绝对收敛.

(5) (B). $\sum_{n=1}^{\infty}\frac{1}{2^n(2n-1)} = \frac{1}{\sqrt{2}}\sum_{n=1}^{\infty}\frac{1}{2n-1}\left(\frac{1}{\sqrt{2}}\right)^{2n-1} = \frac{1}{\sqrt{2}}S\left(\frac{1}{\sqrt{2}}\right) = \frac{1}{\sqrt{2}}\ln(\sqrt{2}+1)$.

3. (1) 选级数 $\sum_{n=1}^{\infty}\frac{1}{n^{\frac{7}{6}}}$ 用极限形式比较判别法知其收敛.

(2) 选级数 $\sum_{n=1}^{\infty}\frac{1}{n+1}$,用极限形式比较判别法知其发散.

4. (1) 由于当 $n\to\infty$ 时, $\ln\left(1+\frac{1}{\sqrt{n}}\right) \sim \frac{1}{\sqrt{n}}$, 且 $\sum_{n=1}^{\infty}\frac{1}{\sqrt{n}}$ 发散,所以原级数不绝对收敛. 令 $u(x) = \ln\left(1+\frac{1}{\sqrt{x}}\right)$, $u'(x) < 0 (x > 0)$, 知 $u_{n+1} < u_n$. 由莱布尼茨判别法知,所给级数条件收敛.

(2) $a > 1$ 时,由 $\frac{1}{n}\cdot\frac{a}{1+a^n} < \frac{a}{a^n}$,知原级数绝对收敛.

$0 < a \leqslant 1$ 时,由 $\frac{1}{n}\cdot\frac{a}{1+a^n} > \frac{1}{n}\frac{a}{2}$,知 $\sum_{n=1}^{\infty}\frac{1}{n}\cdot\frac{a}{1+a^n}$ 发散. 此时,

令 $f(x) = \frac{a}{x(1+a^x)}$, 当 x 充分大时, $f'(x) < 0$. 用莱布尼茨知原级数条件收敛.

5. $R = 1$, 在 $x = \pm 1$ 处:

$0 < a \leqslant 1$ 时,因 $u_n \not\to 0$,级数发散,收敛域为 $(-1,1)$;

$a>1$ 时,选级数 $\sum_{n=1}^{\infty}\frac{1}{n^2}$,用极限形式比较判别法知绝对收敛,收敛域 $[-1,1]$.

6. 注意到 $f'(x)=\arctan x$,则

$$f(x)=\int_0^x \arctan x\mathrm{d}x=\int_0^x\left(\sum_{n=0}^{\infty}(-1)^n\frac{x^{2n+1}}{2n+1}\right)\mathrm{d}x$$

$$=\sum_{n=0}^{\infty}(-1)^n\frac{x^{2n+2}}{(2n+1)(2n+2)},\ |x|\leqslant 1$$

7. $I_n=\int_0^{\frac{\pi}{4}}\sin^n x\mathrm{d}\sin x=\frac{1}{n+1}\left(\frac{\sqrt{2}}{2}\right)^{n+1}$. 令 $S(x)=\sum_{n=0}^{\infty}\frac{1}{n+1}x^{n+1}$,在 $(-1,1)$ 内,$S(x)=\int_0^x\left(\sum_{n=0}^{\infty}\frac{1}{n+1}x^{n+1}\right)'\mathrm{d}x=-\ln(1-x)$,于是

$$\sum_{n=0}^{\infty}I_n=S\left(\frac{\sqrt{2}}{2}\right)=\ln(2+\sqrt{2}).$$

8. (1) 由 $a_{n+1}\geqslant\sqrt{a_n\cdot\frac{1}{a_n}}=1$,$a_{n+1}-a_n=\frac{1-a_n^2}{2a_n}\leqslant 0$ 知数列 $\{a_n\}$ 递减有下界.

(2) 由 $0\leqslant\frac{a_n}{a_{n+1}}-1=\frac{a_n-a_{n+1}}{a_{n+1}}\leqslant a_n-a_{n+1}$ 及 $\sum_{n=1}^{\infty}(a_n-a_{n+1})$ 收敛可证结果.

第九章自测题

1. (1) 由 $y'=C\mathrm{e}^x+1=y-x+1$ 得所求微分方程为 $y'=y-x+1$.

(2) 由 $y'=\frac{y}{1+x^2}$,分离变量,解之得 $y=C\mathrm{e}^{\arctan x}$. 由 $y(0)=\pi$ 得 $C=\pi$,于是 $y(1)=\pi\mathrm{e}^{\frac{\pi}{4}}$.

(3) 由 $y'=2x+y$ 得通解 $y=-2x-2+C\mathrm{e}^x$. 由 $y|_{x=0}=0$ 得 $C=2$. 于是曲线方程 $y=2(\mathrm{e}^x-1-x)$.

(4) $y''=\int_0^x(x+\mathrm{e}^x)\mathrm{d}x+y''(0)=\frac{1}{2}x^2+\mathrm{e}^x+1$,

$$y'=\int_0^x\left(\frac{1}{2}x^2+\mathrm{e}^x+1\right)\mathrm{d}x+y'(0)=\frac{1}{6}x^3+\mathrm{e}^x+x,$$

$$y=\int_0^x\left(\frac{1}{6}x^3+\mathrm{e}^x+x\right)\mathrm{d}x+y(0)=\frac{1}{24}x^4+\mathrm{e}^x+\frac{1}{2}x^2.$$

2. (1) (A). 由 $y=z^m$,方程化为 $mz^{m-1}z'=ax^{\alpha}+bz^{m\beta}$,若该方程为一阶齐

次方程，应有 $m-1=\alpha, m\beta=\alpha$. 从而得 $\frac{1}{\beta}-\frac{1}{\alpha}=1$

(2) (D). 因 $\pm\mathrm{i}$ 是相应齐次方程的特征方程的两个根. 故特解应设为 $y^*=x(A\cos x+B\sin x)$.

(3) (B). 由 $f'(x)=3f(x)+3$，则 $f(x)=Ce^{3x}-1$. 又 $f(0)=-3$.

(4) (A). 当 $q>0, p^2-4q<0$ 时，方程的通解是 $y=e^{\alpha x}(C_1\cos\beta x+C_2\cos\beta x)$，其中 $\alpha=-\frac{p}{2}$ 满足题设.

(5) (C). $y''\big|_{x=x_0}=e^{\sin x_0}>0$.

3. 这是可分离变量的微分方程.

$y>0$ 时，$\frac{dy}{dx}=y^{\frac{1}{2}}$；$y<0$ 时，$\frac{dy}{dx}=\sqrt{-y}$，令 $z=-y$，则 $-\frac{dz}{dx}=\sqrt{z}$. 可得

$$y=\begin{cases}\dfrac{(x+C)^2}{4}, & y>0\text{ 时}\\ -\dfrac{(C-x)^2}{4}, & y<0\text{ 时}\end{cases}.$$

4. 是齐次方程. 设 $y=ux$. 化为可分离变量微分方程.

(1) 原方程化为 $x(u^2-3)du+u^3dx=0$. $ye^{\frac{3x^2}{2y^2}}=C$. 由 $y\big|_{x=0}=1$，得 $C=1$.

(2) 原方程化为 $x\frac{du}{dx}=\frac{-3(u^2-u-1)}{2u-1}$，$y^2-xy-x^2=\frac{C}{x}$.

5. 是一阶线性微分方程.

(1) $y=\frac{1}{2}(\arcsin x)^2\sqrt{1-x^2}-(1-x^2)$； (2) $y=e^x+e^{\frac{1}{x}}$.

6. 是关于 $\frac{dx}{dy}$ 的一阶线性微分方程

(1) $\frac{dx}{dy}-x=y^3$， $x=-(y^3+3y^2+6y+6)+Ce^y$.

(2) $\frac{dx}{dy}+\frac{1-2y}{y^2}x=2$， $x=y^2(2+Ce^{\frac{1}{y}})$.

(3) $\frac{dx}{dy}+\frac{1}{y}x=2\ln y+1$， $x=\frac{C}{y}+y\ln y$.

7. 这是伯努利方程. 设 $z=y^{-3}$. 则有 $z'-z=2x-1$. 解得 $y^{-3}=e^x(C-e^{-x}-2xe^{-x})$. 由 $y(0)=1$，$C=2$. 于是 $y^{-3}+2x+1=2e^x$.

8. 对已知等式两次求导，得 $f''(x)+f(x)=-\sin x$. 且 $f(0)=1$. 求得 $f(x)=\frac{1}{2}\sin x+\frac{1}{2}x\cos x$.

9. 这是可降阶的微分方程. 令 $y'=P$.

也可将原方程写成 $[(x+1)y']'=\ln(x+1)$. 得 $y=(x+C_1)\ln(x+1)-2x+C_2$.

10. 特征方程 $r^3+6r^2+(9+a^2)r=0$ 的根为 $r_1=0, r_{2,3}=-3\pm a\mathrm{i}$. 对应的齐次方程的通解为 $\tilde{y}=C_1+\mathrm{e}^{-3x}(C_2\cos ax+C_3\sin ax)$.

设特解 $y^*=Ax$，得 $A=\frac{1}{9+a^2}$. 于是

$$y=C_1+\mathrm{e}^{-3x}(C_2\cos ax+C_3\sin ax)+\frac{x}{9+a^2}.$$

11. 由方程 $xf'(x)=f(x)+\frac{3}{2}ax^2$ 得通解 $f(x)=x\left(C+\frac{3}{2}ax\right)$. 又 $\int_0^1\left(\frac{3}{2}ax^2+Cx\right)\mathrm{d}x=2$. 得 $C=4-a, f(x)=\frac{3}{2}ax^2+(4-a)x$. 于是

$V(a)=\pi\int_0^1[f(x)]^2\mathrm{d}x=\frac{\pi}{30}[(a+5)^2+135]$. 所以当 $a=-5$ 时，旋转体体积最小.

第十章自测题

1. (1) $\log_a\frac{1+x}{x}$ (2) -3

(3) 因 $y_t=C(-a)^t+\sum\limits_{k=0}^{t-1}(-a)^k f(t-k-1)\ (C=y_0)$. 而已知 $y_0=0$, $-a=1, f(t)=t$，故 $y_{100}=\sum\limits_{k=0}^{99}(100-k-1)=99+98+\cdots+1=4\ 950$.

2. (1) (C). 解函数 $y_t=y_C(t)+y^*(t)=C+2t+t^2$，由 $y_C(t)=C$ 知特征根 $\alpha=1$；又由 $y^*(t)=2t+t^2$ 知，差分方程的 $f(t)=b_0+b_1t$.

(2) (C). 特征根 $\lambda_1=2, \lambda_2=4, \alpha^t=2^t, \alpha=2$ 是单特征根.

(3) 选(B). 由 $y_0=0, y_1=3$ 可得

$C_1+C_2=0, C_1+2C_2-1=3$，由此可得 $C_1=-4, C_2=4$.

3. 特征根 $\lambda=-1$. $f(t)=\alpha^t(40+6t^2)$，因 $\alpha=1$ 不是特征根，设特解

$$y^*(t)=B_0+B_1t+B_2t^2$$

将其代入原方程，可得 $B_0=20, B_1=-3, B_2=3$. 于是，通解为

$$y_t=C(-1)^t+20-3t+3t^2, C \text{ 为任意常数}.$$

4. 特征根 $\lambda=3$. $f(x)=\frac{1}{2}3^t=\alpha^t P_0(t)$. 因 $\alpha=3$ 是特征根，设特解 $y^*(t)=B3^t t$. 将代入原方程，可得 $B=\frac{1}{6}$. 于是，所求通解 $y_t=C3^t+\frac{1}{6}3^t t$.

5. 特征根 $\lambda=2$, $f(t)=\cos\frac{\pi}{2}t$. 令 $r=\cos\frac{\pi}{2}+\mathrm{i}\sin\frac{\pi}{2}=\mathrm{i}$. 因 $r=\mathrm{i}$ 不是特征根，故设特解 $y^*(t)=A\cos\frac{\pi}{2}t+B\sin\frac{\pi}{2}t$. 将其代入原方程，可得 $A=-\frac{2}{5}$, $B=\frac{1}{5}$. 所求通解 $y_t=C2^t-\frac{2}{5}\cos\frac{\pi}{2}t+\frac{1}{5}\sin\frac{\pi}{2}t$.

6. 特征根 $\lambda_1=2, \lambda_2=4$. $f(t)=\alpha^t P_m(t)=3t^2+2$. 因 $\alpha=1$ 不是特征根，设特解 $y^*(t)=B_0+B_1t+B_2t^2$. 将其代入原方程，可得 $B_0=\frac{44}{9}, B_1=\frac{8}{3}, B_2=1$. 于是，所求通解 $y_t=C_1 2^t+C_2 4^t+\frac{44}{9}+\frac{8}{3}t+t^2$.

7. 特征根 $\lambda_{1,2}=\frac{-1\pm\sqrt{13}}{2}$ $f(t)=\alpha^t P_m(t)=7^t$. $\alpha=7$ 不是特征根，设特解 $y^*(t)=B7^t$. 将其代入原方程，可得 $B=\frac{1}{53}$. 于是，特解

$$y_t=C_1\left(\frac{-1+\sqrt{13}}{2}\right)^t+C_2\left(\frac{-1-\sqrt{13}}{2}\right)^t+\frac{1}{53}7^t.$$

8. 特征根 $\lambda_1=\lambda_2=1$. $f(t)=\alpha^t(a\cos\beta t+b\sin\beta t)=2\sin\frac{\pi}{2}t, \alpha=1, \beta=\frac{\pi}{2}$. 令 $r=\cos\frac{\pi}{2}+\mathrm{i}\sin\frac{\pi}{2}=\mathrm{i}$，因 $r=\mathrm{i}$ 不是特征根，故设特解

$y^*(t)=A\cos\frac{\pi}{2}t+B\sin\frac{\pi}{2}t$. 将其代入原方程，可得 $A=1, B=0$. 于是，通解 $y_t=C_1+C_2t+\cos\frac{\pi}{2}t$.

郑重声明

策划编辑　李艳馥

责任编辑　李　陶

封面设计　王凌波

责任绘图　黄建英

版式设计　马静如

责任校对　俞声佳

责任印刷　毛斯璐

图书在版编目(CIP)数据

微积分学习辅导与解题方法/冯翠莲,刘书田编著.北京:高等教育出版社,(2018.3重印)
(高等学校经济管理学科数学基础辅导丛书/刘书田主编)
ISBN 978-7-04-012936-6

Ⅰ.微… Ⅱ.①冯…②刘… Ⅲ.微积分-高等学校-教学参考资料 Ⅳ.O172

中国版本图书馆CIP数据核字(2003)第091982号

出版发行	高等教育出版社	咨询电话	400-810-0598
社　　址	北京市西城区德外大街4号	网　　址	http://www.hep.edu.cn
邮政编码	100120		http://www.hep.com.cn
印　　刷	北京凌奇印刷有限责任公司	网上订购	http://www.landraco.com
开　　本	850×1168　1/32		http://www.landraco.com.cn
印　　张	23.125	版　　次	2003年12月第1版
字　　数	590 000	印　　次	2018年3月第8次印刷
购书热线	010-58581118	定　　价	32.00元

本书如有缺页、倒页、脱页等质量问题,请到所购图书销售部门联系调换

物 料 号　12936-00